JN186937

BJARNE STROUSTRUP

ビャーネ・ストラウストラップ

柴田望洋 訳

BohYoh Shibata

プログラミング言語 C++

［第4版］

SB Creative

THE C++ PROGRAMMING LANGUAGE

FOURTH EDITION

by

Bjarne Stroustrup

前書き

コンピュータサイエンスにおけるあらゆる問題は、
別レベルの間接参照によって解決できる。
ただしそれによって、新しい問題が発生するのだが。
— デビッド・J・ホイーラー

C++は新しい言語になった感じがする。C++11では、C++98と比べて、よりクリアで、より簡潔で、より直接的に、自分のアイディアが表現できる。コンパイラは、より優れたチェックを行うし、プログラムは高速に動作するようになった。

本書では、私は**完全性**（*completeness*）を目標とした。プロフェッショナルプログラマが必要とするであろう、すべての言語機能と標準ライブラリコンポーネントを解説している。具体的には、以下の点に注意を払った：

- **論理的根拠**（*rationale*）：設計の目的ともなっている、解決すべき問題は何か？　設計の基礎となる原則は何か？　基礎部分の制約には何があるか？
- **言語仕様**（*specification*）：その定義は何なのか？　熟練したプログラマ向けに詳細に解説している：そのため、言語の専門家を目指す読者は、ISO標準への参照が役立つだろう。
- **例題**（*example*）：どうすれば、機能や、機能の組合せをうまく使えるか？　主要なテクニックやイディオムは何なのか？　保守性や性能を向上させるためには？

C++の使い方は、時の流れとともに劇的に変化したし、言語自体もそうである。プログラマにとって、ほとんどの変化は、改良となっている。現在のISO C++標準（ISO/IEC 14882:2011：一般にC++11と呼ばれる）は、これまでのバージョンよりも高品質のソフトウェアを記述できる道具となった。どのくらい優れた道具となったのだろうか？　現代のC++では、どのようなプログラミングのスタイルやテクニックが使えるのだろう？　そのプログラミングのテクニックを利用する言語機能や標準ライブラリ機能とは何だろう？　エレガントで、正確で、保守しやすくて効率的なC++コードの構築要素とは何だろう？　本書は、これらの疑問に答える。1985年、1995年、2005年のビンテージもののC++での回答とは、その多くが一致しない。C++は、進化した。

C++は、タイプリッチで軽量な抽象化の設計と利用を重要視した汎用プログラミング言語である。ソフトウェアインフラストラクチャにあるような、資源に制約のあるアプリケーションに特に適している。時間をかけて高品質なプログラミング技法を修得するプログラマにとって、C++は価値あるものだ。C++は、プログラミング作業に真剣に取り組む人向けの言語である。今の社会は、ソフトウェアに大きく依存しているので、高品質ソフトウェアは必須である。

これまでに、数十億行にもおよぶC++コードが、開発され、利用されてきた。安定性が極めて高いので、1985年版のC++、1995年版のC++のコードが現役で動作しているし、今後数十年間も動作し続けるだろう。とはいえ、現在のC++を使うと、すべてのアプリケーションが、よりよくコーディングできる。古いスタイルにしがみついていると、低品質で性能が劣るコードになってしまう。安定性を重視するのならば、標準に準拠したコードを書こう。そうすれば、今後20年、30年間は利用できるだろう。本書で示すコードは、すべて2011年版のISO C++標準に準拠している。

本書は、3種類の読者層を想定している：

- 最新のISO C++標準が定義する内容を知りたいC++プログラマ
- C言語になくてC++で提供されるものを知りたいCプログラマ
- JavaやC#やPythonやRubyなどのアプリケーション言語の経験があって、“よりマシンに近い”何か、すなわち、より柔軟で高度なコンパイル時チェックや、より高性能な何かを求めるプログラマ

当然ながら、上記3種類の読者層が重複することもある。そもそも、プロフェッショナルなソフトウェア開発者は、複数のプログラミング言語をマスターするものだ。

本書は、読者がプログラマであると想定している。“`for`ループって何？”とか“コンパイラって何？”と疑問に感じるのであれば、本書に取り組むには（まだ）早い。本書の代わりに、*Programming: Principles and Practice Using C++*を読んで、プログラミングとC++を、初歩から始めてほしい。また、ソフトウェア開発者としてある程度の経験があることも想定している。“なんでテストなんか気にするの？”とか、すべての処理に万能な言語が一つ存在して“言語は基本的にすべて同じ。文法だけ教えてほしい。”とか、単一の言語がすべての仕事に対して理想的なものであると思い込んでいる方も、本書の読者ではない。

C++11は、C++98を超えるどんな機能をもっているのだろうか？　一例をあげよう。現代のコンピュータに適した数多くの並行処理機能によるマシンモデル。システムレベルの（たとえばマルチコアの活用などによる）並行プログラミングを行うための言語機能と標準ライブラリ機能。正規表現の取扱い、資源管理ポインタ、乱数、（ハッシュ表を含む）高度なコンテナなど。さらに、統一された汎用初期化構文、簡潔な`for`文、ムーブセマンティクス、Unicodeのサポート、ラムダ式、汎用定数式、クラスのデフォルト動作の制御、可変個引数テンプレート、ユーザ定義リテラルなどだ。これらのライブラリ機能と言語機能は、いずれも、高品質なソフトウェアを開発するプログラミング技法のためのものである。ある特定の問題を解決するために個別に使用するのではなく、建築物に用いる煉瓦のように、複数の機能を組み合わせて使うものだ。コンピュータは、あらゆる用途にかなう機械であり、C++がその能力を引き出す。C++の設計は、開発者が想像すらできないような将来の問題にも対応できるほどの高い柔軟性と汎用性を目標としている。

謝辞

これまでのすべての版の謝辞で名前をあげた方々に加えて、次の方々への謝意を表する。Pete Becker、Hans-J. Boehm、Marshall Clow、Jonathan Coe、Lawrence Crowl、Walter Daugherity、J. Daniel Garcia、Robert Harle、Greg Hickman、Howard Hinnant、Brian Kernighan、Daniel Krügler、Nevin Liber、Michel Michaud、Gary Powell、Jan Christiaan van Winkel、Leor Zolman。彼らの支援がなければ、本書をここまで充実させられなかった。

標準ライブラリに関する多くの質問に回答してくれた Howard Hinnant にも謝意を表する。

Origin ライブラリの開発者である Andrew Sutton。Origin ライブラリは、テンプレートを解説した章の複数の概念、および第 29 章で提示した行列演算ライブラリを解説する際の確認に利用した。Origin ライブラリはオープンソースであり、ウェブで “Origin” や “Andrew Sutton” を検索すれば見つかる。

“探検”の章に潜んでいた問題箇所を他の誰よりも多数発見してくれた、私のソフトウェア設計クラスの大学院生に謝意を表する。

レビュアからのアドバイスのすべてを取り入れることができれば、本書が大きく進化することは間違いない。しかしそうすると数百ページも増えてしまう。専門家によるレビューでは、技術的な詳細、よりよいサンプルコード、開発上の有用な規約など、多くの追加提案が寄せられた。専門家ではないレビュー（または教育者によるレビュー）でも、サンプルコードの追加提案が寄せられた。また、ほとんどのレビューアが本書は長すぎるかもしれないとの意見を寄せてくれた（適切な指摘である）。

プリンストン大学の計算機科学部、特に研究休暇の一部を取らせてくださった Brian Kernighan 教授に謝意を表する。おかげで本書を執筆する時間がとれた。

ケンブリッジ大学の計算機研究所、特に研究休暇の一部を取らせてくださった Andy Hopper 教授にも謝意を表する。やはり本書を執筆する時間がとれた。

本書の編集者 Peter Gordon と Addison-Wesley のチームの支援と辛抱に謝意を表する。

College Station, Texas

Bjarne Stroustrup

第3版の前書き

プログラミングは、理解することである。
— クリステン・ニゴール

C++ の使用は、これまで以上に楽しくなったと感じている。時の流れとともに、C++ による設計とプログラミングのサポートは劇的に改善され、利用する際の新しく有用な数多くの技法が開発された。しかし、C++ は楽しいだけではない。プロジェクトの種類、規模を問わず、実際に仕事をしている一般プログラマが、生産性、保守性、柔軟性、品質を著しく改善している。これまでC++ は、私がもともと望んでいたことの大半を実現するとともに、私が想像すらしなかった仕事でも成功をおさめている。

本書では、C++ 標準*と、C++ がサポートする主要なプログラミング技法と設計技法を解説する。C++ 標準は、本書の初版で紹介したバージョンのC++ よりも、はるかに強力で洗練された言語である。名前空間、例外、テンプレート、実行時型識別などの新機能によって、これまでよりも多くの技法がより直接的に使用できるようになった。さらに、標準ライブラリを使うと、プログラマは生の言語よりもずっと高いレベルから開発を始められるようになった。

本書の第2版は、その3分の1が初版からの流用だった。この第3版は、より大量の書き直しによって書き上げたものである。もっとも熟練したC++ プログラマの方々にも、本書から何らかのものが得られるはずだ。また、初心者にとっても、これまでの版よりも取り組みやすいものとなっている。それが実現できたのは、C++ の爆発的な普及と大量の蓄積された経験のおかげである。

大規模な標準ライブラリが定義されたことで、C++ の概念を解説する方法が影響を受けた。これまでの版と同様に、本書は、特定の処理系を前提とせずC++ を解説する。また、チュートリアルの章では、言語の機能を解説した後でその機能を使用する“ボトムアップ”式の解説方針も、これまでと同様だ。とはいえ、実装の詳細を把握するよりも、的確に設計されたライブラリを利用するほうが、ずっと容易である。そのため、読者のみなさんが内部動作を理解できるであろうと考えられるよりも前の段階で、現実的で興味深いサンプルを提示して、そこで標準ライブラリを使用することがある。標準ライブラリは、それ自体が、プログラミング例と設計技法の豊富な宝庫である。

本書は、すべての主要なC++ 言語機能と標準ライブラリを網羅している。その構成は、言語機能とライブラリが中心だ。各機能は、その利用法を述べる箇所で解説する。すなわち、焦点を当てているのは、言語そのものよりも、設計とプログラミングの道具としての言語である。本書は、C++ を効果的に利用するための主要な技法を示し、熟練に必要な基礎概念を解説する。サンプルコードは、技術的な事項を示すためのものを除くと、システムソフトウェア分野からもってきたものである。姉妹書の *The Annotated C++ Language Standard* では、理解を助ける解説とともに、言語仕様の

---

* ISO/IEC 14882, Standard for the C++ Programming Language.

完全な定義を述べている。

本書の第一の目標は、C++ の機能がどのように主要なプログラミング技法をサポートするかの理解を手助けすることである。これは、実質的にサンプルコードをコピーしたり、他の言語のプログラミングスタイルを模倣したりして、プログラムを動作させている状態からはるかに高いところへと読者をいざなうものだ。言語機能の背後にある概念をきちんと理解してこそ、熟練するものだ。処理系に付属のドキュメントを加えれば、現実の大規模プロジェクトを完成させるための十分な情報がそろうことになる。本書によって、読者が新しい光明を得て、より優れたプログラマや設計者になっていただければ幸いだ。

謝辞

初版、第2版の謝辞で触れた方々に加え、本書の草稿にコメントを寄せてくれた次の方々へ謝意を表したい。Matt Austern、Hans Boehm、Don Caldwell、Lawrence Crowl、Alan Feuer、Andrew Forrest、David Gay、Tim Griffin、Peter Juhl、Brian Kernighan、Andrew Koenig、Mike Mowbray、Rob Murray、Lee Nackman、Joseph Newcomer、Alex Stepanov、David Vandevoorde、Peter Weinberger、Chris Van Wyk。彼らの支援や提案がなければ、本書はずっと分かりにくく、誤りも多く、完全度が低くなって、分量的にもおそらく貧弱になったことだろう。

また、C++ を今日の姿にまで築き上げるための膨大な作業をこなしてくれた C++ 標準委員会のボランティア諸氏にも謝意を表す。一部の方の名前をあげるのはやや不公平だが、誰もあげないのはもっと不公平になってしまう。そこで、ここに私と共に C++ と標準ライブラリのなんらかの部分で直接的に関与した次の方々に謝意を表する。Mike Ball、Dag Brük、Sean Corfield、Ted Goldstein、Kim Knuttila、Andrew Koenig、Dmitry Lenkov、Nathan Myers、Martin O'Riordan、Tom Plum、Jonathan Shopiro、John Spicer、Jerry Schwarz、Alex Stepanov、Mike Vilot。

本書の初刷以降、多くの方が誤りの指摘や改善提案をメールしてくれた。2刷以降を多少なりとも改善するべく、本書の枠内で提案の多くを反映することができた。多くの言語に翻訳してくれた方々からも曖昧な文章を明確にする指摘が多数寄せられた。読者からの要望に応え、付録D、Eを追加した。一部だが、ここに名前をあげさせていただき、謝意を表す。Dave Abrahams、Matt Austern、Jan Bielawski、Janina Mincer Daszkiewicz、Andrew Koenig、Dietmar Kühl、Nicolai Josuttis、Nathan Myers、Paul E. Sevinç、Andy Tenne-Sens、Shoichi Uchida、Ping-Fai (Mike) Yang、Dennis Yelle。

Murray Hill, New Jersey

Bjarne Stroustrup

第2版の前書き

道はつづくよ、どこまでも。
— ビルボ・バギンズ

本書の第1版でお約束したとおり、C++ はユーザのニーズに応えるべく進化を遂げてきた。この進化は、幅広いアプリケーション分野で開発するさまざまな経験を持つユーザの実体験により促進されたものである。第1版の刊行以降の6年間で、C++ ユーザコミュニティは百倍にも膨れ上がった。経験からは多くのことが学びとられるとともに、多くの技法が発見され検証された。すべてではないが、その経験が本書に反映されている。

この6年間で行われたC++ の拡張の目的は、全体としてはデータの抽象化とオブジェクト指向プログラミングを意識した言語としての強化であり、特に、高品質なユーザ定義型ライブラリを記述する道具としての強化であった。“高品質なライブラリ”とは、便利で安全で効率的に利用できる、1個以上のクラスという形態で概念を提供するライブラリのことである。**安全**（*safe*）とは、ライブラリ開発者とユーザのあいだに、型安全なインタフェースをもつクラスを提供することである。また、**効率**（*efficient*）とは、クラスの利用時に、ユーザの手書きによるC言語のコードと比較しても、時間と空間の有意なオーバヘッドが発生しないことである。

本書はC++ 言語の全体を網羅している。第1章から第10章までは、チュートリアルとしての導入である。第11章から第13章までは、設計とソフトウェア開発に関することがらを解説する。最後に、C++ 参照マニュアルの全体を含めている。当然ながら、第1版刊行以降に追加された機能や決定された事項は、解説の中に統合されている。改良された多重定義解決、メモリ管理機能、アクセス制御機構、型安全な結合、`const` および `static` なメンバ関数、抽象クラス、多重継承、テンプレート、例外処理などである。

C++ は、汎用プログラミング言語だ。主要な対象分野は、広い意味でのシステムプログラミングである。しかし、この分野に限ることなく、幅広いアプリケーション分野でも成功をおさめている。C++ の処理系は、もっとも小さなマイクロコンピュータから、最大規模のスーパコンピュータまで、ほぼすべてのオペレーティングシステムで利用できる。そのため本書では、特定の処理系、プログラミング環境、ライブラリについて解説するのではなく、C++ 言語自体を解説する。

本書では、数多くのクラスのサンプルを示している。有用ではあるが、「おもちゃ」のようなものである。このスタイルでの論を進めていくと、一般原則や有用なテクニックが、はっきりと示せる。というのも、プログラムとして完結したサンプルを提示すると細部が見えなくなってしまうからだ。本書で提示する、結合リスト、配列、文字列、行列、グラフィックスのクラス群、連想配列などのほとんどについては、「防弾仕様」や「金メッキ仕様」のバージョンのものが、商用／非商用のさまざまな形式で利用できる。これらの“産業界レベルの耐久性”をもったクラス、ライブラリの多くは、本書で提示する、おもちゃバージョンの直接あるいは間接の子孫である。

この第2版では、初版よりもチュートリアル的な面を大幅に強調している。とはいえ、経験を積んだプログラマや努力家の方々の知識と経験を軽んじないような解説を行うようにつとめている。言語機能とその直接的な使い方を超える解説が必要であるため、設計に関する解説を大幅に加筆している。技術的な詳細さと精度も向上させている。特に参照マニュアルは、この方面での長年の作業の成果を反映している。多くのプログラマにとって、何度も読み返していただく価値があるほどの深みのある書となるようにしたつもりだ。言いかえると、C++ 言語とその基本原則、さらに、それを適用する際に必要な主要テクニックを解説した書籍である。楽しもう！

謝辞

初版前書きの謝辞で触れた方々に加え、第2版の予稿にコメントを寄せてくださった、次の方々へ謝意を表したい。Al Aho、Steve Buroff、Jim Coplien、Ted Goldstein、Tony Hansen、Lorraine Juhl、Peter Juhl、Brian Kernighan、Andrew Koenig、Bill Leggett、Warren Montgomery、Mike Mowbray、Rob Murray、Jonathan Shopiro、Mike Vilot、Peter Weinberger。1985 年 から 1991 年の C++ の開発には多くの方が貢献しているが、ここにあげられるのはごく一部しかない。Andrew Koenig、Brian Kernighan、Doug McIlroy、Jonathan Shopiro。さらに、レファランスマニュアルの「外部レビュー」に参加してくれた多くの方々、X3J16 の一年目で苦労された方々にも謝意を表する。

Murray Hill, New Jersey

Bjarne Stroustrup

初版の前書き

言語が考え方を形作り、考え得る内容を規定する。
— ベンジャミン・L・ウォーフ

C++は、本格的なプログラマにとって、プログラミングをもっと楽しくなることを目的に設計した汎用プログラミング言語である。ちょっとした詳細を除くと、C++はC言語のスーパセットである。C++は、C言語がもつ機能に加えて、型を新しく定義するための柔軟で効率的な機能を提供する。アプリケーションの概念に一致するよう新しい型を定義することで、プログラマはアプリケーションを管理可能な単位に分割できるようになる。この開発技法は、一般に**データ抽象化**（*data abstraction*）と呼ばれる。ユーザ定義型のオブジェクトは型情報をもち、コンパイル時には型を判断できない場面でも、便利に安全に利用できるようになる。この種の型のオブジェクトを用いたプログラムは、一般に**オブジェクトベース**（*object based*）と呼ばれる。この技法を活用すると、簡潔で理解しやすく、また保守しやすいプログラムが開発できるようになる。

C++の主要な概念は、**クラス**（*class*）である。クラスとは、ユーザ定義型である。クラスは、データを隠蔽して、データの初期化を保証して、さらに、暗黙の型変換や、ダイナミックな型付け、ユーザによるメモリ管理、演算子の多重定義の機能を提供する。C++は、C言語よりも優れた型チェックとモジュール性を提供する。また、クラスとは直接関係しないことであるが、シンボル定数、関数のインライン展開、関数のデフォルト引数、関数の多重定義、空き領域を管理する演算子、参照型など、数多くの改善が盛り込まれている。ハードウェアの基本オブジェクトを効率よく処理する（ビット、バイト、ワード、アドレスなど）C言語の能力を、C++は損なっていない。そのため、嬉しくなるほどの効率性をもったユーザ定義型が実現できるのだ。

C++とその標準ライブラリは、可搬性を意識して設計されている。C言語に対応したシステムのほとんどで現在のC++の処理系を動作させられる。C++プログラムから標準Cライブラリを利用することができるばかりか、C言語プログラミングに対応したほとんどのツールがC++でも利用できる。

本書は、言語を学習して、ある程度の規模のプロジェクトで実際に利用する、本格的なプログラマのサポートを大きな目標としている。C++の全体を解説するとともに、数多くの完全な形のサンプルコードと、それよりも多数のプログラム部分を示している。

謝辞

C++は、多くの友人、同僚による継続的な使用、提案、前向きな批判なくしては、絶対に成長できなかった。特に、言語設計の上で重要な概念を示してくれた方々の名前をあちげたい。Tom Cargill、Jim Coplien、Stu Feldman、Sandy Fraser、Steve Johnson、Brian Kernighan、Bart Locanthi、Doug McIlroy、Dennis Ritchie、Larry Rosler、Jerry Schwarz、Jon Shopiro。現在のストリーム入出力ライブラリを実装したのはDave Presottoである。

上記以外にも数百におよぶ方々が、改善提案、遭遇した問題、コンパイルエラーの報告を私にメールし、C++とそのコンパイラ開発に貢献してくれた。その一部しかあげられないが、ここに名前をあげさせていただく。Gary Bishop、Andrew Hume、Tom Karzes、Victor Milenkovic、Rob Murray、Leonie Rose、Brian Schmult、Gary Walker。

本書の刊行についても多くの方々が支援してくれた。特に次の方々の名前をあげさせていただく。Jon Bentley、Laura Eaves、Brian Kernighan、Ted Kowalski、Steve Mahaney、Jon Shopiro、それに1985年6月26、27日にオハイオ州コロンバス市のベル研究所で開催したC++講座の参加者の方々である。

Murray Hill, New Jersey

August 1985

Bjarne Stroustrup

目次

第7章 ポインタと配列と参照 179

第8章 構造体と共用体と列挙体 209

第9章 文 233

第10章 式 249

第11章 主要な演算子 281

第 18 章 演算子の多重定義 529

第 19 章 特殊な演算子 551

第20章 派生クラス 579

第21章 クラス階層 613

第22章 実行時型情報 641

第23章 テンプレート 665

第24章 ジェネリックプログラミング 699

第 25 章 特殊化 721

第 26 章 具現化 741

第 27 章 テンプレートと階層 759

第32章 STLアルゴリズム 927

第33章 STL反復子 953

第 40 章 数値演算 1161

第 41 章 並行処理 1193

第 42 章 スレッドとタスク 1213

第 43 章 標準Cライブラリ 1259

第 44 章 互換性 1273

第I部　はじめに

第I部では、C++ プログラミング言語の主要な概念、機能および標準ライブラリの概要を提示する。さらに、本書の概要と、C++ 言語の機能や利用法を本書でどのように解説するのかについても述べる。最初の数章では、C++ 言語とその設計思想、および利用法に関する背景について述べる。

「……マーカス、あなたは私に、いろんなものを与えて下すったわね。今、お返しに、この忠告をさしあげましょう。複数の人におなりなさい。一人の人間でありつづけ、いつでもマーカス・ココザでいるというゲームは、もうやめておしまいなさい。あなたはマーカス・ココザのことで心を悩ませすぎて、マーカスの奴隷か囚人になりはてているではないの。なにをするにも、まずそれがマーカス・ココザの幸福と名誉を侵しはすまいかと考えてからでなくては、なにもできなかったでしょう。あなたはいつでも、マーカス・ココザがおろかなことをしでかすのではないか、退屈するのではないかと、ひどく心配していたわ。そんなこと、ほんとうはなんの意味もないのではない？世界中で、人びとはおろかしいことをしているのだし、……もう一度、のびやかな気持と、軽快な心をとりもどしてほしいの。いいこと？　これからは、一度に一人以上の人間でいるのよ。思いつけるだけ沢山の数をそろえるほうがいいわ。……」

— カレン・ブリクセン［アイザック・ディネーセン］

（『七つのゴシック物語』から『夢みる人びと』より、横山貞子訳、晶文社）

第1章　本書の読み進め方

ゆっくりと急げ（festina lente）。
— カエサル・オクタウィアヌス・アウグストゥス

・本書の構成
　はじめに／基本機能／抽象化のメカニズム／標準ライブラリ／サンプルコードと参照
・C++ の設計
　プログラミングスタイル／型チェック／C 言語との互換性／言語とライブラリとシステム
・C++ の学習
　C++ プログラミング／ C++ プログラマへの提言／C 言語プログラマへの提言／ Java プログラマへの提言
・歴史
　時系列／黎明期／ 1998 年版の標準／ 2011 年版の標準／ C++ はどのように使われているのか
・アドバイス
・参考文献

1.1 本書の構成

純粋な入門書は、紹介していない概念を利用しないようにトピックを並べる。そのため、1ページ目から順に読み進められる。逆に、純粋なリファレンスマニュアルは、どこからでも読み始められる。関連するトピックが（前方や後方に）参照されて、簡素に記述されているからだ。純粋な入門書は、すべてが注意深く記述されているので、基本的に、予備知識を前提とせずに読み進められる。一方、純粋なリファレンスマニュアルは、基礎概念や技法の知識をもつ人だけが利用できる。本書は、両者の性格が組み合わさったものだ。読者が多くの概念や技法の知識をもっていれば、章単位、あるいは節単位で取り組める。知識をもっていなければ、先頭から始めるとよい。しかし、その場合、深みにはまらないように注意してほしい。索引や、他の箇所への参照を活用しよう。

本書は、全4部から構成されており、各部は比較的独立性が高い。そのため、各部には多少の重複がある。先頭から順に読み進める読者は、すでに読んだ内容を思い出せるだろう。本書には、本書自身を参照する箇所や、ISO C++ 標準を参照する箇所がたくさんある。経験を積んだプログラマであれば、C++ の（比較的）簡潔な“探検”の章を読むだけで、本書をリファレンスマニュアルとして利用するために必要な概要がつかめるはずだ。本書を構成する全4部は、次のようになっている：

第I部　**『はじめに』**：第1章（本章）は、本書のガイドであり、C++ の背景を少しだけ解説する。第2章から第5章は、C++ と標準ライブラリの簡単な紹介だ。

第II部　**『基本機能』**：第6章から第15章は、C++ の組込み型と、プログラムを構成するための基本機能を解説する。

第III部　**『抽象化のメカニズム』**：第16章から第29章は、オブジェクト指向プログラミングとジェネリックプログラミングのための、C++の抽象化のメカニズムとその利用法を解説する。

第IV部　**『標準ライブラリ』**：第30章から第44章は、標準ライブラリの全体像を示すとともに、互換性に関する解説を行う。

1.1.1 はじめに

この第1章では、本書の全体像や、その利用法のヒント、C++ の背景にある情報とその利用法を解説する。内容をよく理解して、興味を惹くものを見つけ出して、本書の他の箇所を読み終えてから、もう一度その部分を読み返してほしい。先へ進むのに、本章のすべてを理解しておく必要があるなどと考えることはない。

第I部では、C++ 言語と標準ライブラリの、主要概念と機能の全体像を章ごとに解説する。

第2章　**『C++ を探検しよう：基本』**では、C++ のメモリ、演算、エラー処理のモデルを解説する。

第3章　**『C++ を探検しよう：抽象化のメカニズム』**では、データの抽象化、オブジェクト指向プログラミング、ジェネリックプログラミングを支援する言語機能を解説する。

第4章　**『C++ を探検しよう：コンテナとアルゴリズム』**では、標準ライブラリが提供する、文字列、単純な入出力、コンテナ、アルゴリズムを解説する。

第5章　**『C++ を探検しよう：並行処理とユーティリティ』**では、資源管理や、並行処理、数値演算、正規表現などの標準ライブラリのユーティリティ全般を解説する。

限られたページで C++ の機能をめぐっていく忙しい探検の目的は、C++ が提供するものを少しだけ味わってもらうことだ。特に、本書の初版、第2版、第3版以降に、C++ が長い道のりを辿ったことが理解できるだろう。

1.1.2 基本機能

第II部では、C言語や他の類似言語で伝統的に利用されてきた複数のプログラミングスタイルをサポートする C++ の一部分に焦点を当てる。紹介するのは、型、オブジェクト、スコープ、記憶域の概要だ。演算の基礎となる、式、文、関数についても解説する。さらに、名前空間とソースファイルと例外処理によって実現される、モジュール性についても解説する。

第6章　**『型と宣言』**：基本型、名前、スコープ、初期化、単純な型導出、オブジェクトの生存期間、型別名。

第7章　**『ポインタと配列と参照』**

第8章　**『構造体と共用体と列挙体』**

第 9 章　『**文**』：文としての宣言、選択文（if 文と switch 文）、繰返し文（for 文、while 文、do 文）、goto 文、コメント。

第 10 章　『**式**』：電卓のサンプルコード、演算子のまとめ、定数式、暗黙の型変換。

第 11 章　『**主要な演算子**』：論理演算子、条件式、インクリメント／デクリメント演算子、空き領域（new と delete）、{} 並び、ラムダ式、明示的型変換（static_cast と const_cast）。

第 12 章　『**関数**』：関数の宣言と定義、inline 関数、constexpr 関数、引数の受渡し、関数多重定義、事前条件と事後条件、関数へのポインタ、マクロ。

第 13 章　『**例外処理**』：エラー処理のための複数の方式、例外安全性の保証、資源管理、不変条件の強制、throw と catch、vector の実装。

第 14 章　『**名前空間**』：namespace、モジュール化とインタフェース、名前空間を用いた合成。

第 15 章　『**ソースファイルとプログラム**』：分割コンパイル、結合、ヘッダファイルの利用、プログラムの実行開始と終了。

ここでは、第 I 部で取り上げるプログラミングの概念の大半について、読者がすでに慣れていると想定している。たとえば、再帰や繰返しを表現する C++ 機能を取り上げるが、その技術的な詳細には踏み込まない。また、再帰や繰返しという考えの有用性に対する詳しい解説は行わない。

この解説方針から外れる C++ の機能は、例外処理だ。多くのプログラマは例外処理の経験を積んでいないか、資源管理と例外処理が統合されていない（Java などの）言語の経験しかもっていない。そのため、例外処理を解説する第 13 章では、C++ での例外処理と資源管理の基本的な考え方を解説し、“資源獲得時初期化（Resource Acquisition Is Initialization）”技法（RAII）を中心に、その詳細へ踏み込んでいく。

1.1.3 抽象化のメカニズム

第III部では、さまざまな形態の抽象化を支援する C++ の機能を、オブジェクト指向プログラミング、ジェネリックプログラミングとともに解説する。第III部の章を大まかに分けると、クラス、クラス階層、テンプレートの三つとなる。

前半の 4 章では、クラスそのものに集中して解説する。

第 16 章　『**クラス**』：ユーザ定義型を表すクラスは、C++ における、あらゆる抽象化のメカニズムの基礎である。

第 17 章　『**構築と後始末とコピーとムーブ**』：クラスオブジェクトの作成と初期化の手段をプログラマがどのように定義できるかを解説する。また、コピー、ムーブ、解体の手段についても述べる。

第 18 章　『**演算子の多重定義**』：+、*、& などの一般的な算術演算子と論理演算子を中心に、ユーザ定義型の演算子に意味をもたせる規則を解説する。

第 19 章　『**特殊な演算子**』：添字演算の []、関数オブジェクトの ()、“スマートポインタ”の -> など、算術演算以外のユーザ定義演算子について解説する。

クラスは、複数のものから構成される階層を構築できる。

第 20 章　『**派生クラス**』：複数のクラスから階層を構築するための基本的な言語機能と、その基本的な使い方を解説する。インタフェース（抽象クラス）とその実装（派生クラス）は完全に分離できるし、分離した二者の動作は、仮想関数によって制御できる。なお、C++ でのアクセス制御モデル（`public`、`protected`、`private`）も解説する。

第 21 章　『**クラス階層**』：クラス階層を効率よく使う方法を解説する。複数の基底クラスからの派生を行う多重継承も取り上げる。

第 22 章　『**実行時型情報**』：オブジェクトが保持するデータを利用して、クラス階層を移動する方法を解説する。派生クラスオブジェクトとして定義されているかどうかを検査するための `dynamic_cast` や、（クラス名などの）オブジェクトの最小限の情報を得るための `typeid` なども取り上げる。

柔軟性、効率性、利便性が著しく優れた抽象化は、型（クラス）とアルゴリズム（関数）とが、他の型とアルゴリズムでパラメータ化されていることが多い。

第 23 章　『**テンプレート**』：テンプレートの背景にある基本的な考え方を解説する。クラステンプレート、関数テンプレート、テンプレート別名も取り上げる。

第 24 章　『**ジェネリックプログラミング**』：ジェネリックプログラムを設計する基本技法を紹介する。多数の具象コードから抽象アルゴリズムを**リフティング**（*lifting*）する技法を中心に解説して、ジェネリックアルゴリズムの引数の要件を明示する**コンセプト**（*concept*）も取り上げる。

第 25 章　『**特殊化**』：テンプレートが、与えられた引数式をもとにして、クラスと関数をどのように生成して**特殊化**（*specialization*）するのかを解説する。

第 26 章　『**具現化**』：名前のバインドの規則に焦点を当てて解説する。

第 27 章　『**テンプレートと階層**』：テンプレートとクラス階層をどのように組み合わせるのかを解説する。

第 28 章　『**メタプログラミング**』：テンプレートによるプログラムの生成を解説する。テンプレートはコードを生成する完全なチューリングメカニズムを提供する。

第 29 章　『**行列の設計**』：複雑な設計を例に、言語機能をどのように組み合わせるかを、長いサンプルコードを示して解説する。取り上げる例題は、ほぼすべての任意の型を要素にもつことのできる N 次元行列の設計だ。

抽象化技法を支援する言語機能は、各技法を取り上げる箇所で解説する。解説方針は第II部とは異なり、第III部では、技法についての読者の知識を前提としない。

1.1.4 標準ライブラリ

ライブラリの章は、言語の章よりもチュートリアル性が乏しい。どの章からでも読み始められるし、ライブラリコンポーネントのユーザマニュアルとしても利用できるようにしている。

第30章　**『標準ライブラリの概要』**：標準ライブラリの概要を述べて、ヘッダファイルを示す。exceptionやsystem_errorなどの言語支援や診断支援の機能を解説する。

第31章　**『STLコンテナ』**：反復子とコンテナとアルゴリズムによる（**STL**と呼ばれる）フレームワークの中から、コンテナについて解説する。vector、map、unordered_setを取り上げる。

第32章　**『STLアルゴリズム』**：find()、sort()、merge()などの、STLのアルゴリズムを解説する。

第33章　**『STL反復子』**：reverse_iterator、move_iterator、functionなどの、STLの反復子とその他ユーティリティを解説する。

第34章　**『メモリと資源』**：array、bitset、pair、tuple、unique_ptr、shared_ptr、アロケータ、ガーベジコレクタインタフェースなどの、メモリや資源管理に関連したユーティリティコンポーネントを解説する。

第35章　**『ユーティリティ』**：時間関連、型特性、型関数などの、小規模ユーティリティコンポーネントを解説する。

第36章　**『文字列』**：stringライブラリを解説する。異なる文字セットを利用する際の基本となる文字特性も取り上げる。

第37章　**『正規表現』**：正規表現の構文と、それを利用した文字列照合のための、さまざまな方法を解説する。文字列全体を比較するregex_match()、文字列内のパターンを探索するregex_search()、単純な置換を行うregex_replace()、文字ストリームを操作する汎用regex_iteratorを取り上げる。

第38章　**『入出力ストリーム』**：ストリーム入出力ライブラリを解説する。書式付き入出力と書式無し入出力、エラー処理、バッファリングを取り上げる。

第39章　**『ロケール』**：localeクラスと、それに付随するさまざまな特性項目facetを解説する。facetは、文字セットがもつ文化的な違い、数値の書式や日付と時刻などの書式の取扱いをサポートする機能を提供する。

第40章　**『数値演算』**：数値演算の機能を解説する（たとえば、complex、valarray、乱数、一般化した数値演算アルゴリズムなどだ）。

第41章　**『並行処理』**：C++の基本メモリモデルと、ロックを利用しない並行プログラミングを実現する機能を解説する。

第42章　**『スレッドとタスク』**：“スレッドとロック”による従来スタイルの並行プログラミング（thread、timed_mutex、lock_guard、try_lock()など）を支援するクラスと、（futureやasync()などによる）タスクベースの並行処理支援について解説する。

第43章　**『標準Cライブラリ』**：C++標準ライブラリが取り込んだ、（printf()やclock()などの）標準Cライブラリについて解説する。

第44章　**『互換性』**：C言語とC++の関係と、標準C++（ISO C++とも呼ばれる）と以前のバージョンのC++との関係を解説する。

1.1.5 サンプルコードと参照

本書は、アルゴリズムの設計よりもプログラム構造の理解に重点を置いている。そのため、技巧的あるいは難解なアルゴリズムは取り上げていない。一般的にいっても、プログラミング言語の定義や、プログラム構造の要点を示す際は、単純なアルゴリズムのほうが適している。たとえば、現実のコードではクイックソートが適している場面で、本書ではシェルソートを使っている。同じプログラムを、より適切なアルゴリズムで再実装することを、演習問題としていることも多い。現実のコードでは、プログラミング言語の解説のために示している本書のコードをそのまま利用するよりも、ライブラリ関数を呼び出したほうがよいだろう。

教科書のサンプルコードは、ソフトウェア開発に対して、どうしても誤った視点を与えてしまう。サンプルコードを明確かつ単純にするため、規模による複雑さが排除されるのだ。プログラミングやプログラミング言語が何なのかを理解するには、現実的なものと同程度の規模のプログラムをコーディングする以外にはないものである。本書では、言語機能と標準ライブラリ機能に焦点を当てている。それらは、あらゆるプログラムに必要不可欠な基本技術だ。特に、それらの要素に対する規則や技法に重点を置く。

サンプルコードは、コンパイラ、基盤ライブラリ、シミュレーションなどの設計開発現場における私の経験から選別したものだ。強調している点には、システムプログラミングにおける私の考え方が反映されている。いずれのサンプルコードも、現実世界でのコードを単純化したものである。この単純化は、プログラミング言語と設計上のポイントが、詳細に埋もれないようにするために必要不可欠だ。目標は、設計思想、プログラミング技法、言語構造、ライブラリ機能を表現する、もっとも短くて分かりやすいサンプルを提示することである。現実のコードに応用できないようなサンプルコードは、“キュート”ではない。なお、言語の技術的な機能を純粋に示すためのサンプルコードでは、変数名には`x`や`y`を使い、型には`A`や`B`を使い、関数名には`f()`や`g()`を使っている。

C++言語とライブラリの機能は、無味乾燥なマニュアル的な記述ではなくて、できるだけそれを利用する文脈の中で解説する。解説する言語機能とその詳細は、C++を効果的に利用するために必要なことに対する私の考え方を反映している。というのも、ある機能をどのように利用すべきか、あるいは、他の機能とどのように組み合わせるのかを、読者のみなさんに伝えたいからだ。言語やライブラリの技術的な詳細のすべてを理解する必要はないし、たとえ理解したとしても、優れたプログラムが書けるわけではない。あらゆる詳細を理解しなければならないという強迫観念は、凝りすぎて、必要以上に賢すぎる、ぞっとするようなコードを作ってしまう。必要なのは、アプリケーション分野を正しく把握した上での、設計とプログラミング技法に対する理解である。

本書は、読者のみなさんが、ネット上の情報にアクセスできることを前提としている。C++言語と標準ライブラリの決定稿は、ISO C++標準〔C++, 2011〕である。

本書中の別の箇所を参照する場合は、§2.3.4（本書の第2章の3.4節）と表記して、標準を参照する場合は、§iso.5.3.1（ISO C++標準の§5.3.1）と表記する。単なる強調（“文字列リテラルは指定できない”など）には圏点を与え、初出の重要な概念（**多態**（*polymorphism*）など）は、ゴシック体で表記する。

森林資源を少し節約して、追加の記述を単純化するために、本書の数百もの演習は、ウェブ上に移動した。www.stroustrup.com を参照しよう。

本書で示す言語とライブラリは、C++ 標準〔C++, 2011〕が定義する“純粋なC++”である。そのため、本書のサンプルコードは、あらゆる最新のC++ 処理系で実行できる。掲載したコードの大半は、複数のC++ 処理系上で確認したものだ。標準にごく最近採用された機能を使っているサンプルコードは、すべての処理系でコンパイルできるとは限らない。しかし、どの処理系がどのサンプルコードをコンパイルできないと明記することには意味がないと考えている。C++ 言語のすべての機能を正しく実装するために、実装者が努力しているので、そのような情報は、すぐに過去のものとなってしまう。古いC++ コンパイラでの対処法や、C コンパイラ向けに書かれたコードの取扱いについては、第44 章を参照しよう。

C++11 の機能は、私が最適と考える箇所では、遠慮なく利用している。たとえば、`{}` 構文の初期化子や、型別名のための `using` などは優先的に使っている。“古きよき時代の人々”は驚くかもしれない。しかし、驚きが、ものごとを見直すためのきっかけになることも多いものだ。ただし、私は、単に新しいからという理由だけで、新機能を利用することはない。目標は、基本的なアイディアをもっともエレガントに表現することである。そして、そのことが、これまでのC++ での表現、さらには、C言語での表現と調和することも目標だ。

（たとえば、顧客が現在の標準を使っていないなどの理由によって）C++11 以前のコンパイラを利用しなければならない場合は、新しい機能は使えない。しかし、以前から使っていて親しみがあるから、というだけの理由で、“古いやり方”のほうがよくて簡潔である、などと考えないようにしよう。C++98 とC++11 の違いは、§44.2 にまとめている。

1.2 C++ の設計

プログラミング言語の目的は、アイディアをコードとして表現するのを手助けすることだ。その意味では、プログラミング言語は、二つの関連した仕事を行う。マシンに実行させる処理をプログラマが指定するための手段を提供することと、プログラマが処理内容を考える際に利用する一連の概念を提供することだ。一点目の目的を考えると、言語はできるだけ“マシンに近い”ことが要求される。そうしておけば、プログラマは、分かりやすくて簡潔かつ効果的にマシンの主要なすべての特性を扱えるようになる。C言語は、本質的にこのことを念頭に設計されたプログラミング言語だ。しかし、二点目の目的を考えると、言語はできるだけ“解決すべき問題に近い”ことが要求される。直接的かつ簡潔に解を記述できるからだ。C++ の開発時にC言語に追加した、関数の引数チェック、`const`、クラス、コンストラクタとデストラクタ、例外、テンプレートなどの機能は、このことを念頭に設計された。すなわち、C++ は、以下に示す両方を提供するという考えに基づいている。

- **組込みの演算と型をハードウェアに直接マッピングすること**：メモリの効率的な利用と、効率的で低レベルな処理を提供できるようにするためだ。
- **使いやすくて柔軟な抽象化のメカニズム**：組込み型と同じ記法、使い方、性能をもったユーザ定義型を提供できるようにするためだ。

初期の時点で、Simula言語がもつ概念をC言語に盛り込んだので、この点は達成できた。時を経て、これらの設計思想の応用によって、汎用性、効率性、柔軟性が大きく向上した数多くの機能が生み出された。その結果、**効率的**（*efficient*）であり、かつ、**エレガント**（*elegant*）でもある、というプログラミングスタイルに統合されることになった。

C++言語の設計は、メモリ、変更可能性、抽象化、資源管理、アルゴリズムの表現、エラー処理、モジュール性などを使うプログラミング技法に重点を置いている。いずれもシステムプログラマにとってもっとも重要な技法であるし、資源の制約下で高性能が要求されるプログラマにとっても重要な技法である。

クラス、クラス階層、テンプレートなどのライブラリを定義すると、本書で示すものよりも高いレベルのC++プログラムが記述できる。たとえば、C++は、財務システムや、ゲーム開発、科学技術計算の分野でも広く利用されている（§1.4.5）。高レベルなアプリケーションプログラミングを、効率よく行いやすいものとするには、ライブラリが欠かせない。言語機能そのものだけでは、ほとんどのプログラミングは、著しく苦痛なものとなってしまう。このことは、すべての汎用プログラミング言語の共通点だ。逆に、適切なライブラリがあれば、どんなプログラミングも楽しくなる。

私は、C++言語を紹介する際は、必ず次の点から始めていた。

- **C++は、汎用プログラミング言語だが、システムプログラミング的性格が強い。**

この点は、現在も変わっていない。時とともに変わったのは、C++の抽象化機能の重要性、パワー、柔軟性が増したことである：

- **C++は、簡潔な抽象化によって、ハードウェアを直接的かつ効率的にモデル化する汎用プログラミング言語である。**

より単純にいえば、

- **C++は、エレガントで効率的な抽象化を開発して利用するための言語である。**

ここでの**汎用プログラミング言語**（*general-purpose programming language*）とは、幅広い用途で利用できるように設計された言語のことである。C++は（マイクロコントローラから巨大な商用分散アプリケーションまで）実に膨大な種類の用途に利用されてきている。しかし、重要な点は、言語として、特定のアプリケーション分野に対して、あえて特化させていないことだ。あらゆるアプリケーションや、あらゆるプログラマを対象とするプログラミング言語などは存在しないが、C++はもっとも広範囲のアプリケーション開発をサポートすることを目標としている。

また、ここでの**システムプログラミング**（*systems programming*）とは、その消費に厳しい制限があるハードウェア資源を直接利用するプログラミング、あるいは、そのようなコードと密接なやりとりを行うプログラミングのことだ。たとえば、（デバイスドライバ、通信スタック、仮想マシン、オペレーティングシステム、オペレーションズシステム、プログラミング環境、基本ライブラリなどの）ソフトウェア基盤の実装は、ほぼ間違いなくシステムプログラミングである。“システムプログラミング的性格が強い”という表現には、私の長年にわたるC++開発作業において、大きな意味があった。単純化を実現するために、あるいは、他のアプリケーション分野に適応するために、ハードウェアやシステム資源の利用を目的としたエキスパートレベルの機能を（妥協のために）排除したことはない。

もちろん、ハードウェアの完全な隠蔽や、（全オブジェクトを空き領域に置いた上で、すべての演算を仮想関数化するといった）高コストな抽象化や、（過剰な抽象化などの）エレガントではないスタイルや、（“アセンブリコードの見かけを変えただけのコード”のように）まったく抽象化を使わないスタイルなどによってプログラミングすることも可能だ。しかし、そのようなことは、他の多くのプログラミング言語で行えることであり、C++ の本質ではない。

（**D&E** という名で知られている）*The Design and Evolution of C++*〔Stroustrup, 1994〕では、C++ の設計思想を詳細に解説している。そこから二つの重要な原則を取り出そう：

- **C++ よりも下位レベルのプログラミング言語が存在できる余地を残さない**（ただし、アセンブリコードはごくまれな例外だ）。より下位のプログラミング言語を使って、より効率的なコードが記述できるならば、システムプログラミングではその言語を選択すべきである。
- **使わない機能のコストをゼロにする**。もし手書きのコードによって、言語機能や基本的抽象化がシミュレートできて、その性能が C++ を上回るのであれば、誰かが実際に手書きして、多くの人が模倣するだろう。そのため、言語機能や抽象化は、1 バイトも 1 プロセッササイクルも無駄使いしないように設計しなければならない。これが、**オーバヘッドゼロの原則**（*zero-overhead principle*）である。

いずれも、アテネの執政官 Dracon が制定したような厳しい原則だが、多くの場合（もちろんすべての場合ではないものの）、重要なことだ。特にオーバヘッドゼロの原則は、C++ の当初の構想以降、ことあるたびに C++ の簡潔化や表現力強化の一助となった。たとえば、STL は、その例である（§4.1.1，§4.4，§4.5，第 31 章，第 32 章，第 33 章）。二つの原則は、プログラミングレベルの向上にも不可欠である。

1.2.1 プログラミングスタイル

プログラミング言語の機能は、プログラミングスタイルを支援するためのものだ。プログラミング言語の個々の機能は、それ自体が解と考えるのではなく、解を表現するために組み合わせて利用できるものの中の、一つの部品と考えるべきである。

設計やプログラミングの一般的な考え方は、次のように単純化できる：

- アイディアを直接的にコードとして表現する。
- 独立したアイディアは、独立したコードとする。
- 複数のアイディア間の関係をコードとして表現する。
- 複数のアイディアの組合せをコードとして自由に表現する。ただし、組合せに意味がある場合に限る。
- 単純なアイディアは、単純に表現する。

多くの人に、これらの目標に賛同していただけるはずだ。しかし、それをサポートする言語の設計は、劇的に異なる。その根本的な理由は、それぞれの言語には、異なる要求、好み、個人やコミュニティよる多岐にわたる歴史があって、そのための技術的な複数のトレードオフがあるからだ。ここに示した、一般的な設計目標に対するC++の回答は、（C言語およびBCPL言語〔Richards, 1980〕にまで遡る）システムプログラミングから出発していることと、（Simula言語に由来する）抽象化によってプログラムの複雑さを解決しようという目標と、その歴史とから形作られた。

C++の言語機能は、以下の四つのプログラミングスタイルを、ほぼそのままサポートする：

- 手続き型プログラミング
- データ抽象化
- オブジェクト指向プログラミング
- ジェネリックプログラミング

とはいえ、これらを効率的に組み合わせることが重要である。ある程度以上の問題にとってベストな（保守性、可読性、コンパクトさ、実行速度などのすべてが最良となる）解は、上記スタイルを組み合わせたものとなるのが一般的だ。

コンピュータの世界の重要な用語ではよくあることだが、ここで使っている語句は、コンピュータ関係の産学界での分野ごとに、さまざまな定義がある。たとえば、私が“プログラミングスタイル（programming style）”と呼んでいるものを、“プログラミング技法（programming technique）”や“パラダイム（paradigm）”と呼ぶ人もいる。私が、“プログラミング技法”と呼ぶのは、より限られた範囲で言語に特化したものを指すときである。また、“パラダイム”という用語は、大げさであって、（オリジナルであるKuhnの定義からいっても）排他性を暗黙裏に主張しているように感じられるので、しっくりこない。

私が目標とするのは、プログラミングスタイルの連続的変化と、幅広いプログラミング技法の組合せをエレガントに表現できる言語機能である。

- **手続き型プログラミング**：処理と、それに適切なデータ構造の設計とに焦点を当てるプログラミングである。まさに、C言語の設計目的だ（Algol、Fortranなど他の多くのプログラミング言語も同様である）。C++では、組込み型、演算子、文、関数、構造体（`struct`）、共用体（`union`）などでサポートする。一部の例外を除くと、C言語は、C++のサブセットである。C言語と比較すると、C++は、数多くの言語の構成要素の追加と、厳格性と柔軟性とサポート性が向上した型システムとによって、手続き型プログラミングのサポートを強化している。
- **データ抽象化**：インタフェース設計、特に、一般的な実装の隠蔽と内部データ表現の隠蔽に焦点を当てるプログラミングである。C++は、具象クラスと抽象クラスをサポートする。これをサポートするのは、非公開とされる実装の詳細と、コンストラクタとデストラクタと、クラス用の演算子をもつことのできるクラスを定義する機能である。特に、抽象クラスの考え方が、完全なデータ隠蔽を直接サポートする。
- **オブジェクト指向プログラミング**：クラス階層の設計、実装、利用に焦点を当てるプログラミングである。クラスの束（たば）を定義できるようになっているので、複雑なクラスの束を移動したり、既存クラスから容易にクラスを定義したりするための、いろいろな言語機能を提供する。また、クラス階層は、実行時多相性（§20.3.2，§21.2）とカプセル化（§20.4，§20.5）を提供する。

- **ジェネリックプログラミング**：汎用アルゴリズムの設計、実装、利用に焦点を当てるプログラミングである。ここで、“汎用”とは、アルゴリズムの要件が引数に対して合致している限り、多彩な型に対応できる設計が可能なアルゴリズムのことである。C++では、主としてテンプレート機能によってサポートする。テンプレートは（コンパイル時の）引数多相性を提供する。

クラスの効率や柔軟性を高めるものであれば、どんなものでも、ここに示したプログラミングスタイルのサポートを強化する。そのため、C++は、**クラス指向**（*class oriented*）であるといえる（実際そう呼ばれてきた）。

ここに示した設計とプログラミングのスタイルのいずれもが、C++がC++であるための重要な要素である。これらのスタイルの一つだけに注目するのは、誤りだ。おもちゃのような小さなプログラムでもない限り、開発の労力が無駄になるし、最適とはいえない（柔軟でなく、冗長で、低性能で、保守しにくい、などの欠点をもった）コードにつながる。

誰かが上記のスタイルの一つだけを取り上げて（たとえば、“C++はオブジェクト指向言語である”のように）C++を特徴付けようとしたり、より厳密な表現が必要なときに（“ハイブリッド（hybrid）”や“混合パラダイム（mixed paradigm）”などの）一つの用語ですませようとするたびに、私はいい気がしない。前者は、これらのスタイルの統合が、C++たらしめるのに重要であるという事実を見落としている。後者は、C++の多様性を否定している。これらのスタイルは、それぞれが個別で、取りかえられるようなものではない。それぞれが、表現力と効率性を向上させるプログラミングスタイルに貢献するものであって、それらを組み合わせた利用を直接サポートする言語がC++だ。

C++の開発では、当初より、設計とプログラミングスタイルの統合を目標としていた。最初に出版したC++の書籍〔Stroustrup, 1982〕でも、複数のスタイルを組み合わせて利用する例題や、次のような組合せをサポートする言語機能を明記していた。

- **クラス**は、これらすべてのスタイルをサポートする。そのすべてが、ユーザ定義型と、ユーザ定義型のオブジェクトとして表現した概念に基づく。
- **public／privateによるアクセス制御**は、インタフェースと実装を明確に区別することで、データ抽象化とオブジェクト指向プログラミングをサポートする。
- **メンバ関数、コンストラクタ、デストラクタ、ユーザ定義の代入演算**は、データ抽象化とオブジェクト指向プログラミングに必要な、オブジェクトに対する明確な関数インタフェースを実現する。同時に、ジェネリックプログラミングに必要な、統一的な記法を提供する。より汎用的な多重定義機能は1984年に追加され、統一的な初期化構文は2010年に追加された。
- **関数宣言**は、静的にチェックされるインタフェースの指定を、通常の関数と同様に、メンバ関数に対しても提供する。これも、すべてのスタイルをサポートする。多重定義にも必要な機能である。C言語が“関数プロトタイプ（function prototype）”機能をもっていなかった頃でも、Simula言語は、メンバ関数に加えて関数宣言の機能も有していた。

・**汎用関数とパラメータ化された型**（これらは、関数とクラスから、マクロによって生成されていた）は、ジェネリックプログラミングをサポートする。テンプレート機能は1988年に追加された。

・**基底クラスと派生クラス**は、オブジェクト指向プログラミングと、ある種のデータ抽象化の基盤を提供する。仮想関数は1983年に追加された。

・**インライン化**は、上記の機能をシステムプログラミングとして利用できるようにするとともに、実行時の時間と空間の効率に優れたライブラリ開発に貢献する。

これらの初期の機能は、ばらばらなプログラミングスタイルをサポートするというよりも、一般的な抽象化のためのメカニズムである。現在のC++は、軽量化された抽象化をベースとした設計とプログラミングを、以前よりはうまくサポートしている。とはいえ、エレガントで効率的なコードという目的は、当初から存在していた。1981年以降は、当初考えていた以上の、プログラミングスタイル（“パラダイム”）の統合を、よりうまくサポートするようになり、その統合を飛躍的に向上させた。

C++での基礎的なオブジェクトは、アイデンティティをもっている。すなわち、メモリ上の特定の位置に置かれ、他のオブジェクトが（もしも）同じ内容をもっていたとしても、アドレスによって識別できる。このようなオブジェクトを表す式は、**左辺値**（*lvalue*）と呼ばれる（§6.4）。しかし、C++の先祖〔Barron, 1963〕のごく初期の段階ですら、アイデンティティをもたない（いつでも安全に参照できるアドレスをもたない）オブジェクトが存在していた。この**右辺値**（*rvalue*）の概念は、C++11では、低コストにムーブできる値という概念へと進化した（§3.3.2，§6.4.1，§7.7.2）。このようなオブジェクトは、（アイデンティティをもつオブジェクトの概念が、恐怖の目で見られてしまう）関数プログラミングの中で使われるものに似た、基本技術だ。この機能は、本来ジェネリックプログラミング用に開発された技法と言語機能（ラムダ式など）をうまく補完する。さらに、（たとえば、配列の+演算などで生成される）大規模な配列となる演算結果を、いかに効率よくエレガントに返却するかという、“単純抽象データ型（simple abstract data type）”とかかわる従来からの問題も解決した。

ごく初期の段階から、C++プログラムとC++自体の設計は、資源管理を考慮してきた。資源管理については、以下のことを目標としていた（している）：

・単純である（実装者と、特にユーザにとって）。
・一般性がある（どこからか獲得して、事後に返却が必要なものすべてが資源である）。
・効率的である（オーバヘッドゼロの原則にしたがう：§1.2）。
・完全である（リークは許さない）。
・静的に型安全である。

標準ライブラリの`vector`、`string`、`thread`、`mutex`、`unique_ptr`、`fstream`、`regex`などのC++の重要なクラスの多くは、資源ハンドルである。標準以外の基本ライブラリやアプリケーションライブラリでも、行列やウィジェットなどの、数多くの資源ハンドルを提供していた。資源ハンドルの概念をサポートした第一歩は、“クラス付きのC（C with Classes）”の最初のドラフト版に書かれた、コンストラクタとデストラクタの規程であった。その後すぐに、コピーコンストラクタと代入演算の定義による、コピー演算の制御と一緒に実現された。この一連の変遷は、C++11 でのムーブコンストラクタとムーブ代入演算（§3.3）の導入によって終止符を打ち、大規模なオブジェクトをスコープをまたいで低コストにムーブできるようになった（§3.3.2）。さらに、多相的オブジェクトや共有オブジェクトの生存期間の制御も容易になった（§5.2.1）。

資源管理をサポートする機能は、資源ハンドルではない抽象化でも有用だ。不変条件を確立して管理するすべてのクラスは、その機能の一部を利用する。

1.2.2 型チェック

人の頭の中にありプログラミングに利用する言語と、人が考える問題とその解の関係は極めて密接だ。そのため、プログラマの誤りを減らすために言語機能を制限することは、よくいっても危険なことである。言語がプログラマに提供するのは、概念的な道具だ。その仕事に不向きな道具であれば、使わなければよい。ある特定の言語機能が存在するかどうかによって、設計がよくなったり誤りがなくなったりする保証はない。とはいえ、言語機能と型システムによって、プログラマは自身の設計を正確かつ簡潔にコードとして表現できる。

静的な型表現とコンパイル時型チェックの概念は、C++ の効果的な利用の中核となる。静的な型の利用は、表現力と保守性と性能にとって重要だ。コンパイル時にチェックされるインタフェースをもったユーザ定義型の設計は、Simula と同様に、C++ での豊かな表現力を支えるために重要なものだ。組込み型とユーザ定義型を同等にサポートできるようにするために、少々手間はかかるものの、C++ の型システムは、拡張可能である（第 3 章，第 16 章，第 18 章，第 19 章，第 21 章，第 23 章，第 28 章，第 29 章）。

C++ の型チェックとデータ隠蔽の二つの機能は、事故によるデータ破壊を防ぐための、コンパイル時のプログラム解析に依存している。ただし、意図的な規則違反に対する機密や保護は行わない。すなわち、C++ は事故は防ぐものの、不正行為は防がない。とはいえ、二つの機能は、時間と空間のオーバヘッドなしに、自由に利用できる。その目標は、有用であることだ。言語機能は、エレガントであるだけでなくて、現実世界のプログラムで使いやすいものでなければならないからだ。

C++ の静的な型システムは柔軟性があり、単純なユーザ定義型であれば、オーバヘッドがほとんどない。サポートを目指しているプログラミングスタイルは、単なる汎化ではない。むしろ、整数、浮動小数点数、文字列、“生メモリ（raw memory）”、“オブジェクト（object）”などの独立的な概念を、独立したアイディアとして表現するものだ。タイプリッチなプログラミングスタイルは、コードの可読性、保守性、解析性を向上させる。貧弱な型システムが貧弱な解析しかできないのに対し、タイプリッチなプログラミングスタイルでは、エラーの発見や最適化の機会が増える。C++ のコンパイラと開発ツールは、そのような型ベースの解析を行う〔Stroustrup, 2012b〕。

C++ のサブセットとしてC言語の大部分を管理して、低レベルなシステムプログラミング作業の多くの場面で必要となるハードウェアとのマッピングを維持するには、静的な型システムから逸脱ができなければならない。しかし、私の目標は、完全な型安全である（これまでもずっとそうだった）。そういう意味で、Dennis Ritchieの“C言語は、強い型付けと、弱い型チェックを行う。”という言葉には同感できる。Simulaが、型安全と柔軟性を両立させている点は注目に値する。実際、私がC++の開発を始めた時点では、“クラス付きのC”ではなく、“クラス付きのAlgol 68”が目標だった。しかし、型安全なAlgol 68〔Woodward, 1974〕をもとにして進める作業は、行うべきことが多くて、大変な困難を伴うものだった。そのため、完全な型安全は、C++が近づくべき理想である。とはいえ、その理想に対して、C++プログラマ（特にライブラリ開発者）は、達成するために努力できるものだ。時間の経過とともに、その目標に近づくための、言語機能と、標準ライブラリのコンポーネントと、技術が充実してきた。コードの低レベルな部分（型安全なインタフェースから分離されていることが望ましい）と、他の言語の規約にしたがうコードとのインタフェースとなるコード（たとえば、オペレーティングシステムのシステム呼出しインタフェースなど）と、抽象化の基盤となる実装部（`string`や`vector`など）を除くと、型安全でないコードが必要となることは、現在では少なくなっている。

1.2.3 C言語との互換性

C++は、C言語から派生する形で開発した。若干の例外はあるものの、C言語をサブセットとして包含している。C言語をもとにした大きな理由は、実績のある一連の低レベルな言語機能の上に構築することで、技術分野のコミュニティに参加できることだ。C言語との互換性を高いレベルに維持することは、重要だった〔Koenig, 1989〕〔Stroustrup, 1994〕（第44章）。しかし、そのことが、（残念ながら）C言語の文法を整理する作業の妨げになった。C言語とC++のそれぞれを、多少なりとも並行かつ継続的に進化させるために、常に注意を払う必要があり、懸案事項が発生し続けることになった〔Stroustrup, 2002〕。広く利用されている二つの言語に対して、“可能な限りの互換性”を維持するために、二つの委員会を組織するというのは、仕事の進め方としてよいものではない。特に、互換性の価値、よいプログラミングとは何か、よいプログラミングに必要なものは何か、といった点については意見の違いもある。委員会間のやりとりを続けるだけでも、膨大な作業となる。

C言語とC++間の100%の互換性は、決してC++の目指すところではない。というのも、型安全や、ユーザ定義型と組込み型間のスムーズな統合などで、妥協が必要となるからだ。とはいえ、C++の言語仕様のレビューが繰り返されたので、根拠のない非互換は排除されてきた。現在では、C言語との互換性は、オリジナルの頃よりも高まっている。C++98では、C89の詳細を数多く取り込んでいる（§44.3.1）。C言語がC89〔C, 1990〕からC99〔C, 1999〕に進化したときに、C++は機能として誤っているVLA（可変長配列：variable-length array）と、冗長である指示付き初期化子（designated initializer）以外の、ほとんどの新機能を取り込んだ。低レベルなシステムプログラミングのためのC言語の機能は、残した上で強化している。たとえばインライン化（§3.2.1.1, §12.1.5, §16.2.8）や`constexpr`（§2.2.3, §10.4, §12.1.6）である。

逆に、現在のC言語は、C++から多くの機能を（正確さや効率は変化しているものの）取り込んでいる（その一例が、`const`、関数プロトタイプ、インライン化などだ：〔Stroustrup, 2002〕を参照しよう）。

C++ の言語仕様は、正当なC言語、正当な C++ という言葉が、それぞれの言語で同じ意味になるよう、改訂されている（§44.3）。

C言語の当初の目標の一つが、システムプログラミングでもっとも要求されていたアセンブリコードを置きかえることであった。C++ は、その分野の利点を損なわないように注意深く設計された。C言語と C++ の本質的な違いは、型と構造の重要度にある。C言語には、表現力と許容力がある。しかし、C++ は、型システムを広く利用することで、性能を犠牲にすることなく、より豊かな表現力を獲得している。

C++ の学習にあたって、C言語の知識は必須ではない。C言語でのプログラミングで必要となる技法やコツの多くが、C++ の言語機能によって不要となっている。たとえば、明示的な型変換（キャスト演算）は、C++ では必要となることは、ほとんどない（§1.3.3）。とはいえ、良質なCプログラムは、そのまま C++ プログラムとなることが多い。たとえば、Kernighan と Ritchie の書籍 *The C Programming Language, Second Edition*〔Kernighan, 1988〕のすべてのプログラムは、そのまま C++ プログラムにもなる。静的に型付けされたものであれば、どんなプログラミング言語であっても、その経験が、C++ の学習に活かせるだろう。

1.2.4 言語とライブラリとシステム

C++ の基本型（組込み型）と演算子と文は、数値や文字やアドレスなどの、コンピュータハードウェアを直接操作する。C++ には、高レベルなデータ型と、高レベルな原始的な演算はない。たとえば、逆行列演算をもつ配列型はないし、連結演算をもつ文字列型もない。そのような型が必要であれば、ユーザは、言語機能を用いて定義できる。実際、汎用な型やアプリケーションに特化した型の定義は、C++ プログラミングのもっとも基礎的な作業だ。的確に設計されたユーザ定義型が、組込み型と異なる点は、定義の方法だけであって、利用の方法は同じだ。C++ 標準ライブラリ（第 4 章，第 5 章，第 30 章，第 31 章など）は、型の定義と利用のサンプルの宝庫だ。ユーザにとっては、組込み型と、標準ライブラリが提供する型は、あまり違わないように見える。ごく少数の不幸で小さな過去の事故を除くと、C++ 標準ライブラリは、C++ 言語で記述されている。C++ の標準ライブラリを C++ で記述することは、C++ の型システムや抽象化機能を試すための厳しいテストとなっている。というのも、ほとんどのシステムプログラミングでは、高い表現力と効率（柔軟性）が要求されるからだ（実際にそうなっている）。そのため、抽象化レイアの上にレイアを重ねるのが一般的となる、大規模システムでの利用に耐え得るものとなっている。

利用されていないときに時間と空間の実行時オーバヘッドを伴うような機能は、排除されている。たとえば、全オブジェクト内に“管理情報（housekeeping information）”を埋め込んだ上での構築は排除されている。そのため、2 個の 16 ビットのフィールドをもつ構造をユーザが宣言すると、それは 1 個の 32 ビットレジスタに収まる。`new`、`delete`、`typeid`、`dynamic_cast`、`throw` 演算子、`try` ブロックを除くと、C++ の式と文に対して、実行時の支援が必要となることはない。これは、組込みシステムや高性能アプリケーションにとって極めて重要なことだ。これによって、C++の抽象化のメカニズムが、組込みシステム、高性能システム、高信頼性システム、リアルタイムシステムでもうまく利用できるようになっている。このようなアプリケーションを開発するプログラマは、(エラーにつながりやすくて、貧弱で、非生産的な) 低レベルな言語機能を使う必要がない。

C++は、古典的なコンパイル環境と実行環境、すなわち、C言語プログラミング環境であるUNIXシステム〔UNIX, 1985〕で利用するために設計されていた。幸いにも、C++がUNIX専用となることは一度もなかった。というのも、言語、ライブラリ、コンパイラ、リンカ、実行環境などの関係のモデルとして、UNIXとC言語を利用しているにすぎなかったからだ。このような最小限のモデルを採用したことで、C++は基本的にあらゆるコンピュータプラットフォーム上で利用できるようになった。とはいえ、システムからの多大な支援が実行時に必要となる環境も存在する。動的ロード、差分コンパイル、型定義データベースなどの機能は、言語とは無関係に利用できる。

すべてのコードが、的確に構造化されていて、ハードウェアに依存していなくて、可読性が高くなっている必要はない。C++には、ハードウェア機能を隅々まで把握することなく、安全性を気にせず、しかも直接的かつ効率的に操作するための機能がある。さらに、そのようなコードを、エレガントで安全なインタフェースで隠蔽する機能もある。

大規模システムの開発では、複数プログラマによる複数グループでC++を利用する、というのは、自然なことだ。C++の強化されたモジュール性、強力に型付けされたインタフェース、柔軟性が、そこで発揮される。しかしプログラム規模が大きくなるにつれて、開発や保守に関する問題は、言語自体の問題から、ツールや管理などの広範囲の問題へと移行していく。

本書は、一般的な機能や、一般的に有用となる型や、ライブラリなどを実現するための技法に重点を置いている。これらのテクニックは、大規模プログラムを開発するプログラマだけではなく、小規模プログラムのプログラマに対しても有用である。また、ある程度の規模のプログラムは、半ば独立した数多くの部品で構成されているので、そのような部品を記述するテクニックは、あらゆる種類のアプリケーションプログラマの役に立つ。

サンプルコードでは、`vector`などの、標準ライブラリコンポーネントの実装例と利用例を示している。すなわち、ライブラリコンポーネントそのものに加えて、その背景となっている設計思想と実装技法も紹介している。それらの具体例は、プログラマが、独自のライブラリを、いかに設計して実装すべきかも示すことになる。とはいえ、ある問題を解決できるコンポーネントが標準ライブラリで実装ずみであれば、自作するよりも、ライブラリコンポーネントを利用したほうが、ほとんどすべての場合でよいものとなる。標準コンポーネントが、ある特定の問題に対する自家製コンポーネントよりも、明らかに劣っていたとしても、標準コンポーネントのほうが、幅広く適用できるし、有効性も高いし、より広く知られている。長期的に見ると、(場合によっては、使い勝手のよいカスタムインタフェース経由でアクセスされることもある) 標準コンポーネントは、長期的な保守、移植、チューニング、教育にかかるコストが、低下する傾向にある。

詳細な型構造を使ってプログラムを開発すると、ソースコードの大きさ (さらに、生成されたコードの大きさ) が増加するのではないかと危惧するかもしれない。しかし、C++では、そうはならない。

関数の引数型を宣言したり、クラスを利用したり、といろいろな機能を利用しているC++のプログラムは、その機能を利用しない同等のCプログラムよりも、少し小さくなるのが一般的だ。ライブラリを利用したC++プログラムであれば、同等のCプログラムよりも大幅に小さくなる。もちろん、そのような機能をC言語で実現できた場合の話だが。

C++は、システムプログラミングをサポートする。すなわち、C++のコードは、システム用に他言語で記述されたソフトウェアと効率的に連携できる。すべてのソフトウェアが、単一言語で記述できるというのは、幻想だ。C++は当初から、C言語、アセンブラ、Fortranと単純かつ効率よく連携するように設計されている。つまり、C++、C言語、アセンブラ、Fortranで記述された関数は、余計なオーバヘッドやデータ変換などを伴うことなく、相互に呼出し可能である、ということだ。

C++は、単一のアドレス空間内で実行するように設計されている。マルチプロセスや複数のアドレス空間の利用は、言語仕様の範囲を越えるものなので、オペレーティングシステムの支援が不可欠である。特に、C++プログラマは、システムでプロセスを実行するためのオペレーティングシステムのコマンドが利用できることを想定している。初期の頃は、UNIXのシェルを想定していたが、実際には、"スクリプト言語"であれば何でもよい。そのため、C++は、複数アドレス空間をサポートする機能も、マルチプロセスをサポートする機能ももっていない。しかし、初期の頃から、それらの機能をもつシステム上でもC++は利用されている。C++は、大規模システム、並行システム、複数言語のシステムの一部分となるように設計されているのだ。

1.3 C++の学習

完全なプログラミング言語などは存在しない。幸いにも、プログラミング言語は、素晴しいシステムを組み立てるための優れたツールとして、完全である必要はない。実際、汎用プログラミング言語は、託される数多くのすべての処理に対して完全になることは不可能だ。ある処理に対して完璧なものが、他の処理では耐えられないほどのひどいものになってしまうことはよくある。というのも、ある分野での完全性は、その分野への特化を意味するからだ。そのため、C++は、幅広いシステム開発での優れたツールとなって、さまざまなアイディアを直接的に表現できるように設計されている。

言語がもつ機能だけで、すべてを直接的に表現することは不可能だ。実際、そのようなことは、理想ですらない。言語の機能は、さまざまなプログラミングスタイルやテクニックをサポートするために存在するものである。そのため、言語の学習は、その言語本来の自然なスタイルの修得に集中すべきであって、言語機能のすべての詳細までを理解する必要はない。実際にプログラムを書くことが重要だ。というのも、プログラミング言語の理解は、単なる知的演習ではないからだ。アイディアの実用的な応用が必要である。

実用的なプログラミングでは、ほとんど利用されない言語機能を知っていることや、多数の広範囲な機能を使うことによるメリットは、あまりない。ある単一の言語機能だけでは、ほとんど役立たないのだ。機能は、ある種のテクニックや、他の機能から利用される文脈でのみ、意味をもつし、役に立つ。そのため、以降の章を読む際には、C++の詳細まで検証する本当の目的が、堅実な設計において優れたプログラムスタイルをサポートするための言語とライブラリが駆使できるようになるためである、ということを覚えておこう。

言語機能だけでは、重要なシステムの開発は行えない。プログラミング作業を単純化して、システムの質を向上させるためには、ライブラリを開発して利用する。ライブラリを使うと、保守性、可搬性、性能が向上する。アプリケーションの基礎となる概念は、（クラス、テンプレート、クラス階層などの）抽象化として表現できる。プログラミング概念のもっとも基礎的なものの多くが、標準ライブラリとして表現されている。そのため、標準ライブラリの学習は、C++ 学習の必要不可欠な部分となる。また、標準ライブラリは、いかにうまくC++ を利用するのかを示す、知識の宝庫でもある。

C++ は、教育や研究の分野でも広く利用されている。このことは、C++ がこれまで設計された言語の中でもっとも小さいわけではないし、もっともクリーンというわけでもないと、正しく指摘できる人には意外に感じられるかもしれない。とはいえ、次のようにいえる：

・基本的な設計やプログラミングの概念を教育できる程度に、十分クリーンである。
・高度な概念や技法を教育するための道具として、十分に懐が深い。
・必要なプロジェクトに対して、十分に現実的であって、効率がよく、柔軟である。
・学習したことを学術分野以外でも活用できるほど、十分に商用的である。
・多様な開発環境と実行環境における組織や共同作業で十分に利用できる。

C++ は、学習とともに成長できる言語である。

C++ の学習においてもっとも重要な点は、（たとえば、型安全、資源管理、不変条件のような）基礎概念と、（たとえば、スコープ付きのオブジェクトを使った資源管理や、アルゴリズムでの反復子の利用のような）プログラミング技法とに集中するあまり、言語の技術的詳細に迷い込まないことである。プログラミング言語学習の目的は、よりよいプログラマになることである。すなわち、新しいシステムの設計と実装や、既存のシステムの保守を、より効率的に行えるようになることだ。そのためには、すべての詳細を把握するよりも、プログラミングと設計の技法そのものを正しく理解するほうが、はるかに重要だ。技術的な詳細は、時間と経験とで理解できるようになる。

C++ のプログラミングのベースとなっているのは、強力な静的型チェックであり、高度な抽象化と、プログラマのアイディアの直接的な表現とを達成するための多くの機能である。多くの場合、より低レベルな技法と比較しても、時間と空間の実行時の効率性を損なうことなく実現できる。他の言語から移行してきたプログラマがC++ の利点を活かすには、慣用句ともいえる、C++ でのプログラミングスタイルや技法を学ぶ必要がある。このことは、表現力に欠けていた初期のC++ から移行したプログラマにも当てはまる。

あるプログラミング言語での技法を、深く考えずに他の言語に適用すると、多くの場合、扱いにくくて、実行性能が低くて、保守しにくいコードとなる。さらに、そのようなコードを書くのは、フラストレーションがたまる作業となってしまう。というのも、コードの1行1行と、コンパイルエラーの1行1行が、“それまでの言語”と違う言語を利用していることを、プログラマに思い出させるからだ。Fortran、C言語、Lisp、Java など、あらゆる言語のプログラミングスタイルを使ってC++ で記述することは可能ではある。しかし、ある言語の記述を、異なる設計思想で行うことは、心地よいものではないし、経済的でもない。C++ プログラムをいかに記述すべきかというアイディアは、どんな言語からでも豊富に得られる。しかし、C++ として効果的なものとするためには、そのアイディアをC++ での一般的な構造や型システムにフィットさせるための変換が必要である。言語の基本的な型システムだけだと、割に合わないものとなってしまう。

C++ を学習する前にC言語を学ぶ必要があるかどうかという議論は、現在でも続いているが、直接C++ に進むのが最良だと、私は確信している。C++ のほうが、安全であって表現力が豊かで、しかも、低レベルの技法への集中が必要となる局面が減る。C言語とC++ の共通部分と、C++ で直接サポートしている高レベルな技法とを身に付けた後であれば、高レベルな機能に欠けているために必要となる、C言語のトリッキーな部分を学びやすくなる。C++ からC言語に進むプログラマのためのガイド、すなわち、過去の遺産のようなコードの扱い方などは、第44章にまとめている。また、初心者にC++ を教育する際の私の見解は〔Stroustrup, 2008〕で解説している。

複数のC++ の処理系が独立して開発されている。ツール、ライブラリ、ソフトウェア開発環境が豊富に用意されている。教科書やマニュアル、それに当惑するほど大量のオンライン上の資料などが、修得の手助けとなるだろう。C++ の利用を真剣に考えているのならば、それらの情報源を複数活用することを強くお勧めする。それぞれに、独自の強調点と偏りがあるので、少なくとも二つを利用すべきだ。

1.3.1 C++ プログラミング

“C++ でよいプログラムを書くにはどうすればよいのだろう？”という質問は、“英語でよい散文を書くにはどうすればよいのだろう？”という質問とよく似ている。答えは二つだ。一つは“自分がいいたいことを把握すること。”であり、もう一つは“実際に書くこと。優れたコードを模倣すること。”である。いずれも、英語とC++ の両方にふさわしい答えだと感じている。ただし、その実践は容易ではない。

多くの高級言語と同様に、C++ でのプログラミングの大きな目的は、設計が示す（アイディアや記法などの）概念をコードとして直接表現することである。一般に、概念のレベルで議論する際には、ホワイトボード上に四角や矢印を描いて表現するし、目的のプログラムに直結する部分を（プログラミング分野に限ることではないが）教科書から探したりする：

[1] アイディアをコードで直接表現する。
[2] 複数のアイディアの（階層関係、やりとりの関係、関係の所有権などの）関係を、コードで直接表現する。
[3] 独立したアイディアは、独立的にコードで表現する。
[4] 単純なものは、単純なままとする（複雑なことを実現不可能にすることなく）。

より具体的にいえば、

[5] 静的型チェックを優先する（利用できる場合）。
[6] 情報の局所性を高める（たとえば、広域変数の利用を避けたり、ポインタの利用も最小限に抑えたりする）。

[7] 過剰な抽象化を行わない（すなわち、汎化、クラス階層の導入、必要性も実績も明白でないパラメータ化を行いすぎてはいけない）。

具体的な提言は、§1.3.2 で示す。

1.3.2 C++プログラマへの提言

これまでに多くの人々が、10 年から 20 年以上も C++ を利用してきている。さらに、もっと多くの人々が、ある一つの環境で C++ を利用していて、初期のコンパイラや第一世代のライブラリに存在した制限事項のもとで作業を続けている。経験豊富な C++ プログラマが何年間も見落とすことが多いのは、新機能ではなく、むしろ、機能間の関係の変化、基礎的な新しいプログラミングテクニックを実現可能にするための機能間の関係である。換言すると、初めて C++ を学習した際に思いもよらなかったことや、当時は実現不可能と考えたことが、現在は優れた方式となっている可能性があるのだ。それを見つけるには、基本をもう一度吟味するしかない。

本書を、章の順どおりに読んでいこう。ある章の内容をすでに把握していれば、その章は数分で読み終えられるだろう。まだ把握していなければ、読むことで意外な発見があるだろう。私も、本書の執筆にあたって、新しく学んだことがある。本書が解説する言語機能やテクニックのすべてを知っている C++ プログラマは、ほとんどいないだろうと考えている。C++ をうまく使いこなすには、一連の言語機能とテクニックを順序立てて正しく理解する視点が必要だ。本書の構成と具体例が、まさにその視点を示している。

設計やプログラミング技法を新しいものへと進化させるための C++11 の新機能を身に付ける機会を活用すべきだ：

[1] コンストラクタによって不変条件を確立する（§2.4.3.2，§13.4，§17.2.1）。

[2] コンストラクタとデストラクタの組合せによって、資源管理を単純化する（RAII：§5.2，§13.3）。

[3] “裸の”`new` と `delete` 演算子を避ける（§3.2.1.2，§11.2.1）。

[4] 組込み型の配列や、その場しのぎのコードではなくて、コンテナやアルゴリズムを用いる（§4.4，§4.5，§7.4，第 32 章）。

[5] 独自開発のコードよりも、標準ライブラリ機能を優先する（§1.2.4）。

[6] 局所的に処理できないエラーの通知には、エラーコードではなくて例外を使う（§2.4.3，§13.1）

[7] 大規模オブジェクトのコピーを避けるために、ムーブセマンティクスを利用する（§3.3.2，§17.5.2）。

[8] 多相型のオブジェクトの参照に、`unique_ptr` を使う（§5.2.1）。

[9] 解体の責任をもつ所有者を一意に特定できない共有オブジェクトの参照には、`shared_ptr` を使う（§5.2.1）。

[10] 静的な型安全を維持して（キャスト演算を削減して）、不要なクラス階層を避けるために、

テンプレートを使う（§27.2）。

C言語プログラマとJavaプログラマ向けのアドバイスを読むのもよいだろう（§1.3.3, §1.3.4）。

1.3.3 C言語プログラマへの提言

C言語の知識が深いほど、C言語のプログラミングスタイルを使わずにC++のコードを書くことが困難となる傾向があるようだ。しかし、それだと、C++がもつ潜在的な利点の多くを失ってしまう。C言語とC++の違いについては、第44章を参照しよう。

[1] C++を、いくつかの機能が追加されたC言語と考えないように。そのようにC++を使うことはできるが、最適にはならない。C言語と比較してC++が本当に優位な点の恩恵を受けるには、異なる設計と実装のスタイルが必要だ。

[2] C++でC言語を書かないように。保守性と性能面の両方で最適とはほど遠くなる。

[3] C++標準ライブラリを、新しいテクニックや新しいプログラミングスタイルの手本として利用しよう。標準Cライブラリとの違いに注意すべきだ（たとえば、コピーには`strcpy()`ではなく`=`を使って、比較には`strcmp()`ではなく`==`を使うなどだ）。

[4] C++では、マクロによる置換は、ほぼ確実に不要である。定数を表すには、`const`（§7.5）、`constexpr`（§2.2.3, §10.4）、`enum`、`enum class`（§8.4）を使う。関数呼出しのオーバヘッドを排除するには`inline`（§12.1.5）を使う。関数と型のファミリを表すには`template`（§3.4, 第23章）を使い、名前の衝突を排除するには`namespace`（§2.4.2, §14.3.1）を使う。

[5] 必要になる時点まで変数は宣言しない。そして、宣言と同時に初期化する。`for`文の初期化子（§9.5）の中や、条件（§9.4.3）の中など、文が置ける箇所であれば、どこでも宣言できる（§9.3）。

[6] `malloc()`は使わない。`new`演算子のほうが、同じ処理をより上手に実行する（§11.2）。また、`realloc()`の代わりに`vector`を使う（§3.4.2）。`malloc()`と`free()`を、単純に“裸の”`new`と`delete`に置きかえないようにしよう（§3.2.1.2, §11.2.1）。

[7] クラスと関数内の著しく詳細な箇所以外では、`void*`、共用体、キャストは利用しない。それらの利用は、型システムにとっての制限となるし、性能を阻害する。多くの場合、キャスト演算は、設計上の誤りを示唆する。型の明示的な変換を行う必要があれば、その意図をより明確に表現する、名前付きキャスト（`static_cast`など：§11.5.2）を使う。

[8] 配列とC言語スタイルの文字列の利用を最小限に抑える。C++標準ライブラリの`string`（§4.2）、`array`（§8.2.4）、`vector`（§4.4.1）を使うと、古典的なC言語スタイルよりも、簡潔で保守しやすいコードを記述できることが多い。一般的にいっても、標準ライブラリで提供されるものを、自身で作るべきではない。

[9] （メモリ管理などのような）極めて特殊なコードと、（`++p`などによる）単純な配列の走査を除いて、ポインタ演算は使わない。

[10] C言語スタイルで（クラス、テンプレート、例外などのC++機能を使わずに）記述され

た労作が、(たとえば、標準ライブラリの機能を利用しているような)簡潔な代替コードよりも効率的であるなどと仮定しないようにしよう。その逆が真であることは、(必ずではないものの)多い。

C言語の結合規約にしたがうためには、C++関数は、C結合をもつものとして宣言しなければならない(§15.2.5)。

1.3.4 Javaプログラマへの提言

C++とJavaは、文法は似ているが、異なる言語である。目的とするところが著しく異なるため、利用されるアプリケーション分野も大きく異なる。Javaは、系統的には祖先こそ同根、いやそれ以上といえるが、言語としてのC++の直接の後継ではない。C++を上手に使いこなすには、C++内にJavaコードを書こうとはせずに、プログラミングや設計テクニックをC++にあわせる変換が必要だ。`new`で作ったオブジェクトは`delete`する、というように単純に暗記すればよいわけではない。というのも、ガーベジコレクタが存在するという前提そのものがないからである:

[1] C++では、単純にJavaスタイルを模倣してはいけない。保守性と性能面の両方で最適とは遠くなる場合が多い。

[2] C++の抽象化機能を活用する(たとえば、クラスやテンプレートなどだ)。慣れているなどの誤った感覚から、Javaスタイルのプログラミングに戻ってはいけない。

[3] C++標準ライブラリを、新しいテクニックと新しいプログラミングスタイルの手本とする。

[4] 独自に開発するクラスすべてに共通する、(`Object`クラスのような)一意な基底クラスを開発してはいけない。多くの場合、というよりも、ほとんどすべての場合で、そのようなクラスがなくても、よりよい作業が行える。

[5] 参照変数とポインタ変数の利用を最小限に抑える。そして、局所変数やメンバ変数を使う(§3.2.1.2, §5.2, §16.3.4, §17.1)。

[6] 変数が暗黙裏には参照とならないことを、必ず覚えておく。

[7] C++のポインタは、Javaの参照に相当するものと考える(C++での参照は、より限定的なものであって、それに相当する機能は存在しない)。

[8] 関数はデフォルトでは`virtual`ではない。すべてのクラスが継承を意図するわけではない。

[9] クラス階層のインタフェースには抽象クラスを使う。メンバ変数をもつ基底クラス、すなわち"使い勝手の悪い基底クラス"の利用は極力避ける。

[10] 可能な限り、スコープ付きの資源管理("資源獲得時初期化(Resource Acquisition Is Initialization)":RAII)を使う。

[11] コンストラクタによって、クラスの不変条件を確立する(確立できない場合は、例外を送出する)。

[12] (スコープを脱ける際などの)オブジェクト破棄時に後始末処理が必要であれば、デストラクタを用いる。`finally`を模倣してはいけない(模倣しても、その場しのぎのコードにしかならないし、長期的にはデストラクタより大きな手間が発生する)。

[13] “裸の”newとdeleteは使わない。その代わりに、(vector、string、mapなどの)コンテナや、(lockやunique_ptrなど)ハンドルクラスを用いる。

[14] カップリングを最小限に抑えるために(標準アルゴリズムを参照)、独立した関数(非メンバ関数)を使う。さらに、独立した関数のスコープを制限するために、名前空間を利用する(§2.4.2, 第14章)。

[15] 例外指定は使わない(noexceptを除く:§13.5.1.1)。

[16] C++の入れ子クラスは、それを囲んでいるクラスのオブジェクトにはアクセスできない。

[17] C++では、動作が実行時に決定する言語機能が、最小限のものだけに限定されている。dynamic_castとtypeid(第22章)だけだ。それ以外のことは、コンパイル時の機能を活用する(たとえば、コンパイル時多態など:第27章, 第28章)。

これらのアドバイスのほとんどは、C#プログラマに対してもそのまま通用する。

1.4 歴史

私は、C++を考案して、初期の言語仕様を作成して、その最初の処理系を開発した。C++設計上の指針や判断を決定して、主要な言語機能を設計して、初期のライブラリの多くの開発と支援を行った。また、C++標準委員会における拡張提案への対応責任者でもある。

C++は、プログラムの構成に関するSimula言語の機能〔Dahl, 1970〕〔Dahl, 1972〕と、システムプログラミングのためのC言語の効率性と柔軟性〔Kernighan, 1978〕〔Kernighan, 1988〕の両方を提供するように設計した。C++の抽象化機構の原点は、Simula言語である。クラス(および派生クラスと仮想関数)の概念は、Simula言語から拝借した。しかし、後で追加したテンプレートと例外処理は、別方面からの刺激を受けてC++に追加したものである。

C++は常に、利用される中で進化を続けてきた。私は、多くの時間を割いてユーザの声に耳を傾けて、経験豊富なプログラマの意見を集めてきた。特に、AT&Tベル研究所の同僚は、C++の最初の10年間の成長に欠かせない存在であった。

本節では、概要だけを解説する。すべての言語機能とライブラリコンポーネントを解説するわけではない。もちろん、詳細には踏み込まない。より詳細な情報や、特にC++に貢献した人々の名前については、〔Stroustrup, 1993〕、〔Stroustrup, 2007〕、〔Stroustrup, 1994〕を参照しよう。C++の設計と進化の詳細や、他のプログラミング言語から受けた影響については、ACM History of Programming Languages conferenceでの私の2本の論文と、拙著*The Design and Evolution of C++*(“D&E”と呼ばれている)にまとめている。

ISO C++標準委員会の労作の一環として数多くのドキュメントが、オンライン上で公開されている〔WG21〕。私のFAQのページでは、標準が採用した機能と、その提案者や改善者の関係が分かるように更新している〔Stroustrup, 2010a〕。C++は顔が分からない匿名の委員会の成果ではないし、全能の“終身独裁者”がいるわけでもない。経験豊富な多数の勤勉な人々の献身的な努力の成果である。

1.4.1 時系列

C++の歴史は、1979年秋の“クラス付きのC（C with Classes）”から始まった。時系列で簡単に歴史を振り返っていこう：

1979　“クラス付きのC（C with Classes）”の作業の開始。最初の機能は、クラスと派生クラス、公開／非公開によるアクセス制御、コンストラクタとデストラクタ、引数チェック機能をもつ関数宣言であった。最初のライブラリは、ノンプリエンプティブな並行タスクと乱数生成器をサポートしていた。

1984　名前を“クラス付きのC”からC++に変更した。そのときまでに、仮想関数、関数と演算子の多重定義、参照、入出力ストリーム、複素数ライブラリが加えられていた。

1985　C++の最初の商用リリース（10月14日）。ライブラリには、入出力ストリーム、複素数、（ノンプリエンプティブスケジューリングの）タスクが追加された。

1985　*The C++ Programming Language*（“TC++PL”、10月14日）〔Stroustrup, 1986〕。

1989　*The Annotated C++ Reference Manual*（“ARM”）〔Ellis, 1989〕。

1991　*The C++ Programming Language, Second Edition*〔Stroustrup, 1991〕。テンプレートを用いたジェネリックプログラミングと、例外ベースのエラー処理を披露した（なお、汎用的な資源管理イディオムである“資源獲得時初期化（Resource Acquisition Is Initialization）”も含んでいた）。

1997　*The C++ Programming Language, Third Edition*〔Stroustrup, 1997〕。ISO C++ を紹介した。名前空間、`dynamic_cast`、テンプレートに関する数多くの改良を含んでいた。標準ライブラリに、汎用的なコンテナとアルゴリズムによるSTLフレームワークを追加した。

1998　ISO C++標準。

2002　通称C++0xへの改訂作業を開始した。

2003　ISO C++標準の“バグフィックス”バージョンの発行。C++ Technical Reportにおいて、正規表現、非順序コンテナ（ハッシュ表）、資源管理ポインタなど、後にC++0xで取り込まれる標準ライブラリ新コンポーネントを導入した。

2006　性能に関するコスト、予測、技法の質問に答える形で、ISO C++ Technical Report on Performanceを発行。ほとんどが組込みシステムに関連するものであった。

2009　C++0xの機能が確定した。統一形式の初期化構文、ムーブセマンティクス、可変個引数テンプレート、ラムダ式、型別名、並行処理に適したメモリモデルなど、数多くの機能が追加された。標準ライブラリには、スレッド、ロックなどの、2003年のTechnical Report内のコンポーネントの大半を追加した。

2011　ISO C++11標準が正式に承認された。

2012　C++11を完全に実装した最初の処理系が登場した。

2012　改訂のためのISO C++標準の作業を開始（C++14やC++17と呼ばれている）。

2013　*The C++ Programming Language, Fourth Edition*でC++11を紹介。

開発中のC++11は、C++0xという名称で知られていた。大規模プロジェクトではよくあることだが、私たちは完了見込みについて少々楽観的すぎたようだ。

1.4.2 黎明期

私が言語を設計して開発することになったのは、マルチプロセッサとローカルエリアネットワークのためのUNIXカーネルサービスの分散を行いたかったからだ（現在では、それぞれマルチコア、クラスタと呼ばれている）。その実現のためには、何らかのイベントドリブンのシミュレーションが必要だった。Simula言語が理想的であったが、性能に難があった。その一方で、ハードウェアを直接的に処理するための高性能な並行プログラミング機構も必要であり、その意味ではC言語が最適で理想的であったが、モジュール性と型チェックのサポートが貧弱であった。C言語にSimulaスタイルのクラス機能を加えた結果、"クラス付きのC（C with Classes）"が誕生した。そして、実行時の時間と空間を最小化するプログラムの記述を可能にする機能をテストするような、大規模なプロジェクトで実際に利用された。ただし、演算子の多重定義、参照、仮想関数、テンプレート、例外処理などの、数多くの細かい機能に欠けていた〔Stroustrup, 1982〕。研究所外でC++が利用されるようになったのは、1983年7月からである。

C++という名前（"シープラスプラス"と発音する）は、1983年夏にRick Mascittiが発案した。これを私が採用して、"クラス付きのC"から変更した。この名前は、C言語からの進化を象徴した名前である。"++"は、C言語のインクリメント演算子だ。これを短くした"C+"は、文法エラーとなってしまうし、まったく関係のない言語の名前としてすでに利用されていた。C言語のセマンティクスに精通していれば、C++が++Cよりも格下だと分かるだろう。なお、D言語でもない。というのも、C++は、C言語の拡張であるし、機能を削除して問題点を解決しようとするものではないし、すでにC言語の後継を目指し複数の言語がDを名乗っているからだ。C++という名前の他の意味付けについては、〔Orwell, 1949〕の付録が参考になる。

そもそもC++は、私や同僚が、アセンブラや、C言語や、当時最先端だった高レベル言語でプログラミングしないですむように設計したものだ。その主目的は、良質のプログラムをより簡単に記述できるようにすることであり、しかも、ひとりひとりのプログラマが、楽しく開発作業を進められるようにするためでもあった。初期の頃は、文書化されたC++の設計書はなかった。設計、文書化、実装が同時進行していたのだ。もちろん、"C++プロジェクト"や"C++設計委員会"のようなものもなかった。C++は一貫して、ユーザが出会った問題に対処するとともに、私の友人や同僚を交えた議論の結果に基づいて進化してきた。

1.4.2.1 言語機能とライブラリ機能

C++は、（"クラス付きのC"と呼ばれていた）ごく初期の設計の段階で、引数型チェックと暗黙の型変換をもつ関数宣言、`public`／`private`によってインタフェースと実装とを区別するクラス、派生クラス、コンストラクタ／デストラクタの機能をもっていた。原始的なパラメータ化は、マクロを使って実装していた。このバージョンは1980年中頃まで利用していた。その年の暮れには、形が整ったプログラミングスタイルをサポートする言語機能一式の公開が行えた。この点については、§1.2.1も参照しよう。

振り返ってみると、コンストラクタ／デストラクタの導入が、もっとも大きなことであった。当時の用語解説では、“コンストラクタは、メンバ関数の実行環境を作り、デストラクタは、その逆を行う。”であった。これは、C++の資源管理方針の根源である（その結果、例外処理が生み出されることになった）し、ユーザコードを単純明快にする多くの技法の鍵でもある。一般的なコードが実行できるコンストラクタを複数もつことのできる言語が、もしかすると当時存在していたかもしれないが、私は知らなかった（今も知らない）。なお、デストラクタは、C++が新しく導入したものだ。

C++は1985年10月に商用リリースされた。その時点までに、インライン化（§12.1.5, §16.2.8）、`const`（§2.2.3, §7.5, §16.2.9）、関数多重定義（§12.3）、参照（§7.7）、演算子多重定義（§3.2.1.1, 第18章, 第19章）、仮想関数（§3.2.3, §20.3.2）の追加が完了していた。これらの中では、仮想関数という形で実行時多相性をサポートしたことが、もっとも議論を呼んだ。私は、その価値をSimula言語によって理解していたが、システムプログラミングの世界では、その価値が認められないことを痛感した。システムプログラマは、関数の間接呼出しを行うことに疑いの目を向ける傾向があった。その一方で、オブジェクト指向プログラミングをサポートする他の言語に慣れた人々からは、`virtual`関数がシステムコードで利用できるほど高速であることを信じてもらえなかった。逆に、オブジェクト指向の経験をもつ多くのプログラマは、関数呼出しを実行時に選択させたい場合にのみ、仮想関数を使わなければならない、という点をなかなか理解しなかった（今でも理解していない人が多い）。仮想関数に対する抵抗は、プログラミング言語によってサポートされる一般的な形のコードを使ったほうが、よりよいシステムが作れるはずだという考えに対する抵抗に似ているようだ。多くのC言語プログラマが、本当の問題は、完全な柔軟性とプログラムの詳細にすべてを作り込むための慎重な技術にあると納得したようである。当時の（そして現在の）私の考えは、言語やツールから得られる支援は、どんな小さなものでもすべて必要である、ということだ。私たちが開発しようとしているシステムが元来もっている複雑さは、私たちが表現できるものの、その先にあるものだからだ。

C++の設計の大半は、同僚との黒板上での討論から得られたものだ。初期の頃のStu Feldman、Alexander Fraser、Steve Johnson、Brian Kernighan、Doug McIlroy、Dennis Ritchieからの意見は、計り知れないほど貴重であった。

1980年の後半では、ユーザからの意見に応える形で言語機能を追加し続けていた。その中でもっとも大きなものが、テンプレート〔Stroustrup, 1988〕と例外処理〔Koenig, 1990〕だった。標準化の動きが始まった当時、それらはまだ実用化前の段階だった。テンプレート設計では、柔軟性、効率性、早期型チェックの、3点の兼ね合いについて集中的に取り組んだ。これら3点を同時に達成する方法は、当時は誰も分かっていなかったし、システムアプリケーションの要求に応えているC言語スタイルのコードに対抗するには、3点の内の始めの2点だけを選択せざるを得ないと判断した。振り返ってみると、当時のこの判断は正しかったと考える。そして、テンプレートの型チェックのための模索は、〔Gregor, 2006〕〔Sutton, 2011〕〔Stroustrup, 2012a〕に続くことになった。例外処理については、多段階の伝播、エラーハンドラに対して任意の情報を渡す方法、資源の内部表現と解放のためにデストラクタを有する局所オブジェクトの利用に基づく資源管理（まさに私がオウムのように“資源獲得時初期化（Resource Acquisition Is Initialization）”と呼ぶもの：§13.3）と例外処理との統合、の3点を重点的に設計した。

C++の継承のメカニズムは、複数の基底クラスをサポートするように一般化した〔Stroustrup, 1987a〕。これは**多重継承**（*multiple inheritance*）と呼ばれるが、難解と受け取られて、反対意見が続出した。私は、テンプレートや例外処理に比べると、重要度はずっと低いと考えていた。しかし、抽象クラス（一般に**インタフェース**（*interfaces*）と呼ばれる）の多重継承は、静的な型チェックを行うオブジェクト指向プログラミングをサポートする言語では、現在では一般的なものとなっている。

C++言語は、本書で取り上げる主要なライブラリ機能と並行して進化を遂げてきた。たとえば、複素数クラス〔Stroustrup, 1984〕、ベクタクラス、スタッククラス、（入出力）ストリームクラス〔Stroustrup, 1985〕は、演算子多重定義のメカニズムと同時に設計した。その作業の一環として、初期の文字列クラスとリストクラスは、Jonathan Shopiroと私が共同で開発した。Jonathanの文字列クラスとリストクラスは、ライブラリに組み込んだ最初の拡張機能となった。C++標準ライブラリが提供する文字列クラスのルーツはここにある。1980年に作った最初の“クラス付きのC”のプログラムには、タスクライブラリ〔Stroustrup, 1987b〕があった。Simulaスタイルのシミュレーションを行えるようにするために、関連クラスとともに私が記述したものであった。残念ながら、並行処理のサポートが標準化されて一般利用できるようになるには、2011年まで（何と30年間も！）待たなければならなかった（§1.4.4.2，§5.3，第41章）。Andrew KoenigとAlex Stepanovと私たちが`vector`、`map`、`list`、`sort`テンプレートに加えたさまざまな変更は、テンプレート機能の開発にも影響を与えた。

C++は、多くの実験的プログラミング言語が生み出される環境で成長してきた（たとえば、Ada〔Ichbiah, 1979〕、Algol 68〔Woodward, 1974〕、ML〔Paulson, 1996〕など）。当時、私はおよそ25もの言語を扱っており、それらの言語からC++が受けた影響については〔Stroustrup, 1994〕と〔Stroustrup, 2007〕に述べている。しかし、私が大きな影響を受けたのは、いつも、現実世界のアプリケーションである。C++は、明確な意図をもって、架空のものではない、“現実の問題に突き動かされた”開発が行われてきた。

1.4.3 1998年版の標準

C++の利用が爆発的に広まると、いろいろな変化が起こった。1987年頃、C++の公式な標準化が当然の流れとして必要であって、標準化の準備を始めるべきであることが明らかになってきた〔Stroustrup, 1994〕。この流れの中で形になった成果が、C++コンパイラ実装者や主要ユーザとの打合せを続けることであった。その打合せは、文書や電子メールや、C++カンファレンスなどで、実際に顔を会わせて行われた。

AT&Tベル研の寄与も大きかった。改訂したバージョンであるC++参照マニュアルのドラフトを、実装者やユーザと共有することを認めてくれて、C++とそのコミュニティに大きく貢献した。実装者やユーザにはAT&Tの競合ともいえる企業に勤めていた人たちも多いので、このAT&Tベル研の寄与は、過小評価されるべきではない。もしAT&Tが先見の明に欠ける企業だったならば、何もしないまま、言語仕様がばらばらに断片化されてしまうという大問題へと発展したかもしれないからだ。数十もの組織の100名ほどが参照マニュアルを精査した上で、一般的に受け入れられることになる参照マニュアルや、ANSI C++標準化のベースドキュメントに対する意見を寄せてくれた。当時のメンバの名前は、*The Annotated C++ Reference Manual*（"ARM"）〔Ellis, 1989〕にあげている。ANSIのX3J16委員会は、Hewlett-Packard社の主導のもと、1989年12月に召集された。このANSI C++標準化委員会（米国内の委員会）は、1991年6月にISO C++標準化（国際的なもの）の一部となり、委員会はWG21と名付けられた。1990年以降は、この合同のC++標準委員会が、仕様を改善してC++が進化する主要な場所となった。私もこの委員会にずっと参加している。特に、仕様拡張を議論するワーキンググループ（後に、進化グループと呼ばれることになる）の議長として、C++に対する大きな変更と、新機能の追加を扱う直接の責任者だった。公開レビュー用に標準の最初のドラフトが公開されたのは1995年4月だった。1998年には国際投票の結果、22対0で最初のISO C++標準（ISO/IEC 14882:1998）〔C++, 1998〕が承認された。2003年には、この標準の"バグ改訂版"が発行された。C++03という名前を聞いたこともあるかもしれないが、本質的にはC++98と同じものだ。

1.4.3.1 言語機能

ANSIとISOが標準化を始めるまで、主要な言語機能の大半を明文化していたのはARM〔Ellis, 1989〕であった。この中には、機能改善や仕様の多くが記述されていた。特にテンプレートのメカニズムは、この時期に大きく改善された。また、増大するC++のプログラムサイズと増加するライブラリ数への対応の一環として、名前空間が導入された。Hewett-Packard社のDmitry Lenkov主導のもと、実行時型情報（RTTI：第22章）を利用する最小限の機能も導入された。この機能がSimula言語で過剰に利用されていたことを知っていたので、私はC++に含めていなかったのだ。オプション機能として、保守的なガーベジコレクションを加えようとしたが、標準化には至らなかった。その機能は2011年の標準までおあずけとなった。

1998年の仕様のほうが、その機能、特に仕様の詳細において、1989年の仕様よりも優れていることは明らかだ。しかし、すべての変更が改良だったわけではない。避けられなかった些細な誤りもあったが、今から思えば、追加すべきではなかった大きな機能が追加されたのだ：

- 例外指定は、関数が送出できる例外の種類を実行時に決定する機能である。この機能は、Sun Microsystems社の人々が精力的に主導した結果追加されたものだ。しかし、可読性、信頼性、性能の改善に役立たないどころか、悪影響を与えることが、後で判明した。2011年の標準では、（将来削除予定の）非推奨となった。例外指定が解消するはずだった、数多くの問題に対する、より簡潔な解として`noexcept`が2011年の標準で導入された（§13.5.1.1）。
- テンプレートは、その定義と利用を別々にコンパイルできるのが理想的であることは、明らかだ〔Stroustrup, 1994〕。しかし、テンプレートを利用する現実的な制約下での実現は、なかなか達成できるものではない。委員会での長時間の議論の結果、ある妥協点に到達し、1998年の標準で、テンプレートの`export`が導入された。これはエレガントな解ではなかったし、実装したベンダも一つだけだった（Edison Design Group）ので、2011年の標準では削除された。現在でも、解が模索されている。私個人としては、分割コンパイル自体ではなく、テンプレートのインタフェースと実装の分離が十分でないことに根本的な問題があると考えている。`export`は問題を取り違えていたのだ。将来は、テンプレートの要件を正確に記述できる"コンセプト（§24.3）"を、言語がサポートすることになるだろう。これは、研究と設計が活発に進められている領域である〔Sutton, 2011〕〔Stroustrup, 2012a〕。

1.4.3.2 標準ライブラリ

1998年の標準に含まれていた、もっとも重要な革新は、標準ライブラリに加えられたSTLとアルゴリズムとコンテナのフレームワークである（§4.4，§4.5，第31章，第32章，第33章）。これは、10年以上にわたるジェネリックプログラミングに対するAlex Stepanov（とDave MusserとMeng Leeたち）の作業の成果である。Andrew KoenigとBeman Dawesと私も、STLの導入を支援した〔Stroustrup, 2007〕。STLは、C++コミュニティ内外に大きな影響を与えた。

STLがなければ、標準ライブラリは、統一された設計というよりも、コンポーネントの寄せ集めとなってしまう。C++のリリース1.0では、私は、十分な規模の基盤ライブラリをリリースできなかった〔Stroustrup, 1993〕。さらに、リリース2.0では、そのことを挽回しようとした同僚と私が、非協力的な（研究職ではない）AT&Tの管理職からの妨害を受けたこともあった。そのため、標準化作業が始まるまでは、主要企業(Borland社、IBM社、Microsoft社、Texas Instruments社など)が独自の基盤ライブラリをもつことになった。

このような事情から、委員会の作業は、すでに利用可能になっていた(`complex`ライブラリなどの)コンポーネントと、主要ベンダのライブラリに影響しない範囲で行えることと、別々の非標準ライブラリ間の協調動作の保証に必要なものの、パッチワークに制限されてしまった。

標準ライブラリの`string`(§4.2，第36章)は、Jonathan Shopiroと私のベル研での作業で始まったものだったが、標準化の過程で、多くの個人と団体によって改善されて拡張された。数値演算用の`valarray`ライブラリ（§40.5）は、実質的にKent Budgeの成果である。Jerry Schwarzは、私のストリームライブラリ(§1.4.2.1)に対して、Andrew Koenigによる操作子の技法(§38.4.5.2)などのアイディアを導入して、`iostream`ライブラリ（§4.3，第38章）を作り上げた。`iostream`ライブラリは、標準化の過程で大きく改善されたが、その多くは、Jerry Schwarz、Nathan Myers、Norihiro Kumagaiによるものだ。

商用レベルで見ると、C++98標準ライブラリは、小規模だ。たとえば、標準GUI、データベースアクセスライブラリ、ウェブアプリケーションライブラリなどが欠如している。この種のライブラリは、広く利用できるものだが、ISO標準では取り込まれていない。その理由は、技術的なものではなく、政治的あるいは商業的なものだ。とはいえ、標準Cライブラリは、影響力をもつ多くの人々がそれぞれの考えを反映した結果であり（現在でもそうである）、それに比べると、C++標準ライブラリはずっと規模が大きいといえる。

1.4.4 2011年版の標準

現在のC++すなわちC++11は、過去の一時期C++0xと呼ばれてきたものであり、WG21のメンバの成果だ。委員会は、自ら課した作業と手続きの負担が増加する中で作業を行った。この作業によって、よりよい（しかも、より厳格な）仕様を生み出したといってよいだろう。その一方で、制約下での革新ともいえるものでもあった〔Stroustrup, 2007〕。公開レビュー用に最初のドラフトが公開されたのが2009年だった。2回目となったISO C++標準（ISO/IEC 14882:2011）〔C++, 2011〕の国際投票は、2011年8月に行われて、21対0で承認された。

2回目の承認までに長くかかった理由は、（私も含めた）委員会の大半のメンバが、標準が発行されてから新機能の作業を開始するまでに、ISOの規則による"待機期間"があると誤解していたため、新機能の本格的な作業が2002年まで開始されなかったことである。もう一つの理由は、新しい言語と基盤ライブラリの規模の増大である。標準の文書の量は、言語自体で約30%、標準ライブラリで約100%もページ数が増加している。この増加の大部分は、新機能に対するものではなく、詳細に記述したことによるものだ。また、当然のごとく、新しいC++標準では、互換性のない変化を加えたり、既存のコードに変更を強いることがないように、細心の注意を払う必要があった。利用されているC++コードは数十億行もあるだろうが、委員会は、その点を反故にしてはいけないのである。

C++11作業の大きな目標は、次のとおりだった：

- システムプログラミングとライブラリ構築のためのC++を、よりよい言語にする。
- C++を、教育しやすくて学びやすいものとする。

これらの目標については、〔Stroustrup, 2007〕で詳しく解説している。

並行システムプログラミングを、型安全かつ可搬性のあるものとするために、多大な労力が費やされた。メモリモデル（§41.2）、ロックフリープログラミングのための一連の機能（§41.3）は、主としてHans BoehmとBrian McKnightらの成果である。この成果をもとに、Pete BeckerとPeter DimovとHoward HinnantとWilliam KempfとAnthony Williamsらが膨大な労力を注ぎ込んで、`thread`ライブラリを追加した。私は、ベースとなった並行処理機能を使って何が実現できるかというサンプルコードを提供するべく、"明示的なロックを利用することなくタスク間で情報を交換する方法"を提案し、それが`future`と`async()`となった（§5.3.5）。作業の大半は、Lawrence CrowlとDetlef Vollmannによるものだ。並行処理の実現については、誰が、どうして、何をしたかのすべてを詳細に記すと長大になってしまう。本書では省略する。

1.4.4.1 言語の機能

C++11が、C++98に対して追加した言語機能と標準ライブラリ機能は、§44.2にまとめている。並行処理のサポートを除くと、言語への追加はどれも"小規模"といえる。しかし、そのように表現してしまうと、重要な点が見過ごされてしまう。言語機能とは、よりよいプログラムを記述することを目的として、組み合わせて利用することを意図している。ここで"よりよい"とは、読みやすく、書きやすく、エレガントで、エラーにつながりにくく、保守しやすく、実行速度が速く、消費資源が少ない、といったことを意味する。

私が考えている、有用性がもっとも高くて、C++のプログラミングスタイルに影響する、新しい"構築要素"を、その主要な開発者の名前と、本書の解説箇所とともに示していこう：

- デフォルトの動作の制御。`=delete`と`=default`。§3.3.4，§17.6.1，§17.6.4。Lawrence Crowl、Bjarne Stroustrup。
- 初期化子からのオブジェクトの型の導出。`auto`。§2.2.2，§6.3.6.1。Bjarne Stroustrup。1983年には`auto`を設計・実装していたが、C言語との互換性の問題のために削除していた。
- 一般化した定数式の評価（リテラル型も含む）。`constexpr`。§2.2.3，§10.4，§12.1.6。Gabriel Dos Reis、Bjarne Stroustrup〔DosReis, 2010〕。
- クラス内メンバ初期化子。§17.4.4。Michael Spertus、Bill Seymour。
- コンストラクタの継承。§20.3.5.1。Bjarne Stroustrup、Michael Wong、Michel Michaud。
- ラムダ式。利用する文脈で式内に関数オブジェクトを暗黙裏に定義する方法。§3.4.3, §11.4。Jaakko Jarvi。
- ムーブセマンティクス。情報をコピーすることなく転送する方法。§3.3.2，§17.5.2。Howard Hinnant。
- 関数が例外を送出しないことを明示する`noexcept`。§13.5.1.1。David Abrahams、Rani Sharoni、Doug Gregor。
- 空ポインタに対する適切な名前。§7.2.2。Herb Sutter、Bjarne Stroustrup。
- 範囲`for`文。§2.2.5，§9.5.1。Thorsten Ottosen、Bjarne Stroustrup。
- オーバライドの制御。`final`と`override`。§20.3.4。Alisdair Meredith、Chris Uzdavinis、Ville Voutilainen。
- 型別名。型やテンプレートに別名を定義する仕組み。特に、他のテンプレートの引数の一部をバインドしてテンプレートを定義する方法。§3.4.5，§23.6。Bjarne Stroustrup、Gabriel Dos Reis。
- 型とスコープをもつ列挙体。`enum class`。§8.4.1。David E. Miller、Herb Sutter、Bjarne Stroustrup。
- 普遍的で統一的な初期化構文（任意の要素数の初期化子並び、縮小変換からの保護を含む）。§2.2.2，§3.2.1.3，§6.3.5，§17.3.1，§17.3.4。Bjarne Stroustrup、Gabriel Dos Reis。
- 可変個引数テンプレート。テンプレートに対して任意の個数で、任意の型の引数を渡す仕組み。§3.4.4，§28.6。Doug Gregor、Jaakko Jarvi。

名前をあげるべき人々は、他にも大勢いる。委員会のテクニカルレポート〔WG21〕と私のC++11 FAQのウェブページ〔Stroustrup, 2010a〕に、たくさんの名前をあげている。委員会のワーキンググループの議事録には、さらに多くの名前が記載されている。私の名前が何度も登場するが、これは、うぬぼれからではなく（と理解してほしいと願っている）、単に、重要なものを選択したからである。これらの機能は、良質なコードで多用されると考えられる。そして、その役割は、プログラミングスタイルのサポートを向上させるため（§1.2.1）に、C++に肉付けしていくことだ。その集大成がC++11である。

標準に取り込まれなかった提案にも、大きな労力が費やされた。たとえば“コンセプト”は、これまでの検討（〔Stroustrup, 1994〕〔Siek, 2000〕〔DosReis, 2006〕など）と、委員会の膨大な作業に基づくものであり、テンプレート引数の要件を明示して検査する〔Gregor, 2006〕。私は、設計、仕様化、実装、動作確認も完了したのだが、委員会の多くが、時期尚早の提案と判断した。もし“コンセプト”を改善して導入していれば、C++11の最重要な機能となっていたであろう（これに匹敵するのは、並行処理のサポートくらいである）。とはいえ、委員会は、複雑さ、利用の困難さ、コンパイル時性能を理由に、“コンセプト”に反対した〔Stroustrup, 2010b〕。私たち（委員会）がC++11に“コンセプト”を含めなかったのは正しい判断だったと、私は考えている。しかし、この機能は、紛れもなく“捕り逃した大物”だ。現在でも盛んに研究、設計が進められている分野である〔Sutton, 2011〕〔Stroustrup, 2012a〕。

1.4.4.2 標準ライブラリ

C++11標準ライブラリの成果を生んだ作業は、標準委員会のテクニカルレポート（“TR1”）から始まる。当初は、Matt Austernがライブラリワーキンググループの長を務めて、その後Howard Hinnantが引き継いで、2011年のドラフト最終稿を公開するまで務めた。

言語機能と同様に、ここでは標準ライブラリコンポーネントの一部をあげるにとどめる。本書での解説箇所と、大きく関与した人物を示す。より詳細な一覧については、§44.2.2を参照しよう。`unordered_map`（ハッシュ表）などの一部のコンポーネントは、C++98標準の完成までに作業が終わらなかっただけのものだ。`unique_ptr`や`function`など、他の多くはBoostライブラリをもとにしたテクニカルレポートに含めていたものである（TR1）。Boostとは、STLをベースにして有用なライブラリコンポーネントを開発するボランティア組織である〔Boost〕。

- `unordered_map`など、ハッシング機能付きコンテナ。§31.4.3。Matt Austern。
- `thread`、`mutex`、`lock`など、並行処理ライブラリの基本コンポーネント。§5.3，§42.2。Pete Becker、Peter Dimov、Howard Hinnant、William Kempf、Anthony Williamsら。
- `future`、`promise`、`async()`など、非同期演算の起動と結果の返却方法。§5.3.5, §42.4.6。Detlef Vollmann、Lawrence Crowl、Bjarne Stroustrup、Herb Sutter。
- ガーベジコレクションインタフェース。§34.5。Michael Spertus、Hans Boehm。
- 正規表現ライブラリ、`regexp`。§5.5，第37章。John Maddock。
- 乱数ライブラリ。§5.6.3，§40.7。Jens Maurer、Walter Brown。実行時間に関する部分。最初の乱数ライブラリは、1980年に“クラス付きのC”に私が含めていた。

Boostはユーティリティコンポーネントにも挑戦した。

- 簡潔で効率的な資源の受渡しのための`unique_ptr`。§5.2.1，§34.3.1。Howard E. Hinnant。最初は`move_ptr`と呼ばれていた。もし、この実現法がC++98の時点でわかっていれば、auto_ptrはこのように実現したはずだ。

- 所有権の共有を表現するポインタであるshared_ptr。§5.2.1, §34.3.2。Peter Dimov。Greg Colvinが提案した、C++98のcounted_ptrの後継である。
- tupleライブラリ。§5.4.3, §28.5, §34.2.4.2。Jaakko Jarvi、Gary Powell。彼らは貢献者としてDoug Gregor、David Abrahams、Jeremy Siekらをあげている。
- 汎用bind()。§33.5.1。Peter Dimov。彼は謝辞に実質的にBoostメンバの一覧をあげている（Doug Gregor、John Maddock、Dave Abrahams、Jaakko Jarviなど）。
- 呼出し可能オブジェクトを保持するfunction型。§33.5.3。Doug Gregor。彼は貢献者としてWilliam Kempfらをあげている。

1.4.5 C++はどのように使われているのか

現在（2013年）までに、C++は、ほぼすべての分野で利用されてきた。たとえば、みなさんが使っている、コンピュータ、電話機、自動車、おそらくカメラでも利用されている。通常、直接目にすることはない。というのも、C++はシステムプログラミング言語なので、もっとも広く普及しているところは、ユーザとしての私たちが目に入らない基盤部分なのだ。

C++は、基本的にすべてのアプリケーション分野で数百万人ものプログラマに利用されている。数百億行ものC++コードが現場で動作している。この膨大な利用を支えているのは、数個程度の処理系と、数千ものライブラリと、数百もの教科書と、数十のウェブサイトである。そして、さまざまなレベルでの訓練と教育が受けられる。

初期のアプリケーションは、システムプログラマの好みが強く反映される傾向にあった。たとえば、初期のいくつかのオペレーティングシステムが、C++で記述されていた〔Campbell, 1987〕（学術用途）、〔Rozier, 1988〕（リアルタイム）、〔Berg, 1995〕（高スループット入出力）。現在のオペレーティングシステム（たとえば、Windows、Apple社のOS、Linux、大半の携帯端末のOSなど）でも、主要部分がC++で記述されている。みなさんが使っている、携帯電話やインターネットルータも、ほとんどがC++で記述されている。低レベルでの効率性に妥協しないことが、C++にとって必要不可欠であると、私は考えている。そのため、リアルタイム性が要求される場面でハードウェアを直接操作するソフトウェアやデバイスドライバも、C++で記述できる。この種のコードでは、実際の速度と同様に、性能予測が重要である。作られたシステムのコンパクト性が重要視されることも多い。C++では、実行と空間に対する制約が厳しくとも、すべての言語機能がその利用に耐えるように設計されている（§1.2.4）〔Stroustrup, 1994, §4.5〕。

現在、もっとも多く目にして、広く利用されているシステムでも、重要な部分がC++で記述されている。Amadeus（航空券の予約）、Amazon（ウェブ通販）、Bloomberg（金融情報）、Google（ウェブ検索）、Facebook（ソーシャルメディア）などがそうだ。他のプログラミング言語や技法でも、その処理系の多くが、C++の性能と信頼性に依存している。もっとも広く利用されている例としては、Java仮想マシン（Oracle社のHotSpotなど）、JavaScriptインタプリタ（Google社のV8など）、ウェブブラウザ（Microsoft社のInternet Explorer、MozillaのFirefox、Apple社のSafari、Google

社のChromeなど)、アプリケーションフレームワーク (Microsoft社の.NETウェブサービスフレームワークなど) がある。C++はインフラストラクチャのソフトウェア分野で、独特の強味をもっていると私は考えている〔Stroustrup, 2012b〕。

ほとんどのアプリケーションの中には、許容できる性能基準が著しく厳しいコード部分がある。しかし、そのような部分のコード量は、それほど多くはない。大半のコードでは、保守性、拡張性、試験性が重要となる。それらに対するC++のサポートは、信頼性が必須な部分や、時間の経過とともに要求が大きく変化する分野へと、適用範囲を拡大している。たとえば、金融システム、通信システム、デバイス制御、軍事アプリケーションなどだ。数10年にわたって、米国の長距離電話システムの中央制御部分はC++に依存しており、800番電話 (すなわち国際フリーフォン) の交換処理のすべてが、C++プログラムによって行われている〔Kamath, 1993〕。この種のアプリケーションは、大規模である上に長く使われる。そのため、安定性、互換性、スケーラビリティは、常にC++開発での重要事項であった。数百万行にもおよぶC++プログラムは珍しくはない。

ゲームも、複数の言語とツールとが、(しばしば“一般的でない”ハードウェア上での) 効率の面で妥協できない言語と協調することが求められる分野だ。そのため、C++を活用する主要アプリケーション分野となった。

いわゆるシステムプログラミングは、組込みシステムでは広く使われている。そのため、過酷な要求のある組込みシステムプロジェクトでC++が大々的に利用されていることは、驚くことではない。たとえば、コンピュータ断層撮影 (CATスキャナ)、航空管制ソフトウェア (Lockheed-Martin社など)、ロケット制御、船舶エンジン (MAN社の世界最大の船舶ディーゼルエンジン制御システムなど)、自動車ソフトウェア (BMW社など)、風力発電制御 (Vestas社など) などだ。

C++は、特に数値演算を念頭に設計したわけではない。しかし、多くの数値演算、科学技術計算、工学計算がC++で行われている。というのも、古典的な数値演算といえども、グラフィックスや、古典的なFortranの枠には収まらないデータ構造との組合せが必要になることがあるからだ (〔Root, 1995〕など)。私は特に、ヒトゲノムプロジェクト、NASAの火星探査車、CERNの宇宙の根源を探るプロジェクトなど、数多くの先端技術分野でC++が利用されていることを嬉しく感じている。

多種多様な分野での作業を必要とするアプリケーション分野で効率的に動作するC++の能力は、大きな強味である。ローカルエリアネットワークとワイドエリアネットワーク、数値演算、グラフィックス、ユーザインタフェース、データベースアクセスなどは、広く利用される分野だ。これらの分野は、これまで特殊な専門分野とみなされ、さまざまなプログラミングを利用する専門分野のコミュニティが支配的であった。しかし、C++は、これらの分野すべて、いやそれ以上のユーザを獲得した。これは、C++コードが他言語のコードと共存できるように設計した成果である。繰返しとなるが、ここでも、C++の安定性が数十年にわたって重要となっている。さらにいうと、実際に稼働している主要システムが、一種類の言語だけで全体を記述されることはない。そのため、C++での本来の設計目標である相互運用性が重要になるのだ。

大規模アプリケーションが、生の言語機能のみで記述されることはない。C++は、(ISO C++

標準ライブラリだけでなく）多様なライブラリとツールで支えられている。たとえば、Boost〔Boost〕（可搬性のある基盤ライブラリ）、POCO（ウェブ開発）、Qt（クロスプラットフォームアプリケーション開発）、wxWidgets（クロスプラットフォームGUIライブラリ）、WebKit（ウェブブラウザ用のレイアウトエンジンライブラリ）、CGAL（計算幾何学：computational geometry）、QuickFix（金融情報交換：Financial Information eXchange）、OpenCV（リアルタイム画像処理）、Root〔Root, 1995〕（高エネルギー物理学）などである。C++のライブラリ数は、数千にもなるので、すべてを把握することはできない。

1.5 アドバイス

各章には“アドバイス”の節を設け、その章の内容についての具体的な助言をまとめている。それらのアドバイスは、不変的な原理というよりも、経験に基づいた大まかな原則だ。個々のアドバイスは、妥当と考えられるときに適用するものである。知性、経験、常識、優れた感覚に代わるものはないからだ。

私は、“～してはいけない”という表現には効果がないと考えている。そのため、ほとんどのアドバイスは、『～しよう』という表現としている。否定的な提案だと、絶対的な禁止とは受け取られない傾向があるので、逆の形での提案をするようにした。C++のすべての主要機能は、私から見て上手に使えるものである。“アドバイス”の節には、解説は含めていない。その代わり、各アドバイスに本書の解説箇所の章や節の番号を示している。

手始めとして、C++の設計、学習、歴史の節における、高レベルのアドバイスを示す：

[1] アイディア（概念）は、コードとして直接的に表現しよう。たとえば、関数、クラス、列挙体などだ。§1.2。
[2] コードはエレガントで効率的なものとしよう。§1.2。
[3] 過剰な抽象化は避けよう。§1.2。
[4] エレガントで効率的な抽象化を提供する設計に注力しよう。ライブラリとして提供できるようになるかもしれない。§1.2。
[5] 複数のアイディアの関係は、パラメータ化やクラス階層によって、コードとして直接的に表現しよう。§1.2.1。
[6] たとえばクラス間の相互依存性などの、独立した概念は、独立したコードとして表現しよう。§1.2.1。
[7] C++は、単なるオブジェクト指向ではない。§1.2.1。
[8] C++は、単なるジェネリックプログラミングではない。§1.2.1。
[9] 静的にチェックできる解を優先しよう。§1.2.1。
[10] 資源を明示しよう（クラスオブジェクトとして表現しよう）。§1.2.1，§1.4.2.1。
[11] 単純な概念は単純に表現しよう。§1.2.1。
[12] すべてをゼロから開発するのではなく、ライブラリ、特に標準ライブラリを活用しよう。§1.2.1。
[13] タイプリッチなプログラミングスタイルを利用しよう。§1.2.2。

[14] 低レベルなコードは、必ずしも効率的でなくてよい。性能問題を危惧して、クラス、テンプレート、標準ライブラリコンポーネントを避けないようにしよう。§1.2.4, §1.3.3。

[15] 不変条件をもつデータは、カプセル化しよう。§1.3.2。

[16] C++は、若干の拡張を加えただけのC言語ではない。§1.3.3。

一般的にいうと：よいプログラムを記述するには、知性、判断力、忍耐が必要だ。最初からすべてを手に入れようとする必要はない。実践あるのみ！

1.6 参考文献

[Austern, 2003] Matt Austern et al.: *Untangling the Balancing and Searching of Balanced Binary Search Trees*. Software – Practice & Experience. Vol 33, Issue 13. November 2003.

[Barron, 1963] D. W. Barron et al.: *The main features of CPL*. The Computer Journal. 6 (2):134. (1963). comjnl.oxfordjournals.org/content/6/2/134.full.pdf+html.

[Barton, 1994] J. J. Barton and L. R. Nackman: *Scientific and Engineering C++: An Introduction with Advanced Techniques and Examples*. Addison-Wesley. Reading, Massachusetts. 1994. ISBN 0-201-53393-6.

[Berg, 1995] William Berg, Marshall Cline, and Mike Girou: *Lessons Learned from the OS/400 OO Project*. CACM. Vol. 38, No. 10. October 1995.

[Boehm, 2008] Hans-J. Boehm and Sarita V. Adve: *Foundations of the C++ concurrency memory model*. ACM PLDI'08.

[Boost] The Boost library collection. www.boost.org.

[Budge, 1992] Kent Budge, J. S. Perry, and A. C. Robinson: *High-Performance Scientific Computation Using C++*. Proc. USENIX C++ Conference. Portland, Oregon. August 1992. Section 1.6 References 33

[C, 1990] X3 Secretariat: *Standard – The C Language*. X3J11/90-013. ISO Standard ISO/IEC 9899-1990. Computer and Business Equipment Manufacturers Association. Washington, DC.

[C, 1999] ISO/IEC 9899. *Standard – The C Language*. X3J11/90-013-1999.

[C, 2011] ISO/IEC 9899. *Standard – The C Language*. X3J11/90-013-2011.

[C++, 1998] ISO/IEC JTC1/SC22/WG21: *International Standard – The C++ Language*. ISO/IEC 14882:1998.

[C++Math, 2010] *International Standard – Extensions to the C++ Library to Support Mathematical Special Functions*. ISO/IEC 29124:2010.

[C++, 2011] ISO/IEC JTC1/SC22/WG21: *International Standard – The C++ Language*. ISO/IEC 14882:2011.

[Campbell, 1987] Roy Campbell et al.: *The Design of a Multiprocessor Operating System*. Proc. USENIX C++ Conference. Santa Fe, New Mexico. November 1987.

[Coplien, 1995] James O. Coplien: *Curiously Recurring Template Patterns*. The C++ Report.

February 1995.

[Cox, 2007] Russ Cox: *Regular Expression Matching Can Be Simple And Fast*. January 2007. swtch.com/~rsc/regexp/regexp1.html.

[Czarnecki, 2000] K. Czarnecki and U. Eisenecker: *Generative Programming: Methods, Tools, and Applications*. Addison-Wesley. Reading, Massachusetts. 2000. ISBN 0-201-30977-7.
クシシュトフ・チャルネツキ、ウールリシュ・W・アイセンアッカー／津田義史、今関剛、朝比奈勲 訳『ジェネレーティブプログラミング』，翔泳社，2008

[Dahl, 1970] O-J. Dahl, B. Myrhaug, and K. Nygaard: *SIMULA Common Base Language*. Norwegian Computing Center S-22. Oslo, Norway. 1970.

[Dahl, 1972] O-J. Dahl and C. A. R. Hoare: *Hierarchical Program Construction in Structured Programming*. Academic Press. New York. 1972.

[Dean, 2004] J. Dean and S. Ghemawat: *MapReduce: Simplified Data Processing on Large Clusters*. OSDI'04: Sixth Symposium on Operating System Design and Implementation. 2004.

[Dechev, 2010] D. Dechev, P. Pirkelbauer, and B. Stroustrup: *Understanding and Effectively Preventing the ABA Problem in Descriptor-based Lock-free Designs*. 13th IEEE Computer Society ISORC 2010 Symposium. May 2010.

[DosReis, 2006] Gabriel Dos Reis and Bjarne Stroustrup: *Specifying C++ Concepts*. POPL06. January 2006.

[DosReis, 2010] Gabriel Dos Reis and Bjarne Stroustrup: *General Constant Expressions for System Programming Languages*. SAC-2010. The 25th ACM Symposium On Applied Computing. March 2010.

[DosReis, 2011] Gabriel Dos Reis and Bjarne Stroustrup: *A Principled, Complete, and Efficient Representation of C++*. Journal of Mathematics in Computer Science. Vol. 5, Issue 3. 2011.

[Ellis, 1989] Margaret A. Ellis and Bjarne Stroustrup: *The Annotated C++ Reference Manual*. Addison-Wesley. Reading, Mass. 1990. ISBN 0-201-51459-1.
M.A. エリス、B. ストラウストラップ／足立高徳、小山裕司 訳『注解C++リファレンスマニュアル』，トッパン，1992

[Freeman, 1992] Len Freeman and Chris Phillips: *Parallel Numerical Algorithms*. Prentice Hall. Englewood Cliffs, New Jersey. 1992. ISBN 0-13-651597-5.

[Friedl, 1997] Jeffrey E. F. Friedl: *Mastering Regular Expressions*. O'Reilly Media. Sebastopol, California. 1997. ISBN 978-1565922570. 34 Notes to the Reader Chapter 1
J. フリードル／歌代和正、鈴木武生、春遍雀来 訳『詳説 正規表現』，オライリー・ジャパン，1999

[Gamma, 1994] Erich Gamma et al.: *Design Patterns: Elements of Reusable Object-Oriented Software*. Addison-Wesley. Reading, Massachusetts. 1994. ISBN 0-201-63361-2.
エリック・ガンマら／本位田真一、吉田和樹 訳『オブジェクト指向における

再利用のためのデザインパターン 改訂版』，ソフトバンク クリエイティブ、1999

[Gregor, 2006] Douglas Gregor et al.: *Concepts: Linguistic Support for Generic Programming in C++*. OOPSLA'06.

[Hennessy, 2011] John L. Hennessy and David A. Patterson: *Computer Architecture, Fifth Edition*: A Quantitative Approach. Morgan Kaufmann. San Francisco, California. 2011. ISBN 978-0123838728.
ジョン・L・ヘネシー、デイビッド・A・パターソン／中條拓伯、天野英晴、鈴木貢 監修、吉瀬謙二 訳『ヘネシー＆パターソン コンピュータアーキテクチャ 定量的アプローチ 第5版』，翔泳社，2014

[Ichbiah, 1979] Jean D. Ichbiah et al.: *Rationale for the Design of the ADA Programming Language*. SIGPLAN Notices. Vol. 14, No. 6. June 1979.

[Kamath, 1993] Yogeesh H. Kamath, Ruth E. Smilan, and Jean G. Smith: *Reaping Benefits with Object-Oriented Technology*. AT&T Technical Journal. Vol. 72, No. 5. September/October 1993.

[Kernighan, 1978] Brian W. Kernighan and Dennis M. Ritchie: *The C Programming Language*. Prentice Hall. Englewood Cliffs, New Jersey. 1978.
B・カーニハン、D・リッチー／石田晴久 訳『プログラミング言語C — UNIX流プログラム書法と作法』，共立出版，1981

[Kernighan, 1988] Brian W. Kernighan and Dennis M. Ritchie: *The C Programming Language, Second Edition*. Prentice-Hall. Englewood Cliffs, New Jersey. 1988. ISBN 0-13-110362-8.
B・カーニハン、D・リッチー／石田晴久 訳『プログラミング言語C ANSI規格準拠（第2版訳書訂正版）』，共立出版，1994

[Knuth, 1968] Donald E. Knuth: *The Art of Computer Programming*. Addison-Wesley. Reading, Massachusetts. 1968.
D. クヌース／有澤誠ら 訳『The Art of Computer Programming Volume 1 Fundamental Algorithms Third Edition 日本語版』，アスキー，2004

[Koenig, 1989] Andrew Koenig and Bjarne Stroustrup: *C++: As close to C as possible – but no closer*. The C++ Report. Vol. 1, No. 7. July 1989.

[Koenig, 1990] A. R. Koenig and B. Stroustrup: *Exception Handling for C++ (revised)*. Proc USENIX C++ Conference. April 1990.

[Kolecki, 2002] Joseph C. Kolecki: *An Introduction to Tensors for Students of Physics and Engineering*. NASA/TM-2002-211716.

[Langer, 2000] Angelika Langer and Klaus Kreft: *Standard C++ IOStreams and Locales: Advanced Programmer's Guide and Reference*. Addison-Wesley. 2000. ISBN 978-0201183955.

[Maddock, 2009] John Maddock: *Boost.Regex*. www.boost.org. 2009.

[McKenney, 2012] Paul E. McKenney: *Is Parallel Programming Hard, And, If So, What Can You Do About It?* kernel.org. Corvallis, Oregon. 2012. http://kernel.org/pub/linux/kernel/people/paulmck/perfbook/perfbook.html.

[Orwell, 1949] George Orwell: *1984*. Secker and Warburg. London. 1949.
ジョージ・オーウェル／高橋和久 訳『一九八四年 新訳版』，早川書房，2009

[Paulson, 1996] Larry C. Paulson: *ML for the Working Programmer*. Cambridge University Press. Cambridge. 1996. ISBN 0-521-56543-X.

[Pirkelbauer, 2009] P. Pirkelbauer, Y. Solodkyy, and B. Stroustrup: *Design and Evaluation of C++ Open Multi-Methods*. Science of Computer Programming. Elsevier Journal. June 2009. doi:10.1016/j.scico.2009.06.002.

[Richards, 1980] Martin Richards and Colin Whitby-Strevens: *BCPL – The Language and Its Compiler*. Cambridge University Press. Cambridge. 1980. ISBN 0-521-21965-5.
M. リチャーズ、C. ホイットビー - スティーヴンズ／和田英一 訳『BCPL：言語とそのコンパイラ』，共立出版，1985

[Root, 1995] ROOT: *A Data Analysis Framework*. root.cern.ch. It seems appropriate to represent a tool from CERN, the birthplace of the World Wide Web, by a Section 1.6 References 35 Web address.

[Rozier, 1988] M. Rozier et al.: *CHORUS Distributed Operating Systems. Computing Systems*. Vol. 1, No. 4. Fall 1988.

[Siek, 2000] Jeremy G. Siek and Andrew Lumsdaine: *Concept checking: Binding parametric polymorphism in C++*. Proc. First Workshop on C++ Template Programming. Erfurt, Germany. 2000.

[Solodkyy, 2012] Y. Solodkyy, G. Dos Reis, and B. Stroustrup: *Open and Efficient Type Switch for C++*. Proc. OOPSLA'12.

[Stepanov, 1994] Alexander Stepanov and Meng Lee: *The Standard Template Library*. HP Labs Technical Report HPL-94-34 (R. 1). 1994.

[Stewart, 1998] G. W. Stewart: *Matrix Algorithms, Volume I. Basic Decompositions*. SIAM. Philadelphia, Pennsylvania. 1998.

[Stroustrup, 1982] B. Stroustrup: *Classes: An Abstract Data Type Facility for the C Language*. Sigplan Notices. January 1982. The first public description of ''C with Classes.''

[Stroustrup, 1984] B. Stroustrup: *Operator Overloading in C++*. Proc. IFIP WG2.4 Conference on System Implementation Languages: Experience & Assessment. September 1984.

[Stroustrup, 1985] B. Stroustrup: *An Extensible I/O Facility for C++*. Proc. Summer 1985 USENIX Conference.

[Stroustrup, 1986] B. Stroustrup: *The C++ Programming Language*. Addison-Wesley. Reading, Massachusetts. 1986. ISBN 0-201-12078-X.
B. ストラウストラップ／斎藤信男 訳『プログラミング言語 C++ 初版』，トッパン，1988

[Stroustrup, 1987] B. Stroustrup: *Multiple Inheritance for C++*. Proc. EUUG Spring Conference. May 1987.

[Stroustrup, 1987b] B. Stroustrup and J. Shopiro: *A Set of C Classes for Co-Routine Style Programming*. Proc. USENIX C++ Conference. Santa Fe, New Mexico. November 1987.

[Stroustrup, 1988] B. Stroustrup: *Parameterized Types for C++*. Proc. USENIX C++ Conference, Denver. 1988.

[Stroustrup, 1991] B. Stroustrup: *The C++ Programming Language (Second Edition)*. Addison-Wesley. Reading, Massachusetts. 1991. ISBN 0-201-53992-6.
B. ストラウストラップ／斎藤信男ら訳『プログラミング言語 C++ 第 2 版』，トッパン，1993

[Stroustrup, 1993] B. Stroustrup: *A History of C++: 1979-1991*. Proc. ACM History of Programming Languages conference (HOPL-2). ACM Sigplan Notices. Vol 28, No 3. 1993.

[Stroustrup, 1994] B. Stroustrup: *The Design and Evolution of C++*. Addison-Wesley. Reading, Mass. 1994. ISBN 0-201-54330-3.
B. ストラウストラップ／επιστημη監修、岩谷宏 訳『C++の設計と進化』，ソフトバンク クリエイティブ，2005

[Stroustrup, 1997] B. Stroustrup: *The C++ Programming Language, Third Edition*. Addison-Wesley. Reading, Massachusetts. 1997. ISBN 0-201-88954-4. Hardcover (''Special'') Edition. 2000. ISBN 0-201-70073-5.
B. ストラウストラップ／長尾高弘 訳『プログラミング言語 C++ 第 3 版』，アジソンウェスレイパブリッシャーズジャパン，1998

[Stroustrup, 2002] B. Stroustrup: *C and C++: Siblings, C and C++: A Case for Compatibility, and C and C++: Case Studies in Compatibility*. The C/C++ Users Journal. July-September 2002. www.stroustrup.com/papers.html.

[Stroustrup, 2007] B. Stroustrup: *Evolving a language in and for the real world: C++ 1991-2006*. ACM HOPL-III. June 2007. 36 Notes to the Reader Chapter 1

[Stroustrup, 2008] B. Stroustrup: *Programming – Principles and Practice Using C++*. Addison-Wesley. 2008. ISBN 0-321-54372-6.
B・ストラウストラップ／επιστημη 監修、遠藤美代子 訳『ストラウストラップのプログラミング入門 ― C++によるプログラミングの原則と実践』，翔泳社，2011

[Stroustrup, 2010a] B. Stroustrup: *The C++11 FAQ*. www.stroustrup.com/C++11FAQ.html.

[Stroustrup, 2010b] B. Stroustrup: *The C++0x ''Remove Concepts'' Decision*. Dr. Dobb's Journal. July 2009.

[Stroustrup, 2012a] B. Stroustrup and A. Sutton: *A Concept Design for the STL*. WG21 Technical Report N3351==12-0041. January 2012.

[Stroustrup, 2012b] B. Stroustrup: *Software Development for Infrastructure*. Computer. January 2012. doi:10.1109/MC.2011.353.

[Sutton, 2011] A. Sutton and B. Stroustrup: *Design of Concept Libraries for C++*. Proc. SLE 2011 (International Conference on Software Language Engineering). July 2011.

[Tanenbaum, 2007] Andrew S. Tanenbaum: *Modern Operating Systems, Third Edition*. Prentice Hall. Upper Saddle River, New Jersey. 2007. ISBN 0-13-600663-9.
アンドリュー S. タネンバウム／水野忠則ら 訳『モダンオペレーティングシステム 原書 第２版』，ピアソン・エデュケーション・ジャパン，2004

[Tsafrir, 2009] Dan Tsafrir et al.: *Minimizing Dependencies within Generic Classes for Faster and Smaller Programs*. ACM OOPSLA'09. October 2009.

[Unicode, 1996] The Unicode Consortium: *The Unicode Standard,* Version 2.0. Addison-Wesley. Reading, Massachusetts. 1996. ISBN 0-201-48345-9.

[UNIX, 1985] *UNIX Time-Sharing System: Programmer's Manual. Research Version, Tenth Edition*. AT&T Bell Laboratories, Murray Hill, New Jersey. February 1985.

[Vandevoorde, 2002] David Vandevoorde and Nicolai M. Josuttis: *C++ Templates: The Complete Guide*. Addison-Wesley. 2002. ISBN 0-201-73484-2.
D. ヴァンデヴォールデ、N.M. ジョスティス／津田義史 訳『C++ テンプレート完全ガイド』，翔泳社，2010

[Veldhuizen, 1995] Todd Veldhuizen: *Expression Templates*. The C++ Report. June 1995.

[Veldhuizen, 2003] Todd L. Veldhuizen: *C++ Templates are Turing Complete*. Indiana University Computer Science Technical Report. 2003.

[Vitter, 1985] Jefferey Scott Vitter: *Random Sampling with a Reservoir*. ACM Transactions on Mathematical Software, Vol. 11, No. 1. 1985.

[WG21] ISO SC22/WG21 The C++ Programming Language Standards Committee: *Document Archive*. www.open-std.org/jtc1/sc22/wg21.

[Williams, 2012] Anthony Williams: *C++ Concurrency in Action – Practical Multithreading*. Manning Publications Co. ISBN 978-1933988771.

[Wilson, 1996] Gregory V. Wilson and Paul Lu (editors): *Parallel Programming Using C++*. The MIT Press. Cambridge, Mass. 1996. ISBN 0-262-73118-5.

[Wood, 1999] Alistair Wood: *Introduction to Numerical Analysis*. Addison-Wesley. Reading, Massachusetts. 1999. ISBN 0-201-34291-X.

[Woodward, 1974] P. M. Woodward and S. G. Bond: *Algol 68-R Users Guide*. Her Majesty's Stationery Office. London. 1974.

第2章 C++を探検しよう：基本

まず行うべきことは、
言語の法律家を皆殺しにすることだ。
―『ヘンリー六世』第二部

2.1 はじめに

本章と、続く三つの章では、C++とは何かという概念を、細かなことに踏み込まずに解説していく。本章では、C++の記法、記憶域モデル、演算モデル、コードをプログラムに変換する基本手順といった内容を大雑把に示す。これらは、C言語でも一般的なプログラミングスタイルであって、**手続き型プログラミング**（*procedural programming*）とも呼ばれる。そして、C++の抽象化の仕組みを第3章で示し、標準ライブラリ機能の例を第4章と第5章とで示す。

なお、ここではプログラミング経験のある読者を想定している。もし経験がなければ、本書を読み進める前に、まずは*Programming : Principles and Practice Using C++*〔Stroustrup, 2008〕などのテキストを読むことが好ましい。たとえプログラミング経験があっても、その言語や使用したアプリケーションがC++のプログラミングスタイルとかけ離れていれば、やはり同様である。もし、この“短時間の探検”で混乱するようであれば、もっと系統立てて解説を行っている第6章から読み始めるのもよいだろう。

さて、このC++の探検では、言語とライブラリ機能について、厳密でボトムアップ的な解説を避けて、本書の前半の章で学習するさまざまな機能を取り上げる。たとえば、比較的早い段階から繰返し（ループ）を示すが、その詳細を初めて取り上げるのは第10章だ。同様に、クラス、テンプレート、空き領域の利用、標準ライブラリの詳細な解説が、多くの章に登場する。標準ライブラリである`vector`や`string`、`complex`、`map`、`unique_ptr`、`ostream`などの型は、サンプルコードの質を維持するために、きちんと解説することなく利用する。

この進め方は、コペンハーゲンやニューヨークなどの都市を短時間で周遊する観光ツアーに似ている。ほんの2、3時間で、主だった名所を訪れて若干の歴史を簡単に教わったら、次のお勧めスポットへと案内される。そんなツアーでは、その都市を知ったことにはならないし、見たもの聞いたものすべてを学んだことにもならない。その都市のことを本当に知るならば、そこに数年間は住まなければならないだろう。しかし、順調に進めば、都市の概観や宣伝文句、興味を引きそうなものをあげられるくらいにはなるだろう。そして、ツアー終了後に、本当の発見の旅が始まるのだ。

この探検では、C++ の表層だけではなく、全体像を丸ごと示す。そのため、C と、C++98 の一部と、C++11 の新機能などをきちんとは区別していない。そのあたりの歴史的経緯は、§1.4 と第44 章に別途まとめている。

2.2 基本

C++ は、コンパイラ言語である。プログラム実行のためには、コンパイラを使ってソースコードファイル（通常は単に**ソースファイル**（*source file*）と呼ぶ）からオブジェクトファイルを生成し、それをリンカでリンクして実行ファイルを生成する。C++ のプログラムは、複数のソースコードファイルで構成されるのが一般的である。

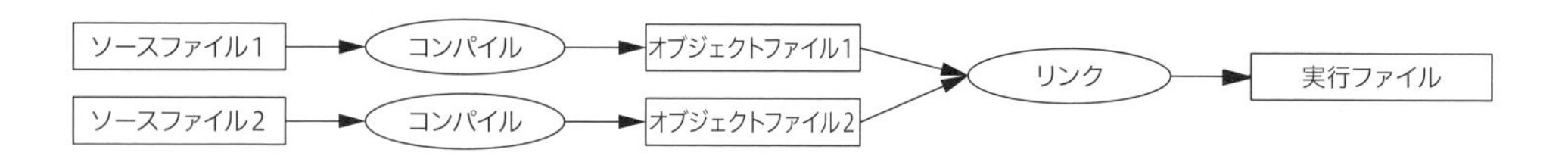

実行プログラムは、特定のハードウェアとシステム用に生成されるものなので、たとえば Mac から Windows PC への可搬性がないのはあたり前だ。C++ プログラムの可搬性に言及するときの対象は、実行プログラムではなく、ソースコードである。つまり、さまざまなシステム上で、同じソースコードをコンパイルして実行できるかどうか、ということだ。

さて、ISO C++ 標準は、２種類の実体を定義している：

- **言語の中核機能**　例：組込み型（`char` や `int` など)、繰返し（`for` 文、`while` 文など)。
- **標準ライブラリコンポーネント**　例：コンテナ（`vector` や `map` など)、入出力処理（`<<` や `getline()` など)。

標準ライブラリコンポーネントは、処理系が提供する C++ 言語だけで完璧に記述されている。すなわち、C++ 標準ライブラリは、C++ 自身で実装可能なのだ（ただし、スレッド文脈スイッチングなど、ごく一部でマシン語を使うという例外はある)。このことは、C++ の表現力が、豊富で高いだけでなく、ほとんどのシステムプログラミングに対しても十分に効率的であることを示している。

C++ は静的な型付けを行う言語である。すなわち、すべての実体（オブジェクト、値、名前、式など）の型は、使用時点でコンパイラが知っている必要がある。そして、オブジェクトの型によって、それに対して適用可能な処理の範囲が決まる。

2.2.1 Hello, World!

最小のC++プログラムを示そう：

```
int main() { }    // 最小のC++プログラム
```

これは、引数を受け取らず、処理内容が空であるmainという名前の関数の定義だ（§15.4）。

C++の波括弧{}は、ひとまとまりの範囲を表す。この場合は、関数本体の開始と終了を表している。スラッシュが二つ続く//は、その行の終端までがコメントであることを示す。コメントは、人間の読み手に伝えるものなので、コンパイラはコメントを無視する。

すべてのC++プログラムは、main()という名前の広域関数を一つだけもたなければならない。main()を実行することによって、プログラムの処理が始まる。main()が返却する値の型はintである。返却値があれば、その値は、プログラムから"システム"に返却される。もし返却値がなければ、システムは、プログラムが正常終了したことを表す値を受け取る。main()が非ゼロを返却するのは、処理に失敗したことを伝えるときだ。すべてのオペレーティングシステムや実行環境が、この返却値を利用するわけではない。Linux/Unixベースでは、返却値が利用されることが多いが、Windowsベースのシステムでは、まれである。

通常、プログラムは何らかの出力を行う。ここでは、Hello, World!という文字列を出力するプログラムを示すことにしよう：

```
#include <iostream>

int main()
{
    std::cout << "Hello, World!\n";
}
```

先頭行の#include <iostream>は、標準入出力ストリーム機能を宣言したiostreamを**インクルード**（*include*）して取り込むように、というコンパイラに対する指示だ。もし、iostream内の宣言が取り込まれなければ、次の式は、無意味なものとなってしまう。

```
std::cout << "Hello, World!\n";
```

"～への出力（put to）"を表す<<演算子は、1番目の引数に対して2番目の引数を出力する。この例は、標準出力ストリームstd::coutに対して、文字列リテラル"Hello, World!\n"を出力する。文字列リテラルは、文字の並びを二重引用符"で囲んだものだ。文字列リテラル内では、逆斜線\と、それに続く文字とをあわせて、単一の"特殊文字（special character）"を表す。例で示した\nは、改行文字を意味するので、Hello, World!に続いて改行文字が出力される。

さて、std::は、それに続く名前coutが、標準ライブラリの名前空間に存在することを示す（§2.4.2, 第14章）。標準ライブラリの機能に踏み込むまでは、std::についてこれ以上は解説しない。名前空間内の名前を明示的に修飾することなく可視化する方法は、§2.4.2で解説する。

すべての実行コードは関数内に記述されるので、直接的あるいは間接的にmain()から呼び出される。例を示そう：

```
#include <iostream>
using namespace std;        // std::なしでstd内の名前を見えるようにする（§2.4.2）

double square(double x)    // 倍精度浮動小数点数の2乗
{
    return x*x;
}

void print_square(double x)
{
    cout << "the square of " << x << " is " << square(x) << "\n";
}

int main()
{
    print_square(1.234);    //『the square of 1.234 is 1.52276』と表示
}
```

ここで、“返却値型”としての**void**は、関数が値を返却しないことの指示だ。

2.2.2 型と変数と算術演算

すべての名前と式には、型がある。そして、その型が処理内容を決定する。たとえば、

```
int inch;
```

という宣言は、**inch**の型が**int**であることを表す。すなわち、**inch**は、整数変数である。

宣言（*declaration*）は、プログラム内に名前を導入する文である。すなわち、宣言は、以下に示すような、名前付きの実体に対する、型の指示である：

- **型**（*type*）は、（そのオブジェクトに対して）取り得る値と適用できる処理を定義する。
- **オブジェクト**（*object*）は、メモリ上に存在して、何らかの型の値を保持する。
- **値**（*value*）は、その型に応じて解釈されるビットの集合である。
- **変数**（*variable*）は、名前の付いたオブジェクトである。

C++には、いろいろな基本型がある。例を示そう：

```
bool      // 論理値：取り得るのはtrueとfalse
char      // 文字：たとえば'a'や'z'や'9'
int       // 整数：たとえば-213や42や1066
double    // 倍精度浮動小数点数：たとえば3.14や299793.0
```

基本型は、ハードウェア機能と直接に対応する。その大きさは固定されているので、それに応じて取り得る値の範囲が決まることになる：

bool								
char								
int								
double								

char型の変数は、そのマシン上で単一の文字を保持するのにちょうどよい大きさ（多くの場合は1バイトすなわち8ビット）であり、それ以外の型の大きさは、**char**の整数倍である。型の大きさは、

処理系定義である（すなわち、マシンによって大きさが異なる場合がある）ため、**sizeof** 演算子を使って確認できるようになっている。たとえば、**sizeof(char)** は必ず 1 であるが、多くの場合、**sizeof(int)** は 4 である。

算術演算子は、適切な型の組合せに対して適用できる：

```
x+y   // 加算
+x    // 単項加算
x-y   // 減算
-x    // 単項減算
x*y   // 乗算
x/y   // 商
x%y   // 剰余の整数部
```

比較演算子も同様だ：

```
x==y  // 等しい
x!=y  // 等しくない
x<y   // より小さい
x>y   // より大きい
x<=y  // 以下
x>=y  // 以上
```

C++ は、代入時にも算術演算時にも、基本の型間で適切な型変換を行う（§10.5.3）ので、組合せは自由だ：

```
void some_function()    // 値を返却しない関数
{
   double d = 2.2;      // 浮動小数点数を初期化
   int i = 7;           // 整数を初期化
   d = d+i;             // dに加算結果を代入
   i = d*i;             // iに積を代入（double型のd*iをintに切捨て）
}
```

代入演算子は = で、等価性を判定する演算子は == だ。これらを混同してはいけない。

C++ は、初期化の記法を何種類も用意している。この例で使用した = 以外にも、波括弧 {} で囲む、万能な初期化子並びの形式も利用できる：

```
double d1 = 2.3;               // d1を2.3で初期化
double d2 {2.3};               // d2を2.3で初期化

complex<double> z = 1;         // 倍精度浮動小数点スカラの複素数
complex<double> z2 {d1,d2};
complex<double> z3 = {1,2};    // {...}形式では=を付けてもよい

vector<int> v {1,2,3,4,5,6};   // intのvector
```

= 形式は、C の時代から伝統的に用いられてきたが、どれを使うか迷うくらいならば、並びを {} で囲む形式のほうを使うとよい（§6.3.5.2）。何はともあれ、情報が欠落してしまうような型変換（縮小変換：§10.5）などの問題が避けられるからだ：

```
int i1 = 7.2;      // i1は7になる（驚いたかな？）
int i2 {7.2};      // エラー：浮動小数点から整数への変換
int i3 = {7.2};    // エラー：浮動小数点から整数への変換（=は省略可）
```

定数（§2.2.3）を未初期化のままにしてはいけない。また、特別な事情がない限り、変数を未初期化のままにしてはいけない。そもそも、適切な値が分かるまでは、名前を与える必要などない。ユーザ定義型（stringやvector、Matrix、Motor_controller、Orc_warriorなど）は、暗黙裏の初期化が行えるように定義できる（§3.2.1.1）。

さて、変数定義の際に、初期化子に基づいて型が推測できる場合は、明示的に型を指定する必要がない：

```
auto b = true;      // bool型
auto ch = 'x';      // char型
auto i = 123;       // int型
auto d = 1.2;       // double型
auto z = sqrt(y);   // zはsqrt(y)の返却型となる
```

本書では、autoで宣言する場合には、=構文を利用する。問題を引き起こす型変換が避けられるからだ（§6.3.6.2）。

わざわざ型を明示すべき特殊な事情がない限りは、autoを用いるとよい。なお、“特殊な事情”とは、次のようなものだ：

- その定義が巨大なスコープ中にあり、その型をプログラムの読み手に伝わりやすくしたい。
- 変数の値の範囲や精度を明示したい（floatではなくdoubleにしたことなど）。

autoを使うと、冗長さを避けられるし、長たらしい型名をタイプする必要もなくなる。ジェネリックプログラミングでたびたび生じる、型名が極めて長くなるあまりに、オブジェクトの正確な型をプログラマが理解できなくなる、という問題に対しては、特に有効だ（§4.5.1）。

C++には、通常の算術演算子や論理演算子（§10.3）の他に、変数の値を更新するための演算子がある：

```
x+=y    // x = x+y
++x     // インクリメント：x = x+1
x-=y    // x = x-y
--x     // デクリメント：x = x-1
x*=y    // スケーリング：x = x*y
x/=y    // スケーリング：x = x/y
x%=y    // x = x%y
```

いずれも、簡潔かつ便利であって、しかも頻繁に使われる演算子だ。

2.2.3 定数

C++は、値の不変性を示す記法を二つ提供する（§7.5）：

- const：大雑把にいうと、“この値を変更しないことを約束します”ということであり（§7.5）、主としてインタフェースの指定に用いられる。関数に渡したデータが変更されるのではないかという心配から解放される。constによる約束を守らせるのはコンパイラの仕事だ。
- constexpr：大雑把にいうと、“この値はコンパイル時に評価されますよ”ということである（§10.4）。主として定数の指定に使用され、読取り専用のメモリ領域にデータを配置することを許可するとともに（そうすると値が破壊される可能性がまずない）、性能も向上する。

たとえば：

```
const int dmv = 17;                          // dmvは名前の付いた定数
int var = 17;                                // varは定数ではない
constexpr double max1 = 1.4*square(dmv);     // square(17)が定数であればOK
constexpr double max2 = 1.4*square(var);     // エラー：varは定数式ではない
const double max3 = 1.4*square(var);         // OK、実行時に評価されることになる
double sum(const vector<double>&);           // sumは実引数を変更しない（§2.2.5）
vector<double> v {1.2, 3.4, 4.5};            // vは定数ではない
const double s1 = sum(v);                    // OK：実行時に評価される
constexpr double s2 = sum(v);                // エラー：sum(v)は定数式ではない
```

定数式（*constant expression*）の中でも利用できる関数、すなわち、コンパイラによって評価されることになる式の中で利用される関数は、`constexpr`として定義しなければならない。

```
constexpr double square(double x) { return x*x; }
```

関数を`constexpr`とする場合、できるだけ単純なものがよい。たとえば、単に演算結果を`return`する1行だけのものだ。`constexpr`と宣言した関数でも、非定数の引数が利用できるが、その場合は定数式とはならない。定数式ではない実引数を与えた`constexpr`な関数は、定数式が要求されない文脈でも呼び出せる。そのため、本質的に同じ内容の関数を、定数式用に一つ、変数用にもう一つ、といった具合で重複定義しなくてよい。

言語の規則として定数式が要求される局面もいくつかあるが（たとえば、配列要素数：§2.2.5と§7.3、`case`のラベル：§2.2.4と§9.4.2、テンプレートの実引数：§25.2、`constexpr`と宣言した定数など）、それ以外の局面では、コンパイル時評価は、性能に大きく貢献する。また、性能のことは別にしても、（状態が変化しないオブジェクトの）値の不変性を示す記法は、設計上極めて重要だ（§10.4）。

2.2.4 条件評価と繰返し

C++は、選択や繰返しを表現するために複数の種類の文を提供する。以下に示すのは、ユーザに入力を求め、その内容から真偽値を返す関数の例である：

```
bool accept()
{
    cout << "Do you want to proceed (y or n)?\n";  // 質問を表示

    char answer = 0;
    cin >> answer;                                 // 回答を読み込む

    if (answer == 'y') return true;
    return false;
}
```

すでに利用した“～へ出力（put to）”する出力演算子`<<`に加えて、それとペアになる“～から入力（get from）”する`>>`演算子を利用している。`cin`は、標準入力ストリームだ。`>>`の右オペランドは、入力処理の対象であり、その型が、`>>`によって何を受け付けるのかを決定する。なお、出力文字列の末尾にある`\n`文字が改行を表すことは解説ずみだ（§2.2.1）。

さて、この例を、“no”を意味する`n`の入力に対応できるように改良してみよう：

```
bool accept2()
{
    cout << "Do you want to proceed (y or n)?\n";   // 質問を表示

    char answer = 0;
    cin >> answer;                                  // 回答を読み込む

    switch (answer) {
    case 'y':
        return true;
    case 'n':
        return false;
    default:
        cout << "I'll take that for a no.\n";
        return false;
    }
}
```

switch 文は、指定された一つの値を、一連の定数と順に比較する。**case** の定数は、重複が許されておらず、すべて異なる。どの定数とも一致しなければ、**default** が選択される。もし **default** を記述していなくて、どの定数とも一致しなければ、何も実行されない。

繰返しをまったく行わないプログラムはまれだ。次のようにすれば、適切な入力を行うように、ユーザに対して何度もチャンスを与えられる：

```
bool accept3()
{
    int tries = 1;
    while (tries<4) {
        cout << "Do you want to proceed (y or n)?\n";   // 質問を表示
        char answer = 0;
        cin >> answer;                                  // 回答を読み込む

        switch (answer) {
        case 'y':
            return true;
        case 'n':
            return false;
        default:
            cout << "Sorry, I don't understand that.\n";
            ++tries;    // インクリメント
        }
    }
    cout << "I'll take that for a no.\n";
    return false;
}
```

ここで利用している **while** 文は、与えられた判定が **false** になるまで処理を繰り返す。

2.2.5 ポインタと配列と繰返し

次に示すのは、**char** 型の要素をもつ配列の宣言だ：

```
char v[6];    // 6個の文字の配列
```

同様に、ポインタは次のように宣言する：

```
char* p;      // 文字へのポインタ
```

宣言の中では、[] は“～の配列（array of）”を表し、* は“～へのポインタ（pointer to）”を表す。配列要素の添字は 0 で始まる。この例では、v の要素は 6 個だから、v[0] から v[5] までが配列の範囲だ。配列の要素数は、定数式（§2.2.3）でなければならない。さて、ポインタ変数がもつ値は、対応する型のオブジェクトのアドレスだ：

```
char* p = &v[3];    // pはvの4番目の要素を指すポインタ
char x = *p;        // *pはpが指すオブジェクトそのもの
```

式中の前置単項演算子 * は、“～の内容（contents of）”を意味し、前置単項演算子 & は、“～のアドレス（address of）”を意味する。この宣言時点の初期化の様子を図で表してみよう：

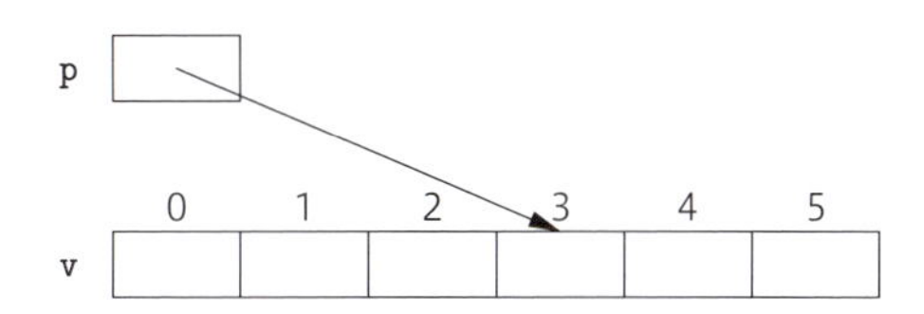

次に、ある配列から 10 個の要素を別の配列へとコピーする例を考えてみる：

```
void copy_fct()
{
   int v1[10] = {0,1,2,3,4,5,6,7,8,9};
   int v2[10];                    // v1のコピーとなる予定

   for (auto i=0; i!=10; ++i)  // ここで要素をコピー
      v2[i]=v1[i];
   // ...
}
```

ここでの for 文は、“まず i をゼロにする。そして、i が 10 に達しない限り、i 番目の要素をコピーして i をインクリメントする処理を繰り返す。”と読める。整数型変数にインクリメント演算子 ++ が適用された場合は、変数の値は 1 だけ増加する。C++ は、範囲 for 文と呼ばれる、より簡潔な for 文も提供する。それは、与えられた並びを一つずつ走査していく（なぞっていく）ものだ：

```
void print()
{
   int v[] = {0,1,2,3,4,5,6,7,8,9};

   for (auto x : v)          // v中の全要素を一つずつxに取り出す
      cout << x << '\n';

   for (auto x : {10,21,32,43,54,65})
      cout << x << '\n';
   // ...
}
```

最初の範囲 for 文は、“配列 v の全要素を、先頭から末尾まで一つずつ順に着目する。その際、着目した値を x にコピーして、それから出力する。”と読める。並びの初期化の際に、要素の下限と上限の指定が不要であることに注目しよう。なお、範囲 for 文は、任意の順序でも配列要素を処理できる（§3.4.1）。

配列 v の要素の値をいったん変数 x にコピーしたくない場合は、x を要素への参照にしてしまえばよい。次のように実現できる：

```
void increment()
{
    int v[] = {0,1,2,3,4,5,6,7,8,9};

    for (auto& x : v)
        ++x;
    // ...
}
```

宣言時の型の後ろに付けられた & は、“～への参照（reference to）”という意味だ。参照はポインタに似ているが、前置単項演算子 * を適用することなく参照先の値にアクセスできる点が異なる。また、いったん初期化すると、その後で他のオブジェクトを参照するように変更するのは不可能だ。宣言時に使用する、&、*、[] などの演算子は、**宣言演算子**（*declarator operator*）と呼ばれる。

```
T a[n];  // T[n] : Tのn個の配列（§7.3）
T* p;    // T*   : Tへのポインタ（§7.2）
T& r;    // T&   : Tへの参照（§7.7）
T f(A);  // T(A) : 型Aの実引数を受け取って結果として型Tを返却する関数（§2.2.1）
```

ポインタの指す先は、ちゃんとしたオブジェクトとなるようにしなければならない。そうしておけば、ポインタの参照外しを行った結果が、必ず有効になる。リストの終端などのように、指すべきオブジェクトをもたない、あるいは、“有効なオブジェクトがない”のであれば、ポインタの値を、“空ポインタ（null pointer）”を表す nullptr とする。nullptr は、あらゆるポインタ型で共通だ：

```
double* pd = nullptr;
Link<Record>* lst = nullptr;   // Record型のLinkへのポインタ
int x = nullptr;               // エラー：nullptrはポインタであって整数ではない
```

また、実引数のポインタが何らかのオブジェクトを指していることを期待するのであれば、本当にそうなっているのかを確認するのが賢明だ：

```
int count_x(char* p, char x)
    // p[]中にxが何個あるのかをカウントする
    // pが0で終了するchar配列への（または、どこも指さない）ポインタであると期待
{
    if (p==nullptr) return 0;
    int count = 0;
    for (; *p!=0; ++p)
        if (*p==x)
            ++count;
    return count;
}
```

配列内の次の要素を指すように更新するために ++ を使うと、ポインタの指す先が移動できることや、不要であれば for 文の初期化子を省略できることなど、注目すべき点が多い例だ。

なお、count_x() の定義では、char* の指す先が、“C言語スタイルの文字列”、すなわち、ゼロで終了する char の配列であると想定している。

古い時代のコードでは、nullptr ではなくて、0 と NULL が用いられていた（§7.2.2）。しかし、nullptr を使えば、整数である 0 と NULL と、ポインタである nullptr とを混同してしまう潜在的な危険性が排除できる。

2.3 ユーザ定義型

基本型（§2.2.2）とconst修飾子（§2.2.3）と宣言演算子（§2.2.5）とで組み立てられる型は、**組込み型**（*built-in type*）と呼ばれる。C++の組込み型とその演算は、豊富な種類がある。しかし、それらはあえて低レベルなものとなっており、一般的なコンピュータハードウェアの能力を直接的かつ効率的に反映している。そのため、高度なアプリケーションを記述する際に便利で高レベルな機能は、プログラマに提供されない。組込み型とその演算を強化し、高レベルな機能をプログラマが実装できるようにするために、C++は、洗練された**抽象化機構**（*abstraction mechanism*）を提供する。C++の抽象化機構は、まず第一に、適切な内部表現と演算とをもつ独自の型をプログラマが設計、実装できるようにするものであり、さらに、簡潔かつエレガントに独自の型を利用できるようにするものである。C++の抽象化機構によって定義された、組込み型でない型は、**ユーザ定義型**（*user-defined type*）と呼ばれる。それらは、クラスや列挙体として利用される。本書の大部分は、ユーザ定義型の設計、実装、利用に費やしている。本章の後半でも、ユーザ定義型の中で、もっとも単純で基礎的な部分を解説する。さらに、第3章で、抽象化のメカニズムと、サポートするプログラミングスタイルを解説する。標準ライブラリの多くはユーザ定義型から構成されるので、第4章と第5章では、標準ライブラリの概要を述べるとともに、第2章と第3章で解説する言語機能やプログラミング技法を用いれば、どんなものが作れるかといった実例を示す。

2.3.1 構造体

新しい型を組み立てる手順の第一歩は、必要な構成要素を単一のデータ構造としてまとめることである。そうして得られるのが、構造体すなわちstructだ：

```
struct Vector {
    int sz;          // 要素数
    double* elem;    // 要素へのポインタ
};
```

これはVectorの最初のバージョンであり、1個のintと、1個のdouble*とで構成される。Vector型の変数の宣言例を示そう：

```
Vector v;
```

しかし、これはあまり有用ではない。v内のelemが何も指していないからだ。実用にたえるものとするには、何らかの要素をvが指さなければならない。Vectorを次のように構築してみよう：

```
void vector_init(Vector& v, int s)
{
    v.elem = new double[s];   // s個の配列を確保
    v.sz = s;
}
```

これだと、vの要素elemは、new演算子で作ったポインタ値になるし、vのもう一つの要素szは、配列の要素数となる。Vector&における&は、非const参照としてvを受け取ることを意味する（§2.2.5, §7.7）。こうしておけば、vector_init()は受け取ったvの内容を変更できるようになる。

new演算子は、**空き領域**（*free store*）と呼ばれる領域（**動的メモリ**（*dynamic memory*）や**ヒー**

プ（*heap*）とも呼ばれる領域：§11.2）から、記憶域を確保して割り当てる。

Vectorの単純な使用例を示そう：

```
double read_and_sum(int s)
   // cinからs個の整数を読み込んで、その合計を返却する：sは正と仮定
{
   Vector v;
   vector_init(v,s);             // v用にs個の要素を確保
   for (int i=0; i!=s; ++i)
      cin>>v.elem[i];            // 要素に値を読み込む

   double sum = 0;
   for (int i=0; i!=s; ++i)
      sum+=v.elem[i];            // 要素の合計を求める
   return sum;
}
```

ここで定義したVectorを、標準ライブラリのvectorと同じくらいエレガントかつ柔軟なものに仕上げるには、長い道のりが必要だ。現時点のコードの大きな問題は、ユーザが詳細にVectorの内部を把握しなければ使いものにならない、という点である。本章のこれ以降の部分と次章では、言語機能や技法の例として、Vectorを少しずつ改良していく。なお、第4章では、多くの改良がほどこされている標準ライブラリvectorを取り上げて、さらに、第31章では、標準ライブラリの他の機能を紹介する際にvectorの完全な解説を加える。

本書では、vectorや標準ライブラリの他のコンポーネントを例にとって解説する。その目的は、以下のようなものだ：

- 言語機能と設計技法を分かりやすく示す。
- 標準ライブラリコンポーネントに対する読者の理解と利用を促進する。

vectorやstringのような標準ライブラリコンポーネントとして提供される機能を、みんなが改めて発明する必要はまったくなく、利用するだけである。

さて、名前または参照を通じてstruct内のメンバにアクセスする際にはドット . を使い、ポインタを通じてアクセスする際には->を使う：

```
void f(Vector v, Vector& rv, Vector* pv)
{
   int i1 = v.sz;     // 名前でアクセス
   int i2 = rv.sz;    // 参照を通じてアクセス
   int i4 = pv->sz;   // ポインタを通じてアクセス
}
```

2.3.2 クラス

演算とは別にデータをもつことには、データ利用の自由度が高まるという利点がある。しかし、ユーザ定義型が“本物の型（real type）”として期待される、あらゆる特性をもつためには、データの内部表現と演算とのあいだに密接な関連が求められる。それと同時に、データの内部表現をユーザからアクセスできないようにしたい、もっと使いやすくしたい、データの一貫性を保証したい、また、将来的に改良できるようにしたい、といったことがあるだろう。そのためには、型の（すべてのユーザが利用できる）インタフェースと、（ユーザからアクセスできない内部にもアクセス可能な）実装と

が独立する必要がある。そのための言語機能が、**クラス**（*class*）である。クラスは、**メンバ**（*member*）の集まりを定義したものだ。メンバには、データや関数や型がある。インタフェースは、クラスのpublicメンバとして定義される。なお、privateメンバは、インタフェースを通じてのみ間接的にアクセスされることになる。たとえば：

```
class Vector {
public:
    Vector(int s) :elem{new double[s]}, sz{s} { }     // Vectorを構築
    double& operator[](int i) { return elem[i]; }     // 添字による要素のアクセス
    int size() { return sz; }
private:
    double* elem; // 要素へのポインタ
    int sz;       // 要素数
};
```

この定義があると、型Vectorの変数は、次のように定義できる：

```
Vector v(6);      // 6個の要素をもつVector
```

このVectorオブジェクトを図で表すと、次のようになる：

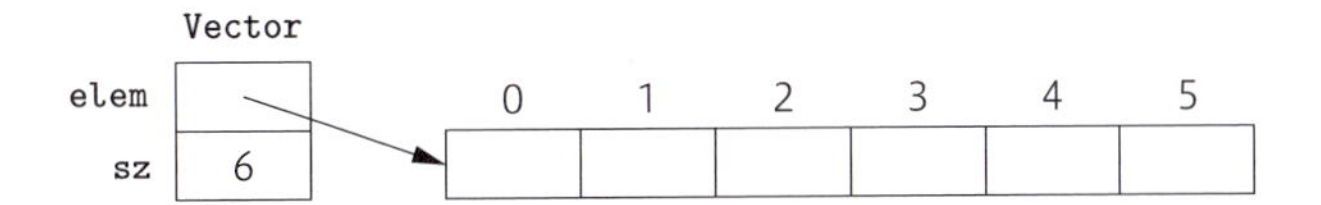

基本的に、Vectorオブジェクトは、要素を指すポインタelemと、要素数szとで構成される“ハンドル（handle）”である。要素数は（この例では6個であるものの）固定ではない。そのため、Vectorオブジェクトごとに異なる可能性があるし、あるVectorオブジェクトの使用中に、その要素数が変化することもある（§3.2.1.3）。しかし、要素数とは無関係に、Vectorオブジェクト自体の大きさは一定であって変化しない。newによって空き領域に確保されて（§11.2）“どこか”別のところに存在する可変個数のデータを、一定の大きさのハンドルに参照させる手法は、変化する情報量に対処するための、C++の基本的な技法だ。このようなオブジェクトを、いかに設計して利用するかについては、第3章のメインとなる話題である。

さて、Vectorの内部データ表現である二つのメンバelemとszは、publicメンバであるインタフェース、すなわち、Vector()、operator[]()、size()を介してのみアクセスできる。§2.3.1で示したread_and_sum()は、次のように単純化できる：

```
double read_and_sum(int s)
{
    Vector v(s);                          // 要素数sのVectorを作る
    for (int i=0; i!=v.size(); ++i)
        cin>>v[i];                        // 要素に値を読み込む

    double sum = 0;
    for (int i=0; i!=v.size(); ++i)
        sum+=v[i];                        // 要素の合計を求める
    return sum;
}
```

クラスと同じ名前の“関数”が、**コンストラクタ**（*constructor*）である。これは、そのクラスのオブジェクトを構築する関数だ。そのため、§2.3.1 の `vector_init()` は、コンストラクタに置きかえられる。通常の関数とは違って、コンストラクタは、そのクラスのオブジェクトの初期化時に使われることが保証される。コンストラクタを定義すれば、クラス型のオブジェクトが未初期化のままになってしまう問題は回避できる。

`Vector(int)` は、`Vector` 型のオブジェクトをどのように構築するのかを定義する。構築には 1 個の整数が必要であると明示していることに注意しよう。そして、その整数は要素数として利用される。コンストラクタは、メンバ初期化子並びの指示に基づいて `Vector` のメンバを初期化する：

```
:elem{new double[s]}, sz{s}
```

この例では、まず最初に、空き領域から割り当てた `s` 個の要素をもつ `double` 型の配列へのポインタでメンバ `elem` を初期化する。それから、`s` の値で `sz` を初期化する。

配列要素のアクセスを実現するための添字関数は、`operator[]` として提供している。この関数は、対応する要素への参照を `double&` として返す。

また、`size()` 関数は、要素数を返す。

見てのとおり、この例は、エラー処理が欠如している。この点については §2.4.3 で解説する。同様に、`new` で確保した `double` 型の配列を空き領域に“戻す”処理も省略している。この処理をエレガントに行うためのデストラクタについては、§3.2.1.2 で解説する。

2.3.3 列挙体

C++ では、クラス以外のユーザ定義型として、値を列挙するための単純な形式も提供する：

```
enum class Color { red, blue, green };
enum class Traffic_light { green, yellow, red };

Color col = Color::red;
Traffic_light light = Traffic_light::red;
```

列挙子（`red` など）のスコープが `enum class` の中にあるため、別の `enum class` の中で同じ名前の列挙子を利用しても、混同することはない。この例では、`Color::red` は、あくまでも `Color` に所属する `red` であって、`Traffic_light::red` とは異なる。

列挙体は、比較的小さな整数値の集合を表すのに好都合だ。シンボル（とニーモニック）として列挙子名を利用すると、コードの可読性が向上するし、誤りを防ぎやすくなる。

`enum` の直後に `class` を置く宣言は、その列挙体を強力に型付けするとともに、その列挙体独自のスコープ中に列挙子を入れる。`enum class` 宣言によって、個々の型を異なるものとしておけば、定数の誤用などの事故が防げる。たとえば、`Traffic_light` の値と `Color` の値は、混用できなくなる：

```
Color x = red;                  // エラー：一体どこのred？
Color y = Traffic_light::red;   // エラー：このredはColorではない
Color z = Color::red;           // OK
```

同様に、Colorと整数値の混用もできない：

```
int i = Color::red;          // エラー：Color::redはintではない
Color c = 2;                 // エラー：2はColorではない
```

列挙子の名前を明示的に修飾せずに、しかも、明示的な型変換を行うことなく、列挙子の値をintとして利用したいのであれば、宣言のenum classからclassを省いて、“単なる”enumとすればよい（§8.4.2）。

さて、enum classでは、代入、初期化、比較（==や<など：§2.2.2）の三つを最初から利用できるようになっている。もっとも、列挙体はユーザ定義型なので、演算子も定義できる：

```
Traffic_light& operator++(Traffic_light& t)
   // 前置インクリメント++
{
   switch (t) {
   case Traffic_light::green:  return t=Traffic_light::yellow;
   case Traffic_light::yellow: return t=Traffic_light::red;
   case Traffic_light::red:    return t=Traffic_light::green;
   }
}

Traffic_light next = ++light;   // nextはTraffic_light::greenとなる
```

2.4 モジュール性

C++のプログラムは、個別に開発可能な部品、すなわち、関数（§2.2.1，第12章）、ユーザ定義型（§2.3，§3.2，第16章）、クラス階層（§3.2.4，第20章）、テンプレート（§3.4，第23章）から構成される。それらを管理する上で重要なのは、部品間の連携を明確に定義することである。もっとも重要で、かつ、最初に行うべきことは、それぞれの実装と、部品へのインタフェースを分離することだ。C++の言語レベルでは、インタフェースは、宣言として表現する。すなわち、その関数や型の利用に必要なことは、すべて**宣言**（*declaration*）する。例を示そう：

```
double sqrt(double);   // doubleを受け取ってdoubleを返却する平方根の関数

class Vector {
public:
   Vector(int s);
   double& operator[](int i);
   int size();
private:
   double* elem;         // sz個のdoubleの配列要素へのポインタ
   int sz;
};
```

ここで重要なのは、関数本体、すなわち関数の**定義**（*definition*）が“どこか別のところ”にあることだ。ちなみに、Vectorの内部データ表現も“どこか別のところ”で定義したくなるかもしれないが、それは後の章で行う（抽象型：§3.2.2）。まずは、sqrt()の定義を例にとろう：

```
double sqrt(double d)  // sqrt()の定義
{
   // ... 数学のテキストに書かれているようなアルゴリズム ...
}
```

さて、Vector に関しては、三つのメンバ関数をすべて定義する必要がある。

```
Vector::Vector(int s)              // コンストラクタの定義
    :elem {new double[s]}, sz{s}   // メンバを初期化
{
}

double& Vector::operator[](int i) // 添字の定義
{
    return elem[i];
}

int Vector::size()                 // size()の定義
{
    return sz;
}
```

Vector 用の関数群は、必ず定義する必要がある。しかし、sqrt() は標準ライブラリの一部として提供されるので、定義しなくてもいいだろう。その違いは、本質的なことではない。というのも、ライブラリは、“利用することになるコード”を、同じ言語機能を用いて記述したものにすぎないのだから。

2.4.1 分割コンパイル

C++ は、ユーザのコードで利用する型や関数の宣言だけを独立させるための手段として、分割コンパイルをサポートしている。利用する型や関数の定義を複数のソースファイルに分けておき、コンパイルも別々に行う。この方法では、プログラムは、依存性の低いコードの断片の集合として構成されることになる。分割すると、コンパイル時間が最小限に抑えられるし、論理的に異なるプログラム部分が厳密に分けられるようになるし、当然、エラー発生の可能性も最小限に抑えられる。ライブラリは個別にコンパイルされた（関数などの）コードの集合となるのが一般的だ。

通常は、モジュールのインタフェースとなる宣言を単一のファイルにまとめておき、ファイル名もその用途にふさわしいものとする。例を示そう：

```
// Vector.h

class Vector {
public:
    Vector(int s);
    double& operator[](int i);
    int size();
private:
    double* elem;      // sz個のdoubleの配列要素へのポインタ
    int sz;
};
```

この宣言は、Vector.h というファイルに置く。ユーザは、インタフェースを利用する際に、**ヘッダファイル**（*header file*）と呼ばれる、そのファイルを**インクルード**（*include*）する。たとえば：

```
// user.cpp

#include "Vector.h"   // Vectorのインタフェースを取り込む
#include <cmath>      // sqrt()を含む標準ライブラリ数学関数インタフェースを取り込む
```

```
using namespace std;    // stdのメンバを可視化（§2.4.2）

double sqrt_sum(Vector& v)
{
    double sum = 0;
    for (int i=0; i!=v.size(); ++i)
        sum+=sqrt(v[i]);    // 平方根の和
    return sum;
}
```

コンパイラが一貫性を保証しやすくするために、`Vector`の実装を記述した`.cpp`ファイルからも、インタフェースを記述した`.h`をインクルードする：

```
// Vector.cpp

#include "Vector.h"    // インタフェースを取り込む

Vector::Vector(int s)
        :elem {new double[s]}, sz{s}
{
}

double& Vector::operator[](int i)
{
    return elem[i];
}

int Vector::size()
{
    return sz;
}
```

`user.cpp`と`Vector.cpp`のコードは、`Vector.h`が提供する`Vector`のインタフェースを共有している。もっとも、二つの`.cpp`は独立しているため、個別にコンパイル可能だ。プログラムの構成要素を図にすると、以下のようになる：

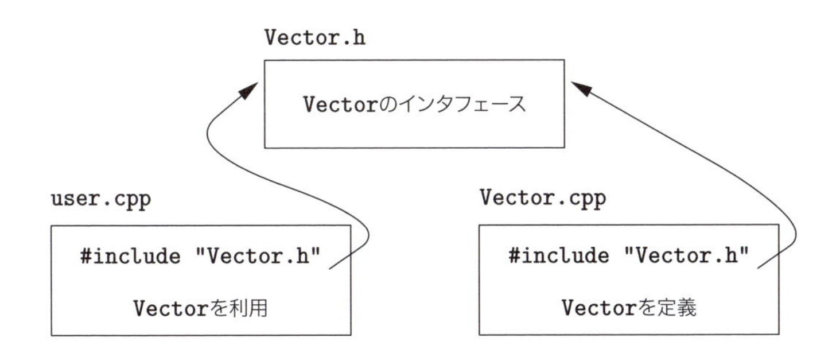

厳密にいえば、分割コンパイルの仕組みは、言語そのものとは無関係であって、言語のある特定の実装がもつ利点をどうしたら最大限に活用できるかという話である。とはいえ、分割コンパイルは、実際問題として、極めて重要だ。最良の方法は、モジュール化を最大限推し進めて、言語機能を活用してモジュール化を論理的に表現し、それから、効率よく分割コンパイルできるように、モジュールを物理ファイルとして分割することである（第14章，第15章）。

2.4.2 名前空間

C++は、関数（§2.2.1，第12章）、クラス（第16章）、列挙体（§2.3.3，§8.4）以外の機能として、**名前空間**（*namespace*）（第14章）を提供する。複数の宣言を特定の空間に所属させることができるので、別の空間の名前との重複が避けられる。例として、私だけのための複素数型（§3.2.1.1，§18.3，§40.4）を定義してみよう：

```
namespace My_code {
    class complex { /* ... */ };
    complex sqrt(complex);
    // ...
    int main();
}

int My_code::main()
{
    complex z {1,2};
    auto z2 = sqrt(z);
    std::cout << '{' << z2.real() << ',' << z2.imag() << "}\n";
    // ...
};

int main()
{
    return My_code::main();
}
```

自分用に開発したコードを`My_code`と名付けた名前空間に置くことで、`std`名前空間（§4.1.2）に所属している標準ライブラリ内の名前と衝突しないことが保証される。`complex`演算は標準ライブラリでも提供されるため、効果的な予防策である（§3.2.1.1，§40.4）。

異なる名前空間に所属する名前を使うときは、`std::cout`や`My_code::main`などのように、名前空間の名前で修飾するのがもっとも簡単だ。なお、"本物の`main()`"は、広域名前空間で定義されていて、明示的に定義された名前空間やクラスや関数などには所属しない。標準ライブラリの名前空間にある名前を使用するときは、`using`指令を用いる（§14.2.3）。

```
using namespace std;
```

名前空間は、ライブラリのような、比較的大規模なプログラムコンポーネントの用途に向いている。個別に開発された部品で構成されるプログラムを構造的に単純化する効果がある。

2.4.3 エラー処理

エラー処理について知るべきことは、複雑かつ多岐にわたるため、言語機能の範疇を越えてプログラミング技法やツールなどの領域にも踏み込まざるを得ないものだ。しかし、C++は、厳選された機能でエラー処理を支援する。まず大きな手段は、型システムそのものである。`char`や`int`や`double`などの組込み型と、`if`や`while`や`for`などの文だけで苦労してアプリケーションを開発するのではなく、アプリケーションに適した`string`や`map`や`regex`などの型と、`sort()`や`find_if()`や`draw_all()`などのアルゴリズムで作成すべきだ。高レベルでの型作成は、プログラミング作業を単純化するし、誤りが発生する機会も削減するし（単にダイアログボックスを表示するだけのために、木構造を走査するような処理など誰も歓迎しないだろう)、コンパイラがエラーを検出する機会も増やせる。C++ による開発では、大半の時間が効率的でエレガントな抽象化の設計と実装（すなわち、ユーザ定義型と、それを利用するアルゴリズム）に費やされる。モジュール化と抽象化（特にライブラリの利用）を行えば、実行時エラーを検出した箇所と、そのエラーを処理する箇所とを分離できるようになる。プログラムの成長に伴って、特にライブラリを大々的に利用するようになると、エラー処理の標準的手法が大きな意味をもつことになる。

2.4.3.1 例外

再び Vector の例を考えよう。§2.3.2 に示した例で、範囲外の要素へのアクセスが行われようとしたときに、どのように対処すべきだろうか？

- Vector の開発者は、そのような場合にユーザが何をしたいのかを知らない（Vector の開発者は、どんなプログラムで、どのような使われ方をするのかを知らないものだ）。
- Vector のユーザは、問題を確実に検出できるわけではない（仮にできるならば、そもそも範囲外へのアクセスなど発生しない）。

Vector の開発者にとっての解決策は、範囲外のアクセスを検出してユーザに通知することである。そうすると、通知されたユーザは、適切な処理を実行できる。たとえば、Vector::operator[]() は、以下のように、範囲外のアクセスを検出して out_of_range 例外を送出できる：

```
double& Vector::operator[](int i)
{
   if (i<0 || size()<=i) throw out_of_range{"Vector::operator[]"};
   return elem[i];
}
```

throw は、Vector::operator[]() を直接的あるいは間接的に呼び出した関数の中に存在している out_of_range 型の例外ハンドラへと制御を移す。これを実現するには、呼出し側の文脈まで関数呼出しスタックを巻き戻す必要がある（§13.5.1）。たとえば：

```
void f(Vector& v)
{
   // ...
   try {                     // ここでの例外は、この下で定義されるハンドラで処理される
      v[v.size()] = 7;       // vの終端を越えてアクセスしてみる
   }
   catch (out_of_range) {  // おっと：out_of_rangeエラー
      // ... 範囲エラーを処理 ...
   }
   // ...
}
```

まず、例外処理の対象コードを try ブロック内に置く。そのコードは、v[v.size()] への値の代入を実行しようとして処理に失敗する。そうすると、out_of_range 用のハンドラをもつ catch 節へと制御が移る。out_of_range 型は、<stdexcept> 内の標準ライブラリで定義されており、標準ライブラリのコンテナアクセス関数でも利用されている。

例外ハンドラの機構を使うと、簡潔で系統立ったエラー処理が可能となるばかりか、可読性も向上する。なお、サンプルコードや詳細は、第 13 章で示す。

2.4.3.2 不変条件

範囲外のアクセスを通知するために例外を用いることは、関数が引数をチェックした結果、処理の基盤となる**前提条件**（*precondition*）が満足されないために処理を拒否する、という例である。Vectorの添字演算子をきちんと定義するのであれば、“添字は[0:size())の範囲に収まっていなければならない”といった表明を行うこともできるし、実際、operator[]()ではチェックしている。ここで、[a:b)という記法は、半開区間を表し、aは範囲に含まれて、bは含まれないことを示す。関数定義の際は、前提条件と、その前提条件が満たされない場合とを常に意識することが重要となる（§12.4，§13.4を参照）。

しかし、operator[]()はVector型のオブジェクトを処理するものであって、“妥当な”値をもつVectorに対しては意味をなさない。特に、“elemはsz個の要素をもつdoubleの配列を指す”ということを、コメントでしか表明していない点は重大だ。このような、クラスが必要とする前提条件を表す文を、**クラスの不変条件**（*class invariant*）、あるいは、単に**不変条件**（*invariant*）という。クラスの不変条件を確立するのはコンストラクタの仕事であり（メンバ関数はその上に成り立つ）、メンバ関数は、処理が完了して関数を抜け出す際に不変条件が成り立つことを保証する。しかし、先ほど示したVectorのコンストラクタでは、残念ながら仕事の一部しか実現できていない。ちゃんとVectorのメンバを初期化しているとはいえ、そもそも渡された引数が適切な値かどうかをチェックしていない。次の例を考えてみよう：

```
Vector v(-27);
```

これだと、結果は混沌としたものになるだろう。

よりよい定義を示そう：

```
Vector::Vector(int s)
{
   if (s<0) throw length_error{};
   elem = new double[s];
   sz = s;
}
```

ここでは、要素数が非正数であることの通知を、標準ライブラリのlength_error例外で行っている。この種の問題通知にlength_error例外を使うのは、標準ライブラリも同様だ。なお、確保すべき記憶域をnew演算子で獲得できない場合は、std::bad_allocが送出される。そのため、次のように記述できる：

```
void test()
{
   try {
      Vector v(-27);
   }
   catch (std::length_error) {
      // 負数を処理
   }
   catch (std::bad_alloc) {
      // 記憶域不足を処理
   }
}
```

自分自身で作成したクラスで例外を使うように定義することもできるし、エラー検出箇所からエラー処理箇所へと任意の情報を伝えることもできる（§13.5）。

例外が送出されてきても、その関数の中で処理を完遂できないことも珍しくない。その場合の例外の“処理”は、最小限の後始末処理を行った上で、同じ例外を再送出することだ。例外ハンドラでいったん捕捉した例外を送出（再送出）するには、単に**throw;**と記述すればよい（§13.5.2.1）。

さて、不変条件は、クラス設計の中核であり、関数設計においては前提条件が同等の位置付けとなる。不変条件について簡単にまとめよう：

・目的とする処理内容を正確に把握できる。
・具体性を維持できるし、コードを修正する機会が増える（テストとデバッグの後に）。

コンストラクタ（§2.3.2）とデストラクタ（§3.2.1.2，§5.2）が実現するC++の資源管理は、不変条件の上に成立する。§13.4，§16.3.1，§17.2も参照するとよい。

2.4.3.3 静的アサーション

例外は、実行時に検出したエラーを通知する。もっとも、コンパイル時にエラーを検出できるのであれば、そのほうが望ましい。型システムの多くの部分と、ユーザ定義型のインタフェースを指定する機能は、まさにそのためにある。とはいえ、コンパイル時に分かってしまうことについては、もっと簡単にチェックしてコンパイルエラーとして通知することが可能だ：

```
static_assert(4<=sizeof(int), "integers are too small");   // 整数の大きさを検査
```

この例は、**4<=sizeof(int)**が満たされない、すなわち、そのシステムで**int**が4バイト未満である、という場合に、**integers are too small**と出力する。このような判定が、**アサーション**（*assertion*）である。

static_assertの機構は、定数式（§2.2.3，§10.4）として表現できるものに対しては、いつでも使用できる。たとえば：

```
constexpr double C = 299792.458;            // km/s

void f(double speed)
{
   const double local_max = 160.0/(60*60);  // 160km/h == 160.0/(60*60)km/s

   static_assert(speed<C,"can't go that fast");      // エラー：speedが定数でない
   static_assert(local_max<C,"can't go that fast"); // OK
   // ...
}
```

一般に、**static_assert(A,S)**は、**A**が**true**ではない場合に、コンパイラのエラーメッセージとして**S**を表示する。

static_assertを使用するもっとも重要な局面は、ジェネリックプログラミングの引数型に対して使うことである（§5.4.2，§24.3）。

なお、実行時アサーションについては、§13.4で解説する。

2.5 まとめ

本章の内容を大雑把にまとめると、第II部（第6章〜第15章）の内容に対応したものであり、C++が提供するすべてのプログラミングスタイル、プログラミング技法の基礎となる内容である。経験豊富なCプログラマとC++プログラマは、本章で述べた基盤が、Cや、C++11のサブセットであるC++98とは厳密には対応しないことに注意しよう。

2.6 アドバイス

[1] あわてるな！ 時とともにすべてが明らかになるのだから。§2.1。

[2] よいプログラムを書くのに、C++のすべての詳細を知る必要はない。§1.3.1。

[3] 言語機能ではなく、プログラミング技法に集中しよう。§2.1。

第3章 C++を探検しよう：抽象化のメカニズム

あわてるな！
— ダグラス・アダムス

・はじめに
・クラス
　具象型／抽象型／仮想関数／クラス階層
・コピーとムーブ
　コンテナのコピー／コンテナのムーブ／資源管理／演算子の抑制
・テンプレート
　パラメータ化された型／関数テンプレート／関数オブジェクト／可変個引数テンプレート／別名
・アドバイス

3.1 はじめに

本章の目的は、C++での抽象化と資源管理の概念を示すことである。詳細には踏み込まずに、新しい型＝**ユーザ定義型**（*user-defined type*）を定義して利用する方法を大まかに示す。特に、基本的な性質と実装技法、さらに、**具象クラス**（*concrete class*）と**抽象クラス**（*abstract class*）と**クラス階層**（*class hierarchy*）に関する言語機能を解説する。また、（他の）型とアルゴリズムとでパラメータ化される、型とアルゴリズムのメカニズムを実現するためのテンプレートも取り上げる。ユーザ定義型や組込み型に対する処理は、関数として表現するものであるが、**テンプレート関数**（*template function*）や**関数オブジェクト**（*function object*）として一般化することもある。本章で紹介するのは、**オブジェクト指向プログラミング**（*object-oriented programming*）や**ジェネリックプログラミング**（*generic programming*）のプログラミングスタイルに必要な言語機能だ。標準ライブラリの機能や利用法の例題は、この後の二つの章で示す。

なお、ここではプログラミング経験のある読者を想定している。もし経験がなければ、本章を読み進める前に、まずは、*Programming:Principles and Practice Using C++*〔Stroustrup, 2008〕などのテキストを先に読むことが好ましい。プログラミング経験があっても、その言語や使用したアプリケーションがC++のプログラミングスタイルとかけ離れていれば、やはり同様である。もし、この“短い時間の探検”で混乱するようであれば、もっと系統立てて解説を行っている第6章から読み始めるのもよいだろう。

第2章でも述べたが、この探検では、C++を一皮ずつじっくりめくるのではなく、全体像を丸ごと示す。そのため、C言語、C++98の一部、C++11の新機能を明確には区別しておらず、その歴史的経緯は、§1.4と第44章に別途まとめる。

3.2 クラス

C++の言語機能の中核は、**クラス**（*class*）である。そのクラスは、プログラムのコードがもつ概念を表すユーザ定義型だ。何らかの有用な概念・アイディア・実体などがプログラムにあれば、どんなものでもクラスとして記述するとよい。そうすると、頭の中や、設計ドキュメントや、コメントなどに留まらない形態で、その概念がプログラムとなる。組込み型のみを利用するプログラムよりも、きちんと厳選されたクラスを用いたプログラムのほうが、はるかに理解しやすく健全になる。また、多くのライブラリがクラスを提供する。

そもそも、基礎的な型・演算子・文以外のすべての言語機能は、よりよいクラスを定義して、クラスを利用しやすくするために存在する。ここで“よりよい”とは、正確で、保守しやすくて、効率的で、エレガントで、使いやすくて、読みやすくて、理解しやすい、ということだ。ほとんどのプログラミング技法は、ある種のクラスの設計と実装の上に成り立つ。プログラマの要求や嗜好は多彩なので、クラスに対するサポートも広範囲にわたる。ここでは、クラスをサポートする３種類の基本機能を考えていこう：

- 具象クラス（§3.2.1）
- 抽象クラス（§3.2.2）
- クラス階層内のクラス（§3.2.4）

この３種類だけで、数多くの有用なクラスが作り出せる。もちろん、これら３種類を、少し変えたり、組み合わせたりするだけで、さらに多くのクラスが作れる。

3.2.1 具象型

具象クラス（*concrete class*）の基本的な考えは、“まるで組込み型のように”振る舞うことだ。たとえば、複素数型や無限精度整数は、独自の意味や演算子をもつこと以外は、組込みの`int`とほとんど同じだ。同様に、`vector`や`string`も豊富な機能をもつことを除くと、組込みの配列と似ている（§4.2，§4.3.2，§4.4.1）。

具象型の性質を定義することは、その内部データ表現を定義の一部にするということだ。`vector`のような例であれば、自身のデータとしては、どこか別の場所に保持されるデータを指すポインタを１個あるいは複数個だけもつ。具象クラスの個々のオブジェクトが自身のデータをもつので、時間と空間の効率を最適化した実装が可能になる。特に、以下の点だ：

- 具象型のオブジェクトは、スタック上にも置けるし、静的なメモリにも置けるし、他のオブジェクト内にも置ける（§6.4.2）。
- オブジェクトを（ポインタや参照を経由せずに）そのまま利用できる。
- オブジェクトを即座に完全に初期化できる（コンストラクタなどの手段によって：§2.3.2）。
- オブジェクトをコピーできる（§3.3）。

§2.3.2で`Vector`の例を示したように、内部表現は非公開にできるし、メンバ関数からのみアクセスできるようにすることも可能だ。しかし、データが内部に存在している以上、内部表現を変更すれば、その変更規模にかかわらず、ユーザは再コンパイルする必要がある。この点は、具象型を組込み型とまったく同じように扱うために避けられないコストだ。それほど頻繁に変更しない型や、透明性と効率性を重視する局所変数であれば、このコストは現実的であって納得できるものだろう。具象型の内部表現の大部分を空き領域（ダイナミックメモリ、ヒープ）に置いた上で、クラスオブジェクト内に置かれた部分を経由してアクセスするようにすれば、柔軟性が向上する。**vector** や **string** は、そのように実装されている。このような具象型は、インタフェースを注意深く設計した資源ハンドルともみなせる。

3.2.1.1 算術型

“古典的なユーザ定義の算術型”の一つが **complex** だ。

```
class complex {
   double re, im;  // 内部データ表現：２個のdouble変数
public:
   complex(double r, double i) :re{r}, im{i} {} // ２個のスカラからcomplexを構築
   complex(double r) :re{r}, im{0} {}           // １個のスカラからcomplexを構築
   complex() :re{0}, im{0} {}                   // デフォルトのcomplexは{0,0}

   double real() const { return re; }
   void real(double d) { re=d; }
   double imag() const { return im; }
   void imag(double d) { im=d; }

   complex& operator+=(complex z)   // reとimを加えてその結果を返却
                     { re+=z.re, im+=z.im; return *this; }
   complex& operator-=(complex z)
                     { re-=z.re, im-=z.im; return *this; }

   complex& operator*=(complex);    // クラスの外のどこかで定義される
   complex& operator/=(complex);    // クラスの外のどこかで定義される
};
```

これは、標準ライブラリ **complex**（§40.4）を単純化したものだ。このクラス定義は、内部データ表現にアクセスする演算だけを含んでいる。内部データ表現は単純なので、説明は不要だろう。現実的な理由によって、50 年も前に実装された Fortran との互換性を維持するとともに、一般的な演算をもたせている。**complex** には、論理的な要求だけでなく、ちゃんと使えるようにするための効率性の要求もある。効率を重視すると、単純な演算はインライン化することになる。すなわち、コンストラクタ、**+=**、**imag()** などの単純な演算は、関数呼出しの機械語が生成されないように実装しなければならない。クラス内で定義する関数は、デフォルトでインライン化される。標準ライブラリのように実用的な耐久性をもつ **complex** では、インライン化が適切に行われるように、注意深く実装されている。

引数を与えずに呼び出せるコンストラクタは、**デフォルトコンストラクタ**（*default constructor*）である。すなわち、**complex()** は、**complex** のデフォルトコンストラクタである。デフォルトコンストラクタを定義すると、その型の変数が初期化されない、という事態が避けられる。

複素数の実部や虚部を返す関数に付けられた **const** 指定子は、その関数がオブジェクトを変更しないことの指定だ。

complex の内部データ表現に直接アクセスする必要がない多くの演算は、クラス定義とは分離して記述できる：

```
complex operator+(complex a, complex b) { return a+=b; }
complex operator-(complex a, complex b) { return a-=b; }
complex operator-(complex a) { return {-a.real(),-a.imag()}; }  // 単項マイナス
complex operator*(complex a, complex b) { return a*=b; }
complex operator/(complex a, complex b) { return a/=b; }
```

値渡しによって渡された引数はコピーにすぎないので、呼出し側の値に影響を与えることなく、引数の値は変更できる。また、変更した値は、返却値として利用できる。

== 演算子と != 演算子の定義は、単刀直入なものだ：

```
bool operator==(complex a, complex b)   // 等しい
{
   return a.real()==b.real() && a.imag()==b.imag();
}

bool operator!=(complex a, complex b)   // 等しくない
{
   return !(a==b);
}

complex sqrt(complex);

// ...
```

ここで定義した complex クラスの利用例を示そう：

```
void f(complex z)
{
   complex a {2.3};    // 2.3から{2.3,0.0}を構築
   complex b {1/a};
   complex c {a+z*complex{1,2.3}};
   // ...
   if (c != b)
      c = -(b/a)+2*b;
}
```

コンパイラは、complex に適用された演算子を、それに対応する関数呼出しに変換する。たとえば、c!=b は operator!=(c,b) となり、1/a は operator/(complex{1},a) となる。

ユーザ定義演算子（“多重定義された演算子”）は、慣例にしたがった上で注意深く利用すべきものだ。文法は言語が決定するので、単項演算子の / は定義できない。また、組込み型の演算子の意味は変更できない。たとえば、int の + を減算に変更するような再定義はできない。

3.2.1.2 コンテナ

コンテナ（*container*）は、要素の集合を保持するオブジェクトだ。Vector は、コンテナとして動作するオブジェクト型なので、コンテナである。§2.3.2 で定義した Vector は、立派な double のコンテナだ。容易に理解できる上に、有意な不変条件を確立し（§2.4.3.2）、アクセス時には範囲をチェックし（§2.4.3.1）、全要素へアクセスするための size() も提供する。しかし、致命的な問題点もある。new でメモリを割り当てているのに、それを解放していないことだ。C++ ではガーベジコレクタのインタフェースを提供する（§34.5）ものの、使われなくなったメモリが新しいオブジェクト用に割り当てられることは保証しない。また、ガーベジコレクタを使用できない環境も存在するので、この Vector はよくない実装である。さらに論理を明確にするためや、性能上の理由から、

オブジェクトの解体（§13.6.4）を、より正確に制御する必要に迫られることがある。コンストラクタが割り当てたメモリは、確実に解放されるという保証が必要だ。そのための手段が、**デストラクタ**（*destructor*）である：

```
class Vector {
private:
   double* elem;     // elemはsz個のdouble配列へのポインタ
   int sz;
public:
   Vector(int s) :elem{new double[s]}, sz{s}   // コンストラクタ：資源を獲得
   {
      for (int i=0; i!=s; ++i) elem[i]=0;       // 要素を初期化
   }

   ~Vector() { delete[] elem; }                 // デストラクタ：資源を解放

   double& operator[](int i);
   int size() const;
};
```

デストラクタは、クラス名の直前に補数演算子 ~ を付加した名前をもつ。すなわち、コンストラクタを補うものである。Vector のコンストラクタは、new 演算子で空き領域（**ヒープ**や**ダイナミックメモリ**とも呼ばれる）からメモリを割り当てる。そのメモリを delete 演算子で解放するのが、デストラクタだ。この処理に Vector のユーザが介入することはない。ユーザは、組込み型の変数と同じように、単に Vector を構築して利用するだけだ。たとえば：

```
void fct(int n)
{
   Vector v(n);

   // ... vを利用 ...

   {
      Vector v2(2*n);
      // ... vとv2を利用 ...
   } // v2はここで解体される

   // ... vを利用 ..

} // vはここで解体される
```

命名法、スコープ、メモリ割当て、生存期間などについて、Vector は、int や char などの組込み型と同じ規則にしたがう。オブジェクトの生存期間の制御方法の詳細については、§6.4 を参照しよう。この Vector では、記述を簡潔にするために、エラー処理を省いている。エラー処理については §2.4.3 を参照しよう。

コンストラクタとデストラクタの組合せは、多くのエレガントな技法の基礎となっている。特に、C++ でのほとんどの汎用資源管理技法（§5.2, §13.3）の基本だ。Vector を図示してみよう：

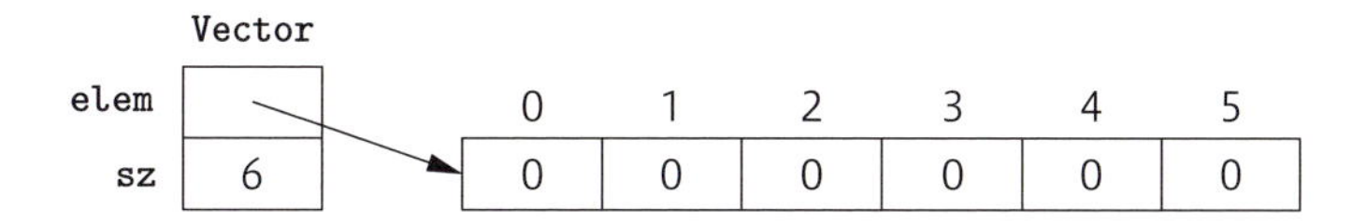

コンストラクタは、要素のためのメモリを確保してVectorのメンバを適切に初期化する。デストラクタは、確保したメモリを解放する。この**データハンドルモデル**（*handle-to-data model*）は、オブジェクトの生存期間中に大きさが変化するデータを管理する手法として、極めて広く使われている。コンストラクタで資源を獲得して、デストラクタで解放する技法は、**資源獲得時初期化＝RAII**（*Resource Acquisition Is Initialization*）と呼ばれ、“裸のnew演算”を削減する効果がある。すなわち、メモリ割当て処理は、一般のコードでは行わずに、うまく設計された抽象化の実装に閉じ込める。同様に、“裸のdelete演算”も除去すべきだ。裸のnewと裸のdeleteを除去することで、エラーの確率を大きく下げられるし、資源リークも防ぎやすくなる（§5.2）。

3.2.1.3 コンテナの初期化

コンテナは内部にデータをもつので、コンテナに対してデータを入れるための簡便な方法が必要だ。適切な要素数をもつVectorを作成して、その後で要素を代入することも可能だが、通常はもっとエレガントな別の方法を使う。ここでは、次の二点だけを説明しよう：

- **初期化子並びコンストラクタ**：要素の並びで初期化する。
- push_back()：既存データの末尾に新しいデータを追加する。

これらは、以下のように宣言できる：

```
class Vector {
public:
   Vector(std::initializer_list<double>);  // 並びで初期化
   // ...
   void push_back(double);                 // 末尾に追加して要素が1個増える
   // ...
};
```

push_back()は、入力される不定個数の数値をVectorの要素として追加する際に有用だ：

```
Vector read(istream& is)
{
   Vector v;
   for (double d; is>>d;)   // 浮動小数点値をdに読み込む
      v.push_back(d);       // vにdを加える
   return v;
}
```

入力のためのループは、ファイル終端（end-of-file）に到達するか、または入力形式エラーが発生するまで処理を繰り返す。ループが終了するまで読み取った数値はVectorに追加される。ループ終了時のvの要素数は、読み取った個数となる。ここではdのスコープをループに一致させるために、より一般的なwhile文の代わりにfor文を使っている。push_back()の実装については、§13.6.4.3で改めて解説する。また、read()が膨大なデータ個数を返した場合にも耐える、低コストのムーブコンストラクタをVectorに実装する方法は、§3.3.2で解説する。

初期化子並びコンストラクタを定義する際に利用するstd::initializer_listは、標準ライブラリが実装する型として、コンパイラに知らされる。{1,2,3,4}のような{}並びを与えると、コンパイラはinitializer_list型オブジェクトを作る。そのため、以下のようなコードが記述可能だ：

```
Vector v1 = {1,2,3,4,5};           // v1の要素は5個
Vector v2 = {1.23, 3.45, 6.7, 8};  // v2の要素は4個
```

Vectorの初期化子並びコンストラクタは、以下のようにも定義できる：

```
Vector::Vector(std::initializer_list<double> lst)      // 並びによる初期化
       :elem{new double[lst.size()]}, sz{static_cast<int>(lst.size())}
{
   copy(lst.begin(),lst.end(),elem);    // lstからelemにコピー
}
```


3.2.2 抽象型

complexやVectorなどの型は、その内部データ表現が定義の一部となっているので、**具象型**（*concrete type*）と呼ばれる。これは、組込み型と共通する点だ。一方、**抽象型**（*abstract type*）は、その実装の詳細からユーザを完全に隔離したものだ。その実現には、内部データ表現をインタフェースから切り離して、局所変数を捨て去る必要がある。抽象型の内部については何も（その大きさすら）知らされない以上、オブジェクトは常に空き領域から割り当てた上で（§3.2.1.2, §11.2）、必ず参照かポインタを用いてアクセスしなければならない（§2.2.5, §7.2, §7.7）。

まず、Containerというクラスのインタフェースを定義する。これは、先ほどのVectorよりも、抽象度を高めたものだ：

```
class Container {
public:
   virtual double& operator[](int) = 0;  // 純粋仮想関数
   virtual int size() const = 0;         // constメンバ関数（§3.2.1.1）
   virtual ~Container() {}               // デストラクタ（§3.2.1.2）
};
```

このクラスは、この後で定義されることになるコンテナの純粋なインタフェースである。virtualは“このクラスから派生したクラスで再定義される”ことを意味する。当然のことだが、virtualと宣言した関数は**仮想関数**（*virtual function*）と呼ばれる。Containerのインタフェースを実装するのは、Containerから派生したクラスだ。妙に目立っている=0という表記は、この関数が**純粋仮想**（*pure virtual*）関数であることを表す。すなわち、Containerから派生したクラスは、この関数を必ず実装しなければならない。そのため、Container型そのもののオブジェクトを構築することは不可能だ。Containerは、operator[]()とsize()関数を実装するクラスのインタフェースだけを提供する。純粋仮想関数をもつクラスは、**抽象クラス**（*abstract class*）と呼ばれる。

Containerは、次のように利用できる：

```
void use(Container& c)
{
   const int sz = c.size();

   for (int i=0; i!=sz; ++i)
      cout << c[i] << '\n';
}
```

use()内で、実装の詳細に一切関知せずに、Containerインタフェースを利用していることに注目しよう。実装を提供する型を正確に把握しないまま、size()と[]を利用しているのだ。他のさ

まざまなクラスにインタフェースを提供する、Containerのようなクラスは、一般に**多相型**（*polymorphic type*）と呼ばれる（§20.3.2）。

抽象クラスに共通することだが、Containerもコンストラクタをもたない。初期化すべきデータを一切もたないからだ。しかし、その一方でContainerは、デストラクタをもっている。そして、そのデストラクタはvirtualである。これも抽象クラスの共通点だ。抽象クラスのオブジェクトは、参照やポインタを経由して操作されるし、ポインタ経由でContainerを解体する側は実装がどんな資源を保持しているかが分からないからである。§3.2.4も参照しよう。

抽象クラスContainerが定義するインタフェースを実装するコンテナは、その内部で具象クラスVectorも利用できる：

```
class Vector_container : public Container {  // Vector_containerはContainerを実装
   Vector v;
public:
   Vector_container(int s) : v(s) { }         // s個の要素のVector
   ~Vector_container() {}

   double& operator[](int i) { return v[i]; }
   int size() const { return v.size(); }
};
```

“: public”は、“～から派生する（is derived from）”とか“～の部分型である（is a subtype of）”と読める。Vector_containerクラスはContainerクラスから**派生した**（*derived*）といい、Containerクラスを、Vector_containerクラスの**基底**（*base*）と呼ぶ。なお、この他にも、Vector_containerを**サブクラス**（*subclass*）と呼び、Containerを**スーパークラス**（*superclass*）と呼ぶこともある。派生クラスは、基底クラスからメンバを継承したともいい、一般に基底クラスと派生クラスの関係は、**継承**（*inheritance*）と呼ばれる。

メンバoperator[]()とsize()は、基底クラスContainerのメンバを**オーバライド**（*override*）していると表現する（§20.3.2）。ここでは、デストラクタ~Vector_container()は、基底クラスのデストラクタ~Container()をオーバライドしている。メンバのデストラクタ~Vector()が、クラスのデストラクタ~Vector_container()によって暗黙裏に呼び出されることに注意しよう。

さて、実装の詳細に一切関知せずにContainerを利用するuse(Container&)のような関数を使うためには、その操作が可能なオブジェクトを、別の関数で作る必要がある。たとえば：

```
void g()
{
   Vector_container vc(10); // 10個の要素
   use(vc);
}
```

use()はVector_containerのことは何も知らないが、Containerのインタフェースだけは知っているので、Containerを実装する別のクラスに対してもまったく同じように動作する。たとえば：

```
class List_container : public Container { // List_containerはContainerを実装
   std::list<double> ld;  // 標準ライブラリ：doubleのlist（§4.4.2）
public:
   List_container() { }   // 空のリスト
   List_container(initializer_list<double> il) : ld {il} { }
```

```
    ~List_container() {}

    double& operator[](int i);
    int size() const { return ld.size(); }
};

double& List_container::operator[](int i)
{
    for (auto& x : ld) {
        if (i==0) return x;
        --i;
    }
    throw out_of_range("List container");
}
```

ここで、クラスの内部データ表現は、標準ライブラリ list<double> だ。通常ならば、私は添字演算をもつ list のコンテナを実装するようなことは行わない。list の添字演算のパフォーマンスが、vector よりも極めて低いからだ。ここでは、通常とは大幅に異なる実装を示したわけである。

さて、List_container オブジェクトを作って、use() を利用してみる：

```
void h()
{
    List_container lc = { 1, 2, 3, 4, 5, 6, 7, 8, 9 };
    use(lc);
}
```

ここで重要なことは、use(Container&) が、受け取る引数が Vector_container なのか、List_container なのか、あるいは、それ以外のコンテナなのかをまったく知らない、というよりも、知る必要すらない点だ。use(Container&) は、あらゆる種類の Container に利用できるものであり、Container が定義するインタフェースのみを知っている。その結果、List_container の実装が変更されても、Container から派生したまったく新しいクラス定義が追加されても、use (Container&) を再コンパイルする必要はない。

この柔軟性の代償は、オブジェクトの操作を、ポインタや参照経由で行わなければならないことだ（§3.3, §20.4）。

3.2.3 仮想関数

Container の利用例を、もう一度考えよう：

```
void use(Container& c)
{
    const int sz = c.size();

    for (int i=0; i!=sz; ++i)
        cout << c[i] << '\n';
}
```

use() 内の c[i] 演算は、どのようにして正しく operator[]() へと解決されるのだろう？ h() が use() を呼び出した場合は、List_container の operator[]() が実行されなければならない。また、g() が use() を呼び出した場合は Vector_container の operator[]() が実行されなければならない。この解決には、正しい関数を実行時に選択して呼び出すための情報が、Container オブジェクト内に必要となる。通常は、コンパイラが、仮想関数名を、関数ポインタのテーブル内のインデックスへと変換するように実装される。このテーブルは、一般に**仮想関数テーブル**（*virtual function table*）、あるいは単に`vtbl`と呼ばれる。仮想関数をもつ各クラスが専用の`vtbl`をもち、仮想関数を特定する。図にすると、次のようになる：

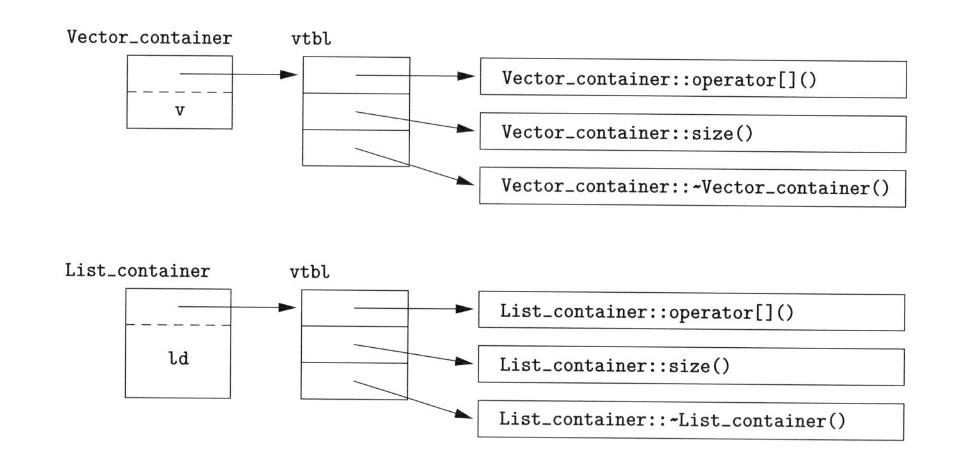

関数が`vtbl`中に置かれることによって、呼出し側は、オブジェクトの大きさやデータレイアウトなどを知ることなく、オブジェクトを適切に利用できるのだ。呼出し側の実装は、`Container`内の`vtbl`を指すポインタの位置と各仮想関数の`vtbl`内でのインデックスだけを知っていればよい。この仮想呼出しの効率性は、“通常の関数呼出し”と比べても遜色ない（その差は25%以内だ）。メモリ空間のオーバヘッドは、仮想関数をもつクラスのオブジェクト1個ごとに1個のポインタ、そして、仮想関数をもつクラスごとに1個の`vtbl`である。

3.2.4 クラス階層

`Container`の例は、極めて単純なクラス階層の一例だ。**クラス階層**（*class hierarchy*）は、（`public`などによる）派生によって束ねられるクラス群のことである。“消防車は貨物自動車の一種であり、貨物自動車は乗物の一種である”や“ニコちゃんマーク（smiley face）は円の一種であり、円は図形の一種である”などの概念を表現するために、階層構造をもつクラスを利用する。たとえば、数百ものクラスからなる巨大な階層であれば、深さも幅も増えるのが、一般的だ。少しだけ現実的かつ古典的な例として、いくつかのスクリーン上の図形を考えてみよう：

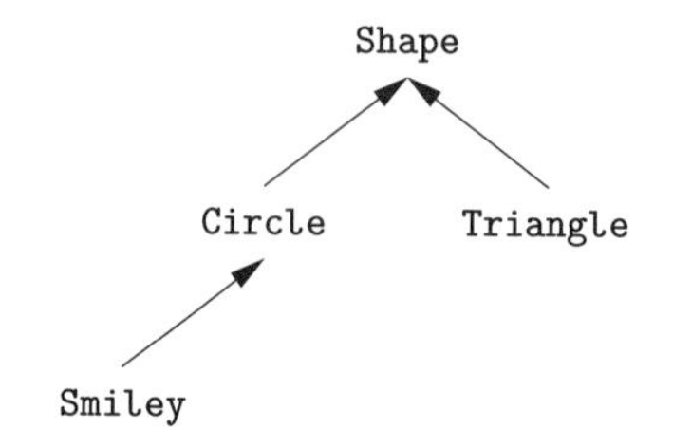

矢印は、継承関係を表す。たとえば、`Circle`クラスは`Shape`クラスから派生している。この単純

なダイアグラムをコードで表現しよう。最初に定義するのは、すべての図形に共通する一般的な性質をもつクラスである：

```
class Shape {
public:
   virtual Point center() const =0;     // 純粋仮想
   virtual void move(Point to) =0;

   virtual void draw() const = 0;       // 現在の"Canvas"に描画
   virtual void rotate(int angle) = 0;

   virtual ~Shape() {}                  // デストラクタ
   // ...
};
```

当然、この例のインタフェースは抽象クラスである。内部データに注目すると、すべてのShapeに共通するものは、（vtblを指すポインタを除くと）何もない。この定義が与えられると、図形のポインタのベクタを操作する汎用関数が記述できる：

```
void rotate_all(vector<Shape*>& v, int angle)   // vの全要素をangle度だけ回転
{
   for (auto p : v)
      p->rotate(angle);
}
```

特定の図形を定義するには、それが一種のShapeクラスであることと、（仮想関数を含めた）特有の性質を明確にする必要がある：

```
class Circle : public Shape {
public:
   Circle(Point p, int rr);  // コンストラクタ

   Point center() const { return x; }
   void move(Point to) { x=to; }

   void draw() const;
   void rotate(int) {}        // 単純で優れたアルゴリズム
private:
   Point x;  // 中心
   int r;    // 半径
};
```

さて、このShapeとCircleは、先ほどのContainerとVector_containerの例と比較して、特に新しいものではない。定義を続けよう：

```
class Smiley : public Circle {  // ニコちゃんマークのためにCircleを基底として利用
public:
   Smiley(Point p, int r) : Circle{p,r}, mouth{nullptr} { }

   ~Smiley()
   {
      delete mouth;
      for (auto p : eyes) delete p;
   }

   void move(Point to);

   void draw() const;
   void rotate(int);
```

```
    void add_eye(Shape* s) { eyes.push_back(s); }
    void set_mouth(Shape* s);
    virtual void wink(int i);    // i番のウインクした目

    // ...
private:
    vector<Shape*> eyes;         // 一般的に目は２個
    Shape* mouth;
};
```

メンバ関数 push_back() は、受け取った引数を vector（ここでは eyes）に追加して、要素数を1だけインクリメントする。

Smiley::draw() の定義は、Smiley の基底の draw() と、メンバの draw() とを呼び出すことによって実現できる：

```
void Smiley::draw()
{
    Circle::draw();
    for (auto p : eyes)
        p->draw();
    mouth->draw();
}
```

Smiley が、自身の目を標準ライブラリの vector に保存していることと、そのデストラクタによって解体していることに注目しよう。Shape のデストラクタは virtual であり、Smiley のデストラクタが、それをオーバライドしている。virtual なデストラクタは、抽象クラスでは重要な意味をもつ。というのも、派生クラスのオブジェクトが、基底である抽象クラスのインタフェース経由で操作されることがよくあるからだ。しかも、基底クラスへのポインタを介して破棄される可能性もある。その際、仮想関数呼出しの仕組みによって、正しいデストラクタが実行される。そして、呼び出されたデストラクタは、暗黙裏にメンバのデストラクタと基底クラスのデストラクタとを呼び出すのだ。

ここに示す、簡単化した例において、顔を表している円に対して、目と口を適切に配置するのは、プログラマの仕事である。

派生によって新しいクラスを定義する際は、データメンバや演算子を追加できる。それによって、柔軟性が飛躍的に向上する一方で、混乱を招いたり貧弱な設計を生むこともある。第21章を参照しよう。クラス階層には、以下に示す二つの利点がある：

- **インタフェース継承**（*interface inheritance*）：派生クラスのオブジェクトは、基底クラスのオブジェクトが要求されるあらゆる箇所で利用できる。すなわち、基底クラスは、派生クラスのインタフェースとして振る舞う。Container クラスと Shape クラスが、その例だ。このようなクラスは、抽象クラスと呼ばれる。
- **実装継承**（*implementation inheritance*）：基底クラスは、派生クラスの実装を単純化する関数とデータを提供する。Smiley における、Circle のコンストラクタと Circle::draw() の利用が、その例である。通常、このような基底クラスは、データメンバとコンストラクタをもつ。

具象クラス、特に内部データが小規模な具象クラスは、組込み型と極めて似ている。似ているのは、局所変数として定義できる、名前を通じてアクセスできる、コピーができる、などの点である。しかし、クラス階層内のクラスは組込み型とは似ていない。異なる点は、newによって空き領域から確保したり、ポインタや参照によりアクセスしたりするのが一般的であることだ。図形を記述したデータを入力ストリームから読み取って、それに対応するShapeオブジェクトを構築する関数を考えよう：

```
enum class Kind { circle, triangle , smiley };

Shape* read_shape(istream& is) // 入力ストリームisからshapeの記述を読み込む
{
  // ... shapeの先頭部をisから読み込んでKind kを判断 ...
  switch (k) {
  case Kind::circle:
       // circleのデータ{Point,int}をpとrに読み込む
       return new Circle{p,r};
  case Kind::triangle:
       // triangleのデータ{Point,Point,Point}をp1とp2とp3に読み込む
       return new Triangle{p1,p2,p3};
  case Kind::smiley:
       // smileyのデータ{Point,int,Shape,Shape,Shape}をpとrとe1とe2とmに読み込む
       Smiley* ps = new Smiley{p,r};
       ps->add_eye(e1);
       ps->add_eye(e2);
       ps->set_mouth(m);
       return ps;
  }
}
```

この図形読取り関数を利用する例は、以下のようになる：

```
void user()
{
  std::vector<Shape*> v;
  while (cin)
     v.push_back(read_shape(cin));
  draw_all(v);                   // 全要素に対してdraw()を呼び出す
  rotate_all(v,45);              // 全要素に対してrotate(45)を呼び出す
  for (auto p : v) delete p;     // 要素のdeleteを忘れないようにする
}
```

当然、この例は、単純化したものだ。特に、例外処理については単純化している。とはいえ、user()が、処理対象のオブジェクトの実際の種類についてまったく知らないままに、自身の処理を行えることが、はっきりと分かる例になっている。いったんuser()のコードをコンパイルしておけば、その後でプログラムに新しいShapeが追加されても、再コンパイルせずに利用できる。なお、Shapeを指すポインタは、user()の外に存在しないので、そのオブジェクトを破棄するのはuser()の責任となることに注意しよう。ここでは、delete演算子によって破棄している。その動作は、Shapeの仮想デストラクタに強く依存している。そのデストラクタはvirtualなので、deleteが最派生クラスのデストラクタを呼び出すのだ。これは、本当に重要なことだ。というのも、派生クラスは、いろいろな種類の解放すべき資源（ファイルハンドル、ロック、出力ストリームなど）をもっている可能性があるからだ。なお、この例の場合、Smileyは、自身がもっているeyesとmouthのオブジェクトの破棄を行う。

経験豊富なプログラマは、以下の二点の誤りの可能性が残っていることに気付くだろう：

- ユーザは、read_shape() が返却したポインタの delete に失敗するかもしれない。
- Shape ポインタのコンテナ所有者は、ポインタが指すオブジェクトを delete しないかもしれない。

この意味では、空き領域に確保したオブジェクトのポインタを関数が返却することは、危険なことだといえる。

これら二点の問題の解決策が、“裸のポインタ”の代わりに、標準ライブラリの unique_ptr（§5.2.1）を返して、コンテナに unique_ptr をもたせる方法だ：

```
unique_ptr<Shape>read_shape(istream& is)  // 入力ストリームisからshapeの記述を読み込む
{
   // ... shapeの先頭部をisから読み込んでKind kを判断 ...
   switch (k) {
   case Kind::circle:
        // circleのデータ{Point,int}をpとrに読み込む
        return unique_ptr<Shape>{new Circle{p,r}};    // §5.2.1
   // ...
}

void user()
{
   vector<unique_ptr<Shape>> v;
   while (cin)
      v.push_back(read_shape(cin));
   draw_all(v);          // 全要素に対してdraw()を呼び出す
   rotate_all(v,45);     // 全要素に対してrotate(45)を呼び出す
}  // すべてのShapeは暗黙裏に解体される
```

これで、オブジェクトの所有者が unique_ptr になる。しかも、unique_ptr は、スコープから抜け出るときに、不要になったオブジェクトを delete する。

unique_ptr バージョンの user() を動作させるには、vector<unique_ptr<Shape>> を引数に受け取る draw_all() と rotate_all() が必要だ。このような _all() 関数を、たくさん記述するのは面倒なので、代替策を §3.4.3 で示すことにする。

3.3 コピーとムーブ

オブジェクトは、デフォルトでコピー可能である。この点は、ユーザ定義型でも組込み型でも同じだ。コピー演算のデフォルトの意味は、メンバ単位のコピーである。すなわち、すべてのメンバがコピーされる。ここで、§3.2.1.1 の complex を例に考えよう：

```
void test(complex z1)
{
   complex z2 {z1};  // コピー初期化
   complex z3;
   z3 = z2;          // コピー代入
   // ...
}
```

これで、z1、z2、z3 はすべて同じ値になる。というのも、代入と初期化の両方が、メンバをコピーするからだ。

クラスを設計する際は、オブジェクトがコピーされる可能性とコピーの方法を必ず検討しなければならない。単純な具象型であれば、メンバ単位のコピーが正しいセマンティクスとなることが多い。しかし、Vectorのような高度な具象型では、メンバ単位のコピーは、正しいセマンティクスとはならない。また、抽象型では、メンバ単位のコピーは、まず、ありえない。

3.3.1 コンテナのコピー

あるクラスが、**資源ハンドル**（*resource handle*）、すなわち、ポインタ経由でオブジェクトにアクセスしなければならないクラスであれば、デフォルトのメンバ単位のコピーは、災難となる場合がほとんどだ。メンバ単位のコピー動作は、資源ハンドルの不変条件（§2.4.3.2）に違反する。たとえば、デフォルトのコピーを行うと、コピーされたVectorは、元のオブジェクトと同じ要素を参照することになってしまう：

```
void bad_copy(Vector v1)
{
    Vector v2 = v1;    // v1の内部データ表現をv2にコピー
    v1[0] = 2;         // v2[0]も2となる！
    v2[1] = 3;         // v1[1]も3となる！
}
```

v1が4個の要素をもつとしよう。実行結果を図で表すと、以下のようになる：

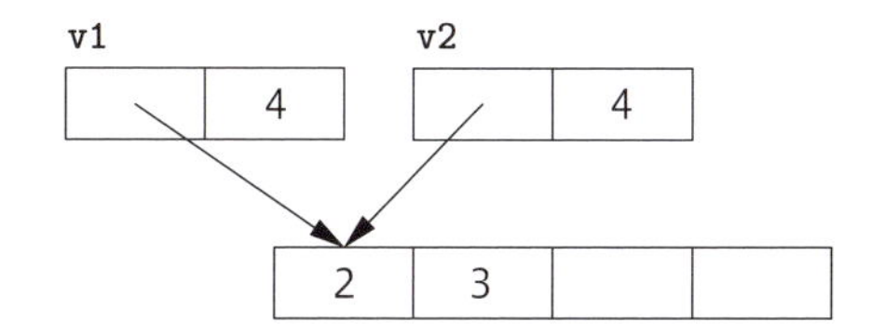

幸いなことに、Vectorがデストラクタをもっているという事実が、デフォルトの（メンバ単位の）コピー動作のセマンティクスが誤りであるという強いヒントを与えてくれる。このような場合、コンパイラは、少なくとも警告を発すべきだ（§17.6）。より適切なコピー動作の定義が必要である。

クラスオブジェクトのコピー動作は、二つのメンバとして定義される。**コピーコンストラクタ**（*copy constructor*）と、**コピー代入**（*copy assignment*）である：

```
class Vector {
private:
    double* elem;    // elemはsz個のdouble配列へのポインタ
    int sz;
public:
    Vector(int s);                       // コンストラクタ：不変条件を確立して資源を獲得
    ~Vector() { delete[] elem; }         // デストラクタ：資源を解放

    Vector(const Vector& a);                 // コピーコンストラクタ
    Vector& operator=(const Vector& a);      // コピー代入

    double& operator[](int i);
    const double& operator[](int i) const;

    int size() const;
};
```

Vectorのコピーコンストラクタが行うべきことは、必要な要素用のメモリを確保して、そこに要素をコピーすることである。そうすると、Vectorのコピー構築後に、コピー元オブジェクトとは別に、同じ値の要素をもてるようになる：

```
Vector::Vector(const Vector& a)    // コピーコンストラクタ
       :elem {new double[a.sz]},   // 要素用の領域を確保
        sz {a.sz}
{
   for (int i=0; i!=sz; ++i)       // 要素をコピー
      elem[i] = a.elem[i];
}
```

今回は、v2=v1を実行した様子は、以下のようになる：

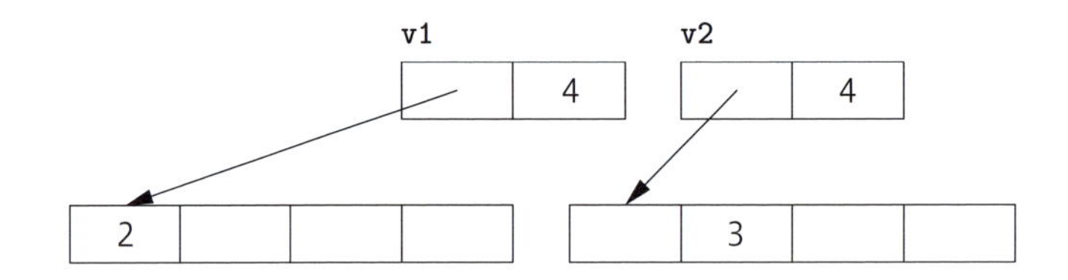

もちろん、コピーコンストラクタだけでなく、コピー代入も必要だ：

```
Vector& Vector::operator=(const Vector& a)  // コピー代入
{
   double* p = new double[a.sz];
   for (int i=0; i!=a.sz; ++i)
      p[i] = a.elem[i];
   delete[] elem;                           // 古い要素をdelete
   elem = p;
   sz = a.sz;
   return *this;
}
```

thisは、メンバ関数内で定義ずみのポインタであって、そのメンバ関数を起動したオブジェクトを指す。

クラスXのコピーコンストラクタとコピー代入演算は、通常const X&型の引数を受け取る。

3.3.2 コンテナのムーブ

コピー演算の制御は、コピーコンストラクタとコピー代入を定義することによって行える。しかし、大規模なコンテナのコピーは高コストになり得る。次の例を考えてみよう：

```
Vector operator+(const Vector& a, const Vector& b)
{
   if (a.size()!=b.size())
      throw Vector_size_mismatch{};

   Vector res(a.size());
   for (int i=0; i!=a.size(); ++i)
      res[i]=a[i]+b[i];
   return res;
}
```

+演算子関数からのリターン時は、局所変数 res のコピーが作られた上で、この関数の呼出し側がアクセス可能な場所にそのコピーが置かれることになる。たとえば、+演算子は以下のように利用される：

```
void f(const Vector& x, const Vector& y, const Vector& z)
{
   Vector r;
   // ...
   r = x+y+z;
   // ...
}
```

このコードは、Vector を少なくとも2回コピーする（+演算子を使用するたびに1回コピーされるからだ）。もし Vector が大規模で、たとえば 10,000 個もの double 型をもつのであれば、ちょっと厄介だ。もっとも困るのは、operator+() 内の res がコピー後に利用されないことである。ここで行いたいのは、コピーではなく、単に関数から演算結果を取り出すことである。すなわち、Vector を**ムーブ**（*move*）したいのであって、**コピー**（*copy*）したいのではない。幸いなことに、ここで行いたいことは、以下のように記述できる：

```
class Vector {
   // ...

   Vector(const Vector& a);              // コピーコンストラクタ
   Vector& operator=(const Vector& a);   // コピー代入

   Vector(Vector&& a);                   // ムーブコンストラクタ
   Vector& operator=(Vector&& a);        // ムーブ代入
};
```

このように定義すると、関数の外に演算結果を転送する際に、コンパイラは**ムーブコンストラクタ**（*move constructor*）を使うようになる。そのため、r=x+y+z では、Vector は、一切コピーされることなく、ムーブだけが行われる。

例によって、Vector のムーブコンストラクタの定義は、ちょっとしたものだ：

```
Vector::Vector(Vector&& a)
       :elem{a.elem},       // aから"要素を盗む"
        sz{a.sz}
{
   a.elem = nullptr;        // もはやaには要素はまったくない
   a.sz = 0;
}
```

&& は"右辺値参照"を意味し、右辺値をバインドできる参照である（§6.4.1）。ここで、"右辺値"とは"左辺値"の対になる言葉である。大雑把にいうと、左辺値は"代入演算の左側に記述できるもの"である。最初の説明として、右辺値を少々不正確に説明すると、関数が返す整数などのような、代入できない値のことである。そのため、右辺値参照は、他の誰も代入を行えない何かを参照するものであり、安全に値を"盗む"ことができるものだ。Vector クラスの operator+() 内の局所変数 res は、その例である。

ムーブコンストラクタは、const の引数を受け取らない。ムーブコンストラクタが、引数から値を削除するからである。なお、**ムーブ代入**（*move assignment*）も同じように定義できる。

右辺値参照が、初期化子として、あるいは代入演算の右オペランドとして利用された場合は、ムーブ演算となる。

ムーブ後に、ムーブ元オブジェクトは、デストラクタが実行できる状態へと遷移する。通常、ムーブ元オブジェクトに対する代入は行えるようになっている（§17.5, §17.6.2）。

ある値がもう利用されることがないことをプログラマが知っていたとしても、残念ながら、そのことをコンパイラが検出できるわけではない。そのため、プログラマがコンパイラに明示的に教えることができる：

```
Vector f()
{
   Vector x(1000);
   Vector y(1000);
   Vector z(1000);
   // ...
   z = x;              // コピーを手に入れる
   y = std::move(x);   // ムーブを手に入れる
   // ...
   return z;           // ムーブを手に入れる
};
```

標準ライブラリの move() は、引数の右辺値参照を返す。

return 直前の状態は、以下のようになっている：

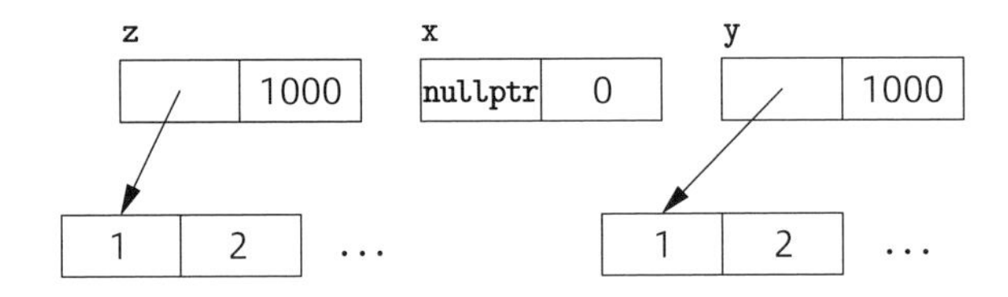

z が（return によって）ムーブされて解体される際は、x と同様に、その中身は空（要素が1個もない状態）となる。

3.3.3 資源管理

コンストラクタ、コピー演算、ムーブ演算、デストラクタを定義することで、プログラマは、（コンテナ内の要素などの）他のオブジェクトに所有されるオブジェクトの生存期間を完全に制御できるようになる。さらに、ムーブコンストラクタによって、スコープをまたぐオブジェクトのムーブも簡潔かつ低コストに実現できる。スコープの外へと、コピーできない、あるいは、コピーしたくない、というオブジェクトを、スコープ外へと簡潔かつ低コストにムーブできる。並行処理を実現する標準ライブラリの thread（§5.3.1）と、百万個もの double をもつ Vector を考えてみよう。前者はコピー不可能なものであり、後者はコピーを行いたくないものだ：

```
std::vector<thread> my_threads;

Vector init(int n)
{
   thread t {heartbeat};                // heartbeatを並行的に実行（自身のthread上で）
   my_threads.push_back(move(t));       // tをmy_threadsにムーブ
```

```
        // ... その他の初期化 ...
        Vector vec(n);
        for (int i=0; i<vec.size(); ++i) vec[i] = 777;
        return vec;                      // vecをinit()の外にムーブ
    }

    auto v = init(10000);                // heartbeatを開始してvを初期化
```

Vectorやthreadのような資源は、多くの場合で、ポインタに代わる優れた代替案となることがある。実際、標準ライブラリのunique_ptrなどの"スマートポインタ"も、その実体は資源ハンドルである（§5.2.1）。

ここでは、threadを保持するために、標準ライブラリのvectorを利用している。解説の都合上、§3.4.1までは、Vectorを要素の型でパラメータ化するのを避けているからだ。

さて、newとdeleteをアプリケーションから除去するのとほぼ同じ方法で、資源ハンドルを指すポインタも除去できる。いずれの場合も、オーバヘッドを伴わない、簡潔で保守しやすいコードとなる。特に、**強い資源安全**（*strong resource safety*）、すなわち、資源の概念の一般化によってリークを排除できることは、重要だ。vectorが保持するメモリ、threadが保持するシステムスレッド、fstreamが保持するファイルハンドルなどがその例である。

3.3.4 演算子の抑制

階層内のクラスに対して、デフォルトのコピーやムーブを利用すると、ほとんどの場合は惨事につながる。というのも、基底を指すポインタだけを与えられても、派生クラスのメンバについては何も分からないからだ（§3.2.2）。もちろん、コピーの方法も分からない。最善の策は、デフォルトのコピー演算、ムーブ演算を**削除**（*delete*）することだ。すなわちデフォルト定義の除去である：

```
    class Shape {
    public:
        Shape(const Shape&) =delete;              // コピー演算はなくなる
        Shape& operator=(const Shape&) =delete;

        Shape(Shape&&) =delete;                   // ムーブ演算はなくなる
        Shape& operator=(Shape&&) =delete;

        ~Shape();
        // ...
    };
```

こうしておけば、Shapeをコピーしようとすると、コンパイラが検出することになる。もしクラス階層内のオブジェクトをコピーする必要があれば、一種のクローン関数を定義する（§22.2.4）。

なお、この場合は、コピー演算とムーブ演算をdeleteし忘れても、実害は発生しない。ユーザが明示的にデストラクタを宣言したクラスに対しては、ムーブ演算が暗黙裏には生成されないからだ。さらにいうと、この場合のコピー演算の生成は、非推奨とされている（§44.2.3）。この点こそが、たとえコンパイラがデストラクタを暗黙裏に生成するような場合であっても、デストラクタを明示的に定義する理由の一つである（§17.2.3）。

クラス階層内の基底クラスは、コピー演算の対象とはしたくないオブジェクトのよい例だ。一般に、資源ハンドルは、単にメンバをコピーするだけでは、複製が行えないからだ（§5.2, §17.2.2）。

=delete は汎用的なものである。そのため、あらゆる演算に対して適用できる（§17.6.4）。

3.4 テンプレート

ベクタを使用するユーザが、必ずしも double のベクタを使いたいわけではない。ベクタは一般的な概念であって、浮動小数点数の詳細には依存しない。当然、ベクタ内の要素型は、独立して表現したほうが望ましい。**テンプレート**（*template*）は、一連の型や値をパラメータ化した、クラスもしくは関数であり、極めて汎用的な概念を表現する。テンプレートに対して、要素型である double などを引数として指定すると、その型に対応した関数が生成される。

3.4.1 パラメータ化された型

先ほどの double 用のベクタを汎用化して、任意の型用のベクタを作ることにしよう。そのためには、ベクタを template 化するとともに、double 型をパラメータ化することになる。たとえば：

```
template<typename T>
class Vector {
private:
   T* elem;                          // elemはT型のsz個の配列へのポインタ
   int sz;
public:
   Vector(int s);                    // コンストラクタ：不変条件を確立して資源を獲得
   ~Vector() { delete[] elem; }      // デストラクタ：資源を解放

   // ... コピー演算とムーブ演算 ...

   T& operator[](int i);
   const T& operator[](int i) const;
   int size() const { return sz; }
};
```

ここで、template<typename T> は、それに続く宣言で使われる T をパラメータ化する。これは数学での“すべての T に対して”を C++ で表現したものであり、より正確にいえば“すべての型 T に対して”という意味だ。

メンバ関数の定義も同様である：

```
template<typename T>
Vector<T>::Vector(int s)
{
   if (s<0) throw Negative_size {};
   elem = new T[s];
   sz = s;
}

template<typename T>
const T& Vector<T>::operator[](int i) const
{
   if (i<0 || size()<=i)
      throw out_of_range {"Vector::operator[]"};
   return elem[i];
}
```

以上の定義が与えられると、次のように Vector を定義できる：

```
Vector<char> vc(200);          // 200個の文字のベクタ
Vector<string> vs(17);         // 17個の文字列のベクタ
Vector<list<int>> vli(45);     // 45個の整数のリストのベクタ
```

`Vector<list<int>>` にある `>>` は入れ子となっているテンプレートの引数を閉じるものだ。入力演算子を誤って記述したわけではない。なお、2個の `>` のあいだに空白文字を置く必要はない（ただし C++98 では空白文字が必要であった）。

さて、`Vector` は、以下のように利用できる：

```
void write(const Vector<string>& vs)  // stringのベクタ
{
   for (int i = 0; i!=vs.size(); ++i)
      cout << vs[i] << '\n';
}
```

範囲 `for` ループをサポートするには、適切な `begin()` 関数と `end()` 関数の定義が必要だ：

```
template<typename T>
T* begin(Vector<T>& x)
{
   return x.size() ? &x[0] : nullptr;    // 先頭要素へのポインタもしくはnullptr
}

template<typename T>
T* end(Vector<T>& x)
{
   return begin(x)+x.size();             // 末尾要素の１個後方へのポインタ
}
```

これらが与えられると、以下のように記述できるようになる：

```
void f2(Vector<string>& vs)  // stringのベクタ
{
   for (auto& s : vs)
      cout << s << '\n';
}
```

同様に、リスト、ベクタ、マップ（すなわち連想配列）なども、テンプレートとして定義できる（§4.4, §23.2, 第 31 章）。

テンプレートは、コンパイル時のメカニズムなので、手作りのコードに比べて、実行時オーバヘッドが増えることはない（§23.2.2）。

3.4.2 関数テンプレート

テンプレートには、要素型のパラメータ化だけでなく、数多くの用途がある。たとえば、標準ライブラリでも、型とアルゴリズムの両方のパラメータ化で広く利用されている（§4.4.5, §4.5.5）。たとえば、任意のコンテナの要素の合計を算出する関数は、次のように記述できる：

```
template<typename Container, typename Value>
Value sum(const Container& c, Value v)
{
   for (auto x : c)
      v+=x;
   return v;
}
```

テンプレート引数Valueと関数の引数vとが宣言されているので、呼出し側は、型と、関数に渡す初期値（合計を加算する変数）とを指定できるようになる：

```
void user(Vector<int>& vi, std::list<double>& ld, std::vector<complex<double>>& vc)
{
    int x = sum(vi,0);                    // intのベクタの合計（intを加算）
    double d = sum(vi,0.0);               // intのベクタの合計（doubleを加算）
    double dd = sum(ld,0.0);              // doubleのリストの合計
    auto z = sum(vc,complex<double>{});  // complex<double>のベクタの合計
                                          // 初期値は{0.0,0.0}
}
```

double型の値の合計をintとして求める際は、intの最大値よりも大きい値に対する注意が必要である。sum<T,V>の引数型が、関数の引数から省略されていることに注目しよう。幸いにも、引数型は、明示的な指定の必要がない。

ここで示したsum()は、標準ライブラリのaccumulate()（§40.6）を単純化したものである。

3.4.3 関数オブジェクト

テンプレートの用途で特に有用なものの一つが、**関数オブジェクト**（*function object*）（**ファンクタ**（*functor*）とも呼ばれる）である。これは、あたかも関数のように呼び出せるオブジェクトを定義するときに使われる。たとえば：

```
template<typename T>
class Less_than {
    const T val;  // 比較する値
public:
    Less_than(const T& v) :val(v) { }
    bool operator()(const T& x) const { return x<val; }   // 呼出し演算子
};
```

operator()という名前の関数は、“関数呼出し”演算子（“呼出し”演算子や“アプリケーション”演算子とも呼ばれる）である()の実装である。

何らかの型を引数としてLess_than型に与えると、名前付き変数が定義できる：

```
Less_than<int> lti {42};            // lti(i)はiを<によって42と比較（i<42）
Less_than<string> lts {"Backus"}; // lts(s)はsを<によって"Backus"と比較（s<"Backus"）
```

このようなオブジェクトは、通常の関数とまったく同じように呼び出せる：

```
void fct(int n, const string & s)
{
    bool b1 = lti(n);    // n<42であれば真
    bool b2 = lts(s);    // s<"Backus"であれば真
    // ...
}
```

関数オブジェクトは、アルゴリズムに対して与える引数として広く利用されている。以下に示すのは、関数オブジェクトである述語がtrueを返した回数をカウントする例だ：

```
template<typename C, typename P>
int count(const C& c, P pred)
{
```

```
    int cnt = 0;
    for (const auto& x : c)
        if (pred(x))
            ++cnt;
    return cnt;
}
```

ここで、**述語**（*predicate*）とは、trueあるいはfalseを返す関数のことだ。たとえば：

```
void f(const Vector<int>& vec, const list<string>& lst, int x, const string& s)
{
    cout << "number of values less than " << x
         << ": " << count(vec,Less_than<int>{x})
         << '\n';
    cout << "number of values less than " << s
         << ": " << count(lst,Less_than<string>{s})
         << '\n';
}
```

ここで、Less_than<int>{x}は、呼出し演算子がxという名前のintとの比較を行うオブジェクトを構築する。また、Less_than<string>{s}は、sという名前のstringとの比較を行うオブジェクトを構築する。これらの関数が美しいのは、比較する値を保持して運んでくれるからだ。それぞれの値（と、それぞれの型）に応じた関数を別々に定義する必要はないし、比較する値を保持するために、汚らわしい広域変数を使う必要もない。また、Less_thanのような単純な関数オブジェクトは、インライン化が十分に可能なので、Less_thanは、間接的な関数呼出しよりも効率的となる。保持するデータを運べることに加えて、その効率性から、関数オブジェクトはアルゴリズムに対して与える引数として特に有用なのだ。

汎用アルゴリズムの中核となる演算を指定するための、（Less_thanに対するcount()のような）関数オブジェクトは、**ポリシーオブジェクト**（*policy object*）と呼ばれる。

Less_thanの定義は、利用箇所とは別のところで行う必要がある。このことは不便に感じられるだろう。そのため、関数オブジェクトを暗黙裏に生成する記法が用意されている：

```
void f(const Vector<int>& vec, const list<string>& lst, int x, const string& s)
{
    cout << "number of values less than " << x
         << ": " << count(vec,[&](int a){ return a<x; })
         << '\n';
    cout << "number of values less than " << s
         << ": " << count(lst,[&](const string& a){ return a<s; })
         << '\n';
}
```

[&](int a){ return a<x; }という表記は、**ラムダ式**（*lambda expression*）（§11.4）と呼ばれ、Less_than<int>{x}とまったく同じ関数オブジェクトを生成する。ここでの[&]は、使っている局所名（xなど）を、参照を介してアクセスすることを表す**キャプチャ並び**（*capture list*）だ。もしxだけを“キャプチャ”したければ、[&x]と記述する。また、xのコピーとしてオブジェクトを生成したい場合は、[=x]と記述する。何もキャプチャしない場合は[ ]である。すべての局所名を参照としてキャプチャする場合は[&]として、値としてキャプチャする場合は[=]とする。

ラムダ式は簡潔で便利だが、不明瞭な面もある。処理内容が単純ではない場合（たとえば単一の式以上の記述が必要となる場合）は、私であれば、その目的を表す明白な名前を処理に与えた上で、プログラムの他の場所から利用できるようにする。

§3.2.4 の **draw_all()** や **rotate_all()** の例では、**vector** の要素がポインタや **unique_ptr** であれば、数多くの関数の記述が必要となる煩わしさを経験した。関数オブジェクト（特にラムダ式）を使うと、コンテナの走査を、各要素に対して行うべき処理の指示から分離できるようになる。

その場合、まず、ポインタのコンテナ内の要素が指すオブジェクトに対して適用する処理を記述した関数が必要である：

```
template<typename C, typename Oper>
void for_all(C& c, Oper op)  // Cがポインタのコンテナと仮定
{
   for (auto& x : c)
      op(*x);                // 各要素が指す参照をop()に渡す
}
```

これを使うと、§3.2.4 の **user()** は、**_all** の関数群を定義することなく作れるようになる：

```
void user()
{
   vector<unique_ptr<Shape>> v;
   while (cin)
      v.push_back(read_shape(cin));
   for_all(v,[](Shape& s) { s.draw(); });       // draw_all()
   for_all(v,[](Shape& s) { s.rotate(45); });  // rotate_all(45)
}
```

ここでは、**Shape** への参照をラムダ式に渡しているので、ラムダ式は、コンテナがオブジェクトをどのように保持しているかを正確に把握する必要がなくなる。ここでの **for_all()** は、仮に **v** を **vector<Shape*>** に変更しても、そのまま動作する点で優れている。

3.4.4 可変個引数テンプレート

テンプレートは、任意の型と任意の個数の引数を受け取るようにも定義できる。このようなテンプレートは、**可変個引数テンプレート**（*variadic template*）と呼ばれる。たとえば：

```
void f() { }  // 何も行わない

template<typename T, typename... Tail>
void f(T head, Tail... tail)
{
   g(head);          // headに対して何らかの処理を行う
   f(tail...);       // tailに対しても行う
}
```

可変個引数テンプレートの実装で重要なのは、引数の並びを渡した場合に、先頭引数が、その後続の引数と分離できるようになっていることだ。先頭引数（**head**）に対して何らかの処理を行って、それから、それ以降の引数（**tail**）に対して **f()** を再帰的に呼び出す。省略記号 **...** は、並びの "残り" を表す。もちろん、最終的には **tail** は空になるので、それを処理する関数が別途必要となる。

以下に示すのが、f()の利用例だ：

```
int main()
{
    cout << "first: ";
    f(1,2.2,"hello");

    cout << "\nsecond: ";
    f(0.2,'c',"yuck!",0,1,2);
    cout << "\n";
}
```

ここで、f(1,2.2,"hello")は、f(2.2,"hello")を呼び出す。呼び出されたf(2.2,"hello")は、f("hello")を呼び出す。呼び出されたf("hello")は、最終的にf()を呼び出す。それでは、g(head)は何を実行するのだろうか？　いうまでもなく、与えられた要素に対して、目的の処理を実行する。たとえば、引数（ここではhead）を出力するように定義できる：

```
template<typename T>
void g(T x)
{
    cout << x << " ";
}
```

この定義が加わると、先ほどのコードの実行結果は、次のようになる：

```
first: 1 2.2 hello
second: 0.2 c yuck! 0 1 2
```

f()は、あらゆる並びや値を出力するprintf()を単純化した変種にも見える。その実装は、たった3行のコードと、それを囲む宣言のみである。

可変個引数テンプレート（単に**可変個引数**（*variadic*）と呼ばれることもある）が強力なのは、あらゆる引数を受け取れることだ。弱点は、インタフェースの型チェックが、テンプレートプログラミングを精巧なものとする可能性があることだ。詳細は§28.6を、具体例は§34.2.4.2（N個のタプル）と第29章（N次元行列）を参照しよう。

3.4.5 別名

よく不思議がられるのだが、型やテンプレートに同義語を与えるのは、有用なことだ（§6.5）。たとえば、標準ヘッダ<cstddef>は、size_tという別名を定義している。以下に示すのが、その定義の一例である：

```
using size_t = unsigned int;
```

size_t型の実際の型は処理系依存だ。そのため、別の処理系では、size_tは、unsigned longかもしれない。size_tという別名のおかげで、プログラマは可搬性の高いコードが記述できる。

パラメータ化された型が、テンプレート引数に関連する型に対する別名を提供するのは、極めて一般的なことだ。たとえば：

```
template<typename T>
class Vector {
public:
   using value_type = T;
   // ...
};
```

実際、標準ライブラリのすべてのコンテナは、自身が保持する値の型の名前として**value_type**を提供する（§31.3.1）。その結果、この規約にしたがう、あらゆるコンテナに対して動作するコードが記述できるようになる。たとえば：

```
template<typename C>
using Value_type = typename C::value_type;  // Cの要素の型

template<typename Container>
void algo(Container& c)
{
   Vector<Value_type<Container>> vec;       // ここに結果を保存
   // ... vecを利用 ...
}
```

別名は、テンプレートの引数の一部またはすべてをバインドして、新しいテンプレートを定義する際にも利用できる。たとえば：

```
template<typename Key, typename Value>
class Map {
   // ...
};

template<typename Value>
using String_map = Map<string,Value>;

String_map<int> m;  // mはMap<string,int>
```

§23.6も参照しよう。

3.5 アドバイス

[1] アイディアは、そのままコード化しよう。§3.2。
[2] アプリケーションのコンセプトを、そのままコード化したクラスを定義しよう。§3.2。
[3] 単純なコンセプトの表現と厳しい性能とが求められる部品には、具象クラスを利用しよう。§3.2.1。
[4] “裸の”**new**演算子と**delete**演算子は使わないように。§3.2.1.2。
[5] 資源管理には、資源ハンドラとRAIIを利用しよう。§3.2.1.2。
[6] インタフェースと実装の完全分離が必要であれば、インタフェースとして抽象クラスを利用しよう。§3.2.2。
[7] 階層構造をもつ概念を表現するには、クラス階層を利用しよう。§3.2.4。
[8] クラス階層を設計する際は、実装継承とインタフェース継承を使い分けよう。§3.2.4。
[9] オブジェクトの構築、コピー、ムーブ、解体を制御しよう。§3.3。
[10] コンテナは値で返却しよう（ムーブを活用できるので効率的だ）。§3.3.2。

[11] 強い資源安全を提供しよう。すなわち、資源とみなせるものをリークさせてはいけない。§3.3.3。

[12] 同じ型の値を複数もつ場合は、資源ハンドラのテンプレートとして定義されたコンテナを利用しよう。§3.4.1。

[13] 汎用的なアルゴリズムは、関数テンプレートとして実現しよう。§3.4.2。

[14] ポリシーと実行は、ラムダ式を使う関数オブジェクトとして実現しよう。§3.4.3。

[15] 違いが少ない型や実装には、型とテンプレートに別名を与えることで、統一化された記法を実現しよう。§3.4.5。

第 4 章　C++ を探検しよう：コンテナとアルゴリズム

なぜ知識のために時間を浪費するんだ？
無知なら一瞬で手に入るのに。
— ホッブス

- ライブラリ
  標準ライブラリ概要／標準ライブラリヘッダと名前空間
- 文字列
- ストリーム入出力
  出力／入力／ユーザ定義型の入出力
- コンテナ
  vector ／ list ／ map ／ unordered_map ／コンテナのまとめ
- アルゴリズム
  反復子の利用／反復子の型／ストリーム反復子／述語／アルゴリズムのまとめ／コンテナアルゴリズム
- アドバイス

4.1 ライブラリ

それなりの意味をもつプログラムが、素のプログラミング言語だけで記述されることはない。まず、一連のライブラリが開発される。それが、その後の開発の基盤となる。ほとんどのプログラムは、良質なライブラリを利用すると、単純に記述できるので、素のプログラミング言語だけで記述するのは、退屈な作業となってしまう。

第 2 章と第 3 章に続いて、本章と続く第 5 章では、短時間の探検で、標準ライブラリ機能を紹介する。なお、ここではプログラミング経験のある読者を想定している。もし経験がなければ、本章を読み進める前に、まずは *Programming:Principles and Practice Using C++*〔Stroustrup, 2008〕などのテキストを先に読むことが好ましい。プログラミング経験があっても、その言語や使用したアプリケーションが C++ のプログラミングスタイルとかけ離れていれば、やはり同様である。もし、この“短い時間の探検”で混乱するようであれば、もっと系統立てて解説を行っている第 6 章から読み始めるのもよいだろう。標準ライブラリの系統立てた解説は第 30 章から開始する。

まず、（本章では）**string**、**ostream**、**vector**、**map**、（第 5 章では）**unique_ptr**、**thread**、**regex**、**complex** などの標準ライブラリの有用な型を、そのもっとも一般的な使い方とともに解説する。以降の章で、よりよい具体例を提示するので、解説は簡単なものだ。第 2 章と第 3 章でも述べたように、本質に集中することが重要であって、詳細の理解が不足していることに惑わされる必要はない。本章の目的は、以降の章で述べる内容のさわりを示すことであるとともに、もっとも有用なライブラリ機能をおおまかに理解することである。

ISO C++ 標準では、その3分の2の分量を標準ライブラリの仕様に割いている。その内容は探検すべきものであり、自家製コードよりも優先すべきものだ。標準ライブラリの設計は熟慮されたものだし、実装は安定している。今後も、保守と拡張に多くの労力が注がれるだろう。

本書が取り上げる標準ライブラリ機能は、C++ 処理系全体から見ると、ごく一部にすぎない。ほとんどのC++ 処理系は、標準ライブラリ以外にも、“グラフィカルユーザインタフェース（GUI）”、ウェブインタフェース、データベースインタフェースなどを提供する。同様に、アプリケーション開発環境でも、業界用の“基盤ライブラリ”や“標準”開発・実行環境を提供する。このようなシステムやライブラリは、本書では取り上げない。特に断らない限り、標準仕様として定義されたC++ を対象としているし、サンプルの移植性を維持している。読者のみなさんは、大部分のシステムで有効な拡張機能を、ご自身で調べるとよいだろう。

4.1.1 標準ライブラリ概要

標準ライブラリが提供する機能は、以下のように分類できる：

- 実行時の言語の支援（メモリ確保や実行時型情報など）。§30.3 を参照しよう。
- 標準 C ライブラリ（を、型システムの違反を最小限に抑えるために少しだけ改変したもの）。第 43 章を参照しよう。
- 文字列と入出力ストリーム（国際化文字セットやロケールがサポートされている）。第 36 章と第 38 章と第 39 章を参照しよう。入出力ストリームは、バッファリング方式、文字セットなどをユーザが独自に拡張できるフレームワークである。
- コンテナ（`vector`、`map` など）とアルゴリズム（`find()`、`sort()`、`merge()` など）のフレームワーク。§4.4 と §4.5 と第 31 章〜第 33 章を参照しよう。このフレームワークは、一般に STL〔Stepanov, 1994〕と呼ばれ、独自のコンテナとアルゴリズムをユーザが追加できる拡張性をもつ。
- 数値演算（標準数学関数、複素数、ベクタに対する算術演算、乱数生成器など）の支援。§3.2.1.1 と第 40 章を参照しよう。
- 正規表現の支援。§5.5 と第 37 章を参照しよう。
- `thread` や `lock` などによる並行プログラミングの支援。§5.3 と第 41 章を参照しよう。並行プログラミングのサポートは基礎的なものであり、ユーザは新しい並行モデルをライブラリとして追加できる。
- 各種プログラミングを支援するユーティリティ。たとえば、テンプレートメタプログラミングに対しては、型特性（§5.4.2, §28.2.4, §35.4）など。STL スタイルのジェネリックプログラミングに対しては、`pair`（§5.4.3, §34.2.4.1）など。一般的なプログラミングに対しては、`clock`（§5.4.1, §35.2）など。
- 資源管理のための“スマートポインタ”（`unique_ptr` や `shared_ptr` など：§5.2.1, §34.3）と、ガーベジコレクタインタフェース（§34.5）。
- `array`（§34.2.1）、`bitset`（§34.2.2）、`tuple`（§34.2.4.2）などの特殊用途のコンテナ。

クラスをライブラリ化する際の主な基準は、次のとおりだ：

- そのクラスが、ほぼすべての（初心者と熟練者の両方の）C++ プログラマにとって、有用であること。
- 同じ機能のための簡潔なバージョンと比べて、特別なオーバヘッドを必要としない、一般的な形態で提供できること。
- クラスの単純な利用方法が（その処理内容と比較して）容易に学習できること。

本質的に、C++ 標準ライブラリは、もっとも広く使われる基礎的なデータ構造を、それに適用する基礎的なアルゴリズムとともに提供する。

4.1.2 標準ライブラリヘッダと名前空間

すべての標準ライブラリ機能は、標準ヘッダを通じて提供される。たとえば：

```
#include<string>
#include<list>
```

これで、標準の string と list が利用できるようになる。

標準ライブラリ機能は、std という名前の単一の名前空間の中で定義されている（§2.4.2, §14.3.1）。そのため、標準ライブラリ機能を使うときは、名前の前に std:: を付加する：

```
std::string s {"Four legs Good; two legs Baaad!"};
std::list<std::string> slogans {"War is Peace", "Freedom is Slavery",
                                "Ignorance is Strength"};
```

簡単化するために、本書のサンプルでは、std:: を明示的に記述することはほとんどない。また、必要なヘッダを常に明示的に #include するわけではない。本書のコードを、コンパイルして実行するためには、読者自身が適切な（§4.4.5, §4.5.5, §30.2 に示している）ヘッダを #include して、宣言されている名前が利用できるようにしなければならない。たとえば：

```
#include<string>        // 標準のstring機能をアクセスできるようにする
using namespace std;    // stdの名前をstd::を付けずに利用できるようにする

string s {"C++ is a general-purpose programming language"}; // OK：stringはstd::string
```

ある名前空間内のすべての名前を、広域名前空間に持ち込むのは、一般的にお粗末だ。しかし、本書では、ほぼ標準ライブラリだけを使っており、標準ライブラリがどの機能を提供しているのかが分かりやすい。そのため、本書では、標準ライブラリ内の名前には std:: を付加しない。同様に、すべてのサンプルで、ヘッダの #include は行わない。この点については、今後は繰り返さない。

さて、std 名前空間内の宣言をもつ、標準ライブラリのヘッダを抜粋したものを示す：

標準ライブラリヘッダ（抜粋）			
<algorithm>	copy(), find(), sort()	§32.2	§iso.25
<array>	array	§34.2.1	§iso.23.3.2
<chrono>	duration, time_point	§35.2	§iso.20.11.2

標準ライブラリヘッダ（抜粋）			
<cmath>	sqrt(), pow()	§40.3	§iso.26.8
<complex>	complex, sqrt(), pow()	§40.4	§iso.26.8
<fstream>	fstream, ifstream, ofstream	§38.2.1	§iso.27.9.1
<future>	future, promise	§5.3.5	§iso.30.6
<iostream>	istream, ostream, cin, cout	§38.1	§iso.27.4
<map>	map, multimap	§31.4.3	§iso.23.4.4
<memory>	unique_ptr, shared_ptr, allocator	§5.2.1	§iso.20.6
<random>	default_random_engine, normal_distribution	§40.7	§iso.26.5
<regex>	regex, smatch	第 37 章	§iso.28.8
<string>	string, basic_string	第 36 章	§iso.21.3
<set>	set, multiset	§31.4.3	§iso.23.4.6
<sstream>	istrstream, ostrstream	§38.2.2	§iso.27.8
<thread>	thread	§5.3.1	§iso.30.3
<unordered_map>	unordered_map, unordered_multimap	§31.4.3.2	§iso.23.5.4
<utility>	move(), swap(), pair	§35.5	§iso.20.1
<vector>	vector	§31.4	§iso.23.3.6

この表は、すべてのヘッダを網羅しているわけではない。詳細は§30.2を参照しよう。

4.2 文字列

標準ライブラリでは、文字列リテラルを補完するための string 型を提供している。その string 型は、連結などの有用な文字列処理を豊富に実装している。たとえば：

```
string compose(const string& name, const string& domain)
{
   return name + '@' + domain;
}

auto addr = compose("dmr","bell-labs.com");
```

ここで、addr は、dmr@bell-labs.com という文字の並びで初期化される。文字列の“加算”は、連結処理のことだ。string に対して連結できるのは、string、文字列リテラル、単一文字、C 言語スタイルの文字列である。なお、標準の string は、ムーブコンストラクタを実装しているので、長い string を値で返す処理は、効率よく行われる（§3.3.2）。

string の末尾に対して追加を行う連結処理は、多くのアプリケーションで頻繁に利用される。この処理を直接サポートするのが、string の += 演算である。たとえば：

```
void m2(string& s1, string& s2)
{
   s1 = s1 + '\n';   // 改行を追加
   s2 += '\n';       // 改行を追加
}
```

ここに示している、2種類のstring末尾への文字の追加は、意味的には等価である。しかし、私は後者を好む。というのも、後者のほうが、処理内容がより明確で、より簡潔であるとともに、効率的になる可能性があるからだ。

stringは、中身を書きかえられるようになっている。=、+=演算だけでなく、([]による)添字演算や部分文字列の処理も提供される。標準ライブラリのstringについては、第36章で解説する。多くの機能の中から、ここでは部分文字列操作の例を示すことにしよう。たとえば:

```
string name = "Niels Stroustrup";

void m3()
{
   string s = name.substr(6,10);    // s = "Stroustrup"
   name.replace(0,5,"nicholas");    // nameは"nicholas Stroustrup"になる
   name[0] = toupper(name[0]);      // nameは"Nicholas Stroustrup"になる
}
```

substr()処理は、引数で指定された部分文字列のコピーのstringを返す。先頭引数にはstring内でのインデックス(位置)を指定して、2番目の引数には目的の部分文字列の長さを指定する。インデックスは0から始まるので、sの値はStroustrupとなる。

replace()処理が行うのは、部分文字列を、指定された値に置換することだ。ここでは、0から始まる長さが5の部分文字列はNielsなので、それをnicholasに置換する。最後に、先頭文字をそれに対応する大文字に置換する。最終的に、nameの値はNicholas Stroustrupとなる。置換する文字列は、置換される部分文字列の長さと一致していなくともよいことに注意しよう。

なお、stringどうしの比較や、文字列リテラルとの比較も行える:

```
string incantation;

void respond(const string& answer)
{
   if (answer == incantation) {
      // 魔法をかける
   } else if (answer == "yes") {
      // ...
   }
   // ...
}
```

stringライブラリについては第36章で解説するが、stringの実装でもっともよく使われているテクニックは、Stringの例題で示す(§19.3)。

4.3 ストリーム入出力

標準ライブラリは、iostreamライブラリで、書式付き入出力を提供する。入力処理は型付けされ、ユーザ定義型に対しても拡張できるようになっている。本節では、iostreamの利用法を極めて簡略化して解説する。第38章では、iostreamライブラリ機能をおおむね完全に網羅して解説する。

グラフィカル入出力などのような、他の形態のユーザ入出力は、ISO標準の範囲外のライブラリが取り扱うものなので、ここでは取り上げない。

4.3.1 出力

入出力ストリームライブラリは、すべての組込み型の出力処理を定義している。しかも、ユーザ定義型（§4.3.3）の出力処理の定義も簡単だ。ostream型のオブジェクトに対する出力処理には、<< 演算子（“～へ出力”（put to））を使う。なお、coutは標準出力ストリームを表し、cerrが標準エラー出力ストリームを表す。デフォルトでは、coutに出力する値は、文字の並びへと変換される。たとえば、10進数の10の出力は、以下のように記述できる：

```
void f()
{
   cout << 10;
}
```

このコードは、文字の1と、文字の0を、標準出力ストリームに連続して出力する。

同じ出力は、以下のように行うこともできる：

```
void g()
{
   int i {10};
   cout << i;
}
```

型が異なるものも、そのまま自由に組み合わせることができる。たとえば、

```
void h(int i)
{
   cout << "the value of i is ";
   cout << i;
   cout << '\n';
}
```

h(10)と呼び出すと、次のように出力される：

```
the value of i is 10
```

しかし、関連性の高い一連のデータ出力の際に、出力ストリーム名を毎回記述するのは、退屈だ。幸いにも、出力する式の結果は、そのまま次の出力に再利用できる。たとえば：

```
void h2(int i)
{
   cout << "the value of i is " << i << '\n';
}
```

h2()を実行すると、h()と同じ出力を行う。

単一の文字を単一引用符記号で囲んだものは、文字定数である。文字は、文字コードの数値ではなくて、文字そのものとして出力されることに注意しよう。たとえば：

```
void k()
{
   int b = 'b';             // 注意：charは暗黙裏にintへと変換される
   char c = 'c';
   cout << 'a' << b << c;
}
```

（私が使っているC++処理系はASCIIコードを利用しているので）文字'b'の整数値は98であり、実行すると、a98cと表示される。

4.3.2 入力

標準ライブラリは、入力のための**istream**を提供する。**ostream**と同様に、**istream**は組込み型を表す文字の並びが処理できるし、ユーザ定義型を処理するための拡張が簡単に行える。

入力処理には**>>**演算子（“～から入力”（get from））を使う。なお、**cin**は標準入力ストリームだ。受け付ける入力と、その対象は、**>>**の右オペランドの型によって決定される。たとえば：

```
void f()
{
    int i;
    cin >> i;      // 整数をiに読み込む

    double d;
    cin >> d;      // 倍精度浮動小数点値をdに読み込む
}
```

このコードは、**1234**のような数値を、標準入力から整数の変数**i**に読み取って、それから、**12.34e5**のような浮動小数点数を倍精度浮動小数点数の変数**d**に読み取る。

文字の並びの読取りが必要となることは多い。**string**型の変数へ読み取ると、都合がよい：

```
void hello()
{
    cout << "Please enter your name\n";
    string str;
    cin >> str;
    cout << "Hello, " << str << "!\n";
}
```

実行して**Eric**と入力すると、次のような出力が得られる：

```
Hello, Eric!
```

デフォルトでは、スペースなどの空白類文字（§7.3.2）は読取りを終了させる。そのため、読者が非運のヨーク王のふりをして**Eric Bloodaxe**と入力しても、先ほどと同じ出力となる：

```
Hello, Eric!
```

末尾の改行文字までの行全体を読み取る場合は、**getline()**関数を使う。たとえば：

```
void hello_line()
{
    cout << "Please enter your name\n";
    string str;
    getline(cin,str);
    cout << "Hello, " << str << "!\n";
}
```

このプログラムに対して**Eric Bloodaxe**と入力すると、期待どおりの出力が得られる：

```
Hello, Eric Bloodaxe!
```

行末尾の改行文字は読み捨てられるので、**cin**は次の行を読み取る準備ができるようになる。

標準の**string**は、与えられた文字列を保持する大きさとなるよう自動的に拡張するので、最大長を事前に求める必要はない。そのため、このコードを実行して、数メガバイトものセミコロンを入力すると、何ページにもわたるセミコロンが出力されることになる。

4.3.3 ユーザ定義型の入出力

iostream ライブラリは、組込み型と標準 **string** の入出力に加えて、独自の型に対する入出力をプログラマが定義できるようにしている。たとえば、電話帳内の1件のデータを表す単純な **Entry** 型を考えてみよう：

```
struct Entry {
   string name;
   int number;
};
```

Entry を初期化する際のコードによく似た形式 **{"name",number}** で出力を行うための、単純な出力演算子は、次のように定義できる：

```
ostream& operator<<(ostream& os, const Entry& e)
{
   return os << "{\"" << e.name << "\", " << e.number << "}";
}
```

ユーザ定義の出力演算子は、先頭引数に出力ストリームを（参照渡しで）受け取って、その出力ストリームを返却する。詳細は §38.4.2 で解説する。

これと対になる入力演算は、書式の確認やエラー処理が必要なので、少し複雑になる：

```
istream& operator>>(istream& is, Entry& e)
   // { "name" , number }を読み取る。注意：括弧{}と二重引用符""とコンマ,が付く形式
{
   char c, c2;
   if (is>>c && c=='{' && is>>c2 && c2=='"') {  // {"で始まる
      string name;                       // stringのデフォルト値は空文字列すなわち""
      while (is.get(c) && c!='"')        // "より前はnameの一部
         name+=c;

      if (is>>c && c==',') {
         int number = 0;
         if (is>>number>>c && c=='}') {      // numberと}を読み込む
            e = {name,number};               // エントリに代入
            return is;
         }
      }
   }
   is.setstate(ios_base::failbit);           // 失敗したことをストリームに記録
   return is;
}
```

入力演算子は **istream** への参照を返すので、その返却値を調べると、処理が成功したかどうかが判断できる。たとえば、条件式に **is>>c** を使用すると、"**is** から **c** への読取りは成功したか？"という意味になる。

is>>c は、デフォルトでは空白文字を読み飛ばすが、**is.get(c)** は読み飛ばさない。そのため、**Entry** の入力処理では、名前文字列外の空白文字を無視する（読み飛ばす）が、名前文字列内では読み取る。たとえば：

```
{ "John Marwood Cleese", 123456      }
{"Michael Edward Palin",987654}
```

このようなデータを **Entry** への入力として読み取るには、次のように行う：

```
for (Entry ee; cin>>ee; )    // cinからeeに読み込む
   cout << ee << '\n';       // coutにeeを書き出す
```

実行すると、以下のように出力される：

```
{"John Marwood Cleese", 123456}
{"Michael Edward Palin", 987654}
```

ユーザ定義型の入力演算子の技術的詳細や技法については、§38.4.1 を参照しよう。また、文字の並びをパターン化する系統立てた技法（正規表現）については、§5.5 と第 37 章を参照しよう。

4.4 コンテナ

多くのプログラムで、値の集合を作って、その操作を行う。たとえば、`string` に複数の文字を読み取る、あるいは、出力するといったことは、その単純な例の一つだ。オブジェクトを内部に保持することを主目的としたクラスは、**コンテナ**（*container*）と呼ばれる。適切なコンテナを準備して、それを基礎的で有用な演算子によって支援することは、どんなプログラム開発でも重要なステップだ。

標準ライブラリのコンテナを示す例として、名前と電話番号をもつ単純なプログラムを考えていくことにしよう。というのも、この類のプログラムは、これまでの経験が異なるプログラマにとって、異なる各種の手法が“単純明快”となるからだ。単純な電話帳内の 1 件のデータの表現には、§4.3.3 の `Entry` クラスを使うものとする。なお、電話番号の多くは単純な 32 ビット `int` では表現できないなど、現実の世界はもっと複雑なのだが、ここでは、あえて無視する。

4.4.1 vector

標準ライブラリのコンテナの中で、もっとも有用なのは `vector` だ。`vector` は、指定された型の要素が並んだシーケンスである。それらの要素は、メモリ内で連続的に配置される：

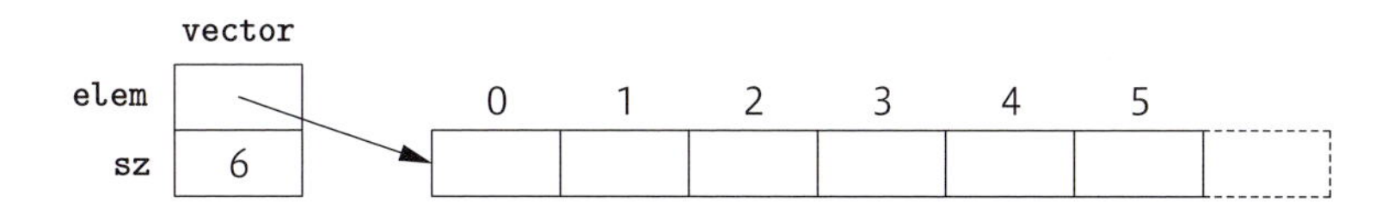

§3.2.2 と §3.4 の `Vector` のサンプルからも、`vector` の実装が推測できるだろう。また、§13.6 と §31.4 でも徹底的に解説する。

さて、`vector` は、要素型をもった一連の値を与えることで初期化できる：

```
vector<Entry> phone_book = {
   {"David Hume",123456},
   {"Karl Popper",234567},
   {"Bertrand Arthur William Russell",345678}
};
```

各要素は、添字演算によってアクセスできる：

```
void print_book(const vector<Entry>& book)
{
   for (int i = 0; i!=book.size(); ++i)
      cout << book[i] << '\n';
}
```

例によって、添字は0から始まるので、ここでのbook[0]は、David HumeのEntryである。メンバ関数size()は、vector内の要素数を返却する。

vector内の要素が範囲を形成するので、範囲forループ（§2.2.5）が利用できる：

```
void print_book(const vector<Entry>& book)
{
   for (const auto& x : book)   // autoについては§2.2.2を参照
      cout << x << '\n';
}
```

vectorの変数の定義にあたっては、当初の要素数（要素数の初期値）も指定できる：

```
vector<int> v1 = {1, 2, 3, 4};  // 要素数は4
vector<string> v2;              // 要素数は0
vector<Shape*> v3(23);          // 要素数は23：要素の初期値はnullptr
vector<double> v4(32,9.9);      // 要素数は32：要素の初期値は9.9
```

要素数を明示的に指定するときは、(23)のように、通常の丸括弧を用いる。その場合、デフォルトでは、各要素が、要素型のデフォルト値（たとえば、ポインタであればnullptr、数値であれば0）で初期化される。デフォルト値による初期化を望まないのであれば、要素の値を第2引数に指定する（ここでの9.9は、v4の32個の要素すべてに適用される）。

要素数は、初期の状態から変更可能である。vectorがもつ演算子でもっとも有用なものはpush_back()であり、これは要素の末尾に新しい要素を追加して、要素数を1だけ増加させるものだ。たとえば：

```
void input()
{
   for (Entry e; cin>>e;)
      phone_book.push_back(e);
}
```

このコードは、ファイル終端に到達するか、読取り書式エラーが発生するまで、標準入力からphone_bookへとEntryを読み取る処理を繰り返す。標準ライブラリのvectorは、push_back()の繰返しによる要素数増加も効率的に行われるようになっている。

vectorは、代入時と初期化時にコピーが可能だ。たとえば：

```
vector<Entry> book2 = phone_book;
```

vectorのコピーとムーブは、§3.3で解説したように、コンストラクタと代入演算子によって実装されている。代入時は、各要素をコピーする。すなわち、ここでの初期化が完了したときに、book2とphone_bookは、それぞれが個別に電話帳のすべてのEntryをもつ。そのため、vectorが数多くの要素を保持しているときに、代入や初期化を何気なく行うと、高コストになってしまう。コピーが望ましくないときは、参照やポインタ（§7.2, §7.7）、あるいは、ムーブ演算（§3.3.2, §17.5.2）を使うべきだ。

4.4.1.1 要素

標準ライブラリのすべてのコンテナと共通することだが、vectorは、何らかの型Tの要素のコンテナであり、それがvector<T>となる。要素の型は任意だ。たとえば、組込みの数値型（char、 int、double など）、ユーザ定義型（string、Entry、list<int>、Matrix<double,2> など）、ポインタ（const char*、Shape*、double* など）などである。新しい要素を追加する際は、その値がコンテナ内にコピーされる。たとえば、整数値 7 をコンテナに入れると、内部に保持される要素は、その数値 7 そのものだ。すなわち、要素は、7 という値を内部に保持するオブジェクトへのポインタや参照ではない。そのため、高速にアクセスできる、コンパクトで良質なコンテナが実現できる。この点は、メモリサイズや実行速度を重視する場合、極めて重要だ。

4.4.1.2 範囲チェック

標準ライブラリの vector は、範囲チェックを保証しない（§31.2.2)。たとえば：

```
void silly(vector<Entry>& book)
{
   int i = book[book.size()].number;  // book.size()は範囲外
   // ...
}
```

この初期化は、エラーとなるのではなくて、i の値が不定値となってしまう。これは、期待とは異なる動作であるし、範囲外エラーは、よく起こる問題の一つとなっている。そのため、私は、vector に対して、簡単な範囲チェック用のアダプタを使うことがある：

```
template<typename T>
class Vec : public std::vector<T> {
public:
   using vector<T>::vector; // vectorのコンストラクタ群を利用（名前Vecのもとで）：
                            // §20.3.5.1を参照

   T& operator[](int i)               // 範囲チェック
      { return vector<T>::at(i); }

   const T& operator[](int i) const   // constオブジェクトの範囲チェック：§3.2.1.1
      { return vector<T>::at(i); }
};
```

Vec クラスは、vector から添字演算以外のすべてを継承するとともに、範囲チェックを行う処理を再定義している。at() は vector の添字演算であり、引数が要素の範囲を越えている場合に out_of_range 型の例外を送出する（§2.4.3.1, §31.2.2)。

Vec を使うと、範囲外へのアクセスに対して例外が送出されるので、ユーザはそれを捕捉できるようになる。たとえば：

```
void checked(Vec<Entry>& book)
{
   try {
      book[book.size()] = {"Joe",999999};     // 例外を送出することになる
      // ...
   }
   catch (out_of_range) {
      cout << "range error\n";
   }
}
```

このコードでは、例外が送出されて捕捉される（§2.4.3.1, 第 13 章)。ユーザが捕捉しなければ、プログラムは、的確に定義された動作で終了する。すなわち、処理を続行したり、定義されな

いような動作をするのではない。捕捉されなかった例外に驚かされる機会を最小限に抑えるには、main() を try ブロックとして定義するとよい。たとえば：

```
int main()
try {
   // 何らかのコード
}
catch (out_of_range)
{
   cerr << "range error\n";
}
catch (...)
{
   cerr << "unknown exception thrown\n";
}
```

ここでは、デフォルトの例外ハンドラを定義しているので、何らかの例外の捕捉に失敗していたとしても、エラーメッセージが標準エラー出力ストリーム cerr に出力される（§38.1）。

処理系によっては、（コンパイラオプションなどによって）範囲チェック機能をもった vector を提供するので、ここに示した Vec クラス（あるいは同等なクラス）を定義する手間を省ける場合がある。

4.4.2 list

標準ライブラリは、list という名前の双方向結合リストを提供する：

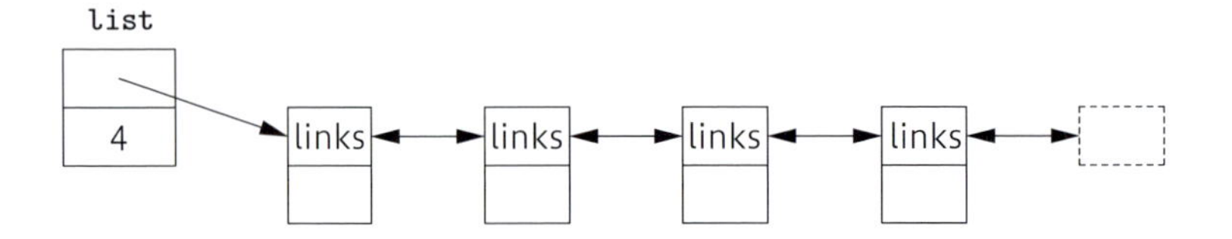

list クラスは、要素を移動することなく、要素の挿入や削除を行う必要のあるシーケンスに対して利用するものだ。電話帳に対しては、挿入や削除がしばしば行われる。そのため、単純な電話帳を表現するには、list が適切だろう。たとえば：

```
list<Entry> phone_book = {
   {"David Hume",123456},
   {"Karl Popper",234567},
   {"Bertrand Arthur William Russell",345678}
};
```

ベクタとは異なり、結合リストでは、要素へのアクセスには添字演算は使わない。そうでなく、目的の値をもつ要素を探索するのだ。その動作を実現するには、§4.5 に示す list の内部構造をうまく利用する：

```
int get_number(const string& s)
{
   for (const auto& x : phone_book)
      if (x.name==s)
         return x.number;
   return 0;                  // 0は“値が見つからなかったこと”を表す
}
```

sの探索は、リストの先頭から開始して、そのsが見つかるか、あるいは、phone_book内の末尾に到達するまで行われる。

list内要素の特定（識別）が必要となることもある。たとえば、ある要素の削除や、ある要素の直前への新しい要素の挿入を行いたいときだ。そのために利用するのが、**反復子**（*iterator*）である。listの反復子はlist内の要素を識別できるし、list全体をとおした（その名のとおり）反復した操作が行える。標準ライブラリの全コンテナは、先頭要素を返すbegin()と、末尾要素の直後を返すend()を提供している（§4.5, §33.1.1）。反復子を明示的に用いると、少々エレガントさに欠けるものの、get_number()という関数を以下のように定義できる：

```
int get_number(const string& s)
{
   for (auto p = phone_book.begin(); p!=phone_book.end(); ++p)
      if (p->name==s)
         return p->number;
   return 0;                  // 0は“値が見つからなかったこと”を表す
}
```

大雑把にいうと、このコードは、コンパイラが生成する、そっけなくてエラーにつながりにくい、範囲forループと同等だ。反復子pが与えられると、*pは反復子が指す要素となる。また、++pは次の要素を指すようにpを進める。なお、pがメンバmをもつクラスを指している場合、p->mは(*p).mと等価である。

listへの要素の追加と削除は容易である：

```
void f(const Entry& ee, list<Entry>::iterator p, list<Entry>::iterator q)
{
   phone_book.insert(p,ee);    // pが指す要素の直前にeeを挿入
   phone_book.erase(q);        // qが指す要素を削除
}
```

insert()とerase()については、§31.3.7で詳細に解説する。

ここで示したlistの例題は、vectorを使っても同じ内容が記述できるし、（マシンアーキテクチャを理解していなければ驚くかもしれないが）要素数が少ない場合は、listよりもvectorのほうが性能がよい。単にデータのシーケンスを使いたいだけであれば、vectorとlistの両方が選択肢となり得る。しかし、特に理由がなければ、vectorを使ったほうがよい。走査（find()、count()など）や、ソートと探索（sort()、binary_search()など）では、vectorのほうが性能が高い。

4.4.3 map

ペア形式である(name, number)のリストから、名前を探索する処理は、面倒なものだ。しかも、線形探索は、ごく短いリストでなければ、効率が悪い。標準ライブラリでは、mapという探索木（赤黒木）を提供する：

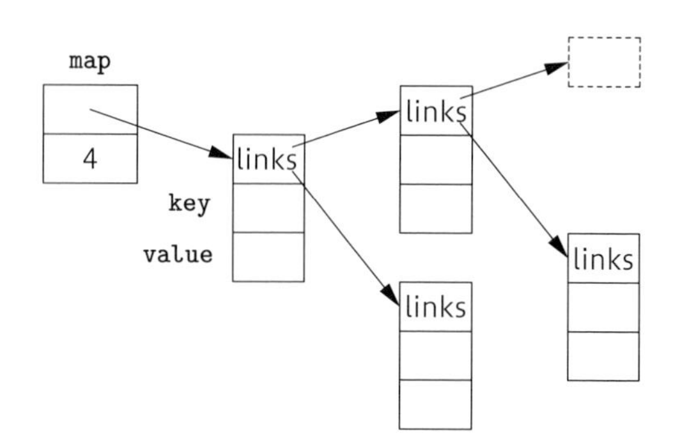

mapは、連想配列や辞書などと呼ばれることもあり、平衡2分木として実装される。

標準ライブラリのmap（§31.4.3）は、値のペアをもつコンテナであり、探索に特化されている。初期化子は、vectorやlistと同じ形式のもの（§4.4.1，§4.4.2）が利用可能だ：

```
map<string,int> phone_book {
    {"David Hume",123456},
    {"Karl Popper",234567},
    {"Bertrand Arthur William Russell",345678}
};
```

（**キー**（*key*）と呼ばれる）第1型の値が添字として与えられると、（**値**（*value*）あるいは**マッピングされた型**（*mapped type*）と呼ばれる）第2型の値を返す。たとえば：

```
int get_number(const string& s)
{
    return phone_book[s];
}
```

換言すると、mapの添字演算は、基本的にget_number()で行っている探索のことである。もしkeyが見つからなければ、valueのデフォルト値をもつ要素が、自動的にmapに追加される。なお、整数値のデフォルト値は0だ。この値は、電話帳の電話番号としては無効な数値である。

電話帳に無効な値が加えられないようにするには、[]ではなくて、find()やinsert()を使うとよい（§31.4.3.1）。

4.4.4 unordered_map

mapの探索コストは、要素数がnであれば、O(log(n))である。これは、満足できるものだ。たとえば、1,000,000要素のmapを探索する場合でも、要素への比較と間接参照は、たったの約20回程度となる。しかし、多くの場合、<演算子のような順序判定関数を用いた比較演算よりも、ハッシングによる探索のほうが、さらに効率が向上する。標準ライブラリではハッシングによるコンテナ群を、“非順序（unordered）”コンテナと呼んでいる。というのも、それらが順序判定関数を必要としないからだ：

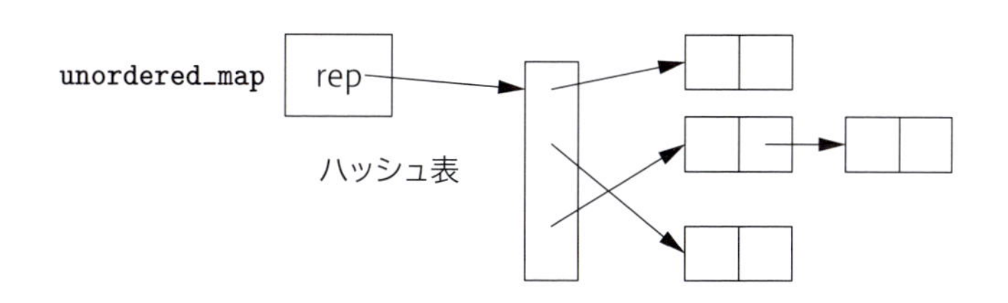

ヘッダファイル <unordered_map> が定義する unordered_map を使うと、電話帳は、以下のように利用できる：

```
unordered_map<string,int> phone_book {
    {"David Hume",123456},
    {"Karl Popper",234567},
    {"Bertrand Arthur William Russell",345678}
};
```

map と同様に、unordered_map でも添字演算が行える：

```
int get_number(const string& s)
{
    return phone_book[s];
}
```

標準ライブラリ unordered_map 用のデフォルトのハッシュ関数は、string を処理するものだ。もし必要であれば、独自に定義できる（§31.4.3.4）。

4.4.5 コンテナのまとめ

標準ライブラリは、極めて一般的で有用なコンテナ群を実装しているので、アプリケーションにとって最適なコンテナを、プログラマが選択できる：

標準コンテナの概要	
vector<T>	要素数可変のベクタ（§31.4）
list<T>	双方向結合リスト（§31.4.2）
forward_list<T>	単方向結合リスト（§31.4.2）
deque<T>	両端キュー（§31.2）
set<T>	集合（§31.4.3）
multiset<T>	要素の重複を許す集合（§31.4.3）
map<K,V>	連想配列（§31.4.3）
multimap<K,V>	キーの重複を許す連想配列（§31.4.3）
unordered_map<K,V>	ハッシングによる探索機能をもつ連想配列（§31.4.3.2）
unordered_multimap<K,V>	ハッシングによる探索機能をもち、キーの重複を許す連想配列（§31.4.3.2）
unordered_set<T>	ハッシングによる探索機能をもつ集合（§31.4.3.2）
unordered_multiset<T>	ハッシングによる探索機能をもち、キーの重複を許す集合（§31.4.3.2）

非順序コンテナは、キー（多くの場合は文字列）による探索用に最適化されている。すなわち、

内部でハッシュ表を利用している。

標準コンテナについては、§31.4 で解説する。各コンテナは、<vector>、<list>、<map> などのヘッダファイルで、std 名前空間の中で定義されている（§4.1.2, §30.2）。なお、標準ライブラリは、queue<T>（§31.5.2）、stack<T>（§31.5.1）、priority_queue<T>（§31.5.3）というコンテナアダプタを提供する。さらに、コンテナに似た、より特殊化された型として、要素数を固定した配列 array<T,N>（§34.2.1）と bitset<N>（§34.2.2）も提供する。

標準コンテナと、その基本的な処理は、一般的な記法と似たものとなるように設計されている。さらに、コンテナが異なっても処理の意味は変わらない。基本的な演算は、すべての種類のコンテナにおいて、適切な動作を効率的に行うように実装されている。たとえば：

- begin() と end() は、それぞれ、先頭要素への反復子と、末尾要素の直後への反復子を返す。
- push_back() は、vector や list などのコンテナ内の末尾に要素を（効率的に）追加する。
- size() は、要素数を返す。

記法と意味に画一性があるので、新しいコンテナが必要になった場合は、標準コンテナと同じように使えるものをプログラマが定義できる。先ほどの範囲チェック機能付きの Vector（§2.3.2, §2.4.3.1）は、その一例である。コンテナインタフェースの画一性のおかげで、アルゴリズムの指定は、コンテナの型とは無関係に行える。ところが、各コンテナには、向き不向きがある。たとえば、vector の添字演算と走査処理は、低コストで簡単だ。その一方で、vector 内の要素は、挿入や削除によって位置が変化する。ところが、list ではこの点がまったく逆になる。また、少数の小規模の要素をもつ場合は、一般に list よりも vector のほうが、（insert() や erase() の場合ですら）より効率的であることを覚えておこう。特別な理由がない限り、要素のシーケンスを表す必要があるときは、デフォルトでは標準ライブラリ vector を使うべきだ。

4.5 アルゴリズム

リストやベクタなどのデータ構造は、単独では、それほど有用ではない。コンテナを使う際は、要素の追加や削除などの、（list や vector が提供するような）基本的なアクセス処理が必要だ。また、コンテナを、単なるデータの格納庫として使うことはまれである。コンテナに対しては、ソート、出力、一部要素の抽出、要素の削除、オブジェクトの探索などの処理を行う。そのため、標準ライブラリは、極めて一般的なコンテナの型を提供するだけでなく、極めて一般的なコンテナ用アルゴリズムも提供する。たとえば、以下の例は、vector をソートして、一意な要素をリストにコピーする：

```
bool operator<(const Entry& x, const Entry& y)       // 未満（より小さい）
{
    return x.name<y.name;                            // Entryを名前で順序付ける
}

void f(vector<Entry>& vec, list<Entry>& lst)
{
    sort(vec.begin(),vec.end());                     // <で順序付け
    unique_copy(vec.begin(),vec.end(),lst.begin());  // 隣接する等しい要素はコピーしない
}
```

標準アルゴリズムについては、第32章で解説する。それらのアルゴリズムは、要素のシーケンスを処理するものだ。なお、**シーケンス**（*sequence*）は、先頭要素を指す反復子と、末尾要素の直後を指す反復子とで表現される：

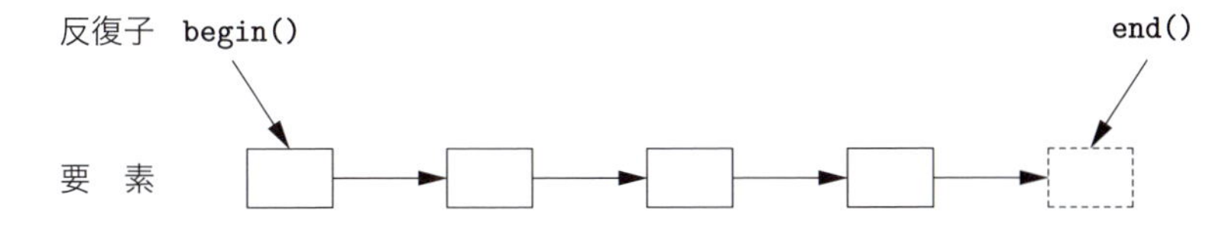

このコードでは、`vec.begin()`と`vec.end()`の反復子が示す範囲のシーケンス、すなわち、`vector`内の全要素を`sort()`によってソートする。書込み（出力）先に対して指定する必要があるのは、書込み先の先頭要素のみだ。複数の要素を出力する場合は、先頭以降の要素は上書きされる。そのため、エラー発生を避けるためには、`lst`の要素数は、`vec`内に含まれる一意な値の個数以上でなければならない。

新しいコンテナに対して、一意な要素を追加するのであれば、次のように記述することになる：

```
list<Entry> f(vector<Entry>& vec)
{
   list<Entry> res;
   sort(vec.begin(),vec.end());
   unique_copy(vec.begin(),vec.end(),back_inserter(res));    // resに追加
   return res;
}
```

`back_inserter()`は、コンテナの末尾に要素を追加するものであり、追加時はコンテナ用の領域を拡張する（§33.2.2）。すなわち、標準コンテナと`back_inserter()`を使うと、`realloc()`のような、エラーにつながりやすいC言語方式のメモリ管理（§31.5.1）をわざわざ使わなくてもよいことになる。標準ライブラリの`list`は、ムーブコンストラクタ（§3.3.2, §17.5.2）をもっているので、（たとえ`list`に数千もの要素があっても）`res`の値の返却は、効率よく行われる。

`sort(vec.begin(),vec.end())`のような、2個の反復子を使う形式のコードの記述が面倒であれば、アルゴリズムをコンテナ化して、`sort(vec)`を定義するとよい（§4.5.6）。

4.5.1 反復子の利用

読者がコンテナに初めて触れたときは、重要な要素を指すための、ごく少数の反復子を使うことになる。`begin()`と`end()`が、その典型的な例だ。それだけでなく、多くのアルゴリズムが反復子を返却する。たとえば、標準アルゴリズムの`find`は、シーケンスから値を探索して、見つけた要素への反復子を返却する：

```
bool has_c(const string& s, char c)      // sは文字cを含むか？
{
   auto p = find(s.begin(),s.end(),c);
   if (p!=s.end())
      return true;
   else
      return false;
}
```

標準ライブラリの探索アルゴリズムの多くがそうだが、findは"見つからなかった"ことを伝えるためにend()を返却する。そのため、先ほどのhas_c()は、もっと簡潔に記述できる：

```
bool has_c(const string& s, char c)     // sは文字cを含むか？
{
   return find(s.begin(),s.end(),c)!=s.end();
}
```

もっと興味深い例を考えよう。文字列内に存在する、ある特定文字のすべての出現箇所を探索するというものだ。すべての出現箇所は、stringの反復子を要素とするvectorとして表現可能だ。vectorはムーブセマンティクス（§3.3.1）を実装しているので、効率的に返却できる。見つかった位置の文字を変更するかもしれないので、非constの文字列を与えることにしよう：

```
vector<string::iterator> find_all(string& s, char c)  // s中のすべてのcを探す
{
   vector<string::iterator> res;
   for (auto p = s.begin(); p!=s.end(); ++p)
      if (*p==c)
         res.push_back(p);
   return res;
}
```

ここでは、通常のループを使って文字列を処理している。反復子pを++で1要素ずつ先に進めて、その値に間接参照演算子*でアクセスしている。find_all()は、次のように利用できる：

```
void test()
{
   string m {"Mary had a little lamb"};
   for (auto p : find_all(m,'a'))
      if (*p!='a')
         cerr << "a bug!\n";
}
```

find_all()の呼出しを図にすると、以下のようになる：

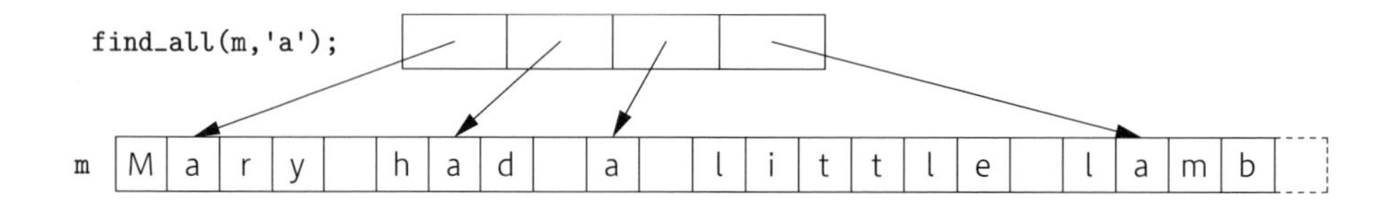

反復子と標準アルゴリズムは、それらが妥当な意味をもつ、あらゆる標準コンテナで利用可能だ。そのため、先ほどのfind_all()は、次のように一般化できる：

```
template<typename C, typename V>
vector<typename C::iterator> find_all(C& c, V v)  // c中のすべてのvを探す
{
   vector<typename C::iterator> res;
   for (auto p = c.begin(); p!=c.end(); ++p)
      if (*p==v)
         res.push_back(p);
   return res;
}
```

typename は、C の iterator が、型であって、整数の 7 のような値ではないことを、コンパイラに通知する。この実装の詳細は、Iterator という型別名を導入すると隠蔽できる（§3.4.5）：

```
template<typename T>
using Iterator = typename T::iterator;   // Tの反復子

template<typename C, typename V>
vector<Iterator<C>> find_all(C& c, V v)  // c中のすべてのvを探す
{
   vector<Iterator<C>> res;
   for (auto p = c.begin(); p!=c.end(); ++p)
      if (*p==v)
         res.push_back(p);
   return res;
}
```

これで、以下のようなコードが記述できるようになる：

```
void test()
{
   string m {"Mary had a little lamb"};
   for (auto p : find_all(m,'a'))        // pはstring::iterator
      if (*p!='a')
         cerr << "string bug!\n";

   list<double> ld {1.1, 2.2, 3.3, 1.1};
   for (auto p : find_all(ld,1.1))
      if (*p!=1.1)
         cerr << "list bug!\n";

   vector<string> vs { "red", "blue", "green", "green", "orange", "green" };
   for (auto p : find_all(vs,"red"))
      if (*p!="red")
         cerr << "vector bug!\n";

   for (auto p : find_all(vs,"green"))
      *p = "vert";
}
```

反復子を使うと、アルゴリズムとコンテナが分離できる。アルゴリズムは反復子を介してデータを処理するが、そのデータが格納されているコンテナについては何も知らない。その一方で、コンテナは、自身がもつデータに適用されるアルゴリズムについては何も知らない。ただ、要求に応える形で（begin() や end() などの）反復子を提供するだけだ。このような、データとアルゴリズムを分離するモデルによって、汎用的で柔軟性の高いソフトウェアが実現できる。

4.5.2 反復子の型

反復子は、実際には何だろう？　個々の反復子は、何らかの型のオブジェクトだ。しかし、反復子は、コンテナの型に応じた処理を行うための情報が必要なので、反復子の型には、数多くのものがある。コンテナの種類に加えて、反復子が必要とする個々の要求に対して、反復子の型が異なる可能性がある。たとえば、vector の反復子は、通常のポインタとなることがある。というのも、vector の要素を参照するには、ポインタが最適だからだ：

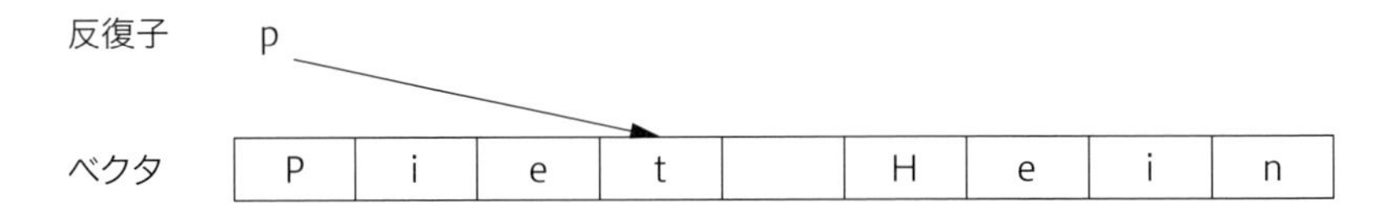

この他にも、vector を指すポインタと添字とを組み合わせて実装することも可能だ：

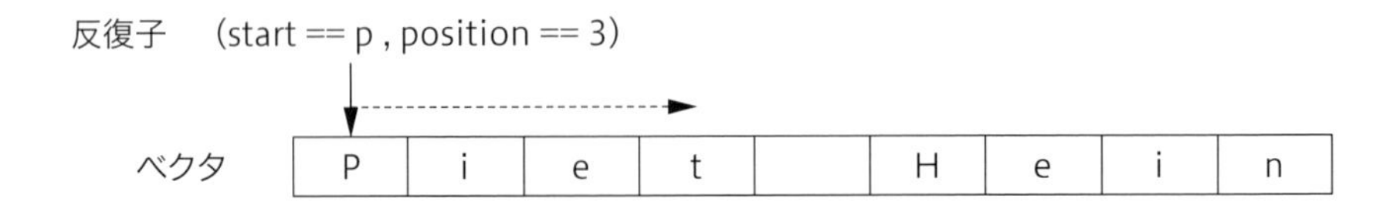

このような反復子を使っていれば、範囲チェックが行えるようになる。

なお、list の反復子は、単純なポインタよりも複雑なものとなるはずだ。というのも、一般に list の要素自体は、次の要素がどこに配置されているかを知らないからだ。そのため、list の反復子は、以下に示すように、link へのポインタとなるだろう：

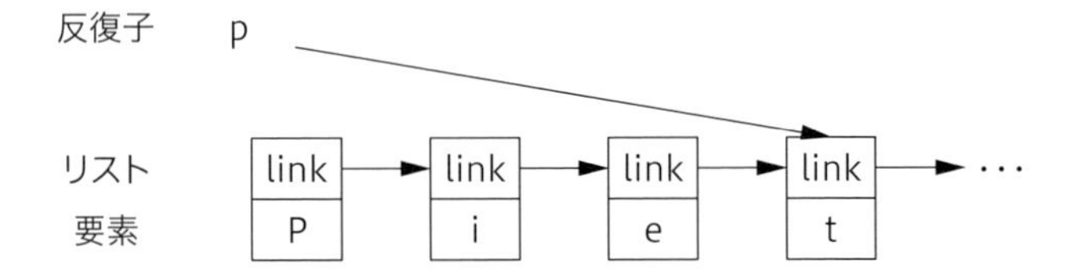

すべての反復子に共通するのが、処理に対するセマンティクスと命名規則である。たとえば、反復子に対して ++ を適用すると、次の要素を指すようになる。* を適用すると、反復子が指している要素の値が得られる。実際、この単純な規則にしたがってさえいれば、あらゆるオブジェクトが反復子となる（§33.1.4）。反復子の型をユーザが意識しなければならない場面は、ほとんどない。コンテナは、自身の反復子の型を“知っている”し、iterator や const_iterator という一般的な名前で利用できるようになっている。たとえば、list<Entry>::iterator は、list<Entry> の一般的な反復子型である。反復子がどのように定義されているか、その詳細を考える必要は、ほとんどない。

4.5.3 ストリーム反復子

反復子は、コンテナ内の要素のシーケンスを処理する上で、汎用的で有用な概念である。しかし、要素のシーケンスは、コンテナ内だけに見られるものではない。たとえば、入力ストリームは、値のシーケンスを生成するし、出力ストリームに対しては値のシーケンスを書き出せる。そのため、反復子の概念は、入出力にも適用可能なのだ。

ostream_iterator を作るためには、利用するストリームと、出力するオブジェクトの型を指定する必要がある。たとえば：

```
ostream_iterator<string> oo {cout};  // coutにstringを書き出す
```

*oo に対して代入を行うと、それが cout へと出力される。たとえば：

```
int main()
{
   *oo = "Hello, ";    // cout<<"Hello, "という意味
   ++oo;
   *oo = "world!\n";   // cout<<"world!\n"という意味
}
```

これは、単純なメッセージを標準出力へ出力するための、通常とは異なる方法だ。++oo は、ポインタ経由の配列への書込みを模倣したものである。

同様に、istream_iterator は、入力ストリームを、読取り専用コンテナとして扱えるようにするものである。この場合も、ストリームと、期待する値の型の指定が必要だ：

```
istream_iterator<string> ii {cin};
```

入力反復子では、データのシーケンスの表現のために2個の反復子が必要なので、入力の終端を表す istream_iterator を提供しなければならない。その入力終端のデフォルト値は、以下の反復子だ：

```
istream_iterator<string> eos {};
```

ほとんどの場合、istream_iterator と ostream_iterator を直接利用することはない。通常は、アルゴリズムの引数として与える。たとえば、ファイルを読み取って、単語をソートして、重複するものを除去して、その結果を別のファイルへと書き出すプログラムは、以下のようになる：

```
int main()
{
   string from, to;
   cin >> from >> to;                    // 入力元と出力先のファイル名を読み込む

   ifstream is {from};                   // ファイル"from"の入力ストリーム
   istream_iterator<string> ii {is};     // streamへの入力反復子
   istream_iterator<string> eos {};      // 入力終端のための番兵

   ofstream os {to};                     // ファイル"to"の出力ストリーム
   ostream_iterator<string> oo {os,"\n"}; // streamへの出力反復子

   vector<string> b {ii,eos};            // bは入力で初期化されるvector
   sort(b.begin(),b.end());              // バッファをソート

   unique_copy(b.begin(),b.end(),oo);    // 重複なく出力にバッファをコピー

   return !is.eof() || !os;              // エラーの状態を返却（§2.2.1, §38.3）
}
```

ifstream は、ファイルとの結び付きが可能な istream であり、ofstream は、ファイルとの結び付きが可能な ostream である。ostream_iterator の第2引数は、出力する値の区切りだ。

このプログラムは、実際のものよりも長くなっている。文字列を vector に読み取って、それを sort() して、重複を排除して出力している。そもそも重複する文字列を保持しなければ、もっとエレガントな解になる。それは、string を set 中に保持することで実現できる。set は、重複する要

素を保持することなく、すべての要素を順序付きで保持する（§31.4.3）。setを使うと、vectorを利用している2行を1行に置換できるだけでなく、unique_copy()を、もっと単純なcopy()に置換できる：

```
set<string> b {ii,eos};          // 入力からの文字列を集める
copy(b.begin(),b.end(),oo);      // 出力にバッファをコピー
```

ここではii、eos、ooという名前を1回ずつしか使っていない。そのため、プログラムは、もっと短くできる：

```
int main()
{
    string from, to;
    cin >> from >> to;          // 入力元と出力先のファイル名を読み込む

    ifstream is {from};         // ファイル"from"の入力ストリーム
    ofstream os {to};           // ファイル"to"の出力ストリーム

    // 入力から読み取る
    set<string> b {istream_iterator<string>{is},istream_iterator<string>{}};
    copy(b.begin(),b.end(),ostream_iterator<string>{os,"\n"}); // 出力にコピー

    return !is.eof() || !os;    // エラーの状態を返却（§2.2.1, §38.3）
}
```

このコードの簡素化によって読みやすくなったかどうかは、嗜好と経験によって変わるだろう。

4.5.4 述語

先ほど示した例題では、アルゴリズムは、シーケンス内の各要素に実行する処理として、単純に“組み込まれた”ものであった。しかし、処理をアルゴリズムのパラメータとしたい場面も多くある。たとえば、findアルゴリズム（§32.4）は、ある特定の値を探索するための簡便な方法を提供する。指定した要件に一致する要素を探索する方法を、さらに一般化したものの一つが、**述語**（*predicate*）（§3.4.3）だ。ここで、map内で、42を超える最初の値を探索する例を考えよう。mapの要素は(key,value)なので、map<string,int>のシーケンスから、intの値が42を超えるpair<const string,int>を探索することになる：

```
void f(map<string,int>& m)
{
    auto p = find_if(m.begin(),m.end(),Greater_than{42});
    // ...
}
```

ここで、Greater_thanは比較対象の値（42）を保持する関数オブジェクト（§3.4.3）である：

```
struct Greater_than {
    int val;
    Greater_than(int v) : val {v} { }
    bool operator()(const pair<string,int>& r) { return r.second>val; }
};
```

なお、ラムダ式（§3.4.3）を使った別解もある：

```
auto p = find_if(m.begin(), m.end(),
                 [](const pair<string,int>& r){ return r.second>42;});
```

4.5.5 アルゴリズムのまとめ

アルゴリズムの一般的な定義は、"特定の問題を解くための一連の演算を提供する有限個の規則であり、［しかも］五つの重要な機能である、有限性、確定性、入力、出力、効率性をもっているもの"〔Knuth, 1968, §1.1〕である。C++ 標準ライブラリでのアルゴリズムの定義は、要素のシーケンスを処理するための関数テンプレートである。

標準ライブラリは、数十ものアルゴリズムを提供する。いずれも std 名前空間に存在するものであり、ヘッダファイル <algorithm> で定義されている。標準ライブラリのアルゴリズムは、入力としてシーケンスを受け取る（§4.5）。その範囲は、b から e の半開区間 [b:e) だ。私が特に有用と考える、いくつかのアルゴリズムを示す：

標準アルゴリズム（抜粋）	
p=find(b,e,x)	[b:e) 内で *p==x である最初の p を返す
p=find_if(b,e,f)	[b:e) 内で f(*p)==true である最初の p を返す
n=count(b,e,x)	[b:e) 内で *q==x である *q の個数を返す
n=count_if(b,e,f)	[b:e) 内で f(*q) が真となる *q の個数を返す
replace(b,e,v,v2)	[b:e) 内で *q==v である *q を v2 で置換する
replace_if(b,e,f,v2)	[b:e) 内で f(*q) が真となる *q を v2 で置換する
p=copy(b,e,out)	[b:e) 内の要素を [out:p) にコピーする
p=copy_if(b,e,out,f)	[b:e) 内で f(*q) が真となる *q を [out:p) にコピーする
p=unique_copy(b,e,out)	隣接する重複を除き、[b:e) 内の要素を [out:p) にコピーする
sort(b,e)	[b:e) 内の要素を < に基づいてソートする
sort(b,e,f)	[b:e) 内の要素を f に基づいてソートする
(p1,p2)=equal_range(b,e,v)	ソートずみの [b:e) 内で値 v の出現範囲を返す。基本的に v の 2 分探索。
p=merge(b,e,b2,e2,out)	ソートずみ [b:e) と [b2:e2) のマージ結果を [out:p) に置く

これらを含めた、数多くのアルゴリズム（第 32 章）が、コンテナ内の要素、string、組込み型の配列に適用できる。

4.5.6 コンテナアルゴリズム

シーケンスは、2 個の反復子 [begin:end) で定義される。これは汎用的な上に柔軟だ。とはいえ、アルゴリズムは、コンテナの全体のシーケンスに対して適用することが多い。たとえば：

```
sort(v.begin(),v.end());
```

どうして、単に sort(v) と記述できないのだろう。ところが、このような短縮版は、以下のように実装することで、簡単に提供できる：

```
namespace Estd {
   using namespace std;

   template<typename C>
   void sort(C& c)
   {
      sort(c.begin(),c.end());
   }

   template<typename C, typename Pred>
   void sort(C& c, Pred p)
   {
      sort(c.begin(),c.end(),p);
   }

   // ...
}
```

私は、sort()（および他のアルゴリズム）のコンテナバージョンを、独自の名前空間Estd（"拡張std（extended std）"）に入れている。他のプログラマが、std名前空間を利用する際の妨げとならないからだ。

4.6 アドバイス

[1] 車輪の再発明をしないように。ライブラリを利用しよう。§4.1。

[2] 選択できるならば、他のライブラリよりも標準ライブラリを優先しよう。§4.1。

[3] 標準ライブラリが万能であると考えないように。§4.1。

[4] 利用する機能のヘッダファイルの#includeを忘れないように。§4.1.2。

[5] 標準ライブラリ機能は、std名前空間に定義されていることを覚えておこう。§4.1.2。

[6] C言語スタイルの文字列（char*：§2.2.5）よりもstringを優先しよう。§4.2, §4.3.2。

[7] iostreamは、型を識別するし、型安全であって拡張性にも優れる。§4.3。

[8] T[]よりも、vector<T>、map<K,T>、unordered_map<K,T>を優先しよう。§4.4。

[9] 標準コンテナの長所と短所を把握しよう。§4.4。

[10] デフォルトのコンテナとして、vectorを利用しよう。§4.4.1。

[11] コンパクトにまとめられたデータ構造を優先しよう。§4.4.1.1。

[12] 確信がもてない場合は、Vecのような範囲チェック付きベクタを選択しよう。§4.4.1.2。

[13] コンテナへの要素追加には、push_back()やback_inserter()を使おう。§4.4.1, §4.5。

[14] 配列をrealloc()するのではなく、vectorにpush_back()しよう。§4.5。

[15] main()では、あらゆる例外を捕捉しよう。§4.4.1.2。

[16] 標準アルゴリズムを理解して、手作りのループよりも優先しよう。§4.5.5。

[17] 反復子の利用が面倒であれば、コンテナアルゴリズムとして定義しよう。§4.5.6。

[18] 完全なコンテナには、範囲forループが利用できる。

第 5 章　C++ を探検しよう：並行処理とユーティリティ

教えたいときは手短に。

— キケロ

5.1　はじめに

エンドユーザの立場から見れば、理想的な標準ライブラリは、あるゆる基本的なニーズを直接サポートするコンポーネントを提供するものだ。特定分野のアプリケーション用の巨大な商用ライブラリであれば、この理想に近づけるだろう。しかし、それはC++ 標準ライブラリが目指すものではない。管理しやすくて、普遍的に利用できて、あらゆるプログラムのすべての要求に応えられるライブラリなどは、あり得ない。C++ 標準ライブラリが目指すのは、大多数のアプリケーション分野で大多数のユーザにとって有益なコンポーネントを提供することだ。すなわち、ユーザ要求の和集合ではなくて、積集合を満たすことが目的である。さらに、算術演算やテキスト処理などの、少々幅広い重要なアプリケーションのサポートも少しずつ追加している。

5.2　資源管理

ある程度の規模のプログラムであれば、資源を管理することが、処理の要の一つとなる。資源は、利用するために獲得して、利用後に（暗黙的あるいは明示的に）解放するものである。その一例が、メモリ、ロック、ソケット、スレッドハンドル、ファイルハンドルなどだ。長時間動作するプログラムでは、適切なタイミングで資源を解放しないと、ある種の“リーク（leak）”が、深刻な性能劣化を招いて、悲惨なクラッシュへとつながる可能性がある。たとえ短いプログラムであっても、リークは障害となる。資源が枯渇すると、実行時間が指数関数的に増えることがある。

標準ライブラリのコンポーネントは、資源リークを発生させないように設計されている。その設計は、資源管理を支援する言語の基本機能の上に成り立っている。コンストラクタとデストラクタを組み合わせることで、オブジェクトが消滅した際に、資源だけが残らないことが保証される。コンストラクタとデストラクタの組合せによって、要素の生存期間を管理する`Vector`は、その一例であり（§3.2.1.2)、標準ライブラリのすべてのコンテナが同様の手法で実装されている。重要なのは、この手法が、例外を用いたエラー処理と協調できることだ。その手法は、標準ライブラリのロック関連クラスで利用されている：

```
mutex m;    // 共有データへのアクセスの保護のために利用
// ...
void f()
{
   unique_lock<mutex> lck {m};  // mutex mを獲得
   // ... 共有データを操作 ...
}
```

ここでは`lck`のコンストラクタが、`mutex`である`m`を獲得するまでは、実行スレッドの処理は進まない(§5.3.4)。獲得した資源を解放するのは、`lck`のデストラクタである。すなわち、この例では、スレッドの制御が`f()`を離れるとき（すなわち、“関数の終端を越えた”とき、あるいは、例外の送出によって戻るとき）に、`unique_lock`のデストラクタが、`mutex`を解放する。

これは“資源獲得時初期化”の技法（RAII：§3.2.1.2, §13.3）の一例である。この技法は、C++での資源管理の基盤をなすものだ。（`vector`や`map`などの）コンテナや、`string`や、`iostream`でも、同様の手法で（ファイルハンドルやバッファなどの）資源を管理している。

5.2.1 unique_ptrとshared_ptr

ここまでの例は、スコープ内で定義されたオブジェクトが、スコープを抜け出るときに、自身が獲得した資源を解放するものであった。それでは、空き領域から割り当てたオブジェクトは、どうすればよいだろう？　標準ライブラリは`<memory>`で、空き領域にあるオブジェクトの管理を支援するための、2種類の“スマートポインタ（smart pointer）”を提供している：

[1] `unique_ptr`：独占的な所有権を表す（§34.3.1)。

[2] `shared_ptr`：共有された所有権を表す（§34.3.2)。

これらの“スマートポインタ”のもっとも基本的な用途は、不注意なプログラミングによって発生するメモリリークの防止である。たとえば：

```
void f(int i, int j)          // X* 対 unique_ptr<X>
{
   X* p = new X;              // 新しいXを確保
   unique_ptr<X> sp {new X};  // 新しいXを確保して、そのポインタをunique_ptrに与える
   // ...
   if (i<99) throw Z{};       // 例外送出の可能性
   if (j<77) return;          // “途中で”戻る可能性
   p->do_something();         // 例外送出の可能性
   sp->do_something();        // 例外送出の可能性
   // ...
   delete p;                  // *pを解体
}
```

ここでは、i<99 や j<77 が成立した際の、delete p の実行を“忘れてしまっている”。ところが、unique_ptr のおかげで、f() を終了した理由（例外を送出した、return を実行した、“関数の終端を越えた”）とは関係なく、オブジェクトの適切な解体が、確実に行われる。皮肉なことだが、次に示すように、new を使わず、ポインタも使わなければ、この問題は解消する：

```
void f(int i, int j)   // 局所変数を利用
{
    X x;
    // ...
}
```

残念ながら、new（とポインタと参照）の過度な利用が、問題を悪化させているようだ。

とはいえ、ポインタセマンティクスが本当に必要な場面では、unique_ptr は、極めて軽量だし、組込みのポインタを適切に使うのと比べて空間と時間のオーバヘッドも発生しない。さらに、空き領域に割り当てたオブジェクトを、関数に渡して、戻してもらうこともできる：

```
unique_ptr<X> make_X(int i)
    // Xを作って、すぐにunique_ptrに与える
{
    // ... iのチェックなど ...
    return unique_ptr<X>{new X{i}};
}
```

unique_ptr は、個々のオブジェクト（または配列）を指すハンドルだ。そのため、オブジェクトのシーケンスのハンドルである vector と似ている。いずれも、別のオブジェクトの生存期間を（RAII で）管理するし、ムーブセマンティクスによって、return を簡潔で効率よいものとしている。

shared_ptr は unique_ptr と似ているのだが、自身をムーブではなくコピーする点が異なる。あるオブジェクトに対する所有権を複数の shared_ptr がもっている場合、最後の shared_ptr が解体された時点で、そのオブジェクトも解体される。たとえば：

```
void f(shared_ptr<fstream>);
void g(shared_ptr<fstream>);

void user(const string& name, ios_base::openmode mode)
{
    shared_ptr<fstream> fp {new fstream(name,mode)};
    if (!*fp) throw No_file {};    // ファイルが正しくオープンされたかどうかを確認

    f(fp);
    g(fp);
    // ...
}
```

ここで、fp のコンストラクタがオープンしたファイルをクローズするのは、fp の最後のコピーを（明示的あるいは暗黙的に）解体する関数である。注意すべき点は、f() や g() が、fp のコピーを保持したまま他のタスクを起動するかもしれないことと、何らかの方法で user() 外に存在しているコピーを保持するかもしれないことである。すなわち、shared_ptr は、デストラクタによる資源管理を維持しながら、ある種のガーベジコレクションの役割を果たす。共有オブジェクトの生存期間を予測することは、コストがかからないわけでも、逆に極端に高いわけでもないが、困難だ。本当に所有権を共有する必要があれば、shared_ptr を用いるべきである。

unique_ptrとshared_ptrが提供されるので、多くのプログラムで、“裸のnewの排除”というポリシー（§3.2.1.2）が実現できる。ところが、これらの“スマートポインタ”は、現在でも概念的ポインタであるため、私にとっては、資源管理の次善の策となっている。コンテナや他の型が、自身のもつ資源をより高次元の概念レベルで管理するほうが優先だ。特にshared_ptrは、共有オブジェクトに対する所有者の読み書きに対する規則を自身で定めていない。資源管理に関する問題を削減するだけでは、データ競合（§41.2.4）や、その他の混乱の原因の解決は容易ではない。

資源に特化して設計された（vectorやthreadなどの）資源ハンドルではなくて、（unique_ptrなどの）“スマートポインタ”を使う必要があるのは、どんなときだろう？　別に驚くことでもないが、その答えは、“ポインタセマンティクスが必要となったとき”である。

- オブジェクトを共有する場合、そのオブジェクトを指すポインタ（あるいは参照）が必要だ。当然、（所有者が一人であることが明らかな場合以外は）shared_ptrを使うことになる。
- 多相的オブジェクトを参照する場合、参照先のオブジェクトの正確な型が（その大きさですら）分からないので、ポインタ（あるいは参照）が必要だ。そのため、当然unique_ptrを使うことになる。
- 多相的オブジェクトを共有するときは、ほとんどの場合shared_ptrを使うことになる。

関数からオブジェクトの集合を返す際に、必ずしもポインタを使う必要はない。資源ハンドルであるコンテナを使えば、簡潔かつ効率的に行える（§3.3.2）。

5.3 並行処理

並行処理は、複数のタスクを同時に実行するものであり、（一つの計算を複数のプロセッサで分担することによる）スループットの向上と、（プログラムの一部分が応答を待っているあいだに他の部分を実行することによる）応答性の向上のために広く使われている。最近のすべてのプログラミング言語は並行処理をサポートしている。C++では、20年以上利用され、移植性や型安全があるライブラリを進化させた、C++標準ライブラリによってサポートしている。これは、現代のほとんどのハードウェアでサポートされている。標準ライブラリの基本的な目標は、システムレベルの並行処理のサポートであって、洗練された高レベルの並行モデルを直接提供することではない。高レベルの並行モデルは、標準ライブラリ機能を使って実装されたライブラリとして提供できるものだ。

標準ライブラリでは、単一アドレス空間における複数スレッドの並行実行を直接サポートする。その実現のために、C++は適切なメモリモデル（§41.2）と、一連のアトミック処理（§41.3）を提供する。とはいえ、ほとんどのユーザが目にする並行処理は、標準ライブラリや、標準ライブラリをもとに開発されたライブラリによるものだろう。本節では、並行処理に関する標準ライブラリの主だった機能を、サンプルとともに簡単に解説する。具体的には、thread、mutex、lock()、packaged_task、futureである。これらすべての機能は、オペレーティングシステムが提供する機能に直接基づいて作られたものであって、オペレーティングシステムよりも性能的に劣ることはない。

5.3.1 タスクとthread

他の処理と並行的に実行される可能性がある処理は、**タスク**（*task*）と呼ばれる。なお、一つのプログラムにおけるシステムレベルのタスクが、**スレッド**（*thread*）である。あるタスクの、別のタスクとの並行的な実行は、そのタスクを引数として与えて、`<thread>`が定義している`std::thread`を構築することによって行える。なお、個々のタスクは、関数あるいは関数オブジェクトである：

```
void f();                   // 関数

struct F {                  // 関数オブジェクト
    void operator()();      // Fの呼出し演算子（§3.4.3）
};

void user()
{
    thread t1 {f};          // f()は別のスレッドで実行
    thread t2 {F()};        // F()()は別のスレッドで実行

    t1.join();              // t1を待つ
    t2.join();              // t2を待つ
}
```

`join()`を呼び出すことで、二つのスレッドの処理が完了するまで`user()`が終了しないことが保証される。"joinする"というのは、"スレッドの終了を待つ"という意味だ。

プログラム内に存在するスレッド群は、同一のアドレス空間を共有する。この点は、通常はデータを直接共有しないプロセスとの違いだ。スレッド群はアドレス空間を共有するので、共有オブジェクトを介することで、スレッド間通信が行える（§5.3.4）。スレッド間通信は、データ競合（同一変数に対する制御されていない同時アクセス）を防ぐために、ロックやその他の機構によって制御されるのが一般的である。

並行タスクのプログラミングは、極めてトリッキーになる可能性がある。タスク`f`（関数）と、タスク`F`（関数オブジェクト）とが、以下に示すものだったら、どうなるだろう：

```
void f() { cout << "Hello "; }

struct F {
    void operator()() { cout << "Parallel World!\n"; }
};
```

これは、ひどいエラーの例である。ここでは、`f`と`F()`の両方が、何の同期も行わないままに、同じオブジェクト`cout`を使っている。その出力結果は予測不能であるし、他のプログラムの実行状況に左右される。というのも、二つのタスクの処理の実行順序が定義されていないからだ。そのため、以下のような、"奇妙な"出力を行うかもしれない：

```
PaHerallllel o World!
```

並行プログラムでタスクを定義する目的は、単純で明白な方法による通信を除いて、タスクを完全に分離することである。もっとも単純な並行タスクは、呼出し側と並行に実行できる関数の実行のことである、と考えよう。その実現に必要なのは、引数を与えること、返却値を得ること、その間に共有データを一切使用しない（データ競合を起こさない）ようにすることだけだ。

5.3.2 引数の受渡し

通常、タスクは、処理の対象となるデータが必要だ。データ（あるいは、データへのポインタや参照）を引数として与えるのは容易である。次の例を考えてみよう：

```
void f(vector<double>& v);  // vに対して何らかの処理を行う関数

struct F {                  // 関数オブジェクト：vに対して何らかの処理を行う
    vector<double>& v;
    F(vector<double>& vv) :v{vv} { }
    void operator()();      // アプリケーション演算子：§3.4.3
};

int main()
{
    vector<double> some_vec {1,2,3,4,5,6,7,8,9};
    vector<double> vec2 {10,11,12,13,14};

    thread t1 {f,ref(some_vec)};  // f(some_vec)を別スレッドで実行
    thread t2 {F{vec2}};          // F(vec2)()を別スレッドで実行

    t1.join();
    t2.join();
}
```

見て分かるように、F{vec2}は、受け取った引数であるベクタへの参照をF内に保持する。Fの実行中に、他のタスクがvec2を使用すると、困ったことになる。なお、vec2のやりとりが値渡しであれば、このリスクは排除できる。

{f,ref(some_vec)}による初期化では、任意の引数の並びを受け取る、thread可変個引数テンプレートコンストラクタ（§28.6）を利用している。<functional>が定義する型関数ref()は、可変個引数テンプレートがsome_vecをオブジェクトではなく参照として扱えるようにするために、不本意ながら必要となるものである（§33.5.1）。コンパイラは、第2引数以降のすべての引数を、第1引数に対する引数として与えた上で、その第1引数が実行できるかどうかをチェックして、スレッドに与えるべき関数オブジェクトを生成する。そのため、f()とF::operator()()が同じアルゴリズムを実行するのであれば、これら二つのタスクの扱いは大まかに等価であり、いずれの場合も、実行すべきthread用の関数オブジェクトが構築される。

5.3.3 結果の返却

§5.3.2に示した例では、引数が非const参照であった。そのようなことを私が行うのは、引数の参照先の値をタスクに変更してほしいときのみである（§7.7）。やや姑息なのだが、結果の返却手段として使われることは、珍しくない。なお、入力引数をconst参照とした上で、結果を置く場所を別の引数として与える方法だと、もっと分かりにくくなる：

```
void f(const vector<double>& v, double* res);   // vから取り出して結果を*resに置く

class F {
public:
    F(const vector<double>& vv, double* p) :v{vv}, res{p} { }
    void operator()();                          // 結果を*resに置く
private:
```

```
    const vector<double>& v;             // 入力元
    double* res;                         // 出力先
};

int main()
{
    vector<double> some_vec;
    vector<double> vec2;
    // ...

    double res1;
    double res2;

    thread t1 {f,ctrf(some_vec),&res1};  // f(some_vec,&res1)は別スレッドで実行
    thread t2 {F{vec2,&res2}};           // F{vec2,&res2}()は別スレッドで実行

    t1.join();
    t2.join();

    cout << res1 << ' ' << res2 << '\n';
}
```

このコードは期待どおり動作するし、広く使用される技法だ。しかし、引数経由で結果を返す方法が特にエレガントであるとは私は思わない。この点については§5.3.5.1で再考することにしよう。

5.3.4 データの共有

複数のタスクがデータを共有しなければならないことがある。その場合、データへのアクセスを同期させなければならないので、同時にアクセスするタスクを高々1個に制限する必要がある。経験豊富なプログラマは、簡単化して考えるかもしれない（たとえば、値が不変なデータを複数タスクが同時にアクセスしても問題ないと考えるだろう）。しかし、実際に複数のオブジェクトに対して同時にアクセスするタスクを高々1個に制限するにはどうすればよいのだろう？

その解決の基盤となるものが、`mutex`、すなわち、"相互排他オブジェクト（mutual exclusion object）"である。1個の`thread`は、`lock()`処理によって`mutex`を獲得する：

```
mutex m;    // mutexを制御
int sh;     // 共有データ

void f()
{
    unique_lock<mutex> lck {m};   // mutexを獲得
    sh += 7;                      // 共有データを操作
} // mutexを暗黙裏に解放
```

`unique_lock`のコンストラクタは、（`m.lock()`の呼出しによって）`mutex`を獲得する。他のスレッドが、その`mutex`をすでに獲得していれば、他のスレッドが処理を完了するまで待機する（"ブロックする"）。あるスレッドが、共有データへのアクセスを完了したら、`unique_lock`は（`m.unlock()`を呼び出すことで）`mutex`を解放する。このような相互排他とロック機能は、`<mutex>`で定義されている。

共有データと`mutex`の対応は、約束ごとである。そのためプログラマは、どの`mutex`が、どのデータと対応するかを知っていさえすればよい。当然、この方式はエラーにつながりやすいものであり、その対応は、言語のさまざまな手段を通じてはっきりさせるべき点である。たとえば：

```
class Record {
public:
   mutex rm;
   // ...
};
```

Record 型の rec があれば、rec.rm が、rec 中の他のデータをアクセスするより前に獲得すべき mutex であることは、誰にでも分かる。コメントを加えたり、もっとよい名前を付けると、さらに分かりやすくなるだろう。

何らかの処理を実行するために、複数の資源に対して同時にアクセスする必要があることは、珍しいことではない。その場合、デッドロックの発生の可能性が生まれる。たとえば、thread1 が mutex1 をすでに獲得した上で mutex2 を獲得しようとする際に、一方で thread2 が mutex2 をすでに獲得した上で mutex1 を獲得しようとしているかもしれない。こうなると、両方のタスクの処理が進まなくなる。そのため、標準ライブラリでは、複数のロックを同時に獲得できるようにするための処理を提供している：

```
void f()
{
   // ...
   unique_lock<mutex> lck1 {m1,defer_lock};  // defer_lock：まだmutexの獲得は試みない
   unique_lock<mutex> lck2 {m2,defer_lock};
   unique_lock<mutex> lck3 {m3,defer_lock};
   // ...
   lock(lck1,lck2,lck3);                     // ３個すべてのlockを獲得
   // ... 共有データを操作 ...
} // すべてのmutexを暗黙裏に解放
```

ここでの lock() によって、すべての引数の mutex を獲得した場合にのみ、処理が進められることになるし、mutex を保持しているあいだはブロックする（“スリープ状態に移行する”）こともない。また、個々の unique_lock のデストラクタのおかげで、thread がスコープを外れる際は、mutex が解放されることになる。

共有データによる通信は、極めて低レベルなものだ。特に問題なのが、複数のタスクによる、処理のどれが完了したか、あるいは、どれが完了していないかを判断する方法を、プログラマが考え出さなくてはならないことだ。この点に関して、データ共有は、引数のコピーとリターンによるものよりも劣っているといえる。しかし、その一方で、データ共有のほうが、引数のコピーとリターンよりも必ず効率よくなると確信する人々もいる。確かに、膨大な量のデータを処理する場合はそうかもしれないが、ロックとアンロックは、どちらかというと高コストな処理である。さらに最近のマシンは、データコピーをうまく処理する。特に、vector の要素などのように、コンパクトにまとまったデータの場合は極めてうまく処理される。すなわち、通信手段として、データ共有を選択すべきではない。“効率”は、熟慮と計測なしには語れないものだからだ。

5.3.4.1 イベント待ち

thread は、たとえば、他の thread の処理完了や、一定時間の経過などのような、何らかの外部イベントを待つ必要が生じることがある。もっとも単純な“イベント”は、単なる時間の経過だ。

そこで、次の例を考えることにしよう：

```
using namespace std::chrono;              // §35.2を参照

auto t0 = high_resolution_clock::now();
this_thread::sleep_for(milliseconds{20});
auto t1 = high_resolution_clock::now();
cout << duration_cast<nanoseconds>(t1-t0).count() << " nanoseconds passed\n";
```

ここで、threadの起動すら行う必要がないことに注意しよう。this_threadは、デフォルトでは、唯一のスレッドを指す（§42.2.6）。

duration_castを使っているのは、ナノ秒単位の時間を取り出すためだ。時間に関して、より複雑な処理を行いたいのであれば、まずは§5.4.1と§35.2を参照しよう。時間関連の機能は、<chrono>で定義されている。

外部イベントによる通信機能は、<condition_variable>が定義するcondition_variableで提供される（§42.3.4）。condition_variableのメカニズムによって、threadは、別のスレッドの処理完了まで待機させられる。たとえば、他スレッドの処理結果によって何らかの**条件**（*condition*）（一般に**イベント**（*event*）と呼ばれる）が成立するまで待機させる、といったことが可能だ。

２個のスレッドが、キューを経由してメッセージをやりとりするという、古典的な（生産者−消費者の）例を考えることにしよう。単純化のために、キュー用のqueueと、そのqueueでの競合状態を防ぐためのメカニズムの両方を広域的に宣言して、生産者と消費者がアクセスできるようにする：

```
class Message {              // 通信すべきオブジェクト
   // ...
};

queue<Message> mqueue;       // メッセージのキュー
condition_variable mcond;    // 変化する通信イベント
mutex mmutex;                // ロックのメカニズム
```

queue、condition_variable、mutexは、いずれも標準ライブラリが提供する型である。

消費者consumer()は、Messageを読み取って処理を行う：

```
void consumer()
{
   while(true) {
      unique_lock<mutex> lck {mmutex};   // mmutexを獲得
      mcond.wait(lck);                   // lckを解放して待機
                                         // ウェイクアップしたらlckを再獲得
      auto m = mqueue.front();           // メッセージを取得
      mqueue.pop();
      lck.unlock();                      // lckを解放
      // ... mを処理 ...
   }
}
```

ここでは、queueに対する処理とcondition_variableに対する処理を、mutexに対するunique_lockによって明示的に保護している。condition_variableに対する待機は、待機が解除されるまで、ロックの引数を解放する（そのため、キューは空にならない）。そして、待機が終わった後に、もう一度獲得を行う。

これと対応する生産者producer()は、以下のようになる：

```
void producer()
{
   while(true) {
      Message m;
      // ... メッセージを埋める ...
      unique_lock<mutex> lck {mmutex};   // 処理を保護
      mqueue.push(m);
      mcond.notify_one();                // 通知
   }                                     // （スコープの終端で）lockを解放
}
```

condition_variableを使うことで、エレガントで効率的な共有が達成できる。しかし、少々トリッキーになる可能性がある（§42.3.4）。

5.3.5 タスク間通信

標準ライブラリは、プログラマが低レベルのスレッドやロックを直接操作しなくてすむように、概念レベルのタスク処理（並行実行される可能性がある処理）を実現できるようにするための、いくつかの機能を提供する：

[1] futureとpromise：別のスレッド上で起動されたタスクから値を返却する。

[2] packaged_task：タスク起動を支援して、結果を返すメカニズムとの連携を行う。

[3] async()：関数呼出しと極めて似た方式でタスクを起動する。

これらの機能は、<future>で定義されている。

5.3.5.1 futureとpromise

futureとpromiseの重要な点は、ロックを明示的に使わずに、タスク間で値を転送できるようにすることだ。転送を効率的に行うのは“システム”である。基本的な考え方は単純だ。あるタスクが、別のタスクに値を転送するときは、その値をpromiseの中に入れる。そうすると、処理系がその値を対応するfutureへ置くので、そこから、その値を（通常は、タスクの起動元が）読み取れるようになる。図にすると、以下のような感じだ：

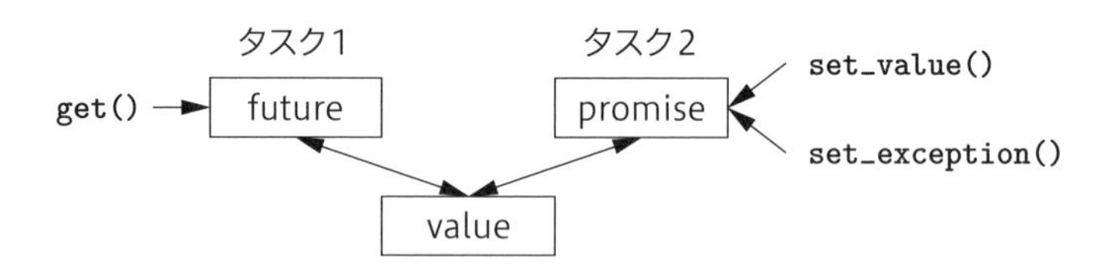

fxという名前のfuture<X>があれば、そこからX型の値をget()できる：

```
X v = fx.get();    // 必要であれば、計算された値が得られるまで待機
```

値がまだ置かれていなければ、そのスレッドは、値が到着するまでブロックされる。もし値が計

算不能であれば、get() は例外を送出する可能性がある（送出元は、システムの場合もあるし、値を get() しようとしたタスクから転送されてくる場合もある）。

promise の主な目的は、future の get() と対になる、単純な“置く（put）”処理（すなわち、set_value() と set_exception()) を提供することである。名前の “future” と “promise” は、過去の経緯によるものだ。どうか、私を非難しないで信じてほしい。なお、これらの語句は、駄洒落のネタでもある。

さて、promise を所有していて、X 型の結果を future へと送る必要が生じた場合に、行える処理は、値を送るか、例外を送出するかのどちらかだ。たとえば：

```
void f(promise<X>& px)    // あるタスク：結果をpxに置く
{
   // ...
   try {
      X res;
      // ... resの値を計算 ...
      px.set_value(res);
   }
   catch (...) {           // おっと：resが計算できない
      // futureのスレッドに例外を渡す：
      px.set_exception(current_exception());
   }
}
```

current_exception() が返却するのは、捕捉した例外への参照だ（§30.4.1.2）。

future を経由して送られた例外を処理するためには、get() の呼出し側は、その例外を捕捉するようにどこかで準備しておく必要がある。たとえば：

```
void g(future<X>& fx)    // あるタスク：fxから結果を取得
{
   // ...
   try {
      X v = fx.get();    // 必要であれば、計算された値が取得できるまで待機
      // ... vを利用 ...
   }
   catch (...) {          // おっと：誰かがvを計算できなかった
      // ... エラーの処理 ...
   }
}
```

5.3.5.2 packaged_task

結果を必要とするタスクに future をもたせるには、どうすればよいのだろう？　結果を生成するスレッドに対応する promise をもたせるには、どうすればよいのだろう？　複数の thread 上で動作して、複数の future と promise と連携する複数のタスクの準備を支援するのが、packaged_task 型である。packaged_task は、タスクからの返却値や例外を promise に置くためのラッパコード（§5.3.5.1 に示したコードに似たコード）を提供する。その指示を、get_future を呼び出すことによって行うと、packaged_task が、その promise に対応する future を返してくれる。標準ライブラリの accumulate()（§3.4.2, §40.6）を使って vector<double> の要素の半分を合計するための、2個のタスクを実行する例を考えよう：

```
double accum(double* beg, double* end, double init)
   // [beg:end)の合計を初期値initで開始して計算する
{
   return accumulate(beg,end,init);
}

double comp2(vector<double>& v)
{
   using Task_type = double(double*,double*,double); // タスクの型

   packaged_task<Task_type> pt0 {accum};    // タスク（すなわちaccum）をパッケージ
   packaged_task<Task_type> pt1 {accum};

   future<double> f0 {pt0.get_future()};    // pt0のfutureを入手
   future<double> f1 {pt1.get_future()};    // pt1のfutureを入手

   double* first = &v[0];
   thread t1 {move(pt0),first,first+v.size()/2,0};           // pt0用スレッドを開始
   thread t2 {move(pt1),first+v.size()/2,first+v.size(),0}; // pt1用スレッドを開始

   // ...

   return f0.get()+f1.get();                // 二つの結果を取得
}
```

packaged_taskテンプレートは、テンプレート引数として、タスクの型（この例ではdouble(double*,double*,double)の別名であるTask_type）を受け取り、そのコンストラクタは、引数としてタスク（この例ではaccum）を受け取る。なお、move()処理が必要となっているのは、packaged_taskがコピーできないからだ。

注目すべき点は、このコードが明示的なロックを行っていないことだ。そのおかげで、通信の管理に気をとられずに、実行すべきタスクに集中できる。2個のタスクは、別々のスレッドとして実行するので、並列的に実行される可能性がある。

5.3.5.3 async()

本章では、もっとも単純であると同時に、もっとも説得力があると私が考えている方法で解説を行ってきた。タスクは、他のタスクと並行に実行できる関数として扱った。これは、C++標準ライブラリが提供する唯一のモデルというわけではないが、幅広い要求に応えられるものである。必要であれば、共有メモリを用いたプログラミングスタイルなど、もっと微妙でトリッキーなモデルも使用できる。

非同期に実行される可能性があるタスクの起動には、async()が利用できる：

```
double comp4(vector<double>& v)
   // vが十分大きければ数多くのタスクを起動
{
   if (v.size()<10000) return accum(v.begin(),v.end(),0.0);

   auto v0 = &v[0];
   auto sz = v.size();

   auto f0 = async(accum,v0,v0+sz/4,0.0);          // 第１クォータ
   auto f1 = async(accum,v0+sz/4,v0+sz/2,0.0);     // 第２クォータ
   auto f2 = async(accum,v0+sz/2,v0+sz*3/4,0.0);   // 第３クォータ
   auto f3 = async(accum,v0+sz*3/4,v0+sz,0.0);     // 第４クォータ

   return f0.get()+f1.get()+f2.get()+f3.get();     // 結果を集めて組み合わせる
}
```

基本的に、async() は、関数呼出しの“呼出し部分”を“結果を得る部分”から分離した上で、自身のタスクから、それらを独立させる。async() を使うと、スレッドやロックの考慮が不要となる。すなわち、非同期に行われる可能性がある演算結果を求めるタスクの考慮だけが必要だ。ここで、明白な制限が一つある。ロックが必要な資源を共有するタスクに対しては、async() を使ってはいけないことだ。async() では thread がいくつ起動されるかが分からない。というのも、async() が呼び出された時点で有効なシステム資源に基づいてスレッド数を決定するからだ。たとえば、async() は、thread 数を決定する前に、利用できるアイドルなコア（プロセッサ）数を確認するかもしれない。

async() が、性能を向上させる並列計算のために特化したものではないことに注意しよう。たとえば、“メインプログラム”をアクティブにしたまま、ユーザからの情報を取り出すタスクの起動などの用途でも利用できる（§42.4.6）。

5.4 小規模ユーティリティ

標準ライブラリのコンポーネントは、“コンテナ”や“入出力”などのような、分かりやすい名前をもつものだけではない。本節では、小規模だが幅広く有用な、いくつかのコンポーネントの例を紹介する：

- clock と duration：時間の測定。
- iterator_traits や is_arithmetic などの型関数：型情報の取得。
- pair と tuple：要素の型が異なってもよい、少数の値の集合。

ここで重要なのは、そもそも関数や型は、複雑なものでなくてよいし、他の多数の関数や型と密接な関係をもたなくともよいことだ。このようなコンポーネントのほとんどが、標準ライブラリの他のコンポーネントを含めた、より強力なライブラリ機能の構築要素として働く。

5.4.1 時間

標準ライブラリは、時間を扱う機能を提供する。たとえば、何らかの処理時間を測定する基本的な方法は、以下のようになる：

```
using namespace std::chrono;     // §35.2を参照

auto t0 = high_resolution_clock::now();
do_work();
auto t1 = high_resolution_clock::now();
cout << duration_cast<milliseconds>(t1-t0).count() << "msec\n";
```

時間のクロックは、time_point（時間の流れのある一点）で表される。2個の time_point を減算すると、duration（期間）が得られる。時間を表現する単位は、クロックによってさまざまである（私が使っているマシンのクロックは nanoseconds 単位だ）。そのため、duration は、目的の単位へと変換するとよい。それを行うのが、duration_cast である。

時間を処理する標準ライブラリ機能は <chrono> で、std::chrono 部分名前空間の中で定義されている（§35.2）。

時間を実測しない限りは、コードの“効率性”について語るべきではない。性能に対する単なる推測は、まったく信用できないものである。

5.4.2 型関数

型関数（*type function*）は、引数あるいは返却値として、ある型が与えられて、コンパイル時に評価される関数である。ライブラリ開発者と、言語・標準ライブラリ・一般的なコードの観点からコーディングするプログラマとを支援するために、標準ライブラリは豊富な型関数を提供する。

たとえば、数値型に対しては、`<limits>` が定義する `numeric_limits` が、有用な情報を豊富に提供している（§5.6.5）。たとえば：

```
constexpr float min = numeric_limits<float>::min(); // floatの正の最小値（§40.2）
```

同様に、オブジェクトの大きさは、組込みの `sizeof` 演算子で得られる（§2.2.2）。たとえば：

```
constexpr int szi = sizeof(int);    // intのバイト数（charがバイトにフィットすると仮定）
```

これらの型関数は、より厳密な型チェックと、より高い性能を可能な限り実現するための、C++のコンパイル時算出メカニズムの一部となっている。このような機能は、**メタプログラミング**（*metaprogramming*）と呼ばれる。また、（テンプレートが併用されていれば）**テンプレートメタプログラミング**（*template metaprogramming*）とも呼ばれる（第28章）。ここでは、標準ライブラリから二つの機能を紹介する。`iterator_traits`（§5.4.2.1）と型述語（§5.4.2.2）である。

5.4.2.1 iterator_traits

標準ライブラリの `sort()` は、引数として、シーケンスを定義するための2個の反復子を受け取る（§4.5）。それらの反復子は、シーケンス内をランダムにアクセスできるものでなければならない。すなわち、**ランダムアクセス反復子**（*random-access iterator*）でなければならない。ところが、`forward_list` などの一部のコンテナは、その反復子をもっていない。たとえば、`forward_list` は単方向結合リストなので、添字演算は高コストであるし、直前の要素を取り出すための理にかなった方法すら存在しない。しかし、多くのコンテナがそうであるように、`forward_list` は**前進反復子**（*forward iterator*）を実装しているので、各種アルゴリズムや `for` 文が、シーケンスを走査できるようになっている（§33.1.1）。

標準ライブラリは、`iterator_traits` を提供するので、どの種類の反復子が実装されているかの確認が行えるようになる。これを使えば、`vector` や `forward_list` の受取りが可能となるように、§4.5.6 に示した `sort()` を改良できる。たとえば：

```
void test(vector<string>& v, forward_list<int>& lst)
{
    sort(v);       // ベクタをソート
    sort(lst);     // 単方向結合リストをソート
}
```

このコードを実行できるようにするために必要なテクニックは、一般的にも有用なものだ。

まずは、2個のヘルパ関数を作る。いずれも、ランダムアクセス反復子と前進反復子のどちらを使うべきかを表すための引数が追加されたものだ。ランダムアクセス反復子を使うバージョンは、ちょっとしたものだ：

```
// ランダムアクセス反復子用。[beg:end)内では添字演算が利用できる：
template<typename Ran>
void sort_helper(Ran beg, Ran end, random_access_iterator_tag)
{
   sort(beg,end);          // ソートするだけ
}
```

前進反復子を使用するバージョンは、リストをいったん vector にコピーして、ソート後にコピーを戻すだけだ：

```
// 前進反復子用。[beg:end)は１要素ずつ順に走査できる：
template<typename For>
void sort_helper(For beg, For end, forward_iterator_tag)
{
   vector<Value_type<For>> v {beg,end};  // [beg:end)からvectorを初期化
   sort(v.begin(),v.end());
   copy(v.begin(),v.end(),beg);          // 要素をコピーして戻す
}
```

Value_type<For> は、For の要素の型であり、**値型**（*value type*）と呼ばれる。標準ライブラリのすべての反復子は value_type メンバをもっている。Value_type<For> という表記を行うには、次に示す型別名（§3.4.5）が必要だ：

```
template<typename C>
   using Value_type = typename C::value_type;   // Cの値型
```

そのため、X が入力シーケンスの要素の型であれば、v は vector<X> となる。

本当の“型の魔法”は、ヘルパ関数の選択にある：

```
template<typename C>
void sort(C& c)
{
   using Iter = Iterator_type<C>;
   sort_helper(c.begin(),c.end(),Iterator_category<Iter>{});
}
```

このコードでは、２個の型関数を使っている。Iterator_type<C> は、C の反復子型（すなわち C::iterator）を返すものだ。もう一つの Iterator_category<Iter>{} は、反復子の種類を表す“タグ”の値を構築する：

- std::random_access_iterator_tag：C の反復子が、ランダムアクセス処理をサポートする。
- std::forward_iterator_tag：C の反復子が、前進反復処理をサポートする。

この情報が得られると、２種類のソートアルゴリズムからの選択を、コンパイル時に行えるのだ。このテクニックは、**タグ指名**（*tag dispatch*）と呼ばれるものであり、柔軟性と性能を向上させるために、標準ライブラリの中はもちろん、それ以外のコードでも利用されている。

標準ライブラリは、タグ指名のような、反復子を利用するテクニックのサポートのための単純なクラステンプレート iterator_traits を、<iterator> で定義している（§33.1.3）。そのため、sort() で使われているような型関数は、容易に定義できる：

```
template<typename C>             // Cの反復子型
  using Iterator_type = typename C::iterator;

template<typename Iter>          // Iterのカテゴリ
  using Iterator_category = typename std::iterator_traits<Iter>::iterator_category;
```

標準ライブラリの機能を実現するために、どのような“コンパイル時の型の魔法”が使われているのかを知りたくないのであれば、**iterator_traits** などの機能を無視しても構わない。しかし、そうすると、自身のコードを改良するテクニックが使えなくなってしまう。

5.4.2.2 型述語

標準ライブラリの型述語は、型に関する基本的な情報を返却するだけの、単純な型関数だ。次の例を考えよう：

```
bool b1 = Is_arithmetic<int>();       // そう、intは算術型
bool b2 = Is_arithmetic<string>();    // いや、std::stringは算術型ではない
```

このような述語は、§35.4.1 で解説する **<type_traits>** で定義されている。たとえば、**is_class**、**is_pod**、**is_literal_type**、**has_virtual_destructor**、**is_base_of** などがある。いずれも、テンプレートを作成する際に、極めて有用となる。たとえば：

```
template<typename Scalar>
class complex {
  Scalar re, im;
public:
  static_assert(Is_arithmetic<Scalar>(),
                "Sorry, I only support complex of arithmetic types");
  // ...
};
```

私が独自の型関数を定義した上で利用しているのは、標準ライブラリをそのまま利用するよりも、コードが読みやすくなるからだ：

```
template<typename T>
constexpr bool Is_arithmetic()
{
  return std::is_arithmetic<T>::value;
}
```

古いプログラムでは、**()** ではなくて、**::value** の記述が必要だった。しかし、これだと実装の詳細が丸見えになるので、見苦しいコードだと私は考えている。

5.4.3 pairとtuple

単なるデータが必要となるのは、よくあることだ。具体的には、的確に定義されたセマンティクスと不変条件をもつクラスオブジェクトではなく（§2.4.3.2, §13.4）、いくつかの値の集合だ。そのようなものは、適切に名前を与えたいくつかのメンバで構成される、単純な **struct** として定義できる。しかし、その定義は、標準ライブラリに任せられるのだ。たとえば、標準ライブラリのアルゴリズム **equal_range**（§32.6.1）は、任意の述語が成立するシーケンスを表す反復子の **pair** を返却する：

```
template<typename Forward_iterator, typename T, typename Compare>
   pair<Forward_iterator,Forward_iterator>
   equal_range(Forward_iterator first, Forward_iterator last, const T& val,
               Compare cmp);
```

このequal_range()は、ソートずみシーケンス[first:last)が与えられると、述語cmpが成立するシーケンスを表すpairを返却する。これを使うと、ソートずみのRecordに格納されているソートずみシーケンスからの探索が行える：

```
auto rec_lt = [](const Record& r1, const Record& r2)
                   { return r1.name<r2.name; };          // 名前を比較

void f(const vector<Record>& v)      // vが"name"フィールドに格納されていると仮定
{
   auto er = equal_range(v.begin(),v.end(),Record{"Reg"},rec_lt);
   for (auto p = er.first; p!=er.second; ++p)    // すべての一致レコードを表示
      cout << *p;                                // Record用に<<が定義されていると仮定
}
```

pairの第1メンバ名はfirstで、第2メンバ名はsecondである。この命名は、創意的ではないので、最初は多少の違和感を抱くかもしれない。しかし、汎用的なコードを書く際には、整合的な名前のほうがありがたいものだ。

<utility>で定義される標準ライブラリpairは、標準ライブラリに限らず、あらゆる箇所で極めて頻繁に利用されている。要素が=、==、<などの演算子を実装していれば、pairもそれらを提供する。make_pair()関数を使うと、明示的な型の記述が不要となるため、pairの作成が容易になる（§34.2.4.1）。たとえば：

```
void f(vector<string>& v)
{
   auto pp = make_pair(v.begin(),2);    // ppはpair<vector<string>::iterator,int>
   // ...
}
```

もし要素数が2個以上であれば（2個未満であっても）、<utility>で定義されるtupleが使用できる（§34.2.4.2）。tupleは、異種要素のシーケンスである。たとえば：

```
tuple<string,int,double> t2 {"Sild",123, 3.14};    // 型が明示的に指定されている

auto t = make_tuple(string{"Herring"},10, 1.23);  // 型が省略されている
                                                  // tはtuple<string,int,double>
string s = get<0>(t);  // 先頭要素を取得："Herring"
int x = get<1>(t);     // 10
double d = get<2>(t);  // 1.23
```

pairでは各要素に（firstとsecondという）名前があったが、tupleの要素には（0から始まる）番号が与えられている。コンパイル時に要素を取り出すときに、get(t,1)やt[1]とはできない。心底から不本意なことなのだが、get<1>(t)という見苦しい記述が必要だ（§28.5.2）。

pairと同様に、tupleでも、要素が実装していれば、代入や比較を行える。

pairはインタフェースの中でよく使われる。というのも、たとえば、結果と、結果の性質を示す値のように、複数の値を返却することがよくあるからだ。3個以上の値を返すことは、それほど多くないので、tupleは汎用アルゴリズムの実装でよく使われる。

5.5 正規表現

正規表現は、テキスト処理のための強力な道具だ。(たとえば TX 77845 のような米国郵便番号や 2009-06-07 のような ISO 形式の日付などの) テキスト内のパターンを単純かつ簡潔に表現する手段を提供するし、そのようなパターンの効率よい探索の手段を提供する。標準ライブラリは <regex> で、std::regex クラスと、それを補助する関数とで正規表現のサポートを提供する。regex ライブラリのスタイルの感じをつかむために、一つのパターンを定義して表示してみよう：

```
regex pat (R"(\w{2}\s*\d{5}(-\d{4})?)"); // 郵便番号のパターン：XXddddd-ddddとその変種
```

言語にかかわらず、正規表現の経験があれば、\w{2}\s*\d{5}(-\d{4})? には馴染みがあるだろう。これが表すのは、2 個の文字で始まって (\w{2})、ゼロ個以上の空白文字が続き (\s*)、5 個の数字が続き (\d{5})、省略可能なダッシュと 4 個の数字の繰返しが続く (-\d{4}) というパターンである。正規表現に不慣れであれば、それを学ぶちょうどよい機会だ(〔Stroustrup, 2008〕、〔Maddock, 2009〕、〔Friedl, 1997〕)。正規表現については、§37.1.1 でまとめている。

本書では、パターンの表現に**原文字列リテラル** (*raw string literal*) (§7.3.2.1) を利用する。これは、R"(で始まって、)" で終わる文字列であり、逆斜線や引用符を直接文字列内に記述できるものだ。

パターンを使う利用例としてもっとも簡単なものが、ストリームからの探索だ：

```
int lineno = 0;
for (string line; getline(cin,line);) {            // 行バッファに読み込む
   ++lineno;
   smatch matches;                                  // 一致した文字列が入る
   if (regex_search(line,matches,pat))              // line中のpatを探索
      cout << lineno << ": " << matches[0] << '\n';
}
```

regex_search(line,matches,pat) は、正規表現 pat に一致するものを line から探索して、一致したものを matches に格納する。まったく一致しなければ、regex_search(line, matches,pat) の返却値は false となる。変数 matches の型は、smatch である。先頭の "s" は、"部分 (sub)" あるいは "文字列 (string)" を表す。smatch は、一致部分の string 型を要素とする vector である。その先頭要素、すなわち、この例での matches[0] は一致した全体である。

完全な解説は、第 37 章で示す。

5.6 数学ライブラリ

C++ は本来、数値演算用に設計されたものではなかった。ところが今や、数値演算でも広く使用されているし、それが標準ライブラリにも反映されている。

5.6.1 数学関数とアルゴリズム

<cmath> では、"通常の数学関数" が定義されている (§40.3)。たとえば、float 型、double 型、long double 型を引数に受け取る sqrt()、log()、sin() などだ。そして、これらの関数の

複素数バージョンが、<complex>で定義されている（§40.4）。

<numeric>では、accumulate()などの汎用数値アルゴリズムが定義されている。たとえば：

```
void f()
{
   list<double> lst {1, 2, 3, 4, 5, 9999.99999};
   auto s = accumulate(lst.begin(),lst.end(),0.0);   // 合計を求める
   cout << s << '\n';                                 // 10014.9999と表示
}
```

汎用数値アルゴリズムは、標準ライブラリが提供するすべてのシーケンスに対して適用可能なものであり、演算を引数として与えることもできる（§40.6）。

5.6.2 複素数

標準ライブラリでは、§2.3で解説したcomplexを始めとする、複素数ファミリを提供する。要素となるスカラとして、単精度浮動小数点数（float）や、倍精度浮動小数点数（double）などをサポートするために、標準ライブラリcomplexはテンプレートとなっている：

```
template<typename Scalar>
class complex {
public:
   complex(const Scalar& re = {}, const Scalar& im = {});
   // ...
};
```

複素数に対する一般的な算術演算と、よく使われる数学関数も提供されている。たとえば：

```
void f(complex<float> fl, complex<double> db)
{
   complex<long double> ld {fl+sqrt(db)};
   db += fl*3;
   fl = pow(1/fl,2);
   // ...
}
```

sqrt()とpow()（べき乗）は、<complex>で定義されている数多くの数学関数の一つである。詳細は§40.4で解説する。

5.6.3 乱数

乱数は、多くの文脈で有用である。たとえば、テスト、ゲーム、シミュレーション、セキュリティなどだ。アプリケーション分野が幅広いため、標準ライブラリの<random>では、多様な乱数生成関数が提供されている。乱数生成関数は、以下の二つの要素で構成されている：

[1] **エンジン**（*engine*）：乱数または疑似乱数を生成する。

[2] **分布**（*distribution*）：生成した値を一定範囲の数学的分布へとマップする。

分布としては、uniform_int_distribution（すべての整数の出現率がほぼ同じ一様分布）、normal_distribution（“釣鐘型”に分布する正規分布）、exponential_distribution（べき

乗的に増加する指数分布）などがあり、いずれも値の範囲の指定を行える。たとえば：

```
using my_engine = default_random_engine;              // エンジンの型
using my_distribution = uniform_int_distribution<>;  // 分布の型

my_engine re {};                        // デフォルトのエンジン
my_distribution one_to_six {1,6};      // intの1〜6にマップする分布
auto die = bind(one_to_six,re);        // 生成器を作る

int x = die();                          // サイコロを振る：xは[1:6]中の値となる
```

標準ライブラリの**bind()**は、第2引数（ここでは**re**）を受け取って、第1引数（ここでは**one_to_six**）を実行する関数オブジェクトを作成する（§33.5.1）。そのため、**die()**の呼出しは**one_to_six(re)**の呼出しと等価である。

汎用性と性能に関して妥協を許さない配慮のおかげで、熟練者は、乱数生成ライブラリを、“誰もが必要となるように、ライブラリは成長するべきもの”と考えるかもしれない。しかし、“初心者にも使いやすいようなもの”と受け取るには、無理がある。ここでは**using**を用いたので、少しは分かりやすくなっているが、次のようにも記述できる：

```
auto die = bind(uniform_int_distribution<>{1,6}, default_random_engine{});
```

どちらのコードが読みやすいかは、利用する文脈と読者に完全に依存する。

初心者にとっては（これまでどんな経験をもっていようが）、乱数生成ライブラリのインタフェースが完全に汎用化されていることが、大きな障害となり得る。そのため、単純な一様乱数の生成から始めるとよいだろう。たとえば：

```
Rand_int rnd {1,10};    // [1:10]用の乱数生成器を作る
int x = rnd();          // xは[1:10]中の値となる
```

このコードが動くようにするには、どうすればよいだろう？　**Rand_int**クラスの中に**die()**のようなものが必要だ：

```
class Rand_int {
public:
   Rand_int(int low, int high) :dist {low,high} { }
   int operator()() { return dist(re); }            // 1個のintを取り出す
private:
   default_random_engine re;
   uniform_int_distribution<> dist;
};
```

この定義は、依然として“専門家レベル”だ。しかし、**Rand_int()**を使うだけであれば、C++入門コースの第一週目でも行えるだろう：たとえば：

```
int main()
{
   Rand_int rnd {0,4};                  // 一様乱数生成器を作る

   vector<int> histogram(5);            // 要素数5のvectorを作る
   for (int i=0; i!=200; ++i)
      ++histogram[rnd()];               // histogramを[0:4]の出現回数で埋める

   for (int i = 0; i!=histogram.size(); ++i) {    // 棒グラフを表示
      cout << i << '\t';
```

```
        for (int j=0; j!=histogram[i]; ++j) cout << '*';
            cout << endl;
    }
}
```

実行結果は、（面白くもなんともない）一様分布そのものである（ただし、理にかなった範囲での統計的変動は含まれている）：

```
0 *******************************************
1 *****************************************
2 ******************************
3 *****************************************
4 ****************************************
```

C++ には、標準グラフィックライブラリは存在しないので、ここでは“ASCII 記号文字”を使っている。ご存知のとおり、オープンソースや商用の C++ 用グラフィックライブラリや、GUI ライブラリが存在する。とはいえ、本書では ISO 標準の機能だけを使うようにしている。

乱数についての詳細は、§40.7 を参照しよう。

5.6.4 ベクタの算術演算

§4.4.1 で解説した vector の設計は、複数の値を保持するための汎用的なメカニズムを提供するものであり、柔軟であり、コンテナと反復子とアルゴリズムのアーキテクチャに沿うものだ。ところが、ベクタの算術演算がサポートされていない。vector に算術演算子を追加するのは容易だが、その汎用性と柔軟性が、数学的な分野で極めて重要な要素である最適化を妨げてしまうことになる。そのため、標準ライブラリは <valarray> で、vector に似たテンプレート valarray を提供している。これは汎用性を低めることによって、数値演算を最適化しやすくするものだ：

```
template<typename T>
class valarray {
    // ...
};
```

valarray では、通常の算術演算と、利用頻度の高い数学関数が提供される。たとえば：

```
void f(valarray<double>& a1, valarray<double>& a2)
{
    valarray<double> a = a1*3.14+a2/a1;     // *, +, /, =などの数学的な配列演算
    a2 += a1*3.14;
    a = abs(a);
    double d = a2[7];
    // ...
}
```

詳細については §40.5 を参照しよう。注目すべき点は、valarray が、多次元配列の演算を支援するためのストライドアクセスを提供していることだ。

5.6.5 数値の限界値

標準ライブラリは <limits> で、たとえば float 型の指数の最大値や int 型のバイト数などのような、組込み型の性質を表すクラスを提供する。詳細は §40.2 を参照しよう。たとえば、char 型

が符号付き型であれば警告を発するコードは、以下のようになる：

```
static_assert(numeric_limits<char>::is_signed,"unsigned characters!");
static_assert(100000<numeric_limits<int>::max(),"small ints!");
```

２番目の`static_assert()`は、`numeric_limits<int>::max()`が`constexpr`関数の場合に（のみ）動作することに注意しよう（§2.2.3, §10.4）。

5.7 アドバイス

[1] 資源管理には、資源ハンドルを使おう（RAII）。§5.2。

[2] 多相型のオブジェクトを使う場合は、`unique_ptr`を使おう。§5.2.1。

[3] 共有オブジェクトを使う場合は、`shared_ptr`を使おう。§5.2.1。

[4] 並行処理を行うときは、型安全なメカニズムを使おう。§5.3。

[5] 共有データは、最小限に抑えよう。§5.3.4。

[6] 熟考なしの“効率”や計測に基づかない予測から、通信手段として共有データを選択しないように。§5.3.4。

[7] スレッドではなく、並行タスクとして考えよう。§5.3.5。

[8] ライブラリが有用となるためには、巨大になる必要もないし、複雑になる必要もない。§5.4。

[9] 効率を議論する際は、プログラムの実行時間を事前に実測しておこう。§5.4.1。

[10] 型の性質に明示的に依存するプログラムを記述することができる。§5.4.2。

[11] 単純なパターンマッチングには、正規表現を使おう。§5.5。

[12] 言語機能だけで重要な数値演算を行おうとしないように。ライブラリを使おう。§5.6。

[13] 数値型の性質は、`numeric_limits`から得られる。§5.6.5。

第II部　基本機能

第II部では、C++ の組込み型と、C++ を用いたプログラム開発の基本を解説する。古典的なプログラミングスタイルを支援する C++ の追加機能とともに、C++ のサブセットとしての C 言語も解説する。さらに、論理的あるいは物理的なパーツでプログラムを構成するための基本機能についても解説する。

「私は長い間、すべての問題に対する哲学者たちの決定に疑念を抱いてきた。だから彼らの結論に同意するよりも、反論したい気持ちを大きくもつようになった。彼らがほとんど例外なく犯しやすい一つの間違いがある。すなわち、彼らはあまりにも原理の範囲に閉じこもり、自然がそのすべての働きにおいて大いに愛好してきたあの大きな多様性をなんら説明していないということである。ある哲学者がおそらく多くの自然的結果を説明するお気に入りの原理をひとたび手に入れると、彼はその同じ原理を創造物全体にまで広げ、最も乱暴で馬鹿げた推論によって、あらゆる現象をその同一の原理に帰してしまう。……」

— デイヴィッド・ヒューム

(『ヒューム道徳・政治・文学論集 完訳版』第1部XVIII、
田中敏弘訳、名古屋大学出版会)

第6章 型と宣言

完璧とは、崩壊寸前に達成されるものだ。
— C・N・パーキンソン

・ISO C++ 標準
　処理系／基本ソース文字セット
・型
　基本型／論理型／文字型／整数型／浮動小数点数型／接頭語と接尾語／ void ／大きさ／アラインメント
・宣言
　宣言の構造／複数の名前の宣言／名前／スコープ／初期化／型の導出：auto と decltype()
・オブジェクトと値
　左辺値と右辺値／オブジェクトの生存期間
・型別名
・アドバイス

6.1 ISO C++ 標準

C++ 言語と標準ライブラリの仕様は、ISO 標準：ISO/IEC 14882:2011 で定義されている。本書で ISO 標準を参照する場合は、§iso.23.3.6.1 という形式で表記する。本書の内容が不正確とか、不完全とか、誤っているかもしれないと感じた場合は、ISO 標準を参照しよう。ただし、ISO 標準がチュートリアルであるとか、初心者にも分かりやすいなどと期待しないように。

C++ 言語とライブラリの標準仕様に厳密にしたがうだけで、よいコードになるという保証はないし、可搬性が確保されるわけでもない。標準は、コードのよし悪しについては何も言及していない。プログラマが、処理系に対して何を求めることができて、何を求めることができないかを述べているだけだ。標準に完全準拠しつつ、完璧なまでにひどいコードを書くのは簡単だし、現実世界のプログラムの多くが、標準で可搬性が保証されていない機能に依存している。というのも、C++ では直接に表現できないとき、あるいは、特定の処理系細部に依存しなければ、システムインタフェースやハードウェアの機能にアクセスできないときは、そうせざるを得ないからだ。

標準では、多くの重要事項が**処理系定義**（*implementation-defined*）となっている。すなわち、処理系が、動作を明確化するとともに、その動作を文書に明記しなければならない、ということだ。まず、次のコードを考えよう：

```
unsigned char c1 = 64;    // 的確な定義：charは少なくとも8ビットだから64は必ず表現可能
unsigned char c2 = 1256;  // 処理系定義：charが8ビットであれば切捨てが行われる
```

charの大きさは8ビット以上でなければならないため、ここでのc1の初期化は、的確に定義された（well defined）動作である。しかし、charが実際に何ビットなのかは処理系定義なので、c2の初期化は、処理系定義となる。charの大きさが8ビットしかなければ、1256という値は232に切り詰められる（§10.5.2.1）。処理系定義の機能は、プログラムを実行するハードウェアの違いと関連するものが多い。

もう一つ、**指定されない**（*unspecified*）という動作もある。許容する動作に幅をもたせたものだが、実装者が必ずその中から選択しなければならないわけではない。何かが指定されない、という場合、さまざまな根本的原因によって厳密な動作を正確には予測できないことが多い。たとえば、newが返す正確な値は指定されない。同様に、データ競合を防ぐための何らかの同期を用いることなく、同じ変数に2個のスレッドが代入を行うと、代入後の値は指定されない（§41.2）。

現実世界のプログラムを開発する際に、処理系定義の動作が必要となるのは、一般的なことだ。極めて幅広いシステムを効率的に操作できるようにするために、必要な犠牲である。もし仮に、すべての文字が8ビットであり、すべてのポインタが32ビットだったならば、C++はずいぶんと簡潔になっていたはずだ。しかし、16ビットや32ビットの文字セットは珍しくないし、16ビットや64ビットのポインタをもつマシンも広く利用されている。

可搬性を最大限確保するには、利用しなければならない処理系定義の機能を明確にし、プログラム内にその旨を分かりやすく記述して、コードを分割しておくとよい。ハードウェアによって決定される大きさに依存するものすべてを定数としておいた上で、型の定義とともにヘッダに記述するなどの対策がよく使われる。この技法を支援するために、標準ライブラリは、numeric_limits（§40.2）を提供する。また、処理系定義の機能を想定する場合、静的アサーションによってチェックできることが多い（§2.4.3.3）。たとえば：

```
static_assert(4<=sizeof(int),"sizeof(int) too small");
```

定義されない動作は、不愉快だ。**定義されない**（*undefined*）とは、標準が、理にかなった動作を処理系に対して要求しない、ということである。実装上のテクニックが、定義されない動作の原因となって、プログラムがひどい動作となることが多い。たとえば：

```
const int size = 4*1024;
char page[size];

void f()
{
   page[size+size] = 7;    // 定義されない
}
```

このコードは、無関係のデータを上書きして、ハードウェアエラーや例外を発生させるというのが、理屈どおりの結果だ。必ず理屈どおりの結果を生み出すことは、処理系には求められていない。オプティマイザが強力であれば、定義されない動作は、完全に予測不能となるからだ。その機能に、理屈どおりで容易に実装できる別の方法が複数あれば、その機能は、定義されないのではなくて、指定されない、あるいは、処理系定義となる。

標準が指定しない、あるいは、定義しない、とするものを使わないように努力することは、そのための時間と労力に見合うはずだ。なお、その作業を支援するツールも数多く存在する。

6.1.1 処理系

C++ の処理系は、**依存処理系**（*hosted implementation*）あるいは**自立処理系**（*freestanding implementation*）のいずれかである（§iso.17.6.1.3）。依存処理系は、標準と本書で解説する標準ライブラリ機能をすべてもつ（§30.2）。一方、自立処理系は、すべてをもつとは限らないが、以下にあげる機能は必ず提供される：

自立処理系のヘッダ		
型	<cstddef>	§10.3.1
処理系の性質	<cfloat> <limits> <climits>	§40.2
整数型	<cstdint>	§43.7
実行開始と終了	<cstdlib>	§43.7
動的メモリ管理	<new>	§11.2.3
型識別	<typeinfo>	§22.5
例外処理	<exception>	§30.4.1.1
初期化子並び	<initializer_list>	§30.3.1
その他の実行時支援	<cstdalign> <cstdarg> <cstdbool>	§12.2.4，§44.3.4
型特性	<type_traits>	§35.4.1
アトミック	<atomic>	§41.3

自立処理系は、オペレーティングシステムの最小限の支援だけでコードが動作することを意図したものである。極めて小規模でハードウェアよりのプログラムのために、例外を使わないようにする（非標準の）オプションを提供する処理系も多い。

6.1.2 基本ソース文字セット

C++ 標準と本書のサンプルコードは、**基本ソース文字セット**（*basic source character set*）を使って記述されている。基本ソース文字セットは、国際 7 ビット文字セット ISO 646-1983 の米国版である ASCII（ANSI3.4-1968）と呼ばれるものであって、文字、数字、図形文字、空白類文字で構成される。そのため、文字セットが異なる環境で C++ を利用すると、次のような問題が発生する可能性がある：

- ASCII は、句読文字や演算子に利用する（]、{、! などの）記号を含むが、それを利用できない文字セットがある。
- 通常の表現法では表せない文字を記述する必要がある（たとえば、改行文字や、“値が 17 である文字” など）。
- ASCII は、英語以外で利用する文字をもっていない（たとえば、ñ、Þ、Æ など）。

ソースコード内で拡張文字セットを利用する場合、プログラミング環境は、たとえば国際文字名を使うなどの何らかの方法によって、拡張文字セットを基本ソース文字セットへマッピングすることになる（§6.2.3.2）。

6.2 型

次の例を考えてみよう：

```
x = y+f(2);
```

これをC++プログラムとして意味あるものとするには、x、y、fの名前を適切に宣言しなければならない。すなわち、プログラマは、x、y、fという名前の実体が存在すること、および、それらの型が=（代入）、+（加算）、()（関数呼出し）の演算の対象となり得る型であることを、はっきりと指定する必要がある。

C++プログラム内のあらゆる名前（識別子）は、対応する型をもっている。型は、その名前（その名前が表す実体）に対して適用できる演算と、その演算の解釈法を決める。たとえば：

```
float x;        // xは浮動小数点変数
int y = 7;      // yは初期値7をもつ整数変数
float f(int);   // fはint型引数を受け取って浮動小数点数を返却する関数
```

この宣言によって、最初に示したコードに対して初めて意味が与えられる。yがintと宣言されているので、代入可能であることや、+が適用可能であることなどが分かる。また、fもintの引数を受け取る関数と宣言されているので、整数2を与えた呼出しが行える。

本章では、基本型（§6.2.1）と、宣言（§6.3）とを解説する。ここにあげるサンプルコードは、言語機能を示すためのものであって、何か有用な処理を行うわけではない。より本格的で現実的なサンプルコードは、後の章で示す。C++プログラムを構成する基本要素の大部分を示すのが、本章の目的だ。C++で現実の作業をこなして、さらに他人が書いたコードを読むためには、構成要素と、それに付随する用語と文法は必須だ。しかし、本章の内容を隅々まで理解しなくても、この後の章は読み進められる。そのため、本章の主要な概念を眺めて大まかに理解しておき、詳細が必要になったら本章に戻ってくる、という進め方でも構わない。

6.2.1 基本型

C++には、一連の**基本型**（*fundamental type*）がある。これは、コンピュータの記憶単位としてもっとも一般的なものに対応するとともに、主としてデータの保持のために利用されるものだ：

§6.2.2　論理型（bool）
§6.2.3　文字型（charやwchar_tなど）
§6.2.4　整数型（intやlong longなど）
§6.2.5　浮動小数点数型（doubleやlong doubleなど）
§6.2.7　void型。情報をもたないことを表す

宣言演算子を用いると、これらの型から、以下の型を作ることができる：

§7.2　ポインタ型（`int*` など）
§7.3　配列型（`char[]`）
§7.7　参照型（`double&` や `vector<int>&&` など）

また、以下の型も定義できる：

§8.2　構造体、クラス（第16章）
§8.4　特定の値の集まりを表現する列挙体（`enum` と `enum class`）

論理型、文字型、整数型の総称が、**汎整数型**（*integral type*）であり、汎整数型と浮動小数点数型の総称が、**算術型**（*arithmetic type*）である。列挙体とクラス（第16章）は、型の内容を事前に定義することなく利用できる基本型とは異なり、ユーザによる型の定義が必要なため、**ユーザ定義型**（*user-defined type*）と呼ばれる。また、基本型、ポインタ型、参照型の総称が、**組込み型**（*built-in type*）である。標準ライブラリでは、数多くのユーザ定義型が定義されている（第4章，第5章）。

汎整数型と浮動小数点数型の大きさには、いくつかの種類がある。そのため、演算に必要な記憶容量、演算精度、値の範囲などから、プログラマが型を選択できる（§6.2.8）。なお、その前提は、文字を格納するためのバイト、整数値を格納・演算するためのワード、浮動小数点数演算に最適な実体、これらの実体を参照するのに必要なアドレスを、コンピュータが提供することだ。C++の基本型とポインタと配列は、これらのマシンレベルの概念を、処理系に依存することのない、理にかなった形でプログラマに提供する。

ほとんどのアプリケーションでは、論理値に `bool` を、文字に `char` を、整数値に `int` を、浮動小数点数値に `double` を用いればすむ。これら以外の基本型は、最適化、特殊用途、互換性のためのものであって、使う必要がなければ、無視しても構わない。

6.2.2 論理型

論理型 `bool` は、`true` と `false` のいずれか一方の値をもつ型だ。論理型は、論理演算の結果を表すために使われる。たとえば：

```
void f(int a, int b)
{
    bool b1 {a==b};
    // ...
}
```

ここで、`a` と `b` が同じ値であれば、`b1` は `true` になり、そうでなければ `false` になる。

`bool` がよく使われるのは、何らかの条件をテストする関数（述語）の結果の型を表すときだ。たとえば：

```
bool is_open(File*);

bool greater(int a, int b) { return a>b; }
```

定義によって、`true` を整数に変換すると `1` になって、`false` を変換すると `0` になる。逆に、整数値は暗黙裏に`bool`へと変換できる。その際、非ゼロの整数は`true`に変換されて、0は`false`に変換される。たとえば：

```
bool b1 = 7;     // 7!=0なのでb1はtrueになる
bool b2 {7};     // エラー：縮小変換（§2.2.2, §10.5）

int i1 = true;  // i1は1になる
int i2 {true};  // i2は1になる
```

情報の縮小変換を防ぐために、`{}`構文による初期化を行いたいのだが、`int`から`bool`への変換も行いたい、という場合は、次のように明示的に行う：

```
void f(int i)
{
   bool b {i!=0};
   // ...
}
```

算術式やビット単位の論理式内では、`bool`は`int`に変換される。変換された値に対しては、算術演算や論理演算が、整数として実行される。演算結果を`bool`に戻す必要があれば、0は`false`に変換されて、非ゼロは`true`に変換される。たとえば：

```
bool a = true;
bool b = true;

bool x = a+b;   // a+bは2なのでxはtrueになる
bool y = a||b;  // a||bはtrueなのでyはtrueになる（"||"は"または"を意味する）
bool z = a-b;   // a-bは0なのでzはfalseになる
```

ポインタは暗黙裏に`bool`に変換できる（§10.5.2.5）。空でないポインタは`true`へと変換される。値が`nullptr`であるポインタは`false`に変換される。たとえば：

```
void g(int* p)
{
   bool b = p;             // trueまたはfalseに縮小変換される
   bool b2 {p!=nullptr};   // nullptrでないかどうかの明示的な判定

   if (p) {                // p!=nullptrと等価
      // ...
   }
}
```

私は、`if (p!=nullptr)`よりも`if (p)`を好んで利用する。というのも、"`p`が有効ならば"を直接的に表現できる上に、記述が短くなるからだ。記述が短いほうが、エラーにつながりにくい。

6.2.3 文字型

文字セットとそのエンコーディングには、数多くのものが利用されている。C++でも、それらの型を反映できるように、困惑するほど豊富な文字型を提供する：

- `char`：プログラムテキストで利用する、デフォルトの文字型である。`char`は、処理系の文字セットにも利用されており、通常は８ビットである。
- `signed char`：`char`に似た型だが、符号が保証される。すなわち、正負いずれの値も保持できる。

- `unsigned char`：`char` に似た型だが、符号無しであることが保証される。
- `wchar_t`：Unicode などの大規模文字セットの文字を保持する型である（§7.3.2.2）。この型の大きさは処理系定義であり、処理系のロケールで利用可能な文字セットのうち最大のものを保持できる大きさだ（第 39 章）。
- `char16_t`：UTF-16 など、16 ビット文字セットの文字を保持する型である。
- `char32_t`：UTF-32 など、32 ビット文字セットの文字を保持する型である。

これら 6 個は（`_t` で終わる名前は、別名であることが多いという事実にもかかわらず：§6.5）、いずれも個別の型である。すべての処理系で、`char` は、`signed char` と `unsigned char` のいずれか一方と同一となる。ただし、それら 3 個の型は、それぞれが別々の型とみなされる。

`char` 型の変数は、処理系の文字セット内の文字を保持できる。たとえば：

```
char ch = 'a';
```

`char` の大きさは、ほとんどの場合 8 ビットなので、256 種類のうちの 1 個の値をもつことになる。文字セットは、ISO-646 の変種、たとえば ASCII であることが多いので、キーボード上の文字は表現可能だ。しかし、この文字セットは、一部分しか標準化されていないため、多くの問題が発生している。

異なる自然言語をサポートする複数の文字セット間には大きな違いがあるし、同じ自然言語を異なる方式でサポートする文字セット間にも大きな違いがある。そのため、本書では、C++ の規則にどのような影響を与えるかといった点だけに注目する。複数言語や複数文字セット環境下のプログラミングという、広範囲で興味深い問題は、そのたびに（§6.2.3，§36.2.1，第 39 章）言及するものの、基本的には本書では扱わない。

処理系の文字セットに、10 進表記の数字と、26 個の英語のアルファベットと、基本的な句読文字が含まれることを想定しても問題ない。しかし、以下の点を想定することは安全ではない：

- 8 ビットの文字セット内に 127 個より多い文字が含まれないこと（たとえば、255 個の文字をもつ文字セットも存在する）。
- 英語以外のアルファベット文字が含まれないこと（多くのヨーロッパの言語は、æ、þ、β などの文字をもっている）。
- アルファベット文字が連続していること（EBCDIC では `'i'` と `'j'` は連続していない）。
- C++ の記述で使うすべての文字が利用できること（一部の言語の文字セットは、`{`、`}`、`[`、`]`、`|`、`\` をもっていない）。
- `char` が、一般的な 8 ビット 1 バイトに収まること。`char` が 32 ビット（一般に 4 バイト）であって、バイト単位にアクセスするハードウェアをもたない組込み用プロセッサも存在する。また、`char` を 16 ビット Unicode エンコーディングとする環境もある。

可能な限り、オブジェクトの表現に対して何らかの仮定を設けるべきではない。この一般則は、文字についても適用される。

すべての文字は、処理系が利用する文字セットにおける整数値をもつ。たとえば ASCII 文字セッ

トの 'b' の値は98だ。次に示すのは、入力された文字の整数値を出力するループである：

```
void intval()
{
   for (char c; cin >> c; )
      cout << "the value of '" << c << "' is " << int{c} << '\n';
}
```

ここでのint{c}という表記は、文字cの整数値（“cから構築できるint”）を返す。charから整数への変換にあたって、ある疑問が浮かぶ。charは、符号付きなのだろうか、それとも符号無しなのだろうか？　8ビット1バイトが表現できる256種類の値は、0から255まで、あるいは、-127から127と解釈される。-128から127と考えたかもしれないが、それは違う。C++標準では、ハードウェアが1の補数で動作する可能性を配慮しているので、表現できる値は1個少なくなるのだ。そのため、-128を使うと可搬性が失われる。残念ながら、単なるcharを、符号付きと符号無しのどちらとするかは処理系定義である。その代わりに、C++では2種類の文字型を提供する。少なくとも-127から127の範囲を表現するsigned char型と、少なくとも0から255を表現するunsigned char型だ。幸いなことに、一般的な文字の値は0から127の範囲に収まっているので、その範囲外の文字だけが問題となる。

範囲外の値を単なるcharに代入するコードは、移植の際に、微妙で厄介な問題につながる。複数種類のcharを利用する場合や、char型の変数に整数を代入する場合については、§6.2.3.1を参照しよう。

文字型が汎整数型であることに注意が必要だ（§6.2.1）。そのため、文字型には、算術演算とビット単位の論理演算が適用できる（§10.3）。たとえば：

```
void digits()
{
   for (int i=0; i!=10; ++i)
      cout << static_cast<char>('0'+i);
}
```

これは、0から9までの10個の数字をcoutに出力する。文字リテラルの '0' は整数値に変換され、それにiが加算される。加算結果のintはcharに変換された上でcoutに出力される。単なる '0'+i はintなので、static_cast<char>を省略すると、出力は48、49、… となってしまい、0、1、… とはならない。

6.2.3.1 符号付き文字と符号無し文字

単なるcharが、符号付き型と符号無し型のいずれとみなされるのかは処理系定義である。そのため、驚かされることがあるだけでなく、処理系依存の問題が浮上することもある。たとえば：

```
char c = 255;  // 255は“全ビットが1”すなわち16進の0xFF
int i = c;
```

ここでiの値はいくつになるだろうか？　残念ながらその答えは、定義されない。8ビット1バイトの処理系でのintへの拡張では、“全ビットが1”のcharの意味に依存するのだ。charが符号無しの環境では、答えは255である。しかし、符号付きであれば、-1である。その場合、整数リテラル255を、char型の-1に変換したことを、コンパイラが警告するかもしれない。しかし、C++は、この問題を検出する一般的な機構をもたない。単なるcharは利用せず、符号付き型と符号無し型のいずれかのcharだけを利用するというのも一つの解決法だ。ただし、strcmp()のような標準ライブラリ関数は、単なるcharのみを引数として受け取る（§43.4）。

単なるcharは、必ずsigned charとunsigned charの一方と同じように振る舞わなければならない。しかし、3種類のcharは別々のものなので、ポインタでの混用は不可能だ。たとえば：

```
void f(char c, signed char sc, unsigned char uc)
{
    char* pc = &uc;              // エラー：ポインタの変換は行われない
    signed char* psc = pc;       // エラー：ポインタの変換は行われない
    unsigned char* puc = pc;     // エラー：ポインタの変換は行われない
    psc = puc;                   // エラー：ポインタの変換は行われない
}
```

3種類のchar型の変数は相互に代入できる。ただし、signed charに対して範囲を越える値を代入した結果（§10.5.2.1）は、処理系定義だ。たとえば：

```
void g(char c, signed char sc, unsigned char uc)
{
    c = 255;  // 単なるcharが符号付きで8ビットであれば処理系定義
    c = sc;   // ＯＫ
    c = uc;   // 単なるcharが符号付きでucが大きすぎる値であれば処理系定義
    sc = uc;  // ucが大きすぎる値であれば処理系定義
    uc = sc;  // ＯＫ：符号無しへの変換
    sc = c;   // 単なるcharが符号付きでcが大きすぎる値であれば処理系定義
    uc = c;   // ＯＫ：符号無しへの変換
}
```

具体的には、charは8ビットと仮定すべきだ：

```
signed char sc = -140;
unsigned char uc = sc;   // uc == 116 (256-140==116だから)
cout << uc;              // 't'を表示

char count[256];         // charが8ビットと仮定（要素は初期化されない）
char c1 = count[sc];     // 災害の可能性：範囲外のアクセス
char c2 = count[uc];     // ＯＫ
```

全体を通じて単なるcharを利用した上で、負数にならないようにすれば、上記の問題や混乱が避けられる。

6.2.3.2 文字リテラル

文字リテラル（*character literal*）は、'a'や'0'のように、単一引用符記号で囲んだ単一の文字のことだ。その型は、charである。文字リテラルは、C++プログラムを実行するマシンの文字セットでの整数値へと暗黙裏に変換される。たとえば、ASCII文字セットのマシンでは、'0'の値は48である。このような10進表記よりも、文字リテラルのほうがプログラムの可読性が向上する。

いくつかの文字は、エスケープ文字として逆斜線\を利用する標準名をもつ：

名前	ASCII 名	C++ 名
改行	NL (LF)	\n
水平タブ	HT	\t
垂直タブ	VT	\v
後退	BS	\b
復帰	CR	\r
改頁	FF	\f
警報	BEL	\a
逆斜線	\	\\
疑問符	?	\?
単一引用符	'	\'
二重引用符	"	\"
8 進数	ooo	\ooo
16 進数	hhh	\xhhh ...

見かけとは違い、これらはすべて、単一の文字を表す。

処理系の文字セット内の文字を記述する際は、1 桁～3 桁の 8 進数（先頭に \ を付ける）、あるいは、16 進数（先頭に \x を付ける）としても表現できる。16 進数では、桁数の制限はない。8 進数では、8 進数字ではない文字の直前までが 8 進数とみなされる。同様に、16 進数では、16 進数字でない文字の直前までが 16 進数とみなされる。たとえば：

8 進数	16 進数	10 進数	ASCII
'\6'	'\x6'	6	ACK
'\60'	'\x30'	48	'0'
'\137'	'\x05f'	95	'_'

この記法では、マシンの文字セットがもつすべての文字が表現できるし、文字列の中にも埋め込めるようになる（§7.3.2）。しかし、このような数値表記は、プログラムの可搬性を損なう。

なお、'ab' のように、2 文字以上を文字リテラルとすることもできる。しかし、古い時代の記法であって、処理系依存となるため、極力避けるべきだ。なお、このような複数文字リテラルは、int とみなされる。

文字列内で 8 進記法を用いる場合は、常に 3 桁としておくとよい。そうすると、8 進記法の直後の文字が、数字であるかどうかを迷わなくてすむ。同様に、16 進数の場合は常に 2 桁とする。たとえば：

```
char v1[] = "a\xah\129";     // 6個の文字：'a' '\xa'  'h'    '\12'  '9' '\0'
char v2[] = "a\xah\127";     // 5個の文字：'a' '\xa'  'h'    '\127' '\0'
char v3[] = "a\xad\127";     // 4個の文字：'a' '\xad' '\127' '\0'
char v4[] = "a\xad\0127";    // 5個の文字：'a' '\xad' '\012' '7'    '\0'
```

ワイド文字リテラルは、L'ab' という形式であり、その型は wchar_t だ。単一引用符記号内の文字数とその意味は、処理系定義である。

C++ プログラムでは、Unicode などのような、127 文字の ASCII 文字セットよりも多くの文字をもつ文字セットも利用できる。その場合、先頭に u が付いた 4 桁の 16 進数、または先頭に U が付いた 8 桁の 16 進数を用いてリテラルを表現する。たとえば：

```
U'\UFADEBEEF'
u'\uDEAD'
u'\xDEAD'
```

X を任意の 16 進数 1 桁としたとき、`u'\uXXXX'` という短い表記は、`U'\U0000XXXX'` と等価である。4 桁または 8 桁以外の 16 進数は、字句上のエラーとなる。16 進数の意味を定義するのは ISO/IEC 10646 であり、その数値は**国際文字名**（*universal character name*）と呼ばれる。C++ 標準では、§iso.2.2、§iso.2.3、§iso.2.14.3、§iso.2.14.5、§iso.E で解説している。

6.2.4 整数型

`char` と同様に、整数型にも " 単なる "`int`、`signed int`、`unsigned int` の 3 種類がある。それに加えて、大きさとして、`short int`、" 単なる "`int`、`long int`、`long long int` の 4 種類がある。`long int` は `long` と表記できるし、`long long int` は `long long` と表記できる。同様に、`short` は `short int` と同義で、`unsigned` は `unsigned int` と同義で、`signed` は `signed int` と同義である。ただし、`long short int` とすれば `int` と同じになる、ということはない。

メモリ領域をビット配列として扱うのであれば、`unsigned` の整数型が理想的だ。しかし、大きな正の数を表現するための 1 ビットをかせぐために `unsigned` を利用する、というのは、よい考えではない。`unsigned` と宣言することで、値を正の数だけにしようとしても、暗黙の変換規則（§10.5.1, §10.5.2.1）によって打ち砕かれることが多い。

`char` の場合とは異なり、単なる `int` は必ず符号付きとなる。符号付き `int` は、まさに単なる `int` の同義であって、異なる型ではない。

整数型の大きさを細かく制御する必要がある場合は、`<cstdint>` が定義する `int64_t`（64 ビットの符号付き整数。存在する場合のみ定義される）、`uint_fast16_t`（少なくとも 16 ビットの符号無し整数。もっとも速く処理できるはずのもの）、`int_least32_t`（少なくとも 32 ビットの符号付き整数。多くの場合、単なる `long` と同じビット数である）などの別名が利用できる（§43.7）。組込み型の整数は、的確に定義された最小の大きさをもっている（§6.2.8）。そのため、`<cstdint>` は、冗長になりやすいだけでなく、必要以上に利用されることがある。

標準の整数型に加えて、（符号付きと符号無しの）**拡張整数型**（*extended integer type*）を処理系が提供することがある。それらの型は、必ず整数として振る舞い、変換時や整数リテラルとしての値としても整数とみなされるが、通常は、大きさが大きい（より多くのメモリを消費する）。

6.2.4.1 整数リテラル

整数リテラルは、表記上、10 進数、8 進数、16 進数の 3 種類がある。もっとも多く利用されるのは 10 進リテラルであり、まさに読者が期待するとおりのものだ：

```
7   1234   976   12345678901234567890
```

```
3.14159265f 2.0f 2.997925F 2.9e-3f
```

浮動小数点数リテラルの型をlong doubleにしたければ、接尾語lまたはLを付ける：

```
3.14159265L 2.0L 2.997925L 2.9e-3L
```


6.2.6 接頭語と接尾語

リテラルの型を指定するための後置の接尾語と、前置の接頭語は、少し入り組んでいる：

リテラルの接頭語と接尾語

記法		位置	意味	例	参照	ISO
0		前	8 進数	0776	§6.2.4.1	§iso.2.14.2
0x	0X	前	16 進数	0xff	§6.2.4.1	§iso.2.14.2
u	U	後	unsigned	10U	§6.2.4.1	§iso.2.14.2
l	L	後	long	20000L	§6.2.4.1	§iso.2.14.2
ll	LL	後	long long	20000LL	§6.2.4.1	§iso.2.14.2
f	F	後	float	10.3f	§6.2.5.1	§iso.2.14.4
e	E	中	浮動小数点数	10e-4	§6.2.5.1	§iso.2.14.4
.		中	浮動小数点数	12.3	§6.2.5.1	§iso.2.14.4
'		前	char	'c'	§6.2.3.2	§iso.2.14.3
u'		前	char16_t	u'c'	§6.2.3.2	§iso.2.14.3
U'		前	char32_t	U'c'	§6.2.3.2	§iso.2.14.3
L'		前	wchar_t	L'c'	§6.2.3.2	§iso.2.14.3
"		前	文字列	"mess"	§7.3.2	§iso.2.14.5
R"		前	原文字列	R"(\b)"	§7.3.2.1	§iso.2.14.5
u8"	u8R"	前	UTF-8 文字列	u8"foo"	§7.3.2.2	§iso.2.14.5
u"	uR"	前	UTF-16 文字列	u"foo"	§7.3.2.2	§iso.2.14.5
U"	UR"	前	UTF-32 文字列	U"foo"	§7.3.2.2	§iso.2.14.5
L"	LR"	前	wchar_t 文字列	L"foo"	§7.3.2.2	§iso.2.14.5

なお、ここでの"文字列"は、"文字列リテラル"（§7.3.2）のことであって、"型がstd::string"という意味ではない。

当然、.とeは接中語ともみなせるし、R"とu8"は区切り文字の最初の部分とみなせる。しかし、ここでは学術的な用語体系よりも、混乱するほど豊富なリテラルの全体を示すことを優先した。

接尾語のl、Lを、u、Uと組み合わせて、unsigned long型を表すことができる：

```
1LU  // unsigned long
2UL  // unsigned long
3ULL // unsigned long long
4LLU // unsigned long long
5LUL // エラー
```

接尾語のl、Lは浮動小数点数リテラルにも利用でき、その場合はlong double型を表す：

```
1L     // long int
1.0L   // long double
```

接頭語R、L、uの組合せも可能であり、たとえばuR"**(foo\(bar))**"のように利用できる。接尾語のUは整数に利用するもの（unsigned）であり、接頭語のUは文字または文字列に利用するもの（UTF-32エンコーディング：§7.3.2.2）であることに注意しよう。

これだけでなく、ユーザ定義型用に、ユーザが接尾語を新しく定義することもできる。たとえば、ユーザ定義リテラル演算子（§19.2.6）を定義すると、次のような記述が行える：

```
"foo bar"s  // std::string型のリテラル
123_km      // Distance型のリテラル
```

_以外の文字で始まるユーザ定義接尾語は、標準ライブラリが予約ずみだ。

6.2.7 void

void型は、文法的には基本型である。しかし、利用できる箇所は、より複雑な型の一部に限られており、void型のオブジェクトというものは存在しない。返却値を返さない関数の型、あるいは、型が分からないオブジェクトを指すポインタの型として利用する。たとえば：

```
void x;     // エラー：voidオブジェクトというものはない
void& r;    // エラー：voidへの参照というものもない
void f();   // 関数fは値を返却しない（§12.1.4）
void* pv;   // 型が分からないオブジェクトへのポインタ（§7.2.1）
```

関数を宣言する際は、返却値の型の指定が必要だ。論理的には、返却値型を省略すれば、何の値も返さないことを意味すると考えられるが、そうすると見苦しい文法になってしまう（§iso.A）。そのため、関数が値を返さないことを表すvoidを、“疑似戻り型”として利用する。

6.2.8 大きさ

intの大きさなど、C++の基本型のいくつかの側面は処理系定義である（§6.1）。私は、これらの依存性について指摘するとともに、それらを避けるべきであり、避けられなければ影響を最小に抑えるべきだと、勧めることが多い。どうしてだろうか？　さまざまなシステムで開発するプログラマや、さまざまなコンパイラを利用するプログラマは、多くの点に注意を払う。そうしないと、つかみどころのないバグの発見と修正に大変な労力を浪費せざるを得なくなるからだ。可搬性を気にしないと主張して、実際にそうしている人がいる。ただし、彼らは単一のシステムだけを利用して、“自分が使っているコンパイラが実装するものこそが、プログラミング言語だ”という考えをもっている。これは視野が狭くて浅はかである。もし開発したプログラムが成功すれば、移植されることになる。そうすると、処理系依存の機能に関する問題を、誰かが見つけて修正しなければならなくなる。また、同じシステムを異なるコンパイラでコンパイルしなければならないことは、よくあることだし、お気に入りのコンパイラが、将来のリリースでは現在とは異なる実装となる可能性だってある。混乱した問題を後で解くよりも、プログラムを書く時点で、処理系依存の影響を把握して抑えるほうが、ずっと簡単だ。

6.2.9 アラインメント

オブジェクトは、メモリ上で内部データ表現を保持さえすればいい、というものではない。マシンアーキテクチャによっては、ハードウェアが効率よくアクセスできるように（極端な場合では一度にすべてアクセスできるように）、値を保持するバイトを適切に**アラインメント**（*alignment*）する必要がある。たとえば、4 バイトの int は（4 バイトの）ワード境界にアラインメントしなければならないことが多く、また 8 バイトの double は（8 バイトの）ワード境界にアラインメントしなければならないこともある。もちろん、これは極めて処理系特有の話であって、ほとんどのプログラマは完全に無視して構わない。明示的なアラインメントが必要な場面に出会うことなく、数十年間もよい C++ コードを書き続けることもできる。アラインメントを意識しなければならない場面の多くは、オブジェクトの配置に関するものだ。たとえば、アラインメント補正のために、struct 内に“隙間”が設けられることがある（§8.2.1）。

alignof() 演算子は、引数のアラインメントを返す。たとえば：

```
auto ac = alignof(char);            // charのアラインメント
auto ai = alignof(int);             // intのアラインメント
auto ad = alignof(T);               // 何らかの型Tのアラインメント

int a[20];
auto aa = alignof(decltype(a));     // intのアラインメント
```

宣言の中で、式としてアラインメントが必要になることもある。ところが、alignof(x+y) のような式は利用できない。その場合は、型指定子 alignas を用いる。alignas(T) は“T とまったく同じようにアラインメントせよ”という意味だ。たとえば、次の例では、未初期化のメモリ領域が、X 型として利用できるようになる：

```
void user(const vector<X>& vx)
{
    constexpr int bufmax = 1024;
    alignas(X) char buffer[bufmax];      // 初期化されない

    const int max = min(vx.size(),bufmax/sizeof(X));
    uninitialized_copy(vx.begin(),vx.begin()+max,reinterpret_cast<X*>(buffer));
    // ...
}
```

6.3 宣言

C++ のプログラムでは、名前（識別子）は、利用する前に宣言しておかなければならない。すなわち、名前が表す実体をコンパイラに伝えるために、型を指定するのだ。たとえば：

```
char ch;
string s;
auto count = 1;
const double pi {3.1415926535897};
extern int error_number;

const char* name = "Njal";
const char* season[] = { "spring", "summer", "fall", "winter" };
vector<string> people { name, "Skarphedin", "Gunnar" };
```

```
struct Date { int d, m, y; };
int day(Date* p) { return p->d; }
double sqrt(double);
template<typename T> T abs(T a) { return a<0 ? -a : a; }

constexpr int fac(int n) { return (n<2)?1:n*fac(n-1); }   // コンパイル時評価
                                                          // が可能（§2.2.3）
constexpr double zz { ii*fac(7) };       // コンパイル時初期化

using Cmplx = std::complex<double>;      // 型別名（§3.4.5, §6.5）
struct User;                             // 型名
enum class Beer { Carlsberg, Tuborg, Thor };
namespace NS { int a; }
```

この例からも分かるように、宣言は、型と名前との単なる関連付け以上のことを行える。ここに示した**宣言**（*declaration*）の多くは、**定義**（*definition*）でもある。定義とは、その実体の利用にあたってプログラムが必要とする情報をすべて含む宣言のことだ。特に何かを表すのにメモリが必要な場合は、定義によってメモリを割り当てる。インタフェース部を宣言として、実装部を定義とする用語体系がある。宣言からインタフェースを抜き出して別ファイル内に置くこと（§15.2.2）もあるので、その用語体系の観点では、メモリを設定する定義をインタフェースに入れることはできない。

さて、これらの宣言が広域スコープ（§6.3.4）にあれば、次のようになる：

```
char ch;                        // char用にメモリを設定して0に初期化
auto count = 1;                 // int用にメモリを設定して1に初期化

const char* name = "Njal";      // charへのポインタ用にメモリを設定して
                                // 文字列リテラル"Njal"用にメモリを設定して
                                // その文字列リテラルのアドレスでポインタを初期化

struct Date { int d, m, y; };       // Dateは3個のメンバをもつ構造体
int day(Date* p) { return p->d; }  // dayは指定されたコードを実行する関数

using Point = std::complex<short>; // Pointはstd::complex<short>に対する名前
```

先ほど示した宣言の中で、定義ではないものは、わずか3個だ：

```
double sqrt(double);        // 関数宣言
extern int error_number;    // 変数宣言
struct User;                // 型名宣言
```

もし実体を利用するのであれば、必ずどこかで定義しなければならない：

```
double sqrt(double d) { /* ... */ }
int error_number = 1;
struct User { /* ... */ };
```

C++ プログラムでは、それぞれの名前に対して、定義が1個だけ必要である（`#include`の効果については§15.2.3を参照しよう）。その一方で、宣言は複数個あっても構わない。

すべての実体の宣言は、その型と一致しなければならない。次の例には二つの誤りがある：

```
int count;
int count;                    // エラー：重複定義

extern int error_number;
extern short error_number;  // エラー：型の不一致
```

次の例には、誤りはない（externの用途については§15.2を参照しよう）：

```
extern int error_number;
extern int error_number;  // OK：重複宣言
```

実体の“値”を明示的に指定する定義もある：

```
struct Date { int d, m, y; };
using Point = std::complex<short>;  // Pointはstd::complex<short>に対する名前
int day(Date* p) { return p->d; }
const double pi {3.1415926535897};
```

型、別名、テンプレート、関数、定数の場合、その“値”は変化しない。しかし、非constのデータ型であれば、初期値から変化しても構わない。たとえば：

```
void f()
{
    int count {1};                  // countを1に初期化
    const char* name {"Bjarne"};    // nameは定数を指す変数（§7.5）
    count = 2;                      // countに2を代入
    name = "Marian";
}
```

さて、先ほどの一連の宣言の中で、値を指定しないのは、以下の2個だけである：

```
char ch;
string s;
```

変数にデフォルト値を代入するタイミングと方法については、§6.3.5と§17.3.3を参照しよう。値を指定する宣言は、すべて定義である。

6.3.1 宣言の構造

宣言の構造は、C++の文法で定義されている（§iso.A）。C++の文法は、初期のC言語の文法から始まって40年以上にわたって進化を続け、現在は複雑になっている。しかし、それほど単純化することなく、宣言を（以下の順序の）5個の部分とみなせる：

- 省略可能な前置の指定子（staticやvirtualなど）。
- ベースとなる型（たとえばvector<double>やconst intなど）。
- 宣言子。名前を含むこともある（p[7]やnや*(*)[]など）
- 省略可能な後置の関数指定子（constやnoexceptなど）。
- 省略可能な初期化子と関数本体（={7,5,3}や{return x;}など）

関数定義と名前空間定義を除くと、すべての宣言はセミコロンで終了する。C言語での文字列配列の定義を考えてみよう：

```
const char* kings[] = { "Antigonus", "Seleucus", "Ptolemy" };
```

ここで、ベースとなる型はconst charで、宣言子は*kings[]で、初期化子は=とそれに続く{}形式の並びである。

指定子は、先頭に置くvirtual（§3.2.3, §20.3.2）、extern（§15.2）、constexpr（§2.2.3）

などのキーワードであり、宣言対象の型以外の属性を示す。

宣言子は、名前と、省略可能な宣言演算子で構成される。もっとも一般的な宣言演算子は、以下のとおりだ：

宣言演算子		
前置	`*`	ポインタ
前置	`*const`	定数ポインタ
前置	`*volatile`	揮発ポインタ
前置	`&`	左辺値参照（§7.7.1）
前置	`&&`	右辺値参照（§7.7.2）
前置	`auto`	関数（後置の返却型を利用する）
後置	`[]`	配列
後置	`()`	関数
後置	`->`	関数からの返却

宣言演算子が、前置と後置のいずれかに決まっていれば単純なはずだ。しかし、`*`と`[]`と`()`は、式内での使われ方を反映して設計されている（§10.3）。そのため、`*`は前置であり、`[]`と`()`は後置である。後置の宣言演算子は、前置のものよりも強く結合する。その結果、`char*kings[]`は、`char`へのポインタの配列となり、`char(*kings)[]`は、`char`の配列へのポインタとなる。"配列へのポインタ"や"関数へのポインタ"などの型の表現では、丸括弧が必要だ。§7.2のサンプルを参照しよう。

宣言から型を取り除くようなことはできない。たとえば：

```
const c = 7;       // エラー：型がない

gt(int a, int b)  // エラー：返却値型がない
{
   return (a>b) ? a : b;
}

unsigned ui;       // ＯＫ："unsigned"は"unsigned int"のこと
long li;           // ＯＫ："long"は"long int"のこと
```

現在のC++標準と、初期のC言語やC++とで異なる解釈がされる箇所がある。先頭の二つは、型を記述していない。初期のC言語とC++では、`int`とみなされていた（§44.3）。このような"暗黙の`int`"の規則は、厄介なエラーの原因であり、多くの混乱を招いてきた。

`long long`や`volatile int`のように、複数のキーワードで構成される名前をもつ型もある。`decltype(f(x))`のように（`f(x)`の呼出しの返却型：§6.3.6.3）、名前には見えない型名もある。

`volatile`指定子については§41.4を参照しよう。

また、`alignas()`指定子については§6.2.9を参照しよう。

6.3.2 複数の名前の宣言

一つの宣言で複数の名前を宣言できる。コンマで区切った宣言子の並びを記述するだけだ。たとえば、二つの整数の宣言は、以下のようになる。:

```
int x, y;        // int x; int y;
```

宣言演算子は、1個の名前にのみ作用する。すなわち、同じ宣言内に含まれる後続の名前には作用しない。たとえば：

```
int* p, y;       // int* p; int y;であってint* y;ではない
int x, *q;       // int x; int* q;
int v[10], *pv;  // int v[10]; int* pv;
```

複数の名前や、単純ではない宣言子を含む、このような宣言は、プログラムの可読性を下げるので、避けるべきだ。

6.3.3 名前

名前（識別子）は、英字と数字の並びで構成される。先頭文字は、英字でなければならない。なお、下線 _ は、英字として扱われる。C++ では名前の文字数に制限を設けていない。しかし、処理系の一部は、コンパイラ開発者の管理下にはなく（基本的に、リンカ開発者の管理下である）、残念なことに、その部分が、文字数に上限を設けることがある。実行環境によっては、識別子として利用できる文字の種類を制限したり拡張したりすることがある。（名前に $ を利用できるようにするなどの）拡張は、可搬性のないプログラムを生んでしまう。なお、new や int などの、C++ のキーワード（§6.3.3.1）は、ユーザが定義する実体の名前としては利用できない。以下に示すのは、正しい名前の例だ：

```
hello    this_is_a_most_unusually_long_identifier_that_is_better_avoided
DEFINED  foO     bAr     u_name   HorseSense
var0     var1    CLASS   _class   ___
```

識別子として利用できないものも示しておこう：

```
012      a fool   $sys   class  3var
pay.due  foo~bar  .name  if
```

下線で始まる非局所名は、特殊な用途のために処理系と実行環境によって予約ずみであって、アプリケーションプログラムでは利用してはいけない。同様に、2個の下線を含む（trouble__ahead などの）名前や、下線で始まって直後に大文字が続く（_Foo などの）名前も予約ずみである（§iso.17.6.4.3.2）。

コンパイラがソースプログラムを解読する際は、名前用の文字の並びとみなせる最長のものを取り出す。そのため、var10 は一つの名前となるのであって、名前 var に値 10 が続いたものではない。同様に、elseif は一つの名前であって、二つのキーワード else と if が並んだものではない。

大文字と小文字は区別されるので、Count と count は別の名前である。大文字と小文字の違い

しかない名前を使うのは、賢明なことではない。通常は、区別しにくい名前は避けるべきだ。たとえば、フォントによっては、“o”の大文字（O）とゼロ（0）、また、“L”の小文字（l）と“i”の大文字（I）と数字の1は、違いが分かりにくい。そのため、l0、lO、l1、ll、I1l などを識別子として選択するのは、お粗末だ。すべてのフォントで区別しにくいわけではないが、多くのフォントで区別しにくい。

広いスコープ内の名前は、vector、Window_with_border、Department_number のように、比較的長くて明確な名前にするとよいだろう。しかし、狭いスコープ内の名前は、x、i、p のように短くて一般的な名前としたほうがコードが分かりやすくなる。関数（第12章）、クラス（第16章）、名前空間（第14章）などは、スコープを狭くするものだ。頻繁に利用する名前は比較的短くしておき、長い名前は、利用頻度が低いもの用にとっておくといいだろう。

名前を選択する際には、その実装よりも、実体の意味を反映させるべきだ。たとえば、電話番号を vector（§4.4）に格納するからといって、number_vector とするのではなく、phone_book としたほうがよい。動的な型あるいは弱い型付けの言語でしばしば使われる、型に関する情報を名前にもたせる（char* の名前を pcname としたり、int のカウンタを icount とするなどの）手法は、使うべきではない：

- 型に関する情報を名前にもたせると、プログラムの抽象化レベルを低下させる。特に（異なる型の実体を同一名で参照することを前提とする）ジェネリックプログラミングでは妨げとなる。
- 型を追跡管理する作業は、プログラマよりもコンパイラのほうが得意である。
- 名前の型を変更する場合（たとえば、std::string に変更する）、その名前を利用するすべての箇所を変更しなければならない（そうしないと名前に含まれる型が嘘になってしまう）。
- 型名を短縮する仕組みを作り上げても、凝りすぎて暗号のようになってしまうし、利用する型の種類が増加する。

優れた名前の選択は、ある種の技能である。

命名規則は、一貫性を維持するようにしよう。たとえば、ユーザ定義型には大文字から始まる名前を与え、型ではない実体には小文字から始まる名前を与える（Shape と current_token など）。また、マクロ名はすべて大文字とし（HACK など、ただしマクロを使わなければならない場合：§12.6）、非マクロ名は（たとえ非マクロの定数であっても）すべて大文字にはしない。識別子内の単語の区切りには下線を用いる。numberOfElements よりも number_of_elements のほうが読みやすい。しかし、一貫性の徹底は困難でもある。というのも、異なるスタイルを用いた複数のソースファイルを結合して、プログラムが作られることがあるからだ。略語や頭字語の利用には、個人単位で一貫性を維持するとよいだろう。また、C++ 言語と標準ライブラリでは、型に対して小文字を使っていることに注意しよう。その名前が標準の一部であるかを判断する材料になる。

6.3.3.1 キーワード

C++ のキーワードを示す：

C++のキーワード					
alignas	alignof	and	and_eq	asm	auto
bitand	bitor	bool	break	case	catch
char	char16_t	char32_t	class	compl	const
constexpr	const_cast	continue	decltype	default	delete
do	double	dynamic_cast	else	enum	explicit
extern	false	float	for	friend	goto
if	inline	int	long	mutable	namespace
new	noexcept	not	not_eq	nullptr	operator
or	or_eq	private	protected	public	register
reinterpret_cast	return	short	signed	sizeof	static
static_assert	static_cast	struct	switch	template	this
thread_local	throw	true	try	typedef	typeid
typename	union	unsigned	using	virtual	void
volatile	wchar_t	while	xor	xor_eq	

これらに加え、将来の利用のためにexportが予約されている。

6.3.4 スコープ

宣言は、ある一つの名前を、ある一つのスコープの中に導入する。すなわち、名前は、プログラムテキスト内の特定の範囲でのみ利用できる。

- **局所スコープ**（*local scope*）：関数（第12章）の中、あるいは、ラムダ式（§11.4）の中で宣言された名前は、**局所名**（*local name*）と呼ばれる。局所名のスコープは、宣言箇所から、その宣言を含むブロック終端までだ。**ブロック**（*block*）とは、{}のペアで囲まれたコードの範囲のことである。関数とラムダ式の引数名は、その関数およびラムダ式のもっとも外側のブロック内の局所名とみなされる。
- **クラススコープ**（*class scope*）：クラスの中で、しかも、あらゆる関数（第12章）とラムダ式（§11.4）とクラス（第16章）と列挙クラス（§8.4.1）の外で定義された名前は、**メンバ名**（*member name*）（あるいは**クラスメンバ名**（*class member name*））と呼ばれる。そのスコープは、クラス宣言の開始の{から、終了の}までだ。
- **名前空間スコープ**（*namespace scope*）：名前空間内（§14.3.1）の中で、しかも、あらゆる関数（第12章）とラムダ式（§11.4）とクラス（第16章）と列挙クラス（§8.4.1）の外で定義された名前は、**名前空間メンバ名**（*namespace member name*）と呼ばれる。そのスコープは、宣言箇所から名前空間の終端までだ。名前空間の名前は、他の翻訳単位（§15.2）からも参照できる。
- **広域スコープ**（*global scope*）：あらゆる関数（第12章）とクラス（第16章）と列挙クラス（§8.4.1）と名前空間（§14.3.1）の外で定義された名前は、**広域名**（*global name*）と呼ばれる。そのスコープは、宣言箇所から、その宣言を含むファイルの終端までである。広域名は、他の翻訳単位（§15.2）からも参照できる。広域名前空間は、技術的に名前空間の一種とみなせる。すなわち、広域名は、名前空間のメンバ名の一つとなる。

・**文スコープ**（*statement scope*）：`for` 文と `while` 文と `if` 文と `switch` 文の `()` の中で定義された名前は、文スコープとなる。そのスコープは、宣言箇所からその文の終端までだ。文スコープ内の名前は、すべて局所名である。

・**関数スコープ**（*function scope*）：ラベル（§9.6）のスコープは、その関数本体の全体である。

ブロック内で名前を宣言すると、そのブロックを囲む宣言や広域名の宣言を隠すことになる。すなわち、同じ名前を、ブロック内での別の実体を表すものとして再定義できる。ブロックを抜けると、最初のほうの定義の意味が戻る。たとえば：

```
int x;              // 広域のx

void f()
{
    int x;          // 局所のxは広域のxを隠す
    x = 1;          // 局所のxへの代入
    {
        int x;      // 最初の局所のxを隠す
        x = 2;      // ２番目の局所のxへの代入
    }
    x = 3;          // 最初の局所のxへの代入
}

int* p = &x;        // 広域のxのアドレスを取得
```

大規模プログラムでは、名前を隠してしまうことは避けられない。ところが、私たち人間は、プログラムを読む際に名前が隠されたことをすぐに忘れてしまう（**影になる**（*shadowed*）ともいわれる）。このようなエラーは、どちらかというと、まれなので、発見は極めて困難になる。当然、名前を隠すのは、最小限にすべきだ。広域変数や大規模関数の局所変数に、`i` や `x` などの名前を用いるのは、トラブルの原因となる。

隠されている広域変数は、スコープ解決演算子 `::` を利用するとアクセスできる。たとえば：

```
int x;

void f2()
{
    int x = 1;     // 広域のxを隠す
    ::x = 2;       // 広域のxへの代入
    x = 2;         // 局所のxへの代入
    // ...
}
```

なお、隠されている局所名を利用する方法は存在しない。

クラスメンバではない名前のスコープは、宣言箇所から始まる。すなわち宣言を完全に終了させる宣言子と、初期化子とのあいだということだ。そのため、宣言された名前は、自分自身の初期値としても利用できる。たとえば：

```
int x = 97;

void f3()
{
    int x = x;   // ひねくれ：xを（初期化されていない）自分自身の値で初期化
}
```

コンパイラの質が高ければ、初期化することなく利用している変数に対して警告を発する。

:: 演算子を使うことなく、二つの異なるオブジェクトを参照するものとして、同じ名前をブロック中で利用することも可能だ。たとえば：

```
int x = 11;

void f4()  // ひねくれ：一つのスコープ内でxという同じ名前の異なるオブジェクトを利用
{
    int y = x;    // 広域のxのこと：y = 11
    int x = 22;
    y = x;        // 局所のxのこと：y = 22
}
```

繰り返すが、このような曖昧なコードは避けるべきだ。

関数の引数の名前は、関数のもっとも外側のブロック内で宣言されたとみなされる。たとえば：

```
void f5(int x)
{
    int x;        // エラー
}
```

同じスコープで x を2回定義しているので、エラーとなる。なお、for 文内で定義された名前は、その文（文スコープ）に局所的となる。そのため、一つの関数の中で、よく使われる名前のループ変数は何度でも利用できる。たとえば：

```
void f(vector<string>& v, list<int>& lst)
{
    for (const auto& x : v) cout << x << '\n';
    for (auto x : lst) cout << x << '\n';
    for (int i = 0; i!=v.size(); ++i) cout << v[i] << '\n';
    for (auto i : {1, 2, 3, 4, 5, 6, 7}) cout << i << '\n';
}
```

これで名前衝突が発生することはない。

if 文による分岐の文が、宣言文一つだけとなることは許されない（§9.4.1）。

6.3.5 初期化

オブジェクトに対して初期化子が与えられると、その初期化子がオブジェクトの初期値を決定することになる。初期化子には、4種類の構文がある：

```
X a1 {v};
X a2 = {v};
X a3 = v;
X a4(v);
```

これらのうち、あらゆる局面で利用できるのは、先頭の形式だけだ。そのため、私は、最初の形式の利用を強くお勧めする。他の初期化子よりもクリアで誤りにくいからだ。ところが、この構文は C++11 で新しく導入されたものなので、古いコードでは、他の三つが利用されている。= を用いた2種類は、C 言語でも利用する形式だ。古い習慣は、なかなかなくならない。私も、単純な変数を単純な値で初期化するとき = を利用することがたびたび（一貫することなく）ある。たとえば：

```
int x1 = 0;
char c1 = 'z';
```

ところが、これよりもはるかに複雑なコードでは、{} 形式のほうがうまくいく。{} を利用した、**並びによる初期化**（*list initialization*）は、縮小変換（§iso.8.5.4）を許さないのだ。すなわち：

- 整数値は、その値を保持できない他の整数型へは変換されない。たとえば、char から int への変換は可能だが、int から char への変換は許されない。
- 浮動小数点数値は、その値を保持できない他の浮動小数点数型へは変換されない。たとえば、float から double への変換は可能だが、double から float への変換は許されない。
- 浮動小数点数値は、整数型には変換されない。
- 整数値は、浮動小数点数型には変換されない。

たとえば：

```
void f(double val, int val2)
{
    int x2 = val;     // もしval==7.9ならばx2は7になる
    char c2 = val2;   // もしval2==1025ならばc2は1になる

    int x3 {val};     // エラー：切捨ての可能性
    char c3 {val2};   // エラー：縮小の可能性

    char c4 {24};     // ＯＫ：24はcharで正確に表現できる
    char c5 {264};    // エラー（charを8ビットと仮定すると）：264はcharでは表現できない

    int x4 {2.0};     // エラー：doubleからintへの変換はない
    // ...
}
```

組込み型の変換規則については、§10.5 を参照しよう。

auto を利用して、初期化子に基づいて型を取り出す場合、{} を使うメリットはない。それどころか、落とし穴がある。{} による初期化では、型が導出される（§6.3.6.2）と困るのだ：

```
auto z1 {99};  // z1はinitializer_list<int>
auto z2 = 99;  // z2はint
```

auto を利用する場合は、= を用いたほうがよい。

値の並びによってオブジェクトの初期化が行えるようにクラスを定義することができるし、その一方で、格納すべき値ではない、いくつかの引数に基づいてオブジェクトの初期化が行えるようにクラスを定義することもできる。古典的な例は、整数を要素とする vector だ：

```
vector<int> v1 {99}; // v1は99という値の単一要素から構成されるvector
vector<int> v2(99);  // v2はデフォルト値0をもつ99個の要素から構成されるvector
```

ここでは、2番目に示した方法の初期化の意味を強調するために、コンストラクタを明示的に呼び出す (99) を利用している。ほとんどの vector がそうだが、多くの型ではこのような混乱を招く初期化は行えない。たとえば：

```
vector<string> v1{"hello!"};    // v1は"hello!"という値をもつ単一要素から構成されるvector
vector<string> v2("hello!");    // エラー：vectorには文字列リテラルを受け取るコンストラクタはない
```

そのため、特別な理由でもない限りは、{} による初期化を優先したほうがよい。

デフォルト値による初期化を行うことを示すには、空の初期化子並び {} を記述する。たとえば：

```
int x4 {};             // x4は0になる
double d4 {};          // d4は0.0になる
char* p {};            // pはnullptrになる
vector<int> v4 {};     // v4は空のvectorになる
string s4 {};          // s4は""になる
```

ほとんどの型がデフォルト値をもっている。汎整数型であれば、デフォルト値は、適切に表現されたゼロである。ポインタでは、デフォルト値は**nullptr**（§7.2.2）だ。ユーザ定義型のデフォルト値は、（もしあれば）その型のコンストラクタが決定する（§17.3.3）。

ユーザ定義型では、直接初期化（暗黙の型変換が許される）と、コピー初期化（暗黙の型変換が許されない）とで大きな違いがある。§16.2.6を参照しよう。

オブジェクトの初期化については、以下のように、対応する箇所で解説する：

- ポインタ：§7.2.2, §7.3.2, §7.4。
- 参照：§7.7.1（左辺値），§7.7.2（右辺値）。
- 配列：§7.3.1, §7.3.2。
- 定数：§10.4。
- クラス：§17.3.1（コンストラクタを使わない場合）、§17.3.2（コンストラクタを使う場合）、§17.3.3（デフォルト）、§17.4（メンバと基底）、§17.5（コピーおよびムーブ）。
- ユーザ定義コンテナ：§17.3.4。

6.3.5.1 初期化子の省略

すべての組込み型を含め、多くの型が初期化子を必須としていない。しかし、実際に初期化子を省略すると（残念ながら、よくあることなのだが）、状況はさらに複雑になる。複雑さを避けたければ、必ず初期化することだ。変数を初期化しない、唯一のまともな理由は、巨大な入力バッファだけである。たとえば：

```
constexpr int max = 1024*1024;
char buf[max];
some_stream.get(buf,max);  // 最大でmax個の文字をbufに読み込む
```

なお、bufの初期化は簡単に行える：

```
char buf[max] {};  // すべてのcharを0に初期化
```

冗長な初期化は、深刻な性能劣化につながることがある。この例のような低レベルのバッファの利用は、可能な限り避けるべきだ。さらに、初期化ずみ配列と比べて最適化後の差が大きいことを（測定などによって）確認しない限り、バッファを未初期化のまま残すべきではない。

初期化子を与えなくても、広域のもの（§6.3.4）、名前空間内のもの（§14.3.1）、局所的で**static**なもの（§12.1.8）、**static**メンバ（§16.2.12）（これらの総称は**静的オブジェクト**（*static object*）である）は、それぞれに適した型の**{}**で初期化される。たとえば：

```
int a;      // “int a{};”のことだから0になる
double d;   // “double d{};”のことだから0.0になる
```

スタック上に割り当てられた局所変数と、空き領域上に作られたオブジェクト（**動的オブジェクト**（*dynamic object*）あるいは**ヒープオブジェクト**（*heap object*）とも呼ばれる：§11.2）は、デフォルトコンストラクタをもつユーザ定義型でない限り、デフォルトでは初期化されない（§17.3.3）。

```
void f()
{
    int x;                      // xは的確に定義された値をもたない
    char buf[1024];             // buf[i]は的確に定義された値をもたない

    int* p {new int};           // *pは的確に定義された値をもたない
    char* q {new char[1024]};   // q[i]は的確に定義された値をもたない

    string s;                   // stringのデフォルトコンストラクタによってs==""となる
    vector<char> v;             // vectorのデフォルトコンストラクタによってv=={}となる

    string* ps {new string};    // stringのデフォルトコンストラクタによって*psは""となる
    // ...
}
```

newで作成する組込み型の変数とオブジェクトを初期化する場合は、{}を用いる。たとえば：

```
void ff()
{
    int x {};                       // xは0となる
    char buf[1024] {};              // すべてのiに対してbuf[i]は0となる

    int* p {new int{10}};           // *pは10となる
    char* q {new char[1024]{}};     // すべてのiに対してq[i]は0となる

    // ...
}
```

配列あるいは構造体がデフォルトで初期化されたときは、配列と構造体のメンバもデフォルトで初期化される。

6.3.5.2 初期化子並び

ここまで、初期化子をまったく与えない場合と、1個だけ与えた場合について考えてきた。しかし、もっと複雑なオブジェクトだと、初期化子として2個以上の値が必要となることがある。その場合は、基本的に、{と}とで囲んだ初期化子並びを用いる。たとえば：

```
int a[] = { 1, 2 };                             // 配列初期化子
struct S { int x, string s; };
S s = { 1, "Helios" };                          // 構造体初期化子
complex<double> z = { 0, pi };                  // コンストラクタを利用
vector<double> v = { 0.0, 1.1, 2.2, 3.3 };      // 並びコンストラクタを利用
```

C言語スタイルの配列初期化については§7.3.1を、C言語スタイルの構造体初期化については§8.2を参照しよう。コンストラクタをもつユーザ定義型の初期化については§2.3.2と§16.2.5を参照しよう。さらに、初期化子並びを受け取るコンストラクタについては§17.3.4を参照しよう。

この例での=は冗長だ。とはいえ、メンバとなる変数を初期化する値であることを強調するため、あえて記述するというスタイルもある。

関数の引数に似たスタイルの引数の並びが利用できる場面もある（§2.3, §16.2.5）。たとえば：

```
complex<double> z(0,pi);    // コンストラクタを利用
vector<double> v(10,3.3);   // コンストラクタを利用：vは3.3で初期化された10個の要素をもつ
```


宣言の中では、中身が空となっている丸括弧のペア () は、必ず “関数” を意味する (§12.1)。そのため、“デフォルトの初期化” を明示する場合は、{} を使う。たとえば：

```
complex<double> z1(1,2);  // 関数形式の初期化子（コンストラクタによる初期化）
complex<double> f1();     // 関数宣言

complex<double> z2 {1,2}; // コンストラクタによって{1,2}に初期化される
complex<double> f2 {};    // コンストラクタによってデフォルト値{0,0}に初期化される
```

{} 形式の初期化では、縮小変換が行われない（§6.3.5）ことに注意しよう。

auto を利用すると、{} の並びの型は、**std::initializer_list<T>** に導出された型となる。たとえば：

```
auto x1 {1,2,3,4};             // x1はinitializer_list<int>
auto x2 {1.0, 2.25, 3.5 };     // x2はinitializer_list<double>
auto x3 {1.0,2};               // エラー：{1.0,2}の型の推測不能（§6.3.6.2）
```

6.3.6 型の導出：auto と decltype()

C++ 言語は、式から型を導出するための２種類のメカニズムを提供する：

- **auto**：初期化子からオブジェクトの型を導出する。得られるのは、変数の型、**const** の型、**constexpr** の型として利用できる型である。
- **decltype(expr)**：関数の返却型やクラスメンバの型のように、単純ではない初期化子の型を導出する。

ここでの導出処理は、極めて単純に行われる。**auto** と **decltype()** は、コンパイラにとって既知となっている式の型を利用するだけだ。

6.3.6.1 auto 型指定子

変数の宣言に初期化子を与える場合は、型を明示的に指定しなくてもよい。その場合、初期値の型が、宣言する変数の型となる。次の例を考えてみよう：

```
int a1 = 123;
char a2 = 123;
auto a3 = 123;    // a3の型は“int”
```

整数リテラル 123 は **int** 型なので、**a3** は **int** 型になる。すなわち、**auto** は初期化子の型に置きかえられる。

123 のような単純な式では、**int** の代わりに **auto** と記述しても、それほど便利ではない。型を記述したり取得したりするのに手間がかかる場合に、**auto** は便利になる。たとえば：

```
template<typename T> void f1(vector<T>& arg)
{
   for (typename vector<T>::iterator p = arg.begin(); p!=arg.end(); ++p)
      *p = 7;
```

```
    for (auto p = arg.begin(); p!=arg.end(); ++p)
        *p = 7;
}
```

ループにautoを用いると、書きやすくなるし、読みやすくもなる。さらに、コードの変更も容易だ。たとえば、argをlistに変えた場合、最初のループは書きかえなければならないが、autoを用いた2番目のループはそのままでよい。すなわち、特に理由がない限り、狭いスコープでは、autoを使うべきだ。

スコープが広い場合は、型を明示的に記述したほうがエラーの拡大が防げる。すなわち、型を記述せずにautoを用いると、型に関連するエラーの発見が遅れるのだ。たとえば：

```
void f(complex<double> d)
{
    // ...
    auto max = d+7;      // 正しい：maxはcomplex<double>
    double min = d-9;    // エラー：dをスカラと仮定している
    // ...
}
```

autoの結果が想定外となるときの最善の対策は、関数を小規模にすることだ。いずれにせよ、関数を小規模にすること自体が、よいアイディアだ（§12.1）。

導出される型に対して、constや&（参照：§7.7）などの指定子や修飾子（§6.3.1）を付けることもできる。たとえば：

```
void f(vector<int>& v)
{
    for (const auto& x : v) {  // xはconst int&
        // ...
    }
}
```

ここで、autoはvの要素の型として決定される。もちろん、int型だ。

式の型は、決して参照とはならないことに注意しよう。というのも、参照は、式の中で暗黙のうちに参照外しが行われるからだ（§7.7）。たとえば：

```
void g(int& v)
{
    auto x = v;    // xはint（int&ではない）
    auto& y = v;   // yはint&
}
```

6.3.6.2 autoと{}並び

初期化するオブジェクトの型を明示的に記述する際は、二つの型、すなわち、オブジェクトの型と初期化子の型を考慮する必要がある。たとえば：

```
char v1 = 12345; // 12345はint
int v2 = 'c';    // 'c'はchar
T v3 = f();
```

ここで{}構文の初期化子を用いると、不適切な変換が発生する機会を最小限に抑えられる：

```
char v1 {12345}; // エラー：縮小変換
int v2 {'c'};    // 正しい：暗黙のchar->intの変換
T v3 {f()};      // うまくいくのは、f()の型が暗黙裏にTに変換できるときに限られる
```

autoを使えば、初期化子の型によって一意に特定されるため、=構文は安全に利用できる：

```
auto v1 = 12345;    // v1はint
auto v2 = 'c';      // v2はchar
auto v3 = f();      // v3は何か適切な型
```

実際、autoと=を併用したほうがよい。というのも、{}構文は期待を裏切ることがあるからだ：

```
auto v1 {12345};    // v1はintの並び
auto v2 {'c'};      // v2はcharの並び
auto v3 {f()};      // v3は何か適切な型の並び
```

これは論理的だ。次の例も考えてみよう：

```
auto x0 {};         // エラー：型を導出できない
auto x1 {1};        // １個の要素で構成されるintの並び
auto x2 {1,2};      // ２個の要素で構成されるintの並び
auto x3 {1,2,3};    // ３個の要素で構成されるintの並び
```

全要素がT型である並びの型はinitializer_list<T>となる（§3.2.1.3, §11.3.3）。ここで、x1の型がintとして導出されることはない。もしそうなるのなら、x2やx3の型はどうなるだろう？

すなわち、“並び”ではないオブジェクトにautoを用いる場合は、{}ではなくて、=を利用することをお勧めする。

6.3.6.3 decltype()型指定子

適切な初期化子があればautoを利用できる。ところが、初期化ずみの変数を定義せずに、型導出が必要となることがある。その場合は、宣言型指定子を利用する。decltype(expr)は、exprの宣言された型を表す。これは、主としてジェネリックプログラミングで有用な機能だ。要素の型が異なる可能性がある二つの行列の和を求める関数を考えてみよう。結果の型を何にすればよいだろうか？　行列であることは間違いないが、その要素の型はどうだろう？　いうまでもなく、その型は、要素の和の型である。そのため、次のように宣言する：

```
template<typename T, typename U>
auto operator+(const Matrix<T>& a, const Matrix<U>& b) -> Matrix<decltype(T{}+U{})>;
```

ここでは、後置形式の返却値構文（§12.1）Matrix<decltype(T{}+U{})>を利用している。返却型を表現するのに、引数の情報を利用するからだ。したがって、結果の型は、引数として受け取る二つのMatrixを加算する要素の組合せ、すなわちT{}+U{}となる。

定義する際も、Matrixの要素型を表すために、再びdecltype()を利用する：

```
template<typename T, typename U>
auto operator+(const Matrix<T>& a, const Matrix<U>& b) -> Matrix<decltype(T{}+U{})>
{
   Matrix<decltype(T{}+U{})> res;
   for (int i=0; i!=a.rows(); ++i)
      for (int j=0; j!=a.cols(); ++j)
         res(i,j) += a(i,j) + b(i,j);
   return res;
}
```

6.4 オブジェクトと値

名前をもたないオブジェクトを、割り当てて利用することができる（たとえば、`new`を使って作る）。また、奇妙に見える（たとえば、`*p[a+10]=7`などの）式に対する代入も可能だ。そのため、"メモリ上の何か"に対する名前が必要となる。このことは、もっとも単純で根本的な、オブジェクトの概念を表す。すなわち、**オブジェクト**（*object*）は、メモリ上で連続している一つの領域であって、**左辺値**（*lvalue*）は、オブジェクトを表す式だ。"左辺値"という用語は、もともと"代入式の左辺に置けるもの"を表すために作られた。しかし、すべての左辺値が代入式の左辺に置けるわけではない。たとえば、左辺値が定数であることもある（§7.7）。`const`と宣言されない左辺値は、一般に**変更可能な左辺値**（*modifiable lvalue*）と呼ばれる。これは、単純で低レベルなオブジェクトの概念だ。クラスオブジェクトや多相型オブジェクトの概念（§3.2.2, §20.3.2）と混同しないように。

6.4.1 左辺値と右辺値

左辺値の概念を補うのが、**右辺値**（*rvalue*）の概念だ。右辺値は、（たとえば関数の返却値などの）一時的な値のような、大雑把にいうと"左辺値ではない値"のことだ。

もし、（たとえば、ISO C++ 標準を読みたいなどの理由から）もっと専門的になりたければ、左辺値と右辺値をより詳しく理解する必要がある。そもそも、アドレスを得る、コピーする、ムーブするというオブジェクト処理に影響する２種類の性質がある：

- **アイデンティティをもつ**：プログラムには、オブジェクトに対して、名前で参照する、ポインタで指す、参照で参照する、といったことができる。これを利用すると、二つのオブジェクトが同一であるかどうか、オブジェクトの値が変化したかなどが判断できる。
- **ムーブ可能である**：オブジェクトがムーブ元の対象となり得る（たとえば、オブジェクトの値を別の位置に移動した上で、元のオブジェクトを、有効ではあるが不定の状態へと遷移することが可能だ。これは、コピーとは異なる：§17.5）。

これら２種類の性質の組合せは４種類だが、C++ 言語の規則を正確に述べるには、そのうちの３種類が必要である（アイデンティティをもたず、ムーブ不可能なオブジェクトについては考慮する必要がない）。"`m`はムーブ可能（movable）"で、"`i`はアイデンティティ（identity）"とすると、式の分類を表す図は、以下のようになる：

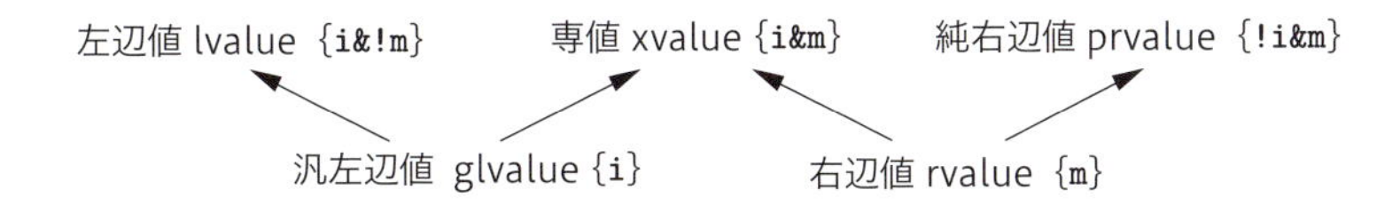

すなわち、従来の左辺値は、アイデンティティをもつがムーブ不可能だ（ムーブ後にも値が参照できるため）。また、従来の右辺値は、ムーブ可能である。その他に、**純右辺値**（*prvalue* = "pure rvalue"）と、**汎左辺値**（*glvalue* = "generalized lvalue"）と、**専値**（*xvalue*："`x`"は"extraordinay"あるいは"expert only"に由来する："`x`"の意味はこれまでは架空のものだった）がある。たとえば：

```
void f(vector<string>& vs)
{
   vector<string> v2 = std::move(vs);  // vsをv2に移動
   //...
}
```

std::move(vs) は専値だ。というよりも、間違いなくアイデンティティをもつ（**vs** として参照可能だ）し、**std::move()** によってムーブ可能であることを明示的に許可している（§3.3.2, §35.5.1）。

現実のプログラミングでは、右辺値と左辺値の概念だけで十分だ。すべての式は、右辺値か左辺値のいずれかであり、同時に両者になることはない。

6.4.2 オブジェクトの生存期間

オブジェクトの**生存期間**（*lifetime*）は、そのコンストラクタが実行を完了した時点から、デストラクタが実行を開始する時点までだ。なお、**int** のような、宣言されたコンストラクタをもたない型のオブジェクトは、何も行わないデフォルトコンストラクタとデストラクタをもっているとみなされる。

オブジェクトは、その生存期間によって、次のように分類できる：

- **自動**（*automatic*）：プログラマが明示的に指定しない場合、関数内で宣言されたオブジェクトは、その定義箇所で作成されて、スコープを抜ける時点で解体される（§12.1.8, §16.2.12）。このようなオブジェクトは、**自動**（*automatic*）オブジェクトと呼ばれる。ほとんどの処理系では、自動オブジェクトはスタック上に割り当てられる。関数は、呼び出されるたびに、自身の自動オブジェクトを置くための**スタックフレーム**（*stack frame*）を確保する。
- **静的**（*static*）：広域スコープまたは名前空間のスコープ内で宣言されたオブジェクト（§6.3.4）と、関数とクラスの中で **static** と宣言されたオブジェクト（それぞれ §12.1.8 と §16.2.12）は、一度（だけ）作成・初期化されて、プログラムが終了するまで“生きる”（§15.4.3）。このようなオブジェクトが**静的**（*static*）オブジェクトと呼ばれる。静的オブジェクトは、プログラムの実行を通じて、同じアドレス上に存在し続ける。静的オブジェクトは、全スレッドで共有されるため、マルチスレッドプログラムでは深刻な問題を引き起こすこともある。通常は、データ競合を防ぐロックが必要になる（§5.3.1，§42.3）。
- **空き領域**（*free store*）：**new** 演算子と **delete** 演算子を使って、生存期間を直接に管理するものであり、プログラム上で作成するオブジェクトだ（§11.2）。
- **一時オブジェクト**（*temporary object*）：たとえば、演算の中間結果や、**const** 引数への参照を保持するオブジェクトなどである。生存期間は利用時に決定される。参照にバインドされていれば、その参照の生存期間と一致する。そうでない場合は、そのオブジェクトが利用されている完全式のすべての実行が完了するまで“生きる”。なお、**完全式**（*full expression*）とは、他の式の部分ではない式のことだ。通常、一時オブジェクトは自動オブジェクトである。
- **スレッド局所**（*thread-local*）オブジェクト：**thread_local** と宣言されたオブジェクトのことだ（§42.2.8）。スレッドが作られるときに作られて、スレッドが解体されるときに解体される。

静的（*static*）オブジェクトと、**自動**（*automatic*）オブジェクトの総称は、伝統的に**記憶域クラス**（*storage class*）と呼ばれる。

配列要素と非静的クラスメンバの生存期間は、所属するオブジェクトによって決定される。

6.5 型別名

型に対して、新しい名前が必要になることがある。たとえば、以下のようなときだ：

・オリジナルの名前が長すぎる、複雑である、（一部のプログラマにとって）見苦しい。
・使っているプログラミング技法によって、別々の型が同じ名前をもつことが要求されている。
・単に保守を容易にするために、ある局面で特定の型が必要である。

たとえば：

```
using Pchar = char*;          // 文字へのポインタ
using PF = int(*)(double);    // doubleを受け取ってintを返却する関数へのポインタ
```

メンバ別名を利用すれば、類似した型に同じ名前を与えられる：

```
template<typename T>
class vector {
   using value_type = T;  // どのコンテナにもvalue_typeが定義されている
   // ...
};

template<typename T>
class list {
   using value_type = T;  // どのコンテナにもvalue_typeが定義されている
   // ...
};
```

よくも悪くも、型の別名は、独立した型ではなくて、他の型の同義にすぎない。すなわち、別名とは、型に対して別の名前を利用できるようにするだけのものだ。たとえば：

```
Pchar p1 = nullptr;  // p1はchar*
char* p3 = p1;       // 正しい
```

同じセマンティクスあるいは同じデータ表現であるものに対して、独立した型を使おうとする読者は、列挙体（§8.4）とクラス（第16章）の解説を読んだほうがいいだろう。

さて、変数宣言のような形式で名前を宣言する、キーワード**typedef**を用いた従来からの構文も、多くの文脈で、等価な意味で利用できる。たとえば：

```
typedef int int32_t;          // "using int32_t = int;"と等価
typedef short int16_t;        // "using int16_t = short;"と等価
typedef void(*PtoF)(int);     // "using PtoF = void(*)(int);"と等価
```

別名は、コードをマシンの詳細から分離したいときに利用できる。ここでの**int32_t**という名前は、32ビット整数を表すことを示している。"単なる**int**"ではなく、**int32_t**と記述しておけば、**sizeof(int)==2**のマシンへ移植する際は、以下に示すように、**int32_t**がもっと大きい整数となるように定義を変更するだけですむ：

```
using int32_t = long;
```

末尾の**_t**は、伝統的に（"**typedef**によって与えられた"）別名を意味する。**int16_t**や

int32_t などの別名は、<cstdint> で定義されている（§43.7）。このような、目的ではなくデータ表現を表す名前を型の名前とするのは、必ずしもよいアイディアではない（§6.3.3）。

キーワード using は、template 別名にも利用できる（§23.6）。たとえば：

```
template<typename T>
  using Vector = std::vector<T,My_allocator<T>>;
```

別名に対して unsigned などの型指定子を適用することはできない。たとえば：

```
using Char = char;
using Uchar = unsigned Char;  // エラー
using Uchar = unsigned char;  // ＯＫ
```

6.6 アドバイス

[1] 言語仕様の決定事項は、ISO C++ 標準を参照しよう。§6.1。

[2] 指定されない動作と定義されない動作を避けよう。§6.1。

[3] 処理系定義の動作に依存する必要があるコードは、分離しよう。§6.1。

[4] 文字の値に関する不必要な仮定は避けよう。§6.2.3.2，§10.5.2.1。

[5] 0 で始まる数値が 8 進数であることを忘れないように。§6.2.4.1。

[6] “マジック定数”は避けよう。§6.2.4.1。

[7] 整数の大きさに関する不必要な仮定は避けよう。§6.2.8。

[8] 浮動小数点数型の精度と範囲に関する不必要な仮定は避けよう。§6.2.8。

[9] signed char と unsigned char よりも、単なる char を優先しよう。§6.2.3.1。

[10] 符号付き型と符号無し型とのあいだの型変換には注意しよう。§6.2.3.1。

[11] 一つの宣言では一つの名前（だけ）を宣言しよう。§6.3.2。

[12] 一般的で局所的な名前は短くして、そうでない名前は長くしよう。§6.3.3。

[13] 見た目が似ている名前は避けよう。§6.3.3。

[14] オブジェクトには、型ではなく意味を反映した名前を与えよう。§6.3.3。

[15] 命名規則は、一貫性を維持しよう。§6.3.3。

[16] すべてが大文字となる名前は避けよう。§6.3.3。

[17] スコープは、狭くしよう。§6.3.4。

[18] 内側のスコープと外側のスコープとで同じ名前を利用しないように。§6.3.4。

[19] 型名を用いた宣言には、{} 構文の初期化子を使おう。§6.3.5。

[20] auto による宣言には、= 構文の初期化子を使おう。§6.3.5。

[21] 未初期化の変数は、使わないように。§6.3.5.1。

[22] 組込み型が表現する値が変化する可能性がある場合は、意味ある名前を定義するために別名を使おう。§6.5。

[23] 型の同義を定義するために、別名を利用しよう。新しい型を定義するのであれば、列挙体とクラスを利用しよう。§6.5。

第 7 章　ポインタと配列と参照

崇高なことと馬鹿げたことは、
往々にして余りにも密接に結びついているので、
それらを切り離して区別するのはむずかしい。
— トマス・ペイン

7.1　はじめに

本章では、C++ の基本言語機能の中から、メモリ領域への参照について解説する。いうまでもなく、オブジェクトは、名前を使って参照して利用する。ところが、C++ の（ほとんどの）オブジェクトが“アイデンティティをもつ”のだ。

すなわち、オブジェクトはメモリ上で特定のアドレスに位置するものであり、アドレスと型が分かっていれば、利用できる。アドレスを保持して利用するための C++ 言語機能には、ポインタと参照とがある。

7.2　ポインタ

型を T としたとき、T* の型は、“T へのポインタ”である。そのため、T* 型の変数は、T 型オブジェクトのアドレスを保持できる。たとえば：

```
char c = 'a';
char* p = &c;    // pはcのアドレスを保持：&はアドレス演算子
```

図にすると、次のような感じだ：

ンタ型で利用される。

nullptr の導入前は、空ポインタはゼロ（0）で表していた。たとえば：

```
int* x = 0;        // xはnullptr値となる
```

0 番地のアドレスにはオブジェクトは何も割り当てられていないので、0（すべてのビットがゼロ）がもっとも一般的な nullptr の表現だ。そのゼロ（0）は、int 型である。ただし、標準変換（§10.5.2.3）によって、ポインタあるいはメンバへのポインタの定数として 0 も利用できる。

かつては、空ポインタを表現するマクロ NULL を定義することが普及していた。たとえば：

```
int* p = NULL;    // マクロNULLを利用
```

ところが、NULL の定義は、処理系によって違いがあった。たとえば、NULL は、0 であったり 0L であったりした。C 言語では、NULL を (void*)0 と定義することが多いが、C++ では認められていない（§7.2.1）：

```
int* p = NULL;    // エラー：int*に対してvoid*は代入できない
```

nullptr を利用すると、他の方法よりも読みやすくなる上に、ポインタを受け取る関数と、整数を受け取る関数が多重定義された際の混乱を避けられる（§12.3.1）。

7.3 配列

T を型とすると、T[size] は、“size 個の型 T の要素をもつ配列”となる。各要素の添字は、0 から size-1 までだ。たとえば：

```
float v[3];    // 3個のfloatで構成される配列：v[0], v[1], v[2]
char* a[32];   // 32個のcharへのポインタで構成される配列：a[0] ... a[31]
```

配列要素のアクセスは、添字演算子 [] か、ポインタ（* 演算子あるいは [] 演算子：§7.4）を利用して行う。たとえば：

```
void f()
{
    int aa[10];
    aa[6] = 9;          // aaの7番目の要素への代入
    int x = aa[99];     // 定義されない動作
}
```

配列の範囲外にアクセスした際の動作は定義されず、通常は惨事を引き起こす。実行時の範囲チェックは保証されていないし、通常は行われない。

配列（new で確保したものは除く）の要素数、すなわち配列の上限は、定数式（§10.4）で指定しなければならない。上限が可変である配列が必要であれば、vector（§4.4.1, §31.4）を利用する。たとえば：

```
void f(int n)
{
    int v1[n];              // エラー：配列の要素数が定数式ではない
    vector<int> v2(n);      // ＯＫ：n個のintから構成されるvector
}
```

多次元配列は、配列の配列（要素を配列とする配列）として表現される（§7.4.2）。

配列は、メモリ上のオブジェクトの並びを表現するための、C++での基本的な方法だ。メモリ上で、特定の型のオブジェクトが単純に固定数並んだものが必要であれば、配列は理想的な解である。ただし、そうでない場合は、配列が深刻な問題を引き起こすことがある。

配列は、静的に割り当てられるし、スタック上にも割り当てられるし、空き領域（§6.4.2）にも割り当てられる。たとえば：

```
int a1[10];              // 静的記憶域に格納される10個のint

void f()
{
    int a2[20];          // スタックに格納される20個のint
    int*p = new int[40]; // 空き領域に格納される40個のint
    // ...
}
```

C++の組込み配列は、本質的に低レベル機能であって、標準ライブラリのvectorやarrayなどの、より高レベルで、よりうまく動作するデータ構造の実装の内部で利用されるものだ。配列は代入できない。さらに、ちょっとしたタイミングで、配列名は先頭要素へのポインタへと暗黙裏に変換されてしまう（§7.4）。この暗黙のポインタへの変換が、C言語のコードと、C言語スタイルのC++コードで、数多くのエラーの原因となることがあるので、（関数の引数などの：§7.4.3, §12.2.2）インタフェースでは、配列の利用は避けるべきだ。空き領域に配列を割り当てた際は、利用が完了した時点で、そのポインタを必ず1回だけdelete[]することを忘れてはいけない（§11.2.2）。これを行う、もっとも簡単でもっとも信頼できる方法は、空き領域上の配列を、資源ハンドルに管理させることである（たとえば、string（§19.3, §36.3）、vector（§13.6, §34.2）、unique_ptr（§34.3.1）などが行っている）。配列を静的に割り当てた場合や、スタック上に割り当てた場合は、delete[]してはいけない。いうまでもなく、C言語プログラマは、これらのアドバイスにしたがうことはできない。C言語には、配列をカプセル化する機能がないからだ。しかし、C++では、これらのアドバイスにしたがわない理由は何もない。

配列の一種で、もっとも広く利用されているのが、ゼロで終端するcharの配列だ。これは、C言語で文字列を保持する方法なので、ゼロで終端するcharの配列は、一般に**C言語スタイルの文字列**（*C-style string*）と呼ばれる。C++での文字列リテラルも、この規約にしたがっている（§7.3.2）。また、それを前提とした標準ライブラリ関数もいくつかある（たとえば、strcpy()やstrcmp()などだ：§43.4）。そのため、char*やconst char*は、ゼロで終端する文字の並びを指すものと想定することが多い。

7.3.1 配列の初期化

配列は、値の並びを与えることで初期化できる。たとえば：

```
int v1[] = { 1, 2, 3, 4 };
char v2[] = { 'a', 'b', 'c', 0 };
```

要素数を指定せずに初期化子並びを与えて配列を宣言すると、初期化子並びの個数が、配列の要素数となる。そのため、v1 と v2 の型は、それぞれ int[4] と char[4] である。要素数を明示的に指定した際に、初期化子並びの個数のほうが大きくなると、エラーになる。たとえば：

```
char v3[2] = { 'a', 'b', 0 };    // エラー：初期化子が多すぎる
char v4[3] = { 'a', 'b', 0 };    // OK
```

逆に、初期化子の個数が小さければ、不足要素に対して 0 が埋められる。たとえば：

```
int v5[8] = { 1, 2, 3, 4 };
```

これは、以下と同じことである。

```
int v5[] = { 1, 2, 3, 4, 0, 0, 0, 0 };
```

配列に対する組込みのコピー演算は存在しない。別の配列をもとに配列を初期化するのは、不可能（まったく同じ型でも不可能）であり、配列の代入演算も存在しない：

```
int v6[8] = v5;    // エラー：配列はコピーできない（配列へのint*の代入は不可能）
v6 = v5;           // エラー：配列の代入は不可能
```

同様に、配列を値渡しすることはできない。§7.4 も参照しよう。

オブジェクトの集合を代入する必要がある場合は、配列ではなくて、vector（§4.4.1, §13.6, §34.2）、array（§8.2.4）、valarray（§40.5）を利用しよう。

文字の配列は、文字列リテラル（§7.3.2）で初期化できる。

7.3.2 文字列リテラル

文字列リテラル（*string literal*）は、二重引用符記号で囲んだ文字の並びである：

```
"this is a string"
```

文字列リテラルは、見た目よりも 1 個だけ多くの文字を保持する。それは、終端を表すための値が 0 であるナル文字 '\0' の分だ。たとえば：

```
sizeof("Bohr")==5
```

文字列リテラルの型は、“適切な個数の const な文字の配列”である。そのため、ここでの "Bohr" は、const char[5] 型である。

C 言語と、過去の C++ では、非 const char* に対して文字列リテラルを代入できた：

```
void f()
{
    char* p = "Plato";  // エラー：ただし、C++11より前では正しく受け入れられていた
    p[4] = 'e';         // エラー：constへの代入
}
```

このような代入が安全でないことは明らかだ。これは、分かりにくいエラーを発生させてきた（今なお発生させている）。過去のコードがコンパイルできないことを不満に思わないようにしよう。文字列リテラルを変更不可としたのは、それが明らかにおかしいというだけではなくて、文字列リテラルの保持やアクセスに対して処理系が強力な最適化を行えるようにするためでもある。変更可能な文字列が必要ならば、非 const の配列に文字を置くとよい：

```
void f()
{
   char p[] = "Zeno";    // pは5個のcharの配列
   p[0] = 'R';           // OK
}
```

文字列リテラルは静的に割り当てられるので、関数の返却値として安全に利用できる。たとえば：

```
const char* error_message(int i)
{
   // ...
   return "range error";
}
```

この例の"range error"を保持するメモリ領域は、error_message()の実行終了後もちゃんと存在し続ける。

同じ綴りの文字列リテラルが2個存在する場合、配列を1個だけ割り当てて共有するか、あるいは、別々の配列とするかは、処理系定義だ（§6.1）。たとえば：

```
const char* p = "Heraclitus";
const char* q = "Heraclitus";

void g()
{
   if (p == q) cout << "one!\n";    // 結果は処理系定義
   // ...
}
```

ここでの==は、ポインタそのものの値であるアドレスを比較しているのであって、ポインタが指す値を比較しているのではないことに注意しよう。

2個の二重引用符記号を連続して記述した""は空文字列を表し、その型はconst char[1]である。その1個の文字は、文字列の終端の目印となる'\0'だ。

非グラフ文字を逆斜線で表す記法（§6.2.3.2）は、文字列の中でも利用できる。そのため、二重引用符記号（"）やエスケープ文字の逆斜線（\）が表現可能である。利用頻度がもっとも高い非グラフ文字は、改行文字'\n'だ。たとえば：

```
cout << "beep at end of message\a\n";
```

エスケープ文字'\a'は、ASCIIのBEL（**警報**（*alert*）とも呼ばれる）であり、出力すると音が鳴る。

改行文字“そのもの”を、（原文字列ではない）文字列リテラルに含めることはできない：

```
"this is not a string
but a syntax error"
```

長い文字列は、空白文字で分割できるので、それをうまく使えばプログラムの可読性が向上する。たとえば：

```
char alpha[] = "abcdefghijklmnopqrstuvwxyz"
               "ABCDEFGHIJKLMNOPQRSTUVWXYZ";
```

コンパイラは隣接した文字列を連結するので、alphaは次のように1個の文字列を記述した場合と等価である。

```
"abcdefghijklmnopqrstuvwxyzABCDEFGHIJKLMNOPQRSTUVWXYZ";
```


文字列リテラルにナル文字が含まれることもあるが、ナル文字の後に文字があることを想定するプログラムはあまりない。たとえば、"Jens\000Munk" という文字列は、strcpy() や strlen() などの標準ライブラリ関数では "Jens" として処理される。§43.4 を参照しよう。

7.3.2.1 原文字列

文字列リテラル内で、逆斜線（\）や二重引用符記号（"）を表す際は、これらの文字の直前に逆斜線を付加する。これは論理的であり、また多くの場合、極めて単純に記述できる。ところが、文字列リテラル内に大量の逆斜線や二重引用符記号を記述する場合は、手に負えなくなる。特に、正規表現では、逆斜線を、エスケープ文字としてだけでなく、文字クラスの表現でも利用する（§37.1.1）。これは、数多くのプログラミング言語で採用されている記法なので、簡単には変更できない。そのため、標準の regex ライブラリ（第 37 章）を使って正規表現を記述する際に、逆斜線がエスケープ文字であることが原因となって、極めて多くのエラーが発生する。ここで、逆斜線（\）で区切られた2個の単語を表現する正規表現を考えてみよう：

```
string s = "\\w+\\\\\\w+";    // あってるといいんだけど
```

このようなごちゃごちゃした表記によるエラーや不満を解消するため、C++ では、**原文字列リテラル**（*raw string literal*）を提供する。原文字列リテラルは、逆斜線をそのまま逆斜線で表記する（さらに二重引用符記号もそのまま表記する）文字列リテラルだ。上の例は、次のように書きかえられる：

```
string s = R"(\w+\\\w+)";    // あってるはずだ
```

ccc という文字の並びを表現する場合、原文字列リテラルでは R"(ccc)" と表記する。このように、先頭の R によって、通常の文字列リテラルと原文字列リテラルとを区別する。また丸括弧によって（“エスケープしない”）二重引用符記号が、そのまま記述できる。たとえば：

```
R"("quoted string")"           // 文字列は"quoted string"
```

それでは、)" という文字の並びは原文字列リテラルでどう表記すればよいだろう？　幸いにも、そんな問題は、まれだ。"(と)" は、デフォルトの区切り文字ペアにすぎない。"(...)" の中では、任意の区切り文字を、(の直前と、) の直後とに追加できる。たとえば：

```
R"***("quoted string containing the usual terminator ("))")***"
   // "quoted string containing the usual terminator ("))"
```

) の直後の文字の並びは、(の直前の文字の並びと一致しなければならない。そのため、複雑なパターンでも、（ほぼ）問題なく記述できる。

正規表現を使わないのであれば、原文字列リテラルは、おそらく風変わりに（そして学ぶことが1個増えただけに）感じられるだろう。とはいえ、正規表現は、有用であって幅広く利用されている。現実の世界から、例を示そう：

```
"('(?:[^\\\\']|\\\\.)*'|\"(?:[^\\\\\"]|\\\\.)*\")|"   // 5個の逆斜線、本当かな？
```

ここにあげた例は、熟練者でも、すぐに混乱してしまいがちなものであり、原文字列リテラルを使うと極めて便利になる。

さらに、通常の文字列リテラルとは異なり、原文字列リテラルは改行文字も含むことができる。たとえば：

```
string counts {R"(1
22
333)"};
```

これは、以下と同じだ。

```
string counts {"1\n22\n333"};
```

7.3.2.2 大規模文字セット

`L"angst"` のように、接頭語 `L` を付加した文字列は、ワイド文字（§6.2.3）の文字列だ。その型は、`const wchar_t[]` である。同様に、`LR"(angst)"` のように、接頭語 `LR` が付いた文字列は、ワイド文字の原文字列リテラル（§7.3.2.1）であり、その型は `const wchar_t[]` だ。いずれの文字列も、終端は `L'\0'` だ。

Unicode をサポートする文字リテラル（**Unicode リテラル**（*Unicode literal*））は、6種類ある。多いと感じられるかもしれないが、そもそも Unicode の主要なエンコーディングには、UTF-8、UTF-16、UTF-32 の3種類がある。さらに、それぞれに対して“原”文字列と“通常の”文字列とがある。3種類のエンコーディングはいずれも、すべての Unicode 文字を網羅するので、システムで最適なものを選べばよい。基本的に、すべてのインターネットアプリケーション（ブラウザやメールなど）は、3種類のエンコーディングのどれか1種類、または2種類以上を前提としている。

UTF-8 は、可変幅のエンコーディングだ。一般的な文字は 1 バイトに収まり、（一部の利用状況の評価での）あまり利用されない文字は 2 バイト、さらに利用されない文字は、3 ないし 4 バイトである。なお、ASCII 文字は 1 バイト（整数値）であり、ASCII と同じエンコーディングである。ギリシア文字、キリル文字、ヘブライ文字、アラブ文字などの、さまざまなラテンアルファベットは 2 バイトである。

文字列終端の文字は、UTF-8 では `'\0'` で、UTF-16 では `u'\0'` で、UTF-32 では `U'\0'` である。文字列内で通常のアルファベットを記述する方法は複数ある。区切り文字に逆斜線を利用するファイル名を例に考えてみよう。

```
"folder\\file"        // 処理系の文字セットの文字列
R"(folder\file)"      // 処理系の文字セットの原文字列
u8"folder\\file"      // UTF-8 文字列
u8R"(folder\file)"    // UTF-8 原文字列
u"folder\\file"       // UTF-16 文字列
uR"(folder\file)"     // UTF-16 原文字列
U"folder\\file"       // UTF-32 文字列
UR"(folder\file)"     // UTF-32 原文字列
```

これらの文字列を表示すると、見かけは全部同じだが、“通常の”文字列と、UTF-8 の文字列とでは、内部表現が異なる場合が多い。

当然、Unicode 文字列の目的は、Unicode 文字をもつことにある。たとえば：

```
u8"The official vowels in Danish are: a, e, i, o, u, \u00E6, \u00F8, \u00E5 and y."
```

この文字列を表示すると、次のようになる。

```
The official vowels in Danish are: a, e, i, o, u, æ, ø, å and y.
```

先頭に `\u` が付いた 16 進数は、Unicode コードポイント（§iso.2.14.3）〔Unicode, 1996〕を表す。コードポイントは、エンコードとは独立しており、エンコードが異なれば内部表現（バイト内のビット）も異なる。たとえば、`u'0430'`（キリル文字で小文字の“a”）は、UTF-8 では 2 バイト 16 進の `D0B0` で、UTF-16 では 2 バイト 16 進の `0430` で、UTF-32 では 4 バイト 16 進の `00000430` である。この 16 進値は、**国際文字名**（*universal character name*）と呼ばれる。

接頭語 `u` と `R` の順序と大文字小文字の違いは重要だ。`RU` や `Ur` は有効な接頭語ではない。

7.4 配列の内部を指すポインタ

C++ ではポインタと配列は密接な関係にある。配列の名前は、その先頭要素を指すポインタとしても利用できる。たとえば：

```
int v[] = { 1, 2, 3, 4 };
int* p1 = v;        // 先頭要素へのポインタ（暗黙の変換）
int* p2 = &v[0];    // 先頭要素へのポインタ
int* p3 = v+4;      // 末尾要素の 1 個後ろへのポインタ
```

図で表すと、次のようになる：

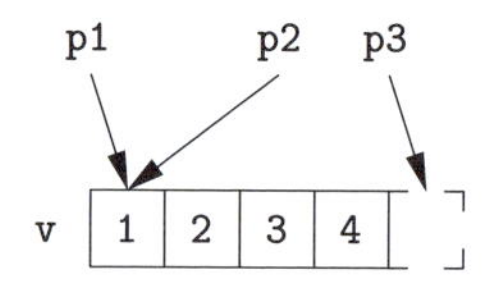

末尾要素の 1 個後ろの要素を指すポインタを取り出す作業は、正常に行えるという保証がある。そのことが、多くのアルゴリズムにとって重要だからだ（§4.5, §33.1）。ただし、配列内の要素を実際に指すわけではないので、読取りや書込みに利用されることはない。なお、先頭要素より前方、あるいは、末尾要素の 1 個後ろの要素よりも後方のアドレスを得る動作の結果は定義されないので、避けるべきだ。たとえば：

```
int* p4 = v-1;    // 先頭より前方：結果は定義されないので、真似しないように
int* p5 = v+7;    // 末尾より後方：結果は定義されないので、真似しないように
```

配列名から、その先頭要素を指すポインタへの暗黙の変換は、C 言語の関数呼出しで、広く用いられている。たとえば：

```
extern "C" int strlen(const char*);    // <string.h>より

void f()
{
```

```
    char v[] = "Annemarie";
    char* p = v;    // char[]からchar*への暗黙の変換
    strlen(p);
    strlen(v);      // char[]からchar*への暗黙の変換
    v = p;          // エラー：配列への代入はできない
}
```

標準ライブラリ関数 strlen() の2回の呼出しでは、いずれも同じ値が渡される。ここで障害となるのは、暗黙の変換が不可避であることだ。換言すると、関数呼出しの際に、配列 v 全体を丸ごとコピーして渡すような、関数宣言構文は存在しない。ただし、逆の変換、すなわちポインタから配列への変換は、暗黙的にも明示的にも行われないことが、幸いなことである。

配列を引数として与える際に暗黙裏にポインタへと変換されることは、呼び出された関数側で配列の要素数を取得できないことを意味する。しかし、呼び出された関数では、配列の要素数が分からないと、処理を行えないことがある。文字へのポインタを引数として受け取る strlen() では、ゼロが文字列終端を表すことを前提としている（標準Cライブラリの他の関数でも同じだ）。そのため、この例の strlen(p) は、終端の 0 を含まない文字数を返す。これは極めて低レベルでの話だ。標準ライブラリの vector（§4.4.1, §13.6, §31.4）、array（§8.2.4, §34.2.1）、string（§4.2）の型では、このような問題で悩まされることはない。各ライブラリに用意された size() によって要素数が得られるし、要素を毎回数え直す必要もない。

7.4.1 配列の操作

配列（と、それに類似した構造のデータ）に対して、エレガントかつ効率よくアクセスすることは、多くのアルゴリズムにとってキーとなる（§4.5 と第 32 章も参照）。アクセスは、配列の先頭要素を指すポインタに対して添字を加えることによっても行えるし、要素自体を指すポインタによっても行える。たとえば：

```
void fi(char v[])
{
    for (int i = 0; v[i]!=0; ++i)
        use(v[i]);
}

void fp(char v[])
{
    for (char* p = v; *p!=0; ++p)
        use(*p);
}
```

前置 * 演算子はポインタが指す先の参照外しを行うので、*p の記述によって、p が指す文字が得られる。また、++ はポインタをインクリメントするので、配列内の次の要素を指すことになる。

2種類のアクセス方法に、実質的な速度差はない。現在のコンパイラだと、同じコードを生成するはずだ（通常はそうである）。どちらを選択するのかは、プログラマの美的感覚と論理的観点で決めるとよい。

組込みの配列の添字演算は、ポインタに対する + 演算と * 演算とで定義される。組込みの配列 a と、a の要素の範囲を越えない整数 j があるとすると、次のことが成立する：

```
a[j] == *(&a[0]+j) == *(a+j) == *(j+a) == j[a]
```


多くの人が、a[j]==j[a] であることを知って驚く。同じように、3["Texas"]=="Texas"[3]=='a' も成り立つ。このようなずる賢い記述を現実のプログラムで行うことは、まずない。非常に低レベルでの話であり、array や vector など標準ライブラリのコンテナでは、これは成り立たない。

ポインタに対する +、-、++、-- の算術演算の結果は、ポインタが指すオブジェクトの型によって異なる。型が T* であるポインタ p に対して算術演算を実行すると、p は配列内の T 型のオブジェクトの要素を指すものと仮定される。p+1 は配列内の直後の要素を、また、p-1 は配列内の直前の要素を指すようになる。すなわち p+1 の整数値は、p の整数値よりも sizeof(T) だけ大きくなる。たとえば：

```
template<typename T>
int byte_diff(T* p, T* q)
{
   return reinterpret_cast<char*>(q)-reinterpret_cast<char*>(p);
}

void diff_test()
{
   int vi[10];
   short vs[10];
   cout << vi << ' ' << &vi[1] << ' ' << &vi[1]-&vi[0] << ' '
        << byte_diff(&vi[0],&vi[1]) << '\n';
   cout << vs << ' ' << &vs[1] << ' ' << &vs[1]-&vs[0] << ' '
        << byte_diff(&vs[0],&vs[1]) << '\n';
}
```

実行結果は、次のようになる：

```
0x7fffaef0 0x7fffaef4 1 4
0x7fffaedc 0x7fffaede 1 2
```

ポインタの値は、デフォルトで 16 進表記で表示される。私の実行環境では、sizeof(short) が 2 であって、sizeof(int) が 4 であることを、この実行結果が示している。

ポインタどうしの減算は、両ポインタが同じ配列内の要素を指す場合にのみ定義される（ただし、その条件を素早く確認する手段を言語はもってない）。ポインタ p を他のポインタ q から減算する q-p の結果は、[p:q) の範囲にある配列の要素数（整数）である。また、ポインタに整数を加算する演算と、ポインタから整数を減算する演算は、いずれも可能だ。その結果は、ポインタ値である。結果のポインタが、演算前のポインタと同じ配列内の要素（あるいは末尾要素の直後の要素）を指さなければ、そのポインタを利用した処理の結果は定義されない。たとえば：

```
void f()
{
   int v1[10];
   int v2[10];

   int i1 = &v1[5]-&v1[3];    // i1 = 2
   int i2 = &v1[5]-&v2[3];    // 結果は定義されない

   int* p1 = v2+2;            // p1 = &v2[2]
   int* p2 = v2-2;            // *p2は定義されない
}
```

通常、複雑なポインタ演算は不要であるし、また極力避けるべきだ。ポインタどうしの加算は無意味であり、禁止されている。

配列は、その要素数が一緒に保持されている保証がないという点で、自己記述的ではない。C言語での文字列とは異なり、配列は、終端となる目印（終端文字）をもたないので、配列を走査する際は、何らかの手段で要素数を与える必要がある。たとえば：

```
void fp(char v[], int size)
{
    for (int i=0; i!=size; ++i)
        use(v[i]);      // vが少なくともsize個の要素をもつことを期待
    for (int x : v)
        use(x);         // エラー：範囲forは、ポインタに対しては働かない

    const int N = 7;
    char v2[N];
    for (int i=0; i!=N; ++i)
        use(v2[i]);
    for (int x : v2)
        use(x);         // 範囲forは、要素数が既知の配列に対しては働く
}
```

配列の概念は、本質的に低レベルである。標準ライブラリのコンテナ**array**（§8.2.4, §34.2.1）は、組込み配列の利点の多くをもつとともに、組込みの配列の欠点をほとんどもたない。一部のC++処理系は、オプション機能として配列の範囲チェック機能を実装している。しかし、そのチェックは極めて高コストであるため、開発時にのみ利用するのが一般的だ（出荷する製品には含めない）。アクセスのたびに範囲チェックをしないのであれば、的確に定義された範囲内の要素だけをアクセスするための、一貫したポリシーを維持するとよい。**vector**などの、有効な範囲を誤りにくい、高レベルのコンテナ型のインタフェース経由で配列を操作すれば、うまく実現できる。

7.4.2 多次元配列

多次元配列は、配列の配列として表現する。3行5列の配列の宣言は、次のようになる：

```
int ma[3][5];    // 3要素の配列で、それぞれが5個のintをもつ配列
```

この**ma**は、たとえば次のように初期化できる：

```
void init_ma()
{
    for (int i = 0; i!=3; i++)
        for (int j = 0; j!=5; j++)
            ma[i][j] = 10*i+j;
}
```

図で表すと、次のようになる：

ma	00	01	02	03	04	10	11	12	13	14	20	21	22	23	24

配列**ma**は、5個の**int**で構成される配列が3個あるものとしてアクセスできる。しかし、内部的には、単なる15個の**int**にすぎない。行列**ma**という、独立した1個のオブジェクトがメモリ上に作成されるわけではないし、メモリ上には要素のみが置かれ、次元数である**3**と**5**は、ソースファ

イル上でのみ登場する。このことを理解した上で、配列の次元をコードとして記述するのは、プログラマの仕事である。配列 ma の表示は、以下のように行える：

```
void print_ma()
{
   for (int i = 0; i!=3; i++) {
      for (int j = 0; j!=5; j++)
         cout << ma[i][j] << '\t';
      cout << '\n';
   }
}
```

配列の境界を表すのにコンマ (,) を利用する言語もあるが、C++ では、あり得ない。というのも、コンマは順次演算子（§10.3.2）だからだ。よく起こるこの誤りは、幸運にもコンパイラが検出してくれる。たとえば：

```
int bad[3,5];            // エラー：コンマは定数式には使えない
int good[3][5];          // 3要素の配列で、それぞれが5個のintをもつ配列
int ouch = good[1,4];    // エラー：intがint*で初期化されている
                         //         (good[1,4]はgood[4]のことだからint*)
int nice = good[1][4];
```

7.4.3 配列の受渡し

配列は、丸ごと値渡しされるのではなく、先頭要素を指すポインタとして受渡しが行われる：

```
void comp(double arg[10])  // argはdouble*
{
   for (int i=0; i!=10; ++i)
      arg[i]+=99;
}

void f()
{
   double a1[10];
   double a2[5];
   double a3[100];

   comp(a1);
   comp(a2);    // 危険！
   comp(a3);    // 先頭の10個の要素のみを利用
};
```

このコードは、まともに見えるかもしれないが、実はそうではない。コンパイルは可能だ。しかし、comp(a2) を実行すると、a2 の境界を越えた位置に書き込んでしまう。また、arg[i] への書込みは、comp() に与えられた引数の配列のコピーに対してではなく、その配列そのものに対して行われる。配列が値渡しされると考えていた読者は落胆するかもしれない。ここに示した comp() は、次のように記述しても等価である：

```
void comp(double* arg)
{
   for (int i=0; i!=10; ++i)
      arg[i]+=99;
}
```

おそらく、狂気の沙汰の理由が理解できただろう。関数の引数に配列を与えると、先頭の次元

は単なるポインタとみなされ、配列の境界は単純に無視されるのだ。そのため、要素の並びを、その個数を表す情報とともに引数に与えるようなことは、組込みの配列では行えない。対処法としては、クラス内にメンバとして配列を置く（まさに std::array が行っている）方法や、ハンドルとして振る舞うクラスを定義する（std::string や std::vector などが行っている）方法がある。

配列をそのまま使うときは、メリットがないことや、バグや混乱に立ち向かう覚悟をもつべきだ。2次元の行列を操作する関数の定義を考えてみよう。各次元の要素数がコンパイル時に分かっていれば、何も問題はない：

```
void print_m35(int m[3][5])
{
   for (int i = 0; i!=3; i++) {
      for (int j = 0; j!=5; j++)
         cout << m[i][j] << '\t';
      cout << '\n';
   }
}
```

多次元配列である行列は、（コピーではなく：§7.4）ポインタとして渡される。配列の先頭の次元は、要素の配置の特定には関係しない。ただ単に、与えられた型（この例では int[5]）の要素がいくつあるか（この例では 3）を表すにすぎない。先ほどの ma のレイアウトを見てみよう。ここで２番目の次元の値が 4 であることさえ知っていれば、任意の i を用いた ma[i][4] によって位置が特定できる。そのため、最上位の次元の要素数を、引数として与えることになるのだ：

```
void print_mi5(int m[][5], int dim1)
{
   for (int i = 0; i!=dim1; i++) {
      for (int j = 0; j!=5; j++)
         cout << m[i][j] << '\t';
      cout << '\n';
   }
}
```

両方の次元を渡す必要があるとしよう。次のような“みんなが考えつく解”は、実は誤りだ：

```
void print_mij(int m[][], int dim1, int dim2)  // みんなが想像するようには動作しない
{
   for (int i = 0; i!=dim1; i++) {
      for (int j = 0; j!=dim2; j++)
         cout << m[i][j] << '\t';   // びっくり!
      cout << '\n';
   }
}
```

幸いにも、引数の宣言 m[][] はエラーとなる。多次元配列の２番目の次元が分かっていない限り、要素の配置を特定できないからだ。ところが、m[i][j] は（正しく）*(*(m+i)+j) と解釈できる。ただし、それはプログラマが意図するものとは異なる。正しい解は、次のようになる：

```
void print_mij(int* m, int dim1, int dim2)
{
   for (int i = 0; i!=dim1; i++) {
      for (int j = 0; j!=dim2; j++)
         cout << m[i*dim2+j] << '\t';  // 裏技的
      cout << '\n';
   }
}
```

配列要素にアクセスする print_mij() は、最下位の次元が分かっている場合にコンパイラが生成するコードと等価だ。

この関数を呼び出す際は、通常のポインタとして行列を渡す：

```
int test()
{
    int v[3][5] = {
        {0,1,2,3,4}, {10,11,12,13,14}, {20,21,22,23,24}
    };

    print_m35(v);
    print_mi5(v,3);
    print_mij(&v[0][0],3,5);
}
```

最後の &v[0][0] に注目しよう。これは、v[0] と記述しても等価だ。ただし、単なる v だと、型があわないためエラーとなる。この種の見苦しく分かりにくいコードは、隠蔽するのがベストだ。多次元配列を扱う際は、関連コードのカプセル化を検討しよう。カプセル化しておけば、コードを引き継いだ後任プログラマの作業負担も軽減できる。添字演算子が適切に定義された多次元配列型を提供すれば、多くのユーザは、配列内のレイアウトなどに気を取られることもなくなる（§29.2.2, §40.5.2）。

当然、標準の vector（§31.4）は、この問題は解消ずみだ。

7.5 ポインタとconst

C++ の“定数”には2種類の意味がある：

- constexpr：コンパイル時に評価される（§2.2.3, §10.4）。
- const：そのスコープでは変化しない（§2.2.3）。

基本的に、constexpr の役割は、コンパイル時評価を可能かつ確実なものとすることであり、const の主な役割は、インタフェースにおいて不変を指定することである。本節では、主に後者、インタフェースにおける不変の指定を解説する。

多くのオブジェクトが、初期化後に値が変更されない：

- シンボル定数にすると、コードに直接記述するリテラルよりも保守しやすくなる。
- ポインタ経由で読み取ることは多いが、書き込むことはない。
- 関数引数の多くは、読み取られることはあっても書き込まれることはない。

初期化後に値が変化しないことを表す記法は、オブジェクトの定義時に const を付加することだ。たとえば：

```
const int model = 90;               // modelはconst
const int v[] = { 1, 2, 3, 4 };     // v[i]はconst
const int x;                        // エラー：初期化子が欠如
```

const 宣言されたオブジェクトには代入ができなくなるので、初期化が必須だ。

なお、const 宣言すると、そのスコープ内では値が変化しないことが保証される。

```
void f()
{
   model = 200;   // エラー
   v[2] = 3;      // エラー
}
```

const 指定によって、型が変わることに注意しよう。オブジェクトの割当てだけでなく、利用についても制限が加わる。たとえば：

```
void g(const X* p)
{
   // ここでは*pは更新できない
}

void h()
{
   X val;  // ここではvalを更新できる
   g(&val);
   // ...
}
```

ポインタを利用する際は、二つのオブジェクトが関係する。ポインタそのものと、ポインタが指すオブジェクトだ。ポインタ宣言時に const を"接頭語"として付加すると、ポインタではなく、ポインタが指すオブジェクトが定数とみなされる。ポインタが指すオブジェクトではなく、ポインタそのものを定数にするのであれば、単なる * の代わりに宣言演算子 *const を用いる。たとえば：

```
void f1(char* p)
{
   char s[] = "Gorm";

   const char* pc = s;          // 定数へのポインタ
   pc[3] = 'g';                 // エラー：pcは定数を指す
   pc = p;                      // ＯＫ

   char *const cp = s;          // 定数ポインタ
   cp[3] = 'a';                 // ＯＫ
   cp = p;                      // エラー：cpは定数

   const char *const cpc = s;   // 定数への定数ポインタ
   cpc[3] = 'a';                // エラー：cpcは定数を指す
   cpc = p;                     // エラー：cpcは定数
}
```

ポインタを定数化する宣言演算子は *const であり、const* といった宣言演算子は存在しない。そのため、* の直前に記述された const は、ベースとなる型の一部とみなされる。たとえば：

```
char *const cp;    // charへの定数ポインタ
char const* pc;    // const charへのポインタ
const char* pc2;   // const charへのポインタ
```

このような宣言を右から左へ読むと分かりやすいことを発見した人々がいる。たとえば、"cp は const なポインタであり、その指す先は char である"、"pc2 はポインタであり、その指す先は char const である"となる。

ポインタ経由でアクセスしたら定数として扱われるオブジェクトも、別の方法でアクセスすると変数かもしれない。この性質は、特に関数の引数の場合に有用である。ポインタの引数を const 宣言すると、その関数では、ポインタが指すオブジェクトに対する変更ができなくなる。たとえば：

```
const char* strchr(const char* p, char c);    // pの中の先頭に位置するcを探す
char* strchr(char* p, char c);                // pの中の先頭に位置するcを探す
```


最初の宣言は、要素を変更してはならない文字列を処理した上で、変更できない const へのポインタを返す。2番目の宣言は、変更可能な文字列を対象としている。

定数を指すポインタに対して、非 const な変数のアドレスを代入できる。というのも、実害が起こらないからだ。しかし、定数のアドレスを制限のないポインタに代入するのは不可能だ。というのも、オブジェクトの値が変更されてしまう可能性があるからだ。たとえば：

```
void f4()
{
    int a = 1;
    const int c = 2;
    const int* p1 = &c;    // OK
    const int* p2 = &a;    // OK
    int* p3 = &c;          // エラー：const int*によるint*の初期化
    *p3 = 7;               // cの値の変更を試みる
}
```

明示的な型変換によって、const を指すポインタの制限を明示的に解除することも可能ではあるが、よい方法ではない（§16.2.9, §11.5）。

7.6 ポインタと所有権

資源は、いったん獲得して、その後解放するものである（§5.2）。たとえば、メモリは、new で獲得して、delete で解放する（§11.2）。ファイルは、fopen() でオープンして、fclose() でクローズする（§43.2）。いずれも、ポインタが資源のハンドルとなっているので、混乱しやすい典型例だ。というのも、ポインタはプログラム内のどこにでも渡せる上に、資源を所有するポインタと、所有しないポインタとを区別する型システムが存在しないからだ。具体例を考えてみよう：

```
void confused(int* p)
{
    // delete pを実行？
}

int global {7};

void f()
{
    X* pn = new int{7};
    int i {7};
    int* q = &i;
    confused(pn);
    confused(q);
    confused(&global);
}
```

もし最初の confused() が p を delete すると、2回目と3回目の confused() の呼出しで、プログラムは深刻な異常をきたす。そもそも、new で確保したオブジェクト以外は、delete できないからだ（§11.2）。その一方で、confused() が delete p を実行しなければ、このプログラムはメモリリークを引き起こす（§11.2.1）。空き領域に作成したオブジェクトの生存期間を管理するのは、

当然f()でなければならない。大規模プログラムでdeleteが必要なものを追跡管理するには、単純で一貫性のある手法が必要だ。

通常は、所有権を表すポインタは、vector、string、unique_ptrなどの資源ハンドルクラスの内部に置けばよい。そうすると、資源ハンドルの外部に存在するポインタは、自分の所有ではなく、deleteしてはならないことが明確になる。資源管理については、第13章で詳しく解説する。

7.7 参照

ポインタを使うと、大きなデータを低コストで引数として渡せる。というのも、データそのものではなくて、単にそのアドレスをポインタ値として渡せるからだ。ポインタの型によって、そのポインタを通じて行える処理が決まってくる。ポインタを用いる方法は、オブジェクトそのものを名前で利用する方法と、いくつかの点で異なる：

・まず構文が異なる。objではなく*pとなるし、obj.mではなくp->mとなる。
・一つのポインタは、いろいろなオブジェクトを指すように、いつでも変更できる。
・ポインタは、オブジェクトを直接利用する場合に比べると慎重さが要求される。nullptrかもしれないし、期待どおりのオブジェクトを指していないかもしれない。

これらの違いは、頭痛の種だ。f(&x)がf(x)よりも見苦しいと感じるプログラマもいる。また、値がさまざまに変化するポインタ変数を管理して、nullptrを処理できるようにコードを対応させるのは大きな負担だ。しまいには、演算子、たとえば+を多重定義して、&x+&yではなくx+yと記述したくなるかもしれない。このような問題を解決する言語機構が、**参照**（*reference*）だ。ポインタと同様に、**参照**もオブジェクトの別名であって、通常はオブジェクトのアドレスを保持するように実装されており、しかも、ポインタと比較して余計なオーバヘッドを発生させることもない。しかし、ポインタとは次の点が異なる：

・参照は、オブジェクトを名前でアクセスする方法とまったく同じ構文で利用できる。
・参照は、最初に初期化されたときの参照先オブジェクトを参照し続ける。
・“空参照”は存在しないので、何らかのオブジェクトを参照しているという前提の上での処理が可能である（§7.7.4）。

参照は、オブジェクトに与えられた別の名前、すなわち、別名である。その主要な用途は、関数、あるいは多重定義された演算子（第18章）の、引数と返却値である。たとえば：

```
template<typename T>
class vector {
   T* elem;
   // ...
public:
   T& operator[](int i) { return elem[i]; }             // 要素への参照を返却
   const T& operator[](int i) const { return elem[i]; } // const要素への参照を返却

   void push_back(const T& a);                       // 追加する要素への参照を渡す
   // ...
};
```

```
void f(vector<double>& v)
{
   double d1 = v[1];    // v.operator[](1)が参照するdouble値をd1にコピー
   v[2] = 7;            // v.operator[](2)の返却値が参照するdoubleに7を格納

   v.push_back(d1);     // d1への参照をpush_back()に渡す
}
```

引数に参照を渡すという考え自体は、（Fortranの最初の版のような）高級言語で古くから使われていた。

左辺値／右辺値と、const／非constの区別を考えると、3種類の参照がある：

- **左辺値参照**（*lvalue reference*）：その値を変更したいオブジェクトへの参照。
- **const参照**（*const reference*）：その値を変更したくないオブジェクトへの参照（定数など）。
- **右辺値参照**（*rvalue reference*）：利用した後で、その値を維持する必要がないオブジェクト（たとえば、一時オブジェクト）への参照。

三つの総称が**参照**（*reference*）である。なお、最初の二つは、両方とも、**左辺値参照**（*lvalue reference*）と呼ばれる。

7.7.1 左辺値参照

X&という型名の表記は、“Xへの参照”を意味する。左辺値を参照するために利用されるので、一般に**左辺値参照**（*lvalue reference*）と呼ばれる。たとえば：

```
void f()
{
   int var = 1;
   int& r {var};    // rとvarは同じintを参照することになる
   int x = r;       // xは1になる

   r = 2;           // varは2になる
}
```

参照とは、何らかのものに対する名前（すなわち、オブジェクトにバインドされるもの）である。そのため、必ず初期化が必要だ。たとえば：

```
int var = 1;
int& r1 {var};      // ＯＫ：r1は初期化された
int& r2;            // エラー：初期化されていない
extern int& r3;     // ＯＫ：r3は別の場所で初期化されているはず
```

参照の初期化は、参照に対する代入とはまったく異なる。見た目とは裏腹に、参照に対して、いかなる処理を行っても、参照自体に対しては、まったく作用しない。たとえば：

```
void g()
{
   int var = 0;
   int& rr {var};
   ++rr;            // varはインクリメントされて1になる
   int* pp = &rr;   // ppはvarを指す
}
```

ここで、++rrは、rrの参照値をインクリメントするのではない。++は、rrが参照しているint型のvarをインクリメントする。すなわち、参照自体は初期化後に変化することはなく、初期化時に与えられたオブジェクトを参照し続ける。ここでのrrが参照するオブジェクトを指すポインタは、&rrと記述でき、参照自体へのポインタは存在しない。さらに、参照の配列なども定義できない。このような意味で、参照は、オブジェクトではないのだ。

参照の分かりやすい実装は、利用するたびに参照外しを行う（しかも値が変化しない）ポインタである。参照をこのようにとらえても、多くの場合、誤りではない。ただし、参照が、ポインタのようには操作できないオブジェクトだということを忘れてはならない：

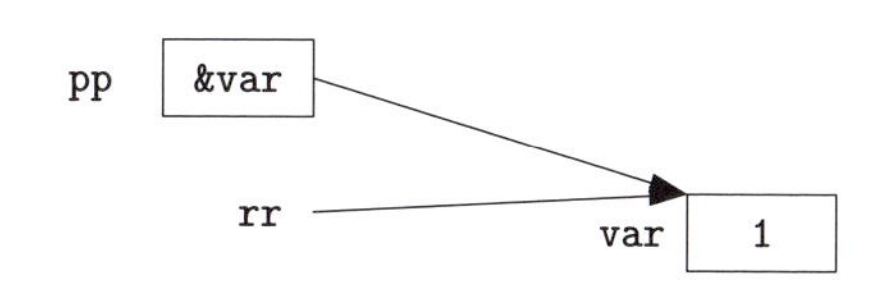

最適化によって、コンパイラが参照を除去することも可能である。その場合、参照を表すオブジェクトは実行時に存在しない。

初期化子が左辺値（そのアドレスを得られるオブジェクト：§6.4）であれば、参照の初期化は自明だ。“単なる”T&に対する初期化子は、T型の左辺値でなければならない。一方、const T&に対する初期化子は、左辺値である必要がない上に、型がTでなくともよい。その場合、

[1] まず、必要であればTへの暗黙の型変換が行われる（§10.5を参照）。
[2] 次に、結果の値をT型の一時変数に置く。
[3] 最後に、その一時変数を初期化子の値として用いる。

次の例を考えてみよう：

```
double& dr = 1;             // エラー：左辺値が必要
const double& cdr {1};      // ＯＫ
```

２番目の初期化は、次のように解釈される：

```
double temp = double{1};    // まず右辺値によって一時変数を作る
const double& cdr {temp};   // その一時変数をcdrの初期化子として利用
```

参照の初期化子を代入するために作成された一時変数は、参照のスコープを脱け出るまで存在し続ける。

変数への参照は、定数への参照と区別される。というのも、参照する変数用に一時変数を導入すると、著しくエラーにつながりやすくなるからだ。しかも、変数への代入が、すぐに消えてなくなる一時変数への代入とみなされてしまう。定数への参照では、このような問題はなく、関数の引数として重要な意味をもつ場合が多い（§18.2.4）。

参照は、関数の引数に利用できる。その場合、関数は渡されたオブジェクトの値を変更できるようになる。たとえば：

```
void increment(int& aa)
{
    ++aa;
}

void f()
{
    int x = 1;
    increment(x);  // x = 2
}
```


引数の受渡しのセマンティクスは、引数の初期化と定義されている。すなわち、incrementを呼び出すと、incrementの引数aaは、xで初期化されて、xを参照する別名となる。プログラムを読みやすくするためには、関数は引数を変更しないほうがよいことが多い。引数を変更するのではなく、関数が明示的に値を返すようにすればよいだろう：

```
int next(int p) { return p+1; }

void g()
{
    int x = 1;
    increment(x);   // x = 2
    x = next(x);    // x = 3
}
```

前回のincrement(x)は、xの値が変更されることが見た目だけでは分からなかったが、今回の例でのx=next(x)であれば、はっきり分かる。そのため“単なる”参照の引数は、関数名が参照の引数を変更することを強調する場合に限定して用いるべきだ。

参照は返却値型としても利用できる。特によく利用されるのは、代入式の左辺と右辺のどちらにも記述できる関数の定義だ。そのよい例がMapである。たとえば：

```
template<typename K, typename V>
class Map {                         // 単純なmapクラス
public:
    V& operator[](const K& v);      // キーvと対応する値を返却

    pair<K,V>* begin() { return &elem[0]; }
    pair<K,V>* end() { return &elem[0]+elem.size(); }
private:
    vector<pair<K,V>> elem;         // {key,value}のpair
};
```

標準ライブラリのmap（§4.4.3, §31.4.3）は、通常、赤黒木として実装されるが、実装の詳細に踏み込むのを避けて、ここでは、キー照合を線形探索で実装してみる：

```
template<typename K, typename V>
V& Map<K,V>::operator[](const K& k)
{
    for (auto& x : elem)
        if (k == x.first)
            return x.second;

    elem.push_back({k,V{}});        // 末尾にpairを追加（§4.4.2）
    return elem.back().second;      // 新しい要素の（デフォルト）値を返却
}
```

ここで関数の引数にキーkを渡すが、この引数は参照である。参照としたのは、コピーが高コストな型に対応できるようにするためだ。同様に、返却値も参照として返す。ここではkをconst参照としている。これは、引数を変更できなくするためである。さらに、リテラルや一時オブジェクトを引数に渡せるようにするためでもある。返却値は非constな参照としている。Mapでは探索結果の値を変更することが多いからだ。たとえば：

```
int main()  // 入力される全単語の出現回数をカウント
{
   Map<string,int> buf;

   for (string s; cin>>s;) ++buf[s];

   for (const auto& x : buf)
      cout << x.first << ": " << x.second << '\n';
}
```

入力のループを繰り返すたびに、標準入力ストリームcinから1個の単語を読み取って、その文字列をsに代入して（§4.3.2）、対応するカウンタをインクリメントする。最後に、入力した単語別に分類したテーブルから、単語と出現回数を出力する。このプログラムに、

```
aa bb bb aa aa bb aa aa
```

を与えると、以下の出力が得られる：

```
aa: 5
bb: 3
```

標準ライブラリのmapと同様に、Mapではbegin()とend()が定義されているので、範囲for文が利用できる。

7.7.2 右辺値参照

複数の種類の参照を作った基本的な考えは、次のような、いろいろなオブジェクトの利用をサポートできるようにすることだ：

- 非constな左辺値参照は、参照利用者が書込み可能なオブジェクトを参照する。
- constな左辺値参照は、参照利用者からは書込み不可能な定数を参照する。
- 右辺値参照は、再利用されないことを前提に、参照利用者からは書込み可能な一時オブジェクトを参照する（書込みを行うのが普通だ）。

高コストなコピー演算を、低コストなムーブ動作に置換できるかどうかを決定するのは、参照が一時オブジェクトを参照しているかどうかに依存する。そのため、そうなっているかどうかを知る必要がある（§3.3.2, §17.1, §17.5.2）。stringやlistなどのように、その単純な見かけとは違って、膨大な量の情報を指す可能性があるオブジェクトは、そのオブジェクトが今後利用されないことが分かっていれば、単純かつ低コストにムーブ可能である。その古典的な例が、局所変数を返す関数の返却値である。コンパイラは、返却値のオブジェクトが今後利用されないことを知っている（§3.3.2）。

右辺値参照は右辺値にバインドできるが、左辺値にはバインドできない。この意味では、右辺値参照は左辺値参照の正反対であるといえる。例をあげよう：

```
string var {"Cambridge"};
string f();

string& r1 {var};          // 左辺値参照、左辺値varにr1をバインド
string& r2 {f()};          // 左辺値参照、エラー：f()は右辺値
string& r3 {"Princeton"};  // 左辺値参照、エラー：一時変数にはバインドできない

string&& rr1 {f()};        // 右辺値参照、よい：一時変数である右辺値にrr1をバインド
string&& rr2 {var};        // 右辺値参照、エラー：varは左辺値
string&& rr3 {"Oxford"};   // rr3は"Oxford"を保持する一時変数への参照

const string& cr1 {"Harvard"}; // ＯＫ：一時変数を作ってcr1にバインド
```

&& 宣言演算子は、“右辺値参照”を表す。なお、const 右辺値参照というものは利用しない。というのも、右辺値参照の最大の利点は、その参照が参照しているオブジェクトに対して書込みを行うことにあるからだ。const 左辺値参照と右辺値参照は、いずれも右辺値にバインドできるが、その目的は根本的に異なる：

・右辺値参照は、本来ならば、コピー動作が必要になるはずの“破壊的読取り”動作を実現するために利用する。

・const 左辺値参照は、引数が変更されるのを防ぐ場合に利用する。

右辺値参照が参照しているオブジェクトへのアクセス法は、左辺値参照が参照しているオブジェクトや通常の変数名を用いたアクセス法とまったく同じだ。たとえば：

```
string f(string&& s)
{
   if (s.size())
      s[0] = toupper(s[0]);
   return s;
}
```

オブジェクトが今後利用されないことを、コンパイラが分からなくても、プログラマが分かっていることがある。次の例を考えてみよう：

```
template<typename T>
void swap(T& a, T& b)  // 古いスタイルのswap
{
   T tmp {a};     // この時点でaのコピーは２個
   a = b;         // この時点でbのコピーは２個
   b = tmp;       // この時点でtmp（元のa）のコピーは２個
}
```

もし T が、要素のコピーが高コストになり得る string や vector などの型であれば、swap() は高コストな処理となってしまう。ここで注目すべきは、目的がコピーではなく、値をムーブしたいだけであるということだ。そのことは、以下のようにしてコンパイラに通知する：

```
template<typename T>
void swap(T& a, T& b)  //（ほぼ）完璧なswap
{
   T tmp {static_cast<T&&>(a)};   // 初期化によってaに対して書き込まれる
   a = static_cast<T&&>(b);       // 代入によってbに対して書き込まれる
   b = static_cast<T&&>(tmp);     // 代入によってtmpに対して書き込まれる
}
```

static_cast<T&&>(x) が戻す値は、x の T&& 型の右辺値である。これで、右辺値用に最適化された処理が、x に対する最適化処理として利用できるようになる。特に、T 型がムーブコンストラクタ（§3.3.2, §17.5.2）とムーブ代入演算を実装していれば、それが利用される。vector を例に考えてみよう：

```
template<typename T> class vector {
   // ...
   vector(const vector& r);    // コピーコンストラクタ（rの内部表現をコピー）
   vector(vector&& r);         // ムーブコンストラクタ（rから内部表現を“盗む”）
};

vector<string> s;
vector<string> s2 {s};         // sは左辺値だからコピーコンストラクタを利用
vector<string> s3 {s+"tail"};  // s+"tail"は右辺値だからムーブコンストラクタを利用
```

swap() 内の static_cast は、少々冗長な上にタイプミスしやすいので、標準ライブラリは、move() 関数を提供する。x の型を X とすると、move(x) は、static_cast<X&&>(x) を意味する。これを用いると、swap() は、もう少しきれいに書き直せる：

```
template<typename T>
void swap(T& a, T& b)  //（ほぼ）完璧なswap
{
   T tmp {move(a)};     // aからムーブ
   a = move(b);         // bからムーブ
   b = move(tmp);       // tmpからムーブ
}
```

最初の swap() とは対照的に、この swap() は何もコピーしない。可能な限り、ムーブ演算を利用するからだ。

move(x) は、実際に x をムーブするわけではないので（x への右辺値参照を作成するだけなので）、move() ではなく rval() としたほうがよかったかもしれない。しかし、move() はすでに数年間も利用されている。

私は、この swap() を、“ほぼ完璧”と考えている。というのも、この関数で交換できるのが、左辺値に限られているからだ。次の例を考えてみよう：

```
void f(vector<int>& v)
{
   swap(v,vector<int>{1,2,3});  // vの要素を1,2,3に置きかえる
   // ...
}
```

コンテナの中身を、ある種のデフォルト値と置きかえる場面は珍しくない。しかし、swap() では、それは行えない。次の２個の多重定義を追加すれば解決できる：

```
template<typename T> void swap(T&& a, T& b);
template<typename T> void swap(T& a, T&& b);
```

この例は、最後に追加した swap() によって処理される。標準ライブラリでは、別の方式を採用している。vector や string などで shrink_to_fit() と clear() を定義した上で（§31.3.3)、もっとも利用頻度が高い右辺値引数の場合に swap() を利用するのだ：

```
void f(string& s, vector<int>& v)
{
    s.shrink_to_fit();        // s.capacity()==s.size()にする
    swap(s,string{s});        // s.capacity()==s.size()にする
    v.clear();                // vを空にする
    swap(v,vector<int>{});    // vを空にする
    v = {};                   // vを空にする
}
```

右辺値参照は完全転送（§23.5.2.1，§35.5.1）を行う際にも利用可能だ。

標準ライブラリのすべてのコンテナは、ムーブコンストラクタとムーブ代入演算を実装している（§31.3.2）。さらに、**insert()** や **push_back()** などの要素を追加する演算では、引数に右辺値参照を受け取るバージョンも実装している。

7.7.3 参照への参照

ある型の参照への参照を利用する場合は、参照型の何か特殊な参照ではなくて、その型の参照を使えばよい。しかしどんな種類の参照なのだろう？　左辺値参照だろうか、それとも右辺値参照だろうか？　次の例を考えてみよう：

```
using rr_i = int&&;
using lr_i = int&;
using rr_rr_i = rr_i&&;    // "int && &&"はint&&
using lr_rr_i = rr_i&;     // "int && &" はint&
using rr_lr_i = lr_i&&;    // "int & &&" はint&
using lr_lr_i = lr_i&;     // "int & &"  はint&
```

この例を噛み砕くと、左辺値参照が常に勝つ、ということだ。これは理にかなっている。型について、「左辺値参照は、左辺値を参照する」という事実の変更は行えない。これは、**参照崩壊**（*reference collapse*）と呼ばれる。

文法上、次の記述は認められない。

```
int && & r = i;
```

参照への参照は、別名（§3.4.5，§6.5）の結果や、テンプレート型実引数（§23.5.2.1）としてのみ利用される。

7.7.4 ポインタと参照

ポインタと参照は、いずれも、コピーを行うことなく、プログラム内の別の位置からオブジェクトを参照するものである。この共通点を表すのが、次の図だ：

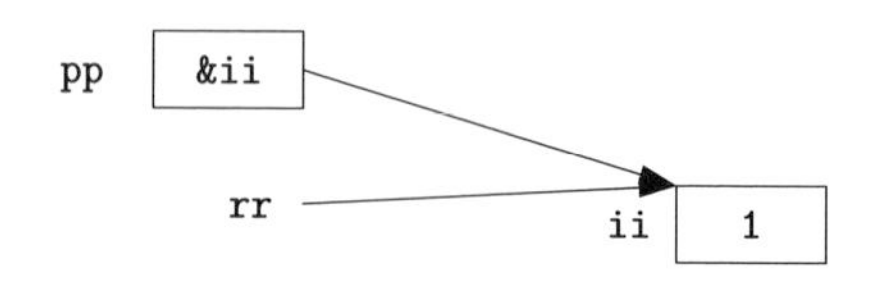

それぞれに長所と短所がある。

参照するオブジェクトを変更する必要がある場合は、ポインタを用いる。ポインタ変数の値を変更する場合は、=、+=、-=、++、-- が利用できる（§11.1.4）。たとえば：

```
void fp(char* p)
{
   while (*p)
      cout << *p++;
}

void fr(char& r)
{
   while (r)
      cout << r++;    // おっと：参照ではなくて参照先のcharをインクリメント
                      // おそらく無限ループ！
}

void fr2(char& r)
{
   char* p = &r;      // 参照先オブジェクトへのポインタを取得
   while (*p)
      cout << *p++;
}
```

逆に、同じオブジェクトを参照し続ける名前が必要であれば、参照を用いる。たとえば：

```
template<typename T> class Proxy {   // Proxyは初期化されるオブジェクトを参照
   T& m;
public:
   Proxy(T& mm) :m {mm} {}
   // ...
};

template<typename T> class Handle {  // Handleは現在のオブジェクトを参照
   T* m;
public:
   Handle(T* mm) :m {mm} {}
   void rebind(T* mm) { m = mm; }
   // ...
};
```

オブジェクトを参照する何かに対して処理を行うための、ユーザ定義の（多重定義された）演算子を定義する場合（§18.1）は、参照を用いる：

```
Matrix operator+(const Matrix&, const Matrix&);  // ＯＫ
Matrix operator-(const Matrix*, const Matrix*);  // エラー：ユーザ定義型引数がない

Matrix y, z;
// ...
Matrix x = y+z;     // ＯＫ
Matrix x2 = &y-&z;  // エラーかつ危険
```

ポインタなどの組込み型どうしの演算を行う演算子は、（再）定義できない（§18.2.3）。

参照はオブジェクトではない（§7.7.1）。多くの場合、参照はコンパイラの最適化によって除去されるので、参照を介した間接的なアクセスよりも、オブジェクトを直接アクセスしたほうがよい。なお、オブジェクトへの参照の集まりを利用する場合は、ポインタを用いなければならない：

```
string x = "College Station"
string y = "Manhattan";

string& a1[] = {x, y};          // エラー：参照の配列
string* a2[] = {&x, &y};        // OK

vector<string&> s1 = {x , y};   // エラー：参照のvector
vector<string*> s2 = {&x, &y};  // OK
```

C++ がプログラマに選択肢を与えていない領域に問題を残すと、美学の領域に踏み込むことになる。誤りが発生する可能性を最小に抑えた上で、コードの可読性を可能な限り最大に向上させる選択をするのが、理想だ。

“値がない”ことを表現しなければならない場合、ポインタならば **nullptr** が利用できるが、参照には“空参照”のようなものが存在しない。そのため、“値がない”ことを表現する必要があるのならば、ポインタを選択するのが最適だ。たとえば：

```
void fp(X* p)
{
   if (p == nullptr) {
      // 値がない
   }
   else {
      // *pを利用
   }
}

void fr(X& r)  // 通常のスタイル
{
   // rが有効と仮定した上で利用する
}
```

どうしても必要ならば、特定の型用に“空参照”を作成した上でチェックすることも可能だ：

```
void fr2(X& r)
{
   if (&r == &nullX) {  // おそらくr==nullX
      // 値がない
   }
   else {
      // rを利用
   }
}
```

いうまでもなく、適切に定義した **nullX** が必要となる。この手法は滅多に利用されるものではないし、私も勧めない。プログラマは、参照が有効であることを想定していいのだ。無効な参照を作成することも可能ではあるが、道を踏み外すことになる。たとえば：

```
char* ident(char* p) { return p; }

char& r {*ident(nullptr)};          // 無効なコード
```

これは不正な C++ コードだ。仮に処理系がチェックしないとしても、このようなコードを書いてはいけない。

7.8 アドバイス

[1] ポインタは、必ず単純で単刀直入になるように利用しよう。§7.4.1。

[2] ポインタの複雑な算術演算は避けよう。§7.4。

[3] 配列の境界を越えた位置に書き込まないよう注意しよう。§7.4.1。

[4] 多次元配列は避けて、その代わりに適切なコンテナを定義しよう。§7.4.2。

[5] `0` や `NULL` ではなくて、`nullptr` を使おう。§7.2.2。

[6] 組込みの配列（C 言語スタイル）ではなく、コンテナ（`vector`、`array`、`valarray` など）を利用しよう。§7.4.1。

[7] ゼロで終端する `char` 配列ではなく、`string` を利用しよう。§7.4。

[8] 文字列リテラルが逆斜線によって複雑になる場合は、原文字列リテラルを利用しよう。§7.3.2.1。

[9] 引数では、単なる参照よりも `const` な参照を優先しよう。§7.7.3。

[10] 完全転送とムーブセマンティクスには、右辺値参照（のみ）を利用しよう。§7.7.2。

[11] 所有権を表すポインタは、ハンドルクラス内に留めよう。§7.6。

[12] 低レベルのコード以外では、`void*` は避けよう。§7.2.1。

[13] インタフェースで変更不可を表す場合は、`const` のポインタや `const` の参照を利用しよう。§7.5。

[14] “オブジェクトがない”ことを表現する必要でもない限り、引数にはポインタよりも参照を優先しよう。§7.7.4。

第 8 章　構造体と共用体と列挙体

より完全な連邦を形成せよ。

— 合衆国憲法前文より

- はじめに
- 構造体

  structのレイアウト／structの名前／構造体とクラス／構造体と配列／型の等価性／POD／フィールド
- 共用体

  共用体とクラス／無名共用体
- 列挙体

  enum class／単なるenum／名前無しenum
- アドバイス

8.1 はじめに

C++を効率よく利用する鍵となるのは、ユーザ定義型だ。本章では、もっとも基本的な3種類のユーザ定義型の概念を解説する。

- `struct`（構造体）は、任意の型の要素（**メンバ**（*member*）と呼ばれる）を並べたもの。
- `union`（共用体）は、同時には一つの値のみを保持する`struct`。
- `enum`（列挙体）は、名前の付いた定数（列挙子という）が集まった型。
- `enum class`（スコープをもつ列挙体）は、列挙子のスコープを列挙体の中に限定した`enum`であって、暗黙裏には他の型に変換できない。

これらの単純な型は、C++のごく初期から存在する。これらは、主として内部データ表現に主眼を置いたものであって、ほとんどのC言語スタイルのプログラミングの骨格となるものだ。ここで解説する`struct`の概念は、`class`（§3.2，第16章）を簡略化したものだ。

8.2 構造体

配列は、同じ型の要素の集成型である。これに対して、もっとも単純な形式の`struct`は、任意の型の要素の集成型である。たとえば：

```
struct Address {
    const char* name;       // "Jim Dandy"
    int number;             // 61
    const char* street;     // "South St"
    const char* town;       // "New Providence"
    char state[2];          // 'N' 'J'
    const char* zip;        // "07974"
};
```

ここではAddress型を定義している。米国内の誰かに手紙を送るのに必要な宛先情報で構成されるものだ。定義の末尾にセミコロンが必要であることに注意しよう。

Address型の変数は、他の変数とまったく同じように宣言できる。なお、個々の**メンバ**（*member*）のアクセスは．（ドット）演算子によって行う。たとえば：

```
void f()
{
   Address jd;
   jd.name = "Jim Dandy";
   jd.number = 61;
}
```

struct型の変数は、{}形式での初期化が行える（§6.3.5）。たとえば：

```
Address jd = {
   "Jim Dandy",
   61, "South St",
   "New Providence",
   {'N','J'}, "07974"
};
```

jd.stateが文字列"NJ"で初期化できないことに注意しよう。文字列は、ゼロ文字'\0'で終了するので、"NJ"は、jd.stateよりも1文字多い3文字となってしまうからだ。ここでは、初期化の方法と問題点を示すため、メンバに比較的低レベルな型をあえて用いている。

さて、構造体は、ポインタ経由の->（structを指すポインタの参照外し）演算子によってアクセスすることが多い。たとえば：

```
void print_addr(const Address* p)
{
   cout << p->name << '\n'
        << p->number << ' ' << p->street << '\n'
        << p->town << '\n'
        << p->state[0] << p->state[1] << ' ' << p->zip << '\n';
}
```

pがポインタであれば、p->mは(*p).mと等価である。

なお、structを参照として渡した上で、アクセスを．演算子（structのメンバアクセス）で行うこともできる：

```
void print_addr2(const Address& r)
{
   cout << r.name << '\n'
        << r.number << ' ' << r.street << '\n'
        << r.town << '\n'
        << r.state[0] << r.state[1] << ' ' << r.zip << '\n';
}
```

引数の受渡しについては、§12.2で解説する。

構造体型のオブジェクトは、代入可能であるし、引数として関数に渡すことや、返却値として関数が返すことも可能だ。たとえば：

```
Address current;

Address set_current(Address next)
{
   address prev = current;
   current = next;
   return prev;
}
```

これ以外の、たとえば（== と != による）比較などの一般的な演算は、デフォルトでは利用できない。しかし、ユーザが演算子を定義することが可能だ（§3.2.1.1，第 18 章）。

8.2.1 struct のレイアウト

struct のオブジェクトは、メンバが宣言順に格納される。ここで、基本的な機器の読取りの情報を、以下の構造体に格納することを考えてみよう：

```
struct Readout {
   char hour;    // [0:23]
   int value;
   char seq;     // シーケンス記号 ['a':'z']
};
```

Readout オブジェクトのメンバが、メモリ上で以下のように配置されると考えるかもしれない：

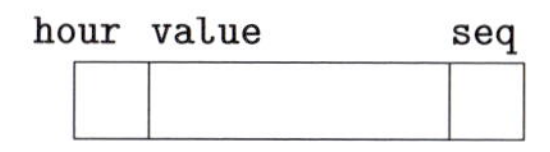

メンバは、宣言順にメモリ上に割り当てられるので、hour のアドレスは value のアドレスよりも必ず小さくなる。§8.2.6 も参照しよう。

ところが、struct のオブジェクトの大きさは、全要素の大きさの合計になるとは限らない。というのも、多くのマシンでは、ある種の型のオブジェクトが、アーキテクチャ依存の境界上に割り付けられるからだ。境界上に割り付けられたオブジェクトは、効率よく処理できる。たとえば、整数はワード境界に割り付けられるのが一般的だ。その場合、オブジェクトは、そのマシン上で、正しく**アラインされる**（*aligned*）ことになる（§6.2.9）。その結果、構造体は“穴”をもつのだ。たとえば、int が 4 バイトであれば、Readout のレイアウトは次のようになる：

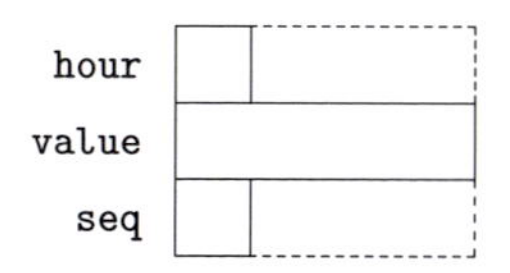

この場合、多くのマシンがそうだが、sizeof(Readout) は 12 となる。みんなが予想するような、個々のメンバの大きさを単純に合計した 6 ではない。

メンバを大きいほうから順に並びかえるだけで、無駄なメモリ領域が最小限に抑えられる：

```
struct Readout {
    int value;
    char hour;  // [0:23]
    char seq;   // シーケンス記号['a':'z']
};
```

これで、次のようなレイアウトになる：

```
       value  |                  |
  (hour,seq)  |    |    |  ......
```

このReadoutでも、2バイトの“穴”（未使用領域）が残されていて、sizeof(Readout)==8である。というのも、Readoutの配列中で、連続している各要素オブジェクトそのものの配置にも、アラインメントが要求されるからだ。そのため、Readoutオブジェクトを要素とする、要素数10の配列の大きさは、10*sizeof(Readout)となる。

可読性を優先してメンバを並べておいて、最適化が必要と判断した場合にのみ、大きさ順に並べかえるのがベストといえる。

なお、アクセス指定子（public、private、protected）を複数利用すると、レイアウトが変わってしまう（§20.5）。

8.2.2 structの名前

型名は最初に記述した時点から有効になるため、宣言完了前の時点でも利用可能だ。たとえば：

```
struct Link {
    Link* previous;
    Link* successor;
};
```

ただし、オブジェクトの宣言は、structの宣言が完了した後でしか行えない。たとえば：

```
struct No_good {
    No_good member;  // エラー：再帰定義
};
```

これがエラーとなるのは、コンパイラがNo_goodの大きさを判断できないからだ。2個（もしくはそれ以上）のstructが相互に参照する場合は、structの名前を事前に宣言するとよい。たとえば：

```
struct List;        // struct名の宣言：定義は後で

struct Link {
    Link* pre;
    Link* suc;
    List* member_of;
    int data;
};

struct List {
    Link* head;
};
```

もし冒頭のListの宣言を省略すると、Linkの宣言内でのポインタ型List*が構文エラーとなる。

型を定義する前にstruct名が利用できるのは、メンバや構造体の大きさが必要とされない場合に限られる。structの宣言が完了するまでは、そのstructは不完全な型だ。たとえば：

```
struct S; // “S”は何らかの型の名前

extern S a;
S f();
void g(S);
S* h(S*);
```

しかし、このような宣言のほとんどは、Sの型が定義されない限り利用できない：

```
void k(S* p)
{
    S a;            // エラー：Sが定義されていない：割り付けるには大きさが必要

    f();            // エラー：Sが定義されていない：返却値には大きさが必要
    g(a);           // エラー：Sが定義されていない：引数を渡すには大きさが必要
    p->m = 7;       // エラー：Sが定義されていない：メンバ名が不明

    S* q = h(p);    // ＯＫ：ポインタは割り付けられるし渡せる
    q->m = 7;       // エラー：Sが定義されていない：メンバ名が不明
}
```

C言語の歴史にまで遡る理由によって、同じスコープ内で、同一名のstructと、非structとを宣言できることになっている。たとえば：

```
struct stat { /* ... */ };
int stat(char* name, struct stat* buf);
```

ここで、単なる名前（stat）は、structでないものを表す。そのため、structのほうのstatを表す場合は、structという前置きが必要となる。classとunion（§8.3）とenum（§8.4）の各キーワードを利用すると、このような曖昧さが排除できる。もっとも、そのような明示的な排除が必要となる名前の多重定義は避けるべきだ。

8.2.3 構造体とクラス

structは、メンバをデフォルトでpublicとする、classのことである。そのため、structでもメンバ関数が定義可能だ（§2.3.2，第16章）。さらに、コンストラクタをもつことができる点も重要である。たとえば：

```
struct Points {
    vector<Point> elem;        // 少なくとも１個のPointを含む
    Points(Point p0) { elem.push_back(p0); }
    Points(Point p0, Point p1) { elem.push_back(p0); elem.push_back(p1); }
    // ...
};

Points x0;                              // エラー：デフォルトコンストラクタがない
Points x1{ {100,200} };                 // １個のPoint
Points x2{ {100,200}, {300,400} };      // ２個のPoint
```

メンバを順番に初期化するだけのコンストラクタは、定義の必要がない。たとえば：

```
struct Point {
   int x, y;
};

Point p0;        // 危険：局所スコープの中であれば初期化されない（§6.3.5.1）
Point p1 {};     // デフォルトの構築：{{},{}}は{0,0}のこと
Point p2 {1};    // ２番目のメンバはデフォルト構築される：{1,{}}は{1,0}のこと
Point p3 {1,2};  // {1,2}
```

コンストラクタが必要になるのは、引数の順序を変える、引数の有効性を確認する、引数を変更する、不変条件を確立する（§2.4.3.2, §13.4）、といった場合だ。

```
struct Address {
   string name;        // "Jim Dandy"
   int number;         // 61
   string street;      // "South St"
   string town;        // "New Providence"
   char state[2];      // 'N' 'J'
   char zip[5];        // 07974

   Address(const string& n, int nu, const string& s, const string& t,
           const string& st, int z);
};
```

この例では、すべてのメンバが初期化されることを保証するだけでなく、1文字ずつ操作しなくてすむように、州の略称には`string`を、そして、郵便番号には`int`を指定できるように、コンストラクタを追加している。すなわち、以下のような初期化を行うためだ：

```
Address jd = {
   "Jim Dandy",
   61, "South St",
   "New Providence",
   "NJ", 7974          // （07974だと8進数になってしまう：§6.2.4.1）
};
```

この`Address`のコンストラクタの定義は、以下のようになる：

```
Address::Address(const string& n, int nu, const string& s, const string& t,
                 const string& st, int z)
                  // 住所を有効にする
   :name{n},
    number{nu},
    street{s},
    town{t}
{
   if (st.size()!=2)
      error("State abbreviation should be two characters")
   state = {st[0],st[1]};      // 郵便番号用の州の略称を文字として記憶
   ostringstream ost;          // 出力文字列ストリーム：§38.4.2を参照
   ost << z;                   // intから文字を抽出
   string zi {ost.str()};
   switch (zi.size()) {
   case 5:
        zip = {zi[0], zi[1], zi[2], zi[3], zi[4]};
        break;
   case 4:  // '0'で始まる
        zip = {'0', zi[0], zi[1], zi[2], zi[3]};
        break;
```

```
    default:
        error("unexpected ZIP code format");
    }
    // ... 番号が意味をもつかどうかをチェック ...
}
```


8.2.4 構造体と配列

当然のことだが、structの配列を作ることもできるし、内部に配列をもつstructを作ることもできる。たとえば：

```
struct Point {
    int x,y;
};

Point points[3] {{1,2},{3,4},{5,6}};
int x2 = points[2].x;

struct Array {
    Point elem[3];
};

Array points2 {{1,2},{3,4},{5,6}};
int y2 = points2.elem[2].y;
```

組込みの配列をstruct内に置くと、その配列は、1個のオブジェクトとして扱えることになる。そのため、structをコピーすることによって、その中に含まれる配列の初期化と代入（関数の引数に渡したり、関数の返却値としたりすることも含む）が行えるようになるのだ。たとえば：

```
Array shift(Array a, Point p)
{
    for (int i=0; i!=3; ++i) {
        a.elem[i].x += p.x;
        a.elem[i].y += p.y;
    }
    return a;
}

Array ax = shift(points2,{10,20});
```

ここでのArrayの記法はやや原始的だ。どうしてi!=3なのだろう？　どうして.elem[i]を2回も書いているのだろう？　どうして対象がPoint型の要素だけなのだろう？　といった疑問が生じてしまう。標準ライブラリでは、std::array（§34.2.1）として、要素数固定の配列の概念を、もっと完全かつエレガントにstructとして実装している：

```
template<typename T, size_t N>
struct array {                    // 実際よりも単純化したもの（§34.2.1を参照）
    using size_type = size_t;
    T elem[N];

    T* begin() noexcept { return elem; }
    const T* begin() const noexcept { return elem; }
    T* end() noexcept { return elem+N; }
    const T* end() const noexcept { return elem+N; }

    constexpr size_type size() noexcept;

    T& operator[](size_type n) { return elem[n]; }
```

```
   const T& operator[](size_type n) const { return elem[n]; }

   T* data() noexcept { return elem; }
   const T * data() const noexcept { return elem; }

   // ...
};
```

このarrayは、任意の要素型と、任意の要素数に対応するテンプレートだ。また、例外の発生（§13.5.1.1）とconstオブジェクト（§16.2.9.1）も直接的に処理する。arrayを用いると、次のように記述できる：

```
struct Point {
   int x,y
};

using Array = array<Point,3>;   // 3個のPointのarray

Array points {{1,2},{3,4},{5,6}};
int x2 = points[2].x;
int y2 = points[2].y;

Array shift(Array a, Point p)
{
   for (int i=0; i!=a.size(); ++i) {
      a[i].x += p.x;
      a[i].y += p.y;
   }
   return a;
}

Array ax = shift(points,{10,20});
```

組込みの配列とは違って、正当なオブジェクト型をもつこと（そのために代入演算などが実装されている）と、要素を指すポインタに暗黙裏に変換されないことが、std::arrayの主な特徴だ：

```
ostream& operator<<(ostream& os, Point p)
{
   return os << '{' << p.x << ',' << p.y << '}';
}

void print(const Point a[],int s)     // 要素数を指定する必要がある
{
   for (int i=0; i!=s; ++i)
      cout << a[i] << '\n';
}

template<typename T, int N>
void print(const array<T,N>& a)
{
   for (int i=0; i!=a.size(); ++i)     // 範囲for文（§2.2.4, §9.5.1）も利用できる
      cout << a[i] << '\n';
}

Point point1[] = {{1,2},{3,4},{5,6}};            // 3要素
array<Point,3> point2 = {{1,2},{3,4},{5,6}};    // 3要素

void f()
{
   print(point1,4);    // 4は誤りなのでエラー
   print(point2);
}
```

逆に、組込みの配列と比較した場合の std::array の短所は、初期化子に指定された要素の個数から要素数を導出できないことだ：

```
Point point1[] = {{1,2},{3,4},{5,6}};          // 3要素
array<Point,3> point2 = {{1,2},{3,4},{5,6}};  // 3要素
array<Point> point3 = {{1,2},{3,4},{5,6}};    // エラー：要素数が与えられていない
```

8.2.5 型の等価性

たとえメンバの構成が同一でも、個々の struct は、それぞれが別々の型となる。たとえば：

```
struct S1 { int a; };
struct S2 { int a; };
```

ここで、S1 と S2 は、異なる型なので、次の例はエラーになる：

```
S1 x;
S2 y = x;     // エラー：型があわない
```

また、struct の型は、その内部にもっているメンバの型とも異なる。

```
S1 x;
int i = x;    // エラー：型があわない
```

プログラム内のすべての struct は、ちょうど1回だけの定義が必要だ（§15.2.3）。

8.2.6 POD

オブジェクトを、"C互換データ（単純な旧式データ＝plain old data）"（メモリ上で連続して配置されたバイトデータ）として扱う必要が生じることがある。それは、実行時多相性（§3.2.3, §20.3.2）や、ユーザ定義のコピーセマンティクス（§3.3, §17.5）など高度なセマンティクスに注意を払いたくないときだ。その必要が生じる理由の一つが、ハードウェアの能力を活用して効率的にオブジェクトをムーブできるようにする、ということだ。たとえば、100個の要素をもつ配列に対して、コピーコンストラクタを100回も呼び出すことが、マシンのブロックムーブ命令を実行するだけの std::memcpy() よりも遅いのは、ほぼ確実だ。たとえコピーコンストラクタがインライン化されたとしても、コンパイラは最適化できないだろう。vector などのコンテナや、低レベル入出力ルーチンの実装では、この種の"トリック"は珍しいものではないし、重要だ。ただし、高レベルのコードでは、不要であって避けるべきものだ。

C互換データ＝POD（*Plain Old Data*）は、複雑なクラスレイアウトや、構築、コピー、ムーブなどのユーザ定義のセマンティクスを配慮することなく、"単なるデータ"として利用できるオブジェクトである。たとえば：

```
struct S0 { };                                      // POD
struct S1 { int a; };                               // POD
struct S2 { int a; S2(int aa) : a(aa) { } };        // PODではない
                                                    // （デフォルトコンストラクタがない）
struct S3 { int a; S3(int aa) : a(aa) { } S3() {} }; // PODではない
                                                  // （ユーザ定義のデフォルトコンストラクタ）
struct S4 { int a; S4(int aa) : a(aa) { } S4() = default; }; // POD
```

```
struct S5 { virtual void f(); /* ... */ };    // PODではない（仮想関数をもっている）
struct S6 : S1 { };             // POD
struct S7 : S0 { int b; };      // POD
struct S8 : S1 { int b; };      // PODではない（S1とS8の両方にデータが含まれる）
struct S9 : S0, S1 {};          // POD
```


オブジェクトを（PODと同様に）“単なるデータ”として扱うには、そのオブジェクトは、以下の条件を満たさなければならない：

- （vptr（§3.2.3，§20.3.2）をもつなどの）複雑なレイアウトをもたない。
- 非標準の（ユーザ定義）のコピーセマンティクスをもたない。
- トリビアルなデフォルトコンストラクタをもつ。

当然のことだが、PODの定義に対して、慎重かつ正確でなければならない。というのも、言語による保証を破らない場合にのみ、この種の最適化が行われるようにするためだ。公式な定義（§iso.3.9，§iso.9）によると、PODオブジェクトは、以下のすべてをもつものである：

- **標準レイアウト型**（*standard layout type*）
- **トリビアルにコピー可能な型**（*trivially copyable type*）
- トリビアルなデフォルトコンストラクタをもつ型

これと関連する概念が**トリビアル型**（*trivial type*）である。その型は、以下の両方をもつものだ：

- トリビアルなデフォルトコンストラクタ
- トリビアルなコピー動作およびムーブ動作

大雑把にいえば、何も行う必要がないコンストラクタは、トリビアルである（定義する場合は=defaultを用いる：§17.6.1）。

次の条件のすべてが成立しない型は、標準レイアウトとなる。

- 非staticメンバをもつ、あるいは、標準レイアウトではない基底をもつ。
- virtual関数（§3.2.3，§20.3.2）をもつ。
- virtual基底（§21.3.5）をもつ。
- 参照（§7.7）のメンバをもつ。
- 非staticメンバに対して複数のアクセス指定子をもつ（§20.5）。
- 次の理由により、重要なレイアウトの最適化が禁止されている。
  - 1個以上の基底クラス、あるいは、派生クラスと基底クラスの両方が、非staticメンバ変数をもつ。
  - 最初に位置する非staticデータメンバが同じ型の基底クラスをもつ。

標準レイアウト型は、基本的にC言語でのレイアウトと等価であり、一般的なC++のABI（Application Binary Interface）が扱えるすべてで実現されている。

トリビアルにコピー可能な型は、非トリビアルなコピー動作とムーブ動作、デストラクタをもたない型のことだ（§3.2.1.2，§17.6）。大雑把にいうと、ビット単位のコピーが可能な場合は、トリビアルにコピー可能であるといえる。それでは、コピー、ムーブ、デストラクタを非トリビアルにする要因は何だろう？　その答えは、次のとおりだ：

・ユーザ定義である。
・クラスがvirtualな関数をもつ。
・クラスの基底がvirtualである。
・トリビアルではない基底またはメンバをもつ。

組込み型のオブジェクトはトリビアルにコピー可能であり、標準レイアウトをもつ。また、トリビアルにコピー可能なオブジェクトの配列は、トリビアルにコピー可能であり、標準レイアウトのオブジェクトの配列は標準レイアウトをもつ。次の例を考えよう：

```
template<typename T>
   void mycopy(T* to, const T* from, int count);
```

ここで、Tが単純なPODである場合にのみ最適化したいとする。mycopy()の呼出しをPODに限定するだけで可能にはなる。ただし、エラーにつながりやすい。たとえば、mycopy()を利用するとして、将来的にコードを保守する人物がmycopy()にPOD以外を与えてはならないことを覚えておいてくれると信じてよいだろうか？　現実には無理だろう。もう一つの方法は、std::copy()を呼び出すことだ。こちらは、必要な最適化も含めて、もっとも好ましい実装である。一般化して最適化したコードを示そう：

```
template<typename T>
void mycopy(T* to, const T* from, int count)
{
   if (is_pod<T>::value)
      memcpy(to,from,count*sizeof(T));
   else
      for (int i=0; i!=count; ++i)
         to[i]=from[i];
}
```

標準ライブラリ<type_traits>で定義されている、型の性質に関する述語（§35.4.1）is_podを使うと、“TはPODであるか？”という質問をコードとして記述できる。is_pod<T>のもっとも優れた点は、プログラマがPODの正確な定義を覚えなくてすむことだ。

デフォルト以外のコンストラクタを追加あるいは削除しても、レイアウトや性能には影響を与えないことも重要である（ただし、C++98では成立しない）。

もし言語の厳格な専門家を志望するのであれば、標準が規定する、レイアウトとトリビアルの概念（§iso.3.9, §iso.9）を学習するとともに、プログラマやコンパイラ開発者に与える影響も検討すべきである。そうすると、人生の多大なる時間を浪費する前に方向性が変わるかもしれない。

8.2.7 フィールド

たとえばオン／オフスイッチのように、2値のみをとる変数のために1バイト（charまたはbool）を丸ごと使うのは無駄なように感じられる。ただし、C++で個別に割り当て可能で、アドレッシング可能な最小オブジェクトは、charだ（§7.2）。ところが、structの**フィールド**（*field*）を使うと、複数の小さな変数をまとめられる。このフィールドは、一般に**ビットフィールド**（*bit-field*）と呼ばれる。メンバをフィールドとするためには、そのビット数の指定が必要だ。フィールドに与える名前は省略できる。名前無しフィールドが、名前付きフィールドの意味に影響を与えることはないが、マシンに依存した方法で、よりよいレイアウト実現のためにうまく活用できる：

```
struct PPN {                    // R6000物理ページ番号
   unsigned int PFN : 22;       // ページフレーム番号
   int : 3;                     // 利用されない
   unsigned int CCA : 3;        // キャッシュコヒーレンシアルゴリズム
   bool nonreachable : 1;
   bool dirty : 1;
   bool valid : 1;
   bool global : 1;
};
```

この例は、フィールドのもう一つの利用方法も示している。それは、外部から強制されるレイアウト部分に名前を与えることだ。フィールドの型は、汎整数型か列挙体でなければならず（§6.2.1）、そのアドレスの取得はできないが、それ以外の点は、他の変数と変わらない。boolのフィールドが、本当に1ビットで表現できることにも注意しよう。オペレーティングシステムのカーネルやデバッガでは、ここに示したPPN型が、次のように利用できる：

```
void part_of_VM_system(PPN* p)
{
   // ...
   if (p->dirty) { // コンテンツが変更された
      // ディスクにコピー
      p->dirty = 0;
   }
}
```

意外かもしれないが、複数の変数を1バイトのフィールドにまとめることが、スペースの節約になるとは限らない。確かにデータ領域は節約できるが、変数を走査するコードサイズは、多くのマシンではむしろ増加する。2値をとる変数をビットフィールドから文字に変換すると、プログラムサイズが劇的に小さくなることは、よく知られている。さらに、フィールドへのアクセスよりも、ふつうのcharやintへのアクセスのほうがはるかに高速だ。フィールドは、ワードの一部に対する、情報抽出あるいは挿入のための、ビット単位の論理演算（§11.1.1）の簡略法にすぎない。

大きさがゼロのビットフィールドには特別な意味がある。新しい“割当て単位”の開始を表すのだ。厳密な意味は処理系定義だが、通常は、直後のフィールドをワード境界の先頭に配置する。

8.3 共用体

unionは、全メンバが同じアドレスに割り当てられたstructだ。そのため、unionは、最大のメンバが必要とするメモリ領域を消費する。当然ながら、unionでは、同時には1個のメンバのみが値をもつ。名前と値をもつシンボルテーブル内のエントリを考えてみよう：

```
enum Type { str, num };
```

```
struct Entry {
   char* name;
   Type t;
   char* s;  // t==strであればsを利用
   int i;    // t==numであればiを利用
};

void f(Entry* p)
{
   if (p->t == str)
      cout << p->s;
   // ...
}
```

メンバ s と i が同時に利用されることはないので、メモリ領域が無駄使いされている。これらを、union のメンバにすれば、問題が解決する：

```
union Value {
   char* s;
   int i;
};
```

union 内のどの値を利用しているのかを追跡管理する責任は、言語ではなくプログラマにある：

```
struct Entry {
   char* name;
   Type t;
   Value v; // t==strであればv.sを利用して、t==numであればv.iを利用
};

void f(Entry* p)
{
   if (p->t == str)
      cout << p->v.s;
   // ...
}
```

エラーを避けるためには、型フィールドと、union メンバへのアクセスとの対応を保証するように union をカプセル化すればよい（§8.3.2）。

共用体は“型変換”のために誤用されることがある。誤用者の多くは、明示的な型変換機能をもたない言語のプログラマであり、この疑似的な型変換を必要なものと考えてしまう。たとえば、以下に示すコードは、ビット単位で等価であるとの前提で、int を int* に単純に“変換”する：

```
union Fudge {
   int i;
   int* p;
};

int* cheat(int i)
{
   Fudge a;
   a.i = i;
   return a.p;     // 悪い使い方
}
```

これは、決して変換ではない。int と int* の大きさが同一でないマシンもあるし、整数値が奇数アドレス上に配置されないマシンもある。このような union の利用は危険である上に、可搬性も

ない。この種の本質的に見苦しい変換が必要ならば、明示的型変換演算子（§11.5.2）を使うべきだ。そうすると、コードを読む側も、処理の意図が分かるようになる。たとえば：

```
int* cheat2(int i)
{
  return reinterpret_cast<int*>(i);    // 明らかに見苦しくて危険
}
```

これで、オブジェクトの大きさが一致しない場合に、少なくともコンパイラが警告する機会が生まれる。また、コードが、場違いなものとして目立って見える。

unionは、データをコンパクトにまとめ、それによって性能を向上させるために重要なものだ。しかし、ほとんどのプログラムは、unionによって改善されることはないし、そもそもunionはエラーにつながりやすい。そのため私は、unionは必要以上に利用されている機能だと考えている。可能ならば避けるべきだ。

8.3.1 共用体とクラス

ある程度の規模のunionは、もっとも頻繁に利用されるメンバよりも、大きくなることが多い。というのも、unionの大きさは、少なくとも、もっとも大きいメンバの大きさとなるからだ。そのためメモリが無駄使いされる。この無駄は、unionの代わりに、派生クラス（§3.2.2，第20章）を利用することで削減できる。

unionは、技術的にはstructの一種であり（§8.2）、さらに、そのstructはclassの一種である（第16章）。しかし、クラスが提供する機能の多くは、共用体には不要なものだ。そのため、unionには次のような制約がある：

[1] unionは仮想関数をもてない。
[2] unionは参照型のメンバをもてない。
[3] unionは基底クラスをもてない。
[4] unionのメンバが、ユーザ定義コンストラクタ、コピー演算、ムーブ演算、デストラクタのいずれかを実装している場合、それらの特殊な関数は、そのunionではdeleteされる（§3.3.4，§17.6.4）。すなわち、そのようなunion型のオブジェクトでは利用できない。
[5] unionのメンバのうち、クラス内初期化子をもてるのは最大で1個である（§17.4.4）。
[6] unionは基底クラスになれない。

これらの制約によって、気付きにくい多くのエラーを防げる上に、unionの実装も単純になる。後者は重要だ。というのも、unionは最適化を目的に利用される場合が多いと同時に、私たちは、その代償としての“隠れたコスト”を支払いたくないからだ。

コンストラクタ（など）を有するメンバがある場合、unionからコンストラクタ（など）がdeleteされるという規則のおかげで、unionは簡潔性を維持する。その一方で、プログラマは必要に応じて複雑な処理を提供しなければならない。先ほどのEntryには、コンストラクタ、デストラクタ、代入演算をもつメンバが存在しないので、Entryの作成とコピーは自由に行える。たとえば：

```
void f(Entry a)
{
    Entry b = a;
}
```

もう少し複雑なunionであれば、同様の処理の実装は困難であり、エラーにつながりやすい：

```
union U {
    int m1;
    complex<double> m2;  // complexにはコンストラクタがある
    string m3;           // stringにはコンストラクタがある（重要な不変条件を管理）
};
```

このUをコピーするには、どちらのコピー演算を用いるかの判断が必要だ。たとえば：

```
void f2(U x)
{
    U u;                 // エラー：どちらのデフォルトコンストラクタ？
    U u2 = x;            // エラー：どちらのコピーコンストラクタ？
    u.m1 = 1;            // intメンバへの代入
    string s = u.m3;     // 災難：stringメンバから読み取る
    return;              // エラー：xとuとu2のどのデフォルトコンストラクタが呼び出される？
}
```

あるメンバに対して書き込んで、その後で他のメンバから読み取るのは不正だが、それでもやはりそうする人がいる（多くの場合はミスによるものだが)。この例では、stringのコピーコンストラクタが、不正な引数を与えられて呼び出されることになる。Uがコンパイルできないのは幸いだ。必要ならば、unionをメンバとするクラスを定義して、union内のコンストラクタ、デストラクタ、代入演算をもつメンバを適切に処理することもできる（§8.3.2）。また、クラスにしておけば、あるメンバに対して書き込んだものを、後で他のメンバから読み取る動作も防げる。

高々1個のメンバに限られるものの、メンバにはクラス内初期化子を指定できる。そうすると、その初期化子がデフォルトの初期化動作となる。たとえば：

```
union U2 {
    int a;
    const char* p {""};
};

U2 x1;       // デフォルトの初期化によってx1.p == ""
U2 x2 {7};   // x2.a == 7
```

8.3.2 無名共用体

unionを誤用する問題を克服するには、どのようにクラスを定義すればよいか、Entry（§8.3）を変形した例で考えよう：

```
class Entry2 { // unionとして表現された二つの代替表現
private:
    enum class Tag { number, text };
    Tag type; // 判別用
```

```
    union {    // 内部表現
        int i;
        string s; // stringにはデフォルトコンストラクタ、コピー演算、デストラクタがある
    };
public:
    struct Bad_entry { };       // 例外として利用

    string name;

    ~Entry2();
    Entry2& operator=(const Entry2&);     // stringの変種を使っているため必要
    Entry2(const Entry2&);
    // ...

    int number() const;
    string text() const;

    void set_number(int n);
    void set_text(const string&);
    // ...
};
```

私は、いわゆるget／set関数は好まない。しかし、ここでは、アクセスのたびに、ユーザが指定した些細とはいえない程度の動作の実行が必要だ。"get"関数の名前は、値の意味が分かる名前としておき、"set"関数の名前は、先頭に`set_`を付けている。この方式は、数ある命名規則の中でも、私のお気に入りだ。

読取りのアクセス関数は、以下のように定義できる：

```
int Entry2::number() const
{
    if (type!=Tag::number) throw Bad_entry{};
    return i;
};

string Entry2::text() const
{
    if (type!=Tag::text) throw Bad_entry{};
    return s;
};
```

これらのアクセス関数は、`type`タグをチェックする。目的の値と一致していれば、その値の参照を返し、一致しなければ例外を送出する。このような`union`は、一般に**タグ付き共用体**（*tagged union*）あるいは**判別共用体**（*discriminated union*）と呼ばれる。

書込みのアクセス関数も、基本的に同様な`type`のチェックを行う。ただし、新しい値の代入前に、それまで保持していた値に対する適切な処理が必要だ：

```
void Entry2::set_number(int n)
{
    if (type==Tag::text) {
        s.~string();              // 明示的にstringを破棄（§11.2.4）
        type = Tag::number;
    }
    i = n;
}
```

```
void Entry2::set_text(const string& ss)
{
    if (type==Tag::text)
        s = ss;
    else {
        new(&s) string{ss};       // 配置new：明示的にstringを構築（§11.2.4）
        type = Tag::text;
    }
}
```

union を用いると、union 内要素の生存期間の管理のために、分かりにくく低レベルな言語機能（明示的構築や明示的解体）の利用が必要となる。これが、union の利用に慎重になるべき、もう一つの理由だ。

さて、Entry2 の宣言では、union に名前が与えられていないことに注目しよう。そのため、**無名共用体**（*anonymous union*）になるのだ。無名 union は、型ではなくオブジェクトだ。そして、そのメンバには、オブジェクト名を用いずにアクセスできる。すなわち、無名 union のメンバは、クラス内の他のメンバとまったく同じように利用できる。もちろん、同時に利用できる union メンバが 1 個だけであることを忘れてはならない。

Entry2 は、ユーザ定義の代入演算子をもつ string 型のメンバをもつので、Entry2 の代入演算子は delete される（§3.3.4, §17.6.4）。そのため、Entry2 の代入演算を行う必要がある場合は、Entry2::operator=() の定義が必要だ。代入演算では読取りと書込みの複雑さを組み合わせたようなものとなるが、論理的には、先ほどのアクセス関数と似たものである：

```
Entry2& Entry2::operator=(const Entry2& e) // stringの変種を使っているため必要
{
    if (type==Tag::text && e.type==Tag::text) {
        s = e.s;      // 通常の文字列代入
        return *this;
    }

    if (type==Tag::text) s.~string();  // 明示的な解体（§11.2.4）

    switch (e.type) {
    case Tag::number:
         i = e.i;
         break;
    case Tag::text:
         new(&s)(e.s);                  // 配置new：明示的な構築（§11.2.4）
         type = e.type;
    }

    return *this;
}
```

コンストラクタやムーブ代入演算も、必要があれば、同じように定義することになる。type タグと値との対応を確保するためには、コンストラクタが少なくとも 1 個か 2 個必要だ。なお、デストラクタは、string に対応した処理が必要である：

```
Entry2::~Entry2()
{
    if (type==Tag::text) s.~string(); // 明示的な解体（§11.2.4）
}
```

8.4 列挙体

列挙体(*enumeration*)は、ユーザが指定する一連の整数を定義する型だ(§iso.7.2)。列挙体がとり得る値には、名前が与えられ、それは**列挙子**(*enumerator*)と呼ばれる。たとえば:

```
enum class Color { red, green, blue };
```

この宣言は、列挙子red、green、blueをもつ列挙体Colorを定義する。キーワード"enum"は、"enumeration"を口語調に省略したものだ。

列挙体には、以下の2種類がある。

[1] enum class:列挙子の名前(redなど)のスコープは、enum内に局所的であり、その値が他の型へと暗黙裏に変換されることはない。

[2] "単なるenum":列挙子の名前はenumと同じスコープに入って、その値は整数へと暗黙裏に変換される。

通常はenum classを用いるのがよいだろう。想定外の事態がほとんど発生しないからだ。

8.4.1 enum class

enum classは、スコープをもつとともに、強力に型付けされた列挙体である。たとえば:

```
enum class Traffic_light { red, yellow, green };
enum class Warning { green, yellow, orange, red };  // 火災警報のレベル

Warning a1 = 7;                 // エラー:int->Warning変換はない
int a2 = green;                 // エラー:greenはスコープ中にない
int a3 = Warning::green;        // エラー:Warning->int変換はない
Warning a4 = Warning::green;    // OK

void f(Traffic_light x)
{
    if (x) { /* ... */ }                          // エラー:0との暗黙の比較はない
    if (x == 9) { /* ... */ }                     // エラー:9はTraffic_lightではない
    if (x == red) { /* ... */ }                   // エラー:redはスコープ中にない
    if (x == Warning::red) { /* ... */ }          // エラー:xはWarningではない
    if (x == Traffic_light::red) { /* ... */ }    // OK
}
```

ここに示す両方のenumで宣言されている同じ名前の列挙子が衝突することはない。というのも、列挙子は、各enum classのスコープに入るからだ。

列挙体の内部表現は、何らかの整数型であり、各列挙子は、何らかの整数値である。列挙体の内部表現として利用される型は、**根底型**(*underlying type*)と呼ばれる。根底型は、符号付き整数型群と符号無し整数型群のどれか一つとなる(§6.2.4)。そのデフォルトは、int型だ。次のように明示的に記述することもできる:

```
enum class Warning : int  { green, yellow, orange, red };  // sizeof(Warning)==sizeof(int)
```

メモリ領域を無駄使いしていると考えるならば、次のようにcharを利用することもできる:

```
enum class Warning : char { green, yellow, orange, red };  // sizeof(Warning)==1
```

デフォルトでは、列挙子の値は0で始まって1ずつ増加する。そのため、以下のようになる：

```
static_cast<int>(Warning::green)==0
static_cast<int>(Warning::yellow)==1
static_cast<int>(Warning::orange)==2
static_cast<int>(Warning::red)==3
```

単なるintとしてではなく、Warningとして変数を宣言すれば、ユーザにもコンパイラにも用途を示すことになる。たとえば：

```
void f(Warning key)
{
    switch (key) {
    case Warning::green:
         // ... 処理を行う ...
         break;
    case Warning::orange:
         // ... 処理を行う ...
         break;
    case Warning::red:
         // ... 処理を行う ...
         break;
    }
}
```

これを人間が読むと、yellowが欠如していることに気付くはずだ。コンパイラも、4種類のWarningの値のうち3種類しかないことに対して警告を発することができる。

列挙子の初期化は、汎整数型（§6.2.1）の定数式（§10.4）によって行える。たとえば：

```
enum class Printer_flags {
    none=0,
    acknowledge=1,
    paper_empty=2,
    busy=4,
    out_of_black=8,
    out_of_color=16,
    //
};
```

ここで、Printer_flagsの列挙子の値は、ビット単位の処理の際にうまく組み合わせられるようにしたものだ。enumはユーザ定義型なので、|や&の演算子を定義できる（§3.2.1.1, 第18章）。たとえば：

```
constexpr Printer_flags operator|(Printer_flags a, Printer_flags b)
{
    return static_cast<Printer_flags>(static_cast<int>(a))|static_cast<int>(b));
}

constexpr Printer_flags operator&(Printer_flags a, Printer_flags b)
{
    return static_cast<Printer_flags>(static_cast<int>(a))&static_cast<int>(b));
}
```

enum classは暗黙のうちには変換されないので、変換は明示的に行わなければならない。Printer_flags用に定義された|と&を用いると、次のように記述できる：

```
void try_to_print(Printer_flags x)
{
   if ((x&Printer_flags::acknowledge)!=Printer_flags::none) {
      // ...
   }
   else if ((x&Printer_flags::busy)!=Printer_flags::none) {
      // ...
   }
   else if ((x&(Printer_flags::out_of_black|Printer_flags::out_of_color))
               !=Printer_flags::none) {
      // out_of_blackとout_of_colorのいずれか
      // ...
   }
   // ...
}
```

operator|()とoperator&()を、constexpr関数（§10.4，§12.1.6）として定義したのは、以下のように、定数式内でも利用できるようにするためだ：

```
void g(Printer_flags x)
{
   switch (x) {
   case Printer_flags::acknowledge:
        // ...
        break;
   case Printer_flags::busy:
        // ...
        break;
   case Printer_flags::out_of_black:
        // ...
        break;
   case Printer_flags::out_of_color:
        // ...
        break;
   case Printer_flags::out_of_black|Printer_flags::out_of_color:
        // out_of_blackとout_of_colorのいずれか
        // ...
        break;
   }

   // ...
}
```

enum classの宣言だけを先に記述して、定義を後回しにすることもできる（§6.3）。たとえば：

```
enum class Color_code : char;     // 宣言
void foobar(Color_code* p);       // 宣言を利用
// ...
enum class Color_code : char {    // 定義
   red, yellow, green, blue
};
```

汎整数型の値は明示的に列挙体型へと変換できる。変換後の値が、列挙体の根底型の範囲外となる場合、変換結果は定義されない。たとえば：

```
enum class Flag : char{ x=1, y=2, z=4, e=8 };
```

```
Flag f0 {};                          // f0はデフォルト値0となる
Flag f1 = 5;                         // 型エラー：5はFlag型ではない
Flag f2 = Flag{5};                   // エラー：enum classには縮小変換はない
Flag f3 = static_cast<Flag>(5);      // 無理矢理
Flag f4 = static_cast<Flag>(999);    // エラー：999はchar値ではない（捕捉されない）
```


最後の代入が、整数から列挙体への暗黙の変換が存在しない理由を示している。大半の整数値は、特定の列挙体での表現方法をもたない。

各列挙子は整数値をもつ。その値は明示的に取り出せる。たとえば：

```
int i = static_cast<int>(Flag::y);       // iは2になる
char c = static_cast<char>(Flag::e);     // cは8になる
```

列挙体の値の範囲を表す概念は、Pascal系の言語の概念とは異なる。とはいえ、列挙子の範囲外の値に対して適切に対応するようなビット操作は（`Printer_flags`の例のように）、C言語とC++では長い歴史がある。

`enum class`に対する`sizeof`は、根底型に対する`sizeof`となる。根底型を明示的に指定しない場合は、`sizeof(int)`となる。

8.4.2 単なるenum

“単なる`enum`”は、大まかにいうと、`enum class`の導入以前にC++が提供していたものだ。そのため、C言語やC++98のコードの中で数多く目にするものである。単なる`enum`の列挙子は、`enum`のスコープに加えられて、何らかの整数型へと暗黙のうちに変換される。§8.4.1の例から“`class`”を省略するとどうなるだろうか：

```
enum Traffic_light { red, yellow, green };
enum Warning { green, yellow, orange, red };  // 火災警報のレベル

// エラー：yellowの定義が２個ある（同じ値）
// エラー：redの定義が２個ある（異なる値）

Warning a1 = 7;                    // エラー：int->Warning変換はない
int a2 = green;                    // ＯＫ：greenはスコープ中にありintに変換される
int a3 = Warning::green;           // ＯＫ：Warning->int変換
Warning a4 = Warning::green;       // ＯＫ

void f(Traffic_light x)
{
   if (x == 9) { /* ... */ }                  // ＯＫ（ただしTraffic_lightには9はない）
   if (x == red) { /* ... */ }                // エラー：２個のredがスコープ中にある
   if (x == Warning::red) { /* ... */ }               // ＯＫ（まずい！）
   if (x == Traffic_light::red) { /* ... */ }     // ＯＫ
}
```

この例では、同じスコープ内で、二つの単なる列挙体が`red`を定義しているため、“幸運”にも特定困難となりがちなエラーを特定できている。列挙子の曖昧さを“掃除”した、単なる`enum`の定義を考えてみよう（小規模プログラムでは容易な作業だが、大規模プログラムでは大変な作業となるだろう）：

```
enum Traffic_light { tl_red, tl_yellow, tl_green };
enum Warning { green, yellow, orange, red };  // 火災警報のレベル

void f(Traffic_light x)
{
    if (x == red) { /* ... */ }                    // ＯＫ（まずい！）
    if (x == Warning::red) { /* ... */ }           // ＯＫ（まずい！）
    if (x == Traffic_light::red) { /* ... */ }     // エラー：redはTraffic_light値ではない
}
```

ここでの **x==red** は、ほぼ間違いなくバグだが、コンパイラはこのバグを検出できない。閉じたスコープに名前を加えることは、**名前空間の汚染**（*namespace pollution*）である（該当するのは **enum** であって、**enum class** や **class** は該当しない）。これは、大規模プログラムでは、大きな問題に発展する可能性がある（第14章）。

enum class と同様に、単なる列挙体でも根底型を指定できる。その場合も、宣言のみを先に記述して、定義を後回しにできる。たとえば：

```
enum Traffic_light : char { tl_red, tl_yellow, tl_green };  // 根底型はchar

enum Color_code : char;        // 宣言
void foobar(Color_code* p);    // 宣言の利用
// ...
enum Color_code : char { red, yellow, green, blue }; // 定義
```

根底型を指定しない場合、定義を伴わない **enum** の宣言は行えない。また、根底型は、比較的複雑なアルゴリズムで決定される。具体的には、すべての列挙子が非負であれば、列挙体の範囲は $[0 : 2^k\text{-}1]$ となる（ここで、2^k は全列挙子を収めることができる、最小の２のべき乗である）。負数の列挙子が存在する場合、範囲は $[\text{-}2^k : 2^k\text{-}1]$ となる。すなわち、このアルゴリズムは、一般的な２の補数表現を用いて列挙子の値を保持可能な最小のビットフィールドを定義する。たとえば：

```
enum E1 { dark, light };                   // 範囲は0:1
enum E2 { a = 3, b = 9 };                  // 範囲は0:15
enum E3 { min = -10, max = 1000000 };      // 範囲は-1048576:1048575
```

整数を単なる **enum** へと明示的に変換する規則は、根底型を明示的に指定しない場合を除くと、**enum class** の場合と同じだ。すなわち、変換結果は、値が列挙体の範囲外であれば定義されない。たとえば：

```
enum Flag { x=1, y=2, z=4, e=8 };     // 範囲は0:15

Flag f0 {};                           // f0はデフォルト値0となる
Flag f1 = 5;                          // 型エラー：5はFlag型ではない
Flag f2 = Flag{5};                    // エラー：intからFlagへの暗黙の変換はない
Flag f2 = static_cast<Flag>(5);       // ＯＫ：5はFlagの範囲の中にある
Flag f3 = static_cast<Flag>(z|e);     // ＯＫ：12はFlagの範囲の中にある（zとeのビットOR）
Flag f4 = static_cast<Flag>(99);      // 定義されない：99はFlagの範囲の中にない
```

単なる **enum** から根底型への暗黙の変換が存在するので、このコードの動作のために **|** を定義する必要はない。**z** と **e** は **int** に変換されるので、**z|e** は評価可能だ。列挙体に対する **sizeof** は、根底型に対する **sizeof** となる。根底型が明示的に指定されていない場合、すべての列挙子が

int や unsigned int で表現できる限り、sizeof(int) を超えない範囲で、値を保持できる何らかの汎整数型となる。たとえば sizeof(int)==4 のマシン上で、sizeof(E1) は、1 や 4 になり得るものの、8 になることはない。

8.4.3 名前無し enum

単なる enum には、名前を与えなくともよい。たとえば：

```
enum { arrow_up=1, arrow_down, arrow_sideways };
```

変数に利用する型ではなく、一連の整数定数が必要な場合に利用する方法だ。

8.5 アドバイス

[1] データをコンパクトにすることが重要であれば、構造体のメンバ変数は、大きさが小さいものよりも大きいものを先頭側に配置しよう。§8.2.1。

[2] ハードウェアが要求するデータレイアウトの実現には、ビットフィールドを利用しよう。§8.2.7。

[3] 消費メモリの削減のために複数の値を1バイトに押し込む方法を、安易に採用しないようにしよう。§8.2.7。

[4] メモリ領域の節約には、（複数の値のいずれか1個を）表現できる union を利用しよう。ただし、型変換に利用しないように。§8.3。

[5] 名前をもつ一連の定数は、列挙体で表すとよい。§8.4。

[6] 予想外の動作を防ぐには、“単なる”enum ではなくて enum class を優先しよう。§8.4。

[7] 列挙体に演算子を定義すると、安全かつ簡潔に利用できる。§8.4.1。

第9章 文

プログラマは、
カフェインをコードに変えるマシンだ。
― 某プログラマ

- はじめに
- 文の概要
- 文としての宣言
- 選択文
  if文／switch文／条件内の宣言
- 繰返し文
  範囲for文／for文／while文／do文／ループの終了
- goto文
- コメントとインデンテーション
- アドバイス

9.1 はじめに

C++は、一般的で柔軟性のある文を提供する。基本的に、興味深いものや複雑なものはすべて、文と式の中に存在している。宣言が文であることや、式の末尾にセミコロンを付けると、文になることに注意しよう。

式とは異なり、文自体が値をもつことはない。文は、値をもつのではなく、実行の順序を指定するためのものだ。たとえば：

```
a = b+c;          // 式文
if (a==7)         // if文
    b = 9;        // a==7のときにのみ実行
```

当然のように、a=b+cはifよりも先に実行される。これは、みんなの期待どおりだ。ただし、実行結果が変化しない範囲で、性能向上のためにコンパイラが実行順序を変えることはある。

9.2 文の概要

C++が提供する文の概要を示そう：

文：

```
宣言
式 opt ;
{ 文並び opt }
try { 文並び opt } ハンドラ並び

case 定数式 : 文
default : 文
break ;
continue ;

return 式 opt ;
return { 式並び opt } ;

goto 識別子 ;
識別子 : 文

選択文
繰返し文
```

選択文：

```
if ( 条件 ) 文
if ( 条件 ) 文 else 文
switch ( 条件 ) 文
```

繰返し文：

```
while ( 条件 ) 文
do 文 while ( 式 ) ;
for ( for初期化文  条件 opt ; 式 opt ) 文
for ( for初期化宣言 : 式 ) 文
```

文並び：

```
文  文並び opt
```

条件：

```
式
型指定子  宣言子 = 式
型指定子  宣言子 { 式 }
```

ハンドラ並び：

```
ハンドラ  ハンドラ並び opt
```

ハンドラ：

```
catch ( 例外宣言 ) { 文並び opt }
```

セミコロンは、それ自身が一つの文、すなわち**空文**（*empty statement*）である。
“波括弧”（すなわち{と}）で囲んだ文の並び（空の場合もあり得る）は、**ブロック**（*block*）

あるいは**複合文**（*compound statement*）と呼ばれる。ブロック内で宣言した名前は、プログラムの実行が、そのブロックの終端から外部へと移動した時点で消滅する（§6.3.4）。

宣言（*declaration*）は、文である。なお、代入文や手続き呼出し文などは存在しない。というのも、代入と関数呼出しは、いずれも式だからだ。

for 初期化文（*for-init-statement*）は、宣言と**式文**（*expression-statement*）のいずれかである。いずれの場合も、セミコロンが必要であることに注意しよう。

for 初期化宣言（*for-init-declaration*）は、未初期化の単一変数の宣言である。その変数は、**式**（*expression*）によって指定されたシーケンスの要素で初期化される。そのため、`auto`が利用可能だ。

例外を処理する文である**try ブロック**（*try-block*）については、§13.5 で解説する。

9.3 文としての宣言

宣言は文である。`static`と宣言した変数を除くと、変数の初期化子は、実行スレッドがその宣言を通過するたびに実行される（§6.4.2）。宣言は、文が記述可能な場所（と、その他の若干の場所：§9.4.3, §9.5.2）に記述できる。そうなっているのは、変数が未初期化であることに由来するエラーを最小にするとともに、コードの局所性を高めるためである。変数がもつべき値をもつよりも前の時点で、変数を導入する必然性はほとんどない。たとえば：

```
void f(vector<string>& v, int i, const char* p)
{
   if (p==nullptr) return;
   if (i<0 || v.size()<=i)
      error("bad index");
   string s = v[i];
   if (s == p) {
      // ...
   }
   // ...
}
```

実行可能なコードよりも後で宣言が記述できるようになっていることは、初期化後にオブジェクトの値が変化しない、多くの定数と、単一代入スタイルのプログラミングにとって、重要な意味をもつ。ユーザ定義型では、適切な初期化子が利用できるようになるまで、変数の定義を先延ばしすることは、性能向上にもつながる。たとえば：

```
void use()
{
   string s1;
   s1 = "The best is the enemy of the good.";
   // ...
}
```

ここでは、デフォルトの初期化（空文字列として初期化する）の直後に代入を行っている。そのため、次のように、目的の値で単純に初期化する場合に比べると遅くなる：

```
string s2 {"Voltaire"};
```

本来、初期化子を与えずに変数を宣言するのは、目的の値を与えるために別の文が必要となるようなときだ。たとえば、入力用の変数がそうだ：

```
void input()
{
   int buf[max];
   int count = 0;
   for (int i; cin>>i;) {
      if (i<0) error("unexpected negative value");
      if (count==max) error("buffer overflow");
         buf[count++] = i;
   }
   // ...
}
```

ここでは、error() は、呼び出した後に戻ってこないと仮定している。もし戻ってくれば、このコードは、バッファオーバフローを発生させてしまう。この例のような場合は、push_back()（§3.2.1.3, §13.6, §31.3.6）を用いると、よりよい解が得られることが多い。

9.4 選択文

値のテストは、if 文と switch 文で行える：

> **if (条件) 文**
> **if (条件) 文 else 文**
> **switch (条件) 文**

条件（*condition*）は、式あるいは宣言である（§9.4.3）。

9.4.1 if 文

if 文は、与えられた条件が true であれば、第1番目（あるいは唯一）の文を実行して、そうでなければ、第2番目の文（があれば、それ）を実行する。条件の評価結果が論理値でない場合は、可能であれば暗黙裏に bool に変換される。すなわち、任意の算術式やポインタ演算式が条件として利用できるということだ。たとえば、x が整数であれば、

```
if (x) // ...
```

と記述でき、これは以下と同じ意味となる。

```
if (x != 0) // ...
```

ポインタ p に対しては、以下のように記述できる。

```
if (p) // ...
```

これは、“p は（正しく初期化されていると仮定して）有効なオブジェクトを指しているか？”を調べるための直接的な文であり、以下と等価である。

```
if (p != nullptr) // ...
```

“単なる”enum は整数へと暗黙裏に変換でき、その結果として bool へ変換されるが、enum

class は、そうではないことに注意しよう（§8.4.1）。たとえば：

```
enum E1 { a, b };
enum class E2 { a, b };

void f(E1 x, E2 y)
{
   if (x)          // ＯＫ
      // ...
   if (y)          // エラー：boolへの変換はない
      // ...
   if (y==E2::a)  // ＯＫ
      // ...
}
```

論理演算子である

```
&&  ||  !
```

は、条件の中でもっともよく利用される演算子だ。演算子 && と || は、２番目のオペランドの評価が不要である際は、その評価を省略する。たとえば：

```
if (p && 1<p->count) // ...
```

この場合、p が nullptr ではない場合にのみ、1<p->count が評価される。

２値のいずれか一方を選択する場合は、if 文よりも条件式（§11.1.3）のほうが、より直接的に表現できる。たとえば：

```
int max(int a, int b)
{
   return (a>b)?a:b;     // aとbの大きいほうを返却
}
```

名前が利用できるのは、その名前が宣言されたスコープ内に限られる。そのため、if 文内の、分岐ブロックをまたがっての利用が不可能であることに注意しよう。たとえば：

```
void f2(int i)
{
   if (i) {
      int x = i+2;
      ++x;
      // ...
   }
   else {
      ++x;      // エラー：xはスコープ中にない
   }
   ++x;         // エラー：xはスコープ中にない
}
```

if 文の分岐が、宣言のみの文だけとなることは認められていない。また、何らかの名前を分岐先で利用する場合は、ブロックで囲む必要がある（§9.2）。たとえば：

```
void f1(int i)
{
   if (i)
      int x = i+2;       // エラー：if文の分岐での宣言
}
```

9.4.2 switch 文

switch 文は、複数の選択肢（case のラベル）から一つを選択する構造だ。case のラベルに用いる式は、汎整数型か列挙体型の定数式でなければならない。また、一つの switch 文の中で、case ラベルの値が重複することはできない。たとえば：

```
void f(int i)
{
   switch (i) {
   case 2.7: // エラー：浮動小数点はcaseには使えない
        // ...
   case 2:
        // ...
   case 4-2: // エラー：2がcaseラベルととして２回使われている
        // ...
   // ...
```

switch 文は、連続した if 文で置きかえることができる。たとえば：

```
switch (val) {
case 1:
     f();
     break;
case 2:
     g();
     break;
default:
     h();
     break;
}
```

これは、次のようにも記述できる：

```
if (val == 1)
   f();
else if (val == 2)
   g();
else
   h();
```

意図は同じだが、最初に示した switch 文のほうが望ましい。というのも、（一つの値を複数の定数と比較するという）処理の本質が明確になるからだ。ある程度の規模であれば、switch 文のほうが読みやすくなる。また、個々の値を繰返しチェックすることがないため、良質なコード生成にもつながる。なお、分岐テーブルを利用することも考えられる。

switch 文の case は、後続の case をそのまま実行する必要がある場合を除くと、きちんと終了させなければならない。次の例を考えてみよう：

```
switch (val) {           // 注意
case 1:
     cout << "case 1\n";
case 2:
     cout << "case 2\n";
default:
     cout << "default: case not found\n";
}
```

これを、val==1 で実行すると、初心者を驚かせるような出力となる：

```
case 1
case 2
default: case not found
```

後続の case を継続して実行する（まれな）場合は、コメントを記述しよう。そうすると、コメントのないフォールスルーがエラーとみなせるようになる。たとえば：


```
switch (action) {         // (action,value)のpairを扱う
case do_and_print:
     act(value);
     // break無し：printにフォールスルー
case print:
     print(value);
     break;
// ...
}
```

case を終了させるもっとも一般的な方法は break だが、return もよく利用される（§10.2.1）。

どのようなときに、switch 文に default を記述するべきだろう？　一つの答えで、あらゆる状況に対応することはできない。default の利用法の一つは、もっとも一般的なケースを処理することだ。もう一つのよく使われる利用法は、正反対のものだ。すなわち、すべての有効な値を case で処理しておき、default でエラー処理を行うというものだ。なお、default を利用すべきではない場合が一つある。それは列挙体を処理する switch で、各列挙子と case とが一対一に対応するときだ。default を記述しないことによって、case と列挙子が完全に対応していなければ、そのことに対して警告を発するチャンスがコンパイラに対して与えられることになる。たとえば、次の例は、ほぼ間違いなく誤っている：

```
enum class Vessel { cup, glass, goblet, chalice };

void problematic(Vessel v)
{
   switch (v) {
   case Vessel::cup:      /* ... */   break;
   case Vessel::glass:    /* ... */   break;
   case Vessel::goblet:   /* ... */   break;
   }
}
```

この種の誤りは、保守の際に列挙子を追加するときなどに、簡単に発生するものだ。

“あり得ない”列挙子の値も、それぞれを判定しておくのがベストだ。

9.4.2.1 case 内の宣言

switch 文のブロック内で変数を宣言するのは、可能であるし、実際、よく行われている。ただし、初期化を飛ばすようなことは認められていない。たとえば：

```
void f(int i)
{
   switch (i) {
   case 0:
        int x;          // 初期化されていない
        int y = 3;      // エラー：宣言は素通りできない（明示的な初期化）
        string s;       // エラー：宣言は素通りできない（暗黙裏の初期化）
   case 1:
        ++x;            // エラー：初期化されていないオブジェクトを使っている
        ++y;
        s = "nasty!";
   }
}
```

ここで`i==1`であれば、実行スレッドは`y`と`s`の初期化を飛ばすため、`f()`はコンパイルできない。残念なことに、`int`の初期化は省略できるため、`x`の宣言はエラーとならない。ただし、`x`の利用はエラーだ。そうしないと、未初期化の変数の値を読み取ってしまうことになるからだ。残念ながら、未初期化の変数の利用に対しては、コンパイラは警告しか発しない場合が多いため、確実な検出はできない。例によって、未初期化の変数は避けるべきものだ（§6.3.5.1）。

`switch`内で変数が必要ならば、その宣言をスコープの中に入れ、その利用もブロック内に制限すればよい。その具体例は、§10.2.1 の`prim()`を参照しよう。

9.4.3 条件内の宣言

変数の誤用を防ぐには、できる限り狭いスコープに変数を導入するとよい。特に、局所変数は、その初期値が得られるまで定義を先送りするのがベストだ。そうすると、初期値が与えられる前に変数を利用してしまうトラブルが防げる。

これら二つの原則を応用した、もっともエレガントな例は、条件の中で変数を宣言することである。次の例を考えよう：

```
if (double d = prim(true)) {
   left /= d;
   break;
}
```

ここでは、`d`が宣言されて初期化されるとともに、初期化後の`d`の値が条件としてテストされる。`d`のスコープは、条件が制御する文の終端までだ。もし、この`if`文に`else`分岐があれば、`d`は、両方の分岐で有効となる。

従来から使われていた手法は、条件の前で`d`を宣言するものであった。しかし、その場合、`d`のスコープは、（字句上の）初期化前や、利用したい範囲の後ろまでへと、広がってしまう：

```
double d;
// ...
d2 = d;     // おっと！
// ...
if (d = prim(true)) {
   left /= d;
   break;
}
// ...
d = 2.0;    // 二つの無関係なdの利用
```

条件で変数を宣言すると、論理的に有利になるだけでなく、ソースコードがコンパクトになる。

条件での宣言は、単一の変数あるいは`const`の宣言と初期化に限られる。

9.5 繰返し文

繰返しは、`for`文と`while`文と`do`文で表現できる：

> `while` （ **条件** ） **文**
> `do` **文** `while` （ **式** ）；
> `for` （ **for 初期化文　条件** $_{opt}$ ； **式** $_{opt}$ ）**文**
> `for` （ **for 初期化宣言 ： 式**）**文**

for 初期化文（*for-init-statement*）は、宣言と**式文**（*expression-statement*）のいずれかでなければならない。どちらの場合も末尾にセミコロンが必要であることに注意しよう。**for 初期化宣言**（*for-init-declaration*）は、単一の未初期化変数の宣言でなければならない。

`for`文が対象とする文（**被制御文**（*controlled statement*）あるいは**ループ本体**（*loop body*）と呼ばれる）は、条件が`false`になるまで、あるいは、プログラマが（`break`、`return`、`throw`、`goto`などの）何らかの方法によってループを抜け出るまで、繰り返し実行される。

より複雑な繰返しは、アルゴリズムとラムダ式（§11.4.2）の組合せで実現できる。

9.5.1 範囲 for 文

もっとも単純な繰返しは、範囲`for`文だ。これを使うと、ある範囲内の全要素がアクセスできるようになる。たとえば：

```
int sum(vector<int>& v)
{
   int s = 0;
   for (int x : v)
      s+=x;
   return s;
}
```

`for (int x : v)`の部分は、"範囲`v`中の各要素`x`に対して～"、あるいは、単に"`v`内の各`x`に対して～"と読める。このとき、`v`内の要素は、先頭から末尾へと順にアクセスされる。

要素を表す変数（ここでは`x`）のスコープは、`for`文と同じだ。

コロンの後ろの式は、シーケンス（範囲）を表す。すなわち、`v.begin()`と`v.end()`、あるいは`begin(v)`と`end(v)`によって反復子が得られるものでなければならない（§4.5）：

[1] コンパイラは、まず、メンバの`begin`と`end`を見つけて、それを利用しようとする。`begin`か`end`が見つかったものの、範囲を表さない場合（たとえば、メンバ`begin`が関数ではなくて変数である場合）は、その範囲`for`文はエラーになる。

[2] そうでない場合、コンパイラは、囲んでいるスコープ内から`begin`と`end`のメンバを探す。見つからなかった、あるいは、見つかったけれど利用できない場合（たとえば、`begin`がシーケンス型の引数を受け取らない場合）は、その範囲`for`文はエラーになる。

組込み配列T v[N]に対しては、コンパイラは、begin(v)とend(v)として、vとv+Nを利用する。組込み配列と、標準ライブラリの全コンテナとで利用するbegin(c)とend(c)は、<iterator>ヘッダが提供する。独自のシーケンスを自作する際は、標準ライブラリのコンテナと同じ方法でbegin()とend()を定義することが可能だ（§4.4.5）。

被制御変数（この例ではx）は、走査において現在着目している要素を参照する。ちょうど、以下に示す等価のfor文での*pと同じような感じだ：

```
int sum2(vector<int>& v)
{
    int s = 0;
    for (auto p = begin(v); p!=end(v); ++p)
        s+=*p;
    return s;
}
```

範囲for文のループの中で要素の値を変更する場合、要素を表す変数は参照でなければならない。たとえば、vector内の全要素のインクリメントは、次のように行える：

```
void incr(vector<int>& v)
{
    for (int& x : v)
        ++x;
}
```

参照は、規模が大きくなる可能性がある要素に対しても適切なものだ。そのため、要素値へのコピーは低コストで行える。たとえば：

```
template<typename T> T accum(vector<T>& v)
{
    T sum = 0;
    for (const T& x : v)
        sum += x;
    return sum;
}
```

範囲for文は、単純な構造だ。そのため、同時に二つの要素を表すことはできないし、二つの範囲を同時に走査することもできない。そのようなときは、通常のfor文を用いる必要がある。

9.5.2 for文

繰返しを細かく制御するための、一般的な形式のfor文もある。ループ変数、終了条件、ループ変数を更新する式を、冒頭の一行で“あらかじめ”明示的に記述する形式だ。たとえば：

```
void f(int v[], int max)
{
    for (int i = 0; i!=max; ++i)
        v[i] = i*i;
}
```

このコードは、以下と等価である。

```
void f(int v[], int max)
{
    int i = 0;          // ループ変数を導入
    while (i!=max) {    // 終了条件をテスト
        v[i] = i*i;     // ループ本体を実行
```

```
        ++i;              // ループ変数をインクリメント
    }
}
```

for 文の初期化子部分では、変数の宣言も可能だ。初期化子が宣言の場合、そこで宣言した変数（変数は複数宣言できる）のスコープは、for 文の末尾までとなる。for ループ内の被制御変数の型が明確に分かるとは限らないので、auto が都合よいことが多い：


```
for (auto p = begin(c); p!=end(c); ++p) {
    // ... コンテナc中の要素のために反復子pを利用 ...
}
```

for ループの終了後に添字の最終値を利用する必要がある場合は、添字変数は for ループの外側で宣言する（§9.6 を参照しよう）。

初期化が不要であれば、初期化文は空でも構わない。

しかし、ループ変数をインクリメントする式を省略した場合は、ループ変数を別の箇所で更新する必要がある。その場合、ループ本体に記述するのが一般的だ。定型的な“ループ変数の導入、条件評価、ループ変数の更新”でループを表現できない場合は、while 文を用いたほうがうまく表現できることが多い。ただし、次にあげるようなエレガントな手法もある：

```
for (string s; cin>>s;)
    v.push_back(s);
```

ここでは、値の読取りと終了条件の評価を cin>>s にまとめているので、ループ変数が不要だ。しかも、while 文ではなくて for 文を使っているので、“現在の要素”すなわち s のスコープが、ループそのもの（すなわち for 文）だけに制限される。

for 文は、明示的な終了条件をもたないループも表現できる：

```
for (;;) {          // “永遠に”
    // ...
}
```

しかし、この例の記述は、分かりにくいと考える人が多く、次の例のほうが好まれるようだ：

```
while(true) {      // “永遠に”
    // ...
}
```

9.5.3 while 文

while 文は、与えられた条件が false になるまで被制御文の実行を繰り返す。たとえば：

```
template<typename Iter, typename Value>
Iter find(Iter first, Iter last, Value val)
{
    while (first!=last && *first!=val)
        ++first;
    return first;
}
```

明確なループ変数がない場合や、ループ変数をループ本体の中で更新したほうが自然なケースでは、私は、for 文よりも while 文を好んで利用する。

for 文（§9.5.2）と while 文は、相互にかつ等価に置きかえられる。

9.5.4 do文

do文は、while文と似ている。ただし、条件をループ本体の後に記述することが違う。たとえば:

```
void print_backwards(char a[], int i)    // iは正でなければならない
{
   cout << '{';
   do {
      cout << a[--i];
   } while (i);
   cout << '}';
}
```

この関数は、たとえば、print_backwards(s,strlen(s));のように呼び出せる。しかし、ひどい誤りを簡単に引き起こす可能性がある。たとえば、sが空文字列だったら、どうなるだろう?

私の経験によると、do文は、誤りと混乱の原因となる。その理由は、条件評価の前に、ループ本体が必ず1回は実行されることにある。しかし、ループ本体を正しく実行するには、たとえ1回目の実行時でも、条件に相当する何かが成立する必要がある。プログラムを初めて開発して動作を確認するときや、その後の修正などによって、その条件は期待するほどは維持されないことが多い。また、私は"見える範囲の先頭で"条件を記述するのを好んでいる。そのため、do文の利用は避けることをお勧めする。

9.5.5 ループの終了

for文の**条件**(*condition*)を省略した場合、ユーザがbreak、return(§12.1.4)、goto(§9.6)、throw(§13.5)するまで、あるいは、exit()の呼出し(§15.4.3)のような、何らかからの分かりにくい手段で、明示的に抜け出ない限り、ループは終了しない。breakは、それをもっとも内側で囲んでいる**switch文**(§9.4.2)あるいは**繰返し文**から"脱出"するものだ。たとえば:

```
void f(vector<string>& v, string terminator)
{
   char c;
   string s;
   while (cin>>c) {
      // ...
      if (c == '\n') break;
      // ...
   }
}
```

ループ本体の"途中で"抜ける場合にbreakを利用する。ループの流れから飛び出す(たとえば、そのために余分な変数の導入が必要となる)場合を除くと、通常は、完全な終了条件を、while文やfor文の条件として記述したほうがよい。

ループを完全に抜け出るのではなく、ループ本体の末尾に制御を移したいこともある。continue文は、**繰返し文**のループ本体内の、それ以降の部分の実行をスキップして、ループ本体の末尾へと制御を移す。たとえば:

```
string find_prime(vector<string>& v)
{
   for (int i = 0; i!=v.size(); ++i) {
      if (!prime(v[i]))
         continue;
      return v[i];
   }
}
```

continue が実行されると、ループ変数の更新部（があれば、それ）が実行され、それからループの条件（があれば、それ）が評価される。そのため、上に示した **find_prime()** は、以下のように書きかえることができる：

```
string find_prime(vector<string>& v)
{
   for (int i = 0; i!=v.size(); ++i) {
      if (prime(v[i]))
         return v[i];
   }
}
```

9.6 goto 文

C++ は、悪名高い goto 文を提供する。

> **goto 識別子 ;**
> **識別子 : 文**

一般的な高級プログラミングでは、goto はほとんど利用されない。もっとも、人間が直接記述するのではなく、プログラムが C++ コードを生成する場合には極めて有用なものだ。たとえば、解析器を生成するプログラムが、文法から構文解析器を生成する処理で goto を利用する。

ラベルのスコープは、そのラベルが存在する関数に制限される（§6.3.4）。そのため、ブロック内外を問わずに、goto によってジャンプできる。ただし、初期化子を飛ばしたジャンプや、例外ハンドラ内へのジャンプ（§13.5）は認められない、という制限がある。

一般的なコードにおける、数少ない goto のまともな利用は、入れ子となったループや、**switch** 文からの脱出である（というのも、**break** による脱出が、もっとも内側のループと **switch** 文に限られるからだ）。たとえば：

```
void do_something(int n, int m, int a)
   // nmという名前の２次元配列に対する処理
{
   for (int i = 0; i!=n; ++i)
      for (int j = 0; j!=m; ++j)
          if (nm[i][j] == a)
             goto found;
   // 見つからない
   // ...
found:
   // nm[i][j] == a
}
```

ここでの goto は、ループを終了するためのジャンプだ。新しいループを開始したり、新しいスコープに入ったりするわけではない。このような goto であれば、トラブルや混乱を最小限に抑えられる。

9.7 コメントとインデンテーション

コメントの構文には、次の２種類がある。

- **行コメント**（*line comment*）：// は行末までがコメントとなる。
- **ブロックコメント**（*block comment*）：/* から */ までがコメントとなる。

後者の /* */ 構文のコメントは、入れ子にすることはできない。たとえば：

```
/*
   高コストのチェックを除去
   if (check(p,q)) error("bad p q")  /* まず起こらない */
*/
```

コメントが入れ子となっていて、最後の */ が対応しないので、エラーとなる。

きちんと考えられたコメントと、一貫性のあるインデンテーションは、プログラムを読みやすくするだけでなく、理解するのを楽しい作業にする。一貫性のあるインデンテーションスタイルには、いろいろな種類がある。それに対して優劣をくだすための、決定的な理由はない（多くのプログラマと同じように、私にも自分が好きなスタイルがあり、私が好むインデンテーションスタイルは本書に反映されている）。コメントのスタイルについても、同様だ。

コメントの誤用が、プログラムの可読性に大きく影響を与えることがある。コンパイラはコメントの内容を理解しないので、以下の点については、何の保証もできない：

- コメントに十分な意味がある。
- コメントがプログラムを説明している。
- コメント内容が最新のものに更新されている。

多くのプログラムに、分かりにくくて、曖昧で、誤ったコメントが含まれている。悪いコメントは、コメントがないよりも、悪くなることがある。

言語自体が表現しているものは、言語に表現させるべきであって、わざわざコメントする必要はない。たとえば、次のようなコメントだ：

```
// 変数"v"は初期化されていなければならない

// 変数"v"は関数f()のみが利用する

// 本ファイル中の他の全関数よりも先に関数"init()"を呼び出す

// あなたのプログラムの最後で関数"cleanup()"を呼び出すこと

// 関数"weird()"は使わないこと

// 関数"f(int ...)"は２個または３個の引数が必要
```

このようなコメントは、C++ を正しく利用していれば、通常は不要と考えられる。

言語によって明確に表現されていることを、改めてコメントしてはいけない。たとえば：

```
a = b+c;      // aはb+cになる
count++;      // カウンタをインクリメント
```

このコメントは、単に冗長というよりも悪くなる。読まなければならないテキスト量が増える上に、プログラムの構造が分かりにくくなる。さらにコメントが誤ってしまうこともある。とはいえ、このようなコメントは、本書のような教育目的のプログラミング言語の教科書では多用される。このことは、現実世界のプログラムが、教科書内のプログラムとは異なる理由の一つともなっている。

よいコメントは、その部分のコードに期待される処理内容（コードの意図）を述べるものだ。その一方で、コードは、それが行うこと（だけ）を表現する。コメントは、高次元の抽象レベルで適切に記述しておくとよい。そうすると、読み手が厳密な詳細まで深入りすることなくコードを理解できるようになる。

私の好みは、以下のとおりだ：

- 各ソースファイルの冒頭で、そのファイルが宣言するもの、マニュアル情報、プログラマの氏名、保守に必要な一般的な情報を記述したコメント。
- 各クラス、テンプレート、名前空間に対するコメント。
- ある程度の規模をもつ関数に対する、目的、利用アルゴリズム（自明でない場合）、想定する環境などを記述したコメント。
- 広域的あるいは各名前空間の中に存在する変数と定数に対するコメント。
- 分かりにくい、あるいは可搬性がないコード部分に対するコメント。
- その他を少々。

たとえば：

```
// tbl.c: 記号表の実装

/*
   部分選択によるガウスの消去法
   Ralston: "A first course ..." pg 411を参照のこと
*/

// scan(p,n,c)は、pが少なくともn要素の配列へのポインタであることを前提としている

// sort(p,q)は、演算子<を利用した比較によって[p:q)の並びをソートする

// 無効な日付を扱うように修正。Bjarne Stroustrup, Feb 29 2013
```

うまく厳選されて記述されたコメントは、よいプログラムにとって必要な基盤となる。よいコメントを記述することは、プログラムの記述と変わらないくらい難しいことだ。訓練に値する技能である。

9.8 アドバイス

[1] 初期化する値が得られるまでは、変数を宣言しないように。§9.3，§9.4.3，§9.5.2。

[2] 選択できるのであれば、`if` 文よりも `switch` 文を優先しよう。§9.4.2。

[3] 選択できるのであれば、`for` 文よりも範囲 `for` 文を優先しよう。§9.5.1。

[4] 分かりやすいループ変数があれば、`while` 文よりも `for` 文を優先しよう。§9.5.2。

[5] 分かりやすいループ変数がなければ、`for` 文よりも `while` 文を優先しよう。§9.5.3。

[6] `do` 文は避けよう。§9.5。

[7] `goto` 文は避けよう。§9.6。

[8] 歯切れよいコメントを書くようにしよう。§9.7。

[9] コード自体の記述内容をコメントしないようにしよう。§9.7。

[10] コメントには、目的を記述しよう。§9.7。

[11] インデンテーションのスタイルには、一貫性をもたせよう。§9.7。

第10章 式

プログラミングはセックスのようなものだ。
ときには具体的な成果を生むかもしれないが、
我々がそれをする理由ではないのだ。
— リチャード・ファインマンよ、申し訳ない

10.1 はじめに

本章では、式について詳細に解説する。C++ では、代入は式であり、関数呼出しも式であり、オブジェクト構築も式であり、一般的な算術演算を始めとする数多くの処理も式である。式がどのように利用されるのか、さらに、どのような文脈で現れるのかを示すために、本章では、小さいながらも完結した“電卓”プログラムを、最初に示す。それから全演算子を示し、組込み型に対するそれぞれの意味を簡単にまとめる。詳細な解説が必要な演算子は、第11章で解説する。

10.2 電卓プログラム

単純な電卓プログラムを考えよう。これは、浮動小数点数に対する4種類の基本算術演算を、2項の中置演算子として実装するものだ。さらに、ユーザは変数を定義できる。たとえば、次のような入力を与えると、

```
r = 2.5
area = pi * r * r
```

電卓プログラムは次の値を出力する（pi は定義ずみである）。

```
2.5
19.635
```

ここで、2.5 は入力1行目の結果で、19.635 は2行目の結果である。

電卓プログラムは、主として4個の部分で構成される。パーサ（解析器）、入力関数、シンボルテーブル、ドライバだ。つまり、コンパイラのミニチュア版といえる。パーサは構文的な解析を担当し、入力関数は入力と字句解析とを担当する。シンボルテーブルは永続的な情報を保持し、ドライバは初期化、出力、エラー処理を行う。電卓プログラムを便利にする付加機能の追加もできるだろう。ただし、コードは十分に長いものであるし、機能を追加してもコードが増えるだけであって、C++の利用に関する新しい見識をもたらすわけではない。

10.2.1 パーサ

電卓プログラムが受け付ける文法は、次のとおりだ：

```
プログラム：
    エンド              // エンドは入力の終了
    式並び エンド

式並び：
    式 プリント          // プリントは改行またはセミコロン
    式 プリント 式並び

式：
    式 + 終端
    式 - 終端
    終端

終端：
    終端 / 一次式
    終端 * 一次式
    一次式

一次式：
    数値               // 数値は浮動小数点リテラル
    名前               // 名前は識別子
    名前 = 式
    - 一次式
    ( 式 )
```

換言すると：プログラム（program）は、セミコロンで区切られた式（expression）の並びである。そして、式（expression）の基本単位は、数値（number）と、名前（name）と、*と、/と、+と、-（この演算子だけ単項版と2項版がある）と、代入演算子=である。なお、名前は、事前の宣言は不要だ。

ここでは、**再帰下降**（*recursive descent*）と呼ばれる構文解析法を採用する。これは、一般に広く用いられている、率直なトップダウンの手法であり、C++のような、関数呼出しが低コストな言語では効率がよい。文法の生成規則それぞれに対して、他の関数を呼び出す関数が定義される。

（end、number、+、- などの）終端記号は、字句解析関数によって認識され、非終端記号は、構文解析関数である expr()、term()、prim() によって認識される。式あるいは部分式の両オペランドが判明した時点で、その式は評価される。これは、現実のコンパイラがコードを生成するタイミングと同じだ。

パーサは、読み取る文字と、それを Token に構成したものをカプセル化した Token_stream を利用する。すなわち、Token_stream は“トークン化”を行う。たとえば、123.45 のような文字ストリームを Token に変換する。各 Token は、{number, 123.45} のような、{ トークン種別 , 値 } のペアであり、その場合、123.45 は浮動小数点数に変換される。パーサの主要部分は、Token_stream の名前である ts と、そこから Token を取り出す方法だけが分かっていればよい。次の Token の読取りでは、ts.get() を呼び出す。直近で読み取った Token（“カレントトークン”）の取出しのために、ts.current() の呼出しを実行する。Token_stream は、トークン化を行うだけではなく、実際に入力された文字の隠蔽も行う。入力は、ユーザが cin に対して直接タイプする場合もあれば、プログラムのコマンドラインや他の入力ストリームから得る場合もある（§10.2.7）。

Token の定義は、以下のようになる：

```
enum class Kind : char {
   name, number, end,
   plus='+', minus='-', mul='*', div='/', print=';', assign='=', lp='(', rp=')'
};

struct Token {
   Kind kind;
   string string_value;
   double number_value;
};
```

トークンの種別を、その文字の整数値で表現する方法は、便利な上に効率的であるだけでなく、デバッガを利用する作業者の助けにもなる。この方法は、入力に利用する文字が、列挙子と重複しない限り問題がない。私が知る限りは、印字可能な文字が、1 桁の整数値をもつような文字セットは存在しない。

Token_stream のインタフェースは、以下のようになる：

```
class Token_stream {
public:
   Token get();              // 次のトークンを読み取って返却
   const Token& current();   // 最後に読み込んだトークン
   // ...
};
```

メンバ関数の実装は、§10.2.2 で示す。

パーサの各関数は、get という名前の bool 型（§6.2.2）の引数を受け取る。この引数は、次のトークンを取り出す Token_stream::get() を呼び出す必要があるかどうかを示すものだ。パーサの各関数は、“自分自身の”式を評価して、その値を返す。expr() 関数は、加算と減算の処理を行う。加算や減算の対象となる終端を探索するループだけで構成される：

```
double expr(bool get)                // 加算と減算
{
   double left = term(get);

   for (;;) {                        // “永遠に”
      switch (ts.current().kind) {
      case Kind::plus:
           left += term(true);
           break;
      case Kind::minus:
           left -= term(true);
           break;
      default:
           return left;
      }
   }
}
```

この関数は、実際には大した処理は行っていない。大規模プログラムの高水準な関数は、他の関数を呼び出すことによって、自身の処理をこなすことが多い。

switch 文（§2.2.4, §9.4.2）は、switch の直後の丸括弧 () 内に記述された条件の値を調べ、与えられた一連の定数と比較する。switch 文から抜け出るのは、break 文である。値が case ラベルに記述されたどの値とも一致しなければ、default に記述した内容が実行される。switch 文中の default は省略可能だ。

文法上、2-3+4 は、(2-3)+4 として評価されることに注意しよう。

奇妙な記法である for(;;) は、無限ループを表すものだ。“for-ever（永遠に）”と発音すればよいだろう（§9.5）。これは、while(true) としても同じだ。switch 文は、+ と - 以外の何かが見つかるまで繰り返し実行される。見つかったときは、default に記述した return 文が実行される。

+= 演算子と -= 演算子は、それぞれ加算と減算を表す。これらは、left=left+term(true)、left=left-term(true) と記述してもプログラムの意図は同じだ。もっとも、left+=term(true) や left-=term(true) のほうが短いし、処理の意図が直感的に表現される。これらの代入演算子は、独立したトークンである。そのため、+ と = のあいだに空白文字を入れて a + = 1; と記述すると、文法エラーとなる。

C++ は、以下に示す2項演算子に対して、代入演算子を提供する：

```
+   -   *   /   %   &   |   ^   <<  >>
```

そのため、次の代入演算子が利用できることになる：

```
=   +=   -=   *=   /=   %=   &=   |=   ^=   <<=   >>=
```

% は剰余演算子であり、&、|、^ はそれぞれビット単位の論理積、論理和、排他的論理和を求める演算子である。<< と >> は、左シフトと右シフトの演算子だ。演算子とその意味については、§10.3 でまとめて解説する。オペランドが組込み型であるときに、2項演算子を @ とすると、式 x@=y は、x を1回しか評価しない点を除くと、x=x@y と同じ意味だ。

term() は、加算と減算を処理する expr() と同様の方法で、乗算と除算を処理する：

```
double term(bool get)          // 乗算と除算
{
    double left = prim(get);

    for (;;) {
        switch (ts.current().kind) {
        case Kind::mul:
                left *= prim(true);
                break;
        case Kind::div:
                if (auto d = prim(true)) {
                    left /= d;
                    break;
                }
                return error("divide by 0");
        default:
                return left;
        }
    }
}
```

ゼロによる除算の結果は定義されておらず、通常は悲惨な結果につながる。そのため、除算を行う前に、0 かどうかを確認して、ゼロによる除算であれば **error()** を呼び出すようにしている。**error()** については、§10.2.4 で解説する。

変数 **d** は、必要になった時点で現れて、その場で初期化されている。条件として導入された名前のスコープは、その条件が制御する文に限定され、その名前が表す値が、条件の値となる（§9.4.3）。そのため、除算と代入とを行う **left/=d** は、**d** が非ゼロの場合にのみ実行される。

prim() は、**expr()** と **term()** と同様に、**一次式**（*primary*）を処理する。ただし、関数呼出し階層の下位に位置しており、実際の処理の一部を担当するため、ループは不要だ：

```
double prim(bool get)          // 一次式を扱う
{
    if (get) ts.get();          // 次のトークンを取り出す

    switch (ts.current().kind) {
    case Kind::number:          // 浮動小数点定数
    {   double v = ts.current().number_value;
        ts.get();
        return v;
    }
    case Kind::name:
    {   double& v = table[ts.current().string_value];       // 対応するものを見つける
        if (ts.get().kind == Kind::assign) v = expr(true); // '='が見つかった：代入
        return v;
    }
    case Kind::minus:          // 単項のマイナス
        return -prim(true);
    case Kind::lp:
    {   auto e = expr(true);
        if (ts.current().kind != Kind::rp) return error("')' expected");
        ts.get();             // ')'を読み飛ばす
        return e;
    }
    default:
         return error("primary expected");
    }
}
```

得られたTokenがnumber（すなわち整数リテラルか浮動小数点数リテラル）であれば、その値がnumber_valueに置かれる。同様に、得られたTokenがname（何らかの定義：§10.2.2と§10.2.3を参照）であれば、その値はstring_valueに置かれる。

prim()が、一次式の解析のために必要なものよりも、必ず一つ多くのTokenを読み取ることに注意しよう。そうしなければならない（たとえば、名前が代入されることになるかどうかを確認するなどの）処理がある以上、そうではない場合も同様に処理しないと、一貫性が維持できないのだ。もし、パーサが次のTokenまで移動したいだけであれば、ts.get()の返却値を使わなければすむ。それでうまくいくのは、同じ結果がts.current()から取得できるからだ。仮にget()の返却値を無視して不都合が生じるとしても、値を返さずにcurrent()を更新するだけのread()を追加するか、あるいは、void(ts.get())として返却値を明示的に“投げ捨てる”とよい。

名前に対して処理を始める前に、電卓は、その名前に対して、代入が行われるのか、単なる読取りが行われるのかを判断する必要がある。いずれの場合も、シンボルテーブルが必要だ。シンボルテーブルは、map（§4.4.3, §31.4.3）として実現する：

```
map<string,double> table;
```

すなわち、tableの添字はstringであり、添字のstringに対応するdouble値が得られる。たとえば、ユーザが次のように入力したとしよう：

```
radius = 6378.388;
```

電卓はcase Kind::nameの箇所で、次の処理を実行する。

```
double& v = table["radius"];
// ... expr() は代入される値を計算する ...
v = 6378.388;
```

参照vはradiusに対応するdoubleの値を表し、expr()が入力された文字から6378.388という値を計算する。

複数のモジュールから構成されるプログラムの構築については、第14章と第15章で解説する。この電卓プログラムのサンプルでは、すべてがその利用前に一度だけ宣言されるように、宣言の順序を並べている。しかし一つだけ例外がある。それは、expr()がterm()を呼び出して、term()がprim()を呼び出して、prim()がexpr()を呼び出すという循環だ。この呼出し関係の循環は、どうにかして打破しなければならないものである。prim()を定義する前に、

```
double expr(bool);
```

と宣言することで解決できる。

10.2.2 入力

入力の読取りは、プログラムの中で極めて見苦しい処理になりがちだ。人間と情報をやり取りするために、プログラムは、人間の気まぐれや慣習や、ランダムに発生する誤りに付き合う必要がある。マシンにとって適切な方式を人間に強制すると、（当然ながら）不快に感じられてしまう。低水準の

入力ルーチンの仕事は、文字を読み取って、高水準のトークンへと再構築することである。そして、そのトークンが、高水準なルーチンの入力単位となる。ここでは、低水準の入力にはts.get()を利用する。低水準の入力ルーチンは、日常的な作業として行うものではない。多くのシステムが標準関数を実装している。

まず、Token_streamの定義全体を眺めてみよう：

```
class Token_stream {
public:
    Token_stream(istream& s) : ip{&s}, owns{false} { }
    Token_stream(istream* p) : ip{p}, owns{true} { }

    ~Token_stream() { close(); }

    Token get();                                  // 次のトークンを読み込んで返却
    const Token& current() { return ct; }         // 最後に読み込んだトークン

    void set_input(istream& s) { close(); ip = &s; owns = false; }
    void set_input(istream* p) { close(); ip = p;  owns = true;  }

private:
    void close() { if (owns) delete ip; }

    istream* ip;                    // 入力ストリームへのポインタ
    bool owns;                      // Token_streamはistreamを所有しているか
    Token ct {Kind::end};           // カレントトークン
};
```

Token_streamは、文字を読み取る対象である入力ストリーム（§4.3.2, 第38章）で初期化する。Token_streamは、参照としてではなくポインタとして渡されたistreamを所有する（最終的には削除する：§3.2.1.2, §11.2）という慣習を実装している。この単純なプログラムにしては、この手法はやや高級すぎるかもしれないが、解体の必要がある資源へのポインタをもつクラスでは、有用で一般的な手法だ。

Token_streamがもつのは、三つの値だ。入力ストリームを指すポインタ（ip）と、入力ストリームの所有権を表す論理値（owns）と、カレントトークン（ct）である。

不注意による事故を防ぐために、ctにはデフォルト値を与えている。get()より先にcurrent()を呼び出すべきではないが、仮にそうしたとしても、まともなTokenが得られる。ctの初期値をKind::endとしているので、たとえcurrent()を誤用しても、入力ストリームに存在しない値を得ることはない。

Token_stream::get()は、2段階に分けて示していくことにする。第1段階は、ユーザに負担がかかる、単純でいい加減なバージョンである。その後で、少々エレガントさに欠けるものの、極めて使いやすいバージョンを示す。get()の考え方は、1個の文字を読み取って、その文字からトークンの種類を判断し、必要であれば以降の文字も読み取って、最後に、入力から構築したTokenを返すことだ。

関数の冒頭では、*ip（ipが指すストリーム）からchに非空白文字を読み取って、読取り処理が成功したかどうかを確認する：

```
Token Token_stream::get()
{
   char ch = 0;
   *ip>>ch;

   switch (ch) {
   case 0:
        return ct={Kind::end};    // 代入と返却
```

>> 演算子は、デフォルトでは、（スペース、タブ、改行などの）空白類を読み飛ばすとともに、入力失敗時には ch の値を変更しない。そのため、ch==0 によって、入力の終了が判断できる。

代入は演算子によって行われ、その演算結果は、変数に代入された値だ。そのため、ct に代入した {Kind::end} をそのまま返却する動作が、単一の文で行える。文が2個ではなく1個となることは、保守の点でも役立つ。もし、代入と return がコード上で分かれてしまうと、プログラマは、修正の際にいずれか一方の更新を忘れてしまうかもしれない。

さて、代入の右辺に置かれている {} 並びの構文（§3.2.1.3, §11.3）にも注目しよう。これは、1個の式だ。この return 文は、以下のようにも記述できる：

```
ct.kind = Kind::end;    // 代入
return ct;              // 返却
```

しかし、ct の個別のメンバとして扱うよりも、完全なオブジェクトである {Kind::end} を代入したほうが、明確であると私は考える。{Kind::end} は、{Kind::end,0,0} と等価だ。後者は、Token の末尾の2個のメンバを取り扱う際にはよい点だが、性能の面では悪い点だ。これらの2点は、このケースは該当しない。しかし、一般的には、個々のメンバ変数を操作するよりも、オブジェクト全体を処理するほうが、明確であって誤りにくい。別の方法は、後で解説することにしよう。

さて、関数全体を示す前に、いくつかのケースを別々に考えていこう。式の終端子 ';' と、丸括弧と、演算子は、いずれも、それらの値を返すだけだ：

```
case ';':  // 式の終端：print
case '*':
case '/':
case '+':
case '-':
case '(':
case ')':
case '=':
     return ct={static_cast<Kind>(ch)};
```

static_cast（§11.5.2）が必要となるのは、char から Kind への暗黙の変換が存在しないからだ（§8.4.1）。Kind の値に対応する文字は一部に限られるので、ch が該当することを“確認”する必要がある。

数値は、以下のように処理する：

```
case '0': case '1': case '2': case '3': case '4':
case '5': case '6': case '7': case '8': case '9':
case '.':
     ip->putback(ch);         // 最初の数字（と.）を入力ストリームに戻す
```

```
        *ip >> ct.number_value; // 数値をctに読み込む
        ct.kind=Kind::number;
        return ct;
```

このように、caseラベルを横方向に並べるのは、読みにくくなるため、一般にはよくない方法だ。とはいえ、1行ずつに1個の数字を記述すると、くどくなる。>>演算子は浮動小数点数をdoubleへと読み込むように定義ずみなので、コードは単純だ。まず、先頭文字（数字かドット）をcinにputbackする。それから、浮動小数点数をct.number_valueに読み取る。

トークンが、入力終了、演算子、区切り文字、数値でなければ、名前と判断する。名前の処理は、数字の処理と同様だ：

```
default:              // 名前, 名前 =, エラー
     if (isalpha(ch)) {
        ip->putback(ch);        // 最初の文字を入力ストリームに戻す
        *ip>>ct.string_value;   // 文字列をctに読み取る
        ct.kind=Kind::name;
        return ct;
     }
```

最後はエラー処理だ。単純で効果的なエラー処理は、error()関数を呼び出して、もしerror()から戻ってきたらprintを返すことである：

```
error("bad token");
return ct={Kind::print};
```

if文の条件で標準ライブラリ関数isalpha()（§36.2.1）を利用しているのは、すべてのアルファベット文字に対応するcaseラベルを延々と記述しなくてすむからだ。さて、文字列（この場合はstring_value）に対して適用された>>演算子は、空白文字に出会うまで読取りを行う。そのため、ユーザは、名前をオペランドとして利用する演算子の入力の際は、その前に空白文字を入れて、名前を終了させなければならない。この方法は理想的ではないので、あらためて§10.2.3で扱うことにしよう。

これで、入力関数の全体が示せるようになった：

```
Token Token_stream::get()
{
   char ch = 0;
   *ip>>ch;

   switch (ch) {
   case 0:
        return ct={Kind::end};    // 代入と返却
   case ';': // 式の終端：print
   case '*':
   case '/':
   case '+':
   case '-':
   case '(':
   case ')':
   case '=':
        return ct={static_cast<Kind>(ch)};
```

```
        case '0': case '1': case '2': case '3': case '4':
        case '5': case '6': case '7': case '8': case '9':
        case '.':
                ip->putback(ch);          // 最初の数字（または.）を入力ストリームに戻す
                *ip >> ct.number_value;   // 数値をctに読み込む
                ct.kind=Kind::number;
                return ct;
        default:                          // 名前, 名前 =, エラー
                if (isalpha(ch)) {
                    ip->putback(ch);      // 最初の文字を入力ストリームに戻す
                    *ip>>ct.string_value; // 文字列をctに読み込む
                    ct.kind=Kind::name;
                    return ct;
                }

                error("bad token");
                return ct={Kind::print};
        }
}
```

演算子の Token 値への変換は容易だ。というのも、演算子の kind がすでに整数値として定義されている（§10.2.1）からだ。

10.2.3 低水準の入力

ここまで開発してきた電卓プログラムには、不便な点がいくつかある。値の表示のために、式の後ろにセミコロンを加えなければならないことは、くどく感じられる。また、名前を空白文字で終了させなければならないことは、本当に迷惑だ。たとえば、x=7 は、1個の識別子となってしまう。すなわち、識別子 x の後ろに演算子 = と数値 7 が続いたものとはならない。（私たちがあたり前のものとして）望むことを実現するには、x の後ろに空白文字を挿入して x =7 としなければならない。ここに示した二つの問題は、get() 内の型指向のデフォルト入力処理を、文字を個別に読み取るコードに置きかえることで解決できる。

まず、セミコロンと同じように、改行に対して、式の終了を表す意味を与える：

```
Token Token_stream::get()
{
    char ch;

    do { // '\n'以外の空白をスキップ
        if (!ip->get(ch)) return ct={Kind::end};
    } while (ch!='\n' && isspace(ch));

    switch (ch) {
    case ';':
    case '\n':
            return ct={Kind::print};
```

ここでは do 文を利用している。基本的に while 文と等価だが、被制御文が最低でも1回は実行される点が異なる。ip->get(ch) の呼出しは、入力ストリーム *ip から ch に1個の文字を読み取る。get() はデフォルトでは空白文字も読み飛ばさない。これは >> と違う点だ。cin から文字を読み取れなかった場合は、if(!ip->get(ch)) が真となり、計算処理を終了させる意味の Kind::end を返却する。!（否定）演算子を利用しているのは、get() が処理成功時に true を返すからだ。

標準ライブラリ関数 isspace() は、空白類文字を判定する標準的な手段だ（§36.2.1)。c が空白類文字であれば、isspace(c) は非ゼロを返し、そうでなければゼロを返す。この判定は、表参照として実装されているので、個々の空白類文字類と比較するよりも、isspace() のほうがはるかに高速だ。同様の関数として、数字を判定する isdigit()、アルファベット文字を判定する isalpha()、数字＋文字を判定する isalnum() がある。

空白類文字を読み飛ばしたら、その次の1個の文字に基づいて、これから読み取られることになるトークン種別を判断する。

>> を利用しているために空白なしでは文字列が区切れないという問題は、アルファベット文字か数字以外の文字に出会うまで、文字を1個ずつ読み取ることで解決できる：

```
default:              // 名前, 名前 =, エラー
     if (isalpha(ch)) {
        ct.string_value = ch;
        while (ip->get(ch))
           if (isalnum(ch))
              ct.string_value += ch; // string_valueの後ろにchを連結
           else {
              ip->putback(ch);
              break;
           }
        ct.kind={Kind::name};
        return ct;
     }
```

幸いにも、コードのごく限られた部分を変更しただけで、ここで考えていた二つの問題点に対する改良が一度に実装できた。このように一箇所の修正だけで、複数の改良ができるようプログラムを構成することは、設計の重要な目標だ。

string の末尾に1文字ずつ連結するのは効率が悪いと心配するかもしれない。確かに string が極めて長ければそうかもしれない。しかし、最近の string の実装では、"短い文字列の最適化"（§19.3.3）が行われている。そのため、電卓プログラム（やコンパイラ）で利用する名前の場合では、非効率にはならない。短い string が空き領域をまったく消費しないことは重要だ。ここで短い string とみなせる最大文字数の基準は処理系依存だが、14 と考えておけばいいだろう。

10.2.4 エラー処理

エラーを検出して通知することは重要だ。もっとも、この電卓プログラムでは、単純なエラー処理機能で十分である。error() は、エラーの回数をカウントして、エラーメッセージを出力して、戻ってくる：

```
int no_of_errors;

double error(const string& s)
{
   no_of_errors++;
   cerr << "error: " << s << '\n';
   return 1;
}
```

ストリーム cerr は、通常のエラー通知に利用する、バッファリング無しの出力ストリームである（§38.1）。

値を返す理由は、ここでのエラーのほとんどが、式の評価中に発生するからだ。そのため、評価を完全に中断するか、あるいは、以降のエラーを発生させないよう値を返すかを選択することになる。この単純な電卓プログラムでは、後者の方式が妥当だ。仮に Token_stream::get() が行番号を追跡管理しているのであれば、error() はおおよそのエラー発生箇所を通知すればよいだろう。対話的でない電卓プログラムであれば、そのような機能が有用になるはずだ。

より定型的で一般的なエラー処理の手法は、エラーからの回復とエラー検出とを分離させることであり、例外（§2.4.3.1，第 13 章を参照）を用いると実装できる。とはいえ、180 行程度の電卓プログラムにふさわしいのは、ここに示したエラー処理だ。

10.2.5 ドライバ

プログラムの部品がそろったので、唯一必要なのものが、処理をスタートさせるドライバだけとなった。ここでは2個の関数を定義する。処理を開始してエラーを通知する main() と、実際の計算を扱う calculate() だ：

```
Token_stream ts {cin};  // cinからの入力を利用

void calculate()
{
   for (;;) {
      ts.get();
      if (ts.current().kind == Kind::end) break;
      if (ts.current().kind == Kind::print) continue;
      cout << expr(false) << '\n';
   }
}

int main()
{
   table["pi"] = 3.1415926535897932385;   // 定義ずみの名前を導入
   table["e"] = 2.7182818284590452354;

   calculate();

   return no_of_errors;
}
```

伝統的に、main() は、プログラムが正常終了するとゼロを返し、そうでなければ非ゼロを返す（§2.2.1）。発生したエラー回数を返せば、ちょうど都合よいものとなる。偶然にも、初期化が必要なものは、二つの定義ずみの名前をシンボルテーブルに挿入することだけだ。

（calculate() 中の）メインループの主な内容は、式を読み取って、その答えを出力することだ。その動作は、次の行で実現されている：

```
cout << expr(false) << '\n';
```

引数に false を与えることで、ts.get() を呼び出して処理対象トークンを読み取る必要がないことを、expr() に対して通知している。

Kind::end との比較を行うことによって、ts.get() が入力エラーやファイル終端に出会った際に、確実にループが正常に終了する。break 文は、それを囲む switch 文やループからの脱出を行う（§9.5）。Kind::print（すなわち '\n' と ';'）と比較することで、expr() は空の式を処理する責任がなくなる。continue 文は、ループ末尾への分岐を意味する。

10.2.6 ヘッダ

電卓プログラムでは標準ライブラリ機能を利用している。そのため、適切なヘッダの #include が必要だ：

```
#include<iostream> // 入出力
#include<string>   // string
#include<map>      // map
#include<cctype>   // isalpha()など
```

これらのヘッダが提供するすべての機能は std 名前空間にあるので、その名前の利用にあたっては、明示的に std:: で修飾するか、あるいは、

```
using namespace std;
```

によって、広域名前空間に導入しなければならない。

式の解説と、モジュール構造とが混乱しないようにするために、ここでは後者の方法を用いた。第 14 章と第 15 章では、名前空間を利用して、この電卓プログラムをモジュール化する方法と、複数のソースファイルで構築する方法を解説する。

10.2.7 コマンドライン引数

プログラムを完成して動作確認を終えた後に、私が感じたのは、プログラムを起動して、式を入力して、終了するのが煩わしい、ということだ。多くの場合の用途は、単一の式を評価することだ。コマンドライン引数に式を記述できれば、キー入力の一部を省略できる。

プログラムは、main()（§2.2.1, §15.4）を呼び出すことによって開始する。その際、main() には2個の引数が渡される。一般に argc と呼ばれる、コマンドライン引数の個数と、argv と呼ばれる、引数の配列である。コマンドライン引数はC言語スタイルの文字列（§2.2.5, §7.3）であり、argv の型は char*[argc+1] である。argv[0] はプログラム名（コマンドラインで指定されたもの）なので、argc の値は、必ず 1 以上となる。コマンドライン引数の並びの終端はゼロである。すなわち、argv[argc]==0 である。次のコマンドが受け取るコマンドライン引数を考えてみよう：

```
dc 150/1.1934
```

このときの引数は、図のようになる：

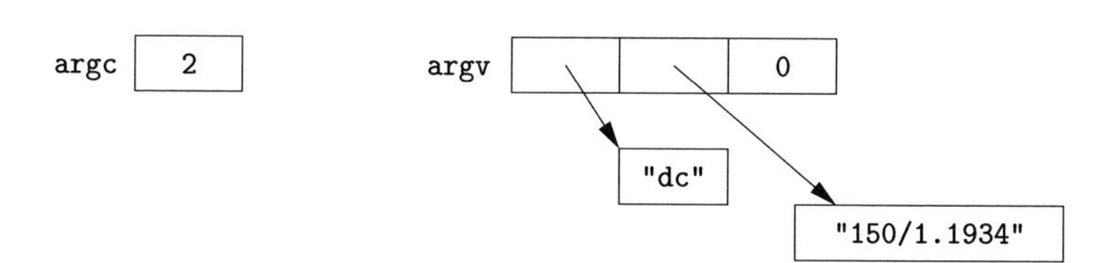

main() を呼び出す規約がC言語と共通であるため、配列と文字列はC言語スタイルのものが利用されるのだ。

コマンドラインの文字列を読み取る処理の考え方は、入力ストリームからの読取りと同じだ。文字列を読み取るストリームの名前は、意外性がまったくない istringstream というものである（§38.2.2）。コマンドラインから与えられた式を計算するには、Token_stream の読取り先を istringstream に変更するだけで行える：

```
Token_stream ts {cin};

int main(int argc, char* argv[])
{
   switch (argc) {
   case 1:                                     // 標準入力から読み込む
        break;
   case 2:                                     // 引数の文字列から読み込む
        ts.set_input(new istringstream{argv[1]});
        break;
   default:
        error("too many arguments");
        return 1;
   }

   table["pi"] = 3.1415926535897932385;       // 定義ずみ名を導入
   table["e"] = 2.7182818284590452354;

   calculate();

   return no_of_errors;
}
```

istringstream を利用するためには、<sstream> をインクルードする。

複数のコマンドライン引数を処理するように main() を変更することは難しくはない。しかし、特に必要とは考えられない。複数の式は、一つの引数にまとめられるからだ：

```
dc "rate=1.1934;150/rate;19.75/rate;217/rate"
```

ここでは、複数の式を引用符記号で囲んでいる。私が利用するUNIXシステムではコマンド区切りを ; で表すからだ。システムが異なれば、コマンドライン引数の受渡しの規約も異なるだろう。

argc と argv は単純であるとともに、私たちを少々いらいらさせるバグの根源となる。バグを防いで、コマンドライン引数のやりとりを円滑に行えるように、私は、次のような、vector<string> 化を行う単純な関数を用いることが多い：

```
vector<string> arguments(int argc, char* argv[])
{
   vector<string> res;
   for (int i = 0; i!=argc; ++i)
      res.push_back(argv[i]);
   return res;
}
```

もっと複雑な引数解析を行う関数も、よく見受けられる。

10.2.8 スタイルについて一言

連想配列に不慣れなプログラマにとっては、シンボルテーブルに標準ライブラリのmapを用いるのは、インチキと感じられるかもしれない。しかし、そうではない。標準ライブラリも、その他のライブラリも、実際に利用されることが目的だ。特定のプログラムでのみ利用するために、プログラマが手作りしたコードとは比べ物にならないほど、注意深く設計されて実装されている。

電卓プログラムのコード、特に最初のバージョンを、よく見てみよう。古典的なC言語スタイルの低水準のコードはあまり利用していない。古典的でトリッキーな詳細ではなくて、ostream、string、map（§4.3.1，§4.2，§4.4.3，§31.4，第36章，第38章）などの標準ライブラリのクラスで実現されている。

ループ、算術演算、代入演算が、比較的少ない点にも注目しよう。低水準の実装を抽象化して、ハードウェアを直接的に操作しないのが、コードとしてあるべき姿だ。

10.3 演算子の概要

本節では、式の概要と、その利用例を示す。各演算子に対して、よく使われる名前と、その利用例を紹介する。この後で示す、一覧表の読み方を先に示しておこう：

- **名前**は、識別子（sumやmapなど）、演算子名（operator int、operator+、operator"" kmなど）、特殊化したテンプレート名（sort<Record>、array<int,10>など）のことだ。なお、std::vectorやvector<T>::operator[]のように、::で修飾されることもある。
- **クラス名**は、クラスの名前である（exprがクラスである場合のdecltype(expr)を含む）。
- **メンバ**は、メンバの名前である（デストラクタの名前とメンバテンプレートの名前を含む）。
- **オブジェクト**は、クラスオブジェクトを生成する式である。
- **ポインタ式**は、ポインタを生成する式である（thisと、ポインタ演算をもつ型のオブジェクトとを含む）。
- **式**は、リテラル（17、"mouse"、trueなど）を含む式である。
- **式並び**は、式の並びだ（空の場合もある）。
- **左辺値**は、変更可能なオブジェクトを表す式である（§6.4.1）。
- **型**は、丸括弧内に記述した場合にのみ完全な型名になって（*、()などを伴うこともある）、他の場面では名前にならないものだ（§iso.A）。
- **ラムダ宣言子**は、引数の並び（空の場合もあるし、コンマで区切ることある）であり、その後ろにmutable指定子、省略可能なnoexcept指定子、省略可能な返却型が続く（§11.4）。
- **キャプチャ並び**は、文脈に依存するものを指定する並び（空の場合もある）である（§11.4）。
- **文並び**は、文の並び（空の場合もある）だ（§2.2.4，第9章）。

式の構文は、オペランドの型とは無関係である。ここで示す演算子の意味は、オペランドが組込み型（§6.2.1）である場合にのみ成立する。オペランドがユーザ定義型（§2.3，第18章）である場合は、ユーザが、演算子の意味を定義する。

次の表は、文法の規則の概要にすぎない。詳細については、§iso.5 と §iso.A を参照しよう。

演算子の概要（§iso.5.1）		
丸括弧内の式	(式)	
ラムダ	[キャプチャ並び] ラムダ宣言 { 文並び }	§11.4
スコープ解決	クラス名 :: メンバ	§16.2.3
スコープ解決	名前空間名 :: メンバ	§14.2.1
広域	:: 名前	§14.2.1
メンバ選択	オブジェクト . メンバ	§16.2.3
メンバ選択	ポインタ -> メンバ	§16.2.3
添字演算	ポインタ [式]	§7.3
関数呼出し	式 (式並び)	§12.2
値の構築	型 { 式並び }	§11.3.2
関数形式の型変換	型 (式並び)	§11.5.4
後置インクリメント	左辺値 ++	§11.1.4
後置デクリメント	左辺値 --	§11.1.4
型識別	**typeid** (型)	§22.5
実行時の型識別	**typeid** (式)	§22.5
実行時のチェック機能付き型変換	**dynamic_cast** < 型 > (式)	§22.2.1
コンパイル時のチェック機能付き型変換	**static_cast** < 型 > (式)	§11.5.2
チェック機能無し型変換	**reinterpret_cast** < 型 > (式)	§11.5.2
const 型変換	**const_cast** < 型 > (式)	§11.5.2
オブジェクトの大きさ	**sizeof** 式	§6.2.8
型の大きさ	**sizeof** (型)	§6.2.8
パラメータパックの大きさ	**sizeof...** 名前	§28.6.2
型のアラインメント	**alignof** (型)	§6.2.9
前置インクリメント	++ 左辺値	§11.1.4
前置デクリメント	-- 左辺値	§11.1.4
補数	~ 式	§11.1.2
否定	! 式	§11.1.1
単項マイナス	- 式	§2.2.2
単項プラス	+ 式	§2.2.2
アドレス	& 左辺値	§7.2
参照外し	* 式	§7.2
作成（メモリ確保）	**new type**	§11.2
作成（メモリ確保と初期化）	**new** 型 (式並び)	§11.2
作成（メモリ確保と初期化）	**new** 型 { 式並び }	§11.2
作成（位置指定）	**new** (式並び) 型	§11.2.4
作成（位置指定と初期化）	**new** (式並び) 型 (式並び)	§11.2.4
作成（位置指定と初期化）	**new** (式並び) 型 { 式並び }	§11.2.4
破棄（メモリ解放）	**delete** ポインタ	§11.2

<table>
<tr><td>配列の破棄</td><td>delete [] ポインタ</td><td>§11.2.2</td></tr>
<tr><td>送出の可否</td><td>noexcept (式)</td><td>§13.5.1.2</td></tr>
<tr><td>キャスト（型変換）</td><td>(型) 式</td><td>§11.5.3</td></tr>
<tr><td>メンバ選択</td><td>オブジェクト .* メンバへのポインタ</td><td>§20.6</td></tr>
<tr><td>メンバ選択</td><td>ポインタ ->* メンバへのポインタ</td><td>§20.6</td></tr>
<tr><td>乗算</td><td>式 * 式</td><td>§10.2.1</td></tr>
<tr><td>除算</td><td>式 / 式</td><td>§10.2.1</td></tr>
<tr><td>剰余</td><td>式 % 式</td><td>§10.2.1</td></tr>
<tr><td>加算（プラス）</td><td>式 + 式</td><td>§10.2.1</td></tr>
<tr><td>減算（マイナス）</td><td>式 - 式</td><td>§10.2.1</td></tr>
<tr><td>左シフト</td><td>式 << 式</td><td>§11.1.2</td></tr>
<tr><td>右シフト</td><td>式 >> 式</td><td>§11.1.2</td></tr>
<tr><td>未満</td><td>式 < 式</td><td>§2.2.2</td></tr>
<tr><td>以下</td><td>式 <= 式</td><td>§2.2.2</td></tr>
<tr><td>超過</td><td>式 > 式</td><td>§2.2.2</td></tr>
<tr><td>以上</td><td>式 >= 式</td><td>§2.2.2</td></tr>
<tr><td>等価</td><td>式 == 式</td><td>§2.2.2</td></tr>
<tr><td>非等価</td><td>式 != 式</td><td>§2.2.2</td></tr>
<tr><td>ビット論理積</td><td>式 & 式</td><td>§11.1.2</td></tr>
<tr><td>ビット排他的論理和</td><td>式 ^ 式</td><td>§11.1.2</td></tr>
<tr><td>ビット論理和</td><td>式 | 式</td><td>§11.1.2</td></tr>
<tr><td>論理積</td><td>式 && 式</td><td>§11.1.1</td></tr>
<tr><td>論理和</td><td>式 || 式</td><td>§11.1.1</td></tr>
<tr><td>条件式</td><td>式 ? 式 : 式</td><td>§11.1.3</td></tr>
<tr><td>並び</td><td>{ 式並び }</td><td>§11.3</td></tr>
<tr><td>例外の送出</td><td>throw 式</td><td>§13.5</td></tr>
<tr><td>単純代入</td><td>左辺値 = 式</td><td>§10.2.1</td></tr>
<tr><td>乗算代入</td><td>左辺値 *= 式</td><td>§10.2.1</td></tr>
<tr><td>除算代入</td><td>左辺値 /= 式</td><td>§10.2.1</td></tr>
<tr><td>剰余代入</td><td>左辺値 %= 式</td><td>§10.2.1</td></tr>
<tr><td>加算代入</td><td>左辺値 += 式</td><td>§10.2.1</td></tr>
<tr><td>減算代入</td><td>左辺値 -= 式</td><td>§10.2.1</td></tr>
<tr><td>左シフト代入</td><td>左辺値 <<= 式</td><td>§10.2.1</td></tr>
<tr><td>右シフト代入</td><td>左辺値 >>= 式</td><td>§10.2.1</td></tr>
<tr><td>ビット論理積代入</td><td>左辺値 &= 式</td><td>§10.2.1</td></tr>
<tr><td>ビット論理和代入</td><td>左辺値 |= 式</td><td>§10.2.1</td></tr>
<tr><td>ビット排他的論理和代入</td><td>左辺値 ^= 式</td><td>§10.2.1</td></tr>
<tr><td>コンマ（順次）</td><td>式 , 式</td><td>§10.3.2</td></tr>
</table>

優先順位が高いほうから順に並べており、優先順位が変わるところに横線を入れている。N::x.mの演算順序は(N::x).mであり、不正とみなされるN::(x.m)ではない。

たとえば、後置演算の ++ の優先順位は、単項演算の * よりも高いため、*p++ は *(p++) の意味であり、(*p)++ ではない。

また、* の優先順位は + よりも高いため、a+b*c は a+(b*c) であり、(a+b)*c ではない。

単項演算子と代入演算子は右結合性をもち、それ以外の演算子はすべて左結合性をもつ。たとえば a=b=c は a=(b=c) であり、また a+b+c は (a+b)+c である。

一部の規則は、優先順位（結合強度ともいう）と結合性だけでは表現できない。たとえば、a=b<c?d=e:f=g は a=((b<c)?(d=e):(f=g)) という意味になるが、その理由を知るためには、文法（§iso.A）を参照する必要がある。

文法規則が適用される前の段階で、字句上のトークンは、文字の並びとして切り出されて構築される。このとき、もっとも長い並び文字の並びが、トークンとして切り出される。たとえば、&& は単一の演算子であって２個の & 演算子ではない。また、a+++1 は (a ++) + 1 である。この規則は、**最長一致法**（*Max Munch rule*）とも呼ばれる。

トークンの概要（§iso.2.7）		
トークンクラス	例	参照
識別子	vector, foo_bar, x3	§6.3.3
予約語	int, for, virtual	§6.3.3.1
文字リテラル	'x', '\n', U'\UFADEFADE'	§6.2.3.2
整数リテラル	12, 012, 0x12	§6.2.4.1
浮動小数点数リテラル	1.2, 1.2e-3, 1.2L	§6.2.5.1
文字列リテラル	"Hello!", R"("World"!)"	§7.3.2
演算子	+=, %, <<	§10.3
句読文字	;, ,, {, }, (,)	
前処理指令	#, ##	§12.6

空白類（スペース、タブ、改行など）は、トークンの区切りとなる（たとえば int count は、キーワードと識別子が並んだものであり、intcount ではない）。しかし、それ以外の場合、無視される。

たとえば | などのような、基本ソース文字セット（§6.1.2）内の一部の文字は、一部のキーボードではタイプするのが不便である。また、基本的な論理演算で、&& や ~ などの記号を利用するのに抵抗を覚えるプログラマもいる。そのため、キーワードの代替表現がひととおり実装されている。

代替表現（§iso.2.12）										
and	and_eq	bitand	bitor	compl	not	not_eq	or	or_eq	xor	xor_eq
&&	&=	&	|	~	!	!=	||	|=	^	^=

たとえば：

```
bool b = not (x or y) and z;
int x4 = compl (x1 bitor x2) bitand x3;
```

これは、以下と等価だ：

```
bool b = !(x || y) && z;
int x4 = ~(x1 | x2) & x3;
```

and= が、&= と等価にはならないことに注意しよう。代替表現を好むならば and_eq と記述する必要がある。

10.3.1 演算結果

算術演算の結果の型は、“通常の算術変換（the usual arithmetic conversion）”（§10.5.3）として知られる有名な規則によって決定される。その目的は、複数のオペランドのうち、大きさが“最大”の型を、結果の型とすることだ。たとえば浮動小数点数をオペランドにもつ2項演算子では、浮動小数点として演算を行って、演算結果も浮動小数点数となる。同様に long がオペランドであれば、long として整数演算を行って、その結果の型も long となる。int よりも小さいオペランド（bool や char など）は、演算を行う前に int へと変換される。

関係演算子である == や <= などの演算結果は、論理値だ。ユーザ定義演算子の結果の意味と型は、その宣言によって決定される（§18.2）。

論理的に妥当であれば、左辺値オペランドをもつ演算子の演算結果は、そのオペランドとなる。たとえば：

```
void f(int x, int y)
{
    int j = x = y;          // x=yの値は、yが代入された後のxの値
    int* p = &++x;          // pはxを指す
    int* q = &(x++);        // エラー：x++は左辺値ではない（xに格納される値ではない）
    int* p2 = &(x>y?x:y);   // 大きいほうの値のintのアドレス
    int& r = (x<y)?x:1;     // エラー：1は左辺値ではない
}
```

演算子 ?: の第2オペランドと第3オペランドが同一型の左辺値であれば、演算結果もその型の左辺値となる。左辺値を維持することによって、この演算子の柔軟性が飛躍的に向上する。特に、組込み型とユーザ定義型の両方に対して、同じように効率よく動作する必要があるとき（たとえば、テンプレートを書くときや、C++ コードを生成するプログラムを書くとき）に、有用だ。

sizeof の結果は、<cstddef> が定義する符号無し汎整数型 size_t である。ポインタどうしの減算の結果は、<cstddef> が定義する符号付き汎整数型 ptrdiff_t である。

処理系は、算術演算時のオーバフローのチェックを義務づけられていないし、その実現は困難だ。たとえば：

```
void f()
{
    int i = 1;
    while (0 < i) ++i;
    cout << "i has become negative!" << i << '\n';
}
```

これは、i のインクリメントを（最終的に）整数が表現可能な最大値を超えるまで繰り返す。ここでの動作は、定義されない。定義されないとはいえ、値が負数（私のマシンでは -2147483648）へと“巡回”する処理系が、ほとんどだ。同様に、ゼロによる除算結果も定義されないが、その時

点でプログラム終了を発生させる処理系がほとんどだ。アンダフロー、オーバフロー、ゼロによる除算が標準の例外を送出することはない（§30.4.1.1）ことに注意しよう。

10.3.2 評価順序

一つの式の中に含まれる複数の部分式の評価順序は、定義されない。特に、式が左から右へと評価されることを前提にするのが、不可能であることに注意しよう。たとえば：

```
int x = f(2)+g(3);    // f()とg()のどちらが先に呼び出されるのかは定義されない
```

式の評価順序に制約がないことによって、コンパイラは高効率のコードを生成できる。しかし、そのために、定義されない結果が生み出されることになる。たとえば：

```
int i = 1;
v[i] = i++;    // 定義されない結果
```

この代入は、v[1]=1 とも v[2]=1 とも評価される可能性があるだけでなく、おかしな動作につながる可能性すらある。コンパイラは、この種の曖昧な点に対して警告が可能だ。しかし、残念なことに、多くのコンパイラは警告を発しない。そのため、++ と、+= と、明示的に順序を表す ,（コンマ）と、&& と、|| などの、動作がきちんと定義されている単一の演算子を利用しているのでなければ、オブジェクトに対して、一度に読取りと書込みを行う式を書かないようにすべきだ。

,（コンマ）と、&&（論理積）と、||（論理和）の演算子では、右オペランドよりも先に左オペランドが評価されることが保証されている。たとえば、式 b=(a=2,a+1) は、b に 3 を代入する。|| と && の利用例は、§10.3.3 で示す。組込み型の場合、&& の右オペランドが評価されるのは、左オペランドの評価結果が true となった場合のみだ。また、|| の右オペランドが評価されるのは、左オペランドの評価結果が false となった場合のみである。この方式は、**短絡評価**（*short-circuit evaluation*）と呼ばれることがある。順次演算子 ,（コンマ）は、関数呼出し時の引数を区切るコンマとは意味が異なることに注意しよう。たとえば：

```
f1(v[i],i++);          // 2個の引数
f2( (v[i],i++) );      // 1個の引数
```

f1 の呼出しでは、v[i] と i++ の2個の引数を渡している。2個の引数の評価順序は定義されないので、避けるべきコードである。引数の評価順序に依存するプログラミングは、極めてお粗末であり、定義されない結果となる。なお、f2 の呼出しで渡している引数は、コンマ式である (v[i],i++) の1個だけだ。その評価結果は、i++ である。このような記述は混乱しやすいので、やはり避けるべきだ。

丸括弧は、グループ化を強制する。たとえば、a*b/c は、(a*b)/c という意味だ。もし、a*(b/c) という意味にしたければ、丸括弧を利用する必要がある。なお、a*(b/c) が (a*b)/c と評価されるのは、ユーザが違いを区別できないときに限られる。多くの浮動小数点数演算では、a*(b/c) と (a*b)/c では、結果が大きく異なる。そのため、コンパイラは記述されたとおりに式を評価する。

10.3.3 演算子の優先順位

演算子の優先順位と結合性の規則は、一般的な利用を反映したものとなっている。たとえば：

```
if (i<=0 || max<i) // ...
```

これは、“iが0以下か、あるいは、maxがi未満ならば”という意味だ。すなわち、以下と等価である：

```
if ( (i<=0) || (max<i) ) // ...
```

すなわち、次のような、文法的には正しいものの無意味なものと同じであるとはみなされない。

```
if (i <= (0||max) < i) // ...
```

ただし、規則に対して確信をもてないときは、丸括弧を利用すべきである。部分式が複雑になるほど丸括弧がよく使われるが、そもそも複雑な部分式はエラーにつながりやすい。したがって、丸括弧の必要性を感じた時点で、変数をもう1個導入して、式を分割することを検討するとよいだろう。

演算子の優先順位が、“すぐに分かる”解釈とはならないことがある。たとえば：

```
if (i&mask == 0) // おっと、&のオペランドとしての==式だ
```

これは、iをマスクした後に、その結果がゼロであるかどうかを調べているのではない。というのも、==の優先順位が&よりも高いので、i&(mask==0)と解釈される。幸いにも、この種の誤りは単純なので、コンパイラは警告できるはずだ。そのため、このケースでは、丸括弧が必須だ：

```
if ((i&mask) == 0) // ...
```

次のコードは、数学者が期待するようには動作しない：

```
if (0 <= x <= 99) // ...
```

これは、文法的には正しいが、(0<=x)<=99と解釈される。すなわち、最初に実行される比較演算の結果はtrueとfalseのいずれかであって、その論理値がそれぞれ1と0に変換される。そして、その変換後の値と99が比較されるので、結果は常にtrueとなる。xが0〜99の範囲に収まっているかどうかを調べるには、次のように記述する：

```
if (0<=x && x<=99) // ...
```

初心者がよく誤るのが、条件内で==（等値判定）の代わりに=（代入）と記述することだ：

```
if (a = 7) // おっと、条件の中に定数の代入
```

多くの言語で、=は“等価性の判定”を意味するので、仕方ないかもしない。この種の誤りは、コンパイラが容易に警告できるものであり、実際に多くのコンパイラがそうしている。コンパイラが警告したからといって、コーディングスタイルを変えることはお勧めしない。特に、私は、次のようなコーディングスタイルが有意義とは思わない：

```
if (7 == a) // =の誤用を避けようとしている：私はお勧めしない
```

10.3.4 一時オブジェクト

コンパイラが、式の中間結果を保持するオブジェクトを導入しなければならないことは、よくあることだ。たとえば、v=x+y*z という式では、y*z の結果をどこかに置いておき、それから x と加算する。組込み型の場合、うまく処理されるので、**一時オブジェクト**（*temporary object*）（単に**テンポラリ**（*temporary*）と呼ぶことも多い）は、ユーザには見えない。しかし、資源を保持するユーザ定義型では、一時オブジェクトの生存期間を分かっていることが重要となる。参照にバインドされる場合と、名前をもつオブジェクトを初期化するために利用される場合を除くと、一時オブジェクトは、その一時オブジェクトを生成した完全式の実行が終了した時点で解体される。なお、**完全式**（*full expression*）とは、他の式の部分式にならない式のことだ。

標準ライブラリの string には、C言語スタイルのゼロで終端する文字配列（§2.2.5, §43.4）を指すポインタを返却する、メンバ関数 c_str()（§36.3）がある。さらに、文字列を連結するための + 演算子を多重定義している。いずれも、string の便利な機能である。ところが、これらを組み合わせて利用すると、分かりにくい問題が発生する。たとえば：

```
void f(string& s1, string& s2, string& s3)
{
    const char* cs = (s1+s2).c_str();
    cout << cs;
    if (8<strlen(cs=(s2+s3).c_str()) && cs[0]=='a') {
        // ここでcsを使う
    }
}
```

おそらく、読者のみなさんは、“そんなことしないよ”とすぐに考えるだろう。私も同感だ。しかし、このコードは現実に作成されたものであり、どのように解釈されるかを知っておく価値がある。

まず s1+s2 の結果を保持するための string の一時オブジェクトが作成される。次に、その一時オブジェクトから、C言語スタイルの文字列へのポインタが取り出される。その後、式が終了して、一時オブジェクトが破棄される。ところが、c_str() が返却したC言語スタイルの文字列は、s1+s2 の結果を保持する一時オブジェクトの一部として割り当てられたものであり、一時オブジェクトが解体された後の存在は保証されない。その結果、cs は、解放ずみの領域を指すことになる。出力処理 cout<<cs は期待どおりに動作するかもしれないが、それは単に運がよかっただけである。コンパイラは、この種のさまざまな問題を検出して警告を発する。

if 文にも問題があるが、これは、さらに分かりにくいものだ。s2+s3 の結果を保持する一時オブジェクトを保持する完全式は、条件自身なので、この条件は期待どおりに動作する。ところが、被制御文に進む前に一時オブジェクトが解体されるので、そこでの cs の利用は、動作が保証されない。

一時オブジェクトに関連するこの種の問題は、高水準のデータ型を低水準な方法で処理する際に発生することを覚えておく必要がある。もっとクリーンなプログラミングスタイルを使えば、もっと理解しやすいコードになる上に、一時オブジェクトに関する問題も避けられる。たとえば：

```
void f(string& s1, string& s2, string& s3)
{
    cout << s1+s2;
    string s = s2+s3;
```

```
        if (8<s.length() && s[0]=='a') {
            // ここでsを使う
        }
    }
```

一時オブジェクトは、constの参照や名前付きオブジェクトの初期化子として利用できる。たとえば：

```
    void g(const string&, const string&);

    void h(string& s1, string& s2)
    {
        const string& s = s1+s2;
        string ss = s1+s2;

        g(s,ss); // ここではsもssも使える
    }
```

これはよい例だ。一時オブジェクトは、“その”参照先、あるいは、名前付きオブジェクトがスコープを抜けた時点で解体される。局所変数への参照を返すのは誤りである（§12.1.4）ことと、一時オブジェクトは非const左辺値参照にバインドできない（§7.7）ことを覚えておこう。

なお、式の中でコンストラクタを明示的に実行すると、一時オブジェクトが生成される（§11.5.1）。たとえば：

```
    void f(string& s, int n, char ch)
    {
        s.move(string{n,ch}); // chのn個のコピーの文字列を構築してstring::move()(§36.3.2)に渡す
        // ...
    }
```

このように作られた一時オブジェクトは、暗黙裏に生成された一時オブジェクトとまったく同じ方法で解体される。

10.4 定数式

C++の“定数”には2種類の意味がある：

- constexpr：コンパイル時に評価される（§2.2.3）。
- const：スコープの中では変化しない（§2.2.3, §7.5）。

基本的に、constexprの役割はコンパイル時評価を可能かつ確実にすることであり、constの主な役割はインタフェースにおける不変性を指定することだ。本節では、主に前者、すなわち、コンパイル時評価を解説する。

定数式（*constant expression*）は、コンパイラが評価できる式である。定数式には、コンパイル時に不明である値は利用できない。また、定数式が副作用をもつこともない。突き詰めていうと、定数式は、汎整数値（§6.2.1）、浮動小数点数値（§6.2.5）、列挙子（§8.4）で始まるものであって、それらを、演算子やconstexpr関数によって結合して、最終的な値となる。さらに、ある種の形態の定数式では、アドレス値も定数式として利用できる。話を単純にするために、それぞれの詳細は、§10.4.5で解説する。

リテラルや、変数に代入された値を使うのではなく、名前付きの定数を使おうとする理由は、さまざまだ：

[1] 名前付きの定数は、コードを分かりやすくして、保守をしやすくする。
[2] 変数は変更されるかもしれない（そのため、定数よりも注意を払う必要がある）。
[3] 配列の要素数、`case` ラベル、`template` の値実引数に対しては、言語自体が定数式を要求している。
[4] 組込みシステムでは、変更不可のデータを読取り専用メモリに置くことが多い。というのも、読取り専用メモリは、ダイナミックメモリよりも（費用や消費電力などが）安上がりであるし、容量も大きいことが多い。さらに、読取り専用メモリは、システムクラッシュ発生の影響を受けにくい。
[5] コンパイル時に初期化が完了していれば、マルチスレッドシステムにおける、そのオブジェクトのデータ競合が防げる。
[6] 実行時に百万回も評価するよりも、1回だけ（コンパイル時に）評価するほうが、大幅に性能が向上する。

ここに示した[1]と[2]と[5]、そして（部分的に）[4]は、論理的な理由だ。定数式を用いるのは、性能上の必要性だけではない。システムの要求を、より直接的に表現するために用いることが多いのだ。

データ（ここでは、“変数”という用語をあえて使わない）定義の中で `constexpr` と記述すると、コンパイル時評価が必要であることの明示的な指定となる。`constexpr` に対する初期化子がコンパイル時に評価できなければ、コンパイラがエラーを発生する。たとえば：

```
int x1 = 7;
constexpr int x2 = 7;

constexpr int x3 = x1;      // エラー：初期化子が定数式でない
constexpr int x4 = x2;      // ＯＫ

void f()
{
   constexpr int y3 = x1;   // エラー：初期化子が定数式でない
   constexpr int y4 = x2;   // ＯＫ
   // ...
}
```

賢いコンパイラならば、`x3` の初期化子に記述されている `x1` が、`7` であることを導出できるかもしれない。しかし、コンパイラの賢さに依存するわけにはいかない。もっと大規模プログラムだと、変数の値をコンパイル時に判断するのは、極めて困難あるいは不可能であるのが一般的だ。

定数式の表現力は強力だ。整数、浮動小数点数、列挙体の値が利用できる。状態を変更しない演算子は、すべて利用できる（たとえば `+`、`?:`、`[]` など。ただし `=` と `++` は利用できない）。高度な型安全と表現力を提供する、`constexpr` 関数（§12.1.6）や、リテラル型（§10.4.3）も利用できる。ほとんど同じことが可能なマクロ（§12.6）と比較するのが不公平といえるほどだ。

条件演算子 `?:` は、定数式からの選択の手段として利用できる。たとえば、整数の平方根は、コンパイル時に求められる：

```
constexpr int isqrt_helper(int sq, int d, int a)
{
  return sq <= a ? isqrt_helper(sq+d,d+2,a) : d;
}

constexpr int isqrt(int x)
{
  return isqrt_helper(1,3,x)/2 - 1;
}

constexpr int s1 = isqrt(9);    // s1は3になる
constexpr int s2 = isqrt(1234);
```


まず?:の条件が評価され、それから選択されたほうの式が評価される。選択されなかったほうは評価されないので、定数式でなくても構わない。同様に、&&と||での、評価されないほうのオペランドも定数式でなくて構わない。この機能は、定数式になる場合と、ならない場合とがあるconstexpr関数の中で有用なものだ。

10.4.1 シンボル定数

定数（constexprやconstな値）のもっとも重要な役割の一つが、値に対してシンボル名を与えることだ。シンボル名は、コードから“マジックナンバー”を除去するために、系統的に利用すべきものだ。コード内に無分別にばらまかれたリテラルは、保守を妨害する見苦しいものの一つである。配列の要素数のような数値定数がコード中で繰り返されると、コードの変更が困難となる。というのも、コードを正しく修正しようとすると、その定数が利用されているすべての箇所の変更が必要となるからだ。シンボル名を用いると、情報を局所化できる。多くの場合、数値定数は、プログラムに対する何らかの前提を表している。たとえば、4は整数のバイト数であり、128は入力バッファの文字数であり、6.24はデンマーククローネ対USドルの為替レートであったりする。数値定数をコード中に残してしまうと、保守作業者の理解やエラー特定の支障となる。しかも、このような値の多くは、時とともに変化するものだ。数値定数は、プログラム移植時や、表現している前提が変わってしまった際に、見すごされてしまってエラーにつながることが多い。定数に必要な前提と、きちんとしたコメントを加えた名前（シンボル名）を与えることで、この種の保守上の問題を最小限に抑えられる。

10.4.2 定数式中のconst

constは、主にインタフェースを表現するのに利用されるものだ（§7.5）。しかし、定数値を表現する際にも利用できる。たとえば：

```
const int x = 7;
const string s = "asdf";
const int y = sqrt(x);
```

定数式で初期化されたconstは、定数式の中で利用できる。constがconstexprと異なるのは、定数式以外のものでも初期化できることだ。その場合のconstは定数式としては利用できない。たとえば：

```
constexpr int xx = x;        // ＯＫ
constexpr string ss = s;     // エラー：sは定数式ではない
constexpr int yy = y;        // エラー：sqrt(x)は定数式ではない
```

エラーとなる理由は、stringがリテラル型（§10.4.3）ではないことと、sqrt()がconstexpr関数（§12.1.6）ではないことである。

通常は、単なる定数を定義する場合には、constよりもconstexprを用いたほうが適切だ。ただし、constexprはC++11で新しく導入されたものなので、多くの古いコードでは、constが利用されている。また、constの代わりに列挙子（§8.4）を用いることも多い。

10.4.3 リテラル型

きちんと定義された単純なユーザ定義型は、定数式として利用できる。たとえば：

```
struct Point {
   int x,y,z;
   constexpr Point up(int d) { return {x,y,z+d}; }
   constexpr Point move(int dx, int dy) { return {x+dx,y+dy}; }
   // ...
};
```

constexprコンストラクタをもつクラスは、**リテラル型**（*literal type*）と呼ばれる。constexprにできるほど単純なものとするためには、コンストラクタの本体を空として、すべてのメンバを潜在的に定数式で初期化する必要がある。たとえば：

```
constexpr Point origo {0,0};
constexpr int z = origo.x;

constexpr Point a[] = {
   origo, Point{1,1}, Point{2,2}, origo.move(3,3)
};
constexpr int x = a[1].x;        // xは1になる
constexpr Point xy{0,sqrt(2)}; // エラー：sqrt(2)は定数式ではない
```

constexprな配列も使えるし、配列要素やオブジェクトメンバへのアクセスも行える。

当然、リテラル型を引数に受け取るconstexpr関数も定義できる。たとえば：

```
constexpr int square(int x)
{
   return x*x;
}

constexpr int radial_distance(Point p)
{
   return isqrt(square(p.x)+square(p.y)+square(p.z));
}

constexpr Point p1 {10,20,30};      // デフォルトコンストラクタはconstexpr
constexpr Point p2 {p1.up(20)};     // Point::up()はconstexpr
constexpr int dist = radial_distance(p2);
```

この例では、doubleではなくintとした。というのも、浮動小数点数の平方根を求めるためのconstexpr関数が手元になかったからだ。

さて、メンバ関数の場合は、constexprの指定は、constメンバ関数であることを暗黙裏に意

味するので、次のように記述する必要はない：

```
constexpr Point move(int dx, int dy) const { return {x+dx,y+dy}; }
```

10.4.4 参照引数

constexprを使うときは、constexprが値だけに作用することに注意しよう。そこには、値が変更可能なオブジェクト、あるいは、副作用をもつオブジェクトは存在しない。すなわち、constexprは、コンパイル時に実行される関数型プログラミング言語のミニチュア版を提供するのである。constexprは、参照を処理できないと考えるかもしれないが、部分的にしか正しくない。const参照は、値を参照するものであって、そのように使うものだ。標準ライブラリの汎用complex<T>を、complex<double>に特殊化する例を考えてみよう：

```
template<> class complex<double> {
public:
   constexpr complex(double re = 0.0, double im = 0.0);
   constexpr complex(const complex<float>&);
   explicit constexpr complex(const complex<long double>&);

   constexpr double real();      // 実部を取得
   void real(double);            // 実部を設定
   constexpr double imag();      // 虚部を取得
   void imag(double);            // 虚部を設定

   complex<double>& operator= (double);
   complex<double>& operator+=(double);
   // ...
};
```

いうまでもなく、=や+=などのオブジェクトを変更する演算は、constexprとなることはできない。逆に、real()やimag()などのオブジェクトを読み取るだけの演算は、constexprになれるし、コンパイル時に定数式として評価できる。この例には、興味深いメンバがある。他のcomplex型から構築する、テンプレートコンストラクタである。次の例を考えてみよう：

```
constexpr complex<float> z1 {1,2};       // 注意：<double>ではなく<float>
constexpr double re = z1.real();
constexpr double im = z1.imag();
constexpr complex<double> z2 {re,im};   // z2はz1のコピーとなる
constexpr complex<double> z3 {z1};      // z3はz1のコピーとなる
```

コピーコンストラクタは、正しく動作する。というのも、参照（const complex<float>&）が定数値を参照していることをコンパイラが認識できるし、プログラムでは、その値を利用しているだけだ（参照やポインタを用いた高度な、あるいは、ばかげた処理をしていない）からだ。

リテラル型は、タイプリッチなコンパイル時プログラミングを可能にする。従来、C++でのコンパイル時評価は、（関数を利用していない）整数値だけに制限されていた。この制限の結果、必要以上に複雑なコードが生まれ、誤りにもつながりやすくなっていた。一部のプログラマが、あらゆる種類の情報を整数としてコーディングしたからだ。テンプレートメタプログラミングでも、その傾向があった（第28章）。また、表現力に乏しい言語での困難な記述を避けるために、実行時評価を優先するだけのプログラマもいた。

10.4.5 アドレス定数式

広域変数などの、静的に割り当てられたオブジェクト（§6.4.2）のアドレスは、定数だ。しかし、コンパイラは、アドレス定数の値が分からない。というのも、その値は、コンパイラではなくリンカが決定するからだ。そのため、ポインタと参照型の定数式には制限がある。たとえば：

```
constexpr const char* p1 = "asdf";
constexpr const char* p2 = p1;      // OK
constexpr const char* p2 = p1+2;    // エラー：コンパイラはp1の値を知らない
constexpr char c = p1[2];           // OK：c=='d'。コンパイラはp1が指す値を知っている
```

10.5 暗黙の型変換

汎整数型と浮動小数点型（§6.2.1）は、代入と式の中で自由に組み合わせられる。その場合、可能な限り、情報を失わないように値が変換される。残念ながら、値を破壊する（“縮小”）変換が、暗黙裏に実行されることがある。値を変換した後に、元の型に再変換して、オリジナルの型と値とが得られれば、値維持変換だ。そうでない場合は、**縮小変換**（*narrowing conversion*）である（§10.5.2.6）。本節では、変換規則とその問題点、および解決策を解説する。

10.5.1 格上げ

値を維持する暗黙の変換を、**格上げ**（*promotion*）という。`int` よりも小さな整数型に対しては、算術演算実行前に、`int` へと変換される**汎整数格上げ**（*integral promotion*）が行われる。この格上げが、`long` への格上げでないことに注意しよう（オペランドが `char16_t`、`char32_t`、`wchar_t`、あるいは `int` よりも大きさが大きい単なる列挙体でない限り）。そうなっているのは、C 言語で作られた格上げ規則を反映しているからだ：これは、算術演算にとって“自然”な大きさへとオペランドを拡張する、というものである。

汎整数格上げの規則は、次のようになっている：

- `char`、`signed char`、`unsigned char`、`short int`、`unsigned short int` は、変換元の値が `int` で表現できれば `int` に変換される。そうでなければ `unsigned int` に変換される。
- `char16_t`、`char32_t`、`wchar_t`（§6.2.3）、単なる列挙体型（§8.4.2）は、次の並びの中で、変換元のすべての根底型の値を表現できる最初の型に変換される：`int`、`unsigned int`、`long`、`unsigned long`、`unsigned long long`。
- ビットフィールド（§8.2.7）は、変換元のすべての値が `int` で表現できれば `int` に変換される。そうでなくて、変換元のすべての値が `unsigned int` で表現できれば `unsigned int` に変換される。そうでなければ、汎整数格上げは適用されない。
- `bool` は `int` に変換される。`false` は `0` になり、`true` は `1` になる。

格上げは、通常の算術変換（§10.5.3）の一環として実行される。

10.5.2 変換

各基本型のあいだでは、暗黙のうちに、困惑するほど多様な方法での相互変換が行われる（§iso.4）。認められている変換は多すぎる、というのが私の考えだ。たとえば：

```
void f(double d)
{
    char c = d;         // 注意：倍精度浮動小数点をcharに変換
}
```

コードを記述する際は、定義されない動作や、気付かないうちに情報を失うような変換（"縮小変換"）を避けなければならない。

コンパイラは、疑いのある変換については警告を発することができる。幸いにも、多くのコンパイラがそうしてくれている。

{}形式の初期化子は、縮小変換を防ぐ（§6.3.5）。たとえば：

```
void f(double d)
{
    char c {d};        // エラー：倍精度浮動小数点をcharに変換
}
```

縮小変換の可能性が避けられない場合は、**narrow_cast<>()**などの実行時チェック機能付きの変換関数を使うことを検討すべきだ（§11.5）。

10.5.2.1 汎整数変換

整数は、別の整数型へと変換できる。単なる列挙体の値も整数型に変換できる（§8.4.2）。

変換先の型が**unsigned**であれば、変換後の値は、変換元のビットを、変換先のビットに埋めただけのものとなる（必要であれば、高位側のビットは無視される）。より厳密に説明すると、符号無し型を表現するビット数を**n**としたとき、変換元の値に合同な最小の符号無し整数である**2**の**n**乗を法とする剰余となる。たとえば：

```
unsigned char uc = 1023;  // 2進の1111111111：ucは2進の11111111すなわち255になる
```

変換先の型が**signed**の場合、変換先の型で表現できる場合は、変換前後で値が変化することはない。そうでない場合の結果は、処理系定義である：

```
signed char sc = 1023;    // 処理系定義
```

ここでの変換結果は、おそらく、**127**か**-1**のいずれかとなる（§6.2.3）。

論理値と、単なる列挙体の値は、等価な整数へと暗黙裏に変換される（§6.2.2, §8.4）。

10.5.2.2 浮動小数点数変換

浮動小数点数値は、別の浮動小数点型へと変換できる。変換先の型が、変換元の値を正確に表現できる場合は、変換結果は、オリジナルの値と一致する。変換元の値が、変換先の型が表現する二つの値のあいだの中間の値となる場合は、変換結果は、その二つの値のいずれか一方となる。その他の場合の動作は定義されない。たとえば：

```
float f = FLT_MAX;          // 最大のfloat値
double d = f;               // OK：d == f

double d2 = DBL_MAX;        // 最大のdouble値
float f2 = d2;              // FLT_MAX<DBL_MAXであれば定義されない

long double ld = d2;        // OK：ld == d2
long double ld2 = numeric_limits<long double>::max();
double d3 = ld2;            // sizeof(long double)>sizeof(double)であれば定義されない
```

DBL_MAXとFLT_MAXは<cfloat>で定義されていて、numeric_limitsは<limits>で定義されている（§40.2）。

10.5.2.3 ポインタと参照の変換

オブジェクトを指す、すべてのポインタは、void*へと暗黙裏に変換できる（§7.2.1）。派生クラスへのポインタ（参照）は、アクセス可能で曖昧ではない基底へのポインタ（参照）へと、暗黙裏に変換できる（§20.2）。関数へのポインタと、メンバへのポインタは、暗黙裏にはvoid*に変換されないことに注意しよう。

0と評価される定数式（§10.4）は、あらゆるポインタ型の空ポインタへと暗黙裏に変換できる。同様に、0と評価される定数式は、メンバへのポインタ型（§20.6）へと暗黙裏に変換できる。たとえば：

```
int* p = (1+2)*(2*(1-1));  // OK、ただし不自然
```

もちろん、nullptrを使うべきだ（§7.2.2）。

T*はconst T*へと暗黙裏に変換できる（§7.5）。同様に、T&はconst T&へと暗黙裏に変換できる。

10.5.2.4 メンバへのポインタの変換

メンバへのポインタおよびメンバへの参照に関する変換については、§20.6.3で解説する。

10.5.2.5 論理値の変換

ポインタ値、汎整数値、浮動小数点数値は、bool（§6.2.2）へと暗黙裏に変換できる。非ゼロはtrueに変換され、ゼロはfalseに変換される。たとえば：

```
void f(int* p, int i)
{
   bool is_not_zero = p;     // p!=0であればtrue
   bool b2 = i;              // i!=0であればtrue
   // ...
}
```

boolへのポインタの変換は、条件の中では有用だが、それ以外の箇所では紛らわしいものとなる：

```
void fi(int);
void fb(bool);

void ff(int* p, int* q)
{
   if (p) do_something(*p);            // OK
   if (q!=nullptr) do_something(*q);  // OK、ただし冗長
```

```
    // ...
    fi(p);                          // エラー：ポインタからintへの変換はない
    fb(p);                          // ＯＫ：ポインタからboolへの変換（驚いた!?）
}
```

fb(p) に対して、コンパイラが警告してくれるといいのだが。

10.5.2.6 浮動小数点数と汎整数とのあいだの変換

浮動小数点数値を整数に変換すると、小数部が失われる。換言すると、浮動小数点数型から、整数型への切捨て、ということだ。たとえば、int(1.6) の結果は 1 である。切捨て後の値が、変換先の型で表現できない場合の結果は定義されない。たとえば：

```
int i = 2.7;       // iは2になる
char b = 2000.7;   // 8ビットcharでは定義されない：2000は8ビットcharでは表現できない
```

逆に整数型から浮動小数点数型への変換は、ハードウェアで行える範囲で数学的に正確に行われる。浮動小数点型の値として正確に表現できない汎整数値は、精度が失われる。たとえば：

```
int i = float(1234567890);
```

int と float の両方を 32 ビットで表現するマシンでは、i の値は 1234567936 となる。

当然、値を破壊する可能性がある変換は避けるのがベストだ。実際、浮動小数点数から汎整数への変換や、long int から char への変換など、明らかに危険な変換に対しては、コンパイラも検出可能であって警告を発する。しかし、全般にわたってのコンパイル時検出は非現実的なので、プログラマが注意する必要がある。単に、“注意する”ので満足できなければ、明示的なチェックをコードに挿入するとよい。たとえば：

```
char checked_cast(int i)
{
    char c = i;    // 警告：可搬性に欠ける（§10.5.2.1）
    if (i != c) throw std::runtime_error{"int-to-char check failed"};
    return c;
}

void my_code(int i)
{
    char c = checked_cast(i);
    // ...
}
```

より一般的な、変換のチェック方法については、§25.2.5.1 で後述する。

切捨ての可搬性を保証したい場合は、numeric_limits（§40.2）を用いる。初期化時における切捨ては、{} 構文の初期化子を用いると避けられる（§6.3.5）。

10.5.3 通常の算術変換

2項演算子の左右のオペランドに対しては、以下に示す変換が適用される。これは、両者の型を同じ型にして、しかも、その型を結果の型として利用できるようにするためのものだ：

[1] 一方のオペランドの型が long double ならば、もう一方のオペランドは long double に変換される。

- そうでなくて、一方のオペランドの型が double ならば、もう一方のオペランドは double に変換される。
- そうでなくて、一方のオペランドの型が float ならば、もう一方のオペランドは float に変換される。
- そうでない場合、両オペランドに対して汎整数格上げ（§10.5.1）が適用される。

[2] そうでなくて、一方のオペランドの型が unsigned long long ならば、もう一方のオペランドは unsigned long long に変換される。
- そうでなくて、一方のオペランドの型が long long int で、もう一方のオペランドの型が unsigned long int であり、long long int が unsigned long int のすべての値を表現できる場合は、unsigned long int のオペランドが long long int に変換される。そうでなければ、両方のオペランドが unsigned long long int に変換される。
- そうでなくて、一方のオペランドの型が long int で、もう一方のオペランドの型が unsigned int であり、long int が unsigned int のすべての値を表現できる場合は、unsigned int のオペランドが long int に変換される。そうでなければ、両方のオペランドが unsigned long int に変換される。
- そうでなくて、一方のオペランドの型が long ならば、もう一方のオペランドは long に変換される。
- そうでなくて、一方のオペランドの型が unsigned ならば、もう一方のオペランドは unsigned へ変換される。
- それ以外の場合は、両オペランドとも int へ変換される。

ここに示した変換規則は、符号無し整数の変換結果を、より大きな大きさ（大きさは処理系定義である）をもつ符号付き整数とするものだ。このことは、符号無し整数と符号付き整数の混用を避けるべき、もう一つの理由となっている。

10.6 アドバイス

[1] “自作のコード”や、他のライブラリよりも、標準ライブラリを優先しよう。§10.2.8。

[2] 文字レベルの入力は、必要な場合以外は利用しないように。§10.2.3。

[3] 入力を処理する場合は、不正な形式に対する配慮を必ず行おう。§10.2.3。

[4] int や文などの言語機能を直接的に利用するよりも、適切な抽象化（クラス、アルゴリズムなど）を優先しよう。§10.2.8。

[5] 複雑な式は避けよう。§10.3.3。

[6] 演算子の優先順位に確信をもてない場合は、丸括弧を利用しよう。§10.3.3。

[7] 評価順序が定義されない式は避けよう。§10.3.2。

[8] 縮小変換は避けよう。§10.5.2。

[9] “マジック定数”を避けるためには、シンボル定数を定義しよう。§10.4.1。

第11章 主要な演算子

「やりたいことを言うだけでいいプログラミング言語がほしい」などと言う輩には、
ロリポップでもなめさせておくことだ。
— アラン・パリス

・いろいろな演算子
　論理演算子／ビット単位の論理演算子／条件式／インクリメントとデクリメント
・空き領域
　メモリ管理／配列／メモリ領域の割当て／newの多重定義
・並び
　実装モデル／修飾並び／非修飾並び
・ラムダ式
　実装モデル／ラムダ式への変形／キャプチャ／呼出しとリターン／ラムダ式の型
・明示的型変換
　構築／名前付きキャスト／C言語形式キャスト／関数形式キャスト
・アドバイス

11.1 いろいろな演算子

本節では、単純な演算子をまとめて解説する。具体的には、論理演算子（&&、||、!）と、ビット単位の論理演算子（&、|、~、<<、>>）と、条件式演算子（?:）と、インクリメント／デクリメント演算子（++、--）である。ここでまとめて解説しているのは、他の箇所で一緒に解説するほどの共通点が少ないからだ。

11.1.1 論理演算子

論理演算子&&（論理積）、||（論理和）、!（否定）のオペランドは、算術型かポインタ型であり、それらをboolに変換した上で、bool型の結果を生成する。演算子&&と||は、必要な場合にのみ第2オペランドを評価するので、評価順序の制御にも利用できる（§10.3.2）。たとえば：

```
while (p && !whitespace(*p)) ++p;
```

もしpがnullptrであれば、参照外しの演算は実行されない。

11.1.2 ビット単位の論理演算子

ビット単位の論理演算子&（論理積）、|（論理和）、^（排他的論理和）、~（補数）、>>（右シフト）、<<（左シフト）の演算対象は、汎整数型のオブジェクトだ。すなわち、char、short、

```
Enode* expr(bool get)
{
   Enode* left = term(get);

   for (;;) {
      switch (ts.current().kind) {
      case Kind::plus:
      case Kind::minus:
           left = new Enode {ts.current().kind,left,term(true)};
           break;
      default:
           return left;             // ノードを返却
      }
   }
}
```

ここでは、Kind::plusとKind::minusに対しては、空き領域上にEnodeを新しく確保した上で、値{ts.current().kind,left,term(true)}で初期化している。返却されたポインタは、leftに代入されて、最終的にexpr()は、そのポインタを返却する。

初期化子に{}構文を用いているが、伝統的な()構文も利用できる。ただし、newで作成したオブジェクトを=構文で初期化するのはエラーだ：

```
int* p = new int = 7; // エラー
```

型がデフォルトコンストラクタをもっていれば初期化子は省略できるが、組込み型はデフォルトでは初期化されない。たとえば：

```
auto pc = new complex<double>;     // complexは{0,0}に初期化される
auto pi = new int;                 // intは初期化されない
```

これは、混乱のもとだ。デフォルトの初期化を保証するには、{}を用いるとよい。

```
auto pc = new complex<double>{};  // complexは{0,0}に初期化される
auto pi = new int{};              // intは0に初期化される
```

ジェネレータでは、expr()が作ったEnodeを処理し、その後で破棄する：

```
void generate(Enode* n)
{
   switch (n->oper) {
   case Kind::plus:
        // nを利用
        delete n;  // 空き領域から1個のEnodeをdelete
   }
}
```

newで作成したオブジェクトは、明示的にdeleteで解体するまで存在し続ける。解体すれば、利用していたメモリ領域は、その後のnewで再利用される。C++処理系が、参照されなくなったオブジェクトを監視して、newによる再利用を可能にする“ガーベジコレクタ”を提供する保証はない。そのため、newで作成したオブジェクトは、明示的にdeleteによる削除が必須だ。

delete演算子に適用できるのは、newが返したポインタかnullptrのいずれかだ。nullptrが適用された場合は、deleteは何も行わない。

デストラクタをもつクラスのオブジェクトを破棄する際は（§3.2.1.2, §17.2）、deleteは、オブジェクトのメモリを解放する前にデストラクタを呼び出す。

11.2.1 メモリ管理

空き領域には、以下のようなトラブルがよく起こる：

- **オブジェクトのリーク**（*leaked object*）：`new` で確保したオブジェクトの `delete` を忘れる。
- **早期解放**（*premature deletion*）：別のオブジェクトへのポインタを保持しているオブジェクトを `delete` してしまった後で、ポインタを利用する。
- **二重解放**（*double deletion*）：オブジェクトを2回 `delete` して、デストラクタが（あれば、それが）2回呼び出される。

オブジェクトのリークは、潜在的に危険な問題だ。というのも、プログラムが利用可能なメモリ領域を使い果たす可能性があるからだ。早期解放は、ほぼ必ず厄介な問題となる。というのも、“解放ずみオブジェクト”を指すポインタは、もはや有効なオブジェクトを指していない（読み取ると、おかしな結果となる）上に、すでに他のオブジェクトが再利用しているメモリを指す（書き込むと、無関係のオブジェクトを破壊してしまう）可能性があるからだ。極めて悪いコード例を示す：

```
int* p1 = new int{99};
int* p2 = p1;                // 潜在的な問題
delete p1;                   // p2は正しいオブジェクトへのポインタではなくなる
p1 = nullptr;                // 安全上の失敗を表す値を与える
char* p3 = new char{'x'};    // p3はp2が指すメモリを指す
*p2 = 999;                   // トラブルのもと
cout << *p3 << '\n';         // xを表示するわけではない
```

二重解放が問題となるのは、通常、資源マネージャが、資源を所有するコードを追跡できないからだ。たとえば：

```
void sloppy() // 極めて悪いコード
{
    int* p = new int[1000];  // メモリを獲得
    // ... *pを利用 ...
    delete[] p;              // メモリを解放

    // ... しばらく何か行う ...

    delete[] p;              // sloppy()は独自の*pを所有しない
}
```

2回目の `delete[]` を実行するまでに、`*p` が指すメモリ領域が他の用途に割り当てられている可能性があるため、アロケータが正しく動作しなくなる可能性がある。この例の `int` を `string` に置きかえて考えてみよう。他の用途として再確保されていて、しかも他の処理によって変更されている可能性があるメモリ領域を `string` のデストラクタが読み取ろうとすることに加えて、`delete` しようとしているメモリを読み取ろうとしていることが分かる。一般に、二重解放の動作は定義されないし、その結果は予測不能であり、通常は惨事に終わる。

このエラーの原因の大半は、故意や単なる不注意ではない。大規模プログラムでは、メモリを確保したすべてのオブジェクトを矛盾なく解放する（処理の適切な時点で一度だけ解放する）ことは、実際に難しい。初心者にとって、プログラムの局所的な部分だけの解析から、この種の問題を理解するのは困難である。多くのエラーは、プログラム内の複数の箇所が関係するからだ。

newとdeleteを“そのまま”用いる代わりに、これらの問題点を回避するための一般的な資源管理法を二つ勧めることにしよう：

[1] 必要性がなければ、空き領域にオブジェクトを置かない。スコープ付きの変数を優先する。

[2] 空き領域上にオブジェクトを構築する場合、そのポインタを**管理オブジェクト**（*manager object*）（**ハンドル**（*handle*）とも呼ばれる）に置いて、そのオブジェクトを管理オブジェクトのデストラクタに解体させる。string、vector、unique_ptr（§5.2.1, §34.3.1）、shared_ptr（§5.2.1, §34.3.2）などの標準ライブラリが実装するすべてのコンテナは、そうなっている。可能であれば、管理オブジェクトは、スコープ付きの変数とする。管理オブジェクトによって表現された大規模オブジェクトの関数からの返却に、ムーブセマンティクス（§3.3, §17.5.2）を利用すると、空き領域の古典的な利用の多くは排除できる。

[2]の方法は、一般にRAII（“Resource Acquisition Is Initialization”＝資源獲得時初期化：§5.2, §13.3）と呼ばれ、資源リークを防ぐ上に、単純で安全な例外を用いたエラー処理を実現する。

標準ライブラリvectorも、この方法を利用している：

```
void f(const string& s)
{
   vector<char> v;
   for (auto c : s)
      v.push_back(c);
   // ...
}
```

vectorは要素を空き領域に置くが、メモリ確保と解放のすべては、自身で処理する。この例では、push_back()が、newを実行して要素に必要なメモリを確保する。そして、要素が不要になると、要素をdeleteして空き領域へと返却する。もっとも、vectorのユーザは、そのような実装の詳細を知る必要はないし、vectorがリークを起こさないことに頼るだけでよい。

電卓プログラムのToken_streamは、さらに単純化した例である（§10.2.2）。ユーザはnewを実行して、それによって得られるポインタをToken_streamに渡すだけで管理できるようになる：

```
Token_stream ts{new istringstream{some_string}};
```

なお、大規模オブジェクトを関数外へ追いやるだけのために、空き領域を利用する必要はない。たとえば：

```
string reverse(const string& s)
{
   string ss;
   for (int i=s.size()-1; 0<=i; --i)
      ss.push_back(s[i]);
   return ss;
}
```

vectorと同様に、stringも実際には要素を管理するハンドルだ。そのため、ここでは、要素を1個もコピーすることなく、ssはreverse()の外部へと**ムーブ**（*move*）される（§3.3.2）。

このような考え方をさらに発展させたのが、unique_ptrやshared_ptrなどの“スマートポインタ”である（§5.2.1，34.3.1）。たとえば：

```
void f(int n)
{
    int* p1 = new int[n];              // 潜在的な問題
    unique_ptr<int[]> p2 {new int[n]};
    // ...
    if (n%2) throw runtime_error("odd");
    delete[] p1;                       // ここに到達しない可能性がある
}
```


この関数をf(3)と呼び出すと、p1が指すメモリ領域はリークする。その一方で、p2が指すメモリ領域は、暗黙のうちに正しく解放される。

newとdeleteに対する私の経験則は、“newはそのまま利用しない”というものだ。すなわち、コンストラクタやそれに相当する処理でnewを使い、デストラクタでdeleteを使う。これによって、一貫性のあるメモリ管理を実現する。なお、資源ハンドルへの引数にnewを用いることも多い。

最終的な手段として（大量の無分別なnewを利用する古いコードを扱う場合など）、C++はガーベジコレクタの標準インタフェースを提供している（§34.5）。

11.2.2 配列

オブジェクトの配列は、newを使って作成できる。たとえば：

```
char* save_string(const char* p)
{
    char* s = new char[strlen(p)+1];
    strcpy(s,p);          // pからsにコピー
    return s;
}

int main(int argc, char* argv[])
{
    if (argc < 2) exit(1);
    char* p = save_string(argv[1]);
    // ...
    delete[] p;
}
```

単一オブジェクトの破棄では“単なる”delete演算子を利用し、配列の破棄ではdelete[]を利用する。

どうしても直接char*を利用する必要がなければ、標準ライブラリstringを用いるとsave_string()はより簡潔になる：

```
string save_string(const char* p)
{
    return string{p};
}

int main(int argc, char* argv[])
{
    if (argc < 2) exit(1);
    string s = save_string(argv[1]);
    // ...
}
```

注目すべきは、new[]とdelete[]が除去できていることだ。

newで確保した領域を解放するためには、deleteとdelete[]は、確保されているオブジェクトの大きさが分からなければならない。そのため、標準のnewで確保したオブジェクトは、静的なオブジェクトよりも、少しだけ多くのメモリ領域を消費する。オブジェクトの大きさを保持するための最小限の領域が必要だからだ。空き領域管理のため、1回の確保のたびに2～3ワードが余分に追加される。現代のマシンのほとんどが、8バイト1ワードであり、そのオーバヘッドは、配列や大規模オブジェクトの割当てでは大きな問題にはならないが、数多くの小規模オブジェクト（intやPointなど）を空き領域に確保すると、問題が表面化する。

vector（§4.4.1，§31.4）も、ある種のオブジェクトなので、その確保と解放は、単なるnewとdeleteで行える。たとえば：

```
void f(int n)
{
   vector<int>* p = new vector<int>(n);  // 単一オブジェクト
   int* q = new int[n];                  // 配列
   // ...
   delete p;
   delete[] q;
}
```

delete[]演算子が適用できるのは、newで確保した配列を指すポインタか、あるいは、空ポインタ（§7.2.2）だけである。空ポインタに適用されたdelete[]は、何も行わない。

局所オブジェクトの作成にnewを用いてはいけない。たとえば：

```
void f1()
{
   X* p =new X;
   // ... *pを利用 ...
   delete p;
}
```

このコードは、冗長で、非効率的で、しかもエラーの原因となりやすい（§13.3）ものだ。特に、deleteを行う前に、returnの実行や例外送出が行われると、（何らかのコードを追加しない限り）リークを起こす。このような場合は、局所変数を利用するべきだ：

```
void f2()
{
   X x;
   // ... xを利用 ...
}
```

局所変数のxは、f2の終了時に暗黙裏に破棄される。

11.2.3 メモリ領域の割当て

空き領域を処理する演算子であるnew、delete、new[]、delete[]は、ヘッダ<new>が定義する、以下の関数を用いて実装されている：

```
void* operator new(size_t);          // 単一のオブジェクト用の領域を確保
void operator delete(void* p);       // pが空ポインタでなければnew()で確保した領域を解放

void* operator new[](size_t);        // 配列用の領域を確保
void operator delete[](void* p);     // pが空ポインタでなければnew[]()で確保した領域を解放
```

newが単一オブジェクト用にメモリ領域を確保する際は、内部で呼び出されたoperator new()が必要バイト数を計算してメモリを確保する。同様に、newが配列用にメモリ領域を確保する際は、内部でoperator new[]()が呼び出される。

標準のoperator new()とoperator new[]()は、確保したメモリの初期化は行わない。

メモリの確保と解放が取り扱うのは、型付きのオブジェクトとは対照的な、型無しのものであって、しかも、初期化されないメモリ（"生メモリ"と呼ばれる）だ。そのため、これらの関数の引数や返却値の型は、void*となっている。new演算子とdelete演算子は、型無しのメモリ層と、型付きのオブジェクト層とのあいだのマッピングを処理するのである。

必要な大きさのメモリ領域をnewが得られない場合は、どうなるだろう？　デフォルトでは、標準ライブラリのbad_alloc例外が送出される（他の方法については§11.2.4.1を参照）。たとえば：

```
void f()
{
    vector<char*>v;
    try {
        for (;;) {
            char* p = new char[10000];  // メモリを獲得
            v.push_back(p);             // 新しいメモリが参照されていると仮定
            p[0] = 'x';                 // 新しいメモリを利用
        }
    }
    catch(bad_alloc) {
        cerr << "Memory exhausted!\n";
    }
}
```

どれだけ多くのメモリがあっても、最終的にはbad_allocハンドラが実行される。ここで注意してほしいのは、物理メモリを使い果たすと、new演算子が例外を送出する保証がない、ということだ。そのため、仮想メモリをもったシステムで実行すると、例外が送出されるまでに、長時間かけて大量のディスク領域を消費することもあり得る。

メモリ不足時のnewの振舞いは、**newハンドラ**（*new handler*）を定義することによって指定できる。newハンドラは、確保のためにoperator new()用のメモリを探すか、例外を送出するか、プログラムを終了するかのいずれかを行わなければならない。§iso17.6.4.7を参照しよう。

なお、<new>が定義するoperator new()を始めとする一連の関数は、特定のクラス用にユーザが定義することもできる（§19.2.5）。定義されたoperator new()を始めとする一連のクラスメンバは、通常のスコープ規則にしたがって、<new>が定義するものよりも優先的に利用される。

11.2.4 newの多重定義

new演算子は、デフォルトでは空き領域にオブジェクトを作成する。他の場所のメモリに割り当てたい場合はどうすればよいだろう？　次の単純なクラスを例に考えてみよう：

```
class X {
public:
    X(int);
    // ...
};
```

引数を追加したアロケータ関数を提供して、追加した引数を与えてnewを実行すると、任意のメモリにオブジェクトを割り当てられる（§11.2.3）。

```
void* operator new(size_t, void* p) { return p; }   // 明示的な配置演算子

void* buf = reinterpret_cast<void*>(0xF00F); // 有効なアドレス
X* p2 = new(buf) X;                         // 単一のXをbuf上に置く
                                            // operator new(sizeof(X),buf)を起動
```

このような形式で利用することから、operator new()に対して追加の引数を与える構文であるnew(buf) Xは、**配置構文**（*placement syntax*）という。すべてのoperator new()の先頭引数は大きさであり、確保されたオブジェクトの大きさは暗黙裏に与えられることに注意しよう（§19.2.5）。new演算子が利用するoperator new()は、通常の引数照合規則（§12.3）に基づいて選択される。なお、すべてのoperator new()の先頭引数の型はsize_tだ。

“配置”operator new()は、もっとも単純なアロケータであり、標準ヘッダ<new>で定義される。

```
void* operator new  (size_t sz, void* p) noexcept; // 大きさszのオブジェクトをp上に配置
void* operator new[](size_t sz, void* p) noexcept; // 大きさszのオブジェクトをp上に配置

void operator delete  (void* p, void*) noexcept;  // pが空ポインタでなければ*pを無効にする
void operator delete[](void* p, void*) noexcept;  // pが空ポインタでなければ*pを無効にする
```

“配置delete”演算子は、何も行わない。ただし、deleteするポインタが、もはや安全にたどることはできない旨をガーベジコレクタに通知する可能性はある（§34.5）。

配置newは、特定の領域からメモリを確保するときにも利用可能だ：

```
class Arena {
public:
   virtual void* alloc(size_t) =0;
   virtual void free(void*) =0;
   // ...
};

void* operator new(size_t sz, Arena* a)
{
   return a->alloc(sz);
}
```

この例を用いると、必要に応じて、いろいろなArenaから、任意の型のオブジェクトが確保できるようになる：

```
extern Arena* Persistent;
extern Arena* Shared;

void g(int i)
{
   X* p = new(Persistent) X(i);   // Xは永続的なストレージに置かれる
   X* q = new(Shared) X(i);       // Xは共有メモリに置かれる
   // ...
}
```

標準の空き領域管理マネージャが（直接）管理していない、特定のメモリ領域に配置するように指定されたオブジェクトは、解体の際に特別な注意が必要だ。そのような場合の、基本的なメカニ

ズムは、デストラクタの明示的な呼出しとなる：

```
void destroy(X* p, Arena* a)
{
    p->~X();         // デストラクタを呼び出す
    a->free(p);      // メモリを解放
}
```

資源管理クラスの実装の内部以外の場所では、デストラクタの明示的な呼出しは避けるべきだ。たとえ、大半の資源ハンドルが new と delete とで実装できるとしても、そうである。ところが、デストラクタを明示的に呼び出さなければ、標準ライブラリの vector のような、汎用的で効率的なコンテナの実装は困難だろう（§4.4.1，§31.3.3）。初心者は、デストラクタを明示的に呼び出す前に、2回も3回も考え直すべきである。そして、周囲の熟練者に尋ねるべきだ。

配置 new と例外処理を協調させる例については、§13.6.1 を参照しよう。

配列に対しては、配置のための特別な構文は存在しない。配置 new で任意の型が確保できるから、不要なのだ。一方で、配列に対する operator delete[]() は、定義可能である (§11.2.3)。

11.2.4.1 nothrow new

例外発生を避ける必要があるプログラムでは（§13.1.5）、nothrow 版の new と delete が利用できる。たとえば：

```
void f(int n)
{
    int* p = new(nothrow) int[n];    // n個のintを空き領域に確保
    if (p==nullptr) {                // メモリ不足
        // ... 確保エラーをハンドル ...
    }
    // ...
    operator delete(p,nothrow);     // *pを解放
}
```

nothrow は、標準ライブラリ nothrow_t 型のオブジェクトの名前だ。型名とオブジェクト名は区別しやすい名前が与えられている。nothrow と nothrow_t は <new> で宣言されている。

各関数は、<new> で次のように定義されている。

```
void* operator new(size_t sz, const nothrow_t&) noexcept;      // szバイトを確保
                                                               // 失敗時はnullptrを返却

void operator delete(void* p, const nothrow_t&) noexcept;      // newで確保した領域を解放

void* operator new[](size_t sz, const nothrow_t&) noexcept;    // szバイトを確保
                                                               // 失敗時はnullptrを返却

void operator delete[](void* p, const nothrow_t&) noexcept;    // newで確保した領域を解放
```

これらの operator new 関数は、メモリ不足の場合、bad_alloc 例外を送出せずに、nullptr を返却する。

11.3 並び

{} 構文は、名前付き変数を初期化する（§6.3.5.2）だけでなく、（すべてではないものの）多

くの箇所で式として利用できる。その構文は、以下の2種類だ：

[1] `T{...}`：型で修飾された形式。“T型のオブジェクトを作成して`T{...}`で初期化する”ことを意味する。§11.3.2。

[2] `{...}`：型で修飾されていない形式。利用している文脈に基づいて型を決定できる必要がある。§11.3.3。

たとえば：

```
struct S { int a, b; };
struct SS { double a, b; };

void f(S);          // f()は1個のSを受け取る

void g(S);
void g(SS);         // g()が多重定義されている

void h()
{
   f({1,2});        // ＯＫ：f(S{1,2})を呼び出す

   g({1,2});        // エラー：曖昧
   g(S{1,2});       // ＯＫ：g(S)を呼び出す
   g(SS{1,2});      // ＯＫ：g(SS)を呼び出す
}
```

名前付きの変数を初期化する並び(§6.3.5)には、ゼロ個以上の要素を記述できる。`{}`並びは、型と同じ型のオブジェクトを作成する際に利用するものなので、要素の個数と型は、オブジェクトの構築に必要なものと一致する必要がある。

11.3.1 実装モデル

`{}`並びの実装モデルは、3個の部分で構成される：

- コンストラクタの引数として`{}`並びを用いる場合、`()`並びとまったく同じように実装される。並びの要素は、値渡しのコンストラクタ引数以外は、コピーされない。
- （コンストラクタをもたない配列やクラスなどの）集成体の要素を初期化する`{}`並びでは、並び内の各要素が、集成体の各要素を初期化する。並びの要素は、値渡しの集成体要素のコンストラクタの引数以外は、コピーされない。
- `initializer_list`オブジェクトを構築する`{}`並びでは、並びの各要素が、`initializer_list`に記述された**根底配列**（*underlying array*）の各要素を初期化する。並びの要素は、`initializer_list`から利用されている分だけコピーされる。

ここに示したのは、`{}`並びのセマンティクスを理解するための一般モデルにすぎないことに注意しよう。意味が変化しない範囲で、コンパイラが最適化を施す可能性がある。

次の例を考えてみよう：

```
vector<double> v = {1, 2, 3.14};
```

標準ライブラリの`vector`は、初期化子並びを受け取るコンストラクタをもっている（§17.3.4）

ので、初期化子並び {1,2,3.14} は、以下のように、一時オブジェクトを構築して利用するものと解釈される：

```
const double temp[] = {double{1}, double{2}, 3.14 } ;
const initializer_list<double> tmp(temp,sizeof(temp)/sizeof(double));
vector<double> v(tmp);
```

すなわち、コンパイラは、目的の型（この場合は double）へと変換した初期化子を要素としてもつ配列を構築する。その配列は、initializer_list の形となって、vector の初期化子並びを受け取るコンストラクタに渡される。コンストラクタは、受け取った配列から、自身がもっているデータへと要素をコピーする。initializer_list は小規模なオブジェクト（おおむね2ワード程度）なので、値渡しが理にかなっていることに注意しよう。

根底配列は不変なので、（標準の規則としては）{} 並びの意味が、複数の呼出しのあいだで変化することはない。以下の例を考えよう：

```
void f()
{
    initializer_list<int> lst {1,2,3};
    cout << *lst.begin() << '\n';
    *lst.begin() = 2;              // エラー：lstは不変
    cout << *lst.begin() << '\n';
}
```

{} 並びの値が不変であるため、要素を受け取るコンテナは、ムーブ演算ではなくコピー演算を適用せざるを得ない。

{} 並び（とその根底配列）の生存期間は、その利用が行われているスコープによって決定される（§6.4.2）。initializer_list<T> 型の変数を初期化する場合は、変数の生存期間と同一である。式（vector<T> などのような他の型の変数の初期化子を含む）の中で使われた {} 並びは、完全式の終了時点で解体される。

11.3.2 修飾並び

式としての初期化子並びの基本的なアイディアは、変数 x が、

```
T x {v};
```

の形式で初期化できるのであれば、T{v} あるいは new T{v} を使った式と同じ値をもつオブジェクトを作れるようにする、というものだ。new を用いると、オブジェクトが空き領域に置かれ、そのポインタが得られる。一方、“単なる T{v}”は、局所スコープに一時オブジェクトを作成する（§6.4.2）。たとえば：

```
struct S { int a, b; };

void f()
{
    S v {7,8};            // 変数の直接初期化
    v = S{7,8};           // 修飾並びによる代入
    S* p = new S{7,8};    // 修飾並びを用いて空き領域上に構築
}
```

修飾並びによるオブジェクト構築の規則は、直接初期化の規則と同じだ（§16.2.6）。

要素が1個だけの修飾初期化子並びは、ある型から別の型への型変換ともみなせる。たとえば：

```
template<typename T>
T square(T x)
{
   return x*x;
}

void f(int i)
{
   double d = square(double{i});
   complex<double> z = square(complex<double>{i});
}
```

この考え方については、§11.5.1で詳しく解説する。

11.3.3 非修飾並び

目的とする型が、はっきりと分かっている場合は、非修飾並びを利用する。非修飾並びは、次にあげる式としてのみ利用できる：

- 関数の引数
- 返却値
- 代入の右辺オペランド（=、+=、*=など）
- 添字

たとえば：

```
int f(double d, Matrix& m)
{
   int v {7};            // 初期化子（直接初期化）
   int v2 = {7};         // 初期化子（コピー初期化）
   int v3 = m[{2,3}];    // mは添字として値のペアを受け取ると仮定

   v = {8};              // 代入の右オペランド
   v += {88};            // 代入の右オペランド
   {v} = 9;              // エラー：代入の左オペランドは不可
   v = 7+{10};           // エラー：非代入のオペランドは不可
   f({10.0},m);          // 関数に与える実引数
   return {11};          // 返却値
}
```

非修飾並びは、代入の左辺には記述できない。C++の文法では、基本的に、その位置に記述されている{は、複合文（ブロック）を意味するからだ。人間にとっては可読性が問題になるし、コンパイラにとっては曖昧さの解決のためにトリッキーさが要求されることになる。これは克服できない問題点であり、C++は、この方向への拡張は行われないことが決定されている。

名前付きオブジェクトに対する初期化子が=を伴わない場合（ここでのv）、非修飾の{}並びは、直接初期化を行う（§16.2.6）。それ以外のすべての場合は、コピー初期化が行われる（§16.2.6）。特に、それ以外の場合の初期化子における冗長な=は、{}並びによる初期化を制限する。

標準ライブラリの`initializer_list<T>`型は、要素が可変個の{}並び文を処理するものだ（§12.2.3）。もっとも分かりやすい用途は、ユーザ定義コンテナの初期化子並び（§3.2.1.3）

である。しかし、直接利用することも可能だ。たとえば：

```
int high_value(initializer_list<int> val)
{
    int high = numeric_traits<int>::lowest();
    if (val.size()==0) return high;

    for (auto x : val)
        if (x>high) high = x;

    return high;
}

int v1 = high_value({1,2,3,4,5,6,7});
int v2 = high_value({-1,2,v1,4,-9,20,v1});
```

{} 並びは、同一要素型の可変個の並びを処理するための、もっとも単純な方法だ。ただし、要素数がゼロの並びは特別であることに注意しなければならない。そのような場合は、デフォルトコンストラクタ（§17.3.3）が実行されるべきだからだ。

{} 並びの型は、全要素の型が同一の場合（にのみ）導出できる。たとえば：

```
auto x0 = {};        // エラー（要素型がない）
auto x1 = {1};       // initializer_list<int>
auto x2 = {1,2};     // initializer_list<int>
auto x3 = {1,2,3};   // initializer_list<int>
auto x4 = {1,2.0};   // エラー：異種の並び
```

残念ながら、単なるテンプレート引数に対して非修飾並びを与えた場合は、型を導出できない。たとえば：

```
template<typename T>
void f(T);

f({});          // エラー：初期化子の型が不明
f({1});         // エラー：非修飾並びは"単なるT"と一致しない
f({1,2});       // エラー：非修飾並びは"単なるT"と一致しない
f({1,2,3});     // エラー：非修飾並びは"単なるT"と一致しない
```

“残念ながら”とことわったのは、基本的な規則ではなくて、言語としての制限によるからだ。技術的には、auto に対する初期化子と同様に、この例の {} 構文を、initializer_list<int> と導出することは、技術的には可能だったと考えている。

同様に、テンプレートとして実現されているコンテナの要素の型も導出しない。たとえば：

```
template<typename T>
void f2(const vector<T>&);

f2({1,2,3});                 // エラー：Tを導出できない
f2({"Kona","Sidney"});       // エラー：Tを導出できない
```

これら二つの点は、残念なことである。しかし、言語の技術的な観点から見ればまだ納得がいく。ここに示した例では、vector であることを、どこにも記述していない。T と導出するためには、コンパイラはまず、ユーザが本当に vector を使おうとしていることを判断しなければならない。それから、vector の定義を調べて、コンストラクタが {1,2,3} を受け入れるかどうかも調べなければならない。

そうすると、vectorの具現化が必要となってくる（§26.2）。可能であるとはいえ、コンパイル時のコストが高くなる。仮に複数のf2()が多重定義されていれば、曖昧さと混乱が増えて危険だ。f2()を呼び出すには、以下のように具体的に記述すべきだ：

```
f2(vector<int>{1,2,3});                 // OK
f2(vector<string>{"Kona","Sidney"});    // OK
```

11.4 ラムダ式

ラムダ式（*lambda expression*）は、**ラムダ関数**（*lambda function*）あるいは（厳密には誤りではあるものの、通称として）**ラムダ**（*lambda*）と呼ばれ、匿名の関数オブジェクトを定義して利用するための簡略記法である。名前付きのクラスにoperator()を定義して、そのクラスオブジェクトを作成して、その関数を実行する、という一連の手順が、1回で行える。アルゴリズムの引数として、処理を与える場合には、特に有用だ。グラフィカルユーザインタフェース（や、その他のシステムで）は、このような処理は、**コールバック**（*callback*）と呼ばれている。本節では、ラムダ式の技術的側面に焦点を当てる。そして、利用例や、そのための技法については、別途解説する（§3.4.3，32.4，33.5.2）。

ラムダ式は、次にあげる部品が順に並んだものだ：

- **キャプチャ並び**（*capture list*）（空の場合もある）：定義する環境中の名前のうち、ラムダ式の本体で利用するものと、その名前をコピーして利用するのか参照として利用するのかを指定する。キャプチャ並びは[]で囲む（§11.4.3）。
- **仮引数並び**（*parameter list*）（省略可能）：ラムダ式が必要とする引数を指定する。引数並びは()で囲む（§11.4.4）。
- mutable指定子（省略可能）：ラムダ式の本体が自身の状態を変更できる（たとえば、値でキャプチャした変数のコピーを書きかえる）ことを指定する（§11.4.3.4）。
- noexcept指定子（省略可能）。
- -> **型**の形式による返却型の宣言（省略可能：§11.4.4）。
- **本体**（*body*）：実行するコードを記述する。本体は{}で囲む（§11.4.3）。

引数の渡し方、返却値の返し方、本体の記述は、関数の場合と同じであり、その詳細は第12章で解説する。局所変数の“キャプチャ”構文は、関数には存在しない。このことは、通常の関数は局所関数として動作不可能だが、ラムダ式は可能であることを意味する。

11.4.1 実装モデル

ラムダ式は、いろいろな方法で実装可能であって、より効率的になるように最適化する方法も、一つだけではない。しかし、私は、ラムダ式のセマンティクスを、関数オブジェクトを定義、利用する簡略法とみなせば理解しやすくなると考えている。比較的単純な例を考えてみよう：

```
void print_modulo(const vector<int>& v, ostream& os, int m)
   // v[i]%m==0であればv[i]をosに出力
{
   for_each(begin(v),end(v),
      [&os,m](int x) { if (x%m==0) os << x << '\n'; }
   );
}
```

この例を理解する第一歩として、等価な関数オブジェクトを定義してみよう：

```
class Modulo_print {
   ostream& os; // キャプチャ並びを保持するメンバ
   int m;
public:
   Modulo_print(ostream& s, int mm) :os(s), m(mm) {}  // キャプチャ
   void operator()(int x) const
      { if (x%m==0) os << x << '\n'; }
};
```

キャプチャ並び [&os,m] は、2個のメンバ変数と、それを初期化するコンストラクタになっている。直前に & が付いた os は参照として利用されることになり、& が付かない m はコピーが利用されることになる。この & の有無は、そのまま関数の引数に反映される。

ラムダ式の本体は、operator()() の本体になっている。このラムダ式は値を返さないので、operator()() は void となる。operator()() はデフォルトで const なので、ラムダ式本体がキャプチャした変数を書きかえることはない。ここまではもっとも一般的なケースだ。ラムダ式の状態を変更する必要があれば、ラムダ式の宣言に mutable を加えることになる（§11.4.3.4）。その場合の operator()() の宣言は、const は付加しないものとなる。

ラムダ式によって生成されるクラスオブジェクトは、**クロージャオブジェクト**（*closure object*）（あるいは単に**クロージャ**（*closure*））と呼ばれる。さて、オリジナルの関数の定義は、以下のようなものとなる：

```
void print_modulo(const vector<int>& v, ostream& os, int m)
   // v[i]%m==0であればv[i]をosに出力
{
   for_each(begin(v),end(v),Modulo_print{os,m});
}
```

ラムダ式が（キャプチャ並び [&] によって）全局所変数を参照としてキャプチャする可能性がある場合は、それを囲んでいるスタックフレームを指すポインタを含むだけのものとして、クロージャオブジェクトを最適化できる。

11.4.2 ラムダ式への変形

print_modulo() の最終版は、実際に魅力的であるし、ある程度の規模の処理に名前を与えることはよいアイディアだ。クラスを別途定義しているため、引数並びに埋め込まれるラムダ式よりも、コメントを記述する余裕も生まれる。

しかし、ラムダ式のほとんどは、小さくて1回だけしか利用されないものだ。そのような場合、（1回限りの）利用の直前に、局所的なクラスを定義することが、現実的となる。たとえば：

```
void print_modulo(const vector<int>& v, ostream& os, int m)
   // v[i]%m==0であればv[i]をosに出力
{
   class Modulo_print {
      ostream& os; // キャプチャ並びを保持するメンバ
      int m;
   public:
      Modulo_print (ostream& s, int mm) :os(s), m(mm) {} // キャプチャ
      void operator()(int x) const
         { if (x%m==0) os << x << '\n'; }
   };

   for_each(begin(v),end(v),Modulo_print{os,m});
}
```

この例と比較すると、ラムダ式のほうが、明らかに優れている。どうしても名前が必要であれば、ラムダ式にも名前は与えられる：

```
void print_modulo(const vector<int>& v, ostream& os, int m)
   // v[i]%m==0であればv[i]をosに出力
{
   auto Modulo_print = [&os,m] (int x) { if (x%m==0) os << x << '\n'; };

   for_each(begin(v),end(v),Modulo_print);
}
```

ラムダ式に名前を与えるのは、多くの場合、よいアイディアだ。名前を与えることで、処理内容の設計が注意深くなる。また、コードレイアウトが簡潔になるし、再帰もできるようになる（§11.4.5）。

ラムダ式を用いた`for_each()`は、`for`ループでも実現できる。次の例を考えよう：

```
void print_modulo(const vector<int>& v, ostream& os, int m)
   // v[i]%m==0であればv[i]をosに出力
{
   for (auto x : v)
      if (x%m==0)
         os << x << '\n';
}
```

これが、ラムダ式を利用したものよりもクリアと考える読者も多いだろう。しかし、`for_each`は、やや特殊なアルゴリズムであるし、`vector<int>`は極めて特化されたコンテナである。`print_modulo()`を一般化して、多くのコンテナに対応させる例を考えてみよう：

```
template<typename C, typename Fct>
void print_modulo(const C& v, ostream& os, int m, Fct f)
   // f(v[i])%m==0であればv[i]をosに出力
{
   for (auto x : v)
      if (f(x)%m==0)
         os << x << '\n';
}
```

これは、`vector`だけでなく、`map`でも期待どおりに動作する：

```
void test(vector<int>& v,map<string,int>& m)
{
   print_modulo(v,cout,99,[](int x){ return x; });
   print_modulo(m,cout,77,[](const pair<const string,int>& x){ return x.second; });
}
```

ここでラムダ式を使っているのは、mapの値の型がpairであること（§31.4.3.1）に対処するためだ。

C++の範囲for文は、シーケンスの先頭から末尾までを走査する場合に特化したものである。STLのコンテナでは、このような走査を、汎用的かつ容易に行える。しかし、任意のデータ構造に対して走査を行う関数は、適切な順序で対象とする各要素に対して関数を呼び出すことによって定義できる。たとえば：

```
depth_first(c,[&os,m](int x) { if (x%m==0) os << x << '\n'; }); // for_each（§32.4.1）と同様
breadth_first(c,[&os,m](int x) { if (x%m==0) os << x << '\n'; });
every_second_element(c,[&os,m](int x) { if (x%m==0) os << x << '\n'; });
```

このように、ラムダ式は、アルゴリズムとして表現された、ループ／走査処理を一般化するための“本体”として利用できる。

走査アルゴリズムの引数となっているラムダ式の性能は、等価なループと（ほとんどの場合、まったく）同等である。処理系やプラットフォームとは無関係に、そうなっていることを私は確認している。最終的に、“アルゴリズム＋ラムダ式”と“本体をもつfor文”のどちらを選択するかの基準は、文体上の点と、将来予想される拡張性および保守性とに依存することになる。

11.4.3 キャプチャ

ラムダ式の主要な用途は、引数として渡すコードの指定だ。ラムダ式のおかげで、関数（あるいは関数オブジェクト）に名前を与える必要もなく、しかもその関数を別の場所で利用することもなく、“インライン”に処理できることになる。局所環境へのアクセスが不要なラムダ式がある。そのようなラムダ式の定義は、空のラムダ導入子[]で始める。たとえば：

```
void algo(vector<int>& v)
{
    sort(v.begin(),v.end());  // 値をソート
    // ...
    sort(v.begin(),v.end(),[](int x, int y) { return abs(x)<abs(y); }); // 絶対値をソート
    // ...
}
```

局所的な名前へのアクセスが必要であれば、明示的な記述が必要であり、記述しなければエラーとなる：

```
void f(vector<int>& v)
{
    bool sensitive = true;
    // ...
    sort(v.begin(),v.end(),          // エラー：sensitiveにアクセスできない
        [](int x, int y) { return sensitive ? x<y : abs(x)<abs(y); }
    );
}
```

ここで利用している[]は、**ラムダ導入子**（*lambda introducer*）である。これは、もっとも単純なラムダ導入子であり、ラムダ式から呼出し側の環境にある名前への参照を禁止する。ラムダ式は必ず[で始まる。ラムダ導入子の形式には、いろいろな種類がある：

- [] : 空のキャプチャ並び。ラムダ式の本体では、それを囲む文脈の局所名を利用できない。この場合のラムダ式は、データを、引数あるいは非局所変数から得ることになる。
- [&] : 参照としての暗黙のキャプチャ。すべての局所名が利用できる。すべての局所変数は参照として利用できる。
- [=] : 値としての暗黙のキャプチャ。すべての局所名が利用できる。局所変数のコピーを参照するすべての名前は、ラムダ式が呼び出された時点の値となる。
- [**キャプチャ並び**] : 明示的なキャプチャ。**キャプチャ並び**（*capture-list*）は、参照あるいは値としてキャプチャする（たとえば、オブジェクト内に保持される）局所変数名の並びである。名前の前に & が付いた変数は参照によってキャプチャし、付かない変数は値としてキャプチャする。キャプチャ並びには this が記述できる。また、名前の後に ... を付けることも可能だ。
- [&, **キャプチャ並び**] : 並びに記述していないすべての局所変数を暗黙裏に参照としてキャプチャする。キャプチャ並びには this が記述できる。名前を記述する場合、名前の前に & を付けてはならない。キャプチャ並びに記述した変数は、値としてキャプチャされる。
- [=, **キャプチャ並び**] : 並びに記述していないすべての局所変数を暗黙裏に値としてキャプチャする。キャプチャ並びには this が記述できない。名前を記述する場合、名前の前に必ず & を付ける。キャプチャ並びに記述した変数は、参照としてキャプチャされる。

名前の前に & が付いた局所名は、必ず参照としてキャプチャされて、付かない局所名は、必ず値としてキャプチャされる。参照としてキャプチャしたものだけが、呼出し側の環境にある変数を変更できる。

キャプチャ並び（*capture-list*）は、呼出し側の環境にある、どの名前をどのように利用するのかを細かく制御する。たとえば：

```
void f(vector<int>& v)
{
   bool sensitive = true;
   // ...
   sort(v.begin(),v.end(),
        [sensitive](int x, int y) { return sensitive ? x<y : abs(x)<abs(y); }
   );
}
```

ここでは、sensitive がキャプチャ並びに記述されているので、ラムダ式から利用できるようになる。また、他の変数をキャプチャ並びに記述しないので、sensitive は“値として”キャプチャされる。関数に引数を渡す場合と同様に、デフォルトは値渡しである。sensitive を“参照として”キャプチャする場合は、[&sensitive] のように、キャプチャ並び内の sensitive の前に & を付加する。

値によるキャプチャと参照によるキャプチャのどちらを利用するかの判断は、基本的に関数の引数の場合と同じだ（§12.2）。キャプチャしたオブジェクトに書込みを行う場合や、大規模オブジェクトの場合は、参照を選択する。しかし、ラムダ式の場合は、呼出し側とは独立に存在する可能性の考慮が必要だ（§11.4.3.1）。ラムダ式を他のスレッドに渡す場合は、通常は値によるキャプチャ（[=]）が基本的にベストだ。他のスレッドのスタックを参照やポインタを通じてアクセスすることは、

（性能面と正確性で）極めてひどい破壊行為となり得る。実行が終了したスレッドのスタックにアクセスしようとすると、発見が極めて困難なエラーにつながる。

可変個引数テンプレート（§28.6）の引数のキャプチャでは ... を利用する。たとえば：

```
template<typename... Var>
void algo(int s, Var... v)
{
    auto helper = [&s,&v...] { return s*(h1(v...)+h2(v...)); };
    // ...
}
```

キャプチャについては考えすぎないように、注意しよう。キャプチャするか引数として受け渡しするかの選択で悩むこともある。キャプチャのほうがタイプ量が少なくすむのが普通だが、混乱を招く可能性が大いにあるのも事実である。

11.4.3.1 ラムダ式と生存期間

ラムダ式は、呼出し側よりも長く存在し続ける場合がある。そうなるのは、他のスレッドにラムダ式を渡した場合や、事後の利用のためにラムダ式を保持する場合などだ。たとえば：

```
void setup(Menu& m)
{
    // ...
    Point p1, p2, p3;
    // ... p1とp2とp3の位置を計算 ...
    m.add("draw triangle",[&]{ m.draw(p1,p2,p3); });  // おそらく災害
    // ...
}
```

ここで、`add()` が、（名前 , アクション）のペアを `Menu` に追加するとしよう。`draw()` は期待どおり動作するかもしれないが、ここで時限爆弾を抱えてしまう。`setup()` は処理を終え、その後、たとえば数分後に、`draw triangle` のボタンをユーザがクリックすると、ラムダ式は、はるか昔に消え去った局所変数へのアクセスを試みる。もし、ラムダ式が参照としてキャプチャされた変数を変更するものであれば、事態はもっと悪くなる。

ラムダ式が呼出し側よりも長く存在し続ける場合は、すべての局所情報（があれば、それ）をクロージャオブジェクトの中にコピーしておき、`return` のメカニズム（§12.1.4）あるいは適切な引数によって値を返すようにしなければならない。ここに示す `setup()` では容易に実現できる；

```
m.add("draw triangle",[=]{ m.draw(p1,p2,p3); });
```

ここでのクロージャオブジェクトの初期化子並びに記述したキャプチャ並びと、`[=]` と `[&]` は簡略記法だ（§11.4.1）。

11.4.3.2 名前空間内の名前

名前空間にある変数は（広域変数も含めて）、“キャプチャ”の必要がない。というのも、常に（スコープの中にあるものとして）アクセス可能だからだ。たとえば：

```
template<typename U, typename V>
ostream& operator<<(ostream& os, const pair<U,V>& p)
{
   return os << '{' << p.first << ',' << p.second << '}';
}

void print_all(const map<string,int>& m, const string& label)
{
   cout << label << ":\n{\n";
   for_each(m.begin(),m.end(),
      [](const pair<string,int>& p) { cout << p << '\n'; }
   );
   cout << "}\n";
}
```

ここで、coutやpairの出力演算子をキャプチャする必要はない。

11.4.3.3 ラムダ式とthis

クラスオブジェクトのメンバ関数のラムダ式から、クラスメンバをアクセスするにはどうすればよいだろうか？　キャプチャ並びにthisを追加することで、クラスメンバは潜在的にキャプチャされる。この手法は、ラムダ式を利用するメンバ関数の実装で実際に利用される。何らかの要求を作り上げて、結果を受け取るクラスを例に考えてみよう：

```
class Request {
   function<map<string,string>(const map<string,string>&)> oper;   // 走査
   map<string,string> values;              // 引数
   map<string,string> results;             // ターゲット
public:
   Request(const string& s);               // 要求を分析して保存

   future<void>execute()                   // 非同期に実行（§5.3.5, §42.4.6）
   {
      // valuesに対してoperを実行して結果を生成：
      return async([this](){ results=oper(values); });
   }
};
```

この例では、メンバは必ず参照としてキャプチャされる。すなわち、[this]によって、メンバへのアクセスはthisを経由して行われるようになって、ラムダ式へのコピーは行われなくなる。残念ながら、[this]と[=]は共存できない。このことは、マルチスレッドプログラムで不用意に利用すると、データ競合につながるということだ（§42.4.6）。

11.4.3.4 mutableなラムダ式

通常は、関数オブジェクト（クロージャオブジェクト）の状態を変更する必要はない。そのため、デフォルトでは禁止されている。すなわち、生成された関数オブジェクトのoperator()()（§11.4.1）は、constメンバ関数となる。滅多にないことだが、状態を変更する場合は（参照としてキャプチャした変数の状態を変更するのとは異なる：§11.4.3）、ラムダ式をmutableと宣言する。たとえば：

```
void algo(vector<int>& v)
{
   int count = v.size();
```

```
    std::generate(v.begin(),v.end(),
        [count]()mutable{ return --count; }
    );
}
```

--count は、クロージャで保持されているvの大きさのコピーをデクリメントする。

11.4.4 呼出しとリターン

ラムダ式に引数を与える際の規則は、関数の場合（§12.2）と同じだ。結果の返却（§12.1.4）に関する規則も同様である。キャプチャに対する例外はあるものの（§11.4.3）、ラムダ式に関する規則の多くは、関数の規則とクラスの規則から受け継いだものだ。しかし、そうでない点もあり、次の点には、要注意だ：

[1] ラムダ式が引数をまったく受け取らないのであれば、引数並びは省略できる。すなわち、最小のラムダ式は、[]{} となる。

[2] ラムダ式の返却型は、その本体から導出できる。残念ながら、関数ではそうではない。

ラムダ式本体がreturn文をもっていなければ、その返却型はvoidである。return文が1個だけの場合は、returnする式の型がラムダ式の返却型となる。いずれでもない場合は、返却型を明示的に指定しなければならない。たとえば：

```
void g(double y)
{
    auto z0 = [&]{ f(y); };                              // 返却型はvoid
    auto z1 = [=](int x){ return x+y; };                 // 返却型はdouble
    auto z2 = [y]{ if (y) return 1; else return 2; };    // エラー：返却型を導出する
                                                         //       には本体が複雑すぎる
    auto z3 = [y]() { return (y) ? 1 : 2; };             // 返却型はint
    auto z4 = [y]()->int { if (y) return 1; else return 2; }; // ＯＫ：明示的な返却型
}
```

返却型を後置構文で記述する場合は、引数並びは省略できない。

11.4.5 ラムダ式の型

ラムダ式の最適化版を作れるようにするために、ラムダ式の型は定義されない。この型は、**クロージャ型**（*closure type*）と呼ばれる。ラムダ式特有の型となるため、同じ型をもつラムダ式が複数存在することはない。仮に二つのラムダ式が同じ型となれば、テンプレートを具現化するメカニズムが混乱することになる。§11.4.1で解説した方式では、関数オブジェクトの型と同じになるように定義される。ラムダ式は、コンストラクタとconstなメンバ関数operator()()をもつ、局所クラス型である。引数として利用するだけでなく、autoによって宣言する変数の初期化でも利用できる。また、ラムダ式の返却型がRで、型の引数並びがALであれば、std::function<R(AL)>と宣言される変数の初期化でも利用できる（§33.5.3）。

C言語スタイルの文字列内の文字の並びを反転するラムダ式の例を考えてみよう：

```
auto rev = [&rev](char* b, char* e)
            { if (1<e-b) { swap(*b,*--e); rev(++b,e); } };    // エラー
```

これがエラーとなるのは、autoの変数が、その型の導出が終わるまで利用できないからだ。

新しく名前を導入して、それを用いるように変更してみよう：

```
void f(string& s1, string& s2)
{
   function<void(char* b, char* e)> rev =
      [](char* b, char* e) { if (1<e-b) { swap(*b,*--e); rev(++b,e); } };

   rev(&s1[0],&s1[0]+s1.size());
   rev(&s2[0],&s2[0]+s2.size());
}
```

ここでは、revの型が利用前に指定されている。

ラムダ式に名前を与えるだけであって、再帰的な利用の必要がなければ、autoによって簡潔に記述できる：

```
void g(string& s1, string& s2)
{
   auto rev = [](char* b, char* e) { while (1<e-b) swap(*b++,*--e); };

   rev(&s1[0],&s1[0]+s1.size());
   rev(&s2[0],&s2[0]+s2.size());
}
```

何もキャプチャしないラムダ式は、適切な型の関数へのポインタに代入できる。たとえば：

```
double (*p1)(double) = [](double a) { return sqrt(a); };
double (*p2)(double) = [&](double a) { return sqrt(a); };  // エラー：ラムダがキャプチャ
double (*p3)(int) = [](double a) { return sqrt(a); };       // エラー：引数型があわない
```

11.5 明示的型変換

ある型の値を別の型の値へ変換しなければならないことがある。多くの（ほぼ間違いなく多すぎる）変換が、言語の規則に基づいて暗黙裏に行われる（§2.2.2, 10.5）。たとえば：

```
double d = 1234567890;    // 整数から浮動小数点数
int i = d;                // 浮動小数点数から整数
```

暗黙裏に変換されない場合は、明示的に行う必要がある。

歴史的経緯と論理的要求から、C++はさまざまな便利で安全な明示的型変換をもっている：

- {}構文による構築は、新しい値を型安全に構築する（§11.5.1）。
- 名前付きの変換は、程度の差はあるが、見苦しい変換を行う：
  - const_cast：constと宣言されたものに書き込めるようにする（§7.5）。
  - static_cast：的確に定義された暗黙の変換の逆の変換を行う（§11.5.2）。
  - reinterpret_cast：ビットパターンの意味を変えてしまう（§11.5.2）。
  - dynamic_cast：動的なクラス階層の移動をチェックする（§22.2.1）。
- C言語形式キャスト：名前付きの変換と同等の変換、あるいは、組み合わせた変換を行う（§11.5.3）。
- 関数形式：C言語形式キャストの別の形式である（§11.5.4）。

ここでは、安全性と私の好みを反映させた順序で示した。{} 構築の表記以外は、私はいずれも好きだとはいえないが、少なくとも dynamic_cast は実行時チェックに必要だ。数値型の二つのスカラ間での変換を行う際は、私は自作の明示的型変換関数 narrow_cast を用いることにしている。ただし、この変換関数では、値が縮小される可能性がある：

```
template<typename Target, typename Source>
Target narrow_cast(Source v)
{
   auto r = static_cast<Target>(v);    // 目的とする型に値を変換
   if (static_cast<Source>(r)!=v)
      throw runtime_error("narrow_cast<>() failed");
   return r;
}
```

すなわち、値を目的の型へと変換できる場合は、変換結果を元の型へと再変換し、結果を確認した上で値を返す。これは、{} 構文による初期化の際に言語が適用する規則（§6.3.5.2）を、そのまま一般化したものだ。たとえば：

```
void test(double d, int i, char* p)
{
   auto c1 = narrow_cast<char>(64);
   auto c2 = narrow_cast<char>(-64);        // charが符号無しであれば送出される
   auto c3 = narrow_cast<char>(264);        // charが8ビットで符号付きであれば送出される

   auto d1 = narrow_cast<double>(1/3.0F);  // OK
   auto f1 = narrow_cast<float>(1/3.0);    // おそらく送出される

   auto c4 = narrow_cast<char>(i);          // たぶん送出される
   auto f2 = narrow_cast<float>(d);         // たぶん送出される

   auto p1 = narrow_cast<char*>(i);         // コンパイル時エラー
   auto i1 = narrow_cast<int>(p);           // コンパイル時エラー

   auto d2 = narrow_cast<double>(i);        // たぶん送出される（必ずではない）
   auto i2 = narrow_cast<int>(d);           // たぶん送出される
}
```

浮動小数点数の利用状況にもよるが、浮動小数点数の変換では、!= よりも範囲比較のほうがふさわしいだろう。特殊化（§25.3.4.1）と型特性（§35.4.1）を利用すると容易に実現できる。

11.5.1 構築

値 e をもとに T 型の値を構築するのは、T{e} の形式で行える（§iso.8.5.4）。たとえば：

```
auto d1 = double{2};         // d1==2.0
double d2 {double{2}/4};    // d2==0.5
```

T{v} 形式の魅力の一つが、“的確な動作”の変換だけを実行することだ。たとえば：

```
void f(int);
void f(double);

void g(int i, double d)
{
   f(i);                          // f(int)を呼び出す
   f(double{i});                  // エラー：{}はintから浮動小数点には変換しない
```

```
    f(d);                              // f(double)を呼び出す
    f(int{d});                         // エラー：{}は切り捨てない
    f(static_cast<int>(d));            // 切り捨てられた値でf(int)を呼び出す

    f(round(d));                       // 丸められた値でf(double)を呼び出す
    f(static_cast<int>(lround(d)));    // 丸められた値でf(int)を呼び出す
                                       // lround(d)がintでオーバフローすれば切り捨てる
}
```

私は、浮動小数点数の切捨て（たとえば7.9から7への変換）が、“的確な動作”とは考えていない。そのような変換を行いたい場合は、明示的に行うのがよい方法だ。値を丸めたければ、“通常の四捨五入”を行う標準ライブラリ関数round()が利用できる。この関数は7.9を8に変換し、7.4を7に変換する。

{}構築がintからdoubleへの変換を認めないことに驚かれることがある。しかし、仮にintの大きさがdoubleと同じ大きさであれば（それほど珍しくない）、変換によって情報が失われることがある。次の例を考えてみよう：

```
static_assert(sizeof(int)==sizeof(double),"unexpected sizes");

int x = numeric_limits<int>::max(); // 整数の最大値
double d = x;
int y = d;
```

ここで、x==yとなることはない。ところが、doubleは、正確に表現可能な整数リテラルで初期化できる。たとえば：

```
double d { 1234 };        // よい
```

目的の型を明示的に修飾すると、不的確な変換を禁止する。たとえば：

```
void g2(char* p)
{
    int x = int{p};         // エラー：char*からintへの変換はない
    using Pint = int*;
    int* p2 = Pint{p};      // エラー：char*からint*への変換はない
    // ...
}
```

T{v}の場合、“理にかなった的確な変換”は、vからTへ“縮小しない”（§10.5）変換が可能であること、あるいは、Tが適切なコンストラクタをもっていること（§17.3）だ。

コンストラクタ表記であるT{}は、T型のデフォルト値を表すときに利用する。たとえば：

```
template<typename T> void f(const T&);

void g3()
{
    f(int{});                // デフォルトのint値
    f(complex<double>{});    // デフォルトのcomplex値
    // ...
}
```

組込み型に対して明示的なコンストラクタを適用したときの値は、0をその型へと変換したものとなる（§6.3.5）。そのため、この例でのint{}は、0の別の表現といえる。ユーザ定義型Tに対するT{}は、デフォルトコンストラクタ（§3.2.1.1，§17.6）があれば、それによって定義される。デフォルトコンストラクタが定義されていない場合、そのすべてのメンバ MT が、MT{} によってデフォルト構築される。

明示的に構築された名前無しオブジェクトは、一時オブジェクトであり、その生存期間は（参照にバインドされない限り）一時オブジェクトを利用する完全式と同一だ（§6.4.2）。この点は、new で作った名前無しオブジェクト（§11.2）とは異なる。

11.5.2 名前付きキャスト

型変換の中には、的確でなくてチェックが容易でないものがある。それは、的確に定義された一連の引数から単純に値を構築するのではない型変換だ。たとえば：

```
IO_device* d1 = reinterpret_cast<IO_device* >(0Xff00); // 0Xff00上のデバイス
```

コンパイラは、整数の 0Xff00 が（入出力デバイスのレジスタとして）有効なアドレスかどうかを確認できない。そのため、この変換の正当性は、完全にプログラマの手に委ねられる。一般に**キャスト**（*casting*）と呼ばれる、明示的な型変換が、場合によっては必要だ。しかし、従来から過度に利用されていて、エラーの大きな原因となっている。

明示的型変換が必要となるもう一つの古典的な例は、“生のメモリ”の取扱いである。すなわち、メモリが保持している、あるいは、これから保持することになるオブジェクトの型がコンパイラにとって不明の場合だ。たとえば、(operator new() などの：§11.2.3) アロケータは、新しく割り当てたメモリを指す void* を返す：

```
void* my_allocator(size_t);

void f()
{
    int* p = static_cast<int* >(my_allocator(100));    // intとして利用するための確保
    // ...
}
```

コンパイラは void* が指すオブジェクトの型を知らない。

名前付きキャストの背景となる基本的な考え方は、型変換を目につきやすくすること、また、プログラマがキャストの意図を表現できるようにすることである。

- static_cast：同一クラス階層内でのポインタ型から他の型へ、汎整数型から列挙体へ、浮動小数点数型から汎整数型へなど、関連性のある型間の変換である。コンストラクタによって定義された変換（§16.2.6, §18.3.3, §iso.5.2.9）と、変換演算子による変換（§18.4）も行う。
- reinterpret_cast：整数からポインタ、ポインタから無関係のポインタ型など、関連性をもたない型間の変換である（§iso.5.2.10）。
- const_cast：const 修飾と volatile 修飾だけが異なる型間の変換である（§iso.5.2.11）。
- dynamic_cast：同一クラス階層内でのポインタと参照に対する、実行時チェック付きの変換である（§22.2.1, §iso.5.2.7）。

これらの名前付きキャストを使い分けることで、コンパイラは最低限の型チェックが行えるようになるし、プログラマはreinterpret_castのような危険な変換を特定しやすくする。一部のstatic_castには可搬性があるが、reinterpret_castでは可搬性はほとんどない。reinterpret_castについては保証できることがあまりないが、一般に変換後の値のビットパターンは、引数のものと同じである。変換先が変換元の値と同等以上のビット数をもっていれば、reinterpret_castを再度実行して、変換元の型へと再変換した場合、変換後の値が利用できる。reinterpret_castの結果が利用できることが保証されるのは、オリジナルの型とまったく同じ型に再変換されたときに限られる。関数へのポインタ（§12.5）では、reinterpret_castは利用が避けられない種類の変換であることに注意しよう。次の例を考えてみよう：

```
char x = 'a';
int* p1 = &x;                          // エラー：char*からint*への暗黙の変換はない
int* p2 = static_cast<int* >(&x);      // エラー：char*からint*への暗黙の変換はない
int* p3 = reinterpret_cast<int* >(&x);  // ＯＫ：自分で責任をとるように

struct B { /* ... */ };
struct D : B { /* ... */ };            // §3.2.2と§20.5.2を参照のこと

B* pb = new D;                         // ＯＫ：D*からB*への暗黙的変換
D* pd = pb;                            // エラー：B*からD*への暗黙的変換はない
D* pd = static_cast<D*>(pb);           // ＯＫ
```

クラスポインタ間の変換とクラス参照間の変換については、§22.2で解説する。

明示的型変換を行いたいと感じたときは、それが**本当**に必要なのかを、時間をかけてじっくり検討すべきだ。C言語で明示的型変換が必要となる場面（§1.3.3）と、初期のC++で必要となっていた多くの場面（§1.3.2, 44.2.3）の大半で、C++では明示的型変換は不要である。多くのプログラムで、明示的型変換は完全に排除できる。また、排除できない場合も、ごく限られたルーチンに局所化できる。

11.5.3 C言語形式キャスト

C++は、C言語から(T)e形式のキャストを受け継いでいる。この構文は、式eからT型の値を作成するために、static_cast、reinterpret_cast、const_castの任意の組合せによる変換を実行する（§44.2.3)。残念ながら、C言語形式キャストでは、クラスを指すポインタから、そのクラスの非公開基底を指すポインタへのキャストも行える。これは絶対にしてはいけない。誤ってそうしてしまった場合に、コンパイラが警告してくれるといいのだが。さて、このC言語形式キャストは、名前付き変換演算子よりもはるかに危険だ。というのも、大規模プログラムではキャスト箇所の特定が困難な形式である上に、プログラマの意図が曖昧となるからだ。すなわち、(T)eでは、関連性をもつ型間の可搬性のある変換も、関連性がない型間の可搬性のない変換も、ポインタ型からconst修飾子を取り去る変換も、何でもできてしまう。Tとeの正確な型が分からない限り、何もいえないのだ。

11.5.4 関数形式キャスト

値eからT型の値を構築する場合、関数形式のT(e)と記述することも可能だ。たとえば：

```
void f(double d)
{
    int i = int(d);           // dを切り捨てる
    complex z = complex(d);   // dからcomplexを作る
    // ...
}
```

T(e)の形式は、**関数形式キャスト**（*function-style cast*）と呼ばれる。残念ながら、Tが組込み型の場合、T(e)は(T)eと等価である（§11.5.3）。すなわち、組込み型のT(e)の多くは、安全ではないということだ。

```
void f(double d, char* p)
{
    int a = int(d);   // 切捨て
    int b = int(p);   // 可搬性に欠ける
    // ...
}
```

たとえ、大きさがより大きい整数型から、より小さい整数型への明示的型変換（たとえば、longからchar）であっても、可搬性がない処理系定義の動作を生み出す。

的確に動作する構築であるT{v}構文の変換と、名前付きキャスト（static_cast）とを、それ以外の変換よりも優先すべきである。

11.6 アドバイス

[1] 後置++よりも前置++を優先しよう。§11.1.4。

[2] リーク、解放後の利用、二重解放を避けるために、資源ハンドルを利用しよう。§11.2.1。

[3] どうしても避けられない場合を除き、空き領域にオブジェクトを配置してはならない。スコープ付きの変数を優先しよう。§11.2.1。

[4] "裸のnew"と"裸のdelete"は避けよう。§11.2.1。

[5] RAIIを利用しよう。§11.2.1。

[6] コメントが必要な処理には、ラムダ式よりも名前付きの関数オブジェクトを優先しよう。§11.4.2。

[7] 汎用性が高い処理には、ラムダ式より名前付きの関数オブジェクトを優先しよう。§11.4.2。

[8] ラムダ式は、短く簡潔なものとしよう。§11.4.2。

[9] 保守性と正当性を維持するために、参照によるキャプチャには注意を払うように。§11.4.3.1。

[10] ラムダ式の返却型は、コンパイラに導出させよう。§11.4.4。

[11] 構築には、T{e}形式を利用しよう。§11.5.1。

[12] 明示的型変換（キャスト）は避けよう。§11.5。

[13] 明示的型変換が避けられない場合は、名前によるキャストを優先しよう。§11.5。

[14] 数値型間の変換には、narrow_cast<>()などの実行時型チェック機能付きキャストの利用を検討しよう。§11.5。

第12章 関数

すべての狂信者に死を！
— パラドックス

12.1 関数宣言

C++プログラムで何らかの処理を実行するための主な手段は、それを行う関数を呼び出すことだ。関数定義は、処理すべき内容を記述する手段である。事前に宣言されていない関数は呼び出せない。

関数宣言は、関数の名前と、返却値があればその型と、引数の個数と型を与えるものであり、それらは呼出し時に必要となる。たとえば：

```
Elem* next_elem();          // 引数はない；Elem*を返却
void exit(int);             // int引数；何も返却しない
double sqrt(double);        // double引数；doubleを返却
```

引数受渡しのセマンティクスは、コピー初期化（§16.2.6）と同じだ。引数の型がチェックされ、必要であれば、暗黙の型変換が実行される。たとえば：

```
double s2 = sqrt(2);              // 引数double{2}を渡してsqrt()を呼び出す
double s3 = sqrt("three");        // エラー：sqrt()にはdoube型引数が必要
```

引数の型チェックと型変換が行われることを、軽く見てはならない。

関数宣言では、引数に名前を与える。これはプログラムの可読性を向上させる効果もあるが、その宣言が関数定義でなければ、コンパイラは名前を無視する。返却型が void であれば、関数は値を返さない（§6.2.7）。

関数の型は、返却型と引数型とによって決定される。クラスのメンバ関数（§2.3.2, §16.2）であれば、クラス名も関数の型の一部となる。

```
double f(int i, const Info&);        // 型：double(int,const Info&)
char& String::operator[](int);       // 型：char& String::(int)
```

12.1.1 なぜ関数なのか?

これまでの長いあいだ、数百行にもおよぶ非常に長い関数が書かれるという、見苦しい慣習があった。私は、（手書きされた）32,768 行以上のコードの関数に出会ったことがある。このような関数を書く人は、意味のある単位で複雑な処理を分割して名前を与えるという、関数の本来の目的を正しく認識していないと考えられる。コードは理解しやすいものでなければならない。というのも、それが保守作業の第一歩となるからだ。理解しやすくするための第一歩が、理解しやすい（関数やクラスといった）単位に処理を分割して、名前を与えることだ。そのような関数は、型（組込み型とユーザ定義型）がデータを表す基本的な語彙であるのとまったく同様に、処理を表現する基本的な語彙となる。（たとえば find や sort や iota などの）C++ 標準アルゴリズム（第 32 章）は、よい出発点だ。それから、汎用あるいは専用のタスクを関数化すれば、より大規模な計算が処理できるようになる。

コードで発生するエラーの数は、コードの量とコードの複雑さに明らかに比例する。いずれの問題も、関数を短くして、その数を多くすることで解決できる。ある処理を関数化すれば、長いコード中の処理の一部の記述が不要になる。その一方で、処理に名前を与えた上で、関数の依存関係も明文化する必要が生じる。また、関数の呼出しとリターンを使うと、goto（§9.6）や continue（§9.5.5）などの、エラーにつながりやすい制御構造から解放される。極めて規則的な構造の場合を除くと、入れ子のループなどは、回避可能なエラーの発生源である（たとえば、行列アルゴリズムでは、入れ子のループの代わりに、内積を用いるとよい：§40.6）。

もっとも基本的なアドバイスは、関数の大きさを、画面上で一度に見渡せる程度に収めるべきである、というものだ。バグが忍び込むのは、アルゴリズムのごく一部しか見えないようなときだ。多くのプログラマは、約 40 行を関数の上限にすればよい。私自身は、もっと小さい平均 7 行程度を理想としている。

基本的に、関数呼出しのコストが問題となることはない。（ベクタの添字演算のように頻繁に呼び出されるアクセス関数などによって）コストが問題となる場合であれば、インライン化すれば、コストを削減できる（§12.1.5）。関数は、構造化機構の一手段として利用する。

12.1.2 関数宣言の構成要素

関数宣言では、名前、引数、返却型に加えて、さまざまな指定子や修飾子が記述できる。以下に示すのが、そのすべてだ：

・関数名：必須。

・仮引数並び：空 () の場合もある。必須。

・返却型：void となることもある。前置形式と、(auto を伴う) 後置形式とがある。必須。

・inline：関数呼出し箇所に、関数本体を埋め込んでほしいということを表す（§12.1.5）。

・constexpr：関数の引数が定数式である場合に、関数評価がコンパイル時に可能であることを表す（§12.1.6）。

・noexcept：関数が例外を送出しないことを表す（§13.5.1.1）。

・結合指定：たとえば static など（§15.2）。

・[[noreturn]]：通常の呼出し／リターンの機構下でも、関数がリターンしないことを表す（§12.1.4）。

メンバ関数であれば、以下のものも指定できる：

・virtual：派生クラスにおいてオーバライド可能であることを表す（§20.3.2）。

・override：基底クラスの仮想関数のオーバライドが必須であることを表す（§20.3.4.1）

・final：派生クラスがオーバライドできないことを表す（§20.3.4.2）。

・static：個々のオブジェクトと関連をもたないことを表す（§16.2.12）。

・const：オブジェクトを変更しないことを表す（§3.2.1.1, §16.2.9.1）。

・volatile：volatile オブジェクトに適用可能であることを表す（§41.4）。

コードの読み手に頭痛を起こさせたかったら、こんなコードも記述できる。

```
struct S {
   [[noreturn]] virtual inline auto f(const unsigned long int *const) volatile
                -> void const noexcept;
};
```

12.1.3 関数定義

呼び出される関数はすべて、必ずどこかで定義されていなければならない（ただし1回だけだ：§15.2.3）。関数定義は、関数本体を伴う関数宣言である。次の例で考えよう：

```
void swap(int*, int*);          // 宣言

void swap(int* p, int* q)       // 定義
{
   int t = *p;
   *p = *q;
   *q = t;
}
```

関数定義と関数宣言は、型が一致しなければならない。残念なことに、C言語との互換性維持のために、引数型の一番高いレベルにおける const が無視される。そのため、次の二つの宣言は、同じ関数を表す：

```
void f(int);             // 型はvoid(int)
void f(const int);       // 型はvoid(int)
```

この関数 f() は、次のように定義できる：

```
void f(int x) { /* ここではxを変更できる */ }
```

さらに、次のようにも定義できる：

```
void f(const int x) { /* ここではxを変更できない */ }
```

f() 内の変更可能引数と変更不可能引数のいずれもが、呼出し側が与えた引数のコピーにすぎないので、このような目立たない箇所で行われる変更が、呼出し側に危険を与えることはない。

関数の引数名は、関数の型の一部ではないので、宣言ごとに名前が違っていても構わない。

```
int& max(int& a, int& b, int& c);    // aとbとcの最大値への参照を返却

int& max(int& x1, int& x2, int& x3)
{
   return (x1>x2) ? ((x1>x3)?x1:x3) : ((x2>x3)?x2:x3);
}
```

定義ではない関数宣言では、引数名は省略可能であるものの、ドキュメント化のために広く用いられている。対照的に、関数定義で引数に名前を与えなければ、その引数を関数内で利用しないことを表す。

```
void search(table* t, const char* key, const char*)
{
   // ３番目の引数は使わない
}
```

このような名無しの引数は、コードの単純化や、将来の拡張のために使うのが一般的だ。いずれにせよ、引数が使われていなくても、ちゃんと置いておけば、変更時に影響を受けない。

関数以外にも呼出し可能なものがある。いずれの場合も、引数の受渡し（§12.2）などの規則は、関数とほとんど同じだ：

- **コンストラクタ**（*constructor*）（§2.3.2, §16.2.5）：技術的に関数ではない。特に、値を返さない点、メンバと基底を初期化できる点（§17.4）、アドレスを取得できない点が異なる。
- **デストラクタ**（*destructor*）（§3.2.1.2, §17.2）：多重定義できない点、アドレスを取得できない点が異なる。
- **関数オブジェクト**（*function object*）（§3.4.3, §19.2.2）：オブジェクトであって、関数ではない。多重定義もできない。ただし、そこに含まれる operator() が関数だ。
- **ラムダ式**（*lambda expression*）（§3.4.3, §11.4）：関数オブジェクトを定義する簡略法だ。

12.1.4 値の返却

すべての関数宣言では、その関数の**返却型**（*return type*）を記述する（ただし、コンストラクタと型変換関数は除く）。伝統的に、C言語とC++では、関数宣言の先頭（すなわち関数名の前）に返却型を記述する。しかし、C++では、引数の並びの後ろに返却型を記述する構文も可能だ。そのため、以下の２個の宣言は等価である：

```
string to_string(int a);              // 前置形式の返却型
auto to_string(int a) -> string;      // 後置形式の返却型
```

先頭のautoは、返却型を引数並びの後ろに記述することの指定だ。そして、->の後ろに、後置形式の返却型を記述する。

後置形式の返却型を使う重要な用途が、引数に依存する返却型をもつ関数テンプレート宣言におけるものだ。たとえば：

```
template<typename T, typename U>
auto product(const vector<T>& x, const vector<U>& y) -> decltype(x*y);
```


もっとも、後置形式の返却型は、あらゆる関数で利用可能である。後置形式の返却型の構文と、ラムダ式の構文（§3.4.3, §11.4）は、そっくりだ。しかし、ちょっと残念なことに、両者が生成するものは違う。

値を返却しない関数の“返却型”はvoidである。

voidと宣言されていない関数は、値を返却しなければならない（ただし、main()は例外だ。§2.2.1を参照しよう）。一方、void関数は、値を返却できない。

```
int f1() { }                // エラー：値が返却されていない
void f2() { }               // ＯＫ

int f3() { return 1; }      // ＯＫ
void f4() { return 1; }     // エラー：void関数が値を返却している

int f5() { return; }        // エラー：返却値を忘れている
void f6() { return; }       // ＯＫ
```

返却値は、return文で指定する。たとえば：

```
int fac(int n)
{
   return (n>1) ? n*fac(n-1) : 1;
}
```

このような、自分自身を呼び出しす関数は、**再帰的**（*recursive*）である、という。

関数の中には、return文は複数あってもよい：

```
int fac2(int n)
{
   if (n > 1)
      return n*fac2(n-1);
   return 1;
}
```

関数が値を返却するセマンティクスは、引数受渡しのセマンティクスと同様に、コピー初期化（§16.2.6）と同じだ。すなわち、return文は、返却型の変数を初期化する。return式の型は、返却型と比較された上で、必要な標準型変換やユーザ定義型変換のすべてが適用される：

```
double f() { return 1; }       // 1はdouble{1}に暗黙裏に変換される
```

関数が呼び出されるたびに、引数のコピーと局所変数（自動変数）が作られる。そのためのメモリ領域は、関数終了後に再利用されるので、非staticな局所変数を指すポインタを返すようなことは絶対に避けなければならない。そのようなポインタが指す内容は、予測不能な形で変更されてしまうからだ：

```
int* fp()
{
   int local = 1;
   // ...
   return &local;  // ダメ！
}
```

同じ過ちは、参照でも起こる：

```
int& fr()
{
   int local = 1;
   // ...
   return local;   // ダメ！
}
```

幸いなことに、局所変数への参照の返却に対しては、コンパイラは容易に警告できる（多くのコンパイラが実際にそうだ）。

voidという値は存在しない。しかし、void関数の呼出しは、void関数の返却値として利用可能だ。たとえば：

```
void g(int* p);

void h(int* p)
{
   // ...
   return g(p);     // ＯＫ："g(p); return;"と同じ
}
```

この形式のreturnは、返却型がテンプレート引数となっているテンプレート関数の記述の際に、特別扱いが不要になる、というメリットがある。

関数を終了させる方法には、次の５種類がある。return文は、そのうちの一つだ：

- return文の実行。
- 関数の“終端を越える”こと。すなわち、関数本体の終端に到達することだ。これは、値を返却しないと宣言されている関数（たとえばvoid関数）か、終端を越えることが正常終了を意味するmain()に限られる（§12.1.4）。
- 局所的には捕捉されない例外の送出（§13.5）。
- noexcept関数で、例外が送出されて、しかも捕捉されないことによる終了（§13.5.1.1）。
- リターンしないシステム関数の直接的あるいは間接的な呼出し（exit()など：§15.4）。

（たとえば、returnが素通りされる、あるいは“終端を越える”などの理由で）リターンしないことが正常な関数には、[[noreturn]]を付加できる（§12.1.7）。

12.1.5 inline関数

関数はinlineと定義できる。たとえば：

```
inline int fac(int n)
{
    return (n<2) ? 1 : n*fac(n-1);
}
```

inline指定子は、コンパイラにヒントを与える。そのヒントは、fac()を呼び出すコードを、関数として作られたものを呼び出すようにするのではなく、関数をインラインに展開して埋め込むべきである、というものだ。賢いコンパイラであれば、関数呼出しfac(6)に対して、定数720を生成する。相互再帰を行う関数や、再帰呼出しを行うかどうかが、与えられた値に依存する関数などがインライン関数となることもあるので、インラインに必ず展開されるという保証はない。コンパイラの賢さの程度は規定できないので、fac(6)に対して、720を生成するコンパイラもあれば、6*fac(5)とするコンパイラもあれば、まったくインライン展開されていないfac(6)の呼出しを行うコードを生成するコンパイラもあるだろう。値の計算をコンパイル時に確実に行いたければ、constexprと宣言した上で、その評価で利用するすべての関数をconstexprにするべきだ（§12.1.6）。

それほど賢くないコンパイラやリンカで、インライン化を行えるようにするには、インライン関数の（単なる宣言ではない）定義を、スコープ内に記述する（§15.2）。inline指定子は、関数のセマンティクスには影響を与えない。特に、インライン関数には、きちんとした一意なアドレスがあるし、インライン関数内のstatic変数（§12.1.8）も同様である。

インライン関数が複数の翻訳単位で定義されている場合は（ヘッダで定義する場合が多い：§15.2.2）、すべての定義は同一でなければならない（§15.2.3）。

12.1.6 constexpr関数

通常、関数はコンパイル時に評価できないので、定数式の中からは呼び出せない（§2.2.3, §10.4）。しかし、関数をconstexpr指定すると、引数に定数式を渡す場合に限られるものの、定数式の中から呼び出せるようになる。たとえば：

```
constexpr int fac(int n)
{
    return (n>1) ? n*fac(n-1) : 1;
}

constexpr int f9 = fac(9);        // コンパイル時に評価されなければならない
```

関数定義におけるconstexprは、“引数に定数式が渡されたときは、定数式の中からも呼び出せるようにせよ”という指示だ。なお、オブジェクト定義におけるconstexprは、“初期化子をコンパイル時に評価せよ”という指示だ：

```
void f(int n)
{
    int f5 = fac(5);              // コンパイル時に評価される可能性がある
    int fn = fac(n);              // 実行時に評価される（nが変数だから）

    constexpr int f6 = fac(6);    // コンパイル時に評価されなければならない
    constexpr int fnn = fac(n);   // エラー：コンパイル時の評価が保証されない
                                  //          （nが変数だから）
```

```
    char a[fac(4)];     // ＯＫ：配列の要素数は定数が要求される。fac()はconstexpr
    char a2[fac(n)];    // エラー：配列の要素数は定数が要求される。nは変数

    // ...
}
```


コンパイル時評価を可能にするためには、**constexpr** 関数は単純でなければならない。具体的には、**return** 文は1個だけが許され、繰返しや局所変数は認められない。また、副作用をもってもいけない。すなわち、**constexpr** 関数は、一種の純粋な関数だ。たとえば：

```
int glob;

constexpr void bad1(int a)      // エラー：constexpr関数はvoidであってはならない
{
    glob = a;              // エラー：constexpr関数に副作用がある
}

constexpr int bad2(int a)
{
    if (a>=0) return a; else return -a;     // エラー：constexpr関数にif文がある
}

constexpr int bad3(int a)
{
    int sum = 0;                             // エラー：constexpr関数に局所変数がある
    for (int i=0; i<a; ++i) sum +=fac(i);   // エラー：constexpr関数に繰返しがある
    return sum;
}
```

なお、**constexpr** なコンストラクタの規則は、まったく違う（§10.4.3）。許されるのは、単純なメンバの初期化のみだ。

constexpr 関数では、再帰も条件式も可能である。本当に必要だったら、あらゆるものが **constexpr** 関数にできる、ということだ。しかし、デバッグ作業が必要以上に困難になるだろう。さらに、**constexpr** 関数の処理内容を、普通に想像されるよりも単純にしておかないと、コンパイル時間が予想以上に延びてしまう。

リテラル型（§10.4.3）を用いると、ユーザ定義型に対しても **constexpr** 関数が定義できる。

インライン関数と同様、**constexpr** 関数もODR（"one-definition rule"：単一定義則）にしたがうので、その定義は、すべての翻訳単位で同一でなければならない（§15.2.3）。**constexpr** 関数は、制限の付いたインライン関数（§12.1.5）と考えるといいだろう。

12.1.6.1 constexprと参照

constexpr 関数は、副作用が認められていないので、局所オブジェクト以外の値は変更できない。そのため、変更しない限りは、非局所オブジェクトを利用できる。

```
constexpr int ftbl[] { 0, 1, 1, 2, 3, 5, 8, 13 };

constexpr int fib(int n)
{
    return (n<sizeof(ftbl)/sizeof(*ftbl)) ? ftbl[n] : fib(n-2)+fib(n-1);
}
```

constexpr 関数は参照引数を受け取れる。もちろん、参照を介した値の変値は認められないが、

当然、const 参照引数の利便性の恩恵が受けられる。たとえば、標準ライブラリには、次のような定義がある（§40.4）：

```
template<> class complex<float> {
public:
// ...
   explicit constexpr complex(const complex<double>&);
   // ...
};
```

そのため、次の記述ができるようになっている：

```
constexpr complex<float> z {2.0};
```

const 参照引数を格納するために論理的に構築された一時オブジェクトは、コンパイラが内部で利用するだけの値となる。

constexpr 関数は、参照やポインタを返せる。たとえば：

```
constexpr const int* addr(const int& r) { return &r; }   // ＯＫ
```

しかし、これは、定数式の評価で使えるという、constexpr 関数の本来の役割から外れるものだ。特に、このような関数の結果が、定数式であるかどうかを判断する作業が、著しくトリッキーになってしまう。次の例を考えよう：

```
static const int x = 5;
constexpr const int* p1 = addr(x);   // ＯＫ
constexpr int xx = *p1;              // ＯＫ

static int y;
constexpr const int* p2 = addr(y);   // ＯＫ
constexpr int yy = *p2;              // エラー：変数を読み取ろうとしている

constexpr const int* tp = addr(5);   // エラー：一時変数のアドレス
```

12.1.6.2 条件評価

constexpr 関数の中では、条件式の評価で選ばれなかったほうの分岐は評価されない。そのため、選ばれなかった分岐は、実行時における評価が必要になる。例をあげよう：

```
constexpr int low = 0;
constexpr int high = 99;

constexpr int check(int i)
{
   return (low<=i && i<high) ? i : throw out_of_range("check() failed");
}

constexpr int val0 = check(50);        // ＯＫ
constexpr int val1 = check(f(x,y,z));  // たぶんＯＫ
constexpr int val2 = check(200);       // 例外を投げる
```

low と high が、設計時ではなくてコンパイル時に分かる設定パラメータであることや、f(x,y,z) が処理系依存の値を算出することが、分かるだろう。

12.1.7 [[noreturn]] 関数

[[...]] 形式は、**属性**（*attribute*）と呼ばれ、C++ の構文上、どこにでも記述可能なものだ。一般に、属性は、その前に置かれている構文要素が、何らかの処理系依存の性質をもつことを指定する。なお、属性は、宣言の先頭にも記述可能だ。標準定義されている属性は二つだけであり（§iso.7.6）、それは [[noreturn]] と [[carries_dependency]] である（§41.3）。

関数宣言の先頭に置かれた [[noreturn]] は、その関数が戻らないことを表す。たとえば：

```
[[noreturn]] void exit(int);     // exitは決して戻らない
```

関数が戻らないことが分かると、理解しやすくなる上に、コード生成も有利になる。[[noreturn]] 属性をもつ関数が戻った場合の動作は、定義されない。

12.1.8 局所変数

関数内で定義された名前は、一般に**局所名**（*local name*）と呼ばれる。局所的な変数と定数は、その定義に実行スレッドが到達した際に初期化される。static 宣言された変数を除くと、変数は関数が呼び出されるたびに、コピーが作られる。static 宣言された局所変数は、関数が何度呼び出されても、静的に1個だけ割り当てられたオブジェクトとして利用される（§6.4.2）。その初期化が行われるのは、実行スレッドが最初にその定義に到達したときのみだ。たとえば：

```
void f(int a)
{
   while (a--) {
      static int n = 0;    // 1回だけ初期化される
      int x = 0;           // 1回のf()の呼出しに対して'a'回初期化される

      cout << "n == " << n++ << ", x == " << x++ << '\n';
   }
}

int main()
{
   f(3);
}
```

実行すると、以下のように表示される：

```
n == 0, x == 0
n == 1, x == 0
n == 2, x == 0
```

static な局所変数を用いれば、関数が何回呼び出されても情報を保持し続けられるので、他の関数によって変更される可能性のある広域変数を使う必要がなくなる（§16.2.12 も参照）。

static な局所変数の初期化では、それを含む関数が再帰的に実行されない限り、データ競合（§5.3.1）やデッドロック（§iso.6.7）は発生しない。そのため、C++ 処理系は、何らかのロックフリーな構築（たとえば call_once など：§42.3.3）を行うことによって、static な局所変数の初期化を保護しなければならない。static な局所変数を再帰的に初期化した場合の結果は定義されない。たとえば：

```
int fn(int n)
{
    static int n1 = n;            // ＯＫ
    static int n2 = fn(n-1)+1;    // 定義されない
    return n;
}
```

staticな局所変数は、非局所変数間の順序依存問題を避けるのにも有効だ（§15.4.1）。

ちなみに、局所関数は存在しない。必要ならば、関数オブジェクトやラムダ式を利用しよう（§3.4.3，§11.4）。

無謀にも使うことはないとは思うが、ラベルは、入れ子構造の階層の深さとは無関係に、スコープが関数全体になる（§9.6）。

12.2 引数の受渡し

関数を呼び出す（関数名の後ろに()を置く：()は、**呼出し演算子**（*call operator*）または**アプリケーション演算子**（*application operator*）と呼ばれる）と、関数の**仮引数**（*formal argument*）（**パラメータ**（*parameter*）とも呼ばれる）のためのメモリ領域が割り当てられて、個々の仮引数が、対応する実引数によって初期化される。引数渡しのセマンティクスは、初期化（厳密には、コピー初期化：§16.2.6）と同じだ。実引数の型は、対応する仮引数の型と比較されて、標準ユーザ定義変換とユーザ定義型の変換規則がすべて適用される。仮引数（パラメータ）が参照でなければ、関数に渡されるのは、実引数のコピーだ。たとえば：

```
int* find(int* first, int* last, int v)    // [first:last)からvを探索
{
    while (first!=last && *first!=v)
        ++first;
    return first;
}

void g(int* p, int* q)
{
    int* pp = find(p,q,'x');
    // ...
}
```

ここで、find()を実行するとfirstを変更するが、firstのコピー元であるpの値が変化することはない。ポインタが、値渡しされているからだ。

配列を渡す場合には、特別な規則がある（§12.2.2）。また、チェックされない引数を渡すこともできる（§12.2.4）し、デフォルト引数を指定することもできる（§12.2.5）。初期化子並びについては§12.2.3で解説し、テンプレート関数の引数渡しについては§23.5.2と§28.6.2で解説する。

12.2.1 参照引数

次の例を考えてみよう：

```
void f(int val, int& ref)
{
    ++val;
    ++ref;
}
```

f() が呼び出されると、++val は、第1実引数の局所的なコピーをインクリメントして、++ref は、第2実引数そのものをインクリメントする。たとえば：

```
void g()
{
   int i = 1;
   int j = 1;
   f(i,j);
}
```

ここで f(i,j) は、j をインクリメントするが、i はそうではない。第1引数 i は**値渡し**（*by value*）されて、第2引数 j は**参照渡し**（*by reference*）される。§7.7 で解説したように、参照渡しされた引数を変更する関数は、プログラムの可読性を下げるので、可能な限り避けるべきだ（ただし §18.2.5 も参照してほしい）。その一方で、大規模オブジェクトであれば、値渡しよりも参照渡しのほうが効率的だ。その場合、効率が目的であって、関数がオブジェクトの値を変更可能にすることは目的ではないことを示すために、引数を const 参照と宣言するとよい：

```
void f(const Large& arg)
{
   // "arg"の値は変更できない
   // （明示的な型変換を利用しない限り：§11.5）
}
```

参照引数に const が付いていないと、値を変更する意図があると受け取られてしまう：

```
void g(Large& arg);      // g()はargを変更すると仮定
```

同様に、ポインタ引数を const と宣言すれば、その引数が指すオブジェクトの値が、関数の実行によって変更されないことが明確になる：

```
int strlen(const char*);                    // C言語スタイルの文字列の文字数
char* strcpy(char* to, const char* from);  // C言語スタイルの文字列をコピー
int strcmp(const char*, const char*);       // C言語スタイルの文字列を比較
```

const 引数の重要性は、プログラムが大きくなるほど増加する。

引数渡しのセマンティクスが、代入のセマンティクスとは異なることに注意しよう。このことは、特に、const 引数、参照引数、一部のユーザ定義型で重要である。

参照の初期化の規則にしたがうので、リテラル、定数、変換を必要とする引数は、const T& の引数として渡せるが、単なる（非 const な）T& の引数としては渡せない。なお、const T& の引数への変換が認められるので、変換対象の実引数は、必要であれば、一時変数の中に入れた T 型の実引数とまったく同じ値として渡されることになる。たとえば：

```
float fsqrt(const float&); // Fortran形式の参照引数を受け取るsqrt関数

void g(double d)
{
   float r = fsqrt(2.0f);  // 2.0fの値をもつ一時変数への参照を渡す
   r = fsqrt(r);           // rへの参照を渡す
   r = fsqrt(d);           // static_cast<float>(d)の値をもつ一時変数への参照を渡す
}
```

非 const 参照引数への変換は認められない（§7.7）ので、一時オブジェクトが生成された際に

引き起こされる誤りの危険性が排除される。たとえば：

```
void update(float& i);

void g(double d, float r)
{
    update(2.0f);           // エラー：const引数
    update(r);              // rへの参照を渡す
    update(d);              // エラー：型変換が必要
}
```

これらの呼出しが認められてしまうと、update()は、直後に破棄される一時オブジェクトを更新することになる。そんな動作だと、プログラマが驚くだけだ。

関数は右辺値参照も受け取れるのだから、厳密さを追求するならば、参照渡しは、左辺値参照渡しとなるべきだ。§7.7でも述べたように、右辺値は右辺値参照にバインド可能であり（ただし左辺値参照にはバインド不可である）、左辺値は左辺値参照にバインド可能である（ただし右辺値参照にはバインド不可である）。たとえば：

```
void f(vector<int>&);           // （非const）左辺値参照引数
void f(const vector<int>&);     // const左辺値参照引数
void f(vector<int>&&);          // 右辺値参照引数

void g(vector<int>& vi, const vector<int>& cvi)
{
    f(vi);                      // f(vector<int>&)を呼び出す
    f(cvi);                     // f(const vector<int>&)を呼び出す
    f(vector<int>{1,2,3,4});    // f(vector<int>&&)を呼び出す
}
```

関数が右辺値引数を変更する可能性があることを考慮する必要があり、そうしてよいのは、解体や再代入の場合だけだ（§17.5）。右辺値参照の典型的な利用例は、ムーブコンストラクタやムーブ代入演算の定義である（§3.3.2, §17.5.2）。将来的にはconst右辺値参照引数の賢い利用法が見つかると考えているが、現時点では、本物の利用例に出会ったことはない。

テンプレート引数には注意が必要だ。テンプレート引数の型導出規則によって、Tに対するT&&の意味は、型Xに対するX&&の意味とは大きく異なる（§23.5.2.1）。テンプレート引数の場合、右辺値参照は“完全転送”の実装に用いられることがほとんどだ（§23.5.2.1, §28.6.3）。

引数の受渡しはどのように選択すればいいだろうか？　私の経験則は次のとおりだ：

[1] 小規模オブジェクには、値渡しを用いる。
[2] 変更する必要がない大規模オブジェクトには、const参照渡しを用いる。
[3] 引数を通じてオブジェクトを変更せずに、returnによって値を返す。
[4] ムーブ（§3.3.2, §17.5.2）と完全転送（§23.5.2.1）の実装では、右辺値参照を用いる。
[5] “オブジェクトが存在しない”ことがあり得る場合は、ポインタを用いる（このとき“オブジェクトが存在しない”ことはnullptrで表現する）。
[6] どうしても必要な場合にのみ、参照渡しを用いる。

最後の規則中の“どうしても必要な場合”は、変更の必要があるオブジェクトに対しては、参照よりもポインタを用いたほうが分かりやすい場合が多い（§7.7.1, §7.7.4）ことに基づくものだ。

12.2.2 配列の引数

関数の引数としての配列は、その先頭要素を指すポインタとして受け渡される。たとえば：

```
int strlen(const char*);

void f()
{
   char v[] = "Annemarie";
   int i = strlen(v);
   int j = strlen("Nicholas");
}
```

すなわち、T[] 型の引数は、受渡しの際に T* に変換される。そのため、配列引数の要素への代入は、その要素の値を変更してしまう。換言すると、他の型とは異なり、配列は値渡しされない。その代わり、(値渡しによって) ポインタが渡されるのだ。

配列型の仮引数は、ポインタ型の仮引数と等価である。たとえば：

```
void odd(int* p);
void odd(int a[]);
void odd(int buf[1020]);
```

ここに示した3個の宣言はすべて等価であり、同一の関数に対する宣言である。すでに述べたように、引数の名前は、関数の型とは関係しない (§12.1.3)。多次元配列を渡す規則と手法については、§7.4.3 で解説した。

呼び出された関数では、配列の要素数は分からない。この点はエラーにつながりやすいが、回避方法がいくつかある。C言語スタイルの文字列は、末尾がゼロなので、要素数が計算できる (高コストとなってしまうが strlen() などを用いる：§43.4)。それ以外の配列では、要素数を別の引数として渡せばよい。たとえば：

```
void compute1(int* vec_ptr, int vec_size);     // 一つの方法
```

これは、とどのつまり、単なる回避策だ。通常は、vector (§4.4.1, §31.4)、array (§34.2.1)、map (§4.4.3, §31.4.3) などのコンテナの参照を渡すとよい。

コンテナでも先頭要素を指すポインタでもなく、本当に配列自体を渡したい場合は、配列を表す型の引数を宣言することも可能だ。たとえば：

```
void f(int(&r)[4]);

void g()
{
   int a1[] = {1,2,3,4};
   int a2[] = {1,2};

   f(a1);       // OK
   f(a2);       // エラー：要素数が異なる
}
```

ここで、要素数が、配列を参照する型の一部となっていることに注意しよう。このような参照は、ポインタや、(vector などの) コンテナよりも柔軟性がはるかに劣る。配列への参照がよく利用されるのは、要素数の導出が必要となるテンプレートだ。たとえば：

```
template<typename T, int N> void f(T(&r)[N])
{
    // ...
}

int a1[10];
double a2[100];

void g()
{
    f(a1);          // Tはint。Nは10
    f(a2);          // Tはdouble。Nは100
}
```

この例では、f()を呼び出す配列型の種類の数と同じ個数の関数定義が作られる。

多次元配列の場合は扱いにくい（§7.3）。しかし、多次元配列の代わりにポインタの配列を使うことが多く、その場合は特別扱いの必要がない。たとえば：

```
const char* day[] = {
    "mon", "tue", "wed", "thu", "fri", "sat", "sun"
};
```

ここでも、低レベルな組込み配列やポインタの代わりに、vectorなどの型を利用する方法がある。

12.2.3 並び引数

{}で囲んだ並びは、以下のものに対する引数として利用できる：

[1] std::initializer_list<T>型。並びの中の要素の値は、暗黙裏にTへと変換される。

[2] 並びの中に与えられている値で初期化可能な型。

[3] Tの配列への参照。並びの中の要素の値は、暗黙裏にTへと変換される。

技術的には、[2]がすべての場合を網羅するが、このように3種類に分けたほうが理解しやすいと私は考えている。たとえば：

```
template<typename T>
void f1(initializer_list<T>);

struct S {
    int a;
    string s;
};
void f2(S);

template<typename T, int N>
void f3(T (&r)[N]);

void f4(int);

void g()
{
    f1({1,2,3,4});  // Tはintでinitializer_listのsize()は4
    f2({1,"MKS"});  // f2(S{1,"MKS"})
    f3({1,2,3,4});  // TはintでNは4
    f4({1});        // f4(int{1});
}
```

曖昧になる可能性がある場合は、initializer_list引数を優先して使うべきだ。たとえば：

```
template<typename T>
void f(initializer_list<T>);

struct S {
   int a;
   string s;
};
void f(S);

template<typename T, int N>
void f(T (&r)[N]);

void f(int);

void g()
{
   f({1,2,3,4});    // Tはintでinitializer_listのsize()は4
   f({1,"MKS"});    // f(S)を呼び出す
   f({1});          // Tはintでinitializer_listのsize()は1
}
```

initializer_list 引数を受け取る関数を優先すべき理由は、並び中の要素数に基づく方法だと、別の関数が選択されてしまう混乱があるからだ。多重定義解決における、あらゆる混乱を排除することは不可能だが（§4.4, §17.3.4.1）、{} 並び形式よりも initializer_list 引数を優先することで、混乱が最小限に抑えられるようだ。

スコープ内に initializer_list 引数をもつ関数が存在していながら、その引数の並びが一致しない場合は、別の関数が選択される。呼出し f({1,"MKS"}) が、その例だ。

この規則は、std::initializer_list<T> 引数だけに適用されることに注意しよう。std::initializer_list<T>& や、最終的な結果として initializer_list を呼び出すことになる（別スコープ内の）他の型には適用されない。

12.2.4 可変個引数

関数には、呼出し時に渡される引数の個数と型を決められないようなものがある。そのようなインタフェースは、以下の３種類の手法で実装できる：

[1] 可変個引数テンプレート（§28.6）を使うこと。任意の個数と任意の型を型安全に扱える。意味を決定して適切な動作が行えるように、引数の並びを解釈する小規模なテンプレートメタプログラムを記述する。

[2] 引数を initializer_list（§12.2.3）にすること。任意の個数で同一の型を型安全に扱える。同一型の要素が並んでいることは多いので、広く使われていて重要だ。

[3] 引数の並びの末尾を、“この後にも引数が続く可能性がある”ことを示す省略記号（...）とすること。<cstdarg> で提供されるいくつかのマクロを使って、任意の個数で、（ほぼ）任意の型が扱える。この方法は本質的に型安全ではない。また、精巧なユーザ定義型との両立が困難である。とはいえ、C言語の初期の頃から利用されてきた方法だ。

最初の二つの手法については、別の箇所で解説するので、ここでは（もっともよくない手法である）３番目の手法だけを解説する。例を示そう：

```
int printf(const char* ...);
```

これは、標準ライブラリ関数printf()（§43.3）を呼び出す際に、引数として、少なくともC言語スタイルの文字列が1個必要であって、さらに引数が続いてもよいことを示す。たとえば：

```
printf("Hello, world!\n");
printf("My name is %s %s\n", first_name, second_name);
printf("%d + %d = %d\n",2,3,5);
```

この種の関数は、引数の並びを解釈する際に、コンパイラが利用できない情報に依存する。printf()の場合、第1引数は書式文字列であるが、その文字列に埋め込まれた情報をもとにして、それ以降の引数を処理するようになっている。たとえば、第1引数の文字列中の%sは"char*の引数を期待する"を表し、%dは"intの引数を期待する"を表す。ところが、本当に期待する引数が与えられているのか、とか、型が一致しているのか、といったことをコンパイラが保証する術はない。たとえば：

```
#include <cstdio>

int main()
{
    std::printf("My name is %s %s\n",2);
}
```

これは誤ったコードだが、ほとんどのコンパイラは、誤りを検出できない。せいぜい、奇妙な文字列を出力するだけだ（実際に試してみよう！）。

いうまでもなく、宣言されていない引数に対して、標準の型チェックや型変換に必要な情報をコンパイラが得るのは不可能だ。そのような場合、charやshortはintとして渡されて、floatはdoubleとして渡されることになっている。これはプログラマの期待とは食い違う。

きちんと設計されたプログラムであれば、引数の型をまったく明示していない関数は、極めてまれなはずだ。引数の型を指定しない状況のほとんどで、多重定義された関数、デフォルト引数を利用する関数、initializer_listを引数に受け取る関数、可変個引数テンプレートによって、型チェックが可能だ。省略記号が必要になるのは、引数の個数と型の両方が一定ではなくて、かつ、可変個引数テンプレートが適切ではない場合に限られる。

省略記号が利用される典型的な局面は、C++が新しい方式を導入する前に定義された、C言語ライブラリ関数のインタフェースを記述する場合だ：

```
int fprintf(FILE*, const char* ...);  // <cstdio>より
int execl(const char* ...);           // UNIXヘッダより
```

このような関数の省略された引数にアクセスするために、いくつかのマクロが<cstdarg>で定義されている。ここでは、引数として、エラーの重要度を表す整数1個と、それ以降に任意の個数の文字列を受け取るerror()を記述することを考えていく。個別のC言語スタイルの文字列として単語を渡して、それを組み合わせてエラーメッセージを構築することにしよう。なお、文字列の並びの末尾には、空ポインタを置くものとする：

```
extern void error(int ...);
extern char* itoa(int, char[]);   // intを文字列に変換

int main(int argc, char* argv[])
{
   switch (argc) {
   case 1:
        error(0,argv[0],nullptr);
        break;
   case 2:
        error(0,argv[0],argv[1],nullptr);
        break;
   default:
        char buffer[8];
        error(1,argv[0],"with",itoa(argc-1,buffer),"arguments",nullptr);
   }
   // ...
}
```

関数 itoa() は、引数の int 値を表すC言語スタイルの文字列を返す。C言語では広く用いられているが、C言語の標準仕様には含まれていない。

ここでは、毎回 argv[0] を渡している。というのも、一般的にはそれがプログラム名を表しているからだ。

さて、文字列の並びの末尾に整数値 0 を使うと、可搬性がなくなってしまうことに注意しよう。整数値 0 と空ポインタとの内部表現とが異なる処理系があるからだ（§6.2.8）。そのため、省略記号を使って型チェックを無効にしたときに、ややこしくて無駄な作業が余分に必要となる。

error() 関数は、次のように定義できる：

```
#include <cstdarg>

void error(int severity ...) // "severity"の後ろにC言語スタイルのchar*の並びが続く
{
   va_list ap;
   va_start(ap,severity);     // argの準備

   for (;;) {
      char* p = va_arg(ap,char*);
      if (p == nullptr) break;
      cerr << p << ' ';
   }

   va_end(ap);                // argの後始末

   cerr << '\n';
   if (severity) exit(severity);
}
```

まず va_list を定義する。その際、va_start() によって初期化する。va_start マクロに与える引数は、va_list 型の変数の名前と、末尾の仮引数の名前だ。省略されている名無しの引数を順に取り出すのが、va_arg() マクロである。va_arg() マクロを呼び出す際には、そのたびにプログラマが型を与える必要がある。va_arg() は、与えられた型の実引数が存在することを前提に処理を行うが、それを保証する一般的な方法はない。va_start() を呼び出した関数は、リターンする前に、va_end() を呼び出さなければならない。というのも、va_start() がスタックを変更する

ことがあるからだ。そのままだと、正常なリターンができなくなるため、va_end() によってスタックを元に戻すのだ。

error() は、標準ライブラリ initializer_list を用いても実装できる：

```
void error(int severity, initializer_list<string> err)
{
   for (auto& s : err)
      cerr << s << ' ';
   cerr << '\n';
   if (severity) exit(severity);
}
```

その場合の呼出しでは、並び形式を与えなければならない。たとえば：

```
switch (argc) {
case 1:
     error(0,{argv[0]});
     break;
case 2:
     error(0,{argv[0],argv[1]});
     break;
default:
     error(1,{argv[0],"with",to_string(argc-1),"arguments"});
}
```

int を string に変換する関数 to_string() は、標準ライブラリとして提供される（§36.3.5）。

C言語のスタイルを真似する必要がなければ、単独の引数としてコンテナを渡すことで、コードが簡潔になる：

```
void error(int severity, const vector<string>& err)  // 前のものと大体同じ
{
   for (auto& s : err)
      cerr << s << ' ';
   cerr << '\n';
   if (severity) exit(severity);
}

vector<string> arguments(int argc, char* argv[])      // 引数をまとめる
{
   vector<string> res;
   for (int i = 0; i!=argc; ++i)
      res.push_back(argv[i]);
   return res;
}

int main(int argc, char* argv[])
{
   auto args = arguments(argc,argv);
   error((args.size()<2)?0:1,args);
   // ...
}
```

ヘルパ関数 arguments() は平凡であるし、main() と error() は単純だ。main() と error() とのあいだのインタフェースは、すべての引数を渡すように一般化されている。これは、将来的な error() の改良の際に有用だ。vector<string> を使っているので、可変個引数の手法と比べると、エラーも起こりにくくなる。

12.2.5 デフォルト引数

汎用的な関数は、単純な処理を行う関数に比べて、多くの引数を必要とすることがある。たとえば、オブジェクトを構築する関数（§16.2.5）は、柔軟性を保つために、複数の選択肢を提供することがある。§3.2.1.1 で取り上げた complex クラスを例に考えてみよう：

```
class complex {
   double re, im;
public:
   complex(double r, double i) :re{r}, im{i} {}    // ２個のスカラからcomplexを構築
   complex(double r) :re{r}, im{0} {}               // １個のスカラからcomplexを構築
   complex() :re{0}, im{0} {}                       // デフォルトのcomplexは{0,0}

   // ...
};
```

complex のコンストラクタの処理内容は極めて単純だ。しかし、処理内容が本質的に同一の関数（この場合はコンストラクタ）が3個もあるのは、論理的に奇妙に感じられる。多くのクラスでは、処理内容はもっと多くなり、しかも、複数のコンストラクタが存在する、という状況は同じだ。そこで、“本当のコンストラクタ”を1個だけにして、処理を1箇所に集中させると、重複の繰返しが不要になる（§17.4.3）：

```
complex(double r, double i) :re{r}, im{i} {}    // ２個のスカラからcomplexを構築
complex(double r) :complex{r,0} {}              // １個のスカラからcomplexを構築
complex() :complex{0,0} {}                      // デフォルトのcomplexは{0,0}
```

デバッグやトレースや統計情報収集などのコードを complex に追加することになっても、そのための追加は1箇所に集中できる。なお、以下のように、さらに簡略化できる：

```
complex(double r ={}, double i ={}) :re{r}, im{i} {}   // ２個のスカラからcomplexを構築
```

本来受け取ることになっている2個の引数よりも少ない個数の引数が与えられた場合に、デフォルト値を利用するという意図だ。コンストラクタを1個だけにして、それにちょっとしたものを加えるだけの表記なので、処理の目的が明確になる。

デフォルト引数は、関数宣言時に型チェックが行われ、呼出し時に評価される。たとえば：

```
class X {
public:
   static int def_arg;
   void f(int =def_arg);
   // ...
};

int X::def_arg = 7;

void g(X& a)
{
   a.f();           // f(7)になるはず
   a.def_arg = 9;
   a.f();           // f(9)
}
```

値が変更できてしまうデフォルト引数は、気付きにくい文脈依存性をもち込んでしまうので、極力避けるべきだ。

デフォルト引数が利用できるのは、末尾側の引数だけだ。たとえば：

```
int f(int, int =0, char* =nullptr);     // ＯＫ
int g(int =0, int =0, char*);           // エラー
int h(int =0, int, char* =nullptr);     // エラー
```

と=のあいだの空白文字を忘れないようにしよう（=だと代入演算子とみなされる：§10.3）：

```
int nasty(char*=nullptr);               // 構文エラー
```

デフォルト引数は、同一スコープ内では、繰り返し宣言することや、値を変更することはできない。たとえば：

```
void f(int x =7);
void f(int =7);          // エラー：繰り返せない
void f(int =8);          // エラー：値は変更できない

void g()
{
   void f(int x = 9);    // ＯＫ：外側のスコープの宣言を隠す
   // ...
}
```

入れ子になったスコープの中で繰り返し宣言すると、外側の名前が隠されてしまうため、エラーにつながりやすい。

12.3 関数多重定義

一般に、異なる関数には別の名前を与えるものだ。しかし、異なる型のオブジェクトに対して、同一コンセプトの処理を行う関数であれば、同じ名前にしたほうが便利だ。異なる型に対する処理に同じ名前を与えることを、**多重定義**（*overloading*）という。これは、C++の基礎的な演算でも用いられている。たとえば、加算演算を表すのは+だけであり、その一つで、整数の加算、浮動小数点数の加算、整数と浮動小数点の加算などが行える。この考え方は、プログラマが定義する関数に対しても容易に適用可能だ。例をあげよう：

```
void print(int);            // intを表示
void print(const char*);    // Ｃ言語スタイルの文字列を表示
```

コンパイラから見ると、同名関数が共有するのは、名前だけだ。他の点でも共通部はあるだろうが、それに対する支援や制限を、言語がプログラマに対して与えることはない。すなわち、関数名の多重定義は、本質的に記述上の利便性を図るだけのものだ。とはいえ、その利便性は、sqrt、print、openなどの平凡な名前をもつ関数にとっては大きな意味がある。名前のセマンティクスが重要であれば、その利便性は非常に重要だ。たとえば、+、*、<<などの演算子や、コンストラクタ（§16.2.5，§17.1）、ジェネリックプログラミング（§4.5，第32章）などが該当する。

テンプレートは、多重定義された関数をひとくくりにする体系的方法を提供する（§23.5）。

12.3.1 多重定義の自動解決

ある関数fctが呼び出されたら、fctという名前のどの関数を実行するかをコンパイラが判断し

なければならない。その判断は、スコープ内に存在するfctという名前の全関数の仮引数の型と、実引数の型を比較することで行われる。引数の一致度がもっとも高い関数を選択して、一致する関数が存在しなければ、コンパイル時エラーにする、という方法だ。たとえば：

```
void print(double);
void print(long);

void f()
{
    print(1L);        // print(long)
    print(1.0);       // print(double)
    print(1);         // エラー：print(long(1))かprint(double(1))かが曖昧
}
```

妥当と考えられる適切な関数の選択にあたっては、以下の規則が順に適用される：

[1] 正確な一致：一切の変換が不要、あるいは、些細な変換（たとえば配列名や関数名からポインタへの変換、Tからconst Tへの変換など）だけで一致する。

[2] 格上げによる一致：汎整数格上げ（boolからint、charからint、shortからintの変換と、それぞれのunsigned版の変換（§10.5.1））と、floatからdoubleへの変換によって一致する。

[3] 標準変換による一致（該当する変換の一例：intからdouble、doubleからint、doubleからlong double、派生クラスを指すポインタから基底クラスを指すポインタ（§20.2）、T*からvoid*（§7.2.1）、intからunsigned int（§10.5））。

[4] ユーザ定義変換による一致（たとえば：doubleからcomplex<double>（§18.4））。

[5] 関数宣言の省略記号 ... による一致（§12.2.4）。

この順序で見ていき、あるレベルにおいて、一致する関数が複数ある場合は、曖昧とみなされてエラーとなる。解決規則が非常に細かくなっているのは、C言語とC++の組込み数値型に対応するためだ（§10.5）。たとえば：

```
void print(int);
void print(const char*);
void print(double);
void print(long);
void print(char);

void h(char c, int i, short s, float f)
{
    print(c);          // 正確な一致：print(char)
    print(i);          // 正確な一致：print(int)
    print(s);          // 汎整数格上げ：print(int)
    print(f);          // floatからdoubleへの格上げ：print(double)

    print('a');        // 正確な一致：print(char)
    print(49);         // 正確な一致：print(int)
    print(0);          // 正確な一致：print(int)
    print("a");        // 正確な一致：print(const char*)
    print(nullptr);    // nullptr_tからconst char*への格上げ：print(const char*)
}
```

ここで、print(0)がprint(int)を呼び出すのは、0がintだからだ。同様に、'a'はchar

なので、print('a') はprint(char) を呼び出す（§6.2.3.2）。変換と格上げを区別するのは、int から char といった安全ではない変換よりも、char から int といった安全な格上げを優先させるためだ。§12.3.5 も参照しよう。

なお、多重定義解決は、考慮対象となる関数の宣言順序とは無関係だ。

関数テンプレートは、引数一式に対する特殊化の結果に対して多重定義解決規則を適用することによって処理される（§23.5.3）。{} 並びを使った場合の多重定義（初期化子並びが優先される：§12.2.3, §17.3.4.1）と、テンプレートの右辺値参照引数（§23.5.2.1）には、別の規則が適用される。

多重定義は比較的複雑な規則に依存するので、プログラマが想定しない関数が呼び出されることがある。どうして、そうなるのだろうか？　多重定義以外の手法を考えてみよう。さまざまな型のオブジェクトに対して、類似した処理を実行することはよくある。多重定義がなければ、名前の異なる関数を複数定義しなければならない：

```
void print_int(int);
void print_char(char);
void print_string(const char*);        // Ｃ言語スタイルの文字列

void g(int i, char c, const char* p, double d)
{
   print_int(i);           // ＯＫ
   print_char(c);          // ＯＫ
   print_string(p);        // ＯＫ

   print_int(c);           // ＯＫ？  print_int(int(c))  を呼び出す。数値を表示
   print_char(i);          // ＯＫ？  print_char(char(i))を呼び出す。縮小変換
   print_string(i);        // エラー
   print_int(d);           // ＯＫ？  print_int(int(d))  を呼び出す。縮小変換
}
```

多重定義版のprint() と比べると、複数の名前と利用法を正しく覚えなければならなくなる。面倒な上に、ジェネリックプログラミングと対立する（§4.5）。さらに、比較的低レベルな型問題でプログラマを煩わせてしまう。というのも、多重定義がなければ、ここに示した関数の引数に対して、すべての標準変換が適用されるからだ。これはエラーの原因にもなる。この例では、4個の関数呼出しのうち、コンパイラが曖昧さを検出するのは1個だけだ。特に2個の関数呼出しでは、エラーにつながりやすい縮小変換（§2.2.2, §10.5）が起こる。多重定義すれば、不適切な引数をコンパイラが検出できる機会が増える。

12.3.2 多重定義と返却型

多重定義解決では、返却型は考慮されない。個々の演算子や関数呼出しの文脈に依存することなく解決を行うためだ（§18.2.1, §18.2.5）。たとえば：

```
float sqrt(float);
double sqrt(double);

void f(double da, float fla)
{
   float fl = sqrt(da);  // sqrt(double)を呼び出す
```

```
    double d = sqrt(da);  // sqrt(double)を呼び出す
    fl = sqrt(fla);       // sqrt(float)を呼び出す
    d = sqrt(fla);        // sqrt(float)を呼び出す
}
```

もし返却型を考慮に入れると、**sqrt()** の呼出しを、文脈に依存せずに検討することができなくなり、どの関数を呼び出すべきかが判断できなくなってしまう。

12.3.3 多重定義とスコープ

多重定義は、同じ名前の関数が複数あるときに生まれるものだ。デフォルトでは、その対象は、ある同一スコープ中の関数である。異なる非名前空間スコープで宣言された関数は、多重定義の対象ではない。たとえば：

```
void f(int);

void g()
{
    void f(double);
    f(1);           // f(double)を呼び出す
}
```

明らかに、**f(1)** にもっともよく一致するのは **f(int)** だ。しかし、スコープ内にあるのは、**f(double)** だけである。期待どおりにしたいのであれば、局所宣言を追加するか削除すればよい。意図的な名前隠蔽は有用な技法なのだが、意図しない隠蔽は混乱の原因となる。

基底クラスと派生クラスのスコープは異なるので、基底クラスの関数と派生クラスの関数は、デフォルトでは多重定義とはならない。たとえば：

```
struct Base {
    void f(int);
};

struct Derived : Base {
    void f(double);
};

void g(Derived& d)
{
    d.f(1);  // Derived::f(double)を呼び出す
}
```

クラススコープ（§20.3.5）や名前空間（§14.4.5）をまたがる多重定義が必要であれば、**using** 宣言や **using** 指令を用いる（§14.2.2）。実引数依存探索（§14.2.4）を用いると、名前空間をまたがる多重定義が可能だ。

12.3.4 複数引数の解決

処理効率や精度が型に大きく依存する場合の最適な関数選択に、多重定義解決規則が利用できる。次の例を考えよう：

```
int pow(int, int);
double pow(double, double);
complex pow(double, complex);
```

```
complex pow(complex, int);
complex pow(complex, complex);

void k(complex z)
{
   int i = pow(2,2);           // pow(int,int)を呼び出す
   double d = pow(2.0,2.0);    // pow(double,double)を呼び出す
   complex z2 = pow(2,z);      // pow(double,complex)を呼び出す
   complex z3 = pow(z,2);      // pow(complex,int)を呼び出す
   complex z4 = pow(z,z);      // pow(complex,complex)を呼び出す
}
```


複数の引数を受け取る多重定義関数からの選択では、個々の引数すべてに§12.3の規則を適用して、一致度がもっとも高いものを決定する。ある引数の一致度がもっとも高く、他の全引数の一致度がそれと同等以上であれば、その関数が選択される。そのような関数が存在しなければ、曖昧と判断されて受け付けられない。たとえば：

```
void g()
{
   double d = pow(2.0,2);  // エラー：pow(int(2.0),2)かpow(2.0,double(2))か？
}
```

これが曖昧である理由は、`2.0`が`pow(double, double)`の第1引数との一致度がもっとも高く、`2`が`pow(int,int)`の第2引数との一致度がもっとも高いからだ。

12.3.5 多重定義の手動解決

多重定義された関数が少なすぎる（あるいは、多すぎる）と、曖昧さが発生しやすくなる。たとえば：

```
void f1(char);
void f1(long);

void f2(char*);
void f2(int*);

void k(int i)
{
   f1(i);      // 曖昧：f1(char)かf1(long)か？
   f2(0);      // 曖昧：f2(char*)かf2(int*)か？
}
```

もし可能であれば、多重定義された関数全体を俯瞰した上で、関数のセマンティクスの観点から適切かどうかを判断すべきだ。曖昧さを解決するような関数を追加することによって、問題が解決することも多い。次の定義を追加してみよう：

```
inline void f1(int n) { f1(long(n)); }
```

そうすると、たとえば`f1(i)`のコードは、より大きな`long int`を選択できることになって、曖昧さが解決する。

なお、関数呼出しごとに明示的型変換を用いるという解決法もある。たとえば：

```
f2(static_cast<int*>(0));
```

このようなコードは、見苦しい一時しのぎにしかならないことが多い。同じような呼出しがあれば、また同じ対処が繰り返し必要になってしまう。

C++の初心者は、曖昧さに対してエラーを発するコンパイラに苛立つものだ。しかし、熟練者であれば、設計エラーを示す貴重なエラーメッセージを大切にする。

12.4 事前条件と事後条件

すべての関数は、引数に対して、何らかの想定をもつ。想定の一部は、引数の型として表現されている。しかし、実際に渡された値、さらには、渡された複数の値どうしの関係に関しても想定が必要である。コンパイラとリンカは、引数の型が正しいことは保証できるが、引数の“不正な”値にどう対処すべきかを決定するのは、プログラマの責任だ。関数が呼び出された時点で保証されるべき論理的な規則を**事前条件**（*precondition*）と呼び、また、関数がリターンした時点で保証されるべき論理的な規則を**事後条件**（*postcondition*）と呼ぶ。たとえば：

```
int area(int len, int wid)
/*
    長方形の面積を計算する

    事前条件：lenとwidは正

    事後条件：返却値は正

    事後条件：辺の長さがlenとwidである長方形の面積を返却する
*/
{
   return len*wid;
}
```

ここでは、事前条件と事後条件の記述量は、関数本体よりも多い。極端に感じられるかもしれないが、その情報は、`area()`の実装者自身、利用者、テスト作業者にとって極めて有用だ。たとえば、`0`や`-12`といった値が、有効な引数ではないことが分かる。さらに巨大な数値を2個渡した場合、事前条件は満たすものの、`len*wid`がオーバフローすると、事後条件の一方あるいは両方を満たさなくなることも分かる。

さて、`area(numeric_limits<int>::max(),2)`の呼出しは、どうすべきだろう？

[1] この呼出しを避けるのは、呼出し側の責任だろうか？　そのとおりだ。しかし、呼出し側が、そうしなかったら？

[2] この呼出しを避けるのは、実装者の責任だろうか？　そうならば、どのようにエラー処理をすべきだろう？

この疑問に対する回答は、複数考えられる。呼出し側がミスして、事前条件を満たせないことは、よくあるものだ。また、実装者にとっても、低コストで効率よく事前条件を完全にチェックするのは難しい。呼出し側が事前条件を満たすことを前提にしたくはなるが、やはり正当性の確認は必要だ。容易にチェックできるのは、一部の事前条件と事後条件（たとえば、`len`が正数であるかとか、`len*wid`が正数であるかなど）ということに注意しよう。そうでない条件は、セマンティクスとしては自然であって、判定は困難だ。たとえば、“辺の長さが`len`と`wid`である長方形の面積を返却する”

は、どうすればチェックできるだろう？　これは、そもそも“長方形の面積”の意味を知っている必要があるというセマンティクス上の制約であって、オーバフローしない精度でlenとwidを乗算し直すのでは、高コストとなる。

これほど単純なarea()に対して事前条件と事後条件を記述することによって、分かりにくい問題が発見できた。これは珍しいことではない。事前条件と事後条件を明記することは、重要な設計上の技法であって、良質なドキュメンテーションにもなる。ドキュメンテーションと条件の強制については、§13.4で解説する。

関数が引数だけに依存するのであれば、事前条件は引数だけとなるはずだ。しかし、非局所値に依存する関数（たとえばオブジェクトの状態に依存するメンバ関数）に対しても注意が必要である。基本的に、すべての非局所値は、関数に渡される暗黙の引数とみなす必要がある。事後条件も同様だ。副作用をもたない関数の事後条件は、正しく計算した結果そのものであると記述できる。しかし、関数が非局所オブジェクトを変更する場合は、その影響を考慮してドキュメント化しなければならない。

以下に示すのが、関数開発者の選択肢の一例だ：

[1] すべての入力に対して有効な結果があることを保証する（事前条件が不要になる）。
[2] 事前条件が満たされていると想定する（呼出し側がミスしないことを前提とする）。
[3] 事前条件をチェックして、満たされていなければ例外を送出する。
[4] 事前条件をチェックして、満たされていなければプログラムを終了させる。

事後条件が満たされなければ、事前条件をチェックしなかったか、プログラミングエラーのいずれかだ。§13.4では別のチェック手法を解説する。

12.5 関数へのポインタ

関数本体から生成されたコードも、（データ）オブジェクトと同じように、メモリ上のどこかに配置される。そのため、関数にもアドレスがある。オブジェクトを指すポインタがあるように、関数を指すポインタがある。しかし、さまざまな理由（マシンアーキテクチャに関連する理由もあれば、システム設計に関連する理由もある）によって、関数を指すポインタを通じてコードそのものを変更するようなことはできない。関数に対して処理できることは、二つだけだ。それは、呼び出すことと、アドレスを取得することだ。関数のアドレスを取り出したポインタは、その関数の呼出しに利用できる。たとえば：

```
void error(string s) { /* ... */ }

void (*efct)(string);  // string引数を受け取って何も返却しない関数へのポインタ

void f()
{
    efct = &error;      // efctはerrorを指す
    efct("error");      // efctを通じてerrorを呼び出す
}
```

コンパイラはefctがポインタであることを認識し、そのポインタが指す関数を呼び出す。そのため、関数へのポインタでは、*による参照外しは省略可能だ。同様に、関数のアドレスを取得する&も省略可能である：

```
void (*f1)(string) = &error;  // OK：= errorと同じ
void (*f2)(string) = error;   // OK：= &errorと同じ

void g()
{
    f1("Vasa");               // OK：(*f1)("Vasa")と同じ
    (*f1)("Mary Rose");       // OK：f1("Mary Rose")と同じ
}
```

関数と同様に、関数へのポインタは、引数の型が宣言されていなければならない。ポインタ代入時は、関数の型が完全に一致しなければならない。たとえば：

```
void (*pf)(string);         // void(string)へのポインタ
void f1(string);            // void(string)
int f2(string);             // int(string)
void f3(int*);              // void(int*)

void f()
{
    pf = &f1;               // OK
    pf = &f2;               // エラー：返却型が異なる
    pf = &f3;               // エラー：返却型が異なる

    pf("Hera");             // OK
    pf(1);                  // エラー：返却型が異なる

    int i = pf("Zeus");     // エラー：voidがintに代入されている
}
```

引数渡しの規則は、関数を直接呼び出す場合と、ポインタを通じて呼び出す場合とで同じだ。

関数へのポインタを、異なる関数へのポインタ型に変換することはできる。しかし、変換後のポインタを元の型にキャストしなければ、おかしなことが起こってしまう：

```
using P1 = int(*)(int*);
using P2 = void(*)(void);

void f(P1 pf)
{
    P2 pf2 = reinterpret_cast<P2>(pf);
    pf2();                                   // おそらく重大な問題
    P1 pf1 = reinterpret_cast<P1>(pf2);      // pf2を“元の型に戻す”
    int x = 7;
    int y = pf1(&x);                         // OK
    // ...
}
```

関数へのポインタ型の変換では、極めて見苦しいキャスト`reinterpret_cast`が必要である。というのも、誤った型の関数を指すポインタの結果は、予測不能であってシステムに依存するからだ。たとえば、この例では、呼び出された関数が引数の指すオブジェクトを変更する可能性があるにもかかわらず、`pf2()`の呼出しでは引数を与えていない！

関数を指すポインタは、アルゴリズムをパラメータ化する場合にも利用できる。C言語には関数オブジェクト（§3.4.3）もラムダ式（§11.4）もないので、C言語スタイルのコードでは、関数を指すポインタを引数として受け渡す手法が一般的だ。一例として、要素の大小関係を判定する比較関数を必要とするソート関数に対して、関数へのポインタを与える例を示そう：

```
using CFT = int(const void*, const void*);

void ssort(void* base, size_t n, size_t sz, CFT cmp)
/*
    要素の大小関係の判定に“cmp”が指す比較関数を利用して
    “base”を先頭とする“n”個の要素の配列を昇順にソートする。
    1個の要素の大きさは“sz”バイト。

    シェルソート (Knuth, Vol3, pg84)
*/
{
    for (int gap=n/2; 0<gap; gap/=2)
        for (int i=gap; i!=n; i++)
            for (int j=i-gap; 0<=j; j-=gap) {
                char* b = static_cast<char*>(base); // 要キャスト
                char* pj = b+j*sz;                   // &base[j]
                char* pjg = b+(j+gap)*sz;            // &base[j+gap]
                if (cmp(pjg,pj)<0) {                 // base[j]とbase[j+gap]を交換
                    for (int k=0; k!=sz; k++) {
                        char temp = pj[k];
                        pj[k] = pjg[k];
                        pjg[k] = temp;
                    }
                }
            }
}
```

ssort() は、ソート対象のオブジェクト型について何も知らない。知っているのは、要素数（配列の大きさ）、個々の要素の大きさ、大小関係判定を実行する比較関数だけだ。ssort() の型は、標準Cライブラリのソート関数 qsort() と同じになるようにしている。しかし、現実のプログラムであれば、qsort() か、C++ 標準ライブラリのアルゴリズム sort（§32.6）か、専用のソート関数を利用すべきだ。ここに示した例は、C言語では一般的なコードだが、C++ で表現するアルゴリズムとしてはエレガントとはいえない（§23.5 と §25.3.4.1 を参照しよう）。

この形式のソート関数は、次のような表のソートに利用できる：

```
struct User {
    const char* name;
    const char* id;
    int dept;
};

vector<User> heads = {
    {"Ritchie D.M.",     "dmr",   11271},
    {"Sethi R.",         "ravi",  11272},
    {"Szymanski T.G.",   "tgs",   11273},
    {"Schryer N.L.",     "nls",   11274},
    {"Schryer N.L.",     "nls",   11275},
    {"Kernighan B.W.",   "bwk",   11276}
};

void print_id(vector<User>& v)
{
    for (auto& x : v)
        cout << x.name << '\t' << x.id << '\t' << x.dept << '\n';
}
```

ソートするには、まず適切な比較関数の定義が必要だ。比較関数は、第1引数が第2引数よりも小さければ負数を、両者が等しければゼロを、そうでなければ正数を返さなければならない：

```
int cmp1(const void* p, const void* q)  // 名前の文字列の比較
{
    return strcmp(static_cast<const User*>(p)->name,
                  static_cast<const User*>(q)->name);
}

int cmp2(const void* p, const void* q)  // 部門番号の比較
{
    return static_cast<const User*>(p)->dept - static_cast<const User*>(q)->dept;
}
```

関数へのポインタを、代入あるいは初期化する際に、引数や返却型が暗黙裏に型変換されることはない。そのため、見苦しくてエラーにつながりやすいキャストが避けられない：

```
int cmp3(const User* p, const User* q) // 識別番号の比較
{
    return strcmp(p->id,q->id);
}
```

`ssort()` が引数として `cmp3` を受け取ると、`cmp3` が `const User*` 型の引数とともに呼び出されることが保証されなくなる（§15.2.6 も参照しよう）。

ソートして結果を出力するプログラムを示そう：

```
int main()
{
    cout << "Heads in alphabetical order:\n";
    ssort(&heads[0],6,sizeof(User),cmp1);
    print_id(heads);
    cout << '\n';

    cout << "Heads in order of department number:\n";
    ssort(&heads[0],6,sizeof(User),cmp2);
    print_id(heads);
}
```

以下のように書きかえることもできるので、比較してみよう：

```
int main()
{
    cout << "Heads in alphabetical order:\n";
    sort(heads.begin(), heads.end(),
         [](const User& x, const User& y) { return x.name<y.name; }
    );
    print_id(heads);
    cout << '\n';

    cout << "Heads in order of department number:\n";
    sort(heads.begin(), heads.end(),
         [](const User& x, const User& y) { return x.dept<y.dept; }
    );
    print_id(heads);
}
```

これだと、要素や要素数などの大きさを意識しなくてよいし、比較のためのヘルパ関数も不要だ。`begin()` と `end()` の明示的な利用が面倒であれば、コンテナを受け取る `sort()` を用いれば、排除できる（§4.5.6）。

```
sort(heads,[](const User& x, const User& y) { return x.name<y.name; });
```

多重定義した関数のアドレスは、関数へのポインタに代入あるいは初期化することによって、取得できる。多重定義された関数から目的の関数を取り出す際は、関数の型が使われる。たとえば：

```
void f(int);
int f(char);

void (*pf1)(int) = &f;     // void f(int)
int (*pf2)(char) = &f;     // int f(char)
void (*pf3)(char) = &f;    // エラー：void f(char)はない
```

メンバ関数のアドレスも取得できる（§20.6）。しかし、メンバ関数へのポインタは、（非メンバ）関数へのポインタとは大きく異なる。

noexcept 関数を指すポインタは、noexcept と宣言してもよい。たとえば：

```
void f(int) noexcept;
void g(int);

void (*p1)(int) = f;                  // ＯＫ：ただし有効な情報を失う
void (*p2)(int) noexcept = f;         // ＯＫ：noexcept情報を保持する
void (*p3)(int) noexcept = g;         // エラー：gが例外をthrowしないことが分からない
```

関数へのポインタは、関数の結合（§15.2.6）を反映したものでなければならない。型別名の宣言では、結合指定と noexcept 指定は行えない。

```
using Pc = extern "C" void(int);    // エラー：別名の中に結合指定がある
using Pn = void(int) noexcept;      // エラー：別名の中にnoexceptがある
```

12.6 マクロ

マクロは、C言語では極めて重要だが、C++ではほとんど使われない。マクロに関する最大のルールは、どうしても使わなければならない限り利用しない、ということだ。ほとんどすべてのマクロは、プログラミング言語、プログラム、プログラマ、のいずれかの誤りを示している。マクロは、コンパイラが読み取る前にプログラムテキストを変更するので、多くのプログラミング支援ツールにとっても大きな問題となる。そのため、マクロを使うときは、デバッガ、クロスリファレンスツール、プロファイラなどのツールが提供する機能の一部が使えなくなることを覚悟しよう。マクロを使わなければならないときは、利用している C++ プリプロセッサのマニュアルを注意深く読んで、あまり技巧に走らないようにすべきだ。さらに、読み手に警告を与えるために、マクロ名に大文字を多用する慣習にしたがうべきだ。マクロの文法については、§iso.16.3 を参照しよう。

マクロの利用は、条件コンパイル（§12.6.1）とインクルードガード（§15.3.3）に限定するのが、私のお勧めだ。

単純なマクロの定義例を示す：

```
#define NAME rest of line
```

NAME がトークンとして使われていれば、それが rest of line に置換される。たとえば：

```
named = NAME
```

これは、

```
named = rest of line
```

に展開される。

引数を受け取るマクロも定義できる。たとえば：

```
#define MAC(x,y) argument1: x argument2: y
```

MACの利用時は、２個の文字列引数を与える必要がある。それらは、MAC()の展開時に、xとyの代わりに置きかえられる。たとえば：

```
expanded = MAC(foo bar, yuk yuk)
```

これは、

```
expanded = argument1: foo bar argument2: yuk yuk
```

と展開される。

マクロ名は多重定義できない。また、マクロプリプロセッサは、再帰呼出しを処理できない。

```
#define PRINT(a,b) cout<<(a)<<(b)
#define PRINT(a,b,c) cout<<(a)<<(b)<<(c)  /* おかしい？　多重定義ではなく２度目の定義 */

#define FAC(n) (n>1)?n*FAC(n-1):1          /* おかしい：再帰的なマクロ */
```

マクロは、文字列そのものの処理なので、C++の構文はほとんど考慮しないし、C++の型とスコープ規則はまったく考慮しない。コンパイラは、マクロ展開後の姿だけを見るので、マクロの誤りに対するエラーとして報告されるのは、マクロを展開した場所であって、定義場所ではない。そのため、エラーメッセージは極めて分かりにくいものになってしまう。

以下に示すのは、妥当なマクロの例だ：

```
#define CASE break;case
#define FOREVER for(;;)
```

まったく不要なマクロの例を示そう：

```
#define PI 3.141593
#define BEGIN {
#define END }
```

次は、危険なマクロの例だ：

```
#define SQUARE(a) a*a
#define INCR_xx (xx)++
```

なぜ危険なのかは、展開すれば分かる：

```
int xx = 0;       // 広域のカウンタ

void f(int xx)
{
    int y = SQUARE(xx+2);     // y=xx+2*xx+2すなわちy=xx+(2*xx)+2
```

```
    INCR_xx;                    // （広域のxxではなく）引数のxxをインクリメント
}
```

マクロを利用しなければならない場合、広域名の参照に対してはスコープ解決演算子 :: を適用すべきである（§6.3.4）。さらに、マクロ引数を、可能な限り丸括弧で囲むようにする。たとえば：

```
#define MIN(a,b) (((a)<(b))?(a):(b))
```

() の導入は、構文上の問題（多くの場合コンパイラが検出可能な問題）に対処できるが、副作用に関する問題は解決しない。たとえば：

```
int x = 1;
int y = 10;
int z = MIN(x++,y++);        // xは3になってyは11になる
```

コメントが必要になるような複雑なマクロを定義する際は、/* */ 形式のコメントを利用しておくとよいだろう。というのも、C++ ツールの一部として利用されているC言語のプリプロセッサが古くて、// 形式のコメントに対応できない可能性があるからだ。次のようにしよう：

```
#define M2(a) something(a)   /* きちんと考えられたコメント */
```

マクロを使うと、自分専用の言語の設計も可能だ。しかし、本来の C++ よりも、自分の“拡張言語”のほうを気に入ったとしても、大半の C++ プログラマにとっては理解不能だ。さらにプリプロセッサは、馬鹿正直なマクロプロセッサだ。複雑なことを処理しようとしても、実現不能だったり、不要に面倒なことになるだけだ。伝統的なプリプロセッサよりも、auto、constexpr、const、decltype、enum、inline、ラムダ式、namespace、template のほうがずっとうまく振る舞える。たとえば：

```
const int answer = 42;

template<typename T>
inline const T& min(const T& a, const T& b)
{
    return (a<b)?a:b;
}
```

マクロ定義の際に、何かのために新しい名前が必要になることは珍しくない。マクロ演算子 ## を使うと、二つの文字列を連結して新しい文字列が作成できる。たとえば：

```
#define NAME2(a,b) a##b

int NAME2(hack,cah)();
```

展開結果は、次のようになる：

```
int hackcah();
```

置きかえる文字列内で引数名の直前に単一の # が置かれると、そのマクロ引数を文字列に置換する。たとえば：

```
#define printx(x) cout << #x " = " << x << '\n'

int a = 7;
string str = "asdf";
```

```
void f()
{
    printx(a);      // cout << "a" " = " << a << '\n';
    printx(str);    // cout << "str" " = " << str << '\n';
}
```

#x <<" = " ではなくて **#x " = "** とするのは、誤りではなく、あまり知られていないものの“賢いコード”だ。隣接する文字列リテラルが連結される（§7.3.2）ことを利用している。

さて、次の指令を考えよう。

```
#undef X
```

これは、名前 **X** のマクロがすでに定義ずみかどうかとは無関係に、名前 **X** のマクロが定義されていない状態であることを保証するものだ。これによって、必要としていないマクロからの保護機能が得られる。もっとも、あるコードにおいて、**X** に期待される効果が何であるかが、容易に判断できるとは限らない。

実引数並び（すなわち“置換並び”）は、空でも構わない。

```
#define EMPTY() std::cout<<"empty\n"
EMPTY();        // "empty\n"を表示
EMPTY;          // エラー：マクロの置換並びがない
```

私は、エラーにつながりにくくて、作為的でもない、空のマクロ引数並びの利用例を思いつくのに苦労した。

マクロは可変個引数でもよい。たとえば：

```
#define err_print(...) fprintf(stderr,"error: %s %d\n", __VA_ARGS__)
err_print("The answer",54);
```

省略記号（**...**）は、文字列として実際に渡された引数を **__VA_ARGS__** が表現することを意味する。そのため、以下のように出力される：

```
error: The answer 54
```

12.6.1 条件コンパイル

マクロの利用法として、ほとんど避けられないものが一種類だけある。

```
#ifdef IDENTIFIER
```

この指令は、**IDENTIFIER** が定義されている場合は何もしないが、定義されていなければ **#endif** 指令までのすべての記述を無視する。たとえば：

```
int f(int a
#ifdef arg_two
,int b
#endif
);
```

マクロ **arg_two** が **#define** されていない状態だと、この指令は次のように展開される。

```
int f(int a
);
```

これは、プログラマがまともにプログラミングしていることを前提とするツールを混乱させる例だ。

#ifdef の利用例の大半は、これほど見苦しいものではない。節度をもって使う #ifdef と、その逆の意味をもつ #ifndef は、ほとんど害にならない。§15.3.3 も参照しよう。

#ifdef に利用するマクロの名前は、通常の識別子と衝突しないように、慎重に選択すべきである。

```
struct Call_info {
    Node* arg_one;
    Node* arg_two;
    // ...
};
```

まったく問題なく見えるソースコードだが、誰かが次の一行を記述しただけで混乱することになる：

```
#define arg_two x
```

残念なことに、広く利用されていて、かつ避けようのないヘッダの中でも、危険で不要なマクロが数多く定義されている。

12.6.2 定義ずみマクロ

いくつかのマクロが、コンパイラによって事前に定義されている（§iso.16.8, §iso.8.4.1）。

- __cplusplus：C++ のコンパイル時に定義される（C 言語の場合は定義されない）。値は 201103L だが、古い C++ 標準では、もっと小さな値だった。
- __DATE__：Aug 18 2013 のような "Mmm dd yyyy" 形式の日付。
- __TIME__："hh:mm:ss" 形式の時刻。
- __FILE__：現在のソースファイル名。
- __LINE__：ソースファイル内での現在の行番号。
- __func__：現在の関数名を表す C 言語スタイルの文字列。その内容は処理系定義（マクロではなくて、const な変数である）。
- __STDC_HOSTED__：依存処理系（§6.1.1）であれば 1、そうでなければ 0 と定義される。

これらに加えて、処理系が条件によって定義するマクロがある。

- __STDC__：C 言語ソースファイルコンパイル時に定義される（C++ の場合は定義されない）。
- __STDC_MB_MIGHT_NEQ_WC__：wchar_t のエンコーディングにおいて、基本ソース文字セット内の文字コードが、通常の文字リテラルの文字コードの値とは異なる可能性がある場合に、1 と定義される（§6.1）。
- __STDCPP_STRICT_POINTER_SAFETY__：処理系のポインタ安全性が strict であれば 1 と定義される（§34.5）。それ以外の場合は定義されない。
- __STDCPP_THREADS__：プログラムが複数の実行スレッドをもつ場合に 1 と定義される。それ以外の場合は定義されない。

例をあげよう：

```
cout << __func__ << "() in file " << __FILE__ << " on line " << __LINE__ << "\n";
```

さらに、多くの処理系では、コマンドラインや、コンパイル時環境からの、何らかの手段によって、ユーザが任意のマクロを定義できるようになっている。たとえば、(処理系固有の何らかの)"デバッグモード"でなければ、NDEBUG を定義する。そうすると、それが assert() マクロで利用できる(§13.4)。この方法は有用だが、ソースコードを読んだだけではプログラムの意味が分からない、ということでもある。

12.6.3 プラグマ

処理系が、標準とは異なる機能や、標準を超えた機能を実装するのはよくあることだ。当然、そのような機能がどう実装されるかは、標準として明記できない。そのため、標準ではプリプロセッサ指令 **#pragma** で始まる行の構文のみを明文化している。たとえば:

```
#pragma foo bar 666 foobar
```

可能な限り、**#pragma** は避けるべきだ。

12.7 アドバイス

[1] 意味ある処理を注意深くまとめて、それに名前を与えて、関数として"パッケージ化"しよう。§12.1。

[2] 関数は、論理的に単一の処理だけを実行すべきだ。§12.1。

[3] 関数は、短くしよう。§12.1。

[4] 局所変数を指すポインタや参照を返さないようにしよう。§12.1.4。

[5] コンパイル時に評価しなければならない関数は、constexpr と宣言しよう。§12.1.6。

[6] リターンできない関数は、[[noreturn]] と宣言しよう。§12.1.7。

[7] 小規模オブジェクトの引数は、値渡しとしよう。§12.2.1。

[8] 変更の必要がない大規模オブジェクトの引数は、const 参照渡しとしよう。§12.2.1。

[9] 結果を戻すときは、引数経由でオブジェクトを変更するのではなく、return 文を利用しよう。§12.2.1。

[10] ムーブと完全転送を実装する場合は、右辺値参照を利用しよう。§12.2.1。

[11] 引数に"オブジェクトが存在しない"状況があり得る場合は、ポインタを利用しよう(そして、"オブジェクトが存在しない"ことを nullptr で表現しよう)。§12.2.1。

[12] 引数に非 const 参照渡しを用いるのは、どうしても避けられない場合に限定しよう。§12.2.1。

[13] 引数には、広く一貫して const を利用しよう。§12.2.1。

[14] char* 引数と const char* 引数は、C 言語スタイルの文字列を指すものと想定しよう。§12.2.2。

[15] 配列をポインタとして渡すのは、避けよう。§12.2.2。

[16] 要素数が不明で型が異なる複数の引数を渡す場合は、initializer_list<T>(あるいは何らかの種類のコンテナ)を利用しよう。§12.2.3。

[17] 個数が不定である引数（...）は、避けよう。§12.2.4。

[18] 型が異なるものの処理内容が概念的に同一の関数は、多重定義しよう。§12.3。

[19] 整数の引数に対して多重定義する場合は、曖昧さを排除する関数を追加しよう。§12.3.5。

[20] 関数作成時には、事前条件と事後条件を明記しよう。§12.4。

[21] 関数を指すポインタよりも、関数オブジェクト（ラムダ式を含む）や仮想関数を優先しよう。§12.5。

[22] マクロは避けよう。§12.6。

[23] マクロを避けられなければ、大文字だらけの見にくい名前を利用せよ。§12.6。

第 13 章　例外処理

邪魔しないでくれ。
私が邪魔しているところなんだ。
— ウィンストン・S・チャーチル

13.1 エラー処理

本章では、例外を利用したエラー処理を解説する。効率よいエラー処理のためには、何らかの方針に基づいた上で言語の機能を利用する必要がある。本章で提示するのは、実行時エラーからの回復処理の要となる**例外安全性保証**（*exception-safety guarantee*）と、コンストラクタとデストラクタを用いた**資源獲得時初期化**（*Resource Acquisition Is Initialization*）＝RAIIである。両者は、**不変条件**（*invariant*）の指定に依存するため、アサーション強制についても解説する。

ここで解説する言語機能と技法は、ソフトウェアにおけるエラー処理に関する問題であって、非同期に発生するイベントの処理ではない。

ここで対象とするのは、局所的（単一の小規模関数内）では対処不可能な類のエラーだ。そのため、エラー処理は、プログラムの中で、別の部分として分割する必要が生じることがある。そのような部分は、もっぱら分割して開発される。私は、何らかの処理を実行するプログラム内の部品のことを“ライブラリ”と呼ぶことが多い。ライブラリは、通常のコードにすぎない。しかし、エラー処理を考える上では、ライブラリがどのようなプログラムで利用されるのかをライブラリ開発者が知ることができない、ということを心に刻んでおく必要がある：

- ライブラリ開発者は、実行時エラーを検出できる。しかし、どう対処すればよいかが分からないことが多い。
- ライブラリ利用者は、実行時エラーに対してどう対処すべきかが分かるだろう。しかし、エラーの検出は容易ではない（容易に検出できるならば、ユーザコードでエラーを処理して、ライブラリに検出を任せないだろう）。

ここでは、長期間稼働するシステムの問題と、信頼性要件が厳しいシステムの問題と、ライブラリの問題とに焦点を当てて、例外を解説する。プログラムの種類が異なれば要求も異なるし、必要な労力も変わってくる。たとえば、個人用に開発した2ページ程度のプログラムに、本章で解説するすべての技法を適用しようとは、私は考えない。しかし、コードを簡潔にする効果のある技法がたくさんあるので、それらは利用するだろう。

13.1.1 例外

例外（*exception*）は、エラーを検出する箇所から、エラーを処理する箇所への情報伝達を支援する。発生した問題に対処できない関数は、（その関数を直接的あるいは間接的に）呼び出した関数が、その問題に対処することを期待して、例外を**送出**（*throw*）する。問題への対処を試みる関数は、例外を**捕捉**（*catch*）することで、その意思を表現する（§2.4.3.1）。

- 呼び出した側は、`try` ブロックの `catch` 節に例外を指定して、対処の対象となる問題の種類を表す。
- 呼び出された側は、`throw` 式で例外を送出して、本来の仕事が完遂できなかったことを報告する。

単純で型どおりの例を考えてみよう：

```
void taskmaster()
{
    try {
        auto result = do_task();
        // resultを利用
    }
    catch (Some_error) {
        // do_task()が失敗：問題に対処
    }
}

int do_task()
{
    // ...
    if (/* 仕事が成功した */)
        return result;
    else
        throw Some_error{};
}
```

ここで、`taskmaster()` は、`do_task()` に仕事を依頼する。`do_task()` が処理を完了すると、正しい値を返却する。このときは順調だ。処理を完了できなければ、`do_task()` は例外を送出することで失敗を通知する。taskmaster() は、Some_error に対処するための準備をしているが、別の種類の例外が送出される可能性もある。というのも、do_task() が処理中に他の関数を呼び出して、その関数が処理の失敗を例外として送出する可能性があるからだ。Some_error 以外の例外は、taskmaster() の処理失敗ということなので、taskmaster() を呼び出した側で対処する必要がある。

関数は、エラーの発生を伝えるための値を返却するだけでは駄目だ。（単にエラーメッセージを表示して終了するのではなくて）プログラムの動作を続行するには、関数からのリターンは、プログラムの状態を正しく維持するとともに、資源リークを起こさないようにしなければならない。例外処理は、コンストラクタ／デストラクタのメカニズムや並列メカニズムを支援するように、それらと統合されている（§5.2）。例外処理は：

・不十分で汚くて誤りやすい、従来のエラー処理にとって代わる。
・完全である。通常のコードが検出する、あらゆるエラーに対処できる。
・プログラマが“通常のコード”からエラー処理部分を明示的に分離できるようにする。そのため、プログラムは、可読性が向上するとともに、各種ツールに受け入れられやすくなる。
・より体系化されたスタイルの例外処理を支援する。そのため、プログラム部分を個別に開発する際の負担が軽減する。

例外は、エラー発生を表すために throw されるオブジェクトである。そのオブジェクトの型は、コピー可能な型であれば、何でもよい。とはいえ、例外のために定義したユーザ定義型だけを使うことを強くお勧めする。そうすれば、関連性のない複数のライブラリが、たとえば 17 といった同一の値を異なるエラーのために使ってしまい、エラー処理のコードが混沌としてしまう、というような事態を最小限に抑えられる。

例外は、特定の例外型に対処することを表明したコード（catch 節）によって捕捉される。そのため、例外を定義するもっとも単純な方法は、そのエラー専用のクラスを定義して、そのオブジェクトを送出することだ。例をあげよう：

```
struct Range_error {};

void f(int n)
{
    if (n<0 || max<n) throw Range_error {};
    // ...
}
```

このような定義が退屈であれば、標準ライブラリが定義している、小規模な階層をもった例外クラス群を使うとよいだろう（§13.5.2）。

例外は、エラーに関する情報を伝える。エラーの型が、エラーの種類を表す。そして、エラーの内部表現がもつデータが、エラーに関する情報を表す。たとえば、標準ライブラリが定義する例外は、内部に文字列をもっており、それは送出された位置などに関する情報伝搬に利用できる（§13.5.2）。

13.1.2 従来のエラー処理

局所的に処理できない（たとえば範囲外アクセスなどの）問題を検出した関数が、呼出し側にエラーを通知しなければならない、という題材で、例外に代わるものを考えてみよう。以下に一般的な方式を示すが、それぞれ問題があって、汎用的なものが一つもない：

・**プログラムを終了させる。** これは、極めて劇的な方法だ。たとえば、以下のように行う：

```
if (something_wrong) exit(1);
```

ほとんどのエラーは、もっとうまく処理できるはずだし、そうすべきだ。少なくとも、終了前に適切なエラーメッセージを表示したり、エラーログを残したりする必要がある。プログラムの目的や一般的な方式を知らずにリンクされるライブラリが、単純に exit() や abort() を呼び出すわけにはいかない。クラッシュさせてはならないプログラムだと、無条件に終了するライブラリなどの利用は不可能だ。

・**エラー値を返す。** 許容できる"エラー値"がないことも多いので、必ずしも現実的とはいえない方法だ。たとえば：

```
int get_int();    // 入力から次の整数を取り出す
```

この入力関数では、すべての int 値が返却値として有効となり得るため、入力失敗を表すような整数値が存在しない。少なくとも、get_int() が2個の値を返すよう修正が必要だ。その修正が現実に行えたとしても、呼出しのたびに返却値を確認しなければならない点が不便だ。さらに、プログラムの大きさは、あっというまに倍くらいになってしまう（§13.1.7）。また、呼出し側がエラーの可能性を無視するかもしれないし、返却値の確認を忘れるかもしれない。そのため、あらゆるエラーを系統的に検出する方法として採用されることは、ほとんどない。たとえば printf() は、出力時や変換時にエラーが発生したときに、負数を返却する（§43.3）。しかし、プログラマがその返却値を確認することは、まずない。さらに、そもそも返却値を戻さない処理もある。たとえば、コンストラクタなどがその典型だ。

・**正当な値を返して、プログラムを"エラー状態"のままにしておく。** この方法の問題は、プログラムがエラー状態となっていることに、呼出し側の関数が気付かない可能性があることだ。たとえば、標準Cライブラリ関数の多くは、非局所変数 errno にエラー値をセットする（§43.4, §40.3）：

```
double d = sqrt(-1.0);
```

ここで、d は無意味な値となる。さらに、浮動小数点数の平方根を求める関数は、-1.0 が処理不能であることを表す値を errno に代入する。しかし、多くのプログラムでは、errno やそれに類する非局所の状態の設定やテストは、失敗した関数呼出しが返却する値によって引き起こされる二次的エラーを避けられるような頻度では行われない。さらにいうと、非局所変数にエラー状態を記録する方法は、並行処理とうまく協調できない。

- **エラー処理関数を呼び出す。**たとえば、以下の例を考えよう：

```
if (something_wrong) something_handler();  // おそらく続行されるだろう
```

これは偽装にすぎない。“それでは、エラー処理関数では何を処理すればよいのか？”という形で、すぐに問題が浮上する。エラー処理関数が問題を完全に解決できない限り、今度はエラー処理関数が、別の方法の選択を迫られる。すなわち、プログラムを終了させる、エラー値を返す、エラー状態のままにしておく、あるいは、例外を送出する、ということになる。もしエラー処理関数が、最上位の呼出し関数を悩ませることなく問題に対処できるならば、それはエラーなのだろうか？

従来は、これらの方式を非体系的に組み合わせた方法が採用されてきた。

13.1.3 ごまかしの対処

一部のプログラマにとって、まるで小説のように感じられる例外処理の手法の一つが、処理しないエラー（捕捉しない例外）への究極の対処として、プログラムを終了させることだ。従来のエラー処理は、うまくいくことを願いながら、ごまかしの対処を行うことだった。

プログラムを満足に実行させるのに注意と努力が必要であるという意味では、例外処理は、プログラムを、より“壊れやすい”ものにする。しかし、開発プロセスの後半や、開発が完了したプログラムを何も知らないユーザに渡した後で、悪い結果となるよりは好ましい。強制終了が許容されなければ、すべての例外を捕捉することも可能である（§13.5.2.2）。その場合、プログラマが認めた例外だけが、プログラムを終了させる。これは、従来方式のエラー回復処理が、壊滅的なエラーにつながったときに無条件にプログラムを終了するのに比べれば、一般的には好ましといえる。強制終了が許容されるのであれば、例外を捕捉しないままにすることもできる。というのも、捕捉されていない例外があると、`terminate()` が呼び出される（§13.5.2.5）からだ。なお、`noexcept` 指定子（§13.5.1.1）を用いた場合も、同様である。

エラーメッセージダイアログを表示してユーザに対応を尋ねるなどして、“何とか切り抜けよう”という労力の軽減を目指す手法もある。この種の方法は、ユーザがプログラムの構造に精通したプログラマであるデバッグ状況ならば有効だろう。しかし、非開発者が相手では、ユーザ／オペレータ（いないこともある）に助けを頼むライブラリは認められない。優れたライブラリは、このように“だらだらと喋らない”ものだ。ユーザへの通知が必要であれば、例外ハンドラが適切なメッセージを（フィンランドのユーザに対してはフィンランド語で、エラーログ収集システムに対してはXMLで）作成すればよい。例外を使えば、回復できないものを検出して、回復できそうなシステムの他の部分に渡すまでのコードが記述できる。プログラムが実行する文脈を理解できる部分のみが、意味あるエラーメッセージを作成する機会をもてるのだ。

エラー処理がいまだ難しいものであることは認識しておこう。さらに、例外処理は、それと置きかえ可能な技法より体系化されているとはいえ、局所的な制御構造のみをもつ言語機能と比較すれば、やはり依然として構造が弱いことも認識しておくべきだ。C++の例外処理のメカニズムは、与えられたシステム構造内でもっとも自然にエラーを処理する方法をプログラマに提供する。例外を導入すると、エラー処理が複雑に感じられるだろう。しかし、複雑さの原因は、例外ではない。悪いニュースをもってきたからなどと、メッセンジャーに文句をいわないように注意しよう。

13.1.4 例外のもう一つの顔

“例外”という言葉の意味は、人によって異なる。C++の例外処理は、局所的に対処できないエラー処理（“例外条件”）の支援のために設計されている。特に、エラー処理の支援の対象は、個別に開発されたコンポーネントで構成されるプログラムである。そのようなプログラムでは、プログラム内の一部分が処理を完遂できないことが、とりたてて例外的なことではないため、“例外”という用語は、誤解を招くかもしれない。プログラム実行中に何度も発生する事象を例外的といえるだろうか？　発生と対処が想定の範囲内の事象をエラーといえるだろうか？　これら二つの疑問に対する答えは、いずれも“yes”である。ここでの“例外”は、“ほとんど発生しない”とか“災害”といった意味ではないのだ。

13.1.4.1 非同期イベント

C++の例外処理は、たとえば配列範囲チェックや入出力エラーのような、同期的な例外を処理するために開発されたものだ。キーボード割込みや電源異常などは必ずしも例外的ではないため、例外処理メカニズムが直接的に扱うものではない。非同期イベントに対して、分かりやすく効率的に対処するには、（本節で述べる）例外とは、根本的に異なる機構が必要だ。多くのシステムが非同期に処理するシグナルなどの機構を実装しているが、システム依存の性格が強いため、ここでは取り上げない。

13.1.4.2 エラーではない例外

例外の意味を、“システムのある部分が依頼された処理を実行できなかった”と考えてみることにしよう（§13.1.1，§13.2）。

例外の throw は、関数呼出しのように頻繁に利用すべきではない。そうしないと、システムの構造が分かりにくくなってしまう。ただし、大規模プログラムのほとんどは、通常の正常実行の最中に何らかの例外を throw して catch することを想定すべきだ。プログラムの動作に悪影響を与えないよう例外が想定されていて、その想定どおりに例外を捕捉するとき、それは、そもそもエラーなのだろうか？　そういえるのは、プログラマがその例外をエラーと考えて、例外処理をエラー処理の道具と考えるときだけであろう。例外処理が単なる制御構造であって、呼出し側に値を返す方法の一つであると考える人もいるかもしれない。2分木探索関数を例に考えてみよう：

```
void fnd(Tree* p, const string& s)
{
   if (s == p->str) throw p;       // sを見つける
   if (p->left) fnd(p->left,s);
   if (p->right) fnd(p->right,s);
}
```

```
Tree* find(Tree* p, const string& s)
{
   try {
      fnd(p,s);
   }
   catch (Tree* q) {    // q->str==s
      return q;
   }
   return 0;
}
```

これは、確かに魅力的な部分もあるが、混乱や効率低下の原因となりやすいため、避けるべきコードである。すべてを踏まえた上で、“例外処理とはエラー処理である”と考えるべきだ。この考えに立つと、コードは明確に2種類に分離できる。すなわち、通常のコードと、エラー処理コードだ。これで、コードが理解しやすくなる。さらに、この考えに基づくという前提に立つと、例外処理機構の実装を最適化できる。

エラー処理は、本質的に難易度が高いものだ。エラーとは何か、そのエラーに対してどのように対処すべきかという明白なモデルの維持に役立つものであれば、どんなものでも大切にすべきである。

13.1.5 例外を使えないとき

C++プログラムでは、完全に一般化されて体系化されたエラー処理の唯一の方法は、例外を用いることである。しかし、現実的あるいは歴史的な制約によって、例外を利用できないプログラムがあることを、不本意ながらも認めざるを得ない。たとえば、以下のような例だ：

- 指定された時間内での処理完遂の保証が必要な、時間的制約が厳しい組込みシステム。throwからcatchへと例外が伝わるのに必要な最大の時間を正確に予測できるツールが存在しない以上、他のエラー処理方法を利用せざるを得ない。
- 資源ハンドルなどの体系的な方式（stringやvectorなど：§4.2, §4.4）を用いずに、その場しのぎの見苦しい資源管理（“生”のポインタや、newとdeleteによる空き領域の非体系的な“管理”など）を行う大規模で古いプログラム。

これらのケースでは、“古典的な”（例外が導入される以前の）技法にまで引き戻される。この種のプログラムには、多種多様な歴史的経緯や制限があるので、どう対処すべきかという一般的な答えは簡単には提示できない。そこで、広く用いられる二つの技法を提示する：

- RAIIを模倣する。コンストラクタをもつすべてのクラスに対して、何らかのerror_codeを返すinvalid()を実装する。そして、error_code==0が成功を表すという規約を導入する。これで、コンストラクタがクラスの不変条件を確立できなかった場合に、資源リークがないことに加えて、invalid()が非ゼロのerror_codeを返すことが保証される。この手法は、コンストラクタの外部でエラー状態をどう確認すればよいか、という問題を解決する。オブジェクトを作成した後に、毎回invalid()を確認する。もし失敗していれば、適切なエラー処理を実行する。たとえば：

```
void f(int n)
{
   my_vector<int> x(n);
   if (x.invalid()) {
      // ... エラーを処理 ...
   }
   // ...
}
```

- 値を返す関数と、例外を送出する関数のいずれか一方を模倣する。そのために、関数が`pair<Value,Error_code>`（§5.4.3）を返すようにする。ユーザは、関数を呼び出した後に、毎回`error_code`を判定して、失敗の場合は適切なエラー処理を実行する。たとえば：

```
void g(int n)
{
   auto v = make_vector(n); // pairを返却
   if (v.second) {
      // ... エラーを処理 ...
   }
   auto val = v.first;
   // ...
}
```

これらの手法を変形しても当然うまくいくだろう。いずれにしても、体系的な例外処理手法と比べれば手間がかかる。

13.1.6 階層的エラー処理

例外処理機構の目的は、要求されたタスクを完遂できなかったこと（すなわち"例外的な状況"を検出したこと）を、プログラム内のある部分から他の部分へ伝える方法を提供することだ。その前提は、プログラム内の上記二つの部分が個別に開発されることと、例外を処理する部分でほとんどのエラーを適切に処理できることである。

例外ハンドラを効率よく利用するには、総括的な戦略が必要だ。そのため、どのように例外を利用して、どこでエラーを処理するのかが、プログラムのさまざまな部分で統一されていなければならない。そもそも例外処理機構は非局所的なものである。そのため、総括的な戦略の死守が重要となる。このことは、開発初期段階でエラー処理を設計するのが最適なこと、さらには、エラー処理の方針が、（プログラム全体の複雑さと比べて）単純で明確でなければならないことを意味する。もともとトリッキーであるエラー回復の領域では、何か複雑な方法を一貫して利用することは不可能だ。

うまく機能するフォールトトレラントシステムは、数段階のレベルをもつ。各レベルでは、ねじれを発生させすぎない範囲で、できるだけ多くのエラーを処理して、対処できないエラーを上位のレベルへ渡す構造だ。例外処理も、この構造をもつ。これをサポートするのが、`terminate()`だ。例外処理システム自体が壊れている、あるいは、不完全にしか動作しない、などの理由によって例外が捕捉されないままとなった状態からの脱出が行える。同様に、`noexcept`を利用すると、エラー回復が不可能と判断される場合に、エラー処理から脱出できる。

すべての関数がファイアーウォールとなる必要はない。すなわち、すべての関数が、事後条件の処理に到達するまでエラーがまったく発生することなく処理が成功することを保証できるくらいに、事前条件を十分に確認できるとは限らない。というのも、プログラムやプログラマによる違いが大きいからだ。しかし、大規模プログラムについては、次のようにいえる：

[1] 上記に示した“信頼性”を保証する作業量は、矛盾せず行うには多すぎる。
[2] 時間と空間のオーバヘッドが、許容できる範囲でのシステムの動作が不可能となるくらい、大きすぎる（不正な引数などの同じ内容を、何度も繰り返して確認することになってしまう）。
[3] 他のプログラミング言語で記述された関数は、これらの規則には、したがえない。
[4] 純粋に局所的な“信頼性”が、システム全体の信頼性を損ねるほど複雑になる。

しかし、プログラムを、完全に正常終了するもの、あるいは、きちんと定義された形で異常終了するものへと、サブシステムに分割することは可能であるし、本質的で経済的でもある。そのため、大規模ライブラリ、サブシステム、重要なインタフェース関数は、この方針で設計すべきだ。多くのシステムでは、すべての関数を正常終了するか、あるいは、異常終了の場合でも的確に定義された動作となるように保証することは可能だ。

通常、システムのコード全体を、ゼロから設計するような贅沢は与えられない。汎用的なエラー処理戦略をプログラムのすべてのパーツに導入するには、他の戦略で実装されたプログラムコードの考慮が必要だ。そのため、プログラムコードの資源管理方法や、エラー発生後のシステムの状態など、さまざまな懸念事項を解決する必要がある。この作業の目的は、たとえ内部で異なる戦略が採用されていたとしても、プログラム全体が汎用的エラー処理戦略を採用しているようにみせかけることだ。

エラー通知の方法を、別の方法に変換しなければならないことがある。たとえば、C言語ライブラリ関数を呼び出した後で**errno**をチェックした上で例外を送出する、あるいは逆に、C++ライブラリからC言語プログラムに戻る前に、例外を捕捉して**errno**に値を設定するといった例だ：

```
void callC()     // C++からC関数を呼び出す：errnoをthrowに変換
{
    errno = 0;
    c_function();
    if (errno) {
        // ... もし可能であって必要ならば、局所的な後始末 ...
        throw C_blewit(errno);
    }
}

extern "C" void call_from_C() noexcept   // CからC++関数を呼び出す：throwをerrnoに変換
{
    try {
        c_plus_plus_function();
    }
    catch (...) {
        // ... もし可能であって必要ならば、局所的な後始末 ...
        errno = E_CPLPLFCTBLEWIT;
    }
}
```

このような場合、エラー通知方法の変換が完全なものとなるように、体系化されていることが重要だ。残念なことに、このような変換は、明確なエラー処理戦略がなければ、せいぜい“見苦しいコード”になるだけであって、体系化は困難である。

エラー処理は、可能な限り、階層的に行うべきだ。ある関数が実行時エラーを検出した場合に、エラー回復処理や資源獲得などのために、呼出し側に助けを求めるべきではない。そのような要求を行うと、システムの依存関係に循環が生まれてしまう。プログラムは理解しにくくなって、エラー処理とエラー回復コードのあいだで無限ループが発生する可能性が生まれる。

13.1.7 例外と効率

原則として、例外処理は、例外が送出されないときの実行時オーバヘッドがゼロとなるように実装できる。そのため、例外送出が、関数呼出しに比べて、必ず高コストになるわけではない。しかし、これらのことを、大きなメモリオーバヘッドを追加することなく、しかも、C言語の呼出しシーケンスやデバッガなどとの互換性を維持した上で行うのは、可能とはいえ困難である。なお、例外に代わる手法にも、必ずコストがかかることを忘れないようにしよう。古いシステムでは、コードの半分がエラー処理となっているのも珍しくはない。

例外処理とはまったく無関係に見える、以下に示す単純な関数f()を考えよう：

```
void f()
{
   string buf;
   cin>>buf;
   // ...
   g(1);
   h(buf);
}
```

ここでのg()とh()は、例外を送出する可能性がある。そのため、f()は例外発生時にbufを正しく解体することを保証するコードとなっていなければならない。

もしg()が例外を送出しないとしても、何らかの方法によるエラー通知が必要だ。例外を使わないエラー処理のための通常のコードは、上記のような単純なコードとはならず、次のようになる：

```
bool g(int);
bool h(const char*);
char* read_long_string();

bool f()
{
   char* s = read_long_string();
   // ...
   if (g(1)) {
      if (h(s)) {
         free(s);
         return true;
      }
      else {
         free(s);
         return false;
      }
   }
   else {
      free(s);
      return false;
   }
}
```

sを局所バッファにすれば、ここでのfree()は排除できる。しかし、その代わりに範囲チェックを行うコードが必要となる。複雑さは、つきまとうものであって、なかなか消えてくれない。

プログラマは、エラーを体系的には処理しないものだ。そのことが危険につながるとは限らない。しかし、体系的で注意深いエラー処理が必要であれば、このような内部管理の仕事は、コンピュータ、すなわち、例外処理機構に任せるべきである。

なお、noexcept指定子（§13.5.1.1）が、コンパイラの生成するコードの改善に、極めて役立つことがある。以下の例を考えよう：

```
void g(int) noexcept;
void h(const string&) noexcept;
```

こうするだけで、f()用に生成されるコードが改善される可能性が生まれる。

従来からのC言語関数が例外を送出することはないので、大半のC言語関数はnoexceptと宣言できる。

標準ライブラリの実装者は、ごく限られた（atexit()やqsort()などの）標準C言語ライブラリ関数のみが例外を送出することが分かっている。そのことをうまく利用すると、よりよいコードが生成できる。

“C言語関数”をnoexceptと宣言する前に、その関数が例外を送出する可能性があるかどうかを、時間をかけて検討しよう。たとえば、C++のnew演算子に置きかえられていると、bad_alloc例外が送出されるかもしれない。また、例外を送出するC++ライブラリを呼び出しているかもしれない。

例によって、測定することなく効率を議論することには、意味はない。

13.2 例外安全性の保証

エラーから回復するためには、すなわち、例外を捕捉した上でプログラムの実行を継続するためには、エラー回復処理の前後におけるプログラムの状態として想定できることの把握が必要だ。把握できた場合にのみ、エラー回復は意味をもつ。ある処理が例外を送出して終了した際に、プログラムを有効な状態のままにするのであれば、その処理は**例外安全**（*exception-safe*）と呼ばれる。しかし、例外安全を、意味のある有用なものとするには、“有効な状態”という言葉の意味を厳密にする必要がある。例外を用いた現実の設計では、過剰に一般化された“例外安全”を、噛みくだいて、少数の特定の保証内容に細分化する必要がある。

オブジェクトについては、クラスが不変条件（§2.4.3.2, §17.2.1）を設けていると想定する。その不変条件は、コンストラクタで確立されていて、オブジェクトの内部表現にアクセスするすべての関数によって、オブジェクト解体時まで維持される、と想定する。そのため、**有効な状態**（*valid state*）とは、コンストラクタが完了して、デストラクタに到達していない状態を意味する。明らかにオブジェクトとはみなせないデータに対しても、同様に考える。すなわち、二つの非局所データに、何らかの関連があると仮定されていれば、その関連を不変条件とみなして、それをエラー回復処理でも維持する必要がある。例をあげよう：

```
namespace Points {    // すべてのiに対して(vx[i],vy[i])はi番目の点
    vector<int> vx;
    vector<int> vy;
};
```


この例では、vx.size()==vy.size() が、（必ず）真になると仮定されている。しかし、そのことは、コメントに記述されているだけであり、コンパイラはコメントを解釈しない。このような暗黙の不変条件は、理解して保守するのが、極めて困難である。

関数は、例外を throw する前に、作成ずみのすべてのオブジェクトを有効な状態に置かねばならない。ところが、その有効な状態が、呼出し側にとって都合がよいとは限らない。たとえば、string を空文字列にするとか、コンテナを未ソートの状態にする、といったものだ。そのため、完全な回復のためには、エラーハンドラは、catch 節に達した時点での（有効な）値と比較して、アプリケーションにとって適切で望ましい値を生成しなければならない場合がある。

C++ 標準ライブラリでは、例外安全なコンポーネント設計用に、汎用的で有用なフレームワークを提供する。すべての標準ライブラリの処理は、次にあげる保証のどれか一つを提供する：

- すべての処理に対する**基本保証**（*basic guarantee*）：全オブジェクトの基本的な不変条件を管理して、メモリなどの資源リークが発生しない。すべての組込み型と標準ライブラリの型に対して、標準ライブラリの処理後に、そのオブジェクトは解体あるいは代入が可能である、という基本的な不変条件が保証される（§iso.17.6.3.1）。
- 主要な処理に対する**強い保証**（*strong guarantee*）：基本保証に加えて、処理が成功すること、あるいは、失敗時に何らかの影響がないことを保証する。これは、主要な処理に対する保証であり、その一例が、push_back()、list に対する単一要素の insert()、uninitialized_copy() などである。
- 一部の処理に対する **nothrow 保証**（*nothrow guarantee*）：一部の処理に対しては、基本保証に加えて、例外を送出しないことを保証する。二つのコンテナを交換する swap() や pop_back() など、ごく限られた処理に対する保証である。

基本保証と強い保証には、次の条件がある。

- ユーザ定義の処理（たとえば代入や swap() 関数など）は、コンテナ要素を無効な状態のままにしてはならない。しかも、
- ユーザ定義の処理は、資源リークを発生させてはならない。しかも、
- デストラクタは例外を送出してはならない（§iso.17.6.5.12）。

デストラクタが例外を送出して終了するといった、標準ライブラリの要求に対する違反は、空ポインタに対して参照外しを行うという、基本的な言語仕様に対する違反と、論理的には同じだ。実際の影響も同じであって、通常は惨事につながる。

基本保証と強い保証の両方が、資源リークを起こさないことを要件としている。これは、資源リークが許されないすべてのシステムにとって必須要件である。特に、例外を送出する処理では、オペランドを的確に定義された状態にするだけではなく、要求したすべての資源が（最終的に）解放さ

れることを保証しなければならない。たとえば、ある処理が確保したメモリが最終的に正しく解放されることを保証するには、例外が送出された時点で、すべて解放されているか、あるいは、他のオブジェクトに所有権が渡されていなければならない。たとえば：

```
void f(int i)
{
    int* p = new int[10];
    // ...
    if (i<0) {
        delete[] p;     // 送出あるいはリークの前にdelete
        throw Bad();
    }
    // ...
}
```

リークの可能性がある資源が、メモリに限らないことを忘れないようにしよう。私は、システムの別の部分から獲得して、その後（明示的あるいは暗黙的に）返却するものは、すべて資源であると考えている。ファイル、ロック、ネットワーク接続、スレッドなどもシステム資源だ。関数は、例外を送出する前に、資源を解放するか、あるい、何らかの資源ハンドラに渡さなければならない。

部分的な構築と解体に関するC++の規則に基づいて、部分オブジェクトとメンバの構築中に送出された例外は、標準ライブラリコードに世話になることなく、正しく処理されることが保証される（§17.2.3）。この規則は、例外を処理するすべての技法の基盤となっている。

一般に、例外を送出する可能性があるすべての関数は、実際に例外を送出するだろうと仮定すべきである。このことは、鼠の巣のような複雑な制御構造や壊れやすいデータ構造であっても、迷子にならないようにコードを構築しなければならないことを意味する。エラーを探すためにコードを解析するときは、高度に構造化されて“様式化”された簡潔なコードが理想である。§13.6ではこの種のコードの現実的な例を提示する。

13.3 資源管理

関数が資源を得たとき、すなわち、ファイルをオープンする、空き領域からメモリを確保する、ミューテックスを獲得する、などの処理を行ったときは、システムの将来のために、資源を正しく解放することが極めて重要であることが多い。多くの場合、“正しい解放”は、資源を獲得した関数が、呼出し側に戻る前に資源を解放することによって実現できる。次の例を考えよう：

```
void use_file(const char* fn) // 率直なコード
{
    FILE* f = fopen(fn,"r");

    // ... fを利用 ...

    fclose(f);
}
```

これは、一見正しく感じるかもしれない。しかし、よく考えると、fopen()からfclose()までのあいだに何か問題が発生すると、例外によってfclose()を呼び出さないままuse_file()が終了する可能性があることに気付くだろう。例外処理をサポートしないプログラミング言語でも、まったく同じ問題が発生する。たとえば、標準C言語ライブラリ関数longjmp()がそうである。use_file

が、fをクローズしないまま通常の**return**文を実行しても、同様な問題が発生するだろう。

この例の**use_file()**を、フォールトトレラントにする第一歩は、次のようなものだ：

```
void use_file(const char* fn)  // 稚拙なコード
{
   FILE* f = fopen(fn,"r");
   try {
      // ... fを利用 ...
   }
   catch (...) {      // 可能性のあるすべての例外を捕捉
      fclose(f);
      throw;
   }
   fclose(f);
}
```

ここでは、ファイルを利用するコードを**try**ブロックで囲んだ上で、すべての例外を捕捉して、ファイルをクローズして、例外を再送出している。

この解決法には、冗長で、面倒で、高コストになるという問題がある。さらに悪いのは、獲得して解放するのが複数の資源になると、極めて複雑さが増すことだ。幸いにも、もっとエレガントな解決法がある。この問題は、次のように一般化できる：

```
void acquire()
{
   // 資源1を確保
   // ...
   // 資源nを確保

   // ... 資源を利用 ...

   // 資源nを解放
   // ...
   // 資源1を解放
}
```

一般に、資源は、獲得したときと逆の順序で解放することが重要だ。この点は、局所オブジェクトがコンストラクタによって作られて、デストラクタによって解体される動作に極めて似ている。そのため、資源獲得と解放の問題は、コンストラクタとデストラクタをもつクラスオブジェクトを用いることで解決できる。たとえば、**FILE***と同じように振る舞う**File_ptr**クラスを定義してみよう：

```
class File_ptr {
   FILE* p;
public:
   File_ptr(const char* n, const char* a)    // ファイルnをオープン
          : p{fopen(n,a)}
   {
      if (p==nullptr) throw runtime_error{"File_ptr: Can't open file"};
   }

   File_ptr(const string& n, const char* a) // ファイルnをオープン
          :File_ptr{n.c_str(),a}
   { }

   explicit File_ptr(FILE* pp)                // ppの所有権を仮定
```

```
        :p{pp}
    {
        if (p==nullptr) throw runtime_error("File_ptr: nullptr"};
    }

    // ... 適切なムーブ演算とコピー演算 ...

    ~File_ptr() { fclose(p); }

    operator FILE*() { return p; }
};
```


FILE*もしくはfopen()に必要な引数を与えると、File_ptrオブジェクトが構築される。いずれにせよ、File_ptrは、スコープを抜け出る際に解体され、デストラクタがファイルをクローズする。また、File_ptrは、ファイルのオープン失敗時に例外を送出する。そうしないと、ファイルハンドルを用いるすべての処理で、nullptrかどうかの確認が必要になってしまうからだ。さて、先ほどの関数は、次のように最小限まで縮小できる：

```
void use_file(const char* fn)
{
    File_ptr f(fn,"r");
    // ... fを利用 ...
}
```

デストラクタは、関数が正常終了したか、例外を送出して終了したかにかかわらず、必ず呼び出される。すなわち、例外処理メカニズムによって、メインのアルゴリズムからエラー処理コードが除去できたのだ。その結果生まれるコードは、同等な従来のものより簡潔でエラーになりにくいものとなる。

局所オブジェクトを使った資源管理は、一般に“資源獲得時初期化（Resource Acquisition Is Initialization）”（RAII：§5.2）と呼ばれる。これは、コンストラクタとデストラクタの性質と、それらの例外処理との相互作用によって実現する一般的な技法である。

“ハンドルクラス”（RAIIクラス）の記述はつまらない、いっそのこと、catch(...)の動作を上手に記述する文法を導入すれば、もっとよい解になるのでないか、といった提案を、これまでに何度も受け取った。この方式には問題がある。というのも、原則から外れた方法で資源を獲得した場合（大規模プロジェクトだと、数十あるいは数百箇所にもなることが大半だ）、“捕捉して是正する”ことを覚えておかなければならないからだ。ハンドラクラスであれば、記述は1箇所ですむ。

オブジェクトは、コンストラクタの処理が完了するまでは、構築されたとはみなされない。その後、完了した場合にのみ、スタックが巻き戻されて（§13.5.1）、そのオブジェクトのデストラクタが呼び出される。部分オブジェクトをもつオブジェクトは、部分オブジェクトの構築が完了するまでは、構築されたとはみなされない。配列も同様だ。配列は、要素の構築が完了するまでは、構築されたとはみなされない（スタック巻戻し時には、完全に構築された要素だけが解体される）。

コンストラクタは、オブジェクトが正しく完全に構築されることを保証しようと試みる。それが達成できない場合、きちんと記述されたコンストラクタであれば、システムを、可能な限り作成前の状態に復元する。きちんと設計されたコンストラクタが、いずれか（完全にオブジェクトを構築するか、あるいは、システムをオブジェクト作成前の状態に復元する）を達成して、オブジェクトを“作成途中”の状態に置かないことが理想である。これは、メンバにRAII技法を適用することで、容易に実現できる。

ファイル x とミューテックス y（§5.3.4）という2個の資源を獲得するコンストラクタをもつクラス X を考えてみよう。資源獲得は失敗するかもしれないので、その際は例外が送出されることになるだろう。クラス X のコンストラクタは、ファイルを獲得してミューテックスを獲得していない状態（あるいは、ミューテックスを獲得してファイルを獲得していない状態、あるいは、両方とも獲得していない状態）で終了してはならない。しかも、この動作は、プログラマに複雑な負担をかけることなく実現できなければならない。ここでは、獲得した資源を表現するために、2個のクラス File_ptr と std::unique_lock（§5.3.4）のオブジェクトを用いる。そして、資源獲得の表現は、資源を表す局所オブジェクトの初期化によって行う：

```
class Locked_file_handle {
   unique_lock<mutex> lck;
   File_ptr p;
public:
   X(const char* file, mutex& m)
     : lck{m},           // "m"を獲得
       p{file,"rw"}      // "file"を獲得
   {}
   // ...
};
```

これで、局所オブジェクトの場合と同様に、すべての資源管理が処理系の手にゆだねられる。もはや、ユーザは追跡管理から解放されたのだ。たとえば、p の構築が完了したものの、lck のコンストラクタによる構築が完了しなかった、というときに例外が発生したとしよう。その場合、p のデストラクタは実行されるが、lck のデストラクタは実行されない。

すなわち、この単純な資源獲得モデルを用いれば、コンストラクタ開発者はエラー処理コードを明示的に記述する必要がない、ということだ。

もっとも一般的に利用される資源は、メモリ、string、vector、それにRAIIによって暗黙裏に資源を管理する標準コンテナである。new を（おそらく delete も）用いた、その場しのぎのメモリ管理に比べると、この方式は作業量を大きく削減するし、多くの誤りを防ぐ。

局所オブジェクト以外のオブジェクトを指すポインタを利用する場合、リークを避けるために、標準ライブラリの unique_ptr と shared_ptr（§5.2.1, §34.3）の利用を検討するとよい。

13.3.1 finally

資源の表現を、デストラクタをもつクラスオブジェクトによって行う方法を面倒に思う人もいる。例外発生後に後始末をするための、ある特定のコードを“最終処理”として記述できるようにする言語構造が、これまでに何度も提案されてきた。それらの方法は、対象が限定されているため、RAIIより劣る。しかも、本当にその場しのぎを行いたいと考えていたとしても、ちゃんとRAIIで実現できる。まずは、任意の処理が実行できるデストラクタをもつクラスを定義する：

```
template<typename F>
struct Final_action {
   Final_action(F f): clean{f} {}
   ~Final_action() { clean(); }
   F clean;
   Final_action(const Final_action&) =delete;     // コピーを禁止（§3.3.4と§17.6.4）
   Final_action& operator=(const Final_action&) =delete;
};
```

デストラクタが実行することになる“最終処理”は、コンストラクタが引数として受け取る。

次に、処理の型を都合よく導出する関数を定義する：

```
template<typename F>
Final_action<F> finally(F f)
{
   return Final_action<F>(f);
}
```

最後に、finally() をテストする：

```
void test()
   // 行儀が悪い資源獲得を処理
   // ある特定の処理の実行が可能であることを示す
{
   int* p = new int{7};                          // unique_ptr（§5.2）を使ったほうがよい
   int* buf = (int*)malloc(100*sizeof(int));  // C言語スタイルの確保

   auto act1 = finally([&]{ delete p;
                             free(buf);          // C言語スタイルの解放
                             cout<< "Goodby, Cruel world!\n";
                           }
                    );

   int var = 0;
   cout << "var = " << var << '\n';

   { // 入れ子のブロック
      var = 1;
      auto act2 = finally([&]{ cout<< "finally!\n"; var=7; });
      cout << "var = " << var << '\n';
   } // act2はここで呼び出される

   cout << "var = " << var << '\n';
} // act1はここで呼び出される
```

実行すると、次のように表示される：

```
var = 0
var = 1
finally!
var = 7
Goodby, Cruel world!
```

確保されていた p と buf が指すメモリは、適切に delete されて free() される。

一般的にいっても、保護対象の定義の近くに、保護のためのコードを置くのは、よいアイディアだ。

この方法では、何が資源なのか（対象が限定されているかもしれない）、さらに、スコープを抜けるときに何を行うのかが、一目で分かる。`finally()` 処理と、利用する資源との関係は、資源処理のためにRAIIを用いる方法と比べると、依然として対象が限定されていて分かりにくい。しかし、後始末コードをブロックの中に散乱させるよりも、`finally()` を用いたほうがはるかによい。

基本的に、`finally()` は、`for` 文のインクリメント部分（§9.5.2）が `for` 文に対して行うことを、ブロックに対して行うものである。ブロックの最後に行う処理を、ブロック冒頭で指定する。そのため、見やすいし、ブロックとの所属関係が分かりやすくなる。スコープから抜け出るときに実行する処理を明示するので、プログラマは、実行スレッドがスコープを抜け出る可能性がある数多くの箇所にコードを書かなくてすむようになる。

13.4 不変条件の強制

関数の事前条件（§12.4）が満たされなければ、その関数は処理を正常に実行できない。同様に、コンストラクタがクラスの不変条件（§2.4.3.2, §17.2.1）を確立できなければ、そのオブジェクトは利用できない。そのような場合、私は、例外を送出する。ところが、例外を送出できないプログラムも存在する（§13.1.5）。さらに、事前条件（や同等の条件）が成立しなかったときの対処については意見が分かれる：

- **そんなことをしてはいけない**：事前条件を満たすのは呼出し側の責任であって、呼出し側が満たさない以上、正常な結果は得られない。最終的には、設計の見直し、デバッグ、テストによって、エラーはシステムから取り除かれるだろう。
- **プログラムを終了させる**：事前条件違反は設計の重要な誤りを意味するので、そのような状態では、プログラムは処理を進めてはいけない。（そのプログラムの）1個のコンポーネントのエラーが、システム全体へ悪影響を与えないといいのだが。最終的には、設計の見直し、デバッグ、テストによって、エラーはシステムから取り除かれるかもしれない。

これらの選択肢から、どちらか一方を選ぶべきだろうか？　最初の方法は、性能要求につながりやすい。事前条件を体系的に確認することは、論理的に不要な確認の繰返しにつながる（たとえば、正しいことを呼出し側が確認ずみのデータを、呼び出された数千もの関数で数百万回も同じ確認を繰り返すことなどは、論理的に冗長だ）。性能に費やすコストは、膨大になる可能性がある。性能を得るために、テスト中に何度もクラッシュに悩まされることなどは、無駄ではないだろう。いうまでもなく、この手法は、最終的に、すべての致命的な事前条件違反を、システムから取り除けることが前提である。完全に単一組織管理下に置かれたシステムであれば、現実的な目標となり得る。

2番目の方法は、事前条件不成立の場合に、短時間で完全に回復するのが不可能と考えられるシステムで用いられる傾向にある。すなわち、完全な回復を行うためには、システム設計と実装に許容できないほどの複雑さが必要となる場合である。その場合、プログラムを終了するほうが許容できると考えられる。たとえば、同じエラーを繰り返さないと考えられる入力と引数をプログラムに与えて再実行するのが容易であれば、プログラム終了を許容するのは合理的といえる。分散システムなどでは、この方法を採用することが多い（終了するプログラムが、システム全体のごく一部である限り）。さらに、開発者が自身の作業用として作成する小規模なプログラムもそうである。

現実には、例外を、上記二つの方法と併用するシステムが多い。いずれの方法も、事前条件を定義して順守するという点は変わらない。しかし、事前条件をどのように強制するのか、あるいは、エラーからの回復が可能かどうかという点が異なる。プログラムの構造は、（局所化された）エラーからの回復を目的とするかどうかによって、大きく変化する。多くのシステムでは、回復を期待することなく、何らかの例外を送出する。実際、私は、エラーログを保証したり、プロセスの終了や再初期化前に適切なメッセージを出力したりするために、（たとえば `main()` 内の `catch(...)` などで）例外を送出することも多い。

目的の条件や不変条件の確認を表現する方法には、数多くの種類がある。確認の論理的な根拠を中立的に表現する場合、一般に**アサーション**（*assertion*）という用語を用いる。ちなみに、省略して**アサート**（*assert*）と呼ぶことも多い。さて、そのアサーションは、`true` であることを仮定するだけの単純な論理式だ。しかし、単なるコメントとは違って、`false` となった場合の動作を記述する。さまざまなシステムを観察した結果、アサーションには以下のニーズがあると、私は考えている：

- コンパイル時アサート（コンパイラによって評価される）と、実行時アサート（実行時に評価される）のいずれかを選択できる。
- 実行時アサートでは、例外送出、終了、無視などの動作が選択できる。
- 論理条件が `true` でなければ、コードは一切生成されてはならない。たとえば、いかなる実行時アサートも、論理条件が `true` でない限り、評価されてはならない。一般に、論理条件は、デバッグフラグ、チェックレベル、強制するアサートを選択するマスク値などである。
- アサートは、冗長であってはならないし、記述に苦労するほど複雑であってもならない（非常に多く利用されることがあるからだ）。

すべてのシステムが、上記のすべてを必要としているわけではない。

C++ 標準は、以下に示す単純な2種類の方法を提供している：

- `<cassert>` は、標準ライブラリ `assert(A)` マクロを提供する。これは、`NDEBUG` マクロ（“非デバッグモード（not debugging）”）が定義されていない場合にのみ、実行時に `A` を評価する（§12.6.2）。評価結果が真にならなければ、（失敗した）アサーション、ソースファイル名、ソースファイル中の行番号を含むメッセージを出力して、プログラムを終了させる。
- 言語として、`static_assert(A,message)` を提供する。これは、コンパイル時に無条件に `A` を評価する（§2.4.3.3）。評価結果が真にならずアサーションに失敗したら、コンパイラが `message` を出力して、コンパイルは異常終了する。

`assert()` と `static_assert()` で満足できないのであれば、通常のコードで確認を行える。たとえば：

```
void f(int n)
   // nは[1:max)に収まっていなければならない
{
   if (2<debug_level && (n<=0 || max<n))
      throw Assert_error("range problem");
   // ...
}
```

しかし、この例のような“平凡なコード”だと、何を確認しているのかが分かりにくくなりやすい。どれを確認しているのだろう？

- 判定下での条件を評価しているのか？（そう、2<debug_level の部分である）。
- 呼出しによって、真となることが期待されたり、偽となることが期待されるような条件を評価しているのか？（違う、例外を送出している。ただし、誰かが単なるリターンの代わりとして例外を用いていないときに限られる：§13.1.4.2）。
- 決して偽となってはならない事前条件を確認しているのか？（そう。そのときの応答として、例外を選択しただけだ）。

残念ながら、事前条件の判定（や不変条件の判定）は、別のコードにも散乱しやすいので、場所を特定しにくい上に、誤りやすい。私たちが望むのは、アサーションをチェックするための、見た目で分かる仕組みである。ここで必要なのは、さまざまなアサーションと、判定失敗時に対するさまざまな対処を表現する仕組みである（やや念を入れすぎているのだが）。まず、いつ判定するか、さらに、判定が失敗であると評価されたときに何を実行するかを指定する仕組みを定義する：

```
namespace Assert {
   enum class Mode { throw_, terminate_, ignore_ };
   constexpr Mode current_mode = CURRENT_MODE;
   constexpr int current_level = CURRENT_LEVEL;
   constexpr int default_level = 1;

   constexpr bool level(int n)
      { return n<=current_level; }

   struct Error : runtime_error {
      Error(const string& p) :runtime_error(p) {}
   };

   // ...
}
```

この考え方は、アサーションに“レベル”を設けて、指定された“レベル”が current_level 以下の場合に限って判定を行うというものだ。アサーションに失敗した場合は、3種類の動作からの選択を行うために current_mode が利用される。current_level と current_mode は定数になっている。これは、実際に判定した結果、失敗に対する対処を行わない場合に、アサーションのコードを一切生成しないようにするためだ。プログラムをビルドする環境で、コンパイラオプションなどを利用して CURRENT_MODE と CURRENT_LEVEL を定義することを想定している。

アサーションを作成するには、以下に示す Assert::dynamic() を用いる：

```
namespace Assert {
   // ...

   string compose(const char* file, int line, const string& message)
      // ファイル名と行番号を含むメッセージを作成
   {
      ostringstream os ("(");
      os << file << "," << line << "):" << message;
      return os.str();
   }

   template<bool condition =level(default_level), typename Except = Error>
   void dynamic(bool assertion, const string& message ="Assert::dynamic failed")
   {
      if (assertion)
         return;
      if (current_mode == Assert_mode::throw_)
         throw Except{message};
      if (current_mode == Assert_mode::terminate_)
         std::terminate();
   }

   template<>
   void dynamic<false,Error>(bool, const string&)  // 何も行わない
   {
   }

   void dynamic(bool b, const string& s)   // デフォルトの対処
   {
      dynamic<true,Error>(b,s);
   }

   void dynamic(bool b)                    // デフォルトのメッセージ
   {
       dynamic<true,Error>(b);
   }
}
```

ここでは、**static_assert**（“コンパイル時評価”を意味する：§2.4.3.3）と対照的になるように、**Assert::dynamic**という（“実行時評価”を意味する）名前を採用した。

生成されるコード量を最小限に抑えるのであれば、もっと策略に富んだ実装も可能だ。逆に、より高い柔軟性が必要であれば、実行時の判定を増やすこともできる。ここに示した**Assert**は、標準ライブラリには含まれていない。何よりも、問題と実装テクニックを示すためのものだ。アサーションにはさまざまな要求が求められるので、何か一つを定義しても、それが万能になることはないと私自身は考えている。

さて、**Assert::dynamic**の利用例を示すことにしよう：

```
void f(int n)
   // nは[1:max)内に入っていなければならない
{
   Assert::dynamic<Assert::level(2),Assert::Error>(
      (1<=n && n<max), Assert::compose(__FILE__,__LINE__,"range problem"));
   // ...
}
```

二つのマクロ**__FILE__**と**__LINE__**は、ソースコードのファイル名と、ソースファイル内のコードの位置に展開される（§12.6.2）。これらを、**Assert**の実装内に置くことによって、ユーザの目から隠すことはできない。

Assert::Error は、デフォルトの例外なので、明示的な記述の必要がない。同様に、デフォルトのアサーションレベルを利用する場合も、明示的なレベルの記述は必要ない：

```
void f(int n)
    // nは[1:max)内に入っていなければならない
{
    Assert::dynamic((1<=n && n<max),Assert::compose(__FILE__,__LINE__,"range problem"));
    // ...
}
```

アサーションに関しては、コーディング量を気にしないことをお勧めするが、名前空間指令（§14.2.3）とデフォルトメッセージを用いれば、次のように、最小限で記述ができる：

```
void f(int n)
    // nは[1:max)内に入っていなければならない
{
    dynamic(1<=n && n<max);
    // ...
}
```

ビルドオプション（たとえば、条件コンパイルの制御）と、プログラム内のオプションの、一方あるいは両方を用いれば、テストコードとテストへの対応が制御可能だ。その場合、広範囲にテストしてデバッガへ突入するシステムのデバッグバージョンと、ほとんど何もテストしない製品バージョンの2種類をビルドできる。

個人的には、最小限のテストコードは最終（出荷）バージョンにも残したほうがよいと考えている。たとえば、明らかに規約とみなせることを Assert するのであれば、レベルを 0 とする。そうすると、必ずアサーションされる。開発と保守を続ける大規模プログラムのバグがなくなることはない。また、仮にすべての部分が完璧に動作したとしても、ハードウェア異常に対処するための“健全性確認”のコードを残しておくのが賢明だろう。

エラーを許容できるかどうかを決定できるのは、システムの最終バージョンをビルドする人物だけである。ライブラリや再利用されるコンポーネントの開発者は、無条件に終了するような贅沢はできないのが一般的だ。この点は、個人的には、「汎用ライブラリコードでは、エラーの通知が、できれば例外の送出によるものが重要である」と解釈している。

例によって、デストラクタでは例外を送出してはならない。したがって、デストラクタで Assert() による送出を行ってはならない。

13.5 例外の送出と捕捉

本節では、例外を、言語の技術的な面から解説する。

13.5.1 例外の送出

私たちは、コピーやムーブが可能な、あらゆる型の例外オブジェクトを送出できる。たとえば：

```
class No_copy {
    No_copy(const No_copy&) = delete;     // コピーを禁止する（§17.6.4）
};
```

```
class My_error {
    // ...
};

void f(int n)
{
    switch (n) {
    case 0:  throw My_error{};  // ＯＫ
    case 1:  throw No_copy{};   // エラー：No_copyはコピーできない
    case 2:  throw My_error;    // エラー：My_errorはオブジェクトではなく型である
    }
}
```

原則として、捕捉した例外オブジェクト（§13.5.2）は、送出された例外オブジェクトのコピーである（ただし、最適化によってコピーを最小限に抑えることが認められている）。すなわち、`throw x;`では、x型の一時オブジェクトがxで初期化される。その一時オブジェクトは、捕捉されるまでに複数回コピーされることがある。適切なハンドラが見つかるまで、呼び出された関数から呼び出した関数へ（戻って）渡される。tryブロックのcatch節のハンドラの選択は、例外の型に基づいて行われる。例外オブジェクトの内部にデータがあれば、エラーメッセージの出力や、回復支援に利用できる。送出された位置からハンドラまで、例外を“スタックの上方へ”渡す過程は、**スタック巻戻し**（*stack unwinding*）と呼ばれる。スコープを抜けるたびにデストラクタが実行されるので、完全に構築されたオブジェクトは、正しく解体される。たとえば：

```
void f()
{
    string name {"Byron"};
    try {
        string s = "in";
        g();
    }
    catch (My_error) {
        // ...
    }
}

void g()
{
    string s = "excess";
    {
        string s = "or";
        h();
    }
}

void h()
{
    string s = "not";
    throw My_error{};
    string s2 = "at all";
}
```

`h()`が例外を送出した後に、構築ずみのすべての`string`が、構築とは逆の順序で解体される。`"not"`、`"or"`、`"excess"`、`"in"`の順である。しかし、実行スレッドが到達しなかった`"at all"`は解体対象ではない。さらに、無関係な`"Byron"`も解体の対象とならない。

例外は、捕捉されるまでに複数回コピーされる可能性があるので、巨大なデータをもたせないのが一般的だ。通常は、2〜3ワード程度のデータとする。例外伝搬のセマンティクスは、例外オブジェクトの初期化なので、ムーブセマンティクスをもつ型（たとえばstringなど）のオブジェクトであれば、送出のコストは高くつかない。なお、よく利用されている例外には、情報をまったくもたないものもある。そのような型は、名前だけでエラー内容が十分に伝わるからだ。たとえば：

```
struct Some_error { };

void fct()
{
   // ...
   if (something_wrong)
      throw Some_error{};
}
```

標準ライブラリには例外型の小規模な階層がある（§13.5.2）。その例外用クラスは、直接利用してもよいし、基底クラスとして利用してもよい。たとえば：

```
struct My_error2 : std::runtime_error {
   const char* what() const noexcept { return "My_error2"; }
};
```

runtime_errorやout_of_rangeなどの標準ライブラリの例外クラスは、文字列を引数に受け取るコンストラクタと、その文字列をそのまま返す仮想関数what()をもっている。利用例を示そう：

```
void g(int n)   // いくつかの例外を送出
{
   if (n)
      throw std::runtime_error{"I give up!"};
   else
      throw My_error2{};
}

void f(int n)   // g()が送出した例外が何であるかを見る
{  try {
      void g(n);
   }
   catch (std::exception& e) {
      cerr << e.what() << '\n';
   }
}
```

13.5.1.1 noexcept関数

例外を送出しない関数や、送出すべきではない関数もある。そのことを表すには、その関数をnoexceptと宣言する。たとえば：

```
double compute(double) noexcept;   // 例外を送出しない
```

これで、compute()が例外を送出することはなくなる。

関数をnoexceptと宣言することは、プログラムを検証するプログラマと、プログラムを最適化するコンパイラにとって、極めて価値のある情報だ。プログラマは（noexcept関数のエラーを処理するための）tryブロックを提供するために気を使わなくてすむし、コンパイラは例外処理の流れを気にせずに最適化を行える。

ところが、コンパイラとリンカは、noexceptを完全にチェックするわけではない。プログラマが“嘘”をついて、noexcept関数が、故意あるいは事故によって捕捉されていない例外を送出したらどうなるだろう？ 次の例を考えてみよう：

```
double compute(double x) noexcept
{
   string s = "Courtney and Anya";
   vector<double> tmp(10);
   // ...
}
```

vectorのコンストラクタは、10個のdouble用のメモリ確保に失敗してstd::bad_allocを送出する可能性がある。その場合、自動的にstd::terminate()が呼び出されて（§30.4.1.3）、プログラムは無条件に終了する。呼出し側の関数から、デストラクタが呼び出されることもない。というのも、throwからnoexceptまでのスコープにある（たとえばcompute()のsに対する）デストラクタを実行するかどうかが、処理系定義だからである。プログラムは、ただ終了しようとする。そのため、どのオブジェクトにも依存してはいけないのだ。noexcept指定子を付加するのは、そのコードがthrowと協調するために書かれたものではない、ということを表すためである。

13.5.1.2 noexcept演算子

関数は、条件付きのnoexceptとして宣言することもできる。たとえば：

```
template<typename T>
void my_fct(T& x) noexcept(Is_pod<T>());
```

noexcept(Is_pod<T>())は、述語Is_pod<T>()がtrueであればmy_fctが例外を送出しないことと、falseであれば例外を送出することを表す。my_fct()が引数をコピーするのであれば、私はこのように記述する。たとえば、PODのコピーでは例外は発生しないし、他の型（stringやvectorなど）では発生する可能性があることが分かっている。

noexcept()指定子の中に記述する述語は、定数式でなければならない。ただのnoexceptは、noexcept(true)のことなのだ。

標準ライブラリでは、例外を送出する可能性がある関数の条件を記述するときに便利な型述語を数多く提供している（§35.4）。

記述したい述語が、型述語だけではうまく表現できない場合はどうすればよいだろう？ たとえば、例外を送出するかしないかを決定する処理が、f(x)という関数呼出しだった場合は？ noexcept()演算子は引数として式を受け取って、その関数が例外を送出できないことをコンパイラが“知っていれば”trueを、そうでなければfalseを返す。たとえば：

```
template<typename T>
void call_f(vector<T>& v) noexcept(noexcept(f(v[0])))
{
   for (auto x : v)
      f(x);
}
```

noexceptが二重になっている部分は、奇妙に見えるだろう。しかし、noexceptは普通の演算子とは、まったく異なる。

実は、noexcept()のオペランドは評価されない。そのため、ここに示したcall_f()に対して空のvectorを渡しても、実行時エラーは発生しない。

noexcept(expr)演算子は、exprが送出可能かどうかの判断に膨大な労力をかけない。exprに記述された全演算を調べて、そのすべてがtrueと評価されるnoexcept指定子をもっていれば、trueを返すだけだ。noexcept(expr)は、expr中に記述された演算の定義までは調べない。

条件付きnoexcept指定子とnoexcept()演算子は、コンテナに適用される標準ライブラリ内の処理で広く利用されている重要なものである。例をあげよう（§iso.20.2.2）：

```
template<typename T, size_t N>
void swap(T (&a)[N], T (&b)[N]) noexcept(noexcept(swap(*a, *b)));
```

13.5.1.3 例外指定

古いC++コードでは、**例外指定**（*exception specification*）が使われている。たとえば：

```
void f(int) throw(Bad,Worse);  // 送出する例外はBadとWorseに限られる
void g(int) throw();           // 例外を送出しない
```

空の例外指定throw()は、noexcept（§13.5.1.1）と等価である。すなわち、この関数が例外を送出すれば、プログラムは終了する。

throw(Bad,Worse)のような空でない例外指定は、関数（ここではf()）が、並びで指定された例外と、それらの例外から公開派生したもののいずれでもない例外を送出すると、**unexpectedハンドラ**（*unexpected handler*）が呼び出されることを表す。unexpectedハンドラのデフォルトの動作は、プログラムの終了だ（§30.4.1.3）。空でないthrow指定子は、使いこなすのが難しい上に、指定された例外が送出されたかどうかの判断のための実行時チェックが高コストになる可能性がある。この機能は、うまくいかなかったので、現在では非推奨とされている。利用してはいけない。

どの例外が送出されたかを動的に確認する必要があれば、tryブロックを利用しよう。

13.5.2 例外の捕捉

次の例を考えよう：

```
void f()
{
    try {
        throw E{};
    }
    catch(H) {
        // ここに来るのはいつ？
    }
}
```

ハンドラが実行されるのは、次の場合である。

[1] HはEと同じ型である。

[2] HはEの曖昧でない公開基底である。

[3] HとEがポインタ型であり、それが指す型に対して[1]または[2]が成立する。

[4] Hが参照であり、Hが参照する型に対して[1]または[2]が成立する。

また、関数の引数にconstを付加できるのと同じように、捕捉する例外の型にもconstを付加できる。constの付加によって、捕捉可能な例外の種類が変化することはない。捕捉した例外を変更できなくするだけである。

原則として、例外は送出時にコピーされる（§13.5）。そのため、例外の保持と転送に対して、処理系はさまざまな方針を適用できる。とはいえ、newが、標準のメモリ不足例外bad_allocを送出するのに必要なメモリがあることは保証されている（§11.2.3）。

例外オブジェクトの捕捉が、参照として行われる可能性があることにも注意が必要である。例外の型は、各エラーの関係を反映したクラス階層の一部として定義されることがよくある。具体例については、§13.5.2.3および§30.4.1.1を参照しよう。さて、その例外クラスを階層化する技法は、一部のプログラマがすべての例外オブジェクトの捕捉を参照として行いたくなるくらい、一般的なものである。

tryブロックの{}と、catch節の{}は、それぞれが一つのスコープとなっている。そのため、tryブロックの中と外の両方で利用する名前は、tryブロックの外で宣言する必要がある。例をあげよう：

```
void g()
{
    int x1;

    try {
        int x2 = x1;
        // ...
    }
    catch (Error) {
        ++x1;          // OK
        ++x2;          // エラー：x2はスコープ中にない
        int x3 = 7;
        // ...
    }
    catch(...) {
        ++x3;          // エラー：x3はスコープ中にない
        // ...
    }

    ++x1;              // OK
    ++x2;              // エラー：x2はスコープ中にない
    ++x3;              // エラー：x3はスコープ中にない
}
```

“すべてを捕捉する”ためのcatch(...)については、§13.5.2.2で解説する。

13.5.2.1 再送出

ハンドラは、たとえ例外を捕捉しても、そのエラーに対して完全には対処できないと判断することがよくある。その場合、ハンドラは、局所的に処理できることだけを実行して、それから例外を再送出するのが、一般的だ。この方式だと、エラーへの対処が最適な箇所で行われることになる。これは、エラーに最適に対処するための情報が一箇所にそろっていない場合に、エラー回復処理を複数のハンドラに分散させる例である。たとえば：

```
void h()
{
   try {
      // ... 例外を送出する可能性があるコード ...
   }
   catch (std::exception& err) {
      if (can_handle_it_completely) {
         // ... それを処理 ...
         return;
      }
      else {
         // ... ここでできることを行う ...
         throw;        // 例外を再送出
      }
   }
}
```

再送出は、オペランドを伴わない throw によって行う。再送出が行えるのは、catch 節の中、あるいは、catch 節から呼び出された関数の中に限られる。再送出する例外が存在しないときに再送出を行おうとすると、std::terminate() が呼び出される（§13.5.2.5）。コンパイラが不正な再送出の一部を検出して警告することも可能だが、あらゆる場合に対応できるわけではない。

再送出される例外は、捕捉したオリジナルの例外である。exception の一種としてアクセス可能な、オリジナルの例外の一部分ではない。たとえば、out_of_range が送出されたとすると、h() は単なる exception として捕捉するものの、throw; では out_of_range として再送出する。もし、単なる throw; ではなくて throw err; を実行すると、例外がスライシング（§17.5.1.4）されて、h() の呼出し側では out_of_range を捕捉できなくなってしまう。

13.5.2.2 すべての例外の捕捉

標準ライブラリの <stdexcept> は、exception（§30.4.1.1）を共通の基底クラスとする小規模な例外クラスの階層を提供している。以下の例を考えよう：

```
void m()
{
   try {
      // ... 何かを行う ...
   }
   catch (std::exception& err) {       // すべての標準ライブラリ例外に対処
      // ... 後始末 ...
      throw;
   }
}
```

ここでは、標準ライブラリの例外をすべて捕捉する。しかし、標準ライブラリが提供する例外は、あらゆる例外ではなく、一部にすぎない。すなわち、std::exception を捕捉したからといって、すべての例外を捕捉できるわけではない。もし誰かが、（あまり賢明ではないが）int 型の例外やアプリケーション独自の階層中の例外を送出すれば、ここに示した std::exception& を捕捉するハンドラでは捕捉できない。

ところが、すべての種類の例外に対処する必要に迫られることもある。たとえば、m() は、ポインタを何らかの検索結果を指したままにしておかなければならないとしよう。その場合、例外ハンドラで、ポインタに適切な値を代入すればよい。関数にて対する省略記号 ... が“ゼロ個以上の任意の引数”を表す（§12.2.4）ように、catch(...) とすれば“任意の例外を捕捉する”という意味になる。以下に示すのが、その例だ：

```
void m()
{
    try {
        // ... 何かを行う ...
    }
    catch(...) {            // すべての例外に対処
        // ... 後始末 ...
        throw;
    }
}
```


13.5.2.3 複数ハンドラ

try ブロックには、複数の catch 節（ハンドラ）を記述できる。派生クラスの例外は、1個以上の例外型のハンドラと一致する可能性がある。try 文に記述するハンドラの順序は重要だ。というのも、ハンドラは、記述された順序で比較されていくからだ。たとえば：

```
void f()
{
    try {
        // ...
    }
    catch (std::ios_base::failure) {
        // ... あるゆるiostreamエラーに対処（§30.4.1.1）...
    }
    catch (std::exception& e) {
        // ... あるゆる標準ライブラリ例外に対処（§30.4.1.1）...
    }
    catch (...) {
        // ... それ以外のあらゆる例外を処理（§13.5.2.2）...
    }
}
```

コンパイラは、例外のクラス階層を知っているので、論理的な誤りに対しては警告を発することができる。たとえば：

```
void g()
{
    try {
        // ...
    }
    catch (...) {
        // ... あらゆる例外を処理（§13.5.2.2）...
    }
    catch (std::exception& e) {
        // ... あるゆる標準ライブラリ例外に対処（§30.4.1.1）...
    }
    catch (std::bad_cast) {
        // ... dynamic_castの失敗に対処（§22.2.1）...
    }
}
```

これだと、exception のハンドラは、まったく考慮されない。もし“すべてを捕捉する”ハンドラを削除すると、今度はbad_castのハンドラが、まったく考慮されなくなってしまう。bad_castがexceptionから派生しているからだ。catch節に記述された例外の型比較は（高速な）実行時の処理であり、通常の（コンパイル時）多重定義解決とは異なる。

13.5.2.4 関数tryブロック

関数本体そのものをtryにすることができる。以下に示すのが、その例だ：

```
int main()
try
{
    // ... 何かを行う ...
}
catch (...} {
    // ... 例外に対処 ...
}
```

ほとんどの関数では、関数tryブロックを利用することの利点は、記述が少しだけ便利になることくらいだ。ところが、このtryブロックでは、コンストラクタ内の基底やメンバの初期化子が送出した例外（§17.4）も処理できる。デフォルトでは、基底やメンバの初期化子から例外が送出されると、その例外は、そのメンバクラスのコンストラクタを呼び出した箇所に伝搬される。そのため、コンストラクタ自体を、そのメンバ初期化子並びと関数本体の全体とを含めて、tryブロックで囲むと、この種の例外が捕捉できるのだ：

```
class X {
    vector<int> vi;
    vector<string> vs;

    // ...
public:
    X(int,int);
    // ...
};

X::X(int sz1, int sz2)
try
    :vi(sz1),  // sz1個のint型でviを構築
     vs(sz2)   // sz2個のstring型でvsを構築
{
    // ...
}
catch (std::exception& err) { // viとvsに対して送出された例外はここで補足される
    // ...
}
```

これで、メンバのコンストラクタが送出した例外が捕捉できる。同様に、メンバのデストラクタが送出した例外も捕捉できる（本来デストラクタは例外を送出するべきではないが）。さて、コンストラクタでは、オブジェクトを“修復”できるわけではないので、例外が発生しなかったかのようにコンストラクタから戻ることになる。メンバのコンストラクタ内での例外発生は、そのメンバが有効な状態ではないことを意味する。そのため、他のメンバオブジェクトは、未構築であれば構築されることはないし、構築ずみであれば、スタック巻戻しの一環でデストラクタによって解体される。

コンストラクタやデストラクタにおける関数tryブロック内のcatch節で行えることは、せいぜい

例外を送出することである。catch 節の“終端を越えた”場合のデフォルトの動作は、オリジナルの例外の再送出である（§iso.15.3）。

普通の関数の中に置かれたtry ブロックには、そのような制限はない。

13.5.2.5 強制終了

奇抜なエラー処理テクニックを少なくするために、例外処理を中断しなければならないことがある。その指針となる原則は、以下のとおりである：

- 例外を処理している最中に例外を送出してはならない。
- 捕捉できない例外を送出してはならない。

例外処理のコードが、上記のいずれかを見つけると、プログラムは終了させられる。

同時に二つの例外をアクティブにしてしまうと（同一スレッドではできないが）、システムは、現在処理中の例外と新たに発生した例外の、どちらを処理すればよいか分からなくなってしまう。例外は、catch 節に入った瞬間に、処理中とみなされることに注意しよう。catch 節における、再送出（§13.5.2.1）と新しい例外の送出は、オリジナルの例外への対処が完了した上での、新しい例外の送出とみなされる。デストラクタでも例外を送出できるが（たとえスタック巻戻し中であっても）、それが行えるのは、デストラクタを離れる前にその例外を捕捉できる場合のみだ。

terminate() を呼び出す規則は、以下のとおりである（§iso.15.5.1）：

- 送出された例外に適したハンドラが存在しない場合。
- noexcept 関数が、throw を行って終了しようとした場合。
- スタック巻戻し中に実行されたデストラクタが、throw を行って終了しようとした場合。
- 例外伝搬のために呼び出されたコード（コピーコンストラクタなど）が、throw を行って終了しようとした場合。
- 処理中の例外が存在しないにもかかわらず、（throw; によって）再送出しようとした場合。
- 静的に割り当てられたオブジェクトあるいはスレッド局所オブジェクトのデストラクタが、throw を行って終了しようとした場合。
- 静的に割り当てられたオブジェクトあるいはスレッド局所オブジェクトに与えられている初期化子が、throw を行って終了しようとした場合。
- atexit() 関数によって呼び出された関数が、throw を行って終了しようとした場合。

これらのケースでは、std::terminate() が呼び出される。そこまでの劇的な対処が不可能であれば、プログラマがterminate() を直接呼び出すこともできる。

“throw を行って終了しようとした”という表現は、例外がどこかで送出されて捕捉されず、ランタイムシステムが、その呼出し側に伝えようとした、という意味である。

デフォルトでは、terminate() はabort() を呼び出す（§15.4.3）。このデフォルトの動作は、ほとんどのユーザにとって適切である。特にデバッグ中は、そうだ。この動作が許容できないのであれば、<exception> で定義されているstd::set_terminate() を呼び出せば、**終了ハンドラ**

（*terminate handler*）が設定できる：

```
using terminate_handler = void(*)();  // <exception>より

[[noreturn]] void my_handler()        // 終了ハンドラからは戻れない
{
   // 独自に終了処理を行う
}

void dangerous()  // 本当に危険！
{
   terminate_handler old = set_terminate(my_handler);
   // ...
   set_terminate(old); // 古い終了ハンドラを復元
}
```

set_terminate() の返却値は、前回の呼出し時に与えられた関数である。

たとえば、終了ハンドラは、プロセスの強制終了や、システムの再初期化に利用できる。その場合の terminate() は、例外処理機構を利用して実装したエラー回復方針を行えないので、フォールトトレラントの次のレベルへ移行すべきである、という大胆な目安の意味をもつ。制御が終了ハンドラに移った時点で、プログラムがもつデータ構造に関して、仮定できることは本質的に何もない。データは壊れていると仮定すべきだ。エラーメッセージを cerr に出力する処理ですら、危険であると仮定すべきである。さらに、この例の dangerous() は、例外安全ではないことに注意しよう。set_terminate(old) より前に行われる throw や return でさえも、my_handler を本来あるべきではない状態に置いてしまう。どうしても terminate() を利用しなければならないのであれば、少なくとも RAII（§13.3）を用いるべきだ。

終了ハンドラから、その呼出し元に戻ることはできない。戻ろうとすると、terminate() が abort() を呼び出す。

abort() は、プログラムの異常終了を表すことに注意しよう。プログラムを終了させて、その終了が正常であるか異常であるかをシステムに通知するのであれば、exit() を利用する（§15.4.3）。

捕捉されていない例外によってプログラムが終了する際に、デストラクタが実行されるかどうかは、処理系定義とされている。デバッガ内での再開を望むようなシステムでは、デストラクタを実行すべきでない。また、ハンドラを探している途中でデストラクタを実行しないことが、アーキテクチャ的にほぼ不可能なシステムもある。

捕捉されない例外が発生したときに後始末処理を確実に実行するには、対処すべき例外のハンドラだけでなく、すべてを捕捉するハンドラ（§13.5.2.2）を main() に実装すればよい：

```
int main()
try {
   // ...
}
catch (const My_error& err) {
   // ... 自分のエラーに対処 ...
}
catch (const std::range_error&)
{
   cerr << "range error: Not again!\n";
}
```

```
catch (const std::bad_alloc&)
{
    cerr << "new ran out of memory\n";
}
catch (...) {
    // ...
}
```

ここでは、名前空間とスレッド局所変数（§13.5.3）の構築中あるいは解体中に送出されたものを除くと、すべての例外を捕捉する。名前空間とスレッド局所変数の初期化中あるいは解体中に送出された例外を捕捉する方法は存在しない。このことは、可能な限り広域変数を避けるべき理由の一つでもある。

例外を捕捉しても、通常は、例外を送出した正確な位置は分からない。すなわち、プログラムの状態をデバッガが把握するのに十分な量の情報が残っていないということだ。そのため、C++ 開発環境、プログラム、プログラマにもよるが、エラーからの回復を設計していないプログラムでは、例外は捕捉し**ない**ほうがよいという考え方もあり得る。throw した位置情報を、送出する例外に埋め込む方法については、Assert（§13.4）を参照しよう。

13.5.3 例外とスレッド

例外が、ある一つの thread（§5.3.1，§42.2）で捕捉されなければ、std::terminate() が呼び出される（§13.5.2.5）。そのため、一つのスレッド内のエラーによってプログラム全体を終了させたくない場合は、回復が必要な処理からのすべてのエラーを捕捉して、その上で、何らかの手段によって、スレッドの実行結果を必要とする箇所にエラーを通知する必要がある。これは、“すべてを捕捉する”catch(...)（§13.5.2.2）で、容易に実現できる。

あるスレッドが送出した例外を他のスレッドのハンドラに転送する処理は、標準ライブラリ関数 current_exception()（§30.4.1.2）によって行える。たとえば：

```
try {
    // ... 仕事をする ...
}
catch(...) {
    prom.set_exception(current_exception());     // §42.4.2
}
```

これは、ユーザコードからの例外への対処を行うための手段として packaged_task で使われている（§5.3.5.2）基本的な技法である。

13.6 vector の実装

標準の vector は、例外安全なコードを開発する技法の宝庫である。さまざまな文脈で発生する問題と、幅広く適用できる解決策が豊富に含まれる。

いうまでもないが、vector の実装は、処理系とクラスの利用を支援するための多くの言語機能を前提としている。読者が（まだ）C++ のクラスやテンプレートに慣れていなければ、本節のサンプルを学習する前に、第 16 章、第 25 章、第 26 章を読んだほうがよいだろう。とはいえ、C++

での例外をきちんと理解するには、本章で示すサンプルコードだけでは不十分である。

さて、例外安全なコードの記述に利用する基本的な道具は、以下の二つである：

・`try` ブロック（§13.5）。
・“資源獲得時初期化”をサポートするための技法（§13.3）。

一般的な規則は、次のとおりである：

・情報は、それに代わるものが利用可能になるまでは、一部でも解体してはならない。
・例外を送出あるいは再送出する際には、常にオブジェクトを有効な状態に置く。

こうしておけば、エラーから回復できるようになる。ところが、実際には、一見すると無害に見える（`<` や `=` や `sort()` などの）処理が、例外を送出する可能性がある。アプリケーション内で見つけるべきものを知っておくことは、経験を要する。

ライブラリ開発では、例外安全性の強い保証（§13.2）を目標とした上で、必ず基本保証を維持することが理想である。ある特定のプログラム開発では、例外安全性についてそれほどの注意は必要ないだろう。たとえば、自分用の単純なデータ解析プログラムを私が開発する際は、メモリ不足などの好ましくない状況が発生すると、多くの場合、プログラムをそのまま終了させてしまう。

正確性と基本例外安全は、密接に関連する。特に、不変条件を定義して確認するといった基本保証を実現する技法（§13.4）は、プログラムを小さくて正確なものとするのに有用な技法に似ている。そのため、基本例外安全保証（§13.2）は（あるいは、それよりも強い保証であっても）、オーバヘッドを最小限に抑えるし、場合によっては無視できるものにしてしまう。

13.6.1 単純な vector

`vector`（§4.4.1, §31.4）の典型的な実装は、先頭要素、末尾の直後の要素、確保ずみ領域の末尾の直後（§31.2.1）、のそれぞれを指すポインタ（あるいはポインタとオフセットの組合せによる同等情報）を保持するハンドルとして構成される：

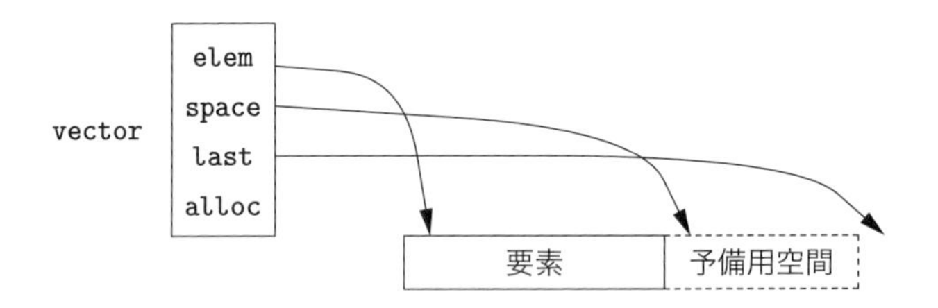

これらに加えて、`vector` が要素用にメモリを確保できるようにするためのアロケータ（図の `alloc`）をもつ。デフォルトのアロケータ（§34.4.1）は、メモリの獲得と解放に、`new` と `delete` を用いる。`vector` の宣言から、例外安全性と資源リーク防止の解説に必要な部分を抽出したものを示そう：

```
template<typename T, typename A = allocator<T>>
class vector {
private:
   T* elem;     // 確保領域の先頭
   T* space;    // 要素のシーケンスの終端で拡張用領域の先頭
   T* last;     // 確保ずみ領域の終端
   A alloc;     // アロケータ

public:
   using size_type = typename A::size_type;  // vectorの要素数用の型

   explicit vector(size_type n, const T& val = T(), const A& = A());

   vector(const vector& a);              // コピーコンストラクタ
   vector& operator=(const vector& a);   // コピー代入

   vector(vector&& a);                   // ムーブコンストラクタ
   vector& operator=(vector&& a);        // ムーブ代入

   ~vector();

   size_type size() const { return space-elem; }
   size_type capacity() const { return last-elem; }
   void reserve(size_type n);                 // 容量をnまで増やす

   void resize(size_type n, const T& = {});  // 要素数をnに変更
   void push_back(const T&);                  // 末尾に要素を追加

   // ...
};
```


n 個の要素の値を val に初期化する、vector のコンストラクタの素朴な実装を考えよう：

```
template<typename T, typename A>
vector<T,A>::vector(size_type n, const T& val, const A& a) // 警告：素朴な実装
          :alloc{a}                // アロケータをコピー
{
   elem = alloc.allocate(n);       // 要素用のメモリを取得（§34.4）
   space = last = elem+n;
   for (T* p = elem; p!=last; ++p)
      a.construct(p,val);          // *pにvalのコピーを構築（§34.4）
}
```

ここには、例外が発生する可能性をもつ箇所が二つある：

- メモリが不足すると、allocate() が例外を送出する可能性がある。
- T のコピーコンストラクタが val をコピーできなければ、例外を送出する可能性がある。

アロケータのコピーについてはどうだろうか？　例外を送出するように感じられるかもしないが、C++ 標準では例外を送出しないことになっている（§iso.17.6.3.5）。いずれにせよ、ここに示すサンプルは、その影響がないように記述されている。

上記のどちらで throw が行われても、vector オブジェクトは作成されない。そのため、デストラクタは呼び出されない（§13.3）。

allocate() が失敗した場合は、資源を一切確保しないで throw によって終了するため、何の問題もない。

Tのコピーコンストラクタが失敗した場合は、すでに何らかのメモリを確保している可能性があり、

それを解放しなければメモリリークが発生する。もっと悪いことに、Tのコピーコンストラクタが一部の要素を正しく作成したにもかかわらず、すべての要素を構築する前に、例外を送出するかもしれない。その場合、Tオブジェクトは資源を保持したままとなって、リークが発生する。

この問題を解決するには、どの要素の構築が完了したかを追跡管理するとともに、エラー発生時には、構築が完了した要素（のみ）を解体しなければならない：

```
template<typename T, typename A>
vector<T,A>::vector(size_type n, const T& val, const A& a)  // 精巧な実装
            :alloc{a}               // アロケータをコピー
{
   elem = alloc.allocate(n);        // 要素用のメモリを取得

   iterator p;

   try {
      iterator end = elem+n;
      for (p=elem; p!=end; ++p)
         alloc.construct(p,val);  // 要素を構築（§34.4）
      last = space = p;
   }
   catch (...) {
      for (iterator q = elem; q!=p; ++q)
         alloc.destroy(q);          // 構築ずみ要素を解体
      alloc.deallocate(elem,n);    // メモリを解放
      throw;                        // 再送出
   }
}
```

ここで、pの宣言が、tryブロックの外にあることに注意しよう。そうなっていないと、tryブロックとcatch節の両方から利用できなくなってしまう。

この実装にはオーバヘッドがある。それは、tryブロックのオーバヘッドだ。優れたC++処理系では、このオーバヘッドは、メモリ確保や要素の初期化に比べ、無視できるほど小さい。tryブロックに入る処理が高コストとなる処理系では、（極めて多く使われる）空のvectorを、明示的にtryで処理する前に、if(n)によって確認する価値がある。このコンストラクタの主要部分は、以下に示しているstd::uninitialized_fill()と同等である：

```
template<typename For, typename T>
void uninitialized_fill(For beg, For end, const T& x)
{
   For p;
   try {
      for (p=beg; p!=end; ++p)
         ::new(static_cast<void* >(&*p)) T(x);  // *pの中にxのコピーを構築（§11.2.4）
   }
   catch (...) {
      for (For q = beg; q!=p; ++q)
         (&*q)->~T();                            // 要素を解体（§11.2.4）
      throw;                                     // 再送出（§13.5.2.1）
   }
}
```

ここで、奇抜な&*pの構築は、ポインタではない反復子の処理である。その場合、ポインタを取り出すために、参照外しによって取得した要素のアドレスが必要である。明示的な広域の::newを

行っているので、ユーザ定義のT*用のoperator new()ではなくて標準ライブラリの配置new()（§17.2.4）がコンストラクタで利用されることが、void*への明示的キャストの実行によって、保証される。vectorのコンストラクタ内のalloc.construct()の呼出しは、この配置newの糖衣構文（syntax sugar）にすぎない。同様に、alloc.destroy()の呼出しは、((&*q)->~T()のような）明示的な解体を隠蔽する。ここに示したコードは、本当に汎用的なコードの記述が困難なときに、やや低レベルで処理するものである。

幸いにも、私たちは、標準ライブラリで提供されているuninitialized_fill()を、再発明して実装する必要はない（§32.5.6）。初期化処理では、完全な初期化が成功した全要素を保持するか、あるいは、失敗した場合は、構築ずみの要素を残したままにしないことが重要となることがある。そのため、標準ライブラリは、強い保証（§13.2）を実装したuninitialized_fill()、uninitialized_fill_n()、uninitialized_copy()を提供している（§32.5.6）。

uninitialized_fill()アルゴリズムは、要素のデストラクタや反復子処理が送出した例外への対処は実装していない（§32.5.6）。もし実装すれば、非現実的なほど高コストとなるか、不可能になるだろう。

uninitialized_fill()アルゴリズムは、さまざまな種類のシーケンスに適用できる。そのため、前進反復子（§33.1.2）を受け取ることになっており、要素の構築と逆の順で要素を解体することは保証されない。

uninitialized_fill()を使うと、先ほどのコンストラクタは、簡潔に記述できる：

```
template<typename T, typename A>
vector<T,A>::vector(size_type n, const T& val, const A& a)  // まだ少し面倒
        :alloc(a)                                  // アロケータをコピー
{
    elem = alloc.allocate(n);                      // 要素用のメモリを取得
    try {
        uninitialized_fill(elem,elem+n,val);   // 要素をコピー
        space = last = elem+n;
    }
    catch (...) {
        alloc.deallocate(elem,n);                  // メモリを解放
        throw;                                     // 再送出
    }
}
```

これは、最初のバージョンのコンストラクタを飛躍的に改善したものだが、次節ではさらに簡潔にしたものを解説する。

さて、このコンストラクタは捕捉した例外を再送出する。問題の原因をユーザが正確に把握できるように、vectorを例外透過にするためだ。標準ライブラリのすべてのコンテナは、この性質を実装している。一般に、例外透過性は、テンプレートや他のソフトウェアの“薄い”レイアの最適なポリシーである。この点は、システムの主要部分（“モジュール”）が、送出されたすべての例外を処理する責任を一般にもつこととは対照的である。すなわち、モジュール開発者は、モジュールが送出する可能性があるすべての例外を把握する必要があり、その達成のために複数種類の例外を階層化して（§13.5.2）、catch(...)を記述する（§13.5.2.2）。

13.6.2 メモリ処理の分離

私の経験では、tryブロックを明示的に用いた、正確で例外安全なコードの記述は、多くの人の予想よりもずっと難しい。実際、不必要なほどに困難なこともある。というのも、他に選択肢があるからだ。"資源獲得時初期化"技法（§13.3）を使えば、コード量を削減できるし、コードを様式化できる。この場合、vectorが必要とする主要な資源は、要素保持のためのメモリである。vectorが利用するメモリの概念を表す補助クラスを定義すれば、コードが簡潔になる上に、解放忘れという事故の機会も減らせる：

```
template<typename T, typename A = allocator<T>>
struct vector_base {  // vectorのためのメモリ構造
   A alloc;           // アロケータ
   T* elem;           // 確保領域の先頭
   T* space;          // 要素のシーケンスの終端で拡張用領域の先頭
   T* last;           // 確保ずみ領域の終端

   vector_base(const A& a, typename A::size_type n, typename A::size_type m =0)
      : alloc{a}, elem{alloc.allocate(n+m)}, space{elem+n}, last{elem+n+m} { }
   ~vector_base() { alloc.deallocate(elem,last-elem); }

   vector_base(const vector_base&) = delete;         // コピー演算は行えない
   vector_base& operator=(const vector_base&) = delete;

   vector_base(vector_base&&);                       // ムーブ演算
   vector_base& operator=(vector_base&&);
};
```

elemとlastが正しければ、vector_baseの解体が可能だ。vector_baseクラスは、T型用のメモリを処理するものであって、T型のオブジェクトを処理するものではない。そのため、vector_baseのユーザは、確保したメモリ内にすべてのオブジェクトを明示的に構築しなければならないし、その後、vector_base自身を解体する前に、vector_base内の構築ずみオブジェクトをすべて解体しなければならない。

vector_baseは、vectorの実装の一部として専用に設計したものである。クラスがどこでどのように利用されるかを常に予測できるわけではないので、ここではvector_baseをコピーできないようにしている。そして、vector_baseのムーブでは、要素用に確保されたメモリの所有権を正しく転送する：

```
template<typename T, typename A>
vector_base<T,A>::vector_base(vector_base&& a)
                 : alloc{a.alloc},
                   elem{a.elem},
                   space{a.space},
                   last{a.last}
{
   a.elem = a.space = a.last = nullptr;  // もはやいかなるメモリも保有しない
}

template<typename T, typename A>
vector_base<T,A>& vector_base<T,A>::operator=(vector_base&& a)
{
   swap(*this,a);
   return *this;
}
```

ここに示したムーブ代入の定義では、要素用に確保したすべてのメモリの所有権を、swap() で転送している。解体の必要があるT型オブジェクトは存在しない。vector_base は、メモリを処理するだけであって、T型オブジェクトについては vector に任せているからだ。

さて、vector_base を用いると、vector は以下のように定義できる：

```
template<typename T, typename A = allocator<T>>
class vector {
   vector_base<T,A> vb;            // データはここにある
   void destroy_elements();
public:
   using size_type = typename A::size_type;

   explicit vector(size_type n, const T& val = T{}, const A& a = A{});

   vector(const vector& a);                  // コピーコンストラクタ
   vector& operator=(const vector& a);       // コピー代入

   vector(vector&& a);                       // ムーブコンストラクタ
   vector& operator=(vector&& a);            // ムーブ代入

   ~vector() { destroy_elements(); }

   size_type size() const { return vb.space-vb.elem; }
   size_type capacity() const { return vb.last-vb.elem; }

   void reserve(size_type);                  // 容量を増やす

   void resize(size_type, const T& ={});     // 要素数を変更
   void clear() { resize(0); }               // vectorを空にする
   void push_back(const T&);                 // 末尾に要素を追加

   // ...
};

template<typename T, typename A>
void vector<T,A>::destroy_elements()
{
   for (T* p = vb.elem; p!=vb.space; ++p)
      p->~T();                 // 要素を解体（§17.2.4）
   vb.space=vb.elem;
}
```

vector のデストラクタは、全要素に対してTのデストラクタを明示的に呼び出す。そのため、どれか1個の要素のデストラクタが例外を送出すれば、vector の解体は失敗する。それが例外処理の一環としてのスタック巻戻し中に発生すると、惨事が発生して terminate() が呼び出されることになる（§13.5.2.5）。通常の解体では、デストラクタが例外を送出すると、資源リークが起こったり、オブジェクトの理にかなった動作に基づくコードが、予測不能な振舞いをしたりする。デストラクタが送出した例外から保護するための、真に有効な手段はないので、要素のデストラクタが例外を送出すると、ライブラリは何の保証もできない（§13.2）。

さて、コンストラクタは次のように簡潔に記述できるようになった：

```
template<typename T, typename A>
vector<T,A>::vector(size_type n, const T& val, const A& a)
         :vb{a,n}      // n個の要素のために領域を確保
{
   uninitialized_fill(vb.elem,vb.elem+n,val);     // n個のvalのコピーを作る
}
```

このコンストラクタが実現した簡潔性は、初期化や解放を行う vector のあらゆる処理に引き継がれる。たとえば、コピーコンストラクタは、uninitialized_fill() ではなくて uninitialized_copy() を利用するようになることで劇的に変わる：

```
template<typename T, typename A>
vector<T,A>::vector(const vector<T,A>& a)
           :vb{a.vb.alloc,a.size()}
{
   uninitialized_copy(a.begin(),a.end(),vb.elem);
}
```

このコピーコンストラクタは、コンストラクタが例外を送出した場合、完全に構築ずみの（基底を含む）部分オブジェクトを適切に解体するという、言語の基本的な規則を前提としている（§13.3）。uninitialized_fill() とその親類（§13.6.1）も、部分的に構築したシーケンスに対して同様な保証を行っている。

ムーブ演算はさらに簡潔である：

```
template<typename T, typename A>
vector<T,A>::vector(vector&& a)    // ムーブコンストラクタ
           :vb{move(a.vb)}         // 所有権を転送
{
}
```

vector_base のムーブコンストラクタが、受け取った引数のデータを“空”にする。

なお、ムーブ代入では、ムーブ先がそれまで保持していた値に対する処理が必要だ：

```
template<typename T, typename A>
vector<T,A>& vector<T,A>::operator=(vector&& a)   // ムーブ代入
{
   clear();             // 全要素を解体
   swap(vb,a.vb);       // 所有権を転送
   return *this;
}
```

厳密には、ここでの clear() は冗長である。というのも、右辺値の a は代入直後に解体されるからだ。とはいえ、誰かが std::move() に対して、いたずらしているかもしれない。

13.6.3 代入

例によって、代入は、代入前の値に対する処理が必要という点で、構築とは異なる。まず、単刀直入な実装を示そう：

```
template<typename T, typename A>
vector<T,A>& vector<T,A>::operator=(const vector& a)  // 強い保証（§13.2）を提供
{
   vector_base<T,A> b {a.vb.alloc,a.size()};         // メモリを取得
   uninitialized_copy(a.begin(),a.end(),b.elem);     // 全要素をコピー
   destroy_elements();                               // 代入前の全要素を解体
   swap(vb,b);                                       // 所有権を転送
   return *this;                                     // 代入前の値を暗黙裏に解体
}
```

この vector 代入演算は、強い保証を提供している。ただし、多くのコードをコンストラクタとデストラクタからコピーしている。このような反復を避けたければ、以下のようにする：

```
template<typename T, typename A>
vector<T,A>& vector<T,A>::operator=(const vector& a)  // 強い保証（§13.2）を提供
{
   vector temp {a};          // アロケータをコピー
   swap(*this,temp);         // 内部表現を交換
   return *this;
}
```

こうすると、代入前の要素はtempのデストラクタによって解体されるし、そのメモリはtempに対するvector_baseのデストラクタによって解放される。

標準ライブラリのswap()（§35.5.2）がvector_baseで動作するのは、vector_baseのムーブ演算を定義して、それをswap()が利用できるようにしているからだ。

ここに示した二つのバージョンの性能は等価のはずだ。基本的に、同じ処理を2種類の方法で記述しただけだ。しかし、2番目の実装のほうが簡潔な上に、vectorの関連関数からのコードのコピーの必要がない。この方式で代入演算を定義したほうが、誤りにくくなって保守も容易となる。

v=vのような自己代入のテストをまだ行っていなかった。ここに示した=の実装では、まずコピーを構築して、それから内部データ表現を交換している。この動作によって、自己代入は正しく処理される。私は、自己代入のような、まれなケースのテストから得られるものは、自分以外のvectorを代入する通常のケースのコストを補ってあまりあると考えている。

さて、2種類の実装は、次にあげる重要な最適化を行っていない：

[1] 代入先vectorの容量が代入元vectorよりも大きければ、新しくメモリを割り当てる必要がない。

[2] 要素を解体して直後に構築するよりも、要素を代入したほうが効率がよい場合がある。

これらの最適化を行うと、以下のようになる：

```
template<typename T, typename A>
vector<T,A>& vector<T,A>::operator=(const vector& a)  // 最適化されている
                                                      // ただし基本保証（§13.2）のみ
{
   if (capacity() < a.size()) {   // 新しいvectorの内部データ表現を確保
      vector temp {a};            // アロケータをコピー
      swap(*this,temp);           // 内部データ表現を交換
      return *this;               // 代入前の値を暗黙裏に解体
   }
   if (this == &a) return *this;  // 自己代入を最適化

   size_type sz = size();
   size_type asz = a.size();
   vb.alloc = a.vb.alloc;         // アロケータをコピー
   if (asz<=sz) {
      copy(a.begin(),a.begin()+asz,vb.elem);
      for (T* p = vb.elem+asz; p!=vb.space; ++p)  // 予備用の要素を解体（§16.2.6）
         p->~T();
   }
   else {
      copy(a.begin(),a.begin()+sz,vb.elem);
      uninitialized_copy(a.begin()+sz,a.end(),vb.space);   // 予備用の要素を構築
   }
   vb.space = vb.elem+asz;
   return *this;
}
```

これらの最適化にかかるコストはゼロではない。明らかに、コードの複雑さが大幅に増加している。ここでは、自己代入のテストも行っている。とはいえ、ここでは、最適化だけが目的なので、それがどう行えるかを示したにすぎない。

copy()アルゴリズム（§32.5.1）は、例外安全性の強い保証を提供しない。そのため、copy()の最中にT::operator=()が例外を送出すると、代入先vectorが代入元vectorのコピーになるとは限らないし、代入前の値が維持されるとも限らない。たとえば、先頭から5個目までの要素が、代入元vectorの要素のコピーとなって、残りの要素は代入前のまま、ということが起こり得る。T::operator=()が例外を送出したときにコピーの最中であった要素が、代入前の値と、これから代入されようとするvector要素の値のどちらでもない値となることは、一見もっともらしく思えるかもしれない。しかし、T::operator=()が、例外を送出する前に、そのオペランドを有効な状態に置いた場合（そうすべきだが）、vectorはやはり有効な状態となる。たとえ、期待する状態ではないとしても、だ。

標準ライブラリのvectorの代入演算は、最後に示した実装と同様に、例外安全性の（前に示した実装よりも弱い）基本保証だけを提供する。その代わり、性能の向上が期待できる。例外が送出された際にvectorを変更しない代入演算が必要ならば、強い保証を実装したライブラリ、あるいは自作の代入演算を用いるしかない。例をあげよう：

```
template<typename T, typename A>
void safe_assign(vector<T,A>& a, const vector<T,A>& b)  // 単純なa = b
{
   vector<T,A> temp{b};          // bの全要素を一時的な変数にコピー
   swap(a,temp);
}
```

この他にも、値渡し（§12.2）によって行うこともできる：

```
template<typename T, typename A>
void safe_assign(vector<T,A>& a, vector<T,A> b)  // 単純なa = b（注：bは値渡し）
{
   swap(a,b);
}
```

このバージョンが、単に美しいのか、それとも、現実の（保守可能な）コードとしては賢すぎるのかは、私は判断できない。

13.6.4 要素数の変更

vectorのもっとも有用な特徴が、必要に応じて要素数を変更できることである。要素数変更のために広く使われている関数は、vの末尾にxを追加するv.push_back(x)と、vの要素数をsに変更するv.resize(s)である。

13.6.4.1 reserve()

この種の関数を実装する際にキーとなるのが、reserve()である。これは、vectorの要素数が増えたときに利用されることになる予備用の空き領域を、末尾に追加する関数である。換言すると、reserve()は、vectorのcapacity()を増加させる。新しく割り当てるメモリ領域が、それまで

の領域よりも大きければ、reserve()は新しくメモリを確保した上で、要素を移動する必要がある。まずは、最適化しない代入（§13.6.3）に基づいて実装してみよう。

```
template<typename T, typename A>
void vector<T,A>::reserve(size_type newalloc)  // 欠陥のある最初の版
{
   if (newalloc<=capacity()) return;           // 確保分を減らすことはない
   vector<T,A> v(newalloc);                    // 新しい要素数でvectorを作る
   copy(vb.elem,vb.elem+size(),v.begin());     // 全要素をコピー
   vb.space = size();
   swap(*this,v);                              // 新しい値を入れる
} // 古い値を暗黙裏に解放
```

すべての型がデフォルト値をもっているわけではないし、予備用の要素の初期化などは避けたいものだ。すなわち、この実装は欠陥品だ。さらにいうと、全要素を2回もループ処理している点も、少しおかしい。1回目はデフォルト構築で、もう1回はコピーである。最適化してみよう：

```
template<typename T, typename A>
void vector<T,A>::reserve(size_type newalloc)
{
   if (newalloc<=capacity()) return;                     // 確保分を減らすことはない
   vector_base<T,A> b {vb.alloc,newalloc-size()};        // 新しい領域を入手
   uninitialized_move(vb.elem,vb.elem+size(),b.elem);    // 全要素を移動
   swap(vb,b);                                           // 新しい基底を入れる
} // 古い値を暗黙裏に解放
```

これには、問題がある。標準ライブラリはuninitialized_move()を実装していないのだ。今度は、それを自作してみよう：

```
template<typename In, typename Out>
Out uninitialized_move(In b, In e, Out oo)
{
   using T = Value_type<Out>;  // 適切な型関数が定義されていると仮定（§5.4.2.1, §28.2.4）
   for (; b!=e; ++b,++oo) {
      new(static_cast<void*>(&*oo)) T{move(*b)}; // ムーブコンストラクタ
      b->~T();                                   // 解体
   }
   return oo;
}
```

一般に、ムーブに失敗した状態から回復する手段は存在しない。そのため、ここでも無理に試していない。ここに示したuninitialized_move()は、基本保証だけを提供する。ただし、この例は単純なので、ほぼすべての場合で高速に動作する。

なお、標準ライブラリのreserve()の実装も、基本保証だけである。reserve()が要素をムーブした可能性がある場合は、vector内の要素を指しているすべての反復子が無効となっている可能性がある（§31.3.3）。

ムーブ演算は例外を送出すべきではないことを、必ず覚えておこう。例外を送出する可能性があると分かっている珍しいムーブ演算の実装があっても、基本的に利用すべきでない。ムーブ演算が例外を送出することは、まれであり、期待もされておらず、コードに関する通常の想定が成立しなくなる。可能ならば避けるべきだ。標準ライブラリのmove_if_noexcept()が参考になるだろう（§35.5.1）。

ここに示したコードでは、コンパイラはこれから解体しようとする要素（*b）を知らないので、明示的にmove()する必要がある。

13.6.4.2 resize()

vectorのresize()は、要素数の変更を行う。reserve()を使えば、resize()の実装は極めて簡潔になる。要素数が増加する場合は、やはり要素を新しく構築する必要がある。

逆に要素数が減少する場合は、余分な要素を解体しなければならない：

```
template<typename T, typename A>
void vector<T,A>::resize(size_type newsize, const T& val)
{
   reserve(newsize);
   if (size()<newsize)
      uninitialized_fill(vb.elem+size(),vb.elem+newsize,val);  // 新しい要素を構築
   else
      destroy(vb.elem+newsize,vb.elem+size());                 // 余分な要素を解体
   vb.space = vb.elem+newsize;
}
```

標準のdestroy()は存在しないが、容易に記述できる：

```
template<typename In>
void destroy(In b, In e)
{
   for (; b!=e; ++b)           // [b:e)を解体
      b->~Value_type<In>();    // 適切な型関数が定義されていると仮定（§5.4.2.1, §28.2.4）
}
```

13.6.4.3 push_back()

例外安全性の観点から見ると、push_back()は、新しい要素の追加に失敗した場合にvectorを変更しないという点で、代入と似ている：

```
template<typename T, typename A>
void vector<T,A>::push_back(const T& val)
{
   if (capacity()==size())                      // 予備に空きがない；移動
      reserve(size()?2*size():8);               // 伸張または8で開始
   vb.alloc.construct(&vb.elem[size()],val);    // valを末尾に追加
   ++vb.space;                                  // サイズを増やす
}
```

当然ながら、*spaceを初期化するコピーコンストラクタは、例外を送出する可能性がある。例外を送出した場合は、vectorの値は変化しないし、spaceがインクリメントされることもない。しかし、reserve()が、既存要素の再割当てを完了している可能性がある。さらに、例外を送出する要素のムーブ演算は、push_back()が利用する正しい要素をreserve()が提供できなくしてしまうかもしれない。ムーブ演算が例外を送出するのを防ぐには、デストラクタが例外を送出するのを防いだ方法(§13.2, §17.2.2)を使えばよい。これらは、正確でエレガントで効率的なコードにとっては、毒なのだが。

ここに示したpush_back()には、（2と8という） 2個の“マジックナンバー”がある。実用的な

耐久性を実装に求めるならば、こんなものを記述してはいけない。しかし、割当ての初期サイズ（この例では8）と、増加係数（この例では2。すなわち、vectorがオーバフローしない限り毎回大きさを2倍にする）の値は必要である。あいにく、理にかなった一般的な値は存在しない。vectorを一度push_back()することがあれば、ほぼ間違いなくpush_back()処理が行われると想定できる。増加係数の2は、平均的なメモリ利用を最小限に抑える、数学的に最適な係数（1.618）よりも大きいため、メモリが乏しくないシステムであれば、よりよい実行時性能を期待できる。

13.6.4.4 最終検討

vectorの実装に、tryブロックがないことに注目しよう（ただしuninitialized_copy()の中に1個だけ隠されている）。状態を変化させる場合は、処理の順序に注意を払っているので、仮に例外が送出されてもvectorは変化しないし、少なくとも有効な状態を維持する。

例外安全性を実現するには、一般に、tryブロックで明示的にエラーを処理するよりも、処理の順序に注意を払って、RAII技法（§13.3）を用いたほうが、エレガントになって効率も優れる。例外安全性に関する問題は、例外処理コードが不足することよりも、プログラマが処理の順序を誤ることに起因するほうが多い。処理の順序に関する基本原則は、情報を置換するものが、構築される前、および、例外を発生することなく代入可能となる前に、その情報を解体しないことである。

例外を導入すると、予期しない処理の流れという形で驚かされることがある。もっとも、reserve()、safe_assign()、push_back()などの、処理の流れが単純で局所的なものに驚かされることはあまりない。コードを読んで、“この行で例外は発生するのか、そして、送出されたらどうなるのか？”という問いに答えるのは比較的容易だ。しかし、複雑な条件式や入れ子のループなどの複雑な制御構造をもつ大規模な関数では、そう簡単ではない。tryブロックを追加すると、局所的な制御構造が複雑になって、混乱や誤りの原因になりやすい（§13.3）。私は、処理の順序やRAIIの方法が実現する効率性は、tryブロックを多用する場合に比べると、局所的な制御構造への依存が大きいと考えている。単純で様式化されたコードは、理解しやすく、正しく動作させやすいし、優れたコード生成にもつながる。

本章で示したvectorの実装は、例外によって発生する問題と、問題を解決する技法を述べるための例である。ここにあげたとおりの実装をC++標準が要求しているわけではない。しかし、例外安全性の保証については、本章の例と同等のものが要求されている。

13.7 アドバイス

[1] 開発初期の段階で、エラー処理方針を設計しよう。§13.1。

[2] 要求された仕事を実行できないことを示したければ、例外を送出しよう。§13.1.1。

[3] エラー処理には、例外を利用しよう。§13.1.4.2。

[4] 例外には、（組込み型ではなくて）目的に応じたユーザ定義型を利用しよう。§13.1.1。

[5] 例外を利用できない何らかの事情がある場合は、例外を模倣しよう。§13.1.5。

[6] 階層的なエラー処理を導入しよう。§13.1.6。

[7] エラー処理の個々の部品は、簡潔性を維持しよう。§13.1.6。
[8] すべての関数ですべての例外を捕捉する必要はない。§13.1.6。
[9] 必ず基本保証を提供しよう。§13.2, §13.6。
[10] 特に理由がなければ、強い保証を提供しよう。§13.2, §13.6。
[11] コンストラクタでは不変条件を確立し、確立できなければ例外を送出しよう。§13.2。
[12] 局所的に所有した資源は、例外を送出する前に解放しよう。§13.2。
[13] コンストラクタが例外を送出する場合は、そのコンストラクタが獲得したすべての資源を確実に解放しよう。§13.3。
[14] より局所的な制御構造で十分であれば、例外を使わないように。§13.1.4。
[15] 資源管理には、"資源獲得時初期化(RAII)"の技法を利用しよう。§13.3。
[16] `try` ブロックの利用は、最小限に抑えよう。§13.3。
[17] すべてのプログラムが例外安全となる必要はない。§13.1。
[18] "資源獲得時初期化"技法と例外ハンドラを使って、不変条件を維持しよう。§13.5.2.2。
[19] 弱い構造の `finally` よりも、適切な資源ハンドルを優先しよう。§13.3.1。
[20] 不変条件用のエラー処理方針を設計しよう。§13.4。
[21] コンパイル時にチェック可能なものは、通常、コンパイル時に(`static_assert` を利用して)チェックするのがベストだ。§13.4。
[22] エラー処理方針は、複数レベルのチェックと強制に対応するように設計しよう。§13.4。
[23] 例外を送出しない関数は、`noexcept` と宣言しよう。§13.5.1.1。
[24] 例外指定を利用しないように。§13.5.1.3。
[25] 階層の一部であるかもしれない例外は、参照として捕捉しよう。§13.5.2。
[26] すべての例外が `exception` クラスから派生していると想定しないように。§13.5.2.2。
[27] `main()` では、すべての例外を捕捉して通知しよう。§13.5.2.2, §13.5.2.4。
[28] 情報を置換するものの準備が完了する前に、その情報を解体しないように。§13.6。
[29] 代入で例外を送出する前に、オペランドを有効な状態に遷移させよう。§13.2。
[30] デストラクタでは、例外を送出しないように。§13.2。
[31] 通常コードとエラー処理コードを分離しよう。§13.1.1, §13.1.4.2。
[32] `new` で確保したメモリが例外発生時に解放されないことによるリークに注意しよう。§13.3。
[33] ある関数が例外を送出するのであれば、その関数は、あらゆる種類の例外を送出する可能性があると想定しよう。§13.2。
[34] ライブラリは、プログラムを一方的に終了させてはいけない。終了するのではなく、例外を送出して、呼出し側に判断させよう。§13.4。
[35] ライブラリは、ユーザ向けの診断メッセージを出力してはいけない。メッセージを出力するのではなく、例外を送出して、呼出し側に判断させよう。§13.1.3。

第 14 章 名前空間

時は 787 年！
それって、西暦？
— モンティ・パイソン

14.1 構成上の問題

現実的なプログラムは、複数の部分から構成されるものだ。関数（§2.2.1，第 12 章）とクラス（§3.2，第 16 章）は、比較的細かな単位の構成要素であり、“ライブラリ”、ソースファイル、翻訳単位（§2.4，第 15 章）は、より粗い単位の構成要素だ。論理的に理想なのは、**モジュール性**（*modularity*）である。これは、分割された単位をそのまま維持した上で、うまく作られたインタフェースを介してのみ“モジュール”にアクセスできるようにすることである。C++ では、複数の機能でモジュールを支援する。モジュール構築そのものの機能はない。その代わり、関数、クラス、名前空間、ソースコード構成などを組み合わせて、モジュール性を表現する。

本章と次章では、粗い単位のプログラム構成要素と、その実体であるソースファイルについて解説する。すなわち、これからの二つの章では、個々の型、アルゴリズム、データ構造のエレガントな表現ではなくて、もっと大きな単位でプログラミングを取り扱う。

モジュール性の設計に失敗すると、どのような問題に遭遇するのかを、多くの種類の図形を表す Shape と、その補助関数を実装するグラフィックスライブラリを例に考えていこう：

```
// Graph_lib

class Shape { /* ... */ };
class Line : public Shape { /* ... */ };
class Poly_line: public Shape { /* ... */ };  // 複数の直線がつながったもの
class Text : public Shape { /* ... */ };       // テキストラベル

Shape operator+(const Shape&, const Shape&);  // 合成

Graph_reader open(const char*);               // Shapeのファイルをオープン
```

ここで誰かが、テキスト処理を行う別のライブラリをもってきたとしよう：

```
// Text_lib

class Glyph { /* ... */ };
class Word { /* ... */ };    // Glyphの並び
class Line { /* ... */ };    // Wordの並び
class Text { /* ... */ };    // Lineの並び

File* open(const char*);     // テキストファイルをオープン

Word operator+(const Line&, const Line&);  // 連結
```

ここでは、グラフィックス処理とテキスト処理の設計の詳細は無視して、プログラム中で`Graph_lib`と`Text_lib`を同時に利用する際に発生する問題に集中する。

ここで、`Graph_lib`と`Text_lib`の機能は、それぞれ`Graph_lib.h`と`Text_lib.h`という名前のヘッダ（§2.4.1）で定義されていると仮定する（現実的な仮定だ）。さて、二つのライブラリの機能を利用するために、両方のヘッダを"何も考えずに"`#include`してみる：

```
#include "Graph_lib.h"
#include "Text_lib.h"
// ...
```

二つのヘッダを`#include`しただけで、ごたごたしたエラーメッセージが出力される。「`Line`と`Text`と`open()`が重複定義されていて、コンパイラが解決できない」というものだ。ライブラリを実際に利用するコードを記述すれば、エラーメッセージはさらに増えるだろう。

このような**名前衝突**（*name clash*）には、数多くの対処法がある。たとえば、ライブラリの全機能を少数のクラスにまとめる、衝突しないような変な名前を使う（たとえば、`Text`ではなくて`Text_box`にする）、ライブラリ内の名前に系統的な接頭語を付加する（たとえば、`gl_shape`や`gl_line`にする）、といったことで問題が解決できる。いずれの方法（"回避"や"ハック"と呼ばれる）も、有効な場合もあるが、汎用性に欠ける上に使いにくい。たとえば、名前が長くなりがちだし、数多くの異なる名前を使うのは、ジェネリックプログラミングを不可能にしてしまう（§3.4）。

14.2 名前空間

名前空間（*namespace*）は、ライブラリのコードのような、互いに直接関連する機能の集合を直接表現するものだ。名前空間のメンバは同じスコープに入るので、特別な指定をせずに、相互に利用できる。一方、名前空間外からのアクセスには、明示的な指定が必要だ。そのため、（たとえばライブラリインタフェースなどの）宣言を、別々の名前空間に入れてしまえば、名前衝突が回避できる。たとえば、グラフィックスライブラリ`Graph_lib`は、以下のように宣言することになる：

```
namespace Graph_lib {
   class Shape { /* ... */ };
   class Line : public Shape { /* ... */ };
   class Poly_line: public Shape { /* ... */ };  // 複数の直線がつながったもの
   class Text : public Shape { /* ... */ };      // テキストラベル

   Shape operator+(const Shape&, const Shape&);  // 合成

   Graph_reader open(const char*);               // Shapeのファイルをオープン
}
```

同様に、テキストライブラリ Text_lib にも、区別できる名前を与えよう：

```
namespace Text_lib {
   class Glyph { /* ... */ };
   class Word { /* ... */ };    // Glyphの並び
   class Line { /* ... */ };    // Wordの並び
   class Text { /* ... */ };    // Lineの並び

   File* open(const char*);     // テキストファイルをオープン

   Word operator+(const Line&, const Line&);  // 連結
}
```

Graph_lib と Text_lib のように、別の名前をもつ名前空間に分離すれば（§14.4.2)、二つのヘッダを #include しても、名前衝突が発生することなくコンパイルは成功する。

名前空間は、論理的な構造を表現するものでなければならない。名前空間内にまとめられた宣言は、機能のまとまりをユーザに見えるようにするとともに、設計の土台を反映したものとなっている必要がある。それらは、単一の論理的な構成要素でなければならない。たとえば、“グラフィックスライブラリ”と“テキスト処理ライブラリ”は、ある意味では、私たちにとっては、クラスメンバと同じようなものだ。実際、名前空間内で宣言されている、それぞれの実体は、名前空間のメンバと呼ばれる。

名前空間は、ある種の（名前付きの）スコープだ。名前空間内では、より先頭側で宣言されている名前は、それよりも後方から利用できる。その一方で、名前空間の外からは、（特別な指示がなければ）利用できない。たとえば：

```
class Glyph { /* ... */ };
class Line { /* ... */ };

namespace Text_lib {
   class Glyph { /* ... */ };
   class Word { /* ... */ };    // Glyphの並び
   class Line { /* ... */ };    // Wordの並び
   class Text { /* ... */ };    // Lineの並び

   File* open(const char*);     // テキストファイルをオープン

   Word operator+(const Line&, const Line&);  // 連結
}

Glyph glyph(Line& ln, int i);    // ln[i]
```

これで、Text_lib::operator+() の宣言内の Word と Line は、それぞれ Text_lib::Word と Text_lib::Line を表すことになる。局所名の解決は、広域の Line の影響を受けない。逆に、広域の glyph() の宣言内の Glyph と Line は、広域の ::Glyph と ::Line を表すことになる。すなわち、（広域の）名前の解決は、Text_lib の Glyph と Line の影響を受けない。

名前空間のメンバを利用するにあたっては、完全修飾名を用いる。たとえば、Text_lib 内で定義された glyph() を表現するには、次のように記述する：

```
Text_lib::Glyph glyph(Text_lib::Line& ln, int i);  // ln[i]
```

名前空間の外から名前空間メンバを利用する方法としては、他にも、using 宣言（§14.2.2）と using 指令（§14.2.3）と実引数依存探索（§14.2.4）がある。

14.2.1 明示的修飾

名前空間のメンバは、名前空間定義時に宣言だけをしておいて、その後に、**名前空間名::メンバ名**の記法を使って定義することもできる。

名前空間のメンバは、以下の形式で宣言しなければならない：

```
namespace namespace-name {
   // 宣言と定義
}
```

例をあげよう：

```
namespace Parser {
   double expr(bool);             // 宣言
   double term(bool);
   double prim(bool);
}

double val = Parser::expr(true);  // 利用

double Parser::expr(bool b)       // 定義
{
   // ...
}
```

修飾構文を利用して、名前空間定義の外で名前空間に新しいメンバを追加宣言することはできない（§iso.7.3.1.2）。綴り間違いや型の不一致などのエラーを検出できるようにするためであり、もちろん、名前空間の全メンバを簡単に見つけられるようにするためでもある。たとえば：

```
void Parser::logical(bool); // エラー：Paserにはlogical()はない
double Parser::trem(bool);  // エラー：Parserにはtrem()はない（綴り間違い）
double Parser::prim(int);   // エラー：Parser::prim()はbool引数を受け取る（型の不一致）
```

名前空間はスコープである。通常のスコープ規則は、そのまま名前空間に適用される。すなわち、“名前空間”は、極めて基礎的であるとともに、どちらかというと単純な概念だ。プログラムが大規模になると、その部品を論理的に分割するために、名前空間がさらに有用になる。なお、広域スコープは、それが一つの名前空間であり、:: を使うと明示的に参照できる。たとえば：

```
int f();    // 広域関数

int g()
{
   int f;   // 局所変数；広域関数を隠す
   f();     // エラー：int変数を呼び出すことは不可能
   ::f();   // ＯＫ：広域関数を呼び出す
}
```

クラスも名前空間である（§16.2）。

14.2.2 using 宣言

ある名前が、名前空間の外で頻繁に利用されるのであれば、名前空間名でわざわざ修飾するのは面倒だ。次の例を考えよう：

```
#include<string>
#include<vector>
#include<sstream>

std::vector<std::string> split(const std::string& s)
   // sを空白で区切られた部分文字列に分割する
{
   std::vector<std::string> res;
   std::istringstream iss(s);
   for (std::string buf; iss>>buf;)
      res.push_back(buf);
   return res;
}
```


stdという修飾の繰返しは、退屈だし気が散ってしまう。特に、std::stringは、この小さなサンプル内で4回も繰り返されている。using宣言を使うと、このコードにおけるstringがstd::stringであることを示せる：

```
using std::string;   // "string"を"std::string"の意味で使う

std::vector<string> split(const string& s)
   // sを空白で区切られた部分文字列に分割する
{
   std::vector<string> res;
   std::istringstream iss(s);
   for (string buf; iss>>buf;)
      res.push_back(buf);
   return res;
}
```

using宣言は、スコープ中に同義語を導入する。通常は、局所的な同義語は、可能な限り局所的となるようにすると、混乱が避けられる。

多重定義された名前に対するusing宣言は、多重定義されたすべてのバージョンを対象とする。たとえば：

```
namespace N {
   void f(int);
   void f(string);
};

void g()
{
   using N::f;
   f(789);            // N::f(int)
   f("Bruce");        // N::f(string)
}
```

クラス階層内でのusing宣言については、§20.3.5を参照しよう。

14.2.3 using 指令

split() のサンプル（§14.2.2）では、std::string に対する同義語を導入した後に、std:: を3回も記述している。ある名前空間内のすべての名前を修飾せずに利用したい、ということもある。名前空間内の名前すべてに対して using 宣言して解決できるとはいえ、くどくなるし、名前空間に対して名前の追加・削除が行われた際に余分な作業が発生する。名前空間内の名前を修飾せずに利用できるようにするもう一つの方法が、using 指令だ。たとえば：

```
using namespace std;    // std内のすべての名前をアクセスできるようにする

vector<string> split(const string& s)
   // sを空白で区切られた部分文字列に分割する
{
   vector<string> res;
   istringstream iss(s);
   for (string buf; iss>>buf;)
      res.push_back(buf);
   return res;
}
```

using 指令は、ある名前空間内の名前を、あたかも名前空間の外で宣言されたかのようにするものだ（§14.4 も参照しよう）。頻繁に利用する名前や広く利用されるライブラリを、修飾なしで利用できるようにする using 指令は、コードを簡潔にするために広く用いられる技法だ。これは、標準ライブラリの機能に手短にアクセスする技法であって、本書をとおして利用している。標準ライブラリの機能は、名前空間 std で定義されている。

関数内での using 指令は、表記を便利にするものとして安全に利用できる。しかし、広域の using 指令には注意が必要だ。過剰に利用すると、名前空間が解決するはずの名前衝突につながってしまうからだ。たとえば：

```
namespace Graph_lib {
   class Shape { /* ... */ };
   class Line : public Shape { /* ... */ };
   class Poly_line: public Shape { /* ... */ };   // 複数の直線がつながったもの
   class Text : public Shape { /* ... */ };       // テキストラベル

   Shape operator+(const Shape&, const Shape&);   // 合成

   Graph_reader open(const char*);   // Shapeのファイルをオープン
}

namespace Text_lib {
   class Glyph { /* ... */ };
   class Word { /* ... */ };    // Glyphの並び
   class Line { /* ... */ };    // Wordの並び
   class Text { /* ... */ };    // Lineの並び

   File* open(const char*);     // テキストファイルをオープン

   Word operator+(const Line&, const Line&);   // 連結
}

using namespace Graph_lib;
using namespace Text_lib;
```

```
Glyph gl;                 // Text_lib::Glyph
vector<Shape*> vs;        // Graph_lib::Shape
```

ここまでは、うまくいく。Glyph や Shape などは衝突することなく利用できる。しかし、衝突する名前を1個でも利用すると、名前空間を利用しないときとちょうど同じ問題がすぐに発生してしまう。たとえば：

```
Text txt;                               // エラー：曖昧
File* fp = open("my_precious_data");   // エラー：曖昧
```

当然、広域スコープでは、注意深く using 指令を使わなければならない。特に、ヘッダはどこで #include されるかが分らないので、（たとえばシステムの移行などの）極めて特殊な状況以外では、ヘッダの広域スコープに using 指令を記述してはならない。

14.2.4 実引数依存探索

ユーザ定義型 X を引数に受け取る関数が、X とは異なる名前空間内で定義されることがよくある。関数を利用する文脈内で、関数が見つからなければ、その実引数の名前空間が探索の対象となる。例をあげよう：

```
namespace Chrono {
   class Date { /* ... */ };

   bool operator==(const Date&, const std::string&);

   std::string format(const Date&);  // 文字列表現を作成
   // ...
}

void f(Chrono::Date d, int i)
{
   std::string s = format(d);   // Chrono::format()
   std::string t = format(i);   // エラー：format()はスコープにない
}
```

この探索規則（**実引数依存探索**（*argument-dependent lookup*）あるいは単に ADL と呼ばれる）は、明示的に修飾する場合よりもタイプ量が大幅に削減できるし、using 指令のように名前空間を汚染することもない（§14.2.3）。明示的修飾に手間がかかってしまう演算子のオペランド（§18.2.5）とテンプレート引数（§26.3.5）には、特に有用だ。

名前空間自体がスコープ内に入っていなければならないことと、関数を探索して呼び出せるようにするには、その関数が呼出しより前に宣言されていなければならないことに注意しよう。

当然ながら、関数が、複数の名前空間の引数を受け取ることもある。たとえば：

```
void f(Chrono::Date d, std::string s)
{
   if (d == s) {
      // ...
   }
   else if (d == "August 4, 1914") {
      // ...
   }
}
```

このような場合、関数の探索は、（通常どおりに）関数呼出しのスコープと、全引数（引数のクラスと、その基底クラスを含む）の名前空間から行われ、見つかった全関数に対して通常の多重定義解決（§12.3）が行われる。たとえば、`d==s`に対する`operator==`の探索は、`f()`を囲むスコープ、`std`名前空間（`string`に対する`==`が定義されている）、`Chrono`名前空間から行われる。`std::operator==()`は存在しているが、引数に`Date`を受け取らない。そのため、最終的には`Chrono::operator==()`が使われることになる。§18.2.5も参照しよう。

クラスメンバが名前付きの関数を呼び出す場合は、引数の型に基づいて探索された関数よりも、同一クラスや基底クラス内のメンバが優先される（ただし、演算子の場合の規則は違う：§18.2.1、§18.2.5）。たとえば：

```
namespace N {
   struct S { int i; };
   void f(S);
   void g(S);
   void h(int);
}

struct Base {
   void f(N::S);
};

struct D : Base {
   void mf(N::S);

   void g(N::S x)
   {
      f(x);        // Base::f()を呼び出す
      mf(x);       // D::mf()を呼び出す
      h(1);        // エラー：h(int)が有効でない
   }
};
```

C++標準では、実引数依存探索の規則を、**関連名前空間**（*associated namespace*）という用語で解説している（§iso.3.4.2）。基本的に、次のとおりだ：

- 引数がクラスメンバであれば、関連名前空間は、そのクラス自身（その基底クラスを含む）とそのクラスを囲む名前空間である。
- 引数が名前空間メンバであれば、関連名前空間は、それを囲む名前空間である。
- 引数が組込み型であれば、関連名前空間は存在しない。

実引数依存探索のおかげで、長たらしくて気を散らすタイプ量を節約できるが、予想外の結果を生むことがある。たとえば、関数`f()`の宣言を探索する場合、`f()`を呼び出した名前空間内の関数が優先されないのだ（これは、`f()`を呼び出している`class`内の関数と同じ方法である）：

```
namespace N {
   template<typename T>
      void f(T, int);  // N::f()
   class X { };
}

namespace N2 {
   N::X x;

   void f(N::X, unsigned);
```

```
    void g()
    {
        f(x,1);     // N::f(X,int)を呼び出す
    }
}
```

ここでは、N2::f()に解決されるように見えるが、そうではない。多重定義解決規則が適用されて、一致度がもっとも高いものが選択される。この例では、引数1がunsignedではなくてintなので、f(x,1)に一致度がもっとも高いのはN::f()となる。逆に、プログラマが既知の名前空間の中から一致度がより高い関数（たとえばstd内の標準ライブラリ関数など）が選択されるのを期待しているにもかかわらず、呼び出した関数が存在する名前空間から選択されることもある。これは、極めて混乱しやすい状況である。§26.3.6も参照しよう。

14.2.5 名前空間はオープン

名前空間はオープンだ。そのため、別々の箇所で名前空間を宣言して名前を追加することが可能である。たとえば：

```
namespace A {
    int f();     // ここでAはメンバf()をもつ
}

namespace A {
    int g();     // ここでAのメンバはf()とg()の２個になる
}
```

名前空間のメンバの記述は、単一ファイル中に連続して記述しなくてもよい。このことは、古いプログラムを改造して、名前空間を導入する際に重要だ。たとえば、名前空間を用いずに記述されたヘッダを考えてみよう：

```
// 私のヘッダ

    void mf();      // 私の関数
    void yf();      // 君の関数
    int mg();       // 私の関数
    // ...
```

これは、モジュール性を考慮することなく、必要な宣言を単に並べただけである（賢明とはいえない）。宣言の順序を変えずに書きかえてみよう：

```
// 私のヘッダ

    namespace Mine {
        void mf();   // 私の関数
        // ...
    }

    void yf();       // 君の関数（名前空間には入れていない）

    namespace Mine {
        int mg();    // 私の関数
        // ...
    }
```

新しいコードを作成する場合、私は、コードの大部分を単一名前空間に置くのではなく、複数の小規模な名前空間を用いる（§14.4 を参照）。ただし、ソフトウェアの大部分に名前空間を適用するのが非現実的な場合もある。

同じ名前空間を複数箇所で宣言することには、もう一つの理由がある。インタフェースとして利用される名前空間と、実装を容易にする支援機能として利用される名前空間とを区別するためだ。その具体例は §14.3 で示す。

名前空間の再オープンのために、名前空間別名（§14.4.2）を使うことはできない。

14.3 モジュール化とインタフェース

現実的なプログラムは、複数のパーツで構成されているものだ。たとえば、単純な“`Hello, world!`”プログラムでも、少なくとも２個のパーツで構成される。`Hello, world!` の出力を要求するユーザコードと、それを表示する入出力システムだ。

§10.2 の電卓プログラムの例を考えてみよう。電卓プログラムの構成要素は以下の５個のパーツとみなせる：

[1] パーサ：構文解析を行う。`expr()`、`term()`、`prim()`。

[2] レクサ：文字の並びからトークンを生成する。`Kind`、`Token`、`Token_stream`、`ts`。

[3] シンボルテーブル：（文字列 , 値）のペアを保持する。`table`。

[4] ドライバ：`main()`、`calculate()`。

[5] エラーハンドラ：`error()`、`number_of_errors`。

図で表すと、次のようになる。

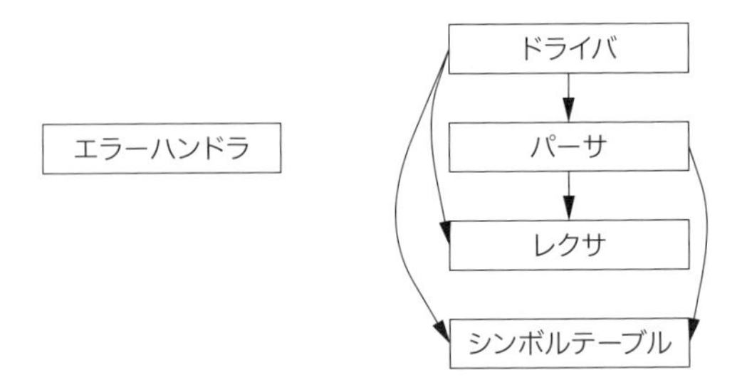

矢印は、指しているものを“利用すること”を表す。すべてのパーツがエラーハンドラを利用しているが、簡略化のために図では省略している。なお、電卓プログラムの構成要素は３個とも考えられるが、完全性を期すために、ドライバとエラー処理を含めている。

あるモジュールが、別のモジュールを利用する場合、そのモジュールのすべてを知る必要はない。理想的には、モジュールの詳細はユーザに隠蔽すべきだ。モジュールと、そのインタフェースを独立させてみよう。たとえば、パーサが直接利用するのは、レクサのすべてではなく、そのインタフェース（のみ）だ。レクサは、公開しているインタフェースのみを実装すればよいわけだ。図で表すと、次のようになる：

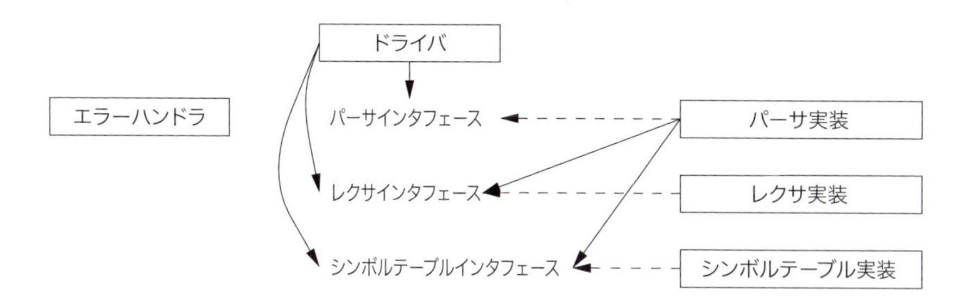

破線は“実装する”ことを表す。この図こそが、電卓プログラムの本当の構造を表すと考えられる。プログラマの仕事は、この図を忠実にコードにすることだ。この基本設計をそのまま反映させれば、コードは簡潔で効率的になり、さらに分かりやすくなって保守も容易になるだろう。

以降の節では、電卓プログラムの論理構造を明確にする方法を解説する。さらに§15.3では、プログラムソーステキストの品質を上げるための物理的な構成を解説する。電卓は、小さなプログラムだ。“現実世界”であれば、名前空間と分割コンパイル（§2.4.1，§15.1）を、ここで解説する以上に積極的に活用することをお勧めする。電卓プログラムの構造を明確にする唯一の目的は、大規模プログラムでコードに溺れないための有用な技法を示すことだ。現実のプログラムでは、個別の名前空間が表現する各“モジュール”が、数百もの関数、クラス、テンプレートなどをもつことはよくある。

エラー処理は、プログラムの構造とかかわる。プログラムを複数のモジュールに分割する、あるいは（逆に）複数のモジュールからプログラムを構築する場合、エラー処理に起因するモジュール間の依存性を最小限に抑えるよう注意が必要だ。C++では、エラー処理を、その検出と通知から切り離す機構を提供する（§2.4.3.1，第13章）。

モジュールには、本章と次章で述べる以上の考え方が数多くある。たとえば、タスクの並行処理やタスク間通信（§5.3，第41章）、モジュールの重要な表現の処理などだ。同様に、アドレス空間を分離して、複数のアドレス空間にまたがって情報をやり取りすることなども、ここでは取り上げないものの、重要なテーマである。私は、これらが独立しているとともに直交していると考えている。重要なのは、いずれの場合でもシステムをモジュールへと分割するのが容易なことだ。難しいのは、モジュールの境界をまたがって、安全で使いやすくて効率的な通信を提供することだ。

14.3.1 モジュールとしての名前空間

名前空間は、論理的なグループ分けを表現するメカニズムだ。すなわち、複数の宣言に、何らかの観点で論理的共通性があれば、それらを一つの名前空間にまとめると、その共通性が表現できる。ここでは、電卓プロブラムの論理構造を名前空間で表現していく。たとえば、パーサ（§10.2.1）の宣言を、Parser名前空間に置いてみよう：

```
namespace Parser {
    double expr(bool);
    double prim(bool get) { /* ... */ }
    double term(bool get) { /* ... */ }
    double expr(bool get) { /* ... */ }
}
```

循環依存を防ぐために、関数 expr() を、いったん宣言しておいて、その後で定義する必要があることは、§10.2.1 で述べたとおりだ。

電卓プログラムの入力処理部も、専用の名前空間に置く：

```
namespace Lexer {
   enum class Kind : char { /* ... */ };
   class Token { /* ... */ };
   class Token_stream { /* ... */ };

   Token_stream ts;
}
```

シンボルテーブルは極めて単純だ：

```
namespace Table {
   map<string,double> table;
}
```

ドライバは、一つの名前空間に置くことはできない。というのも、言語の規則によって、main() が広域関数となるからだ：

```
namespace Driver {
   void calculate() { /* ... */ }
}

int main() { /* ... */ }
```

エラー処理も、単純だ：

```
namespace Error {
   int no_of_errors;
   double error(const string& s) { /* ... */ }
}
```

名前空間をこのように用いると、レクサとパーサがユーザに提供する機能が明らかになる。もし関数本体のコードも含めていたら、構造が分かりにくくなってしまっただろう。現実で利用される規模の名前空間の宣言に、関数本体のコードまでが入っていると、どんなインタフェースが提供されているかを、画面に入りきれない情報から見つけ出さなければならなくなってしまう。

インタフェースを分割する代わりに、実装の詳細を含むモジュールからインタフェースを抽出するツールを提供するという手もある。しかし、私は、よい解決法だとは思わない。そもそもインタフェースの明示は設計作業の基本である。さらに、モジュールは、異なるユーザに対して、異なるインタフェースを提供することも可能だ。しかも、インタフェースは、実装の詳細が確定するよりも、はるか前に設計することも多い。

Parser のインタフェースと実装を分離してみよう：

```
namespace Parser {
   double prim(bool);
   double term(bool);
   double expr(bool);
}

double Parser::prim(bool get) { /* ... */ }
double Parser::term(bool get) { /* ... */ }
double Parser::expr(bool get) { /* ... */ }
```

インタフェースと実装を分離した結果、すべての関数が、宣言と定義が1個ずつになったことに注目しよう。

ユーザが目にするのは、インタフェースの宣言のみだ。実装（この場合、関数本体）は、ユーザが見る必要がない“どこか別の”場所に置かれる。

理想的には、プログラム内のすべての実体は、何らかの論理単位（“モジュール”）に所属すべきだ。したがって、プログラム規模がそれほど小さくなければ、理想的には、すべての宣言はその論理的役割を表す名前をもつ何らかの名前空間に入るべきである。唯一の例外は、main() だ。main() は、コンパイラが特別扱いするため、広域でなければならない（§2.2.1, §15.4）。

14.3.2 実装

いったんモジュール化が完了すると、コードの見た目は変わるのだろうか？　それは、他の名前空間内の名前をどのように利用するかに依存する。“自分自身の”名前空間内の名前は、名前空間導入前とまったく同じように、いつでも利用できる。その一方で、他の名前空間内の名前に対しては、明示的修飾、using 宣言、using 指令のいずれかが必要となる。

（Driver 以外の）すべての名前空間を利用する Parser::prim() は、名前空間の恰好のテストケースだ。まずは、明示的修飾を用いてみよう：

```
double Parser::prim(bool get)        // 一次式の処理
{
   if (get) Lexer::ts.get();

   switch (Lexer::ts.current().kind) {
   case Lexer::Kind::number:         // 浮動小数点定数
   {    double v = Lexer::ts.current().number_value;
        Lexer::ts.get();
        return v;
   }
   case Lexer::Kind::name:
   {    double& v = Table::table[Lexer::ts.current().string_value];
        if (Lexer::ts.get().kind == Lexer::Kind::assign)  // '='を見つけた：代入
           v = expr(true);
        return v;
   }
   case Lexer::Kind::minus:          // 単項マイナス
        return -prim(true);
   case Lexer::Kind::lp:
   {    double e = expr(true);
        if (Lexer::ts.current().kind != Lexer::Kind::rp)
           return Error::error(" ')' expected");
        Lexer::ts.get();             // ')'を読み飛ばす
        return e;
   }
   default:
        return Error::error("primary expected");
   }
}
```

Lexer:: が14個もある。そのため、（当初の目的とは逆に）これ以上モジュール化を進めても読みやすくなるとは思えない。なお、Parser 名前空間内では、Parser:: は冗長なので、記述していない。

次は、using 宣言を使ってみよう。以下のようになる：

```
using Lexer::ts;              // 8個の"Lexer::"が省略できる
using Lexer::Kind;            // 6個の"Lexer::"が省略できる
using Error::error;           // 2個の"Error::"が省略できる
using Table::table;           // 1個の"Table::"が省略できる

double Parser::prim(bool get) // 一次式の処理
{
   if (get) ts.get();

   switch (ts.current().kind) {
   case Kind::number:         // 浮動小数点定数
   {    double v = ts.current().number_value;
        ts.get();
        return v;
   }
   case Kind::name:
   {    double& v = table[ts.current().string_value];
        if (ts.get().kind == Kind::assign) v = expr(true);  // '='を見つけた：代入
        return v;
   }
   case Kind::minus:          // 単項マイナス
        return -prim(true);
   case Kind::lp:
   {    double e = expr(true);
        if (ts.current().kind != Kind::rp) return error("')' expected");
        ts.get();             // ')'を読み飛ばす
        return e;
   }
   default:
        return error("primary expected");
   }
}
```

私は、Lexer:: についてはusing 宣言が有効だが、他の名前空間の値については微妙なところだと考える。

次は、using 指令を用いる。次のようになる：

```
using namespace Lexer;        // 14個の"Lexer::"が省略できる
using namespace Error;        // 2個の"Error::"が省略できる
using namespace Table;        // 1個の"Table::"が省略できる

double Parser::prim(bool get)    // 一次式の処理
{
  // 前のものと同じ
}
```

Error と Table に対しては、using 指令を用いても記述が楽になるわけではない。しかも、名前が所属する名前空間が分かりにくくなるという弊害もあり得る。

すなわち、明示的修飾、using 宣言、using 指令は、ケースバイケースで、それぞれの優劣を考慮すべきである。私の経験則は、次のとおりだ：

[1] ある名前空間内の複数の名前を数多く修飾する場合は、その名前空間には using 指令を用いる。

[2] ある名前空間内の特定の名前を数多く修飾する場合は、その名前には using 宣言を用いる。

[3] それほど修飾されない名前については、所属が明らかになるように、明示的修飾を用いる。

[4] ユーザと同じ名前空間に属する名前は、明示的修飾は行わない。

14.3.3 インタフェースと実装

一つ明確にすべきことがある。ここまでの Parser 名前空間の定義は、Parser がユーザに示す理想的なインタフェースではなく、個々のパーサ関数を書きやすくするために宣言をまとめただけである、ということだ。Parser のインタフェースは、もっと単純でなければならない：

```
namespace Parser {          // ユーザインタフェース
   double expr(bool);
}
```

この Parser 名前空間は、次の二つを提供する：

[1] パーサを実装する関数用の共通環境

[2] パーサのユーザに提供する外部インタフェース

ドライバすなわち main() に必要なのは、ユーザ用インタフェースのみだ。

その一方で、パーサを実装する関数は、実装に共通する環境を最大限表現する、すべてのインタフェースが見えていなければならない。すなわち：

```
namespace Parser {          // 実装者用インタフェース
   double prim(bool);
   double term(bool);

   using namespace Lexer; // Lexerのすべての機能を利用できるようにする
   using Error::error;
   using Table::table;
}
```

図で表すと、次のようになる：

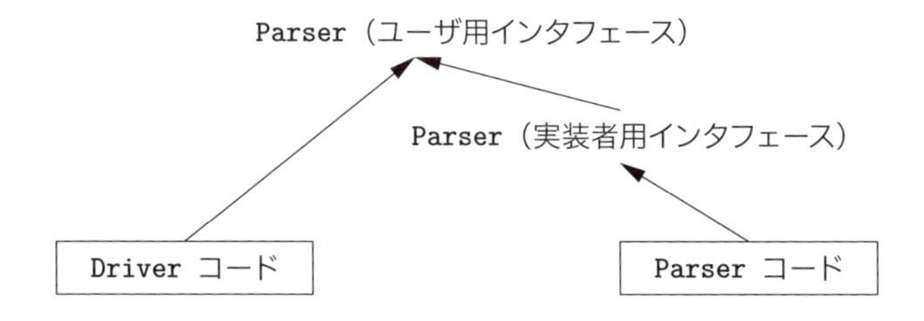

矢印は、“～が提供するインタフェースを利用する”ことを表す。

ユーザ用インタフェースと実装者用インタフェースとで名前を変えることもできる。しかし、（名前空間はオープンなので：§14.2.5）、必ずしもそうする必要はない。名前の分割が不十分だからといって、混乱するとは限らない。というのも、プログラムの物理的な構成（§15.3.2）が、そのまま（ファイルで）分割した名前を提供するからだ。もしインタフェースを分離するのであれば、その設計は、ユーザにとって見え方が変化する：

```
namespace Parser {           // ユーザ用インタフェース
   double expr(bool);
}

namespace Parser_impl {      // 実装者用インタフェース
   using namespace Parser;

   double prim(bool);
   double term(bool);

   using namespace Lexer;  // Lexerのすべての機能を利用できるようにする
   using Error::error;
   using Table::table;
}
```

図で表すと、次のようになる：

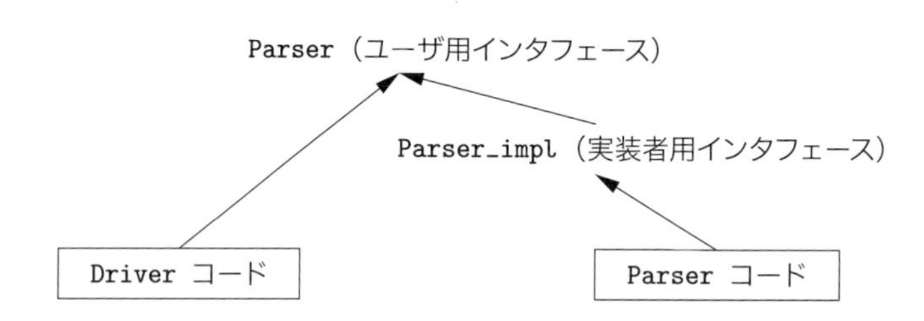

私は、大規模プログラムでは、_impl インタフェースを用いることがある。

ユーザ用インタフェースに比べると、実装者用インタフェースは大きくなる。実用的な規模のモジュールでは、実装者用インタフェースは、ユーザ用インタフェースよりも頻繁に変更される。その変更がモジュール（この場合はParserを利用するDriver）のユーザに影響しないようにすることも重要だ。

14.4 名前空間を用いた構成

大規模プログラムでは、名前空間数は増える傾向にある。本節では、名前空間外のコードの技術的側面を解説する。

14.4.1 利便性と安全性

using宣言は、局所スコープに名前を追加する。しかし、using指令はそうではない。そのスコープの中で、他の名前空間の名前をアクセスできるようにするだけだ。たとえば：

```
namespace X {
   int i, j, k;
}

int k;

void f1()
{
   int i = 0;
   using namespace X;  // X中の名前をアクセス可能にする
   i++;                // 局所のi
   j++;                // X::j
```

```
    k++;                // エラー：Xのkなのか広域のkなのか？
    ::k++;              // 広域のk
    X::k++;             // Xのk
}

void f2()
{
    int i = 0;
    using X::i;         // エラー：f2()中でiの２度目の宣言
    using X::j;
    using X::k;         // 広域のkを隠す

    i++;
    j++;                // X::j
    k++;                // X::k
}
```


局所的に宣言された名前は（それが通常に宣言されたものでも、あるいは、using宣言で宣言されたものであっても）、同じ名前の非局所の宣言を隠す。なお、名前を不正に複数回定義すると、宣言時に検出される。

f1()におけるk++が、曖昧エラーになることに注目しよう。広域的な名前が、広域スコープ中でアクセスできるようにした名前空間内の名前よりも優先される、ということはないのだ。この規則は、名前衝突の事故を防ぐのに有効だ。さらに重要なことに、この規則によって、汚染された広域名からの影響を受けないことが保証されるのだ。

数多くの名前を宣言するライブラリを、using指令によってアクセス可能にした際に、利用していない名前が衝突してエラーになることはない。これは、大きなアドバンテージだ。

14.4.2 名前空間別名

名前空間に短い名前を与えると、他の名前空間と衝突しやすくなる：

```
namespace A {  // 短い名前なので（いつか）衝突する可能性がある
    // ...
}

A::String s1 = "Grieg";
A::String s2 = "Nielsen";
```

しかし、実際のコードでは、名前空間に長い名前を与えるのも、非現実的だ：

```
namespace American_Telephone_and_Telegraph {      // 長すぎる
    // ...
}

American_Telephone_and_Telegraph::String s3 = "Grieg";
American_Telephone_and_Telegraph::String s4 = "Nielsen";
```

このジレンマは、名前空間の長い名前に、短い別名を付けることで、解消できる。

```
// 短い名前を与えるために名前空間別名を利用

namespace ATT = American_Telephone_and_Telegraph;

ATT::String s3 = "Grieg";
ATT::String s4 = "Nielsen";
```

名前空間別名を用いると、どのライブラリを使っているのかを定義するための宣言を1個だけ用意した上で、ユーザが“使用中のライブラリ”を参照できるようになる。たとえば：

```
namespace Lib = Foundation_library_v2r11;
// ...
Lib::set s;
Lib::String s5 = "Sibelius";
```

こうすることによって、ライブラリのバージョンを変更する作業が、極めて容易になる。Foundation_library_v2r11を直接使う代わりにLibとしておけば、バージョンを“v3r02”へ上げる場合でも、別名Libの初期化宣言を変更して再コンパイルするだけでよいのだ。しかも、ソースレベルの非互換があっても、再コンパイル時に検出できる。ただし、（どの種類に対するものであるかとは無関係に）別名を多用しすぎると、混乱しやすくなる。

14.4.3 名前空間の合成

既存インタフェースをもとにした新しいインタフェースの合成は、よく行われる。たとえば：

```
namespace His_string {
   class String { /* ... */ };
   String operator+(const String&, const String&);
   String operator+(const String&, const char*);
   void fill(char);
   // ...
}

namespace Her_vector {
   template<typename T>
      class Vector { /* ... */ };
   // ...
}

namespace My_lib {
   using namespace His_string;
   using namespace Her_vector;
   void my_fct(String&);
}
```

これらの宣言が与えられると、プログラムはMy_libのみで記述できるようになる：

```
void f()
{
   My_lib::String s = "Byron";  // My_lib::His_string::Stringが見つけられる
   // ...
}

using namespace My_lib;

void g(Vector<String>& vs)
{
   // ...
   my_fct(vs[5]);
   // ...
}
```

（My_lib::Stringのように）明示的に修飾された名前が、その名前空間に存在しなければ、コンパイラはusing指令で指定された（His_stringなどの）名前空間内を探索する。

ある実体の本当の名前空間が必要となるのは、それを定義する場合だけだ：

```
void My_lib::fill(char c)       // エラー：My_lib内ではfill()は宣言されていない
{
    // ...
}

void His_string::fill(char c)  // ＯＫ：fill()はHis_string内で宣言されている
{
    // ...
}

void My_lib::my_fct(String& v) // ＯＫ：StringはMy_lib::StringすなわちHis_string::String
{
    // ...
}
```

理想的には、名前空間は次のようになっているべきだ：

[1] 論理的に密接に関連する機能を表現する。

[2] ユーザに関係しない機能をアクセスさせない。

[3] ユーザに記述上の負荷をかけない。

`#include`のメカニズム（§15.2.2）を併用すると、本項と次項が取り上げる合成の技法は、これらの要求を満たすための強力な手助けとなる。

14.4.4 合成と選択

合成（`using`指令）と選択（`using`宣言）を組み合わせると、現実世界の例で必要な柔軟性が実現できる。これらのメカニズムを利用すると、合成によって生じてしまう、名前衝突と曖昧さを解決しつつ、さまざまな機能へのアクセスが提供できるようになる。たとえば：

```
namespace His_lib {
    class String { /* ... */ };
    template<typename T>
        class Vector { /* ... */ };
    // ...
}

namespace Her_lib {
    template<typename T>
        class Vector { /* ... */ };
    class String { /* ... */ };
    // ...
}

namespace My_lib {
    using namespace His_lib;  // His_libのすべての宣言
    using namespace Her_lib;  // Her_libのすべての宣言

    using His_lib::String;    // His_libを優先して衝突を回避
    using Her_lib::Vector;    // Her_libを優先して衝突を回避

    template<typename T>
        class List { /* ... */ };  // 追加
    // ...
}
```

名前空間内からの探索では、その名前空間で明示的に宣言された名前（using宣言で宣言された名前を含む）のほうが、using指令によって他の名前空間からアクセスできるようにした名前よりも優先される（§14.4.1も参照しよう）。そのため、My_libのユーザには、StringとVectorの名前の衝突が、His_lib::StringとHer_lib::Vectorへと解決される。また、His_libやHer_libがListを提供するかどうかにかかわらず、My_lib::Listはデフォルトで使われる。

通常、私は、新しい名前空間に名前を入れる場合、名前を変更することはない。そうしておけば、同じ実体に対して、二つの名前を覚える必要がなくなるからだ。とはいえ、新しい名前が必要になる場合もあるし、純粋に名前が必要となることもある。たとえば：

```
namespace Lib2 {
   using namespace His_lib;    // His_libのすべての宣言
   using namespace Her_lib;    // Her_libのすべての宣言

   using His_lib::String;      // His_libを優先して衝突を回避
   using Her_lib::Vector;      // Her_libを優先して衝突を回避

   using Her_string = Her_lib::String;     // 名前を変更
   template<typename T>
      using His_vec = His_lib::Vector<T>; // 名前を変更

   template<typename T>
       class List { /* ... */ };      // 追加
   // ...
}
```

名前を変更するための言語メカニズムは存在しないが、型とテンプレートに対してusingを適用すれば、別名が作成できる（§3.4.5, §6.5）。

14.4.5 名前空間と多重定義

関数多重定義（§12.3）は、複数の名前空間にまたがって機能する。このことは、ソースコードの変更を最小限に抑えながら、既存ライブラリを、名前空間を利用するように移行する際に重要である。たとえば：

```
// 古いA.h
   void f(int);
   // ...

// 古いB.h
   void f(char);
   // ...

// 古いuser.c
   #include "A.h"
   #include "B.h"

   void g()
   {
      f('a');  // B.hのf()を呼び出す
   }
```

このプログラムは、コード自体を変更しないままで、名前空間を利用するように改良できる：

```
// 新しいA.h
   namespace A {
      void f(int);
```

```
        // ...
    }
// 新しいB.h
    namespace B {
        void f(char);
        // ...
    }
// 新しいuser.c
    #include "A.h"
    #include "B.h"

    using namespace A;
    using namespace B;

    void g()
    {
        f('a');   // B.hのf()を呼び出す
    }
```


user.cを一切変更したくなければ、using指令をヘッダに記述することも可能である。しかし、名前衝突の可能性が大幅に増えるので、通常は、ヘッダでのusing指令は避けるのがベストだ。

多重定義解決規則を利用すると、ライブラリの拡張も可能だ。たとえば、標準ライブラリのアルゴリズムを用いてコンテナを操作する際に、どうしてシーケンスの明示的な記述を行わなければならないのだろうかと疑問を感じる人は多い。たとえば：

```
sort(v.begin(),v.end());
```

は、どうして以下のように記述できないのだろうか。

```
sort(v);
```

その理由は、汎用性のために必要だから、というものだ（§32.2）。とはいえ、このようなコンテナ操作は頻繁に利用される。以下のように対応してみよう：

```
#include<algorithm>

namespace Estd {
    using namespace std;
    template<typename C>
        void sort(C& c) { std::sort(c.begin(),c.end()); }
    template<typename C, typename P>
        void sort(C& c, P p) { std::sort(c.begin(),c.end(),p); }
}
```

Estd（私専用の“拡張（extended）std”）は、頻繁に利用されるコンテナ版のsort()を提供する。当然、<algorithm>のstd::sort()を使った実装である。これを使うと、以下のようなコードが書けることになる：

```
using namespace Estd;

template<typename T>
void print(const vector<T>& v)
{
    for (auto& x : v)
        cout << x << ' ';
    cout << '\n';
}
```

```
void f()
{
    std::vector<int> v {7, 3, 9, 4, 0, 1};

    sort(v);
    print(v);
    sort(v,[](int x, int y) { return x>y; });
    print(v);
    sort(v.begin(),v.end());
    print(v);
    sort(v.begin(),v.end(),[](int x, int y) { return x>y; });
    print(v);
}
```

名前空間探索規則とテンプレートの多重定義規則によって、正しいバージョンの`sort()`が見つけられて実行されることが保証される。その結果、期待どおりの出力が得られる：

```
0 1 3 4 7 9
9 7 4 3 1 0
0 1 3 4 7 9
9 7 4 3 1 0
```

もしEstdから`using namespace std;`を削除しても、この例は、期待どおりに動作する。実引数依存探索（§14.2.4）によって、`std`の`sort()`に解決されるからだ。しかし、`std`の外で定義した独自のコンテナだと、標準の`sort()`には解決されない。

14.4.6 バージョン管理

数多くの種類のインタフェースに対するテスト作業でもっとも困難なことは、繰り返される新規リリース（バージョン）の取扱いである。広く利用されるインタフェース、たとえばISO C++標準のヘッダを例に考えてみよう。ある程度の期間が経って、新バージョンが、たとえばC++98に対して、C++11バージョンのヘッダが作られたとしよう。関数の追加、クラス名の変更、登録商標がある拡張機能の削除（標準のヘッダでは一度もない）、型の変更、テンプレートの変更などがあるかもしれない。開発者の人生を“面白く”するため、古いヘッダを利用する数億行ものコードが“世の中に存在”する一方で、新バージョンの開発者は古いコードを見ることも変更することもできない。いうまでもなく、新しい、よりよいバージョンが存在しない状態で、古いコードが動作しなくなっては非難の嵐が巻き起こる。ごく少数の例外はあるが、ここまで述べた名前空間の機能を用いれば、この問題も対処可能である。しかし、ソースコード量が膨大になれば、“ごく少数の例外”のコード量は多くなる。そのため、二つのバージョンから、特定の一つのバージョンだけをユーザに見せることを保証する、簡潔で明確な方法がある。それは、**インライン名前空間**（*inline namespace*）と呼ばれるものだ：

```
namespace Popular {

    inline namespace V3_2 { // V3_2はPopularのデフォルトの意味を提供する
        double f(double);
        int f(int);
        template<typename T>
            class C { /* ... */ };
    }
```

```
    namespace V3_0 {
        // ...
    }
    namespace V2_4_2 {
        double f(double);
        template<typename T>
            class C { /* ... */ };
    }
}
```

Popularには3個の部分名前空間があり、それぞれがバージョンを定義している。V3_2に付加したinlineが、Popularのデフォルトの意味を表す。そのため、次のような記述が可能となる：

```
using namespace Popular;

void f()
{
    f(1);           // Popular::V3_2::f(int)
    V3_0::f(1);     // Popular::V3_0::f(double)
    V2_4_2::f(1);   // Popular::V2_4_2::f(double)
}

template<typename T>
Popular::C<T*> { /* ... */ };
```

ここに示したinline namespaceによる解決法は、押し付けがましいものだ。デフォルトバージョン（部分名前空間）の変更の際は、ヘッダソースコードの変更が避けられない。また、このバージョン管理方法を不用意に利用すると、多くのコード（バージョンが異なっても変化しない部分）をコピーしなければならなくなる場合もある。とはいえ、その種のコピーは、#includeを巧みに用いることによって、最小限にできる：

```
// ファイルV3_common.h
    // ... たくさんの宣言 ...

// ファイルV3_2.h
    namespace V3_2 {
        double f(double);
        int f(int);
        template<typename T>
            class C {
                // ...
            };
        #include "V3_common"
    }

// ファイルV3_0.h
    namespace V3_0 {
        #include "V3_common"
    }

// ファイルPopular.h
    namespace Popular {
        inline
        #include "V3_2.h"
        #include "V3_0.h"
        #include "V2_4_2.h"
    }
```

本当に必要な場合を除くと、このような分かりにくいヘッダはお勧めしない。この例は、非局所的なスコープにインクルードすべきではないという規則に何度も違反しているし、構文上の構成をファイルのスパンとすべきであるという規則にも（`inline` の利用によって）違反している。§15.2.2を参照しよう。残念ながら、私はもっとひどい例を目にしたこともある。

ほとんどの場合では、より穏やかな方法でバージョンを管理できる。他の方法では絶対に不可能なものは、（たとえば `Popular::C<T*>` のような）名前空間の名前を明示的に利用したテンプレートの特殊化だけであると、私は考えている。しかし、重要性が高い場面では、“ほどんどの場合”という方針では不十分なことも多い。また、他の方法と組み合わせた解決法は、完全に正しいことが、見て目では分かりにくくなる。

14.4.7 入れ子の名前空間

名前空間の最適な使い方の一つが、一連の宣言と定義を個別の名前空間にまとめることである：

```
namespace X {
   // ... すべての私の宣言 ...
}
```

宣言の並びの中に、名前空間を含めるのは、よくあることだ。すなわち、入れ子の名前空間が許される。そうなっているのは、言語の構成要素として、入れ子を禁止する強い理由がない以上は入れ子を認める、という単純な理由だけでなく、実用上の理由もあるからだ。たとえば：

```
void h();

namespace X {
   void g();
   // ...
   namespace Y {
      void f();
      void ff();
      // ...
   }
}
```

通常のスコープ規則と修飾規則が適用される：

```
void X::Y::ff()
{
   f(); g(); h();
}

void X::g()
{
   f();          // エラー：X中にf()はない
   Y::f();       // ＯＫ
}

void h()
{
   f();          // エラー：広域のf()はない
   Y::f();       // エラー：広域のYはない
   X::f();       // エラー：X中にf()はない
   X::Y::f();    // ＯＫ
}
```

標準ライブラリでも実際に入れ子の名前空間を利用している。chrono（§35.2）とrel_ops（§35.5.3）を参照しよう。

14.4.8 名前無し名前空間

名前の衝突回避だけを目的として、名前空間に複数の宣言を置くことが、有用になる場合が多い。すなわち、ユーザにインタフェースを提供するというよりも、コードの局所性を維持するのが目的である。たとえば：

```
#include "header.h"
namespace Mine {
   int a;
   void f() { /* ... */ }
   int g() { /* ... */ }
}
```

しかし、Mineという名前を局所的な文脈の外部に知らせたくはない。そうしなければ、別の誰かの名前と衝突する可能性がある、冗長な広域名という障害物になってしまう。このような場合は、名前空間に名前を与えないだけですむのだ：

```
#include "header.h"
namespace {
   int a;
   void f() { /* ... */ }
   int g() { /* ... */ }
}
```

いうまでもなく、名前無し名前空間メンバを外部からアクセスするための、何らかの方法が必要である。そのため、名前無し名前空間は、暗黙のusing指令をもっている。先ほどの宣言は、以下のようにしても同じ意味である：

```
namespace $$$ {
   int a;
   void f() { /* ... */ }
   int g() { /* ... */ }
}
using namespace $$$;
```

ここで、$$$は名前空間が定義されているスコープ内で一意な名前である。翻訳単位が異なれば、別の名前無し空間となる。もちろん、名前無し名前空間メンバを、他の翻訳単位から利用する方法などは存在しない。

14.4.9 C言語のヘッダ

あまりにも有名な、初めてのCプログラムを考えてみよう：

```
#include <stdio.h>

int main()
{
   printf("Hello, world!\n");
}
```

このプログラムが動作しなくなるのは困る。その一方で、標準ライブラリを特別扱いするのもよくない。そのため、名前空間に関する規則は、名前空間を用いずに記述されたプログラムを、名前空間によって明示的に構造化されたものへと、容易に変換できるように設計されている。すでに解説した電卓プログラム（§10.2）が、その一例であった。

C言語標準の入出力機能を名前空間に置く方法の一つが、C言語のヘッダ`stdio.h`の宣言を`std`名前空間へ置くというものである：

```
// cstdio

   namespace std {
      int printf(const char* ... );
      // ...
   }
```

この`<cstdio>`が与えられると、`using`指令の追加によって後方互換性が実現できる：

```
// stdio.h

   #include<cstdio>
   using namespace std;
```

この`<stdio.h>`を用いても、`Hello, world!`プログラムはコンパイル可能である。しかし、残念なことがある。`using`指令の働きによって、`std`名前空間内のすべての名前が広域名前空間からアクセスできるようになってしまうことだ：

```
#include<vector>      // 広域名前空間の汚染を注意深く避ける
vector v1;            // エラー：広域スコープに"vector"はない
#include<stdio.h>     // この中に"using namespace std;"が含まれている
vector v2;            // おっと、今度はうまく行く
```

C++標準では、`<stdio.h>`に対して、`<cstdio>`内の名前だけを広域スコープに置くことを要求している。これは、`<cstdio>`内のすべての宣言に対して`using`宣言を記述することで実現できる：

```
// stdio.h

   #include<cstdio>
   using std::printf;
   // ...
```

もう一つ利点がある。それは、`printf()`に`using`宣言を使うと、ユーザが広域スコープに非標準の`printf()`を定義してしまうことが（事故か故意かにかかわらず）防げることだ。私は、非局所の`using`指令は、本質的に移行ツールだと考えている。ISO C++標準ライブラリ（`std`）のような基盤ライブラリに対して、私は`using`指令を必ず利用している。これ以外の名前空間内の名前の利用は、明示的修飾や`using`宣言を用いれば、より明確に表現できる。

名前空間と結合の関係については、§15.2.5で解説する。

14.5 アドバイス

[1] 論理的な構造の表現には、名前空間を利用しよう。§14.3.1。

[2] `main()` 以外のすべての非局所名は、何らかの名前空間に置こう。§14.3.1。

[3] 無関係の名前空間を誤用する事故を防ぎつつ便利に利用できるように、名前空間を設計しよう。§14.3.3。

[4] 極端に短い名前を名前空間に与えないようにしよう。§14.4.2。

[5] 名前空間の長い名前には、必要に応じて別名を与えよう。§14.4.2。

[6] ユーザにとって記述が重荷となるような名前空間は避けよう。§14.2.2, §14.2.3。

[7] インタフェースと実装の名前空間は分離しよう。§14.3.3。

[8] 名前空間メンバを利用する場合は、`Namespace::member` 構文を利用しよう。§14.4。

[9] 名前空間のバージョン管理には `inline` を利用しよう。§14.4.6。

[10] （`std` などの）基盤ライブラリや、局所スコープ内の移行には `using` 指令を利用しよう。§14.4.9。

[11] ヘッダ内に `using` 指令を記述しないように。§14.2.3。

第 15 章　ソースファイルとプログラム

形式は機能にしたがう。
— L・H・サリヴァン

・分割コンパイル
・結合
　ファイル内局所名／ヘッダ／単一定義則／標準ライブラリヘッダ／C++ 以外のコードとの結合／結合と関数へのポインタ
・ヘッダの利用
　単一ヘッダ構成／複数ヘッダ構成／インクルードガード
・プログラム
　非局所変数の初期化／初期化と並行処理／プログラムの終了
・アドバイス

15.1　分割コンパイル

現実的なプログラムは、数多くのコンポーネント（その一つが名前空間：第 14 章）から構成される。コンポーネントをうまく管理するには、プログラムを複数の（ソースコードの）ファイルに分割して、1 個のファイルに、1 個あるいは複数個のコンポーネントを記述する。プログラム開発は、プログラムを物理的に（一連のファイルとして）構築して、各プログラムを、整合性があって分かりやすくて柔軟な論理的構成要素であるコンポーネントを表すものにすることだ。私たちは、（関数宣言などの）インタフェースと、（関数定義などの）実装との、明確な分離を目標とすべきである。ファイルは、（ファイルシステムの）伝統的な保管単位であり、コンパイル単位でもある。C++ プログラムの格納やコンパイルや提示のために、ファイルを使わないシステムもあるが、ここでは伝統的なファイルを利用するシステムを対象に解説していこう。

通常、プログラム全体を 1 個のファイルに記述するのは不可能だ。しかも、標準ライブラリやオペレーティングシステムのソースコードなどは、ユーザプログラムの一部として、ソースコードの形式では供給されないのが普通だ。現実に利用される規模のプログラムでは、ユーザがすべてのコードを 1 個のファイルに記述するのは、非現実的だし不便でもある。プログラムを複数のファイルで構成すれば、その論理構造が強調できるし、読み手もプログラムを理解しやすくなるし、コンパイラもその構造にしたがいやすくなる。コンパイル単位がファイルである環境では、ファイルや、ファイルが依存するものに何らかの変更が発生すると（たとえ少量の変更だとしても）、そのファイル全体を再コンパイルしなければならない。プログラムを複数のファイルに分割して、各ファイルを適切な大きさに収めておけば、規模の大きなプログラムでも再コンパイル時間を大幅に節約できる。

ユーザが**ソースファイル**（*source file*）をコンパイラに与えると、まずファイルが前処理される。すなわち、マクロが処理されて（§12.6）、`#include` 指令に基づいてヘッダが取り込まれる（§2.4.1，§15.2.2）。前処理の結果が、**翻訳単位**（*translation unit*）である。この翻訳単位こそが、コンパイラの作業対象であり、C++ の言語規則の適用対象だ。本書では、プログラマが見る部分と、コンパイラが処理する部分を区別するときだけ、ソースファイルと翻訳単位を区別する。

分割コンパイルを実現するためには、一つの翻訳単位を、それ以外の部分と独立して解析できるのに必要な型情報をプログラマが宣言しなければならない。別々にコンパイルされる数多くの部品で構成されるプログラムの宣言は、単一ソースファイルだけで構成されるプログラムの宣言とまったく同じで、整合性が必要だ。それを検証するツールは、読者のシステムにも含まれているだろう。特にリンカは、宣言の整合性に関する多くの問題を検出できるプログラムだ。**リンカ**（*linker*）は、別々にコンパイルしたものを結合するプログラムであり、（紛らわしいことに）**ローダ**（*loader*）と呼ばれることもある。リンクはプログラムの実行前に完了していなければならないが、実行中のプログラムに対して新しいコードを追加する“ダイナミックリンク”の手法もある。

一般に、ソースファイルレベルのプログラムの構成は、プログラムの**物理構造**（*physical structure*）と呼ばれる。プログラムを複数ファイルに物理的に分割する際は、プログラムの論理構造に基づいて行うとよい。名前空間に基づいてプログラムを構成する場合と同様、ソースファイルの構成においても、プログラムの論理構造と物理構造が一致する必要はない。たとえば、単一の名前空間に所属する複数の関数を複数のソースファイルで定義するとか、単一のソースファイルで複数の名前空間を定義するとか、単一の名前空間を複数のファイルで定義する、といったことが有用な物理構造になることもある（§14.3.3）。

本章では、まずリンクに関する技術を検討し、それから電卓プログラム（§10.2，§14.3.1）を複数のファイルに分割するための二つの方法を解説する。

15.2 結合

明示的に局所的と指定されたものを除くと、関数、クラス、テンプレート、変数、名前空間、列挙体、列挙子の名前の利用は、すべての翻訳単位で一貫していなければならない。

すべての名前空間、クラス、関数などが、それを利用する各翻訳単位で正しく宣言されるようにするとともに、その宣言が整合性をもって同じ実体を表すようにするのは、プログラマの仕事だ。次の二つのファイルを例に考えてみよう：

```
// file1.cpp
   int x = 1;
   int f() { /* 何らかの処理 */ }

// file2.cpp
   extern int x;
   int f();
   void g() { x = f(); }
```

ここで、`file2.cpp` の `g()` で利用している `x` と `f()` は、`file1.cpp` で定義されたものだ。キーワード extern は、file2.cpp 内の x の宣言が、定義ではなくて、単なる宣言にすぎないことを表す（§6.3）。初期化子を伴う宣言は定義になるという規則があるので、もし x を初期化すれば、extern は無視される。プログラム内でのオブジェクトは、1回だけ定義される必要がある。宣言は何回も行えるが、その際の型はぴったりと一致していなければならない。以下の例で考えよう：

```
// file1.cpp
   int x = 1;
   int b = 1;
   extern int c;

// file2.cpp
   int x;              // "int x = 0;"を表す
   extern double b;
   extern int c;
```

これには誤りが3点ある。x を2回定義している点、b の2回の宣言の型が異なっている点、c を2回宣言していながら定義していない点だ。この種のエラー（結合エラー）は、一つのファイルだけを処理対象とするコンパイラでは検出できない。ただし、大半はリンカで検出される。たとえば、私の知っているすべての処理系は、期待どおりに、x の二重定義をエラーとする。しかし、b の宣言不一致については多くの処理系が検出できないし、c を定義していないことについても、実際に c を利用して初めて検出できる、というのが一般的だ。

初期化子を与えずに、広域あるいは名前空間スコープ内で定義された変数は、デフォルト値で初期化されること（§6.3.5.1）と、非 static な局所変数や空き領域に割り当てたオブジェクトは初期化されないこと（§11.2）に注意しよう。

クラス本体の外では、利用前に実体を宣言する必要がある（§6.3.4）。次の例で考えよう：

```
// file1.cpp
   int g() { return f()+7; } // エラー：f()は（まだ）宣言されていない
   int f() { return x; }     // エラー：xは（まだ）宣言されていない
   int x;
```

定義した名前が別の翻訳単位でも利用可能であることを、**外部結合**（*external linkage*）をもつ、と表現する。ここで利用した名前はすべて外部結合をもっている。一方、定義した名前が翻訳単位内のみで利用可能であることを、**内部結合**（*internal linkage*）をもつ、と表現する。たとえば：

```
static int x1 = 1;      // 内部結合：別の翻訳単位からはアクセス不可
const char x2 = 'a';    // 内部結合：別の翻訳単位からはアクセス不可
```

名前空間スコープ（および広域スコープ：§14.2.1）の中で static を利用すると、（やや非論理的だが）"他のソースファイルからはアクセス不可"（すなわち内部結合）を意味する。ここでの x1 を他のソースファイルからもアクセスする（"外部結合をもつ"状態にする）のであれば、static を除去する。キーワード const は、デフォルトで内部結合となることを暗黙裏に意味する。もし x2 に外部結合をもたせるのであれば、宣言の冒頭に extern を付加する必要がある：

```
int x1 = 1;                     // 外部結合：別の翻訳単位からアクセス可能
extern const char x2 = 'a';     // 外部結合：別の翻訳単位からアクセス可能
```

リンカからは見えない、局所変数などの名前は、**無結合**（*no linkage*）である、と表現する。

inline関数（§12.1.3，§16.2.8）は、それを利用するすべての翻訳単位で同一の定義が必要だ（§15.2.3）。次の例は、見た目が悪い上に、規則違反だ：

```
// file1.cpp
   inline int f(int i) { return i; }

// file2.cpp
   inline int f(int i) { return i+1; }
```

残念ながら、このエラーは、処理系での検出は困難である。次の例のように、外部結合とインラインを組み合わせると、論理的には完璧ではあるものの、コンパイラ開発者に、甚大な苦痛を強いてしまう：

```
// file1.cpp
   extern inline int g(int i);
   int h(int i) { return g(i); }    // エラー：g()はこの翻訳単位で定義されていない

// file2.cpp
   extern inline int g(int i) { return i+1; }
   // ...
```

通常は、inline関数定義の整合性の保証には、ヘッダを利用する（§15.2.2）。たとえば：

```
// h.h
   inline int next(int i) { return i+1; }

// file1.cpp
   #include "h.h"
   int h(int i) { return next(i); }    // 正しい

// file2.cpp
   #include "h.h"
   // ...
```

constオブジェクト（§7.5）と、constexprオブジェクト（§10.4）と、型別名（§6.5）と、名前空間スコープ内でstaticと宣言されたすべてのもの（§6.3.4）は、いずれもデフォルトで内部結合をもつ。そのため、混乱するかもしれないが、以下のコードは正しい：

```
// file1.cpp
   using T = int;
   const int x = 7;
   constexpr T c2 = x+1;

// file2.cpp
   using T = double;
   const int x = 8;
   constexpr T c2 = x+9;
```

別名、const、constexpr、inlineは、ヘッダに記述すると整合性が維持できる（§15.2.2）。明示的な宣言によって、constに外部結合をもたせることも可能だ：

```
// file1.cpp
   extern const int a = 77;

// file2.cpp
   extern const int a;
```

```
void g()
{
    cout << a << '\n';
}
```

ここでg()を実行すると、77と出力される。

テンプレート定義を管理する技法は、§23.7で解説する。

15.2.1 ファイル内局所名

通常、広域変数は、保守作業上の問題を発生させるので、極力避けるべきだ。プログラムのどこで利用しているかを把握するのが難しいことに加え、マルチスレッドプログラムではデータ競合の原因になり得るという問題もあるので（§41.2.4）、極めて分かりにくいバグにつながる。

変数を名前空間に置くと多少は改善されるが、それでもデータ競合を起こしやすいことに変わりはない。

広域変数を利用せざるを得ないときは、少なくとも、その利用を単一のソースファイルに制限すべきだ。これは、次のいずれかの方法で可能である：

[1] 名前無し名前空間で宣言する。

[2] staticと宣言する。

名前無し名前空間（§14.4.8）を用いると、その名前は、コンパイル単位だけの局所的なものとなる。名前無し名前空間の効果は、内部結合とよく似ている：

```
// file1.cpp
    namespace {
        class X { /* ... */ };
        void f();
        int i;
        // ...
    }

// file2.cpp
    class X { /* ... */ };
    void f();
    int i;
    // ...
```

ここで、file1.cpp内のf()と、file2.cppのf()は、別の関数だ。ただし、ある翻訳単位に局所的なものと同じ名前を、別の翻訳単位で外部結合をもつ実体にすると、トラブルにつながる。

キーワードstaticは、紛らわしいことに“内部結合にする”ことを意味する（§44.2.3）。残念なことに、C言語の初期の時代からの名残りだ。

15.2.2 ヘッダ

同一のオブジェクト、関数、クラスを表すためのすべての宣言は、型が一致する必要がある。そのため、コンパイラに与えられて、その後リンクされることになるソースコードにおいても、整合性の維持が必要だ。異なる翻訳単位における宣言の整合性を維持するための、完璧ではないものの単純な方法がある。それは、実行コードやデータ定義を記述したソースファイルから、インタフェースをまとめた**ヘッダファイル**（*header file*）を #include する手法だ。

#include は、ソースプログラムの断片を集めて1個（のファイル）にまとめて、コンパイルできるようにするためのテキスト処理機構だ。

```
#include "to_be_included"
```

この #include 指令によって、この行は、ファイル to_be_included の内容で置きかえられる。to_be_included の内容は、コンパイラが処理可能な C++ ソーステキストである。

標準ライブラリのヘッダをインクルードする場合は、二重引用符記号ではなく、以下のように山括弧 < と > で囲む：

```
#include <iostream>        // 標準のインクルードディレクトリから
#include "myheader.h"      // カレントディレクトリから
```

残念ながら、インクルード指令では、<> と "" の中の空白文字は意味をもつ：

```
#include <  iostream  >    // <iostream>は見つからない
```

同一ファイルをインクルードのたびに再コンパイルするのは無駄に感じられる。しかし、通常ヘッダにはインタフェース情報のみが格納されているので、コンパイラはソースコードが利用するインタフェースを解析するだけだ（たとえば、ほとんどの場合、テンプレート本体は、具現化時までは完全な解析は行われない：§26.3）。さらに最近の C++ 処理系は、ヘッダの（暗黙的あるいは明示的な）再コンパイル機能を何らかの形で実装しているので、同じヘッダを何度もコンパイルする処理は、最小限に抑えられる。

経験上、ヘッダが含むのは、次のようなものだ：

・名前付き名前空間	`namespace N { /* ... */ }`
・inline 名前空間	`inline namespace N { /* ... */ }`
・型の定義	`struct Point { int x, y; };`
・テンプレートの宣言	`template<typename T> class Z;`
・テンプレートの定義	`template<typename T> class V { /* ... */ };`
・関数の宣言	`extern int strlen(const char*);`
・inline 関数の定義	`inline char get(char* p) { /* ... */ }`
・constexpr 関数の定義	`constexpr int fac(int n) { return (n<2) ? 1 : n*fac(n-1); }`
・データの宣言	`extern int a;`
・const の定義	`const float pi = 3.141593;`
・constexpr の定義	`constexpr float pi2 = pi*pi;`
・列挙体	`enum class Light { red, yellow, green };`
・名前の宣言	`class Matrix;`
・型別名	`using value_type = long;`
・コンパイル時アサーション	`static_assert(4<=sizeof(int),"small ints");`

・インクルード指令　　　　#include<algorithm>
・マクロ定義　　　　　　　#define VERSION 12.03
・条件コンパイル指令　　　#ifdef __cplusplus
・コメント　　　　　　　　/* ファイル終端をチェック */

ここにあげた内容は、あくまでも経験上のものであって、言語としての要件ではない。#include を用いたプログラムの物理構造を表現するためのメカニズムを示しただけのことだ。逆に、ヘッダが含むべきでないものは、以下のものだ：

・通常の関数定義　　　　　char get(char* p) { return *p++; }
・データの定義　　　　　　int a;
・集成体の定義　　　　　　short tbl[] = { 1, 2, 3 };
・名前無し名前空間　　　　namespace { /* ... */ }
・using 指令　　　　　　　using namespace Foo;

ここに示した定義を記述したヘッダのインクルードは、エラーにつながるか、(using 指令の場合は) 混乱につながる。慣習として、ヘッダの拡張子は .h であり、関数定義やデータ定義を記述したファイルの拡張子は .cpp である。それぞれ、".h ファイル" や ".cpp ファイル" と呼ばれることも多い。これ以外にも、.c、.C、.cxx、.cc、.hh、.hpp もよく使われる。詳細は、コンパイラのマニュアルに記載されているはずだ。

ヘッダに単純な定数の定義を置くのはよい方法だが、集成体の定義は置くべきではない。というのも、複数の翻訳単位で集成体が定義されると、重複生成を避けるのが困難になるからだ。それに、単純な場合のほうが一般的であるし、よいコード生成にとっても重要性が高い。

#include の利用にあたって、巧妙すぎてはいけない。私のお勧めは、次のとおりだ：

・ヘッダのみを #include する ("変数定義や非 inline 関数を記述した通常のソースコード" は #include しない)。
・完全な宣言と定義のみを #include する。
・#include する箇所は、広域スコープの中、結合指定ブロックの中、(古いコードから移行する際の) 名前空間定義の中に限定する (§15.2.4)。
・想定外の依存性を抑えるために、すべての #include はコードよりも前に記述する。
・マクロマジックを避ける。
・ヘッダ内では、そのヘッダに局所的でない名前 (特に別名) の利用を最小限に抑える。

私が嫌いなのは、聞いたこともないようなマクロを定義しているヘッダが間接的に #include されて、ある名前が違うものにマクロ展開されてしまうことによるエラーの追跡作業だ。

15.2.3 単一定義則

クラス、列挙体、テンプレートなどは、プログラム内で、ちょうど1回だけ定義されなければならない。

具体的にいうと、たとえばクラスは、ある1個のファイルで1回だけ定義する、ということだ。しかし、言語の基礎は、そんなに単純ではない。たとえば、クラス定義は、マクロ展開でも行えるし（げっ！）、二つのソースファイルで記述したものを`#include`指令によってテキストレベルで合成する（§15.2.2）ことでも行える。さらに悪いことに、C++の言語定義には、そもそも“ファイル”の概念がない。実際、プログラムをソースファイルに置かない処理系も存在する。

そのため、クラス、テンプレートなどの定義が唯一でなければならないことを表す標準の規則は、複雑で分かりにくいものだ。一般に、この規則は、**単一定義則**（*one-definition rule*）＝ODRと呼ばれる。クラス、テンプレート、インライン関数を2回定義しても、次の条件がすべて成り立つ場合に限って、同じものと認められる。

[1] その定義が異なる翻訳単位に含まれている。

[2] トークン単位で同一である。

[3] そのトークンの意味がどの翻訳単位でも同一である。

例をあげよう：

```
// file1.cpp
   struct S { int a; char b; };
   void f(S*);

// file2.cpp
   struct S { int a; char b; };
   void f(S* p) { /* ... */ }
```

ODRでは、この例は有効であって、両ソースファイルで`S`が同じクラスを表す。しかし、このように定義を2回記述するのは賢明ではない。`file2.cpp`を保守する者にとっては、`file2.cpp`が定義する`S`こそが唯一の定義であり、変更しても構わないと考えるのが自然である。これだと、発見困難なバグが生み出されてしまう。

ODRの目的は、異なる翻訳単位が、単一のクラス定義を取り込めるようにすることだ：

```
// s.h
   struct S { int a; char b; };
   void f(S*);

// file1.cpp
   #include "s.h"
   // ここでf()を使う

// file2.cpp
   #include "s.h"
   void f(S* p) { /* ... */ }
```

図にすると、こんな感じだ：

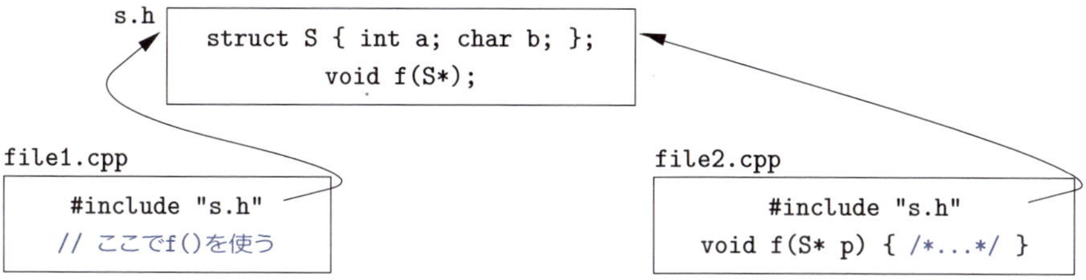

```
s.h
struct S { int a; char b; };
void f(S*);

file1.cpp
#include "s.h"
// ここでf()を使う

file2.cpp
#include "s.h"
void f(S* p) { /*...*/ }
```

ODRに違反する例を3種類示すことにしよう：

```
// file1.cpp
   struct S1 { int a; char b; };

   struct S1 { int a; char b; };     // エラー：二重定義
```

これがエラーとなるのは、structが2回定義できないからだ。

```
// file1.cpp
   struct S2 { int a; char b; };

// file2.cpp
   struct S2 { int a; char bb; };    // エラー
```

これは、メンバ名が異なるクラスに対しては、同一名S2を付けられないことによるエラーである。

```
// file1.cpp
   typedef int X;
   struct S3 { X a; char b; };

// file2.cpp
   typedef char X;
   struct S3 { X a; char b; };       // エラー
```

二つのS3の定義はトークン単位では同一だが、ファイルによってXの意味が異なるため、エラーとなる。

異なる翻訳単位でのクラス定義が一貫しているかどうかのチェックは、通常のC++処理系の能力を超える。そのため、ODR違反の宣言は、見つけにくいバグの原因となり得る。残念ながら、共通の定義をヘッダに置いて、それを#includeするというテクニックを利用しても、3番目のODR違反には効果がない。局所的な型別名やマクロを使うと、#includeされた宣言の意味を変更できるからだ：

```
// s.h
   struct S { Point a; char b; };

// file1.cpp
   #define Point int
   #include "s.h"
   // ...

// file2.cpp
   class Point { /* ... */ };
   #include "s.h"
   // ...
```

このような不正に対する最良の防御策は、ヘッダを最大限自己完結的にすることだ。たとえば、Point クラスを s.h 内で宣言しておけば、この誤りは検出できる。

ODR にしたがう限り、テンプレート定義も、複数の翻訳単位から #include できる。関数テンプレートの定義もそうだし、メンバ関数を含むクラステンプレートの定義もそうだ。

15.2.4 標準ライブラリヘッダ

標準ライブラリ機能は、一連の標準ヘッダを介して提供される（§4.1.2, §30.2）。標準ライブラリヘッダのインクルードでは、拡張子は不要だ。#include "..." ではなくて #include <...> とするので、ヘッダであることが分かるからだ。拡張子 .h がないからといって、ヘッダ自体が変わるわけではない。<map> などのヘッダは、map.h というテキストファイルとして、標準ディレクトリのどこかに置かれるのが一般的だ。このような伝統的な方式で標準ヘッダが置かれることは、要求されていない。処理系は、標準ライブラリ定義の知識を駆使して、標準ライブラリの実装や標準ヘッダの処理を最適化することが認められている。たとえば、処理系は、標準数学ライブラリ（§40.3）をあらかじめ組み込んでおき、#include<cmath> を見つけても何も読み込まず、その指令を標準数学関数を利用可能にするための単なるスイッチにしてしまうこともできる。

さて、C言語の標準ライブラリの各 <X.h> ヘッダは、C++ 標準ヘッダ <cX> に対応する。たとえば、#include <cstdio> は、#include <stdio.h> と同じ意味だ。stdio.h の典型的な例を示そう：

```
#ifdef __cplusplus      // C++コンパイラであれば（§15.2.5）
namespace std {         // 標準ライブラリはstd名前空間内で定義されている（§4.1.2）
extern "C" {            // stdioの関数はC結合をもつ（§15.2.5）
#endif
   /* ... */
   int printf(const char*, ...);
   /* ... */
#ifdef __cplusplus
}
}
// ...
using std::printf;      // printfを広域名前空間で有効にする
// ...
#endif
```

すなわち、実際の宣言は（おおむね）共有される。ただし、C言語とC++でヘッダを共有するための、結合と名前空間の記述が必要だ。__cplusplus マクロは、C++ コンパイラによって定義されるものであり（§12.6.2)、Cコンパイラ用のコードとC++ コードを区別するときに利用できる。

15.2.5 C++ 以外のコードとの結合

C++ プログラムは、（C言語や Fortran などの）他の言語で書かれたものを取り込むことが多い。同様に、主として（Python や Matlab などの）他の言語で記述されたプログラムが、その一部としてC++ コードを取り込むこともある。異なる言語で記述されたプログラム部分を協調動作させたり、同じ言語でも異なるコンパイラでコンパイルしたものを協調動作させたりするのは、難しい。たとえば、言語が異なったり、同じ言語でも処理系が異なったりすれば、引数を保持するマシンレジスタの使い方や、スタックに積む引数のレイアウトや、文字列や整数などの組込み型のレイアウトや、コンパイラからリンカへ渡す名前の形式や、リンカが要求する型チェックの程度なども異なる可能性がある。これらの問題に対処するために、extern宣言には**結合**（*linkage*）規約を指定できるようになっている。たとえば、次の例は、C言語とC++両方の標準ライブラリ関数strcpy()を宣言するとともに、（システム固有の）C結合規約にしたがうことを指定する：

```
extern "C" char* strcpy(char*, const char*);
```

この宣言が、以下の"単なる"宣言とは異なるのは、strcpy()呼出し時に適用する結合規約が指定されている点のみだ。

```
extern char* strcpy(char*, const char*);
```

C言語とC++の関連性は非常に高いので、extern "C"指令は役立つことが多い。extern "C"におけるCは、言語ではなく結合規約を表すことに注意しよう。extern "C"は、C言語の結合規約にしたがうFortranやアセンブラルーチンに対して用いられることもある。extern "C"指令が指定するのは、結合規約（のみ）であり、関数呼出しのセマンティクスには影響を与えない。extern "C"と宣言された関数でも、C言語の弱い型規則ではなく、C++の型チェックや引数変換の規則がきちんと適用される：

```
extern "C" int f();

int g()
{
   return f(1);    // エラー：引数を与えてはいけない
}
```

多数の宣言の一つ一つにextern "C"を追加すると手間がかかるので、複数の宣言にまとめて結合を指定する方法がある。たとえば：

```
extern "C" {
   char* strcpy(char*, const char*);
   int strcmp(const char*, const char*);
   int strlen(const char*);
   // ...
}
```

一般に、この形式は**結合ブロック**（*linkage block*）と呼ばれる。その用途の一つが、C言語のヘッダ全体を囲んで、C++から利用可能にするというものだ：

```
extern "C" {
#include <string.h>
}
```

これは、C言語のヘッダからC++ヘッダを生成するための一般的な技法だ。もう一つ、条件コンパイルによって、C言語とC++の共通ヘッダを作成する方法もある（§12.6.1）。

```
#ifdef __cplusplus
extern "C" {
#endif
   char* strcpy(char*, const char*);
   int strcmp(const char*, const char*);
```

```
    int strlen(const char*);
    // ...
#ifdef __cplusplus
}
#endif
```

このファイルをC言語のヘッダとして利用する際は、定義ずみマクロ __cplusplus（§12.6.2）によって、C++の構文が無効になる。

結合ブロックには、任意の宣言を置ける：

```
extern "C" {              // 任意の宣言を置ける。たとえば：
    int g1;               // 定義
    extern int g2;        // 定義ではない宣言
}
```

なお、変数のスコープと記憶域クラス（§6.3.4, §6.4.2）は影響を受けない。そのため、g1は広域変数であって、単に宣言されているのではなく定義されている。宣言するだけで定義を行わない変数は、宣言にはキーワード externを直接記述する必要がある。例をあげよう：

```
extern "C" int g3;        // 定義ではない宣言
extern "C" { int g4; }    // 定義
```

これは、おかしく見えるかもしれない。しかし、extern宣言に"C"を追加したときや、結合ブロック内でファイルをインクルードしたときの意味を変えないようにするために、こうなってしまうのだ。

C結合をもつ名前は、名前空間内で宣言できる。名前空間は、C++プログラムでの名前のアクセスに影響を与える一方で、リンカでの名前のアクセスには影響を与えない。たとえば、std内のprintf()が、その典型的な例だ：

```
#include<cstdio>

void f()
{
    std::printf("Hello, ");   // ＯＫ
    printf("world!\n");       // エラー：広域なprintf()はない
}
```

std::printfとして呼び出しているにもかかわらず、古くからあるC言語のprintf()がちゃんと呼び出される（§43.3）。

これを使うと、広域名前空間を汚染することなく、C結合のライブラリを任意の名前空間内に取り込めるようになる。広域名前空間でC++結合をもつ関数を定義するヘッダだと、このような柔軟性は実現できない。C++の実体の結合を名前空間の中で実装しなければならないのは、生成されるオブジェクトファイルに対して名前空間の利用の有無を反映させるためだ。

15.2.6 結合と関数へのポインタ

一つのプログラムを、C言語のコードとC++のコードとを混ぜて作る際に、一方の言語で定義された関数を指すポインタを、もう一方の言語で定義された関数に渡すことがある。両方の言語の両方の処理系で、結合規約と関数呼出しメカニズムが同一であれば、関数を指すポインタも容易に渡せる。しかし、同一であることが一般的に想定できるわけではないので、期待どおりの方式で関数が呼び出されるようにするための明示的な保証が必要だ。

宣言時に結合を指定すると、宣言対象のすべての関数の型、関数名、変数名にその結合が適用される。これによって、奇妙で（ときには重要な）結合の組合せが可能となる。例をあげよう：

```
typedef int (*FT)(const void*, const void*);          // FTはC++結合

extern "C" {
   typedef int (*CFT)(const void*, const void*);      // CFTはC結合
   void qsort(void* p, size_t n, size_t sz, CFT cmp); // cmpはC結合
}

void isort(void* p, size_t n, size_t sz, FT cmp);           // cmpはC++結合
void xsort(void* p, size_t n, size_t sz, CFT cmp);          // cmpはC結合
extern "C" void ysort(void* p, size_t n, size_t sz, FT cmp); // cmpはC++結合

int compare(const void*, const void*);          // compare()はC++結合
extern "C" int ccmp(const void*, const void*);  // ccmp()はC結合

void f(char* v, int sz)
{
   qsort(v,sz,1,&compare);  // エラー
   qsort(v,sz,1,&ccmp);     // OK

   isort(v,sz,1,&compare);  // OK
   isort(v,sz,1,&ccmp);     // エラー
}
```

C言語とC++の呼出し規約が同一の処理系では、コメントにエラーと書いている宣言が言語拡張機能として認められることもあるが、その場合でも `std::function`（§33.5.3）やキャプチャを記述したラムダ式（§11.4.3）は、言語の境界を越えられない。

15.3 ヘッダの利用

すでに示した電卓プログラム（§10.2, §14.3.1）の物理構造を変更する方法を解説することによって、ヘッダの利用例を示すことにしよう。

15.3.1 単一ヘッダ構成

プログラムを複数のファイルに分割する際に発生する問題に対するもっとも単純な対処法は、適切な個数の `.cpp` で定義を記述して、その `.cpp` が `#include` する単一の `.h` で、必要な型、関数、クラスなどをまとめて宣言することだ。この方法は、自分自身で単純なプログラムを書くときに、私が使う構成だ。なお、もっと複雑な構成が必要と分かった場合は、事後で再構築する。

さて、電卓プログラムでは、関数とデータ定義を記述する `.cpp` は、`lexer.cpp`、`parser.cpp`、`table.cpp`、`error.cpp`、`main.cpp` の5個とする。そして、複数の `.cpp` で利用するすべての名前の宣言をヘッダ `dc.h` に置く。次のようになる：

```
// dc.h

#include <map>
#include <string>
#include <iostream>
using namespace std;  // dc.hは自己完結のヘッダではない

namespace Parser {
   double expr(bool);
   double term(bool);
   double prim(bool);
}

namespace Lexer {
   enum class Kind : char {
      name, number, end,
      plus='+', minus='-', mul='*', div='/', print=';', assign='=', lp='(', rp=')'
   };

   struct Token {
      Kind kind;
      string string_value;
      double number_value;
   };

   class Token_stream {
   public:
      Token(istream& s) : ip{&s}, owns(false}, ct{Kind::end} { }
      Token(istream* p) : ip{p}, owns{true}, ct{Kind::end} { }

      ~Token() { close(); }

      Token get();             // 次のトークンを読み取って返却
      Token& current();        // 最後に読み込んだトークン

      void set_input(istream& s) { close(); ip = &s; owns=false; }
      void set_input(istream* p) { close(); ip = p; owns = true; }
   private:
      void close() { if (owns) delete ip; }

      istream* ip;            // 入力ストリームへのポインタ
      bool owns;              // Token_streamはistreamを所有しているか
      Token ct {Kind::end}; // 現在のトークン
   };

   extern Token_stream ts;
}

namespace Table {
   extern map<string,double> table;
}

namespace Error {
   extern int no_of_errors;
   double error(const string& s);
}

namespace Driver {
   void calculate();
}
```

複数の **.cpp** で **#include dc.h** を記述しても、重複定義の問題が発生しないように、すべての変数宣言にキーワード **extern** を付けている。対応する変数定義は、それぞれ適切な **.cpp** に置く。

dc.h 内の宣言に必要な標準ライブラリヘッダは、dc.h 内でインクルードしている。しかし、特定の .cpp のみに必要とされる（using 宣言などの）宣言は記述していない。

実際のコードを取り除くと、lexer.cpp は以下のようになる：

```
// lexer.cpp

#include "dc.h"
#include <cctype>
#include <iostream>    // 冗長：dc.hにもある

Lexer::Token_stream ts;

Lexer::Token Lexer::Token_stream::get() { /* ... */ }
Lexer::Token& Lexer::Token_stream::current() { /* ... */ }
```

ここでは、以下のように定義全体を囲むのではなく、各定義に対して、Lexer:: による明示的修飾を行っている。

```
namespace Lexer { /* ... */ }
```

というのも、新しいメンバを Lexer に対して誤って追加する事故が避けられるからだ。仮にインタフェースにはないメンバを Lexer に追加することになれば、名前空間を再オープンすればよい（§14.2.5）。

この方法でヘッダを利用すると、ヘッダ内のすべての宣言は、その定義を記述したファイルに確実にインクルードされる。たとえば、lexer.cpp のコンパイル時は、コンパイラには、次の宣言が見えることになる：

```
namespace Lexer { // dc.hから
   // ...
   class Token_stream {
   public:
      Token get();
      // ...
   };
}
// ...

Lexer::Token Lexer::Token_stream::get() { /* ... */ }
```

これで、ある名前に対する複数の型に対して、そのすべての不一致を、コンパイラが検出できるようになる。たとえば、仮に get() が Token を返却すると宣言されているにもかかわらず、int を返却するように定義されていれば、型の不一致によって lexer.cpp のコンパイルはエラーとなる。また、もし定義を忘れるようなことがあったら、その問題はリンカが検出する。逆に、宣言を忘れていれば、いずれかの .cpp がコンパイルエラーとなる。

さて、parser.cpp は次のようになる：

```
// parser.cpp

#include "dc.h"

double Parser::prim(bool get) { /* ... */ }
double Parser::term(bool get) { /* ... */ }
double Parser::expr(bool get) { /* ... */ }
```

table.cpp は、次のようになる：

```
// table.cpp
#include "dc.h"
std::map<std::string,double> Table::table;
```

シンボルテーブルは標準ライブラリの map 型だ。

error.cpp は、次のようになる：

```
// error.cpp
#include "dc.h"
// 他にも複数の#includeや宣言
int Error::no_of_errors;
double Error::error(const string& s) { /* ... */ }
```

最後に、main.cpp は、次のようになる：

```
// main.cpp
#include "dc.h"
#include <sstream>
#include <iostream>    // 冗長：dc.hにもある
void Driver::calculate() { /* ... */ }
int main(int argc, char* argv[]) { /* ... */ }
```

最終行の main() は、プログラムのいわゆる main() 関数なので、広域関数でなければならない（§2.2.1，§15.4）。そのため、ここでは名前空間は使わない。

電卓プログラムの物理構造は、以下のようになった：

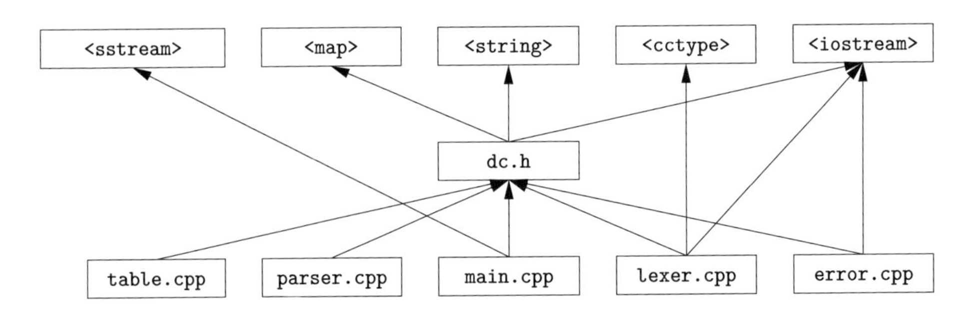

最上段のすべてのヘッダは、標準ライブラリ機能用のヘッダである。標準ライブラリは十分に知られている上に安定しているので、多くの場合、プログラム解析時は無視できる。小規模プログラムでは、すべての #include 指令を共通ヘッダに移動すれば、構造が簡潔になる。電卓プログラムのような小規模プログラムでは、error.cpp と table.cpp とを main.cpp から分割するのは少々やりすぎの感がある。

さて、プログラム規模が小さくて、個々のモジュールが単独利用されることを意図していなければ、単一ヘッダ方式は、極めて有用だ。名前空間を用いているので、プログラムの論理構造が dc.h 内でも表現できることに注意しよう。名前空間を利用しない場合、コメントを使うという手があるものの、論理構造が曖昧になってしまう。

伝統的なファイルベース開発環境での大規模プログラムでは、単一ヘッダ方式は、うまくいかない。まず、共通ヘッダを変更するだけで、プログラム全体の再コンパイルが必要になる。それに、単一の共通ヘッダを複数のプログラマが修正するのは、エラーにつながってしまう。名前空間とクラスを重要視するプログラミングスタイルを強く意識しないと、プログラムの成長に伴って論理構造が悪化してしまう。

15.3.2 複数ヘッダ構成

もう一つの物理構造は、個々のモジュールに対して、その機能を定義した独自ヘッダをもたせる方式だ。具体的には、すべての`.cpp`が、一対一に対応した`.h`をもって、そのヘッダには、自身が提供するインタフェースを記述する。一般に、個々の`.cpp`は、自身が公開するインタフェースである`.h`をインクルードするだけでなく、実装に必要な機能の他モジュールからの取得のために、他の`.h`もインクルードする。この物理構造も、モジュールの論理構造をきちんと反映する。ユーザ用インタフェースは`.h`に置いて、実装者用インタフェースは名前に`_impl.h`を付加したファイルに置いて、モジュールが定義する関数や変数などを`.cpp`に置く。この方式では、パーサは3個のファイルで表現されることになる。そして、パーサのユーザ用インタフェースは、以下に示す`parser.h`で提供される：

```
// parser.h

namespace Parser {              // ユーザ用インタフェース
    double expr(bool get);
}
```

パーサを実装する関数`expr()`と`prim()`と`term()`とで共有する環境は、`parser_impl.h`に記述する：

```
// parser_impl.h

#include "parser.h"
#include "error.h"
#include "lexer.h"

using Error::error;
using namespace Lexer;

namespace Parser {              // 実装者用インタフェース
    double prim(bool get);
    double term(bool get);
    double expr(bool get);
}
```

こうすると、先ほどの`Parser_impl`名前空間を用いる場合（§14.3.3）よりも、ユーザ用インタフェースと実装者用インタフェースの区別が容易になる。

また、`parser.h`を`#include`しているので、ユーザ用インタフェースの整合性をコンパイラがチェックできるようになっている（§15.3.1）。

パーサを実装する関数は、`Parser`関数群が必要とする関数が含まれるヘッダの`#include`指令とともに、`parser.cpp`に記述する：

```
// parser.cpp

#include "parser_impl.h"
#include "table.h"

using Table::table;

double Parser::prim(bool get) { /* ... */ }
double Parser::term(bool get) { /* ... */ }
double Parser::expr(bool get) { /* ... */ }
```

パーサとドライバからの利用を図で表すと、次のようになる：

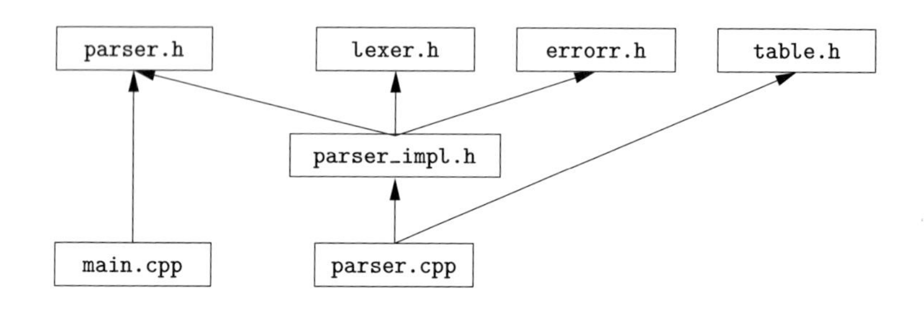

期待したとおり、§14.3.1の論理構造に近いものとなっている。この構造を簡潔にするために、`table.h`の`#include`を、`parser.cpp`ではなくて`parser_impl.h`で行ってもよさそうだ。しかし、パーサ関数群の共有コンテキストを表現するのに、`table.h`は不要だ。これを必要とするのは、パーサの実装のみである。実際、利用しているのは関数`prim()`の1個だけだ。依存性を本当に最小限に抑えるならば、`prim()`だけの`.cpp`を作成して、そこから`#include table.h`すればよい：

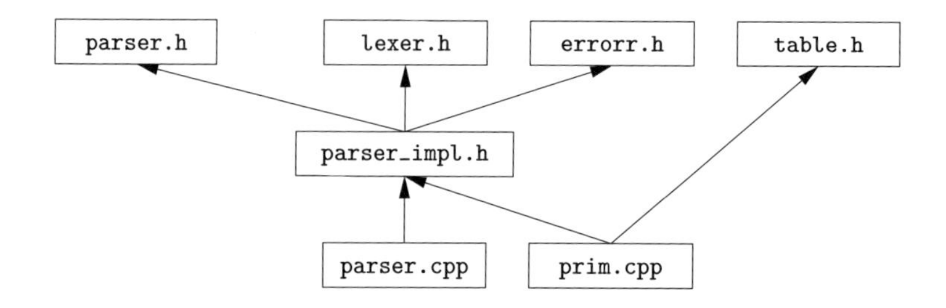

このような構造は、大規模モジュールでなければ不適切だ。現実的規模のモジュールでは、個々の関数が必要とするファイルを`#include`するのが一般的だ。さらに、モジュール内の関数ごとに、共有コンテキストが異なるのであれば、`_impl.h`が複数になることも珍しくない。

なお、`_impl.h`という命名記法は、標準でも一般的慣習でもない。私の好みの名前というだけだ。

複数ヘッダ方式の問題点は何だろうか？　最初に示した`dc.h`のように、すべての宣言を単一ヘッダに放り込んだほうが何も考えなくてすむ。

複数ヘッダ構成は、ここで取り上げている簡易的なパーサの数倍の規模のモジュールや、電卓プログラムよりも桁違いに大規模なプログラムでの利用にも耐える。この構成を採用する最大の理由は、プログラミングの際に考慮すべき事項を局所化できることだ。大規模プログラムを解析して改変する際には、小規模なコードにプログラマが集中できることが肝心だ。複数ヘッダ構成では、パーサのコードが何に依存しているかを正確に把握しやすくなるし、それ以外のプログラム部分を無視できるようになる。単一ヘッダ構成だと、すべてのモジュールが利用するすべての宣言を見た上で関連性を判断しなければならない。コードの保守作業というのは、例外なく、不完全な情報と局所的視点で行われるのが現実だ。複数ヘッダ構成だと、局所的な視点で"内側から外部を見る"ことができる。情報を一元管理する構成法はどれも、単一ヘッダ構成では、トップダウンアプローチが必要となる。そのため、何が何に依存しているのかを、いつまでも悩み続けることになってしまう。

局所化がうまくいくと、モジュールのコンパイルに必要な情報量が削減でき、短時間でコンパイルできるようになる。この効果は劇的だ。私が依存性を簡単に解析してヘッダの利用を変更した結果、コンパイル時間が1/1000に短縮できたことがあった。

15.3.2.1 電卓プログラムの残りのモジュール

電卓プログラムの残りのモジュールも、パーサと同様に構成できる。ただし、いずれも小さいので、専用の_impl.hは不要だ。専用の_impl.hが必要になるのは、論理モジュールの実装が、共有コンテキスト（とユーザに提供する機能）を必要とする関数が複数個になる場合だけである。

エラーハンドラのインタフェースは、error.hに記述する：

```
// error.h

#include<string>

namespace Error {
   extern int number_of_errors;
   double Error::error(const std::string&);
}
```

エラーハンドラの実装は、error.cppに記述する：

```
// error.cpp

#include "error.h"

int Error::number_of_errors;
double Error::error(const std::string& s) { /* ... */ }
```

レクサのインタフェースは、ちょっと大きくて見苦しくなる：

```
// lexer.h

#include<string>
#include<iostream>

namespace Lexer {

   enum class Kind : char { /* ... */ };

   class Token { /* ... */ };
   class Token_stream { /* ... */ };

   extern Token_stream ts;
}
```

レクサの実装には、lexer.h以外にも、error.hが必要だし、<cctype>が定義する文字クラス判定関数（§36.2）も必要だ：

```
// lexer.cpp

#include "lexer.h"
#include "error.h"
#include <iostream>      // 冗長：lexer.hにもある
#include <cctype>

Lexer::Token_stream ts {cin};    // デフォルトで“cinから読み取る”

Lexer::Token Lexer::Token_stream::get() { /* ... */ };
Lexer::Token& Lexer::Token_stream::current() { /* ... */ };
```

ここで、error.hの#include指令は、Lexer用の_impl.hに移してしまうこともできる。しかし、このような小規模プログラムでは、そこまでの必要はない。

例によって、モジュールのインタフェース（この場合はlexer.h）を、モジュールの実装から#includeすることで、コンパイラは整合性がチェックできる。

シンボルテーブルは本質的に自己完結している。標準ライブラリヘッダ<map>は、mapテンプレートクラスを効率的に実装するための、数多くの興味深い材料を提供する：

```
// table.h

#include <map>
#include <string>

namespace Table {
   extern std::map<std::string,double> table;
}
```

すべてのヘッダは、複数の.cppから#includeされる可能性があるので、tableの宣言と定義は分離する必要がある：

```
// table.cpp

#include "table.h"

std::map<std::string,double> Table::table;
```

ドライバは、main.cppに記述する：

```
// main.cpp
#include "parser.h"
#include "lexer.h"     // tsを利用可能にする
#include "error.h"
#include "table.h"     // 定義ずみ名を利用可能にする
#include <sstream>     // main()の引数を文字列ストリームに置けるようにする

namespace Driver {
   void calculate() { /* ... */ }
}

int main(int argc, char* argv[]) { /* ... */ }
```

大規模システムでは、ドライバを分割して、main()の処理を最小限にするとよいことが多い。その場合、main()は、別のソースファイルに置かれているドライバ関数を呼び出すことになる。これは、ライブラリとしての利用が想定されるコードでは、特に重要だ。そうすると、main()中のコードに依存しなくなる。また、さまざまな関数から呼び出せるようにするための準備が必要となる。

15.3.2.2 ヘッダの利用

プログラムで使うヘッダの個数は、さまざまな要因に依存する。その要因の多くは、C++ そのものよりも、システム上でのファイルの取扱いに関係する。たとえば、使っているエディタや統合開発環境が複数のファイルを同時に参照できなければ、たくさんのヘッダを使う気にはならないはずだ。

一つ注意すべきことがある。（数百にもおよぶこともある）プログラム実行環境用の標準ヘッダ以外に使うヘッダが、20 ～ 30 個程度であれば、管理できる範囲だろう。しかし、大規模プログラム内の宣言を、論理的に最小な多数のヘッダ（たとえば、個々の構造体宣言用の専用ヘッダ）に分割すると、それほど大規模なプロジェクトでなくとも、ファイル数はあっというまに数百になって、管理できなくなる。これはやりすぎだ。

大規模プロジェクトでは、複数ヘッダは避けられない。（標準ヘッダを含めずに数えて）数百個になることも珍しくない。しかし、数千になると、混乱し始めるだろう。そのくらいの規模でも、本章で述べた基本技法は適用可能だが、ヘッダの管理はヘラクレス級の作業となる。依存性解析ツールなどのツールは大いに役立つが、プログラム自体が構造化されていなくて乱雑であれば、コンパイラやリンカの役には立たない。現実的な規模のプログラムでは、単一ヘッダ方式は選択肢にはなり得ないと覚えておこう。当然のように、複数ヘッダとなる。単一ヘッダ方式と複数ヘッダ方式のどちらにするかの選択は、プログラムを構成するパーツの局所局所によって変わってくる。

単一ヘッダ方式と複数ヘッダ方式は、二者択一の性質ではない。ある程度の規模のモジュール設計では、システムの進化とともに見直すことになる、相互補完的性質のテクニックだ。インタフェースは、あらゆる用途で同じように利用できるものではないことを、ちゃんと認識すべきだ。通常は、実装者用インタフェースとユーザ用インタフェースは、区別する価値がある。多くの大規模システムが、一般ユーザには簡素化されたインタフェースを提供して、熟練ユーザには拡張されたインタフェースを提供している。熟練ユーザ用インタフェース（“完全なインタフェース”）では、平均的なユーザが知りたいと思うよりも多くの機能を `#include` することが多い。実際、平均的ユーザ用インタフェースは、全機能を定義するヘッダから、平均的ユーザが知らない機能を除去して作ることが多い。なお、“平均的ユーザ”という言葉に、軽蔑の意味はない。熟練者になる必要が**ない**分野では、私も、喜んで平均的なユーザになる。面倒なことを最小化できるからだ。

15.3.3 インクルードガード

複数ヘッダ方式のアプローチは、個々の論理モジュールを、整合性がとれた自己完結した単位として表現することだ。プログラム全体から見ると、個々の論理モジュールを完全にするのに必要となる宣言の多くは、冗長なものだ。大規模プログラムでは、クラス定義やインライン関数を記述したヘッダを、ある翻訳単位で2回 `#include` することによる冗長性がエラーにつながる（§15.2.3）。

2種類の対処法がある：

[1] 冗長性を排除するようにプログラムを再構成する。

[2] ヘッダの重複インクルードを許容する方法を模索する。

最初の方法は、電卓プログラムの最終バージョンで採用した方法だ。これは面倒だし、現実的な規模のプログラムでは、事実上不可能である。それに、プログラムの個々の部品を単独で理解する際には、冗長さも必要だ。

冗長な`#include`を解析して、その結果としてプログラムを単純化できることは、論理的に大きな意味があるし、コンパイル時間の短縮という効果もある。しかし、その作業が完璧になるのはまれなので、冗長な`#include`を許容する何らかの手法が不可欠だ。ユーザが価値があると感じる解析が何なのかを知ることはできないので、その手法は、体系的に利用できる必要がある。

伝統的な解決法は、ヘッダに**インクルードガード**（*include guard*）を挿入することだ。例をあげよう：

```
// error.h

#ifndef CALC_ERROR_H
#define CALC_ERROR_H

namespace Error {
   // ...
}

#endif   // CALC_ERROR_H
```

`CALC_ERROR_H`が定義されていれば、`#ifndef`と`#endif`に囲まれた部分をコンパイラが無視することを利用したものだ。すなわち、コンパイル時に初めて読み込んだ`error.h`で、`CALC_ERROR_H`が定義されるが、その際は`error.h`の内容は無視しない。コンパイルを続けていて、コンパイラが再び`error.h`を見つけると、その内容が無視されることになる。これはマクロを用いたハックだが、ちゃんと機能するし、C言語とC++の世界で広く利用されている手法だ。すべての標準ヘッダがインクルードガードを使っている。

ヘッダは、恣意的な文脈でインクルードされる可能性があるし、マクロ名の衝突を回避するための名前空間による保護も受けられない。そのため、私は、インクルードガードのマクロ名には、長くて見た目が悪い名前を利用する。

ヘッダや、そのインクルードガードに慣れた人は、直接的あるいは間接的に大量のヘッダをインクルードしてしまう。たとえヘッダ処理を最適化するC++処理系であっても、望ましいことではない。コンパイル時間が不必要に長くなるし、大量の宣言とマクロをスコープに持ち込んでしまう。特に後者は、プログラムの意図に対して、予測不能で悪い結果をもたらすことになる。ヘッダは、必要な場合にのみインクルードすべきだ。

15.4 プログラム

プログラムは、別々にコンパイルされた単位をリンカで結合して作る集合といえる。その集合が利用する、あらゆる関数、オブジェクト、型などは、単一の定義が必要だ（§6.3, §15.2.3）。また、プログラムには`main()`関数が1個だけ必要である（§2.2.1）。プログラムの主要な処理は、広域関数`main()`を起動することで開始して、`main()`から戻ってくることで終了する。`main()`の返却型は`int`であり、すべての処理系が、以下に示す2種類の`main()`をサポートする：

```
int main() { /* ... */ }
int main(int argc, char* argv[]) { /* ... */ }
```

各プログラムは、これらのどちらか一方になる。なお、main()の別バージョンを処理系が実装してもよいことになっている。プログラムの実行環境からコマンドライン引数を取り出す場合は、argcとargvのバージョンのmain()を利用する。§10.2.7も参照しよう。

main()が返却するint値は、プログラムの結果としてmain()を起動したシステムに渡される。非ゼロの返却値は、main()が処理に失敗したことを表す。

とはいえ、広域変数をもつプログラムや（§15.4.1）、捕捉されない例外を送出するプログラムでは（§13.5.2.5）、話はそう単純ではない。

15.4.1 非局所変数の初期化

原則として、関数の外部で定義された変数（すなわち、広域、名前空間、クラスのstatic変数）は、main()の起動前に初期化される。これらの非局所変数は、翻訳単位内で定義した順序で初期化される。なお、明示的な初期化子を与えなければ、初期化は、その型に応じたデフォルト値で行われる（§17.3.3）。組込み型と列挙体の初期化子のデフォルト値は0である。たとえば：

```
double x = 2;       // 非局所変数
double y;
double sqx = sqrt(x+y);
```

ここで、xとyが先に初期化されて、その後でsqrt(2)が呼び出されてsqxが初期化される。

複数の翻訳単位にまたがる広域変数の初期化では、どの翻訳単位から初期化するのかといった順序の保証がない。そのため、異なる翻訳単位の広域変数の初期化の順序に依存して変数を作るのは賢明ではない。しかも、広域変数の初期化子が送出した例外は、捕捉不可能だ（§13.5.2.5）。広域変数、特に複雑な初期化が必要なものは、利用を最小限に抑えることだ。

異なる翻訳単位内の広域変数の初期化順序を強制する技法もいくつかあるが、可搬性と効率性が優れたものはない。特に、ダイナミックリンクライブラリは、複雑な依存性をもつ広域変数とはうまく協調しない。

参照を返却する関数が、広域変数の代わりとなることがある。例をあげよう：

```
int& use_count()
{
    static int uc = 0;
    return uc;
}
```

use_count()の呼出しは、広域変数と同じように振る舞う。ただし、最初の呼出し時に初期化が行われる点で異なる（§7.7）：

```
void f()
{
    cout << ++use_count();  // 読み取ってインクリメントする
    // ...
}
```

他のstaticもそうだが、この手法は、スレッド安全ではない。局所的なstaticの初期化は、スレッド安全である（§42.3.3）。この例では、初期化そのものは、定数式によってきちんと行われる（§10.4）。その初期化はリンク時に行われて、データ競合を起こさない（§42.3.3）。その一方で、++ はデータ競合を起こす。

（静的に割り当てられた）非局所変数の初期化は、処理系が C++ プログラムを起動するメカニズムによって制御される。そのメカニズムが正しく動作することを保証するのは、main() の実行のみだ。非 C++ プログラムの一部として実行される C++ コードでは、実行時初期化が必要となる非局所変数の利用は、極力避けるべきである。

定数式（§10.4）で初期化する変数は、他の翻訳単位のオブジェクトの値に依存できないので、実行時初期化が不要であることに注意しよう。この種の変数は、あらゆる局面で安全に利用できる。

15.4.2 初期化と並行処理

次の例を考えよう：

```
int x = 3;
int y = sqrt(++x);
```

x と y の値はいくつになるだろうか？　その答えは明らかに“3 と 2！”だ。どうしてだろうか？　静的に割り当てられる定数式によってオブジェクトの初期化が行われるのはリンク時だから、x は 3 になる。しかし、y の初期化子は定数式ではない（sqrt() は constexpr ではない）ので、実行時まで y は初期化されない。しかし、単一の翻訳単位内の静的に割り当てられるオブジェクトの初期化の順序は、的確に定義されている。定義と同じ順序で初期化される（§15.4.1）。だから、y は 2 になるのだ。

この回答にはアナがある。マルチスレッド（§5.3.1, §42.2）下では、両方の変数が、実行時に初期化される。しかもデータ競合を防ぐ暗黙の相互排他などはない。そのため、あるスレッドでの sqrt(++x) の実行の前後に、他のスレッドによる x のインクリメントが行われる可能性がある。そうすると、y は sqrt(4) にも sqrt(5) にもなり得る。

この種の問題を避けるための（一般的な）方法は次のとおりだ：

- 静的に割り当てるオブジェクトの利用を最小限に抑え、初期化も可能な限り単純にする。
- 他の翻訳単位で動的に初期化されるオブジェクトへの依存を避ける（§15.4.1）。

これに加えて、初期化時のデータ競合を避けるには、次の手順を順に試みよう：

[1] 定数式で初期化する（初期化子が与えられていない組込み型はゼロに初期化され、標準コンテナと string はリンク時の初期化で空になることに注意しよう）。

[2] 副作用をもたない式で初期化する。

[3] 処理の“スタートアップフェーズ”を担当する、ある特定のスレッドで初期化する。

[4] 何らかの相互排除を用いる（§5.3.4, §42.3）。

15.4.3 プログラムの終了

プログラムを終了する方法はいくつかある：

[1] main() から戻る。
[2] exit() を呼び出す。
[3] abort() を呼び出す。
[4] 捕捉されない例外を送出する。
[5] noexcept に違反する。
[6] quick_exit() を呼び出す。

この他にも、行儀の悪い動作や、(double をゼロで除算するなどの) プログラムをクラッシュさせるような処理系依存の方法が多数存在する。

構築ずみの静的オブジェクトのデストラクタは、標準ライブラリ関数 exit() でプログラムが終了した場合は呼び出される (§15.4.1, §16.2.12) が、標準ライブラリ関数 abort() で終了した場合は呼び出されない。すなわち、exit() はプログラムを即座に終了させるわけではない。もし、デストラクタの中で exit() を呼び出すと、無限再帰が発生する可能性が生じる。exit() の型は、次のとおりである：

```
void exit(int);
```

main() の返却値と同様に (§2.2.1)、exit() の値は、プログラムの返却値として "システム" に戻される。処理の成功を表す値はゼロだ。

exit() を呼び出すと、その呼出しを行った関数や、さらにその関数を呼び出した関数の局所変数のデストラクタが実行されない。例外を送出して捕捉した場合は、局所オブジェクトは適切に解体される (§13.5.1)。exit() は、exit() を呼び出した関数にプログラムの後始末をする機会を一切与えることなくプログラムを終了させる。そのため、ある文脈を抜け出る際は、例外を送出して、次に何を処理するかを例外ハンドラに委ねたほうがよい。たとえば、main() ですべての例外を捕捉するという方法がある (§13.5.2.2)。

C 言語 (と C++ の) 標準ライブラリ関数 atexit() は、プログラム終了時に実行されるコードを登録する：

```
void my_cleanup();

void somewhere()
{
    if (atexit(&my_cleanup)==0) {
        // 正常終了時にはmy_cleanupが呼び出される
    }
    else {
        // おっと：atexitに対する関数が多すぎる
    }
}
```

この振舞いは、プログラム終了時に広域変数のデストラクタが自動的に実行される動作とよく似ている (§15.4.1, §16.2.12)。atexit() の引数となる関数は、引数を受け取ることも値を返却することもできない。さらには、登録できる数にも処理系定義の上限がある。atexit()が非ゼロの値を返却した場合は、上限に達したということだ。この制限があるので、atexit()は期待されているほどは有用でない。基本的にatexit()は、デストラクタをもたないC言語での回避策にすぎない。静的に割り当てられたオブジェクトのデストラクタ（§6.4.2）は、その割当てがatexit(f)の呼出しより前であれば、fの実行後に呼び出される。また、割当てがatexit(f)の呼出しより後であれば、fの実行前に呼び出される。

quick_exit()関数は、exit()と似ているものの、デストラクタを一切実行しない点が異なる。quick_exit()の実行時に起動される関数の登録は、at_quick_exit()によって行える。

exit()、abort()、quick_exit()、atexit()、at_quick_exit()の各関数は、<cstdlib>で宣言されている。

15.5 アドバイス

[1] ヘッダは、インタフェースを表現するために、そして、論理構造を強調するために利用しよう。§15.1, §15.3.2。

[2] ソースファイルでは、そのファイルで実装している関数を宣言したヘッダを#includeしよう。§15.3.1。

[3] 異なる翻訳単位で、似て非なる広域実体に対して同じ名前を与えて定義しないようにしよう。§15.2。

[4] ヘッダで非インライン関数を定義しないように。§15.2.2。

[5] #includeは、広域スコープと名前空間の中に記述しよう。§15.2.2。

[6] 純粋な宣言のみを#includeしよう。§15.2.2。

[7] インクルードガードを利用しよう。§15.3.3。

[8] C言語ヘッダは、名前空間内で#includeすれば、広域名が持ち込まれない。§14.4.9, §15.2.4。

[9] ヘッダは、自己完結させよう。§15.2.3。

[10] ユーザ用インタフェースと実装者用インタフェースとを区別しよう。§15.3.2。

[11] 平均的ユーザ用インタフェースと熟練者用インタフェースを区別しよう。§15.3.2。

[12] 非C++プログラムで利用する予定があるコードに、実行時初期化が必要な非局所オブジェクトを記述しないように。§15.4.1。

第Ⅲ部　抽象化のメカニズム

第Ⅲ部では、新しい型を定義して利用するための、C++ の言語機能を解説する。これは、一般に、**オブジェクト指向プログラミング**（*object-oriented programming*）と呼ばれるものと、**ジェネリックプログラミング**（*generic programming*）と呼ばれるものだ。

「……新しい制度を独り率先してもちこむことほど、この世でむずかしい企てはないのだ。またこれは、成功のおぼつかない、運営の面ではなはだ危険をともなうことでもある。というのは、これをもちこむ君主は、旧制度でよろしくやってきたすべての人びとを敵にまわすからである。それに、新秩序を利用しようともくろむ人にしても、ただ気乗りのしない応援にまわっただけである。……」

— ニッコロ・マキアヴェリ

（『新訳 君主論』第6章、池田廉訳、中央公論新社）

第 16 章 クラス

それらの型は“抽象的”ではない。
int や float のように現実的だ。
— ダグラス・マキロイ

16.1 はじめに

C++ のクラスは、組込み型と同じように利用できる、新しい型を作成するための道具である。さらに、派生クラス（§3.2.4, 第 20 章）とテンプレート（§3.4, 第 23 章）によって、プログラマは、クラス間の（階層化やパラメータ化による）関係を表現して利用できるようになる。

型は、（考えや意図などの）概念を具象的に表現したものである。たとえば、+、-、* などをもつ C++ の組込み型 `float` は、厳密には正確でないものの、実数という数学的な概念を表現する。クラスは、ユーザ定義型である。組込み型で直接的に表現できない概念があれば、新しい型を定義できるのだ。たとえば、電話回線を処理するプログラムであれば `Trunk_line`（幹線）型を定義し、ビデオゲームであれば `Explosion`（爆発）型を定義し、文書処理プログラムであれば `list<Paragraph>`（段落のリスト）型を定義するだろう。アプリケーションの基本設計に沿った型を実装したプログラムは、そうでないプログラムに比べると、ずっと理解しやすく、処理の目的も推察しやすく、修正もしやすい。ユーザ定義型を厳選するだけでも、プログラムはずっと簡潔になるし、コード解析性も飛躍的に向上する。たとえば、徹底的なテストでしか発見できないようなオブジェクトの誤用は、コンパイラが検出できるようになる。

新しい型を定義する際の基本的なアイディアは、実装の詳細（その型のオブジェクトを保持するデータレイアウトなど）と、正しく利用する上で必要な性質（データをアクセスする全関数の一覧など）とを分離することだ。この分離を表現する最適な方法は、インタフェースを定義するとともに、データ構造を利用するすべての箇所で、そのインタフェースを介して内部管理ルーチンを利用することだ。

本章では、論理的に組込み型とほとんど差異がない、比較的単純な“具象”ユーザ定義型に重点を置く：

§16.2『**クラスの基礎**』では、クラスとメンバを定義する基本的な機能を解説する。

§16.3『**具象クラス**』では、効率的でエレガントな具象クラスの設計を解説する。

抽象クラスとクラス階層の詳細にまで踏み込んで解説するのは、次章からだ：

第17章　『**構築と後始末とコピーとムーブ**』では、クラスオブジェクトの初期化を制御するさまざまな方法、オブジェクトのコピー方法、ムーブ方法、（オブジェクトがスコープを抜けるときなどの）オブジェクト解体時に実行すべき“後始末処理”の定義方法を解説する。

第18章　『**演算子の多重定義**』では、ユーザ定義型の単項演算子と2項演算子（+、*、! など）の定義方法と利用方法を解説する。

第19章　『**特殊な演算子**』では、算術演算子や論理演算子とは異なる、“特殊な”演算子の定義方法と利用方法を解説する（[]、()、->、new など）。さらに、文字列を表現するクラスの定義方法を取り上げる。

第20章　『**派生クラス**』では、オブジェクト指向プログラミングを支援する言語機能の基礎部分を解説する。基底クラス、派生クラス、仮想関数、アクセス制御なども取り上げる。

第21章　『**クラス階層**』では、クラス階層を効率的に構築する際の基底クラスと派生クラスの利用法を重点的に解説する。この章の大半はプログラミング技法に関する内容であるが、多重継承（複数の基底クラスをもつクラス）の技術的側面も取り上げる。

第22章　『**実行時型情報**』では、クラス階層を明示的に移動する技法を解説する。特に、複数の基底クラスの一つからオブジェクトの型を判定する演算子（typeid）と、型変換演算子 dynamic_cast と static_cast を取り上げる。

16.2 クラスの基礎

まずは、クラスの概要を示そう：

- クラスは、ユーザ定義型である。
- クラスの構成は、メンバの集まりだ。もっともよく利用されるメンバは、データメンバとメンバ関数である。
- メンバ関数によって、初期化（作成）、コピー、ムーブ、後始末（解体）の処理を定義できる。
- メンバのアクセスに利用するのは、オブジェクトに対しては .（ドット）で、ポインタに対しては ->（アロー）である。
- + や ! や [] などの演算子を、クラス用に定義できる。
- クラスは、名前空間でもあり、その中にメンバが含まれる。
- public メンバはクラスのインタフェースを表現し、private メンバは実装の詳細を表現する。
- struct は、すべてのメンバがデフォルトで public となるクラスである。

例をあげよう：

```
class X {
private:                        // 内部表現（実装）は非公開
   int m;
public:                         // ユーザインタフェースは公開
   X(int i =0) :m{i} { }        // コンストラクタ（データメンバmを初期化）

   int mf(int i)                // メンバ関数
   {
      int old = m;
      m = i;                    // 新しい値を設定
      return old;               // 変更前の値を返却
   }
};

X var {7};   // X型の変数であって7に初期化される

int user(X var, X* ptr)
{
   int x = var.mf(7);           // アクセスに.（ドット）を利用
   int y = ptr->mf(9);          // アクセスに->（アロー）を利用
   int z = var.m;               // エラー：非公開メンバはアクセスできない
}
```

以降の節では、このクラスを拡張して、その背景にある考え方を解説する。チュートリアルとして進めるので、最初に一つずつ概念を解説して、その詳細は後回しにする。

16.2.1 メンバ関数

日付の概念を、struct（§2.3.1，§8.2）を使ったDateの内部データ表現と、そのオブジェクトを操作する関数とで実装することを考えよう：

```
struct Date {       // 内部データ表現
   int d, m, y;
};

void init_date(Date& d, int, int, int); // dを初期化
void add_year(Date& d, int n);          // dにn年を加える
void add_month(Date& d, int n);         // dにn月を加える
void add_day(Date& d, int n);           // dにn日を加える
```

この例では、データ型Dateと、一連の関数とのあいだに明示的な関係がない。ところが、次のようにメンバ関数として宣言すると、明示的な関係が与えられる：

```
struct Date {
   int d, m, y;

   void init(int dd, int mm, int yy);   // 初期化
   void add_year(int n);                // n年を加える
   void add_month(int n);               // n月を加える
   void add_day(int n);                 // n日を加える
};
```

クラス定義内で宣言された関数が、**メンバ関数**（*member function*）である（structはクラスの一種だ：§16.2.4）。構造体メンバにアクセスする通常の構文（§8.2）を使うと、メンバ関数が実行できる。ただし、その起動の対象は、適切な型の変数に限られる：

```
Date my_birthday;

void f()
{
   Date today;

   today.init(16,10,1996);
   my_birthday.init(30,12,1950);

   Date tomorrow = today;
   tomorrow.add_day(1);
   // ...
}
```

異なる構造体が同じ名前の関数をもつことがあり得るので、メンバ関数の定義にあたっては、構造体名の指定が必要だ：

```
void Date::init(int dd, int mm, int yy)
{
   d = dd;
   m = mm;
   y = yy;
}
```

メンバ関数内では、自身のオブジェクトを明示的に記述することなくメンバ名を利用できる。その場合、メンバ名は、そのメンバ関数を起動したオブジェクト内のメンバを表すことになる。たとえば、`today` に対して `Date::init()` が起動された場合、`m=mm` は `today.m` への代入を意味する。また、`my_birthday` に対して `Date::init()` が起動された場合は、`my_birthday.m` への代入となる。すなわち、クラスのメンバ関数は、起動された際の自身のオブジェクトを"知っている"のだ。ただし、`static` メンバについては注意が必要である。§16.2.12 を参照しよう。

16.2.2 デフォルトのコピー

オブジェクトは、デフォルトでコピー可能となっている。そのため、クラスオブジェクトは、同じクラスの別オブジェクトのコピーとして初期化できる。例をあげよう：

```
Date d1 = my_birthday;  // コピーによる初期化
Date d2 {my_birthday};  // コピーによる初期化
```

クラスオブジェクトのコピーは、デフォルトでは、全メンバのコピーとして実行される。あるクラス `X` に対して、このコピー動作が不適切であれば、ユーザがコピー動作を定義できる（§3.3, §17.5）。なお、デフォルトでは、クラスオブジェクトは代入によってもコピーできる。たとえば：

```
void f(Date& d)
{
   d = my_birthday;
}
```

この場合のコピー動作も、メンバ単位のコピーだ。もしそれが不適切であれば、適切なコピー動作を定義できる（§3.3, §17.5）。

16.2.3 アクセス制御

先ほどの `Date` では、`Date` を処理する関数を宣言した。ただし、`Date` の内部データ表現に直接依存するのが、それらの関数だけであることと、内部表現への直接アクセスに、それらの関数だけを使うべきであることが指定されていない。このような制限を表現するためには、structではなくて、classを用いる：

```
class Date {
   int d, m, y;
public:
   void init(int dd, int mm, int yy); // 初期化

   void add_year(int n);              // n年を加える
   void add_month(int n);             // n月を加える
   void add_day(int n);               // n日を加える
};
```

この例では、クラス本体が、publicラベルによって二つの部分に分かれている。最初の部分は**非公開**（*private*）部であって、メンバだけが利用できる。後半の部分は**公開**（*public*）部であって、このクラスオブジェクトの公開インタフェースである。structは、メンバをデフォルトでpublicとするクラスのことである（§16.2.4）。そのため、メンバ関数は、以下のように、先ほどの例とまったく同じように定義できる：

```
void Date::add_year(int n)
{
   y += n;
}
```

ただし、非メンバ関数の中では、非公開メンバを利用できない：

```
void timewarp(Date& d)
{
   d.y -= 200;          // エラー：Date::yは非公開
}
```

データを非公開とする以上、データを初期化する方法が必須なので、init()関数は重要な意味をもつことになる。たとえば：

```
Date dx;
dx.m = 3;               // エラー：mは非公開
dx.init(25,3,2011);     // ＯＫ
```

内部データ表現へのアクセスを、明示的に宣言した関数だけに制限することには、多くの利点がある。たとえば、Dateが（2016年12月36日などの）不正な値となるようなエラーは、問題のありかをメンバ関数のみに特定できる。すなわち、プログラムを実行することなく、デバッグ作業の第一段階である範囲の絞り込みが達成できるのだ。これは、Date型の動作のあらゆる変更は、メンバの変更によって行われるし、行わなければならない、という一般則の特殊な例である。特に、クラスの内部データ表現を変更した場合は、変更後のデータを利用するメンバ関数のみを対応させればいいので、公開インタフェースのみに直接依存するユーザコードは、変更が不要だ（再コンパイルする必要はあるかもしれないが）。メンバ関数の定義を調べるだけで、クラスの利用法が分かるという利点もある。ちょっと分かりにくいかもしれないが、デバッグ以外の時間と労力をクラスの適切な利用のための作業に注げるので、優れたインタフェースを設計すると、よりよいコードという結果につながるのも大きな利点だ。

非公開データの保護は、メンバ名利用の制限によって実現される。アドレス操作（§7.4.1）や明示的型変換（§11.5）を使えば、保護は破れてしまうが、それはもちろん不当なコードである。C++ の保護機能は、事故に対するものであって、意図的な迂回（詐欺）に対するものではない。汎用言語を利用した故意の悪質行為に対抗できるのはハードウェアだけであり、現実のシステムでの実現は困難だ。

16.2.4 class と struct

以下の構文が、**クラス定義**（*class definition*）である。

```
class X { ... };
```

これは、名前が X である型を定義する。歴史的な事情によって、クラス定義は**クラス宣言**（*class declaration*）と呼ばれることも多い。定義ではない一般的な宣言と同様に、単一定義則（§15.2.3）に違反しないように、クラス定義を別ファイルに記述した上で #include することも可能だ。

定義により、struct とは、メンバをデフォルトで公開とするクラスのことである。すなわち、

```
struct S { /* ... */ };
```

は、以下の宣言を簡略したにすぎない。

```
class S { public: /* ... */ };
```

これら二つの S の定義は、相互に置きかえられる。とはいえ、どちらか一方のみを利用するべきだろう。どちらを選ぶのかは、状況や好みによるが、私は、“単純データの単なる構造体”と考えられる場合には struct を用いることが多い。逆に“不変条件をもつ適切な型”と考えられる場合は class を利用する。struct でもコンストラクタやアクセス関数は極めて有用だが、不変条件の保証というよりも、省略表記にすぎない（§2.4.3.2, §13.4）。

class のメンバは、デフォルトでは非公開である：

```
class Date1 {
   int d, m, y;          // デフォルトで非公開
public:
   Date1(int dd, int mm, int yy);
   void add_year(int n);      // n年を加える
};
```

アクセス指定子 public: が、それ以降のメンバを公開するのと同様に、private: は、それ以降のメンバを非公開にする：

```
struct Date2 {
private:
   int d, m, y;
public:
   Date2(int dd, int mm, int yy);
   void add_year(int n);     // n年を加える
};
```

名前こそ違うものの、Date1 と Date2 は等価だ。

クラス内の先頭でデータを宣言しなければならない、といった決まりはない。実際、公開ユーザインタフェースを強調するために、データメンバを最後に記述したほうが有効なことも多い：

```
class Date3 {
public:
   Date3(int dd, int mm, int yy);
   void add_year(int n);    // n年を加える
private:
   int d, m, y;
};
```

現実世界の公開インタフェースと実装の詳細は、チュートリアルで示される例よりも、ずっと多数になるものだ。私は、もっぱら**Date3**の形式を好んで利用する。

アクセス指定子は、クラス宣言内で何度利用してもよい。たとえば：

```
class Date4 {
public:
   Date4(int dd, int mm, int yy);
private:
   int d, m, y;
public:
   void add_year(int n);    // n年を加える
};
```

とはいえ、**Date4**のように公開部を複数記述すると、見にくくなりがちだし、オブジェクトレイアウトに影響することもある（§20.5）。これは、非公開部でも同様だ。しかし、アクセス指定子を何度も記述できる点は、自動生成コードでは重宝する。

16.2.5 コンストラクタ

クラスオブジェクトを初期化するための**init()**のような関数はエレガントではないし、エラーの原因にもなる。オブジェクトの初期化が必要なことが、どこにも明記されていないので、プログラマが忘れてしまうことや、2回初期化してしまう事態が起こり得る（どちらの結果も、ほとんどの場合は惨事だろう）。この問題の対策は、オブジェクトの初期化という目的をもった関数を宣言できるようにすることだ。このような関数は、必要とされている型の値を構築するので、**コンストラクタ**（*constructor*）と呼ばれる。クラスと同名の関数が、コンストラクタとして認識される。例を示そう：

```
class Date {
   int d, m, y;
public:
   Date(int dd, int mm, int yy);  // コンストラクタ
   // ...
};
```

クラスにコンストラクタがあれば、そのクラスのすべてのオブジェクトは、コンストラクタによって初期化される。コンストラクタが引数を受け取るのであれば、初期化時に引数を与える必要がある：

```
Date today = Date(23,6,1983);
Date xmas(25,12,1990);        // 短縮形式
Date my_birthday;             // エラー：初期化子がない
Date release1_0(10,12);       // エラー：３番目の実引数がない
```

コンストラクタはクラスの初期化処理を定義するので、{} 形式の初期化子も利用できる：

```
Date today = Date {23,6,1983};
Date xmas {25,12,1990};         // 短縮形式
Date release1_0 {10,12};        // エラー：３番目の実引数がない
```

() 形式よりも {} 形式のほうがお勧めだ。初期化という処理が、明確で分かりやすくて誤りにくいだけでなく、一貫して利用できるからだ（§2.2.2, §6.3.5）。() 形式を利用しなければならないケースもあるものの（§4.4.1, §17.3.2.1）、まれである。

複数のコンストラクタを実装すると、オブジェクトの初期化方法が豊富になる：

```
class Date {
   int d, m, y;
public:
   // ...

   Date(int, int, int);        // 日，月，年
   Date(int, int);             // 日，月，todayの年
   Date(int);                  // 日，todayの月，todayの年
   Date();                     // デフォルトのDate：today
   Date(const char*);          // 文字列表現の日付
};
```

通常の関数と同様に、コンストラクタは多重定義解決規則（§12.3）にしたがう。引数に区別できる違いがあって曖昧さが解決できる限り、コンパイラは、正しいコンストラクタを選択する。

```
Date today {4};                // 4, today.m, today.y
Date july4 {"July 4, 1983"};
Date guy {5,11};               // 5, 11月, today.y
Date now;                      // デフォルトの初期化によるtoday
Date start {};                 // デフォルトの初期化によるtoday
```

この Date のように、コンストラクタが増殖してしまうのは、よくあることだ。プログラマは、誰かが必要とするかもしれないというだけの理由で、クラス設計時に機能を追加してしまう傾向がある。どの機能が本当に必要であるのか、どの機能を含めるかの取捨選択には熟考が必要だ。時間をかければ、より小さくてより分かりやすいプログラムになるものである。類似した複数の関数をまとめる方法の一つが、デフォルト引数（§12.2.5）だ。Date の場合は、“today からデフォルト値を得る”ことを表すデフォルト値を各引数に与える：

```
class Date {
   int d, m, y;
public:
   Date(int dd =0, int mm =0, int yy =0);
   // ...
};

Date::Date(int dd, int mm, int yy)
{
   d = dd ? dd : today.d;
   m = mm ? mm : today.m;
   y = yy ? yy : today.y;

   // ... 正当な日付であるかどうかをチェック ...
}
```

実引数が“デフォルト値を選択”する場合、その引数の値は、正当でない値にする必要がある。ここでのdayとmonthに対する0は、まさにそのとおりだ。しかし、yearに対する0は、そうとは限らない。幸いにも、ヨーロッパのカレンダーでは、ゼロ年は存在せず、西暦1年（year==1）の直前は紀元前1年（year==-1）である。

デフォルト引数として、デフォルト値を直接記述することもできる。ただし、私は、Dateのインタフェースに具体的な値をもたせるよりも、0のほうを選ぶ。デフォルト値の実装を後から改善できるからだ。

コンストラクタによってオブジェクトが確実に正しく初期化されるので、メンバ関数の実装が大幅に簡素化できることに注意しよう。コンストラクタ以外の他のメンバ関数では、未初期化のデータに注意を払う必要がなくなる（§16.3.1）からだ。

16.2.6 explicitコンストラクタ

単一の実引数で起動されたコンストラクタは、その実引数の型からクラス型へと暗黙裏に型変換を行うかのように振る舞う。たとえば：

```
complex<double> d {1};      // d=={1,0} (§5.6.2)
```

このような暗黙の型変換は、極めて有用だ。複素数はそのよい例である。虚部を省略すると、実部をもとに複素数を構築する。これは、まさに数学と同じ動作だ。しかし、暗黙の型変換は、混乱や誤りの原因となることも多い。Dateの場合を考えてみよう：

```
void my_fct(Date d);

void f()
{
   Date d {15}; // 妥当：xは{15,today.m,today.y}になる
   // ...
   my_fct(15);  // 曖昧
   d = 15;      // 曖昧
   // ...
}
```

これは、どうみても曖昧だ。数値15とDateの実装をつなげる論理的な関連性がないからだ。

幸いにも、コンストラクタには**暗黙**（*implicit*）の型変換を抑制する方法がある。キーワードexplicit付きで宣言されたコンストラクタは、初期化と明示的な型変換だけに利用されるのだ：

```
class Date {
   int d, m, y;
public:
   explicit Date(int dd =0, int mm =0, int yy =0);
   // ...
};

Date d1 {15};            // ＯＫ：明示的
Date d2 = Date{15};      // ＯＫ：明示的
Date d3 = {15};          // エラー：=による初期化は暗黙の変換を行わない
Date d4 = 15;            // エラー：=による初期化は暗黙の変換を行わない
```

```
void f()
{
    my_fct(15);          // エラー：引数渡しでは暗黙の変換を行わない
    my_fct({15});        // エラー：引数渡しでは暗黙の変換を行わない
    my_fct(Date{15});    // ＯＫ：明示的
    // ...
}
```

=による初期化は、**コピー初期化**（*copy initialization*）とみなされる。原則として、初期化されるオブジェクトは初期化子のコピーをもつが、初期化子が右辺値（§6.4.1）の場合は、最適化によってコピー演算は除去されて（隠されてしまい）、その代わりにムーブ演算が実行されることもある（§3.3.2，§17.5.2）。=を記述しなければ明示的な初期化となり、これは**直接初期化**（*direct initialization*）と呼ばれる。

単一の引数で呼び出せるコンストラクタは、デフォルトで`explicit`と宣言すべきだ。そうしないのであれば、（`complex`のように）それなりの理由が必要だ。`explicit`でないコンストラクタを定義するのであれば、最初にコードを書いた人物は忘れっぽいのか（あるいは無知なのか）などと保守作業者に疑われないように、きちんと文書化しておくのがベストである。

コンストラクタを`explicit`と宣言した上で、その定義をクラスの外に置く場合には`explicit`を付けてはいけない：

```
class Date {
    int d, m, y;
public:
    explicit Date(int dd);
    // ...
};

Date::Date(int dd) { /* ... */ }                // ＯＫ
explicit Date::Date(int dd) { /* ... */ }       // エラー
```

`explicit`が重要となるのは、引数が1個だけのコンストラクタの場合がほとんどである。しかし、引数がゼロ個や複数個のコンストラクタでも、`explicit`は有用である：

```
struct X {
    explicit X();
    explicit X(int,int);
};

X x1 = {};              // エラー：暗黙的
X x2 = {1,2};           // エラー：暗黙的

X x3 {};                // ＯＫ：明示的
X x4 {1,2};             // ＯＫ：明示的

int f(X);

int i1 = f({});         // エラー：暗黙的
int i2 = f({1,2});      // エラー：暗黙的

int i3 = f(X{});        // ＯＫ：明示的
int i4 = f(X{1,2});     // ＯＫ：明示的
```

直接初期化とコピー初期化の違いは、並びによる初期化でも区別される（§17.3.4.3）。

16.2.7 クラス内初期化子

複数のコンストラクタを実装すると、メンバの初期化処理を反復することがある。たとえば：

```
class Date {
   int d, m, y;
public:
   Date(int, int, int);  // 日, 月, 年
   Date(int, int);       // 日, 月, todayの年
   Date(int);            // 日, todayの月と年
   Date();               // デフォルトのDate：today
   Date(const char*);    // 文字列表現による日付
   // ...
};
```

このような問題の解決法として、デフォルト引数の導入によってコンストラクタの個数を削減すること（§16.2.5）や、初期化の共通部をある1個のコンストラクタに任せること（§17.4.3）がある。もう一つの方法が、データメンバに対する初期化子を追加することである。0による初期化を行っても、あちこちで共通のコードが反復されてしまうだけだ。デフォルト値が必要となるような指示をするよりも、“本当の値”による初期化を行いたいものである。ある特定の日付の値からメンバを初期化することは、容易ではない（というのも、その日付の値を、Dateのコンストラクタで利用する前に定義していなければならないからだ：§16.2.12）。ここで行えることを示すために、デフォルトの初期値をもつ変数を導入することにしよう：

```
struct { int d, m, y; } date_initializer = {1, 1, 1970};

class Date {
   int d {date_initializer.d};
   int m {date_initializer.m};
   int y {date_initializer.y};
public:
   Date(int, int, int);  // 日, 月, 年
   Date(int, int);       // 日, 月, todayの年
   Date(int);            // 日, todayの月と年
   Date();               // デフォルトのDate：today
   Date(const char*);    // 文字列表現による日付
   // ...
};
```

このように宣言すると、各コンストラクタが初期化しないにもかかわらず、初期化ずみのd、m、yをもつことになる：

```
Date::Date(int dd)
     :d{dd}
{
   // ... 正当な日付であるかどうかをチェック ...
}
```

これは、以下のコードと等価である：

```
Date::Date(int dd)
     :d{dd}, m{date_initializer.m}, y{date_initializer.y}
{
   // ... 正当な日付であるかどうかをチェック ...
}
```

date_initializerが、Dateのコンストラクタで使われることになる初期値を保持するための、使い捨てのデータ構造であることに注意しよう。私は、date_initializerの型に名前を与えるのに、あれこれ考えることすらしなかった。

16.2.8 クラス内関数定義

クラス定義内で、メンバ関数を（単に宣言するのではなく）定義すると、インラインメンバ関数となる（§12.1.5）。このクラス内のメンバ関数の定義は、頻繁に利用されて、処理内容が小さくて、処理を変更する可能性が小さいメンバ関数のためのものだ。クラス内で定義したメンバ関数は、クラス定義と同様に、#includeによって、複数の翻訳単位から共有されることになる。#includeすれば、クラス定義もメンバ関数の意味も常に一意に定まる（§15.2.3）。

クラス内のメンバは、その定義位置にかかわりなく、他のメンバを利用できる（§6.3.4）。次の例を考えてみよう：

```
class Date {
public:
    void add_month(int n) { m+=n; }  // Dateのmを増やす
    // ...
private:
    int d, m, y;
};
```

すなわち、メンバ関数とデータメンバは、宣言順序に依存しないのである。上の例は、次のようにも記述できる：

```
class Date {
public:
    void add_month(int n);           // Dateのmを増やす
    // ...
private:
    int d, m, y;
};

inline void Date::add_month(int n)  // n月を加える
{
    m+=n;      // Dateのmを増やす
}
```

この形式もよく使われる。クラス定義が簡潔で読みやすくなるし、クラスのインタフェースと実装とを分離する効果もある。

いうまでもないが、ここに示したDate::add_monthの定義は簡略化したものだ。単純にnを加算したものが、正当な日付になることを期待するだけの、素朴なものだ（§16.3.1）。

16.2.9 変更可能性

名前をもつオブジェクトは、定数としても定義できるし、変数としても定義できる。いいかえると、**変更不可能**（*immutable*）あるいは**変更可能**（*mutable*）な値を保持するオブジェクトが、名前で利用できるということだ。厳密な用語を議論すると少々ややこしくなるので、定数を表現する変数を単純にconst変数と表記する。英語を母国語とする読者には、ちょっと奇妙に感じられるかもしれないが、この考えは有用であり、C++ の型システムの基礎にもなっている。変更不可能オブジェクトを体系的に利用すると、より分かりやすいコードにつながる。また、早い段階で誤りを検出でき、性能が向上することもある。特に、マルチスレッドプログラムでは、変更不可能性はもっとも有用な性質だ（§5.3，第 41 章）。

ユーザ定義型を、組込み型の単純な定数以上に使いやすくするには、ユーザ定義型の const オブジェクトを処理する関数が定義できなければならない。非メンバ関数では、引数に const T& を受け取れることが必要だ。また、クラスでは、const オブジェクトを処理対象とするメンバ関数を定義できることが必要だ。

16.2.9.1 const メンバ関数

先ほどの Date には、Date に値を設定するメンバ関数があった。その一方で、変更された Date の値を検証する方法が実装されていない。この問題点は、日、月、年を読み取る関数を追加するだけで、容易に解決できる：

```
class Date {
   int d, m, y;
public:
   int day() const { return d; }
   int month() const { return m; }
   int year() const;

   void add_year(int n);      // n年を加える
   // ...
};
```

関数宣言における（空の）引数並びの直後の const は、その関数が Date の状態を変更しないことを表す。

当然、コンパイラは、その約束に違反したコードを検出する。たとえば：

```
int Date::year() const
{
   return ++y;     // エラー：const関数の中でメンバの値を変更しようとしている
}
```

const メンバ関数をクラスの外で定義する場合は、const の接尾語を忘れてはいけない：

```
int Date::year()  // エラー：メンバ関数型にconstが欠如している
{
   return y;
}
```

換言すると、const は、Date::day()、Date::month()、Date::year() の型の一部だ。

const メンバ関数は、const オブジェクトと非 const オブジェクトの両方に対して実行できる。その一方で、非 const メンバ関数は、非 const オブジェクトに対してのみ実行できる。

```
void f(Date& d, const Date& cd)
{
   int i = d.year();      // ＯＫ
   d.add_year(1);         // ＯＫ

   int j = cd.year();     // ＯＫ
   cd.add_year(1);        // エラー：constなDateの値は変更できない
}
```

16.2.9.2 物理的定数性と論理的定数性

論理的には const であるはずのメンバ関数が、データメンバの値を変更する必要にせまられることがある。その場合、ユーザには、オブジェクトの状態が変化しないように見える一方で、ユーザからは直接見えない細部が変更される。これは、**論理的定数性**（*logical constness*）と呼ばれる。たとえば、Date クラスでは、文字列表現を返す関数がそうだ。文字列表現の構築は比較的高コストな処理なので、一度作った文字列のコピーを保持しておけば、Date の値が変更されないまま要求が繰り返されたときに役に立つ。このような値のキャッシングは、比較的複雑なデータ構造では広く利用されている。Date ではどのように実現できるだろうか：

```
class Date {
public:
   // ...
   string string_rep() const;  // 文字列表現
private:
   bool cache_valid;
   string cache;
   void compute_cache_value(); // キャッシュを埋める
   // ...
};
```

ユーザから見れば、string_rep() は Date の状態を変えるものではないので、const と宣言するのは妥当なことだ。しかし、その一方で、メンバ cache と cache_valid に変更を加える可能性があるのも自明だ。

この種の問題は、const_cast のような強制的なキャスト（§11.5.2）を用いても解決できる。しかし、型の規則を見苦しくすることのないエレガントな解決法がある。

16.2.9.3 mutable

const オブジェクト内のメンバの値を変更可能にするには、そのクラスメンバを mutable と定義する。以下に示すのが、その例だ：

```
class Date {
public:
   // ...
   string string_rep() const;           // 文字列表現
private:
   mutable bool cache_valid;
   mutable string cache;
   void compute_cache_value() const;  // （mutableな）キャッシュを埋める
   // ...
};
```

これで、string_rep() を、以下のように定義できるようになる：

```
string Date::string_rep() const
{
   if (!cache_valid) {
      compute_cache_value();
      cache_valid = true;
   }
   return cache;
}
```

このstring_rep()は、constオブジェクトと非constオブジェクトの両方で利用できる。

```
void f(Date d, const Date cd)
{
   string s1 = d.string_rep();
   string s2 = cd.string_rep();   // OK！
   // ...
}
```

16.2.9.4 間接参照と変更可能性

メンバをmutableと宣言するのが最適なのは、小規模オブジェクトのごく一部分の変更を認める場合だ。もっと複雑な場合であれば、変更するデータは、別オブジェクト内に置いた上で間接的に利用したほうが、うまく処理できることが多い。その方法を用いると、キャッシュ付き文字列は、次のようになる：

```
struct cache {
   bool valid;
   string rep;
};

class Date {
public:
   // ...
   string string_rep() const;            // 文字列表現
private:
   cache* c;                             // コンストラクタ内で初期化
   void compute_cache_value() const;     // cacheが指すデータで埋める
   // ...
};

string Date::string_rep() const
{
   if (!c->valid) {
      compute_cache_value();
      c->valid = true;
   }
   return c->rep;
}
```

キャッシュ機能のプログラミング技法は、種々の形態の遅延評価を可能にする。

constが、ポインタや参照を介してアクセスするオブジェクトに対しては、効果をもたない点に注意しよう。人間が読めば、ポインタや参照が“部分オブジェクトの一種”と分かるかもしれないが、コンパイラには、どんなオブジェクトを表すかが分からない。すなわち、メンバポインタだからといって、他のポインタとは異なる特殊なセマンティクスなどは存在しないのだ。

16.2.10 自己参照

オブジェクトの状態を更新する関数add_year()、add_month()、add_day()（§16.2.3）は、値を返さないように定義した。このような関連性をもった、値の更新を行う関数は、更新したオブジェクトへの参照を返すようにすると便利なことが多い。というのも、以下のように、処理を連続記述できるようになるからだ：

```
void f(Date& d)
{
    // ...
    d.add_day(1).add_month(1).add_year(1);
    // ...
}
```


これは、1日と1月と1年をオブジェクトdに加算する。これを実現するためには、各関数がDateの参照を返すように宣言する：

```
class Date {
    // ...
    Date& add_year(int n);  // n年を追加
    Date& add_month(int n); // n月を追加
    Date& add_day(int n);   // n日を追加
};
```

すべての(非staticな)メンバ関数は、処理対象のオブジェクトを知っているので、そのオブジェクトは明示的に参照できる：

```
Date& Date::add_year(int n)
{
    if (d==29 && m==2 && !leapyear(y+n)) {   // 2月29日には要注意
        d = 1;
        m = 3;
    }
    y += n;
    return *this;
}
```

ここで、式*thisは、このメンバ関数を実行したオブジェクトを参照する式である。

非staticメンバ関数内でのthisは、メンバ関数を呼び出したオブジェクトを指すポインタだ。Xクラスの非constメンバ関数では、thisの型はX*である。しかし、thisは右辺値とみなされるので、アドレスを取り出したり、代入の対象にしたりすることは不可能だ。Xクラスのconstメンバ関数では、thisの型はconst X*であり、オブジェクト自身の変更が禁止される(§7.5も参照)。

ほとんどの場合、thisは暗黙のうちに利用される。特に、クラス内の非staticメンバの参照はすべて、メンバの適切なオブジェクトを得るためにthisを暗黙のうちに利用している。たとえば、add_year関数は、面白くもなんともないが、次のように記述しても等価である：

```
Date& Date::add_year(int n)
{
    if (this->d==29 && this->m==2 && !leapyear(this->y+n)) {
        this->d = 1;
        this->m = 3;
    }
    this->y += n;
    return *this;
}
```

明示的にthisを利用することが多いのは、結合リストの操作である。たとえば：

```
struct Link {
    Link* pre;
    Link* suc;
```

```
    int data;

    Link* insert(int x)     // thisの直前にxを挿入
    {
       return pre = new Link{pre,this,x};
    }

    void remove()           // thisを削除して解体
    {
       if (pre) pre->suc = suc;
       if (suc) suc->pre = pre;
       delete this;
    }

    // ...
};
```

なお、テンプレートである基底クラスのメンバを派生クラスから利用する際は、明示的に**this**を利用する必要がある（§26.3.7）。

16.2.11 メンバアクセス

Xクラスのメンバのアクセスは、**X**クラスのオブジェクトに対しては **.**（ドット）演算子の適用によって行える。また、**X**クラスのオブジェクトを指すポインタに対しては**->**（アロー）演算子の適用によって行える。例を示そう：

```
struct X {
   void f();
   int m;
};

void user(X x, X* px)
{
   m = 1;          // エラー：mはスコープ中にない
   x.m = 1;        // ＯＫ
   x->m = 1;       // エラー：xがポインタではない
   px->m = 1;      // ＯＫ
   px.m = 1;       // エラー：pxはポインタ
}
```

いうまでもなく、このような表記は、少々冗長だ。コンパイラは、変数が**X**なのか**X***なのかを知っているので、演算子は一種類でよいはずだ。しかし、プログラマの混乱を避けるために、C言語のごく初期の時代から、2種類の演算子を利用することになっている。

クラスの内部では、これら二つの演算子は不要だ：

```
void X::f()
{
   m = 1;     // ＯＫ："this->m = 1;"（§16.2.10）
}
```

すなわち、修飾されていないメンバ名は、その前に**this->**が付いているものとして振る舞う。なお、メンバ関数は、それよりも後ろで宣言されているメンバを利用できることに注意しよう：

```
struct X {
   int f() { return m; }    // 正しい：Xのmを返却
   int m;
};
```

特定のオブジェクトのメンバに限定するのではなく、一般的にメンバを利用する場合は、クラス名の直後に :: を付加して修飾する：

```
struct S {
   int m;
   int f();
   static int sm;
};

int S::f() { return m; }        // Sのf
int S::sm {7};                  // Sの静的メンバsm（§16.2.12）
int (S::*) pmf() {&S::f};      // Sのメンバf
```

最後の（メンバへのポインタの）例は、極めてまれであって難解だ。§20.6 を参照しよう。ここで例に含めたのは、:: の汎用性を強調するためだ。

16.2.12 staticメンバ

先ほど示したDateのデフォルト値は、便利ではあるものの、大きな問題をかかえている。それは、Dateクラスを、広域変数todayに依存させてしまっていることだ。このDateクラスを利用できるのは、todayが定義されていて、どのコードからも正しくアクセスできる場合に限られる。クラス開発時とは異なる文脈では利用できなくなってしまう、という制約があるのだ。このような文脈依存のクラスを利用しようとすると、ユーザは何度も驚かされることになるし、保守作業も苦痛となる。“たった一つの小さな広域変数”の管理は、大したものではないかもしれない。しかし、このスタイルは、開発者以外には役立たないコードを生むものであり、避けるべきだ。

幸いにも、どこからでもアクセスできる広域変数を利用しなくても、利便性は損なわれない。クラスの一部であるにもかかわらず、クラスオブジェクトの一部ではない変数を、staticメンバと呼ぶ。通常の非staticメンバがオブジェクトごとにメンバのコピーをもつ（§6.4.2）のに対して、staticメンバはクラス全体で1個だけが存在する。同様に、特定のオブジェクトに対して呼び出す必要がない関数が、staticメンバ関数だ。

Dateがデフォルト値を用いるセマンティクスを維持したままで、広域的な値に依存することがないように再設計しよう：

```
class Date {
   int d, m, y;
   static Date default_date;
public:
   Date(int dd =0, int mm =0, int yy =0);
   // ...
   static void set_default(int dd, int mm, int yy);   // default_dateを
                                                       // Date(dd,mm,yy)に設定
};
```

default_dateを利用するようにDateのコンストラクタを定義してみよう：

```
Date::Date(int dd, int mm, int yy)
{
   d = dd ? dd : default_date.d;
   m = mm ? mm : default_date.m;
```

```
    y = yy ? yy : default_date.y;
    // ... Dateが正当な日付であるかどうかをチェック ...
}
```

デフォルトの日付は、必要に応じて**set_default()**によって変更できる。**static**メンバは、他のメンバと同じように参照できる。また、**static**メンバは、オブジェクト名を与えることなく利用可能である代わりに、クラス名の修飾が必要だ：

```
void f()
{
    Date::set_default(4,5,1945);  // Dateの静的メンバset_default()を呼び出す
}
```

データメンバでもメンバ関数でも、**static**メンバは、どこかで定義する必要がある。**static**メンバの定義には、キーワード**static**を付けてはいけない。

```
Date Date::default_date {16,12,1770};          // Date::default_dateの定義

void Date::set_default(int d, int m, int y)  // Date::set_defaultの定義
{
    default_date = {d,m,y};                    // default_dateに新しい値を代入
}
```

これで、デフォルト値はベートーヴェンの誕生日になる。ただし、誰かが変更するまでだ。さて、**Date{}**が、**Date::default_date**と同じ値を表すことに注意しよう：

```
Date copy_of_default_date = Date{};

void f(Date);

void g()
{
    f(Date{});
}
```

そのため、デフォルト値を読み取るような関数を別に用意する必要はない。なお、必要な型が曖昧になることなく**Date**と判断できる局面では、単に**{}**と記述すればすむ。

```
void f1(Date);

void f2(Date);
void f2(int);

void g()
{
    f1({});          // ＯＫ：f1(Date{})と等価
    f2({});          // エラー：f2(int)かf2(Date)かが曖昧
    f2(Date{});      // ＯＫ
}
```

マルチスレッドでは、競合状態を避けるために、**static**データメンバには、何らかのロックやアクセス規則が必要となる（§5.3.4, §41.2.4）。現在ではマルチスレッドが普及しているので、古いコードが**static**データ変数を広く利用している点は残念である。古いコードは、競合を起こす可能性があるような方法で**static**メンバを使っている傾向がある。

16.2.13 メンバ型

型と型の別名もクラスメンバになれる。例をあげよう：

```
template<typename T>
class Tree {
   using value_type = T;                  // 別名メンバ
   enum Policy { rb, splay, treeps };     // enumメンバ
   class Node {                           // classメンバ
      Node* right;
      Node* left;
      value_type value;
   public:
      void f(Tree*);
   };
   Node* top;
public:
   void g(Node*);
   // ...
};
```

入れ子クラス（*nested class*）とも呼ばれる**メンバクラス**（*member class*）は、それを囲んでいる型とその型がもつ`static`メンバを利用できる。非`static`メンバを利用できるのは、それを囲んでいるクラスのオブジェクトが与えられた場合に限られる。2分木の煩雑な部分を避けたいので、私はここで、純粋に技術的な“`f()`と`g()`”スタイルを利用している。

さて、入れ子クラスは、メンバ関数とそれを囲んでいるクラス内のメンバを、`private`メンバを含めて（メンバ関数と同じように）アクセスできる。しかし、それを囲んでいるクラスのオブジェクトを利用する手段はない。例をあげよう：

```
template<typename T>
void Tree<T>::Node::f(Tree* p)
{
   top = right;                   // エラー：指定されたTree型のオブジェクトはない
   p->top = right;                // ＯＫ
   value_type v = left->value;    // ＯＫ：value_typeはオブジェクトと関連付けられない
}
```

クラスは、入れ子クラスのメンバに対して、なんら特別なアクセス権限をもたない。

```
template<typename T>
void Tree<T>::g(Node* p)
{
   value_type val = right->value;     // エラー：Tree::Node型のオブジェクトがない
   value_type v = p->right->value;    // エラー：Node::rightは非公開
   p->f(this);                        // ＯＫ
}
```

メンバクラスは、必要不可欠な基礎機能というよりも、記述をしやすくするのに便利な機能だ。ただし、別名メンバは、関連型を表現するものであり、ジェネリックプログラミング技法の基盤となる重要な機能だ（§28.2.4，§33.1.3）。`enum`メンバは、`enum class`の列挙子名が自身のスコープを汚染するのを避ける目的で、代用されることが多い（§8.4.1）。

16.3 具象クラス

前節では、Dateクラスの設計を題材に、クラス定義に関する言語の基本機能を解説した。本節では、これを逆転して、簡潔で効率的なDateクラスの設計に重点を置いて、その設計を支援する言語機能を解説する。

多くのアプリケーションが小規模な抽象化を頻繁に利用している。例をあげればきりがない。ラテン文字、漢字、整数、浮動小数点数、複素数、頂点、ポインタ、座標、変換、(ポインタ，オフセット)のペア、日付、時刻、範囲、リンク、連想、ノード、(値，単位)のペア、ディスク配置、ソースコードの位置、通貨価値、線、長方形、固定小数点数、分数、文字列、ベクタ、配列などがある。どのアプリケーションでも、多少なりともこれらを利用しており、特にこのような単純な具象型は（すべてではないにしろ)、頻繁に利用される。アプリケーションはライブラリ機能の多くを間接的に利用するのが一般的であって、直接的に利用するものは少数だ。

C++では、これらの抽象化の一部を、組込み型として実装しているが、大半のものは言語としては直接サポートしていない。数が多すぎてサポートしきれないからだ。汎用プログラミング言語の設計者が、すべてのアプリケーションの要求を詳細まで予測することは不可能だ。そのため、ユーザが小規模な具象型を定義できるような機構が必要となる。この種のクラスは、抽象クラス(§20.4)や、クラス階層内のクラス（§20.3, §21.2）と区別するために、**具象型**（*concrete type*）あるいは**具象クラス**（*concrete class*）と呼ばれる。

クラスの定義内にその内部データ表現があれば、そのクラスは、**具象**（*concrete*）すなわち**具象クラス**（*concrete class*）だ。この観点で判断すれば、一つのインタフェースに対してさまざまな実装を提供する抽象クラス（§3.2.2, §20.4）と区別できる。クラス定義に内部データ表現を記述することには、次の利点がある：

- オブジェクトを、スタック上や、静的に割り当てたメモリ内や、他のオブジェクト内に配置できる。
- オブジェクトのコピーとムーブができる（§3.3, §17.5）。
- 名前の付いたオブジェクトを直接（ポインタや参照を介さずに）利用できる。

具象クラスは、その利用が分かりやすいし、コンパイラにとっても最適なコードを生成しやすい。そのため、複素数（§5.6.2）やスマートポインタ（§5.2.1）やコンテナ（§4.4）など、小規模で頻繁に利用されて厳しい性能を求められるクラスは、具象クラスとするのだ。

C++は、このようなユーザ定義型を、上手にかつ効率的に利用することや、その定義を支援することを、ごく初期の時代から明確な目標にしていた。エレガントなプログラミングの基盤となるからだ。例によって、簡潔で平凡なコードは、複雑に洗練されたコードよりも、統計的にもはるかに重要である。この観点で、よりよいDateクラスを設計してみよう：

```
namespace Chrono {

    enum class Month { jan=1, feb, mar, apr, may, jun, jul, aug, sep, oct, nov, dec };

    class Date {
    public:         // 公開インタフェース
        class Bad_date { }; // 例外クラス
```

```
        explicit Date(int dd ={}, Month mm ={}, int yy ={});  // {}は"デフォルト値"を
                                                              // 取り出すという意味
    // Dateを調べるだけで変更しない関数
        int day() const;
        Month month() const;
        int year() const;

        string string_rep() const;                  // 文字列表現
        void char_rep(char s[], int max) const;     // C言語スタイルの文字列表現

    // 日付を変えるために変更する関数
        Date& add_year(int n);                  // n年を加える
        Date& add_month(int n);                 // n月を加える
        Date& add_day(int n);                   // n日を加える
    private:
        bool is_valid();                        // Dateが正当な日付かどうかをチェック
        int d;                                  // 内部データ表現
        Month m;
        int y;
    };

    bool is_date(int d, Month m, int y);        // 正当な日付であればtrue
    bool is_leapyear(int y);                    // yが閏年であればtrue

    bool operator==(Date a, Date b);
    bool operator!=(Date a, Date b);

    const Date& default_date();                 // デフォルトの日付

    ostream& operator<<(ostream& os, const Date& d);  // osにdを出力
    istream& operator>>(istream& is, Date& d);        // isから日付をdに読み込む
} // 名前空間Chrono
```

ここで定義しているいずれの処理も、ユーザ定義型では極めて一般的なものだ：

[1] コンストラクタ：その型のオブジェクト／変数をどのように初期化するかを表す（§16.2.5）。

[2] Dateを調べるための一連の関数：これらの関数には、呼出し対象のオブジェクト／変数の状態を変更しないことを示すためにconstが付けられている。

[3] Dateを変更するための一連の関数：クラス内部の詳細を知る必要も、複雑なセマンティクスを意識する必要もない。

[4] 暗黙裏に定義される演算：Dateを自由にコピーできるようにする（§16.2.2）。

[5] Bad_dateクラス：エラーを例外として通知する。

[6] 便利な一連のヘルパ関数：クラスメンバではないし、Dateの内部データ表現を直接利用するわけでもないが、Chrono名前空間に含めることで関連性が高いことを表している。

日と月の順番を間違えないようにするために、ここではMonthを定義している。そのため、6月7日を米国式に{6,7}と記述するか、欧風式に{7,6}と記述するか、といった混乱が避けられる。

Date{1995,Month::jul,27}とDate{27,Month::jul,1995}でも混乱の可能性があるので、DayとYearに型を定義することも考えたが、Monthのようにはいかない。この種のエラーは、いずれにせよ実行時に検出できる。たとえば、私は、西暦27年6月26日といった日付を扱うことは、まずない。1800年以前などの歴史的日付を扱う作業は込み入っているため、歴史の専門家に委

ねよう。また、何日が正しいのかのチェックは、その年と月とに依存する。

たとえ文脈で判断できる場合でも、年と月を明示的に記述しなければならない煩わしさを避けるため、この例ではデフォルト値を導入している。整数と同様に、Monthの{}は（デフォルト）値として、0を意味することに注意しよう。この値は、Monthとしては不正な値だが（§8.4）、まさに狙いどおりに“デフォルト値を得る”のが不正であることを表す。デフォルト値の実装は、設計上、手間がかかる（Dateオブジェクトのデフォルト値など）。型によっては、問題なく利用できるデフォルト値をもつが（整数の0など）、デフォルト値をもたないほうが適切な型もある。また、デフォルト値の実装に手間がかかるという問題をもつ型もある（Dateなど）。その場合、少なくとも、初期値としてはデフォルト値を実装しないのが最善だ。ここでDateにデフォルト値をもたせているのは、デフォルト値を与える手法を示すためにすぎない。

このような単純な型では、§16.2.9で解説したキャッシュは不要なので、省略している。もしキャッシュが必要ならば、ユーザインタフェースを変更することなく、追加実装できる。

やや不自然なものであるが、Dateの簡単な利用例を示そう：

```
void f(Date& d)
{
   Date lvb_day {16,Month::dec,d.year()};

   if (d.day()==29 && d.month()==Month::feb) {
      // ...
   }

   if (midnight()) d.add_day(1);

   cout << "day after:" << d+1 << '\n';

   Date dd;    // デフォルトの日付で初期化される
   cin>>dd;
   if (dd==d) cout << "Hurray!\n";
}
```

このコードは、Dateに加算演算子+が宣言されていることを前提としている。なお、その実装は、§16.3.3で行う。

ここで、decとfebを、明示的にMonthで修飾している点に注目しよう。月名の短縮型を利用できるように、enum classを定義しているのだが（§8.4.1）、分かりやすくするためと、曖昧さの排除を保証するために、明示的に修飾している。

日付程度の単純なものに型を定義する価値はあるのだろうか？　突き詰めると、

```
struct Date {
   int day, month, year;
};
```

という単純データ構造を定義して、その処理を各プログラマに任せることもできる。しかし、そうすると、全ユーザがDate内部のデータを直接操作するか、あるいは、直接操作する関数を独自に実装しなければならなくなる。日付の概念がシステム全体にばらまかれてしまい、それを理解して文書化して変更するのが困難になる。単純な構造だけで日付を表現すると、必然的に全ユーザに余分な作業を強いてしまう。

また、Date型は一見単純だが、正しく動作させるには、それなりの思慮が必要だ。たとえば、Dateの加算では、閏年や月によって日数が異なることを考慮する必要がある。また、多くのアプリケーションでは、単なる年月日だけの内部表現では不十分だ。具象クラスを使えば、内部表現を変更しても、関数の設計を変更するだけですむ。たとえば、Dateを1970年1月1日からの経過日数で表現するように変更した場合、Dateのメンバ関数を変更するだけで対応できる。

簡潔にするために、デフォルトの日付を変更する機能を削除することにしよう。削除すれば、紛らわしさや、マルチスレッドプログラムでの競合状態が排除できる（§5.3.1）。ちなみに、デフォルトの日付そのものを削除することも真剣に検討した。しかし、明示的なDateの初期化をユーザに強制してしまうし、不便に感じられるだろう。さらに重要な点は、通常のコードが利用する一般的なインタフェースでは、デフォルト構築が必要になることだ（§17.3.3）。そのため、Dateの設計者である私は、デフォルトの日付から値を取り出すことにした。そのデフォルトの日付は、1970年1月1日である。これは、C言語とC++標準ライブラリの時間関連の関数が起点としている日付だ（§35.2，§43.6）。当然ながら、set_default_date()を削除すれば、Dateの汎用性が損なわれる。しかし、クラス設計も含め、そもそも設計とは、何らかの決断を下すものであり、決断を先延ばしにしたり、あらゆることをオプションとしてユーザに押し付けるものではない。

将来的に改善できるよう、default_date()はヘルパ関数として宣言しておくことにした。

```
const Date& Chrono::default_date();
```

この関数は、デフォルトの日付がどのように設定されるのかには関知しない。

16.3.1 メンバ関数

当然ながら、すべてのメンバ関数は、どこかで実装しなければならない。例を示そう：

```
Date::Date(int dd, Month mm, int yy)
     :d{dd}, m{mm}, y{yy}
{
   if (y == 0) y = default_date().year();
   if (m == Month{}) m = default_date().month();
   if (d == 0) d = default_date().day();

   if (!is_valid()) throw Bad_date();
}
```

このコンストラクタは、与えられた日付がDateとして正当かどうかを検証する。たとえば{30,Month::feb,1994}のように正当でなければ、例外を送出し（§2.4.3.1，第13章）、何かがおかしいことを通知する。正当ならば、初期化処理をそのまま実行する。初期化は、正当性の検証処理を含んでいるので、少々複雑な処理となるが、これは一般的なことだ。しかし、いったんDateオブジェクトが作成されると、以降は確認せずに利用したりコピーしたりできる。換言すると、コンストラクタがクラスの不変条件（この場合は正当な日付を保持すること）を確立するのである。他のメンバ関数は、この不変条件を前提にするとともに、維持する必要がある。この設計技法は、コードを大幅に単純化する（§2.4.3.2，§13.4も参照）。

“デフォルトの月を得る”ために、Month{}を利用している。これは、月ではなく、整数の0という値だ。この値を表す列挙子をMonth内に定義することも可能だが、一年に13もの月があるかのように記述するよりも、明らかに異常な値を用いたほうがよいと判断した。Month{}すなわち0が利用できるのは、Month列挙体の正当な範囲内に収まっているからだ（§8.4）。

メンバの初期化では、メンバ初期化子構文（§17.4）を用いている。そして、初期化後に、0かどうかを確認して、必要に応じて値を変更している。当然、この方法は、エラー発生時（まれであることを願うが）には、最適な性能を発揮しない。しかし、メンバ初期化子構文は、コードの構造を分かりやすくしている。他の方法よりもエラーにつながりにくいし、保守作業を楽にするものだ。もし最高の性能を目指すならば、デフォルト引数をもつコンストラクタ1個ではなくて、3個の独立したコンストラクタを定義することになる。

検証関数is_valid()を公開メンバとすることも検討した。しかし、例外を想定する場合よりも、ユーザコードが複雑になって頑健性にも劣ることが分かった：

```
void fill(vector<Date>& aa)
{
    while (cin) {
        Date d;
        try {
            cin >> d;
        }
        catch (Date::Bad_date) {
            // ... エラー処理 ...
            continue;
        }
        aa.push_back(d);        // §4.4.2を参照
    }
}
```

値{d,m,y}が日付として正当であるかどうかの検証処理は、Dateの内部データ表現に依存しない。そこで、is_valid()はヘルパ関数として実装した：

```
bool Date::is_valid()
{
    return is_date(d,m,y);
}
```

なぜis_valid()とis_date()の二つを実装するのだろうか？　ここでの単純な例では、いずれか一方だけでも構わない。（すでに示したように）is_date()は、(d,m,y)の3値のタプルが正当な日付であるかをチェックする場面があるだろう。また、is_valid()は、日付が適切に表現されているかを付加的にチェックする場面があるだろうと考えたからだ。たとえば、is_valid()は、現代の暦が利用される以前の日付を正当とは判断せずに拒絶することも考えられる。

単純な具象型全般に共通することだが、Dateのメンバ関数の定義は、小さなものから複雑になりすぎない程度のものまでさまざまだ。たとえば：

```
inline int Date::day() const
{
    return d;
}

Date& Date::add_month(int n)
{
    if (n==0) return *this;
```

16.3.3 演算子の多重定義

従来どおりの表記を可能にする関数があると便利だ。たとえば、Dateの等価性を==で調べられるようにするには、次のようにoperator==()を定義する：

```
inline bool operator==(Date a, Date b)      // 等価性
{
   return a.day()==b.day() && a.month()==b.month() && a.year()==b.year();
}
```

その他にも、次のようなものが考えられる：

```
bool operator!=(Date, Date);       // 非等価性
bool operator<(Date, Date);        // より小さい
bool operator>(Date, Date);        // より大きい
// ...

Date& operator++(Date& d) { return d.add_day(1); }          // 1日進める
Date& operator--(Date& d) { return d.add_day(-1); }         // 1日戻す

Date& operator+=(Date& d, int n) { return d.add_day(n); }   // n日だけ進める
Date& operator-=(Date& d, int n) { return d.add_day(-n); }  // n日だけ戻す

Date operator+(Date d, int n) { return d+=n; }              // n日を加える
Date operator-(Date d, int n) { return d-=n; }              // n日を減ずる

ostream& operator<<(ostream&, Date d);                      // dを出力
istream& operator>>(istream&, Date& d);                     // dに読み込む
```

これらの演算子を、Dateと一緒にChrono名前空間に置けば、多重定義解決の問題が回避でるし、実引数依存探索（§14.2.4）も活かせる。

Dateでは、これらの演算子はそれほど便利に見えないかもしれないが、複素数（§18.3）、ベクタ（§4.4.1）、関数オブジェクト（§3.4.3, §19.2.2）などの他の多くの型では、一般的な演算子は、あって当然といえるほど、人々の頭の中に確固たる地位を築いている。演算子の多重定義については、第18章で解説する。

私は、Dateのadd_day()の代わりに、メンバ関数として+=と-=を実装しようかとも考えた。そうしていれば、広く利用されている慣用的な表記が使えるようになったことだろう（§3.2.1.1）。

デフォルトで、代入とコピー初期化が実装される点に注意しよう（§16.3, §17.3.3）。

16.3.4 具象クラスの重要性

私は、Dateのような単純なユーザ定義型を**具象型**（*concrete type*）と呼んでいる。抽象クラス（§3.2.2, §20.4）やクラス階層（§3.2.4, 第20章）と区別するためであり、intやcharなどの組込み型との類似性を強調するためでもある。具象クラスは、組込み型と同等だ。具象型は、**値型**（*value type*）とも呼ばれ、それを利用したものは**値指向プログラミング**（*value-oriented programming*）と呼ばれる。そのモデルと、背景となる“思想”は、一般にオブジェクト指向プログラミングと呼ばれるものとはまったく異なる（§3.2.4, 第21章）。

具象型の目的は、比較的単純な単一の処理を、効率よく的確に実行することだ。具象型の動作を変更する機能をユーザに提供することは、ほとんどない。特に、実行時多相動作を発揮するため

のものではない（§3.2.3, §20.3.2 を参照）。

ある具象型の一部分が気に入らなければ、期待するような新しい具象型を作ればよい。具象型を"再利用"したければ、新しい型を実装する際に、int とまったく同じように、その具象型を利用すればよい。例をあげよう：

```
class Date_and_time {
private:
   Date d;
   Time t;
public:
   Date_and_time(Date d, Time t);
   Date_and_time(int d, Date::Month m, int y, Time t);
   // ...
};
```

第 20 章で解説する派生クラスを使うと、もとになる具象クラスとの違いを記述することによって、新しい型を定義できる。vector から Vec を作成したのは、その例だ（§4.4.1.2）。しかし、具象クラスからの派生では、仮想関数や実行時型情報が利用できないため、限られた場合で注意深く使うべきだ（§17.5.1.4, 第 22 章）。

いいコンパイラを使うと、Date のような具象クラスでは、時間的、空間的なオーバヘッドは一切発生しない。そもそも、具象クラスオブジェクトの利用にポインタを介した間接参照は不要であるし、具象クラスオブジェクト内に"後始末"が必要なデータをもつこともない。具象型の大きさはコンパイル時に分かっているので、実行時はオブジェクトをスタック上に配置できる（すなわち、空き領域の操作が不要となる）。また、オブジェクトのレイアウトも分かっているので、処理のインライン化の実現も容易だ。同様に、C 言語や Fortran など他の言語とのレイアウトの互換性も、別段意識せずに実現できる。良質の具象型を複数用意しておくと、アプリケーションの基盤として利用できる。特に、エラーにつながりにくく、より特化されたインタフェースを実装できるようになる。たとえば：

```
Month do_something(Date d);
```

これは、以下の例よりも、誤解や誤用の可能性がはるかに少ない。

```
int do_something(int d);
```

もし具象型がなければ、プログラムは分かりにくくなる。さらに、組込み型を単純に集めただけの"単純かつ頻繁に利用する"データ構造を、全プログラマが直接操作するコードを記述しなければならない、という時間の無駄につながる。アプリケーションが適切な"小規模で効率的な型"を利用しなければ、過剰に汎用化された高コストなクラスを利用することになる。そうすると、実行時間は延びるし、メモリも無駄に消費することになる。

16.4 アドバイス

[1] 概念は、クラスとして表現しよう。§16.1。

[2] クラスの実装は、インタフェースから分離しよう。§16.1。

[3] 公開データ（`struct`）を利用するのは、単なるデータだけがあって、そのデータメンバに不変条件が不要である場合に限定しよう。§16.2.4。

[4] オブジェクトの初期化処理は、コンストラクタとして定義しよう。§16.2.5。

[5] 単一引数のコンストラクタは、デフォルトで`explicit`と宣言しよう。§16.2.6。

[6] オブジェクトの状態を変更しないメンバ関数は、`const`と宣言しよう。§16.2.9。

[7] 具象型は、もっとも単純な部類のクラスである。可能ならば、あまりにも複雑なクラスや単なる構造体よりも具象型を優先しよう。§16.3。

[8] 関数をメンバとして実装するのは、クラスの内部表現を直接利用する必要がある場合に限定しよう。§16.3.2。

[9] 名前空間を利用して、クラスとヘルパ関数の関連性を明示的に表現しよう。§16.3.2。

[10] クラス内初期化子を用いて、コンストラクタの反復を回避しよう。§16.2.7。

[11] クラスの内部表現をアクセスするものの、特定のオブジェクトを対象としない処理は、`static`メンバ関数としよう。§16.2.12。

第 17 章　構築と後始末とコピーとムーブ

無知は、しばしば知識よりも確信を生むものだ。
— チャールズ・ダーウィン

17.1　はじめに

本章では、オブジェクトの“ライフサイクル”を技術的な面から解説する。オブジェクトは、どのように、作成して、コピーして、移動して、不要時に後始末するのだろう？　“コピー”と“ムーブ”の厳密な違いは何だろうか？　以下の例を考えよう：

```
string ident(string arg)  // stringの値渡し（argにコピーされる）
{
   return arg;            // stringの返却（ident()の外の呼出し元にargの値をムーブ）
}

int main ()
{
   string s1 {"Adams"};         // stringを初期化（s1を構築）
   s1 = ident(s1);              // s1をident()にコピー
                                // ident(s1)の結果をs1にムーブ
                                // s1の値は"Adams"となる
   string s2 {"Pratchett"};     // stringを初期化（s2を構築）
   s1 = s2;                     // s2の値をs1にコピー
                                // s1とs2の両方の値が"Pratchett"になる
}
```

ここで、ident() の呼出し後は、s1 の値は当然 "Adams" になるべきだ。s1 の値を引数 arg にコピーして、関数の終了時に arg の値を（再び）s1 にムーブしている。次に、値が "Pratchett" である s2 を作成して、それを s1 にコピーする。最終的には、main() の終了時に s1 と s2 の両方を解体する。**ムーブ**（*move*）と**コピー**（*copy*）は、異なるものだ。コピーでは、コピー元とコピー先の両オブジェクトが、コピー後に同じ値をもつ一方、ムーブでは、ムーブ元のオブジェクトは、最初の値を保持しておく必要がない。ムーブが利用できるのは、元のオブジェクトが事後で利用されないときだ。ムーブ動作は、資源移動の実装では、極めて有用である（§3.2.1.2, §5.2）。

ここに示したコードでは、いくつかの関数が以下のように利用されている：

- 文字列リテラルで string を初期化するコンストラクタ（s1 と s2 の初期化）。
- string をコピーするコピーコンストラクタ（実引数 arg へのコピー）。
- string の値をムーブするムーブコンストラクタ（ident(s1) の結果格納のために、ident() の外部に存在する一時変数に対して arg をムーブ）。
- string の値をムーブするムーブ代入（ident(s1) の結果を格納するための一時変数から s1 にムーブ）。
- string をコピーするコピー代入演算（s2 から s1 へのコピー）。
- デストラクタ。s1 と s2 と ident(s1) の結果をもつ一時変数に対しては資源を解放して、引数 arg からムーブされた一時変数に対しては何も行わない。

これらの処理の一部は、最適化によって除去される可能性がある。この単純な例であれば、一時変数は除去されるのが普通だ。コンストラクタ、コピー／ムーブ代入演算、デストラクタは、生存期間と資源の管理を直接担う。オブジェクトは、コンストラクタの実行が完了して、初めてその型のオブジェクトとみなされる。そして、その状態は、デストラクタが実行を開始するまで維持される。オブジェクト生存期間とエラーの関係については、§13.2 と §13.3 で詳細に解説した。本章では、構築途中や解体途中のオブジェクトについては、特に取り上げない。

オブジェクトの構築は、多くの設計で重要な役割をもつ。作成方法は多岐にわたり、それは、言語がもつ幅広く柔軟な初期化機能としてそのまま反映されている。

コンストラクタ、デストラクタ、コピー／ムーブ演算は、論理的には独立していない。そのため、性能面でも論理面でも問題がないように、矛盾のない一連の機能として定義する必要がある。クラス X が、空き領域やロックの解放など、それなりの処理を実行するデストラクタをもつのならば、一般的には、次のメンバ関数一式をすべて実装することになる：

```
class X {
public:
   X(Sometype);                // "通常のコンストラクタ"：オブジェクトを生成
   X();                        // デフォルトコンストラクタ
   X(const X&);                // コピーコンストラクタ
   X(X&&);                     // ムーブコンストラクタ
   X& operator=(const X&);     // コピー代入：代入先を後始末してコピー
   X& operator=(X&&);          // ムーブ代入：代入先を後始末してムーブ
   ~X();                       // デストラクタ：後始末
   // ...
};
```

オブジェクトがコピーあるいはムーブの対象となる状況としては、以下の6種類がある：

・代入元
・オブジェクト（名前をもつオブジェクト、空き領域上のオブジェクト、一時オブジェクト）の初期化子
・関数の実引数
・関数の返却値
・明示的型変換の変換元（§11.5）
・例外

これらすべてで、コピーコンストラクタかムーブコンストラクタが実行される（最適化の結果、実行されないこともある）。

“通常のコンストラクタ”以外の特殊メンバ関数は、コンパイラによって生成されることがある。§17.6を参照しよう。

本章では、規則と技術を詳細に解説する。完全に理解すべき内容であるが、サンプルから一般的な規則を学ぶだけでもいいだろう。

17.2 コンストラクタとデストラクタ

コンストラクタの定義は、クラスオブジェクトをどのように初期化するのかを表すものである（§16.2.5, §17.3）。コンストラクタとは逆に、（たとえばスコープを抜けるタイミングでの）オブジェクト解体時の“後始末”を確実にするには、デストラクタを定義する。C++での資源管理でもっとも効率的な技法のいくつかは、コンストラクタ／デストラクタのペアを前提とする。このペアの上に成り立つ技法は、他にも**do**／**undo**、**start**／**stop**、**before**／**after**などがある。例をあげよう：

```
struct Tracer {
   string mess;
   Tracer(const string& s) :mess{s} { clog << mess; }
   ~Tracer() {clog << "~" << mess; }
};

void f(const vector<int>& v)
{
   Tracer tr {"in f()\n"};
   for (auto x : v) {
      Tracer tr {string{"v loop "}+to<string>(x)+'\n'}; // §25.2.5.1
      // ...
   }
}
```

ここで、次のコードを実行してみよう。

```
f({2,3,5});
```

そうすると、ログストリームに対して、以下のように出力される：

```
in_f()
v loop 2
~v loop 2
```

```
v loop 3
~v loop 3
v loop 5
~v loop 5
~in_f()
```


17.2.1 コンストラクタと不変条件

クラスと同じ名前をもつメンバ関数は、**コンストラクタ**（*constructor*）と呼ばれる。たとえば：

```
class Vector {
public:
   Vector(int s);
   // ...
};
```

コンストラクタの宣言では、(関数と同じように) 引数の並びを指定するが、返却型の指定はない。なお、クラス内の通常のメンバ関数、メンバ変数、メンバ型などに、クラスと同じ名前を与えることはできない。たとえば：

```
struct S {
   S();                    // よい
   void S(int);            // エラー：コンストラクタに返却型は指定できない
   int S;                  // エラー：クラス名はコンストラクタ以外には使えない
   enum S { foo, bar };    // エラー：クラス名はコンストラクタ以外には使えない
};
```

コンストラクタが行うのは、そのクラスのオブジェクトの初期化だ。ほとんどの場合、初期化を行うことによって、クラス外部からメンバ関数がいつ呼び出されても成立する**クラスの不変条件**（*class invariant*）を確立する必要がある。たとえば：

```
class Vector {
public:
   Vector(int s);
   // ...
private:
   double* elem;   // elemはsz個のdoubleで構成される配列を指す
   int sz;         // szは非負
};
```

この例では (一般的にもそうなることが多いのだが)、不変条件がコメントとして記述されている。“`elem`は`sz`個の`double`で構成される配列を指す”と“`sz`は非負”の二つだ。コンストラクタは、この条件を成立させる必要がある。たとえば：

```
Vector::Vector(int s)
{
   if (s<0) throw Bad_size{s};
   sz = s;
   elem = new double[s];
}
```

このコンストラクタは、不変条件を確立しようと試みるが、不可能であれば例外を送出する。不変条件が確立できない場合は、オブジェクトが作成されておらず、資源リークが発生しないことを、コンストラクタが保証しなければならない (§5.2, §13.3)。資源とは、(明示的、暗黙的を問わず)

必要になったときに獲得して、使い終わったら返却（解放）する必要があるものすべてである。メモリ（§3.2.1.2）、ロック（§5.3.4）、ファイルハンドル（§13.3）、スレッドハンドル（§5.3.1）などは資源の典型である。

不変条件を定義するのはなぜだろうか？

- クラス設計に集中するため（§2.4.3.2）
- クラスの動作を明確にするため（エラー条件下での対処など：§13.2）
- メンバ関数を簡潔に定義するため（§2.4.3.2，§16.3.1）
- クラスの資源管理を明確にするため（§13.3）
- クラスの文書化を簡潔にするため

通常は、不変条件の策定に労力をかけても、全体の作業は軽減される。

17.2.2 デストラクタと資源

コンストラクタは、オブジェクトを初期化する。換言すると、メンバ関数の処理環境を整える。環境構築にあたっては、ファイル、ロック、何らかのメモリなど、利用後に解放することになる資源の獲得が必要な場合がある（§5.2，§13.3）。そのため、クラスによっては、オブジェクト作成時に必ず実行されるコンストラクタとまったく同様に、オブジェクト解体時に必ず実行される関数が必要となる。その関数こそが**デストラクタ**（*destructor*）だ。デストラクタの名前は、`~Vector()` のようにクラス名の直前に `~` を付加したものである。`~` には“補数”という意味がある（§11.1.2）が、クラスのデストラクタはコンストラクタを“補う”のだ。デストラクタは、引数を受け取らない。また、クラスに対して定義できるのは、1個だけだ。デストラクタは、自動変数がスコープを抜け出た、あるいは、空き領域上のオブジェクトが解放された、といったタイミングで暗黙裏に実行される。そのため、ユーザがデストラクタを明示的に呼び出す局面は、極めて限られる（§17.2.4）。

一般に、デストラクタが担う処理は、資源の後始末と解放だ：

```
class Vector {
public:
   Vector(int s) :elem{new double[s]}, sz{s} { };  // コンストラクタ：メモリを確保
   ~Vector() { delete[] elem; }                     // デストラクタ：メモリを解放
   // ...
private:
   double* elem;    // elemはsz個のdoubleで構成される配列を指す
   int sz;          // szは非負
};
```

利用例を示そう：

```
Vector* f(int s)
{
   Vector v1(s);
   // ...
   return new Vector(s+s);
}

void g(int ss)
{
```

```
    Vector* p = f(ss);
    // ...
    delete p;
}
```


ここで、Vector型のv1は、関数f()から抜け出る際に解体される。また、f()内でnewによって空き領域に割り当てられたVectorは、deleteの実行で解体される。いずれの場合も、Vectorのデストラクタが実行されて、コンストラクタで確保したメモリが解放される。

コンストラクタがメモリ確保に失敗した場合はどうなるだろう？　たとえば、s*sizeof(double)や(s+s)*sizeof(double)が、利用可能メモリよりも（バイト単位で）大きくなるかもしれない。その場合、newがstd::bad_alloc例外を送出する（§11.2.3）。そして、例外処理機構によって、その時点までに獲得したメモリのみが解放されるように、適切なデストラクタが実行される（§13.5.1）。コンストラクタ／デストラクタに基づいた、このような資源管理方法は、**資源獲得時初期化**（*Resource Acquisition Is Initialization*）または単に**RAII**と呼ばれる（§5.2, §13.3）。

C++におけるコンストラクタ／デストラクタのペアは、実行時に大きさが変化するオブジェクトを実装する汎用的な仕組みだ。vectorやunordered_mapなどの標準ライブラリのコンテナでも、この技法を応用してコンテナ要素を管理している。

組込み型のようなデストラクタが宣言されない型は、何も実行しないデストラクタをもつとみなされる。

クラスに対してデストラクタを宣言する場合は、そのクラスオブジェクトが、コピーされてムーブされた場合のことをあわせて考慮しなければならない（§17.6）。

17.2.3 基底とメンバのデストラクタ

コンストラクタとデストラクタは、クラス階層ともきちんと連携する（§3.2.4, 第20章）。コンストラクタは、クラスオブジェクトを“下から順に”構築する。

[1] まず、基底クラスのコンストラクタを実行する。
[2] 次に、メンバのコンストラクタを実行する。
[3] 最後に、自身の本体を実行する。

デストラクタは、逆の順序でオブジェクトを“破壊”していく。

[1] まず、自身の本体を実行する。
[2] 次に、メンバのデストラクタを実行する。
[3] 最後に、基底クラスのデストラクタを実行する。

なお、virtual基底クラスは、そうでない基底クラスに先立って構築され、最後に解体される（§21.3.5.1）。ここに示した順序によって、基底とメンバは、初期化前と解体後に利用できないことが保証される。この基礎的で単純な規則は、未初期化の変数を指すポインタをプログラマが意図的に渡すことによって破れるが、それは規則違反であって惨事につながるだけだ。

コンストラクタは、メンバと基底のコンストラクタを、（初期化子に記述された順序ではなくて）

宣言された順序で実行する。仮に、別々のコンストラクタが異なる順序で初期化するのを許してしまうと、（何らかのオーバヘッドなくしては）構築と逆の順序で、デストラクタが解体することが保証できなくなってしまうからだ。§17.4も参照しよう。

デフォルトコンストラクタが必要となるようなクラスの使い方をしているにもかかわらず、コンストラクタが1個も定義されていなければ、コンパイラがデフォルトコンストラクタを生成しようとする：

```
struct S1 {
    string s;
};

S1 x;        // ＯＫ：x.sは""に初期化される
```

同様に、初期化子が必要な場合は、メンバ単位での初期化が行える。たとえば：

```
struct X { X(int); };

struct S2 {
    X x;
};

S2 x1;       // エラー：x1.xに対する値がない
S2 x2 {1};   // ＯＫ：x2.xは1で初期化される
```

§17.3.1も参照しよう。

17.2.4 コンストラクタとデストラクタの呼出し

デストラクタが暗黙裏に実行されるのは、スコープから抜け出るときと、deleteされたときだ。通常、デストラクタを明示的に呼び出す必要はないし、そのようなことをすると、ひどいエラーにつながる可能性がある。ところが、まれに（しかし大事なことなのだが）、デストラクタを明示的に呼び出さなければならない場合がある。（push_back()やpop_back()などによって）増減するメモリを管理する（std::vectorなどの）コンテナを考えてみよう。要素を追加すると、コンテナは特定のアドレスに対して要素のコンストラクタを実行することになる：

```
void C::push_back(const X& a)
{
    // ...
    new(p) X{a};    // Xをアドレスp上の値aでコピー構築
    // ...
}
```

ここでのコンストラクタ呼出しでは、“配置new”（§11.2.4）を利用している。

逆に要素を削除する場合は、コンテナは要素のデストラクタを実行する必要がある：

```
void C::pop_back()
{
    // ...
    p->~X();        // アドレスp上のxを破壊
}
```

ここでp->~X()は、*p上に置かれたXのデストラクタを実行する。（スコープ脱出時やdeleteによる）通常の方式で解体されるオブジェクトに対しては、このように記述してはいけない。

メモリ上のオブジェクトの明示的な管理の詳細な例については，§13.6.1 を参照しよう。

クラス X として宣言されたオブジェクトに対しては、スコープを抜け出るときか、あるいは delete されたときに、X のデストラクタが暗黙裏に実行される。

この動作は、X のデストラクタを =delete と宣言するか（§17.6.4）、private とすることによって抑制できる。

柔軟性に優れているのは、private を用いる後者の手法だ。たとえば、オブジェクトを暗黙裏には解体できず、明示的にのみ解体できるクラスを作成できる：

```
class Nonlocal {
public:
    // ...
    void destroy() { delete this; }  // 明示的な解体
private:
    // ...
    ~Nonlocal();                     // 暗黙裏には解体できない
};

void user()
{
    Nonlocal x;                  // エラー：Nonlocalは解体できない
    Nonlocal* p = new Nonlocal;  // ＯＫ
    // ...
    delete p;                    // エラー：Nonlocalは解体できない
    p.destroy();                 // ＯＫ
}
```

17.2.5 virtual デストラクタ

デストラクタは virtual と宣言できる。一般に、仮想関数をもつクラスでは、そう宣言すべきだ。例をあげよう：

```
class Shape {
public:
    // ...
    virtual void draw() = 0;
    virtual ~Shape();
};

class Circle :public Shape {
public:
    // ...
    void draw();
    ~Circle();          // ~Shape()をオーバライド
    // ...
};
```

virtual デストラクタが必要となる理由は、基底クラスのインタフェースを通じて操作されるオブジェクトが、基底クラスのインタフェースを通じて delete されてしまう可能性があるからだ：

```
void user(Shape* p)
{
    p->draw();      // 適切なdraw()を起動
    // ...
    delete p;       // 適切なデストラクタを起動
};
```

もし Shape のデストラクタが virtual でなければ、（たとえば ~Circle() などの）派生クラスのデストラクタが delete によって起動できなくなるので、削除するオブジェクトが所有する資源が（もしあれば）リークしてしまう。

17.3 クラスオブジェクトの初期化

本節では、コンストラクタをもつクラスと、もたないクラスのオブジェクトの初期化方法を解説する。さらに、（{1,2,3} や {1,2,3,4,5,6} などのような）任意の個数の同一型要素で構成される初期化子並びを受け取るコンストラクタも解説する。

17.3.1 コンストラクタがない場合の初期化

組込み型のコンストラクタは定義できないが、適切な型の値での初期化が可能である：

```
int a {1};
char* p {nullptr};
```

同様に、コンストラクタをもたないクラスでは、以下の方法による初期化が可能だ：

- メンバ単位の初期化
- コピー初期化
- デフォルト初期化（初期化子を伴わない、あるいは、空の初期化子並びを伴う）

例をあげよう：

```
struct Work {
    string author;
    string name;
    int year;
};

Work s9 { "Beethoven",
          "Symphony No. 9 in D minor, Op. 125; Choral",
          1824
        };                          // メンバ単位の初期化

Work currently_playing { s9 };     // コピー初期化
Work none {};                       // デフォルト初期化
```

ここで、currently_playing 内の3個のメンバは、s9 のメンバのコピーとなる。

定義により、{} によるデフォルト初期化では、全メンバが {} で初期化される。そのため、none は {{},{},{}}、すなわち、{"","",0} として初期化される（§17.3.3）。

引数を受け取るコンストラクタがない場合、初期化子は完全に省略できる。たとえば：

```
Work alpha;

void f()
{
    Work beta;
    // ...
}
```

この場合の規則は、想像以上に複雑だ。静的に割り当てられたオブジェクト（§6.4.2）に対しては、{}が適用された場合とまったく同じ規則が適用されるので、alphaの値は{"","",0}となる。一方、局所変数や空き領域に割り当てられたオブジェクトでは、クラス型のメンバのみがデフォルト初期化されて、組込み型のメンバは初期化されない。そのため、betaの値は{"","",不定値}となる。

このように規則が複雑となっているのは、極めてまれではあるものの、重要な局面での性能を向上させるためだ。たとえば：

```
struct Buf {
    int count;
    char buf[16*1024];
};
```

Buf型の局所変数は、使う前に初期化されていなくても、読込み処理の対象として利用可能である。大半の局所変数の初期化処理が性能面で問題になることはない。しかし、未初期化の局所変数は、多くのエラーの原因となる。確実に初期化する必要があるか、思いもよらない挙動を嫌うのであれば、{}形式の初期化子を記述すればよい：

```
Buf buf0;        // 静的に割り当てられるのでデフォルトで初期化される

void f()
{
    Buf buf1;                 // 要素は初期化されないまま
    Buf buf2 {};              // きちんと要素を0で初期化する
    int* p1 = new int;        // *p1は初期化されない
    int* p2 = new int{};      // *p2 == 0
    int* p3 = new int{7};     // *p3 == 7
}
```

当然ながら、メンバ単位の初期化が可能なのは、そのメンバがアクセス可能な場合に限られる。たとえば：

```
template<typename T>
class Checked_pointer {    // T*メンバへのアクセスを制御する
private:
    T* p;
public:
    T& operator*();           // nullptrをチェックして値を返却
    // ...
};

Checked_pointer<int> p {new int{7}};      // エラー：p.pをアクセスできない
```

非公開の非staticメンバをもつクラスでは、クラス内初期化子かコンストラクタが必要である。

17.3.2 コンストラクタによる初期化

オブジェクトを初期化するのに、メンバ単位のコピーが不十分な場合や望ましくない場合は、コンストラクタを定義する。コンストラクタは、クラスの不変条件を確立したり、必要な資源を獲得したりする目的で利用される（§17.2.1）。

クラスにコンストラクタを宣言すると、そのクラスのすべてのオブジェクト利用にあたってコンストラクタが実行されることになる。コンストラクタが要求する初期化子を正しく与えずにオブジェクトを作ろうとしてもエラーになる。例をあげよう：

```
struct X {
   X(int);
};

X x0;            // エラー：初期化子がない
X x1 {};         // エラー：空の初期化子
X x2 {2};        // ＯＫ
X x3 {"two"};    // エラー：初期化子の型が違う
X x4 {1,2};      // エラー：初期化子の数が違う
X x5 {x4};       // ＯＫ：コピーコンストラクタが暗黙裏に定義される（§17.6）
```

引数を受け取るコンストラクタを定義すると、デフォルトコンストラクタがなくなることに注意しよう（§17.3.3）。そのため、`X(int)`の宣言は、`X`を作成するのに`int`が必須であることを意味する。その一方で、コピーコンストラクタがなくなることはない（§17.3.3）。（いったん適切に構築された後では）オブジェクトはコピー可能である、という前提があるからだ。ただし、その場合にも問題が発生する可能性があるので（§3.3.1）、コピーを禁止することも可能である（§17.6.4）。

この例では、初期化を強調するために、`{}`形式を使っている。値を（単に）代入しているのでも、関数を呼び出しているのでも、関数を宣言しているのでもない。なお、初期化の`{}`形式は、オブジェクト構築時に、コンストラクタに引数を与えるときにも利用できる：

```
struct Y : X {
   X m {0};                       // Y中のメンバX.mに対するデフォルト初期化を提供
   Y(int a) :X{a}, m{a} { }       // 基底とメンバを初期化（§17.4）
   Y() : X{0} { }                 // 基底とメンバを初期化
};

X g {1};     // 広域変数を初期化

void f(int a)
{
    X def {};                     // エラー：Xにはデフォルト値はない
    Y de2 {};                     // ＯＫ：デフォルトコンストラクタを利用
    X* p {nullptr};               // 局所変数を初期化
    X var {2};                    // 局所変数を初期化
    p = new X{4};                 // 空き領域上のオブジェクトを初期化
    X a[] {1,2,3};                // 配列の要素を初期化
    vector<X> v {1,2,3,4};        // vectorの要素を初期化
}
```

以上の理由により、`{}`による初期化は、**ユニバーサル**（*universal*）初期化とも呼ばれる。あらゆる局面で利用可能な形式だからだ。なお、`{}`による初期化は**統一形**（*uniform*）でもある。`X`型のオブジェクトを`{v}`によって値`v`で初期化すると、型が`X`で値が`v`であるもの（すなわち`X{v}`）が作られる。

`=`形式と`()`形式の初期化は、ユニバーサルではない（§6.3.5）。たとえば：

```
struct Y : X {
   X m;
   Y(int a) : X(a), m=a { };  // 構文エラー：メンバの初期化に=は利用できない
};

X g(1);   // 広域変数を初期化

void f(int a)
{
   X def();                   // X値を返却する関数（驚いたかな!?）
   X* p {nullptr};            // 局所変数を初期化
   X var = 2;                 // 局所変数を初期化
   p = new X=4;               // 構文エラー：newに=は利用できない
   X a[](1,2,3);              // エラー：配列初期化に()は利用できない
   vector<X> v(1,2,3,4);      // エラー：要素の並びに()は利用できない
}
```

さらに、= 形式と () 形式による初期化は、統一形でもない。しかし、この点はそれほど大きな問題ではない。どうしても = 形式と () 形式による初期化を使うのであれば、利用可能な場面と、その意味とを覚えておく必要がある。

複数のコンストラクタに対しては、通常の多重定義解決規則（§12.3）が適用される。

```
struct S {
   S(const char*);
   S(double*);
};

S s1 {"Napier"};          // S::S(const char*)
S s2 {new double{1.0}};   // S::S(double*);
S s3 {nullptr};           // 曖昧：S::S(const char*)とS::S(double*)のどっち？
```

{} 初期化子は、縮小変換（§2.2.2）を許さない点も重要だ。これも、() と = よりも {} 形式を優先すべき理由の一つだ。

17.3.2.1 コンストラクタによる初期化

() 形式を使うと、初期化時にコンストラクタを用いることを明示的に指定できるようになる。クラスの場合、コンストラクタによる初期化が保証されるので、メンバ単位の初期化や初期化子並びを用いた {} 形式の初期化を避けられる（§17.3.4）。例をあげよう：

```
struct S1 {
   int a,b;                                     // コンストラクタがない
};

struct S2 {
   int a,b;
   S2(int aa = 0, int bb = 0) : a(aa), b(bb) {}  // コンストラクタ
};

S1 x11(1,2);     // エラー：コンストラクタがない
S1 x12 {1,2};    // ＯＫ：メンバ単位の初期化

S1 x13(1);       // エラー：コンストラクタがない
S1 x14 {1};      // ＯＫ：x14.bは0になる

S2 x21(1,2);     // ＯＫ：コンストラクタを利用
S2 x22 {1,2};    // ＯＫ：コンストラクタを利用
```

```
S2 x23(1);        // ＯＫ：コンストラクタを利用＋１個のデフォルト引数
S2 x24 {1};       // ＯＫ：コンストラクタを利用＋１個のデフォルト引数
```


{} 形式による統一形の初期化はC++11で可能になったものなので、古いC++のコードでは、() と = による初期化を利用している。読者も () と = に慣れているだろう。しかし、() を優先する論理的な理由が、私には思い当たらない。ただし、ごくまれな場面で、要素の並びによる初期化とコンストラクタ引数の並びを区別する必要がある。たとえば：

```
vector<int> v1 {77};  // 値77をもつ１個の要素
vector<int> v2(77);   // デフォルト値0をもつ77個の要素
```

どちらの形式を選択すべきかを含めた、この種の問題が発生するのは、初期化子並びを受け取るコンストラクタ（§17.3.4）をもつ（コンテナのような）型が、要素型と同じ型を引数として受け取る“通常のコンストラクタ”をもつときだ。特に、整数と浮動小数点数の `vector` を初期化する際は () 構文を利用しなければならない場合がある。その一方で、文字列やポインタの `vector` は、そうではない：

```
vector<string> v1 {77};         // デフォルト値""をもつ77個の要素
                                // (vector<string>(std::initializer_list<string>)は
                                //  {77}を受け取らない)
vector<string> v2(77);          // デフォルト値""をもつ77個の要素

vector<string> v3 {"Booh!"};    // 値"Booh!"をもつ１個の要素
vector<string> v4("Booh!");     // エラー：string引数を受け取るコンストラクタはない

vector<int*> v5 {100,0};        // nullptrで初期化される100個のint* (100はint*ではない)

vector<int*> v6 {0,0};          // nullptrで初期化される2個のint*
vector<int*> v7(0,0);           // 空のvector (v7.size()==0)
vector<int*> v8;                // 空のvector (v8.size()==0)
```

ここで `v6` と `v7` を示したのは、言語の専門家やコンパイラのテスト作業者の好奇心をくすぐるためだ。空ポインタに `0` ではなく `nullptr` を使っているプログラマであれば、それほど驚かないだろう。

17.3.3 デフォルトコンストラクタ

引数を与えずに呼び出せるコンストラクタは、**デフォルトコンストラクタ**（*default constructor*）と呼ばれる。デフォルトコンストラクタは、本当に広く利用される。たとえば：

```
class Vector {
public:
   Vector();       // デフォルトコンストラクタ：引数がない
   // ...
};
```

引数を何も与えないか、空の初期化子並びを与えると、デフォルトコンストラクタが実行される。

```
Vector v1;       // ＯＫ
Vector v2 {};    // ＯＫ
```

引数を受け取るコンストラクタであっても、デフォルト引数を用いると、デフォルトコンストラクタになれる（§12.2.5）：

```
class String {
public:
    String(const char* p = "");       // デフォルトコンストラクタ：空の文字列
    // ...
};

String s1;          // ＯＫ
String s2 {};       // ＯＫ
```


標準ライブラリのvectorとstringは、この種のデフォルトコンストラクタを実装している（§36.3.2, §31.3.2）。

組込み型は、デフォルトコンストラクタとコピーコンストラクタをもっているとみなせる。ただし、初期化されていない非static変数に対しては、デフォルトコンストラクタは実行されない（§17.3）。組込み型のデフォルト値は、整数では0で、浮動小数点数では0.0で、ポインタではnullptrだ。

```
void f()
{
    int a0;                  // 初期化されない
    int a1();                // 関数宣言（故意？）

    int a {};                // aは0になる
    double d {};             // dは0.0になる
    char* p {};              // pはnullptrになる

    int* p1 = new int;       // 初期化されないint
    int* p2 = new int{};     // intは0で初期化される
}
```

組込み型のコンストラクタは、テンプレートの引数でよく使われる。たとえば：

```
template<typename T>
struct Handle {
    T* p;
    Handle(T* pp = new T{}) :p{pp} { }
    // ...
};

Handle<int> px;      // int{}を生成する
```

ここで生成されるintは0で初期化される。

参照とconstは初期化が必須である（§7.7, §7.5）。そのため、参照メンバやconstメンバをもつクラスでは、プログラマがクラス内メンバ初期化子を記述するか（§17.4.4）、参照とconstを初期化するデフォルトコンストラクタを定義しなければ（§17.4.1）、デフォルトでの構築ができない。たとえば：

```
int glob {9};

struct X {
    const int a1 {7};       // ＯＫ
    const int a2;           // エラー：ユーザ定義のコンストラクタが必要

    const int& r {9};       // ＯＫ

    int& r1 {glob};         // ＯＫ
    int& r2;                // エラー：ユーザ定義のコンストラクタが必要
};
```

配列や標準ライブラリの vector などのコンテナは、複数の要素をデフォルト初期化するような宣言もできる。その場合、vector や配列の要素型であるクラスのデフォルトコンストラクタが、当然必要だ。たとえば：

```
struct S1 { S1(); };                // デフォルトコンストラクタがある
struct S2 { S2(string); };          // デフォルトコンストラクタがない

S1 a1[10];                          // ＯＫ：10個のデフォルトの要素
S2 a2[10];                          // エラー：要素を初期化できない
S2 a3[] { "alpha", "beta" };        // ＯＫ：S2{"alpha"}とS2{"beta"}の２個の要素

vector<S1> v1(10);                  // ＯＫ：10個のデフォルトの要素
vector<S2> v2(10);                  // エラー：要素を初期化できない
vector<S2> v3 { "alpha", "beta" };  // ＯＫ：S2{"alpha"}とS2{"beta"}の２個の要素

vector<S2> v2(10,"");               // ＯＫ：S2{""}で初期化される10個の要素
vector<S2> v4;                      // ＯＫ：要素がない
```

クラスはどんな場合にデフォルトコンストラクタをもつべきだろうか？　簡潔な技術的回答は、“配列などの要素の型として利用するとき”である。しかし、問いを見直してみよう。“デフォルト値をもつことが有用な型とはどんな型か？”のほうがよい。さらに、“この型は、『自然な』デフォルト値として利用できる、『特別な』値をもっているか？”とすると、さらによい。デフォルト値は、文字列では空文字列 "" であり、コンテナでは空集合 {} であり、数値ではゼロである。前章の Date では、デフォルト値の決定は困難だった（§16.3）。“自然な”デフォルトの日付は存在しない（宇宙のビッグバンでは大昔すぎるし、そもそも私たちが日常で利用する日付と縁がない）。デフォルト値の決定では、考えすぎないほうがよいだろう。デフォルト値をもたない型を要素とするコンテナでは、適切な値が与えられるまで、（たとえば push_back() などによる）要素の割当てを行わないのが、ベストな解決策となることが多い。

17.3.4 初期化子並びコンストラクタ

std::initializer_list 型の引数を1個受け取るコンストラクタを、**初期化子並びコンストラクタ** (*initializer-list constructor*) という。このコンストラクタは、{} 並びの初期化子によってオブジェクトを構築するためのものだ。vector や map などの標準ライブラリのコンテナは、初期化子並びコンストラクタや、初期化子並び代入演算などを実装している（§31.3.2, §31.4.3）。次の例を考えよう：

```
vector<double> v = { 1, 2, 3.456, 99.99 };

list<pair<string,string>> languages = {
    {"Nygaard","Simula"}, {"Richards","BCPL"}, {"Ritchie","C"}
};

map<vector<string>,vector<int>> years = {
    { {"Maurice","Vincent", "Wilkes"},{1913, 1945, 1951, 1967, 2000} },
    { {"Martin", "Richards"}, {1982, 2003, 2007} },
    { {"David", "John", "Wheeler"}, {1927, 1947, 1951, 2004} }
};
```

{} 並びの受取りメカニズムは、std::initializer_list<T> 型の引数を1個受け取る関数（多

くの場合はコンストラクタ）によって実現されている。たとえば：

```
void f(initializer_list<int>);

f({1,2});
f({23,345,4567,56789});
f({});      // 空の並び

f{1,2};     // エラー：関数呼出しのための()が欠如

years.insert({{"Bjarne","Stroustrup"},{1950,1975,1985}});
```

初期化子並びの要素数は任意だが、すべての型が同種でなければならない。すなわち、すべての要素は、テンプレート引数型か、Tか、暗黙裏にTに変換可能なものでなければならない。

17.3.4.1 初期化子並びコンストラクタの曖昧さの除去

クラスが複数のコンストラクタをもつ場合、通常の多重定義解決規則（§12.3）が適用されて、与えられた引数に対して適切なコンストラクタが選択される。コンストラクタの選択では、デフォルトコンストラクタと初期化子並びコンストラクタが優先される。次の例を考えてみよう。

```
struct X {
   X(initializer_list<int>);
   X();
   X(int);
};

X x0 {};   // 空の並び：デフォルトコンストラクタと初期化子並びコンストラクタのどっち？
           //    （答え：デフォルトコンストラクタ）
X x1 {1};  // １個の整数：intの引数と１個の初期化子並びのどっち？
           //    （答え：初期化子並びコンストラクタ）
```

選択の規則は、以下のとおりだ：

- デフォルトコンストラクタと初期化子並びコンストラクタの両方が呼出し可能であれば、デフォルトコンストラクタが優先される。
- 初期化子並びコンストラクタと“通常のコンストラクタ”の両方が呼出し可能であれば、初期化子並びコンストラクタが優先される。

最初の“デフォルトコンストラクタ優先”の規則は、一般的な感覚と同じだ。もっとも単純なコンストラクタが選択されるのだ。もし初期化子並びコンストラクタを、空の並びを受け取った際にデフォルトコンストラクタとは違う挙動をするように定義してしまうと、設計エラーに直面することになる。

２番目の“初期化子並びコンストラクタ優先”の規則は、要素数に依存することなく同一コンストラクタを選ばせるためのものだ。**std::vector**（§31.4）を例に考えてみよう：

```
vector<int> v1 {1};          // １個の要素
vector<int> v2 {1,2};        // ２個の要素
vector<int> v3 {1,2,3};      // ３個の要素

vector<string> vs1 {"one"};
vector<string> vs2 {"one", "two"};
vector<string> vs3 {"one", "two", "three"};
```

いずれの場合も、初期化子並びコンストラクタが選択される。引数を1個あるいは2個受け取るコンストラクタを呼び出したければ、() 構文を用いなければならない。

```
vector<int> v1(1);     // デフォルト値0をもつ1個の要素
vector<int> v2(1,2);   // 値2をもつ1個の要素
```


17.3.4.2 initializer_list の利用

引数に initializer_list<T> を受け取る関数では、メンバ関数 begin()、end()、size() を使うことで、各要素の並びにアクセスできる。以下に示すのが、その例だ：

```
void f(initializer_list<int> args)
{
   for (int i = 0; i!=args.size(); ++i)
      cout << args.begin()[i] << "\n";
}
```

残念なことに、initializer_list には添字演算がない。

initializer_list<T> の受渡しは、値渡しによって行われる。多重定義解決規則（§12.3）に必要だからだ。とはいえ、initializer_list<T> オブジェクトは、T の配列を表すごく小さな（通常は2ワード程度の）ハンドルなので、それほどのオーバヘッドは発生しない。

先ほどのループは、次のように記述しても等価だ：

```
void f(initializer_list<int> args)
{
   for (auto p=args.begin(); p!=args.end(); ++p)
      cout << *p << "\n";
}
```

次のコードも等価だ：

```
void f(initializer_list<int> args)
{
   for (auto x : args)
      cout << x << "\n";
}
```

initializer_list を明示的に利用する場合、<initializer_list> ヘッダを #include する必要がある。ただし、vector や map などが initializer_list を利用しているので、<vector> ヘッダや <map> ヘッダなどの中で #include <initializer_list> が行われている。そのため、直接インクルードする必要がある局面はまれだ。

initializer_list の要素は、変更できない。要素の値を変更しようなどとは考えないようにしよう。たとえば：

```
int f(std::initializer_list<int> x, int val)
{
   *x.begin() = val;     // エラー：初期化子並びの要素の値を変更しようとしている
   return *x.begin();    // OK
}

void g()
{
   for (int i=0; i!=10; ++i)
      cout << f({1,2,3},i) << '\n';
}
```

もしf()での代入が許されてしまうと、{1,2,3}の中の値1を変更することになる。これだと、基礎的な概念が大きく覆されてしまう。initializer_listの要素を変更できないことは、ムーブコンストラクタ（§3.3.2, §17.5.2）に適用できないことにもつながる。

コンテナは、以下のように初期化子並びコンストラクタを用いての実装が可能だ：

```
template<typename E>
class Vector {
public:
   Vector(initializer_list<E> s);  // 初期化子並びコンストラクタ
   // ...
private:
   int sz;
   E* elem;
};

template<typename E>
Vector::Vector(initializer_list<E> s)
      :sz{s.size()}                                // vectorの要素数を設定
{
   reserve(sz);                                   // 必要な領域を確保
   uninitialized_copy(s.begin(), s.end(), elem);  // elem[0:s.size())の要素を初期化
}
```

初期化子並びは、ユニバーサルで統一形の初期化処理の、設計上の一要素である（§17.3)。

17.3.4.3 直接初期化とコピー初期化

直接初期化とコピー初期化の区別（§16.2.6）は、{}構文でも適用される。この区別は、コンテナの場合、コンテナそのものに対しても適用されるし、要素に対しても適用される：

- コンテナの初期化子並びコンストラクタを、explicitと宣言できるかどうか。
- 初期化子並びの要素の型のコンストラクタを、explicitと宣言できるかどうか。

vector<vector<double>>を例に考えよう。以下に示すのは、要素に対する直接初期化とコピー初期化の区別が、はっきりとする例だ：

```
vector<vector<double>> vs = {
   {10,11,12,13},               // ＯＫ：４個の要素のvector
   {10},                        // ＯＫ：１個の要素のvector
   10,                          // エラー：vector<double>(int)はexplicit

   vector<double>{10,11,12,13}, // ＯＫ：４個の要素のvector
   vector<double>{10},          // ＯＫ：値が10.0である１個の要素のvector
   vector<double>(10)           // ＯＫ：値が 0.0である10個の要素のvector
};
```

コンテナは、複数あるコンストラクタの一部だけをexplicitと宣言できる。標準ライブラリのvectorが、その一例だ。たとえば、std::vector<int>(int)はexplicitであるが、std::vector<int>(initializer_list<int>)はexplicitではない。

```
vector<double> v1(7);    // ＯＫ：v1は７個の要素：{}ではなく()を使っていることに注意
vector<double> v2 = 9;   // エラー：intからvectorへの変換はない

void f(const vector<double>&);
```

```
void g()
{
   v1 = 9;        // エラー：intからvectorへの変換はない
   f(9);          // エラー：intからvectorへの変換はない
}
```

この例の () を {} に置きかえると、次のようになる：

```
vector<double> v1 {7};            // ＯＫ：v1は１個の要素（その値は7）
vector<double> v2 = {9};          // ＯＫ：v2は１個の要素（その値は9）

void f(const vector<double>&);
void g()
{
   v1 = {9};      // ＯＫ：v1は１個の要素（その値は9）となる
   f({9});        // ＯＫ：並び{9}を伴ってfが呼び出される
}
```

結果が大きく異なるのは、一目瞭然だ。

ここに示したのは、極めて混乱するケースを示すため、念入りに作り上げた例だ。人間が読むと曖昧なことが明らかなのに、コンパイラにとってはそうでもない例は、もっと簡単に作れる：

```
vector<double> v1 {7,8,9};          // ＯＫ：v1は{7,8,9}の値をもつ３個の要素
vector<double> v2 = {9,8,7};        // ＯＫ：v2は{9,8,7}の値をもつ３個の要素

void f(const vector<double>&);
void g()
{
   v1 = {9,10,11};        // ＯＫ：v1は{9,10,11}の値をもつ３個の要素となる
   f({9,8,7,6,5,4});      // ＯＫ：{9,8,7,6,5,4}を伴ってfが呼び出される
}
```

同様に、汎整数型ではない要素の並びだと、曖昧になる可能性がない：

```
vector<string> v1 {"Anya"};           // ＯＫ：v1は１個の要素（値は"Anya"）
vector<string> v2 = {"Courtney"};     // ＯＫ：v2は１個の要素（値は"Courtney"）

void f(const vector<string>&);
void g()
{
   v1 = {"Gavin"};        // ＯＫ：v1は１個の要素（値は"Gavin"）となる
   f({"Norah"});          // ＯＫ：並び{"Norah"}を伴ってfが呼び出される
}
```

17.4 メンバと基底の初期化

コンストラクタは不変条件を確立できるし、資源の獲得も行える。一般に、その実行は、クラスメンバと基底クラスの初期化によって行う。

17.4.1 メンバの初期化

小規模な組織の情報を扱うクラスを考えよう：

```
class Club {
   string name;
   vector<string> members;
   vector<string> officers;
   Date founded;
```

```
    // ...
    Club(const string& n, Date fd);
};
```


Clubのコンストラクタは、その名称と設立した日付を引数として受け取る。コンストラクタの定義では、受け取った引数を、**メンバ初期化子並び**（*member initializer list*）に与えることによって、各メンバのコンストラクタを呼び出す。たとえば：

```
Club::Club(const string& n, Date fd)
    : name{n}, members{}, officers{}, founded{fd}
{
    // ...
}
```

メンバ初期化子並びは、コロンで始まって、個々のメンバ初期化子がコンマで区切られる形式だ。

メンバのコンストラクタは、クラス自身のコンストラクタ本体の実行前に呼び出される（§17.2.3）。呼出しの順序は、初期化子並びに記述した順序ではなく、クラス内でメンバを宣言した順序だ。メンバの宣言と同じ順序で初期化子を記述しておけば、混乱することはない。違う順序で初期化子を記述している場合に、コンパイラが警告してくれるとよいのだが。なお、メンバのデストラクタは、クラス自身のデストラクタ本体の実行後に、構築とは逆の順序で実行される。

メンバのコンストラクタが引数を必要としなければ、そのメンバを、メンバ初期化子並びに含める必要はない。たとえば：

```
Club::Club(const string& n, Date fd)
    : name{n}, founded{fd}
{
    // ...
}
```

このコンストラクタは、先ほど示したものと等価だ。いずれのコンストラクタを使っても、Club::officersとClub::membersは、要素をもたないvectorとして初期化される。

通常は、メンバは明示的に初期化しておくべきだ。組込み型のメンバを“暗黙裏に初期化”すると、未初期化のままになってしまうことに注意しよう（§17.3.1）。

コンストラクタは、クラスのメンバと基底の初期化は行えるが、メンバの基底とか、メンバのメンバとか、基底のメンバとか、基底の基底などの初期化は行えない。

```
struct B { B(int); /* ... */ };
struct BB : B { /* ... */ };
struct BBB : BB {
    BBB(int i) : B(i) { }     // エラー：基底の基底を初期化しようとしている
    // ...
};
```

17.4.1.1 メンバの初期化と代入

初期化と代入の意図が異なる型のメンバの初期化は極めて重要だ。例をあげよう：

```
class X {
    const int i;
    Club cl;
```

```
    Club& rc;
    // ...
    X(int ii, const string& n, Date d, Club& c) : i{ii}, cl{n,d}, rc{c} { }
};
```

参照やconstのメンバの初期化は必須だ（§7.5, §7.7, §17.3.3)。ところが、多くの型では、初期化子による初期化と、代入による初期化の両方が行える。そのため、私は初期化を強調したいときは、メンバ初期化子を好んで利用する。多くの場合、（代入と比較して）メンバ初期化子のほうが効率性に優れる場合が多い。たとえば：

```
class Person {
    string name;
    string address;
    // ...
    Person(const Person&);
    Person(const string& n, const string& a);
};

Person::Person(const string& n, const string& a)
        : name{n}
{
    address = a;
}
```

ここで、nameはnのコピーで初期化される。一方、addressは、いったん空文字列として初期化された後で、aのコピーが代入される。

17.4.2 基底初期化子

派生クラスにおける基底の初期化は、非staticのデータメンバと同じように行える。すなわち、基底に初期化子が必要ならば、コンストラクタ定義中で、それを基底初期化子として与える必要がある。必要ならば、明示的なデフォルト構築も指定できる。たとえば：

```
class B1 { B1(); };        // デフォルトコンストラクタをもつ
class B2 { B2(int); }      // デフォルトコンストラクタをもたない

struct D1 : B1, B2 {
    D1(int i) :B1{}, B2{i} {}
};

struct D2 : B1, B2 {
    D2(int i) :B2{i} {}    // B1{}は暗黙裏に使われる
};

struct D1 : B1, B2 {
    D1(int i) { }          // エラー：B2はintの初期化子を必要とする
};
```

メンバの初期化と同様に、基底の初期化も宣言と同じ順に行われる。そのため、基底初期化子は、基底の宣言と同じ順序で並べておくことをお勧めする。なお、基底はメンバより先に初期化されて、メンバの後で解体される（§17.2.3）。

17.4.3 委譲コンストラクタ

処理内容が重複するコンストラクタが複数必要な場合、同じ記述を繰り返すこともできるし、重複部を1個の“init() 関数”にまとめて定義することもできる。いずれの“解”も、広く利用されている（古いC++では、他によい方法が存在しなかったからだ）。例をあげよう：

```
class X {
   int a;
   validate(int x) { if (0<x && x<=max) a=x; else throw Bad_X(x); }
public:
   X(int x) { validate(x); }
   X() { validate(42); }
   X(string s) { int x = to<int>(s); validate(x); }  // §25.2.5.1
   // ...
};
```

このような冗長な記述は、可読性を下げるし、同じ記述の繰返しはエラーにつながりやすい。いずれも保守性に影響する。もう一つの解は、あるコンストラクタから、別のコンストラクタを呼び出すというものだ：

```
class X {
   int a;
public:
   X(int x) { if (0<x && x<=max) a=x; else throw Bad_X(x); }
   X() :X{42} { }
   X(string s) :X{to<int>(s)} { }        // §25.2.5.1
   // ...
};
```

すなわち、メンバ初期化子にクラス名（すなわちコンストラクタ名）を指定することで、コンストラクタから別のコンストラクタを呼び出すのだ。このようなコンストラクタを、**委譲コンストラクタ**（*delegating constructor*）と呼ぶ（**転送コンストラクタ**（*forwarding constructor*）と呼ばれることもある）。

なお、委譲とメンバの明示的初期化とを、一度に指定することはできない。たとえば：

```
class X {
   int a;
public:
   X(int x) { if (0<x && x<=max) a=x; else throw Bad_X(x); }
   X() :X{42}, a{56} { }      // エラー
   // ...
};
```

コンストラクタのメンバ初期化子並びと基底初期化子並びから、別のコンストラクタを呼び出す委譲と、コンストラクタ本体の中で別のコンストラクタを明示的に呼び出すことは、まったく違う。次の例を考えよう：

```
class X {
   int a;
public:
   X(int x) { if (0<x && x<=max) a=x; else throw Bad_X(x); }
   X() { X{42}; }     // おそらくエラー
   // ...
};
```

ここでの X{42} は単に、名前のない一時オブジェクトを新しく作成するだけで、作成したオブジェクトに対して何の処理も行わない。これは、間違いなくバグ以外の何者でもない。コンパイラが警告してくれればよいのだが。

オブジェクトは、コンストラクタの実行が完了した時点で、構築が完了する（§6.4.2）。委譲コンストラクタの場合、委譲されたコンストラクタの実行が完了すると、オブジェクトは構築されたとみなされる。

コンストラクタの引数の値とは無関係に、単にメンバにデフォルト値を与えるだけならば、メンバ初期化子（§17.4.4）のほうが簡潔だ。

17.4.4 クラス内初期化子

クラス宣言の中では、非 static メンバ変数に対して初期化子を指定できる。例をあげよう：

```
class A {
public:
   int a {7};
   int b = 77;
};
```

名前の解析と探索とにかかわる技術的な理由によって、クラス内メンバ初期化子には、{} 形式と = 形式が利用できるが、() 形式は利用できない。

コンストラクタは、クラス内初期化子をデフォルトで利用するため、先ほどの例は、以下と等価だ：

```
class A {
public:
   int a;
   int b;
   A() : a{7}, b{77} {}
};
```

最初に示したクラス内初期化子は、タイピング量を少し節約しただけにすぎない。本当に恩恵を受けるのは、複数のコンストラクタをもつような、もっと複雑なクラスだ。いくつかのコンストラクタが、メンバに対して同じ初期化子を用いることがよくある。たとえば：

```
class A {
public:
   A() :a{7}, b{5}, algorithm{"MD5"}, state{"Constructor run"} {}
   A(int a_val) :a{a_val}, b{5}, algorithm{"MD5"}, state{"Constructor run"} {}
   A(D d) :a{7}, b{g(d)}, algorithm{"MD5"}, state{"Constructor run"} {}
   // ...
private:
   int a, b;
   HashFunction algorithm;      // すべてのAに適用される暗号用ハッシュ
   string state;                // オブジェクトの生存期間中の状態を表す文字列
};
```

すべてのコンストラクタで algorithm と state が同じ値で初期化されることから、見苦しいコードに惑わされるし、保守上の問題にもつながる。このような場合、値が同じであることを強調するために、データメンバに対する一意な初期化子を分割するとよい：

```
class A {
public:
   A() :a{7}, b{5} {}
   A(int a_val) :a{a_val}, b{5} {}
   A(D d) :a{7}, b{g(d)} {}
   // ...
private:
   int a, b;
   HashFunction algorithm {"MD5"};    // すべてのAに適用される暗号用ハッシュ
   string state {"Constructor run"};  // オブジェクトの生存期間中の状態を表す文字列
};
```

クラス内初期化子とコンストラクタの両方でメンバを初期化すると、コンストラクタによる初期化だけが有効になる（その際、デフォルト値を"上書き"する）。そのため、もっと簡潔に書ける：

```
class A {
public:
   A() {}
   A(int a_val) :a{a_val} {}
   A(D d) :b{g(d)} {}
   // ...
private:
   int a {7};                         // aに対する7の意味は...
   int b {5};                         // bに対する5の意味は...
   HashFunction algorithm {"MD5"};    // すべてのAに適用される暗号用ハッシュ
   string state {"Constructor run"};  // オブジェクトの生存期間中の状態を表す文字列
};
```

ここに示すように、デフォルトのクラス内初期化子を用いることで、共通するケースをコメントに記述することも可能になった。

クラス内メンバ初期化子では、メンバ宣言時点でスコープ内にある名前が利用できる。頭が痛くなるような、技術的な例題で考えてみよう：

```
int count = 0;
int count2 = 0;

int f(int i) { return i+count; }

struct S {
   int m1 {count2};     // ::count2のこと
   int m2 {f(m1)};      // this->m1+::countのこと。そして::count2+::countのこと。
   S() { ++count2; }    // 極めて珍妙なコンストラクタ
};

int main()
{
   S s1;      // {0,0}
   ++count;
   S s2;      // {1,2}
}
```

メンバは宣言順に初期化される（§17.2.3）ので、最初の`m1`は、広域変数`count2`の値で初期化される。新しい`S`のオブジェクト用にコンストラクタが実行された時点で、広域変数の値が得られるので、その値は変化する可能性がある（この例でも実際に変化している）。続く`m2`は、広域関数`f()`を呼び出して初期化している。

メンバ初期化子が広域データに依存していることが、分かりにくく隠されてしまっている、悪い見本である。

17.4.5 static メンバの初期化

static メンバは、個々のクラスオブジェクトの一部とはならずに、静的に割り当てられるメンバのことだ。通常、static メンバは、クラス宣言内で宣言して、クラス宣言外で定義する。たとえば：

```
class Node {
   // ...
   static int node_count;          // 宣言
};

int Node::node_count = 0;          // 定義
```

ただし、ごく限られた単純かつ特別な場合にのみ、クラス宣言内で static メンバを初期化できる。それは、static メンバが、const な汎整数型あるいは列挙体、または、constexpr なリテラル型（§10.4.3）の場合だ。なお、それに与える初期化子は**定数式**（*constant expression*）でなければならない。たとえば：

```
class Curious {
public:
   static const int c1 = 7;          // ＯＫ
   static int c2 = 11;               // エラー：constでない
   const int c3 = 13;                // ＯＫ、ただしstaticではない（§17.4.4）
   static const int c4 = sqrt(9);    // エラー：定数でないクラス内初期化子
   static const float c5 = 7.0;      // エラー：汎整数でないクラス内初期化子
                                     //（constではなくてconstexprを使うべき）
   // ...
};
```

メモリ上のオブジェクトとして保持すべく初期化したメンバであれば（しかも、その場合に限り）、そのメンバはどこか（一箇所）で定義する必要がある。その際、初期化子は反復できない：

```
const int Curious::c1;          // ここで２度目の初期化子を与えてはいけない
const int* p = &Curious::c1;    // ＯＫ：Curious::c1は定義されている
```

メンバ定数の主な用途は、クラス宣言内で利用する定数に名前を与えることだ。たとえば：

```
template<typename T, int N>
class Fixed {                   // 要素数固定の配列
public:
   static constexpr int max = N;
   // ...
private:
   T a[max];
};
```

整数の場合、列挙子（§8.4）を使って、クラス宣言内で定数に名前を与えることができる：

```
class X {
   enum { c1 = 7, c2 = 11, c3 = 13, c4 = 17 };
   // ...
};
```

17.5 コピーとムーブ

yからxへの値の転送には、一般に次の2種類のいずれかを利用する：

- **コピー**（*copy*）は、x=yの伝統的な意味だ。すなわち、代入後のxとyの値はいずれも代入前のyの値に等しくなる。
- **ムーブ**（*move*）では、xは代入前のyの値となるとともに、yは何らかの**ムーブ後の状態**（*moved-from state*）へと遷移する。もっとも興味深いのはコンテナであり、コンテナのムーブ後の状態は“空”となる。

しかし、従来からの慣習に加えて、コピーとムーブに記述上の違いがないことから、これら2種類の論理的な区別は、混乱しやすい。

通常、ムーブは例外を送出できないが、コピーでは可能だ（資源を獲得することがあるからだ）。それに、ムーブのほうが効率的だ。ムーブ演算を定義する際は、特に指定された値をもたなくてよいものの、ムーブ元オブジェクトを有効な状態に維持する必要がある。ムーブ元オブジェクトは、ムーブ後に解体されるが、有効な状態でなければデストラクタが解体できなくなるからだ。さらに標準ライブラリのアルゴリズムは、ムーブ元オブジェクトへの（ムーブやコピーによる）代入も可能なように実装されている。以上から分かるように、ムーブの設計では、例外を送出しないようにするとともに、ムーブ元オブジェクトを解体や代入が可能な状態に維持する必要がある。

なお、コピーとムーブはデフォルトで定義される（§17.6.2）ので、単調な作業はしなくてもよい。

17.5.1 コピー

クラスXのコピー演算は、以下の2個の演算で実現される：

- コピーコンストラクタ：X(const X&)
- コピー代入演算：X& operator=(const X&)

なお、volatile X&のような冒険的な型を引数として、これらの演算子を定義することも可能だが、そんなことはしないように。自分自身を含めた読み手を混乱させるだけだ。コピーコンストラクタは、あるオブジェクトを変更することなくコピーすることによって、自身のオブジェクトを作成する。なお、コピー代入演算の返却型としてconst X&を指定することも可能だ。ただし、そうすると、必要以上に混乱が増すというのが、私個人の意見だ。本書で解説するコピー動作は、先ほど示した慣例的な2個の型を前提とする。

単純な2次元Matrixを考えよう：

```
template<typename T>
class Matrix {
    array<int,2> dim;         // 2次元
    T* elem;                  // T型のdim[0]*dim[1]個の要素へのポインタ
public:
    Matrix(int d1, int d2) :dim{d1,d2}, elem{new T[d1*d2]} {}   // 簡単なもの
                                                                // （エラー処理をしていない）
    int size() const { return dim[0]*dim[1]; }
```

```
    Matrix(const Matrix&);                 // コピーコンストラクタ
    Matrix& operator=(const Matrix&);      // コピー代入

    Matrix(Matrix&&);                      // ムーブコンストラクタ
    Matrix& operator=(Matrix&&);           // ムーブ代入

    ~Matrix() { delete[] elem; }
    // ...
};
```


このクラスで最初に注目すべきは、デフォルトのコピー（メンバ単位のコピー）だと悲惨な結果につながることだ。Matrixの要素はコピーされないし、Matrixのコピー先は、コピー元の要素を指すポインタをもつことになる。しかも、Matrixのデストラクタは、（共有されている）要素を2回も解体することになってしまう（§3.3.1）。

とはいえ、適切なコピー演算をプログラマが定義すれば、一般的なコンテナと同様に、要素の適切なコピーが可能になる：

```
template<typename T>
Matrix::Matrix(const Matrix& m)       // コピーコンストラクタ
      : dim{m.dim},
        elem{new T[m.size()]}
{
   uninitialized_copy(m.elem,m.elem+m.size(),elem);  // elem[0:m.size())の要素を初期化
}

template<typename T>
Matrix& Matrix::operator=(const Matrix& m)   // コピー代入
{
   if (dim[0]!=m.dim[0] || dim[1]!=m.dim[1])
      throw runtime_error("bad size in Matrix =");
   copy(m.elem,m.elem+m.size(),elem);        // 要素をコピー
}
```

コピーコンストラクタとコピー代入演算は違う。前者は未初期化のメモリを初期化するが、後者は構築ずみで資源を保持している可能性があるオブジェクトを適切に処理しなければならない。

Matrixのコピー代入演算では、ある1個の要素をコピーしているときに例外が送出された際に、代入先オブジェクトが、古い値と新しい値とが混在した状態になる可能性がある。すなわち、Matrixの代入は、基本保証を提供するものの、強い保証（§13.2）は提供しない。このような実装に満足できなければ、コピーを作成した後に内部表現を交換する、という基礎的な技法によって回避できる：

```
Matrix& Matrix::operator=(const Matrix& m)  // コピー代入
{
   Matrix tmp {m};        // コピーを作る
   swap(tmp,*this);       // tmpの内部表現と*thisの内部表現を交換
   return *this;
}
```

ここで、swap()はコピーが成功した場合にのみ実行される。ここに示すoperator=()関数が動作するのは、swap()の実装が、代入演算を実行しない場合に限られる（std::swap()は代入演算を実行しない）のは、明らかなことだ。§17.5.2も参照しよう。

通常、コピーコンストラクタでは、すべての非staticメンバをコピーする必要がある（§17.4.1）。

たとえば、必要な資源を獲得できなかったなどの原因によって、コピーコンストラクタが要素を1個でもコピーできなければ、例外を送出すればよい。

ここに示したMatrixのコピー代入演算が、m=m形式の自己代入からの保護を行っていないことに注意しよう。自己代入の判定を私が行っていない理由は、メンバ自体の自己代入が安全だからだ。Matrixのコピー代入演算は、m=mに対して、効率よく正しく動作する。なお、自己代入が行われるのはまれなので、コピー代入演算における自己代入の判定は、本当に必要なときだけでよい。

17.5.1.1 デフォルトコンストラクタに対する注意事項

コピー演算の実装にあたっては、すべての基底とメンバを確実にコピーする必要がある。次の例を考えてみよう：

```
class X {
   string s;
   string s2;
   vector<string> v;

   X(const X& a)           // コピーコンストラクタ
      :s{a.s}, v{a.v}      // たぶん、ずさんで間違っている
   {
   }
   // ...
};
```

ここで、私はs2のコピーを“忘れた”ので、s2はデフォルトの""による初期化が実行される。これは、たぶん間違いのはずだが、この程度の単純なクラスでミスを犯すとは考えにくい。しかし、大規模なクラスでは、コピー忘れが増加するものである。さらに悪いことに、当初の設計から時間がだいぶ経ってからメンバを追加しようとしても、何をコピーすべきかを忘れてしまうことが容易に起こってしまう。この点は、（コンパイラによって生成される）デフォルトのコピー演算を優先する理由の一つでもある（§17.6）。

17.5.1.2 基底のコピー

コピー演算においては、基底は単なるメンバにすぎない。そのため、派生クラスのオブジェクトのコピー時は、その基底もコピーする必要がある。例をあげよう：

```
struct B1 {
   B1();
   B1(const B1&);
   // ...
};

struct B2 {
   B2(int);
   B2(const B2&);
   // ...
};

struct D : B1, B2 {
   D(int i) :B1{}, B2{i}, m1{}, m2{2*i} {}
```

```
    D(const D& a) :B1{a}, B2{a}, m1{a.m1}, m2{a.m2} {}
    B1 m1;
    B2 m2;
};

D d {1};        // int引数で構築
D dd {d};       // コピー構築
```

初期化の順序は通常どおり（メンバよりも基底が先）だが、コピーでは順序を意識しなくてよい。

`virtual` 基底（§21.3.5）は、クラス階層内において、複数のクラスから基底として利用されることがある。デフォルトのコピーコンストラクタ（§17.6）は、それを正しくコピーする。独自のコピーコンストラクタを定義するのであれば、`virtual` 基底のコピーを反復するのが、もっとも単純な方法だ。基底オブジェクトが小規模で、しかもクラス階層内に存在する `virtual` 基底がごく少数であれば、この方法は、単純だしコピーの反復を避ける実装よりも効率的だ。

17.5.1.3 コピーの意味

“正しいコピー演算”とみなされるためには、コピーコンストラクタやコピー代入演算は、何を行うべきだろうか？　型を正しく宣言することに加えて、適切なコピーセマンティクスをもたなければならない。同じ型の2個のオブジェクトをコピーする演算 `x=y` を考えてみよう。一般的な値指向プログラミング（§16.3.4）にしたがって、きちんと標準ライブラリを併用するには（§31.2.2）、以下の二つの原則が必須である：

- **等価**（*equivalence*）：代入 `x=y` 後は、`x` に対する演算と `y` に対する演算は、同じ結果にならなければならない。特に `==` が実装されている型であれば、あらゆる関数 `f()` に対し、`x==y` と `f(x)==f(y)` の両方の結果が、`x` と `y` の値にのみ依存する必要がある（ただし、`x` と `y` のアドレスに依存する場合を除く）。
- **独立**（*independence*）：代入 `x=y` 後は、`x` に対する演算が、`y` の状態を暗黙裏に変更するようなことがあってはならない。すなわち、`f(x)` が `y` を利用する場合を除くと、`f(x)` が `y` の値を変更してはいけない。

まさに `int` や `vector` が、このように振る舞っている。等価と独立を実現するコピー演算は、簡潔で保守性に優れたコードにつながる。これは極めて重要なことだ。というのも、この単純な原則に違反しているコードは珍しくないし、その違反が厄介な問題の根源であることに気付かないプログラマが多いからだ。ちなみに、等価と独立を実装するコピー演算は、レギュラー型（§24.3.1）の概念の一部となっている。

まず、等価の要件を考えよう。この要件に意図的に違反するようなことはまず行わないものであるし、デフォルトのコピー演算はメンバ単位のコピーを行うものなので、これも違反しない（§17.3.1, §17.6.2）。しかし、“余分な操作”によってコピーの意味を変化させるトリックを使うことが原因で、混乱することが多い。さらに、値の一部とはみなされないようなメンバをもつオブジェクトも珍しくない。たとえば、標準コンテナのコピーは、アロケータをコピーしない。アロケータは、値の一部ではなくコンテナの一部とみなせるからだ。同様に、統計情報のカウンタやキャッシュ値なども、コピーされないことがある。オブジェクトの状態の中の“値ではない”部分は、等価性判定の演算に影響しないものだ。大事なことは、x=yが、意味的にx==yを含むべきであることだ。さらに、スライシング（§17.5.1.4）を行うと、異なる振舞いをするものが“コピー”として作られることがあるので、ほとんどの場合、ひどい誤りとなる。

次に、独立の要件を考えよう。独立性（の欠如）に関する問題の多くは、ポインタをもつオブジェクトの処理である。デフォルトのコピー演算は、メンバ単位のコピーだ。このデフォルトコピー演算は、ポインタメンバをコピーするのであって、ポインタが指すオブジェクトを（たとえ存在したとしても）コピーしない。たとえば：

```
struct S {
    int* p;     // ポインタ
};

S x {new int{0}};
void f()
{
    S y {x};                // xを"コピー"

    *y.p = 1;               // yを変更：影響がxにおよぶ
    *x.p = 2;               // xを変更：影響がyにおよぶ
    delete y.p;             // xとyに影響がおよぶ
    y.p = new int{3};       // ＯＫ：yを変更：影響はxにおよばない
    *x.p = 4;               // おっと：解放ずみメモリに対する書込み
}
```

この例は、独立の規則に違反している。xをyに“コピー”した後で、xの状態の一部がyから操作可能になっている。このようなコピーは、**浅いコピー**（*shallow copy*）と呼ばれ、“効率的”であると賞讃され（すぎ）ることが多い。

もう一つ別の実装は、オブジェクトの状態を完全にコピーするものだ。これは**深いコピー**（*deep copy*）と呼ばれる。深いコピーの代替として、浅いコピーではなく、最小限のコピーを複雑にならずに実現するムーブ演算（§3.3.2, §17.5.2）が有効になることがある。

浅いコピーでは、2個のオブジェクト（ここではxとy）が**共有状態**（*shared state*）に置かれるので、大量のエラーや混乱を生む可能性がある。独立の要件が違反された状態のことを、オブジェクトxとyが“**もつれている**（*entangled*）”と表現する。もつれたオブジェクトの個々の動作の理解は不可能だ。たとえば、この例で、*x.pに対する2回の代入の結果が、極めて大きく異なることは、ソースコードからでは、はっきりとは分からない。

もつれた二つのオブジェクトを図示してみよう：

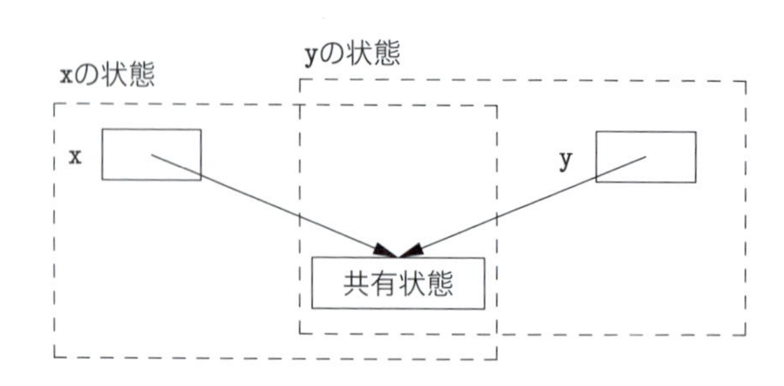

もつれ状態が、いろいろな方法で発生し得ることに注意しよう。問題がはっきりするまで、もつれに気付かないことも多い。たとえば、この例のSのような型が、きちんと動作する他のクラスのメンバとして利用されるかもしれない。たとえSの開発者が、もつれ状態を認識した上でうまく対応していたとしても、別の誰かが、Sのコピーが完全に値をコピーすると思い込んでしまったら、驚くような事態につながってしまう。さらに、別の誰かが、他のクラス内で深くネストして利用されているSを発見したら、もっと驚いてしまう。

共有される部分オブジェクトの生存期間に関連するトラブルは、ガーベジコレクションの導入によって解決できる。たとえば：

```
struct S2 {
   shared_ptr<int> p;
};

S2 x {new int{0}};

void f()
{
   S2 y {x};                  // xを"コピー"

   *y.p=1;                    // yを変更：影響がxにおよぶ
   *x.p = 2;                  // xを変更：影響がyにおよぶ
   y.p.reset(new int{3});     // yを変更：影響がxにおよぶ
   *x.p = 4;                  // xを変更：影響がyにおよぶ
}
```

そもそも、ガーベジコレクションが必要なのは、浅いコピーや、もつれ状態のオブジェクトがあるからだ。（shared_ptrなどの）何らかのガーベジコレクションがなければ、もつれ状態のオブジェクトのコードの管理は、極めて困難になる。

しかし、shared_ptrも、やはりポインタなので、shared_ptrをもつオブジェクトも、独立的には扱えない。ポインタが指すオブジェクトを更新できるのは誰か？　いつなのか？　どうやって行うのか？　マルチスレッドシステム下では、共有データのアクセスに同期機構が必要か？　どのように保証すればよいのか？　もつれ状態のオブジェクト（ここでは浅いコピーの結果）は、複雑さと誤りの源であり、どんなに頑張っても（どんな形式のものであっても）ガーベジコレクションは、問題の一部分のみしか解決しない。

変更不可の共有状態は、トラブルにはならないことに注意しよう。アドレスの比較でもしない限り、二つの等しい値が、1個か2個のコピーによって表されているかどうかは分からないのである。コピーの多くは、変更されることがないことから得られた、有用な観察結果だ。たとえば、値渡しされたオブジェクトを変更することは、ほとんどない。この観察結果は、**コピーオンライト**（*copy-on-write*）という考えに発展する。コピーオンライトとは、共有状態が書きかえられるまで、独立は要求されない、というものだ。すなわち、コピーは、最初の変更まで遅延できる。次の例を考えてみよう：

```
class Image {
public:
   // ...
   Image(const Image& a);          // コピーコンストラクタ
   // ...
   void write_block(Descriptor);
```

```
   // ...
private:
   Representation* clone();         // *repをコピー
   shared_ptr<Representation> rep; // 共有の可能性
};
```


ここで、Representationが極めて大きいと仮定すると、write_block()は、shared_ptrの参照カウンタ（§5.2.1，§34.3.2）を調べる処理よりも、高コストになる。そうすると、Imageの使い方にもよるが、（共有の可能性を考えて）shared_ptrを使って内部表現を保持して、コピーコンストラクタを浅いコピーとして実装することに意味が出てくる：

```
Image::Image(const Image& a)  // 浅いコピーを行う
      :rep{a.rep}             // a.repは２人の利用者をもつ
{
}
```

以下のように、値を書き込む前にRepresentationをコピーすることで、コピーコンストラクタの引数を保護する：

```
void Image::write_block(Descriptor d)
{
   if (rep.user_count() > 1)
      rep = shared_ptr<Representation>{clone()};

   // ... ここではrepの独自コピーに対して安全に書き込める ...
}
```

書込み処理を行うたびにuser_count()を確認する必要がある。そして、必要と判断されたら、Representationをclone()するのだ。

どんな技法でもそうだが、コピーオンライトも万能ではない。しかし、コピーオンライトは、本当のコピーの簡潔性と、浅いコピーの効率性を上手に組み合わせたものだ。

17.5.1.4 スライシング

派生クラスを指すポインタは、その公開基底クラスへのポインタへと暗黙裏に変換される。この単純かつ必要不可欠な規則（§3.2.4，§20.2）が、コピー演算では、不注意へと誘導する罠となる。次の例を考えてみよう：

```
struct Base {
   int b;
   Base(const Base&);
   // ...
};

struct Derived : Base {
   int d;
   Derived(const Derived&);
   // ...
};

void naive(Base* p)
{
   Base b2 = *p;  // スライスの可能性がある；Base::Base(const Base&)を呼び出す
   // ...
}
```

```
void user()
{
    Derived d;
    naive(&d);
    Base bb = d;  // スライス；Derived::Derived(const Derived&)ではなくて
                  // Base::Base(const Base&)を呼び出す
    // ...
}
```

変数b2とbbには、dのBase部分のコピー、すなわちd.bのコピーが含まれている。しかし、メンバd.dはコピーされない。この症状は、**スライシング**（*slicing*）と呼ばれる。意図的に行われることもあるかもしれない（§17.5.1.2で示したDのコピーコンストラクタなどの例がある。そこでは、一部の情報のみを基底クラスに与える）が、多くは、厄介なバグだ。スライシングを回避する対策としては、次のものがある：

[1] 基底クラスのコピーの禁止：コピー演算をdeleteする。その代わり、clone()関数が必要になるかもしれない（§17.6.4）。

[2] 派生へのポインタを基底へのポインタに変換できなくする：基底クラスをprivateもしくはprotectedにする（§20.5）。

[3] コピー演算をprivateもしくはprotectedと宣言した上で、スライシングを伴わないコピーが可能となるようにclone()関数を実装する（§20.3.6）。

[1]の方法では、b2とbbの初期化がエラーとなる。[2]の方法では、naive()の呼出しとbbの初期化がエラーとなる。

17.5.2 ムーブ

aから取り出した値をbに入れる伝統的な方法は、コピーだ。コンピュータメモリ上の整数では、唯一の意味のある方法であり、ハードウェアは単一命令で処理できる。しかし、一般的で論理的な観点では、必ずしもそうではない。２個のオブジェクトの値を交換するswap()の、もっともらしい実装を考えよう：

```
template<typename T>
void swap(T& a, T& b)
{
    const T tmp = a;      // aのコピーをtmpに入れる
    a = b;                // bのコピーをaに入れる
    b = tmp;              // tmpのコピーをbに入れる
};
```

tmpを初期化した時点で、aの値のコピーは2個になる。aへの代入が完了した時点では、bの値のコピーが2個になる。bへの代入が終わると、tmpの値（すなわち交換前のaの値）のコピーは2個になる。最後にtmpが解体される。仕事量が多いように感じるだろうが、実際にそうだ。次の例を考えよう：

```
void f(string& s1, string& s2,
       vector<string>& vs1, vector<string>& vs2,
       Matrix& m1, Matrix& m2)
{
```

```
    swap(s1,s2);
    swap(vs1,vs2);
    swap(m1,m2);
}
```


文字列s1の文字数が1000だったらどうなるだろうか？ vs2の要素数が1000で、各要素の文字数が1000だったらどうなるだろう？ m1が1000×1000個のdoubleの行列だったらどうなるだろう？ このような、データのコピー演算は膨大なものとなる。実際、標準ライブラリのswap()では、このような、stringやvectorの場合における負荷を回避するように、注意深く設計されている。すなわち、コピーを避けるための努力がなされているのだ（stringやvectorのオブジェクトが、要素のハンドルにすぎないということを活かしている）。ここに示したMatrixのswap()でも、同様の方法を使って深刻な性能問題を回避すべきである。もし利用可能な処理がコピーだけだったら、標準ライブラリ以外の膨大な種類の関数とデータに対して、同様の作業が必要となる。

根本的な問題点が何かというと、本当の目的がコピーではないということだ。値を交換したいだけなのだ。

コピーについて、まったく異なる観点から観察してみよう。どうしても避けられない場合を除けば、通常は、物理的なコピーを行うことはない。電話機を人に貸すときは、電話機のコピーを作るのではなく、電話機を手渡す。車を貸すときは、キーを渡せば車が運転できる。わざわざ車のコピーを作ったりはしない。オブジェクトを渡すと、相手に渡ってしまって手元には残らない。さて、物理オブジェクトの“与え方”、“手渡し方”、“所有権の転送”、“ムーブ”に話を進めよう。コンピュータ上のオブジェクトの大半は、単なる整数（他のオブジェクトよりも低コストで容易にコピーできる）よりも、むしろ現実世界のオブジェクト（不要なときはコピーしないし、必要な場合は妥当なコストでコピーする）に似ている。ロック、ソケット、ファイルハンドル、スレッド、長い文字列、大規模ベクタなどがその例だ。

論理上と性能上のコピーの問題を回避するために、C++では**コピー**（*copy*）に加えて、**ムーブ**（*move*）を直接サポートする。特に、引数をコピーせずにムーブする、**ムーブコンストラクタ**（*move constructor*）と**ムーブ代入**（*move assignment*）が定義可能だ。§17.5.1で取り上げた、単純な2次元Matrixを再び例にとることにしよう：

```
template<typename T>
class Matrix {
    std::array<int,2> dim;
    T* elem;                    // T型のdim[0]*dim[1]個の要素へのポインタ
public:
    Matrix(int d1, int d2) :dim{d1,d2}, elem{new T[d1*d2]} {}
    int size() const { return dim[0]*dim[1]; }

    Matrix(const Matrix&);    // コピーコンストラクタ
    Matrix(Matrix&&);         // ムーブコンストラクタ（Matrix&&は右辺値参照：§7.7.2）

    Matrix& operator=(const Matrix&);    // コピー代入
    Matrix& operator=(Matrix&&);         // ムーブ代入

    ~Matrix() { delete[] elem; }         // デストラクタ
    // ...
};
```

ムーブ代入のアイディアは、右辺値と切り離した上で左辺値を処理することだ。コピー代入とコピーコンストラクタが左辺値を受け取るのに対し、ムーブ代入演算とムーブコンストラクタは右辺値を受け取る。returnによる値の返却では、ムーブコンストラクタが選択される。

Matrixのムーブコンストラクタは、単純にムーブ元から内部表現を取り出して、それを空のMatrixに置きかえることで実装できる（解体する際も低コストだ）。たとえば：

```
template<typename T>
Matrix<T>::Matrix(Matrix&& a)   // ムーブコンストラクタ
     :dim{a.dim}, elem{a.elem}  // aの内部表現を盗み出す
{
   a.dim = {0,0};               // aの内部表現をクリア
   a.elem = nullptr;
}
```

ムーブ代入は、単なる交換として実現できる。ムーブ代入の実装に交換処理を用いるアイディアは、ムーブ後にムーブ元が解体されることが背景となっている。ムーブ元に必要な後始末処理は、デストラクタに委ねられるのだ：

```
template<typename T>
Matrix<T>& Matrix<T>::operator=(Matrix&& a)     // ムーブ代入
{
   swap(dim,a.dim);            // 内部表現を交換
   swap(elem,a.elem);
   return *this;
}
```

ムーブコンストラクタとムーブ代入は、非constの（右辺値）参照を引数に受け取る。この引数に対しては、値の書込みが可能であり、書き込まれるのが一般的だ。しかし、ムーブ演算の引数は、ムーブ後にデストラクタが処理できる状態でなければならない（しかも、極めて低コストかつ容易に解体できることが望ましい）。

資源ハンドルでは、コピー演算よりもムーブ演算のほうが、効率的で簡潔になるのが一般的だ。しかも、ムーブ演算は、通常は例外を送出しない。というのも、資源を獲得しないし複雑な処理もしないため、その必要がないのだ。この点で、多くのコピー演算とは異なる（§17.5）。

コンパイラは、コピー演算ではなくムーブ演算が利用可能であることをどのように調べるのだろうか？　ごく一例だが、返却値の場合であれば、言語の文法から判定できる（続く処理として、その要素の解体が行われるからだ）。しかし、通常は、右辺値参照引数を与えることによって、コンパイラに通知する必要がある。たとえば：

```
template<typename T>
void swap(T& a, T& b)      //（ほぼ）“完璧なswap”
{
   T tmp = std::move(a);
   a = std::move(b);
   b = std::move(tmp);
}
```

move()は、引数の右辺値参照を返す標準ライブラリ関数（§35.5.1）なので、move(x)は、“xの右辺値参照を返してね”という意味だ。すなわち、std::move(x)は何もムーブしない。その代

```
class gslice {
   valarray<size_t> size;
   valarray<size_t> stride;
   valarray<size_t> d1;
public:
   gslice() = default;
   ~gslice() = default;
   gslice(const gslice&) = default;
   gslice(gslice&&) = default;
   gslice& operator=(const gslice&) = default;
   gslice& operator=(gslice&&) = default;
   // ...
};
```

これは`std::gslice`（§40.5.6）の実装の一部だが、以下のように記述しても等価である：

```
class gslice {
   valarray<size_t> size;
   valarray<size_t> stride;
   valarray<size_t> d1;
public:
   // ...
};
```

私は後者を好むが、経験が乏しいC++プログラマが保守するコードの土台として前者を使うのも理解できる。見えないものは、忘れてしまうからだ。

デフォルトのセマンティクスと同じものをあえて実装するよりも、`=default`としたほうが、明らかによい。何も記述しないよりも何かを記述したほうがよいと考えるプログラマは、次のように記述するかもしれない：

```
class gslice {
   valarray<size_t> size;
   valarray<size_t> stride;
   valarray<size_t> d1;
public:
   // ...
   gslice(const gslice& a);
};

gslice::gslice(const gslice& a)
      : size{a.size},
        stride{a.stride},
        d1{a.d1}
{
}
```

これは、単に冗長なだけではない。`gslice`の定義を読みにくくする上に、ミスにつながる。たとえば、メンバの1個でもコピーし忘れると、そのメンバは（コピーされずに）デフォルトで初期化される。また、関数を実装しても、コンパイラはその関数のセマンティクスを把握できないので、最適化が行われなくなる。デフォルト演算であれば、最適化の効果は大きいはずだ。

17.6.2 デフォルト演算

コンパイラが生成したデフォルト演算は、そのクラスのすべての基底と非 static メンバ変数に適用される。すなわち、メンバごとにコピーされるし、メンバごとにデフォルトコンストラクタが呼び出される、ということだ。例をあげよう：

```
struct S {
   string a;
   int b;
};

S f(S arg)
{
   S s0 {};    // デフォルト構築：{"",0}
   S s1 {s0};  // コピー構築
   s1 = arg;   // コピー代入
   return s1;  // ムーブ構築
}
```

s1 のコピーコンストラクタは、s0.a と s0.b をコピーする。s1 の return は、s1.a と s1.b をムーブする。このとき s1.a は空文字列になって、s1.b は変化しない。

組込み型のムーブ元オブジェクトの値が変化しないことに注意しよう。そうするのが、コンパイラにとって単純で高速なのだ。クラスメンバに対して何か別の処理が必要ならば、そのクラスに対してムーブ演算を自作する必要がある。

ムーブ後のムーブ元オブジェクトのデフォルトの状態は、デフォルトデストラクタとデフォルトコピー代入が正しく動作できる状態だ。ムーブ後のムーブ元オブジェクトに対して任意の処理が可能であるという保証はない（必要でもない）。強い保証が必要であれば、ムーブ演算を自作する必要がある。

17.6.3 デフォルト演算の利用

本節では、コピー、ムーブ、デストラクタが論理的にいかに関連しているかが分かる例を示す。なお、関連性がなくて、明らかな誤りと考えられるものであっても、コンパイラは検出しない。

17.6.3.1 デフォルトコンストラクタ

次の例を考えてみよう。

```
struct X {
   X(int);      //  Xの初期化には１個のintが必要
};
```

プログラマは、整数引数を受け取るコンストラクタを宣言することで、X の初期化に int が必要であることを明示している。もしデフォルトコンストラクタの生成が認められてしまうと、この単純な規則に違反してしまう：

```
X a {1};    // ＯＫ
X b {};     // エラー：デフォルトコストラクタはない
```

もしデフォルトコンストラクタも必要であれば、自分で定義することもできるし、デフォルトの生成をするようにコンパイラに対して宣言することもできる。例を示そう：

```
struct Y {
   string s;
   int n;
   Y(const string& s);  // Yを文字列で初期化
   Y() = default;       // デフォルトの意味でデフォルト初期化が行われるようにする
};
```

デフォルトの（すなわちコンパイラが生成する）デフォルトコンストラクタは、全メンバをデフォルト構築する。この例では、Y()はsを空文字列にする。組込み型のメンバに対する“デフォルト初期化”では、メンバは未初期化のままだ。ふー！　コンパイラが警告してくれればいいのだが。

17.6.3.2 不変条件の維持

クラスが不変条件を設けるのは、一般的なことだ。その場合、コピー演算とムーブ演算は不変条件を維持する必要があるし、デストラクタは関連するすべての資源を解放する必要がある。しかし、プログラマが何を不変条件と考えているかを、コンパイラが知ることはできない。こじつけがましい例を考えよう：

```
struct Z { // 不変条件：
           // my_favoriteは、elem中の私の好きな要素の添字
           // largestは、elemの中の最大値の要素を指す
   vector<int> elem;
   int my_favorite;
   int* largest;
};
```

プログラマは不変条件をコメントで述べているが、コンパイラはコメントを読まない。さらに、不変条件を確立して管理する方法についてはまったく述べていない。その上、コンストラクタと代入演算が宣言されていない。このような不変条件は、明示的ではない。そのため、Zはデフォルト演算によって、コピーもムーブもできてしまう：

```
Z v0;                              // 初期化されていない（おっと！ 定義されない値になるかも）
Z val {{1,2,3},1,&v0.elem[2]};  // ＯＫ、ただし分かりにくくてエラーにつながりやすい
Z v2 = val;                 // コピー：v2.largestはvalを指す
Z v3 = move(val);           // ムーブ：val.elemは空になって、v3.my_favoriteは範囲外となる
```

これはひどい。極めて重要な情報がコメントのみに“隠されて”いて、完全に欠如しているという、Zの悪い設計が根本的な原因だ。デフォルトの演算を生成する規則は、起こりがちな誤りを検出して、オブジェクトの構築、コピー、ムーブ、解体の系統立てた設計を促進するものだ。可能であれば、次の対策をとるとよいだろう：

[1] 不変条件はコンストラクタで確立する（資源獲得があれば、それも行う）。

[2] （通常の型と名前をもつ）コピー演算とムーブ演算でも不変条件を維持する。

[3] デストラクタでは必要な後始末をすべて実行する（資源解放があれば、それも行う）。

17.6.3.3 資源の不変条件

もっとも重要で明示的な不変条件の多くは、資源管理に関連したものである。次の単純なHandleの例を考えてみよう：

```
template<typename T> class Handle {
   T* p;
public:
   Handle(T* pp) :p{pp} { }
   T& operator*() { return *p; }
   ~Handle() { delete p; }
};
```

このアイディアは、newで確保したオブジェクトのポインタを与えることによって、Handleを構築する、というものだ。Handleは、ポインタの指すオブジェクトにアクセスできるようにして、最終的にはdeleteする。たとえば：

```
void f1()
{
   Handle<int> h {new int{99}};
   // ...
}
```

Handleでは、1個の引数を受け取るコンストラクタが宣言されているので、デフォルトコンストラクタは生成されない。これはよいことだ。デフォルトコンストラクタだとHandle<T>::pが初期化されないままになってしまう：

```
void f2()
{
   Handle<int> h; // エラー：デフォルトコンストラクタはない
   // ...
}
```

デフォルトコンストラクタが存在しないので、不定なメモリアドレスをdeleteしてしまうことが避けられる。

さらに、Handleではデストラクタを宣言しているので、コピー演算とムーブ演算も生成されない。その結果、やっかいな問題が未然に防げる。以下の例を考えよう：

```
void f3()
{
   Handle<int> h1 {new int{7}};
   Handle<int> h2 {h1};          // エラー：コピーコンストラクタはない
   // ...
}
```

もし仮にHandleがデフォルトのコピーコンストラクタをもっていれば、h1とh2の両方がポインタのコピーとなり、両方がdeleteされることになる。その結果は定義されないが、通常は大惨事につながる（§3.3.1）。ここで一つ警告しよう。コピー演算の生成は、非推奨とされているだけで、禁止されたわけではない。コンパイラの警告を無視すれば、この例はコンパイル可能だ。基本的に、ポインタメンバをもつクラスでは、デフォルトのコピー演算とムーブ演算は、疑ってかかるべきものだ。そのポインタが所有権を有するのであれば、メンバ単位のコピーは、まず誤りだ。所有権を有しないポインタであれば、メンバ単位のコピーは適切だ。明示的に=defaultを与えて、さらにコメントも加えておけばよいだろう。

コピーコンストラクタが必要ならば、次のように定義できる：

```
template<typename T>
class Handle {
   // ...
   Handle(const Handle& a) :p{new T{*a.p}} { }     // 複製する
};
```


17.6.3.4 部分的な不変条件

不変条件を前提としているにもかかわらず、コンストラクタやデストラクタにその一部しか記述されていないという、面倒くさい例がある。そのようなものは、本当にまれだが、まったくないわけではない。次の例を考えてみよう：

```
class Tic_tac_toe {
public:
   Tic_tac_toe(): pos(9) {}     // 常に9個の位置

   Tic_tac_toe& operator=(const Tic_tac_toe& arg)
   {
      for(int i = 0; i<9; ++i)
         pos.at(i) = arg.pos.at(i);
      return *this;
   }

   // ... 別の演算 ...

   enum State { empty, nought, cross };
private:
   vector<State> pos;
};
```

これは、実際のプログラムの一部として報告されたものだ。コピー代入演算の実装では、“マジックナンバー”である9を用いて引数のargにアクセスしているが、引数が実際に9個の要素をもっているかどうかを確認していない。また、コピー代入演算を明示的に定義している一方で、コピーコンストラクタが定義されていない。この点がよくないと、私は考える。

コピー代入演算を定義するならば、デストラクタの定義も必要だ。そのデストラクタは=defaultでも構わない。行うべきは、確実にposを解体することである。もしコピー代入演算が定義されなくても、解体は行われる。ということは、ここで定義されているユーザ定義のコピー代入演算は、デフォルト定義されるものと、本質的に同じということだ。コピー代入演算も、=defaultと宣言すればいいのだ。完全を期してコピーコンストラクタも加えてみよう：

```
class Tic_tac_toe {
public:
   Tic_tac_toe(): pos(9) {}    // 常に9個の位置
   Tic_tac_toe(const Tic_tac_toe&) = default;
   Tic_tac_toe& operator=(const Tic_tac_toe& arg) = default;
   ~Tic_tac_toe() = default;

   // ... 別の演算 ...

   enum State { empty, nought, cross };
private:
   vector<State> pos;
};
```

よく見ると、二つの =default の本当の効果が、ムーブ演算を排除するだけということが分かる。これが必要としていた内容だろうか？　そうではないだろう。コピー代入演算を =default とした際に、見苦しいマジックナンバー 9 に依存する部分を排除した。ここに書かれていない Tic_tac_toe 内部の『別の演算』が“マジックナンバーに依存”していなければ、安全にムーブ演算を追加できる。ムーブ演算を追加するもっとも簡単な方法は、明示的な =default を削除することだ。これで、Tic_tac_toe が型として完成する：

```
class Tic_tac_toe {
public:
    // ... 別の演算 ...
    enum State { empty, nought, cross };
private:
    vector<State> pos {Vector<State>(9)};    // 常に9個の位置
};
```

この例を含めたいくつかの例から私が得た教訓は、デフォルト演算の“奇妙な組合せ”を用いる型は、疑ってかかるべきである、ということだ。変則的な組合せは、設計上の欠陥を隠してしまうことが多い。すべてのクラスに対し、次の問いを検討すべきだ：

[1] デフォルトコンストラクタは必要か？　デフォルトコンストラクタは不適切かもしれないし、別のコンストラクタによって抑制されているかもしれない。

[2] デストラクタは必要か？　解放しなければならない資源があるかもしれない。

[3] コピー演算は必要か？　デフォルトのコピーセマンティクスでは不適切かもしれない。たとえば、基底クラスとして利用することを意図したクラスであるから、とか、クラスが解体すべきオブジェクトを指すポインタをもつから、などの理由だ。

[4] ムーブ演算は必要か？　空のオブジェクトでは意味をなさないなどの理由により、デフォルトのムーブセマンティクスでは不適切かもしれない。

これらを単独で考慮してはいけない。

17.6.4 関数の delete

関数は“削除（delete）”することができる。すなわち、（暗黙的にも明示的にも）利用したらエラーとなるような関数は、その存在を、なかったことにしてしまえるのだ。もっとも分かりやすい利用例は、不要なデフォルトの関数の排除である。たとえば、スライシングが容易に発生するような基底クラスのコピーを禁止する、といった例だ（§17.5.1.4）：

```
class Base {
    // ...
    Base& operator=(const Base&) = delete;  // コピーを禁止
    Base(const Base&) = delete;

    Base& operator=(Base&&) = delete;       // ムーブを禁止
    Base(Base&&) = delete;
};

Base x1;
Base x2 {x1};  // エラー：コピーコンストラクタはない
```

コピーとムーブを有効にするか無効にするのかは、=delete による禁止の指示よりも、=default による許可（§17.6.1）の指示のほうが都合よいことが多い。とはいえ、delete は宣言できる関数ならば、どんなものにも適用できる。たとえば、関数テンプレートが対応し得るすべての特殊化から、一部だけを排除することができる：

```
template<typename T>
T* clone(T* p) // *pのコピーを返却
{
   return new T{*p};
};

Foo* clone(Foo*) = delete;      // Fooを複製できなくする

void f(Shape* ps, Foo* pf)
{
   Shape* ps2 = clone(ps);      // よい
   Foo* pf2 = clone(pf);        // エラー：clone(Foo*)は削除されている
}
```

他にも、好ましくない変換を排除するという応用例がある。たとえば：

```
struct Z {
   // ...
   Z(double);          // doubleで初期化可能
   Z(int) = delete;    // ただしintでは初期化できない
};

void f()
{
   Z z1 {1};           // エラー：Z(int)は削除されている
   Z z2 {1.0};         // ＯＫ
}
```

クラスがメモリ上に割り付けられることの制御も可能だ：

```
class Not_on_stack {
   // ...
   ~Not_on_stack() = delete;
};

class Not_on_free_store {
   // ...
   void* operator new(size_t) = delete;
};
```

解体できない局所変数は作成できない（§17.2.2）。さらに、クラスのメモリ確保演算子が =delete されていれば、そのクラスのオブジェクトは空き領域には割り当てられない（§19.2.5）。

```
void f()
{
   Not_on_stack v1;         // エラー：解体できない
   Not_on_free_store v2;    // ＯＫ

   Not_on_stack* p1 = new Not_on_stack;                // ＯＫ
   Not_on_free_store* p2 = new Not_on_free_store;   // エラー：確保できない
}
```

ところが、Not_on_stack オブジェクトは、delete できなくなってしまう。ただし、この問題は、デストラクタを private にすることで解決可能である（§17.2.2）。

注意すべきは、関数を=deleteすることと、単に宣言しないことの意味が異なることである。前者では、deleteした関数をプログラマが呼び出そうとすると、コンパイラが検出してエラーにする。後者では、コンパイラが別の解を模索する。たとえば、“失われた”デストラクタに対しては、もし必要なものがあれば、その生成を試みる。また、“失われた”operator new()に対しては、広域版のoperator new()の利用を試みる。

17.7 アドバイス

[1] コンストラクタ、代入演算、デストラクタは整合性を意識して、まとめて設計しよう。§17.1。

[2] クラスの不変条件は、コンストラクタで確立しよう。§17.2.1。

[3] コンストラクタが資源を獲得する場合、そのクラスには資源を解放するデストラクタが必須だ。§17.2.2。

[4] クラスが仮想関数をもつのであれば、仮想デストラクタも必要だ。§17.2.5。

[5] クラスがコンストラクタをもたなければ、そのクラスの初期化は、メンバ単位の初期化として行われる。§17.3.1。

[6] =形式と()形式の初期化よりも、{}構文の初期化を優先しよう。§17.3.2。

[7] クラスにデフォルトコンストラクタを与えるのは、“自然な”デフォルト値が存在する場合に限定しよう。§17.3.3。

[8] クラスがコンテナであれば、初期化子並びコンストラクタを実装しよう。§17.3.4。

[9] メンバと基底は、宣言と同じ順序で初期化しよう。§17.4.1。

[10] クラスが参照メンバをもつ場合、コピー演算（コピーコンストラクタとコピー代入）が必要になることが多い。§17.4.1.1。

[11] コンストラクタでは、メンバへの代入よりも、メンバ初期化子を優先しよう。§17.4.1.1。

[12] デフォルト値の実装には、クラス内初期化子を利用しよう。§17.4.4。

[13] クラスが資源ハンドルの場合は、コピー演算とムーブ演算が必要になることが多い。§17.5。

[14] コピーコンストラクタを実装する際は、必要な要素をすべてコピーするよう注意しよう（デフォルトの初期化子には、要注意だ）。§17.5.1.1。

[15] コピー演算では、等価性と独立性を確保しよう。§17.5.1.3。

[16] もつれたデータに注意しよう。§17.5.1.3。

[17] 浅いコピーよりも、ムーブセマンティクスとコピーオンライトを優先しよう。§17.5.1.3。

[18] 基底として利用するクラスでは、スライシングに対する保護が必要だ。§17.5.1.4。

[19] コピー演算かデストラクタが必要なクラスでは、コンストラクタ、デストラクタ、コピー代入演算、コピーコンストラクタが必要になることが多い。§17.6。

[20] ポインタメンバをもつクラスでは、デストラクタと非デフォルトのコピー演算が必要になることが多い。§17.6.3.3。

[21] クラスが資源ハンドルであれば、コンストラクタ、デストラクタ、非デフォルトのコピー演算が必要だ。§17.6.3.3。

[22] デフォルトのコンストラクタ、代入、デストラクタが適切ならば、コンパイラに生成させよう（自作するのはよくない）。§17.6。

[23] 不変条件は明示しよう。コンストラクタで確立して、代入で維持するように。§17.6.3.2。

[24] コピー代入が、自己代入に対して安全であるかどうか確認しよう。§17.5.1。

[25] クラスに新規メンバを追加する際は、追加したメンバの初期化のために、ユーザ定義コンストラクタを更新する必要があるかどうかを確認しよう。§17.5.1。

第18章　演算子の多重定義

私がひとつの言葉を使うとき、
それは私がその言葉に意味させたいと思うものをぴったり意味する。
――それ以上でも、それ以下でもない。
― ハンプティ・ダンプティ

- はじめに
- 演算子関数
  単項演算子と2項演算子／演算子本来の意味／演算子とユーザ定義型／オブジェクトのやりとり／名前空間内の演算子
- 複素数型
  メンバ演算子と非メンバ演算子／混合算術演算／変換／リテラル／アクセッサ関数／ヘルパ関数
- 型変換
  変換演算子／explicit 変換演算子／曖昧さ
- アドバイス

18.1 はじめに

あらゆる技術分野と、多くの非技術分野で、表現や議論で頻繁に使う概念が便利なものとなるように、簡略記法が発明されてきた。たとえば、

```
x+y*z
```

は、長年慣れ親しんでいるものであり、次の記法よりはるかに分かりやすい。

```
multiply y by z and add the result to x
```

よく使う演算子の表記の重要性は、いい尽くせないほど大きなものだ。

ほとんどのプログラミング言語と同様、C++ は組込み型に対して一連の演算子をサポートする。しかし、それらの演算子が便利に使える概念の対象は、C++ の組込み型だけに限られるものではない。ユーザ定義型として表現された概念も対象とならなければならない。たとえば、C++ で複素数演算、行列代数、論理回路信号、文字列などを扱う際は、それらの概念を表すクラスを利用する。それらのクラスに演算子を定義すると、基本的な関数表記のみで記述するよりも、はるかに、使いやすく、しかも従来と同じようにオブジェクトが処理できるようになる。次の例を考えよう：

```
class complex {              // 非常に単純化した複素数
   double re, im;
```

```
public:
   complex(double r, double i) :re{r}, im{i} { }
   complex operator+(complex);
   complex operator*(complex);
};
```

これは、複素数の概念を定義した単純な実装である。complexは、+と*の演算子で操作される、二つの倍精度浮動小数点数として表現されている。complex::operator+()とcomplex::operator*()をプログラマが定義すると、+と*に意味が与えられるのだ。たとえば、bとcがcomplex型であれば、b+cはb.operator+(c)を意味する。その結果、complexの式は、ほぼ従来どおりに記述できるようになる：

```
void f()
{
   complex a = complex{1,3.1};
   complex b {1.2, 2};
   complex c {b};

   a = b+c;
   b = b+c*a;
   c = a*b+complex(1,2);
}
```

演算子の優先順位はそのままなので、２番目の文は、b=(b+c)*aではなくて、b=b+(c*a)を意味する。

C++の文法によって、{}形式が利用できるのが、初期化子と代入演算の右辺のみであることに注意しよう：

```
void g(complex a, complex b)
{
   a = {1,2};              // ＯＫ：代入の右辺
   a += {1,2};             // ＯＫ：代入の右辺
   b = a+{1,2};            // 構文エラー
   b = a+complex{1,2};     // ＯＫ
   g(a,{1,2});             // ＯＫ：関数の引数は初期化子とみなされる
   {a,b} = {b,a};          // 構文エラー
}
```

基本的には、別の場所での{}形式を禁止する理由はないように感じられるだろう。しかし、すべての式で{}形式を許容する文法を策定するには技術的な問題（たとえば、セミコロン後の{がブロックの始まりを意味するのか、それとも式の始まりを意味するかを区別できるか、といったこと）があるし、エラーメッセージを分かりやすくするためにも、式内における{}形式は制限されることになったのだ。

演算子の多重定義のもっとも分かりやすい利用例は、数値型におけるものだ。もっとも、ユーザ定義演算子の有用性は、数値型に限られるわけではない。たとえば、汎用抽象インタフェースでは、->、[]、()などの演算子を利用することが多い。

18.2 演算子関数

プログラマは、以下の演算子の意味を定義する関数を宣言できる（§10.3）：

```
+     -     *     /     %      ^       &
|     ~     !     =     <      >       +=
-=    *=    /=    %=    ^=     &=      |=
<<    >>    >>=   <<=   ==     !=      <=
>=    &&    ||    ++    --     ->*     ,
->    []    ()    new   new[]  delete  delete[]
```

一方、以下の演算子は定義できない。

- `::` スコープ解決（§6.3.4，§16.2.12）
- `.` メンバ選択（§8.2）
- `.*` メンバへのポインタを介したメンバ選択（§20.6）

これらは、メンバを参照するための手段を提供する演算子であって、その値ではなく名前を第2引数に受け取るものだ。もしこれらの演算子の多重定義を認めると、微妙な問題が発生してしまう〔Stroustrup, 1994〕。記号ではない名前をもつ“演算子”は、オペランドに関する基礎情報を返す次のものであって、やはり定義できない：

- `sizeof` オブジェクトの大きさ（§6.2.8）
- `alignof` オブジェクトのアラインメント（§6.2.9）
- `typeid` オブジェクトの `type_info`（§22.5）

最後に、条件式を処理する3項演算子も多重定義できない（確たる理由などないのだが）。

- `?:` 条件評価（§9.4.1）

なお、`operator""` 記法を使うと、ユーザ定義リテラル（§19.2.6）が定義できる。`""` という演算子は存在しないので、文法上のこじつけだ。同様に、`operator T()` の定義は、型 `T` への型変換を行う（§18.4）。

新しい演算子トークンは定義できない。しかし、上記すべての演算子が不適切であれば、関数呼出し記法を使えばよい。たとえば、`**` を定義するのではなく、`pow()` とするのだ。この制限は、あまりにも厳しく感じられるかもしれないが、規則を柔軟にしてしまうと、曖昧さが発生する。たとえば、べき乗のために演算子 `**` を定義するのが、分かりやすくて容易な作業と思うのであれば、もう一度考え直そう。`**` は、Fortranのように左結合にすべきだろうか、それともAlgolのように右結合とすべきだろうか？　式 `a**p` は、`a*(*p)` と解釈すべきだろうか、それとも `(a)**(p)` と解釈すべきだろうか？　このようなすべての疑問に対して、技術的には解決可能だ。しかし、技術的に巧妙な規則を設けることが、分かりやすくて保守しやすいコードにつながるとは思えない。迷いがあれば、名前が付いた関数を用いるべきだ。

演算子関数の名前は、`operator<<` のように、キーワード `operator` の後ろに演算子そのものの名前を続けたものだ。演算子関数は、普通の関数と同じように、宣言できるし、呼出しも行える。演算子を利用するのは、明示的な演算子関数呼出しの省略形にすぎない。たとえば：

```
void f(complex a, complex b)
{
   complex c = a + b;            // 省略形
```

```
    complex d = a.operator+(b);  // 明示的な呼出し
}
```

先ほどの complex の例が与えられると、ここに示した二つの初期化子は同じ意味だ。

18.2.1 単項演算子と2項演算子

2項演算子は、1個の引数を受け取る非 static メンバ関数、あるいは、2個の引数を受け取る非メンバ関数のいずれかとして定義する。2項演算子を @ とすると、式 aa@bb は、aa.operator@(bb) あるいは operator@(aa,bb) のいずれかに解釈される。もし両方を定義した場合は、多重定義解決規則（§12.3）によって、いずれか一方が選択される。例をあげよう：

```
class X {
public:
    void operator+(int);
    X(int);
};

void operator+(X,X);
void operator+(X,double);

void f(X a)
{
    a+1;      // a.operator+(1)
    1+a;      // ::operator+(X(1),a)
    a+1.0;    // ::operator+(a,1.0)
}
```

単項演算子は、前置であっても後置であっても、引数を受け取らない非 static メンバ関数、あるいは、1個の引数を受け取る非メンバ関数のいずれかとして定義する。前置単項演算子を @ とすると、式 @aa は、aa.operator@() あるいは operator@(aa) のいずれかに解釈される。もし両方を定義した場合は、多重定義解決規則（§12.3）によって、いずれか一方が選択される。後置単項演算子を @ とすると、式 aa@ は、aa.operator@(int) あるいは operator@(aa,int) のいずれかに解釈される。この点の詳細は §19.2.4 で解説する。もし両方を定義した場合は、多重定義解決規則（§12.3）によって、いずれか一方が選択される。宣言可能な演算子は、本来の文法で定義されているもの（§iso.A）に限定される。そのため、単項の % や、3項の + 演算子などは定義できない。以下の例を考えよう：

```
class X {
public:     // メンバ（暗黙のthisポインタをもつ）

    X* operator&();         // 前置単項&（アドレス）
    X operator&(X);         // 2項&（ビット積）
    X operator++(int);      // 後置インクリメント（§19.2.4を参照）
    X operator&(X,X);       // エラー：3項演算子は定義できない
    X operator/();          // エラー：/演算子は単項ではない
};

// 非メンバ関数

X operator-(X);           // 前置単項マイナス
X operator-(X,X);         // 2項マイナス
X operator--(X&,int);     // 後置デクリメント
```

```
X operator-();          // エラー：オペランドがない
X operator-(X,X,X);     // エラー：３項演算子は定義できない
X operator%(X);         // エラー：%演算子は単項ではない
```


[] 演算子は§19.2.1 で、() 演算子は§19.2.2 で、-> 演算子は§19.2.3 で、++ と -- 演算子は§19.2.4 で、メモリ確保演算子と解放演算子は§11.2.4 と§19.2.5 で解説する。

operator=（§18.2.2）、operator[]（§19.2.1）、operator()（§19.2.2）、operator->（§19.2.3）演算子は、非 static メンバ関数でなければならない。

本来の演算子 && と || と ,（コンマ）は、オペランドの並びを順に解釈する。すなわち、まず第1オペランドを評価して、その後、第2オペランドを評価する（しかも、&& と || は、第2オペランドの評価が省略されることがある）。この特殊な規則は、ユーザが定義する && と || と ,（コンマ）演算子に対しては適用されず、他の2項演算子と同様に扱われる。

18.2.2 演算子本来の意味

一部の組込み演算子は、同じ引数を受け取る別の演算子を組み合わせたものと等価となるように定義されている。たとえば、a が int であれば、++a は a+=1 を意味し、さらには a=a+1 を意味することになる。このような関係は、それが成立するようにユーザが定義しない限り、ユーザ定義演算子では成立しない。そのため、Z::operator+() と Z::operator=() の定義をもとにして、コンパイラが Z::operator+=() を生成することはない。

代入 = とアドレス & と順次 ,（§10.3.2）の演算子が、クラスオブジェクトに対して適用されると、それらの演算子本来の意味が自動的に適用される。なお、演算子本来の意味を無効に（delete：§17.6.4）することも可能だ：

```
class X {
public:
   // ...
   void operator=(const X&) = delete;
   void operator&() = delete;
   void operator,(const X&) = delete;
   // ...
};

void f(X a, X b)
{
   a = b;     // エラー：operator=()はない
   &a;        // エラー：operator&()はない
   a,b;       // エラー：operator,()はない
}
```

もちろん、適切な定義を行うことによって、演算子本来の意味とは異なる意味をもたせることも可能である。

18.2.3 演算子とユーザ定義型

演算子関数は、メンバ関数、あるいは、1個以上のユーザ定義型引数を受け取る関数のいずれかでなければならない（ただし new 演算子と delete 演算子を再定義する関数は例外だ）。この規

則は、ユーザ定義型を含まない式の意味が、勝手に変更されないようにするためのものだ。特に、ポインタのみを扱う演算子関数は定義できない。これによって、C++ は、拡張は可能だが改変は不可能であることが保証される（クラスオブジェクトに対する =、&、,（コンマ）演算子は例外だ）。

第1オペランドとして組込み型（§6.2.1）を受け取る演算子関数は、メンバ関数にはできない。たとえば、整数2と複素数変数 aa の加算を考えてみよう。メンバ関数が適切に宣言されていれば、式 aa+2 は、aa.operator+(2) と解釈されるが、式 2+aa では、その解釈は不可能だ。2.operator+(aa) の意味を与えるために + を定義した int クラスというものが存在しないからだ。もし仮にそのようなクラスがあったとしても、2+aa と aa+2 の両方を利用できるようにするには、2個のメンバ関数が必要になる。コンパイラは、ユーザ定義の + の意味を知らない。そのため、演算子に交換則を与えて、2+aa を aa+2 として解釈できるようにすることはできない。この例については、非メンバ関数を1個あるいは複数個追加すれば簡単に解決する（§18.3.2, §19.4）。

さて、列挙体はユーザ定義型なので、演算子関数が定義可能だ。たとえば：

```
enum Day { sun, mon, tue, wed, thu, fri, sat };

Day& operator++(Day& d)
{
    return d = (sat==d) ? sun: static_cast<Day>(d+1);
}
```

すべての式は、コンパイラによって曖昧さがチェックされる。ユーザ定義演算子が可能な解釈を提供する場合、式は§12.3の多重定義解決規則によってチェックされる。

18.2.4 オブジェクトのやりとり

演算子を定義しようとする典型的な理由は、a=b+c のような一般的な記法を使えるようにするため、というものである。そのため、演算子関数では、引数の受渡し方法と、値の返却方法についての選択肢が限られる。たとえば、ポインタを受け取る引数は認められないし、プログラマが、アドレス演算子を利用したり、ポインタを返却したりすることを期待してはいけない。さらに、ユーザがポインタを参照外しすることを期待してもいけない。たとえば、*a=&b+&c は認められないのだ。

引数については、次の二つの選択肢がある（§12.2）：

- 値渡し
- 参照渡し

おおむね4ワード以下の小規模なオブジェクトでは、最高の性能は値渡しによって得られることが多い。しかし、引数の受渡しと利用の性能は、マシンアーキテクチャ、コンパイラのインタフェース規約（アプリケーションバイナリインタフェース：ABI）、引数がアクセスされる回数（参照渡し引数よりも、値渡し引数へのアクセスのほうが、高速である場合がほとんどだ）に依存する。ここで、Point が int のペアを表現するとして、次の例を考えてみよう：

```
void Point::operator+=(Point delta);    // 値渡し
```

大規模なオブジェクトであれば、参照渡しのほうがいい。たとえば Matrix（double 行列の簡易版：§17.5.1）は、数ワード程度では収まらないくらい大きくなるので、参照渡しを使う：

```
Matrix operator+(const Matrix&, const Matrix&);  // const参照渡し
```

特に、引数が大規模なオブジェクトであって、関数内でその値を変更しないということを表明したければ、const 参照渡しとする（§12.2.1）。

多くの場合、演算子は何らかの結果を返却する。新しく作ったオブジェクトを指すポインタや参照を返却しようとするのは、極めて悪い考えだ。ポインタの利用は、表記上の問題につながる。また、空き領域上のオブジェクトを扱うのは（ポインタでも参照でも）、メモリ管理問題につながる。すなわち、オブジェクトは値として返すべきだ。Matrix のような大規模オブジェクトに対しては、効率よく値を転送するために、ムーブ演算（§3.3.2, §17.5.2）を定義する。たとえば：

```
Matrix operator+(const Matrix& a, const Matrix& b)  // 値による返却
{
   Matrix res {a};
   return res+=b;
}
```

引数として受け取ったオブジェクトのどれか1個を返却する演算子は、参照を返却することが可能であるし、通常はそうするものだ。たとえば、Matrix の += 演算子は、次のように定義できる：

```
Matrix& Matrix::operator+=(const Matrix& a)        // 参照を返却
{
   if (dim[0]!=a.dim[0] || dim[1]!=a.dim[1])
      throw std::exception("bad Matrix += argument");

   double* p = elem;
   double* q = a.elem;
   double* end = p+dim[0]*dim[1];
   while(p!=end)
      *p++ += *q++;

   return *this;
}
```

この手法は、メンバとして実装する演算子関数では一般的である。

ある関数が、別の関数に対してオブジェクトを単に渡すだけであれば、右辺値参照の引数を用いるべきだ（§17.4.3, §23.5.2.1, §28.6.3）。

18.2.5 名前空間内の演算子

演算子は、クラスメンバとしてだけでなく、名前空間（広域名前空間であってもよい）の中でも定義できる。標準ライブラリの文字列入出力を簡略化した例を考えてみよう：

```
namespace std {      // 簡略化したstd

   class string {
      // ...
   };
   class ostream {
      // ...
      ostream& operator<<(const char*);  // C言語スタイルの文字列を出力
   };
```

```
    extern ostream cout;

    ostream& operator<<(ostream&, const string&);  // std::stringを出力
} // 名前空間std

int main()
{
    const char* p = "Hello";
    std::string s = "world";
    std::cout << p << ", " << s << "!\n";
}
```


当然、このコードはHello, world!と出力する。どうしてだろうか？　この例で、私が以下の宣言を書いていないことに注意してほしい。

```
using namespace std;
```

これは、std名前空間中のあらゆる名前をアクセス可能にするものだ。

その代わりに、私はstringとcoutに対して、接頭語std::を付加している。換言すると、私はベストを尽くしたのである。広域名前空間は汚染されていないし、不要な依存関係が持ち込まれていない。

さて、C言語スタイルの文字列を出力する演算子は、std::ostreamのメンバだ。定義により、

```
std::cout << p
```

は、以下を意味する。

```
std::cout.operator<<(p)
```

ところが、std::ostreamは、std::stringを出力するメンバ関数をもっていない。そのため、

```
std::cout << s
```

は、以下を意味することになる。

```
operator<<(std::cout,s)
```

どの関数を呼び出すかの探索が、引数型に基づいて行われるのと同じように、名前空間内で定義された演算子も、引数型に基づいて探索される（§14.2.4）。特に、coutはstd名前空間内にあるので、<<の定義の探索ではstdが対象として考慮される。この手順によって、コンパイラは、次の定義を見つけて利用する：

```
std::operator<<(std::ostream&, const std::string&)
```

２項演算子が@であり、xがX型オブジェクトで、yがY型オブジェクトであるとき、式x@yは次のように解決される。

- Xがクラスならば、Xのメンバとしてのoperator@、あるいは、Xの基底のメンバとしてのoperator@を探索する。その後、
- x@yを囲む文脈の中で、operator@の宣言を探索する。その後、
- Xが名前空間Nで定義されていれば、N内でoperator@の宣言を探索する。その後、
- Yが名前空間Mで定義されていれば、M内でoperator@の宣言を探索する。

複数の operator@ の宣言が見つかることがあるが、その場合は、多重定義解決規則に基づいて一致度がもっとも高いものが選択される（§12.3）。ここに示した探索が実行されるのは、1個以上のユーザ定義型のオペランドが演算子に与えられたときに限られる。そのため、ユーザ定義の型変換（§18.3.2, §18.4）が考慮されることになる。型別名は、単なる同義語であって、ユーザ定義型を新しく作るものではないことを忘れないようにしよう（§6.5）。

単項演算子も同じ手順で解決される。

さて、演算子の探索において、非メンバよりメンバが優先するといった規則は存在しない。これは、名前をもつ関数の探索（§14.2.4）とは違う点だ。演算子を隠さないことによって、組込みの演算子が利用不能になる事態が発生することはないし、既存のクラス宣言を変更することなく、ユーザは新しい意味を演算子にもたせることができるようになるのである。たとえば：

```
X operator!(X);

struct Z {
   Z operator!();                           // ::operator!()を隠さない
   X f(X x) { /* ... */ return !x; }        // ::operator!(X)を呼び出す
   int f(int x) { /* ... */ return !x; }    // 本来の!をintに対して呼び出す
};
```

標準の iostream ライブラリは、組込み型出力用のメンバ関数 << を定義しているので、ユーザは ostream クラスを変更することなく、ユーザ定義型出力用の << を定義できる（§38.4.2）。

18.3 複素数型

本章冒頭の §18.1 で示した複素数の実装は、制約が多すぎて、誰の役にも立たない。以下のように利用できるものでなければならない：

```
void f()
{
   complex a {1,2};
   complex b {3};
   complex c {a+2.3};
   complex d {2+b};
   b = c*2*c;
}
```

この他にも、等価のための == や、出力のための << や、さらには sin() や sqrt() などの数学関数も、あったほうがよい。

complex クラスは具象型なで、その設計は §16.3 で解説したガイドラインにしたがう。また、複素数演算のユーザは、演算子多重定義の基本規則の大部分が適用されている、complex が定義する演算子に強く依存する。

本節で開発する complex 型は、そのスカラとして2個の double を用いるものであって、標準ライブラリの complex<double>（§40.4）と、おおむね等価だ。

18.3.1 メンバ演算子と非メンバ演算子

私は、オブジェクトの内部表現を直接操作する関数の個数を最小限に抑えることにしている。そのためには、+= のように第1引数の値を変更する演算子のみを、クラスの内部で定義する。引数の値をもとにして別の値を作るだけの + のような演算子は、クラスの外部で定義する。これで、基本的な演算子の実装が利用できるようになる：

```
class complex {
    double re, im;
public:
    complex& operator+=(complex a);  // 内部表現へのアクセスが必要
    // ...
};

complex operator+(complex a, complex b)
{
    return a += b;  // +=を介して内部表現にアクセス
}
```

operator+() の引数は値渡しされるので、a+b によってオペランドの値が変更されることはない。上記の宣言が与えられると、以下のコードが書けるようになる：

```
void f(complex x, complex y, complex z)
{
    complex r1 {x+y+z};  // r1 = operator+(operator+(x,y),z)

    complex r2 {x};      // r2 = x
    r2 += y;             // r2.operator+=(y)
    r2 += z;             // r2.operator+=(z)
}
```

効率性が異なる可能性はあるものの、ここでは、r1 と r2 に対して同じ演算を行っている。

+= や *= などの複合代入演算子は、それに対応する“単なる”演算を行う + や * よりも、定義が単純になる傾向がある。このことを聞くと、多くの人が最初は驚く。しかし、+ 演算では3個のオブジェクト（2個のオペランドと演算結果）が関係する一方で、+= 演算では2個のオブジェクトだけが関係する、ということによるものだ。後者では、一時変数が不要となるし、実行効率も向上する。たとえば：

```
inline complex& complex::operator+=(complex a)
{
    re += a.re;
    im += a.im;
    return *this;
}
```

加算結果を入れておくための一時変数は不要だし、コンパイラが完全にインライン化できるくらい単純だ。

優れたオプティマイザであれば、+ 演算子に対しても、最適化されたコードに近いものを生成するだろう。しかし、優れたオプティマイザが必ずしも利用できるとは限らないし、すべての型が complex のように単純なわけでもない。§19.4 では、クラスの内部表現を直接アクセスする演算子の定義手法を解説する。

18.3.2 混合算術演算

zがcomplexであるときに、2+zを正しく扱うためには、+演算子が、左右の型が異なるオペランドを受け付ける定義が必要だ。これは、Fortranでいうところの**混合算術演算**（*mixed-mode arithmetic*）である。これは、適切なバージョンの演算子定義を追加するだけで行える：

```
class complex {
   double re, im;
public:
   complex& operator+=(complex a)
   {
      re += a.re;
      im += a.im;
      return *this;
   }

   complex& operator+=(double a)
   {
      re += a;
      return *this;
   }

   // ...
};
```

これに加えて、complexの外部で3種類のoperator+()を定義する：

```
complex operator+(complex a, complex b)
{
   return a += b;  // complex::operator+=(complex)を呼び出す
}

complex operator+(complex a, double b)
{
   return {a.real()+b,a.imag()};
}

complex operator+(double a, complex b)
{
   return {a+b.real(),b.imag()};
}
```

ここで使っているアクセス関数real()とimag()は、§18.3.6で定義する。

以上の宣言があると、以下のように記述できる：

```
void f(complex x, complex y)
{
   auto r1 = x+y;   // operator+(complex,complex)を呼び出す
   auto r2 = x+2;   // operator+(complex,double)を呼び出す
   auto r3 = 2+x;   // operator+(double,complex)を呼び出す
   auto r4 = 2+3;   // 組込み型整数どうしの加算
}
```

整数どうしの加算も含めたのは、完全性を期すためだ。

18.3.3 変換

complexの変数に対する、スカラによる初期化や代入を処理するには、スカラ（整数や浮動小数点数）からcomplexへの変換が必要だ。たとえば：

```
complex b {3};  // b.re=3でb.im=0を意味しなければならない

void comp(complex x)
{
    x = 4;         // x.re=4でx.im=0を意味しなければならない
    // ...
}
```


これは、1個の引数を受け取るコンストラクタを定義することで実現できる。1個の引数を受け取るコンストラクタは、引数型からコンストラクタ型への変換を行う。たとえば：

```
class complex {
    double re, im;
public:
    complex(double r) :re{r}, im{0} { }  // 1個のdoubleから1個のcomplexを作る
    // ...
};
```

このコンストラクタは、複素平面に実数直線を描くという、実世界で使われている算術演算を実現するものである。

コンストラクタは、指定された型の値を1個だけ作るための指示だ。ある型の値が必要であって、しかも、その値を、初期化子あるいは代入元の値から生成できる場合に、コンストラクタが利用される。そのため、1個の引数を受け取るコンストラクタは、明示的に呼び出されるとは限らない。たとえば：

```
complex b {3};
```

これは、以下のものと等価だ。

```
complex b {3,0};
```

ユーザ定義変換は、それが一意（§12.3）である場合にのみ、暗黙裏に適用される。暗黙裏に適用されるコンストラクタを利用したくなければ、そのコンストラクタを`explicit`として宣言する（§16.2.6）。

当然ながら、2個の`double`を受け取るコンストラクタも必要だ。さらに、`complex`を`{0,0}`に初期化するデフォルトコンストラクタも有用だ：

```
class complex {
    double re, im;
public:
    complex() : re{0}, im{0} { }
    complex(double r) : re{r}, im{0} { }
    complex(double r, double i) : re{r}, im{i} { }
    // ...
};
```

デフォルト引数を使えば、以下のように簡略化できる：

```
class complex {
    double re, im;
public:
    complex(double r =0, double i =0) : re{r}, im{i} { }
    // ...
};
```

complex 値のコピーは、デフォルトでは、実部と虚部のコピー演算として定義される(§16.2.2)。たとえば:

```
void f()
{
    complex z;
    complex x {1,2};
    complex y {x}; // yの値も{1,2}になる
    z = x;         // zの値も{1,2}になる
}
```

18.3.3.1 オペランドの変換

ここまでに、四則演算中の加算演算に対して、以下の3種類のバージョンを定義した:

```
complex operator+(complex,complex);
complex operator+(complex,double);
complex operator+(double,complex);
// ...
```

これは面倒だし、面倒はエラーにつながりやすい。各関数の、各引数の型が3種類だったらどうなるだろうか? 1個の引数を受け取る関数では3バージョン、2個の引数を受け取る関数では9バージョン、3個の引数を受け取る関数では27バージョンになってしまう。しかも、どれも、基本的に内容は同じだ。事実、ほぼすべての関数の処理内容は、すべての引数を共通の型に変換することと、それに対して標準的なアルゴリズムを適用することだけである。

すべての引数の組合せに対して個々のバージョンの関数を実装するのに代わる手法は、型変換に頼る、というものだ。たとえば、ここで作っている complex クラスには、double を complex に変換するコンストラクタがある。たとえば、等価演算子は必然的に1個のバージョンだけを宣言すればよいことになる:

```
bool operator==(complex,complex);

void f(complex x, complex y)
{
    x==y;    // operator==(x,y)を意味する
    x==3;    // operator==(x,complex(3))を意味する
    3==y;    // operator==(complex(3),y)を意味する
}
```

それぞれの関数を別々に定義したほうがよい、ということにも一理ある。たとえば、変換にオーバヘッドが発生することがあるし、より単純なアルゴリズムが特定の引数型に対して利用可能であるといったこともあるだろう。しかし、それらが重要でなければ、変換に頼った上で、もっとも汎用性が高いバージョンだけを(場合によっては若干の重要なバージョンを加えて)実装すれば、混合算術演算で発生する組合せの数の爆発的増加が封じ込められる。

関数や演算子に複数のものがある場合は、引数型と適用可能な変換(標準型変換とユーザ定義型変換)に基づいて、コンパイラが"正しい"バージョンを選択する。最適一致するものがなければ、その式は曖昧であり、エラーとなる(§12.3を参照)。

明示的でも暗黙的でも、式の中でコンストラクタによって構築されたオブジェクトは自動変数だ。

そのため、もっとも早い機会で解体される（§10.3.4を参照しよう）。

ドット演算子 . の左オペランドに対して、ユーザ定義変換が暗黙裏に適用されることはない（アロー演算子 -> も同様だ）。これには、暗黙裏に適用されるドット演算子 . も含まれる。たとえば：

```
void g(complex z)
{
   3+z;                 // ＯＫ：complex(3)+z
   3.operator+=(z);     // エラー：3はクラスオブジェクトではない
   3+=z;                // エラー：3はクラスオブジェクトではない
}
```

そのため、演算子をメンバにすれば、演算子の左オペランドとして左辺値だけを受け取れるようになる。ただし、これは近似解にすぎない。たとえば operator+=() などの、変更を施す演算では、一時変数にアクセスできてしまうからだ：

```
complex x {4,5}
complex z {sqrt(x)+={1,2}};  // tmp=sqrt(x), tmp+={1,2}と同じような感じ
```

暗黙の変換を避けるためには、explicit と宣言する必要がある（§16.2.6, §18.4.2）。

18.3.4 リテラル

組込み型にはリテラルがある。たとえば、1.2 と 12e3 は、double 型のリテラルだ。complex では、コンストラクタを constexpr と宣言することで、よく似た記述ができるようになる（§10.4）。例を示そう：

```
class complex {
public:
   constexpr complex(double r =0, double i =0) : re{r}, im{i} { }
   // ...
}
```

これが与えられると、組込み型のリテラルと同じように、構成要素をもとにして、コンパイル時に complex を作成できる。たとえば：

```
complex z1 {1.2,12e3};
constexpr complex z2 {1.2,12e3};    // コンパイル初期化が保証される
```

コンストラクタが単純でインライン化されていて、しかも constexpr と宣言されていれば、引数としてリテラルを渡すコンストラクタの呼出しは、リテラルそのものとみなしてよい。

ここで作成している complex 型も、少し進めるとユーザ定義リテラルが導入できる（§19.2.6）。接尾語 i を“虚数”として定義してみよう。たとえば：

```
constexpr complex<double> operator "" i(long double d)  // 虚数リテラル
{
   return {0,d};  // complexはリテラル型
}
```

これを使うと、以下のように記述できる：

```
complex z1 {1.2+12e3i};

complex f(double d)
```

```
{
   auto x {2.3i};
   return x+sqrt(d+12e3i)+12e3i;
}
```

constexpr コンストラクタと比べると、ここで示したユーザ定義リテラルには、一つ有利な点がある。{} 表記では型名による修飾が必要であるのに対して、ユーザ定義リテラルは、式の途中でそのまま利用できる。先ほどの例は、おおむね以下と等価である。

```
complex z1 {1.2,12e3};

complex f(double d)
{
   complex x {0,2.3};
   return x+sqrt(complex{d,12e3})+complex{0,12e3};
}
```

リテラル方式を選択するかどうかは、美的センスと対象分野での慣習に依存すると、私は感じている。標準ライブラリの complex では、ユーザ定義リテラルではなくて、constexpr コンストラクタを利用している。

18.3.5 アクセッサ関数

ここまでに complex クラスに実装したのは、コンストラクタと算術演算子のみである。これでは実用には不十分だ。特に、実部と虚部の値の取出しと書込みが必要となることは多い：

```
class complex {
   double re, im;
public:
   constexpr double real() const { return re; }
   constexpr double imag() const { return im; }

   void real(double r) { re = r; }
   void imag(double i) { im = i; }
   // ...
};
```

クラスの全メンバの一つ一つに対してアクセス関数を提供することが、よいアイディアであるとは、私は思わない。一般的にもそうだ。多くの型では、（**ゲット・セット関数**（*get-and-set function*）とも呼ばれる）個々のアクセスは、惨事を招くことになる。不用意な個々のアクセスは、不変条件に妥協をもちこむし、気付かないうちに内部表現を変更してしまいかねない。たとえば、§16.3 の Date や §19.3 の String に対して、全メンバにゲッタとセッタを実装して、それが誤用されたらどうなるかを考えてみれば分かるだろう。その一方で、complex での real() と imag() は、セマンティクスの点で重要だ。実部と虚部を個別に設定できると、非常に簡潔に書けるアルゴリズムもある。

たとえば、real() と imag() があれば、（性能に悪影響を与えることなく）、== のような単純で一般的で有用な演算子が、非メンバ関数として簡潔に記述できる：

```
inline bool operator==(complex a, complex b)
{
   return a.real()==b.real() && a.imag()==b.imag();
}
```

18.3.6 ヘルパ関数

これまでのすべての部品を詰め込むと、complex クラスは次のようになる：

```
class complex {
   double re, im;
public:
   constexpr complex(double r =0, double i =0) : re(r), im(i) { }

   constexpr double real() const { return re; }
   constexpr double imag() const { return im; }

   void real(double r) { re = r; }
   void imag(double i) { im = i; }

   complex& operator+=(complex);
   complex& operator+=(double);

   // -=, *=, /=
};
```

さらに、いくつかのヘルパ関数の実装も必要だ：

```
complex operator+(complex,complex);
complex operator+(complex,double);
complex operator+(double,complex);

// 2項の-と*と/

complex operator-(complex);   // 単項マイナス
complex operator+(complex);   // 単項プラス

bool operator==(complex,complex);
bool operator!=(complex,complex);

istream& operator>>(istream&,complex&); // 入力
ostream& operator<<(ostream&,complex);  // 出力
```

比較演算の定義では、メンバ関数の real() と imag() が不可欠であることに注意しよう。以降にあげるヘルパ関数も、ほとんどが real() と imag() を前提としている。

極座標の処理に必要となる関数も実装しよう：

```
complex polar(double rho, double theta);
complex conj(complex);

double abs(complex);
double arg(complex);
double norm(complex);

double real(complex);   // 表記上の利便性のため
double imag(complex);   // 表記上の利便性のため
```

最後に、標準的な数学関数一式が必要だ：

```
complex acos(complex);
complex asin(complex);
complex atan(complex);
// ...
```

ユーザの視点からだと、本章で示した complex 型は、標準ライブラリの <complex> が提供する complex<double> と、ほとんど同じだ（§5.6.2, §40.4）。

18.4 型変換

型変換は、以下のもので実現できる：

- 1個の引数を受け取るコンストラクタ（§16.2.5）
- 変換演算子（§18.4.1）

上記のいずれもが、以下の2種類の変換を行える。

- 明示的変換＝explicit 変換：この変換は、直接初期化（たとえば、=を使わない初期化）でのみ実行される（§16.2.6）。
- 暗黙的変換：曖昧にならずに利用できる局面（たとえば、関数の引数）であれば、どこでも適用される（§18.4.3）。

18.4.1 変換演算子

型変換を目的とした、1個の引数を受け取るコンストラクタは、便利ではあるものの、意図しない結果を生み出すことがある。さらに、コンストラクタは、次の変換を指定できない。

[1] ユーザ定義型から組込み型への暗黙の変換（組込み型がクラスではないからだ）

[2] 新しいクラスから、定義ずみの古いクラスへの変換（古いクラスの宣言を変更しない限り変換できないからだ）

これらの問題は、**変換演算子**（*conversion operator*）を変換元の型に実装することによって解決できる。Tが型名であるとき、メンバ関数 X::operator T() は、X から T への型変換方法の定義となる。一例として、整数と自由に混合して算術演算できる、非負の6ビット整数 Tiny を定義することにしよう。なお、Tiny は、演算結果がオーバフローまたはアンダフローしたときに Bad_range 例外を送出する：

```
class Tiny {
   char v;
   void assign(int i) { if (i&~077) throw Bad_range(); v=i; }
public:
   class Bad_range { };

   Tiny(int i) { assign(i); }
   Tiny& operator=(int i) { assign(i); return *this; }

   operator int() const { return v; }     // intへの変換関数
};
```

Tinyをintで初期化したときや、Tinyにintを代入したときは、値の範囲が必ずチェックされる。なお、Tinyをコピーする際は、範囲チェックが不要なので、デフォルトのコピーコンストラクタとコピー代入が、そのまま使える。

整数に対して通常行われる演算を、Tiny 型の変数に対しても利用できるようにするために、Tiny から int への暗黙の変換 Tiny::operator int() を定義している。変換先の型が演算子の名前の一部なので、変換関数の返却型の記述は（重複してしまうので）行えない。

```
Tiny::operator int() const { return v; }       // 正しい
int Tiny::operator int() const { return v; }   // エラー
```

この点はコンストラクタと似ている。

さて、intが必要とされる文脈でTinyを使うと、適切なintが使われる。たとえば：

```
int main()
{
    Tiny c1 = 2;
    Tiny c2 = 62;
    Tiny c3 = c2-c1;  // c3 = 60
    Tiny c4 = c3;     // 範囲チェックは行われない（不要）
    int i = c1+c2;    // i = 64

    c1 = c1+c2;       // 範囲エラー：c1は64になれない
    i = c3-64;        // i = -4
    c2 = c3-64;       // 範囲エラー：c2は-4になれない
    c3 = c4;          // 範囲チェックは行われない（不要）
}
```

あるデータ構造を扱う上で変換関数が特に有用となるのは、（変換演算子で実装されている）データの読取りが軽い処理であって、その一方で、代入や初期化がそれほど軽くない処理であるときである。

istream型とostream型は、変換関数に頼ることによって、次のような記述が可能となっている：

```
while (cin>>x)
    cout<<x;
```

入力演算cin>>xが返すのは、istream&だ。その値はcinの状態を表す値に暗黙裏に変換される。そして、その値がwhileによって判定される（§38.4.4を参照）。ただし、このように、別の型への変換を、その過程で情報が欠損するような形で定義するのは、いいアイディアでは**ない**。

一般的に、変換演算子は、控え目に利用するのが賢明だ。過度に利用すると曖昧さが生じる。その曖昧さは、コンパイラが検出するが、解決に手間がかかることになる。おそらく、X::make_int()のように、名前が付いた関数で変換するのがベストな方法だ。明示的に利用するのが見苦しいと感じられるくらい、その関数が広く利用されるようになったときに、X::operator int()に置きかえるといいだろう。

ユーザ定義変換とユーザ定義演算子の両方が定義されると、ユーザ定義演算子と組込み演算子のあいだに曖昧さが生じる可能性がある。たとえば：

```
int operator+(Tiny,Tiny);

void f(Tiny t, int i)
{
    t+i;  // エラー、曖昧："operator+(t,Tiny(i))"と"int(t)+i"のどっち？
}
```

型に対しては、ユーザ定義変換とユーザ定義演算子の一方のみが行えるようにするのがベストであることが多い。

18.4.2 explicit 変換演算子

変換演算子は、どこででも利用できるように定義される傾向がある。しかし、変換演算子を explicit と宣言すれば、等価なコンストラクタが利用可能な文脈である直接初期化（§16.2.6）の文脈でのみ適用されるようにできる。たとえば、標準ライブラリの unique_ptr（§5.2.1, §34.3.1）は、bool への explicit 変換演算子をもっている：

```
template <typename T, typename D = default_delete<T>>
class unique_ptr {
public:
    // ...
    explicit operator bool() const noexcept;    // *thisはポインタをもっているか
                                                 // （すなわちnullptrではないか）？
    // ...
};
```

変換演算子を explicit 宣言するのは、想定外の文脈での利用を抑制するためだ。次の例を考えてみよう：

```
void use(unique_ptr<Record> p, unique_ptr<int> q)
{
    if (!p)          // ＯＫ：私たちがほしいのは、この利用法
        throw Invalid_uninque_ptr{};

    bool b = p;     // エラー：疑わしい使い方
    int x = p+q;    // エラー：こんなものは絶対に避けたい
}
```

もし unique_ptr の bool への変換演算子が explicit でなければ、この例の最後の二つの定義がコンパイルできてしまうだろう。その場合、b の値は true になり、x の値は（q が有効かどうかによって）1 か 2 になる。

18.4.3 曖昧さ

V 型の値を X クラスのオブジェクトに代入するのが合法となるのは、代入演算子 X::operator=(Z) が定義されていて、V が Z そのものであるか、あるいは V から Z への一意な変換が存在するときのみである。このことは、初期化でも同様だ。

目的の型の値を作るのに、コンストラクタや変換演算子が繰り返し必要となることがある。そのような場合は、明示的変換が必要だ。ユーザ定義の暗黙の変換は、1 段階のみが認められているからだ。なお、目的の型の値を作るための方法が複数存在することがあるが、それは違反だ。例をあげよう：

```
class X { /* ... */ X(int); X(const char*); };
class Y { /* ... */ Y(int); };
class Z { /* ... */ Z(X); };

X f(X);
Y f(Y);

Z g(Z);
```

```
void k1()
{
   f(1);          // エラー：曖昧f(X(1))とf(Y(1))のどっち？
   f(X{1});       // ＯＫ
   f(Y{1});       // ＯＫ

   g("Mack");     // エラー：２段階のユーザ定義変換g(Z{X{"Mack"}})が必要だが試されない
   g(X{"Doc"});   // ＯＫ：g(Z{X{"Doc"}})
   g(Z{"Suzy"});  // ＯＫ：g(Z{X{"Suzy"}})
}
```

ユーザ定義変換が考慮されるのは、その変換を用いなければ解決できない局面（すなわち、組込み変換だけでは解決できない場合）だけである。たとえば：

```
class XX { /* ... */ XX(int); };

void h(double);
void h(XX);

void k2()
{
   h(1);  // h(double{1})とh(XX{1})のどっち？  答えはh(double{1})だ！
}
```

呼出し **h(1)** は、ユーザ定義変換ではなくて標準変換のみで処理できるので、**h(double{1})** とみなされる（§12.3）。

C++ の変換規則は、考えられるものの中で、実装をもっとも単純にするものではないし、ドキュメントをもっとも単純にするものでもないし、もっとも汎用性があるわけでもない。しかし、安全性が確保されており、想定外の結果につながることはない。想定外の変換によるエラーを見つけようとするよりも、曖昧さを手作業で解決するほうが簡単だ。

厳密なボトムアップ解析を重視していることは、多重定義解決で返却型が考慮の対象外であることを暗に示している。次の例を考えよう：

```
class Quad {
public:
   Quad(double);
   // ...
};

Quad operator+(Quad,Quad);

void f(double a1, double a2)
{
   Quad r1 = a1+a2;         // 倍精度浮動小数点の加算
   Quad r2 = Quad{a1}+a2;   // ４倍精度を強制する
}
```

このように設計した理由は、厳密なボトムアップ解析法が理解しやすいことと、加算に対してプログラマが要求する精度を判断するのがコンパイラの仕事ではないと考えられることによる。

初期化と代入における両辺の型がひとたび判明すれば、それら両方の型が初期化と代入の解決に利用される。例をあげよう：

```
class Real {
public:
    operator double();
    operator int();
    // ...
};

void g(Real a)
{
    double d = a;   // d = a.double();
    int i = a;      // i = a.int();

    d = a;          // d = a.double();
    i = a;          // i = a.int();
}
```

どの例でも、やはり型の解析はボトムアップであり、1個の演算子と、その引数型だけからの解析が行われる。

18.5 アドバイス

[1] 演算子を定義する場合は、本来の動作を模倣しよう。§18.1。

[2] デフォルトのコピーが不適切であれば、コピーを再定義するか禁止しよう。§18.2.2。

[3] オペランドが大規模であれば、`const` 参照引数型を利用しよう。§18.2.4。

[4] 返すべき結果が大規模であれば、ムーブコンストラクタを利用しよう。§18.2.4。

[5] クラスの内部表現をアクセスする必要がある演算子の実装は、非メンバ関数よりもメンバ関数を優先しよう。§18.3.1。

[6] クラスの内部表現をアクセスする必要がない演算子の実装は、メンバ関数よりも非メンバ関数を優先しよう。§18.3.2。

[7] クラスと、そのヘルパ関数は、名前空間を使って関連付けよう。§18.2.5。

[8] 左右二つの引数に対称性がある演算子は、非メンバ関数として実装しよう。§18.3.2。

[9] 左オペランドに左辺値を要求する演算子は、メンバ関数として実装しよう。§18.3.3.1。

[10] ユーザ定義リテラルを定義して、通常の記法を模倣しよう。§18.3.4。

[11] メンバ変数に対して"`set()` 関数と `get()` 関数"を実装するのは、クラスの基本的なセマンティクスによって必要とされている場合に限定しよう。§18.3.5。

[12] 暗黙の型変換の導入時は、細心の注意を払うように。§18.4。

[13] 値を破壊する("縮小")変換は避けよう。§18.4.1。

[14] コンストラクタと変換演算子の両方が同じ変換を行うように定義してはいけない。§18.4.3。

第19章 特殊な演算子

われわれは皆例外なのだ。

— アルベール・カミュ

- はじめに
- 特殊な演算子
  添字演算／関数呼出し／参照外し／インクリメントとデクリメント／メモリ確保と解放／ユーザ定義リテラル
- 文字列クラスString
  基本演算／文字へのアクセス／内部表現／メンバ関数／ヘルパ関数／作成した文字列クラスの利用例
- フレンド
  フレンドの探索／フレンドとメンバ
- アドバイス

19.1 はじめに

多重定義は、算術演算や論理演算に限られるわけではない。演算子は、コンテナ（vectorやmapなど：§4.4）、“スマートポインタ”（unique_ptrやshared_ptrなど：§5.2.1）、反復子（§4.5）、資源管理を行うその他のクラスの設計で、極めて重要だ。

19.2 特殊な演算子

以下の演算子は、特殊な演算子である。

```
[]  ()  ->  ++  --  new  delete
```

何が特殊かというと、これらの演算子を利用するコードと、プログラマによる定義との対応関係が、+や<や~などの通常の単項演算子や2項演算子（§18.2.3）とは若干異なることだ。添字演算の[]と関数呼出しの()は、特に有用なユーザ定義演算子だ。

19.2.1 添字演算

operator[]関数は、クラスオブジェクトに対して添字演算を適用できるようにする。operator[]関数の第2引数（添字）には、任意の型が指定できる。そのため、vectorや連想配列などが定義できるようになる。

ここでは、次のような単純な連想配列型を定義してみよう：

```
struct Assoc {
   vector<pair<string,int>> vec;  // {name,value}のpairのvector

   const int& operator[] (const string&) const;
   int& operator[](const string&);
};
```

Assocは、std::pairのベクタを管理する。§7.7と同じように、単純で非効率的な探索を実装してみよう：

```
int& Assoc::operator[](const string& s)
   // sを探索；見つかったらその値への参照を返却
   // そうでなければ、新しいpair{s,0}を作って、その値への参照を返却
{
   for (auto x : vec)
      if (s == x.first) return x.second;

   vec.push_back({s,0});       // 初期値：0

   return vec.back().second;  // 末尾要素を返却（§31.2.2）
}
```

Assocは、以下のように利用できる：

```
int main()     // 入力からの全単語の出現回数をカウント
{
   Assoc values;
   string buf;
   while (cin>>buf) ++values[buf];
   for (auto x : values.vec)
      cout << '{' << x.first << ',' << x.second << "}\n";
}
```

標準ライブラリのmapとunordered_mapは、連想配列のアイディアを発展させて、本格的に実装したものだ（§4.4.3, §31.4.3）。

operator[]()は、非staticメンバ関数でなければならない。

19.2.2 関数呼出し

関数呼出しの記法は、**式(式並び)**である。これは、左オペランドが**式**（*expression*）で、右オペランドが**式並び**（*expression-list*）となっている2項演算と解釈される。呼出し演算子()は、他の演算子と同様に、多重定義できる。たとえば：

```
struct Action {
   int operator()(int);
   pair<int,int> operator()(int,int);
   double operator()(double);
   // ...
};

void f(Action act)
{
   int x = act(2);
   auto y = act(3,4);
   double z = act(2.3);
   // ...
};
```

operator()() の引数並びは、通常どおりの引数渡しの規則にしたがって評価されてチェックされる。一般に、関数呼出し演算子の多重定義が有用なのは、単一の演算のみを行う型の定義に対してや、単一の演算ばかりを利用する型に対してだ。なお、**呼出し演算子**（*call operator*）は、**アプリケーション演算子**（*application operator*）とも呼ばれる。

もっとも分かりやすくて重要な () 演算子の使い方は、ある種の方法によって、あたかも関数のように動作するオブジェクトに対して、通常の関数呼出し構文をもたせることだ。あたかも関数のように振る舞うオブジェクトは、**関数形式オブジェクト**（*function-like object*）や、単に**関数オブジェクト**（*function object*）と呼ばれる（§3.4.3）。関数オブジェクトを使うと、ある程度複雑な規模の処理を引数として受け取るようなコードが書けるようになる。多くの場合、関数オブジェクトが、処理に必要なデータを保存しておけるということが極めて重要となる。たとえば、内部に保存している値を引数に加算する operator()() は、次のように定義できる：

```
class Add {
   complex val;
public:
   Add(complex c) :val{c} { }                          // 値を保存
   Add(double r, double i) :val{{r,i}} { }

   void operator()(complex& c) const { c += val; }     // 引数に値を加算する
};
```

Add クラスのオブジェクトは、複素数で初期化される。() 演算子を使って呼び出されると、内部に保存している値を引数に加算する。たとえば：

```
void h(vector<complex>& vec, list<complex>& lst, complex z)
{
   for_each(vec.begin(),vec.end(),Add{2,3});
   for_each(lst.begin(),lst.end(),Add{z});
}
```

これは、vector の全要素に complex{2,3} を加算するとともに、list の全要素に z を加算する。ここで、Add{z} が、for_each() によって繰り返されるたびに 1 個のオブジェクトを構築している点に注目しよう。Add{z} の operator()() は、シーケンスの全要素に対して実行される。

これがうまくいくのは、以下に示すように、for_each が、第 3 引数が何であるのかに関知することなく、それに対して () を適用するテンプレートだからである：

```
template<typename Iter, typename Fct>
Fct for_each(Iter b, Iter e, Fct f)
{
   while (b != e) f(*b++);
   return f;
}
```

一見しただけでは、このテクニックは難解に感じられるだろう。しかし、簡潔で効率的であるとともに、極めて有用なものである（§3.4.3, §33.4）。

ラムダ式（§3.4.3, §11.4）が、関数オブジェクトを定義する文法であることを思い出そう。そのため、次のようにも記述できる：

```
void h2(vector<complex>& vec, list<complex>& lst, complex z)
{
   for_each(vec.begin(),vec.end(),[](complex& a){ a+={2,3}; });
   for_each(lst.begin(),lst.end(),[](complex& a){ a+=z; });
}
```


この場合、各ラムダ式が、関数オブジェクトAddと等価なものを生成する。

operator()() がよく使われるもう一つの局面は、部分文字列演算子と多次元配列用の添字演算子（§29.2.2，§40.5.2）である。

operator()() は、非staticメンバ関数でなければならない。

なお、関数呼出し演算子をテンプレートとすることも多い（§29.2.2，§33.5.3）。

19.2.3 参照外し

アロー（*arrow*）演算子とも呼ばれる参照外し演算子->は、後置の単項演算子として定義できる。たとえば：

```
class Ptr {
   // ...
   X* operator->();
};
```

Ptrクラスのオブジェクトは、通常のポインタとほぼ同じ方法で、Xクラスのメンバをアクセスするために利用できる。たとえば：

```
void f(Ptr p)
{
   p->m = 7;      // (p.operator->())->m = 7
}
```

オブジェクトpからポインタp.operator->()への変換は、メンバmが何を指しているのかとは無関係だ。というのも、operator->()が後置の単項演算子だからだ。別に新しい文法が導入されたわけではないので、->の後には当然メンバ名が必要だ。たとえば：

```
void g(Ptr p)
{
   X* q1 = p->;                // 構文エラー
   X* q2 = p.operator->();    // ＯＫ
}
```

->の多重定義がもっとも有用となるのは、“スマートポインタ”の作成だ。すなわち、ポインタのように振る舞って、それを介して何らかの処理を実行するオブジェクトである。標準ライブラリの“スマートポインタ”であるunique_ptrとshared_ptrは、->を実装している（§5.2.1）。

ここでは、ディスク上に存在するオブジェクトにアクセスするDisk_ptrの定義を考えていこう。Disk_ptrのコンストラクタは、ディスク上のオブジェクトを特定するための名前を引数として受け取る。Disk_ptrを介してアクセスを行うと、Disk_ptr::operator->()がオブジェクトを主記憶にロードする。そして、Disk_ptrのデストラクタは、更新されたオブジェクトをディスクに書き戻す。以下に示すのが、そのコードだ：

```
template<typename T>
class Disk_ptr {
   string identifier;
   T* in_core_address;
   // ...
public:
   Disk_ptr(const string& s) : identifier{s}, in_core_address{nullptr} { }
   ~Disk_ptr() { write_to_disk(in_core_address,identifier); }

   T* operator->()
   {
      if (in_core_address == nullptr)
         in_core_address = read_from_disk(identifier);
      return in_core_address;
   }
};
```

以下に示すのが、Disk_ptrの利用例だ：

```
struct Rec {
   string name;
   // ...
};

void update(const string& s)
{
   Disk_ptr<Rec> p {s};          // sのDisk_ptrを取り出す

   p->name = "Roscoe";           // sを更新；必要であれば最初にディスクから読み取る
   // ...
}                                // pのデストラクタがディスクに書き戻す
```

当然、現実のプログラムであれば、エラー処理や、ディスクとのやりとりを実行するために、きちんとした実装が必要となる。

通常のポインタでは、->は、単項演算子の*や[]などでも同じ意味を表現できる。あるクラスYに対して、->と*と[]の各演算子がデフォルトのままであるとして、Y*型のpを考えよう：

```
p->m == (*p).m        // 真になる
(*p).m == p[0].m      // 真になる
p->m == p[0].m        // 真になる
```

当然、ユーザ定義演算子では、このような保証はない。通常のポインタとの等価性が必要であれば、以下のように実装する：

```
template<typename T>
class Ptr {
   T* p;
public:
   T* operator->() { return p; }          // メンバのアクセスのための参照外し
   T& operator*() { return *p; }          // オブジェクト全体のアクセスのための参照外し
   T& operator[](int i) { return p[i]; }  // 要素のアクセスのための参照外し
   // ...
};
```

これらの演算子を1個でも実装するのであれば、すべてを実装して通常のポインタとの等価性をもたせるべきだ。ちょうど、++と+=と=と+の演算子が利用可能なクラスXに対して、変数xに対する演算x=x+1と++xとx+=1とが同一の結果となることを保証するのがよいのと同じことである。

興味深いプログラムのクラスでは -> を多重定義することが重要であり、それは単に好奇心をそそるものではない。というのも、**間接参照**（*indirection*）は重要な概念であるし、-> を多重定義すれば、間接参照を、プログラム内ですっきりと直接的に効率よく表現できるからだ。反復子（第33章）は、重要な実装例だ。

-> 演算子は非 static メンバ関数でなければならない。返却型は、ポインタか、あるいは、-> が適用可能なクラスのオブジェクトでなければならない。テンプレートクラスのメンバ関数の本体は、関数が利用されたときにのみチェックされるので（§26.2.1）、-> が意味をもたない Ptr<int> のような型を考慮することなく、operator->() を定義できる。なお、アロー演算子 -> とドット演算子 . には類似性があるが、ドット演算子 . は多重定義できない。

19.2.4 インクリメントとデクリメント

“スマートポインタ”の存在に気付いた人たちは、組込み型に対するインクリメント演算子 ++ とデクリメント演算子 -- の動作を実装しようとするようだ。通常のポインタ型に代わるものとして、同じセマンティクスをもつ“スマートポインタ”型で置きかえるのであれば、それは分かりやすいし必要なことだ。ただし、ちょっとした実行時エラーチェックが必要だ。問題を起こしやすい伝統的なプログラムを考えてみよう：

```
void f1(X a)                    // 伝統的な利用法
{
    X v[200];
    X* p = &v[0];
    p--;
    *p = a;     // おっと：pは範囲外だが捕捉されない
    ++p;
    *p = a;     // ＯＫ
}
```

X* は、それが本当に X を指している場合に限り、参照外しが可能な Ptr<X> クラスのオブジェクトに置換するとよさそうだ。また、p が配列内のオブジェクトを指す場合に限り、インクリメントとデクリメントを認め、配列内のオブジェクトを表せるようにすると、よさそうである。つまり、以下のようにできればいいはずだ：

```
void f2(Ptr<X> a)               // チェック付き
{
    X v[200];
    Ptr<X> p(&v[0],v);
    p--;
    *p = a;     // 実行時エラー：pは範囲外
    ++p;
    *p = a;     // ＯＫ
}
```

インクリメント演算子とデクリメント演算子は、C++ の演算子の中で極めて異彩を放っており、前置としても後置としても利用可能である。そのため、Ptr<T> では、前置と後置の両方を使えるように、インクリメント演算子とデクリメント演算子を定義する必要がある。たとえば：

```
template<typename T>
class Ptr {
   T* ptr;
   T* array;
   int sz;
public:
   template<int N>
      Ptr(T* p, T(&a)[N]);    // 配列aにバインドされsz==Nで初期値はp
   Ptr(T* p, T* a, int s);    // 要素数sの配列aにバインドされ初期値はp
   Ptr(T* p);                 // 単一オブジェクトにバインドされsz==0で初期値はp

   Ptr& operator++();         // 前置
   Ptr& operator--();         // 前置
   Ptr operator++(int);       // 後置
   Ptr operator--(int);       // 後置

   T& operator*();            // 前置
};
```

引数の int は、その関数が後置 ++ 演算として利用されることを表す。なお、その int 値は利用されない。というのも、前置と後置を区別するためのダミー引数にすぎないからだ。どちらのバージョンの operator++ が前置なのか後置なのかは、他の単項算術演算子や単項論理演算子と同様に、ダミー引数がないものが前置だと覚えておくとよい。ダミー引数を使うのは、“不細工な”後置版の ++ 演算子と -- 演算子のみだ。

設計時は、後置の ++ 演算子と -- 演算子を除外することを検討すべきだ。というのも、後置版の ++ 演算子と -- 演算子は、構文が不細工であるだけでなく、前置版よりも実装が難しくなって、効率も利用頻度もより低くなる傾向があるからだ。たとえば：

```
template<typename T>
Ptr& Ptr<T>::operator++()     // インクリメント後の現在のオブジェクトを返却
{
   // ... ptr+1が指せることをチェック ...
   ++ptr;
   return *this;
}

template<typename T>
Ptr Ptr<T>::operator++(int)  // インクリメントした上で古い値をもつPtrを返却
{
   // ... ptr+1が指せることをチェック ...
   Ptr<T> old {ptr,array,sz};
   ++ptr;
   return old;
}
```

前置インクリメント演算子は、オブジェクトそのものへの参照を返せるが、後置インクリメント演算子は新しいオブジェクトを作った上で返さなければならない。

Ptr を使うと、先ほどの f2() は以下のようにしても等価に実現できる：

```
void f3(T a)          // チェック付き
{
   T v[200];
   Ptr<T> p(&v[0],v);
   p.operator--(0);          // 後置：p--
```

```
        p.operator*() = a;      // 実行時エラー：pは範囲外
        p.operator++();         // 前置：++p
        p.operator*() = a;      // ＯＫ
    }
```


Ptr クラスを完成させる作業は、みなさんの課題だ。継承しても正しく動作するポインタテンプレートは、§27.2.2 で取り上げる。

19.2.5 メモリ確保と解放

new 演算子（§11.2.3）は、operator new() を呼び出すことでメモリを獲得する。同様に、delete 演算子は、内部で operator delete() を呼び出してメモリを解放する。広域の operator new() と operator delete() をユーザが再定義することが可能である。さらに、個々のクラスに対して operator new() と operator delete() を定義することも可能だ。

標準ライブラリの型別名 size_t（§6.2.8）で大きさを表現すると、広域版の演算子関数の宣言は、以下のようなものとなる：

```
    void* operator new(size_t);                 // 単一オブジェクトで利用
    void* operator new[](size_t);               // 配列で利用
    void operator delete(void*, size_t);        // 単一オブジェクトで利用
    void operator delete[](void*, size_t);      // 配列で利用
    // これら以外のバージョンについては§11.2.4を参照
```

すなわち、new は、X 型のオブジェクト用に空き領域からメモリを確保する必要性が生じたときに、operator new(sizeof(X)) を呼び出す。同様に、new が、N 個の要素をもつ X 型の配列用に空き領域からメモリを確保する必要性が生じたときは、operator new[](N*sizeof(X)) を呼び出す。new 式は、N*sizeof(X) よりも多くのメモリを要求することもあるが、その要求は、必ず文字単位（すなわちバイト単位）となる。広域の operator new() と operator delete() を置きかえるのは、それほど大変ではないが、お勧めはしない。というのも、デフォルトの振舞いを想定しているプログラマがいるかもしれないし、広域の operator new() と operator delete() を置きかえているかもしれないからだ。

厳選されたよい解は、専用の演算子を特定のクラスに対して実装することだ。そのクラスを基底として、数多くの派生クラスが作られる可能性がある。具体例を考えよう。自分のクラスとすべての派生クラスのために、メモリ確保と解放を演算子として実装した Employee クラスだ：

```
    class Employee {
    public:
        // ...

        void* operator new(size_t);
        void operator delete(void*, size_t);

        void* operator new[](size_t);
        void operator delete[](void*, size_t);
    };
```

メンバとしての operator new() と operator delete() は、暗黙裏に static メンバとなる。そのため、this ポインタをもたないし、オブジェクトの変更もできない。これらのメンバが提供するメ

モリ領域は、コンストラクタの初期化対象となり、デストラクタの後始末対象となるものだ：

```
void* Employee::operator new(size_t s)
{
   // sバイトのメモリを確保してそのポインタを返却
}

void Employee::operator delete(void* p, size_t s)
{
   if (p) {    // p!=0のときのみdeleteする；§11.2と§11.2.3を参照
      // pはEmployee::operator new()が確保したsバイトのメモリを指すと仮定
      // そのメモリが再利用できるように解放する
   }
}
```

ここまで説明してこなかったsize_t型引数の使い方が、やっと明らかになった。これは、deleteすることになるオブジェクトの大きさだ。"単なる"Employeeを解放するときは、引数の値はsizeof(Employee)となる。一方、Employeeから派生した、自分自身のoperator delete()をもたないManagerを解放するときは、引数の値はsizeof(Manager)となる。このおかげで、クラス独自のメモリ確保関数では、確保の際に大きさの情報を保存しなくてすむようになる。当然、クラスのメモリ確保関数が大きさの情報を保存することもでき（汎用のアロケータでは、必ずそのようになっている）、operator delete()がsize_t型の引数を無視する、といったことも可能だ。しかし、それだと、汎用メモリ確保に対して速度性能とメモリ消費を改善することが困難になってしまう。

さて、コンパイラは、operator delete()に対して、正しい大きさをどうやって与えているのだろう？ delete演算子に指定された型が、deleteするオブジェクトの型と一致する。そのため、基底クラスを指すポインタを介してオブジェクトをdeleteする場合、基底クラスがvirtualデストラクタをもっていなければ、正しい大きさが得られない（§17.2.5）：

```
Employee* p = new Manager; // トラブルのもと（正確な型が失われている）
// ...
delete p;                  // Employeeがvirtualデストラクタをもっていればいいのだが
```

メモリの解放は、デストラクタで行うのが原則である（デストラクタがクラスの大きさを知っているからだ）。

19.2.6 ユーザ定義リテラル

C++では、さまざまな組込み型のリテラルが利用できる（§6.2.6）：

```
123        // int
1.2        // double
1.2F       // float
'a'        // char
1ULL       // unsigned long long
0xD0       // 16進数のunsigned
"as"       // C言語スタイルの文字列（const char[3]）
```

さらに、ユーザ定義型のリテラルや、組込み型の値とよく似た形式のリテラルも定義できる。例をあげよう：

```
"Hi!"s                  // stringであって"ゼロで終わるcharの配列"ではない
1.2i                    // 虚数
101010111000101b        // ２進数
123s                    // 秒
123.56km                // マイルではない　（単位）
12345678901234567890123456789012345678890x   // 拡張精度
```


このような**ユーザ定義リテラル**（*user-defined literal*）は、型と、それに対する接尾語とのマッピングを行う**リテラル演算子**（*literal operator*）によって実現されている。リテラル演算子の名前は、`operator""`に接尾語を続けたものだ。たとえば：

```
constexpr complex<double> operator"" i(long double d)  // 虚数リテラル
{
   return {0,d};           // complexはリテラル型
}

std::string operator"" s(const char* p, size_t n)      // std::stringリテラル
{
   return string{p,n};     // 空き領域からの確保が必要
}
```

二つの演算子は、それぞれ接尾語`i`と`s`を定義する。`constexpr`を使っているのは、コンパイル時評価を行えるようにするためだ。これらが与えられると、以下のように記述できる：

```
template<typename T> void f(const T&);

void g()
{
   f("Hello");      // char*にポインタを渡す
   f("Hello"s);     // ５文字のstringオブジェクトを渡す
   f("Hello\n"s);   // ６文字のstringオブジェクトを渡す

   auto z = 2+1i;   // complex{2,1}
}
```

基本的な（実装上の）アイディアは、コンパイラが、何がリテラルとなり得るかを解析した後に、必ず接尾語を確認する、ということだ。ユーザ定義リテラルのメカニズムは、新しい接尾語を使えるようにして、その直前に記述されたリテラルの処理方法を定義するだけのものだ。組込みリテラルの接尾語を再定義したり、リテラルの文法を変えたりすることはできない。

ユーザ定義リテラルとして接尾語を付加できるリテラルは、次の4種類だ（§iso.2.14.8）。

- 整数リテラル（§6.2.4.1）：`123m`や`12345678901234567890X`など。`unsigned long long`または`const char*`の引数を受け取るリテラル演算子、あるいは、テンプレートリテラル演算子が担当する。
- 浮動小数点数リテラル（§6.2.5.1）：`12345678901234567890.976543210x`や`3.99s`など。`long double`または`const char*`の引数を受け取るリテラル演算子、あるいは、テンプレートリテラル演算子が担当する。
- 文字列リテラル（§7.3.2）：`"string"s`や`R"(Foo\bar)"_path`など。`(const char*,size_t)`のペアの引数を受け取るリテラル演算子が担当する。
- 文字リテラル（§6.2.3.2）：`'f'_runic`や`u'BEEF'_w`など。`char`、`wchar_t`、`char16_t`、`char32_t`型の文字を引数に受け取るリテラル演算子が処理する。

たとえば、組込み型の整数ではまったく表現できない桁数の整数値を処理するリテラル演算子が定義できる：

```
Bignum operator"" x(const char* p)
{
    return Bignum(p);
}

void f(Bignum);

f(123456789012345678901234567890123456789012345x);
```

ここで、C言語スタイルの文字列 "123456789012345678901234567890123456789012345" が operator"" x() に渡される。数字の並びを二重引用符記号で囲んでいないことに注意しよう。ここで定義しているリテラル演算子は、C言語スタイルの文字列を引数に受け取るので、コンパイラが文字列として渡すのだ。

プログラムのソーステキストから、C言語スタイルの文字列をリテラル演算子に与える場合、引数として文字列と文字数とが必要になる：

```
string operator"" s(const char* p, size_t n);

string s12 = "one two"s;      // operator ""s("one two",7)を呼び出す
string s22 = "two\ntwo"s;     // operator ""s("two\ntwo",7)を呼び出す
string sxx = R"(two\ntwo)"s;  // operator ""s("two\\ntwo",8)を呼び出す
```

原文字列では、"\n" は、'\' と 'n' の2個の文字を表す（§7.3.2.1）。

文字数が必要となっているのは、“さまざまな種類の文字列”に対応するためである。それに、私たち人間にとっても、文字数は必要だ。

引数に const char* のみを受け取る（文字数を受け取らない）リテラル演算子は、整数か浮動小数点数のリテラルだけを扱える。たとえば：

```
string operator"" SS(const char* p);    // 警告：期待どおりには動作しない

string s12 = "one two"SS;               // エラー：適用可能なリテラル演算子がない
string s13 = 13SS;                      // ＯＫ、こんなもの誰が必要とするだろう？
```

数値を文字列に変換するリテラル演算子は、大きな混乱のもとになる。

テンプレートリテラル演算子（*template literal operator*）は、関数ではなくて、テンプレートパラメータパックを引数に受け取るリテラル演算子である。

```
template<char...>
constexpr int operator"" _b3();  // 基数が3。すなわち３進数
```

これを使うと、次のような記述が可能だ：

```
201_b3   // operator"" b3<'2','0','1'>()のこと。すなわち、2*9+0*3+1 == 19
241_b3   // operator"" b3<'2','4','1'>()のこと。エラー：4は3進数字ではない
```

operator"" _b3() の定義には、いくつかのヘルパ関数が必要になる。

```
constexpr int ipow(int x, int n) // xのn乗
{
    return n>0?x*ipow(x,n-1):1;
}
```

```
// 使われない汎用テンプレート（一次テンプレート：§25.3.1.1）：
template<char...> struct helper;

template<char c>
struct helper<c> {              // １個の数字を処理
   static_assert('0'<=c&&c<'3',"not a ternary digit");
   static constexpr int value() { return c-'0'; }
};

template<char c, char... tail>

struct helper<c, tail...> {     // 複数の数字を処理
   static_assert('0'<=c&&c<'3',"not a ternary digit");
   static constexpr int value() {
      return (c-'0')*ipow(3,sizeof...(tail)) + helper<tail...>::value();
   }
};
```

これを使えば、次のような3進数を実現するリテラル演算子が定義可能だ：

```
template<char... chars>
constexpr int operator"" _b3()
{
   return helper<chars...>::value();
}
```

ここで必要となっている可変個引数テンプレートとメタプログラミングの技法（§28.6）は、あまり気持ちよいものではないかもしれないが、数字に対して非標準の意味をコンパイル時にもたせるための唯一の方法だ。

接尾語の多くは短いので（`std::string`では`s`、虚数では`i`、メートルでは`m`（§28.7.3）、拡張（extended）では`x`など）、それらを異なる用途で使うと、衝突してしまう。衝突を防ぐには、名前空間を使うとよい：

```
namespace Numerics {
   // ...
   class Bignum { /* ... */ };
   namespace literals {
      Bignum operator"" x(char const*);
   }
   // ...
}

using namespace Numerics::literals;
```

先頭文字が下線記号でない接尾語は、標準ライブラリが予約している。もし下線以外の文字で始まる接尾語を定義すると、そのコードは、将来的に使えなくなる危険がある：

```
123km       // 標準ライブラリで予約ずみ
123_km      // 使ってよい
```

19.3 文字列クラスString

本節で示す比較的単純な文字列クラスは、慣例的に定義される演算子を用いたクラスの設計と実装で有用となる、いくつかの技法を示すものだ。紹介する`String`クラスは、標準ライブラリ`string`（§4.2, 第36章）を簡素化したものであって、値のセマンティクス、チェック付きとチェッ

ク無しの両バージョンでの文字へのアクセス、ストリーム入出力、範囲forループのサポート、等価演算子、連結演算を実装する。さらにstd::stringでは（まだ）実装されていない、Stringリテラルも追加実装している。

文字列リテラル（§7.3.2）を含めたC言語スタイルの文字列との簡潔な協調動作を実現するため、ここでの文字列は、ゼロで終わる文字の配列として表現する。また、実用化のための、**短い文字列の最適化**（*short string optimization*）を実装する。すなわち、数文字程度であれば、文字を空き領域へ配置せずに、Stringオブジェクトの内部に格納する。これで、短い文字列の利用が最適化される。これまでの経験から、短い文字列だけを利用するアプリケーションは膨大な数であることが分かっている。ポインタ（あるいは参照）による共有が実現不可能なマルチスレッドシステムや、空き領域の確保と解放が比較的高コストであれば、特に重要となる最適化である。

末尾に文字を追加することによってStringが効率よく“成長”できるようにするために採用しているのが、余裕をもってメモリ領域を確保する方式だ。この方式は、vectorでも実装されている（§13.6.1）。この方式によって、Stringはさまざまな形での入力に対応できるようになる。

さらに機能を追加して、よりよい文字列クラスを実装するのは、みなさんの課題だ。よりよい文字列クラスが実現できたら、みなさんが実装したクラスを捨ててしまって、std::string（第36章）を使うとよい。

19.3.1 基本演算

Stringクラスは、コンストラクタ、デストラクタ、代入演算という、定番の関数を実装する（§17.1）：

```
class String {
public:
    String();                          // デフォルトコンストラクタ：x{""}

    String(const char* p);             // C言語スタイルの文字列をもとに構築：x{"Euler"}

    String(const String&);                         // コピーコンストラクタ
    String& operator=(const String&);              // コピー代入

    String(String&& x);                            // ムーブコンストラクタ
    String& operator=(String&& x);                 // ムーブ代入

    ~String() { if (short_max<sz) delete[] ptr; }  // デストラクタ

    // ...
};
```

このStringは、値セマンティクスをもっている。すなわち、代入s1=s2の後では、二つの文字列s1とs2は完全に異なるものとして存在するので、一方に何らかの変更を加えたとしても、もう一方に影響がおよぶことはない。ちなみに、Stringにポインタセマンティクスをもたせることも考えられる。その場合、代入s1=s2の後にs2を変更すると、s1の値が影響を受けることになる。ちゃんと意味がある限り、私は、値セマンティクスを優先する。そのよい例が、complex、vector、Matrix、stringなどだ。ただし、値セマンティクスは使いやすくなければならない。コピーを作る必要がなければStringは参照渡しで受け渡さなければならないし、returnを最適化するためにはムーブセマンティクスを実装しなければならない（§3.3.2，§17.5.2）。

より進化したバージョンの String の実装は、§19.3.3 で提示する。コピー演算とムーブ演算としては、ユーザ定義のものが必要となることに注意しよう。

19.3.2 文字へのアクセス

理想的な文字列のアクセス演算子は、通常の記述（すなわち [] ）で、最高の効率性と範囲チェックとを実現するものなので、その設計は難易度が高い。残念ながら、その機能と性能は、同時には実現できない。ここでは、標準ライブラリと同様に、効率が優れるものの、範囲チェックを行わない通常の添字演算子 [] と、範囲チェックを行う at() 演算子を実装する：

```
class String {
public:
   // ...

   char& operator[](int n) { return ptr[n]; }     // チェック無しの要素アクセス
   char operator[](int n) const { return ptr[n]; }

   char& at(int n) { check(n); return ptr[n]; }  // 範囲をチェックする要素アクセス
   char at(int n) const { check(n); return ptr[n]; }

   String& operator+=(char c);                   // 末尾にcを加える

   char* c_str() { return ptr; }                 // C言語スタイルの文字列アクセス
   const char* c_str() const { return ptr; }

   int size() const { return sz; }               // 要素数
   int capacity() const                          // 要素数プラスアルファの容量
      { return (sz<=short_max) ? short_max : sz+space; }
   // ...

};
```

これで、通常どおりに [] が利用できる。たとえば：

```
int hash(const String& s)
{
   if (s.size()==0) return 0;
   int h {s[0]};                         // sに対するチェック無しアクセス
   for (int i {1}; i<s.size(); ++i)
      h ^= s[i]>>1;                      // sに対するチェック無しアクセス
   return h;
}
```

ここでは、0 から s.size()-1 の範囲でのみ s を利用しているので、チェック付きの at() は冗長といえる。at() は、ミスの可能性があるときに利用するものだ：

```
void print_in_order(const String& s,const vector<int>& index)
{
   for (auto x : index)
      cout << s.at(x) << '\n';        // sに対するチェック付きアクセス
}
```

残念ながら、ミスが起こるかもしれない局面で、すべてのプログラマが at() を必ず利用すると仮定することはできない。そのため、（[] と at() の両方が使えるのは、そのままにした上で） [] でもチェックを行う方式の std::string の実装もある。開発段階で [] でチェックを行うのはよいことだと、個人的には考えている。しかし、文字列操作が中心となるような仕事では、文字をアクセスするたびに範囲をチェックしていては、無視できないオーバヘッドとなってしまう。

なお、ここに示した例では、constと非constのアクセス関数を実装している。constオブジェクトを、非constオブジェクトと同様に利用できるようにするためだ。

19.3.3 内部表現

これから示すStringは、以下の三つの目標に合致するものだ：

- （文字列リテラルなどの）C言語スタイルの文字列を、容易にStringへと変換できる。さらに、C言語スタイルの文字列と同じように、String内の文字が容易にアクセスできる。
- 空き領域の利用は最小限に抑える。
- Stringの末尾への文字の追加が効率的に行える。

できあがったものは、単なる{ポインタ，大きさ}形式と比較すると、明らかに見にくいものとなるのだが、より実用的なものだ：

```
class String {
/*
   短い文字列を最適化するように実装した単純な文字列

   size()==szは要素数
   size()<= short_maxであれば、Stringオブジェクト内部に格納される
   そうでない場合は、空き領域を利用する

   ptrは文字の並びの先頭を指す
   文字の並びは0で終わる。すなわちptr[size()]==0
   その結果、C言語ライブラリの関数が利用できるようになり
   C言語スタイルの文字列をc_str()で返却できるようになっている

   末尾に効率よく文字列を追加できるようにするために
   文字列は確保のたびに２倍の長さになる
   capacity()は、文字が格納できる総容量（終端の0を除く）：sz+space
*/
public:
   // ...
private:
   static const int short_max = 15;
   int sz;                      // 文字数
   char* ptr;
   union {
      int space;                // 確保ずみの空間における未使用部分の文字数
      char ch[short_max+1];     // 末尾の0のために１個余分に取っている
   };

   void check(int n) const      // 範囲チェック
   {
      if (n<0 || sz<=n)
         throw std::out_of_range("String::at()");
   }

   // 補助的なメンバ関数
   void copy_from(const String& x);
   void move_from(String& x);
};
```

これは、２種類の文字列の内部データ表現を利用することで、**短い文字列の最適化**（*short string optimization*）の手法を実現したものである。

- sz<=short_max が真であれば、String オブジェクト内部の配列 ch 内に文字を格納する。
- !(sz<=short_max) が真であれば、空き領域から、事後の拡張のためにメモリ領域を少し余分に確保した上で、そこに文字を格納する。メンバ space は、確保したメモリ領域中の、拡張のための予備用の文字数を表す。

いずれにせよ、文字列の文字数が sz に入っているので、どちらの方式で文字列が表されているのかは、sz の値で判断できる。

なお、いずれの方式を使っても、ptr は、先頭文字を指すポインタだ。このことは、性能面で重要である。というのも、アクセス関数内で、どちらの内部表現法が使われているのかの判定が不要となるからだ。２種類の方式の判定が必要となるのは、コンストラクタ、代入、ムーブ、デストラクタだけだ（§19.3.4）。

配列 ch を利用するのは、sz<=short_max の場合のみであり、整数 space を利用するのは、!(sz<=short_max) の場合のみである。そのため、String オブジェクト内に ch と space の両方をもつのはメモリの無駄である。この無駄を避けるために、ここでは union を使っている（§8.3）。特に、**無名共用体**（*anonymous union*）と呼ばれる union を利用していいる（§8.3.2）。これは、クラスのオブジェクトが複数の内部データ表現をもてるように、特別に設計されたものだ。無名共用体の全メンバは同一のメモリ領域に配置されるので、先頭アドレスもすべて同一となる。同時には一つのメンバしか利用できないが、無名共用体のスコープ内では別々のメンバであるかのようにアクセスできる。誤用しないようにするのはプログラマの責任だ。たとえば、space を利用する String の全メンバ関数が、ch ではなく space を利用するように保証しなければならない。これは sz<=short_max で判断できる。換言すると、この String は、（なかんずく）判別式 sz<=short_max をもった、内部で区別される共用体であるといえる。

19.3.3.1 補助関数

ここまでは一般的な関数だ。これに対して、トリッキーな内部表現を補助するとともに、コードの重複を最小限にする目的で３個の補助関数を“構築要素”として追加することで分かったことがある。コードがより明白になるのだ。そのうちの２個の関数は、String の内部表現を利用するので、メンバ関数となっている。私は、それらを private メンバとした。というのも、補助関数は一般的な用途を意図したものではないし、利用に危険が伴うからだ。有意義なクラスの多くは、内部表現に public メンバ関数を加えただけのものではない。補助関数の存在が、コードの重複の削減、よりよい設計、保守性の向上をもたらすのだ。

最初に取り上げる補助関数は、新しく割り当てたメモリ領域に文字を移動するものだ。

```
char* expand(const char* ptr, int n)  // 空き領域内に拡張
{
    char* p = new char[n];
    strcpy(p,ptr);            // §43.4
```

```
    return p;
}
```

この関数は、Stringの内部表現を利用していないので、メンバとはしていない。

次の補助関数は、コピー演算によって使われるものだ。別の文字列のメンバを、自身のオブジェクトにコピーする：

```
void String::copy_from(const String& x)
    // *thisをxのコピーにする
{
    if (x.sz<=short_max) {              // *thisをコピー
        memcpy(this,&x,sizeof(x));      // §43.5
        ptr = ch;
    }
    else {                              // 要素をコピー
        ptr = expand(x.ptr,x.sz+1);
        sz = x.sz;
        space = 0;
    }
}
```

コピー対象のStringに必要な後始末を実行するのは、copy_from()を呼び出した側の仕事だ。copy_from()は、無条件にコピー先を上書きする。ここでオブジェクトのコピーに使っているのが、標準ライブラリのmemcpy()（§43.5）だ。これは、低レベルな処理を行うので、見苦しい関数である。memcpy()は、引数の型について何も知らないので、コピー対象のメモリに、コンストラクタやデストラクタをもつオブジェクトが存在しない場合に限って利用すべきだ。Stringのコピー演算は、二つともcopy_from()を利用している。

最後は、ムーブ演算に対応する補助関数だ：

```
void String::move_from(String& x)
{
    if (x.sz<=short_max) {              // *thisをコピー
        memcpy(this,&x,sizeof(x));      // §43.5
        ptr = ch;
    }
    else {                              // 要素を盗む
        ptr = x.ptr;
        sz = x.sz;
        space = x.space;
        x.ptr = x.ch;                   // x = ""
        x.sz = 0;
        x.ch[0]=0;
    }
}
```

ここでは、引数のコピーを、まったく無条件にムーブ対象としている。とはいえ、空き領域上に配置した引数を放置するようなことは行っていない。長い文字列に対してmemcpy()を利用することもできたのだが、長い文字列に対する内部表現は、Stringの内部表現の一部にすぎないので、メンバ単位にコピーする方法を選んだ。

19.3.4 メンバ関数

Stringのデフォルトコンストラクタの定義は、自分自身を空にする。

```
String::String()          // デフォルトコンストラクタ：x{""}
     : sz{0}, ptr{ch}   // ptrは要素を指してchは先頭位置（§19.3.3）
{
   ch[0] = 0;            // 0で終わる
}
```


先ほどの copy_from() と move_from() を用いれば、コンストラクタ、ムーブ、代入は、極めて簡潔に実装できる。C言語スタイルの文字列を引数に受け取るコンストラクタは、文字数を算出した上で適切に格納する必要がある：

```
String::String(const char* p)
       :sz{strlen(p)},
        ptr{(sz<=short_max) ? ch : new char[sz+1]},
        space{0}
{
   strcpy(ptr,p);  // pからptrに文字列をコピー
}
```

引数が短い文字列と判断できる場合は、ptr が ch を指すようにして、そうでない場合は、空き領域からメモリを確保する。いずれの場合も、引数の文字列を String が管理するメモリ領域にコピーする。

コピーコンストラクタは、引数の内部表現を単純にコピーする。

```
String::String(const String& x)     // コピーコンストラクタ
{
   copy_from(x);  // xから内部表現をコピーする
}
```

ここでは、コピー元とコピー先の文字が一致する場合の最適化（§13.6.3 では vector に対して行っている）を試みてはいない。というのも、その価値があるかどうか疑問だからだ。

同様に、ムーブコンストラクタは、ムーブ元の内部表現をムーブする（さらに、引数を空文字列にする）：

```
String::String(String&& x)          // ムーブコンストラクタ
{
   move_from(x);
}
```

コピーコンストラクタと同様に、コピー代入は、copy_from() を使って引数の内部表現の複製を作る。さらに、コピー先が所有する空き領域の情報をすべて delete して、（s=s などによる）自己代入で問題が発生しないようにしなければならない：

```
String& String::operator=(const String& x)
{
   if (this==&x) return *this;          // 自己代入に対する処理
   char* p = (short_max<sz) ? ptr : 0;
   copy_from(x);
   delete[] p;
   return *this;
}
```

String のムーブ代入演算では、ムーブ先がもつ空き領域（があれば、それ）を解体した上でムーブする：

```
String& String::operator=(String&& x)
{
    if (this==&x) return *this;    // 自己代入に対する処理（x = move(x)は狂気の沙汰）
    if (short_max<sz) delete[] ptr;    // ムーブ先をdelete
    move_from(x);                      // 送出されることはない
    return *this;
}
```


あるオブジェクトを自分自身にムーブする（たとえば s=std::move(s)）ことも論理的に可能であるので、（滅多に発生しないとはいえ）やはり自己代入からの保護が必要だ。

論理的にもっとも複雑な String の演算は、+= である。文字列の末尾に1個の文字を追加した上で、要素数を1だけ増やすものだ：

```
String& String::operator+=(char c)
{
    if (sz==short_max) {            // 長い文字列版に切りかえて拡張
        int n = sz+sz+2;            // 確保容量を2倍にする（終端の0を考慮して+2）
        ptr = expand(ptr,n);
        space = n-sz-2;
    }
    else if (short_max<sz) {
        if (space==0) {             // 空き領域内で拡張
            int n = sz+sz+2;        // 確保容量を2倍にする（終端の0を考慮して+2）
            char* p = expand(ptr,n);
            delete[] ptr;
            ptr = p;
            space = n-sz-2;
        }
        else
            --space;
    }
    ptr[sz] = c;                    // 末尾にcを追加
    ptr[++sz] = 0;                  // 文字数を増やして終端の0をセット

    return *this;
}
```

ここでは、いろいろなことを行っている。operator+=() では、長い文字列版／短い文字列版のどちらの表現を利用しているかを追跡管理するとともに、拡張用の予備領域の有無にも対応する必要がある。もしメモリ領域が必要になれば、expand() によってメモリ領域を確保して、現在の文字を新しいメモリ領域へムーブする。メモリが確保ずみであって、しかも、それを解放する必要がある場合は、その領域は解放する。+= の中でちゃんと解放するのだ。必要なメモリ領域が利用可能になれば、新たな文字 c をそこへ置いて、終端の 0 を追加するのは容易である。

space で利用できる必要メモリの大きさの算出には注意が必要だ。String が受け取る最長の文字列に対して、正しい値として求めなければならない。このような計算では、値を1だけ誤ることによる境界エラーが発生しやすい。このコードで、2回も使われている定数2は、“マジック定数”のように悪いものだ。

String のすべてのメンバは、新しいデータを確実に正しく配置するまでは、データを変更しないように注意を払っている。特に、実行される可能性のある new 演算がすべて完了するまでは delete は行わない。String のメンバは、強い例外保証（§13.2）を実装しているのだ。

ここまでのStringの実装における小難しいコードが気に入らなければ、std::stringを使うべきだ。広範囲において、標準ライブラリ機能を用いると、このような低レベルなプログラミングに多くの時間を割かなくてすむ。もっとはっきりいおう：文字列、ベクタ、マップクラスの開発は、演習として優れた題材だ。しかし、演習が終わってしまえば、標準ライブラリが提供するものに感謝するようになって、自分で開発したバージョンはもう保守したくなくなるだろう。

19.3.5 ヘルパ関数

Stringクラスを完成させるために、有用な関数、ストリーム入出力、範囲forループのサポート、比較演算、連結演算を実装していこう。いずれもstd::stringが採用した設計を反映したものだ。特に、<<は書式を加えず単に文字を出力するだけのものであり、>>は先頭の空白文字を含めずに終端する空白文字まで（あるいはストリームの末尾まで）を読み取る：

```
ostream& operator<<(ostream& os, const String& s)
{
   return os << s.c_str(); // §36.3.3
}

istream& operator>>(istream& is, String& s)
{
   s = "";              // 対象文字列をクリア
   is>>ws;              // 空白文字をスキップ（§38.4.1.1, §38.4.5.2）
   char ch = ' ';
   while(is.get(ch) && !isspace(ch))
      s += ch;
   return is;
}
```

比較演算としては、==と!=を実装する。

```
bool operator==(const String& a, const String& b)
{
   if (a.size()!=b.size())
      return false;
   for (int i = 0; i!=a.size(); ++i)
      if (a[i]!=b[i])
         return false;
   return true;
}

bool operator!=(const String& a, const String& b)
{
   return !(a==b);
}
```

<などの追加も容易だろう。

範囲forループをサポートするには、begin()とend()が必要だ（§9.5.1）。ここでもStringの実装への直接のアクセスを行わない、単独の（非メンバ）関数として実装する：

```
char* begin(String& x)          // C言語スタイル文字列のアクセス
{
   return x.c_str();
}
```

```
char* end(String& x)
{
    return x.c_str()+x.size();
}

const char* begin(const String& x)
{
    return x.c_str();
}

const char* end(const String& x)
{
    return x.c_str()+x.size();
}
```

1個の文字を末尾に追加する += をメンバ関数として実装ずみなので、文字列の連結演算は、非メンバ関数として容易に実装できる：

```
String& operator+=(String& a, const String& b)      // 連結
{
    for (auto x : b)
        a+=x;
    return a;
}

String operator+(const String& a, const String& b)  // 連結
{
    String res {a};
    res += b;
    return res;
}
```

実は、私はちょっとした“嘘”をついた。C言語スタイルの文字列を末尾に追加する += を、メンバとして実装すべきなのではないだろうか？　標準ライブラリの string はそうなっている。しかし、そのメンバがなくとも、C言語スタイルの文字列の連結は可能だ：

```
String s = "Njal ";
s += "Gunnar";        // 連結：sの末尾に追加
```

ここでの += は、operator+=(s,String("Gunnar")) と解釈される。もっと効率的な String::operator+=(const char*) を実装できるかもしれないとも考えられるが、その結果得られる性能が現実のコードで価値あるものかどうかは判断できない。このような場合、私は保守的に考えて、最小限の設計のみを作るようにしている。あることを可能にするということが、それを行うべきだということに必ずしもつながるわけではない。

同様に、追加する文字列の大きさを考慮するような、+= の最適化も行っていない。

さて、String を表す文字列リテラル接尾語 _s の追加は簡単だ：

```
String operator"" _s(const char* p, size_t)
{
    return String{p};
}
```

これが与えられると、次のように記述できるようになる：

```
void f(const char*);          // C言語スタイルの文字列
void f(const String&);        // ここで作った文字列
```

```
void g()
{
    f("Madden's");              // f(const char*)
    f("Christopher's"_s);       // f(const String&);
}
```


19.3.6 作成した文字列クラスの利用例

以下に示すのは、Stringの演算を少しだけ試すプログラムだ：

```
int main()
{
    String s ("abcdefghij");
    cout << s << '\n';
    s += 'k';
    s += 'l';
    s += 'm';
    s += 'n';
    cout << s << '\n';

    String s2 = "Hell";
    s2 += " and high water";
    cout << s2 << '\n';

    String s3 = "qwerty";
    s3 = s3;
    String s4 ="the quick brown fox jumped over the lazy dog";
    s4 = s4;
    cout << s3 << " " << s4 << "\n";
    cout << s + ". " + s3 + String(". ") + "Horsefeathers\n";

    String buf;
    while (cin>>buf && buf!="quit")
        cout << buf << " " << buf.size() << " " << buf.capacity() << '\n';
}
```

作成したStringは、みなさんが重要だとか基本的だとか考えるような、多くの機能が欠けている。しかし、Stringの処理内容はstd::string（第36章）に極めて類似しているし、標準ライブラリのstringの実装で用いられている技法を示している。

19.4 フレンド

通常のメンバ関数宣言では、論理的に異なる、以下の3種類の性質を規定する：

[1] 関数は、クラス宣言の非公開部分にアクセスできる。

[2] 関数は、クラスのスコープ内に入る。

[3] 関数は、オブジェクト（thisポインタをもつオブジェクト）に対して実行される必要がある。

staticと宣言されたメンバ関数は、先頭の2種類の性質だけをもつ（§16.2.12）。非メンバ関数をfriendと宣言すると、先頭の性質のみが与えられる。すなわち、friend宣言された関数は、クラスから独立しているにもかかわらず、メンバ関数と同様にクラスの実装にアクセスできるのだ。

ここで、MatrixにVectorを乗算する演算子を定義することを考えよう。当然ながら、VectorとMatrixは、内部表現を隠蔽しており、また、オブジェクトを処理する演算子一式を実装している。

しかし、これから作成する乗算ルーチンを、両方のメンバとすることはできない。また、Matrix と Vector の内部表現すべてを、すべてのユーザが読み書きできるような、低レベルなアクセス関数であってはならない。この問題を解決するためには、operator* を両クラスの friend とする：

```
constexpr int rc_max {4}; // 行数と列数

class Matrix;

class Vector {
   float v[rc_max];
   // ...
   friend Vector operator*(const Matrix&, const Vector&);
};

class Matrix {
   Vector v[rc_max];
   // ...
   friend Vector operator*(const Matrix&, const Vector&);
};
```

これで、operator*() は、Vector と Matrix の内部が扱えるようになる。高度な実装技法は使わずに、まずは次のような単純な実装を考えてみよう：

```
Vector operator*(const Matrix& m, const Vector& v)
{
   Vector r;
   for (int i = 0; i!=rc_max; ++i) {  // r[i] = m[i] * v;
      r.v[i] = 0;
      for (int j = 0; j!=rc_max; ++j)
         r.v[i] += m.v[i].v[j] *v.v[j];
   }
   return r;
}
```

friend は、クラス宣言内の非公開部でも公開部でも宣言可能であり、どこに置いても同じだ。フレンド関数は、フレンドとなるクラスの宣言の中で、メンバ関数と同様に明示的に宣言する。そのため、フレンド関数は、メンバ関数と同じように、クラスのインタフェースの一部ということになる。

あるクラスのメンバ関数が、別のクラスのフレンドになることも可能だ。たとえば：

```
class List_iterator {
   // ...
   int* next();
};

class List {
   friend int* List_iterator::next();
   // ...
};
```

あるクラスのすべてのメンバ関数を、別のクラスのフレンドとするための省略記法がある。以下に示すのが、その例だ：

```
class List {
   friend class List_iterator;
   // ...
};
```

このfriend宣言は、List_iteratorのすべてのメンバ関数を、Listのフレンドにする。

クラスをfriendと宣言すると、そのクラスの全関数からのアクセスが許可されることになる。そのため、クラスだけを眺めても、そのクラスの内部表現にアクセスできる関数すべてを知ることができなくなる。この点で、フレンドクラスの宣言は、メンバ関数やフレンド関数の宣言とは異なる。当然ながら、フレンドクラスは、利用にあたって注意が必要であり、概念的に密接に関連するときにのみ利用すべきだ。

テンプレートの引数をfriendとすることも可能である：

```
template<typename T>
class X {
   friend T;
   friend class T;   // “class”は冗長
   // ...
};
```

クラスメンバ（入れ子クラス）をフレンドとするか、非メンバをフレンドとするかの選択肢が生じることはよくある（§18.3.1）。

19.4.1 フレンドの探索

フレンドは、同一スコープ内で事前に宣言しておくか、あるいはfriendと宣言するクラスを囲んでいる非クラススコープ内で定義しなければならない。最初にfriend宣言された名前に対しては、もっとも内側の名前空間の外に位置するスコープが考慮されない（§iso.7.3.1.2）。次の技術的な例を考えよう：

```
class C1 { };          // N::Cのフレンドになる
void f1();             // N::Cのフレンドになる

namespace N {
   class C2 { };    // Cのフレンドになる
   void f2() { }    // Cのフレンドになる

   class C {
      int x;
   public:
      friend class C1;      // ＯＫ（事前に定義されている）
      friend void f1();
      friend class C2;      // ＯＫ（事前に定義されている）
      friend void f2();
      friend class C3;      // ＯＫ（囲んでいる名前空間内で定義されている）
      friend void f3();
      friend class C4;      // N内での最初の宣言。Nに入っていると仮定される
      friend void f4();
   };

   class C3 {};                       // Cのフレンド
   void f3() { C x; x.x = 1; }  // ＯＫ：Cのフレンド
} // 名前空間N

class C4 { };                         // N::Cのフレンドではない
void f4() { N::C x; x.x = 1; }  // エラー：xは非公開でf4()はN::Cのフレンドではない
```

フレンド関数は、それを直接囲んでいるスコープ内で宣言されていなくても、その引数から探索される（§14.2.4）。

```
void f(Matrix& m)
{
    invert(m);      // Matrixのフレンド関数invert()
}
```

このように、フレンド関数は同一スコープ内で明示的に宣言するか、またはそのクラスや派生クラスを引数として受け取るべきである。そうしないと、フレンド関数を呼び出せない：

```
// スコープ中にf()がない

class X {
    friend void f();            // 無用
    friend void h(const X&);  // その引数から探索される
};

void g(const X& x)
{
    f();    // スコープ内にf()がない
    h(x);   // Xのフレンド関数h()
}
```

19.4.2 フレンドとメンバ

フレンド関数は、どんなときに使うべきだろうか？　また、どんな処理をメンバ関数とすればよいのだろうか？　まずは、クラスの内部表現を利用する関数の数を最小限に抑えるべきであり、さらに、アクセスできる関数の構成は、可能な限り適切なものだけにすべきだ。そのため、最初に考えるべき問題は、“メンバ、staticメンバ、フレンドのいずれにすべきか？”ではなくて、“本当に内部表現にアクセスする必要があるのか？”となる。一般に、内部表現へのアクセスが必要な関数の数は、当初の予想よりも少なくなるものだ。コンストラクタ、デストラクタ、仮想関数など（§3.2.3, §17.2.5）、メンバでなければならない処理もあるが、選択の余地があるのが一般的だ。メンバ名はクラス内部で局所的であるので、非メンバとする特別な理由がなければ、内部表現を直接利用する関数はメンバとすべきである。

ある演算を複数の方法で提供するクラスXを考えてみよう：

```
class X {
    // ...
    X(int);

    int m1();                   // メンバ
    int m2() const;

    friend int f1(X&);        // フレンドであってメンバではない
    friend int f2(const X&);
    friend int f3(X);
};
```

メンバ関数は、所属クラスのオブジェクトに対してのみ呼び出されるものだ。ドット演算子 . やアロー演算子 -> の左オペランドに対して、ユーザ定義変換が適用されることはない（しかし§19.2.3も参照してほしい）。たとえば：

```
void g()
{
    99.m1();     // エラー：X(99).m1()は試されない
    99.m2();     // エラー：X(99).m2()は試されない
}
```


非 const 参照引数が暗黙裏に変換されることはないので（§7.7)、広域関数 f1() も似た性質をもつ。しかし、f2() と f3() の引数には変換が適用される。

```
void h()
{
    f1(99);     // エラー：f1(X(99))は試されることはない：非constX&引数
    f2(99);     // ＯＫ：f2(X(99))：const X&引数
    f3(99);     // ＯＫ：f3(X(99))：X引数
}
```

クラスオブジェクトの状態を変更する処理は、メンバか、あるいは、非 const 参照引数を受け取る関数（もしくは非 const ポインタ引数を受け取る関数）とすべきである。

オペランドを変更する演算子（=、*=、++ など）は、ユーザ定義型のメンバとして定義するのが、もっとも自然な形だ。一方、すべてのオペランドに暗黙の型変換を期待する演算を実装する関数は、const 参照引数か非参照引数を受け取る非メンバ関数として実装しなければならない。基本型に適用する際に左辺値を必要としない +、-、|| などの演算子を実装する関数の多くが、これに当てはまる。とはいえ、この種の演算は、オペランドであるクラスの内部表現にアクセスする必要性が生じることが多い。その結果、2項演算子は、フレンド関数として実装されることが多い。

型変換が定義されていなければ、メンバと、参照引数を受け取るフレンド関数とのいずれを優先すべきか、といった理由そのものがなくなってしまう。あるプログラマが、いずれか一方の関数呼出しのほうを好む、といったこともあるだろう。たとえば、Matrix m の逆行列を求めるのに、多くのプログラマは、m2=m.inv() よりも m2=inv(m) を好むようだ。しかし、m の逆行列を新しい Matrix として作成するのではなくて、m 自身を逆行列に変換してしまうのであれば、inv() はメンバでなければならない。

他に考慮すべきものが同等であれば、内部表現を直接利用する必要があるものは、メンバ関数にすべきである：

- いつか誰かが変換演算子を定義するかもしれず、そのことは予測できない。
- メンバ関数呼出し構文だと、そのオブジェクトが変更される場合があることが明らかだ。しかし、参照引数では、変更されるかどうかが分かりにくい。
- メンバ関数本体の式は、広域関数の同じ式よりも、はるかに短くなる。というのも、非メンバ関数では明示的な引数が必要になるが、メンバ関数では暗黙の this が利用できるからだ。
- メンバ名はクラス内に局所的であるので、非メンバの関数名よりも短くなる傾向にある。
- f() をいったんメンバとして定義した後で非メンバの f(x) が必要になったら、x.f() を意味するように定義すればよい。

逆に、内部表現を直接利用する必要がない演算は、非メンバの関数とするのが最適であることが多い。その場合、そのクラスとの関連を明示的にするために、名前空間内で定義する（§18.3.6)。

19.5 アドバイス

[1] 添字演算と単一の値からの選択演算には、operator[]() を利用しよう。§19.2.1。

[2] 関数呼出しセマンティクス、添字演算、複数の値からの選択演算には、operator()() を利用しよう。§19.2.2。

[3] “スマートポインタ”の参照外しには、operator->() を利用しよう。§19.2.3。

[4] 後置 ++ よりも、前置 ++ を優先しよう。§19.2.4。

[5] 広域の operator new() と operator delete() は、本当に必要な場合にだけ定義しよう。§19.2.5。

[6] メンバの operator new() と operator delete() は、特定のクラスまたはクラス階層のオブジェクトの確保と解放を制御する場合に定義しよう。§19.2.5。

[7] ユーザ定義リテラルは、一般的な記法を模倣する場合に利用しよう。§19.2.6。

[8] リテラル演算子は、個別に利用できるよう、別の名前空間内で宣言しよう。§19.2.6。

[9] 一般的な用途では、自分で作成したものではなくて、標準の string（第 36 章）を優先しよう。§19.3。

[10] クラスの内部表現を利用する非メンバ関数が必要であれば、フレンド関数としよう（コードを分かりやすくするため、あるいは、二つのクラスの内部表現を利用するためといった理由だ）。§19.4。

[11] クラスの実装へのアクセスを許可するのであれば、フレンド関数よりもメンバ関数を優先しよう。§19.4.2。

第20章 派生クラス

必要もないのにモノを増やすな。
— オッカムのウィリアム

・はじめに
・派生クラス
　メンバ関数／コンストラクタとデストラクタ
・クラス階層
　型フィールド／仮想関数／明示的修飾／オーバライド制御／基底メンバのusing宣言／返却型緩和
・抽象クラス
・アクセス制御
　protectedメンバ／基底クラスへのアクセス／using宣言とアクセス制御
・メンバへのポインタ
　メンバ関数へのポインタ／データメンバへのポインタ／基底のメンバと派生のメンバ
・アドバイス

20.1 はじめに

C++は、クラスとクラス階層の概念をSimulaから借用している。さらに、プログラマとアプリケーションの世界の概念モデル化にクラスを使うべきである、という設計思想も借用している。C++は、これらの設計を言語として直接的に支援する。とはいえ、設計の支援にC++言語機能を用いることと、C++を効率的に利用することは、異なることだ。従来のプログラミングの記述を強化するためのものとしてとらえるだけでは、C++の強力さは発揮できない。

概念（発想や考え方など）は、単独には存在しない。関連のある別の概念と共存して、その関連性から強力な力を発揮するのだ。自動車とは何かを説明することを考えよう。車輪、エンジン、運転者、歩行者、トラック、救急車、道路、オイル、違反切符、モーテルなどが、すぐに頭に浮かぶはずだ。概念はクラスとして表現するので、複数の概念間の関連性をいかに表現するのかが重要になる。しかし、プログラミング言語では、あらゆる関連性を直接的に表現できるわけではない。仮にできたとしても、それは私たちが望むことではない。使いやすくするためには、クラスは、日常生活での概念よりも狭い範囲をより簡潔に表現するものでなければならない。

派生クラスという概念と、それに関連する言語機能は、階層関係、すなわち、クラス間の共通性を表現するものだ。たとえば、円と三角形の概念には、いずれも図形であるという関連性がある。すなわち、これらは図形という概念を共有している。そのため、`Circle`クラスと`Triangle`クラスは、共通クラスShapeをもつクラスとして明確に定義できる。ここで、共通クラスShapeを、**基底**（*base*）クラスあるいは**スーパークラス**（*superclass*）と呼び、派生したクラスCircleとTriangleを、**派生**（*derived*）クラスあるいは**サブクラス**（*subclass*）と呼ぶ。プログラム上で、図形の概念を導入せずに円や三角形を表現すると、本質的な何かを見失うことになるだろう。この単純な考えとの関連を本章では探検していく。なお、その考え方に基づいたプログラミングは、**オブジェクト指向プログラミング**（*object-oriented programming*）と呼ばれる。さて、既存のクラスから新規クラスを構築する言語機能には、次のものがある：

- **実装継承**（*implementation inheritance*）：基底クラスが提供する機能を共有することで、実装の手間を省く。
- **インタフェース継承**（*interface inheritance*）：共通の基底クラスが提供するインタフェースを介して、複数の異なる派生クラスを相互に交換可能にする。

インタフェース継承は、一般に**実行時多相性**（*run-time polymorphism*）あるいは**動的多相性**（*dynamic polymorphism*）と呼ばれる。これとは対照的に、継承による関連付けがなくて、テンプレート（§3.4，第23章）の機能によって統一的な利用が可能になることは、**コンパイル時多相性**（*compile-time polymorphism*）あるいは**静的多相性**（*static polymorphism*）と呼ばれる。

クラス階層については、これから三つの章に分けて解説する。

- 『**派生クラス**』（第20章）：オブジェクト指向プログラミングを支援する基本的な言語機能、すなわち、基底クラス、派生クラス、仮想関数、アクセス制御を紹介する。
- 『**クラス階層**』（第21章）：クラス階層を効率的に構築する際の基底クラスと派生クラスの利用法を重点的に解説する。この章の大半は、プログラミング技法に関する内容であるが、多重継承（複数の基底クラスをもつクラス）の技術的側面も取り上げる。
- 『**実行時型情報**』（第22章）：クラス階層を明示的に移動する技法を解説する。特に、複数の基底クラスの中の一つからオブジェクトの型を判定する演算子（typeid）と、型変換演算子dynamic_castとstatic_castを取り上げる。

型の階層構造の組織化についての基本的な考え方は、第3章（§3.2.2では基底クラスと派生クラス、§3.2.3では仮想関数）で簡単に紹介した。本章からの三つの章では、その基本機能と、それに関連するプログラミングと設計技法についても、隅々まで解説する。

20.2 派生クラス

企業の社員を扱うプログラムを考えていこう。以下に示すようなデータ構造をもつはずだ：

```
struct Employee {
    string first_name, family_name;
    char middle_initial;
    Date hiring_date;
    short department;
    // ...
};
```

次に、管理者を定義することになる：

```
struct Manager {
    Employee emp;              // 管理者における社員としてのレコード
    list<Employee*> group;   // 管理する部下
    short level;
    // ...
};
```

管理者（manager）は、社員（employee）でもある。そのため、Manager オブジェクトの中には、Employee のデータが emp メンバとして含まれている。人間の読み手が（特に注意深く）読むと明らかな「Manager が Employee でもある」ことを、コンパイラや他のツールに教える情報は、何もない。当然、Manager* は Employee* ではないので、Employee* が必要とされる箇所では、Manager* は利用できない。逆に、Manager* が必要とされる箇所でも、Employee* は利用できない。特別なコードでも書かない限り、Employee のリストに Manager を入れることは不可能だ。Manager* を明示的に型変換するとか、Employee のリストに emp のアドレスを押し込むといったことも考えられる。しかし、どちらもエレガントな解ではないし、極めて分かりにくい。正しい方針は、若干の情報を追加して、Manager が Employee であることを明示的に記述することだ：

```
struct Manager : public Employee {
    list<Employee*> group;
    short level;
    // ...
};
```

ここで、Manager は Employee から**派生**（*derived*）している。別のいい方をすると、Employee は Manager の**基底クラス**（*base class*）である。今回の Manager クラスでは、自身のメンバ（group や level など）の他に、Employee クラスのメンバ（first_name や department など）をもつ。

派生は、図でも表せる。その際、派生クラスから基底クラスに向かって矢印を描くことで（逆ではないことに注意しよう）、派生クラスが基底を参照することを表す。

一般に、派生クラスは基底から性質を継承するという。そのため、この関係は、**継承**（*inheritance*）とも呼ばれる。基底クラスは**スーパークラス**（*superclass*）とも呼ばれ、派生クラスは**サブクラス**（*subclass*）とも呼ばれる。とはいえ、この用語は、派生クラスオブジェクトがもつデータが、基底クラスオブジェクトがもっているデータのスーパーセットであることを考えると、混乱のもとになってしまう。派生クラスは、より多くのデータメンバとメンバ関数をもつので、基底クラスよりも大きくなるのが一般的だ（小さくなることは絶対にない）。

派生クラスの概念を効率的に表す、ポピュラーな内部データ表現法は、基底クラスオブジェクトの後ろに派生クラス固有の情報を置くことによって、派生クラスオブジェクトを表現する方法だ。たとえば：

Employee

first_name family_name ...

Manager

first_name family_name ...
group level ...

クラスの派生によってメモリのオーバヘッドが発生することはない。新しく必要となるメモリ領域は、新しいメンバを格納するために必要な領域だけだ。

さて、このようにしてEmployeeからManagerを派生すると、ManagerはEmployeeの下位型となって、Employeeが受け入れ可能な場所であれば、どこででもManagerが利用できるようになる。たとえば、要素の一部がManagerであるようなEmployeeのリストを作成することが可能だ：

```
void f(Manager m1, Employee e1)
{
    list<Employee*> elist {&m1,&e1};
    // ...
}
```

ManagerはEmployeeでもあるので、Manager*はEmployee*としても利用できる。同じように、Manager&もEmployee&として利用できる。ただし、EmployeeがManagerであるとは限らないので、Employee*はManager*としては利用できない。一般に、クラスDerivedの公開基底クラス（§20.5）がBaseであれば、Derived*型は、明示的に型変換することなくBase*型の変数に代入できる。その一方で、逆方向のBase*からDerived*への変換は、明示的に行う必要がある。

```
void g(Manager mm, Employee ee)
{
    Employee* pe = &mm;      // ＯＫ：すべてのManagerはEmployee
    Manager* pm = &ee;       // エラー：すべてのEmployeeがManagerとは限らない

    pm->level = 2;                      // 災難：eeはlevelをもっていない

    pm = static_cast<Manager*>(pe);     // 強引：peがManager型のmmを
                                        // 指すので、一応動作する

    pm->level = 2;                      // 正しい：pmはlevelをもつManager型のmmを指す
}
```

いいかえると、派生クラスのオブジェクトは、ポインタと参照を経由して利用された場合に、その基底クラスのオブジェクトとして処理されるということだ。ただし、その逆は成立しない。static_castとdynamic_castについては§22.2で解説する。

あるクラスを基底として利用することは、そのクラスの（無名の）オブジェクトを定義するのと同じことだ。そのため、あるクラスを基底として使うときには、基底クラスは事前に定義されていなければならない（§8.2.2）：

```
class Employee;       // 単なる宣言であって定義ではない

class Manager : public Employee {  // エラー：Employeeが定義されていない
    // ...
};
```

20.2.1 メンバ関数

ここまでのEmployeeやManagerのような、単なるデータ構造は、それほど興味深いものではないし、何かに役立つわけでもない。必要なのは、適切な演算一式をもつ型である。しかも、その演算は、特定の内部表現の詳細に依存せずに行われるものでなければならない。例を示そう：

```
class Employee {
public:
   void print() const;
   string full_name() const
      { return first_name + ' ' + middle_initial + ' ' + family_name; }
   // ...
private:
   string first_name, family_name;
   char middle_initial;
   // ...
};

class Manager : public Employee {
public:
   void print() const;
   // ...
};
```

派生クラスのメンバは、基底クラスの公開メンバ（それに加えて、§20.5で解説する限定公開メンバ）を、あたかも自分のクラス内で宣言されているかのように利用できる。たとえば：

```
void Manager::print() const
{
   cout << "name is " << full_name() << '\n';
   // ...
}
```

ただし、基底クラスの非公開メンバは、派生クラスからは利用できない：

```
void Manager::print() const
{
   cout << " name is " << family_name << '\n';  // エラー！
   // ...
}
```

２番目に示したManager::print()は、コンパイルエラーとなる。Manager::print()の内部では、family_nameにアクセスできないからだ。

このことを意外に感じるかもしれないが、見方を変えてみよう。派生クラスのメンバ関数が、基底クラスの非公開メンバをアクセス可能だとすると、プログラマは新しいクラスを派生するだけで非公開メンバにアクセスできてしまう。すなわち、非公開メンバという考え方が無意味になるのだ。さらに、クラスのメンバ関数とフレンド宣言された関数を眺めるだけで非公開メンバのすべての利用箇所を把握する、ということが不可能になってしまう。プログラム全体の全ソースファイルから派生クラスを探し出して、すべての派生クラスの全関数を調査しなければならなくなる。どんなによくいっても、面倒であって非現実的だ。もし可能であれば、非公開メンバではなくて限定公開メンバを利用するとよいだろう（§20.5）。

一般に、派生クラスを最大限クリーンにしたければ、派生クラスの内部では、基底クラスの公開メンバだけを利用することだ：


```
void Manager::print() const
{
    Employee::print();    // Employeeの情報を表示
    cout << level;        // Manager特有の情報を表示
    // ...
}
```

print() は Manager でも再定義されているので、ここでの :: は必須である。このような名前の再利用は、一般的なことだ。不注意で、次のようなコードを記述したらどうなるだろう：

```
void Manager::print() const
{
    print();    // おっと！
    // Manager特有の情報を表示
}
```

再帰呼出しが行われることになって、何らかの形のプログラムクラッシュで終わるだろう。

20.2.2 コンストラクタとデストラクタ

例によって、コンストラクタとデストラクタは極めて重要だ：

- オブジェクトの構築は、ボトムアップである（派生クラス自身よりもメンバが先で、メンバよりも基底が先である）。そして、解体は、トップダウンだ（基底よりもメンバが先で、メンバよりも派生クラスが先である）。§17.2.3。
- クラスは、自身のメンバと基底の初期化を行える（しかし、基底のメンバや基底の基底を直接初期化することはできない）。§17.4.1。
- 一般的には、クラス階層内のクラスのデストラクタは、virtual であるとよい。§17.2.5。
- クラス階層内のクラスのコピーコンストラクタは、スライシングが行われないように注意する必要がある。§17.5.1.4。
- コンストラクタとデストラクタの内部における、仮想関数呼出しと dynamic_cast と typeid() の実行結果は、（完全に生成されていないオブジェクトの型ではなく）構築と解体の段階に依存する。§22.4。

計算機科学における“アップ”と“ダウン”という用語は、混乱しやすい。ソーステキスト上では、基底クラスの定義は派生クラスの定義よりも先に記述しなければならない。そのため、小規模なサンプルコードでは、画面内で見渡せる形で、基底が派生クラスの上にくることになる。また、木構造を描く場合は、根を上にもってくることが多い。一方、オブジェクトの構築をボトムアップで表現する場合は、もっとも基礎的な部分（基底クラスなど）から開始して、それに依存する部分（派生クラスなど）が後になる。根すなわちルート（基底クラス）から作成して、葉すなわちリーフ（派生クラス）へと進んでいく。

20.3 クラス階層

派生クラス自身も、他のクラスの基底になれる。例を示そう：

```
class Employee { /* ... */ };
class Manager : public Employee { /* ... */ };
class Director : public Manager { /* ... */ };
```

このような関連性をもつクラス群は、伝統的に**クラス階層**（*class hierarchy*）と呼ばれる。木構造となることが多いが、一般的なグラフ構造となることもある。たとえば：

```
class Temporary { /* ... */ };
class Assistant : public Employee { /* ... */ };
class Temp : public Temporary, public Assistant { /* ... */ };
class Consultant : public Temporary, public Manager { /* ... */ };
```

図にすると、以下のようになる：

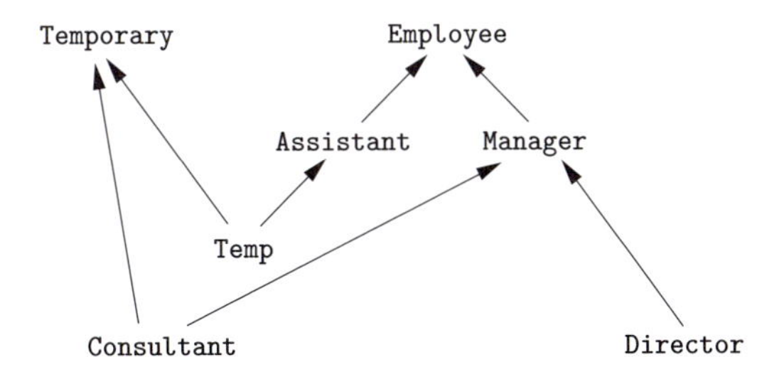

§21.3 で詳細を解説するが、C++ ではこのような有向非循環グラフが実現できる。

20.3.1 型フィールド

派生クラスを、宣言上の便利な省略記法以上の価値あるものとするには、次の問題を解決しなければならない：ある `Base*` 型のポインタが与えられたとき、それは、どの派生クラスのオブジェクトを表すのだろうか？　この問いに対する基本的な解には、以下の四つがある：

[1] ポインタが指す型を、ある単一型のオブジェクトに限定する（§3.4，第 23 章）。

[2] 関数が判断できるように、基底クラスに型フィールドをもたせる。

[3] `dynamic_cast` を利用する（§22.2，§22.6）。

[4] 仮想関数を利用する（§3.2.3，§20.3.2）。

`final`（§20.3.4.2）を用いない限り、解 [1] では、コンパイラに与えられる以上の、型に関する情報が必要となる。型システムよりも賢くなろうなどとするのは、通常は、よい考えではない。しかし、解 [1] は、（たとえば標準ライブラリの `vector` や `map` のような）要素の型が同じコンテナの実装で利用できる（特にテンプレートと組み合わせた場合）。その場合のコンテナ性能は最高となる。解 [2]、解 [3]、解 [4] では、要素の型が異なる異種リスト、すなわち異なる複数の型のオブジェクト（を指す）リストが構築できる。解 [3] は、言語の支援を必要とする解 [2] の亜種だ。解 [4] は、特殊な型安全をもった解 [2] の亜種だ。解 [1] と解 [4] の組合せは、とても興味深くて強力だ。ほぼすべての状況で、解 [2] と解 [3] よりもクリーンなコードが記述できる。

それでは、まず単純な型フィールドの解法を検証して、それを避けるべき理由を考えていくことにしよう。管理者と社員の例を次のように定義し直してみる：


```
struct Employee {
   enum Empl_type { man, empl };
   Empl_type type;

   Employee() : type{empl} { }

   string first_name, family_name;
   char middle_initial;

   Date hiring_date;
   short department;
   // ...
};

struct Manager : public Employee {
   Manager() { type = man; }

   list<Employee*> group; // 管理対象の社員
   short level;
   // ...
};
```

これらの宣言が与えられると、`Employee` の情報を出力する関数は、次のように記述できる：

```
void print_employee(const Employee* e)
{
   switch (e->type) {
   case Employee::empl:
        cout << e->family_name << '\t' << e->department << '\n';
        // ...
        break;
   case Employee::man:
   {    cout << e->family_name << '\t' << e->department << '\n';
        // ...
        const Manager* p = static_cast<const Manager*>(e);
        cout << " level " << p->level << '\n';
        // ...
        break;
   }
   }
}
```

これらを利用すると、`Employee` のリストを出力するコードは、次のようになる：

```
void print_list(const list<Employee*>& elist)
{
   for (auto x : elist)
      print_employee(x);
}
```

この解法は、特に一人で保守する小規模プログラムでは、うまくいく。しかし、プログラマによる型操作に依存しているため、コンパイラがチェックできないという根本的な弱点がある。`print_employee()` のような関数は、関連クラスの共通性を活用するように作られるので、この問題は悪化してしまうのが一般的だ：

```
void print_employee(const Employee* e)
{
   cout << e->family_name << '\t' << e->department << '\n';
   // ...
   if (e->type == Employee::man) {
      const Manager* p = static_cast<const Manager*>(e);
      cout << " level " << p->level << '\n';
      // ...
   }
}
```


多数の派生クラスを扱う大規模関数に埋め込まれた、すべての型フィールドを、この例のように洗い出してテストするのは、極めて困難だ。すべての箇所を見つけ出せたとしても、その処理内容を把握するのは、やはり困難だろう。さらに、新しい種類のEmployeeを追加すると、システム内のすべての主要関数、すなわち、この例のように型フィールドをテストするすべての関数の変更が必要になる。さらに、変更後には、すべての関数に対して、型フィールドのテストが避けられるかどうかまで考慮しなければならない。これだと、極めて重要なソースコードを変更することになり、影響を受けたコードをテストするためのオーバヘッドは避けられない。このような明示的な型変換は、改良の余地があることを強く示唆している。

換言すると、型フィールドの利用は、保守上の問題につながる上に、エラーにつながりやすい技法といえる。また、型フィールドの利用はモジュール性とデータ隠蔽の理想から外れるため、プログラムが大きくなるほど、問題が深刻化する。型フィールドを利用するすべての関数は、型フィールドをもつクラスから派生した全クラスの内部表現と実装の詳細を把握しなければならない。

型フィールドのような全派生クラスからアクセスできる共通データがあると、似たようなデータを追加したくなる誘惑にかられやすい。そうすると、基底クラスは、あらゆる種類の“有用な情報”の保管場所になってしまう。さらに、基底クラスと派生クラスの実装が、さまざまな面で、不本意な形で密接に関連するようになる。大規模なクラス階層では、アクセス可能な（非公開でない）基底クラスのデータは、階層内の“広域変数”となる。設計を簡潔にして保守を容易にするには、個別の事柄は分離したままとして、相互依存性を避けるべきである。

20.3.2 仮想関数

仮想関数は、型フィールドによる解法の問題点を克服する。仮想関数を用いると、プログラマは、各派生クラスで再定義できる関数を基底クラス内で宣言できる。オブジェクトと、それに適用される関数の正しい対応関係を保証するのは、コンパイラとリンカの仕事だ。たとえば：

```
class Employee {
public:
   Employee(const string& name, int dept);
   virtual void print() const;
   // ...
private:
   string first_name, family_name;
   short department;
   // ...
};
```

キーワード virtual は、print() が、このクラスで定義する print() 関数と、このクラスから派生したクラスで定義する print() 関数のインタフェースとして振る舞うことを示す。派生クラスで print() を定義すると、与えられた個々の Employee オブジェクトに対して、適切な print() が呼び出されることをコンパイラが保証する。

派生クラスで定義された関数がインタフェースとして振る舞うように仮想関数を宣言するには、基底クラスの関数の引数型と、派生クラスの関数の引数型が一致しなければならない。ただし、返却型だけは変更できる（§20.3.6）。なお、仮想メンバ関数は、**メソッド**（*method*）とも呼ばれる。

仮想関数を最初に宣言するクラスでは、関数の定義も必要だ（純粋仮想関数と宣言する場合は例外だ：§20.4 を参照しよう）。たとえば：

```
void Employee::print() const
{
   cout << family_name << '\t' << department << '\n';
   // ...
}
```

仮想関数は、派生クラスが存在しなくとも利用できる。また、そのクラス専用の仮想関数が不要な派生クラスでは、実装を提供しなくてもよい。クラスを派生する際には、メンバ関数が必要なときにのみ、適切な定義を提供すればよいのだ。たとえば：

```
class Manager : public Employee {
public:
   Manager(const string& name, int dept, int lvl);
   void print() const;
   // ...
private:
   list<Employee*> group;
   short level;
   // ...
};

void Manager::print() const
{
   Employee::print();
   cout << "\tlevel " << level << '\n';
   // ...
}
```

基底の仮想関数と同じ名前で、同じ引数型をもつ派生クラスの関数は、基底クラスの仮想関数を**オーバライド**（*override*）する、と表現される。基底クラスの仮想関数を、それよりも下位のクラスの返却型をもつものとしてオーバライドすることも可能だ（§20.3.6）。

どのバージョンの仮想関数を呼び出すのかを明示的に（Employee::print() のように）指示した場合を除くと、仮想関数呼出しの対象となったオブジェクトに対して、最適なバージョンの関数が選択される。オブジェクトアクセスに使われたのが、どの基底クラス（インタフェース）であるのかとは無関係に、仮想関数呼出しのメカニズムを使う限りは、必ず同じ関数が選択される。

§20.3.1 の広域関数 print_employee() は、print() メンバ関数にとって代わられたので、不要となる。Employee のリストの出力は、次のように記述できる：

```
void print_list(const list<Employee*>& s)
{
    for (auto x : s)
        x->print();
}
```

個々のEmployeeは、その型に適した内容で出力される。たとえば、

```
int main()
{
    Employee e {"Brown",1234};
    Manager m {"Smith",1234,2};

    print_list({&m,&e});
}
```

を実行すると、以下の実行結果が得られる：

```
Smith 1234
    level 2
Brown 1234
```


print_list()を、仮想関数を取り入れる派生クラスManagerを作る前に記述してコンパイルしているにもかかわらず、きちんと期待どおりに動作することは注目に値する。この振舞いは、クラスの極めて重要な性質だ。適切に利用すれば、オブジェクト指向設計の基盤となり、プログラムが進化しても安定性が維持できる。

この例のように、Employeeの関数を、実際に利用するEmployeeの種類とは無関係に、"期待どおりに"動作させることは、**多相性** (*polymorphism*) と呼ばれる。そして、仮想関数をもつ型は、**多相型**（*polymorphic type*）、あるいは（より正確には）**実行時多相型**（*run-time polymorphic type*）と呼ばれる。C++で実行時多相的な動作を実現するには、メンバ関数をvirtualと宣言した上で、ポインタと参照のいずれかを経由してオブジェクトを利用する必要がある。オブジェクトを（ポインタや参照を経由して）直接利用する場合、コンパイラがオブジェクトの正確な型を分かっているので、実行時多相性は不要である。

仮想関数をオーバライドする関数は、デフォルトでvirtualとなる。派生クラス内でvirtualを記述するのは、可能ではあるが不要だ。私は、virtual記述の反復はお勧めしない。明示的に記述したければ、overrideを使おう（§20.3.4.1）。

当然のことながら、多相性を実現するには、コンパイラはEmployeeクラスの全オブジェクトに何らかの型情報をもたせて、その情報に基づいて仮想関数print()の正しいバージョンを呼び出すことになる。典型的な実装は、1個のポインタを保持するメモリ領域だけを確保するものだ（§3.2.3）。コンパイラの一般的な実装では、仮想関数を指すポインタのテーブルを用意して、仮想関数の名前をそのテーブルのインデックスに変換する。一般に、このテーブルは**仮想関数テーブル**（*virtual function table*）あるいは単にvtblと呼ばれる。仮想関数をもつすべてのクラスは、自身専用のvtblをもつことで仮想関数を識別する。図にすると次のような感じだ：

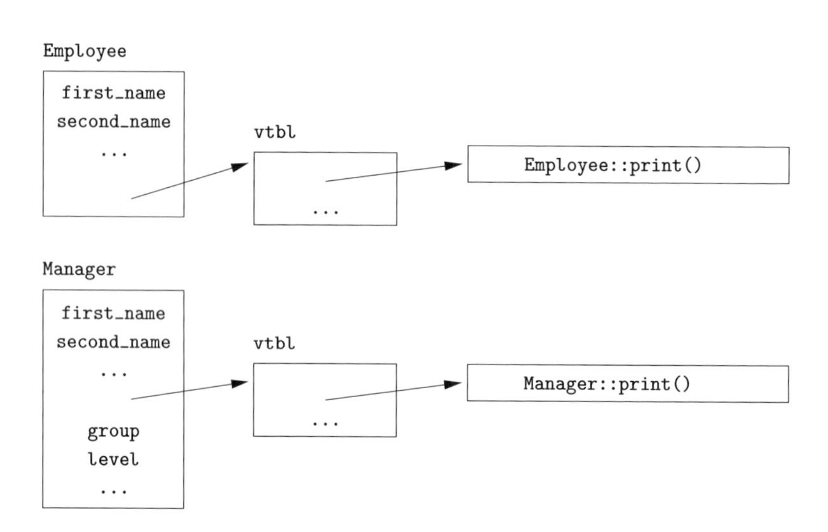

関数が vtbl に登録されることによって、オブジェクトの大きさや内部データのレイアウトを呼出し側が知らなくても、オブジェクトを正しく利用できるようになる。呼出し側の実装では、Employee 中の vtbl の位置と、呼び出す仮想関数のインデックスのみが分かればいいからだ。この仮想関数呼出しの効率性は、"通常の関数呼出し"と比べても遜色はない（差は25%以内である）。通常の関数呼出しで効率上の問題がない場面で、効率を口実にして仮想関数を敬遠する必要はない。メモリ領域のオーバヘッドは、仮想関数をもつクラスの個々のオブジェクトに対して1個のポインタと、個々のクラス全体に対して1個の vtbl のみだ。このオーバヘッドが必要なのは、仮想関数をもつクラスのオブジェクトだけだ。そのため、そのオーバーヘッドを支払うのは、仮想関数の機能を使うときに限られる。もし仮に型フィールドによる別の解法を選択しても、型フィールド用に同程度のメモリ領域が必要だ。

コンストラクタとデストラクタの内部で実行する仮想関数は、部分的に構築あるいは解体されたオブジェクトの状態によって、選択される関数が変化することがある（§22.4）。そのため、コンストラクタやデストラクタの内部で仮想関数を利用するのは、一般的には悪いアイディアだ。

20.3.3 明示的修飾

先ほどの Manager::print() のように、スコープ解決演算子 :: を使って関数を呼び出すと、virtual の意味が無効になる：

```
void Manager::print() const
{
    Employee::print();    // virtual呼出しではない
    cout << "\tlevel " << level << '\n';
    // ...
}
```

このように記述しておかなければ、Manager::print() は、無限再帰呼出しとなってしまう。名前の修飾にはもう一つありがたい効果がある。それは、仮想関数が inline とされている場合（これは珍しいことではない）、:: 演算子を使った関数呼出しがインライン展開可能となることだ。そのため、ある仮想関数が同じオブジェクトに対して別の仮想関数を呼び出すような特殊で重要な局面でも、プログラマは効率的に対処できるようになる。**Manager::print()** 関数は、まさにその一例である。オブジェクトの型は、**Manager::print()** 呼出し内で判断されるので、その内部から呼び出される **Employee::print()** では、実行時に改めて判断する必要がない。

20.3.4 オーバライド制御

基底クラスの仮想関数とまったく同じ名前で同じ型をもつ関数を派生クラスで宣言すると、派生クラスのその関数は、基底クラスの関数をオーバライドする。これは、単純で効果的な規則だ。しかし、大規模なクラス階層では、関数を意図どおりにオーバライドしているかどうかの確認が困難になる場合がある。次の例を考えよう：

```
struct B0 {
   void f(int) const;
   virtual void g(double);
};

struct B1 : B0 { /* ... */ };
struct B2 : B1 { /* ... */ };
struct B3 : B2 { /* ... */ };
struct B4 : B3 { /* ... */ };
struct B5 : B4 { /* ... */ };

struct D : B5 {
   void f(int) const;    // 基底クラスのf()をオーバライド
   void g(int);          // 基底クラスのg()をオーバライド
   virtual int h();      // 基底クラスのh()をオーバライド
};
```

この例には、三つのエラーがある。もしクラスB0 〜 B5が多くのメンバをもっていて、複数のヘッダに分散して記述されるような現実のクラス階層であれば、極めて分かりにくいエラーとなるだろう。それらのエラーは：

- B0::f() は virtual ではないので、それを隠すことはできるが、オーバライドはできない（§20.3.5）。
- D::g() の引数型が B0::g() とは異なるので、何かをオーバライドするとしても、それは仮想関数 B0::g() ではない。たぶん、D::g() が B0::g() を隠すだけだ。
- B0 には関数 h() は存在しない。D::h() が何かをオーバライドするとしても、それは B0 の関数ではない。たぶん、まったく新規の仮想関数を加えることになるだろう。

ここでは B1 〜 B5 の詳細が省略されているので、実際の宣言によっては様相がまったく異なる可能性がある。私個人としては、オーバライドしたことを表すために、関数宣言に（冗長な）**virtual** を与えることはない。小規模なプログラムでは、（特に、一般的な誤りに対して適切な警告を発するコンパイラを利用していれば）正しくオーバライドすることは難しくない。しかし、大規模なクラス階層では、次にあげる、より明確な指示による制御が有用だ：

- **virtual**：この関数はオーバライド可能である（§20.3.2）。
- =0：この関数は virtual であって、オーバライドしなければならない（§20.4）。

・override：この関数は基底クラスの仮想関数をオーバライドする（§20.3.4.1）。

・final：この関数はオーバライドされてはならない（§20.3.4.2）。

これらの制御をまったく用いなければ、基底クラスのvirtual関数をオーバライドする非staticメンバ関数は仮想関数となる（§20.3.2）。

コンパイラは、明示的なオーバライド制御の矛盾に対して警告が行える。たとえば、基底クラスの仮想関数の9個中7個のみにoverrideを用いたクラス宣言などは、保守作業者を混乱させる。

20.3.4.1 override

オーバライドするという意図は、明示的に記述できる：

```
struct D : B5 {
    void f(int) const override;  // エラー：B0::f()はvirtualではない
    void g(int) override;        // エラー：B0::g()はdouble型の引数を受け取る
    virtual int h() override;    // エラー：オーバライド可能なh()がない
};
```

これら三つの宣言は（階層の中間にある基底クラスB1～B5がこれらの関数を実装していないと仮定すると）、いずれもエラーとなる。

仮想関数が数多く存在する、大規模もしくは複雑なクラス階層では、仮想関数を新しく追加する際にのみvirtualを利用して、オーバライドしようとする側ではオーバライドするすべての関数にoverrideを利用するのが、ベストな方法だ。overrideの利用は、少々冗長ではあるものの、プログラマの意図を明確にする効果がある。override指定子は、すべてのパーツの後ろ、すなわち宣言の末尾に記述する。たとえば：

```
void f(int) const noexcept override;  // ＯＫ（もしオーバライドするのに適切なf()があれば）
override void f(int) const noexcept;  // 構文エラー
void f(int) override const noexcept;  // 構文エラー
```

そうそう、virtualが接頭語でoverrideが接尾語というのは、非論理的である。しかし、十年以上にわたる安定性と互換性を維持するための代償だ。

override指定子は、関数型の一部ではないので、クラスの外の定義では反復できない。たとえば：

```
class Derived : public Base {
    void f() override;       // Baseに仮想f()があればＯＫ
    void g() override;       // Baseに仮想g()があればＯＫ
};

void Derived::f() override   // エラー：クラスの外でのoverride指定子
{
    // ...
}

void Derived::g()            // ＯＫ
{
    // ...
}
```

面白いことに、overrideはキーワードではなく、**文脈依存キーワード**（*contextual keyword*）と呼ばれるものである。すなわち、overrideはごく限られた文脈のみで意味をもつので、それ以外の文脈では識別子として利用可能だ。たとえば：

```
int override = 7;

struct Dx : Base {
   int override;

   int f() override
   {
      return override + ::override;
   }
};
```

こんな所で知識を披露しないようにしよう。保守が面倒になるだけだ。overrideを通常のキーワードではなく文脈依存キーワードとした唯一の理由が、数十年にわたって、overrideを普通の識別子として利用するコードが大量に作られてきたためだ。文脈依存キーワードにはもう一つ、finalがある（§20.3.4.2）。

20.3.4.2 final

メンバ関数の宣言の際は、virtualとするかどうかを選択できる（デフォルトは非virtualである）。virtualを選ぶのは、派生クラスの開発者が、その関数を定義したり再定義したりできるようにしたいときだ。その判断規準は、クラスの意味（セマンティクス）に依存する：

- 今後、クラスがさらに派生される可能性を想像できるか?
- 目的を満足させるためには、派生クラスの設計者が、この関数を再定義する必要があるか?
- 単刀直入に関数を正しくオーバライドしているか（すなわち、仮想関数が期待されるセマンティクスを提供するのに、オーバライドする関数が適切な意味で簡潔であるか）？

これら三つの答えがすべて"no"であれば、その関数を非virtualのままにすると、設計の簡潔性が確保できるし、（多くの場合インライン化によって）性能面で有利になることもあるだろう。標準ライブラリは、まさにその実例だ。

本当にまれにだが、仮想関数をとっかかりにしてクラス階層を定義した後で、先ほどの質問に対する答えのいずれかが"no"になることがある。たとえば、言語を表すための抽象構文木を考えよう。ここで、その構成要素であるすべての言語は、ごく少数のインタフェースから派生した、具象ノードクラスであるものとする。この抽象構文木で言語を変更するのに必要なのは、新しいクラスを派生することだけだ。その場合、ユーザには仮想関数をオーバライドさせるべきではない。というのも、オーバライドすると、言語のセマンティクスが変更されてしまう可能性があるからだ。すなわち、ユーザの変更ができないように、いったん設計を閉じなければならない。たとえば：

```
struct Node {  // インタフェースクラス
   virtual Type type() = 0;
   // ...
};

class If_statement : public Node {
public:
   Type type() override final;  // これ以上のオーバライドを不可能にする
   // ...
};
```

現実のクラス階層であれば、汎用インタフェース（ここではNode）と、特定の言語構成を表現する派生クラス（ここではIf_statement）のあいだに、複数の中間クラスを設けることになるだろう。しかし、この例が示す重要な点は、Node::type()はオーバライドされるべきであることを意図し（それがvirtualと宣言した理由である）、オーバライドした側のIf_statement::type()は、それ以上オーバライドされるべきでないことを意図している（それがfinalと宣言した理由である）ことだ。メンバ関数にfinalを用いると、それ以上のオーバライドができないことを意味し、オーバライドしようとするコードはエラーとなる。たとえば：

```
class Modified_if_statement : public If_statement {
public:
   Type type() override;     // エラー：If_statement::type()はfinal
   // ...
};
```

クラス名の後ろにfinalを加えると、そのクラスのすべてのvirtualメンバ関数がfinalになる。たとえば：

```
class For_statement final : public Node {
public:
   Type type() override;
   // ...
};

class Modified_for_statement : public For_statement { // エラー：For_statementはfinal
   Type type() override;
   // ...
};
```

よくも悪くも、クラス宣言へのfinalの追加は、オーバライドを禁止するだけでなくて、そのクラスからの一切の派生を禁止する。性能向上のためにfinalを用いる人もいる。というのも、非virtual関数は、virtual関数よりも高速であるし（最近の処理系では25%程度）、インライン化の機会が大幅に増加する（§12.1.5）からだ。しかし、最適化を目的にして、むやみにfinalを利用してはいけない。クラス階層設計に影響する（多くの場合は悪影響を与える）一方で、性能向上が得られるのは、本当にまれだ。効率改善を考える前に、精緻な計測を行うべきだ。finalを使うのは、クラス階層の設計が、本当に望んでいるものを明確に反映している場合だ。すなわち、finalは、セマンティクス上の要求を反映させるために利用するものである。

final指定子は、関数型には含まれない。また、クラスの外での定義では反復できない。

```
class Derived : public Base {
   void f() final;      // Baseが仮想f()をもっていればＯＫ
   void g() final;      // Baseが仮想g()をもっていればＯＫ
   // ...
};

void Derived::f() final    // エラー：クラスの外でのfinal指定子
{
   // ...
}

void Derived::g()          // ＯＫ："final"は反復されていない
{
   // ...
}
```

override（§20.3.4.1）と同様に、finalも文脈依存キーワードである。すなわち、finalはごく限られた文脈のみで意味をもつので、それ以外の文脈では識別子として利用可能だ。たとえば：

```
int final = 7;

struct Dx : Base {
   int final;

   int f() final
   {
      return final + ::final;
   }
};
```

こんな所で知識を披露しないようにしよう。保守が面倒になるだけだ。finalを通常のキーワードではなく文脈依存キーワードとした唯一の理由が、数十年にわたって、finalを普通の識別子として利用するコードが大量に作られてきたためだ。文脈依存キーワードにはもう一つ、overrideがある（§20.3.4.1）。

20.3.5 基底メンバのusing宣言

関数は、スコープをまたがって多重定義されることは許されていない（§12.3.3）。たとえば：

```
struct Base {
   void f(int);
};

struct Derived : Base {
   void f(double);
};

void use(Derived d)
{
   d.f(1);          // Derived::f(double)を呼び出す
   Base& br = d;
   br.f(1);         // Base::f(int)を呼び出す
}
```

これを意外に感じる人もいる。また、私たちは、一致度がもっとも高いメンバ関数が呼び出されるようにするために、多重定義を行うことがある（§12.3）。名前空間と同様に、スコープに関数を追加する場合にもusing宣言が利用可能だ：

```
struct D2 : Base {
   using Base::f;     // Baseからすべてのfを D2に持ち込む
   void f(double);
};

void use2(D2 d)
{
   d.f(1);            // D2::f(int)すなわちBase::f(int)を呼び出す
   Base& br = d;
   br.f(1);           // Base::f(int)を呼び出す
}
```

この例は、クラスが名前空間とみなされる（§16.2）ことを示す実例だ。

using宣言を複数記述すれば、複数の基底クラスから名前を持ち込むことができる。たとえば：

```
struct B1 {
   void f(int);
};

struct B2 {
   void f(double);
};

struct D : B1, B2 {
   using B1::f;
   using B2::f;
   void f(char);
};

void use(D d)
{
   d.f(1);       // D::f(int)すなわちB1::f(int)を呼び出す
   d.f('a');     // D::f(char)を呼び出す
   d.f(1.0);     // D::f(double)すなわちB2::f(double)を呼び出す
}
```

あるクラスのコンストラクタを、その派生クラスのスコープに持ち込むことも可能だ。§20.3.5.1を参照しよう。**using**宣言で派生クラスのスコープ内に持ち込まれた名前のアクセスは、**using**宣言を記述した位置に依存する。§20.5.3を参照しよう。なお、**using**指令を使って、基底クラスの全メンバを派生クラスに持ち込むようなことはできない。

20.3.5.1 コンストラクタの継承

ちょうど**std::vector**と同じようなベクタを必要としていて、範囲チェックの保証も必要だとしよう。まずは次のように宣言してみる：

```
template<typename T>
struct Vector : std::vector<T> {
   using size_type = typename std::vector<T>::size_type; // vectorのsize_typeを利用
   T& operator[](size_type i) { return this->at(i); }     // チェック付きアクセスを利用
   const T& operator[](size_type i) const { return this->at(i); }
};
```

残念ながら、この定義が不十分であることは、すぐに分かる。たとえば：

```
Vector<int> v { 1, 2, 3, 5, 8 };    // エラー：初期化子並びコンストラクタはない
```

この簡単なテストで、**Vector**が、**std::vector**のコンストラクタを一切継承していないという失敗が分かってしまう。

これは、理不尽な規則ではない。基本クラスに対してデータメンバを追加するとか、より厳格なクラスの不変条件を設けるといった場合に、コンストラクタを継承していては、惨事につながってしまうからだ。とはいえ、ここでの**Vector**は、そのようなことを行っていない。

この問題は、コンストラクタを継承することを明示するだけで解決できる：

```
template<typename T>
struct Vector : std::vector<T> {
   using size_type = typename std::vector<T>::size_type; // vectorのsize_typeを利用
   using std::vector<T>::vector; // vectorのコンストラクタを利用
   T& operator=[](size_type i) { return this->at(i); }  // チェック付きアクセスを利用
```

```
    const T& operator=(size_type i) const { return this->at(i); }
};

Vector<int> v { 1, 2, 3, 5, 8 };    // ＯＫ：std::vectorの初期化子並びコンストラクタを利用
```

ここでのusingは、通常の関数に対するものと、まったく同じだ（§14.4.5, §20.3.5）。

明示的な初期化を必要とするメンバ変数を追加した派生クラスで、コンストラクタを継承するようなことをすると、墓穴を掘ってしまう：

```
struct B1 {
    B1(int) { }
};

struct D1 : B1 {
    using B1::B1;   // D1(int)を暗黙裏に宣言
    string s;       // stringはデフォルトコンストラクタをもつ
    int x;          // xの初期化を“忘れてしまった”
};

void test() {
    D1 d {6};       // おっと、d.xが初期化されていない
    D1 e;           // エラー：D1はデフォルトコンストラクタをもっていない
}
```

D1::sが初期化されてD1::xが初期化されていないのは、継承したコンストラクタが基底のみを初期化するからだ。この場合、次のようにしても同じだ：

```
struct D1 : B1 {
    D1(int i) : B1(i) { }
    string s;       // stringはデフォルトコンストラクタをもつ
    int x;          // xの初期化を“忘れてしまった”
};
```

墓穴を埋め戻す手段の一つが、クラス内メンバ初期化子を追加することである（§17.4.4）：

```
struct D1 : B1 {
    using B1::B1;   // D1(int)を暗黙裏に宣言
    int x {0};      // 注意：xは初期化される
};

void test()
{
    D1 d {6};       // d.xはゼロ
}
```

技巧に走りすぎないのがベストだ。コンストラクタの継承を行うのは、メンバ変数が追加されないような単純な場合のみに限定すべきだ。

20.3.6 返却型緩和

オーバライドする関数の型が、オーバライド対象の仮想関数の型と一致しなければならないという規則には、一つの緩和事項がある。それは、BがDの公開基底であるときに、元の関数の返却型がB*であれば、オーバライドする関数の返却型はD*でも構わない、というのものだ。同様に、B&という返却型は、D&に緩和できる。この規則は、**共変返却**（*covariant return*）規則と呼ばれる。

この緩和の適用対象は、返却型がポインタもしくは参照である場合のみだ。unique_ptr（§5.2.1）などのような“スマートポインタ”は対象外だ。また、これに類する緩和が引数型に適

用されることはない。型の破壊につながるからだ。

さまざまな種類の式を表現するクラス階層を考えよう。基底クラスExprは、式を操作する演算にとどまらず、多種類の式型の新規オブジェクトを作成する機能を提供することになる：

```
class Expr {
public:
   Expr();                      // デフォルトコンストラクタ
   Expr(const Expr&);           // コピーコンストラクタ
   virtual Expr* new_expr() =0;
   virtual Expr* clone() =0;
   // ...
};
```

new_expr()が、該当する式の型をもったデフォルトオブジェクトを作って、clone()がオブジェクトをコピーするという考え方だ。両方の関数は、Exprから派生した何らかのクラスオブジェクトを返す。Exprは、あらかじめ適切に考えられた上で抽象クラスとしているので、"単なるExpr"を返すことはない。

派生クラスは、自身の型のオブジェクトを返すように、new_expr()とclone()の一方あるいは両方をオーバライドできる：

```
class Cond : public Expr {
public:
   Cond();
   Cond(const Cond&);
   Cond* new_expr() override { return new Cond(); }
   Cond* clone() override { return new Cond(*this); }
   // ...
};
```

すなわち、Exprクラスのオブジェクトが与えられたら、"まったく同じ型"の新しいオブジェクトが作成可能、ということだ。例を示そう：

```
void user(Expr* p)
{
   Expr* p2 = p->new_expr();
   // ...
}
```

p2に代入されるのは、"単なるExpr"へのポインタとして宣言されているが、実際に指すのは、たとえばCondのような、Exprから派生した型のオブジェクトだ。Cond::new_expr()とCond::clone()の返却型は、Expr*ではなくCond*である。そのため、Condは型情報を失うことなく複製できる。同様に、派生クラスAdditionでも、Addition*を返却するclone()が実装可能だ。たとえば：

```
void user2(Cond* pc, Addition* pa)
{
   Cond* p1 = pc->clone();
   Addition* p2 = pa->clone();
   // ...
}
```

もしExprに対してclone()を実行しても、その結果がExpr*であることしか分からない。

```
void user3(Cond* pc, Expr* pe)
{
    Cond* p1 = pc->clone();
    Cond* p2 = pe->clone();     // エラー：Expr::clone()はExpr*を返却する
    // ...
}
```

new_expr() や clone() などのように、virtual であって、しかも（間接的に）オブジェクトを構築する関数は、一般に**仮想コンストラクタ**（*virtual constructor*）と呼ばれる。これらの関数は、適切なオブジェクトを作るために、内部でコンストラクタを呼び出しているだけだ。

オブジェクトを作成する際は、その正確な型をコンストラクタが知っておかねばならない。そのため、コンストラクタは、virtual にはなれない。しかも、コンストラクタは、通常の関数とはまったく異質なものだ。特に、通常の関数はメモリ管理ルーチンを継承しないが、コンストラクタは継承する。当然、コンストラクタを指すポインタを取り出すことはできないし、そのポインタをオブジェクト作成関数に渡すこともできない。

上記の二つの制約を回避するには、内部でコンストラクタを呼び出して、作ったオブジェクトを返す関数を定義すればよい。正確な型を知らないままで新しいオブジェクトを作れるのは、有用である上に幸運だ。これを行うクラス設計の例が、Ival_maker（§21.2.4）である。

20.4 抽象クラス

多くのクラスは、それ自身でも、また派生クラスのインタフェースとしても、さらには派生クラスの実装の一部としても有用であり、その点で、Employee と似ている。そのようなクラスでは、§20.3.2 で解説したテクニックを使えば十分だ。しかし、すべてのクラスが、このパターンに該当するわけではない。Shape などの一部のクラスは、そもそもオブジェクトが存在することのない抽象概念を表現する。Shape は、そこから派生したクラスの基底となることに存在価値がある。このことは、何らかの用途をもったものとして仮想関数を定義できないという事実が示している：

```
class Shape {
public:
    virtual void rotate(int) { throw runtime_error{"Shape::rotate"}; } // エレガントでない
    virtual void draw() const { throw runtime_error{"Shape::draw"}; }
    // ...
};
```

具体的な図形の種類を指定せずに Shape オブジェクトを作るのは、おろかだが文法的に合法だ：

```
Shape s;    // おろか："図形ではない図形"
```

これは、s に対するすべての処理がエラーになるから、おろかなのだ。

もっとよい方法がある。Shape がもつ仮想関数を、**純粋仮想関数**（*pure virtual function*）と宣言することである。仮想関数に"疑似初期化子"である = 0 を付けると"純粋化"される：

```
class Shape {           // 抽象クラス
public:
    virtual void rotate(int) = 0;         // 純粋仮想関数
    virtual void draw() const = 0;        // 純粋仮想関数
    virtual bool is_closed() const = 0;   // 純粋仮想関数
```

```
    // ...
    virtual ~Shape();                    // 仮想
};
```


純粋仮想関数を1個でも有するクラスは、**抽象クラス**（*abstract class*）である。抽象クラスのオブジェクトは作成できない：

```
Shape s;   // エラー：抽象クラスShapeの変数は作れない
```

抽象クラスは、（多相的動作を維持するために）ポインタと参照を経由してオブジェクトがアクセスされるインタフェースである、といえる。そのため、抽象クラスは、仮想デストラクタ（§3.2.4, §21.2.2）をもつことが重要となるのが一般的だ。抽象クラスのインタフェースは、コンストラクタによるオブジェクト構築には利用できないので、通常、抽象クラスは、コンストラクタをもたない。

抽象クラスは、他のクラスのインタフェースとしてのみ利用できる。たとえば：

```
class Point { /* ... */ };

class Circle : public Shape {
public:
    Circle(Point p, int r);

    void rotate(int) override { }
    void draw() const override;
    bool is_closed() const override { return true; }
    // ...
private:
    Point center;
    int radius;
};
```

派生クラスで純粋仮想関数が定義されなければ、純粋仮想関数のままとなる。その場合、その派生クラスも抽象クラスとなる。これを利用すると、段階的な実装ができるようになる：

```
class Polygon : public Shape {  // 抽象クラス
public:
    bool is_closed() const override { return true; }
    // ... drawとrotateがオーバライドされていない ...
};

Polygon b {p1,p2,p3,p4};  // エラー：抽象クラスPolygonのオブジェクトの宣言
```

`Polygon`は、`draw()`と`rotate()`をオーバライドしていないので、抽象クラスのままである。これら2個の関数をオーバライドすると、初めてオブジェクトを作成できるクラスとなる。

```
class Irregular_polygon : public Polygon {
    list<Point> lp;
public:
    Irregular_polygon(initializer_list<Point>);

    void draw() const override;
    void rotate(int) override;
    // ...
};

Irregular_polygon poly {p1,p2,p3,p4}; // p1 .. p4は別の場所で定義されているPointと仮定
```

抽象クラスは、実装の詳細を隠した状態でインタフェースを提供する。たとえば、オペレーティングシステムであれば、デバイスドライバの詳細を抽象クラスで隠すことになる：

```
class Character_device {
public:
   virtual int open(int opt) = 0;
   virtual int close(int opt) = 0;
   virtual int read(char* p, int n) = 0;
   virtual int write(const char* p, int n) = 0;
   virtual int ioctl(int ...) = 0;      // デバイスの入出力制御

   virtual ~Character_device() { }      // 仮想デストラクタ
};
```

これだと、デバイスドライバはCharacter_deviceの派生クラスとして作れるし、このインタフェースを介してさまざまな種類のデバイスが操作できるようになる。

このような抽象クラスを用いた設計スタイルは**インタフェース継承**（*interface inheritance*）と呼ばれる。これは、状態と、本体が定義されたメンバ関数との一方あるいは両方をもつ基底クラスを用いた設計スタイルを、**実装継承**（*implementation inheritance*）と呼ぶのと対照的だ。二つの設計スタイルの組合せも可能だ。すなわち、状態と純粋仮想関数とをもつ基底クラスを定義して利用することができる。とはいえ、そのような組合せは、混乱のもとなので、特別に注意が必要だ。

抽象クラスの導入によって、クラスを構築要素として用いるモジュール方式でプログラム全体を記述する機能が手に入ることになる。

20.5 アクセス制御

クラスのメンバは、private、protected、publicのいずれかになる。

- private：メンバを宣言したクラスのメンバ関数とフレンドだけが、その名前を利用できる。
- protected：メンバを宣言したクラスのメンバ関数とフレンドと、そのクラスから派生したクラスのメンバ関数とフレンドだけが、その名前を利用できる（§19.4を参照しよう）。
- public：あらゆる関数が、その名前を利用できる。

これは、クラスをアクセスする関数を、3種類に分類するという考え方を反映したものだ。その3種類は、クラスを実装する関数（フレンドとメンバ）、派生クラスを実装する関数（派生クラスのフレンドとメンバ）、それ以外の関数である。図にすると次のようになる：

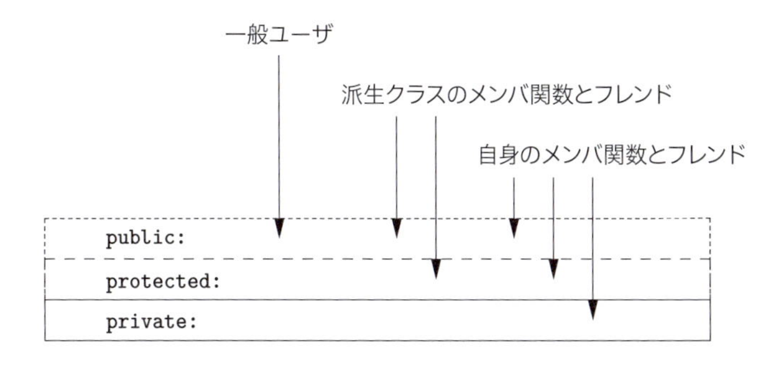

アクセス制御は、名前に対して画一的に作用する。名前が何を表すかについて、アクセス制御が関知することはない。そのため、privateなメンバ変数だけではなく、privateなメンバ関数や型や定数なども利用できる。たとえば、効率的な非侵入的リストクラスでは、要素を追跡管理するためのデータ構造が必要になることが多い。ここで、リストが**非侵入的**（*nonintrusive*）である、というのは、要素の変更が必要ない、という意味だ（たとえば、要素型にリンク用の項目をもたせることなどが不要である）。このリストを作るのに用いる情報やデータ構造は、privateのままにできる：

```
template<typename T>
class List {
public:
   void insert(T);
   T get();
   // ...
private:
   struct Link { T val; Link* next; };

   struct Chunk {
      enum { chunk_size = 15 };
      Link v[chunk_size];
      Chunk* next;
   };
   Chunk* allocated;
   Link* free;
   Link* get_free();
   Link* head;
};
```

公開関数の定義は、極めて単刀直入だ：

```
template<typename T>
void List<T>::insert(T val)
{
   Link* lnk = get_free();
   lnk->val = val;
   lnk->next = head;
   head = lnk;
}

template<typename T>
T List<T>::get()
{
   if (head == nullptr)
      throw Underflow{};     // Underflowは自作の例外クラス

   Link* p= head;
   head = p->next;
   p->next = free;
   free = p;
   return p->val;
}
```

一般的にそうだが、支援関数（ここでは非公開）の定義は、少々トリッキーだ：

```
template<typename T>
typename List<T>::Link* List<T>::get_free()
{
   if (free == nullptr) {
```

```
        // ... 新しいChunkを確保してそのLinkをフリーリスト上に置く ...
    }
    Link* p = free;
    free = free->next;
    return p;
}
```

メンバ関数定義中のList<T>:: によって、List<T> のスコープに入る。しかし、get_free() の返却型は、List<T>::get_free() の名前よりも前に記述するので、省略した Link ではなくて、List<T>::Link という完全名を記述しなければならない。なお、返却型を後に置いた記述もできる（§12.1.4）：

```
template<typename T>
auto List<T>::get_free() -> Link*
{
    // ...
}
```

（フレンド以外の）非メンバ関数では、以下のような形式でのメンバアクセスはできない：

```
template<typename T>
void would_be_meddler(List<T>* p)
{
    List<T>::Link* q = 0;                      // エラー：List<T>::Linkは非公開
    // ...
    q = p->free;                               // エラー：List<T>::freeは非公開
    // ...
    if (List<T>::Chunk::chunk_size > 31) {  // エラー：List<T>::Chunk::chunk_sizeは非公開
        // ...
    }
}
```

class のメンバはデフォルトでは非公開＝ private となり、struct のメンバはデフォルトで公開＝ public となる（§16.2.4）。

メンバ型の記述には、もう一つ分かりやすい方法がある。型を、それを囲んでいる名前空間の中に置くという方法だ。たとえば：

```
template<typename T>
struct Link2 {
    T val;
    Link2* next;
};

template<typename T>
class List {
private:
    Link2<T>* free;
    // ...
};
```

先ほどの Link は、List<T> の引数 T によって暗黙裏にパラメータ化したが、ここでの Link2 は、明示的にパラメータ化する必要がある。

メンバ型が、テンプレートクラスのすべてのパラメータに従属しない場合は、非メンバのバージョンのほうが好ましい。§23.4.6.3 を参照しよう。

一般に、入れ子クラスは、それほど有用ではない。もし、入れ子を避けたければ、（先ほどの例の）

メンバクラスを、（先ほどの例の）それを囲んでいるクラスのfriendと宣言するとよいだろう（§19.4.2）：

```
template<typename T> class List;

template<typename T>
class Link3 {
   friend class List<T>;  // List<T>のみがLink3<T>をアクセスできる
   T val;
   Link3* next;
};

template<typename T>
class List {
private:
   Link3<T>* free;
   // ...
};
```

アクセス指定子によるクラス分割の順序を、コンパイラが並べかえることがある（§16.2.4）。たとえば：

```
class S {
public:
   int m1;
public:
   int m2;
};
```

S型オブジェクトのレイアウトとして、コンパイラがm2をm1よりも前に配置することがある。この順序の並べかえは、処理系依存であって、プログラマを驚かせることがある。そのため、確たる理由がなければ、データメンバに対しては、同一のアクセス指定子を何度も用いるべきではない。

20.5.1 protectedメンバ

クラス階層の設計では、一般ユーザ向けではなく、派生クラスの開発者向けの関数を提供することがある。たとえば、派生クラスの開発者にチェック機能無しの（効率的な）アクセス関数を提供し、一般ユーザ向けにチェック機能付きの（安全な）アクセス関数を提供する、といった例だ。これは、チェック機能無しのアクセス関数を限定公開＝protectedとすることで実現できる。たとえば：

```
class Buffer {
public:
   char& operator[](int i);  // チェック付きアクセス
   // ...
protected:
   char& access(int i);      // チェック無しアクセス
   // ...
};

class Circular_buffer : public Buffer {
public:
   void reallocate(char* p, int s);  // 位置と大きさを変更
   // ...
};
```

```
void Circular_buffer::reallocate(char* p, int s) // 位置と大きさを変更
{
   // ...
   for (int i=0; i!=old_sz; ++i)
      p[i] = access(i);    // 不要なチェックは行わない
   // ...
}

void f(Buffer& b)
{
   b[3] = 'b';              // OK（チェックされる）
   b.access(3) = 'c';       // エラー：Buffer::access()はprotected
}
```

§21.3.5.2 では、`Window_with_border` という別の例を取り上げる。

さて、派生クラスが基底クラスの限定公開メンバにアクセスできるのは、自分自身の型のオブジェクトに対してのみだ：

```
class Buffer {
protected:
   char a[128];
   // ...
};

class Linked_buffer : public Buffer {
   // ...
};

class Circular_buffer : public Buffer {
   // ...
   void f(Linked_buffer* p)
   {
      a[0] = 0;        // OK：Circular_buffer自身のprotectedメンバへのアクセス
      p->a[0] = 0;     // エラー：異なる型のprotectedへのアクセス
   }
};
```

この規則によって、派生クラスが他の派生クラスに所属するデータを破壊するのを防げる。

20.5.1.1 protectedメンバの利用

非公開／公開による単純なデータ隠蔽モデルは、具象型のアイディアではうまく機能する(§16.3)。しかし、派生クラスを使う場合、クラスのユーザは、派生クラスと、“一般ユーザ”の2種類に分類される。クラスの処理を実装するメンバとフレンドは、ユーザに代わってクラスオブジェクトを処理する。非公開／公開モデルは、実装者と一般ユーザとをプログラマが明確に区別できるようにするものの、派生クラス専用のサービスは提供できない。

`protected` 宣言されたメンバは、`private` 宣言したメンバよりも、悪用される機会がはるかに増える。そもそも、データメンバを `protected` 宣言すること自体が、設計上の誤りであることが一般的だ。共通クラスに、すべての派生クラスから利用する大量のデータをもたせてしまうと、そのデータは破壊されやすくなってしまう。さらに悪いことに、限定公開データは、すべての利用箇所を探し出すのが困難なので、公開データと同様に、再構成も容易ではない。すなわち、限定公開データは、保守上の問題につながるのだ。

幸いにも、限定公開データを利用する必要はない。クラスのデフォルトはprivateなので、通常はそのままとしておくべきだ。私の経験では、すべての派生クラスから直接利用する大量の情報を、共通クラスにもたせる方法には、別の選択肢が存在する。

なお、この問題は、限定公開メンバ関数には当てはまらない。派生クラスから実行する処理に対するprotected指定は優れた方法である。§21.2.2で示すIval_sliderが、そのよい例だ。Ival_sliderで実装クラスをprivateにしてしまうと、それ以上の派生ができなくなる。その一方で、基底が提供する実装の詳細をpublicにしてしまうと、エラーや誤用につながる。

20.5.2 基底クラスへのアクセス

メンバと同様に、基底クラスに対しても、private、protected、publicを宣言できる。たとえば：

```
class X : public B { /* ... */ };        // 公開派生
class Y : protected B { /* ... */ };     // 限定公開派生
class Z : private B { /* ... */ };       // 非公開派生
```

各アクセス指定子は、異なった設計要求を実現する：

- public派生は、派生クラスを、基底クラスの下位型とする。たとえば、この例でのXは、Bの一種である。これが、もっとも広く利用される派生形態だ。
- private基底は、より強い保証を提供するために、基底へのインタフェースを制限したクラスを定義する場合にもっとも有用となる。たとえば、Bは、Zの実装の詳細となっている。§25.3にあげる、Vector<void*>を基底とするポインタテンプレートのVectorは、基底に対して型チェックを追加するよい例である。
- protected基底は、そのクラスから派生するのが一般的に必要となるようなクラス階層で有用だ。private派生と同様に、protected派生も実装の詳細を表現する際に利用する。§21.2.2のIval_sliderが、そのよい例である。

基底クラスに対するアクセス指定子は省略可能だ。その場合、classであればデフォルトでprivate派生となって、structであればpublic派生となる。

```
class XX : B { /* ... */ };      // Bは非公開基底クラス
struct YY : B { /* ... */ };     // Bは公開基底クラス
```

一般に、基底クラスに対しては、public派生（すなわち、下位型関係の表現）が期待される。そのため、基底に対するアクセス指定子を省略した場合の挙動について、structの場合はともかく、classの場合に驚かされる人が多いようだ。

基底クラスに対するアクセス指定子は、基底クラスのメンバへのアクセスと、派生クラス型から基底クラス型へのポインタと参照の変換を制御する。基底クラスBからクラスDを派生した場合で考えてみよう：

- Bがprivate基底であれば、Bのpublicメンバとprotectedメンバを利用できるのは、Dのメンバ関数とフレンドだけである。また、D*からB*への変換ができるのも、Dのメンバ関数とフレンドだけである。

・Bがprotected基底であれば、Bのpublicメンバとprotectedメンバを利用できるのは、Dのメンバ関数とフレンド、さらに、Dの派生クラスのメンバ関数とフレンドだけである。また、D*からB*への変換ができるのも、Dのメンバ関数とフレンド、さらに、Dの派生クラスのメンバ関数とフレンドだけである。
・Bがpublic基底であれば、Bのpublicメンバは、任意の関数から利用できる。Bのprotectedメンバを利用できるのは、Dのメンバ関数とフレンド、さらに、Dの派生クラスのメンバ関数とフレンドに限られる。D*からB*への変換は、任意の関数で行える。

これは、メンバに対するアクセス制御（§20.5）を書き直しただけのものだ。クラス設計では、メンバに対するアクセス制御と同じように、基底に対してもアクセス制御が行える。§21.2.2にあげるIval_sliderの例も参照しよう。

20.5.2.1 多重継承とアクセス制御

格子上の多重継承において、基底クラスにたどり着く経路が複数個存在する場合（§21.3）、アクセス可能な経路があれば、基底クラスの名前が利用できる。たとえば：

```
struct B {
   int m;
   static int sm;
   // ...
};

class D1 : public virtual B { /* ... */ } ;
class D2 : public virtual B { /* ... */ } ;
class D12 : public D1, private D2 { /* ... */ };

D12* pd = new D12;
B* pb = pd;          // ＯＫ：D1を通じてアクセス可能
int i1 = pd->m;      // ＯＫ：D1を通じてアクセス可能
```

複数の経路を通っても到達するのが一つの実体であれば、曖昧になることなく、それを利用できる。たとえば：

```
class X1 : public B { /* ... */ } ;
class X2 : public B { /* ... */ } ;
class XX : public X1, public X2 { /* ... */ };

XX* pxx = new XX;
int i1 = pxx->m;       // エラー、曖昧：XX::X1::B::mとXX::X2::B::mのどっち？
int i2 = pxx->sm;      // ＯＫ：XX中にはB::smは１個だけ（smは静的メンバ）
```

20.5.3 using宣言とアクセス制御

using宣言（§14.2.2, §20.3.5）を用いたからといって、アクセス可能な情報が増えることはない。もともとアクセス可能な情報を、使いやすくするための仕組みにすぎないからだ。ところが、いったん有効になると、他のユーザからも利用できるようになってしまう。たとえば：

```
class B {
private:
   int a;
protected:
   int b;
public:
   int c;
};

class D : public B {
public:
   using B::a;       // エラー：B::aは非公開
   using B::b;       // B::bはDを通じて公開される
};
```

非公開派生あるいは限定公開派生を using 宣言と併用すると、本来クラスが提供する機能すべてではなく、一部のインタフェースだけが指定できるようになる。たとえば：

```
class BB : private B {  // B::bとB::cへのアクセスを提供してB::aは提供しない
public:
   using B::b;
   using B::c;
};
```

§20.3.5 も参照しよう。

20.6 メンバへのポインタ

メンバへのポインタは、クラスメンバへの間接的なアクセスをプログラマに提供するものであり、ちょうどオフセットのようなものだ。->* 演算子と .* 演算子は、C++ の演算子の中で極めて特殊であって、ほとんど使われない。-> 演算子を使うと、p が指すオブジェクトのクラスメンバを、m という名前を使って p->m としてアクセスできる。->* 演算子を使うと、p が指すオブジェクトのメンバを、メンバへのポインタとして格納されている（概念的な）名前をもつメンバ ptom に対するアクセスが、p->*ptom で行えるようになる。これをうまく使うと、名前と一緒に引数として渡されたメンバへのアクセスが行えるようになる。なお、いずれの演算子の場合も、p は適切なクラスオブジェクトを指すポインタでなければならない。

メンバへのポインタを、void* や、それ以外の通常のポインタに代入することはできない。ただし、メンバへのポインタに対して空ポインタ（nullptr など）を代入するのは可能であり、この場合は“メンバが存在しない”ことを表す。

20.6.1 メンバ関数へのポインタ

多くのクラスは、さまざまな異なる方法で利用できるように、単純で極めて汎用性の高いインタフェースを提供する。たとえば、多くの“オブジェクト指向”なユーザインタフェースは、画面上で情報を表示する全オブジェクトに対して、応答の準備をさせるための一連の要求を定義する。しかも、そのような要求は、プログラムから直接的あるいは間接的に示すことができる。この考えを応用した、単純な例を考えてみよう：

```
class Std_interface {
public:
   virtual void start() = 0;
   virtual void suspend() = 0;
   virtual void resume() = 0;
   virtual void quit() = 0;
   virtual void full_size() = 0;
   virtual void small() = 0;

   virtual ~Std_interface() {}
};
```


各処理の正確な意味は、その起動対象となったオブジェクトによって定義される。要求を発行する人間やプログラムと、要求を受け取るオブジェクトのあいだには、一段階のソフトウェアレイアが介在することが多い。そのような中間レイアは、resume()、full_size() など個々の処理については、まったく知らないのが理想的である。もし知っていれば、処理が変更されるたびに、中間レイアの変更も必要になってしまう。そのため、中間レイアは、実行すべき処理を表すデータを、要求発行元から要求受領者へと転送するだけとなる。

これを実現する単純な方法が、実行する処理内容を表した string を送信する、というものだ。たとえば、suspend() を呼び出すのであれば、文字列 "suspend" を送信する。しかし、そのためには、誰かが文字列を作成しなければならないし、対応する処理（があれば、それ）を判断するために、誰かが文字列を解析しなければならない。この処理は間接的な上に退屈になりがちだ。文字列ではなく、処理の種類を表す整数を用いることもできる。たとえば、suspend() は 2 で表す、といったものだ。しかし、確かにマシンにとっては整数のほうが処理しやすいかもしれないが、人間には極めて分かりにくくなる。2 が suspend() を意味することを判定して suspend() を実行するためのコードが、やはり必要である。

もう一つの方法は、クラスメンバを間接的に指すポインタを利用する手法だ。先ほどの Std_interface を考えよう。そのまま suspend() と記述することなく、あるオブジェクトに対して suspend() を呼び出したいのであれば、Std_interface::suspend() を指すメンバへのポインタが必要だ。これに加えて、suspend() 対象のオブジェクトを指すポインタあるいは参照も必要である。簡単な例を考えてみよう：

```
using Pstd_mem = void (Std_interface::*)();  // メンバへのポインタ型

void f(Std_interface* p)
{
   Pstd_mem s = &Std_interface::suspend;  // suspend()へのポインタ
   p->suspend();                          // そのまま呼び出す
   p->*s();                               // メンバへのポインタ経由で呼び出す
}
```

メンバへのポインタ（*pointer to member*）は、たとえば &Std_interface::suspend のように、完全修飾したメンバ名に対してアドレス演算子 & を適用した式によって取り出せる。“クラス X のメンバへのポインタ”型の変数は、X::* という宣言子を使って宣言する。

C言語の宣言子構文の読みにくさを補うために別名を使うのは、常套的な手段である。その場合、従来からの * 宣言子と、X::* 宣言子の類似性に対する注意が必要だ。

メンバ m を指すポインタは、オブジェクトと組み合わせて利用できる。->* 演算子と .* 演算子を使うと、それらの組合せが表現できる。たとえば、p->*m は、p が指すオブジェクトに m を結び付ける。obj.*m は、オブジェクト obj に m を結び付ける。演算結果は、m と同じ型として利用できる。ただし、->* 演算子と .* 演算子の演算結果を、保存しておいて、それを後から利用することはできない。

当然ながら、実行したいメンバが既知であれば、メンバへのポインタという分かりにくい手法を使わなくても、直接そのまま呼び出せる。通常の関数へのポインタと同様に、メンバ関数へのポインタも、メンバ関数名が分からないまま実行する必要がある場合に利用する。とはいえ、メンバへのポインタは、変数へのポインタや関数のポインタのような、特定のメモリ領域を指すポインタではない。むしろ、ある構造体の中のオフセットや配列の添字に近い。もちろん、データメンバ、仮想関数、非仮想関数などの違いは、処理系によってきちんと考慮される。メンバへのポインタと正しい型のオブジェクトを指すポインタとを組み合わせると、特定オブジェクトの特定メンバが識別できるようになる。p->*s() の呼出しを図で表すと、次のようになる：

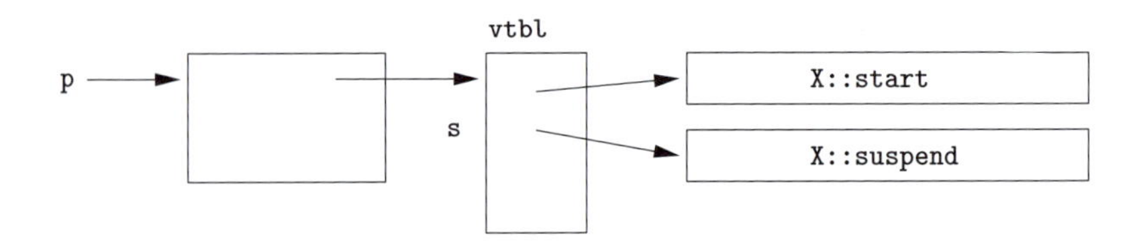

仮想メンバへのポインタ（ここでは s）は、一種のオフセットなので、オブジェクト自体がメモリ上のどこに配置されているかとは無関係だ。そのため仮想メンバへのポインタは、オブジェクトレイアウトさえ同一であれば、アドレス空間をまたがった受渡しも行える。非仮想メンバへのポインタは、通常の関数へのポインタと同様に、アドレス空間をまたがった受渡しは不可能だ。

さて、ポインタ経由で実行する関数が、virtual であってもよいことに注意しよう。たとえば、ポインタ経由で suspend() を実行する場合、メンバ関数へのポインタが適用されたオブジェクトの suspend() が呼び出される。これが、メンバ関数へのポインタの本質的な点だ。

インタプリタの実装を考えよう。たとえば、文字列が表現している関数の実行に、メンバへのポインタが利用できる：

```
map<string,Std_interface*> variable;
map<string,Pstd_mem> operation;

void call_member(string var, string oper)
{
   (variable[var]->*operation[oper])();     // var.oper()
}
```

static メンバは、特定のオブジェクトとは結び付けられていないので、static メンバへのポインタは、通常のポインタと同じだ。たとえば：

```
class Task {
    // ...
    static void schedule();
};

void (*p)() = &Task::schedule;           // OK
void (Task::* pm)() = &Task::schedule;   // エラー：メンバへのポインタに
                                         //         通常のポインタが与えられている
```

データメンバへのポインタについては、§20.6.2 で解説する。

20.6.2 データメンバへのポインタ

当然ながら、メンバへのポインタには、データメンバに適用されるものと、引数と返却型をもつメンバ関数に対して適用されるものとがある。たとえば：

```
struct C {
    const char* val;
    int i;

    void print(int x) { cout << val << x << '\n'; }
    int f1(int);
    void f2();
    C(const char* v) { val = v; }
};

using Pmfi = void (C::*)(int);    // intを受け取るCメンバ関数へのポインタ
using Pm = const char* C::*;      // Cのconst char*データメンバへのポインタ

void f(C& z1, C& z2)
{
    C* p = &z2;
    Pmfi pf = &C::print;
    Pm pm = &C::val;

    z1.print(1);
    (z1.*pf)(2);
    z1.*pm = "nv1 ";
    p->*pm = "nv2 ";
    z2.print(3);
    (p->*pf)(4);

    pf = &C::f1;    // エラー：返却型が不一致
    pf = &C::f2;    // エラー：引数型が不一致
    pm = &C::i;     // エラー：型が不一致
    pm = pf;        // エラー：型が不一致
}
```

関数へのポインタの型は、通常の型とまったく同じようにチェックされる。

20.6.3 基底のメンバと派生のメンバ

派生クラスは、最低限のものとして、基底クラスから継承したメンバをもっている。多くの場合、メンバを追加する。そのため、基底クラスのメンバへのポインタは、派生クラスのメンバへのポインタに対して安全に代入できる。しかし、逆の代入は安全ではない。この性質は、**反変性**（*contravariance*）と呼ばれる。たとえば：

```
class Text : public Std_interface {
public:
   void start();
   void suspend();
   // ...
   virtual void print();
private:
   vector s;
};

void (Std_interface::* pmi)() = &Text::print;    // エラー
void (Text::*pmt)() = &Std_interface::start;     // ＯＫ
```

反変性の規則は、派生クラスへのポインタを、基底クラスへのポインタに代入できるという規則に敵対するもののように感じられるだろう。しかし、二つの規則は、「ポインタは、そのポインタを指すために必要な最小限の性質をもっていないオブジェクトは指させない」という基本的な原則を維持するためのものだ。この場合、`Std_interface::*` は任意の `Std_interface` に適用できる。それらのオブジェクトのほとんどは `Text` 型ではないはずである。ということは、`pmi` の初期化に利用しているメンバ `Text::print` をもっていないということになる。このような初期化をコンパイラが認めないことで、実行時エラーが未然に防げるのだ。

20.7 アドバイス

[1] 型フィールドは避けよう。§20.3.1。

[2] 多相オブジェクトは、ポインタと参照を経由して利用しよう。§20.3.2。

[3] 明確なインタフェースを準備する設計に集中するために、抽象クラスを利用しよう。§20.4。

[4] 大規模クラス階層でのオーバライドは、`override` で明示しよう。§20.3.4.1。

[5] `final` は、節度をもって利用しよう。§20.3.4.2。

[6] インタフェースの指定には、抽象クラスを利用しよう。§20.4。

[7] 抽象クラスを用いて、インタフェースから詳細な実装を分離しよう。§20.4。

[8] 仮想関数をもつクラスには、仮想デストラクタも実装しよう。§20.4。

[9] 通常、抽象クラスには、コンストラクタは不要だ。§20.4。

[10] 詳細な実装に利用するメンバには `private` を優先しよう。§20.5。

[11] インタフェースに利用するメンバには `public` を優先しよう。§20.5。

[12] `protected` メンバは、本当に必要な場合に限って注意深く利用しよう。§20.5.1.1。

[13] データメンバを `protected` 宣言しないように。§20.5.1.1。

第 21 章　クラス階層

抽象化とは、何かを選択し無視することだ。
— アンドリュー・コーエン

21.1　はじめに

本章で主として焦点を当てるのは、言語機能というよりも、設計技法である。取り上げる例題は、ユーザインタフェース設計だが、グラフィカルユーザインタフェース（GUI）システムに広く用いられるイベントドリブンプログラミングは取り上げない。画面上の操作をメンバ関数呼出しに変換する処理をテーマとした議論は、クラス階層の設計にはほとんど関係しないし、大きな混乱につながりかねないからだ。もっとも、GUI 自体が興味深くて重要なテーマであることは間違いない。GUI について理解を深めたければ、数多く存在する C++ の GUI ライブラリの一つを調べてみよう。

21.2　クラス階層の設計

ここで考えるのは、単純な設計問題だ。その対象は、ユーザから整数値の入力を受け取るプログラム（“アプリケーション”）である。考えられる方法は、無数にあるだろう。その多様性からプログラムを隔離して、設計上の可能な選択肢を検討できるようにするために、まずは単純な入力処理のモデルの設計から始めることにしよう。

このアイディアは、入力された値の有効範囲を確認する Ival_box（“整数値入力ボックス（integer value input box）”）クラスを開発するということである。プログラムは Ival_box に整数値を要求し、必要に応じてユーザに入力を促す。さらに、プログラムが最後に利用した後に、ユーザが値を変更したかどうかを Ival_box へ問い合わせられるようにする：

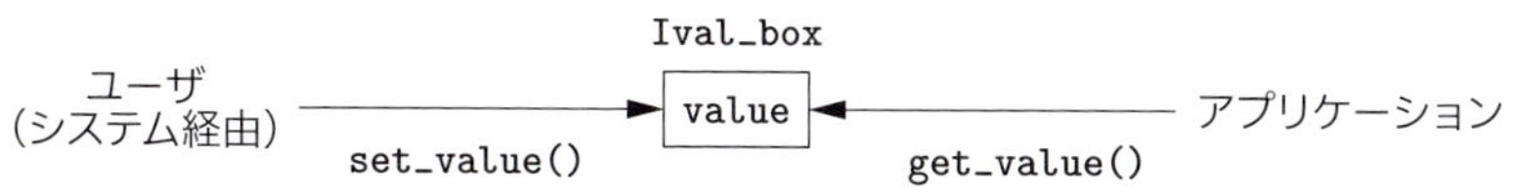

```
                         Ival_box
  ユーザ                 ┌───────┐
(システム経由) ────────▶│ value │◀──────── アプリケーション
           set_value()   └───────┘  get_value()
```

この基本的なアイディアの実現方法は、数多くある。したがって、Ival_boxは、スライダや、ユーザによって数値がタイプされるだけの単純な入力ボックス、ダイアル、音声入力など、数多くの種類になり得ると想定しなければならない。

そのための一般的な方針は、アプリケーション用に"仮想ユーザインタフェースシステム"を構築するというものだ。このシステムは、既存のユーザインタフェースシステムが提供する機能の一部を提供する。アプリケーションコードの可搬性を保証するためには、幅広いシステム上で実装されることになるだろう。当然ながら、ユーザインタフェースシステムとアプリケーションを分離する方法は他にもある。私が、この方針を採用した理由がいくつかある：汎用的だから。さまざまな技法や設計の長所短所を定義できるから。その技法が"現実の"ユーザインタフェースシステム構築にも利用できるから。さらに、もっとも重要な理由は、その技法が、インタフェースシステムという狭い範囲にとらわれることなく、多種多様な問題にも適用可能だから、ということである。

ユーザ操作（イベント）とライブラリ呼出しの対応付けを取り上げないことは先ほど述べた。マルチスレッドGUIシステムで必要になる排他制御についても、取り上げないことにする。

21.2.1 実装継承

最初にあげる解は、実装継承を用いたクラス階層（古いプログラムで広く利用されてきた方式）である。

Ival_boxクラスは、あらゆるIval_boxに対する基本インタフェースを定義するとともに、特定の種類のIval_boxが独自にオーバライドできるように汎用のデフォルト動作を提供する。それらに加えて、基本概念の実装に必要なデータを宣言する：

```
class Ival_box {
protected:
   int val;
   int low, high;
   bool changed {false};     // ユーザがset_value()によって変更する
public:
   Ival_box(int ll, int hh) :val{ll}, low{ll}, high{hh} { }

   virtual int get_value() { changed = false; return val; }       // アプリケーション用
   virtual void set_value(int i) { changed = true; val = i; }     // ユーザ用
   virtual void reset_value(int i) { changed = false; val = i; } // アプリケーション用
   virtual void prompt() { }
   virtual bool was_changed() const { return changed; }

   virtual ~Ival_box() {}
};
```

関数のデフォルト実装は、多少いい加減なものだ。ここで提供するものは、何よりも、セマンティクスの意図を示すためのものである。実際のクラスであれば、何らかの範囲チェックなどを提供することになるはずだ。

これらの"ivalクラス"群の利用例を示そう：

```
void interact(Ival_box* pb)
{
```

```
    int old_val = pb->get_value();
    pb->prompt();                    // ユーザに警告
    // ...
    int i = pb->get_value();
    if (i != old_val) {
       // ... 新しい値；何らかの処理を行う ...
    }
    else {
       // ... 別の何らかの処理を行う ...
    }
}

void some_fct()
{
    unique_ptr<Ival_box> p1 {new Ival_slider{0,5}}; // Ival_sliderはIval_boxの派生クラス
    interact(p1.get());
    unique_ptr<Ival_box> p2 {new Ival_dial{1,12}};
    interact(p2.get());
}
```

ほとんどのアプリケーションコードは、ここに示した`interact()`のように、単なる`Ival_box`（へのポインタ）を使って記述する。すなわち、膨大な数になる可能性がある`Ival_box`の種類を知らないままに、アプリケーションを書けるのだ。個々のクラスに特化した処理は、そのオブジェクトを作成する、比較的少数の関数に隔離する。この分離によって、派生クラスの実装の変更を、ユーザが意識しなくてすむようになる。そのため、大半のコードは、複数種類の`Ival_box`が存在することを意識しなくてすむのだ。

なお、この例では、`Ival_box`の`delete`を忘れてしまうのを防止するために、`unique_ptr`（§5.2.1，§34.3.1）を利用している。

議論を簡単にするため、プログラムが入力を待つ方法については省略する。プログラムは、`get_value()`において、（たとえば`future`の`get()`による方法などを使って：§5.3.5.1）、ユーザが入力するのを本当に待つ場合もあるだろう。`Ival_box`とイベントを結び付けておいて、コールバックに対応する方法もあるだろう。`Ival_box`のために別スレッドを起動しておいて、スレッドの状態を後で確認する場合もあるだろう。この点は、ユーザインタフェースシステム設計では極めて重要だ。しかし、現実の詳細までを取り上げると、プログラミング技法や言語機能の解説から逸脱する。ここで解説する設計技法とそれを支援する言語機能は、ユーザインタフェースに特化したものではなく、はるかに広範囲な問題に対処するためのものだ。

さて、各種の`Ival_box`は、`Ival_box`から派生するクラスとして定義する。たとえば：

```
class Ival_slider : public Ival_box {
private:
    // ... スライダの概観を定義するグラフィック処理など ...
public:
    Ival_slider(int, int);

    int get_value() override;  // ユーザからの値を取り出してvalに格納
    void prompt() override;
};
```

`Ival_box`のデータメンバは`protected`宣言されているので、派生クラスからアクセスできる。そのため、`Ival_slider::get_value()`は、`Ival_box::val`に値を格納できる。`protected`メン

バは、そのクラスのメンバと派生クラスのメンバからアクセスできるが、一般ユーザからはアクセスできない（§20.5 を参照しよう）。

Ival_slider だけでなく、さまざまな種類の Ival_box が定義できる。つまみを回して値を選択する Ival_dial、ユーザへの問合せの際に画面上で点滅する Flashing_ival_slider、ユーザが見すごさないように目立つ場所に表示する Popup_ival_slider などだ。

グラフィックスの部品はどこで入手するとよいだろうか？　ほとんどのユーザインタフェースシステムは、画面上の実体となる基本属性を定義するクラスを提供している。仮に"財宝社（Big Bucks Inc.）"製のユーザインタフェースシステムを採用する場合、Ival_slider、Ival_dial などのクラスはすべて、BBwidget の一種として作ることになるだろう。それをもっとも単純に実現する方法は、BBwidget から派生するように Ival_box を変更することである。そうすると、すべての Ival_box が、BBwidget のもつすべての性質を継承するようになる。たとえば、すべての Ival_box が画面に配置できるようになるし、BBwidget システムのグラフィックスタイル規則にしたがって、サイズ変更やドラッグ操作などができるようになる。このとき、クラス階層は次のようになるだろう：

```
class Ival_box : public BBwidget { /* ... */ };  // BBwidgetを利用するように書き直した
class Ival_slider : public Ival_box { /* ... */ };
class Ival_dial : public Ival_box { /* ... */ };
class Flashing_ival_slider : public Ival_slider { /* ... */ };
class Popup_ival_slider : public Ival_slider { /* ... */ };
```

図にすると次のようになる：

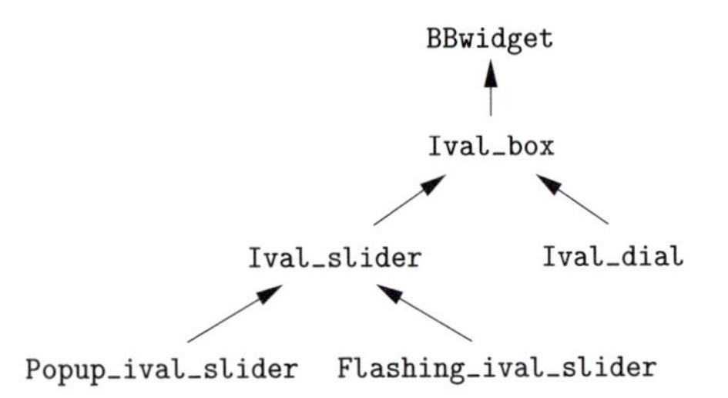

21.2.1.1 考察

この設計は、多くの場合で期待どおりに動作するし、さまざまな問題に対して、この種のクラス階層は優れた解となる。しかし細部には、別の設計を模索したくなるような、いくつかの弱点がある。

ここでは Ival_box の基底クラスを BBwidget としたが、これは、（現実世界で広く採用されているスタイルではあるものの）まったく正しくない。BBwidget を利用することは、Ival_box の基本概念の一部ではなくて、実装の詳細である。BBwidget から Ival_box を派生すると、実装の詳細が設計の第一段階に持ち込まれてしまう。たとえば、会社のビジネス展開として"財宝社"が定める環境を利用するのであれば、重要な決定となるだろう。しかし、"バナナ帝国（Imperial Bananas）社"製や、"ソフトウェア解放戦線（Liberated Software）社"製や、"コンパイラ名人（Compiler Whizzes）社"製などのシステムに対応した Ival_box が必要となった場合にどうすればよいだろうか？　次のように、4種類ものプログラムを保守しなければならなくなってしまう：

```
class Ival_box : public BBwidget { /* ... */ };   // BBバージョン
class Ival_box : public CWwidget { /* ... */ };   // CWバージョン
class Ival_box : public IBwidget { /* ... */ };   // IBバージョン
class Ival_box : public LSwindow { /* ... */ };   // LSバージョン
```

多くのバージョンを作ると、バージョン管理の悪夢につながってしまう。

実際問題として、簡潔で論理的な2文字の接頭語などは見つからないだろう。BigBucks::Widget、Wizzies::control、LS::windowのように、提供元が異なるライブラリは異なる名前空間に置いて、類似概念は別の形式で記述するほうが好ましい。しかし、ここでのクラス階層設計には影響しないので、命名や名前空間については取り上げないことにする。

もう一つの問題点は、すべての派生クラスが、Ival_boxで宣言した基本データを共有することだ。いうまでもなく、この基本データは、Ival_boxインタフェースに紛れ込んだ実装の詳細である。現実的な観点で見ても、このようなものは、多くの場合で誤ったデータだ。たとえば、Ival_sliderは、値そのものを保持する必要がない。誰かがget_value()を実行したときに、スライダの位置から計算すればいいからだ。一般的にも、関連する二つのデータを別々に保存することはトラブルにつながる。遅かれ早かれ、それらは同期がとれなくなってしまうだろう。さらに、初心者プログラマは、コードの保守上の問題につながる、不要なprotectedデータメンバを使いたがることが、経験上分かっている。派生クラスの開発者が誤用しないように、データメンバはprivateであったほうがよい。もっとよいのは、データを派生クラスにもたせることだ。そうすると、派生クラスは、自身の要求に正確に一致するようにデータを定義できるし、無関係の派生クラスに混乱をもたらすこともなくなる。ほとんどの場合、限定公開インタフェースには、関数と型と定数だけを入れるべきだ。

BBwidgetから派生することには、BBwidgetが提供する機能をIval_boxのユーザが利用できるという利点がある。しかし残念なことに、BBwidgetを変更すると、再コンパイル、あるいは変更への対応のためのコード修正が必要となってくる。ほとんどのC++処理系では、基底クラスの大きさが変更された場合は、すべての派生クラスの再コンパイルが必要だ。

さて、最後の問題だ。このプログラムは、複数のユーザインタフェースシステムが混在するウィンドウ環境で実行される可能性がある。たとえば、二つのシステムが何らかの形で一つの画面を共有するとか、異なるシステム上のユーザと通信する必要がある、といったときだ。ユーザインタフェースシステムを、唯一のIval_boxインタフェースの唯一の基底クラスに“縛られた”ものにすると、このような状況に対応するための柔軟性に欠けるプログラムとなってしまう。

21.2.2 インタフェース継承

それでは、伝統的なクラス階層に対する考察で示した問題を解決するために、クラス階層を新しく設計し直すことにしよう：

[1] ユーザインタフェースシステムは、詳細を知る必要のないユーザから見えないようになっている、実装の詳細でなければならない。

[2] Ival_boxクラスは、データをもつべきではない。

[3] ユーザインタフェースシステムを変更しても、Ival_boxファミリのクラスを利用するコードの再コンパイルが不要でなければならない。

[4] 異なるインタフェースシステムに対するIval_boxは、同一プログラム内で共存できなければならない。

この実現のためのアプローチとしては、複数のものが考えられる。ここでは、C++言語に対してクリーンに適用できるものを取り上げることにする。

まず、Ival_boxクラスを、純粋なインタフェースとして定義しよう：

```
class Ival_box {
public:
    virtual int get_value() = 0;
    virtual void set_value(int i) = 0;
    virtual void reset_value(int i) = 0;
    virtual void prompt() = 0;
    virtual bool was_changed() const = 0;
    virtual ~Ival_box() { }
};
```

これは、最初のIval_boxの宣言よりも、はるかにクリーンだ。データだけでなく、単純なメンバ関数の実装もなくなっている。初期化すべきデータがなくなったので、コンストラクタまでもがなくなっている。その代わり、派生クラスで定義されることになるデータを適切に後始末できるように、仮想デストラクタが追加されている。

Ival_sliderの定義は、次のようになる：

```
class Ival_slider : public Ival_box, protected BBwidget {
public:
    Ival_slider(int,int);
    ~Ival_slider() override;

    int get_value() override;
    void set_value(int i) override;
    // ...
protected:
    // ... BBwidgetの仮想関数をオーバライドする関数
    // たとえば、BBwidget::draw()やBBwidget::mouse1hit()など ...
private:
    // ... sliderに必要なデータ ...
};
```

派生クラスIval_sliderは抽象クラス（Ival_box）を継承しているので、基底クラスの純粋仮想関数の実装が求められる。さらに、必要な手段を実装するBBwidgetも継承している。Ival_boxは、派生クラスにインタフェースを提供するので、public派生が使われている。一方、BBwidgetは、実装の補助にすぎないので、protected派生（§20.5.2）としている。そのため、Ival_sliderを利用するプログラマは、BBwidgetが定義する機能を直接利用することはできない。Ival_sliderが提供するインタフェースには、Ival_boxから継承したものに加えて、Ival_sliderが明示的に宣言したものがある。より制限が厳しい（通常はより安全でもある）private派生ではなく、protected派生としたのは、Ival_sliderからさらに派生したクラスでもBBwidget

を利用できるようにするためだ。ここで示した“ウィジェットの階層”は、間違いなく巨大で複雑な階層であり、overrideの明示によって混乱を最小限に抑えられるので、明示的にoverrideを記述している。

複数のクラスから直接派生することは、一般に**多重継承**（*multiple inheritance*）と呼ばれる（§21.3）。Ival_sliderが、Ival_boxとBBwidgetの両方の関数をオーバライドしなければならないことに注意しよう。そのため、両クラスから直接あるいは間接に派生しなければならないのだ。§21.2.1.1で示したように、BBwidgetをIval_boxの基底にすると、Ival_sliderは、BBwidgetから間接的に派生することになるが、望ましくない副作用が生まれる。同様に、“実装クラス”であるBBwidgetをIval_boxのメンバにしても、問題は解決しない。メンバの仮想関数はオーバライドできないからだ。ウィンドウをIval_boxのBBwidget*メンバにする方法もあるが、これは、長所短所も含め、まったく異なる設計となってしまう。

“多重継承”という用語を、難しくて近寄りがたいと感じる人がいるようだ。しかし、あるクラスからは実装を継承して、別のクラス（抽象クラス）からはインタフェースを継承する、というのは、継承や、コンパイル時インタフェースチェック機能があるすべての言語にとって一般的である。特に、抽象クラスIval_boxの使い方は、JavaやC#言語における「インタフェース」とほとんど同じだ。

面白いことに、このIval_slider宣言を使うと、アプリケーションコードが、先ほどのものとまったく同じように記述できる。ここまで行ったことは、実装の詳細を、より論理的に再構成しただけである。

多くのクラスでは、オブジェクトを解体する直前に何らかの後始末処理が必要となる。抽象クラスIval_boxでは、派生クラスがどのような後始末処理を必要としているかを知ることは不可能であるが、何らかの後始末が必要だろうという仮定をしなければならない。基底クラスで仮想デストラクタIval_box::~Ival_box()を定義しておいて、派生クラスで適切にオーバライドすれば、正しい後始末が保証される。たとえば：

```
void f(Ival_box* p)
{
    // ...
    delete p;
}
```

delete演算子は、pが指すオブジェクトを明示的に解体する。その際、pが実際に指しているオブジェクトの正確なクラスを知る方法はないが、Ival_boxの仮想デストラクタのおかげで、オブジェクトのクラスのデストラクタが（もしあれば）実行されて、適切な後始末処理が完了する。

これで、Ival_boxの階層は次のように定義できるようになった：

```
class Ival_box { /* ... */ };
class Ival_slider
    : public Ival_box, protected BBwidget { /* ... */ };
class Ival_dial
    : public Ival_box, protected BBwidget { /* ... */ };
class Flashing_ival_slider
    : public Ival_slider { /* ... */ };
```

```
class Popup_ival_slider
    : public Ival_slider { /* ... */ };
```

図で表すと、次のようになる：

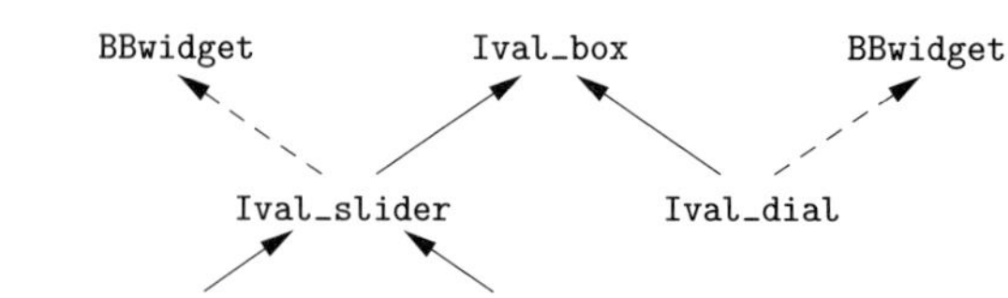

ここでは、限定公開継承（§20.5.1）を破線で表現している。限定公開基底は、（きちんと）実装の一部とみなされるので、一般ユーザからは利用できない。

21.2.3 別の実装

ここに示した設計は、最初に示した従来方式の設計よりもクリーンで保守もしやすい。しかも、効率を損なっていない。とはいえ、複数のバージョン管理の問題が解決できていない：

```
class Ival_box { /* ... */ };                                    // 共通
class Ival_slider
    : public Ival_box, protected BBwidget { /* ... */ };  // BB用
class Ival_slider
    : public Ival_box, protected CWwidget { /* ... */ };  // CW用
// ...
```

二つのユーザインタフェースシステム自体が共存できたとしても、**BBwidget** 用の **Ival_slider** と **CWwidget** 用の **Ival_slider** は共存できない。分かりやすい解決法は、それぞれの **Ival_slider** クラスに、別々の名前を与えて定義するというものだ：

```
class Ival_box { /* ... */ };
class BB_ival_slider
    : public Ival_box, protected BBwidget { /* ... */ };
class CW_ival_slider
    : public Ival_box, protected CWwidget { /* ... */ };
// ...
```

図で表すと、次のようになる：

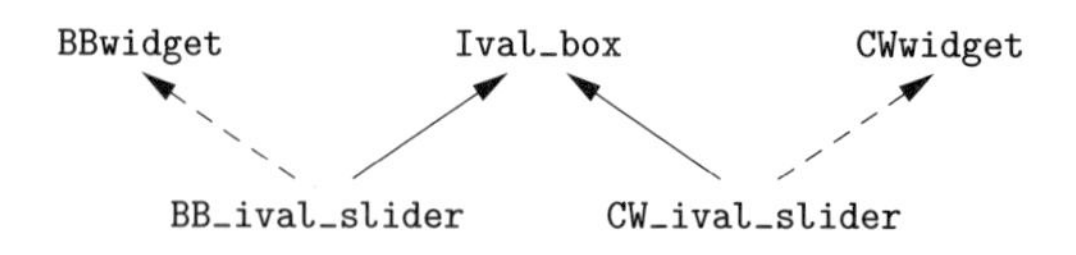

アプリケーション指向の **Ival_box** クラス群を、実装の詳細からさらに分離するには、**Ival_box** から抽象クラス **Ival_slider** を派生させておき、さらに、そのクラスから各システム用の **Ival_slider** を派生させる、という方法も考えられる：

```
class Ival_box { /* ... */ };
class Ival_slider
    : public Ival_box { /* ... */ };
class BB_ival_slider
    : public Ival_slider, protected BBwidget { /* ... */ };
class CW_ival_slider
    : public Ival_slider, protected CWwidget { /* ... */ };
// ...
```


図で表すと、次のようになる：

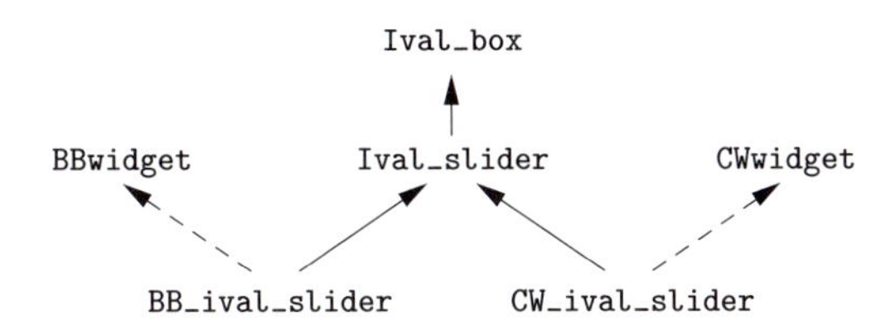

通常は、より限定的なクラスを実装階層内に導入すると、さらによくなる。たとえば“財宝社”システムがスライダクラスをもつのであれば、そのための **Ival_slider** は、**BBslider** から直接派生させればよい：

```
class BB_ival_slider
    : public Ival_slider, protected BBslider { /* ... */ };
class CW_ival_slider
    : public Ival_slider, protected CWslider { /* ... */ };
```

図で表すと、次のようになる：

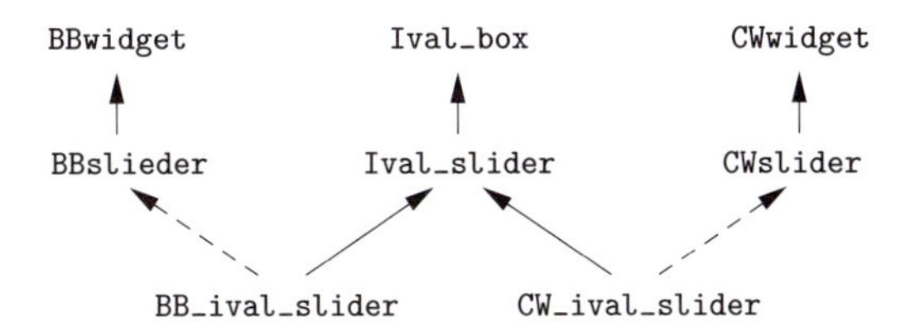

この抽象化と、実装に利用されるシステムが提供するものがそれほど違わない場合では（珍しいことではないが）、この改善は著しく重要なものである。その場合、プログラミングは、類似した概念を関係付けるだけのものにまで削減される。**BBwidget** などの汎用的な基底クラスからの派生が必要になるのは、ごくまれとなる。

階層全体を示していこう。まず、派生クラスとして表現されたインタフェースのアプリケーション指向の概念上の階層は、次のようになる：

```
class Ival_box { /* ... */ };
class Ival_slider
    : public Ival_box { /* ... */ };
class Ival_dial
    : public Ival_box { /* ... */ };
class Flashing_ival_slider
    : public Ival_slider { /* ... */ };
```

```
class Popup_ival_slider
    : public Ival_slider { /* ... */ };
```

これに続いて、さまざまなグラフィカルユーザインタフェースシステムに対応するために階層を実装した、以下のような派生クラスが続く：

```
class BB_ival_slider
    : public Ival_slider, protected BBslider { /* ... */ };
class BB_flashing_ival_slider
    : public Flashing_ival_slider, protected BBwidget_with_bells_and_whistles { /*...*/ };
class BB_popup_ival_slider
    : public Popup_ival_slider, protected BBslider { /* ... */ };
class CW_ival_slider
    : public Ival_slider, protected CWslider { /* ... */ };
// ...
```

クラス名の一部を短縮して、この階層を図で表すと、次のようになる：

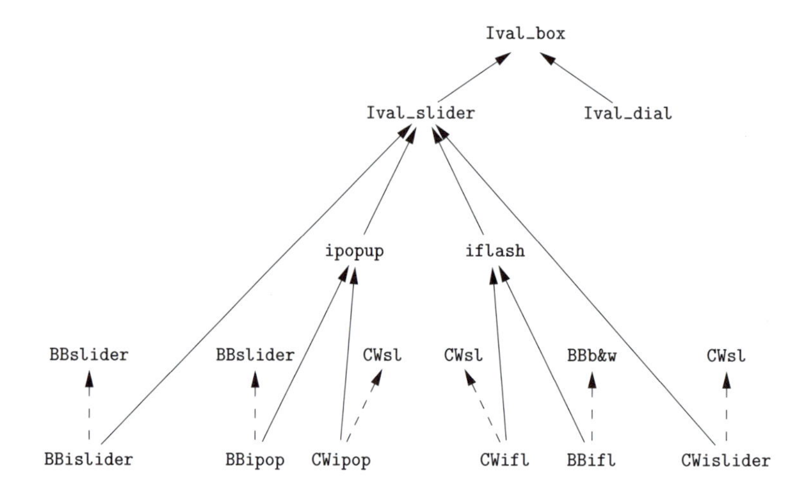

実装クラス群に囲まれても、オリジナルの Ival_box のクラス階層の見かけは変化していない。

21.2.3.1 考察

抽象クラスを用いた本設計は柔軟だ。さらに、ユーザインタフェースシステムを定義する共通基底を用いた設計と比較しても、取扱いが単純である。後者の設計では、木構造のルートとなるのはウィンドウクラスである。前者の設計では、オリジナルのアプリケーションクラス階層は、変化することなく、その実装を提供するものとしての階層木のルートに位置している。アプリケーションから見れば、ほぼすべてのコードを変更せずに動作するという点で、この二つの設計は等価である。どちらの設計を使っても、ウィンドウ関連の実装の詳細にほとんど煩わされることなく、Ival_box クラスファミリが扱える。そのため、クラス階層を切りかえても、§21.2.1 で提示した interact() を書き直す必要はない。

どちらの設計でも、ユーザインタフェースシステムの公開インタフェースが変更された場合は、それぞれの Ival_box の実装を変更する必要がある。しかし、抽象クラス設計では、実装クラス階層の変更が発生しても、ほぼすべてのユーザコードに対して特別な対応が不要となるものであって、再コンパイルは不要である。この点は、実装クラス階層が“おおむね互換”な新バージョンをリリースしたときに、特に重要な意味をもつことになる。さらに、抽象クラス階層を用いれば、従来の階層と比較して、独占権をもつ実装に縛られる危険が少なくなる。抽象クラス Ival_box のアプリケーション階層を用いると、Ival_box 階層で明示的に指定されている機能だけが利用できるので、実装された機能を誤って利用する事態も発生しない。というのも、実装固有の基底クラスから暗黙裏に機能を継承することがないからだ。

これらの考察から導き出される論理的な結果が、抽象クラス階層と従来の階層による実装として構築されたシステムである。換言すると、次のようになる。

- インタフェース継承をサポートするためには、抽象クラスを用いる（§3.2.3, §20.1）。
- 実装継承をサポートするためには、仮想関数を実装した基底クラスを用いる（§3.2.3, §20.1）。

21.2.4 オブジェクト作成の局所化

多くのアプリケーションが、Ival_box のインタフェースを用いて記述できる。単なる Ival_box より多くの機能を提供できるように派生したインタフェースをさらに発展させたとしても、ほとんどのアプリケーションは、Ival_box や Ival_slider などのインタフェースを使って書ける。しかし、作成するオブジェクトの名前は、実装に依存した CW_ival_dial や BB_flashing_ival_slider などになってしまう。このような特定の名前を利用する箇所は、可能な限り少なくするべきだ。しかし、系統的に行わない限り、オブジェクト作成の局所化は困難である。

いつものことだが、この問題の解決法は、間接性を導入することだ。それには、いろいろな方法が考えられる。単純な方法の一つが、オブジェクト作成処理一式を表現する抽象クラスを導入する、というものである：

```
class Ival_maker {
public:
    virtual Ival_dial* dial(int, int) =0;                 // ダイアルを作る
    virtual Popup_ival_slider* popup_slider(int, int) =0; // ポップアップスライダを作る
    // ...
};
```

Ival_maker クラスは、ユーザが知っておくべき Ival_box ファミリのクラスの個々のインタフェースに対して、オブジェクトを作成する関数を提供する。このようなクラスは、**ファクトリ**（*factory*）と呼ばれることもあり、そのオブジェクト作成関数は、（やや誤解されやすいものの）**仮想コンストラクタ**（*virtual constructor*）と呼ばれることもある（§20.3.6）。

これで、Ival_maker の派生クラスで、各ユーザインタフェースシステムが実現できるようになった：

```
class BB_maker : public Ival_maker {  // BBバージョンを作成
public:
    Ival_dial* dial(int, int) override;
    Popup_ival_slider* popup_slider(int, int) override;
    // ...
};
```

```
class LS_maker : public Ival_maker {  // LSバージョンを作成
public:
   Ival_dial* dial(int, int) override;
   Popup_ival_slider* popup_slider(int, int) override;
   // ...
};
```

各関数は、目的とするインタフェースと実装型をもったオブジェクトを作成する：

```
Ival_dial* BB_maker::dial(int a, int b)
{
   return new BB_ival_dial(a,b);
}

Ival_dial* LS_maker::dial(int a, int b)
{
   return new LS_ival_dial(a,b);
}
```

Ival_makerを使うと、どのユーザインタフェースが利用されるのかを正確に把握することなく、オブジェクトの作成が行えるようになる。たとえば：

```
void user(Ival_maker& im)
{
   unique_ptr<Ival_box> pb {im.dial(0,99)};  // 適切なダイアルを作成
   // ...
}

BB_maker BB_impl;    // BBユーザ用
LS_maker LS_impl;    // LSユーザ用

void driver()
{
   user(BB_impl);    // BBを利用
   user(LS_impl);    // LSを利用
}
```

このような“仮想コンストラクタ”を引数に渡す手法は、少々トリッキーだ。実際、異なった派生クラス内で異なった引数を受け取るインタフェースを表現する基底クラスの関数は、オーバライドできない。すなわち、ファクトリクラスのインタフェースの設計にあたっては、将来に対するそれなりの予測が必要ということだ。

21.3 多重継承

§20.1で解説したように、継承の目的は、以下の二つのうちの一方を実現することだ：

- **インタフェースの共有**（*shared interface*）：複数のクラスをなるべく使わないようにすることによって、コードの重複を削減するとともにコードの画一性を高める。一般に、**実行時多相性**（*run-time polymorphism*）あるいは**インタフェース継承**（*interface inheritance*）と呼ばれる。
- **実装の共有**（*shared implementation*）：コード量を削減して、実装コードの画一性を高める。一般に、**実装継承**（*implementation inheritance*）と呼ばれる。

一つのクラスで、これら二つのスタイルを組み合わせることも可能である。

本節では、複数の基底クラスの一般的な利用について解説し、さらに、複数の基底クラスがもつ機能の組合せとアクセスに関連した、より技術的なテーマを検証する。

21.3.1 インタフェースの多重継承

抽象クラスは、インタフェースを表現するのに最適な手段である（たとえばIval_boxなど：§21.2.2)。変更の可能性がある状態をもたない抽象クラスでは、クラス階層内において、利用する基底クラスが1個でも複数でも、実際のところ大きな違いはない。発生し得る曖昧さの解決法は、§21.3.3，§21.3.4，§21.3.5で解説する。変更の可能性がある状態をもたないクラスであれば、多重継承しても実際にはそれほどの複雑さやオーバヘッドを伴わずに、インタフェースとして利用できる。重要な点は、変更の可能性がある状態をもたないクラスは、必要があれば複製可能であり、要求されれば共有も可能ということである。

オブジェクト指向設計では、インタフェースとして複数の抽象クラスを用いることは、（継承を表現可能な、いかなる言語でも）極めて一般的なことである。

21.3.2 多重実装クラス

地球の周回軌道上に存在する物体のシミュレーションを考えてみよう。周回する物体は、Satelliteクラスのオブジェクトとして表現する。Satelliteオブジェクトは、軌道、大きさ、形状、反射係数、密度などの情報を保持し、軌道計算、属性変更などの処理を実装することになるだろう。岩石、古い機体の残骸、通信衛星、国際宇宙ステーションなどもSatelliteであり、Satelliteから派生したクラスのオブジェクトとなる。これらの派生クラスでは、データメンバとメンバ関数を追加するとともに、自身の概念を適切に表現するために、Satelliteの仮想関数をオーバライドするだろう。

ここで、グラフィック情報を保持する共通基底クラスから表示オブジェクトを派生する方式のグラフィックシステムが利用できると仮定して（それほど珍しいものではない)、上記のシミュレーション結果をグラフィカルに表示することにする。グラフィッククラスでは、画面上の位置や縮尺などを操作する処理を実装することになる。汎用性と簡潔性を確保して、さらに実際のグラフィックシステムの詳細を隠すために、グラフィカル出力機能（実際には非グラフィカル出力でも構わない）を提供するクラスをDisplayedという名前で定義する。

これで、通信衛星をシミュレートするクラスComm_satを定義できるようになった：

```
class Comm_sat : public Satellite, public Displayed {
public:
    // ...
};
```

図で表すと、次のようになる：

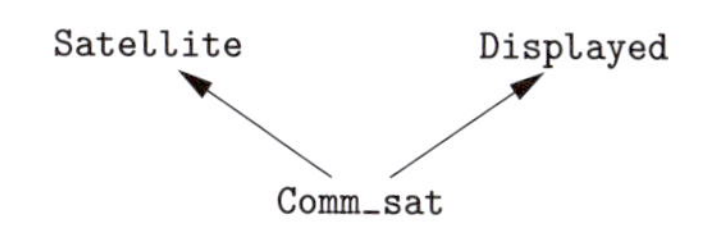

Comm_satクラス用に定義された処理に加えて、Satellite用の処理とDisplayed用の処理の和集合が利用可能である：

```
void f(Comm_sat& s)
{
    s.draw();              // Displayed::draw()
    Pos p = s.center();    // Satellite::center()
    s.transmit();          // Comm_sat::transmit()
}
```


同様に、Comm_sat は、引数に Satellite を受け取る関数にも渡せるし、Displayed を受け取る関数にも渡せる。たとえば：

```
void highlight(Displayed*);
Pos center_of_gravity(const Satellite*);

void g(Comm_sat* p)
{
    highlight(p);                      // Comm_sat中のDisplayed部へのポインタを渡す
    Pos x = center_of_gravity(p);      // Comm_sat中のSatellite部へのポインタを渡す
}
```

これを実現するためには、Satellite を要求する関数と Displayed を要求する関数に対して、Comm_sat 内部の異なる部分を渡せるようにするための、コンパイラの側での何らかの（ちょっとした）テクニックが必要である。例によって、仮想関数であれば動作する。たとえば：

```
class Satellite {
public:
    virtual Pos center() const = 0;   // 重力の中心
    // ...
};

class Displayed {
public:
    virtual void draw() = 0;
    // ...
};

class Comm_sat : public Satellite, public Displayed {
public:
    Pos center() const override;      // Satellite::center()をオーバライド
    void draw() override;             // Displayed::draw()をオーバライド
    // ...
};
```

これで、Comm_sat を Satellite として扱ったときは Comm_sat::center() が呼び出されて、Displayed として扱ったときは Displayed::draw() が呼び出されることになる。

どうして、Comm_sat の部分としての Satellite と Displayed を、完全に分離させていないのだろうか？　Satellite メンバと Displayed メンバをもつクラスとして Comm_sat を定義することもできたはずだ。あるいは、Comm_sat クラスに、Satellite* メンバと Displayed* メンバをもたせて、コンストラクタで正しい関係を構築するように定義することもできたはずだ。多くの設計上の問題点に対して、私は、そのような定義を行うだろう。しかし、このサンプルを開発するきっかけとなったシステムは、Satellite クラスが仮想関数をもっていて、さらに（分割して設計された）Displayed クラスも仮想関数をもっているという条件で作られたものであった。読者のみなさんは、独自の Satellite と Displayed オブジェクトを、派生によって定義できる。その場合、みなさんが独自に作成したオブジェクトの動作を決定するためには、Satellite の仮想関数と Displayed の仮想関数をオーバライドしなければならない。これは、状態と実装を有する基底クラスからの多重継承を避けるのが困難な状況である。回避策をとっても、骨が折れるし、保守も困難になる。

関連性をもたない2個のクラスを“むりやりくっつけて”、それを第3のクラスの実装の一部とするために多重継承を利用することは、素朴で、効率的で、それなりに重要ではあるものの、あまり興味深いものではない。これは、プログラマが（基底が定義する関数をオーバライドするだけという事実を補うための）大量の転送関数を記述しなくてすませるための簡略策にすぎない。この技法がプログラム全体の設計に大きく影響することはないし、実装の詳細を隠したままにしたいという要求と対立することもある。しかし、技巧に走りすぎない技法は有用でもある。

私は、単一の実装クラス階層と、（必要な）インタフェースを提供する複数の抽象クラスを好んで利用する。これだと、システムの柔軟性が向上するし、将来的な発展も行いやすくなる。とはいえ、この構造が採用できるとは限らない。特に、変更すべきでない既存のクラス（たとえば、他人のライブラリの一部）を利用しなければならないときなどが、そうである。

単一継承（だけ）を用いると、Displayed、Satellite、Comm_sat の各クラスを実装するための選択肢が制限されることに注意しよう。Comm_sat は、Satellite の一種、あるいは Displayed の一種にはなれるが、（Satellite と Displayed が継承関係にない限り）両方の一種にはなれない。どちらかの一種にした場合、柔軟性も失われる。

そもそも Comm_sat を必要とする人はいるだろうか？　一部の人の予想に反し、この Satellite サンプルは本物なのだ。実在していたし、現在も存在しているかもしれない。本書で解説している多重継承の実装に沿って、現実に開発されたものだ。衛星、地上局などを対象とした通信システムの設計を学ぶためのプログラムである。実際、Satellite は初期の並列タスクから派生したものだった。このシミュレーションがあれば、通信トラフィックフローに関する疑問を解決し、暴風雨によって通信が遮断されている地上局への正常な応答を判断して、衛星回線と地上回線のどちらを優先するかなどを検討できる。

21.3.3 曖昧さの解決

二つの基底クラスが同じ名前のメンバ関数をもつことがある。たとえば：

```
class Satellite {
public:
    virtual Debug_info get_debug();
    // ...
};

class Displayed {
public:
    virtual Debug_info get_debug();
    // ...
};
```

Comm_sat を利用する際に、これらの関数が曖昧であってはならない。メンバ名をクラス名で修飾するだけで、曖昧さの問題は解決できる：

```
void f(Comm_sat& cs)
{
   Debug_info di = cs.get_debug();   // エラー：曖昧
   di = cs.Satellite::get_debug();   // OK
   di = cs.Displayed::get_debug();   // OK
}
```

しかし、明示的な曖昧さの解決は、面倒だ。通常は、派生クラスの内部で新しい関数を定義することによって解決するのが、ベストだ：

```
class Comm_sat : public Satellite, public Displayed {
public:
   Debug_info get_debug() // Comm_sat::get_debug()とDisplayed::get_debug()をオーバライド
   {
      Debug_info di1 = Satellite::get_debug();
      Debug_info di2 = Displayed::get_debug();
      return merge_info(di1,di2);
   }
   // ...
};
```

派生クラスで宣言された関数は、同じ名前と型をもつ基底クラスの*すべての*関数をオーバライドする。通常、この動作はまったく正しいものだ。というのも、一つのクラスの中で、セマンティクスが異なる処理に対して同じ名前を用いることが、悪いアイディアだからである。理想的な**virtual**とは、関数を特定するために使われるインタフェースとは無関係に、関数呼出しに同じ効果をもたせることである（§20.3.2）。

オーバライドを行う関数の実装にあたっては、基底クラス中のバージョンを特定するために、名前を明示的に修飾しなければならないことがある。**Telstar::draw**といった修飾名は、**Telstar**クラス、あるいはその基底クラスが宣言した**draw**を表す。たとえば：

```
class Telstar : public Comm_sat {
public:
   void draw()
   {
      Comm_sat::draw();   // Displayed::drawを見つける
      // ... ここでの独自の仕事 ...
   }
   // ...
};
```

図で表すと、次のようになる。

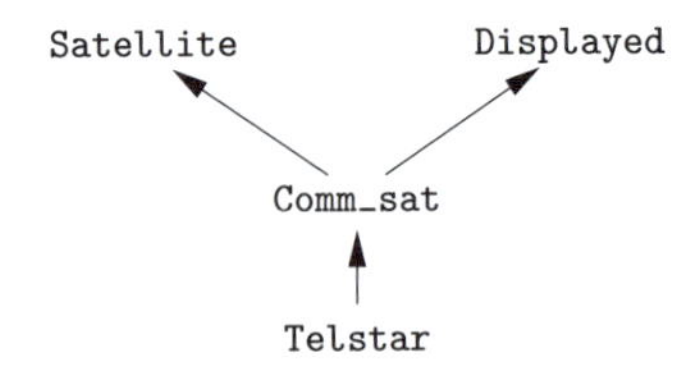

Comm_sat::drawが、**Comm_sat**内で宣言された**draw**として解決できない場合、コンパイラは基底クラスを再帰的に探索する。すなわち、**Satellite::draw**、**Displayed::draw**、そして、必要であればそれらの基底クラスを探索する。一致するものが一意に特定できれば、その名前を利用す

る。そうでない場合、Comm_sat::draw は、存在しないか、あるいは曖昧と判断される。

もし Telstar::draw() 内で単なる draw() と記述すれば、Telstar::draw() の“無限”再帰呼出しになってしまう。

Displayed::draw() と記述することもできる。しかし、もし誰かが Comm_sat::draw() を追加すれば、コードの意図が破壊されてしまう。一般に、間接基底クラスよりも、直接基底クラスを参照したほうがよい。なお、Comm_sat::Displayed::draw() と記述することもできるが、これだと冗長だ。もし Satellite::draw() と記述すると、draw はクラス階層上で Displayed 側の枝に存在すべきものであるため、エラーとなる。

先ほどの get_debug() は、Satellite と Displayed の少なくともある一部分が同時に設計されたことを前提としている。名前、返却型、引数の型、セマンティクスのすべてが偶然一致するようなことは、まず起こらない。類似した機能が、異なった方法で提供される（ただし、一緒に使えるものへとマージするのには労力がかかる）ほうが、普通だ。変更不可能な2個のクラス SimObj と Widget を最初に提示しておくこともできたが、そうすると、本来必要なものが実装できないし、非互換なインタフェースを用いて利用しなければならなくなる。その場合、Satellite と Displayed をインタフェースクラスとして設計し、上位クラス用に“マッピングレイア”を実装することになるだろう。

```
class Satellite : public SimObj {
   // SimObjの機能をSatelliteシミュレーションを使いやすくする何かにマップする
public:
   virtual Debug_info get_debug();  // SimObj::DBinf()を呼び出して情報を抽出
   // ...
};

class Displayed : public Widget {
   // Widgetの機能をSatelliteシミュレーションの結果を使いやすくする何かにマップする
public:
   virtual Debug_info get_debug();  // Widgetデータを読み込んでDebug_infoを組み立てる
   // ...
};
```

図で表すと、次のようになる。

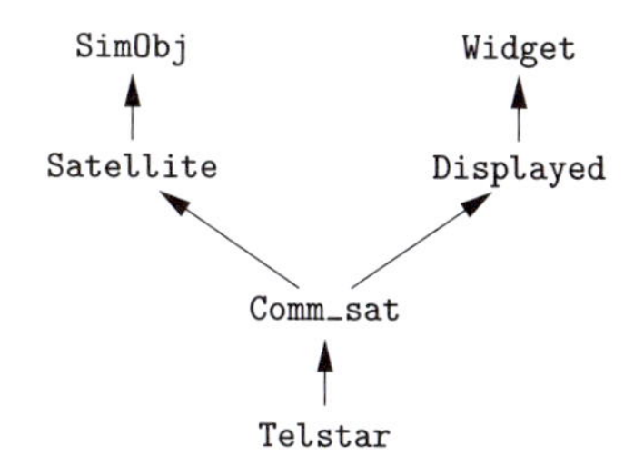

とても興味深いことに、これはまさに、「異なるセマンティクスの処理を、2個の基底クラスが同じ名前で実装した」という好ましくない場合の曖昧さを排除するためのテクニックそのものだ。すなわち、インタフェース層を追加するテクニックである。カウボーイが登場するビデオゲームを対象に、

メンバ関数 draw() をもつクラスという古典的な（ほとんど空想的で理論上の）例を考えてみよう：

```
class Window {
public:
    void draw();     // 画像を表示
    // ...
};

class Cowboy {
public:
    void draw();     // 拳銃ケースからガンを抜く
    // ...
};

class Cowboy_window : public Cowboy, public Window {
    // ...
};
```

どのように Cowboy::draw() と Window::draw() をオーバライドすればよいだろう？　これら２個の関数は、その意味（セマンティクス）がまったく違うのに、名前と型が同一である。そのため、これらは、２個の別々の関数によってオーバライドする必要がある。この（魅惑的な）問題を直接解決する言語機能は存在しないが、中間クラスを追加することで解決できる：

```
struct WWindow : Window {
    using Window::Window;                           // コンストラクタ群を継承
    virtual void win_draw() = 0;                    // 派生クラスにオーバライドを強要
    void draw() override final { win_draw(); }     // 画像を表示
};

struct CCowboy : Cowboy {
    using Cowboy::Cowboy;                           // コンストラクタ群を継承
    virtual void cow_draw() = 0;                    // 派生クラスにオーバライドを強要
    void draw() override final { cow_draw(); }     // 拳銃ケースからガンを抜く
};

class Cowboy_window : public CCowboy, public WWindow {
public:
    void cow_draw() override;
    void win_draw() override;
    // ...
};
```

図で表すと、次のようになる。

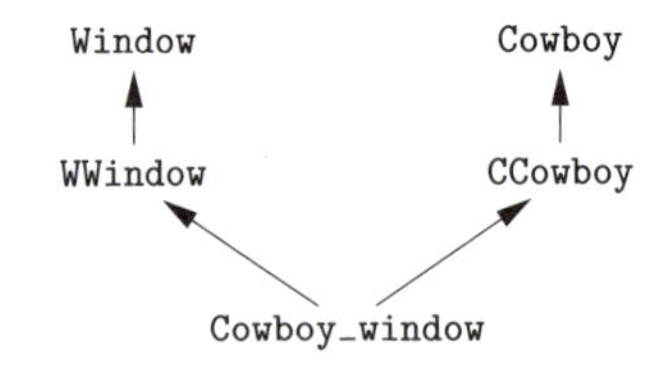

もし Window の設計者がもう少し配慮して draw() を const にしていれば、問題は完全になくなってしまう。これは、まさに典型的なものだ。

21.3.4 基底クラスの反復

クラスが直接基底クラスを１個だけもつのであれば、クラス階層は木構造となって、各クラスは木の中の1箇所にのみ登場する。クラスが複数個の基底クラスをもつのであれば、あるクラスがクラス階層中に複数回登場する可能性が生じる。もっている状態（たとえば、ブレークポイント、デバッグ情報、または保管すべき情報など）をファイルに書き込んで、後で読み込む機能をもつクラスを考えてみよう：

```
struct Storable {    // 永続的な記憶域
    virtual string get_file() = 0;
    virtual void read() = 0;
    virtual void write() = 0;

    virtual ~Storable() { }
};
```

このような有用なクラスは、クラス階層内の複数の箇所で利用されることになる。たとえば：

```
class Transmitter : public Storable {
public:
    void write() override;
    // ...
};

class Receiver : public Storable {
public:
    void write() override;
    // ...
};

class Radio : public Transmitter, public Receiver {
public:
    string get_file() override;
    void read() override;
    void write() override;
    // ...
};
```

ここでは、次の2種類のケースが考えられる。

[1] Radio オブジェクトは、2個の Storable 部分オブジェクトをもつ（Transmitter 用と Receiver 用）。

[2] Radio オブジェクトは、1個の Storable 部分オブジェクトをもつ（Transmitter と Receiver で共有する）。

ここに示した例では、デフォルトでは、2個の Storable 部分オブジェクトをもつ。基底としてクラスを指定すると、明示しない限り、そのたびにコピーが得られる。図で表すと、次のようになる：

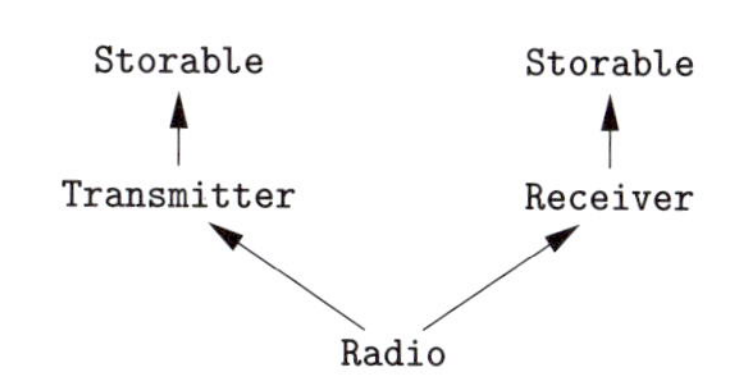

複製されている基底クラスの仮想関数は、派生クラスの中では（1個の）関数でオーバライドできる。通常、オーバライドする関数は、対応する基底クラスの関数を呼び出して、その後に派生クラス独自の処理を実行する：

```
void Radio::write()
{
   Transmitter::write();
   Receiver::write();
   // ... Radio独自の情報をwriteする ...
}
```

複製されている基底クラスから派生クラスにキャストする方法については、§22.2 で解説する。別々の派生クラスの個別の関数で write() 関数をオーバライドする技法については、§21.3.3 を参照しよう。

21.3.5 仮想基底クラス

前節の Radio のサンプルが期待どおりに動作したのは、Storable クラスの基底としての複製が、安全で便利で効率的だからである。そうなる理由は単純だ。Storable が純粋にインタフェースを提供する抽象クラスだからだ。Storable オブジェクトは、自分独自のデータを一切もっていない。これは、インタフェースと実装との分離度を最高にする、もっとも単純な例である。実際には、Radio に2個の Storable 部分オブジェクトをもたせるには、多少の難しい決定が必要である。

もし Storable がデータをもっていて、そのデータが、複製すべきではない重要なものだとしたらどうだろう？　たとえば、オブジェクトを保存するファイルの名前を Storable にもたせるように定義してみよう：

```
class Storable {
public:
   Storable(const string& s);     // 名前sのファイルに格納
   virtual void read() = 0;
   virtual void write() = 0;
   virtual ~Storable();
protected:
   string file_name;

   Storable(const Storable&) = delete;
   Storable& operator=(const Storable&) = delete;
};
```

ここでの Storable に対する変更は単純で些細だが、Radio の設計の変更を強いるものだ。オブジェクトのすべての部品は、1個だけの Storable を共有しなければならない。そうでなければ、異なるファイルを利用する Storable から派生した2個の部分オブジェクトをもつことになってしまう。このような複製を避けるのが、基底クラスを virtual 宣言することである。派生クラスに含まれる virtual 基底は、どれも同じ（共有された）オブジェクトになるのだ。たとえば：

```
class Transmitter : public virtual Storable {
public:
   void write() override;
   // ...
};
```

```
class Receiver : public virtual Storable {
public:
   void write() override;
   // ...
};

class Radio : public Transmitter, public Receiver {
public:
   void write() override;
   // ...
};
```

図で表すと、次のようになる。

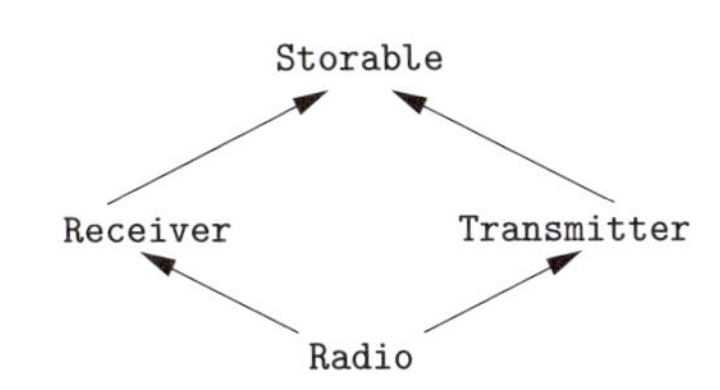

このダイアグラムと、§21.3.4 で示した Storable オブジェクトのダイアグラムを見比べて、通常の継承と仮想継承の違いを確認してみよう。継承グラフでは、virtual 指定されたすべての基底クラスは、そのクラスの単一のオブジェクトとして表現される。一方、virtual 指定されていない基底クラスは、それぞれが個別の部分オブジェクトとして表現される。

データをもつクラスを仮想基底とする理由は何だろうか？　クラス階層内の２個のクラスがデータを共有するための分かりやすい手法としては、以下の３種類が考えられる：

[1]　データを非局所にする（クラスの外部で広域変数あるいは名前空間の変数とする）。

[2]　基底クラスにデータをもたせる。

[3]　別の場所にオブジェクトを割り当てておき、２個のクラスそれぞれにポインタをもたせる。

[1] の非局所データの手法は、そのデータを、どのコードがどのように利用するかの管理ができないので、お粗末な選択だ。カプセル化や局所化の概念すべてを台無しにしてしまう。

[2] の基底クラスにデータをもたせる手法が、もっとも単純である。しかし、単一継承では、使えるデータ（と関数）を共通の基底クラスへ“浮かび上げる”ことになる。そのため、階層木構造の根にまで、すべてを“浮かび上げる”ことも少なくない。これだと、クラス階層内の全メンバが、アクセスできるようになってしまう。論理的には、非局所データの手法と極めて類似しており、結局は、同じ問題につながる。このようなことから、木構造の根ではない共通基底が必要になる。それこそが仮想基底である。

[3] のポインタを通じてオブジェクトを共有する手法は、理にかなっている。ところが、コンストラクタで共有オブジェクト用にメモリ領域を別途確保して初期化し、さらに共有オブジェクトを指すポインタを保持する必要がある。大雑把にいうと、これは、仮想基底を実装するコンストラクタ内部の処理内容である。

共有の必要がないのであれば、仮想基底を用いる必要はないし、そのほうがコードが簡潔になることが多い。しかし、一般的なクラス階層内で共有の必要があれば、仮想基底を用いるか、その概念を独自に苦労して構築するか、のいずれかを選択することになるだろう。

さて、仮想基底をもつクラスのオブジェクトは、以下の図のように表現できる：

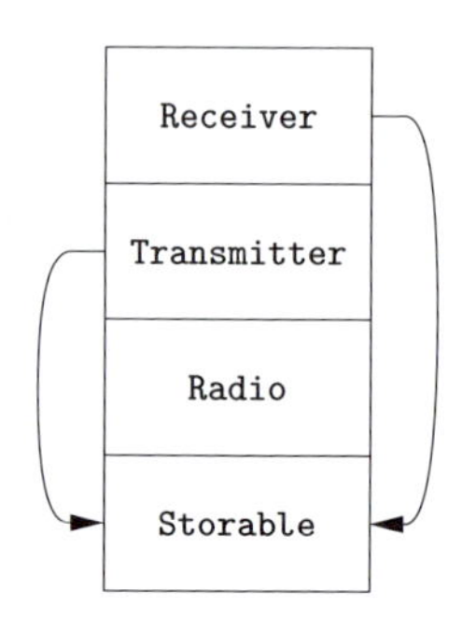

仮想基底Storableを表現する共有オブジェクトを指す“ポインタ”は、オフセットになる。なお、Storableの位置を、Receiver部分オブジェクトとTransmitter部分オブジェクトのいずれか一方から相対的に固定配置する最適化によって、この“ポインタ”は除去されることが多い。多くの場合、1個の仮想基底ごとに1ワードのメモリのオーバヘッドとなる。

21.3.5.1 仮想基底クラスの作成

仮想基底を用いると、複雑な束（たば）が構築できる。当然ながら、簡潔に維持できる束が望ましいが、どんな複雑な構造であっても、仮想基底のコンストラクタは1度だけしか実行されないことが言語によって保証される。さらに、（仮想であるかどうかとは無関係に）基底のコンストラクタは、派生クラスのコンストラクタに先だって実行される。そうなっていなければ（初期化前にオブジェクトが利用されることになってしまうので）、混沌に陥ってしまう。この混沌を回避するために、すべての仮想基底のコンストラクタは、完全なオブジェクトのコンストラクタ（最派生クラスのコンストラクタ）から、（暗黙的あるいは明示的に）実行される。そのため、仮想基底は、クラス階層内で複数箇所に記述されていても、ちょうど1回だけ構築されることが保証される。たとえば：

```
struct V {
   V(int i);
   // ...
};

struct A {
   A();      // デフォルトコンストラクタ
   // ...
};

struct B : virtual V, virtual A {
   B() : V{1} { /* ... */ };     // デフォルトコンストラクタ；基底Vの初期化が必要
   // ...
};

class C : virtual V {
```

```
public:
   C(int i) : V{i} { /* ... */ };  // 基底Vの初期化が必要
   // ...
};

class D : virtual public B, virtual public C {
   // BとCを通じて暗黙裏に仮想基底Vをもつ
   // Bを通じて暗黙裏に仮想基底Aをもつ
public:
   D() { /* ... */ }          // エラー：CあるいはVに対するデフォルトコンストラクタがない
   D(int i) :C{i} { /* ... */ };  // エラー：Vに対するデフォルトコンストラクタがない
   D(int i, int j) :V{i}, C{j} { /* ... */ }     // OK
   // ...
};
```

Dが、Vに対する初期化子を記述可能であると同時に記述しなければならないことに注意しよう。これは、Dの基底としてVが明示的に記述されていないこととは、無関係である。仮想基底を認識して初期化する仕事は、最派生クラスに"浮かび上がる"のだ。仮想基底は、最派生クラスにとって、直接基底とみなせるのである。BとCの両方が、すでにVを初期化していることとは無関係である。どちらの初期化子を優先すべきかが、コンパイラには分からないからだ。その結果、最派生クラスに記述した初期化子だけが利用される。

仮想基底のコンストラクタは、派生クラスのコンストラクタよりも先に実行される。

このことは、期待するほどの局所化をもたらさないという現実を示すものだ。たとえば、DDクラスをDから派生したとしよう。そうすると、Dのコンストラクタを単純に継承しない限り（§20.3.5.1）、DDも仮想基底を初期化しなければならない。これは、非常に困った事態である。つまり、仮想基底クラスは過度に利用すべきでない、ということだ。

このようなコンストラクタに関する論理的な問題は、デストラクタには存在しない。デストラクタは単にコンストラクタとは逆の順序で実行されるからだ（§20.2.2）。特に、仮想基底のデストラクタは、ちょうど1回だけ実行される。

21.3.5.2 仮想基底クラスメンバを1回だけ呼び出す

仮想基底をもつクラスで関数を定義する際は、他の派生クラスと基底を共有するかどうかをプログラマが知ることはできないのが普通だ。そのため、派生クラスのある1回の関数の実行において、基底クラスの関数をちょうど1回だけ実行したいときに問題となることがある。その場合、最派生クラスだけが仮想基底クラスの関数を呼び出すというコンストラクタの方式を、プログラマが必要に応じてシミュレートすればよい。ウィンドウ描画処理を実装した基底クラスWindowを例に考えていこう：

```
class Window {
public:
   // 基本的な機能
   virtual void draw();
};
```

ウィンドウに対して、飾りを付けたり機能を追加したりする方法は、さまざまだ：

```
class Window_with_border : public virtual Window {
   // 枠線の機能
```

```
protected:
    void own_draw();     // 枠線を表示
public:
    void draw() override;
};

class Window_with_menu : public virtual Window {
    // メニューの機能
protected:
    void own_draw();   // メニューを表示
public:
    void draw() override;
};
```


二つの own_draw() 関数を、virtual にする必要はない。というのも、呼び出したオブジェクトの型を“知っている”仮想関数 draw() から呼び出されるからである。

これらのクラスから、理にかなった Clock クラスを構築しよう：

```
class Clock : public Window_with_border, public Window_with_menu {
    // 時計の機能
protected:
    void own_draw();   // 時計盤と針を表示
public:
    void draw() override;
};
```

図にすると、以下のようになる：

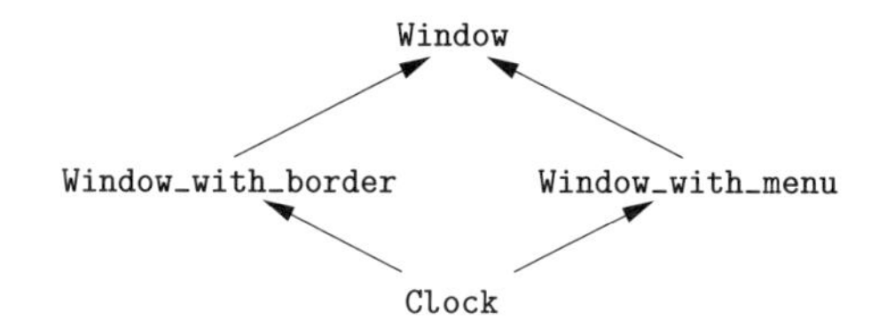

これで、draw() 関数は、内部で own_draw() 関数を呼び出すように定義できるようになった。そのため、どの draw() を呼び出しても、Window::draw() が実行されるのは1回だけとなる。この動作は、draw() を呼び出した Window の種類とは無関係だ：

```
void Window_with_border::draw()
{
    Window::draw();
    own_draw();      // 枠線を表示
}

void Window_with_menu::draw()
{
    Window::draw();
    own_draw();      // メニューを表示
}

void Clock::draw()
{
    Window::draw();
    Window_with_border::own_draw();
    Window_with_menu::own_draw();
```

```
    own_draw();    // 時計盤と針を表示
}
```

Window::draw()のように修飾が付いた呼出しは、仮想呼出しにならないことに注意しよう。そうではなく、明示的に指定された名前の関数を直接呼び出す。したがって、とんでもない無限再帰が発生するようなことはない。

仮想基底クラスから派生クラスへのキャストについては、§22.2で解説する。

21.3.6 複製か仮想基底クラスか

純粋なインタフェースを表現する抽象クラスに対して実装を提供する目的で多重継承を使うと、プログラムの設計に影響する。BB_ival_sliderクラス（§21.2.3）がその例である：

```
class BB_ival_slider
    : public Ival_slider,  // インタフェース
      protected BBslider   // 実装
{
   // BBsliderの機能を利用して、Ival_sliderとBBsliderが要求する関数を実装する
};
```

この例で、2個の基底クラスは、論理的に異なる役割を果たす。一方はインタフェースを提供する公開抽象クラスであり、もう一方は実装の“詳細”を提供する限定公開具象クラスである。これらの役割には、両クラスのスタイルとアクセス制御とが反映されている（§20.5）。派生クラスはインタフェースと実装の両方の仮想関数をオーバライドしなければならないため、この例では、多重継承を使うことは、ほとんど必須ともいえる。

ここでは、§21.2.1のIval_boxクラス群を再び例として取り上げよう。すべてのIval_boxクラス群を抽象化して、その役割を純粋なインタフェースに反映するところまで、話が進んでいた（§21.2.2）。この方式によって、すべての実装の詳細を、特定の実装クラスに閉じ込めることができる。さらに、実装の詳細を共有するすべての処理を、実装に利用した従来式のウィンドウシステム階層内に閉じ込める。

抽象クラスを（何のデータも共有することなく）インタフェースとして利用する場合、次の選択肢がある：

- インタフェースクラスを複製する（クラス階層内に現れるたびに1個のオブジェクトとなる）。
- インタフェースクラスをvirtualとして、1個の単純なオブジェクトを共有することを記述したクラス階層内のすべてのクラスから共有する。

Ival_sliderを仮想基底とすると、次のようになる：

```
class BB_ival_slider
    : public virtual Ival_slider, protected BBslider { /* ... */ };
class Popup_ival_slider
    : public virtual Ival_slider { /* ... */ };
class BB_popup_ival_slider
    : public virtual Popup_ival_slider, protected BB_ival_slider { /* ... */ };
```

図で表すと、次のようになる：

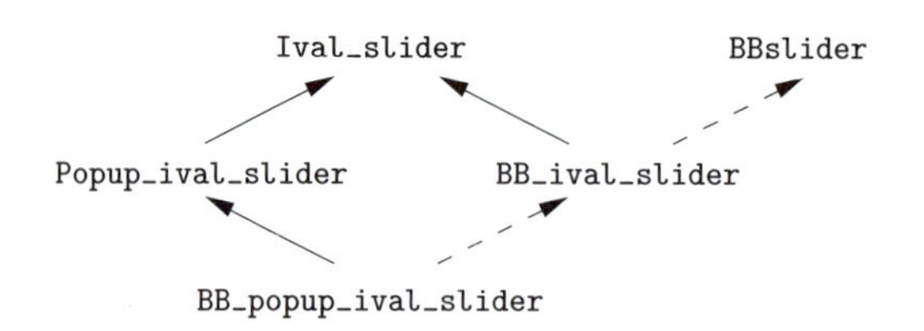

Popup_ival_slider からインタフェースをさらに派生したり、BB_popup_ival_slider のようなクラスから実装クラスをさらに派生する、といったことが簡単に思いつくだろう。

その一方で、反復された Ival_slider オブジェクトを用いるという、別の方法もあり得る：

```
class BB_ival_slider
    : public Ival_slider, protected BBslider { /* ... */ };
class Popup_ival_slider
    : public Ival_slider { /* ... */ };
class BB_popup_ival_slider
    : public Popup_ival_slider, protected BB_ival_slider { /* ... */ };
```

図で表すと、次のようになる：

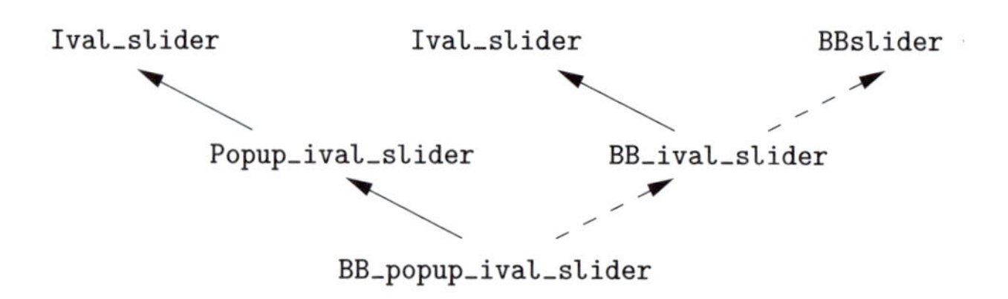

意外かもしれないが、上記2種類の方式は、論理的には違いがあるにもかかわらず、実行時性能や空間に関して、一方が特に優れているわけではない。Ival_slider を複製する設計では、BB_popup_ival_slider が Ival_slider に暗黙裏に変換されることはない（曖昧になるからだ）：

```
void f(Ival_slider* p);

void g(BB_popup_ival_slider* p)
{
    f(p); // エラー：Popup_ival_slider::Ival_sliderとBB_ival_slider::Ival_sliderのどっち？
}
```

その一方で、仮想基底設計での暗黙の共有が、基底クラスからのキャストを曖昧にする場面が生まれる可能性がある（§22.2）。もっとも、その曖昧さは容易に対処できる。

ここでのインタフェースとして、仮想基底クラスと、基底クラスの複製のどちらとすべきかを、どのように決めればよいだろうか？　既存の設計にしたがわなければならないので、ほとんどの場合は、選択肢はない。もし選択肢があれば、（意外かもしれないが）基底クラスの複製では（共有を支援するためのデータ構造が不要なため）オブジェクトがやや小さくなる傾向がある点と、インタフェースのオブジェクトは、“仮想コンストラクタ”あるいは“ファクトリ関数”から得られることが多い（§21.2.4）という点を考慮するとよい。たとえば：

```
Popup_ival_slider* popup_slider_factory(args)
{
    // ...
    return new BB_popup_ival_slider(args);
    // ...
}
```

ある実装（ここではBB_popup_ival_slider）から、対応する直接のインタフェース（ここではPopup_ival_slider）を得る際に、明示的な型変換は必要ない。

21.3.6.1 仮想基底関数のオーバライド

派生クラスは、直接基底クラスと間接基底クラスの仮想関数をオーバライドできる。異なる2個のクラスが、同じ仮想基底の別々の仮想関数をオーバライドすることがある。そうすると、仮想基底クラスが提供するインタフェースを、複数の派生クラスが実装することになる。たとえば、Windowクラスがset_color()とprompt()をもっているとしよう。Window_with_borderは画面上の配色制御のためにset_color()をオーバライドして、Window_with_menuはユーザとの情報のやりとりのためにprompt()をオーバライドする、といったことが考えられる：

```
class Window {
    // ...
    virtual void set_color(Color) = 0; // 背景色を設定
    virtual void prompt() = 0;
};

class Window_with_border : public virtual Window {
    // ...
    void set_color(Color) override;    // 背景色を制御
};

class Window_with_menu : public virtual Window {
    // ...
    void prompt() override;            // ユーザインタフェースを制御
};

class My_window : public Window_with_menu, public Window_with_border {
    // ...
};
```

異なる複数の派生クラスが、同じ関数をオーバライドするとどうなるだろうか？　それが認められるのは、オーバライドしようとするクラスが、その関数をオーバライドする別のすべてのクラスから派生している場合に限られる。すなわち、1個の関数で、他のすべてをオーバライドしなければならない。たとえば、My_windowは、Window_with_menuが提供するものを改良するために、prompt()をオーバライドすることができる：

```
class My_window : public Window_with_menu, public Window_with_border {
    // ...
    void prompt() override;    // ユーザとのやりとりを基底に行わせない
};
```

図で表すと、次のようになる：

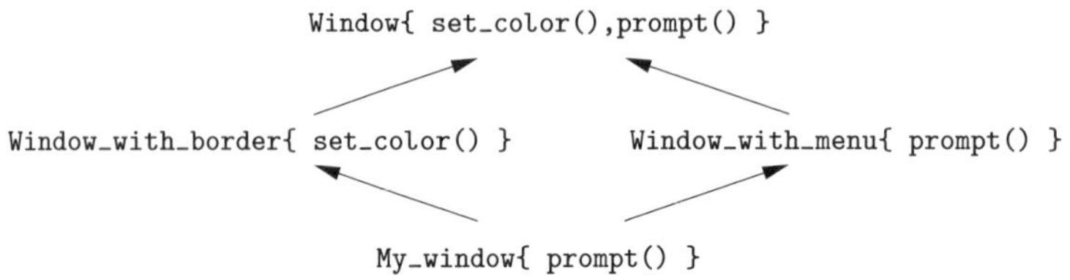

```
                    Window{ set_color(),prompt() }

Window_with_border{ set_color() }        Window_with_menu{ prompt() }

                      My_window{ prompt() }
```

２個のクラスが基底クラスの１個の関数をオーバライドしていながら、それらの各クラスの一方が、もう一方を互いにオーバライドしていなければ、そのクラス階層はエラーとなる。というのも、どのクラスをインタフェースとして利用するかとは無関係に、あらゆる呼出しに対して一意な意味をもたせる唯一の関数が存在しないからである。実装用語を使って説明すると、完全なオブジェクトに対してその関数を呼び出しても曖昧になってしまうために、仮想関数テーブルを構築できない、ということだ。たとえば、§21.3.5 の Radio で write() を宣言していなければ、Receiver と Transmitter での write() の宣言は、Radio 定義時にエラーとなる。このような衝突は、Radio のように、最派生クラスで関数をオーバライドすることによって解決できる。

仮想基底クラスの、全部ではなくて、一部のみを提供するクラスは、**ミックスイン**（*mixin*）と呼ばれる。

21.4 アドバイス

[1] new で作成したオブジェクトの delete 忘れは、unique_ptr や shared_ptr で防止しよう。§21.2.1。
[2] インタフェースを意図した基底クラスには、データメンバをもたせないように。§21.2.1.1。
[3] インタフェースを表現するには、抽象クラスを使おう。§21.2.2。
[4] 適切な後始末を保証するために、抽象クラスには仮想デストラクタを実装しよう。§21.2.2。
[5] 大規模なクラス階層では、オーバライドを明示する override を利用しよう。§21.2.2。
[6] インタフェース継承のサポートには、抽象クラスを利用しよう。§21.2.2。
[7] 実装継承のサポートには、データメンバをもつ基底クラスを利用しよう。§21.2.2。
[8] 機能の和集合を表現するには、通常の多重継承を用いよう。§21.3。
[9] インタフェースから実装を分離するには、多重継承を用いよう。§21.3。
[10] 階層内の、すべてではなく一部のクラスに共通するものを表現するには、仮想基底を利用しよう。§21.3.5。

第22章 実行時型情報

早まった最適化は諸悪の根源だ。
― ドナルド・クヌース

その一方で、効率性も無視できない。
― ジョン・ベントリー

22.1 はじめに

一般に、クラスは、基底クラスの束（たば）で構築される。このような**クラスの束**（*class lattice*）は、**クラス階層**（*class hierarchy*）と呼ばれる。クラス設計時は、他のクラスからあるクラスを作る方法を、ユーザがあまり意識しなくてすむようにするものだ。特に重要なのは、仮想関数メカニズムを使うことによって、あるオブジェクトに対して関数`f()`を呼び出した際に、階層内で適切な`f()`を提供しているクラスの関数がきちんと呼び出される、ということである。

本章では、基底クラスが提供するインタフェースだけが、情報として与えられている状況下で、オブジェクト全体の情報を取り出す方法を解説する。

22.2 クラス階層の移動

§21.2で定義した`Ival_box`の妥当な利用法の一つが、画面を制御するシステムに`Ival_box`オブジェクトを渡しておき、何らかの操作が行われた場合に、システムがアプリケーションプログラムへオブジェクトを返すというものである。ここでは、画面を制御するGUIライブラリとオペレーティングシステム機能の組み合わせを、**システム**（*the system*）と呼ぶことにしよう。システムとアプリケーション間でやりとりされるオブジェクトは、一般に、**ウィジェット**（*widget*）や**コントロール**（*control*）などと呼ばれる。これは多くのユーザインタフェースで採用されている方式である。言語の観点に立てば、システムがIval_boxを知らないことが重要だ。システムのインタフェースは、システム自身のクラスやオブジェクトが指定するものであって、アプリケーションクラスが指定するものではない。このことは、必要でもあるし、適切でもある。しかし、いったんシステムに渡して、その後で戻ってきたときにオブジェクトの型に関する情報が失われる、という残念な効果がある。

オブジェクトの"失われた"型を復元するには、自身の型を明らかにするように、オブジェクトに対して要求する必要がある。オブジェクトを操作する際は、そのオブジェクトを表すための適切な型の参照もしくはポインタが必要だ。そのため、実行時にオブジェクトの型を検証するための、もっとも有用で分かりやすい方法は、型変換処理ということになる。その型変換では、オブジェクトが、期待した型であれば有効なポインタに変換して、そうでなければ空ポインタに変換する。dynamic_cast演算子は、まさにこの動作を行う。たとえば、何らかのユーザ操作が行われたときに、"システム"がBBwindowへのポインタを引数としてmy_event_handler()を実行するとしよう。そうすると、Ival_boxの関数を実行するget_value()を行うアプリケーションコードが実行される：

```
void my_event_handler(BBwindow* pw)
{
   if (auto pb = dynamic_cast<Ival_box*>(pw)) { // pwはIval_boxを指しているか？
      // ...
      int x = pb->get_value();   // Ival_boxを利用
      // ...
   }
   else {
      // ... おっと！ 予期しないイベントに対して処理しなければならない ...
   }
}
```

ここで行われていることを説明すると、次のようになる：「dynamic_castが、ユーザインタフェースシステムの実装指向言語を、アプリケーションの言語へと翻訳している」。さて、もう一つ重要なことは、ここで言及されていないことだ。それは、オブジェクトの実際の型である。ここでのオブジェクトは、何らかの種類のIval_boxである。たとえば、特定の種類のBBwindowによって実装された一種のIval_slider、すなわち、BBsliderである。"システム"とアプリケーションとのやりとりでは、オブジェクトの実際の型を明示することは、必要もないし望まれてもいない。インタフェースは、情報のやりとりの本質を表現するものだ。特に、うまく設計されたインタフェースは、本質的ではない詳細を隠蔽するものである。

ここで、pb=dynamic_cast<Ival_box*>(pw)の動作を図で表すと、次のようになる：

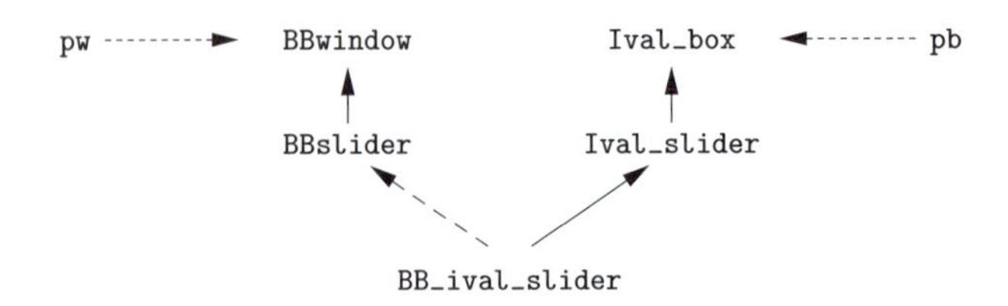

pwとpbを始点とする矢印は、受渡しが行われるオブジェクトの内部へのポインタを表す。それ以外の矢印は、受け渡されるオブジェクトの異なる部分の継承関係を表す。

実行時に型情報を利用することは、そのまま“実行時型情報（run-time type information）”あるいは、単にRTTIと呼ばれる。

基底クラスから派生クラスへのキャストは、一般に**ダウンキャスト**（*downcast*）と呼ばれる。継承木の根から下のほうに向かっていくからである。同様に、派生クラスから基底クラスへのキャストは、**アップキャスト**（*upcast*）と呼ばれる。さらに、BBwindowからIval_boxへのような、基底クラスから兄弟クラスへのキャストは、**クロスキャスト**（*crosscast*）と呼ばれる。

22.2.1 dynamic_cast

dynamic_cast演算子は、2個のオペランドを受け取る。一方は、山括弧<と>とで囲まれた型であり、もう一方は、丸括弧(と)で囲まれたポインタあるいは参照である。まずは、ポインタの場合を考えていこう：

```
dynamic_cast<T*>(p)
```

ここで、pの型が、T*型であるか、あるいは、Tを基底クラスとするD*型であれば、ちょうどpをT*に代入したときと、まったく同じ型が得られる。たとえば：

```
class BB_ival_slider : public Ival_slider, protected BBslider {
    // ...
};

void f(BB_ival_slider* p)
{
    Ival_slider* pi1 = p;                              // ＯＫ
    Ival_slider* pi2 = dynamic_cast<Ival_slider*>(p);  // ＯＫ

    BBslider* pbb1 = p;                            // エラー：BBsliderは限定公開基底
    BBslider* pbb2 = dynamic_cast<BBslider*>(p);   // ＯＫ：pbb2はnullptrになる
}
```

この（アップキャストを行う）例は、それほど興味深いものではない。しかし、dynamic_castが、非公開基底クラスと限定公開基底クラスに対する保護を勝手に破ってしまわないことを示しているという意味では、心強く感じられる例である。なお、アップキャストのために利用するdynamic_castは、単純な代入とまったく同じ変換を行うので、オーバヘッドは一切発生しないし、何よりも見た目が分かりやすい。

dynamic_castの目的は、コンパイラが正当性を判断できない変換に対処することだ。dynamic_cast<T*>(p)は、pが指すオブジェクト（があれば、それ）を対象とする。そのオブジェクトの型が、クラスTであるか、あるいは、Tを一意な基底クラスとする派生クラスであれば、そのオブジェクトを指すT*型のポインタを返す。それ以外の場合に返すのは、nullptrだ。p自体の値がnullptrであれば、dynamic_cast<T*>(p)もnullptrを返す。ここで、変換の対象が、一意に識別できるオブジェクトでなければならないという要求に注意しよう。たとえば、pが指すオブジェクトが、Tを基底とするものの複数の部分オブジェクトをもつために、型変換に失敗して、nullptrが返される、ということもあり得る（§22.2）。

dynamic_cast を使ってダウンキャストやクロスキャストを行う対象は、多相型のポインタか参照でなければならない。たとえば：

```
class My_slider : public Ival_slider {  // 多相的基底（Ival_sliderは仮想関数をもつ）
    // ...
};

class My_date : public Date {  // 基底が多相的ではない（Dateは仮想関数をもたない）
    // ...
};

void g(Ival_box* pb, Date* pd)
{
    My_slider* pd1 = dynamic_cast<My_slider*>(pb); // OK（Ival_sliderはIval_boxの一種）
    My_date* pd2 = dynamic_cast<My_date*>(pd);     // エラー：Dateは多相的ではない
}
```

ポインタの型が多相的でなければならないという規則のおかげで、**dynamic_cast** の実装は単純化される。というのも、オブジェクトの型に関して必要な情報を格納している位置が見つけやすくなるからだ。典型的な実装方法は、オブジェクトのクラスの仮想関数テーブル（§3.2.3）に、型情報へのポインタを加えることによって、“型情報オブジェクト”（§22.5）をオブジェクトに付加する、というものだ。たとえば：

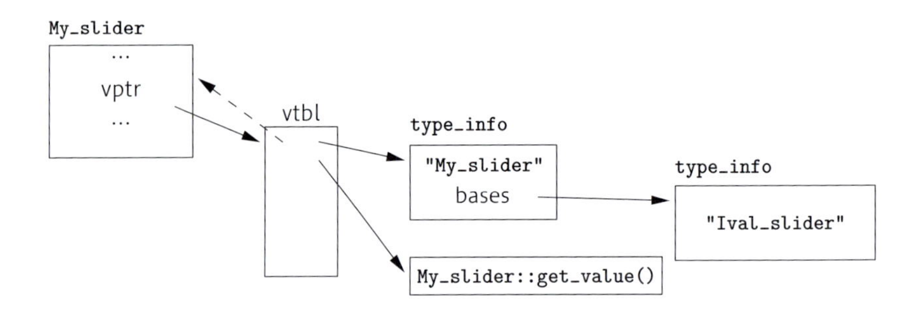

破線の矢印が表すのは、多相的部分オブジェクトへのポインタの情報のみからオブジェクト全体の先頭アドレスを特定できるようにするオフセットだ。**dynamic_cast** が効率的に実装できることは、明らかである。というのも、基底クラスを表している **type_info** オブジェクトをほんの数回比較するだけだからだ。その際、高コストな探索や文字列比較などは不要である。

dynamic_cast の対象を多相型に限定するのは、論理的にも意味があることだ。そもそも、仮想関数をもつオブジェクトでなければ、正確な型に関して知らないままで安全な処理を行うことはできない。そのようなオブジェクトは、型が分からない文脈に持ち込まないように注意しなければならない。それに、もし型が既知であれば、そもそも **dynamic_cast** を用いる必要がない。

なお、**dynamic_cast** の変換先の型は多相的である必要はない。そのため、具象型をいったん多相型で“包んで”おいて、後で“包みをほどいて”具象型を取り出すことができる。その具体例が、オブジェクト入出力システム経由の転送（§22.2.4）である：

```
class Io_obj {              // オブジェクト入出力システムの基底クラス
   virtual Io_obj* clone() = 0;
};

class Io_date : public Date, public Io_obj { };

void f(Io_obj* pio)
{
   Date* pd = dynamic_cast<Date*>(pio);
   // ...
}
```

dynamic_castによってvoid*への変換を行うと、多相型オブジェクトの先頭アドレスが得られる。たとえば：

```
void g(Ival_box* pb, Date* pd)
{
   void* pb2 = dynamic_cast<void*>(pb);   // OK
   void* pd2 = dynamic_cast<void*>(pd);   // エラー：Dateは多相的ではない
}
```

派生クラスオブジェクトの内部に入っている、Ival_boxのような基底クラスを表現するオブジェクトは、最派生クラスオブジェクト内部で、先頭部分オブジェクトである必要はない。そのため、この例のpbは、pb2と同じアドレスになるとは限らない。

この種のキャストが有用になるのは、非常に低レベルな関数（たとえばvoid*を扱うような関数）に限られる。なお、変換元がvoid*となっているdynamic_castは認められない（というのも、vptrがどこにあるのかを知る方法がないからだ：§22.2.3）。

22.2.1.1 参照に対するdynamic_cast

多相的動作を手に入れるためには、ポインタと参照のいずれかを経由してオブジェクトを利用する必要がある。dynamic_castにポインタ型を与えた結果がnullptrであれば、変換に失敗したということだ。この方法は、参照に対しては使えないし、その必要もない。

変換によってポインタを得た場合は、それがnullptrである可能性を考慮しなければならない。nullptrとは、いかなるオブジェクトも指さないポインタである。そのため、ポインタに対するdynamic_castの結果は、必ず明示的に確認する必要がある。ポインタpに対するdynamic_cast<T*>(p)は、“pが指すオブジェクトが存在するとして、その型はTか？”という質問とみなせる。たとえば：

```
void fp(Ival_box* p)
{
   if (Ival_slider* is = dynamic_cast<Ival_slider*>(p)) { // pはIval_sliderを指しているか？
      // ... isを利用 ...
   }
   else {
      // ... *pはスライダではない；他のものを処理 ...
   }
}
```

これに対して、そもそも参照は、オブジェクトを参照しているものと仮定できる（§7.7.4）ので、参照rに対するdynamic_cast<T&>(r)は、質問というよりも、“rが参照するオブジェクトの型はTである”という断定とみなせる。参照を対象とするdynamic_castは、dynamic_cast自身の実装によって暗黙のうちに検証されている。もし、参照に対するdynamic_castのオペランドが期待する型でなければ、bad_cast例外が送出される。たとえば：

```
void fr(Ival_box& r)
{
   Ival_slider& is = dynamic_cast<Ival_slider&>(r); // rはIval_sliderを参照している！
   // ... isを利用 ...
}
```

ポインタに対するdynamic_castの失敗時の結果と、参照に対するdynamic_castの失敗時の結果の違いは、ポインタと参照の本質的な違いを反映している。参照に対する不正なキャストからの保護が必要であれば、適切なハンドラを提供しなければならない。たとえば：

```
void g(BB_ival_slider& slider, BB_ival_dial& dial)
{
   try {
      fp(&slider);      // BB_ival_sliderへのポインタがIval_box*として渡される
      fr(slider);       // BB_ival_slideへの参照がIval_box&として渡される
      fp(&dial);        // BB_ival_dialへのポインタがIval_box*として渡される
      fr(dial);         // dialがIval_boxとして渡される
   }
   catch (bad_cast) {   // §30.4.1.1
      // ...
   }
}
```

2回のfp()の呼出しと、最初のfr()の呼出しは正常終了するだろう（fp()がBB_ival_dialを処理できると仮定する）。しかし、2番目のfr()では、bad_cast例外が発生して、g()で捕捉される。

nullptrかどうかの明示的な確認をうっかり忘れてしまうことは、よくあるものだ。心配ならば、処理失敗時にnullptrを返すのではなく、例外を送出する変換関数を実装すればよい。

22.2.2 多重継承

単一継承のみを利用する場合は、クラスとその基底クラスは、1個の基底クラスを根とする木構造を形成する。これは単純だが、制約も多い。多重継承を利用する場合は、根が1個になることはない。そのこと自体は、それほど複雑なことではない。しかし、あるクラスが階層内に複数回登場する場合は、そのクラスを表現するオブジェクトを参照する際に、多少の注意が必要となる。

当然ながら、私たちは、アプリケーションが許容できる限り、クラス階層をなるべく単純にしようとするものだ（許容の限度を超えて単純にしてはいけない）。しかし、ある程度の規模の階層を構築してしまった後で、利用すべきクラスを探すために、階層内を移動する必要性が生じることがある。この必要性は、次の2種類の形態で現れる：

- インタフェースとして利用するために、ある基底クラスに明示的な名前を与える必要が生じることがある。たとえば、曖昧さを解決する場合や、仮想関数のメカニズムを用いずに特定の関数を呼び出す（明示的な修飾を伴う呼出し：§21.3.3）場合などである。
- あるポインタをもとにして、階層内に存在する特定の部分オブジェクトを指すポインタを得る必要が生じることがある。たとえば、基底を指すポインタから派生クラスのオブジェクト全体を指すポインタを得る（ダウンキャスト：§22.2.1）場合や、他の基底を指すポインタから基底クラスのオブジェクトを指すポインタを得る（クロスキャスト：§22.2.4）場合などである。

ここで、目的の型のポインタを得るために、型変換（キャスト）を使って、クラス階層を移動する方法を考えることにしよう。利用できるメカニズムと、その利用方法を示すため、まずは、基底のコピーと仮想基底の両方を含む束を考えよう：

```
class Component
    : public virtual Storable { /* ... */ };
class Receiver
    : public Component { /* ... */ };
class Transmitter
    : public Component { /* ... */ };
class Radio
    : public Receiver, public Transmitter { /* ... */ };
```


図で表すと、次のようになる：

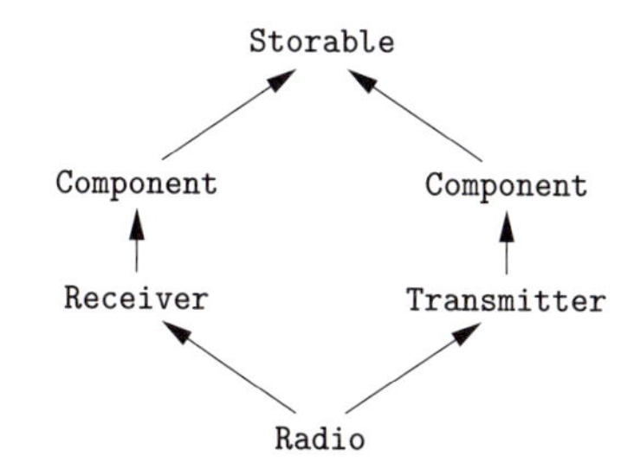

ここで、Radio オブジェクトは、Component クラスの部分オブジェクトを2個もっている。そのため、Radio 内の Storable から Component への dynamic_cast は曖昧となり、その結果は 0 すなわち nullptr となる。プログラマがどちらの Component を必要としているかを知る術がないからだ：

```
void h1(Radio& r)
{
   Storable* ps = &r; // Radioは１個のStorableをもつ
   // ...
   Component* pc = dynamic_cast<Component*>(ps); // pc = 0；Radioは２個のコンポーネントをもつ
   // ...
}
```

一般に、というよりもほとんどの場合そうなのだが、プログラマ（と単一の翻訳単位だけを見て作業するコンパイラ）は、クラスの束全体を把握しているわけではない。一部の束の知識だけでコードを記述する。たとえば、Radio 内の Transmitter 部に関する知識だけをもとにして、次のように記述することが考えられる：

```
void h2(Storable* ps)  // psはComponentへのポインタかもしれないし、そうでないかも
{
   if (Component* pc = dynamic_cast<Component*>(ps)) {
      // Componentをもっている！
   }
   else {
      // Componentではなかった
   }
}
```

コンパイル時には、Radioオブジェクトへのポインタが曖昧であることは、通常は検出できない。

このような、実行時に発生する曖昧さの解決が必要になるのは、仮想基底に対してのみである。通常の基底であれば、ダウンキャスト（すなわち派生クラスへのキャスト：§22.2）時には、指定されたキャストの1個（あるいは0個）の部分オブジェクトに解決される。まったく同じ種類の曖昧さは、アップキャスト時（すなわち基底へのキャスト）の仮想基底でも発生するが、これはコンパイル時に検出できる。

22.2.3 static_castとdynamic_cast

dynamic_castは、多相的な仮想基底クラスから派生クラスや兄弟クラスへのキャストを可能にする（§22.2.1）。static_cast（§11.5.2）は、キャスト元オブジェクトを検証しないので、そのようなキャストは不可能だ：

```
void g(Radio& r)
{
    Receiver* prec = &r;                        // ReceiverはRadioの普通の基底
    Radio* pr = static_cast<Radio*>(prec);  // ＯＫ、チェックされない
    pr = dynamic_cast<Radio*>(prec);          // ＯＫ、実行時にチェックされる

    Storable* ps = &r;                          // StorableはRadioの仮想基底
    pr = static_cast<Radio*>(ps);             // エラー：仮想基底からはキャストできない
    pr = dynamic_cast<Radio* >(ps);           // ＯＫ、実行時にチェックされる
}
```

dynamic_castのオペランドは、多相的でなければならない。というのも、非多相的オブジェクトの内部には、基底を表現するオブジェクトの特定に利用するための情報が入っていないからだ。ここで、FortranやC言語などのような他言語で決められたレイアウト制約をもつ型のオブジェクトが、仮想基底クラスとして利用される可能性があることに注意しよう。そのような型のオブジェクトでは、静的な型情報だけが有効である。その一方で、実行時型識別を可能にするために必要な情報の中には、dynamic_castの実装に必要な情報が含まれる。

クラス階層の移動の際に、static_castが必要になるのはどんな場面だろうか？ dynamic_castを利用すると、実行時コストを伴う（§22.2.1）。しかし、より重要なのは、dynamic_castが提供されて利用可能になるまでに、すでに数百万行ものコードが書かれたということだ。それらのコードは、キャスト可能かどうかを確認するために別の方法を使っているので、dynamic_castによる確認はむしろ冗長に感じられるかもしれない。しかし、それらのコードは、通常、C言語形式のキャスト（§11.5.3）で実装されており、見つけにくいエラーが残ってしまうことになる。可能であれば、より安全なdynamic_castを利用したほうがよい。

さて、コンパイラは、void*が指すメモリ領域に対しては、何らかの想定をすることができない。そのため、型の判断のためにオブジェクト内部を検証する必要があるdynamic_castは、void*からのキャストを行えない。そのような場合は、static_castが必要となる。たとえば：

```
Radio* f1(void* p)
{
    Storable* ps = static_cast<Storable*>(p);  // プログラマを信頼
    return dynamic_cast<Radio*>(ps);
}
```

なお、dynamic_castとstatic_castは、いずれもconstとアクセス制御の効果を維持する。

```
class Users : private set<Person> { /* ... */ };

void f2(Users* pu, const Receiver* pcr)
{
   static_cast<set<Person>*>(pu);   // エラー：アクセス違反
   dynamic_cast<set<Person>*>(pu);  // エラー：アクセス違反
   static_cast<Receiver*>(pcr);     // エラー：キャストでconstの除去はできない
   dynamic_cast<Receiver*>(pcr);    // エラー：キャストでconstの除去はできない

   Receiver* pr = const_cast<Receiver*>(pcr); // ＯＫ
   // ...
}
```

static_castとreinterpret_castを使って非公開基底クラスへのキャストを行うことはできない。また、"const（あるいはvolatile）を除去するキャスト"では、const_castが必要である（§11.5.2）。その場合でも、キャスト結果が安全に利用できるのは、オブジェクトが本来const（あるいはvolatile）と宣言されていない場合に限られる（§16.2.9）。

22.2.4 インタフェースの復元

設計の観点に立てば、dynamic_castは、ある特定のインタフェースを提供しているかどうかをオブジェクトに問い合わせるメカニズムとみなせる（§22.2.1）。

単純なオブジェクト入出力システムを例に考えてみよう。ユーザはストリームからオブジェクトを読み取って、期待する型であるかどうかを確認した上で、オブジェクトを利用するものとする。たとえば：

```
void user()
{
   // ... 図形が入っているファイルをオープンして、それに対するistreamとしてssを割り当てる ...

   unique_ptr<Io_obj> p {get_obj(ss)}; // ストリームからオブジェクトを読み取る

   if (auto sp = dynamic_cast<Shape*>(p.get())) {
      sp->draw();   // 図形を利用
      // ...
   }
   else {
      // おっと：Shapeファイルの中に図形でないもの
   }
}
```

user()関数は、抽象クラスShapeを介して図形の操作を行っているので、すべての種類の図形を処理できる。ここでのdynamic_castの利用は、非常に重要である。というのも、オブジェクト入出力システムは多くの種類のオブジェクトを扱えるので、ユーザが聞いたこともないような、図形とはまったく異なるオブジェクトが入っているファイルを誤ってオープンするかもしれないからだ。

なお、この例でunique_ptr<Io_obj>（§5.2.1, §34.3.1）を利用しているのは、get_obj()が確保したオブジェクトの解放を忘れないようにするためである。

このオブジェクト入出力システムは、読み書きされるすべてのオブジェクトが、Io_objクラスから派生したものであることを前提としている。Io_objクラスは、多相型でなければならない。get_obj()のユーザがその返却値をdynamic_castによって"本来の型"に復元できなければならないからだ。たとえば：

```
class Io_obj {
public:
   virtual Io_obj* clone() const =0;   // 多相的
   virtual ~Io_obj() {}
};
```

オブジェクト入出力システムのもっとも重要な関数は、istreamからデータを読み取って、それをもとにクラスオブジェクトを作成するget_obj()である。ここで、入力ストリーム上のオブジェクトを表すデータの先頭に、そのオブジェクトのクラスを識別するために文字列が付加されているものとしよう。get_obj()の仕事は、その識別用文字列を読み取ること、そして、対応するクラスのオブジェクトを読み取って作成する関数を呼び出すことである：

```
using Pf = Io_obj*(istream&);    // Io_obj*を返す関数へのポインタ

map<string,Pf> io_map;           // 文字列を作成関数に対応付ける

string get_word(istream& is);    // isから単語を読み取る；失敗したらRead_errorを送出

Io_obj* get_obj(istream& is)
{
   string str = get_word(is);    // 先頭の単語を読み取る
   if (auto f = io_map[str])     // strから関数を探す
      return f(is);              // 関数を呼び出す
   throw Unknown_class{};        // strに対応するものがない
}
```

io_mapという名前のmapに格納されているのは、名前の文字列と、その名前をもつクラスのオブジェクトを構築可能な関数とで構成されるペアである。

user()が必要とするShapeクラスを、Io_objから派生することも考えられる：

```
class Shape : public Io_obj {
   // ...
};
```

しかし、すでに定義したShapeを変更せずに利用したほうが（§3.2.4）、より興味深い（さらに多くの場合で現実味がある）といえる：

```
struct Io_circle : Circle, Io_obj {
   Io_circle(istream&);                                     // 入力ストリームから初期化
   Io_circle* clone() const { return new Io_circle{*this}; }  // コピーコンストラクタを利用
   static Io_obj* new_circle(istream& is) { return new Io_circle{is}; } // io_map用
};
```

これは、最初からクラス階層内のノードとなるように作るべきであったのに、将来的な洞察力に欠けていたために抽象クラスを利用しているクラス階層の中に、クラスをきれいに収める方法の一例となっている（§21.2.2）。

コンストラクタIo_circle(istream&)は、istream型引数から得たデータで、オブジェクトを初期化する。new_circle()関数は、クラスをio_mapに追加して、オブジェクト入出力システムに対して、その存在を通知する。たとえば：

```
io_map["Io_circle"]=&Io_circle::new_circle;     // どこか
```

他の図形も、同じように作成できる：

```
class Io_triangle : public Triangle, public Io_obj {
    // ...
};

io_map["Io_triangle"]=&Io_triangle::new_triangle;  // どこか
```

オブジェクト入出力の土台を組み立てる作業が面倒であれば、テンプレートを使うとよい：

```
template<typename T>
struct Io : T, Io_obj {
public:
    Io(istream&);                              // 入力ストリームから初期化
    Io* clone() const override { return new Io{*this}; }
    static Io* new_io(istream& is) { return new Io{is}; } // io_map用
};
```

これを使うと、Io_circleは、以下のように定義できる：

```
using Io_circle = Io<Circle>;
```

依然として、Io<Circle>::Io(istream&)の明示的な定義が必要である。というのも、Circleの詳細を知る必要があるからだ。ここで、Io<Circle>::Io(istream&)が、Tの非公開あるいは限定公開のデータをアクセスしないことに注意しよう。その基本的な考え方は、Xのコンストラクタのいずれか一つを使ってXを構築するのに必要なものこそが、X型の転送形式である、というものだ。ストリーム内の情報は、Xのデータメンバどおりの順序である必要はない。

Ioテンプレートは、その階層内のノードであるハンドルを提供することによって、具象型をクラス階層にはめ込む方法の一例である。このテンプレートは、Io_objからのキャストを可能にするために、テンプレート引数から派生している。たとえば：

```
void f(io<Shape>& ios)
{
    Shape* ps = &ios;
    // ...
}
```

残念なことに、テンプレート引数からの派生を行っているので、Ioに対しては組込み型を利用できなくなっている：

```
using Io_date = Io<Date>;  // 具象型をラップ
using Io_int = Io<int>;    // エラー：組込み型からは派生できない
```

この問題は、ユーザのオブジェクトをIo_objのメンバとすることで解決できる：

```
template<typename T>
struct Io :Io_obj {
    T val;

    Io(istream&);                              // 入力ストリームから初期化
    Io* clone() const override { return new Io{*this}; }
    static Io* new_io(istream& is) { return new Io{is}; }  // io_map用
};
```

これで、次のように記述できるようになる：

```
using Io_int = Io<int>;      // 組込み型をラップ
```

基底ではなくメンバとして値を表したので、Io_obj<X>からXへの直接キャストが不可能になった。そこで、そのキャストを実行する関数を作ることにしよう：

```
template<typename T>
T* get_val<T>(Io_obj* p)
{
   if (auto pp = dynamic_cast<Io<T>*>(p))
      return &pp->val;
   return nullptr;
}
```

そうすると、先ほどのuser()は、次のように書きかえられる：

```
void user()
{
   // ... 図形が入っているファイルをオープンして、それに対するistreamとしてssを割り当てる ...

   unique_ptr<Io_obj> p {get_obj(ss)}; // ストリームからオブジェクトを読み取る

   if (auto sp = get_val<Shape>(p.get())) {
      sp->draw();      // 図形を利用
      // ...
   }
   else {
      // ... おっと：Shapeファイルの中に図形でないもの ...
   }
}
```

ここに示した単純なオブジェクト入出力システムは、万人のあらゆる要求に応えるものではない。しかし、ほぼ1ページに収まる程度に簡潔であるし、主要な技法は広く応用できる。このサンプルは、通信チャネルを介して任意のオブジェクトを型安全に転送するシステムの“受信端”の青写真だ。より一般的には、この技法は、ユーザが与えた文字列をもとにして、何らかの関数を実行する場合や、実行時型識別から得たインタフェースを通じて、未知の型のオブジェクトを操作する場合に利用できる。

オブジェクト入出力システムの送信側でも、RTTIが利用可能だ。次の例を考えよう：

```
class Face : public Shape {
public:
   Shape* outline;
   array<Shape*> eyes;
   Shape* mouth;

   // ...
};
```

outlineが指すShapeを正しく書き出すには、Shapeの種類を特定する必要がある。それこそが、typeid()（§22.5）の仕事である。一般に、（ポインタ，一意な識別子）という構成のペアの表の管理も必要だ。その目的は、データ構造を転送可能にすることと、複数のポインタ（あるいは参照）によるオブジェクトの重複を避けることである。

22.3 ダブルディスパッチとVisitorパターン

古典的なオブジェクト指向プログラミングは、インタフェース（基底クラス）を指すポインタや参照のみから、オブジェクトの動的な型（最派生クラスの型）に基づいて、仮想関数を選択する動作をベースとしている。たとえば、C++は、実行時探索（**ダイナミックディスパッチ**（*dynamic dispatch*）とも呼ばれる）が行えるようになっており、「一度に一つの型」を実現している。この点は、SimulaやSmalltalkや、比較的新しいJavaやC#に似ている。複数の動的型に対して1個の関数を選択できなければ、それは、大きな制限となってしまう。しかも、仮想関数はメンバ関数でなければならない。そのため、インタフェースを提供する（場合によっては複数の）基底クラスと、その影響を受けるすべての派生クラスを変更しない限り、クラス階層に対して仮想関数を追加するのは不可能だ。この点も、大きな問題になってしまう。本節では、これらの問題の基本的な対処方法を解説する：

- **§22.3.1** 『**ダブルディスパッチ**』では、二つの型に対して仮想関数を選択する方法を解説する。
- **§22.3.2** 『**Visitorパターン**』では、階層に1個の仮想関数を追加するだけでクラス階層に対して複数の関数を追加するというダブルディスパッチの利用法を解説する。

これらの技法を実際に利用した例としては、ベクタやグラフなどのデータ構造や、多相型のオブジェクトを指すポインタの処理がある。その場合、オブジェクトの実際の型（たとえば、ベクタの要素やグラフノードなど）を知る唯一の方法は、基底クラスが提供するインタフェースを（暗黙的にも明示的にも）動的に調べることである。

22.3.1 ダブルディスパッチ

2個の引数から1個の関数を選択する方法を考えていこう。たとえば：

```
void do_someting(Shape& s1, Shape& s2)
{
   if (s1.intersect(s2)) {
      // ２個の図形の重なり
   }
   // ...
}
```

`Circle`や`Triangle`などの、`Shape`を根とするクラス階層内の、任意の2個のクラスに対して、この関数を適用させることを考えよう。

`s1`に対して正しい関数を選択して、`s2`に対しても正しい関数を選択するための、基本的な手法は、仮想関数呼出しを使うことだ。話を単純にするために、2個の`Shape`が図形として交差する（重なる）かどうかの判定処理は割愛して、適切な関数を選択するためのコードの骨格だけを提示する。まず、`Shape`に対して交差判定関数を定義する：

```
class Circle;
class Triangle;
```

```
class Shape {
public:
   virtual bool intersect(const Shape&) const =0;
   virtual bool intersect(const Circle&) const =0;
   virtual bool intersect(const Triangle&) const =0;
}
```

次に、CircleとTriangleで、これらの仮想関数をオーバライドする：

```
class Circle : public Shape {
public:
   bool intersect(const Shape&) const override;
   virtual bool intersect(const Circle&) const override;
   virtual bool intersect(const Triangle&) const override;
};

class Triangle : public Shape {
public:
   bool intersect(const Shape&) const override;
   virtual bool intersect(const Circle&) const override;
   virtual bool intersect(const Triangle&) const override;
};
```

これでShape階層内の全クラスに対応できるようになった。後は、それぞれの組合せを判定するだけだ：

```
bool Circle::intersect(const Shape& s) const { return s.intersect(*this); }
bool Circle::intersect(const Circle&) const
                       { cout <<"intersect(circle,circle)\n"; return true; }
bool Circle::intersect(const Triangle&) const
                       { cout <<"intersect(triangle,circle)\n"; return true; }

bool Triangle::intersect(const Shape& s) const { return s.intersect(*this); }
bool Triangle::intersect(const Circle&) const
                        { cout <<"intersect(circle,triangle)\n"; return true; }
bool Triangle::intersect(const Triangle&) const
                        { cout <<"intersect(triangle,triangle)\n"; return true; }
```

ここで興味深いのは、Circle::intersect(const Shape&)関数とTriangle::intersect(const Shape&)関数である。これらの関数の引数はShape&でなければならない。というのも、その引数が、派生クラスを参照できなければならないからだ。このテクニックは、逆の順序の引数を受け取る仮想関数の呼出しを単純化する。この手法によって、4個の関数から、実際に交差を判定する1個が選択される。

この動作の確認は、Shape*の値のすべての組合せのペアをもつvectorを作成し、それぞれに対してintersect()を呼び出すことによって行える：

```
void test(Triangle& t, Circle& c)
{
   vector<pair<Shape*,Shape*>> vs { {&t,&t}, {&t,&c}, {&c,&t}, {&c,&c} };
   for (auto p : vs)
      p.first->intersect(*p.second);
}
```

Shape*を用いることで、実行時に型を解決できる。なお、実行結果は次のとおりだ：

```
intersect(triangle,triangle)
intersect(triangle,circle)
intersect(circle,triangle)
intersect(circle,circle)
```

これをエレガントな方法と思うのならば、まだまだである。目的の処理が実現できているのは確かだ。しかし、クラス階層が成長すると、必要な仮想関数の数は爆発的に増加する。これは、多くの場合、受け入れがたいものだ。引数の数を3個以上に拡張するのは容易だが、退屈だろう。最大の欠点は、新しい処理と新しい派生クラスを追加するたびに、階層内の全クラスを修正しなければならないことだ。このダブルディスパッチというテクニックは、極めて侵入的である。特定の図形を必要なだけ組み合わせたオーバーライダをもった、単純な非メンバの**intersect(Shape&, Shape&)**を宣言したほうがよいと私は感じる。その方法は、理論上は可能だが〔Pirkelbauer, 2009〕、C++11では不可能だ。

ダブルディスパッチはぎこちないので、解決すべき問題の重要性は下がらない。**intersect(x,y)**のような、2個の（あるいは3個以上）のオペランドの型に依存する処理が必要となることは珍しくない。数多くの回避策がある。たとえば、長方形どうしの交差は、単純かつ効率よく判定できる。多くのアプリケーションでは、各図形の"境界箱"を定義して、その境界箱から交差を判定すれば十分である。

```
class Shape {
public:
    virtual Rectangle box() const = 0;  // 図形を囲む長方形
    // ...
};

class Circle : public Shape {
public:
    Rectangle box() const override;
    // ...
};

class Triangle : public Shape {
public:
    Rectangle box() const override;
    // ...
};

bool intersect(const Rectangle&, const Rectangle&);  // 計算を単純化

bool intersect(const Shape& s1, const Shape& s2)
{
    return intersect(s1.box(),s2.box());
}
```

もう一つ、型の組合せの探索表をあらかじめ用意しておく方法もある〔Stroustrup, 1994〕。

```
bool intersect(const Shape& s1, const Shape& s2)
{
    auto i = index(type_id(s1),type_id(s2));
    return intersect_tbl[i](s1,s2);
}
```

この方法のバリエーションは広く利用されている。その多くは、型識別の高速化のために、あらかじめ値を用意しておき、オブジェクトに保持させるものだ（§27.4.2）。

22.3.2 Visitorパターン

Visitorパターン〔Gamma, 1994〕は、部分的な解決法であるとはいえ、仮想関数とそのオーバライダの爆発的な増加と、（あまりにも）単純なダブルディスパッチ技法の好ましくない侵入的な面を解決する。

クラス階層内のすべてのクラスに2個（あるいはそれ以上）の処理を適用する方法を考えてみよう。基本的には、ノードに適した処理が選択されるように、ノードの階層と処理の階層とにダブルディスパッチを適用することになるだろう。この処理は**ビジター**（*visitor*）と呼ばれる。ここでは、`Visitor`クラスから派生したクラス内に定義することにしよう。ノードは、`Visitor&`を引数に受け取る仮想関数`accept()`をもつクラス階層である。これから示す例では、言語生成を行う`Node`の階層を利用する。これは、抽象構文木（AST = abstract syntax tree）ベースのツールで一般的に使われている手法だ：

```
class Visitor;

class Node {
public:
   virtual void accept(Visitor&) = 0;
};

class Expr : public Node {
public:
   void accept(Visitor&) override;
};

class Stmt : public Node {
public:
   void accept(Visitor&) override;
};
```

ここまでは、いいだろう。`Node`の階層は、仮想関数`accept()`を実装するだけだ。これは、与えられた型の`Node`に適用する処理内容を表す`Visitor&`を引数として受け取る関数だ。

ここでは`const`を用いていない。というのも、`Visitor`からの処理では、“訪れた（visited）”`Node`あるいは`Visitor`自身を更新するのが一般的だからだ。

これで、`Node`の`accept()`は、ダブルディスパッチによって動作するとともに、さらに、`Node`自身を`Visitor`の`accept()`に渡せるようになる：

```
void Expr::accept(Visitor& v) { v.accept(*this); }
void Stmt::accept(Visitor& v) { v.accept(*this); }
```

`Visitor`では、処理一式を宣言する：

```
class Visitor {
public:
   virtual void accept(Expr&) = 0;
   virtual void accept(Stmt&) = 0;
};
```

次に、`Visitor`から派生して、その`accept()`関数をオーバライドする処理一式を定義する：

```
struct Do1_visitor : public Visitor {
   void accept(Expr&) override { cout << "do1 to Expr\n"; }
```

```
    void accept(Stmt&) override { cout << "do1 to Stmt\n"; }
};

struct Do2_visitor : public Visitor {
    void accept(Expr&) override { cout << "do2 to Expr\n"; }
    void accept(Stmt&) override { cout << "do2 to Stmt\n"; }
};
```

実行時型解決の動作は、ポインタの pair の vector を作ることで確認できる：

```
Do1_visitor do1;
Do2_visitor do2;

void test(Expr& e, Stmt& s)
{
    vector<pair<Node*,Visitor*>> vn {{&e,&do1}, {&s,&do1}, {&e,&do2}, {&s,&do2}};
    for (auto p : vn)
        p.first->accept(*p.second);
}
```

実行すると、以下のようになる：

```
do1 to Expr
do1 to Stmt
do2 to Expr
do2 to Stmt
```

単純なダブルディスパッチとは対照的に、Visitor パターンは、現実のプログラミングで多用されている。侵入的な面も少なく（accept() 関数）、数多くのバリエーションが使われている。しかし、クラス階層に対する処理の多くは、ビジターとしては表現しにくいものである。たとえば、グラフ内の異なる型の複数のノードをアクセスする処理は、ビジターとして容易には実装できない。そのため、Visitor パターンはエレガントではない回避策であると、私は考えている。たとえば〔Solodkyy, 2012〕のような別の方法もあるが、通常の C++11 では利用できない。

C++ におけるビジターの代替例の多くは、同じデータ構造（たとえば多相型を指すポインタをもつノードのグラフやベクタなど）を明示的に繰り返して処理するという考えに基づくものだ。各要素や各ノードに対して仮想関数を呼び出すと、目的の処理を実行できるか、あるいは、保持するデータに基づいた何らかの最適化が行える（§27.4.2 も参照しよう）。

22.4 構築と解体

クラスオブジェクトは、単なるメモリ上の領域ではない（§6.4）。コンストラクタによって“生のメモリ”から作られて、デストラクタの実行によって“生のメモリ”に戻るものだ。構築はボトムアップで、解体はトップダウンである。クラスオブジェクトがオブジェクトであるのは、構築されてから解体されるまでの期間だ。初期化が完了する前にオブジェクトが利用されないようにするために、この順序は重要だ。“ずる賢い”ポインタ操作によって、初期化完了前、あるいは構築と解体の順序を無視して、基底やメンバのオブジェクトをアクセスするのは、賢明ではない（§17.2.3）。構築と解体の順序は、RTTI、例外処理（§13.3）、仮想関数（§20.3.2）を反映したものである。

構築と解体の詳細な順序に依存するのはよくないことだが、オブジェクトが未完成の時点で、仮想関数、dynamic_cast（§22.2）、typeid（§22.5）を呼び出すと、その順序が確認できる。コンストラクタの途中では、オブジェクトの（動的な）型は、その時点までに構築したものが反映される。たとえば、§22.2.2にあげた階層でComponentのコンストラクタが仮想関数を呼び出すと、Receiver、Transmitter、Radio用ではなく、StorableやComponent用に定義されたバージョンの関数が実行される。その時点では、オブジェクトは、まだRadioになっていないからだ。同様に、デストラクタから仮想関数を呼び出すと、まだ解体されていない状態が反映される。構築や解体の途中では、仮想関数を呼び出すのは避けるべきだ。

22.5 型の識別

dynamic_cast演算子は、実行時のオブジェクトの型に関する大半のニーズに対応できるものだ。重要なのは、dynamic_cast演算子を用いたコードが、プログラマが明示的に記述したクラスから派生したクラスに対しても正しく動作することが保証されることである。すなわち、dynamic_castは、仮想関数に類似した方法で柔軟性や拡張性を実現している。

しかし、オブジェクトの正確な型を知ることが極めて重要な場面もある。たとえば、オブジェクトのクラス名やそのレイアウトを知る必要がある、といったときだ。その場合、typeid演算子は、オペランドの型が表すオブジェクトを作成することによって、その要求に応える。仮にtypeid()が関数であれば、その宣言は次のようになるだろう：

```
class type_info;
const type_info& typeid(expression);    // 疑似的な宣言
```

すなわち、typeid()は、<typeinfo>が定義するtype_infoという標準ライブラリの型への参照を返すのだ：

- オペランドに型名を与えたtypeid(type_name)は、type_name型を表すtype_infoへの参照を返す。なお、type_nameは完全に定義された型（§8.2.2）でなければならない。
- オペランドに**式**（*expression*）を与えたtypeid(expr)は、式exprが意味するオブジェクトの型を表すtype_infoへの参照を返す。なお、exprは完全に定義された型（§8.2.2）を表現する式でなければならない。もしexprがnullptrであれば、typeid(expr)はstd::bad_typeid例外を送出する。

typeid()は、参照やポインタが指しているオブジェクトの型を特定する：

```
void f(Shape& r, Shape* p)
{
    typeid(r);     // rが参照するオブジェクトの型
    typeid(*p);    // pが指すオブジェクトの型
    typeid(p);     // ポインタの型、すなわち、Shape*（普通は行わない、おそらくミス）
}
```

typeid()のオペランドが、nullptrを値とする多相型を指すポインタや参照であれば、typeid()はstd::bad_typeid例外を送出する。typeid()のオペランドが、非多相型や非左辺値であれば、typeid()の結果は、オペランドの式を評価することなくコンパイル時に決定される。

ポインタや参照に対して参照外しを行った結果のオブジェクトが多相型であれば、type_infoはそのオブジェクトの最派生クラス、すなわち、そのオブジェクトを定義したときに利用された型を返す。たとえば：

```
struct Poly {                    // 多相的な基底クラス
   virtual void f();
   // ...
};

struct Non_poly { /* ... */ };  // 仮想関数をもたない

struct D1
     : Poly { /* ... */ };
struct D2
     : Non_poly { /* ... */ };

void f(Non_poly& npr, Poly& pr)
{
   cout << typeid(npr).name() << '\n'; // たとえば"Non_poly"のように書き出す
   cout << typeid(pr).name() << '\n';  // PolyあるいはPolyから派生したクラスの名前
}

void g()
{
   D1 d1;
   D2 d2;
   f(d2,d1);  // "Non_poly D1"と書き出す
   f(*static_cast<Poly*>(nullptr),*static_cast<Null_poly*>(nullptr)); // おっと！
}
```

最後の呼出しは、bad_typeid例外を送出する前に、Non_polyとだけ出力する（というのも、typeid(npr)が評価されないからだ）。

なお、type_infoは、おおむね以下のように定義されている：

```
class type_info {
   // データ
public:
   virtual ~type_info();                                  // 多相的

   bool operator==(const type_info&) const noexcept;  // 比較可能
   bool operator!=(const type_info&) const noexcept;

   bool before(const type_info&) const noexcept; // 順序付け
   size_t hash_code() const noexcept;            // unordered_mapなどで利用される
   const char* name() const noexcept;            // 型の名前

   type_info(const type_info&) = delete;                  // コピーを抑制
   type_info& operator=(const type_info&) = delete;       // コピーを抑制
};
```

before()関数があるので、type_infoはソートが可能である。たとえば、（mapなどの）順序付きコンテナでは、type_idがキーとして利用される。beforeが定義する順序は、継承関係とは無関係である。hash_code()関数は、（unordered_mapなどの）ハッシュテーブルのキーとしてtype_idを利用できるようにするものである。

システム上の個々の型に対して、type_infoオブジェクトが1個だけ存在するという保証はない。実際、ダイナミックリンクライブラリが利用される場合は、type_infoオブジェクトの重複を避ける

実装は困難だ。そのため、type_info オブジェクトの等価性を調べる際は、type_info へのポインタに対する == ではなくて、type_info オブジェクトに対する == を利用しなければならない。

オブジェクト（の基底に対してではなくて）全体に対して処理を実行するために、オブジェクトの正確な型を知ることが必要な場合がある。理想的には、正確な型を知らずに実行できる仮想関数として実装できればよいはずだ。しかし、処理対象のすべてのオブジェクトに共通するインタフェースを前提にできないことがある。その場合、迂回路によって正確な型を調べなければならない（§22.5.1）。また、もっと単純なケースとして、診断出力を行うために、クラス名を取り出したいこともある：

```
#include<typeinfo>

void g(Component* p)
{
    cout << typeid(*p).name();
}
```

クラス名の文字表現は処理系定義だ。このC言語スタイルの文字列は、システムが管理するメモリ上にあるので、プログラマが delete[] してはならない。

22.5.1 拡張型情報

type_info オブジェクトは、最小限の情報だけをもっている。そのため、オブジェクトの正確な型を特定することは、その後で詳細な情報を取得して利用するにあたっての第一段階にすぎないことも多い。

ユーザが実行時に利用できる型に関する情報を、処理系やツールがどのように生成するのかを考えてみよう。利用するすべてのクラスについて、そのオブジェクトレイアウト情報を生成するツールがあると仮定しよう。その情報を map に入れておけば、ユーザはそのレイアウト情報を見つけ出せるようになる：

```
#include <typeinfo>

map<string, Layout> layout_table;

void f(B* p)
{
    Layout& x = layout_table[typeid(*p).name()]; // *pの名前に基づいてLayoutを探す
    // ... xを利用 ...
}
```

作成されるデータは、以下のようになる：

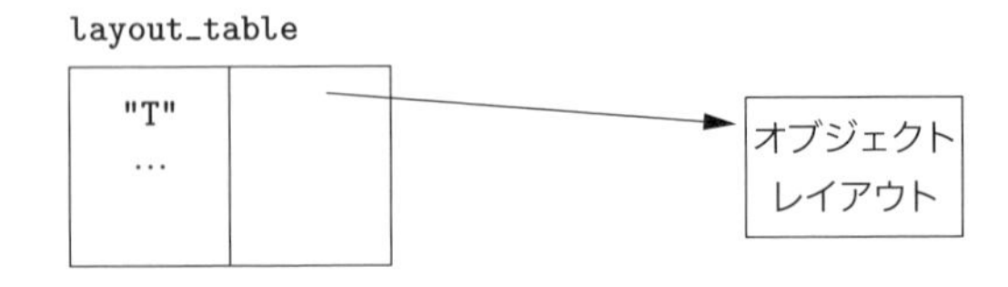

他の誰かが、まったく異なる種類の情報を実装することもできる：

```
unordered_map<type_index,Icon> icon_table;  // §31.4.3.2

void g(B* p)
{
    Icon& i = icon_table[type_index{typeid(*p)}];
    // ... iを利用 ...
}
```

type_indexは、type_infoオブジェクトを比較してハッシングする、標準ライブラリの型である(§35.5.4)。

作成されるデータは、以下のようになる：

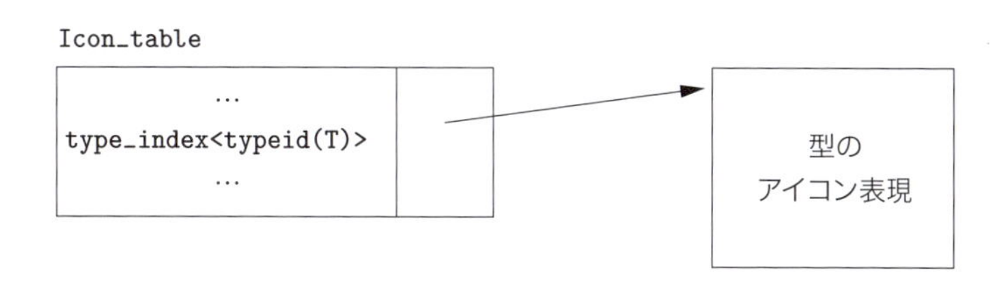

システムヘッダを変更することなくtypeidと情報を関連付けることによって、プログラマやツールは、異なる情報と型を独立的に関連付けることができる。これが重要なのは、一式の情報ですべてのユーザを満足させられるわけがないからである。

22.6 RTTIの利用と悪用

明示的に実行時型情報を利用するのは、本当に必要な場合に限るべきだ。(コンパイル時に行われる) 静的チェックのほうが、より安全だし、オーバヘッドも小さい。さらに、静的チェックが可能であれば、プログラムも、よりよく構造化される。仮想関数に基づくインタフェースは、型安全と柔軟性の両方を提供する方法によって、静的型チェックと実行時探索とを組み合わせる。しかし、この代替策を過信して、不適切な場面でRTTIを利用してしまうことがある。たとえば、RTTIを用いると、switch文を変形したものが記述できる：

```
// 実行時型情報の悪用

void rotate(const Shape& r)
{
    if (typeid(r) == typeid(Circle)) {
        // 何も行わない
    }
    else if (typeid(r) == typeid(Triangle)) {
        // ... 三角形を回転 ...
    }
    else if (typeid(r) == typeid(Square)) {
        // ... 正方形を回転 ...
    }
    // ...
}
```

たとえtypeidの代わりにdynamic_castを用いても、このコードは、大して改善されない。いずれにせよ、構文的に見苦しい上に、高コストな処理を繰り返すので、効率も悪い。

残念ながら、これは架空の例ではなくて、実際に開発されたコードである。クラス階層や仮想関数に相当する機能をもたない言語を学習したプログラマの多くにとっては、ソフトウェアによって一連の switch 文を実現したいという、抑えきれない衝動にかられるものだ。しかし、その衝動は抑えなければならない。実行時に型の識別が必要であれば、多くの場合は、RTTI ではなくて仮想関数（§3.2.3, §20.3.2）を利用すべきだ。

RTTI の最適な用途は、あるクラスで何らかの処理を行うコードが表現されていて、ユーザが派生によって機能を追加する、というものだ。§22.2 で示した Ival_box が、まさにその例である。たとえば、BBwindow のようなライブラリクラスの定義の変更をユーザが意図し、また実際にそれが可能であれば、RTTI を使わなくてすむ。しかし、そうでなければ、RTTI を使う必要がある。基底クラスを変更したい（たとえば、仮想関数を追加したい）とユーザが考えた場合でも、その変更が新たな問題を発生させるかもしれない。たとえば、仮想関数が不要あるいは無意味なクラスに対して、ダミーの仮想関数の実装が必要になる、といったことが考えられる。なお、単純な入出力システムの実装に RTTI を使う例は、§22.2.4 で示した。

Smalltalk、ジェネリクスが導入される前の Java、Lisp などの、動的な型チェックに大きく依存する言語の経験があるプログラマは、過度に一般化した型と RTTI を利用したがる傾向がある。次の例を考えよう：

```
// 実行時型情報の悪用

class Object {  // 多相的
   // ...
};

class Container : public Object {
public:
   void put(Object*);
   Object* get();
   // ...
};

class Ship : public Object { /* ... */ };

Ship* f(Ship* ps, Container* c)
{
   c->put(ps);                                 // Shipをコンテナに入れる
   // ...
   Object* p = c->get();                       // コンテナからObjectを取り出す
   if (Ship* q = dynamic_cast<Ship*>(p)) {     // そのObjectがShipかどうかの実行時チェック
      return q;
   }
   else {
      // ... 他のことを行う（通常は、エラー処理など）...
   }
}
```

ここで、Object クラスは、人為的で不要なものであり、過度に一般化されている。というのも、アプリケーションの領域で何かを抽象化しているわけではないし、実装レベルの抽象化（Object）をプログラマに強制しているからだ。この種の問題は、1種類のポインタだけを格納するコンテナテンプレートを用いることで解決できることが多い：

```
Ship* f(Ship* ps, vector<Ship*>& c)
{
   c.push_back(ps);      // Shipをコンテナに入れる
   // ...
   Ship* p = c.back();  // コンテナからShipを取り出す
   c.pop_back();
   return p;
}
```

この方式のコードは、純粋なObjectベース方式よりも、誤りにくい（よりよい静的な型チェックが行われる）だけでなく、冗長性も低い。この技法と仮想関数を組み合わせれば、ほとんどの場合に対処できる。テンプレートでは、テンプレート実引数TがObjectの役割を果たすとともに、静的な型チェッを可能にする（§27.2）。

22.7 アドバイス

[1] あるオブジェクトに対して、どのインタフェースが実際に利用されるのかには依存せずに、同じ処理を行えるようにするには、仮想関数を利用しよう。§22.1。

[2] クラス階層を移動する処理が避けられない場面では、dynamic_castを利用しよう。§22.2。

[3] クラス階層を型安全かつ明示的に移動する処理には、dynamic_castを利用しよう。§22.2.1。

[4] 参照型で、目的のクラスを見つけられないことが失敗とみなせるのであれば、dynamic_castを利用しよう。§22.2.1.1。

[5] ポインタ型で、目的のクラスを見つけられないことが正当とみなせるのであれば、dynamic_castを利用しよう。§22.2.1.1。

[6] 2個の動的な型を用いる処理を表すには（最適化された探索が必要でない限り）、ダブルディスパッチあるいはVisitorパターンを利用しよう。§22.3.1。

[7] 構築の途中や解体の途中で、仮想関数を呼び出さないように。§22.4。

[8] 拡張型情報を実装するには、typeidを利用しよう。§22.5.1。

[9] オブジェクトの型を特定するには（しかも、オブジェクトのインタフェースを特定しないのであれば）、typeidを利用しよう。§22.5。

[10] typeidやdynamic_castをもとにしたswitch文を繰り返すよりも、仮想関数を優先しよう。§22.6。

第 23 章　テンプレート

あなたの引用文は、どうぞここに。
― B・ストラウストラップ

- 導入と概要
- 単純な文字列テンプレート
  テンプレート定義／テンプレート具現化
- 型チェック
  型の等価性／エラー検出
- クラステンプレートのメンバ
  データメンバ／メンバ関数／メンバ型別名／ static メンバ／メンバ型／メンバテンプレート／フレンド
- 関数テンプレート
  関数テンプレートの引数／関数テンプレートの引数の導出／関数テンプレートの多重定義
- テンプレート別名
- ソースコードの構成
  結合
- アドバイス

23.1　導入と概要

テンプレートは、型を引数とするプログラミング方式であるジェネリックプログラミング（§3.4）を直接サポートする。C++ のテンプレートは、クラス、関数、型別名の定義において、型と値を引数として使えるようにするメカニズムである。テンプレートは、幅広い一般的概念を表現する単刀直入な方法と、それらを組み合わせた簡潔な方法を提供する。テンプレートを使って作られたクラスと関数は、実行時の時間と空間の効率が、手書きによるものと比べても遜色ない。

テンプレートは、実際に使われている引数型の性質にのみ依存する。そのため、引数として使われる型と型のあいだに明示的な関係が要求されることはない。たとえば、テンプレートに利用する引数型が、ある特定の継承階層の一部である必要はない。組込み型も利用できるので、テンプレートの引数として実際に広く利用されている。

テンプレートが生成するコードは型安全だ（定義に一致しないオブジェクトが暗黙のうちに利用されることはない）。しかし残念なことに、引数に対するテンプレートの要求を、簡潔かつ直接的にコードに記述することができない（§24.3）。

主要な標準ライブラリの抽象化は、テンプレートとして表現されている（たとえば、`string`、`ostream`、`regex`、`complex`、`list`、`map`、`unique_ptr`、`thread`、`future`、`tuple`、`function` などだ）。また、主だった処理も同様である（たとえば `string` の比較、出力演算子 `<<`、`complex` の算術演算、`list` の挿入と削除、`sort()` などだ）。本書のライブラリを解説する章（第IV部）でも、標準ライブラリから、テンプレートの豊富なサンプルコードと、それに基づいたプログラミング技法を解説する。

ここでは、設計と、実装と、標準ライブラリを利用する上で必要となる技法とに集中して、テンプレートを解説する。標準ライブラリに対しては、他の多くのソフトウェアよりも、汎用性、柔軟性、効率性が厳しく求められる。そのため、標準ライブラリの設計と実装で使われている技法は、他の数多くの問題に対しても効果的で効率的な解決法となる。その技法を利用すると、高度に洗練された実装を、簡潔なインタフェースの背後に隠せるし、ユーザが望んだときにのみ複雑な実装を見せることができる。

本章と続く六つの章では、テンプレートとその基本的な利用法に焦点を当てて解説していく。まず、本章では、テンプレートのもっとも基本的な機能と、テンプレートを利用する基礎的なプログラミング技法を解説する。

- §23.2　『**単純な文字列テンプレート**』：文字列テンプレートを例に取り上げて、クラステンプレートの定義と利用に関する基本的メカニズムを解説する。
- §23.3　『**型チェック**』：テンプレートに対して適用される、型の等価性と、型チェックの規則を解説する。
- §23.4　『**クラステンプレートのメンバ**』：クラステンプレートのメンバの定義方法と利用方法を解説する。
- §23.5　『**関数テンプレート**』：関数テンプレートの定義方法と利用方法を解説する。関数テンプレートと通常の関数の多重定義解決についても解説する。
- §23.6　『**テンプレート別名**』：実装の詳細を隠蔽してテンプレートの利用を簡潔にするための強力なメカニズムである、テンプレート別名を解説する。
- §23.7　『**ソースコードの構成**』：ソースファイル上でのテンプレートの構成について解説する。

第 24 章『**ジェネリックプログラミング**』では、ジェネリックプログラミングの基本的な技法を解説し、**コンセプト**（*concept*）（テンプレート引数の要件）の基本的なアイディアを解説する。

- §24.2　『**アルゴリズムとリフティング**』：**具象**（*concrete*）の例題を取り上げて、**ジェネリック**（*generic*）なアルゴリズムを開発するための基本技法を解説する。
- §24.3　『**コンセプト**』：**コンセプト**（*concept*）の基本的な表記を紹介して解説する。コンセプトとは、テンプレートが、受け取る引数に課す要件一式のことである。
- §24.4　『**コンセプトの具象化**』：コンパイル時に利用する述語論理としてコンセプトを利用する技法を解説する。

第 25 章『**特殊化**』では、テンプレート引数の受渡しと、特殊化の表記を解説する。

§25.2 **『テンプレートの仮引数と実引数』**：テンプレート実引数になることが可能な、型と値とテンプレートを解説する。さらに、デフォルトテンプレート実引数の指定方法と利用方法も取り上げる。

§25.3 **『特殊化』**：特定のテンプレート実引数一式に対する専用の特別バージョンのことを**特殊化**（*specialization*）という。テンプレートから生成される特殊化は、コンパイラによっても生成されるし、プログラマが生成することもできる。

第26章**『具現化』**では、テンプレート特殊化（インスタンス）の生成と、名前バインドを解説する。

§26.2 **『テンプレート具現化』**：コンパイラがテンプレートの定義をもとに、いつどのように特殊化を生成するかの規則と、その手動での指定方法を解説する。

§26.3 **『名前バインド』**：テンプレート定義内で利用する名前が、どの実体を参照するのかを決定する規則を解説する。

第27章**『テンプレートと階層』**では、テンプレートを用いたジェネリックプログラミングの技法とクラス階層を用いたオブジェクト指向技法の関係を解説する。特に、その組合せに焦点を当てる。

§27.2 **『パラメータ化と階層』**：テンプレートとクラス階層は、いずれも、関連性がある抽象化の集まりを表現する方法である。どちらを採用すべきかを解説する。

§27.3 **『クラステンプレートの階層』**：既存のクラス階層に対してテンプレート引数を単純に追加するのは、悪い手法であることが多い。その理由を解説する。

§27.4 **『基底クラスとしてのテンプレート引数』**：型安全と性能を兼ね備えたインタフェースとデータ構造を構築する技法について解説する。

第28章**『メタプログラミング』**では、関数やクラスを生成する方法としてのテンプレート利用法を解説する。

§28.2 **『型関数』**：引数に型を受け取る関数や、返却値として型を返す関数を解説する。

§28.3 **『制御構造』**：型関数における、選択と再帰の表現方法と、その利用に関する経験則を解説する。

§28.4 **『条件付き定義：Enable_if』**：（ほぼ）任意の述語を用いて、何らかの条件下で関数を定義して、テンプレートを多重定義する方法を解説する。

§28.5 **『コンパイル時リスト：Tuple』**：（ほぼ）任意の型の要素をもつリストの構築法とアクセス法を解説する。

§28.6 **『可変個引数テンプレート』**：任意の型で任意の個数の引数を受け取るテンプレートを（静的型安全に）定義する方法を解説する。

§28.7 **『SI単位系の例題』**：この例題は、単純なメタプログラミング技法と、メートル、キログラム、秒の単位系を（コンパイル時に）チェックした上で算出する機能をもつライブラリのプログラミング技法とを組み合わせたものである。

第 29 章『**行列の設計**』では、高度な設計に挑戦して、テンプレートのさまざまな機能の組合せによる解決法を示す。

§29.2　『**Matrix テンプレート**』：柔軟かつ型安全な初期化、添字演算、部分行列をもつ、N 次元行列の定義方法を解説する。

§29.3　『**Matrix の算術演算**』：N 次元行列に対する単純な算術演算の実装法を解説する。

§29.4　『**Matrix の実装**』：有用な実装技法をいくつか取り上げる。

§29.5　『**線形方程式の解**』：単純な行列を利用したサンプルを示す。

本書では、早い段階でテンプレートを紹介して（§3.4.1，§3.4.2)、全体にわたって利用してきたので、読者はすでにある程度慣れていると想定する。

23.2 単純な文字列テンプレート

文字が並んだ文字列を考えていくことにしよう。文字列は、文字を保持した上で、添字演算、連結、比較などの“文字列”の概念に結び付く処理を提供するクラスである。数多くの種類の文字に対応して振る舞えるのが理想的だ。たとえば、符号付き文字、符号無し文字、中国語文字、ギリシア文字などの文字列があり、さまざまな文脈で有用である。したがって、特定の種類の文字への依存を最小限に抑えた“文字列”として表現すべきである。文字列の定義は、文字がコピー可能であることなどが前提となる（§24.3)。そこで、§19.3 で示した `char` の文字列をもとにして、文字の型をパラメータ化して、より汎用的な文字列型を定義してみよう：

```
template<typename C>
class String {
public:
   String();
   // ...
   C& operator[](int n) { return ptr[n]; }    // チェック無しの要素アクセス
   String& operator+=(C c);                   // 末尾にcを加える
   // ...
private:
   static const int short_max = 15;   // 短い文字列の最適化（§19.3.3）用
   int sz;                            // Cの要素数
   C* ptr;
   union {
      int space;             // 確保ずみの空間における未利用部分の文字数
      C ch[short_max+1];     // 末尾の0のために１個余分にとっている
   };
   // ...
};
```

頭に付いている `template<typename C>` は、テンプレートの宣言が始まることと、型引数 `C` を宣言内で利用することを表す。この導入以降、`C` は他の型名と同じように利用できる。`C` のスコープは、`template<typename C>` で始まった宣言の終端までだ。なお、`template<class C>` という、等価で短い形式を好むかもしれない。いずれにせよ、`C` は**型**（*type*）の名前であればよく、必ずしも**クラス**（*class*）の名前でなくてよい。数学者であれば、`template<typename C>` という記述が、伝統的な“すべての `C` について（for all `C`）”や、より厳密には“すべての型 `C` について（for all types C）”、“C が型である、すべての C について（for all C, such that C is a type）”の変形だとすぐに分かるはずだ。さて、この行を見ただけで、テンプレート引数 C に必要な性質を指定する完全に汎用的な仕組みが、C++ には欠如していることに気付くだろう。すなわち、C に対する要件を“...”としたときに、“... である、すべての C について（for all C, such that ...）”と記述できない。換言すると、C++ は、テンプレート引数 C がどのようなものであるのかを直接的に記述する方法を提供しない（§24.3）。

クラステンプレートの名前には、<> で囲まれた型が続く。これが、（テンプレートで定義された）クラスの名前であり、普通のクラス名とまったく同じように利用できる。たとえば：

```
String<char> cs;
String<unsigned char> us;
String<wchar_t> ws;
struct Jchar { /* ... */ };   // 日本語文字
String<Jchar> js;
```

名前に関する特殊な構文を除けば、String<char> は、§19.3 で示した String クラスとして定義されているかのように動作する。さて、char 用の String がもっていた機能は、String のテンプレート化によって、任意の種類の文字に対して提供されるようになった。たとえば、String テンプレートと標準ライブラリの map を使うと、§19.2.1 で示した単語カウントの例題は、次のようになる：

```
int main() // 入力からの全単語の出現回数をカウント
{
    map<String<char>,int> m;
    for (String<char> buf; cin>>buf;)
        ++m[buf];
    // ... 結果を書き出す ...
}
```

日本語文字型 Jchar 用のバージョンは、以下のようになる：

```
int main() // 入力からの全単語の出現回数をカウント
{
    map<String<Jchar>,int> m;
    for (String<Jchar> buf; cin>>buf;)
        ++m[buf];
    // ... 結果を書き出す ...
}
```

標準ライブラリは、テンプレート版 String によく似た basic_string テンプレートクラスを提供する（§19.3, §36.3）。標準ライブラリの string は、basic_string<char> の同義語だ（§36.3）：

```
using string = std::basic_string<char>;
```

これを使うと、単語カウントプログラムは、次のように記述できる：

```
int main() // 入力からの全単語の出現回数をカウント
{
    map<string,int> m;
    for (string buf; cin>>buf;)
        ++m[buf];
    // ... 結果を書き出す ...
}
```

一般に、型別名（§6.5）は、テンプレートから生成したクラスの長い名前を短縮する際にも役立つ。型がどのように定義されているかといった詳細を知りたくないことも多い。別名を使えば、型がテンプレートから生成されたものであるかどうかを隠せる。

23.2.1 テンプレート定義

クラステンプレートから生成されたクラスは、通常のクラスと完全に同じものだ。すなわち、テンプレートを使ったからといって、同等のクラスを“手書き”した場合と比べて、何か特別な実行時のメカニズムが働くわけではない。ところが、テンプレートを使って生成されたコード量は短くなってしまう。というのも、クラステンプレートのメンバ関数は、実際に利用されている場合にのみコードが生成されるからだ（§26.2.1）。

C++は、クラステンプレートだけでなく、関数テンプレートも提供する（§3.4.2, §23.5）。まずクラステンプレートを取り上げて、テンプレートの“メカニズム”の大部分を解説しておき、関数テンプレートの詳細は§23.5で解説する。テンプレートは、適切なテンプレート引数に対して、なにがしかを生成する方法を指定する。その生成に関する言語の仕組み（具現化（§26.2）と特殊化（§25.3））にとっては、クラスと関数のどちらを生成するかで大きな違いはない。そのため、特に指定されなければ、テンプレートに関する規則は、クラステンプレートにも関数テンプレートにも等しく適用される。テンプレートは別名（§23.6）としても定義できるが、名前空間テンプレートなどのように、あってもよさそうなものが認められていない。

用語としての**クラステンプレート**（*class template*）と**テンプレートクラス**（*template class*）のセマンティクスを区別する人もいるが、私は区別しない。区別するには、微妙すぎるからだ。したがって、二つの用語は交換可能と考えることにしよう。同様に、**関数テンプレート**（*function template*）と**テンプレート関数**（*template function*）も交換可能と考えることにしよう。

クラステンプレートを設計する際は、`String<C>`などのテンプレートに変換する前に、`String`という具象クラスのデバッグをすませておくとよい。そうすれば、設計上の多くの問題や、具象的に利用する文脈でのコードエラーのほとんどに対処できる。すべてのプログラマは、この種のデバッグに慣れ親しんでいるし、抽象概念よりも具象利用のほうが多くの人にとって作業しやすい。その後で、通常のエラーに注意が散漫になることなく、一般化に伴う問題に集中して取り組めるようになる。同様に、テンプレートに対する理解を深めようとするときは、テンプレートの全体を把握しようとする前に、`char`などの特定の型引数に対する具体的動作を想像したほうが役立つことが多い。これは、汎用コンポーネントは、もっとも重要な原則に基づいて単純に設計するよりも、複数の具象的な例を汎用化したものとして開発すべきである、という思想にも沿っている（§24.2）。

クラステンプレートのメンバは、非テンプレートクラスの場合とまったく同様に、宣言、定義する。テンプレートメンバは、テンプレートクラスの中で定義しなくてもよい。その場合、非テンプレートクラスの場合と同じように（§16.2.1）、どこか別の場所で定義することになる。テンプレートクラスのメンバ自体が、そのテンプレートクラスの引数でパラメータ化されたテンプレートである。そのため、この種のメンバをクラスの外で定義する場合は、テンプレートであることの明示的な宣言が必要だ。

たとえば：

```
template<typename C>
String<C>::String()   // String<C>のコンストラクタ
   :sz{0}, ptr{ch}    // 短い文字列：chを指す
{
   ch[0] = {};        // 適切な文字型の0で終わる文字列
}

template<typename C>
String<C>& String<C>::operator+=(C c)
{
   // ... 文字列の末尾にcを追加 ...
   return *this;
}
```

ここでのCのようなテンプレート引数は、特定の型の名前ではなくて、引数である。ただし、このことが、その名前を使ってテンプレートコードを記述する方法に影響を与えることはない。なお、**String<C>**のスコープの中では、**<C>**による修飾は、テンプレート自身の名前として冗長である。そのため、**String<C>::String**がコンストラクタの名前となる。

プログラム内では、クラスのメンバ関数を定義する関数がちょうど1個だけ存在できるのと同様に、クラステンプレートのメンバ関数を定義する関数テンプレートも、ちょうど1個だけがプログラム内で存在できる。ただし、特殊化（§25.3）を用いると、特定のテンプレート引数を与えたテンプレート用に、別バージョンの実装が実現できる。なお、関数については、異なる引数型に対して異なる定義ができるよう、多重定義が可能だ（§23.5.3）。

クラステンプレート名の多重定義はできない。そのため、あるスコープの中でクラステンプレートが宣言されると、その名前で他の実体の宣言はできなくなる。たとえば：

```
template<typename T>
class String { /* ... */ };

class String { /* ... */ };     // エラー：二重定義
```

テンプレート実引数として与える型は、テンプレートが期待するインタフェースを提供しなければならない。たとえば、**String**の引数に与える型は、通常のコピー演算（§17.5, §36.2.2）を提供しなければならない。ただし、あるテンプレート仮引数に対して与える実引数が、継承関係をもたなければならない、といったことはない。§25.2.1（テンプレート型引数）、§23.5.2（テンプレート引数の導出）、§24.3（テンプレート引数の要件）も参照しよう。

23.2.2 テンプレート具現化

テンプレートと、テンプレート引数並びとに基づいて、クラスや関数を生成する処理は、一般に**テンプレート具現化**（*template instantiation*）と呼ばれる（§26.2）。また、特定のテンプレート引数並びのために作られたテンプレートのバージョンは、**特殊化**（*specialization*）と呼ばれる。

一般に、テンプレート引数並びに対してテンプレートの特殊化を生成するのは、処理系の仕事であって、プログラマの仕事ではない。以下の例を考えよう：

```
String<char> cs;

void f()
{
   String<Jchar> js;

   cs = "It's the implementation's job to figure out what code needs to be generated";
}
```


このコードに対して処理系が生成するのは、String<char> クラスと String<Jchar> クラスの宣言と、それらのクラスのデストラクタとデフォルトコンストラクタの宣言と、String<char>::operator=(char*) の宣言だ。それ以外のメンバ関数は、利用されていないので、生成されない。生成されたクラスは、通常のクラスと何ら変わるところはなく、通常のクラスのすべての規則にしたがう。同様に、生成された関数も、通常の関数のすべての規則にしたがう。

いうまでもなく、テンプレートは、比較的短い定義をもとに、大量のコードを生成する強力な手段を提供する。そのため、ほとんど違わない複数の関数定義がメモリを消費しないように、細心の注意が必要だ（§25.3)。その一方で、テンプレートでは、他の方法では実現できない高品質なコードを生成するような記述も可能である。そのため、テンプレートを単純なインラインと組み合わせると、直接的あるいは間接的な関数呼出しの多くが排除できる。たとえば、重要なデータ構造に対する単純な処理（たとえば、sort() での < や、行列演算でのスカラに対する + など）は、高度にパラメータ化されたライブラリ内では、機械語レベルの単一命令にまで削減できる。すなわち、テンプレートの不用意な利用が、ほとんど違いのない大規模な関数を複数生成することによるコードの肥大化を招く一方で、ごく小規模な関数をインライン化できるようにするテンプレートの利用によって、他の方法よりもコード量を大幅に削減できる（速度向上も図れる)。特に、単純な < や [] によって生成されるコードは、機械語の単一命令となることが多く、あらゆる関数呼出しよりもはるかに高速であるし、関数を実行して返却値を得るコードよりも小さくなる。

23.3 型チェック

テンプレート具現化は、テンプレートとテンプレート引数一式とを受け取って、それらに対するコードを生成することだ。具現化時は大量の情報が利用できるので、テンプレート定義とテンプレート引数型とから得られる情報を組み合わせると、優れた柔軟性が実現できる上に、無類の実行時性能も得られる。残念ながら、その柔軟性のため、型チェックが複雑化するので、正確な型エラーの通知が難しくなる。

型チェックの対象は、テンプレート具現化（プログラマが手動でテンプレートを展開した場合とまったく同じもの）によって生成されたコードである。生成されたコードでは、まったく聞いたこともないようなもの（たとえば、テンプレートの実装が内部で利用する名前など）が大量に生成される。しかも、エラーのチェックは、ビルドプロセスの最終盤で行われることが多い。このような、プログラマが読み書きする内容と、コンパイラがチェックする型との不一致は、大きな問題になることがある。したがって、生成結果が極力小規模になるような設計が必要だ。

テンプレートのメカニズムにおける根本的な弱点は、テンプレート引数の要件を直接的に表現できないことである。たとえば、次のような記述はできない：

```
template<Container Cont, typename Elem>
   requires Equal_comparable<Cont::value_type,Elem>()  // Cont型とElem型に対する要件
int find_index(Cont& c, Elem e);                       // cに含まれるeの添字を見つける
```

すなわち、Cont はコンテナとして利用できる型でなければならず、Elem は Cont 内の要素と値を比較できる型でなければならない、という要件を直接的に記述する方法は、C++ 単体では存在しない。C++ の将来のバージョンで可能となるように現在作業中だが（柔軟性と実行時性能を損なわず、しかも、コンパイル時間が大幅には延びないように〔Sutton, 2011〕)、現時点ではまだ実現されていない。

テンプレート引数の受渡しに関する問題に対して、効果的に対処する方法の第一歩は、要件を明確にする方式と用語を確立することだ。テンプレート引数の要件一式を、述語として考えてみよう。たとえば、“C はコンテナでなければならない”を述語にしてみる。これは、「C 型を引数に受け取って、C がコンテナであれば true を、そうでなければ false を返す」となる（もっとも、“コンテナ”が何であるのかを定義する必要があるだろう）。たとえば、Container<vector<int>>() と Container<list<string>>() は true となるが、Container<int>() と Container<shared_ptr<string>>() は false となる。本書では、このような述語を**コンセプト**（*concept*）と呼ぶ。コンセプトは、（まだ）C++ 言語の構成要素ではない。テンプレート引数の要件を述べるための記法であって、コメント中で利用してコードを支援するものだ（§24.3）。

初心者であれば、コンセプトを設計ツールと考えるとよいだろう。Container<T>() が真となる型 T に必要な性質を記述するコメント一式として、Container<T>() を指定する。たとえば：

- T は添字演算子 [] をもたなければならない。
- T はメンバ関数 size() をもたなければならない。
- T は、その要素の型を表す value_type メンバ型をもたなければならない。

これらが完全な記述ではないことに注意しよう（たとえば、[] の引数は何であって、返却値は何なのか?)。さらに、もっとも重要なことを説明していない（たとえば、[] は実際に何をするのか?)。とはいえ、部分的な要件だけでも有用だ。非常に単純なものであっても、利用箇所を手作業でチェックできるし、明白なエラーも検出できる。たとえば、Container<int>() は、int が添字演算子をもたないので、明らかに偽となる。次章では、コンセプトの設計（§24.3)、コード中でコンセプトを支援する技法（§24.4)、有用なコンセプトの例（§24.3.2）を解説する。現時点では、C++ はコンセプトを直接サポートしていないものの、コンセプトが存在しないわけではないことを、とりあえず理解しておこう。実際に使われているすべてのテンプレートでは、開発者はテンプレート引数に対して何らかのコンセプトを念頭に置いているものだ。“C 言語は強く型付けされているが、そのチェックが貧弱な言語である”という Dennis Ritchie の有名な言葉がある。C++ のテンプレートについても同じことがいえるが、テンプレート引数の要件（コンセプト）は、実際にチェックされる点で異なる。ただし、そのチェックは、コンパイルプロセスのずっと終盤であり、救いがたいほど低い抽象化レベル上のものである。

23.3.1 型の等価性

テンプレートに引数を与えると、さまざまな型が生成できる。たとえば：

```
String<char> s1;
String<unsigned char> s2;
String<int> s3;

using Uchar = unsigned char;
using uchar = unsigned char;

String<Uchar> s4;
String<uchar> s5;
String<char> s6;

template<typename T, int N>          // §25.2.2
   class Buffer;
Buffer<String<char>,10> b1;
Buffer<char,10> b2;
Buffer<char,20-10> b3;
```

テンプレートに同一の引数一式を与えると、必ず同一の型が生成される。さて、ここでの“同一の”とは、どういう意味だろう？　別名は新たな型を導入するものではないので、**String<Uchar>** と **String<uchar>** は、**String<unsigned char>** と同一の型だ。一方、**char** と **unsigned char** は異なる型なので（§6.2.3）、**String<char>** と **String<unsigned char>** は異なる型である。

コンパイラは定数式を評価できるので（§10.4）、**Buffer<char,20-10>** は、**Buffer<char,10>** と同一の型として認識される。

同じテンプレートであっても、異なる引数を与えて生成された型は、異なる型となる。そのため、関連性をもつ引数から生成された型のあいだで、自動的に関連性が維持されるようなことはない。たとえば、**Circle** が、**Shape** の一種だとしよう：

```
Shape* p {new Circle(p,100)};            // Circle*をShape*に変換
vector<Shape>* q {new vector<Circle>{}}; // エラー：vector<Circle>*からvector<Shape>*への変換はない
vector<Shape> vs {vector<Circle>{}};     // エラー：vector<Circle>からvector<Shape>への変換はない
vector<Shape*> vs {vector<Circle*>{}};   // エラー：vector<Circle*>からvector<Shape*>への変換はない
```

仮に、この例のような変換が認められると、型エラーが発生する（§27.2.1）。生成したクラス間の変換が必要ならば、プログラマが定義すればよい（§27.2.2）。

23.3.2 エラー検出

テンプレートは、まず定義を行って、それからテンプレート引数と組み合わせて利用するものだ。テンプレートの定義時は、構文エラーがその他のエラーとともにチェックされる。このエラー検出は、テンプレート引数とは関係なく行われる。たとえば：

```
template<typename T>
struct Link {
   Link* pre;
   Link* suc          // 構文エラー：セミコロンが欠如
   T val;
};
```

```
template<typename T>
class List {
   Link<T>* head;
public:
   List() :head{7} { }                // エラー：ポインタがintで初期化されている
   List(const T& t) : head{new Link<T>{0,o,t}} { }  // エラー：識別子oは未定義
   // ...
   void print_all() const;
};
```

コンパイラは、単純なセマンティクスエラーを、定義時点、あるいは、その後の利用時点で検出する。ユーザにとっては早期検出のほうが好ましいとはいえ、すべての“単純”なエラーが簡単に検出できるわけではない。この例では、3個の“誤り”を犯している：

・**単純な構文エラー**：宣言終端のセミコロンがない。

・**単純な型エラー**：テンプレート引数が何であるのかとは無関係に、ポインタは整数の7では初期化できない。

・**名前探索エラー**：識別子o（もちろん0のミスタイプ）は、その名前がスコープ内に存在しないため、Link<T>のコンストラクタの引数にはなれない。

テンプレート定義に使う名前は、スコープ内に存在するか、あるいは、何らかの論理的に正しい方法でテンプレート引数に従属する（§26.3）ものでなければならない。テンプレート引数Tに従属する方法でもっとも広く利用されていて、しかも分かりやすいものは、明示的に名前Tを利用する、Tのメンバを利用する、T型の引数を受け取る、というものだ。たとえば：

```
template<typename T>
void List<T>::print_all() const
{
   for (Link<T>* p = head; p; p=p->suc)     // pはTに従属
      cout << *p;                           // <<はTに従属
}
```

テンプレート引数の利用に関するエラーは、そのテンプレートが実際に利用されるまで検出できない。たとえば：

```
class Rec {
   string name;
   string address;
};

void f(const List<int>& li, const List<Rec>& lr)
{
   li.print_all();
   lr.print_all();
}
```

ここで、li.print_all()はチェックに引っかからない。一方、lr.print_all()は、Rec用の出力演算子<<が定義されていないので、型エラーとなる。テンプレート引数に関するエラーでもっとも早期に検出できるのは、特定のテンプレート引数を与えて、テンプレートを初めて利用する箇所だ。この位置は、**具現化位置**（*point of instantiation*）と呼ばれる（§26.3.3）。処理系は、基本的にはすべてのチェックを、プログラムのリンク時にまで先延ばしすることが許されている。そのため、

完全なチェックが可能になるもっとも早い時点が、リンク時となるような種類のエラーもある。チェックの規則は、いつチェックするかとは無関係であって、チェックの規則自体が変わることはない。当然ながら、ユーザにとっては、早期検出のほうがありがたい。

23.4 クラステンプレートのメンバ

テンプレートクラスは、クラスとまったく同じように、さまざまな種類のメンバをもつことができる：

- データメンバ（変数と定数）：§23.4.1。
- メンバ関数：§23.4.2。
- メンバ型別名：§23.6。
- static メンバ（関数と変数）：§23.4.4。
- メンバ型（メンバクラスなど）：§23.4.5。
- メンバテンプレート（メンバクラステンプレートなど）：§23.4.6.3。

この他にも、クラステンプレートは friend の宣言が可能だ。この点も、“通常のクラス”と同様である：§23.4.7。

クラステンプレートメンバに対して適用されるのは、生成されたクラスに対する規則である。すなわち、テンプレートメンバに対する規則を知りたければ、通常のクラスのメンバに対する規則を調べればよい（第 16 章，第 17 章，第 20 章）。それで、大半の疑問が解決するだろう。

23.4.1 データメンバ

“通常のクラス”と同様に、クラステンプレートは、任意の型のデータメンバをもてる。非 static データメンバの初期化が行えるのは、その定義時（§17.4.4）またはコンストラクタの中（§16.2.5）である。たとえば：

```
template<typename T>
struct X {
   int m1 = 7;
   T m2;
   X(const T& x) :m2{x} { }
};

X<int> xi {9};
X<string> xs {"Rapperswil"};
```

非 static データメンバは、const にはなれるものの、残念ながら constexpr にはなれない。

23.4.2 メンバ関数

“通常のクラス”と同様に、クラステンプレートの非 static メンバ関数は、クラスの中でも定義できるし、クラスの外でも定義できる。たとえば：

```
template<typename T>
struct X {
   void mf1() { /* ... */ }              // クラスの中で定義
```

```
    void mf2();
};

template<typename T>
void X<T>::mf2() { /* ... */ }        // クラスの外で定義
```

同様に、テンプレートのメンバ関数は`virtual`にもなれる。しかし、仮想メンバ関数は、メンバ関数テンプレート（§23.4.6.2）にはなれない。

23.4.3 メンバ型別名

メンバ型別名は、`using`と`typedef`のいずれで導入するのか（§6.5）とは無関係に、クラステンプレートの設計で、主役級の役割を果たす。これは、クラスと関連をもつ型を、クラス外部から容易に利用できるように定義するものだ。たとえば、コンテナの反復子と要素の型を別名として指定してみよう：

```
template<typename T>
class Vector {
public:
    using value_type = T;
    using iterator = Vector_iter<T>;  // Vector_iterは別のどこかで定義されている
    // ...
};
```

テンプレート引数名の`T`は、テンプレート内でのみアクセス可能だ。そのため、要素の型を他のコードから参照できるようにするためには、別名を提供しなければならない。

型別名が主役級の役割を果たせるのは、別々のクラス（とクラステンプレート）の中に含まれる同じセマンティクスの型に対して、クラスの設計者が同じ名前を与えることができるからだ。メンバ別名としての型名は、一般に**関連型**（*associated type*）と呼ばれる。この例における`value_type`と`iterator`という名前は、標準ライブラリのコンテナ設計から借りてきたものだ（§33.1.3）。クラスが、必要となるメンバ別名をもっていなければ、特性（§28.2.4）でも代替できる。

23.4.4 staticメンバ

クラスの中で定義されていない、`static`データメンバと`static`メンバ関数は、プログラムのどこか1箇所で定義しなければならない。たとえば：

```
template<typename T>
struct X {
    static constexpr Point p {100,250}; // Pointはリテラル型（§10.4.3）でなければならない
    static const int m1 = 7;
    static int m2 = 8;                  // エラー：constでない
    static int m3;
    static void f1() { /* ... */ }
    static void f2();
};

template<typename T> int X<T>::m1 = 88;  // エラー：2個目の初期化子
template<typename T> int X<T>::m3 = 99;

template<typename T> void X<T>::f2() { /* ... */ }
```

非テンプレートクラスと同様に、リテラル型のconstデータメンバとconstexpr staticデータメンバは、クラスの中で初期化できるので、クラスの外で定義しなくともよい（§17.4.5, §iso.9.2）。

staticメンバは、実際に利用される場合にのみ、定義が必要である（§iso.3.2, §iso.9.4.2, §16.2.12）。たとえば：

```
template<typename T>
struct X {
   static int a;
   static int b;
};

int* p = &X<int>::a;
```

プログラム中のここに示している箇所以外でX<int>が利用されていなければ、X<int>::aは“定義されていない”というエラーとなる一方で、X<int>::bはエラーにならない。

23.4.5 メンバ型

“通常のクラス”と同様に、型もメンバとして定義できる。例によって、それらの型は、クラスでもいいし、列挙体でもいい。たとえば：

```
template<typename T>
struct X {
   enum E1 { a, b };
   enum E2;                    // エラー：根底型が不明
   enum class E3;
   enum E4 : char;

   struct C1 { /* ... */ };
   struct C2;
};

template<typename T>
enum class X<T>::E3 { a, b };             // 必須

template<typename T>
enum class X<T>::E4 : char { x, y };     // 必須

template<typename T>
struct X<T>::C2 { /* ... */ };            // 必須
```

クラスの外でのメンバ列挙体の定義が認められるのは、根底型（§8.4）が分かっている列挙体に限られる。

例によって、非class enumの列挙子は、その列挙体のスコープ内に置かれる。そのため、メンバ列挙体の列挙子は、そのクラスのスコープ内に置かれる。

23.4.6 メンバテンプレート

クラスとクラステンプレートは、テンプレートとなっているメンバをもつこともできる。このことを利用すると、十分な制御性と柔軟性をもつ、関連のある型が実現できる。たとえば、複素数を、スカラ型の値のペアという、ベストな内部データで表現してみよう：

```
template<typename Scalar>
class complex {
   Scalar re, im;
public:
   complex() :re{}, im{} {}                 // デフォルトコンストラクタ
   template<typename T>
   complex(T rr, T ii =0) :re{rr}, im{ii} { }

   complex(const complex&) = default;       // コピーコンストラクタ
   template<typename T>
      complex(const complex<T>& c) : re{c.real()}, im{c.imag()} { }
   // ...
};
```

この例では、複素数型間での数学的に有効な変換が行える。ただし、好ましくない縮小変換（§10.5.2.6）は禁止されている。

```
complex<float> cf;                    // デフォルト値
complex<double> cd {cf};              // ＯＫ：floatからdoubleへの変換を利用
complex<float> cf2 {cd};              // エラー：暗黙のdouble->float変換はない

complex<float> cf3 {2.0,3.0};         // エラー：暗黙のdouble->float変換はない
complex<double> cd2 {2.0F,3.0F};      // ＯＫ：floatからdoubleへの変換を利用

class Quad {
   // intへの変換は提供しない
};

complex<Quad> cq;
complex<int> ci {cq};                 // エラー：Quadからintへの変換はない
```

この complex を用いると、complex<T2> をもとに complex<T1> を構築できる。さらに、T2 から T1 を構築できる場合に限って、T2 の値のペアからの complex<T1> の構築も可能だ。これは合理的に感じられる。

ただし、注意すべきことがある。complex<double> から complex<float> への縮小変換エラーは、complex<float> のテンプレートのコンストラクタが具現化されるまで検出されない。しかも、その検出は、コンストラクタのメンバ初期化処理で、{} 構文の初期化子（§6.3.5）を利用しているときに限られる。この構文は、縮小変換を許さない。

もし（古くからの形式である）() 構文を用いると、縮小変換エラーを許してしまう。たとえば：

```
template<typename Scalar>
class complex {                  // 古い形式
   Scalar re, im;
public:
   complex() :re(0), im(0) { }
   template<typename T>
   complex(T rr, T ii =0) :re(rr), im(ii) { }

   complex(const complex&) = default;              // コピーコンストラクタ
   template<typename T>
      complex(const complex<T>& c) : re(c.real()), im(c.imag()) { }
   // ...
};

complex<float> cf4 {2.1,2.9};   // まずい！縮小変換だ
complex<float> cf5 {cd};        // まずい！縮小変換だ
```

初期化で常に{}構文を利用すべき理由の一つが、以上の点であると私は考えている。

23.4.6.1 テンプレートとコンストラクタ

先ほどの例では、できるだけ混乱しないように、デフォルトのコピーコンストラクタを明示的に追加していた。追加を行っていなくても、定義の意味は変わらない。というのも、complexに対しては、デフォルトのコピーコンストラクタが暗黙のうちに作られるからだ。技術的な理由によって、テンプレートのコンストラクタをもとにコピーコンストラクタが生成される、ということはない。そのため、コピーコンストラクタを明示的に宣言しなければ、デフォルトのコピーコンストラクタが生成されるのだ。同様に、コピー代入演算、ムーブコンストラクタ、ムーブ代入演算（§17.5.1, §17.6, §19.3.1）も、非テンプレートの演算子として定義しなければならない。そうしないと、デフォルトのバージョンが生成される。

23.4.6.2 テンプレートとvirtual

メンバテンプレートは、virtualになれない。たとえば：

```
class Shape {
   // ...
   template<typename T>
      virtual bool intersect(const T&) const =0;   // エラー：virtualテンプレート
};
```

これは、当然不正である。これを認めてしまうと、従来から使われてきた、仮想関数実装のために利用する仮想関数テーブルの技術（§3.2.3）が使えなくなってしまうからだ。リンカは、新しい引数型を与えてintersect()が呼び出されるたびに、Shapeクラスの仮想関数テーブルに対して新たなエントリを追加しなければならなくなる。リンカの実装をこのように複雑にしてしまうのは、受け入れがたいと考えられる。特に、ダイナミックリンクの処理では、もっとも広く採用されているものとは異なる実装技法を導入しなければならなくなるだろう。

23.4.6.3 入れ子の利用

一般に、情報は、可能な限り局所的にすべきだ。そうすると、名前が探しやすくなるし、プログラム内の別のものと混同しにくくなる。この考え方の延長線上にあるのが、型をメンバとして定義することだ。これは、多くの場合、よい考えである。ところが、クラステンプレートのメンバに対しては、パラメータ化がメンバ型に対して適切かどうかの検討が必要となる。形式的には、テンプレートのメンバは、テンプレートの全引数に従属する。そのため、実際のメンバの動作がテンプレートの全引数を利用しない場合に、好ましくない副作用が生み出される可能性が生じる。その典型的な例が、連結リストにおけるリンク型だ。次の例を考えてみよう：

```
template<typename T, typename Allocator>
class List {
private:
   struct Link {
      T val;
      Link* succ;
```

```
      Link* prev;
   };
   // ...
};
```

ここで、Linkは、Listの実装の詳細の一項目という位置付けだ。そのため、Listのスコープ内で定義するのが適切であるし、privateとすべき型の好例のようにも感じられる。これは広く採用されている設計であって、多くの場合でうまく動作する。しかし、意外なことに、非局所のLink型と比べて、性能コストが高くなる場合がある。Linkのどのメンバも引数Allocatorに従属していないとして、List<double,My_allocator>とList<double,Your_allocator>が必要だとしてみよう。List<double,My_allocator>::LinkとList<double,Your_allocator>::Linkは異なる型なので、(何か巧みな最適化でも行わない限り)それらを利用するコードが同一になることはない。すなわち、Listが受け取る2個のテンプレート引数のうちの1個だけを利用するようなLinkをメンバにすると、コードが肥大化してしまうのである。これで、Linkをメンバとしない設計を検討すべきであることが分かった：

```
template<typename T, typename Allocator>
class List;

template<typename T>
class Link {
   template<typename U, typename A>
      friend class List;
   T val;
   Link* succ;
   Link* prev;
};

template<typename T, typename Allocator>
class List {
   // ...
};
```

今回は、Linkの全メンバをprivateとした上で、Listからアクセスできるようにしている。すなわち、Linkという名前を非局所にしたことを除くと、LinkがListの実装の詳細の一項目であるという設計目的を維持している。

しかし、もし入れ子クラスが実装の詳細と**みなせない**ものだったら、どうなるだろう？　すなわち、さまざまなユーザを意図した、一つの関連型が必要な場合はどうすればよいだろう？　次の例を考えてみよう：

```
template<typename T, typename A>
class List {
public:
   class Iterator {
      Link<T>* current_position;
   public:
      // ... 一般的な反復子の処理 ...
   };

   Iterator begin();
   Iterator end();
   // ...
};
```

ここで、メンバ型 **List<T,A>::Iterator** は、（見て分かるように）２番目のテンプレート引数 **A** を利用していない。しかし、**Iterator** は、メンバであって、しかも（コンパイラは従属していないことを考慮しないので）形式的には **A** に従属する。そのため、アロケータによってどのように構築されたかに依存しないような形で **List** 処理の関数を記述することはできない：

```
void fct(List<int>::Iterator b, List<int>::Iterator e) // エラー：Listは２個の引数を受け取る
{
   auto p = find(b,e,17);
   // ...
}
void user(List<int,My_allocator>& lm, List<int,Your_allocator>& ly)
{
   fct(lm.begin(),lm.end());
   fct(ly.begin(),ly.end());
}
```

関数テンプレートは、アロケータ引数に従属していなければならない：

```
void fct(List<int,My_allocator>::Iterator b, List<int,My_allocator>::Iterator e)
{
   auto p = find(b,e,17);
   // ...
}
```

しかし、これだと、**user()** でエラーが発生してしまう：

```
void user(List<int,My_allocator>& lm, List<int,Your_allocator>& ly)
{
   fct(lm.begin(),lm.end());
   fct(ly.begin(),ly.end());  // エラー：fctはList<int,My_allocator>::Iteratorを受け取る
}
```

fct をテンプレートにして、各アロケータごとに特殊化を生成することもできる。しかし、それだと、**Iterator** を利用するたびに新しい特殊化が生成されるので、コードの爆発的な肥大化につながる〔Tsafrir, 2009〕。ただし、この問題は、**Iterator** をクラステンプレートの外部に移動することで解決できる：

```
template<typename T>
struct Iterator {
   Link<T>* current_position;
};
template<typename T, typename A>
class List {
public:
   Iterator<T> begin();
   Iterator<T> end();
   // ...
};
```

これで、第１引数が同一である限り、あらゆる **List** の反復子が、互いに交換可能となる。これは、まさに期待するものだ。もちろん、先ほどの **user()** も、定義どおりに動作する。仮に **fct()** を関数テンプレートとして定義すると、**fct()** の定義のコピー（具現化）は１個のみとなる。私の経験則は、“テンプレートの全引数に本当に依存しないものは、テンプレート内で入れ子型にすべきではない”というものだ。これは、コードの不要な従属性を排除する一般則の特殊な例である。

23.4.7 フレンド

§23.4.6.3 で示したように、テンプレートクラスは、関数を friend にすることができる。§19.4 で示した Matrix と Vector のサンプルを考えよう。例によって、Matrix と Vector はテンプレートにできる：

```
template<typename T> class Matrix;

template<typename T>
class Vector {
   T v[4];
public:
   friend Vector operator*<>(const Matrix<T>&, const Vector&);
   // ...
};

template<typename T>
class Matrix {
   Vector<T> v[4];
public:
   friend Vector<T> operator*<>(const Matrix&, const Vector<T>&);
   // ...
};
```

フレンド関数名の後ろの <> は、それがテンプレート関数であることの明示のために必要だ。もし <> がなければ、非テンプレート関数とみなされる。さて、Vector と Matrix の中のデータを直接利用する乗算演算子は、以下のように定義できる：

```
template<typename T>
Vector<T> operator*(const Matrix<T>& m, const Vector<T>& v)
{
   Vector<T> r;
   // ... 要素への直接アクセスのためにm.v[i][j]とv.v[i]を利用 ...
   return r;
}
```

フレンドは、それが定義されているテンプレートクラスに対して影響を与えることはないし、そのテンプレートを利用するスコープに対しても影響を与えない。その代わり、その引数型をもとにして、フレンド関数と演算子が探索される（§14.2.4, §18.2.5, §iso.11.3）。メンバ関数と同様に、フレンド関数も実際に利用しない限り、具現化されることはない（§26.2.1）。

クラスと同様に、クラステンプレートは、別のクラスを friend と宣言できる。たとえば：

```
class C;
using C2 = C;

template<typename T>
class My_class {
   friend C;              // ＯＫ：Cはクラス
   friend C2;             // ＯＫ：C2クラスに対する別名
   friend C3;             // エラー：スコープ中にクラスC3はない
   friend class C4;       // ＯＫ：新しいクラスC4を導入
};
```

当然ながら、興味深いのはテンプレート引数に従属するフレンドである。たとえば：

```
template<typename T>
class My_other_class {
   friend T;                   // 私の引数は私の友達！
   friend My_class<T>;         // 対応する引数を受け取った私のクラスは私の友達
   friend class T;             // エラー："class"は冗長
};
```

例によって、フレンド関係は継承されないし、その関係が連鎖することもない（§19.4）。たとえば、`C`が`My_class<int>`のフレンドであって、`My_class<int>`もフレンドだからといって、`C`が`My_other_class<int>`のフレンドになることはない。

テンプレートを直接的にクラスのフレンドにすることはできない。しかし、`friend`宣言をテンプレートにすることはできる。たとえば：

```
template<typename T, typename A>
class List;

template<typename T>
class Link {
   template<typename U, typename A>
      friend class List;
   // ...
};
```

残念ながら、`Link<X>`が、`List<X>`とだけフレンド関係をもたなければならない、といったことを記述する方法はない。

フレンドクラスは、密接な関連性のある概念の小規模な集まりを表現できるように開発されたものである。複雑なフレンド関係は、ほとんどの場合、間違いなく設計上の誤りだ。

23.5 関数テンプレート

多くのプログラマにとって、テンプレートを初めてきちんと利用するのは、`vector`（§31.4）、`list`（§31.4.2）、`map`（§31.4.3）などのコンテナクラスを定義して利用するときだろう。その場合、コンテナを操作する関数テンプレートがすぐに必要となる。`vector`のソートは、その単純な例だ：

```
template<typename T> void sort(vector<T>&);   // 宣言

void f(vector<int>& vi, vector<string>& vs)
{
   sort(vi);  // sort(vector<int>&);
   sort(vs);  // sort(vector<string>&);
}
```

関数テンプレートを呼び出すと、その引数型に基づいて、どのバージョンのテンプレートを実際に利用するのかが決定される。すなわち、テンプレート引数が、関数の引数から導出されるのだ（§23.5.2）。

当然ながら、関数テンプレートは、どこか別の場所で定義する必要がある（§23.7）。

```
template<typename T>
void sort(vector<T>& v)                    // 定義
   // シェルソート（Knuth, Vol.3, pg.84）
{
```

```
    const size_t n = v.size();

    for (int gap=n/2; 0<gap; gap/=2)
        for (int i=gap; i<n; i++)
            for (int j=i-gap; 0<=j; j-=gap)
                if (v[j+gap]<v[j]) {    // v[j]とv[j+gap]を交換
                    T temp = v[j];
                    v[j] = v[j+gap];
                    v[j+gap] = temp;
                }
}
```

§12.5 で示した **sort()** の定義と比べてみよう。テンプレート化した本バージョンのほうが、ソート対象の要素型に関して多くの情報をもっているので、クリーンで短くなっている。さらに、比較関数用のポインタを使わないので、通常は、より高速に動作する。すなわち、関数の間接呼出しが不要となるだけでなく、単純な **<** を使う限りは簡単にインライン化できる。

標準ライブラリのテンプレート **swap()**（§35.5.2）を使うと、自然な記述になるまで処理が削減できる：

```
if (v[j+gap]<v[j])
    swap(v[j],v[j+gap]);
```

この変更によって、新たなオーバヘッドが発生することはない。さらによいことに、標準ライブラリの **swap()** は、ムーブセマンティクスを用いるので、速度向上までもが期待できる（§35.5.2）。

さて、この例では、比較のために **<** 演算子を利用している。しかし、すべての型が **<** 演算子をもつとは限らない。このことは、本バージョンの **sort()** の限界を示すが、引数を追加すれば容易に解決できる（§25.2.3 を参照しよう）。たとえば：

```
template<typename T, typename Compare = std::less<T>>
void sort(vector<T>& v)     // 定義
    // シェルソート（Knuth, Vol.3, pg.84）
{
    Compare cmp;                    // デフォルトの比較オブジェクトを作る
    const size_t n = v.size();

    for (int gap=n/2; 0<gap; gap/=2)
        for (int i=gap; i<n; i++)
            for (int j=i-gap; 0<=j; j-=gap)
                if (cmp(v[j+gap],v[j]))
                    swap(v[j],v[j+gap]);
}
```

これで、デフォルトの比較処理（**<**）によるソートだけでなく、独自の比較処理も可能になった：

```
struct No_case {
    bool operator()(const string& a, const string& b) const; // 大文字/小文字を区別しない
};

void f(vector<int>& vi, vector<string>& vs)
{
    sort(vi);                           // sort(vector<int>&)
    sort<int,std::greater<int>>(vi);    // sort(vector<int>&)  greaterを利用

    sort(vs);                           // sort(vector<string>&)
    sort<string,No_case>(vs);           // sort(vector<string>&)  No_caseを利用
}
```

残念ながら、末尾側のテンプレート引数のみが指定できるという規則によって、比較演算を指定する際は、要素型の指定が必須となる（導出されない）。

関数テンプレートの引数の明示的な指定については、§23.5.2で解説する。

23.5.1 関数テンプレートの引数

関数テンプレートは、多種多様なコンテナ型に適用する汎用アルゴリズムの記述に欠かせないものだ（§3.4.2, §32.2）。関数の引数に基づいて、テンプレートの引数を導出する機能は、極めて重要である。

関数引数並びがテンプレート引数一式を一意に識別できる限り、コンパイラは、関数呼出しから、その型引数と非型引数とを導出できる。たとえば：

```
template<typename T, int max>
struct Buffer {
   T buf[max];
public:
   // ...
};

template<typename T, int max>
T& lookup(Buffer<T,max>& b, const char* p);

string& f(Buffer<string,128>& buf, const char* p)
{
   return lookup(buf,p);      // Tが文字列でmaxが128であればlookup()を利用
}
```

ここで、`lookup()`の`T`は`string`と導出されて、`max`は`128`と導出される。

ただし、クラステンプレートの引数は導出されることがない、ということに注意しよう。というのも、複数のコンストラクタをもてるというクラスの柔軟性が、多くの場合における導出を不可能にして、さらに多くの場合において導出を曖昧にしてしまうからだ。その代わりとして、特殊化（§25.3）が、テンプレートの複数の定義の中から、暗黙裏に選択する仕組みを提供する。導出された型のオブジェクトを作成する必要があれば、導出（と作成）を行う関数を呼び出すことによって、実現できることが多い。たとえば、標準ライブラリの`make_pair()`（§34.2.4.1）をちょっと変形したものを考えてみよう：

```
template<typename T1, typename T2>
pair<T1,T2> make_pair(T1 a, T2 b)
{
   return {a,b};
}

auto x = make_pair(1,2);                        // xはpair<int,int>
auto y = make_pair(string("New York"),7.7);  // yはpair<string,double>
```

テンプレート引数は、関数引数から導出できない場合（§23.5.2）、明示的な指定が必要となる。その場合、テンプレートクラスに対してテンプレート引数を明示的に指定する場合と同じ方法を用いればよい（§25.2, §25.3）。たとえば：

```
template<typename T>
T* create();            // Tを作成して、それへのポインタを返却

void f()
{
   vector<int> v;             // クラス、テンプレート引数int
   int* p = create<int>();    // 関数、テンプレート引数int
   int* q = create();         // エラー：テンプレート引数を導出できない
}
```

このような関数テンプレートの返却型を提供するための明示的な指定は、極めて広く用いられている。それによって、オブジェクト作成関数（ここでの create()）や、変換関数（§27.2.2 など）のファミリが定義できるようになる。static_cast や dynamic_cast などの構文（§11.5.2, §22.2.1）は、関数テンプレートを明示的に修飾する構文と同一だ。

場合によっては、明示的修飾を簡潔にする目的で、デフォルトテンプレート引数を用いることも可能である（§25.2.5.1）。

23.5.2 関数テンプレートの引数の導出

コンパイラは、以下に示す要素で構成された型をもったテンプレート関数引数をもとに、型のテンプレート引数 T と TT と、非型のテンプレート引数 I とを導出できる（§iso.14.8.2.1）。

```
T                            const T                      volatile T
T*                           T&                           T[constant_expression]
type[I]                      class_template_name<T>       class_template_name<I>
TT<T>                        T<I>                         T<>
T type::*                    T T::*                       type T::*
T (*)(args)                  type (T::*)(args)            T (type::*)(args)
type (type::*)(args_TI)      T (T::*)(args_TI)            type (T::*)(args_TI)
T (type::*)(args_TI)         type (*)(args_TI)
```

ここで、args_TI は、この規則の再帰的適用によって決定される T あるいは I で構成される引数の並びである。また、args は、導出が認められない引数の並びである。この方式で、すべての引数が導出できなければ、その呼出しは曖昧となる。たとえば：

```
template<typename T, typename U>
void f(const T*, U(*)(U));

int g(int);

void h(const char* p)
{
   f(p,g);        // TはcharでUはint
   f(p,h);        // エラー：Uを導出できない
}
```

最初の f() の呼出しの引数を見ると、テンプレート引数が容易に導出できる。しかし、2番目の f() の呼出しでは、h() の引数と返却型が異なるため、h() が、パターン U(*)(U) に一致しないことが分かる。

テンプレート引数が複数の関数引数から導出できる場合は、すべての導出結果が同一の型となる

必要がある。そうでなければ、エラーとなる。たとえば：

```
template<typename T>
void f(T i, T* p);

void g(int i)
{
   f(i,&i);            // OK
   f(i,"Remember!");   // エラー、曖昧：Tはintなのかconst charなのか？
}
```

23.5.2.1 参照の導出

左辺値と右辺値とで処理の内容を変えることが有用な場合がある。ここでは、{整数, ポインタ}のペアを保持するクラスを考えてみよう：

```
template<typename T>
class Xref {
public:
   Xref(int i, T* p)       // ポインタを格納：Xrefが所有者
      :index{i}, elem{p}, owned{true}
   {}

   Xref(int i, T& r)       // ポインタをrに格納、誰かが所有する
      :index{i}, elem{&r}, owned{false}
   {}

   Xref(int i, T&& r)      // rをXrefにムーブ、Xrefが所有者
      :index{i}, elem{new T{move(r)}}, owned{true}
   {}

   ~Xref()
   {
      if(owned) delete elem;
   }
   // ...
private:
   int index;
   T* elem;
   bool owned;
};
```

以下のように利用できる：

```
string x {"There and back again"};

Xref<string> r1 {7,"Here"};                   // r1はstring{"Here"}のコピーを所有
Xref<string> r2 {9,x};                        // r2はxを参照するだけ
Xref<string> r3 {3,new string{"There"}};      // r3はstring{"There"}を所有
```

ここで、`r1` は `Xref(int,string&&)` となる。というのも、`"Here"` から構築した `string` が右辺値だからだ。同様に、`r2` は `Xref(int,string&)` となる。`x` が左辺値だからである。

左辺値と右辺値は、テンプレート引数の導出では区別される。`X` 型の左辺値は `X&` として導出されて、右辺値は `X` として導出される。これは、非テンプレート引数の右辺値参照への値のバインド（§12.2.1）とは異なる。しかし、引数転送（§35.5.1）においては、極めて有用だ。`Xref` を空き領域上に置いて、そのポインタを `unique_ptr` として返すファクトリ関数を記述する場合を考えてみよう：

```
template<typename T>
   T&& std::forward(typename remove_reference<T>::type& t) noexcept; // §35.5.1
template<typename T>
   T&& std::forward(typename remove_reference<T>::type&& t) noexcept;

template<typename TT, typename A>
unique_ptr<TT> make_unique(int i, A&& a)  // make_shared (§34.3.2) のちょっとした変種
{
   return unique_ptr<TT>{new TT{i,forward<A>(a)}};
}
```

ここで望まれるのは、不純なコピーを一切作ることなく、make_unique<T>(arg) が arg から T を構築することである。その実現には、左辺値と右辺値の区別を管理することが重要だ。次の例を考えてみよう：

```
auto p1 = make_unique<Xref<string>>(7,"Here");
```

ここで、"Here" は右辺値なので、右辺値を引数にして forward(string&&) が呼び出される。そして、"Here" を格納している string のムーブを行うために、Xref(int,string&&) が呼び出されることになる。

もっと興味深い（しかも分かりにくい）のが、次のものだ：

```
auto p2 = make_unique<Xref<string>>(9,x);
```

ここで、x が左辺値なので、左辺値を引数に forward(string&) が呼び出される。forward() の T は、string& と導出される。そのため、返却値は string& && となる。もちろん、それは string& を意味する（§7.7.3）。その結果、左辺値の x に対して Xref(int,string&) が呼び出されて、x がコピーされる。

残念ながら、make_unique() は、標準ライブラリには含まれていない。しかし、多くのシステムでサポートされている。転送（§28.6.3）に可変個引数テンプレートを用いると、任意の引数を受け取る make_unique() が比較的容易に定義できる。

23.5.3 関数テンプレートの多重定義

名前が同じ関数テンプレートは、複数宣言できる。さらに、通常の関数と同じ名前の関数テンプレートも宣言できる。多重定義された関数が呼び出された場合、正しい関数あるいは関数テンプレートが呼び出されるようにするための、多重定義の解決が必要だ。以下の例を考えよう：

```
template<typename T>
   T sqrt(T);
template<typename T>
   complex<T> sqrt(complex<T>);
double sqrt(double);

void f(complex<double> z)
{
   sqrt(2);      // sqrt<int>(int)
   sqrt(2.0);    // sqrt(double)
   sqrt(z);      // sqrt<double>(complex<double>)
}
```

関数テンプレートが、関数の概念を一般化するのと同じように、関数テンプレートが存在する場合の規則は、関数多重定義解決規則を一般化したものである。基本的には、まず、すべてのテンプレートに対して、関数の引数一式との一致度がもっとも高い特殊化を見つける。次に、それらの特殊化とすべての通常の関数に対して、通常の関数多重定義解決規則を適用する（§iso.14.8.3）。

[1] 多重定義解決の一環として、関数テンプレートの特殊化一式を探す（§23.2.2）。この作業は、すべての関数テンプレートを考慮した上で、さらに、スコープ内に同じ名前の関数と関数テンプレートが存在しないときに、（もしテンプレート引数があれば）どのテンプレート引数が利用されるのかを判断した上で行われる。ここでの `sqrt(z)` の呼出しでは、`sqrt<double>(complex<double>)` と `sqrt<complex<double>>(complex<double>)` が候補となる。§23.5.3.2 も参照しよう。

[2] もし2個の関数テンプレートが呼出し可能であって、その一方が他方よりも特殊化の度合いが高い場合は（§25.3.3）、特殊化の度合いがもっとも高いテンプレート関数のみが、続くステップでの考慮対象となる。ここでの `sqrt(z)` では、`sqrt<double>(complex<double>)` が `sqrt<complex<double>>(complex<double>)` よりも優先されることになる。`sqrt<T>(complex<T>)` に一致するすべての呼出しは、`sqrt<T>(T)` にも一致する。

[3] ここまでで対象となったすべての関数に、通常の関数を加え、そのすべてに対して通常の関数として多重定義解決（§12.3）を適用する。テンプレート引数導出（§23.5.2）によって関数テンプレートの引数が決定された場合、その引数に対して、格上げ、標準変換、ユーザ定義変換が適用されることはない。ここでの `sqrt(2)` では、`sqrt<int>(int)` が正確に一致するので、`sqrt(double)` よりも優先される。

[4] 関数と特殊化の一致度が等しければ、関数が優先される。そのため、ここでの `sqrt(2.0)` では、`sqrt(double)` が正確に一致する。そのため、`sqrt<double>(double)` よりも優先される。

[5] 一致するものが見つからなければ、その呼出しはエラーとなる。一致度が等しいものが複数見つかった場合、その呼出しは曖昧となり、やはりエラーとなる。

次の例を考えよう：

```
template<typename T>
T max(T,T);

const int s = 7;

void k()
{
    max(1,2);        // max<int>(1,2)
    max('a','b');    // max<char>('a','b')
    max(2.7,4.9);    // max<double>(2.7,4.9)
    max(s,7);        // max<int>(int{s},7)（些細な変換が使われる）

    max('a',1);      // エラー：曖昧：max<char,char>()とmax<int,int>()のどっち？
    max(2.7,4);      // エラー：曖昧：max<double,double>()とmax<int,int>()のどっち？
}
```

最後の二つの呼出しにおける問題は、テンプレート引数が一意に決定するまでは、格上げも標準の変換も適用されないことによる。どちらの解決を優先するかをコンパイラに通知する規則は存在しない。ほとんどの場合、言語仕様からの判断が難しいものは、プログラマの手に委ねるべきだ。曖昧さによる意外なエラーに代わるものが、想定外の解決によって意外な結果につながることもある。多重定義解決に対する“直感”は、人によって大きく異なるため、直感的かつ完全な多重定義解決規則の設計は不可能である。

23.5.3.1 曖昧さの解決

先ほどの二つの曖昧さは、明示的な修飾によって解決できる：

```
void f()
{
    max<int>('a',1);        // max<int>(int('a'),1)
    max<double>(2.7,4);     // max<double>(2.7,double(4))
}
```

なお、適切な宣言の追加による解決も可能だ：

```
inline int max(int i, int j) { return max<int>(i,j); }
inline double max(int i, double d) { return max<double>(i,d); }
inline double max(double d, int i) { return max<double>(d,i); }
inline double max(double d1, double d2) { return max<double>(d1,d2); }

void g()
{
    max('a',1);             // max(int('a'),1)
    max(2.7,4);             // max(2.7,4)
}
```

通常の関数に対しては、通常の多重定義解決規則（§12.3）が適用されるし、`inline` にすれば、余分なオーバヘッドが発生しない。

`max()` の定義は単純なので、`max()` の特殊化を呼び出すのではなく、比較処理を直接実装することもできる。しかし、テンプレートの明示的な特殊化を使えば、このような関数の解決が容易に定義できるし、内容がほとんど同じコードを何度も書かなくてすむことによって保守作業の負担も軽減できる。

23.5.3.2 引数置換の失敗

関数テンプレートの引数一式に対して一致度がもっとも高いものを探す際に、コンパイラは、関数テンプレートの（返却型も含めた）宣言全体が要求するのと同じ方法で引数が利用できるかどうかを考慮する。たとえば：

```
template<typename Iter>
typename Iter::value_type mean(Iter first, Iter last);

void f(vector<int>& v, int* p, int n)
{
    auto x = mean(v.begin(),v.end());    // OK
    auto y = mean(p,p+n);                // エラー
}
```

ここで、xの初期化は成功する。というのも、引数が一致するし、vector<int>::iteratorがvalue_typeというメンバをもつからだ。一方、yの初期化は失敗する。というのも、引数は一致しているのだが、int*がvalue_typeというメンバをもたないからである。そのため、次のような記述はできない：

```
int*::value_type mean(int*,int*);   // int*はvalue_typeというメンバをもっていない
```

それでは、別のmean()が定義されていた場合はどうなるだろう？

```
template<typename Iter>
typename Iter::value_type mean(Iter first, Iter last);  // #1：並びの平均値を返却

template<typename T>
T mean(T*,T*);                                          // #2：配列の平均値を返却

void f(vector<int>& v, int* p, int n)
{
   auto x = mean(v.begin(),v.end());      // ＯＫ：#1を呼び出す
   auto y = mean(p,p+n);                  // ＯＫ：#2を呼び出す
}
```

今度はうまくいく。初期化は両方とも成功する。ところで、「mean(p,p+n)を最初のテンプレート定義と一致させようとしてエラーになってしまう」とならなかったのは、どうしてだろう？　引数は完全に一致するが、テンプレート実引数（int*）の置換によって、その関数宣言は以下のようになる：

```
int*::value_type mean(int*,int*);   // int*はvalue_typeというメンバをもっていない
```

もちろん、これはゴミである。ポインタには、value_typeというメンバはない。幸いにも、これを、あり得る宣言と考えること自体は、エラーではない。このような**置換失敗**（*substitution failure*）はエラーではない、という言語規則（§iso.14.8.2）があるからだ。そのため、このテンプレートは無視される。すなわち、このテンプレートの特殊化は多重定義一式には含まれない。そのため、mean(p,p+n)は#2の宣言に一致して呼び出される。

もし“置換失敗はエラーではない”という規則がなければ、たとえ（#2のような）エラーにならない定義が他に存在していても、コンパイルエラーとなってしまう。さらに、この規則は、複数のテンプレートから選択する際の汎用的な道具となっている。この規則に基づいた技法は、§28.4で解説する。たとえば、標準ライブラリでは、テンプレートの条件付き定義を簡略化するenable_ifを提供している（§35.4.2）。

この、置換失敗はエラーではない＝**Substitution Failure Is Not An Error**の規則は、発音できないが、頭文字を並べたSFINAEという名前で知られている。SFINAEの“F”を“v”と発音して、“I SFINAEd away that constructor（コンストラクタをSFINAEした）”のように動詞として使うことも多い。極めて印象的な語感だが、私は、この用語を避けている。“置換失敗によってコンストラクタが排除された”としたほうが、多くの人にとって分かりやすいし、また英語に対しても乱暴ではない。

そのため、コンパイラは、関数呼出しを解決するために、候補となる関数を生成する過程で、自分が作ったテンプレート特殊化が無意味になると分かった場合は、生成したコードを多重定義の

対象から外すのだ。その結果として型エラーとなる場合は、テンプレートの特殊化が無意味とみなされる。その場合、宣言のみを考慮することになる。すなわち、テンプレート関数の定義とクラスメンバの定義は、実際に利用されない限り考慮の対象外となる（生成もされない）。例をあげよう：

```
template<typename Iter>
Iter mean(Iter first, Iter last) // #1：並びの中で平均値をもっている要素を指す反復子を返却
{
   using Val = typename Iter::value_type;
   // ...
}

template<typename T>
T* mean(T*,T*);                   // #2：配列の中で平均値をもっている要素へのポインタを返却

void f(vector<int>& v, int* p, int n)
{
   auto x = mean(v.begin(),v.end());     // ＯＫ：#1を呼び出す
   auto y = mean(p,p+n);                 // ＯＫ：#2を呼び出す
}
```

mean(p,p+n) にとって、mean() #1 の宣言は適切である。幸いにも、このバージョンが int* 引数に対して選択されることはない（反復子バージョンよりもポインタバージョンのほうが一致度が高いからだ）。もし mean() #2 が存在しなければ、mean(p,p+n) に対して宣言 #1 が選択され、具現化時のエラーに苦しむことになるだろう。そうすると、一致度がもっとも高い関数が選択されたとしても、コンパイルエラーになる場合もある。

23.5.3.3 多重定義と派生

多重定義解決規則は、関数テンプレートが継承と正しく協調することを保証している：

```
template<typename T>
   class B { /* ... */ };
template<typename T>
   class D : public B<T> { /* ... */ };

template<typename T> void f(B<T>*);

void g(B<int>* pb, D<int>* pd)
{
   f(pb);        // もちろんf<int>(pb)
   f(pd);        // f<int>(static_cast<B<int>*>(pd));
                 // D<int>*からB<int>*への標準変換が利用される
}
```

ここで、関数テンプレート f() は、あらゆる T 型に対する B<T>* を受け取る。D<int>* 型の引数を受け取っているので、コンパイラは、T が int であると選択することによって容易に導出できる。その結果、f(B<int>*) の呼出しへと一意に解決される。

23.5.3.4 多重定義と非導出引数

テンプレート引数の導出に関係しない関数引数は、非テンプレート関数の引数とまったく同じように処理される。特に、通常の変換規則が適用されることに注意しよう。たとえば：

ものとしたことに注意しよう。良質なテンプレートライブラリの重要な性質である汎用性は、特定のアプリケーションでは複雑さの原因となることがある。

この技法が標準ライブラリのテンプレートで利用されなかったことを、私は疑問視している。というのも、この技法は数年以上安定して利用されているし、処理系も熟知している。私は、`vector<double>`をカプセル化する試みも止めなかった。もっと複雑かつ難解、あるいは、頻繁に変更されるテンプレートライブラリでは、このようなカプセル化は有用になるはずだ。

23.8 アドバイス

[1] 多くの種類の引数型に適用するアルゴリズムを表現するには、テンプレートを利用しよう。§23.1。

[2] コンテナを表現するには、テンプレートを利用しよう。§23.2。

[3] `template<class T>`と`template<typename T>`は同義であることに留意しよう。§23.2。

[4] テンプレートを定義する際には、まず非テンプレートバージョンを設計、デバッグして、その後で、引数を追加して一般化しよう。§23.2.1。

[5] テンプレートは型安全だが、そのチェックはずっと後で行われる。§23.3。

[6] テンプレートを定義する際には、テンプレート引数に想定されるコンセプト（要件）を熟慮しよう。§23.3。

[7] クラステンプレートをコピー可能にするには、非テンプレートなコピーコンストラクタと非テンプレートなコピー代入演算を実装しよう。§23.4.6.1。

[8] クラステンプレートをムーブ可能にするには、非テンプレートなムーブコンストラクタと非テンプレートなムーブ代入演算を実装しよう。§23.4.6.1。

[9] 仮想メンバ関数は、テンプレートのメンバ関数にはなれない。§23.4.6.2。

[10] テンプレートのメンバとして型を定義するのは、その型がクラステンプレートの全引数に従属する場合のみに限定しよう。§23.4.6.3。

[11] クラステンプレートの引数型を導出するには、関数テンプレートを利用しよう。§23.5.1。

[12] 引数の型が多種多様な場合でセマンティクスを維持するには、関数テンプレートを多重定義しよう。§23.5.3。

[13] プログラムに正しい関数一式を実装するには、引数置換の失敗を利用しよう。§23.5.3.2。

[14] 記述を簡潔にして実装の詳細を隠蔽するには、テンプレート別名を利用しよう。§23.6。

[15] テンプレートだけを個別にコンパイルする方法はない。テンプレートを利用するすべての翻訳単位でテンプレート定義を`#include`しよう。§23.7。

[16] 通常の関数を、テンプレートを利用できないコードに対するインタフェースとして利用しよう。§23.7.1。

[17] 大規模テンプレートと、ある程度以上文脈に依存するテンプレートは、分割してコンパイルしよう。§23.7。

第 24 章　ジェネリックプログラミング

今こそ、己の仕事に強固な理論的基礎を与えるに最適のときだ。

— サム・モーガン

24.1 はじめに

テンプレートとは何のためのものだろう？　換言すると、テンプレートが有効なプログラミング技法とはどんなものだろう？　テンプレートは、以下の機能を提供する：

・情報を損なわずに、引数に対して型を（さらには値とテンプレートも）渡せる。そのため、インライン化の機会が飛躍的に増加するので、最近の処理系では大きな利点となる。

・型チェックを遅延する（具現化時に行う）。そのため、異なった複数の文脈の情報を考慮する機会が生まれる。

・引数として定数を渡せる。そのため、コンパイル時算出が行える。

換言すると、テンプレートは、極めてコンパクトで効率的なコード生成に寄与する、コンパイル時算出と型操作という強力なメカニズムを提供する。なお、型（クラス）が、コードと値の両方を含むことに注意しよう。

テンプレートを利用する、第一義的かつ最大の目的は、**ジェネリックプログラミング**（*generic programming*）のサポートである。すなわち、汎用アルゴリズムの設計と実装と利用に集中するプログラミングである。ここでの“汎用”は、実引数に対する要求を満たしている限り、さまざまな型を幅広く受け入れるようにアルゴリズムが設計されている、という意味だ。テンプレートは、ジェネリックプログラミングをサポートするための、C++ の主役だ。テンプレートは、（コンパイル時）パラメータ多相性を提供する。

数多くの“ジェネリックプログラミング”の定義がある。そのため、この用語は、紛らわしい。そこで、C++ での“ジェネリックプログラミング”は、「テンプレートを使って実装された汎用アルゴリズムの設計に重点を置くもの」と定義する。

生成的なテクニック（テンプレートを型と関数のジェネレータとみなす）にもっと特化して、コンパイル時算出される型関数を前提としたものは、**テンプレートメタプログラミング**（*template* *metaprogramming*）と呼ばれる。これについては、第28章で解説する。

テンプレートにおける型チェックの対象は、（テンプレート宣言中の）明示的なインタフェースではなく、テンプレート定義中の引数の利用だ。この方式は、コンパイル時の**ダックタイピング**（*duck typing*）と呼ばれるものの変種である（ダックタイピングは、“それがアヒルのように歩いてアヒルのように鳴くならば、それはアヒルである”に由来する）。なお、より技術的な用語でいうと、処理の対象は値であって、処理の存在と意味は、そのオペランドの値だけに依存するということだ。これは、オブジェクトが型をもつことを別の角度から見たものであり、この方式によって処理の存在と意味を判断する。値は、オブジェクトの中で“生きる”。これこそがC++におけるオブジェクト（変数など）の仕事であり、オブジェクトの要求を満たす値のみがオブジェクト内で存在できる。コンパイル時のテンプレートの処理では、オブジェクトは関係せずに、値のみが対象となる。重要なのは、コンパイル時には変数が存在しない、ということだ。そのため、テンプレートプログラミングには、動的な型付けを行うプログラミング言語と共通する部分がある。しかし、その実行時コストはゼロである上に、動的な型付けを行う言語で実行時にエラーとなるものが、C++ではコンパイル時に検出できる。

ジェネリックプログラミング、メタプログラミング、そしておそらくすべてのテンプレートにとって極めて重要なのは、組込み型とユーザ定義型を画一的に処理することだ。たとえば、`accumulate()`処理では、加算する値の型が、`int`、`complex<double>`、`Matrix`など、何であるのかに影響されない。加算する値に`+`演算子が適用できるかどうかだけが問題だ。テンプレート引数として型を利用することが、クラス階層の利用や、実行時のオブジェクトの型による自分自身の識別を、意味したり要求したりすることはない。高性能アプリケーションにとっては、論理的に望ましいことであって、本質的なことでもある。

本節では、ジェネリックプログラミングを二つの側面から集中して解説する：

- **リフティング**：最大限の（合理的な）範囲で実引数の型を受け取れるように、アルゴリズムを一般化する（§24.2）。すなわち、アルゴリズム（またはクラス）の性質への依存性を、その本質までに制限する。
- **コンセプト**：アルゴリズム（またはクラス）に対する実引数の要求を、注意深くかつ正確に指定する（§24.3）。

24.2 アルゴリズムとリフティング

関数テンプレートは、さまざまなデータ型に対して処理を実行できるし、さまざまな処理を引数としてその実装に渡せる、という点で、通常の関数を一般化したものといえる。そもそも**アルゴリズム**（*algorithm*）は、問題を解決する手続きあるいは計算式だ。すなわち、結果を得るための、有限の演算手順である。そのため、関数テンプレートは、アルゴリズムと呼ばれることが多い。

どうすれば、特定のデータに対して特定の処理を実行する関数から、さまざまな型のデータに対する汎用性がより高い処理のアルゴリズムが得られるだろう？　良質のアルゴリズムを得るもっとも効果的な方法は、1個（できれば複数）の具象例を一般化することだ。この一般化は、**リフティング**（*lifting*）と呼ばれる。すなわち、特定の関数から汎用アルゴリズムを引っぱり出す（lifting）

のだ。具象から抽象への移行では、性能を維持するとともに、何が妥当かの判断に気を配ることが重要である。賢すぎるプログラマは、あらゆる不測の事態に対応しようとして、不合理なまでに一般化することがある。そのため、具象的な例がないまま本来の目的から抽象化しようとすると、肥大化して使いにくいコードになってしまうことが多い。

具象的な例からリフティングする手順を示そう。まず、次の例を考える：

```
double add_all(double* array, int n)
   // doubleの配列に対する具象アルゴリズム
{
   double s {0};
   for (int i = 0; i<n; ++i)
      s = s + array[i];
   return s;
}
```

見て分かるように、引数の配列の double 型要素の合計を求めるものだ。別の例も考えよう：

```
struct Node {
   Node* next;
   int data;
};

int sum_elements(Node* first, Node* last)
   // intのリストに対する具象アルゴリズム
{
   int s = 0;
   while (first!=last) {
      s += first->data;
      first = first->next;
   }
   return s;
}
```

これは、Node で実装された単方向結合リストの int 要素の合計を求めるものだ。

これら二つのコードは、細部もスタイルも異なるが、熟練プログラマならば、すぐに“なるほど。これは、集計アルゴリズムの二種類の実装にすぎない。”というだろう。これは、ポピュラーなアルゴリズムだ。ほとんどの一般的アルゴリズムがそうなのだが、このアルゴリズムは、さまざまな名前で呼ばれる。reduce、fold、sum、aggregate などである。しかし、ここではリフティングの手順を感覚的につかむため、これら二つの具象例から、汎用アルゴリズムを段階的に開発していこう。まず、以下に示す具象的なものを排除するために、データ型を抽象化する。

- double と int
- 配列と結合リスト

これを実現するため、疑似コードを書いてみよう：

```
// 疑似コード

T sum(data)
   // 値型とコンテナ型によってパラメータ化される
{
   T s = 0
   while (not at end) {
      s = s + current value
      get next data element
   }
   return s
}
```

これを具象化するには、“コンテナ”のデータ構造にアクセスするために、次の三つの処理が必要である：

- 終端ではないことの検査
- 現在の値を得る
- 次のデータ要素を得る

実際のデータでは、次の三つの処理も必要だ：

- ゼロに初期化する
- 加算する
- 結果を返す

いうまでもなく、少々厳密さに欠けている。しかし、コードに変換できるようになった：

```
// 具象STL風コード

template<typename Iter, typename Val>
Val sum(Iter first, Iter last)
{
   Val s = 0;
   while (first!=last) {
      s = s + *first;
      ++first;
   }
   return s;
}
```

ここでは、値のシーケンス（並び）を表現する方法として、STLの方式（§4.5）を採用している。シーケンスは、次の三つの処理を実装した反復子のペアで表現される：

- 現在の値を得るための `*`
- 次の要素へと前進移動するための `++`
- シーケンスの終端に到達したかどうかを反復子で比較するための `!=`

これで、配列にも連結リストにも利用できて、さらに`int`や`double`も扱えるアルゴリズム（関数テンプレート）が得られた。`double*`は反復子となるので、配列のサンプルは、そのままで動作する：

```
double ad[] = {1,2,3,4};
double s = sum<double*,double>(ad,ad+4);
```

自作の単方向結合リストを利用するのであれば、そのための反復子の提供が必要だ：

```
struct Node { Node* next; int data; };
struct Node_iter { Node* pos; };

Node_iter operator++(Node_iter& p) { return p.pos=p.pos->next; }
int operator*(Node_iter p) { return p.pos->data; }
bool operator!=(Node_iter p, Node_iter q) { return p.pos != q.pos; }

void test(Node* lst)
{
   int s = sum<Node_iter,int>(lst,nullptr);
}
```

ここでは、nullptrを終端反復子として使っている。また、明示的なテンプレート実引数並び（ここでは <Node_iter,int>）を使っているのは、呼出し側が集計変数の型を指定できるようにするためだ。

ここまで示したコードは、ほんどの現実世界のコードよりも汎用的だ。たとえば、sum()は（あらゆる精度の）浮動小数点数のリストや、（あらゆる種類の）整数の配列に加えて、vector<char>などの多くの型に対して利用できる。重要な点は、sum()が、出発点となった自作関数と同程度の効率性を維持していることだ。私たちは、性能を犠牲にしてまで汎用性を得たいとは思わない。

経験豊富なプログラマであれば、sum()をさらに一般化できることに気付くだろう。たとえば、テンプレート引数が余分に必要になる点は不便だし、初期値の0が必須となっている。呼出し側から初期値を与えてValの型を推論できるようにすることで、この問題を解決しよう：

```
template<typename Iter, typename Val>
Val accumulate(Iter first, Iter last, Val s)
{
   while (first!=last) {
      s = s + *first;
      ++first;
   }
   return s;
}

double ad[] = {1,2,3,4};
double s1 = accumulate(ad,ad+4,0.0);  // doubleとして合計を求める
double s2 = accumulate(ad,ad+4,0);    // intとして合計を求める
```

さて、どうして+なのだろう？　要素を加算するのではなく、乗算したい場合もあるはずだ。実際、要素に適用する演算の種類は、多数あると考えられる。そこで、一般化をもっと進めよう：

```
template<typename Iter, typename Val, typename Oper>
Val accumulate(Iter first, Iter last, Val s, Oper op)
{
   while (first!=last) {
      s = op(s,*first);
      ++first;
   }
   return s;
}
```

これで、要素の値と集計値の処理を、引数opの動作に基づいて行えるようになった。たとえば：

```
double ad[] = {1,2,3,4};
double s1 = accumulate(ad,ad+4,0.0,std::plus<double>{});       // 前の例と同様
double s2 = accumulate(ad,ad+4,1.0,std::multiplies<double>{});
```

標準ライブラリは、引数として利用できる関数オブジェクトとして、plusやmultiplyなどの一般的な演算を提供している。ここでは、呼出し側が初期値を与えるのが有用な例を示した。実際のところ、0と*の組合せだと、何の集計もできないからだ。標準ライブラリでは、ユーザが“加算”とその集計とを組み合わせるために、別の=が提供できるような、より汎用的なaccumulate()を提供している（§40.6）。

リフティングは、アプリケーション分野の知識と、ある程度の経験が必要な技術である。アルゴリズム設計でもっとも重要な唯一の方針は、その（記法上あるいは実行時性能の）利用を損なうよう

な機能を追加することなく、具象例からリフティングすることだ。標準ライブラリのアルゴリズムは、性能に多大な注意を払ってリフティングされている。

24.3 コンセプト

引数に対するテンプレートの要件は何だろう？　換言すると、テンプレートのコードは、その引数型に対して何を想定しているのだろう？　逆にいうと、テンプレート引数として受け入れられるために型がもつべきものは何だろう？　その答えは無限に存在する可能性がある。クラスにもテンプレートにも、あらゆる性質をもたせられるからだ。例をあげよう：

- `-`は提供して、`+`は提供しない型
- 値のコピーはできるけれどムーブはできない型
- コピー演算でコピーを行わない型（§17.5.1.3）
- 等価性の判定に`==`を用いる型と、`compare()`を用いる型
- 加算をメンバ関数`plus()`として定義した型と、非メンバ関数`operator+()`として定義した型

これらの行き着く先は、混沌である。もしすべてのクラスが専用のインタフェースをもっていれば、数多くの異なる型を受け取れるテンプレートの記述が困難になる。逆に、各テンプレートの要件が一意であれば、多くのテンプレートに共通して利用できる型の定義が困難になる。大量のインタフェースを、覚えて追跡管理する必要がある。そのため、小規模プログラムでは何とかなるかもしれないが、現実世界のライブラリやプログラムでは管理しきれない。ここで必要なのは、数多くのテンプレートと数多くの引数型に適用可能な、少数の**コンセプト**（*concept*）（要件一式）を特定することだ。実世界での“プラグ互換”の一種のような、少数の標準プラグ設計が理想である。

24.3.1 コンセプトの特定

ここでは、§23.2で示した`String`クラステンプレートを例に考えていこう：

```
template<typename C>
class String {
    // ...
};
```

型`X`が、`String: String<X>`の引数として利用できるために必要なこととは何だろう？　もう少し一般的にいいかえると、文字列クラスで要素となれるものは何だろう？　経験豊富な開発者は、もっともらしい答えをいくつかもっており、それに基づいて設計を進めるだろう。しかし、処理本来の目的から、どのような答えが出せるかを考えてみよう。その手順を次の三段階で進めていく：

[1] まず（初期の）実装を調べて、その引数型（とその処理の意味）から、どのような性質（処理、関数、メンバ型など）を利用しているのかを判断する。そこで得られるものが、そのテンプレート実装の最低限の要件である。

[2] 次に、妥当と判断できるテンプレートの実装を調べて、その引数に関する要件をまとめる。この作業によって、別の実装にも対応できるような、テンプレート引数に対する、より多数で

より厳密な要件を決定できる。なお、より少数でより簡潔な要件の実装を採用すべきだ、という結論にいたることもある。

[3] 最後に、得られた要件の（場合によっては複数個の）一覧を調べる。さらに、それを別のテンプレートで過去に利用した要件（コンセプト）の一覧と比較する。そこから、簡潔で、可能であれば共通するコンセプトを、少数の短い一覧としてまとめる。この作業の目的は、分類に対する大まかな作業の成果を設計に反映させることだ。得られたコンセプトは、有意義な名前を与えやすくなるし、覚えやすいものになる。また、コンセプトを本質的なものに制限することで、テンプレートと型の相互運用性を最大限に高めることになる。

最初の二つのステップは、具象アルゴリズムを汎用アルゴリズム（§24.2）に一般化（“リフティング”）する方法と、基本的によく似ている。最後の手順は、実装に対して正確に一致する引数要件一式をもったアルゴリズムを提供したくなる欲求を抑えるものだ。そのような要件一覧は、特化されすぎて安定的に利用できない。というのも、実装を変更するたびに、アルゴリズムのインタフェースの一部として明文化された要件を書きかえなければならなくなるからだ。

String<C> では、まず、String（§19.3）の実装が引数 C に対して、実際に実行する処理を検討する。この作業から、String 実装の最小限の要件が得られる。

[1] C は、コピー代入演算とコピー初期化によってコピーされる。

[2] String は、C を == と != を使って比較する。

[3] String は、C の配列を作成する（その際 C をデフォルト構築する）。

[4] String は、C のアドレスを取得する。

[5] String が解体されるときに、C も解体される。

[6] String は、何らかの方法で C を読み書きする >> と << 演算子をもつ。

要件 [4] と [5] は、すべてのデータ型に一般的に想定される技術的な要件である。そうでない型は取り上げない。というのも、ほとんどが技巧に走りすぎた人為的なものだからだ。さて、値がコピー可能であるという最初の要件は、実際の資源を表す std::unique_ptr（§5.2.1, §34.3.1）などの、ごく一部の重要な型では成立しない。しかし、ほぼすべての“通常の型”では成立するので、要件としている。コピー演算を実行できることは、コピーしたものが、元の値の本当の複製であるというセマンティクスの要件と同等である。すなわち、アドレスを取り出すこと以外は、二つのコピーの振舞いは同一である。すなわち、（本書で作成している String でもそうだが）コピー演算を実行できることは、通常のセマンティクスをもつ == を提供するための要件と、通常は矛盾しない。

代入を要件とすると、テンプレート引数に const を利用できなくなる。たとえば、String<const char> は、動作が保証されない。そのことは、他の多くのケースと同様に、このケースでも、よいものだ。代入可能であることには、アルゴリズムは引数型の一時変数を利用できること、引数型のオブジェクトのコンテナを作成できること、などの多くの意味がある。また、代入可能であるからといって、インタフェースに const が利用できなくなるわけではない。たとえば：

```
template<typename T>
bool operator==(const String<T>& s1, const String<T>& s2)
```

```
{
   if (s1.size()!=s2.size()) return false;
   for (auto i = 0; i!=s1.size(); ++i)
      if (s1[i]!=s2[i]) return false;
   return true;
}
```

String<X>に対しては、X型のオブジェクトをコピーできることを要件としている。それとは無関係に、両引数型をconstとすれば、operator==()がXの要素を変更しないことが保証される。

要素型Cに対して、ムーブできることを要件とすべきだろうか？　最終的には、String<C>にはムーブ演算を実装することになる。これは、そうできる、ということであって、必須というわけではない。Cに対して行うことはコピーによって処理されるようにしておき、もし一部のコピーが（Cを返却値とするときなどに）暗黙裏にムーブに変換されれば、より優れた動作となる。たとえば、String<String<char>>のような潜在的に重要な意味をもつ例では、要件にムーブ演算を加えなくとも、（正しくかつ効率的に）きちんと動作する。

ここまでは、いいだろう。しかし最後の要件（>>と<<によってCが読み書きできるようにする）は、過剰に感じられる。すべての種類の文字列を本当に読み書きするだろうか？　もしString<X>を読み書きするならば、Xは>>と<<を実装していなければならない、としたほうがよかったのではないだろうか？　すなわち、String全体の要素であるCに対する要件とするよりも、実際に読み書きを行うString（のみ）に対する要件とする、ということだ。

これは設計上、重要で本質的な選択である。クラステンプレート引数の要件とするのか（そうすると、全クラスメンバに適用される）、それとも、個々のクラスメンバ関数のテンプレート引数の要件とするのか。後者のほうが柔軟性に優れるが、冗長でもある（必要な全関数に要件を記述しなければならない）、さらに、プログラマが覚えておくのも困難になる。

さて、ここまでの要件一覧を眺めてみると、“通常の文字列”中の“通常の文字”に対する一般的な処理が、いくつか欠落していることに気付く：

[1]　順序判定がない（たとえば<など）。

[2]　整数値への変換がない。

ここに示した初期の解析が終了すると、要件一覧が、どの“一般的なコンセプト”（§24.3.2）と対応しているのかを検討できるようになる。“通常の型”の中核となるコンセプトは、**レギュラー**（*regular*）である。**レギュラー型**（*regular type*）は、次のすべての性質をもつものだ：

- 適切なコピーセマンティクス（§17.5.1.3）にしたがって、（代入や初期化によって）コピーできる。
- デフォルト構築できる。
- （たとえば変数のアドレスを取り出すなどの）さまざまな些細な技術的な要件に関する問題が存在しない。
- （==と!=を使って）等価性の判定ができる。

ここで取り上げているStringテンプレートの引数にとって、これらの性質は優れた選択に見える。

等価性の判定については除外しようかとも考えたが、等価性を維持しないコピーは、ほとんど使いものにならないと判断した。一般に、Regularとすることは、安全であることの保証になるし、==の意味を検討することは、コピー演算の定義を誤らないようにすることにつながる。すべての組込み型は、Regularである。

しかし、Stringの順序判定（<）を除外することに意味はあるだろうか？　文字列をどのように利用するかを考えてみよう。（たとばStringなどの）テンプレートの利用に望まれることは、その引数に対する要件を判断することである。文字列の比較は、あたり前のように行われるものであるだけでなく、文字列の並びをソートして配列などに代入する際にも、間接的に行われる。標準ライブラリのstringも、<を提供している。ひらめきを得るために、標準ライブラリを参考にするのは、いいアイディアだ。さて、StringではRegularだけでなく、順序判定も必要であることにたどり着いた。これがOrdered（順序をもつ）コンセプトである。

興味深いことに、Regularが<を要件とすべきかどうかについては、極めて多くの議論がなされてきた。数値と関連するほとんどの型は、自然な順序をもつように見える。たとえば、文字は、整数として解釈できるビットパターンでエンコードされるし、どのような文字値の並びも、辞書順に並べられる。しかし、たとえ順序が定義可能であったとしても、自然な順序をもたない（たとえば複素数や画像などの）型が数多く存在する。また、自然な順序を複数もっているにもかかわらず、最適な順序が一意に定まらない型もある（たとえば、住所録のデータは、名前でも住所でもソートできる）。とどのつまり、順序を（理屈の上では）もたない型も存在するのだ。次の例を考えてみよう：

```
enum class rsp { rock, scissors, paper };    // グー、チョキ、パー
```

じゃんけんゲームは、以下の点に強く依存している。

- scissors < rock
- rock < paper
- paper < scissors

しかし、ここで開発しているStringは、構成要素である文字の型として、あらゆる型を受け取ると想定しているわけではない。想定しているのは、（たとえば比較、ソート、入出力などの）文字列処理に特化した型である。そのため、順序判定を要件とした。

デフォルトコンストラクタと==演算子と<演算子をStringテンプレート引数の要件に追加することで、いくつかの有用な演算子をStringに対して提供できるようになる。実際、テンプレート引数に対する要件が増えると、テンプレートに対するさまざまな処理が実装しやすくなるし、テンプレートは数多くの機能をユーザに提供できるようになる。その一方で、ほとんど使われないような要件や、特定の演算でのみ必要とされる要件によって、テンプレートの性能を低下させないようにすることが重要だ。そのような要件は、引数型を実装する者にとって重荷であり、引数として利用できる型の種類を制限してしまう。そこで、String<X>の要件は、以下のようにしよう：

- Ordered<X>
- String<X>に>>と<<を利用する場合（に限って）、Xに>>と<<を適用できること
- Xからの変換処理を定義して利用する場合（に限って）、整数に変換できること

さて、ここまでは、Stringの文字型の要件を、「Xは、コピー演算と==と<とを提供しなければならない」といった言葉で表現してきた。さらに、これらの処理が正しいセマンティクスをもつことも要件とする必要がある。たとえば、コピー演算はコピーを作成し、==は等価性を判断し、<は順序判定を行う。このセマンティクスは、処理間の関係を包含することもある。たとえば、標準ライブラリには、次の関係がある（§31.2.2.1）：

・コピー結果と、あるものとの比較結果は、コピーの値と、そのものとの比較結果と等しく（a==bはT{a}==T{b}を意味する）、さらに、コピーはコピー元の値から独立している（§17.5.1.3）。
・未満（<）の比較は、厳密で弱い順序（§31.2.2.1）を提供する。

セマンティクスは、英語の文章、あるいは（さらによいのは）、数式によって定義するものだ。しかし、セマンティクス上の要件をC++自身によって表現する方法は、残念ながら存在しない（ただし、§24.4.1を参照してほしい）。標準ライブラリでは、セマンティクス上の要件は、ISO標準で決められている、形式化された英語によって記述されている。

24.3.2 コンセプトと制約

コンセプトは、性質をなんでもかんでも寄せ集めたものではない。型（あるいは型の集まり）の性質をまとめた一覧のほとんどは、一貫性のある有用なコンセプトを定義するものではない。コンセプトとして有用なものにするには、要件の一覧は、アルゴリズム一式とテンプレートクラスの処理一式の要求を反映したものでなければならない。発展過程にある分野の多くで、その分野の基礎概念を表すコンセプト（概念）が発見され開発されてきた（C++での技術的な用語としての"コンセプト"は、この一般的な意味も含めて選択したものである）。きちんとした意味があるコンセプトは、驚くほど少ないようだ。たとえば、代数学では、モナド（monad）、体（field）、環（ring）などの概念を築いてきた。一方、STLでは、前進反復子、双方向反復子、ランダムアクセス反復子などの概念に依存している。ある分野での新たな概念の発見は、大きな業績である。毎年のように発見することなどは期待できない。多くの場合、ある学術分野やアプリケーション分野の入門書を読めば、概念を発見できる。本書で用いる各種の概念（コンセプト）は、§24.4.4にまとめている。

"コンセプト（概念）"は、本来、テンプレートとは何の関係もない、極めて一般的なアイディアだ。K&R C〔Kernighan, 1978〕でさえ、"**符号付き汎整数型**（*signed integral type*）は、メモリ上の整数というアイディアを言語で一般化したものである"という意味のコンセプトをもっていた。テンプレート引数に対する要求は、（どのような方法で表現されていても）コンセプトである。そのため、コンセプトに関する興味深い解説の大部分は、テンプレートを解説する文脈に登場する。

私は、アプリケーション分野の基本的性質を注意深く練り上げた実体がコンセプトである、と考えている。そのため、コンセプトは、極めて少数のものだけが存在すべきであるし、アルゴリズムと型の設計の指針となり得るものでなければならない。この点では、物理的なプラグとソケットに似ている。誰もが、最小限の手間で開発者の人生をシンプルにして、設計と構築のコストを低く保ちたいものだ。この願望は、汎用アルゴリズム（§24.2）とパラメータ化されたクラスのそれぞれに対する要件を最小限に抑えるという理想と、衝突することがある。さらに、クラスのインタフェースを本当に最小のものだけを提供するという理想（§16.2.3）や、一部のプログラマが彼らの権利と考える“好きなように”コードを記述すべきであるという考え方とも衝突することがある。しかし、努力と多少の標準形式がなければ、プラグの互換性は得られない。

私は、コンセプトになるための敷居を、極めて高く設定している。汎用性、ある程度の安定性、多くのアルゴリズムに通用する使用性、セマンティクスの一貫性などを要求している。実際、テンプレート引数に課そうとされる単純な制約の多くは、私の基準では、コンセプトとしては認められない。しかし、これは避けられないことだと考えている。実際、汎用アルゴリズムや幅広く適用できる型を反映していない、数多くのテンプレートが開発されている。とはいえ、それらは実装の詳細なので、一つの実装における一つの利用法に必要な詳細のみを、それらの引数が反映していればよい。私は、この種のテンプレート引数に対する要件を、**制約**（*constraint*）、あるいは（その必要があれば）**その場限りのコンセプト**（*ad hoc concept*）と呼んでいる。制約に対する見方の一つが、インタフェースの不完全な（部分的な）仕様化とみなす、というものだ。たとえ部分的であっても仕様化は有用となることが多いし、何も仕様化されていない場合に比べればよいものだ。

例として、平衡2分木に対して平衡処理を行うためのライブラリを考えてみよう。その場合、木は、テンプレート引数としてバランサ Balance を受け取る：

```
template<typename Node, typename Balance>
struct node_base { // 平衡木の基底クラス
    // ...
}
```

バランサは、ノードに対する3種類の処理を提供するだけのクラスである。たとえば：

```
struct Red_black_balance {
    // ...
    template<typename Node> static void add_fixup(Node* x);
    template<typename Node> static void touch(Node* x);
    template<typename Node> static void detach(Node* x);
};
```

いうまでもなく、node_base の引数に対する要件を記述したいところである。しかし、バランサのインタフェースは、広く利用されることや、理解されやすいことを意図するものではない。平衡木の特定の実装の詳細として利用するだけのものにすぎないからだ。バランサのアイディア（“コンセプト”という用語を利用するのがためらわれる）は、他の場所で利用されることはまずないし、平衡木の実装が大幅に変更されても修正を不要のままにしたいものでもない。バランサの正確なセマンティクスを厳密に求めるということに無理がある。初心者にとって、Balancer のセマンティクスは、Node のセマンティクスに大きく依存している。この点では、Balancer は、Random_access_iterator などの本来のコンセプトとは異なっている。しかし、バランサの最小限の仕様である“ノードに対する3種類の関数を提供する”というのは、node_base の引数の制約としては有効だ。

コンセプトの議論で“セマンティクス”が何度も登場することに注意しよう。あるものがコンセプトか、あるいは、ある型（または一群の型）に対する単なるその場限りの制約の集合であるのかを判断する場面では、“略式なセマンティクスを明文化できるか？”と自問自答することが極めて効果的であると私は考えている。理にかなったセマンティクス仕様を明文化できれば、それはコンセプトだ。

明文化できなければ、それは制約である。有用であるかもしれないが、安定して幅広く利用できることは期待できない。

24.4 コンセプトの具象化

残念ながら、C++ はコンセプトを直接的に表現する言語機能をもっていない。しかし、“コンセプト”を設計上の記法としてのみ扱い、コメントとして非公式に表現するのは理想的ではない。初心者は、次のように感じるはずだ。「コンパイラはコメントを理解しない。単なるコメントとして表現された要件はプログラマがチェックしなければならないし、コンパイラが適切なエラーメッセージを出力する助けにもならない」と。言語が直接的に支援しない限り、コンセプトは完全には表現できないのだが、経験を積むと、テンプレート引数の性質をコンパイル時に確認するコードを用いることで大まかに模倣できることになる。

コンセプトは、ある種の述語だ。すなわち、コンセプトは、テンプレート引数一式を調べて、その要件を満たしていれば `true` を返して、満たしていなければ `false` を返すコンパイル時関数とみなせる。そのため、コンセプトは、`constexpr` 関数として実装することになる。ここでは、型と値一式のコンセプトをチェックする `constexpr` 述語の呼出しのことを、**制約判定**（*constraint check*）と呼ぶことにする。本来のコンセプトとは違い、制約判定は、セマンティクスに関する事項は扱わない。判定の対象は、文法上の性質に対する想定だけだ。

`String` の例を考えてみよう。引数の文字型は `Ordered` と想定されている：

```
template<typename C>
class String {
   static_assert(Ordered<C>(),"String's character type is not ordered");
   // ...
};
```

型 `X` に対して `String<X>` が具現化されるときに、コンパイラは `static_assert` を実行する。`Ordered<X>()` が `true` を返した場合、コンパイル作業が続けられて、アサーションがないものとしてコードが生成される。そうでなければ、エラーメッセージが出力される。

一見すると、十分に理にかなった回避策と感じられる。次のように記述すると、もっとよくなる：

```
template<Ordered C>
class String {
   // ...
};
```

ただし、これは、将来実現できるであろうコードにすぎない。そこで、述語 `Ordered<T>()` をどう定義するかを見てみよう：

```
template<typename T>
constexpr bool Ordered()
{
   return Regular<T>() && Totally_ordered<T>();
}
```

すなわち、型が `Regular` かつ `Totally_ordered` であれば、その型は `Ordered` であると判定される。この意味を詳しく“掘り下げ”てみよう。

```
template<typename T>
constexpr bool Totally_ordered()
{
   return Equality_comparable<T>()   // ==と!=をもっている
       && Has_less<T>() && Boolean<Less_result<T>>()
       && Has_greater<T>() && Boolean<Greater_result<T>>()
       && Has_less_equal<T>() && Boolean<Less_equal_result<T>>()
       && Has_greater_equal<T>() && Boolean<Greater_equal_result<T>>();
}

template<typename T>
constexpr bool Equality_comparable()
{
   return Has_equal<T>() && Boolean<Equal_result<T>>()
       && Has_not_equal<T>() && Boolean<Not_equal_result<T>>();
}
```

すなわち、型Tは、Regularであって、かつ、いつもの6種類の比較演算を実装していれば、Orderedということだ。比較演算が返す結果は、boolに変換できるものでなければならない。また、それらの演算は、数学的に正しい意味をもつことも必要である。C++標準では、その意味を正確に記述している（§31.2.2.1，§iso.25.4）。

Has_equalは、enable_ifを用いて実装されている。その技法は§28.4.4で解説する。

さて、型とテンプレートの名前は大文字で始めて、関数名は小文字で始めるという、私の“独自のスタイル”を崩すことになるが、私は制約名を大文字で始めている（たとえばRegularなど）。コンセプトは型よりもずっと基礎的なので、強調する必要性が感じられるからだ。また、そっくりな名前のものが、言語や標準ライブラリに将来的に取り込まれることを願いつつ、名前空間（Estd名前空間）を分けている。

便利なコンセプトをもう少しだけ掘り出して使ってみると、Regularは次のように定義できる：

```
template<typename T>
constexpr bool Regular()
{
   return Semiregular<T>() && Equality_comparable<T>();
}
```

Equality_comparableは、==と!=を与える。Semiregularは、きわだった技術的制限をもたない型の概念を表すコンセプトである：

```
template<typename T>
constexpr bool Semiregular()
{
   return Destructible<T>()
       && Default_constructible<T>()
       && Move_constructible<T>()
       && Move_assignable<T>()
       && Copy_constructible<T>()
       && Copy_assignable<T>();
}
```

Semiregularは、ムーブとコピーの両方が可能であるかどうかの判定が可能である。ほとんどの型が該当するが、unique_ptrなどのように、コピーできない型もある。しかし、コピーが可能でムーブが不可能という型で、有用なものなど、私は知らない。type_info（§22.5）のような、ムーブもコピーもできない型は、非常にまれであり、システムの性質を反映したものであることが多い。

なお、制約判定は、関数テンプレートでも利用できる。たとえば：

```
template<typename C>
ostream& operator<<(ostream& out, String<C>& s)
{
   static_assert(Streamable<C>(),"String's character not streamable");
   out << '"';          // 二重引用符文字
   for (int i=0; i!=s.size(); ++i)
      cout << s[i];
   out << '"';
}
```

ここに示すStringの出力演算子<<で必要とされているStreamableコンセプトは、引数Cが出力演算子<<を提供することを要件とする：

```
template<typename T>
constexpr bool Streamable()
{
   return Input_streamable<T>() && Output_streamable<T>();
}
```

すなわち、Streamableは、その型に対して、標準ストリーム入出力（§4.3，第38章）を利用できるかどうかをテストする。

制約判定テンプレートによってコンセプトを判定することには、以下に示す、はっきりとした弱点がある：

- 制約判定は、定義内に置かれている。しかし、実際には宣言に所属すべきものである。すなわち、コンセプトが、抽象化へのインタフェースの一部であるのとは異なり、制約判定は実装内でしか利用できない。
- 制約判定は、制約判定テンプレート具現化の一部として実行される。そのため、期待する時点よりも後で実行される。最初の呼出し時点で、コンパイラが制約判定を確実に行うことを期待したいところだが、これは言語仕様を変更しない限り不可能である。
- 制約判定を加えるのを忘れることがある（特に関数テンプレートに対して）。
- コンパイラは、テンプレートの実装がコンセプトに指定された性質だけを利用しているかどうかをチェックしない。そのため、テンプレート実装による制約判定では問題なしとされても、型チェックの段階でエラーとなることがある。
- セマンティクス上の性質は、コンパイラが理解できるようには指定できない（だからコメントを利用している）。

制約判定を追加することで、テンプレート引数の要件を明確にできる。さらに、制約判定がきちんと設計されれば、より分かりやすいエラーメッセージも出力できる。制約判定を追加し忘れた場合は、テンプレート具現化によって生成されたコードに対する通常の型チェックが実行される。これは望ましくないことではあるものの、損害ではない。制約判定は、コンセプトに基づいた設計の確認をより頑健にするための技法であって、型システムの必須部分ではない。

もし必要であれば、制約判定は、ほぼどんな場所にも記述できる。たとえば、ある特定の型を特定のコンセプトで検査することを保証するには、制約判定を名前空間スコープ（たとえば、広域スコープなど）内に記述すればよい。たとえば：

```
static_assert(Ordered<std::string>,"std::string is not Ordered");    // 成功する
static_assert(Ordered<String<char>>,"String<char> is not Ordered");  // 失敗する
```

最初のstatic_assertは、標準のstringがOrderedかどうかを検査する（==と!=と<を実装しているので、もちろん成立する）。次のstatic_assertは、本書のStringがOrderedかどうかを検査する（<を定義"し忘れた"ため、成立しない）。このような広域的な検査は、制約判定を実際に利用するプログラム内の特定のテンプレートの特殊化とは無関係に実行される。目的にもよるが、これは、利点にも欠点にもなる。この種の検査では、プログラムの特定の時点での型チェックを強制する。そのため、エラーの分離という点ではよい。また、単体テストでも役に立つ。しかし、数多くのライブラリを利用するプログラムでは、明示的な検査は、すぐに管理しきれなくなる。

型にとって、Regularになることは理想である。通常の型のオブジェクトは、コピーできるし、vectorや配列の中に入れられるし、比較できるし、…、といったさまざまな処理が可能である。型がOrderedであれば、そのオブジェクトは集合に入れられるし、ソートできるし、…、といったさまざなま処理が可能である。そこで、話を戻して、本書のStringをOrderedにしてみよう。そのために、<を追加して、辞書順による順序付けを実装してみる：

```
template<typename C>
bool operator<(const String<C>& s1, const String<C>& s2)
{
   static_assert(Ordered<C>(),"String's character type not ordered");
   return std::lexicographical_compare(                          // §32.6.5
                                        s1.begin(), s1.end(),
                                        s2.begin(), s2.end()
                                       );
}
```

辞書順を導入したので、この<演算子が、標準ライブラリの比較に対する要件（§31.2.2.1）を満たすことになる。

24.4.1 公理

数学でもそうだが、**公理**（*axiom*）は証明できない。真であると仮定するものだ。テンプレート引数の要件を議論する文脈では、セマンティクスの性質を表すものとして、"公理"を用いる。私たちは、クラスやアルゴリズムが、その入力として何を想定するのかを述べるのに、公理を利用する。どのように記述されても、公理は、その引数のクラスやアルゴリズムが期待する（想定する）ものを表現する。一般に、公理が、ある型の値を保持しているかどうかの検証はできない（これが公理と呼ぶ理由の一つでもある）。さらに、公理が必要になるのは、アルゴリズムが実際に利用する値を保持する場合のみである。たとえば、アルゴリズムは、空ポインタの参照外しを行ったり、浮動小数点数のNaNをコピーしたりすることを、注意深く回避できる。その場合は、ポインタは参照外しできること、浮動小数点数はコピーできること、を要件とする公理をもつといえる。逆に、（たとえ

ば NaN や nullptr などの）特異値は事前条件に違反するので考慮の必要がないという、一般的な仮定を伴って公理を記述することもできる。

C++ には、公理を記述する方法は（現時点では）存在しないが、コンセプトについては公理のアイディアを、コード中のコメントや設計文書内の文章よりも、少しは具体的に記述できる。

型が Regular であるための重要なセマンティクス要件を記述するにはどうすればよいかを考えてみよう：

```
template<typename T>
bool Copy_equality(T x)                    // コピー構築のセマンティクス
{
   return T{x}==x;       // コピーがコピー元と等しいかを判定
}

template<typename T>
bool Copy_assign_equality(T x, T& y)       // コピー代入のセマンティクス
{
   return (y=x, y==x);  // 代入の結果が代入元と等しいかを判定
}
```

換言すると、「コピー演算は、コピーを作成する」となる。

```
template<typename T>
bool Move_effect(T x, T& y)                // yからxへのムーブのセマンティクス
{
   return (x==y ? (x==T{std::move(y)}) : true) && can_destroy(y);
}

template<typename T>
bool Move_assign_effect(T x, T& y, T& z)  // yからxへのムーブ代入のセマンティクス
{
   return (y==z ? (x=std::move(y), x==z) : true) && can_destroy(y);
}
```

換言すると、「ムーブ演算は、ムーブ元と等価な何かと比較しても等価になる値を生成した上で、ムーブ元を破棄可能にする」となる。

ここでの公理は、実行可能なコードとして表現したものだ。検証にも利用できるが、もっとも重要なのは、単にコメントに記述しなければならないという程度よりも厳密に記述することを、真剣に検討するようになることである。得られた公理は、“通常の英語”で記述した場合よりも正確だ。基本的に、このような疑似公理は、一階述語論理を使って表現できる。

24.4.2 複数引数のコンセプト

単一引数のコンセプトを調べて、それをある型に適用する処理は、一般的な型チェックや、そのコンセプトが型に関するものであることを確認する処理と極めてよく似ている。これはあくまでも処理の一部分にすぎない。複数の引数型のあいだの関係が、正しい仕様や利用のために、重要となることがよくある。標準ライブラリの find() アルゴリズムを考えてみよう：

```
template<typename Iter, typename Val>
Iter find(Iter b, Iter e, Val x);
```

テンプレート引数 Iter は入力反復子でなければならないので、このコンセプトの制約判定テンプレートは（比較的）容易に定義できる。

ここまではよい。しかし find() は、[b:e) 内の要素と x を比較する処理に、大きく依存している。したがって、その比較が必要とされていることの指定が必要だ。すなわち、Val と入力反復子の型が、等価性を判定できることを明示しなければならない。そのため、2個の引数を受け取る Equality_comparable が必要となる：

```
template<typename T, typename U>
constexpr bool Equality_comparable(T, U)
{
   return Common<T, U>()
       && Totally_ordered<T>()
       && Totally_ordered<U>()
       && Totally_ordered<Common_type<T,U>>()
       && Has_less<T,U>() && Boolean<Less_result<T,U>>()
       && Has_less<U,T>() && Boolean<Less_result<U,T>>()
       && Has_greater<T,U>() && Boolean<Greater_result<T,U>>()
       && Has_greater<U,T>() && Boolean<Greater_result<U,T>>()
       && Has_less_equal<T,U>() && Boolean<Less_equal_result<T,U>>()
       && Has_less_equal<U,T>() && Boolean<Less_equal_result<U,T>>()
       && Has_greater_equal<T,U>() && Boolean<Greater_equal_result<T,U>>()
       && Has_greater_equal<U,T>() && Boolean<Greater_equal_result<U,T>>();
};
```

これは、単一コンセプトとしては、やや冗長だ。しかし、一般化の複雑さに埋もれてしまうことよりも、全演算子とその対称性を維持した利用を明示することを優先した。

これを使うと、find() は次のように定義できる：

```
template<typename Iter, typename Val>
Iter find(Iter b, Iter e, Val x)
{
   static_assert(Input_iterator<Iter>(),"find() requires an input iterator");
   static_assert(Equality_comparable<Value_type<Iter>,Val>(),
                 "find()'s iterator and value arguments must match");

   while (b!=e) {
      if (*b==x) return b;
      ++b;
   }
   return b;
}
```

複数引数のコンセプトは極めて一般的であるし、汎用アルゴリズムの指定の際に有用だ。これは、大量のコンセプトが存在していて、さらに新しいコンセプトを指定する必要性が高い領域でもある（一般的なコンセプトの一覧から“標準のもの”を拾い出すのとは逆である）。的確に定義された型のバリエーションは、引数に要件をもつアルゴリズムのバリエーションよりも制限がやや大きいことが分かる。

24.4.3 値コンセプト

コンセプトは、テンプレート引数一式の任意の（言葉としての）要件を表現できる。テンプレート引数は整数値を受け取ることができるので、コンセプトも整数引数を受け取れる。たとえば、テンプレート引数の値が小さいことを検証する制約判定は、以下のように記述できる：

```
template<int N>
constexpr bool Small_size()
{
   return N<=8;
}
```

より現実的な例としては、複数の引数があって、そのうちの一つだけが数値であるというコンセプトがある。例をあげよう：

```
constexpr int stack_limit = 2048;

template<typename T, int N>
constexpr bool Stackable()    // Tはレギュラー型でN個のT型要素はスタック上に置ける
{
   return Regular<T>() && sizeof(T)*N<=stack_limit;
}
```

これは、“スタック上に置ける程度に十分に小さい”という概念を実装したものだ。以下のように利用できる：

```
template<typename T, int N>
struct Buffer {
   // ...
};

template<typename T, int N>
void fct()
{
   static_assert(Stackable<T,N>(),"fct() buffer won't fit on stack");
   Buffer<T,N> buf;
   // ...
}
```

型に対する基礎的なコンセプトと比較すると、値に対するコンセプトは、小規模で、その場限りのものとなりがちだ。

24.4.4 制約判定

本書で利用している制約判定は、本書のサポートサイトに掲載している。標準には含まれていないが、将来的に正式な言語仕様に取り入れられることを、私は期待している。いずれも、テンプレートや型の設計を検討する際に有用なものであり、標準ライブラリの事実上のコンセプトを反映している。また、将来の言語機能や、コンセプトの別の実装と干渉しないように、名前空間を分けるべきでもある。ここでは`Estd`名前空間としているが、必要ならば別名（§14.4.2）を使うとよい。以下に、有用と思われるいくつかの制約判定を示す：

- `Input_iterator<X>`：`X`はシーケンスを一度だけ走査して（`++`による前進）、各要素を一度だけ読み取る反復子である。
- `Output_iterator<X>`：`X`はシーケンスを一度だけ走査して（`++`による前進）、各要素を一度だけ書き出す反復子である。
- `Forward_iterator<X>`：`X`はシーケンスを走査する反復子である（`++`による前進）。（`forward_list`などの）単方向結合リストを適切にサポートする。

- Bidirectional_iterator<X>：Xはシーケンスを（++による）前進と（--による）後退の両方で走査可能な反復子である。（listなどの）双方向結合リストを適切にサポートする。
- Random_access_iterator<X>：Xはシーケンスを（前進と後退で）走査して、添字演算と+=と-=による位置指定によって要素をランダムにアクセスできる反復子である。配列を適切にサポートする。
- Equality_comparable<X,Y>：Xは、==と!=によってYと比較可能である。
- Totally_ordered<X,Y>：XとYともにEquality_comparableであり、さらに、<と<=と>と>=によってXはYと比較できる。
- Semiregular<X>：Xはコピー、デフォルト構築、空き領域上の割当てが可能であり、煩わしい些細な技術的な制限がない。
- Regular<X>：XはSemiregularであり、かつ等価性の判定ができる。標準ライブラリのコンテナが要素に対して課している要件である。
- Ordered<X>：XはRegularであり、かつTotally_orderedでもある。明示的に比較演算を実装しない場合に、標準ライブラリの連想コンテナが要素に対して課す要件である。
- Assignable<X,Y>：Yは=によってXに代入できる。
- Predicate<F,X>：FはXに対して呼出し可能であり、boolを返却する。
- Streamable<X>：Xはiostreamを使って読み書き可能である。
- Movable<X>：Xはムーブ可能である。すなわち、ムーブコンストラクタとムーブ代入演算を実装している。さらに、アドレス演算ができて、解体可能である。
- Copyable<X>：XはMovableであり、かつコピー可能である。
- Convertible<X,Y>：Xは暗黙裏にYに変換できる。
- Common<X,Y>：XとYは、Common_type<X,Y>という共通の型へと、曖昧にならずに変換できる。?:演算子（§11.1.3）のオペランドの互換性に対する言語規則を形式化したものである。たとえば、Common_type<Base*,Derived*>はBase*であり、Common_type<int,long>はlongである。
- Range<X>：Xは範囲for文（§9.5.1）で利用できる。すなわちXは、x.begin()とx.end()、または必要なセマンティクスを備えた同等な非メンバ関数begin(x)とend(x)を実装する。

いうまでもなく、これらの定義は非公式なものである。上記のほとんどのコンセプトは、標準ライブラリの型の述語（§35.4.1）をベースにしている。公式な標準の定義はISO C++標準が定めている（§iso.17.6.3など）。

24.4.5 テンプレート定義判定

制約判定テンプレートは、コンセプトが要件とする性質を、型が提供することを保証する。テンプレートの実装が、コンセプトによって保証される以上の性質を実際に利用してしまうと、型エラーが発生する可能性が生じる。たとえば、標準ライブラリのfind()は、入力反復子のペアを引数に受け取る。ところが、以下のように（不注意に）定義してしまうかもしれない：

テンプレートは、すでに§3.4で紹介した。テンプレートとその利用は複数の章にまたがって解説しているが、本章もその一つである。

・第23章では、テンプレートの紹介を、より詳しく行った。
・第24章では、テンプレートの最大の用途であるジェネリックプログラミングを解説した。
・第25章（本章）では、引数一式からテンプレートを特殊化する方法を解説する。
・第26章では、名前バインドに関連する、テンプレートの実装を中心に解説する。
・第27章では、テンプレートとクラス階層の関係を解説する。
・第28章では、クラスと関数を生成する言語としてのテンプレートを中心に解説する。
・第29章では、テンプレートベースのプログラミング技法のサンプルを数多く提示する。

25.2 テンプレートの仮引数と実引数

テンプレートが受け取るのは、以下の引数だ：

・**型仮引数**（*type parameter*）：これは“型の型”である。
・組込み型の**値仮引数**（*value parameter*）：たとえば、`int`（§25.2.2）や、関数へのポインタ（§25.2.3）などである。
・**テンプレート仮引数**（*template parameter*）：これは“型テンプレート”（§25.2.4）である。

型仮引数が、もっとも多く利用される。しかし、値仮引数も、重要な技法の多くで欠かせないものである（§25.2.2, §28.3）。

テンプレートが受け取る引数の個数は、固定数でも可変個でも構わない。可変個引数テンプレートについては、§28.6で解説する。

テンプレート引数の名前は、その種類を表すように、先頭が大文字で短いものとするのが一般的である。たとえば、`T`、`C`、`Cont`、`Ptr`といった具合だ。この種の名前は、一般的であるし、比較的狭いスコープ（§6.3.3）に限定して使われるので、許容できるものだ。なお、`ALL_CAPS`のような、すべてが大文字の名前だと、マクロ（§12.6）と衝突する可能性がある。マクロ名として使われるような長い名前は避けるべきだ。

25.2.1 引数としての型

テンプレート引数を、`typename`あるいは`class`の後ろに置くと、**型仮引数**（*type parameter*）と定義される。どちらのキーワードを利用しても完全に等価だ。型仮引数を受け取るテンプレートには、構文上、あらゆる型（組込み型とユーザ定義型）を渡せる。たとえば：

```
template<typename T>
void f(T);

template<typename T>
class X {
    // ...
};

f(1);                          // Tはintと導出される
```

```
f<double>(1);             // Tはdouble
f<complex<double>>(1);    // Tはcomplex<double>

X<double> x1;             // Tはdouble
X<complex<double>> x2;    // Tはcomplex<double>
```

型引数に対する制約はない。すなわち、クラスのインタフェースにおいて、型引数が、特定の種類の型やクラス階層の一部でなければならない、などの制約が課せられることはない。引数型の有効性は、ダックタイピング（§24.1）によって、テンプレート内での利用方法だけに依存する。汎用的な制約があれば、コンセプト（§24.3）として実装すればよい。

テンプレート実引数に指定されたユーザ定義型と組込み型は、まったく同じように扱われる。このことは、ユーザ定義型と組込み型の両方に対して同じ動作を行うテンプレートが定義できるようにするために、重要である。たとえば：

```
vector<double> x1;            // doubleのvector
vector<complex<double>> x2;   // complex<double>のvector
```

どちらの場合でも、空間と時間に対する余分なオーバヘッドが発生することはない：

・組込み型の値が、特殊なコンテナ用オブジェクトに“箱詰め（boxed）”されることはない。

・すべての型の値は、（たとえば仮想によって）高コストとなる可能性がある、いわゆる“`get()`関数”を使うことなく、直接`vector`から取り出せる。

・ユーザ定義型の値が、暗黙のうちに参照経由でアクセスされることはない。

ある型をテンプレート引数として利用するには、その型がスコープ内に存在していてアクセスできなければならない。たとえば：

```
class X {
   class M { /* ... */ };
   // ...
   void mf();
};

void f()
{
   struct S { /* ... */ };
   vector<S> vs;            // ＯＫ
   vector<X::M> vm;         // エラー：X::Mは非公開
   // ...
}

void X::mf()
{
   vector<S> vs;            // エラー：スコープ中にSはない
   vector<M> vm;            // ＯＫ
   // ...
};
```

25.2.2 引数としての値

型でもテンプレートでもないテンプレート引数は、**値仮引数**（*value parameter*）と呼ばれ、それに対して渡される引数は**値実引数**（*value argument*）と呼ばれる。たとえば、整数引数は、要素数や上限値を与えるときに便利だ：

```
template<typename T, int max>
class Buffer {
   T v[max];
public:
   Buffer() { }
   // ...
};

Buffer<char,128> cbuf;
Buffer<int,5000> ibuf;
Buffer<Record,8> rbuf;
```


実行時の効率とコンパクトさが重要視される局面では、Bufferのような、単純で制約のあるコンテナが重要な意味をもつことがある。より汎用的なstringやvectorで暗黙裏に使われる空き領域を利用することもなければ、組込みの配列（§7.4）のようにポインタへの暗黙の変換に惑わされることもないからだ。標準ライブラリのarray（§34.2.1）は、まさにこのアイディアを実装している。

テンプレートの値仮引数には、以下のものを渡せる（§iso.14.3.2）：

- 汎整数の定数式（§10.4）
- 外部結合をもつオブジェクトあるいは関数を指す、ポインタと参照（§15.2）
- 多重定義されていないメンバへのポインタ（§20.6）
- 空ポインタ（§7.2.2）

テンプレート引数に渡すポインタの構文は、&ofとfのいずれかでなければならない。ここで、ofはオブジェクト名あるいは関数名で、fは関数名である。ただし、メンバへのポインタの場合は、メンバ名がofであれば、&X::ofの構文でなければならない。なお、文字列リテラルは、テンプレート引数には渡せないことに注意しよう：

```
template<typename T, char* label>
class X {
   // ...
};

X<int,"BMW323Ci"> x1;      // エラー：テンプレート引数に対する文字列リテラル
char lx2[] = "BMW323Ci";
X<int,lx2> x2;             // ＯＫ：lx2は外部結合をもつ
```

この制限は、浮動小数点数をテンプレートの値仮引数には渡せないのと同じように、個別にコンパイルする翻訳単位の実装を単純化するためのものだ。すなわち、テンプレート値実引数は、整数とポインタを関数に与えるための仕組みと考えるのがベストだ。必要以上に賢いことに挑戦したくなる気持ちは抑えるべきだ。残念ながら（本質的な理由はないのだが）リテラル型（§10.4.3）は、テンプレートの値仮引数として利用できない。テンプレート値実引数は、より高度な、コンパイル時算出技法（第28章）を実現するための仕組みである。

テンプレートに渡す整数引数は、定数でなければならない。たとえば：

```
constexpr int max = 200;

void f(int i)
{
   Buffer<int,i> bx;       // エラー：定数式が必要
   Buffer<int,max> bm;     // ＯＫ：定数式
```

```
    // ...
}
```

逆に、値仮引数はテンプレートの中では定数なので、その値を変更しようとするとエラーとなる。たとえば：

```
template<typename T, int max>
class Buffer {
   T v[max];
public:
   Buffer(int i) { max = i; }  // エラー：テンプレート値引数に対して代入しようとしている
   // ...
};
```

テンプレート引数の並びの中の型仮引数は、それ以降で型として利用できる。たとえば：

```
template<typename T, T default_value>
class Vec {
   // ...
};

Vec<int,42> c1;
Vec<string,""> c2;
```


この規則を、デフォルトのテンプレート引数（§25.2.5）と組み合わせると、極めて有用なものとなる。たとえば：

```
template<typename T, T default_value = T{}>
class Vec {
   // ...
};

Vec<int,42> c1;
Vec<int> c11;              // default_valueはint{}すなわち0
Vec<int*,&foo> c2;         // 何らかの広域変数"foo"
Vec<string> c22;           // default_valueはint*{}すなわちnullptr
```

25.2.3 引数としての処理

標準ライブラリのmap（§31.4.3）を多少簡略化した例を考えてみよう：

```
template<typename Key, typename V>
class map {
   // ...
};
```

Keyの比較基準は、どのように提供すればよいだろうか？

- 比較基準をコンテナ内に固定的に記述するのは不可能だ。というのも、（一般的に）コンテナは、その要求を要素型に押し付けることができないからだ。たとえば、デフォルトではmapは比較に<を利用するが、すべてのKeyに対して<を利用したいわけではない。
- Key型に順序基準を固定的に記述することはできない。というのも、（一般的に）キーに基づいて要素をソートする方法が数多く存在するからだ。たとえば、Keyとしてもっとも広く利用される型はstringであり、そのstringはさまざまな基準に基づいて順序を定義できる（たとえば、大文字と小文字を区別するとか、無視するとか）。

すなわち、ソート基準は、コンテナ型にも含められないし、要素型にも含められない。原理的には、mapのソート基準は、次のものとして実現できる：

[1] テンプレートの値実引数（たとえば、比較関数を指すポインタ）

[2] 比較オブジェクトの型を決定する、mapテンプレートに対するテンプレート型実引数

一見すると、最初の解（特定の型の比較オブジェクトを渡す）のほうが簡潔に見える。たとえば：

```
template<typename Key, typename V, bool(*cmp)(const Key&, const Key&)>
class map {
public:
   map();
   // ...
};
```

このmapに対しては、比較処理を関数として与える必要がある：

```
bool insensitive(const string& x, const string& y)
{
   // 大文字と小文字を無視して比較（たとえば、"hello"と"HellO"は等しい）
}

map<string,int,insensitive> m;          // insensitive()を利用して比較
```

しかし、これでは柔軟性が著しく失われる。特に問題なのは、mapの設計者が、関数へのポインタあるいは特定の型関数オブジェクトへのポインタを用いて、（未知の）Key型を比較すべきかどうかを判断しなければならなくなることだ。さらに、比較処理の引数型がKey型に従属せざるを得なくなるので、デフォルトの比較基準の実装が困難になる。

そのため、2番目の解（テンプレート型実引数として比較処理の型を与える）のほうが、よく使われているし、この方法は、標準ライブラリでも採用されている。たとえば：

```
template<typename Key, typename V, typename Compare = std::less<Key>>
class map {
public:
   map() { /* ... */ }                    // デフォルトの比較を利用
   map(Compare c) :cmp{c} { /* ... */ }   // デフォルトをオーバライド
   // ...
   Compare cmp {};                        // デフォルトの比較
};
```

もっともよく使われるのは、未満による比較であり、これがデフォルトである。デフォルトでない比較基準を用いたければ、関数オブジェクト（§3.4.3）を与えることになる：

```
map<string,int> m1;                       // デフォルトの比較（less<string>）を利用

map<string,int,std::greater<string>> m2; // greater<string>()を利用して比較
```

関数オブジェクトであれば、状態も一緒に渡せる。たとえば：

```
Complex_compare f3 {"French",3};          // 比較オブジェクトを作る（§25.2.5）
map<string,int,Complex_compare> m3 {f3};  // f3()を利用して比較
```

さらに、関数へのポインタも利用できるし、関数へのポインタに変換可能なラムダ式（§11.4.5）も利用できる。たとえば：

```
using Cmp = bool(*)(const string&,const string&);
map<string,int,Cmp> m4 {insensitive};          // 関数へのポインタを利用して比較

map<string,int,Cmp> m5                         // ラムダ式を利用して比較
                        {[](const string& a, const string b) { return a>b; } };
```

比較処理を関数オブジェクトとして与える方法には、関数へのポインタを与える場合に比べて、大きな利点がある：

- クラス内で定義された単純なメンバ関数は、簡単にインライン化できる。その一方で、関数へのポインタを用いた呼出しのインライン化は、コンパイラが特別扱いしなければならない。
- データメンバをもたない関数オブジェクトは、実行時コストなしで渡せる。
- 余分な実行時コストをかけることなく、複数の処理を単一のオブジェクトとして渡せる。

mapの比較基準は、単なる一例にすぎない。とはいえ、比較基準を渡す技法は、一般的であるし、“ポリシー”を伴った、パラメータ化されたクラスや関数で極めて広く用いられている。アルゴリズムに渡す演算（§4.5.4, §32.4）、コンテナに渡すアロケータ（§31.4, §34.4）、unique_ptrに渡すデリータ（§34.3.1）も、その例だ。sort()のような関数テンプレートに引数を与える必要がある場合にも、同じような設計が可能である。なお、標準ライブラリでも、先ほどの[2]を採用している（§32.4などを参照しよう）。

もし仮に、プログラム内に比較基準が1個だけ存在するのであれば、関数オブジェクトよりも、ほんの少しだけ簡潔に表現するラムダ式を用いる方法も考えられる：

```
// エラー：
map<string, int, [](const string& x, const string& y) const { return x<y; }> c3;
```

残念ながら、これはうまくいかない。ラムダ式から関数オブジェクト型への変換が存在しないからだ。この場合は、ラムダ式に名前を与えた上で、その名前を用いる：

```
auto cmp = [](const string& x, const string& y) const { return x<y; }
map<string,int,decltype(cmp)> c4 {cmp};
```

処理に名前を与えることは、設計と保守の観点から有用だと、私は考えている。名前を与えて非局所的に宣言しておけば、他の用途で使えるかもしれない。

25.2.4 引数としてのテンプレート

テンプレート引数に対して、クラスや値ではなくて、テンプレートを渡すと便利なことがある。次の例を考えよう：

```
template<typename T, template<typename> class C>
class Xrefd {
   C<T> mems;
   C<T*> refs;
   // ...
};

template<typename T>
   using My_vec = vector<T>;      // デフォルトのアロケータを利用

Xrefd<Entry,My_vec> x1;     // Entry用のクロスリファレンスをvectorに格納
```

```
template<typename T>
class My_container {
   // ...
};

Xrefd<Record,My_container> x2; // Record用のクロスリファレンスをMy_containerに格納
```


テンプレート引数として利用できるように、テンプレートを宣言するには、それに必要な引数の指定が必要だ。たとえば、Xrefdテンプレートの引数Cは、1個の型引数を受け取るテンプレートクラスであると指定されている。もし指定がなければ、Cの特殊化は利用できなくなる。テンプレート引数としてテンプレートを利用する目的は、そのテンプレートをさまざまな型引数によって具現化するためである（先ほどの例のTやT*など）。すなわち、テンプレートのメンバ宣言を、別のテンプレートを用いて表現したいのだが、その別のテンプレートを、ユーザが指定できるように引数としたい、ということだ。

テンプレート型実引数になれるのは、クラステンプレートのみである。

テンプレートが1～2個程度のコンテナのみを利用するという、よくあるケースでは、そのコンテナ型を渡したほうがうまく処理できることが多い（§31.5.1）。たとえば：

```
template<typename C, typename C2>
class Xrefd2 {
   C mems;
   C2 refs;
   // ...
};

Xrefd2<vector<Entry>,set<Entry*>> x;
```

ここで、値型であるCとC2は、コンテナの要素型を取得するための、Value_type<C>のような単純な型関数（§28.2）によって取り出せる。このテクニックは、queue（§31.5.2）などの標準ライブラリのコンテナアダプタでも採用されている。

25.2.5 デフォルトのテンプレート引数

mapを利用するたびに比較基準を明示的に指定する作業は、特にless<Key>が最適であることが分かっているときなどは、退屈なものだ。Compareテンプレートの引数に対するデフォルト型としてless<Key>を指定しよう。そうすると、通常とは異なる比較を行いたいときにだけ、明示的に指定すればよいことになる：

```
template<typename Key, typename V, typename Compare = std::less<Key>>
class map {
public:
   explicit map(const Compare& comp ={});
   // ...
};

map<string,int> m1;                  // 比較にless<string>が使われる
map<string,int,less<string>> m2;     // m1と同じ型

struct No_case {
   // 大文字と小文字を区別しない文字列比較を行うoperator()()を定義
};

map<string,int,No_case> m3;          // m3の型はm1やm2とは異なる
```

map のデフォルトコンストラクタが、デフォルト比較オブジェクト Compare{} をどのように作成するかに注意しよう。これは、もっともよく使われるケースだ。もっと入り組んだオブジェクト作成処理が必要ならば、明示的に行う必要がある。たとえば：

```
map<string,int,Complex_compare> m {Complex_compare{"French",3}};
```

テンプレート引数に与えられたデフォルト引数のセマンティクスのチェックが行われるのは、デフォルト引数が実際に利用されるときだ。たとえば、テンプレートのデフォルト引数 less<Key> を実際に使わない限り、less<X> がコンパイルできない X 型の値を compare() できるのだ。この点は、テンプレート引数がデフォルト値をもつことを想定している（たとえば std::map などの）標準コンテナの設計では、極めて重要である（§31.4）。

関数に対するデフォルト引数（§12.2.5）とまったく同じように、テンプレートに対しても、末尾側（から前方に連続する）引数に対してのみデフォルト引数が与えられる：

```
void f1(int x = 0, int y);        // エラー：デフォルト引数が末尾側でない
void f2(int x = 0, int y = 1);    // ＯＫ

f2(,2);     // 構文エラー
f2(2);      // f2(2,1);のこと

template<typename T1 = int, typename T2>
class X1 {           // エラー：デフォルト引数が末尾側でない
   // ...
};

template<typename T1 = int, typename T2 = double>
class X2 {           // ＯＫ
   // ...
};

X2<,float> v1;       // 構文エラー
X2<float> v2;        // v2はX2<float,double>
```

“空”の実引数が“デフォルトを利用する”を意味することはない。そうなっているのは、分かりにくいエラーが発生する機会と柔軟性とのトレードオフによるものだ。

テンプレート引数にポリシーをもたせた上で、一番よく使われるポリシーを引数のデフォルト値とする技法は、標準ライブラリのいたるところで利用されている（§32.4 など）。しかし、奇妙にも、basic_string（§23.2, 第 36 章）の比較処理では利用されていない。標準ライブラリの文字列は、char_traits（§36.2.2）を想定している。同様に、標準ライブラリのアルゴリズムは iterator_traits（§33.1.3）を想定し、コンテナは allocators（§34.4）を想定している。traits すなわち特性については §28.2.4 で解説する。

25.2.5.1 デフォルトの関数テンプレート引数

当然ながら、デフォルトのテンプレート引数は、関数テンプレートでも有用だ。たとえば：

```
template<typename Target =string, typename Source =string>
Target to(Source arg)        // SourceからTargetに変換
{
   stringstream interpreter;
   Target result;
```

```
    if (!(interpreter << arg)              // argをストリームに書き出す
     || !(interpreter >> result)           // resultをストリームから読み取る
     || !(interpreter >> std::ws).eof())   // ストリームに残りはあるか?
      throw runtime_error{"to<>() failed"};

    return result;
}
```

関数テンプレートの実引数を明示的に記述する必要があるのは、導出不可能、あいるは、デフォルト値をもたない、のいずれかの場合に限られる。そのため、次のように記述できる：

```
auto x1 = to<string,double>(1.2);  // 極めて明示的（かつ冗長）
auto x2 = to<string>(1.2);         // Sourceはdoubleに導出される
auto x3 = to<>(1.2);     // Targetはstringに対するデフォルト；Sourceはdoubleに導出される
auto x4 = to(1.2);       // <>は不要
```

関数テンプレートのすべての引数がデフォルト値として扱われるときは、`<>` を省略できる（関数テンプレートの特殊化とまったく同じだ：§25.3.4.1）。

ここでの `to()` の実装は、`to<double>(int)` のような単純な型の組合せに対しては、やや重たいコードだ。特殊化（§25.3）として実装すれば、改善できる。`to<char>(int)` が動作しないことに注意しよう。というのも、文字の `char` と整数の `int` では、`string` での表現が違うからだ。私は、スカラの数値型の変換には `narrow_cast<>()`（§11.5）を使うことが多い。

25.3 特殊化

デフォルトでは、テンプレートは、たった一つの定義だけで、ユーザが考えるあらゆるテンプレート引数（あるいはその組合せ）で利用できるようになる。しかし、このことは、テンプレート開発者にとって、必ずしも理にかなっているわけではない。“テンプレート引数がポインタだったら、こちらの実装を利用して、ポインタでなければ、あちらの実装を利用する”とか、“テンプレート引数が `My_base` クラスから派生したポインタでなければ、エラーにする”としたいこともあるからだ。この種の設計上の問題の多くは、テンプレートの代替実装をあらかじめ定義しておき、実際の利用時に与えられたテンプレート引数に基づいて、コンパイラに選択させることで解決できる。テンプレートのこのような代替実装は、**ユーザ定義特殊化**（*user-defined specialization*）、あるいは単に、**ユーザ特殊化**（*user specialization*）と呼ばれる。以下に示す `Vector` の利用例を考えよう：

```
template<typename T>
class Vector {            // 汎用のベクタ型
   T* v;
   int sz;
public:
   Vector();
   explicit Vector(int);

   T& elem(int i) { return v[i]; }
   T& operator[](int i);

   void swap(Vector&);
   // ...
};
```

```
Vector<int> vi;
Vector<Shape*> vps;
Vector<string> vs;
Vector<char*> vpc;
Vector<Node*> vpn;
```

この手のコードでは、大半のVectorは、何らかのポインタ型のVectorとなる。その最大の理由は、実行時多相的動作のためにはポインタの利用が欠かせない、というものだ（§3.2.2, §20.3.2）。そのため、オブジェクト指向プログラミングを実践するプログラマが（標準ライブラリのコンテナなどの）型安全なコンテナを利用するたびに、大量のポインタコンテナが作成される。

ほとんどのC++処理系のデフォルト動作では、テンプレート関数のコードを次々とコピーしていく。実行時性能としてはよい方法ではあるが、よく注意しておかないと、Vectorの例のように、コードが肥大してしまうという重大なことにつながってしまう。

幸いにも、一つの分かりやすい解決法がある。ポインタのコンテナは、単一の実装を共有できるのだ。それは、特殊化によって行える。まず、voidへのポインタ用の（特殊化）バージョンのVectorを定義する：

```
template<>
class Vector<void*> {        // 完全特殊化
   void** p;
   // ...
   void*& operator[](int i);
};
```

この特殊化は、あらゆる種類のポインタ用Vectorの共通実装として利用できる。void*を保持するクラスの単一実装の共有の手法は、unique_ptr<T>の実装でも使える。

さて、先頭のtemplate<>は、テンプレート引数を与えずに利用できる特殊化であることを表す。特殊化を利用する際は、テンプレート名に続く<>の中にテンプレート引数を記述する。すなわち、<void*>は、Tがvoid*である、すべてのVectorの実装として、この定義を利用することを表す。

Vector<void*>は、**完全特殊化**（*complete specialization*）である。そのため、この特殊化の利用時にテンプレート引数が指定されなければ、導出も行われない。Vector<void*>は、以下のように宣言したVectorに利用できる：

```
Vector<void*> vpv;
```

あらゆるポインタ用のVectorで利用できる、ポインタ専用の特殊化の定義は、以下のようになる：

```
template<typename T>
class Vector<T*> : private Vector<void*> {  // 部分特殊化
public:
   using Base = Vector<void*>;

   Vector() {}
   explicit Vector(int i) : Base(i) {}

   T*& elem(int i) { return reinterpret_cast<T*&>(Base::elem(i)); }
   T*& operator[](int i) { return reinterpret_cast<T*&>(Base::operator[](i)); }

   // ...
};
```

名前の後ろの特殊化パターン **<T*>** は、この特殊化が、あらゆるポインタ型に利用されることの指定である。そのため、この定義は、**T*** として表現できるテンプレート引数が与えられた、すべての **Vector** で利用されることになる。たとえば：

```
Vector<Shape*> vps;    // <T*>は<Shape*>なのでTはShape
Vector<int**> vppi;    // <T*>は<int**> なのでTはint*
```

vector<void*> の定義のような**完全特殊化**とは対照的に、テンプレート引数を含むパターンによる特殊化は、**部分特殊化**（*partial specialization*）と呼ばれる。ここで“パターン”とは、特定の型のことだ。

部分特殊化が行われると、テンプレート仮引数の導出が、特殊化パターンから行われることに注意しよう。というのも、テンプレート仮引数は、テンプレート実引数そのものではないからだ。たとえば、**Vector<Shape*>** では、**T** は **Shape** であって **Shape*** ではない。

ここに示した **Vector** の部分特殊化を使うと、すべてのポインタの **Vector** が実装を共有できるようになる。**Vector<T*>** クラスは、派生とインライン展開によって1個のものとして実装された **Vector<void*>** に対するインタフェースにすぎないのだ。

この **Vector** 実装の改善が、ユーザに対するインタフェースに影響していないことは、重要である。特殊化は、共通インタフェースの異なる利用方法のための代替実装を指定する手段である。当然ながら、汎用 **Vector** とポインタ用 **Vector** を違う名前にすることもできる。実際に、私は試してみたことがある。ちゃんと知っているはずの多くのプログラマが、ポインタ版を使うのを忘れてしまって、想定以上にコードが肥大してしまった。このような場合、重要な実装の詳細は、共通インタフェースで隠蔽したほうが、はるかによい。

このテクニックは、現実のコードの肥大化を抑制することが分かっている。このテクニックを用いないプログラマ（C++ や、型をパラメータ化する同等機能をもつ他の言語でも）が、それほど大規模でないプログラムであったにもかかわらず、コピーによって生成されたコードサイズが数メガバイトにもなる状況に陥ったことが、実際にある。このテクニックは、**Vector** の追加バージョンのコンパイルに必要な時間が削減されるので、コンパイルとリンクに要する時間を大幅に短縮する。あらゆるポインタのリストを実装した1個の特殊化を用いるこの方法は、共有コード量を最大化することによって、コードの肥大化を最小限に抑える汎用技法の一例でもある。

この最適化は、一部のコンパイラでは、プログラマの助けなしに行えるよう進化している。とはいえ、プログラマにとっても、広く利用できる上に有用なものだ。

複数の型の値に対して、単一の実行時内部表現を用いることで、宣言した型だけが利用可能となっている（静的な）型システムを前提とするテクニックの変形は、**タイプイレイジャ**（*type erasure*）と呼ばれる。C++ の世界で最初に発表したのは、テンプレートについて初めて解説した論文〔Stroustrup, 1988〕である。

25.3.1 インタフェースの特殊化

特殊化は、アルゴリズムを最適化するのではなく、インタフェース（場合によっては内部データ表現まで）を変更することがある。たとえば、標準ライブラリの complex では、（complex<float> や complex<double> などの）主要な特殊化のために、コンストラクタと主要演算の引数型の一式を調整するための特殊化を行っている。汎用の（一次）テンプレート（§25.3.1.1）は、次のようなものである：

```
template<typename T>
class complex {
public:
   complex(const T& re = T{}, const T& im = T{});
   complex(const complex&);              // コピーコンストラクタ
   template<typename X>
      complex(const complex<X>&);        // complex<X>からcomplex<T>への変換
   complex& operator=(const complex&);
   complex<T>& operator=(const T&);
   complex<T>& operator+=(const T&);
   // ...
   template<typename X>
      complex<T>& operator=(const complex<X>&);
   template<typename X>
      complex<T>& operator+=(const complex<X>&);
   // ...
};
```

スカラ代入演算子が参照の引数を受け取ることに注意しよう。ただし、これだと float の場合で非効率だ。そのため、complex<float> の受渡しは値渡しによって行う：

```
template<>
class complex<float> {
public:
   // ...
   complex<float>& operator= (float);
   complex<float>& operator+=(float);
   // ...
   complex<float>& operator=(const complex<float>&);
   // ...
};
```

complex<double> でも同じ最適化が適用される。さらに、complex<float> と complex<long double> からの変換も追加して実装されている（§23.4.6 で述べたとおりである）：

```
template<>
class complex<double> {
public:
   constexpr complex(double re = 0.0, double im = 0.0);
   constexpr complex(const complex<float>&);
   explicit constexpr complex(const complex<long double>&);
   // ...
};
```

これらの特殊化されたコンストラクタが constexpr であって、complex<double> をリテラル型としていることに注意しよう。これは、汎用の complex<T> では実現できない。さらに、この定義は、complex<float> から complex<double> への変換が安全である（縮小変換が発生することがない）ことをうまく利用しているので、complex<float> を受け取る暗黙のコンストラクタが得られる。そ

で明示的に定義しなければならない（§23.7）。換言すると、明示的なテンプレートの特殊化を行うと、その特殊化に対して（別の）定義が生成されることはない。

25.3.3 特殊化の順番

実引数の並びが、ある特殊化のパターンに一致して、かつ、他の特殊化のパターンにも一致する一方で、その逆が成立しない場合、その特殊化は、**特殊化度が高い**（*more specialized*）、と表現する。たとえば：

```
template<typename T>
   class Vector;            // 汎用；一次テンプレート
template<typename T>
   class Vector<T*>;        // あるゆるポインタに対する特殊化
template<>
   class Vector<void*>;     // void*に対する特殊化
```

もっとも汎用的な`Vector`は、すべての型で利用できる。`Vector<T*>`はポインタでのみ利用でき、`Vector<void*>`は`void*`でのみ利用できる。

オブジェクトやポインタなどの宣言では、特殊化度がもっとも高いものが優先される（§25.3）。

特殊化のパターンは、テンプレート引数を導出できる構成体を用いて生成した型によって指定する（§23.5.2）。

25.3.4 関数テンプレートの特殊化

特殊化は、テンプレート関数（§25.2.5.1）に対しても有用である。しかし、関数は多重定義できるので、特殊化を行うことは少ない。さらに、C++では関数の完全特殊化のみをサポートしている（§iso.14.7）。もし、部分特殊化が必要ならば、多重定義を用いる。

25.3.4.1 特殊化と多重定義

§12.5と§23.5で示したシェルソートを考えてみよう。すでに作成したバージョンでは、要素の比較を`<`で行うとともに、2要素の交換を具体的なコードで行っていた。以下に示すのは、それよりも、もっとよい定義だ：

```
template<typename T>
bool less(T a, T b)
{
   return a<b;
}

template<typename T>
void sort(Vector<T>& v)
{
   const size_t n = v.size();

   for (int gap=n/2; 0<gap; gap/=2)
      for (int i=gap; i!=n; ++i)
         for (int j=i-gap; 0<=j; j-=gap)
            if (less(v[j+gap],v[j]))
               swap(v[j],v[j+gap]);
}
```

これは、アルゴリズムを改善したものではなく、実装を改善したものである。ここでの改善は、lessとswapを、名前をもつ実体としたことである。このような名前は、**カスタマイズポイント**（*customization point*）と一般に呼ばれる。

すでに解説したように、sort()は、Vector<char*>を正しくソートしない。というのも、<が2個のchar*を比較するからだ。すなわち、各文字列の先頭のcharのアドレスを比較するのである。必要とされる処理は、ポインタが指している文字の比較である。const char*に対するless()の特殊化は単純であり、次のようになる：

```
template<>
bool less<const char*>(const char* a, const char* b)
{
    return strcmp(a,b)<0;
}
```

クラスの場合と同様に（§25.3）、先頭のtemplate<>は、テンプレート引数を指定せずに利用できる特殊化であることを示す。テンプレート関数名に続く<const char*>は、テンプレート引数がconst char*である場合に、この特殊化を利用することの指示だ。テンプレート引数は、関数引数の並びから導出されるので、明示的な指定の必要はない。そのため、この特殊化の定義は、次のように簡略化できる：

```
template<>
bool less<>(const char* a, const char* b)
{
    return strcmp(a,b)<0;
}
```

先頭にtemplate<>があるので、２番目の空の<>は冗長だ。そのため、通常は以下のように簡略化する：

```
template<>
bool less(const char* a, const char* b)
{
    return strcmp(a,b)<0;
}
```

この短い形式が、私の好みだ。実は、もっと簡略化できる。特殊化と多重定義を区別する最後のバージョンは、剃刀のように薄くなって、ほとんど見えないほどになる。それが、次の記述だ：

```
bool less(const char* a, const char* b)
{
    return strcmp(a,b)<0;
}
```

これで、セマンティクス的に正しいバージョンに“特殊化した”less()の実装が行えた。swap()に対しても同様のことが行える。標準ライブラリのswap()は、この例でも利用可能だし、効率的なムーブ演算を実装したあらゆる型に対応するように最適化されている。そのため、高コストになり得る3回ものコピー演算を行う代わりにswap()を利用すれば、引数型の種類が大量であるときの性能が向上する。

テンプレート引数の不規則性のために、汎用アルゴリズムが想定外の結果を生み出す事態を引き起こすような場合（C言語スタイルの文字列に対するless()など）でも、特殊化は手軽に利用できる。この“不規則な型”とは、組込み型のポインタや配列であることが多い。

25.3.4.2 多重定義ではない特殊化

特殊化と多重定義はどう違うのだろうか？　技術的な点からいうと、多重定義では個々の関数が関与するのに対し、特殊化では一次テンプレートのみが関与する（§25.3.1.1）ことである。しかし、現実的な違いが生まれるような例は思い付かない。

関数の特殊化を用いることはあまりないが、まったくないわけではない。たとえば、引数を受け取らない複数の関数からの選択が行える：

```
template<typename T> T max_value();   // 定義がない

template<> constexpr int max_value<int>() { return INT_MAX; }
template<> constexpr char max_value<char>() { return CHAR_MAX; }
// ...

template<typename Iter>
Iter my_algo(Iter p)
{
   // 特殊化されたmax_value()をもつ型でのみ動作：
   auto x = max_value<Value_type<Iter>>();
   // ...
}
```

ここでは、型関数 `Value_type<>` を用いて、`Iter` が指すオブジェクトの型を取り出している（§24.4.2）。

多重定義によって、（大まかに）同等の効果を得るには、ダミーの（利用されない）引数を渡す必要がある。

```
int max2(int) { return INT_MAX; }
char max2(char) { return CHAR_MAX; }

template<typename Iter>
Iter my_algo2(Iter p)
{
   // 多重定義されたmax2()をもつ型でのみ動作：
   auto x = max2(Value_type<Iter>{});
   // ...
}
```

25.4 アドバイス

[1] テンプレートを活用して、型安全を向上させよう。§25.1。

[2] テンプレートを活用して、コードの抽象化レベルを引き上げよう。§25.1。

[3] テンプレートを活用して、型とアルゴリズムの柔軟で効率的なパラメータ化を実現しよう。§25.1。

[4] テンプレートの値実引数がコンパイル時定数でなければならないことを忘れないように。§25.2.2。

[5] 型実引数に関数オブジェクトを使って、“ポリシー”をもつ型とアルゴリズムのパラメータ化を実現しよう。§25.2.3。

[6] デフォルトのテンプレート引数を活用して、記述を単純にするとともに、簡単に利用できるようにしよう。§25.2.5。

[7] （配列などの）不規則な型に対しては、テンプレートを特殊化しよう。§25.3。

[8] 主要なケースを最適化するには、テンプレートを特殊化しよう。§25.3。

[9] 一次テンプレートは、すべての特殊化より先に定義しよう。§25.3.1.1。

[10] 特殊化は、すべての利用箇所で同一スコープに存在しなければならない。§25.3.1.1。

第 26 章　具現化

どんな複雑な問題にも答えがある、
明快でシンプルでそして間違った答えが。
― H・L・メンケン

26.1　はじめに

テンプレートの強力な機能の一つが、柔軟性が極めて高いコードを生成することだ。高品質なコードを生成するために、コンパイラは、次のコード（情報）を組み合わせて利用する。

・テンプレート定義とその字句環境
・テンプレート引数とその字句環境
・テンプレートを利用する環境

生成されるコードの性能は、これらの文脈を同時に考慮して、すべての情報を有効に利用できるように紡ぎ合わせるコンパイラの能力にかかっている。ここで、テンプレート定義のコードは、私たちが期待するほど局所化されない（他のものとすべて等しくなる）ことが問題となる。テンプレート定義内で利用した名前が何を表すのか、次のように混乱することがある：

・局所名か？
・テンプレート引数に対応する名前か？
・階層内の基底クラスがもつ名前か？
・名前をもつ名前空間がもつ名前か？
・広域名か？

本章では、このような**名前バインド**（*name binding*）に関する問題を解説し、プログラミングスタイルに与える影響を考察する。

- テンプレートは、§3.4.1 と §3.4.2 で紹介した。
- 第 23 章では、テンプレートと、テンプレート引数の利用について詳細に解説した。
- 第 24 章では、ジェネリックプログラミングとコンセプトの主要部分を解説した。
- 第 25 章では、クラステンプレートと関数テンプレートの詳細を解説し、特殊化の主要部分について解説した。
- 第 27 章では、（ジェネリックプログラミングとオブジェクト指向プログラミングをサポートする）テンプレートとクラス階層の関係を解説する。
- 第 28 章では、クラスと関数を生成する言語としてのテンプレートに焦点を当てる。
- 第 29 章では、言語機能とプログラミング技法を組み合わせる方法を提示する。

26.2 テンプレート具現化

テンプレート定義が与えられて、そのテンプレートを利用するにあたって、正しいコードを生成するのは、処理系の仕事だ。コンパイラは、クラステンプレートとテンプレート引数一式とから、クラスの定義と、プログラム内で利用されているメンバ関数の定義（実際に利用されているメンバ関数のみだ：§26.2.1）とを生成する。テンプレート関数とそのテンプレート引数一式からは、関数を生成する。この処理は、一般に**テンプレート具現化**（*template instantiation*）と呼ばれている。

生成されたクラスと関数は、**特殊化**（*specialization*）と呼ばれる。コンパイラが生成する特殊化と、プログラマが明示的に記述する特殊化を区別するために（§25.3）、前者を**生成された特殊化**（*generated specialization*）と呼び、後者を**明示的特殊化**（*explicit specialization*）と呼ぶ。なお、明示的特殊化は、**ユーザ定義特殊化**（*user-defined specialization*）、あるいは、**ユーザ特殊化**（*user specialization*）と呼ぶことが多い。

ある程度の規模のプログラムでテンプレートを利用する場合、プログラマはテンプレートの定義内で利用する名前が、宣言にどのようにバインドされるか、さらに、ソースコードがどのように構成されるのかを把握する必要がある（§23.7）。

デフォルトでは、コンパイラは名前バインドの規則にしたがって、テンプレートからクラスと関数を生成する（§26.3）。そのため、どのテンプレートのどのバージョンを生成する必要があるのかを、プログラマが明示的に記述する必要はない。プログラマにとって、テンプレートのどのバージョンが必要になるかを正確に知ることは容易ではないので、このことは重要だ。ライブラリの実装では、プログラマが聞いたこともないようなテンプレートを利用することも多く、プログラマが熟知するテンプレートであっても、知らない型が与えられることもある。たとえば、標準ライブラリの `map` は、赤黒木テンプレートとして実装されるが（§4.4.3, §31.4.3）、そのデータ型や処理は、特別な関心をもつユーザでなければ知らないものだ。一般に、生成された関数一式が分かるのは、アプリケーションコードライブラリで使われているテンプレートの再帰的な検証によってのみだ。この種の解析作業は、人間よりもコンピュータのほうがずっと得意だ。

その一方で、テンプレートからのコードを生成すべき位置をプログラマが指定できると、有用なこともある（§26.2.2）。そうすると、プログラマは具現化の文脈を細かく制御できるようになる。

26.2.1 具現化はいつ必要となるのか?

クラステンプレートの特殊化の生成は、そのクラスの定義が必要な場合だけに限定する必要がある（§iso.14.7.1）。ここで、クラスの実際の定義がなくても、そのクラスを指すポインタが宣言できることを思い出そう。たとえば：

```
class X;
X* p;     // ＯＫ：Xの定義は不要
X a;      // エラー：Xの定義は必要
```

テンプレートクラスを定義する際は、この区別が重要な意味をもつ。テンプレートクラスは、定義が実際に必要とならない限り、具現化されないからだ。たとえば：

```
template<typename T>
class Link {
    Link* suc;        // ＯＫ：Linkの定義は（まだ）不要
    // ...
};

Link<int>* pl;      // Link<int>の具現化は（まだ）不要

Link<int> lnk;      // ここではLink<int>の具現化が必要
```

テンプレートを利用した箇所が、具現化位置（§26.3.3）となる。

処理系がテンプレート関数を具現化するのは、その関数が実際に使われたときだけだ。ここで、“使われた”というのは、“呼び出された、あるいは、そのアドレスが取り出された”ということだ。すなわち、クラステンプレートの具現化では、そのクラスのすべてのメンバ関数が具現化されるとは限らない。そのため、プログラマは、テンプレートクラスの定義時に、価値ある高い柔軟性を駆使できるようになる。次の例を考えよう：

```
template<typename T>
class List {
    // ...
    void sort();
};

class Glob {
    // ... 比較演算子をもたない ...
};

void f(List<Glob>& lb, List<string>& ls)
{
    ls.sort();
    // ... lbに対する操作は行うが、lb.sort()は行わない ...
}
```

ここで、`List<string>::sort()` は具現化されるが、`List<Glob>::sort()` は具現化されない。生成コード量が削減されるし、プログラムの再設計などの必要もない。もし仮に `List<Glob>::sort()` が生成されると、`List::sort()` が必要とする処理を `Glob` に追加して、`sort()` が `List` のメンバとならないように再設計するか（それはそれでよい設計だが）、`Glob` を他のコンテナで表さなければならなくなる。

26.2.2 具現化の手動制御

テンプレートを具現化するために、ユーザが何らかの明示的な作業を行うことは、言語として要求されていない。しかし、ユーザが必要に応じて具現化を行うための2種類の仕組みが提供されている。ユーザが必要とするのは、以下のようなときだ：

・重複した冗長な具現化を排除することで、コンパイルとリンクの処理を最適化したいとき。
・複雑な名前バインドの文脈における予想外の具現化を排除するために、具現化位置を厳密に把握したいとき。

明示的具現化要求（単に**明示的具現化**（*explicit instantiation*）と呼ぶことが多い）は、キーワード template を先頭に置いた（その直後に < が続かない）特殊化の宣言だ：

```
template class vector<int>;                      // クラス
template int& vector<int>::operator[](int);      // メンバ関数
template int convert<int,double>(double);        // 非メンバ関数
```

テンプレート宣言が template< で始まるのに対して、単なる template は、具現化要求の開始である。先頭の template は、宣言全体に対するものであって、名前だけに対するものではないことに注意しよう：

```
template vector<int>::operator[];  // 構文エラー
template convert<int,double>;      // 構文エラー
```

テンプレート関数の呼出しと同様に、関数の引数から導出できるテンプレート引数は、省略可能である（§23.5.1）。たとえば：

```
template int convert<int,double>(double);      // ＯＫ（冗長）
template int convert<int>(double);             // ＯＫ
```

クラステンプレートを明示的に具現化すると、すべてのメンバ関数が具現化される。

具現化要求が、リンク時の効率と再コンパイルの効率に大きな影響を与えることがある。私は、テンプレートの具現化の大部分を1個のコンパイル単位にまとめることによって、コンパイル時間を数時間から数分に短縮できた実例を見たことがある。

同じ特殊化に対する定義が二つ存在すると、エラーになる。これは、ユーザ定義特殊化（§25.3）と、暗黙裏に生成される特殊化（§23.2.2）と、明示的に要求された特殊化の、いずれで行われるのかとは無関係だ。しかし、複数のコンパイル単位にまたがった具現化重複の診断は、コンパイラに要求されていない。そのため、冗長な具現化を無視することで、明示的具現化を用いたライブラリを使ったプログラム構築時に発生する問題を回避するような、賢い処理系が実現できるようになる。しかし、処理系が賢いことは要求されていない。“それほど賢くない”処理系のユーザは、具現化の重複を自力で回避しなければならない。回避できないときに発生し得る最悪の事態は、プログラムがリンクできないことだ。コードの意味が暗黙のうちに変更されるようなことはないからだ。

明示的具現化要求を補うために、明示的に具現化しないことを要求する機能が、言語によって提供されている（これは extern template と呼ばれる）。その分かりやすい利用法は、特殊化のための明示的具現化を一箇所で行っておき、他の翻訳単位では extern template を用いるという

ものだ。これは、定義は一箇所で、宣言は多数という、古くからの考え方（§15.2.3）を反映したものである。たとえば：

```
#include "MyVector.h"
extern template class MyVector<int>;    // 暗黙の具現化を抑制
                                        // 別の箇所で明示的に具現化されている
void foo(MyVector<int>& v)
{
   // ... ここでMyVectorを利用 ...
}
```

コメント中に書かれている“別の箇所”は、次のようになる：

```
#include "MyVector.h"
template class MyVector<int>;  // この翻訳単位の中で具現化し、その具現化位置を利用
```

明示的具現化は、クラスの全メンバの特殊化を生成するだけでなく、具現化位置を一つだけ決定する。そのため、他の具現化位置（§26.3.3）は無視できるようになる。その応用例の一つが、明示的具現化を共有ライブラリに置くことだ。

26.3 名前バインド

非局所的な情報への依存性を最小限に抑えるには、テンプレート関数を定義するとよい。というのも、テンプレートは、未知の型に基づいて、未知の文脈中で利用される関数やクラスを生成するために使うものだからだ。分かりにくい文脈依存性は、ある人にとっては、問題を表面化させるものとなる。その一方で、テンプレート実装の詳細などは知りたくない、という人もいる。広域名は可能な限り避けるべきであるという一般則は、テンプレートコードにおいても極めて重要だ。そのため、テンプレート定義はできるだけ自己完結的にし、さらに、広域的な文脈にするようなものの多く（その一例が特性：§28.2.4，§33.1.3）をテンプレート引数として提供するように努めることになる。テンプレート引数の従属性は、コンセプトによって明文化すべきだ（§24.3）。

しかし、テンプレートの形態をエレガントに実現しようとすると、非局所名の利用が避けられないことも珍しくない。たとえば、たった一つの自己完結的な関数を書くのではなく、互いに協調する一連のテンプレート関数を書くほうが普通だ。そのような関数は、クラスメンバとなることもあるし、非局所関数が最適となることもある。その典型例が、sort() 中からの swap() と less() の呼出しである（§25.3.4）。標準ライブラリのアルゴリズムは、サンプルの宝庫だ（第 32 章）。何かを非局所とする必要がある場合は、広域スコープではなくて、名前付き名前空間に置くべきである。そうすると、多少なりの局所性が保てる。

この他にも、テンプレート定義で非局所名を使う例としては、+ や * や [] や sort() のような、一般的な名前とセマンティクスがある。次の例を考えよう：

```
bool tracing;

template<typename T>
T sum(std::vector<T>& v)
{
   T t {};
```

```
    if (tracing)
        cerr << "sum(" << &v << ")\n";
    for (int i = 0; i!=v.size(); ++i)
        t = t + v[i];
    return t;
}
// ...

#include<quad.h>

void f(std::vector<Quad>& v)
{
    Quad c = sum(v);
}
```

一見すると問題なく見えるテンプレート関数 **sum()** だが、その定義内では明示されていない、**tracing**、**cerr**、**+** 演算子などの名前に依存している。この例での **+** は、**<quad.h>** 内で定義されているものだ：

```
Quad operator+(Quad,Quad);
```

重要なのは、**sum()** の定義位置では **Quad** に関するものがスコープ内にまったく存在しないことと、**sum()** の開発者は **Quad** クラスについて既知であることを前提にできないことだ。特に、プログラムテキストにおいて、**+** は、**sum()** よりも後方で定義される可能性があるし、さらには、事後で定義される可能性もある。

明示的なのか暗黙的なのかとは関係なく、テンプレート内で利用した名前ごとに宣言を検出する処理のことを、**名前バインド**（*name binding*）という。テンプレートの名前バインドに関する一般的な問題点は、テンプレート具現化に以下の３種類の文脈があって、それらが明確には分離できないことだ：

[1] テンプレート定義の文脈

[2] 引数型の宣言の文脈

[3] テンプレートを利用する文脈

関数テンプレートの定義時は、その定義が、テンプレート利用時の環境で“想定外のもの”を選択せずに、適切な実引数を選択するのに十分な文脈となることを保証したいものだ。そうすると、テンプレート定義で利用する名前は、言語上、以下の２種類に分類できる：

[1] **従属名**（*dependent name*）：テンプレート引数に依存する名前であって、具現化位置でバインドされる（§26.3.3）。**sum()** の例では、**+** の定義は具現化の文脈中で検出される。というのも、テンプレート引数型のオペランドを受け取るからだ。

[2] **非従属名**（*nondependent name*）：テンプレート引数に依存しない名前。テンプレート定義時にバインドされる（§26.3.2）。**sum()** の例では、**vector** テンプレートが標準ヘッダ **<vector>** で定義されていて、コンパイラが **sum()** の定義を見つけたときに、論理値の **tracing** がスコープ内に入って見つけられる。

従属名と非従属名のいずれも、利用位置でスコープ内に入るか、あるいは、実引数依存探索（ADL：§14.2.4）によって検出されなければならない。

以降の節では、テンプレート定義中の従属名と非従属名が、特殊化においてどのようにバインドされるかといった重要な技術的詳細に踏み込んでいく。完全な解説については、§iso.14.6 を参照しよう。

26.3.1 従属名

“N はテンプレート引数 T に従属する”という単純な定義は、“N は T のメンバである”ともいえる。残念ながら、これでは完全ではない。Quad の追加（§26.3）が、そのよい例だ。

以下の条件の一方のみが成立したときに、その関数呼出しは、テンプレート引数に**従属している**（*depend on*）と表現する。

[1] 実引数の型が、型導出規則（§23.5.2）にしたがった上で、テンプレート引数 T に従属すること。たとえば、f(T(1))、f(t)、f(g(t))、f(&t) は、t が T であると仮定する。

[2] 呼び出された関数が、型導出規則（§23.5.2）にしたがった上で、T に従属する引数をもつこと。たとえば、f(T)、f(list<T>&)、f(const T*) などだ。

基本的に、呼び出された関数の名前は、実引数や仮引数から依存性が見た目で明白であれば、従属名だ。たとえば：

```
template<typename T>
int f(T a)
{
  return g(a);          // ＯＫ：aは従属名なのでgもそうなる
}

class Quad { /* ... */ };
int g(Quad);

int z = f(Quad{2});     // fのgはg(Quad)にバインドされる
```

渡している引数がテンプレートの実引数の型に偶然一致する関数呼出しは、従属名ではない。

```
class Quad { /* ... */ };

template<typename T>
int ff(T a)
{
  return gg(Quad{1});  // エラー：gg()はスコープになくgg(Quad{1})はTに従属していない
}

int gg(Quad);

int zz = ff(Quad{2});
```

もし gg(Quad{1}) を従属名とみなしてしまうと、その意味は、テンプレート定義の読み手にとって、まったく理解不能なものとなってしまう。プログラマが、gg(Quad) が呼び出されるようにしたければ、gg(Quad) の宣言を、ff() の定義よりも前に置くべきだ。そうすると、ff() を解析する時点でちゃんと gg(Quad) がスコープに入る。これは、非テンプレート関数の定義の場合と、まったく同じ要領だ（§26.3.2）。

デフォルトで、従属名は、型以外のものに対する名前であると仮定される。そのため、従属名を型として利用するためには、キーワード typename を用いて明示する必要がある。たとえば：

```
template<typename Container>
void fct(Container& c)
{
   Container::value_type v1 = c[7]; // 構文エラー：value_typeは非型の名前と仮定される
   typename Container::value_type v2 = c[9];  // ＯＫ：value_typeは型名と仮定される
   auto v3 = c[11];                           // ＯＫ：コンパイラに解決させる
   // ...
}
```

不格好なtypenameは、型別名（§23.6）を利用すると除去できる。たとえば：

```
template<typename T>
using Value_type = typename T::value_type;

template<typename Container>
void fct2(Container& c)
{
   Value_type<Container> v1 = c[7]; // ＯＫ
   // ...
}
```

同様に、.（ドット）と->と::の後ろにメンバテンプレートを記述する場合も、templateが必要だ。たとえば：

```
class Pool {   // 何らかのアロケータ
public:
   template<typename T> T* get();
   template<typename T> void release(T*);
   // ...
};

template<typename Alloc>
void f(Alloc& all)
{
   int* p1 = all.get<int>();         // 構文エラー：getは非テンプレートに名前を与えると仮定される
   int* p2 = all.template get<int>();  // ＯＫ：get()はテンプレート名と仮定される
   // ...
}

void user(Pool& pool)
{
   f(pool);
   // ...
}
```

名前が型であることを表すtypenameとは違い、名前がテンプレートであることを表すtemplateは、あまり使われない。なお、これらのキーワードを置く場所が違うことに注意しよう。typenameは修飾される名前より前で、templateはテンプレート名の直前だ。

26.3.2 定義位置でのバインド

コンパイラがテンプレート定義を見つけたら、どれが従属名かを判断する（§26.3.1）。ある名前が従属名であれば、その宣言を探す処理を、具現化時まで遅らせる（§26.3.3）。

テンプレート引数に従属しない名前は、テンプレート外部の名前と同じように処理する。なお、それらの名前は、定義位置でスコープに入っていなければならない（§6.3.4）。たとえば：

```
int x;
```

```
template<typename T>
T f(T a)
{
   ++x;        // ＯＫ：xはスコープに入っている
   ++y;        // エラー：スコープ中にyはないし、yはTに従属していない
   return a;   // ＯＫ：aは従属名
}

int y;

int z = f(2);
```

一つの宣言が見つかった時点で、その宣言が利用される。これは、"もっとよい"宣言が、後で見つかる可能性があるにもかかわらず行われる。たとえば：

```
void g(double);
void g2(double);

template<typename T>
int ff(T a)
{
   g2(2);     // g2(double)を呼び出す
   g3(2);     // エラー：スコープ中にg3()はない
   g(a);      // g(double)を呼び出す；g(int)はスコープに入ってない
   // ...
}

void g(int);
void g3(int);

int x = ff(5);
```

ここで、`ff(5)` は、`g(double)` を呼び出す。`g(int)` の定義は、考慮すべき場所よりも後ろとみなされる。`ff()` がテンプレートではない場合や、`g` が名前の付いた変数である場合と同じ扱いだ。

26.3.3 具現化位置でのバインド

従属名（§26.3.1）の意味を判断する文脈は、引数一式を伴うテンプレートの利用によって決定する。これは、その特殊化を行う**具現化位置**（*point of instantiation*）と呼ばれる（§iso.14.6.4.1）。引数一式を与えられてテンプレートが利用されるたびに、具現化位置が決定される。関数テンプレートの場合、その利用を囲んでいる直近の広域スコープあるいは名前空間スコープ中における、その利用を含んでいる宣言の直後が具現化位置となる。たとえば：

```
void g(int);

template<typename T>
void f(T a)
{
   g(a);     // gは具現化位置でバインドされる
}

void h(int i)
{
   extern void g(double);
   f(i);
}
// f<int>の具現化位置
```

26
具現化

f<int>() の具現化位置は、h() の外側だ。f() の中で呼び出されている g() が、局所的な g(double) ではなく、広域的な g(int) となることが保証されることが重要だ。テンプレート定義内で修飾されずに使われている名前は、局所名にはバインドされない。極めて見苦しいマクロのような振舞いを防ぐには、局所名は無視することが重要となる。

再帰呼出しを可能にするために、関数テンプレートの具現化位置は、それを具現化する宣言の後ろとなる。たとえば：

```
void g(int);

template<typename T>
void f(T a)
{
   g(a);                    // gは具現化位置でバインドされる
   if (a>1) h(T(a-1));      // hは具現化位置でバインドされる
}

enum Count { one=1, two, three };
void h(Count i)
{
   f(i);
}
// f<int>の具現化位置
```

（間接的な再帰である）h(T(a-1)) の呼出しができるのは、具現化位置が、h() の定義よりも後ろとなるからだ。

テンプレートクラスとクラスメンバの具現化位置は、その利用を含む宣言のすぐ前である。

```
template<typename T>
class Container {
   vector<T> v;          // 要素
public:
   void sort();          // 要素をソート
   // ...
};

// Container<int>の具現化位置
void f()
{
   Container<int> c;     // 利用位置
   c.sort();
}
```

もし仮に、具現化位置が f() の後方であれば、c.sort() の呼出しは、Container<int> の定義を見つけられなくなる。

テンプレート引数が従属性を明示するので、テンプレートコードについて考えやすくなるし、局所情報にアクセスできるようになる。たとえば：

```
void fff()
{
   struct S { int a,b; };
   vector<S> vs;
   // ...
}
```

ここで S は局所名だが、その名前を vector の定義中に埋め込むのではなく、明示的な引数として使っているので、想定外の結果となることもない。

さて、テンプレート定義から非局所名を完全に排除してはどうだろう？　そうすれば名前探索にまつわる技術的な問題が、間違いなく解決できるだろう。しかし、通常の関数やクラス定義と同じように、そこでは“別の関数や型”を利用する必要がある。すべての従属性を引数に押し付けると、極めて見苦しいコードになってしまう。たとえば：

```
template<typename T>
void print_sorted(vector<T>& v)
{
    sort(v.begin(),v.end());
    for (const auto& x : v)
        cout << x << '\n';
}

void use(vector<string>& vec)
{
    // ...
    print_sorted(vec);  // std::sortを使ってソートした後にstd::coutを使って表示
}
```

ここでは、ちょうど2個の非局所名（sortとcout：いずれも標準ライブラリ）を利用している。これを排除するため、引数を追加してみよう：

```
template<typename T, typename S>
void print_sorted(vector<T>& v, S sort, ostream& os)
{
    sort(v.begin(),v.end());
    for (const auto& x : v)
        os << x << '\n';
}

void fct(vector<string>& vec)
{
    // ...
    using Iter = decltype(vec.begin());   // vecの反復子型
    print_sorted(vec,std::sort<Iter>,std::cout);
}
```

この小さな例では、広域名coutへの依存性排除の利点を数多くあげられる。しかし、一般には、sort()の例で示したように、理解しやすくなるという必然性がないのに引数を追加しても、コードの冗長性が大幅に増加するだけだ。

また、仮に、テンプレートの名前のバインド規則が、非テンプレートコードの規則よりも制限が著しく厳しければ、テンプレートコードの開発技術は、非テンプレートコードのものとは完全に別のものになるだろう。そうすると、テンプレートコードと非テンプレートコードは、単純かつ自由に相互運用できなくなってしまう。

26.3.4 複数の具現化位置

テンプレートの特殊化は、以下の三つの時点で生成される：

- すべての具現化位置（§26.3.3）
- 同一翻訳単位内での具現化位置に続く箇所
- 特殊化の生成のために特別に作られた翻訳単位の中

これらは、次に示す3種類の分かりやすい方針を反映したものであり、処理系はこの方針に基づいて特殊化を生成する：

[1] 最初の呼出しを検出したときに特殊化を生成する。

[2] 翻訳単位の末尾で、その翻訳単位に必要なすべての特殊化を生成する。

[3] プログラムのすべての翻訳単位の解析を終えた時点で、そのプログラムに必要なすべての特殊化を生成する。

これら3種類の方針には、それぞれに長所短所があり、組合せも可能だ。

そのため、あるテンプレートが、同一の引数一式を伴って複数箇所で利用された場合、複数の具現化位置が生まれることになる。具現化位置によって意味が変わる可能性があるプログラムは、不正だ。すなわち、従属名や非従属名のバインドが変わる可能性があれば、そのプログラムは不正である。たとえば：

```
void f(int);             // ここでintを取り上げる

namespace N {
   class X {};
   char g(X,int);
}

template<typename T>
char ff(T t, double d)
{
   f(d);                     // fはf(int)にバインドされる
   return g(t,d);            // gはg(X,int)にバインドされるはず
}

auto x1 = ff(N::X{},1.1);    // ff<N::X,double>のこと。1.1を1に縮小変換すれば
                             // gはN::g(X,int)にバインド可能

namespace N {                // doubleを取り上げるためにNを再オープン
   double g(X,double);
}

auto x2 = ff(N::X{},2.2);    // ff<N::X,double>のこと。
                             // gはN::g(X,double)にバインドされる。最適一致
```

`ff()`に対して、2箇所の具現化位置がある。最初の呼出しに対しては、`x1`の初期化時に特殊化が生成された上で、`g(N::X,int)`が呼び出されることが考えられる。一方、そこでは生成せず、翻訳単位の末尾で特殊化が生成されて、`g(N::X,double)`が呼び出されることも考えられる。その結果、`ff(N::X{},1.1)`の呼出しはエラーとなる。

多重定義された関数を、2箇所の宣言と宣言のあいだで呼び出す、というのは不注意なプログラミングである。しかし、大規模なプログラムだと、そのような問題点があることは、いうまでもない。ここに示した特殊な例では、コンパイラが曖昧さを検出できるかもしれない。しかし、同様の問題は、翻訳単位にまたがって発生することもあり、その場合、（コンパイラにとってもプログラマにとっても）検出はずっと困難になる。この種の問題の検出は、処理系には求められていない。

想定外の名前のバインドを避けるには、テンプレート内の文脈依存性を制限することだ。

26.3.5 テンプレートと名前空間

関数が呼び出されたとき、その宣言がスコープになくても、その関数は、どれか一つの引数と同一の名前空間で宣言されているかのように扱われる（§14.2.4）。このことは、テンプレート定義の中で呼び出される関数にとって重要だ。というのも、従属関数が具現化時に検出されるからだ。従属名は、以下の両者を探索してバインドされる（§iso.14.6.4.2）：

[1] テンプレート定義箇所のスコープ内に存在する名前

[2] 従属する関数呼出しにおける、1個の引数の名前空間に存在する名前（§14.2.4）

たとえば：

```
namespace N {
   class A { /* ... */ };
   char f(A);
}

char f(int);

template<typename T>
char g(T t)
{
   return f(t);         // Tの従属先に基づいてf()を選択
}

char f(double);

char c1 = g(N::A());   // N::f(N::A)が呼び出されることになる
char c2 = g(2);        // f(int)が呼び出されることになる
char c3 = g(2.1);      // f(int)が呼び出されることになる。f(double)は考慮されない
```

ここで、`f(t)` は明らかに従属呼出しなので、定義位置では `f` をバインドできない。`g<N::A>(N::A)` の特殊化を生成するために、処理系は、名前空間 `N` 内から関数 `f()` を探索して `N::f(N::A)` を見つけ出す。

`f(int)` が見つかるのは、テンプレートの定義位置でスコープに入るためだ。一方、`f(double)` は見つけられない。テンプレートの定義位置でスコープに入っていない（§iso.14.6.4.1）し、実引数依存探索（§14.2.4）が、引数として組込み型だけを受け取る広域関数を対象としないからだ。この点を忘れやすいことは、私も承知している。

26.3.6 過剰なADL

実引数依存探索（ADLと呼ばれることが多い）は、冗長性の排除に極めて有用だ（§14.2.4）。たとえば：

```
#include <valarray>    // 注意："using namespace std;"がない

valarray<double> fct(valarray<double> v1, valarray<double> v2, double d)
{
   return v1+d*v2;    // ADLのおかげでＯＫ
}
```

実引数依存探索がなければ、`valarray` の加算演算子 `+` は見つけられない。実際には、コンパイラは、`+` に渡す先頭引数が `std` 内の `valarray` であることが分かるので、`+` を `std` から探索して、その結果（`<valarray>` 内で）見つけ出す。

しかし、自由奔放なテンプレートが組み合わさると、ADLでは“あまりにも過剰”になってしまう。たとえば：

```
#include<vector>
#include<algorithm>
// ...

namespace User {
   class Customer { /* ... */ };
   using Index = std::vector<Customer*>;

   void copy(const Index&, Index&, int deep);  // deepの値によって深いコピーと
                                               // 浅いコピーのいずれかを行う

   void algo(Index& x, Index& y)
   {
      // ...
      copy(x,y,false);  // エラー
   }
}
```

Userの開発者は、User::algo()の中でUser::copy()を呼び出そうとしている、と推測するかもしれない。しかし、実際にはそうならない。コンパイラは、Indexの正体がstd内で定義されたvectorであることが分かるので、std内から関連する関数を探索する。その結果、<algorithm>内に次のものを見つけ出す：

```
template<typename In, typename Out>
Out copy(In,In,Out);
```

いうまでもなく、この汎用テンプレートは、copy(x,y,false)と完全に一致する。その一方で、User内のcopy()は、boolからintへの変換を伴わないと呼び出せない。ここに示したコンパイラの解決は、多くのプログラマにとって意外なものであって、極めて分かりにくいバグにつながる。完全に一般化されたテンプレートを検出するためのADLの利用は、ほぼ間違いなく言語の設計上の誤りだ。その結果、std::copy()は反復子のペアを要求することになる（たとえば2個のIndexといった感じで、同一型引数を単に2個与えるだけではすまない）。標準には明記されているが、コードはそうなっていない。この種の問題の多くは、コンセプト（§24.3, §24.3.2）を使うと解決できる。たとえば、仮に、std::copy()が2種類の反復子を必要とすることをコンパイラが知っていれば、エラーは分かりにくくならないだろう：

```
template<typename In, typename Out>
Out copy(In p1, In p2, Out q)
{
   static_assert(Input_iterator<In>(),
                 "copy(): In is not an input iterator");
   static_assert(Output_iterator<Out>(),
                 ":copy(): Out is not an output iterator");
   static_assert(Assignable<Value_type<Out>,Value_type<In>>(),
                 "copy(): value type mismatch");
   // ...
}
```

それよりも、std::copy()が有効な候補ではないことをコンパイラが分かれば、User::copy()

が実行される。たとえば（§28.4）：

```
template<typename In, typename Out,
         typename = Enable_if<Input_iterator<In>()
                              && Output_iterator<Out>()
                              && Assignable<Value_type<Out>,Value_type<In>>()>>
Out copy(In p1, In p2, Out q)
{
   // ...
}
```

残念ながら、この種のテンプレートの多くは、ユーザが変更できない（標準ライブラリなどの）ライブラリ内に存在する。

型の定義を含むヘッダの中に、完全に一般化された（制約が一切ない）関数テンプレートを置かないようにするというのは、よいアイディアではあるものの、現実的には困難だ。もし置く必要があれば、制約判定によって保護すべきだ。

問題を引き起こすような、制約がないテンプレートがライブラリに存在する場合、ユーザはどう対処すればいいだろう？　関数がどの名前空間内に存在するかが分かっていることは多いので、それを明示すればよい。たとえば：

```
void User::algo(Index& x, Index& y)
{
   User::copy(x,y,false);    // OK
   // ...
   std::swap(*x[i],*x[j]);  // OK：std::swapのみが考慮される
}
```

どの名前空間を利用するかを明示したくなくて、多重定義された関数中のある特定のバージョンが考慮されるようにしたいのであれば、using 宣言を用いるとよい（§14.2.2）。たとえば：

```
template<typename Range, typename Op>
void apply(const Range& r, Op f)
{
   using std::begin;
   using std::end;
   for (auto& x : r)
      f(x);
}
```

これで、（Range が begin() と end() というメンバをもたない限り：§9.5.1）標準の begin() と end() が、Range を走査する範囲 for に適用する多重定義の集まりに加えられる。

26.3.7 基底クラス内の名前

クラステンプレートに基底クラスが存在する場合は、そのテンプレートから基底内の名前を利用できる。他の名前と同様に、次の二つの場合がある：

- 基底クラスがテンプレート引数に従属する。
- 基底クラスはテンプレート引数に従属しない。

後者の場合は単純だ。テンプレートではないクラス内の基底クラスのときと、まったく同じように扱える。たとえば：

```
void g(int);

struct B {
   void g(char);
   void h(char);
};

template<typename T>
class X : public B {
public:
   void h(int);
   void f()
   {
      g(2);     // B::g(char)を呼び出す
      h(2);     // X::h(int)を呼び出す
   }
   // ...
};
```

例によって、局所名は他の名前を隠すので、B::h(char) が考慮されることなく、h(2) は X::h(int) にバインドされる。同様に、呼出し g(2) は、X の外部で宣言された関数が考慮されることなく、B::g(char) にバインドされる。すなわち、広域の g() は、まったく考慮されない。

テンプレート引数に従属する基底クラスでは、もう少し注意が必要だ。プログラマが期待することの明示が必要だ。たとえば：

```
void g(int);

struct B {
   void g(char);
   void h(char);
};

template<typename T>
class X : public T {
public:
   void f()
   {
      g(2);     // ::g(int)を呼び出す
   }
   // ...
};

void h(X<B> x)
{
   x.f();
}
```

先ほどの例と違って、g(2) が B::g(char) を呼び出さないのはどうしてだろうか？　それは、g(2) がテンプレート引数 T に従属していないからだ。その結果、バインドは、定義位置で行われる。テンプレート引数 T からの名前（基底クラスとして利用されることになる名前）は、（まだ）既知ではないので、考慮の対象から外れる。従属クラス内の名前も考慮の対象にしたければ、従属関係を明らかにする必要がある。それには三つの方法がある：

・従属型によって名前を修飾する（たとえば T::g など）。
・名前がそのクラスのオブジェクトを表すことを明示する（たとえば this->g など）。
・using 宣言によって名前をスコープに導入する（たとえば using T::g など）。

たとえば、以下のようになる：

```
void g(int);
void g2(int);

struct B {
   using Type = int;
   void g(char);
   void g2(char);
};

template<typename T>
class X : public T {
public:
   typename T::Type m;   // ＯＫ
   Type m2;              // エラー（スコープ中にTypeはない）

   using T::g2();        // T::g2()をスコープに入れる

   void f()
   {
      this->g(2);        // T::gを呼び出す
      g(2);              // ::g(int)を呼び出す；驚いたかな？
      g2(2);             // T::g2を呼び出す
   }
   // ...
};

void h(X<B> x)
{
   x.f();
}
```

引数 T に渡される実引数（ここでは B）が、必要とされている名前をもっているかどうかが分かるのは、具現化位置だけだ。

基底から引き継いだ名前を修飾するのは忘れやすいし、修飾したコードは、少々冗長で見苦しくなるものだ。しかし、別の方法を使うと、テンプレートクラス内の名前が基底クラスメンバにバインドされることがあり得るし、テンプレート引数に従属した広域的な実体にバインドされる可能性もある。いずれも理想的とはいえない。それに、言語仕様は、テンプレート定義は可能な限り自己完結的であるべきだという経験則をサポートしている（§26.3）。

テンプレートの従属する基底メンバへのアクセスを修飾するのは、面倒だ。しかし、明示的な修飾は、保守作業の手助けとなる。最初にコードを書く際に、タイプ量が増えることを必要以上に面倒と考えないようにしよう。この問題が起こりやすいのは、クラス階層全体をテンプレート化した場合だ。たとえば：

乱させる。オブジェクト指向のプログラマは、インタフェースを個別のクラスとする、クラス階層（型階層）の設計に集中する傾向がある（第21章）。一方、ジェネリックのプログラマは、多数の型に適応できるインタフェースを提供するテンプレート引数のための、コンセプトを伴うアルゴリズムの設計に集中する傾向がある（第24章）。プログラマにとっての理想は、これら二つの手法を身に付けて、必要に応じて使い分けられるようになっておくことだ。多くの場合で、両者を活用したものが最適な設計となる。たとえば、vector<Shape*>は、実行時多相な（オブジェクト指向）階層（§3.2.4）からの要素を保持している、コンパイル時多相（ジェネリック）なコンテナだ。

一般に、優れたオブジェクト指向プログラミングでは、優れたジェネリックプログラミングよりも、将来を見通す力が求められる。基底クラスで定義されたインタフェースを、階層内のすべての型が明示的に共有するからだ。テンプレートでは、そのコンセプトを満たすものであれば、たとえ共通性が明示的に宣言されていなくても任意の型を受け取れる。たとえば、（§3.4.2, §24.2, §40.6.1で示している）accumulate()は、要素の型やシーケンスの型に関連性を宣言していないにもかかわらず、intのvectorも、complex<double>のlistも受け取れる。

27.2 パラメータ化と階層

§4.4.1や§27.2.2で示しているように、テンプレートとクラス階層の組合せは、数多くの有用な技法の基礎となっている。それでは、次のことを考えてみよう：

・クラステンプレートを採用するのはどんなときか？
・クラス階層を前提とするのはどんなときか？

これらの点を、やや単純化して抽象化した観点から考えてみよう：

```
template<typename X>
class Ct {          // パラメータに関して表現されたインタフェース
   X mem;
public:
   X f();
   int g();
   void h(X);
};

template<>
class Ct<A> {       // 特殊化（Aに対する）
   A* mem;          // 内部表現は一次テンプレートと区別できる
public:
   A f();
   int g();
   void h(A);
   void k(int);     // 追加された機能
};

Ct<A> cta;          // Aに対する特殊化
Ct<B> ctb;          // Bに対する特殊化
```

Ct<A>とCt<B>の実装を利用すると、変数ctaとctbに対して、f()、g()、h()を実行できる。ここでは、一次テンプレートが提供する内容とは異なる実装ができることと、機能を追加した実装ができることを示すため、明示的特殊化（§23.5.3.4）を用いた。機能を追加しないような、もっと単純な例は、すでに数多く示している。

さて、階層を用いて、大まかに等価な内容を実装すると、次のようになる。

```
class X {
   // ...
};

class Cx {                    // スコープ中の型に関して表現されたインタフェース
   X mem;
public:
   virtual X& f();
   virtual int g();
   virtual void h(X&);
};

class DA : public Cx {        // 派生クラス
public:
   X& f();
   int g();
   void h(X&);
};

class DB : public Cx {        // 派生クラス
   DB* p;                     // 内部表現は基本クラスが提供するものから拡張できる
public:
   X& f();
   int g();
   void h(X&);
   void k(int);               // 機能を追加
};

Cx& cxa {*new DA};            // cxaはDAに対するインタフェース
Cx& cxb {*new DB};            // cxbはDBに対するインタフェース
```

DAとDBの実装を利用すると、変数cxaとcxbに対して、f()、g()、h()を実行できる。実行時多相の動作を得るためには、ポインタや参照を介して派生クラスオブジェクトを操作しなければならないので、この階層版では、参照を使っている。

二つのサンプルは、いずれも、共通する処理一式を共有するオブジェクトを操作している。ここに示した、単純化して抽象化した観点から、以下のことが分かる：

- 生成されたクラスや派生クラスへのインタフェースが必要とされる型が異なる場合、テンプレートのほうが有利である。派生クラス用のインタフェースを、基底クラスを介してアクセスできるようにするには、何らかの形での明示的キャスト（§22.2）が必要となってしまう。
- 生成されたクラスや派生クラスへのインタフェースの実装が、引数のみが異なるか、ごく少数の特殊な場合のみ異なるのであれば、テンプレートのほうが有利である。変則的な実装であれば、派生クラスと特殊化のどちらでも表現できる。
- 利用するオブジェクトの実際の型がコンパイル時に特定できなければ、クラス階層が必須である。
- 生成されたクラスや派生クラスのあいだに階層的な関係が必要であれば、クラス階層のほうが有利である。基底クラスが共通インタフェースを提供するからだ。テンプレートの特殊化間の変換は、プログラマが明示的に定義しなければならない（§27.2.2）。

・空き領域（§11.2）の明示的な利用が望ましくない場合は、テンプレートのほうが有利である。
・処理のインライン化など、実行時効率が極めて重要であれば、テンプレートを利用すべきである（階層を効果的に利用する際は、ポインタあるいは参照が必須であって、インライン化できないからだ）。

基底クラスを最小限に抑えた上で型安全を維持するのは、困難を伴うことがある。派生クラスに対して変化を与えないような既存型によってインタフェースを表現するのも、困難を伴うことがある。その結果は、制約が多すぎるか、少なすぎるかの妥協となることが多い（ここで、多すぎる制約とは、すべての派生クラスが“常に”実装しなければならない“豊富なインタフェース”をもつ`X`クラスを選択した場合などである。また、少なすぎる制約とは、`void*`や最小限の`Object*`を利用した場合などである）。

テンプレートとクラス階層を組み合わせると、設計上の選択肢が生まれるし、単独では実現できないほどの柔軟性が得られる。たとえば、基底クラスを指すポインタは、実行時多相性（§3.2.4）を提供するテンプレート引数として利用できるし、テンプレート引数は基底クラスの型安全（§26.3.7，§27.3.1）を提供するインタフェースの指定に利用できる。

なお、`virtual`関数テンプレートを作成するようなことはできない（§23.4.6.2）。

27.2.1 型の生成

クラステンプレートは、特定の型を作る方法の仕様であると理解すると有用だ。換言すると、テンプレートの実装は、必要になったときに、仕様に基づいて型を生成するメカニズムである。そのため、クラステンプレートは、**型生成器**（*type generator*）とも呼ばれる。

C++ 言語規則に関する限り、同じクラステンプレートから生成した二つのクラスには何の関係もない。たとえば：

```
class Shape {
    // ...
};

class Circle : public Shape {
    // ...
};
```

これらの宣言が与えられると、`set<Circle>`と`set<Shape>`に継承関係がある、あるいは、少なくとも`set<Circle*>`と`set<Shape*>`に継承関係があるに違いないと考える人もいるようだ。これは、「`Circle`は`Shape`の一種であるので、`Circle`の集合は`Shape`の集合の一種でもある。その結果、`Circle`の集合を`Shape`の集合の一種として利用できるに違いない」という誤った考えに基づいた、論理的に大きな誤りである。この考えの中の“その結果”の部分は、成立しない。というのも、`Circle`の集合は、その要素が`Circle`であることを保証する一方で、`Shape`の集合ではその保証がないからである。たとえば：

```
class Triangle : public Shape {
    // ...
};

void f(set<Shape*>& s)
{
    // ...
    s.insert(new Triangle{p1,p2,p3});
}

void g(set<Circle*>& s)
{
    f(s);  // エラー、型の不一致：sはset<Circle*>であってset<Shape*>ではない
}
```

これはコンパイルできない。set<Circle*>& から set<Shape*>& への組込み変換が存在しないからである。もちろん、この変換は、あってはならないものだ。set<Circle*> の要素は Circle であることが保証されるので、半径の決定などの Circle 固有の処理を、集合の要素に対して安全かつ効率よく適用できる。もし set<Circle*> を set<Shape*> として処理できるようになってしまったら、この保証が維持できなくなる。たとえば、f() は、その引数である set<Shape*> に対して Triangle* を挿入している。もし set<Shape*> が set<Circle*> になってしまうと、set<Circle*> は、Circle* だけを格納できるという基礎的な保証が覆されてしまう。

論理的には、変更不可の set<Circle*> は、同じく変更不可の set<Shape*> としても扱えるともいえる。内容を変更できなければ、不適切な要素を集合に挿入するといった事態が発生しないからだ。すなわち、const set<const Circle*> から const set<const Shape*> への変換は提供できるはずである。言語としては、デフォルトではこれを認めていないが、set の開発者であれば可能だ。

配列と基底クラスの組合せは、極めて見苦しい。というのも、コンテナは型安全だが、組込み配列はそうではないからだ。たとえば：

```
void maul(Shape* p, int n)      // 危険！
{
    for (int i=0; i!=n; ++i)
        p[i].draw();            // 無害に見えるが、そうではない
}

void user()
{
    Circle image[10];           // imageは10個のサークルで構成される
    // ...
    maul(image,10);             // 10個のサークルを“maul”する
    // ...
}
```

どうすれば、maul() の呼出しで image を渡せるだろうか？　まず、image の型が Circle[] から Circle* へと（減退）変換される。次に Circle* が Shape* に変換される。配列名から配列の先頭要素を指すポインタへの暗黙の変換は、C言語スタイルのプログラミングにおける基本である。同様に、派生クラスを指すポインタから基底クラスを指すポインタへの暗黙の変換は、オブジェクト指向プログラミングにおける基本である。これら二つの組合せが、惨事を発生する数多くの機会を生み出すのだ。

この例は、Shapeが抽象クラスであって、その要素数が4であること、さらに、Circleには中心と半径のデータが追加されていることを前提としている。そのため、sizeof(Circle)>sizeof(Shape)が成立して、imageのレイアウトが次のようになっていることが分かる：

<table>
<tr><td>user()ビュー</td><td colspan="4">image[0]</td><td>image[1]</td><td>image[2]</td><td>image[3]</td></tr>
<tr><td>maul()ビュー</td><td>p[0]</td><td>p[1]</td><td>p[2]</td><td>p[3]</td><td></td><td></td><td></td></tr>
</table>

maul()がp[1]に対して仮想関数を呼び出そうとしても、期待する位置に仮想関数ポインタが存在しないので、その呼出しは、おそらくその時点で失敗する。

明示的なキャストがなくともこの惨事が発生する点に注目しよう：

- 組込み配列よりもコンテナを優先すべきである。
- void f(T* p, int count)のような形式のインタフェースは、大いに疑ってかかるべきである。Tが基底クラスであって、countが要素数であれば、トラブルが待ち受けている。
- 実行時多相を目的としていると考えられる、明らかに参照ではない何らかのものに対して適用された .（ドット）は、疑ってかかるべきである。

27.2.2 テンプレートの変換

同じテンプレートから生成されたクラスのあいだには、いかなるデフォルトの関連性も存在しない（§27.2.1）。ところが、テンプレートによっては、関連性を表現したいこともある。たとえば、ポインタのテンプレートを定義する際に、ポインタが指すオブジェクトの継承関係を反映させたい、といったことが考えられる。メンバテンプレート（§23.4.6）を用いると、このような数多くの関連性が、必要に応じて指定できる。たとえば：

```
template<typename T>
class Ptr {    // Tへのポインタ
   T* p;
public:
   Ptr(T*);
   Ptr(const Ptr&);                      // コピーコンストラクタ
   template<typename T2>
      explicit operator Ptr<T2>();       // Ptr<T>をPtr<T2>に変換
   // ...
};
```

組込みポインタで慣れ親しんでいる変換演算子を、継承関係を表す用途でユーザ定義型Ptrに対して定義しようとしたものだ。さて、次の利用例を見てみよう：

```
void f(Ptr<Circle> pc)
{
   Ptr<Shape> ps {pc};       // 動作すべきである
   Ptr<Circle> pc2 {ps};     // エラーが発生すべきである
}
```

私たちが行うべきことは、Shapeが本当にCircleの直接あるいは間接の公開基底クラスの場合のみに、最初の初期化を認めるということだ。一般に、T* が T2* へ代入可能な場合にのみ、Ptr<T> から Ptr<T2> への変換を認めるようにしたいのであれば、変換演算子の定義が必要だ。これは、以下のように実現できる：

```
template<typename T>
   template<typename T2>
      Ptr<T>::operator Ptr<T2>()
      {
         return Ptr<T2>{p};
      }
```

この return 文がコンパイルできるのは、p（すなわち T*）が、Ptr<T2>(T2*) のコンストラクタの引数である場合に限られる。そのため、T* が暗黙裏に T2* に変換できるのであれば、Ptr<T> から Ptr<T2> への変換が動作する。たとえば、次のように記述できる：

```
void f(Ptr<Circle> pc)
{
   Ptr<Shape> ps {pc};      // ＯＫ：Circle*からShape*に変換できる
   Ptr<Circle> pc2 {ps};    // エラー：Shape*からCircle*には変換できない
}
```

論理的に意味がある変換だけを定義するように注意が必要だ。迷いが残るようであれば、変換演算子とするのではなく、変換関数には名前を与えたほうがよい。名前が付いた関数であれば、曖昧になる可能性を減らせる。

なお、テンプレートのテンプレート引数並びと、そのテンプレートのメンバを組み合わせることはできない。たとえば：

```
template<typename T, typename T2>   // エラー
Ptr<T>::operator Ptr<T2>()
{
   return Ptr<T2>{p};
}
```

この問題に対するもう一つの別解が、型特性と enable_if（§28.4）を使うことである。

27.3 クラステンプレートの階層

オブジェクト指向の技法を用いる場合、派生クラス全体に共通するインタフェースを実装するために、基底クラスを利用することが多い。テンプレートでは、このようなインタフェースはパラメータ化できる。また、その場合、同じテンプレート引数をもつ派生クラスの階層全体をパラメータ化することが多い。たとえば、出力“デバイス”を抽象化する型をもつ Shape のサンプル（§3.2.4）でも、パラメータ化が可能だ：

```
template<typename Color_scheme, typename Canvas>   // 疑わしい例
class Shape {
   // ...
};

template<typename Color_scheme, typename Canvas>
class Circle : public Shape {
   // ...
};
```

```
template<typename Color_scheme, typename Canvas>
class Triangle : public Shape {
   // ...
};

void user()
{
   auto p = new Triangle<RGB,Bitmapped>{{0,0},{0,60},{30,sqrt(60*60-30*30)}};
   // ...
}
```


このような手法は、オブジェクト指向プログラミングを始めたプログラマが（vector<T>のようなものを知った後で）最初に考えることである。しかし、オブジェクト指向技法とジェネリック技法の混用では、注意が必要だ。

すでに述べたように、この例のShape階層のパラメータ化は、冗長すぎて実用的でない。その点は、デフォルトテンプレート引数の利用によって解決できる（§25.2.5）。しかし、本当の問題は、冗長性ではない。プログラム内でColor_schemeとCanvasの1個の組合せだけを利用するのであれば、生成されるコード量は、パラメータ化しない場合の生成コード量と、ほぼ同等となるはずだ。ここで、"ほぼ"としたのは、クラステンプレートの非仮想メンバ関数を利用しなければ、コンパイラが、その定義コードを生成しないからである。とはいえ、プログラム内で利用するColor_schemeとCanvasの組合せがN種類になると、すべての仮想関数のコードは、N回コピーされる。グラフィックスの階層は多くの派生クラスをもつ傾向にあるため、メンバ関数や複雑な関数の数が増加して、その結果、コード量は膨大になる。特に、コンパイラは、仮想関数が実際に利用されているかどうかを知ることができないため、この種の関数と、そこから呼び出す関数のコードは、すべて生成しておかなければならない。数多くの仮想メンバ関数をもつ巨大なクラス階層をパラメータ化することは、悪いアイディアとなるのが普通だ。

このShapeのサンプルでは、引数のColor_schemeとCanvasは、インタフェースにはあまり影響を与えない。というのも、ほとんどのメンバ関数は、これらの引数を自身の型の一部とすることがないからだ。これらの引数は、重大な性能劣化を伴いながら、インタフェースに追いやられた"実装の詳細"である。実際、これらの引数を必要とするのは、階層全体ではない。一部のコンフィギュレーション関数と、（ほとんどがそうなのだが）ごく一部の描画・レンダリング関数である。一般に、"過剰なパラメータ化"（§23.4.6.3）は、よいアイディアではない。ごく一部のメンバだけに影響を与えるものは、引数としないほうがよい。引数が影響するのが、ごく一部のメンバ関数だけに限られる場合は、その引数とともに関数テンプレートにすることを検討しよう。たとえば：

```
class Shape {
   template<typename Color_scheme, typename Canvas>
      void configure(const Color_scheme&, const Canvas&);
   // ...
};
```

コンフィギュレーション情報を共有する方法は、異なるクラス間でのものと、異なるオブジェクト間でのものでは、論点がまったく異なる。いうまでもなく、Shape自身をColor_schemeとCanvasとともにパラメータ化することなく、Color_schemeとCanvasを単純にShapeに保持させることはできない。その問題の解決法の一つが、Color_scheme と Canvas がもつ情報を、configure() が、コンフィギュレーションパラメータの標準セット（整数の集合など）に“翻訳”する、というものだ。また、別の解決法として、Configuration* メンバをもたせるというものがある。その場合の Configuration は、コンフィギュレーション情報の汎用インタフェースを実装した基底クラスである。

27.3.1 インタフェースとしてのテンプレート

テンプレートクラスを用いると、共通実装に対する柔軟で型安全なインタフェースが実現できる。§25.3 で示したベクタはよい例である：

```
template<typename T>
class Vector<T*>
    : private Vector<void*>
{
    // ...
};
```

一般に、この技法を使うと、型安全なインタフェースが実現できる。さらに、キャストは実装内に局所化できるので、ユーザにキャストを強いることもない。

27.4 基底クラスとしてのテンプレート引数

クラス階層に基づく古典的なオブジェクト指向プログラミングでは、クラスごとに異なり得る情報を派生クラスにもたせた上で、基底クラスで定義した仮想関数を通じて、その情報を利用する（§3.2.4, §21.2.1）。この方式では、実装の変種などを気にすることなく、共通コードの記述が行える。その一方で、このテクニックは、インタフェースで利用する型に変化を与えることができない（§27.2）。さらに、仮想関数の呼出しが、インライン化された関数の単純処理に比べて高コストになり得る。この点を補うためには、テンプレート引数としての基底クラスに対して、特殊化した情報と処理を渡すとよさそうだ。実際、テンプレート引数は基底クラスとして利用できる。

以降の二つの項では、“個別に定義された情報を、十分に定義されたインタフェースをもつ1個のコンパクトなオブジェクトにまとめるにはどうすればよいか？”という一般的な問題の解決策を解説する。これは根本的問題であり、その解決策は、一般的にも重要なものである。

27.4.1 データ構造の組立て

平衡2分木のライブラリを開発する例を考えていこう。多くの異なるユーザに利用されるライブラリを提供するのだから、ユーザデータ（アプリケーションデータ）の型を木のノードにもたせるわけにはいかない。いろいろな解決法がある：

- ユーザデータを派生クラスにもたせて、仮想関数経由でアクセスするとよさそうだ。しかし、仮想関数呼出し（や実行時解決や実行時チェック）は比較的高コストであり、ユーザデータへのインタフェースはユーザの型としては表現できないため、利用時には依然としてキャストが必要となる。

- ノードに **void*** をもたせた上で、ユーザが、ライブラリ外で確保したデータを指すようにするとよさそうだ。しかし、この方法では確保の回数が2倍になるし、(高コストにつながる) ポインタの参照外しの回数も増える。また、ポインタ分のメモリ消費のオーバヘッドが全ノードにかかってくる。その上、ユーザデータを正しい型として利用するキャストも必要になる。しかも、そのキャストでは型チェックが行えない。
- ライブラリのデータ構造から見て"普遍的な基底クラス"を意味する **Data** を定義して、ノードに **Data*** をもたせるとよさそうだ。しかし、この方法は、型チェックの問題を解決するものの、前述の二つの方法のコストと不便さを組み合わせたものともいえる。

他にも解決法がある。次の例を検討しよう：

```
template<typename N>
struct Node_base {      // Val（ユーザのデータ）には関知しない
   N* left_child;
   N* right_child;

   Node_base();

   void add_left(N* p)
   {
      if (left_child==nullptr)
         left_child = p;
      else
         // ...
   }
   // ...
};

template<typename Val>
struct Node : Node_base<Node<Val>> {  // 自身の基底クラスの一部として派生クラスを利用
   Val v;
   Node(Val vv);
   // ...
};
```

ここで、自身の基底 (**Node_base**) に対するテンプレート引数として、派生クラス **Node<Val>** を渡している。その結果、**Node_base** では、**Node<Val>** を、その本当の名前を知らないまま、インタフェース内で利用できるのだ！

Node のレイアウトがコンパクトであることに注意しよう。たとえば、**Node<double>** とした場合は、大まかに次の定義と同等である：

```
struct Node_double {
   double val;
   Node_double* left_child;
   Node_double* right_child;
};
```

残念ながら、この設計では、**Node_base** の処理と、その結果として作られる木の構造を、ユーザが意識しなければならない。たとえば：

```
using My_node = Node<double>;

void user(const vector<double>& v)
```

```
{
   My_node root;
   int i = 0;

   for (auto x : v) {
      auto p = new My_node{x};
      if (i++%2)                // 挿入すべき場所を選ぶ
         root.add_left(p);
      else
         root.add_right(p);
   }
}
```

ところが、木を妥当な構造に維持することは、ユーザにとって容易ではない。通常は、平衡アルゴリズムを実装して、木自身に管理させたほうが好ましい。しかし、効率よく探索できるように木の平衡性を保つには、バランサがユーザデータの値を知っている必要がある。

この設計にバランサを盛り込むにはどうすればよいだろうか？ **Node_base** の平衡アルゴリズムを **Node_base** に組み込んで、ユーザデータを **Node_base** に " 覗き見 " させる方法が考えられる。たとえば、標準ライブラリの **map** のような平衡木の実装では、（デフォルトで）" 未満 " の演算をもつ値型を必要とする。つまり、**Node_base** が **<** を利用すればいいだけの話だ：

```
template<typename N>
struct Node_base {
   static_assert(Totally_ordered<N>(), "Node_base: N must have a <");

   N* left_child;
   N* right_child;
   Balancing_info bal;

   Node_base();

   void insert(N& n)
   {
      if (n<left_child)
         // ... 何らかの処理 ...
      else
         // ... 何らかの別の処理 ...
   }
   // ...
};
```

これは、きちんと動作する。実際、**Node_base** にもたせるノードの情報を多くするほど、実装が単純になるのだ。特に、**Node_base** は、（**std::map** と同じように）ノード型ではなく値型でパラメータ化できるし、その木を単一のコンパクトなパッケージにまとめられる。しかし、ここで検討している問題は解決しない。ここで解決すべきは、別々に定義された複数のソースから、どのように情報をまとめるかということである。すべてを一箇所に記述することで、問題をすりかえたにすぎない。

そこで、ユーザが **Node** を操作したい（二つの木間でノードを移動するなどの処理を行いたい）と仮定してみよう。その場合、無名のノードにユーザデータをもたせることはできない。さらに、複数の平衡アルゴリズムを実装したいとも仮定してみよう。その場合は、バランサを引数にしなければならなくなる。これら二つの仮定は、ここで検討している、根本的な問題へと導くものだ。もっとも単純な解決法は、値型とバランサ型を **Node** で組み合わせることである。しかし、**Node** はバランサを利用する必要がないので、Node_base へそのまま渡すだけとなる：

```
template<typename Val, typename Balance>
struct Search_node : public Node_base<Search_node<Val, Balance>, Balance>
{
   Val val;      // ユーザのデータ
   Search_node(Val v): val(v) {}
};
```

ここで、Balance が2回も登場している。それがノード型の一部であることと、Node_base が Balance 型のオブジェクトを作成する必要があることによるものだ：

```
template<typename N, typename Balance>
struct Node_base : Balance {
   N* left_child;
   N* right_child;

   Node_base();

   void insert(N& n)
   {
      if (this->compare(n,left_child))   // compare()をBalanceから利用
         // ... 何らかの処理 ...
      else
         // ... 何らかの別の処理 ...
   }
   // ...
};
```

Balance は、基底ではなくて、メンバとして定義することも可能だ。しかし、主要なバランサにはノード単位のデータを不要とするものがあるため、Balance を基底とすることによって**空の基底の最適化**（*empty-base optimization*）の恩恵が受けられる。基底クラスに非 static データメンバがまったくなければ、派生クラスのオブジェクト内でメモリが割り当てられないことが、言語として保証されている（§iso.1.8）のだ。しかも、この設計は、見かけ上若干の違いがあるが、実用化された2分木フレームワークである〔Austern, 2003〕。以下に示すのが利用例だ：

```
struct Red_black_balance {
   // 赤黒木の実装に必要なデータと処理
};

template<typename T>
using Rb_node = Search_node<T,Red_black_balance>;  // 赤黒木に対する型別名

Rb_node<double> my_root;       // doubleの赤黒木

using My_node = Rb_node<double>;

void user(const vector<double>& v)
{
   for (auto x : v)
      my_root.insert(*new My_node{x});
}
```

ノードのレイアウトはコンパクトであり、性能が重視されるすべての関数は容易にインライン化できる。定義一式に少し手を加えるだけで、型安全を実現できるし、作成も容易になる。この改善策は、データ構造や関数インタフェースに void* を導入するどんな方式に比べても、性能的に有利だ。

そもそも void* による方法では、価値ある型ベースの最適化技法が利用できない。平衡２分木の実装の主要部分に、低レベルな（C言語スタイルの）プログラミング技法を利用してしまうと、大きな実行時コストが発生してしまう。

独立したテンプレート引数としてバランサを渡す場合を考えてみよう：

```
template<typename N, typename Balance>
struct Node_base : Balance {
    // ...
};

template<typename Val, typename Balance>
struct Search_node
    : public Node_base<Search_node<Val, Balance>, Balance>
{
    // ...
};
```

これを明確で明示的で汎用的と感じる人もいるだろう。一方で、冗長で混乱すると感じる人もいるだろう。もう一つ、バランサを関連型（Search_node のメンバ型）の形で暗黙の引数とする方法がある：

```
template<typename N>
struct Node_base : N::balance_type {    // Nのbalance_typeを利用
    // ...
};

template<typename Val, typename Balance>
struct Search_node
    : public Node_base<Search_node<Val,Balance>>
{
    using balance_type = Balance;
    // ...
};
```

標準ライブラリでは、明示的なテンプレート引数を、可能な限り少なくするために、このテクニックが多用されている。

基底クラスから派生するという、このテクニックは、非常に古いものである。ARM（1989）で発表され、数学ソフトウェアの初期〔Barton, 1994〕で採用されて以降、**Barton-Nackman トリック**（*Barton-Nackman trick*）と呼ばれることがある。Jim Coplien は、この技法に対して、**奇妙に再帰したテンプレートパターン**（*the curiously recurring template pattern*）（CRTP）〔Coplien, 1995〕という名称を与えた。

27.4.2 クラス階層の線形化

§27.4.1 の Search_node の例題では、テンプレートによって内部表現を圧縮するとともに、void* の利用を回避した。この技法は、汎用的で極めて有用である。実際、木構造を処理するプログラムの多くが、型安全と性能を要求する。たとえば、型をもつ抽象構文木として C++ コードを汎用的かつ体系的に表現する“プログラムの内部表現（Internal Program Representation）”＝IPR〔DosReis, 2011〕がある。この設計は、実装目的（実装継承）と、古典的オブジェクト指向的な抽象インタフェース（インタフェース継承）の提供の両方を実現するために、基底クラスとしてテンプレート引数を積極的に利用している。この設計によって、幅広い重要な水準を達成する。その対象に含まれるのは、ノードのコンパクト性（ノード数は数百万になるかもしれない）と、メモリ管理の最適化、アクセス速度（ノードへの不要な間接参照を発生させない）、型安全、多相インタフェース、汎用性だ。

ユーザから見えるのは、完全なカプセル化を提供する抽象クラスの階層と、プログラムのセマンティクスを表現するクリーンな関数インタフェースだ。たとえば、変数は一種の宣言であり、宣言は文の一種であり、文は式の一種であり、式はノードの一種である：

```
Var -> Decl -> Stmt -> Expr -> Node
```

IPR の設計では、それなりの一般化が行われていることが明らかだ。というのも、ISO C++ では文を式として利用できないからだ。

さらに、インタフェース階層の中に、コンパクトで効率的に実装された具象クラスの並行階層が存在する：

```
impl::Var -> impl::Decl -> impl::Stmt -> impl::Expr -> impl::Node
```

合計すると、約 80 個のリーフクラス（`Var`、`If_stmt`、`Multiply` など）があり、約 20 個の一般化（`Decl`、`Unary`、`impl::Stmt` など）がある。

設計の第一歩目では、伝統的な多重継承による“ダイアモンド”型の階層だった（下の図で、実線の矢印はインタフェースの継承を表し、破線の矢印は実装の継承を表す）：

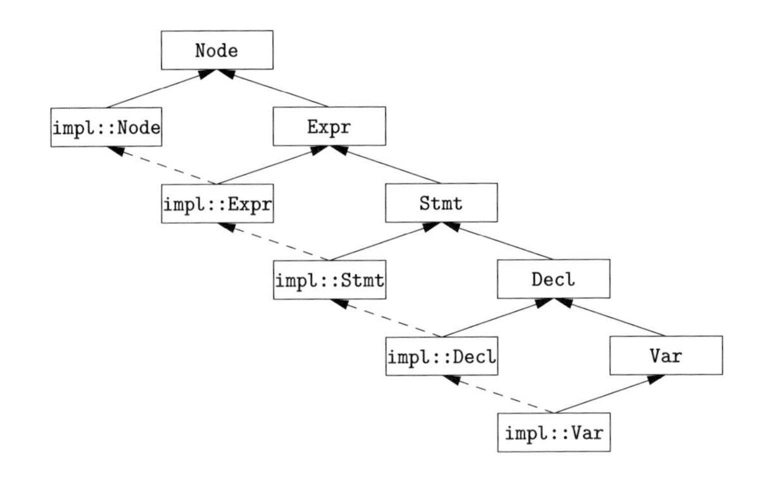

これでも動作したが、大きなメモリオーバヘッドが発生していた。仮想基底を移動するためのデータのために、ノードが大きくなりすぎていたからだ。さらに、各オブジェクトがもつ数多くの仮想基底への間接アクセスが多いので、プログラム動作の速度も深刻なほど低下していた（§21.3.5）。

この解決策が、二つの階層を線形化することであった。それによって仮想基底が排除される：

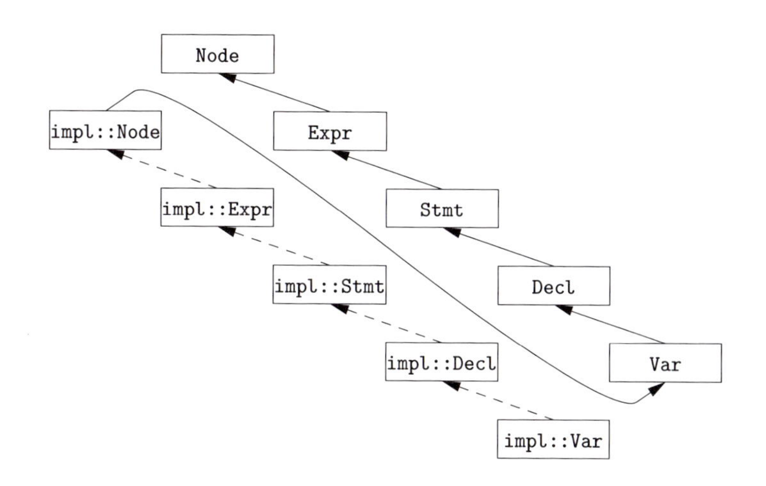

全クラスで、派生の連鎖は次のようになる：

```
impl::Var ->
     impl::Decl<ipr::Var> ->
          impl::Stmt<ipr::Var> ->
               impl::Expr<ipr::Var> ->
                    impl::Node<ipr::Var> ->
                         ipr::Var ->
                              ipr::Decl ->
                                   ipr::Stmt ->
                                        ipr::Expr->
                                             ipr::Node
```

ただ一つ vptr だけが例外だが、オブジェクトは、内部に“管理データ”を一切もたないコンパクトなものとして表現されている（§3.2.3, §20.3.2）。

どのようにして実現したのかを示していこう。まず、ipr 名前空間で定義されたインタフェース階層から解説する。最下層から始めよう。Node は、階層を移動する処理と、型の識別（code_category）とを最適化するためのデータと、ファイルに IPR グラフを保存しやすくするためのデータ（node_id）を保持する。これらはユーザには隠された“実装の詳細”の典型である。ユーザが知ることは、IPR グラフの全ノードが唯一の基底として Node 型をもつことと、これが **Visitor パターン**（*visitor pattern*）〔Gamma, 1994〕を用いた処理の実装に利用できることである（§22.3）：

```
struct ipr::Node {
   const int node_id;
   const Category_code category;

   virtual void accept(Visitor&) const = 0;    // Visitor用クラスのためにとっておく
protected:
   Node(Category_code);
};
```

Node は基底クラスとしてのみ利用されることを意図したものなので、コンストラクタは protected とする。また、純粋仮想関数をもつので、基底クラスとして利用されない限り、具現化できない。

式（Expr）は、型をもつ Node である：

第 28 章　メタプログラミング

見知らぬ地域への旅は、必ず二度するべきだ。
一度目は間違いをおかすために、二度目はそれを修正するために。
— ジョン・スタインベック

28.1　はじめに

クラスや関数のようなプログラムの実体を処理対象とするプログラミングは、一般に、**メタプログラミング**（*metaprogramming*）と呼ばれる。私は、テンプレートをジェネレータとみなすのが有用だと考えている。テンプレートは、クラスや関数の生成に利用できるからだ。すなわち、テンプレートプログラミングは、コンパイル時に計算を行ってプログラムを生成するプログラミングである。このアイディアをもとにしたものは、**二段階プログラミング**（*two-level programming*）、**多段階プログラミング**（*multilevel programming*）、**生成的プログラミング**（*generative programming*）と呼ばれており、さらに一般的には、**テンプレートメタプログラミング**（*template metaprogramming*）と呼ばれている。

メタプログラミング技法を利用する大きな理由が以下の二つだ：

・**型安全の向上**（*improved type safety*）：データ構造やアルゴリズムで必要とされる型が正確に求められる。そのため、低レベルなデータ構造を直接操作する必要がない（たとえば、明示的な型変換の多くを除去できる）。

・**実行時性能の向上**（*improved run-time performance*）：コンパイル時に、値を計算できる上に、実行時に呼び出されることになる関数の選択が可能となる。この方式によって、それらの処理は実行時に行わなくてすむようになる（たとえば、多相的動作を直接的な関数呼出しへと解決できる）。特に、型システムを活用することで、インライン化できる機会が飛躍的に増加する。また、データ構造をコンパクトにすることで（生成される場合が多い：§27.4.2，§28.5）、メモリをうまく利用して、扱えるデータ総量と実行速度の両方での効果が得られる。

テンプレートは、高い汎用性をもつとともに、最適なコードを生成できるように設計された〔Stroustrup, 1994〕。テンプレートは、算術演算、選択、再帰を提供する。事実、これらは完全なコンパイル時関数型プログラミング言語の構成要素だ〔Veldhuizen, 2003〕。すなわち、テンプレートと、その具現化のメカニズムは、チューリング完全である。そのよい例が、EiseneckerとCzarneckiがテンプレートを使って、わずか数ページで記述したLispインタプリタである〔Czarnecki, 2000〕。C++ がもつコンパイル時のメカニズムは、純粋な関数型プログラミング言語を提供する。そのため、さまざまな型の値を生成できるが、変数、代入、インクリメント演算子などは利用できない。チューリング完全では、コンパイルが無限に続く可能性があるが、翻訳制限（§iso.B）を設ければ対処できる。たとえば、無限再帰は、再帰的な`constexpr`の呼出しの回数、クラスの入れ子階層の数、再帰的に入れ子になったテンプレート具現化の回数など、コンパイル時の資源の枯渇によって判断できる。

ジェネリックプログラミングとテンプレートメタプログラミングの境界線は、どこに引くべきだろうか？　極端な考え方は次のとおりだ：

・すべてはテンプレートメタプログラミングである：すなわち、コンパイル時パラメータ化を使うすべてが、“通常のコード”を生成する具現化である。

・すべてはジェネリックプログラミングである：すなわち、結局は、汎用の型とアルゴリズムを定義して利用しているだけである。

これらの考え方には、意味がない。ジェネリックプログラミングとテンプレートメタプログラミングを同義語として定義しているにすぎないからだ。私は、有意な区別ができると考えている。その区別を使えば、ある問題に対して、どの解を採用するかが判断できるし、何が重要であるかに集中できるようになる。私は、汎用の型や汎用のアルゴリズムを記述する際は、コンパイル時プログラムを記述しているとは感じていないし、私のプログラミング技術を、プログラム中のコンパイル時動作に対して使っているわけではない。そうではなく、引数がもつべき要件定義（§24.3）に集中している。ジェネリックプログラミングとは、本質的に設計思想であり、強いていうと、プログラミングパラダイム（§1.2.1）である。

これとは対照的に、メタプログラミングは、ただのプログラミングである。集中すべき対象は、処理だ。それは、選択や何らかの繰返しに対して、しばしば影響を与える。メタプログラミングは、本質的に実装技法の集合である。実装の複雑さは4段階に分かれると考えられる：

[1] 計算を行わない（型と値の引数を渡すだけ）。

[2] コンパイル時条件や繰返しを使わない、（型や値に対する）単純な計算。たとえば、論理値の && （§24.4）、単位系の加算（§28.7.1）など。

[3] 明示的なコンパイル時条件を用いた計算。たとえばコンパイル時の if （§28.3）。

[4] コンパイル時繰返し（再帰の形となる：§28.3.2）を用いた計算。

これらの順序は、処理の困難さ、デバッグ作業の難易度、誤りの発生しやすさも含めた、難易度を表している。

メタプログラミングは、"メタ"とプログラミングの組合せだ。すなわち、**メタプログラムは、実行時に利用する型や関数を生成するための、コンパイル時算出処理である。**ここで、"テンプレートメタプログラミング"とは表現していないことに注意しよう。というのも、算出処理に constexpr 関数を用いることがあるからだ。自分で実際にメタプログラミングしなくとも、他人のメタプログラミングを利用できることも重要である。メタプログラムを隠蔽する constexpr 関数の呼出し（§28.2.2）や、テンプレート型関数からの型抽出（§28.2.4）は、それ自体ではメタプログラミングではない。単に、メタプログラムを利用しているだけだ。

ジェネリックプログラミングは、先ほどの"計算を行わない"に分類されるのが一般的だ。とはいえ、メタプログラミングのテクニックを使って、ジェネリックプログラミングをサポートすることも、もちろん可能である。その場合、インタフェース仕様を正確に定義して正しく実装するように、気を付ける必要がある。なお、インタフェースの一部に（メタ）プログラミングを用いる以上、プログラミングエラーの可能性が忍び込む。プログラミングを用いなければ、その意味は言語の規則によって直接定義される。

ジェネリックプログラミングは、インタフェース仕様に重点を置いている。その一方で、メタプログラミングは、ある種のプログラミングであって、通常は型を値として用いる。

メタプログラミングの過剰な利用は、デバッグ上の問題や、非現実的なほど長いコンパイル時間につながる。いつものように、常識を働かせねばならない。コンパイル時のオーバヘッドを伴わなくても、よりよいコード（より優れた型安全、実行時も含めたより少ないメモリ消費）につながるような、メタプログラミングの単純な利用例は数多く存在する。function （§33.5.3）、thread （§5.3.1, §42.2.2）、tuple （§34.2.4.2）など、標準ライブラリの多くのコンポーネントは、メタプログラミング技法の比較的単純な応用例である。

本章では、メタプログラミングの基礎技法を解説し、メタプログラムの基本的な構成要素を示す。第 29 章では、より応用的な例を示す。

28.2 型関数

型関数（*type function*）は、1 個以上の型を引数に受け取る関数、あるいは、1 個以上の型を結果として返す関数だ。たとえば、sizeof(T) は、組込みの型関数であり、受け取った型引数 T から、そのオブジェクトの大きさ（単位は char：§6.2.8）を返す。

型関数の見た目が、通常の関数とは異なるわけではない。実際、大半は異なっていない。たとえば、標準ライブラリの is_polymorphic<T> は、引数としてテンプレート引数を受け取って、その結果をメンバ value として返す：

```
if (is_polymorphic<int>::value) cout << "Big surprise!";
```

is_polymorphic の value メンバは、true と false のいずれかだ。同様に、型を返す型関数では、標準ライブラリの規約としてメンバ type を用いる。たとえば：

```
enum class Axis : char { x, y, z };
enum Flags { off, x=1, y=x<<1, z=x<<2, t=x<<3 };

typename std::underlying_type<Axis>::type v1;    // v1はchar
typename std::underlying_type<Flags>::type v2;   // v2はおそらくint (§8.4.2)
```

型関数は、複数の引数を受け取ったり、複数の値を返したりできる。たとえば：

```
template<typename T, int N>
struct Array_type {
   using type = T;
   static const int dim = N;
   // ...
};
```

この Array_type は、標準ライブラリ関数ではないし、有用な関数でもない。複数の引数と複数の返却値をもつ単純な型関数の記述方法を示すためだけのものだ。さて、以下のように利用してみよう：

```
using Array = Array_type<int,3>;

Array::type x;                  // xはint
constexpr int s = Array::dim;   // sは3
```

型関数は、コンパイル時の関数である。すなわち、コンパイル時に既知の引数（型引数と値引数）だけを受け取って、コンパイル時に利用可能な結果（型と値）を返す。

ほとんどの型関数は、少なくとも1個の引数を受け取る。しかし、引数を受け取らなくて有用なものもある。たとえば、適切なバイト数の整数型を返す、次のような型関数だ：

```
template<int N>
struct Integer {
   using Error = void;
   using type = Select<N,Error,signed char,short,Error,int,Error,Error,Error,long>;
};

typename Integer<4>::type i4 = 8;  // 4バイト整数
typename Integer<1>::type i1 = 9;  // 1バイト整数
```

ここで使っている Select については、§28.3.1.3 で定義して解説する。もちろん、値だけを受け取って、値だけを返すテンプレートも記述できる。しかし、そのようなものは型関数ではない、と私は考えている。一般的には、値に対するコンパイル時算出処理を実現するのであれば、constexpr 関数（§12.1.6）のほうがよい。テンプレートを用いてもコンパイル時に平方根を求めることはできるが、その必要はない。constexpr 関数を用いたほうが、アルゴリズムをクリーンに表現できるからだ（§2.2.3，§10.4，§28.3.2）。

C++の型関数の大半は、テンプレートだ。極めて汎用的な処理を、型と値を利用して実行する。そのため、メタプログラミングの骨格となっている。ここで、小さいオブジェクトはスタック上に置いて、そうでないオブジェクトは空き領域に割り当てるという例を考えることにしよう：

```
constexpr int on_stack_max = sizeof(std::string); // スタック上に置く最大の大きさ

template<typename T>
struct Obj_holder {
   using type = typename std::conditional<(sizeof(T)<=on_stack_max),
                                        Scoped<T>,          // 第1の方法
                                        On_heap<T>          // 第2の方法
                                       >::type;
};
```

標準ライブラリのconditionalテンプレートは、二つの候補の一方をコンパイル時に選択する。第1引数の評価結果がtrueであれば、第2引数を結果とし、そうでない場合は第3引数を結果とする（結果は、typeメンバとして返す）。conditionalがどのように実装されているかについては、§28.3.1.1で示す。この例では、Obj_holder<X>のtypeは、Xのオブジェクトの大きさが、小さければScoped<X>と定義されて、大きければOn_heap<X>と定義される。Obj_holderは、以下のように利用できる：

```
void f()
{
   typename Obj_holder<double>::type v1;             // doubleはスタック上に置かれる
   typename Obj_holder<array<double,200>>::type v2;  // 配列は空き領域上に置かれる
   // ...
   *v1 = 7.7;          // Scoped はポインタと同様のアクセス手段を提供（v1はdoubleをもつ）
   (*v2)[77] = 9.9;    // On_heapはポインタと同様のアクセス手段を提供（v2はarrayをもつ）
}
```

ここに示したObj_holderの例は、架空のものではない。たとえば、関数に似た実体を保持するfunction型（§33.5.3）のC++標準の定義には、次のような記述がある："処理系には、呼出し可能な小規模オブジェクトに対しては、動的にメモリを確保しないことを推奨する。たとえば、fのターゲットが、1個のオブジェクトと1個のメンバ関数を指すポインタもしくは参照のみを保持する場合だ。"（§iso.20.8.11.2.1）。Obj_holderと類似したものを利用することなく、このアドバイスにしたがうのは困難だ。

ScopedとOn_heapの実装では、メタプログラミングは不要である：

```
template<typename T>
struct On_heap {
   On_heap() :p(new T) {}      // 確保
   ~On_heap() { delete p; }    // 解放

   T& operator*() { return *p; }
   T* operator->() { return p; }

   On_heap(const On_heap&) = delete;           // コピーできなくする
   On_heap& operator=(const On_heap&) = delete;
private:
   T* p;    // 空き領域上のオブジェクトへのポインタ
};
```

```
template<typename T>
struct Scoped {
   Scoped() {}

   T& operator*() { return x; }
   T* operator->() { return &x; }

   Scoped(const Scoped&) = delete;          // コピーできなくする
   Scoped& operator=(const Scoped&) = delete;
private:
   T x;     // オブジェクトそのもの
};
```


On_heap と Scoped は、ジェネリックプログラミングとテンプレートメタプログラミングが、一般的なアイディア（ここでは、オブジェクトの割当てに関するアイディア）を、異なる実装に対して同一インタフェースとして実現できるようにする方法を示す、よい例である。

On_heap と Scoped はどちらも局所変数としてだけでなく、メンバとしても利用できる。On_heap はオブジェクトを必ず空き領域に配置するが、Scoped は自分自身のオブジェクトを内部にもつ。

§28.6 では、コンストラクタ引数を受け取る型に対応した、On_heap と Scoped の実装方法を解説する（可変個引数テンプレートと転送を用いる）。

28.2.1 型別名

typename と ::type を使ってメンバ型を抽出する際に、（Integer に対する）Obj_holder の実装の詳細が大きく目立っていることに注意しよう。こうなるのは、言語の仕様と利用による結果だ。テンプレートメタプログラミングコードは、過去 15 年間このように記述されてきており、C++11 標準でもこのようなコードが利用されている。しかし、私は我慢できない。ユーザ定義型の利用時に接頭語 struct を毎回必ず付加しなければならないという、古き悪しきC言語の日々を思い起こすからだ。テンプレート別名（§23.6）を導入すれば、::type という実装の詳細が隠蔽できるし、型関数の見かけを、型（または型のようなもの）を返す関数に似せることができる。たとえば：

```
template<typename T>
using Holder = typename Obj_holder<T>::type;

void f2()
{
   Holder<double> v1;              // doubleはスタック上に置かれる
   Holder<array<double,200>> v2;  // arrayは空き領域上に置かれる
   // ...
   *v1 = 7.7;        // Scoped はポインタと同様のアクセス手段を提供（v1はdoubleをもつ）
   (*v2)[77] = 9.9; // On_heapはポインタと同様のアクセス手段を提供（v2はarrayをもつ）
}
```

特定の実装や標準の仕様を解説するとき以外は、私はこのように型別名を体系的に利用する。標準が提供する conditional のような型関数（“型性質の述語”とか“型の複合述語”と呼ばれる）に対しては、私は型別名を定義することにしている（§35.4.1）：

```
template<bool C, typename T, typename F>
using Conditional = typename std::conditional<C,T,F>::type;
```

ここに示した別名は、残念ながら標準には含まれていないことに注意しよう。

28.2.1.1 別名を利用すべきではない場面

別名よりも::typeを直接利用したほうが重要なケースが一つある。いくつかの候補の中の1個だけが有効な型と考えられる場合は、別名を利用すべきではない。まず、次の単純な類推を考えてみよう：

```
if (p) {
    p->f(7);
    // ...
}
```

ここで、pがnullptrであるときに、ブロックを実行しないことが重要だ。pが有効であるかどうかを知るために、テストしているのである。同様に、型が有効であるかどうかを知るためにテストが必要となることがある。たとえば：

```
conditional<
    is_integral<T>::value,
    make_unsigned<T>::value,
    Error
>::type
```

ここで、Tが汎整数型かどうかを（型述語std::is_integralによって）テストして、そうであれば、その型の符号無し型を（型関数std::make_unsignedによって）作成する。処理に成功すれば符号無し型が得られ、そうでなければError指示子を処理する必要がある。

Make_unsigned<T>の意味を、

```
typename make_unsigned<T>::type
```

とした上で、汎整数型でない型、たとえばstd::stringに適用しようとすると、存在しない型（make_unsigned<std::string>::type）の作成が試みられる。その結果は、コンパイルエラーに終わるだろう。

めったにないことだが、::typeを隠すための別名を首尾一貫して利用できない場合は、より明示的で実装指向な::typeスタイルで代替すればよい。それ以外にも、Delay型関数を導入して、型関数の評価を利用時まで遅延させることもできる：

```
Conditional<
    is_integral<T>::value,
    Delay<Make_unsigned,T>,
    Error
>
```

Delay関数の完全な実装は容易ではないが、多くの場面では次のような記述で動作する：

```
template<template<typename...> class F, typename... Args>
using Delay = F<Args...>;
```

すなわち、テンプレート型実引数（§25.2.4）と可変個引数テンプレート（§28.6）を利用するのだ。

想定外の具現化を避けるために、いずれの解決法を選択するとしても、不安を感じながら踏み込むことになる専門分野である。

28.2.2 型述語

述語は、論理値を返す関数である。引数に型を受け取る関数を記述しようとする際は、まず間違いなく、引数の型を確認したくなる。たとえば、それは符号付きの型か？　それは多相型か（少なくとも1個の仮想関数をもっているか）？　それは、ある型から派生した型か？　などだ。

コンパイラはこの種の多くの質問に対する答えを知っており、標準ライブラリの型述語（§35.4.1）を通じて、プログラマに答えを提供する。たとえば：

```
template<typename T>
void copy(T* p, const T* q, int n)
{
   if (std::is_pod<T>::value)
      memcpy(p,q,n*sizeof(T));    // 最適化されたメモリコピー
   else
      for (int i=0; i!=n; ++i)
         p[i] = q[i];             // 値を1個ずつコピー
}
```

ここでは、オブジェクトが“C互換データ”（POD＝plain old data：§8.2.6）として扱える場合に、標準ライブラリ関数`memcpy()`を使ってコピー演算を（おそらくは極限まで）最適化しようとしている。オブジェクトがPODでなければ、コピーコンストラクタが（場合によっては）呼び出されて、1個ずつコピーする。テンプレート引数がPODかどうかは、標準ライブラリの型述語`is_pod`で判断している。その結果は、`value`メンバに返される。標準ライブラリのこの規約は、型関数が`type`メンバに結果を返す動作と類似している。

`std::is_pod`述語は、標準ライブラリが提供する、数多くの述語のうちの一つである（§35.4.1）。型がPODであることの規則は、若干トリッキーなので、`is_pod`は、ライブラリの中でC++コードとして実装されるのではなく、コンパイラ組込みの機能とされる場合がほとんどだ。

さて、`::type`の規約と同様に、`::value`の値は冗長性を招く上に、実装の詳細が丸見えであり、通常の表記法から逸脱している。`bool`を返す関数は、`()`を用いて呼び出すべきだ：

```
template<typename T>
void copy(T* p, const T* q, int n)
{
   if (is_pod<T>())
   // ...
}
```

幸いなことに、標準では、標準ライブラリのすべての型述語に対して、この記法が利用できる。その一方で残念なことに、言語の技術的理由によって、テンプレート引数の文脈では、この解決法は利用できない。たとえば：

```
template<typename T>
void do_something()
{
   Conditional<(is_pod<T>()),On_heap<T>,Scoped<T>> x;  // エラー：is_pod<T>()は型
   // ...
}
```

というのも、`is_pod<T>`が、引数を受け取らず、`is_pod<T>`を返却する関数と解釈されてしまうからだ（§iso.14.3[2]）。

私は、あらゆる文脈で通常の表記法を利用可能にする関数を加えることで解決している：

```
template<typename T>
constexpr bool Is_pod()
{
   return std::is_pod<T>::value;
}
```

標準ライブラリがもつバージョンと混同しないようにするために、私は、この種の型関数の頭文字を大文字にするとともに、名前空間（Estd）も分けている。

もちろん、独自の型述語も定義可能である。たとえば：

```
template<typename T>
constexpr bool Is_big()
{
   return 100<sizeof(T);
}
```

この述語を使うと、（やや大雑把な）“大きい”ことが、以下のように判定できる：

```
template<typename T>
using Obj_holder = Conditional<(Is_big<T>()), On_heap<T>, Scoped<T>>;
```

型の基本的な性質を直接判定する述語は、標準ライブラリで数多く提供されているので、改めて定義する必要性は、ほとんどない。たとえば、is_integral、is_pointer、is_empty、is_polymorphic、is_move_assignableなどが提供されている（§35.4.1）。この種の述語を定義しなければならない場合に、ちょっとした強力なテクニックがある。たとえば、あるクラスが、特定の名前の適切な型のメンバをもつかどうかを決定する型関数が定義できるのだ（§28.4.4）。

当然ながら、複数の引数を受け取る型の述語も有用だ。is_same、is_base_of、is_convertibleなどは、二つの型の関連性を判定する方法である。これらも、やはり標準ライブラリが提供する。

これらすべてのis_*関数で、通常の()呼出し構文が利用できるようにするために、私はIs_*という名前のconstexpr関数を自作して利用している。

28.2.3 関数の選択

関数オブジェクトは、何らかの型をもつ一種のオブジェクトだ。そのため、型や値を選択する技法が、関数の選択にも利用できる。たとえば：

```
struct X {   // Xを書き出す
   void operator()(int x) { cout <<"X" << x << "!\n"; }
   // ...
};

struct Y {   // Yを書き出す
   void operator()(int y) { cout <<"Y" << y << "!\n"; }
   // ...
};
```

```
void f()
{
   Conditional<(sizeof(int)>4),X,Y>{}(7);   // XとYの一方を作ってそれを呼び出す

   using Z = Conditional<(Is_polymorphic<X>()),X,Y>;
   Z zz;      // XとYのどちらか一方を作る
   zz(7);     // XとYのどちらかを呼び出す
}
```

ここに示すように、選択した関数オブジェクト型は、その場で利用することもできるし、後で利用するときのために"覚えておく"こともできる。何らかの値を算出するメンバ関数をもつクラスは、テンプレートメタプログラミングにおける算出処理にとって、もっとも汎用的で柔軟な仕組みだ。

Conditional は、コンパイル時プログラミングのメカニズムである。当然、その条件は、定数式でなければならない。**sizeof(int)>4** を囲む丸括弧 **()** に注意しよう。丸括弧がなければ、文法エラーとなる。というのも、コンパイラが **>** をテンプレート引数の並びの終了と解釈してしまうからだ。そのため（他にも理由はあるのだが）、私は、**>**（超過）よりも **<**（未満）を好んで利用する。さらに、可読性のために、条件を丸括弧で囲むこともある。

28.2.4 特性

標準ライブラリは、**特性**（*trait*）に強く依存している。特性は、性質を型に関連付けるものだ。たとえば、反復子の性質を定義する特性が、**iterator_traits**（§33.1.3）である：

```
template<typename Iterator>
struct iterator_traits {
   using difference_type = typename Iterator::difference_type;
   using value_type = typename Iterator::value_type;
   using pointer = typename Iterator::pointer;
   using reference = typename Iterator::reference;
   using iterator_category = typename Iterator::iterator_category;
};
```

特性が、複数の結果を返す1個の型関数、あるいは、複数の型関数を1個にまとめたものであることが分かるだろう。

標準ライブラリは、**allocator_traits**（§34.4.2）、**char_traits**（§36.2.2）、**iterator_traits**（§33.1.3）、**regex_traits**（§37.5）、**pointer_traits**（§34.4.3）を提供する。さらに、単純な型関数として **time_traits**（§35.2.4）と **type_traits**（§35.4.1）も提供している。

ポインタに対して **iterator_traits** を適用すると、ポインタが本来もっていないメンバ **value_type** と **difference_type** を取り出せる：

```
template<typename Iter>
Iter search(Iter p, Iter q, typename iterator_traits<Iter>::value_type val)
{
   typename iterator_traits<Iter>::difference_type m = q-p;
   // ...
}
```

これは極めて有用で強力なテクニックだが、次の欠点もある。

・冗長である。
・関連性が低い型関数をまとめてしまうことになる。
・実装の詳細をユーザに露呈する。

さらに、“念のために”型別名を与えて、無駄な複雑さを導入するプログラマがいる。そのため、私は、次のような単純な型関数を好んで利用している：

```
template<typename T>
   using Value_type = typename std::iterator_traits<T>::value_type;

template<typename T>
   using Difference_type = typename std::iterator_traits<T>::difference_type;

template<typename T>
   using Iterator_category = typename std::iterator_traits<T>::iterator_category;
```

これで、先ほどの例は、次のようにうまく記述できる：

```
template<typename Iter>
Iter search(Iter p, Iter q, Value_type<Iter> val)
{
   Difference_type<Iter> m = q-p;
   // ...
}
```

私は、特性が過度に利用されていると考えている。先ほどの例を、特性やそれ以外の型関数を用いず記述できるか考えてみよう：

```
template<typename Iter, typename Val>
Iter search(Iter p, Iter q, Val val)
{
   auto x = *p;                          // *pの型に名前を与える必要がなければ
   auto m = q-p;                         // q-pの型に名前を与える必要がなければ

   using value_type = decltype(*p);      // *pの型に名前を与える必要があれば
   using difference_type = decltype(q-p); // q-pの型に名前を与える必要があれば

  // ...
}
```

もちろん、decltype() は型関数だ。ここでは、ユーザ定義の型関数と標準ライブラリの型関数を除去しただけである。また、auto と decltype は C++11 で新しく取り入れられたものなので、古いコードではこのようには記述できない。

T* に対する value_type のように、ある型を別の型と関連付ける場合は、特性（あるいは decltype() などによる同等なもの）が必要だ。そのため、ジェネリックプログラミングやメタプログラミングに必要な型名の追加を押し付けがましくなく行うためには、特性（あるいは同等なもの）が必須となる。value_type* に対する pointer や、value_type& に対する reference のように、すでにまともな名前をもっているものに改めて名前を提供するだけの目的で特性を利用すると、その利便性が不明瞭となる上に混乱が増すだけだ。あらゆるものに対して、やたらと“念のために”特性を定義してはいけない。

28.3 制御構造

コンパイル時に汎用的な算出処理を行うには、選択と再帰が必要である。

28.3.1 選択

通常の定数式（§10.4）を使った些細な処理に加えて、私は、次のものを利用している：

- Conditional：2個の型から1個を選択する（std::conditional の別名）。
- Select：複数の型から1個を選択する（§28.3.1.3 で定義する）。

これらの型関数は、いずれも型を返す。複数の値からの選択は、?: で行える。Conditional と Select が選択するのは、型だ。if と switch と同等なものをコンパイル時にも利用できるようにしただけではなく、複数の関数オブジェクトからの選択にも利用できる（§3.4.3, §19.2.2）。

28.3.1.1 2個の型からの選択

§28.2 で利用した Conditional は、驚くほど単純に実装できる。conditional テンプレートは、標準ライブラリ（<type_traits> の中）に含まれるので実装する必要はないが、重要な技法を使っているので示すことにしよう：

```
template<bool C, typename T, typename F>  // 汎用テンプレート
struct conditional {
    using type = T;
};

template<typename T, typename F>           // falseに対する特殊化
struct conditional<false,T,F> {
    using type = F;
};
```

一次テンプレート（§25.3.1.1）では、type を T と定義しているだけだ（T は、条件の後ろに記述するものとしては、先頭のテンプレート引数である）。条件が true でなければ、false に対する特殊化が選択されて、type は F と定義される。たとえば：

```
typename conditional<(std::is_polymorphic<T>::value),X,Y>::type z;
```

明らかに構文的には若干の改善の余地がある（§28.2.2）が、その論理は美しい。

特殊化は、一般的なケースと、1個以上の特殊なケースとを分離するものだ（§25.3）。この例では、一次テンプレートは、機能のちょうど半分だけを実装している。しかし、その機能の割合は、ゼロ（エラーではないすべてのケースは特殊化により処理される：§25.3.1.1）から全体まで変化して、最終的に一つのケースに帰着する（§28.5）。この方式の選択では、コンパイル時に完全に行われるため、実行時には、1バイトも1CPU サイクルも消費しない。

構文を改善するために、私は、型別名を利用している：

```
template<bool B, typename T, typename F>
using Conditional = typename std::conditional<B,T,F>::type;
```

これが与えられると、次のように記述できる：

```
Conditional<(Is_polymorphic<T>()),X,Y> z;
```

これは大きな改善だと、私は考える。

28.3.1.2 コンパイル時なのか実行時なのか

次の例を考えよう：

```
Conditional<(std::is_polymorphic<T>::value),X,Y> z;
```

これを見て、“普通に if を書けばいいはずなのに”と思う人が少なくない。それでは、二つの候補 Square と Cube からの選択を考えてみよう：

```
struct Square {
    constexpr int operator()(int i) { return i*i; }
};

struct Cube {
    constexpr int operator()(int i) { return i*i*i; }
};
```

慣れ親しんだ if 文を使って書いてみる：

```
if (My_cond<T>())
    using Type = Square;    // エラー：if文の分岐での宣言
else
    using Type = Cube;      // エラー：if文の分岐での宣言

Type x;  // エラー：Typeはスコープ中にない
```

if 文（§6.3.4，§9.4.1）の分岐を、宣言のみとすることは認められていないので、コンパイル時に My_cond<T>() を算出したとしても、動作しないのだ。すなわち、通常の if 文は、通常の式に対しては有用だが、型の選択には利用できないのである。

変数を定義しない例も考えてみよう：

```
Conditional<(My_cond<T>()),Square,Cube>{}(99);  // Square{}(99)とCube{}(99)の一方を呼び出す
```

すなわち、型を選択して、その型のデフォルトオブジェクトを構築して、それを呼び出すのだ。これは動作する。“従来型の制御構造”を使うと、次のように表現できるはずだ：

```
((My_cond<T>())?Square:Cube){}(99);
```

しかし、これは動作しない。Square と Cube は、型であって、条件式（§11.1.3）で利用できる互換型の値ではないからだ。次のような表現も考えられる：

```
(My_cond<T>()?Square{}:Cube{})(99);    // エラー：?:で利用できない引数
```

残念ながら、このバージョンにも、Square{} と Cube{} が、?: 式で受け入れられる互換型ではないという問題がある。互換型という制限は、メタプログラミングで問題となることが多い。というのも、明示的な関連性をもたない型からの選択を行わなければならないからだ。

最終的に、次の例ならば動作する：

```
My_cond<T>()?Square{}(99):Cube{}(99);
```

一言付け加えると、これは、先ほど示した

```
Conditional<(My_cond<T>()),Square,Cube>{}(99);
```

と比べて、それほど可読性が向上したわけではない。

28.3.1.3 複数の型からの選択

N個の候補からの1個の選択は、2個からの選択と、だいたい同じようなものだ。以下に示すのは、N番目の引数型を返す型関数である：

```
class Nil {};

template<int I, typename T1 =Nil, typename T2 =Nil, typename T3 =Nil, typename T4 =Nil>
struct select;

template<int I, typename T1 =Nil, typename T2 =Nil, typename T3 =Nil, typename T4 =Nil>
using Select = typename select<I,T1,T2,T3,T4>::type;

// 0〜3に対する特殊化：

template<typename T1, typename T2, typename T3, typename T4>
struct select<0,T1,T2,T3,T4> { using type = T1; };          // N==0に対する特殊化

template<typename T1, typename T2, typename T3, typename T4>
struct select<1,T1,T2,T3,T4> { using type = T2; };          // N==1に対する特殊化

template<typename T1, typename T2, typename T3, typename T4>
struct select<2,T1,T2,T3,T4> { using type = T3; };          // N==2に対する特殊化

template<typename T1, typename T2, typename T3, typename T4>
struct select<3,T1,T2,T3,T4> { using type = T4; };          // N==3に対する特殊化
```

selectの汎用バージョンが利用されることはないので、定義していない。C++の一般的な表現との整合性を保つために、番号付けをゼロから始めている。ここに示す技法は、完全に汎用だ。この特殊化は、テンプレート引数のすべての性質に対応できる。本当は、候補数の最大値などは決めたくない（この例では4としている）。もっとも、その問題は、可変個引数テンプレート（§28.6）を用いると解消できる。なお、存在しない候補を選択した場合は、一次（汎用）テンプレートが利用される。たとえば：

```
Select<5,int,double,char> x;
```

この場合、汎用のSelectが定義されていないので、すぐにコンパイル時エラーが得られる。

現実的な利用としては、あるタプル中のN番目の要素を返す関数型の選択が考えられる：

```
template<int N, typename T1, typename T2, typename T3, typename T4>
Select<N,T1,T2,T3,T4>& get(Tuple<T1,T2,T3,T4>& t);     // §28.5.2を参照

auto x = get<2>(t);     // tがTupleであると仮定
```

ここで、xの型は、名前がtであるTupleのT3の型となる。タプル内の添字もゼロから始まる。

可変個引数テンプレート（§28.6）を用いると、はるかに簡潔で汎用性の高いselectが実装できる：

```
template<unsigned N, typename... Cases>    // 一般のケース：具現化されることはない
struct select;

template<unsigned N, typename T, typename... Cases>
struct select<N,T,Cases...> :select<N-1,Cases...> {
};

template<typename T, typename... Cases>    // 最終のケース：N==0
struct select<0,T,Cases...> {
   using type = T;
};

template<unsigned N, typename... Cases>
using Select = typename select<N,Cases...>::type;
```

28.3.2 繰返しと再帰

コンパイル時に値を算出する基本的技法を示していこう。取り上げる例は、階乗をテンプレート化したものだ：

```
template<int N>
constexpr int fac()
{
   return N*fac<N-1>();
}

template<>
constexpr int fac<1>()
{
   return 1;
}

constexpr int x5 = fac<5>();
```

ここでは、ループではなくて再帰によって階乗を実装している。コンパイル時には、変数が存在しないので（§10.4）、これは妥当な選択だ。一般に、コンパイル時に値の集合を反復操作する場合は、再帰を用いる。

ここで、条件を用いていないことに注目しよう。すなわち、**N==1** や **N<2** などの判定を行っていない。その代わり、**fac()** の呼出しが、**N==1** の特殊化を選択したときに、再帰が終了する。（関数プログラミングと同様に）テンプレートメタプログラミングにおける、値の並びを処理するための慣用句ともいえる方法は、終了を行う特殊化に到達するまで再帰を繰り返すことだ。

この場合では、より一般的な方式での算出も可能である：

```
constexpr int fac(int i)
{
   return (i<2)?1:i*fac(i-1);
}

constexpr int x6 = fac(6);
```

私は、こちらのほうが、関数テンプレート版よりも分かりやすいと考えている。しかし、好みには個人差があるし、通常のケースと終了するケースとを分離したほうがベストな表現となるアルゴリズムもある。コンパイラにとっては、非テンプレート版のほうが、少しだけ扱いやすい。実行時性能は、

いうまでもなく、同一である。

constexpr 版は、コンパイル時評価と実行時評価の両方で利用できる。その一方で、テンプレート（メタプログラミング）版は、コンパイル時評価のみで利用できる。

28.3.2.1 クラスを用いた再帰

複雑な状態や高度なパラメータ化を伴う繰返しは、クラスを用いることによって処理できる。たとえば、階乗プログラムは以下のようになる：

```
template<int N>
struct Fac {
    static const int value = N*Fac<N-1>::value;
};

template<>
struct Fac<1> {
    static const int value = 1;
};

constexpr int x7 = Fac<7>::value;
```

より現実的なサンプルについては、§28.5.2 を参照しよう。

28.3.3 メタプログラミングを利用すべき場面

ここで解説している制御構造を利用すると、あらゆるものがコンパイル時に算出できる（翻訳制限が許す限り）。しかし、そうしたい理由は何か？　という疑問が残る。この技法は、他の技法よりも、明確で高性能で保守しやすいコードとなる場合に利用すべきである。メタプログラミングのもっとも明白な限界は、テンプレートを複雑に利用する必要のあるコードでは、読解が困難になってデバッグも困難になることだ。ある程度の規模をもつテンプレートは、コンパイル時間に影響を及ぼすこともある。具現化が複雑なパターンとなるコードの意図を理解するのに、読者が苦労するならば、コンパイラも同様に苦労するだろう。さらに悪いことに、読者のコードを保守するプログラマも苦労することだろう。

テンプレートメタプログラミングには、賢明な人々を惹き付ける魅力がある：

- まず、同程度の型安全と実行時性能を達成できないものを、メタプログラミングが表現可能にする。改善が著しく、またコードも保守可能ならば、これは、まともな理由であり、ときには説得力さえある。
- 次に、メタプログラミングを用いると、プログラマの賢さを見せびらかせるようになる。いうまでもなく、こんなことは避けるべきだ。

メタプログラミングの領域に過剰に踏み込んでしまったことは、どうすれば自覚できるだろう？直接扱うのが見苦しくなりすぎるような“詳細”を隠蔽するマクロを使いたくなる欲求にかられたら（§12.6）、その警告だと、私は考えている。次の例を考えてみよう：

```
#define IF(c,x,y) typename std::conditional<(c),x,y>::type
```

これは過剰だろうか？　これを用いると、次のような記述ができる。

```
IF(cond,Cube,Square) z;
```

すなわち、以下のように書かなくてすむのだ。

```
typename std::conditional<(cond),Cube,Square>::type z;
```

ここでは非常に短い名前 IF と、長い形式 std::conditional とを用いることで、問題を強調している。同様に、より複雑な条件を用いれば、定義の文字数は、ほぼ同等となるだろう。根本的な違いは、標準用語である typename と ::type の記述が必須となることだ。その結果として、テンプレートの実装技法を露呈することになる。これは隠蔽したいし、マクロならば隠蔽できる。とはいえ、多人数で共同開発して、プログラムが大規模化すれば、少々の冗長性は、記法の不一致よりも優れる。

IF マクロに対する考察として、もう一つ重要な点がある。それは、名前が誤解されやすいことだ。conditional は、通常の if を“そのまま置きかえる”ものではない。::type は重要な違いを表すものである。一方、conditional は型を選択するものであり、制御の流れを直接的に変更するものではない。関数を選択し、その結果として分岐を表現することもあるが、そうではない場合もある。IF マクロは、関数の本質を隠蔽してしまう。同様な欠陥は、他の多くの“微妙な”マクロについても見られる。普遍的な機能を反映した命名ではなく、一部のプログラマの特定の用途から命名されたマクロである。

今回の場合、冗長性、実装の詳細の露呈、貧弱な命名の問題は、型別名を用いると、容易に解決できる（Conditional：§28.2.1）。一般に、独自の言語を発明するよりも、ユーザに見せる構文を簡潔にする方法を模索すべきだ。マクロのハックよりも、特殊化や別名の利用による体系的な技法を優先すべきである。コンパイル時算出処理には、テンプレートよりも constexpr 関数を優先しておき、可能であれば、テンプレートメタプログラミングの詳細は constexpr 関数に閉じ込めるべきである（§28.2.2）。

さらに、行おうとしている処理がもつ根本的な複雑さに注目することもできる：

[1]　明示的なテストが必要か?

[2]　再帰が必要か?

[3]　テンプレート引数に対するコンセプト（§24.3）を記述できるか?

上記 [1] または [2] の答えが“yes”であるか、[3] の答えが“no”ならば、保守上の問題点がないかを疑うべきだ。何らかのカプセル化が可能ではないだろうか？　テンプレート実装の複雑さは、具現化に失敗したときには、ユーザが必ず目にする（“露呈”する）ことを忘れてはいけない。さらに、多くのプログラマはヘッダを調べることになるが、そこでもメタプログラムの詳細が、すべて白日の下にさらされる。

28.4 条件付き定義：Enable_if

テンプレートを記述する際に、ある演算を、一部のテンプレート引数だけに実装して、それ以外の引数には実装しないことがある。たとえば：

```
template<typename T>
class Smart_pointer {
    // ...
    T& operator*();       // オブジェクト全体への参照を返却
    T* operator->();      // メンバを選ぶ（クラスの場合に限られる）
    // ...
};
```

Tがクラスであればoperator->()を実装すべきだが、組込み型であれば（通常のセマンティクスでは）実装できない。そのため、“この型がこの性質をもっていたら、次のものを定義せよ”と明示するための、言語上の仕組みが必要になる。次のようにしてみよう：

```
template<typename T>
class Smart_pointer {
    // ...
    T& operator*();                          // オブジェクト全体への参照を返却
    if (Is_class<U>()) U* operator->();      // 構文エラー
    // ...
};
```

しかし、これは動作しない。C++は、一般的な条件に基づいた、複数の定義からの選択を行うifを提供しない。しかし、ConditionalとSelectもそうだが（§28.3.1）、ちゃんと方法はある。operator->()の定義を条件付きにするという、ちょっと変わった型関数が記述できる。標準ライブラリ（<type_traits>内）のenable_ifが、それを提供する。Smart_pointerの例は、次のようになる：

```
template<typename T>
class Smart_pointer {
    // ...
    T& operator*();                                    // オブジェクト全体への参照を返却
    template<typename U = T>                           // SFINAEを有効にするための奇妙な処理
    Enable_if<Is_class<T>(),T>* operator->();          // メンバを選ぶ（クラスの場合に限られる）
    // ...
};
```

例によって、型別名とconstexpr関数を用いることで、記述を簡潔にしよう：

```
template<bool B, typename T =void>
using Enable_if = typename std::enable_if<B,T>::type;

template<typename T> constexpr bool Is_class()
{
    return std::is_class<T>::value;
}
```

Enable_ifの条件がtrueと評価されれば、結果は第2引数（この例ではT）となる。Enable_ifの条件がfalseと評価されれば、その条件を含んでいる関数宣言全体が無視される。この例では、Tがクラスであれば、T*を返却するoperator->()の定義が得られ、クラスでなければ何も宣言されないことになる。

ここに示した、Enable_ifを利用したSmart_pointerの定義を用いると、次のような記述ができる：

```
void f(Smart_pointer<double> p, Smart_pointer<complex<double>> q)
{
    auto d0 = *p;           // OK
    auto c0 = *q;           // OK
    auto d1 = q->real();    // OK
    auto d2 = p->real();    // エラー：pはクラスオブジェクトを指していない
    // ...
}
```

Smart_pointerとoperator->()をエキゾチックと感じるかもしれないが、条件に応じて処理（の定義）を提供する手法は、極めて一般的なものだ。標準ライブラリでも、Alloc::size_type（§34.4.2）や、2個の要素の両方がムーブ可能ならば自身もムーブ可能となるpair（§34.2.4.1）などで、この手法が多用されている。言語自体としては、クラスオブジェクトを指すポインタだけに対して->が定義されている（§8.2）。

ここでは、苦労してEnable_ifによるoperator->()の宣言を作ったが、単にp->real()のような例に対して出力されるエラーの種類を変えたにすぎない：

・仮に、無条件にoperator->()を宣言すると、Smart_pointer<double>::operator->()の定義を具現化する時点で、“クラス以外のポインタに対する->”というエラーとなる。

・Enable_ifを使って条件付きでoperator->()を宣言して、Smart_ptr<double>に対して->を利用すると、Smart_ptr<double>::operator->()の利用に対して、“Smart_ptr<double>::operator->()が定義されていない”というエラーになる。

いずれにせよ、Tがクラスでない場合、Smart_ptr<T>に対して->を利用しなければ、エラーとならない。

この例では、エラーの検出と通知を、Smart_pointer<T>::operator->()の実装から宣言へ移動した。コンパイラにもよるし、テンプレートのエラーが発生した具現化のネストの深さにもよるが、このことは、大きな違いを生み出す。一般に、テンプレートは正確に指定したほうがよいし、それが、不正な具現化を検出するよりも早期のエラー検出につながる。この意味では、Enable_ifは、コンセプト（§24.3）の一種ともみなせる。というのも、テンプレートに対する要件をより正確に仕様化しているからだ。

28.4.1 Enable_ifの利用

enable_ifの機能は、ほとんどの利用時において、極めて理想的である。しかし、その構文が扱いにくくなることも多い。次の例を考えてみよう：

```
Enable_if<Is_class<T>(),T> *operator->();
```

芝居がかっているというよりも、実装が丸見えだ。もっとも、ここで表現していることは、次の最低限の考え方と大きくは違わない：

```
declare_if (Is_class<T>()) T* operator->();    // C++ではない
```

ところが、C++には、宣言を選択するためのdeclare_ifという構成要素は存在しない。

返却型に対してEnable_ifを利用する場合は、見たまま、あるいは、論理的にあるべき位置に記述する。というのも、Enable_if は（返却型に対してのみでなく）宣言全体に作用するからである。しかし、返却型をもたない宣言もある。vector のコンストラクタを二つ考えてみよう：

```
template<typename T>
class vector {
public:
   vector(size_t n, const T& val);    // 値がvalであるT型のn個の要素

   template<typename Iter>
      vector(Iter b, Iter e);         // [b:e)の要素で初期化
   // ...
};
```

これは問題がないように見えるが、要素数を引数に受け取るコンストラクタは、大混乱となってしまう。次の例を考えてみよう：

```
vector<int> v(10,20);
```

これは、値が 20 である 10 個の要素を初期化したいのだろうか？　それとも [10:20) の範囲で初期化したいのだろうか？　標準では前者となるが、ここに示したコードでは、素朴に後者を選択する。というのも、最初のコンストラクタでは int から size_t への変換が必要であるのに対し、2 個の int が 2 番目のテンプレートコンストラクタに完全に一致するからである。問題は、Iter 型が反復子でなければならないことを、コンパイラに通知“し忘れている”ことだ。もっとも、次のように実装すれば解決する：

```
template<typename T>
class vector<T> {
public:
   vector(size_t n, const T& val);    // 値がvalであるT型のn個の要素

   template<typename Iter, typename =Enable_if<Input_iterator<Iter>()>>
      vector(Iter b, Iter e);         // [b:e)の要素で初期化
   // ...
};
```

ここで（使われていない）デフォルト引数が具現化されることになる。というのも、使われていないテンプレート引数の確実な導出ができないからだ。すなわち、vector(Iter,Iter) の宣言は、Iter が Input_iterator（§24.4.4）でなければ失敗する、ということだ。

テンプレートのデフォルト引数に Enable_if を利用したのは、もっとも一般的な解決法だからである。Enable_if は、引数を受け取らないテンプレートにも、返却型をもたないテンプレートにも利用できる。しかし、この例では、コンストラクタの引数型に対して適用する、という方法も利用できる：

```
template<typename T>
class vector<T> {
public:
   vector(size_t n, const T& val);    // 値がvalであるT型のn個の要素

   template<typename Iter>
      vector(Enable_if<Input_iterator<Iter>(),Iter> b, Iter e);  // [b:e)の要素で初期化
   // ...
};
```

Enable_ifの技法が利用できるのは、テンプレート関数だけだ（クラステンプレートのメンバ関数と、その特殊化を含む）。Enable_ifの実装と利用は、関数テンプレートの多重定義規則（§23.5.3.2）の細部を前提としているため、クラス宣言、変数、非テンプレート関数などには利用できない。たとえば：

```
Enable_if<(version2_2_3<config),My_struct>* make_default() //エラー：テンプレートではない
{
    return new My_struct{};
}

template<typename T>
void f(const T& x)
{
    Enable_if<!(20<sizeof(T)),T> tmp = x;          // エラー：tmpは関数ではない
    Enable_if<(20<sizeof(T)),T&> tmp = *new T{x};  // エラー：tmpは関数ではない
    // ...
}
```

tmpに対しては、Obj_holder（§28.2）を使うと、ほぼ間違いなく明確になる。仮に、この空き領域オブジェクトの構築を管理しなければならないとしたら、どうやってdeleteするのだろうか？

28.4.2 Enable_ifの実装

Enable_ifの実装は、本当に些細なものだ：

```
template<bool B, typename T = void>
struct std::enable_if {
    typedef T type;
};

template<typename T>
struct std::enable_if<false, T> {};      // B==falseであれば::typeはない

template<bool B, typename T = void>
using Enable_if = typename std::enable_if<B,T>::type;
```

型実引数を省略すると、デフォルトでvoidが得られることに注意しよう。

ここに示した簡潔な宣言を基礎的な構成要素として有用にするような、言語の技術的解説については、§23.5.3.2を参照しよう。

28.4.3 Enable_ifとコンセプト

Enable_ifは、型の性質を調べるなど、さまざまな種類の述語に利用できる（§28.3.1.1）。述語の中で、もっとも汎用的で有用なものが、コンセプトだ。理想的には、コンセプトをもとにして多重定義したいところだ。しかし、コンセプトに対する言語のサポートがないので、制約に基づいた選択を行うためにEnable_ifを使うのが関の山だ。例をあげよう：

```
template<typename T>
Enable_if<Ordered<T>()> fct(T*,T*) { /* 最適化された実装 */ }

template<typename T>
Enable_if<!Ordered<T>()> fct(T*,T*) { /* 最適化されていない実装 */ }
```

Enable_if のデフォルトは void なので、fct() は void 関数となる。このデフォルトが可読性を向上させるかどうかは、私には分からないが、fct() は次のように利用できる：

```
void f(vector<int>& vi, vector<complex<int>>& vc)
{
    if (vi.size()==0 || vc.size()==0) throw runtime_error("bad fct arg");
    fct(&vi.front(),&vi.back());       // 最適化版を呼び出す
    fct(&vc.front(),&vc.back());       // 非最適化版を呼び出す
}
```

二つの呼出しは、コメントの記述どおりに解決される。< は、int には利用できるが、complex <int> には利用できないからだ。型実引数を与えなければ、Enable_if は void に解決される。

28.4.4 Enable_ifの利用例

Enable_if を利用する場合、クラスが、特定の名前の適切な型のメンバをもっているかを、遅かれ早かれ知る必要がある。コンストラクタや代入などの多くの標準的な処理に対しては、標準ライブラリが is_copy_assignable や is_default_constructible などの型の性質の述語を提供している（§35.4.1）。しかし、述語は自作することもできる。"x の型が X であれば、f(x) を呼び出せるか？" という質問を考えてみよう。この質問に回答するために has_f を定義することは、多くのテンプレートメタプログラミングライブラリ（標準ライブラリの一部も含まれる）が、内部で利用する技法や、内部で実装の土台となる骨組みのコードを提示するよい機会となる。まず、別の解を表現する、通常のクラスと特殊化を定義する：

```
struct substitution_failure { }; // 何らかの宣言のエラーを表現

template<typename T>
struct substitution_succeeded : std::true_type
{ };

template<>
struct substitution_succeeded<substitution_failure> : std::false_type
{ };
```

ここで、substitution_failure は、置換失敗（§23.5.3.2）を表現するためのものである。引数の型が substitution_failure でなければ、std::true_type から派生する。当然、std::true_type と std::false_type は、それぞれ true と false という値を表現する型だ：

```
std::true_type::value == true
std::false_type::value == false
```

substitution_succeeded は、実際に必要な型関数を定義するために利用する。たとえば、f(x) として呼出し可能な関数 f を探索するとしよう。その場合、has_f は次のように定義できる：

```
template<typename T>
struct has_f
    : substitution_succeeded<typename get_f_result<T>::type>
{};
```

get_f_result<T> が（f の呼出しの返却型として）適切な型となる場合、has_f::value は、true_type::value すなわち true となる。get_f_result<T> がコンパイルされない場合は、

substitution_failure が返されて、has_f::value は false となる。

ここまではよい。しかし、何らかの原因によって、X 型の値 x に対して f(x) がコンパイルされない場合、どうすれば get_f_result<T> を substitution_failure とできるだろうか？　これを実現する定義は、次のように、本当に素直なものだ：

```
template<typename T>
struct get_f_result {
private:
   template<typename X>
      static auto check(X const& x) -> decltype(f(x));  // f(x)を呼び出せる
   static substitution_failure check(...);             // f(x)を呼び出せない
public:
   using type = decltype(check(std::declval<T>()));
};
```

ここでは、check 関数を宣言しているだけなので、check(x) の返却型は、f(x) の返却型と同一になる。見て分かるように、f(x) が呼び出せなければコンパイルされない。そのため、check の宣言は、f(x) の呼出しが不可能であれば失敗する。その場合、置換失敗はエラーではない（SFINAE：§23.5.3.2）ので、substitution_failure を返却型とする、2番目の check() の定義が得られる。そして、そう、仮に関数 f を substitution_failure を返すように宣言すれば、このトリッキーな方法は失敗するのだ。

decltype() がオペランドを評価しないことに注意しよう。

型エラーに見えるものを、false という値に変換したのだ。仮に、言語がこの変換を行う基本的な（組込みの）演算子を実装していれば、もっと簡潔に行えるだろう。たとえば、次のようなものである：

```
is_valid(f(x));   // f(x)はコンパイルできるか？
```

しかし、言語が、基本的なものをすべてもっているわけではない。骨組みとなるコードが与えられたので、後は、一般的な構文を提供するだけだ：

```
template<typename T>
constexpr bool Has_f()
{
   return has_f<T>::value;
}
```

これで、次のような記述が可能になった：

```
template<typename T>
class X {
   // ...
   template<typename U = T>
   Enable_if<Has_f<U>()> use_f(const U& t)
   {
      // ...
      f(t);
      // ...
   }
   // ...
};
```

X<T>は、T型の値tに対してf(t)が呼び出せる場合にのみ、use_f()というメンバをもつことになる。

なお、次のような単純な記述はできないことに注意しよう：

```
if (Has_f<decltype(t)>()) f(t);
```

たとえHas_f<decltype(t)>()がfalseを返したとしても、f(t)の呼出しが型チェックされるのだ（そして失敗する）。

Has_fを定義するテクニックを使うと、想定可能なあらゆる処理とメンバfooに対して、Has_fooが定義できることになる。どのfooに対しても、骨組みとなるコードは、14行だ。似たコードを何度も繰り返すことになるが、困難ではない。

このことは、Enable_if<>を利用すれば、引数型に対する任意の論理的基準に基づいて、複数の多重定義テンプレートからの選択が行えることを意味する。たとえば、!=が利用できるかどうかを確認する型関数Has_not_equals()は、以下のように定義して利用できる：

```
template<typename Iter, typename Val>
Enable_if<Has_not_equals<Iter>(),Iter> find(Iter first, Iter last, Val v)
{
    while (first!=last && !(*first==v))
        ++first;
    return first;
}

template<typename Iter, typename Val>
Enable_if<!Has_not_equals<Iter>(),Iter> find(Iter first, Iter last, Val v)
{
    while (!(first==last) && !(*first==v))
        ++first;
    return first;
}
```

このような、行き当たりばったりの多重定義は、見苦しい上に管理不能となる。たとえば、値の比較のために、比較可能であれば!=を利用するバージョンの追加を行う（すなわち、!(*first==v)の代わりに*first!=vとする）と分かるだろう。最終的に、私は、選択の余地があれば、構造化された標準の多重定義規則（§12.3.1）と特殊化の規則（§25.3）の二つの規則にしたがうことをお勧めする。たとえば：

```
template<typename T>
auto operator!=(const T& a, const T& b) -> decltype(!(a==b))
{
    return !(a==b);
}
```

二つの規則によって、T型に対して!=が定義されている場合（テンプレート関数でも、非テンプレート関数でも）、ここに示した定義が具現化されないことが保証される。部分的にdecltype()を利用した理由は、事前に定義された演算子から返却型を派生する一般的方法を示すためと、!=がboolではない何かを返すようなまれな場合にも対応するためである。

これと同様に、与えられた<をもとにして、>や<=や>=なども条件付きで定義できる。

28.5 コンパイル時リスト：Tuple

本節では、簡潔だが現実的な一つのサンプルを取り上げて、テンプレートメタプログラミングの基本的技法を解説する。ここでは、連想アクセス演算と出力演算を備えた Tuple を定義する。ここで定義していくものとよく似た Tuple は、すでに 10 年以上にわたって開発現場で利用されている。よりエレガントで汎用的な std::tuple については、§28.6.4 と §34.2.4.2 で解説する。

さて、ここでは、次のような記述ができるようになることが目的だ：

```
Tuple<double, int, char> x {1.1, 42, 'a'};
cout << x << "\n";
cout << get<1>(x) << "\n";
```

実行すると、以下のように出力される：

```
{ 1.1, 42, 'a' }
42
```

Tuple の定義は、本質的に単純なものだ：

```
template<typename T1=Nil, typename T2=Nil, typename T3=Nil, typename T4=Nil>
struct Tuple : Tuple<T2, T3, T4> { // レイアウト：{T2,T3,T4}はT1より前
   T1 x;

   using Base = Tuple<T2, T3, T4>;
   Base* base() { return static_cast<Base*>(this); }
   const Base* base() const { return static_cast<const Base*>(this); }

   Tuple(const T1& t1, const T2& t2, const T3& t3, const T4& t4)
        :Base{t2,t3,t4}, x{t1} { }
};
```

4 個の要素をもつ Tuple（4 タプルと呼ばれることが多い）は、3 個の要素をもつ Tuple（3 タプル）の直後に 4 番目の要素が続いたものである。

4 個の要素をもつ Tuple は、4 個の値を受け取るコンストラクタで構築する（引数の型は 4 種類になる可能性がある）。末尾の 3 個の要素（尻尾（しっぽ））によって、基底である 3 タプルを初期化して、先頭要素（頭）によって、自身のメンバ x を初期化する。

Tuple の尻尾、すなわち Tuple の基底クラスの操作は重要であり、Tuple の実装に共通するものである。その必然の結果として、Base という別名と、基底である尻尾の操作を簡略化する二つの base() メンバ関数を定義している。

いうまでもなく、この定義は、実際に 4 個の要素をもつタプルのみを処理する。しかも、処理の大半を 3 タプルに委ねている。要素数が 4 未満のタプルは、特殊化として定義できる：

```
template<>
struct Tuple<> { Tuple() {} };              // 0タプル

template<typename T1>
struct Tuple<T1> : Tuple<> {                // 1タプル
   T1 x;

   using Base = Tuple<>;
   Base* base() { return static_cast<Base*>(this); }
```

```
    const Base* base() const { return static_cast<const Base*>(this); }

    Tuple(const T1& t1) :Base{}, x{t1} { }
};

template<typename T1, typename T2>
struct Tuple<T1, T2> : Tuple<T2> {       // 2タプル，レイアウト：T2はT1より前
    T1 x;

    using Base = Tuple<T2>;
    Base* base() { return static_cast<Base*>(this); }
    const Base* base() const { return static_cast<const Base*>(this); }

    Tuple(const T1& t1, const T2& t2) :Base{t2}, x{t1} { }
};

template<typename T1, typename T2, typename T3>
struct Tuple<T1, T2, T3> : Tuple<T2, T3> {  // 3タプル，レイアウト：{T2,T3}はT1より前
    T1 x;

    using Base = Tuple<T2, T3>;
    Base* base() { return static_cast<Base*>(this); }
    const Base* base() const { return static_cast<const Base*>(this); }

    Tuple(const T1& t1, const T2& t2, const T3& t3) :Base{t2, t3}, x{t1} { }
};
```

これらの宣言は繰返しであって、初めに示した**Tuple**（4タプル）の単純なパターンにしたがったものだ。4タプルを定義する**Tuple**が、一次テンプレートであり、すべての要素数（**0**，**1**，**2**，**3**，**4**）の**Tuple**のインタフェースを定義している。これが**Nil**というデフォルト引数が必要な理由である。実際に**Nil**が利用されることはない。特殊化の際に、**Nil**を使うよりも単純な**Tuple**を選択させるためのものだ。

ここに示した**Tuple**の定義のように、派生クラスを"積み上げる"形態は、極めて一般的なものだ（たとえば**std::tuple**も同様に定義している：§28.6.4）。この形態には、（一般的な処理系であれば）**Tuple**の先頭要素が最上位のアドレスに位置して、末尾要素が**Tuple**全体と同じアドレスをもつという面白い効果がある。たとえば：

```
Tuple<double,string,int,char>{3.14,"Bob",127,'c'}
```

の内部データ表現を図にすると、以下のような感じだ：

char	int	string	double
'c'	127	"Bob"	3.14

ここから、ある興味深い最適化の可能性が見えてくる。次の例を考えてみよう：

```
class FO { /* データメンバをもたない関数オブジェクト */ };

typedef Tuple<int*, int *> T0;
typedef Tuple<int*, FO> T1;
typedef Tuple<int*, FO, FO> T2;
```

私の処理系では、最適化によってコンパイラが空の基底クラスを削除した結果、sizeof(T0)==8、sizeof(T1)==4、sizeof(T2)==4となった。これは、**空の基底の最適化**（*empty-base optimization*）と呼ばれ、言語によって保証される（§27.4.1）。

28.5.1 単純な出力関数

Tupleの定義は、規則正しい再帰的な構造なので、要素の並びを表示する関数の定義にも応用できる。例をあげよう：

```
template<typename T1, typename T2, typename T3, typename T4>
void print_elements(ostream& os, const Tuple<T1,T2,T3,T4>& t)
{
   os << t.x << ", ";             // tのx
   print_elements(os,*t.base());
}

template<typename T1, typename T2, typename T3>
void print_elements(ostream& os, const Tuple<T1,T2,T3>& t)
{
   os << t.x << ", ";
   print_elements(os,*t.base());
}

template<typename T1, typename T2>
void print_elements(ostream& os, const Tuple<T1,T2>& t)
{
   os << t.x << ", ";
   print_elements(os,*t.base());
}

template<typename T1>
void print_elements(ostream& os, const Tuple<T1>& t)
{
   os << t.x;
}

template<>
void print_elements(ostream& os, const Tuple<>& t)
{
   os << " ";
}
```

4タプルと3タプルと2タプルのprint_elements()がもっている類似性は、よりよい別解の存在を示唆する（§28.6.4）。しかし、当面は、print_elements()をそのまま利用して、Tupleの<<を定義することにしよう：

```
template<typename T1, typename T2, typename T3, typename T4>
ostream& operator<<(ostream& os, const Tuple<T1,T2,T3,T4>& t)
{
   os << "{ ";
   print_elements(os,t);
   os << " }";
   return os;
}
```

これで、次のように記述できるようになった：

```
Tuple<double, int, char> x {1.1, 42, 'a'};
cout << x << "\n";
```

```
cout << Tuple<double,int,int,int>{1.2,3,5,7} << "\n";
cout << Tuple<double,int,int>{1.2,3,5} << "\n";
cout << Tuple<double,int>{1.2,3} << "\n";
cout << Tuple<double>{1.2} << "\n";
cout << Tuple<>{} << "\n";
```


当然ながら、次のような出力が得られる。

```
{ 1.1, 42, a }
{ 1.2, 3, 5, 7 }
{ 1.2, 3, 5 }
{ 1.2, 3 }
{ 1.2 }
{ }
```

28.5.2 要素アクセス

その定義が示すとおり、Tupleは、要素数が可変であるし、個々の要素型が異なる可能性もある。それらの要素のアクセスには、効率性と、型システムに違反しないこと（たとえば、キャストを用いないことなど）の両方が求められる。その実現には、要素に名前を付ける、要素に番号を与える、目的とする要素にたどり着くまで再帰的に要素をアクセスする、などさまざまな手法が考えられる。ここで採用するのは、もっとも一般的なアクセス方法、すなわち、要素に添字付けを行うことだ。それでは、タプルに添字演算を実装していくことにしよう。残念ながら、適切なはずのoperator[]は実装できないので、関数テンプレートget()を利用する：

```
Tuple<double, int, char> x {1.1, 42, 'a'};

cout << "{ "
     << get<0>(x) << ", "
     << get<1>(x) << ", "
     << get<2>(x) << " }\n";    // { 1.1, 42, a }と書き出す

auto xx = get<0>(x);             // xxはdouble
```

このアイディアは、要素に与える添字をゼロから始めることであり、しかも、要素の選択をコンパイル時に完了するとともに、すべての型情報を維持した上で行う、というものだ。

get()関数が構築するのは、getNth<T,int>型のオブジェクトである。getNth<X,N>が行うのは、型がXであると想定されるN番目の要素への参照を返すことだ。このヘルパを利用すると、get()は次のように定義できる：

```
template<int N, typename T1, typename T2, typename T3, typename T4>
Select<N, T1, T2, T3, T4>& get(Tuple<T1, T2, T3, T4>& t)
{
   return getNth<Select<N, T1, T2, T3, T4>,N>::get(t);
}
```

getNthの定義は、Nから始まって、0の特殊化までへと下っていく、一般的な再帰を変形したものである：

```
template<typename Ret, int N>
struct getNth {          // getNthはN番目の要素の型（Ret）を覚えておく
   template<typename T>
   static Ret& get(T& t)     // tの基底から要素Nの値を取り出す
```

```
    {
        return getNth<Ret,N-1>::get(*t.base());
    }
};

template<typename Ret>
struct getNth<Ret,0> {
    template<typename T>
    static Ret& get(T& t)
    {
        return t.x;
    }
};
```

基本的に、getNth は、N-1 回の再帰によって実装された、特殊用途の for ループといえる。メンバ関数が static となっているのは、getNth クラスのオブジェクトが不要だからだ。このクラスは、コンパイラから利用できる方法で Ret と N を保持するための置き場にすぎない。

このことは、Tuple に添字を振るための重要な骨組みとなっているが、生成されるコードは、少なくとも型安全かつ効率的だ。ここでの“効率的”とは、適切な性能の（すなわち一般的レベルの）コンパイラならば、Tuple メンバへのアクセスで実行時オーバヘッドが発生しない、という意味だ。

ずばり x[2] とするのではなく、get<2>(x) と記述しなければならない理由は何だろうか？ 次のように記述してみよう：

```
template<typename T>
constexpr auto operator[](T t,int N)
{
    return get<N>(t);
}
```

残念ながら、これは動作しない。

・operator[]() は、メンバでなければならない。この点は Tuple 内で定義すれば解決する。
・operator[]() の中では、引数 N が定数式だと分からない。
・return 文からその型を導出できるのはラムダ式に限られるということ（§11.4.4）を“忘れて”いる。この点は、->decltype(get<N>(t)) を追加すれば解決する。

これらを実現するには、言語の詳細な知識が必要になるが、ここでは get<2>(x) を利用しなければならない、としておく。

28.5.2.1 const な Tuple

すでに定義したとおり、get() は非 const な Tuple 要素については期待どおり動作する。そればかりか、代入式の左辺としても利用できる。例をあげよう：

```
Tuple<double, int, char> x {1.1, 42, 'a'};
get<2>(x) = 'b';     // ＯＫ
```

ところが、const には利用できないのだ：

```
const Tuple<double, int, char> xx {1.1, 42, 'a'};
get<2>(xx) = 'b';          // エラー：xxはconst
char cc = get<2>(xx);      // エラー：xxはconst（驚いたかな？）
```

問題は、get() が非 const な参照を引数に受け取ることにある。ここでの xx は const なので、引数として受け付けられない。

当然ながら、const な Tuple も使いたいものだ。たとえば：

```
const Tuple<double, int, char> xx {1.1, 422, 'a'};
char cc = get<2>(xx);                   // ＯＫ：constから読み取る
cout << "xx: " << xx << "\n";
get<2>(xx) = 'x';                       // エラー：xxはconst
```

const Tuple を処理するには、get() と getNth の get() の両方に const バージョンを追加する必要がある。たとえば：

```
template<typename Ret, int N>
struct getNth {          // getNthはN番目の要素の型（Ret）を覚えておく
   template<typename T>
   static Ret& get(T& t)   // tの基底から要素Nの値を取り出す
   {
      return getNth<Ret,N-1>::get(*t.base());
   }

   template<typename T>
   static const Ret& get(const T& t)     // tの基底から要素Nの値を取り出す
   {
      return getNth<Ret,N-1>::get(*t.base());
   }
};

template<typename Ret>
struct getNth<Ret,0> {
   template<typename T> static Ret& get(T& t) { return t.x; }
   template<typename T> static const Ret& get(const T& t) { return t.x; }
};

template<int N, typename T1, typename T2, typename T3, typename T4>
Select<N, T1, T2, T3, T4>& get(Tuple<T1, T2, T3, T4>& t)
{
   return getNth<Select<N, T1, T2, T3, T4>,N>::get(t);
}

template<int N, typename T1, typename T2, typename T3, typename T4>
const Select<N, T1, T2, T3, T4>& get(const Tuple<T1, T2, T3, T4>& t)
{
   return getNth<Select<N, T1, T2, T3, T4>,N>::get(t);
}
```

これで、const と非 const 両方の引数を処理できるようになる。

28.5.3 make_tuple

クラステンプレートは、テンプレート引数を導出することはできないが、関数テンプレートは、その関数の引数からテンプレート引数を導出できる。そのため、Tuple 型を構築する関数を実装しておけば、コード内で暗黙裏に Tuple 型が作成できることになる：

```
template<typename T1, typename T2, typename T3, typename T4>
Tuple<T1, T2, T3, T4> make_tuple(const T1& t1, const T2& t2, const T3& t3, const T4& t4)
{
   return Tuple<T1, T2, T3, T4>{t1, t2, t3,t4};
}
// ... 上記以外の４種類のmake_tupleも必要 ...
```

このmake_tuple()を用いると、次のように記述できるようになる：

```
auto xxx = make_tuple(1.2,3,'x',1223);
cout << "xxx: " << xxx << "\n";
```

この他にも、head()やtail()などの有用な関数も容易に実装できる。標準ライブラリのtupleでも、数は少ないものの、そのようなユーティリティ関数を実装している（§28.6.4）。

28.6 可変個引数テンプレート

要素数が不明な場合に処理しなければならないことは、よくある問題だ。たとえば、エラー通知関数の引数は、0個から10個まであるかもしれない。配列の次元数は、1から10まであるかもしれない。タプルの要素数も、0個から10個まであるかもしれない。以上の三つの例のうち、最初と最後のものは、要素の型がすべて同じでなくてもよいことに注意しよう。多くの場合で、個別のケースに対して、別々に対応するようなことは避けたいものである。理想的には、1個のコードで、1要素、2要素、3要素などのケースが処理できるようになるべきだ。なお、先ほどは、思いつくままに10という数値をあげたが、理想的には、要素数には固定の上限値を設けるべきではない。

長年をかけて、数多くの解決法が開発されてきた。たとえば、デフォルト引数（§12.2.5）を使うと、関数は任意の個数の引数を受け取れる。また、関数多重定義（§12.3）を使うと、引数の個数に応じた関数が実装できる。もし要素の型がすべて同一であれば、複数の要素を一つのリストとして渡す（§11.3）ことによって、可変個の引数を扱える。しかし、個数が不明で、型も不明（しかもそれぞれが異なっている可能性がある）という引数をエレガントに処理するには、言語の追加支援が不可欠である。その言語機能は、**可変個引数テンプレート**（*variadic template*）と呼ばれる。

28.6.1 型安全なprintf()

個数と型の両方が可変である引数を受け取る典型的な関数、printf()を例に考えていこう。標準Cと標準C++のライブラリが提供するprintf()は、柔軟かつ適切に動作する（§43.3）。しかし、ユーザ定義型に対応するような拡張性がないし、型安全でもない。さらに、ハッカーの主要なターゲットにもなっている。

printf()の先頭引数は、“書式文字列”として解釈されるC言語スタイルの文字列だ。それ以降の引数は、書式文字列の内容に応じて利用される。たとえば、浮動小数点数に対する%gや、ゼロで終端する文字配列に対する%sなどの書式指定子は、引数の解釈を制御する。

たとえば：

```
printf("The value of %s is %g\n","x",3.14);
string name = "target";
printf("The value of %s is %P\n",name,Point{34,200});

printf("The value of %s is %g\n",7);
```

最初のprintf()の呼出しは期待どおり動作する。しかし、2番目の呼出しには問題点が二つある。第1点は、書式指定子%sはC言語スタイルの文字列に対応するものであって、std::string

の引数を正しく解釈しないことである。第2点は、%P という書式は存在しておらず、Point のようなユーザ定義型を直接的に出力する一般的な方法がないことである。さて、3番目の printf() の呼出しでは、%s に対応する引数に対して int を渡している上に、%g に対応する引数を "与え忘れている"。書式文字列が必要としている引数の個数と型と、プログラマが与えた引数の個数と型との比較は、通常、コンパイラにとっては不可能なことだ。最後の printf() の呼出しによって出力されるのは（もし出力されたとしても）、まともなものにはならないだろう。

可変個引数テンプレートを用いると、拡張性があって型安全な printf() の変種を実装できる。コンパイル時プログラミングに共通することだが、実装は次の二つの部分に分けられる：

[1] 引数が1個だけの場合（書式文字列）を処理する。
[2] 少なくとも1個の "追加" 引数がある場合を処理する。その引数を適切にフォーマットして、書式文字列が指示する適切な位置に出力する。

もっとも単純なケースは、引数が書式文字列1個だけのケースである：

```
void printf(const char* s)
{
   if (s==nullptr) return;

   while (*s) {
      if (*s=='%' && *++s!='%') // 追加の引数を期待しないことをはっきりさせる
                                // 書式文字列中%%は、単一の%を意味する
         throw runtime_error("invalid format: missing arguments");
      std::cout << *s++;
   }
}
```

この関数は、書式文字列を出力する。書式指定子が含まれている場合は、書式化すべき引数が存在しないので、この printf() は例外を送出する。書式指定子の定義は、連続しない % で始まることだ（%% は型の指定ではなく、printf() に % を出力させるものである）。% が文字列の最後の文字であった場合でも、*++s がオーバフローしないことに注意しよう。その場合、*++s は終端のゼロを表す。

次に、2個以上の引数をもつ printf() を処理する必要がある。ようやく、テンプレート、特に可変個引数テンプレートの出番となる：

```
template<typename T, typename... Args>  // 可変個テンプレート引数の並び：1個以上の引数
void printf(const char* s, T value, Args... args)  // 関数引数並び：2個以上の引数
{
   while (s && *s) {
      if (*s=='%' && *++s!='%') {      // 書式指定子（そうであれば無視する）
         std::cout << value;           // 最初の非書式引数を利用
         return printf(++s, args...);  // 残りの引数並びを使って再帰呼出し
      }
      std::cout << *s++;
   }
   throw std::runtime_error("extra arguments provided to printf");
}
```

この printf() は、先頭の非書式引数を見つけて出力する。その後、その引数を "取り除いて"、自身を再帰呼出しする。非書式引数が存在しない状態になれば、最初に示した（より単純な引数

1個版の）printf()を呼び出す。通常の文字（すなわち、%による書式指定子でないもの）は、そのまま出力する。

<<の多重定義は、書式指定子内の（誤りの可能性がある）“ヒント”の利用を置きかえるものだ。引数型に対して<<が定義されていれば、その引数は出力される。しかし、定義されていなければ、型チェックできないため、プログラムの続行は不可能だ。さて、%に続く書式文字は利用されない。この文字を型安全に利用することも考えた。しかし、このサンプルの目的は、完全なprintf()の設計ではなくて、可変個引数テンプレートを解説することにある。

Args...は、**パラメータパック**（*parameter pack*）の定義を行う。パラメータパックは、先頭から順に引数を“取り除く”ことが可能な、（型，値）のペアの並びである。printf()に複数の引数を与えて呼び出すと、

```
void printf(const char* s, T value, Args... args);
```

が選択される。このとき、先頭引数はs、2番目の引数はvalue、それ以降の引数が（あれば）パラメータパックargsにまとめられる。printf(++s, args...)の呼出しでは、パラメータパックargsは展開されて、argsの先頭要素がvalueとなり、argsの要素数は、その直前の呼出しよりも1個少なくなる。この動作はargsが空になるまで続けられて、最終的に次の呼出しとなる：

```
void printf(const char*);
```

本当に必要であれば、%sのようなprintf()の書式指令をチェックすることも可能である。たとえば：

```
template<typename T, typename... Args>  // 可変個テンプレート引数の並び：1個以上の引数
void printf(const char* s, T value, Args... args)  // 関数引数並び：2個以上の引数
{
   while (s && *s) {
      if (*s=='%') {       // 書式指定子あるいは%%
         switch (*++s) {
         case '%':         // 書式指定子ではない
               break;
         case 's':
               if (!Is_C_style_string<T>() && !Is_string<T>())
                 throw runtime_error("Bad printf() format");
               break;
         case 'd':
               if (!Is_integral<T>()) throw runtime_error("Bad printf() format");
               break;
         case 'g':
               if (!Is_floating_point<T>()) throw runtime_error("Bad printf() format");
               break;
         }
         std::cout << value;               // 最初の非書式引数を利用
         return printf(++s, args...);      // 残りの引数並びを使って再帰呼出し
      }
      std::cout << *s++;

   }
   throw std::runtime_error("extra arguments provided to printf");
}
```

標準ライブラリは、std::is_integral と std::is_floating_point を提供する。しかし、Is_C_style_string は自作する必要がある。

28.6.2 技術的詳細

関数プログラミングに慣れていれば、printf() のサンプル（§28.6）が、標準的な技法とは異なることに気付いただろう。そうでなければ、ここに示す最小限の技術的サンプルが役立つはずだ。まず、単純な可変個引数テンプレート関数を宣言して、利用してみる：

```
template<typename... Types>
void f(Types... args);    // 可変個引数テンプレート関数
```

すなわち、f() は任意の型、任意の個数の引数を受け取れる関数である。

```
f();                    // ＯＫ：argsは引数を受け取らない
f(1);                   // ＯＫ：argsは１個の引数を受け取る：int
f(2, 1.0);              // ＯＫ：argsは２個の引数を受け取る：intとdouble
f(2, 1.0, "Hello");     // ＯＫ：argsは３個の引数を受け取る：intとdoubleとconst char*
```

可変個引数テンプレートは、... 記法を使って定義される：

```
template<typename... Types>
void f(Types... args);  // 可変個引数テンプレート関数
```

Types の宣言での typename... は、Types が**テンプレートパラメータパック**（*template parameter pack*）であることの指定だ。そして、args の型での ... は、args が**関数パラメータパック**（*function parameter pack*）であることの指定である。個々の args の引数型は、テンプレート引数 Types のそれぞれに対応する。typename... の代わりに class... としても同じ意味である。省略記号（...）は、独立した構文トークンなので、その前後に空白文字を記述できる。省略記号は、文法上さまざまな場面に登場するが、どこで使われても“何らかのものをゼロ回以上繰り返す”という意味だ。パラメータパックは、コンパイラが認識した型の値の並びと考えるとよい。たとえば、パラメータパック {'c',127,string{"Bob"},3.14} を図示すると、次のようになる：

char	int	string	double
'c'	127	"Bob"	3.14

これは、一般に**タプル**（*tuple*）と呼ばれる。C++ 標準は、メモリレイアウトを指定していない。そのため、この図とは逆順に配置されるかもしれない（末尾要素が最低位アドレス：§28.5）。しかし、この中には隙間もないし、外部へのリンクもない、そのままの内部表現である。値を取り出すには、目的のものまで先頭から走査する必要がある。Tuple の実装（§28.5）では、そのテクニックを示した。先頭要素の型の取出しは可能だ。そして、その型を用いて最初の要素にアクセスする。その後、次の要素へと（再帰的に）進める。必要ならば、Tuple（あるいは std::tuple：§28.6.4）用の get<N> に類するものを用いれば、添字を用いたアクセスも可能だ。しかし、残念なことに、言語としては直接的にはサポートしていない。

パラメータパックの利用時は、その直後に ... を記述することで、要素の並びへと展開できる：

```
template<typename T, typename... Args>
void printf(const char* s, T value, Args... args)
{
   // ...
   return printf(++s, args...);    // 引数としてargcの要素を渡して再帰呼出しを行う
   // ...
}
```

パラメータパックの要素展開は、関数呼出しに限定されているわけではない。たとえば：

```
template<typename... Bases>
class X : public Bases... {
public:
   X(const Bases&... b) : Bases(b)... { }
};

X<> x0;
X<Bx> x1(1);
X<Bx,By> x2(2,3);
X<Bx,By,Bz> x3(2,3,4);
```

ここで、Bases... は、X がゼロ個以上の基底をもつことを表す。X を初期化する際に、コンストラクタは、Bases 可変個引数テンプレートで指定された型のゼロ個以上の値を必要とする。その値が1個ずつ基底初期化子に対して渡されることになる。

要素の並びが必要となる局面のほとんどで、“ゼロ個以上の要素”を意味する省略記号が利用できる（§iso.14.5.3）。たとえば次のような局面だ：

- テンプレート引数並び
- 関数引数並び
- 初期化子並び
- 基底指定子並び
- 基底初期化子並びあるいはメンバ初期化子並び
- sizeof... 式

sizeof... 式は、パラメータパック内の要素数を取り出すために使う。たとえば、tuple の要素が2個の場合に pair から tuple を作成するコンストラクタは、以下のように定義できる：

```
template<typename... Types>
class tuple {
   // ...
   template<typename T, typename U, typename = Enable_if<sizeof...(Types)==2>
      tuple(const pair<T,U>&);
};
```

28.6.3 転送

可変個引数テンプレートの主要な用途の一つが、関数から他の関数への転送である。呼び出すべき何かを引数として受け取る関数を、どう記述すればよいかを考えてみよう。その呼び出すべき“何か”に与える引数は、空のリストの場合もあり得る：

```
template<typename F, typename... T>
void call(F&& f, T&&... t)
{
    f(forward<T>(t)...);
}
```


これは、極めて簡潔である。しかし、架空のものではない。標準ライブラリの`thread`は、この技法を用いたコンストラクタをもっている（§5.3.1, §42.2.2）。この例では、導出されたテンプレート引数型を、右辺値参照渡しで受け取っている。そうしているのは、右辺値と左辺値と正しく区別するため（§23.5.2.1）と、その恩恵を`std::forward()`が受けられるようにするため（§35.5.1）だ。`T&&...`中の`...`は、“ゼロ個以上の`&&`引数を受け取り、それぞれの引数型は対応する`T`型である”と読める。一方、`forward<T>(t)...`の`...`は、“`t`からゼロ個以上の引数を転送する”と読める。

ここでは、呼び出すべき“何か”の型に対して、テンプレート引数を使っている。そのため、`call()`は、関数、関数を指すポインタ、関数オブジェクト、ラムダ式が受け取れる。

`call()`をテストしてみよう：

```
void g0()
{
    cout << "g0()\n";
}

template<typename T>
void g1(const T& t)
{
    cout << "g1(): " << t << '\n';
}

void g1d(double t)
{
    cout << "g1d(): " << t << '\n'; }
}

template<typename T, typename T2>
void g2(const T& t, T2&& t2)
{
    cout << "g2(): " << t << ' ' << t2 << '\n';
}

void test()
{
    call(g0);
    call(g1);                                  // エラー：引数が少なすぎる
    call(g1<int>,1);
    call(g1<const char*>,"hello");
    call(g1<double>,1.2);
    call(g1d,1.2);
    call(g1d,"No way!");                       // エラー：g1d()に対する誤った引数型
    call(g1d,1.2,"I can't count");             // エラー：g1d()に対して引数が多すぎる
    call(g2<double,string>,1,"world!");

    int i = 99;                                // 左辺値でテスト
    const char* p = "Trying";
    call(g2<double,string>,i,p);

    call([](){ cout <<"l1()\n"; });
    call([](int i){ cout <<"l0(): " << i << "\n"; },17);
    call([i](){ cout <<"l1(): " << i << "\n"; });
}
```

テンプレート関数のどの特殊化を利用するかを明示的に引数として指定している。call() は、指定されていない引数の型に基づいて、どの特殊化を利用するのかを導出できないからだ。

28.6.4 標準ライブラリのtuple

§28.5で示したTupleには、明らかな弱点がある。それは、最大で4個の要素しか処理できないことだ。本節では、標準ライブラリのtuple（<tuple>：§34.2.4.2）を示して、その実装で利用している技法を解説する。std::tupleとTupleの決定的な違いは、前者が可変個引数テンプレートによって、要素数の上限を撤廃している点である。定義の主要な部分を示す：

```
template<typename... Values> class tuple;  // 一次テンプレート

template<> class tuple<> { };              // 0タプル用の特殊化

template<typename Head, typename... Tail>
class tuple<Head, Tail...>
    : private tuple<Tail...> {             // ここに再帰がある

/*
   基本的に、tupleはそのHead（先頭の(type,value)のペア）を保持して、
   そのTailのtuple（残りの(type,value) のペア）から派生する。
   型はtypeの中にエンコードされていて、データとして保持されていないことに注意
*/
   typedef tuple<Tail...> inherited;
public:
   constexpr tuple() { }                   // デフォルト：空のtuple

   // 別々の引数からtupleを構築：
   tuple(Add_lvalue_reference<Head> h, Add_lvalue_reference<Tail>... t)
       : m_head(h), inherited(t...) { }

   // 与えられた別のtupleからtupleを構築：
   template<typename... VValues>
   tuple(const tuple<VValues...>& other)
       : m_head(other.head()), inherited(other.tail()) { }

   template<typename... VValues>
   tuple& operator=(const tuple<VValues...>& other) // 代入
   {
      m_head = other.head();
      tail() = other.tail();
      return *this;
   }
   // ...

protected:
   Head m_head;
private:
   Add_lvalue_reference<Head> head() { return m_head; }
   Add_lvalue_reference<const Head> head() const { return m_head; }

   inherited& tail() { return *this; }
   const inherited& tail() const { return *this; }
};
```

std::tupleがこのとおりに実装されている保証はない。実際、普及している処理系の中には、要素のメモリレイアウトを、同一のメンバ型をもつstructと同じレイアウトとするために、ヘルパクラス（これも可変個引数クラステンプレートとなる）から派生するものがある。

ここでの“参照を追加する”型関数群は、型が参照でない場合に限り、その型に対する参照を追加するものだ。これらが利用されているのは、const 参照による呼出しを確実に行うことによってコピーを避けるためである（§35.4.2）。

奇妙なことに、std::tuple は、head() 関数と tail() 関数のいずれも提供しない。そのため、この例では、private にしている。実際、tuple は、要素をアクセスするメンバ関数を一切提供しない。tuple の要素をアクセスする場合は、要素を1個の値と、それ以降の ... とに分割する関数を（直接的あるいは間接的に）呼び出す必要がある。もし、標準ライブラリの tuple に head() と tail() が必要ならば、次のように記述できる：

```
template<typename Head, typename... Tail>
Head& head(tuple<Head,Tail...>& t)
{
    return std::get<0>(t);   // tの先頭要素を取り出す（§34.2.4.2）
}

template<typename Head, typename... Tail>
tuple<Tail&...> tail(tuple<Head, Tail...>& t)
{
    return /* 詳細 */;
}
```

ここで、tail() の定義中の“詳細”の部分は、見苦しくて複雑なものだ。仮に tuple の設計者がユーザに tail() を利用させる意図をもっていたならば、メンバとして実装されていたはずだ。

さて、tuple を用いると、タプルを作成してコピーして操作できる：

```
tuple<string,vector<int>,double> tt("hello",{1,2,3,4},1.2);
string h = head(tt);                              // "hello"
tuple<vector<int>,double> t2 = tail(tt);          // {{1,2,3,4},1.2};
```

これらの型をすべて説明しても面白くない。その代わりに、引数の型からの導出を行ってみよう。たとえば、標準ライブラリの make_tuple() を用いると、次のようになる：

```
template<typename... Types>
tuple<Types...> make_tuple(Types&&... t)   // 実際よりも簡略化（§iso.20.4.2.4）
{
    return tuple<Types...>(t...);
}

string s = "Hello";
vector<int> v = {1,22,3,4,5};
auto x = make_tuple(s,v,1.2);
```

標準ライブラリの tuple は、コード例で示したものよりも多くのメンバをもっている（// ... の部分）。さらに、いくつかのヘルパ関数も定義している。たとえば、要素にアクセスする get() を提供する（§28.5.2 で示した get() に似ている）。そのため、次のように記述できる：

```
auto t = make_tuple("Hello tuple", 43, 3.15);
double d = get<2>(t);           // dは3.15になる
```

すなわち、std::get() は、std::tuple に対して、コンパイル時に利用可能なゼロから始まる添字演算だ。

std::tuple のすべてのメンバは、一部のユーザに有用であり、また、大部分のメンバが多くのユーザにとって有用である。しかし、可変個引数テンプレートの理解の手助けとなるようなものは、これ以上はないので、ここでは細部に踏み込まない。コンストラクタ、同じ型からの代入（コピーとムーブ）、他のタプル型からの代入（コピーとムーブ）、ペアからの代入（コピーとムーブ）が提供される。引数に **std::pair** を受け取る処理では、**sizeof...**（§28.6.2）を使って、対象の **tuple** の要素がちょうど2個であることを確認する。アロケータ（§34.4）を受け取る9種類のコンストラクタと代入が提供され、**swap()**（§35.5.2）も提供される。

残念ながら、標準ライブラリでは、**tuple** に対して **<<** と **>>** を実装していない。さらに残念なことに、**std::tuple** に **<<** を定義しようとすると、驚くほど複雑になる。要素を簡潔かつ汎用的に走査する方法が存在しないからだ。まず、ヘルパが必要になる。それは、2個の **print()** 関数をもつ **struct** だ。一方は要素を再帰的に出力するもので、もう一方は出力する要素がなくなった時点で再帰を停止するものである：

```
template<size_t N>      // 要素Nと続く要素を表示
struct print_tuple {
    template<typename... T>
    static typename enable_if<(N<sizeof...(T))>::type
    print(ostream& os, const tuple<T...>& t)              // 空でないtuple
    {
        os << ", " << get<N>(t);            // 要素を1個表示
        print_tuple<N+1>::print(os,t);      // 残りの要素を表示
    }

    template<typename... T>
    static typename enable_if<!(N<sizeof...(T))>::type     // 空のtuple
    print(ostream&, const tuple<T...>&)
    {
    }
};
```

これは、再帰関数と終了用関数の多重定義というパターンだ（§28.6.1 で示した **printf()** と同様である）。ただし、**get<N>()** に **0** から **N** まで無駄にカウントさせることに注意しよう。

これで **tuple** の **<<** が記述できるようになった：

```
std::ostream& operator << (ostream& os, const tuple<>&)    // 空のtuple
{
    return os << "{}";
}

template<typename T0, typename... T>
ostream& operator<<(ostream& os, const tuple<T0, T...>& t) // 空でないtuple
{
    os << '{' << std::get<0>(t);    // 先頭要素を表示
    print_tuple<1>::print(os,t);    // 残りの要素を表示
    return os << '}';
}
```

tuple の表示は、以下のように行える：

```
void user()
{
    cout << make_tuple() << '\n';
    cout << make_tuple("One meatball!") << '\n';
    cout << make_tuple(1,1.2,"Tail!") << '\n';
}
```

28.7 SI単位系の例題

constexprとテンプレートを用いると、あらゆるものがコンパイル時に算出できる。算出処理に入力を実装する作業は、かなりトリッキーになる。しかし、プログラムテキストへのデータの取込みは、#includeを用いればいつでも行える。その一方で、私は、保守段階で作業しやすくなるような簡潔なサンプルを好んでいる。ここで提示するサンプルは、実装の複雑さと、利便性との現実的なトレードオフを示すものだ。コンパイル時オーバヘッドは、最小限であって、実行時には発生しない。このサンプルは、メートル（meter）、キログラム（kilogram）、秒（second）などの単位系を用いた算出処理の小規模ライブラリを実装する。このMKS単位系は、科学分野で標準的に広く用いられている国際標準のSI単位系の一部である。また、このサンプルを提示する目的は、極めて単純なメタプログラミング技法を、他の言語機能や技法とどのように組み合わせて、利用できるのかを示すことだ。

無意味な算出処理を避けるため、利用する値には単位が付加できるとよさそうだ。たとえば：

```
auto distance = 10.9_m;          // 10.9メートル
auto time = 20.5_s;              // 20.5秒
auto speed = distance/time;      // 0.53 m/s（秒あたりのメートル）

if (speed == 0.53)               // エラー：0.53には次元がない
// ...
if (speed == distance)           // エラー：mとm/sは比較できない
// ...
if (speed == 10.9_m/20.5_s)      // ＯＫ：単位が一致
// ...
Quantity<MpS2> acceleration = distance/square(time); // MpS2はm/(s*s)を表す

cout << "speed==" << speed << " acceleration==" << acceleration << "\n";
```

単位系は、物理的な値に対して型システムを提供する。この例が示すように、型を隠蔽したいときはautoが利用できるし（§2.2.2）、型をもつ値を導入したいときはユーザ定義リテラルが利用できる（§19.2.6）。また、Unitを明示したければQuantity型が利用できる。Quantityは、Unitをもつ数値である。

28.7.1 Unit

まず、Unitを定義する：

```
template<int M, int K, int S>
struct Unit {
    enum { m=M, kg=K, s=S };
};
```

Unitは、ここで対象とする次の三種類の単位系を表すメンバをもっている：

- M：長さを表すメートル
- K：重量を表すキログラム
- S：時間を表す秒

単位の値が、型にエンコーディングされることに注意しよう。Unitはコンパイル時に利用することを意図したものである。

非常に広く利用される単位には、一般的な記法を提供できる：

```
using M = Unit<1,0,0>;        // メートル
using Kg = Unit<0,1,0>;       // キログラム
using S = Unit<0,0,1>;        // 秒
using MpS = Unit<1,0,-1>;     // 秒あたりのメートル (m/s)
using MpS2 = Unit<1,0,-2>;    // 秒の２乗あたりのメートル ((m/(s*s))
```

負の単位数は、その単位で除算した値を表す。３種類の値による単位の表現には、高い柔軟性があり、長さと重量と時間に関するあらゆる単位を正しく表現できる。ただし、長さを123倍して15で除した重量をかけて最後に時間を1024倍するQuantity<123,-15,1024>のようなものが、それほど利用されるとは思わない。もっとも、このシステムが汎用的であることを示すのはよいことだ。なお、Unit<0,0,0>は、無次元の実体、単位をもたない値を表す。

二つの数量を乗算する場合、その単位が加えられる。そのため、Unitの加算は有用だ：

```
template<typename U1, typename U2>
struct Uplus {
   using type = Unit<U1::m+U2::m, U1::kg+U2::kg, U1::s+U2::s>;
};

template<typename U1, typename U2>
using Unit_plus = typename Uplus<U1,U2>::type;
```

同様に、二つの数量を除算する場合、その単位が減じられる：

```
template<typename U1, typename U2>
struct Uminus {
   using type = Unit<U1::m-U2::m, U1::kg-U2::kg, U1::s-U2::s>;
};

template<typename U1, typename U2>
using Unit_minus = typename Uminus<U1,U2>::type;
```

Unit_plusとUnit_minusは、Unitを処理する単純な型関数（§28.2）である。

28.7.2 Quantity

Quantityは、Unitと結び付けられた値である：

```
template<typename U>
struct Quantity {
   double val;
   explicit constexpr Quantity(double d) : val{d} {}
};
```

値を表現するための型を、テンプレート引数に変更するという改善が考えられる。その場合、テンプレート引数のデフォルトとしてはdoubleを採用することになるだろう。さて、さまざまな単位をもつQuantityが定義できる：

```
Quantity<M> x {10.9};    // xは10.9メートル
Quantity<S> y {20.5};    // yは20.5秒
```

Quantityのコンストラクタは、explicitとしている。C++の浮動小数点数リテラルのような、

無次元実体からの暗黙の変換を抑制するためだ：

```
Quantity<MpS> s = 0.53;        // エラー：intからメートル／秒に変換しようとしている

Quantity<M> comp(Quantity<M>);
// ...
Quantity<M> n = comp(10.9);    // エラー：comp()は距離が必要
```

ここで、算出処理について考えてみよう。私たちは、物理的な測定では何を行うだろう？　物理学の教科書を丸ごと読み返さなくても、加減乗除の四則演算が必須であることが分かる。加算と減算は、単位が同じ場合にのみ行えるものだ：

```
template<typename U>
Quantity<U> operator+(Quantity<U> x, Quantity<U> y)   // 同じ次元
{
   return Quantity<U>{x.val+y.val};
}

template<typename U>
Quantity<U> operator-(Quantity<U> x, Quantity<U> y)   // 同じ次元
{
   return Quantity<U>{x.val-y.val};
}
```

Quantityのコンストラクタはexplicitなので、演算結果のdoubleは、Quantityに再変換する必要がある。

Quantityの乗算では、両者のUnitの加算が必要だ。同様に、除算では、両者のUnitの減算が必要である。たとえば：

```
template<typename U1, typename U2>
Quantity<Unit_plus<U1,U2>> operator*(Quantity<U1> x, Quantity<U2> y)
{
   return Quantity<Unit_plus<U1,U2>>{x.val*y.val};
}

template<typename U1, typename U2>
Quantity<Unit_minus<U1,U2>> operator/(Quantity<U1> x, Quantity<U2> y)
{
   return Quantity<Unit_minus<U1,U2>>{x.val/y.val};
}
```

これらの四則演算を用いると、大半の計算が行える。しかし、現実世界の計算には、膨大な種類の演算の組合せがある。たとえば、無次元数の乗算と除算がある。Quantity<Unit<0,0,0>>も利用できるが、面倒なものだ：

```
Quantity<MpS> speed {0.53};
auto double_speed = Quantity<Unit<0,0,0>>{2}*speed;
```

ここでの冗長性を排除するには、doubleからQuantity<Unit<0,0,0>>への暗黙の変換を実装するか、あるいは、算術演算の変種を若干数実装すればよい。ここでは後者を選択する：

```
template<typename U>
Quantity<U> operator*(Quantity<U> x, double y)
{
   return Quantity<U>{x.val*y};
}
```

```
template<typename U>
Quantity<U> operator*(double x, Quantity<U> y)
{
    return Quantity<U>{x*y.val};
}
```

これで、次のように記述できるようになる：

```
Quantity<MpS> speed {0.53};
auto double_speed = 2*speed;
```

double から Quantity<Unit<0,0,0>> への暗黙の変換を定義しない最大の理由は、そのような変換が、加算と減算では不要だからだ：

```
Quantity<MpS> speed {0.53};
auto increased_speed = 2.3+speed;    // エラー：次元のないスカラはspeedに加算できない
```

アプリケーション分野によって決定されるコードに対する詳細な要求をはっきりさせるのは、よいことだ。

28.7.3 Unit リテラル

一般的な単位に対する型別名のおかげで、以下のように記述できる：

```
auto distance = Quantity<M>{10.9};    // 10.9メートル
auto time = Quantity<S>{20.5};        // 20.5秒
auto speed = distance/time;           // 0.53 m/s（秒あたりのメートル）
```

これも悪くないが、プログラマの頭の中にある一般的な単位と比べると、まだ冗長である：

```
auto distance = 10.9;                 // 10.9メートル
double time = 20.5;                   // 20.5秒
auto speed = distance/time;           // 0.53 m/s（秒あたりのメートル）
```

ここで、型を double にするため（除算の結果を正確にするためでもある）には、.0 あるいは、明示的な double が必要である。

上記に示した2種類のコードの生成結果は、同一でなければならない。さらに、記述に関して、もっと改善できるはずだ。Quantity 型にユーザ定義リテラル（UDL：§19.2.6）を導入しよう：

```
constexpr Quantity<M> operator"" _m(long double d) { return Quantity<M>{d}; }
constexpr Quantity<Kg> operator"" _kg(long double d) { return Quantity<Kg>{d}; }
constexpr Quantity<S> operator"" _s(long double d) { return Quantity<S>{d}; }
```

これを使うと、本節の最初のコードで、リテラルが利用できるようになる：

```
auto distance = 10.9_m;               // 10.9メートル
auto time = 20.5_s;                   // 20.5秒
auto speed = distance/time;           // 0.53 m/s（秒あたりのメートル）

if (speed == 0.53)                    // エラー：0.53は次元がない
// ...
if (speed == distance)                // エラー：mとm/sは比較できない
// ...
if (speed == 10.9_m/20.5_s)           // ＯＫ：単位が一致
```

Quantityと次元のない値との組合せに対応した*と/を定義しているので、乗算や除算での単位の組合せが可能だ。しかし、もっとたくさんの一般的な単位を、ユーザ定義リテラルとして実装しよう：

```
constexpr Quantity<M> operator"" _km(long double d) { return Quantity<M>{1e3*d}; }
constexpr Quantity<Kg> operator"" _g(long double d) { return Quantity<Kg>{d/1e3}; }
constexpr Quantity<Kg> operator"" _mg(long double d) { return Quantity<Kg>{d/1e6}; } //ミリグラム
constexpr Quantity<S> operator"" _ms(long double d) { return Quantity<S>{d/1e3}; }  //ミリ秒
constexpr Quantity<S> operator"" _us(long double d) { return Quantity<S>{d/1e6}; }  //マイクロ秒
constexpr Quantity<S> operator"" _ns(long double d) { return Quantity<s>{d/1e9}; }  //ナノ秒
```

見て分かるように、非標準の接尾語を過剰に利用しているので、実際には管理しきれないことも考えられる（たとえば、usは広く用いられているが、uがギリシア文字のμにちょっと似ているので紛らわしい）。

さらに多くの型に対応するよう、さまざまな単位も実装できる（std::ratioと同じ方法で行える：§35.3）が、Unitの型の簡潔性を維持して、その本質に集中することを優先した。

なお、下線を付加して_sと_mとしているのは、標準ライブラリが実装する、より短くて都合のよい接頭語sとmを阻害しないためだ。

ここでは、long double型の引数を利用している。というのも、その型が、浮動小数点リテラル演算子（§19.2.6）によって要求されるからだ。残念ながら、long double用にUDLを定義しても、浮動小数点リテラルに対して接尾語が付くだけだ。整数リテラルに対して接尾語を付けるには、すなわち、20.0sだけでなく20sと表記できるようにするためには、unsigned long long型に対してリテラル演算子を定義しなければならない。

28.7.4 ユーティリティ関数

このサンプルの最初の解説であげた処理内容を完結させるには、ユーティリティ関数square()と等価演算子と出力演算子が必要だ。square()は容易に定義できる：

```
template<typename U>
constexpr Quantity<Unit_plus<U,U>> square(Quantity<U> x)
{
   return Quantity<Unit_plus<U,U>>(x.val*x.val);
}
```

これは、任意の計算関数の記述方法を示すものだ。返却値の定義でUnitを構築することも行える。しかし、既存の型関数を用いたほうが簡単だ。その他にも、型関数Unit_doubleを定義する方法もあり、やはり容易に行える。

等価演算子==は、すべての==と似たり寄ったりだ。同じUnitをもつ値だけを処理するように定義する：

```
template<typename U>
bool operator==(Quantity<U> x, Quantity<U> y)
{
   return x.val==y.val;
}
```

```
template<typename U>
bool operator!=(Quantity<U> x, Quantity<U> y)
{
   return x.val!=y.val;
}
```

Quantityが値渡しとなっていることに注意しよう。実行時は、引数はdoubleとして表現される。出力関数は、通常の文字処理を行うだけだ：

```
string suffix(int u, const char* x)  // ヘルパ関数
{
   string suf;
   if (u) {
      suf += x;
      if (1<u) suf += '0'+u;

      if (u<0) {
         suf += '-';
         suf += '0'-u;
      }
   }
   return suf;
}

template<typename U>
ostream& operator<<(ostream& os, Quantity<U> v)
{
   return os << v.val << suffix(U::m,"m") << suffix(U::kg,"kg") << suffix(U::s,"s");
}
```


最終的に、次のような記述ができるようになる：

```
auto distance = 10.9_m;         // 10.9メートル
auto time = 20.5_s;             // 20.5秒
auto speed = distance/time;     // 0.53 m/s (秒あたりのメートル)

if (speed == 0.53)              // エラー：0.53は次元がない
// ...
if (speed == distance)          // エラー：mとm/sは比較できない
// ...
if (speed == 10.9_m/20.5_s)     // ＯＫ：単位が一致
// ...

Quantity<MpS2> acceleration = distance/square(time); // MpS2はm/(s*s)を表す

cout << "speed==" << speed << " acceleration==" << acceleration << "\n";
```

ちゃんとしたコンパイラであれば、このコードは、直接doubleを用いて記述したコードとまったく同じものとして生成される。ただし、この例では、物理単位の規則にのっとった"型チェック"が(コンパイル時）に行われる。これは、アプリケーション固有の型一式のすべてを、独自の型チェックの規則とともに、C++プログラムに追加する方法を示す一例である。

28.8 アドバイス

[1] メタプログラミングを利用して、型安全を向上させよう。§28.1。

[2] メタプログラミングによって算出処理をコンパイル時に行って、性能向上を図ろう。§28.1。

[3] コンパイル時間を極端に悪化させるような過剰なメタプログラミングは避けよう。§28.1。

[4] コンパイル時評価と型関数について熟考しよう。§28.2。

[5] テンプレート別名を、型を返却する型関数へのインタフェースで利用しよう。§28.2.1。

[6] `constexpr` 関数を、（型ではない）値を返却する型関数へのインタフェースで利用しよう。§28.2.2。

[7] 型に対して性質を非侵入的に関連付けたければ、特性を利用しよう。§28.2.4。

[8] 二つの型から一つを選択するのであれば、`Conditional` を利用しよう。§28.3.1.1。

[9] 三つ以上の型から一つを選択するのであれば、`Select` を利用しよう。§28.3.1.3。

[10] コンパイル時の繰返し処理は、再帰で表現しよう。§28.3.2。

[11] 実行時にうまく処理できない仕事には、メタプログラミングを利用しよう。§28.3.3。

[12] 関数テンプレートを条件付きで宣言するには、`Enable_if` を利用しよう。§28.4。

[13] コンセプトは、`Enable_if` と一緒に利用できるもっとも有用な述語だ。§28.4.3。

[14] 一定でない型と個数の引数を受け取る関数が必要であれば、可変個引数テンプレートを利用しよう。§28.6。

[15] 同種の引数の並びに対して可変個引数テンプレートを利用しないようにしよう（初期化子並びを優先しよう）。§28.6。

[16] 転送が必要であれば、可変個引数テンプレートと `std::move()` を利用しよう。§28.6.3。

[17] 効率的でエレガントな（きめ細かい型チェックを備えた）単位システムを実装するには、簡潔なメタプログラミングを利用しよう。§28.7。

[18] ユーザ定義リテラルを用いて、単位系を簡潔にしよう。§28.7。

第29章 行列の設計

自分が考え得る以上に
明確に自己表現してはならない。
— ニールス・ボーア

29.1 はじめに

ある言語機能だけを単独に取り出しても、退屈で役に立たないものだ。本章は、挑戦しがいのある汎用N次元行列の設計を目標にして、複数の言語機能をどのように組み合わせるのかを解説する。

これまで私は、完璧な行列クラスを見たことがない。実際、行列の多様な用途を考えると、完璧な行列クラスなどあり得るだろうかとも考える。ここでは、単純なN次元行列のプログラミングと設計技法を解説する。何はともあれ、この`Matrix`は、プログラマが`vector`や組込み配列を直接利用して作るものと比べると、はるかに使いやすくてコンパクトで高速だ。`Matrix`に使う設計技法とプログラミング技法は、他の場面でも広く利用できる。

29.1.1 基本的なMatrixの使い方

`Matrix<T,N>`は、要素型が`T`の`N`次元行列を表す。以下のように利用できるものだ：

```
Matrix<double,0> m0{1};           // 0次元：1個のスカラ
Matrix<double,1> m1{1,2,3,4};     // 1次元：1個のベクタ（要素数は4）
Matrix<double,2> m2{              // 2次元：（要素数は4*3）
    {00,01,02,03},      // 第0行
    {10,11,12,13},      // 第1行
    {20,21,22,23}       // 第2行
};
```

```
Matrix<double,3> m3(4,7,9);          // ３次元：（要素数は4*7*9）全要素を0で初期化
Matrix<complex<double>,17> m17;      // 17次元：（ここでは要素はない）
```

要素型は、何らかの値を保持可能なものでなければならない。要素型に対して、浮動小数点数の性質を全部もたなければならない、といったことは要件にはしない。

```
Matrix<double,2> md;           // ＯＫ
Matrix<string,2> ms;           // ＯＫ：ただし算術演算を使わないように

Matrix<Matrix<int,2>,2> mm { // 2×2行列の3×2行列
                             // 各行列は妥当な"数値"
   { // 第0行
      {{1, 2}, {3, 4}}, // 第0列
      {{4, 5}, {6, 7}}, // 第1列
   },
   { // 第１行
      {{8, 9}, {0, 1}}, // 第0列
      {{2, 3}, {4, 5}}, // 第1列
   },
   { // 第２行
      {{1, 2}, {3, 4}}, // 第0列
      {{4, 5}, {6, 7}}, // 第1列
   }
};
```

行列の算術演算には、整数や浮動小数点数の算術演算と同じ数学的性質があるわけではないので（たとえば、行列の乗算では交換則は成り立たない）、注意が必要だ。

`vector`と同様に、要素数の指定には`()`を使って、要素の値の指定には`{}`を使う（§17.3.2.1, §17.3.4.1）。行数は次元数と一致しなければならず、さらに、各次元における要素数（列数）も一致しなければならない。

```
Matrix<char,2> mc1(2,3,4); // エラー：次元数が大きすぎる
Matrix<char,2> mc2 {
   {'1','2','3'}           // エラー：２次元に対する初期化子が欠如
};
Matrix<char,2> mc2 {
   {'1','2','3'},
   {'4','5'}               // エラー：３番目の列に対する要素が欠如
};
```

`Matrix<T,N>`の次元数（行列の`order()`）は、テンプレート引数（ここでは`N`）に指定された値となる。各次元の要素数（行列の`extent()`）は、初期化子並びから導出されるか、あるいは、`()`で指定された`Matrix`コンストラクタの引数の値となる。要素の総数は、`size()`で得られる。たとえば：

```
Matrix<double,1> m1(100);        // １次元：１個のベクタ（100要素）
Matrix<double,2> m2(50,6000);    // ２次元：50*6000要素

auto d1 = m1.order();            // 1
auto d2 = m2.order();            // 2

auto e1 = m1.extent(0);          // 100
auto e2 = m1.extent(1);          // エラー：m1は１次元
```

```
auto e3 = m2.extent(0);          // 50
auto e4 = m2.extent(1);          // 6000

auto s1 = m1.size();             // 100
auto s2 = m2.size();             // 50*6000
```

Matrixの要素は、複数の添字構文でアクセスできる。たとえば：

```
Matrix<double,2> m {           // 2次元（要素数は4*3）
     {00,01,02,03}, // 第0列
     {10,11,12,13}, // 第1列
     {20,21,22,23}  // 第2列
};

double d1 = m(1,2);            // d==12
double d2 = m[1][2];           // d==12
Matrix<double,1> m1 = m[1];    // 第1列：{10,11,12,13}
double d3 = m1[2];             // d==12
```

デバッグ用に、次のような出力関数も定義できる：

```
template<typename M>
   Enable_if<Matrix_type<M>(),ostream&>
operator<<(ostream& os, const M& m)
{
   os << '{';
   for (size_t i = 0; i!=rows(m); ++i) {
      os << m[i];
      if (i+1!=rows(m)) os << ',';
   }
   return os << '}';
}
```

ここで、Matrix_typeはコンセプト（§24.3）だ。Enable_ifは、enable_if型の別名なので（§28.4）、operator<<()はostream&を返却する。

この関数を使うと、cout<<mは、{{0,1,2,3},{10,11,12,13},{20,21,22,23}}と表示する。

29.1.2 Matrixの要件

実装に進む前に、必要な性質を検討しよう：

- 次元数N。Nは0以上の任意の値の引数。どんな値であっても特殊化の必要はない。
- N次元のメモリ領域は汎用的に利用できるものとする。そうすることによって、あらゆる型の要素の格納が可能になる（vectorの要素と同様である）。
- Matrixを含め、数値として妥当な表現が可能なあらゆる型に対して、数学演算を行える必要がある。
- 次元ごとに1個の添字を利用するFortranスタイルの添字演算。たとえば、3次元Matrixに対するm(1,2,3)が、1個の要素を表す。
- C言語スタイルの添字演算。たとえば、m[7]は一つの行を表す（ここでの行とは、N次元MatrixにおけるN-1次元の部分Matrixのことである）。

・高速性能と範囲チェック機能付きの添字演算が行えること。
・返却するMatrixを効率よく受け渡せるようにするとともに、高コストな一時オブジェクトを利用しなくてすむようにするムーブ代入演算とムーブコンストラクタ。
・+や*=などのような、いくつかの行列演算。
・要素の読み書きの両方を行えるようにするための、読取りと、書込みと、部分行列Matrix_refへの参照の受渡しを行うための手段。
・基本保証（§13.2）提供のための資源リークの排除。
・重要な混合演算、たとえば、m*v+v2を、1回の関数呼出しで実行できること。

この一覧は、比較的長くて曖昧である。しかし、“どんな人に対しても、どんなものでも”という内容ではない。たとえば、次のようなものが含まれていない：

・数多くの数学的行列演算
・特殊な行列（対角行列や三角行列など）
・疎行列のサポート
・Matrix演算の並列実行

これらの性質も有意義だが、ここで解説する基本的なプログラミング技法の範疇を超えている。

最初に示した一覧を実現するために、次にあげるさまざまな言語機能とプログラミング技法を組み合わせて利用する：

・クラス（当然である）
・値と型のパラメータ化
・ムーブコンストラクタとムーブ代入演算（コピーを最小限に抑えるため）
・RAII（コンストラクタとデストラクタを活用する）
・可変個引数テンプレート（範囲と添字を指定するため）
・初期化子並び
・演算子の多重定義（一般的な記法を可能にする）
・関数オブジェクト（添字演算の情報を伝搬する）
・いくつかの単純なテンプレートメタプログラミング（初期化子並びの確認や、Matrix_refの読取りと書込みを区別するためなど）
・コードの重複を最小限に抑えるための実装継承

明らかに、このようなMatrixは、組込み型にできるはずだ（多くの言語がそうしている）。しかし、ここで重要な点は、C++では決して組込み型ではないことだ。その代わりに、ユーザが独自に実装できる機能が提供される。

29.2 Matrixテンプレート

まず概要を把握するため、興味深い演算の大半とともに、Matrixの宣言を示す：

```
template<typename T, size_t N>
class Matrix {
public:
   static constexpr size_t order = N;                // 次元数
   using value_type = T;
   using iterator = typename std::vector<T>::iterator;
   using const_iterator = typename std::vector<T>::const_iterator;

   Matrix() = default;
   Matrix(Matrix&&) = default;                       // ムーブ
   Matrix& operator=(Matrix&&) = default;
   Matrix(const Matrix&) = default;                  // コピー
   Matrix& operator=(const Matrix&) = default;
   ~Matrix() = default;

   template<typename U>
      Matrix(const Matrix_ref<U,N>&);                // Matrix_refから構築
   template<typename U>
      Matrix& operator=(const Matrix_ref<U,N>&);     // Matrix_refを代入

   template<typename... Exts>                        // エクステントを指定
      explicit Matrix(Exts... exts);

   Matrix(Matrix_initializer<T,N>);                  // 並びでの初期化
   Matrix& operator=(Matrix_initializer<T,N>);       // 並びを代入

   template<typename U>
      Matrix(initializer_list<U>) = delete;          // 要素以外には{}を利用しない
   template<typename U>
      Matrix& operator=(initializer_list<U>) = delete;

   size_t extent(size_t n) const { return desc.extents[n]; }   // n次元中の要素数
   size_t size() const { return elems.size(); }                // 全要素数
   const Matrix_slice<N>& descriptor() const { return desc; }  // 添字のためのスライス

   T* data() { return elems.data(); }      // “フラットな”要素アクセス
   const T* data() const { return elems.data(); }

   // ...

private:
   Matrix_slice<N> desc;   // N次元中の範囲を定義するスライス
   vector<T> elems;        // 要素
};
```

vector<T> を使って要素を保持しているので、メモリ管理や例外安全性を気にしなくてすむ。**Matrix_slice** は、N 次元行列要素のアクセスに必要となる要素数を保持する（§29.4.2)。本書の **Matrix** のために、**gslice**（§40.5.6）を特殊化したものと理解すればよいだろう。

Matrix_ref（§29.4.3）は、**Matrix** と同じように振る舞うが、個々の要素ではなくて **Matrix** を参照する点が異なる。部分 **Matrix** への参照と理解すればよいだろう。

Matrix_initializer<T,N> は、**Matrix<T,N>** をぴったり表せるように、入れ子となっている初期化子並びである（§29.4.4)。

29.2.1 構築と代入

デフォルトのコピーおよびムーブ演算は、まさに正しいセマンティクスをもつ。というのも、desc（添字演算を定義するスライシングのディスクリプタ）とelemsとを、メンバ単位にコピーあるいはムーブするからだ。Matrixが要素のメモリ領域の管理に、vectorを利用していることに注意しよう。なお、デフォルトコンストラクタとデストラクタも、正しいセマンティクスをもつ。

エクステント（次元内の要素数）を引数に受け取るコンストラクタは、極めて簡潔な可変個引数テンプレート（§28.6）である：

```
template<typename T, size_t N>
   template<typename... Exts>
   Matrix<T,N>::Matrix(Exts... exts)
         :desc{exts...},      // エクステントをコピー
          elems(desc.size)    // desc.size個の要素を確保してデフォルト初期化する
   {}
```

初期化子並びを受け取るコンストラクタは、少しだけ手間がかかる：

```
template<typename T, size_t N>
Matrix<T, N>::Matrix(Matrix_initializ er<T,N> init)
{
   desc.extents = Matrix_impl::derive_extents(init);  // 初期化子並び（§29.4.4）に
                                                      // 基づいてエクステントを導出
   Matrix_impl::compute_strides(desc);    // ストライドと要素数を計算（§29.4.4）
   elems.reserve(desc.size);              // スライスのための領域を作る
   Matrix_impl::insert_flat(init,elems); // 初期化子並び（§29.4.4）に基づいて初期化
   assert(elems.size() == desc.size);
}
```

Matrix_initializerは、適切な深さで入れ子となったinitializer_list（§29.4.4）だ。エクステントは、derive_extents()によって導出されて、その要素数は、compute_strides()によって計算される。その後、Matrix_impl名前空間のinsert_flat()を使って、要素をelemsに格納する。

{}が使われるのを、要素の並びによる初期化に限定するために、単純なinitializer_listコンストラクタを=deleteしている。そのため、エクステントの初期化では、()の利用が強制されることになる。たとえば：

```
enum class Piece { none, cross, naught };

Matrix<Piece,2> board1 {
   {Piece::none, Piece::none, Piece::none},
   {Piece::none, Piece::none, Piece::none},
   {Piece::none, Piece::none, Piece::cross}
};
Matrix<Piece,2> board2(3,3);     // OK
Matrix<Piece,2> board3 {3,3};    // エラー：initializer_list<int>を受け取る
                                 // コンストラクタはdeleteされている
```

もし=deleteされていなければ、最後の定義が正しい宣言として受け入れられてしまう。

最後に、Matrix_refからの構築を行えるようにする。すなわち、Matrixへの参照、あるいは、Matrixの一部（部分行列）の参照からの構築だ：

```
template<typename T, size_t N>
   template<typename U>
   Matrix<T,N>::Matrix(const Matrix_ref<U,N>& x)
        :desc{x.desc}, elems{x.begin(),x.end()}   // descと要素をコピー
   {
      static_assert(Convertible<U,T>(),"Matrix constructor: incompatible element types");
   }
```

テンプレートを用いているので、要素型に互換性のあるMatrixからの構築ができるようになる。

例によって、代入演算は、コンストラクタに似たものになる。たとえば：

```
template<typename T, size_t N>
   template<typename U>
   Matrix<T,N>& Matrix<T,N>::operator=(const Matrix_ref<U,N>& x)
   {
      static_assert(Convertible<U,T>(),"Matrix =: incompatible element types");

      desc = x.desc;
      elems.assign(x.begin(),x.end());
      return *this;
   }
```

すなわち、Matrixのメンバをコピーする。

29.2.2 添字演算とスライシング

Matrixにアクセスする手段には、（要素や行に対する）添字演算によるもの、行と列を経由したもの、スライシング（要素や行）によるものがある：

Matrix<T,N>へのアクセス

m.row(i)	mのi行。Matrix_ref<T,N-1>
m.column(i)	mのi列。Matrix_ref<T,N-1>
m[i]	C言語スタイルの添字演算。m.row(i)
m(i,j)	Fortranスタイルの要素アクセス。m[i][j]。型はT&。 添字の個数は必ずN
m(slice(i,n),slice(j))	スライシングによる部分行列アクセス。Matrix_ref<T,N>。 slice(i,n)は添字の次元の[i:i+n)の要素。 slice(j)は添字の次元の[i:max)の要素。 maxは次元のエクステント。添字数は必ずN

これらは、すべてメンバ関数である：

```
template<typename T, size_t N>
class Matrix {
public:
   // ...

   template<typename... Args>          // m(i,j,k) 整数による添字
      Enable_if<Matrix_impl::Requesting_element<Args...>(), T&>
      operator()(Args... args);
   template<typename... Args>
      Enable_if<Matrix_impl::Requesting_element<Args...>(), const T&>
      operator()(Args... args) const;
```

```
    template<typename... Args>           // m(s1,s2,s3) スライスによる添字
       Enable_if<Matrix_impl::Requesting_slice<Args...>(), Matrix_ref<T, N>>
       operator()(const Args&... args);
    template<typename... Args>
       Enable_if<Matrix_impl::Requesting_slice<Args...>(), Matrix_ref<const T,N>>
       operator()(const Args&... args) const;

    Matrix_ref<T,N-1> operator[](size_t i) { return row(i); } // m[i] 行アクセス
    Matrix_ref<const T,N-1> operator[](size_t i) const { return row(i); }

    Matrix_ref<T,N-1> row(size_t n);      // 行アクセス
    Matrix_ref<const T,N-1> row(size_t n) const;

    Matrix_ref<T,N-1> col(size_t n);      // 列アクセス
    Matrix_ref<const T,N-1> col(size_t n) const;

    // ...
};
```

C言語スタイルの添字演算は、`m[i]` による選択と返却によって行われる：

```
template<typename T, size_t N>
Matrix_ref<T,N-1> Matrix<T,N>::operator[](size_t n)
{
    return row(n);     // §29.4.5
}
```

`Matrix_ref`（§29.4.3）は、部分 `Matrix` への参照と考えるとよい。

`Matrix_ref<T,0>` が特殊化されているので、単一の要素が参照できる（§29.4.6）。

Fortranスタイルの添字演算は、各次元の添字を並べることで行える。たとえば、`m(i,j,k)` はスカラを表す：

```
Matrix<int,2> m {
    {01,02,03},
    {11,12,13}
};

m(1,2) = 99;           // 第1行第2列の要素の値を書きかえる
auto d1 = m(1);        // エラー：添字の個数が少なすぎる
auto d2 = m(1,2,3);    // エラー：添字の個数が多すぎる
```

整数による添字演算だけでなく、`slice` を利用した添字演算もできる。`slice` は、ある次元の要素の部分集合だ（§40.5.4）。たとえば、`slice{i,n}` は、対象次元の `[i:i+n)` の範囲にある要素を参照する。たとえば：

```
Matrix<int,2> m2 {
    {01,02,03},
    {11,12,13},
    {21,22,23}
};

auto m22 = m2(slice{1,2},slice{0,3});
```

ここでの `m22` は、以下の値をもつ `Matrix<int,2>` になる。

```
{
    {11,12,13},
```

```
    {21,22,23}
}
```

第1の（行の）添字 slice{1,2} は、末尾の2行を選択し、第2の（列の）添字 slice{0,3} は、その列内の全要素を選択する。

slice の添字を伴った () の返却型は、Matrix_ref である。これは、代入先として利用できる。たとえば：

```
m2(slice{1,2},slice{0,3}) = {
    {111,112,113},
    {121,122,123}
};
```

これで、m2 の値は、以下のようになる。

```
{
    {01,02,03},
    {111,112,113},
    {121,122,123}
}
```

ある指定された位置以降の全要素を選択する処理は頻繁に利用されるので、簡略表記できるようにしている。slice{i} は、slice{i,max} を意味する。ここで max は、その次元の最大添字よりも大きな値である。そのため、m2(slice{1,2},slice{0,3}) は、m2(slice{1,2},slice{0}) と等価だ。

なお、ある一つの行内の全要素や、ある一つの列内の全要素を選択する処理も頻繁に利用される。そのため、slice の添字内での整数1個の添字 i は、slice{i,1} と解釈される。たとえば：

```
Matrix<int,2> m3 {
    {01,02,03},
    {11,12,13},
    {21,22,23}
};

auto m31 = m3(slice{1,2},1);  // m31は{{12},{22}}になる
auto m32 = m3(slice{1,2},0);  // m32{{11},{21}}になる
auto x = m3(1,2);             // x == 13
```

スライシング添字演算の考え方は、数値プログラミングが行えるように、基本的に、あるゆる言語でサポートされている。読者のみなさんに馴染みがあるといいのだが。

row()、column()、operator()() の実装は、§29.4.5 で提示する。これらの関数の const バージョンは、非 const バージョンと基本的に同じ内容だ。主な違いは、const な要素を結果として返却することだ。

29.3 Matrix の算術演算

さて、Matrix を作成して、コピーして、要素や行をアクセスできるようになった。しかし、多くの場合で必要となるのは、個々の要素（スカラ）を直接アクセスするアルゴリズムを記述しないですむような数学演算である。たとえば：

```
Matrix<int,2> mi {{1,2,3}, {4,5,6 }};      // 2×3
Matrix<int,2> m2 {mi};                     // コピー
mi*=2;                                     // 2倍:{{2,4,6},{8,10,12}}
Matrix<int,2> m3 = mi+m2;                  // 加算:{{3,6,9},{12,15,18}}
Matrix<int,2> m4 {{1,2}, {3,4}, {5,6}};    // 3×2
Matrix<int,2> m5 = mi*m4;                  // 乗算:{{44,56},{98,128}}
```

数学演算は、以下のように定義する：

```
template<typename T, size_t N>
class Matrix {
   // ...

   template<typename F>
      Matrix& apply(F f);                     // すべての要素xに対してf(x)を適用

   template<typename M, typename F>         // *thisとmの対応する要素にf(x,mx)を適用
      Enable_if<Matrix_type<M>(),Matrix&> apply(const M& m, F f);

   Matrix& operator=(const T& value);       // スカラの代入

   Matrix& operator+=(const T& value);      // スカラを加える
   Matrix& operator-=(const T& value);      // スカラを減ずる
   Matrix& operator*=(const T& value);      // スカラを乗ずる
   Matrix& operator/=(const T& value);      // スカラで除する
   Matrix& operator%=(const T& value);      // スカラで除した剰余

   template<typename M>                     // 行列の加算
      Enable_if<Matrix_type<M>(),Matrix&> operator+=(const M& x);
   template<typename M>                     // 行列の減算
      Enable_if<Matrix_type<M>(),Matrix&> operator-=(const M& x);

   // ...
};

// 2項の+と-と*は非メンバ関数として提供
```

引数として1個の行列を受け取る演算子は、その引数が`Matrix_type`型である場合にのみ提供される。

29.3.1 スカラ演算

スカラの算術演算は、右オペランドの全要素に対して、その演算を適用するだけだ。たとえば：

```
template<typename T, size_t N>
Matrix<T,N>& Matrix<T,N>::operator+=(const T& val)
{
   return apply([&](T& a) { a+=val; } );     // ラムダ式を利用（§11.4）
}
```

ここでの`apply()`は、`Matrix`内の全要素に対して関数（あるいは関数オブジェクト）を適用するものだ：

```
template<typename T, size_t N>
   template<typename F>
   Matrix<T,N>& Matrix<T,N>::apply(F f)
   {
      for (auto& x : elems) f(x);           // このループはストライド反復子を利用
      return *this;
   }
```

例によって、*this を返しているので、連続適用が行える。たとえば：

```
// m[i] = sqrt(abs(m[i]))をすべてのiに対して実行：
m.apply([](double& x){a=abs(x);}).apply([](double& x){a=sqrt(x);});
```

すでに学習したように（§3.2.1.1，§18.3）、+ などの“単純演算子”は、+= などの複合代入演算子を利用してクラスの外部で定義できる。たとえば：

```
template<typename T, size_t N>
Matrix<T,N> operator+(const Matrix<T,N>& m, const T& val)
{
   Matrix<T,N> res = m;
   res+=val;
   return res;
}
```

もしムーブコンストラクタがなければ、ここでの返却型は、性能上の深刻な問題を引き起こすことになる。

29.3.2 行列の加算

2個の Matrix の加算は、スカラ版と極めて似ている：

```
template<typename T, size_t N>
   template<typename M>
   Enable_if<Matrix_type<M>(),Matrix<T,N>&> Matrix<T,N>::operator+=(const M& m)
   {
      static_assert(m.order==N,"+=: mismatched Matrix dimensions");
      assert(same_extents(desc,m.descriptor()));   // 要素数の一致を確認

      return apply(m, [](T& a,const Value_type<M>&b) { a+=b; });
   }
```

Matrix::apply(m,f) は、Matrix::apply(f) の、2個の引数を受け取るバージョンである。f を2個の Matrix（m と *this）に適用する：

```
template<typename T, size_t N>
   template<typename M, typename F>
   Enable_if<Matrix_type<M>(),Matrix<T,N>&> Matrix<T,N>::apply(M& m, F f)
   {
      assert(same_extents(desc,m.descriptor()));   // 要素数の一致を確認
      for (auto i = begin(), j = m.begin(); i!=end(); ++i,++j)
         f(*i,*j);
      return *this;
   }
```

これで、operator+() が簡単に定義できるようになった：

```
template<typename T, size_t N>
Matrix<T,N> operator+(const Matrix<T,N>& a, const Matrix<T,N>& b)
{
   Matrix<T,N> res = a;
   res+=b;
   return res;
}
```

この定義は、同じ型の2個の Matrix に対する + であって、結果も同じ型である。次のような一般化も可能である：

```
template<typename T, typename T2, size_t N,
   typename RT = Matrix<Common_type<Value_type<T>,Value_type<T2>>,N>>
Matrix<RT,N> operator+(const Matrix<T,N>& a, const Matrix<T2,N>& b)
{
   Matrix<RT,N> res = a;
   res+=b;
   return res;
}
```

TとT2が同じ型であれば、一般的にそうであるように、Common_typeがその型を表す。Common_type型関数は、std::common_type（§35.4.2）から派生したものだ。組込み型であれば、算術演算の結果の値を、ちょうど?:のように、なるべく維持する型として返す。もし、型のペアを表すためのCommon_typeが提供されていなければ、組合せを利用する必要があり、それを定義することになる。たとえば：

```
template<>
struct common_type<Quad,long double> {
   using type = Quad;
};
```

これでCommon_type<Quad,long double>は、Quadとなる。

さらに、Matrix_ref（§29.4.3）を対象とする演算も必要だ。たとえば：

```
template<typename T, size_t N>
Matrix<T,N> operator+(const Matrix_ref<T,N>& x, const T& n)
{
   Matrix<T,N> res = x;
   res+=n;
   return res;
}
```

この演算は、Matrix用のものと、まったく同じように見える。要素のアクセスに関して、MatrixとMatrix_refに違いはない。MatrixとMatrix_refの違いは、要素の初期化と所有権にある。

スカラによる減算や乗算などの演算と、Matrix_refの取扱いは、いずれも、加算で用いた技法を同じように適用するだけで実装できる。

29.3.3 乗算

行列の乗算は、加算ほど単純ではない。N行M列の行列とM行P列の行列の積は、N行P列の行列となる。M==1であれば、2個のベクタの積が行列となり、P==1であれば、行列とベクタの積がベクタとなる。行列の乗算は大きいほうの次元数に一般化できるが、そのためにはテンソルの導入が必要となる〔Kolecki, 2002〕。私は、プログラミング技法の話をしたいのであって、言語機能の利用方法の解説を、物理学や情報数学の授業に変えたくはない。そのため、ここでは1次元と2次元の場合に留めることにする。

一方のMatrix<T,1>をN行1列の行列として、もう一方を1行M列の行列として扱うと、次のようになる：

```
template<typename T>
Matrix<T,2> operator*(const Matrix<T,1>& u, const Matrix<T,1>& v)
```

```
{
   const size_t n = u.extent(0);
   const size_t m = v.extent(0);
   Matrix<T,2> res(n,m);            // n行m列の行列
   for (size_t i = 0; i!=n; ++i)
      for (size_t j = 0; j!=m; ++j)
         res(i,j) = u[i]*v[j];
   return res;
}
```

これは、もっとも単純なケースである。行列の要素 **res(i,j)** は、**u[i]*v[j]** となる。ベクタの要素の型が異なるケースに対応できるような汎用化は試みていない。もし必要であれば、加算のところで解説した技法を利用すればよい。

さて、**res** の全要素に対して値を2回書き込んでいることに注意しよう。1回目は **T{}** に初期化するためであり、2回目は **u[i]*v[j]** を代入するためである。この動作によって、大雑把にいうと、乗算のコストが2倍になっている。もし、これが気になるのであれば、オーバヘッドを排除した乗算を記述して、その違いがみなさんのプログラムにどう影響するかを確認することだ。

次に、N 行 M 列の行列と、M 行 1 列の行列とみなせるベクタの乗算を実装する。演算結果は、N 行 1 列の行列だ：

```
template<typename T>
Matrix<T,1> operator*(const Matrix<T,2>& m, const Matrix<T,1>& v)
{
   assert(m.extent(1)==v.extent(0));
   const size_t nr = m.extent(0);
   const size_t nc = m.extent(1);
   Matrix<T,1> res(n);
   for (size_t i = 0; i!=nr; ++i)
      for (size_t j = 0; j!=nc; ++j)
         res(i) += m(i,j)*v(j);
   return res;
}
```

res の宣言が、その要素を **T{}** に初期化していることに注意しよう。数値型であれば、その値はゼロになるので、その状態から **+=** による加算が開始されることになる。

N 行 M 列の行列と M 行 P 列の行列の乗算も同様に処理する：

```
template<typename T>
Matrix<T,2> operator*(const Matrix<T,2>& m1, const Matrix<T,2>& m2)
{
   const size_t nr = m1.extent(0);
   const size_t nc = m1.extent(1);
   assert(nc==m2.extent(0));           // 列数は行数と一致しなければならない
   const size_t p = m2.extent(1);
   Matrix<T,2> res(nr,p);
   for (size_t i = 0; i!=nr; ++i)
      for (size_t j = 0; j!=p; ++j)
         for (size_t k = 0; k!=nc; ++k)
            res(i,j) += m1(i,k)*m2(k,j);
   return res;
}
```

数多くの手法で、この重要な処理は最適化できる。

もっとも内側のループは、もっとエレガントに表現できる：

```
res(i,j) = dot_product(m1[i],m2.column(j))
```

ここで、dot_product()は、標準ライブラリであるinner_product()（§40.6.2）に対するインタフェースにすぎない：

```
template<typename T>
T dot_product(const Matrix_ref<T,1>& a, const Matrix_ref<T,1>& b)
{
   return inner_product(a.begin(),a.end(),b.begin(),0.0);
}
```

29.4 Matrixの実装

もっとも複雑な（しかも一部のプログラマにとってもっとも興味深く感じられる）部分の解説をここまで後回しにしてきた。Matrixの実装の“メカニカル”な部分だ。たとえば、Matrix_refとは何だろう？　Matrix_sliceとは何だろう？　入れ子になったinitializer_listからどのようにMatrixを初期化して、次元が妥当であることをどのように保証するのか？　要素の型が不適切な場合にMatrixをインスタンス化しないことをどのように保証するのか？　などである。

これらをコードとして表現するもっとも簡単な方法は、Matrixのすべてを単一のヘッダに記述することだ。その場合、すべての非メンバ関数は、inlineとして定義することになる。

MatrixとMatrix_refとMatrix_sliceのメンバではない関数と、汎用インタフェースではない関数の定義は、Matrix_impl名前空間に置く。

29.4.1 slice()

slice添字演算に利用されるsliceは単純なものだ。3個の値を使って、整数（添字）を要素の位置（添字）にマッピングする：

```
struct slice {
   slice() :start(-1), length(-1), stride(1) { }
   explicit slice(size_t s) :start(s), length(-1), stride(1) { }
   slice(size_t s, size_t l, size_t n = 1) :start(s), length(l), stride(n) { }

   size_t operator()(size_t i) const { return start+i*stride; }

   static slice all;

   size_t start;    // 最初の添字
   size_t length;   // 含まれている添字の個数（範囲チェックに利用される）
   size_t stride;   // シーケンス中の要素間の距離
};
```

標準ライブラリにもsliceがある。その詳細は§40.5.4で解説する。ここに示すのは、簡便に記述できるようにするバージョンだ（コンストラクタがデフォルト値を実装するなど）。

29.4.2 Matrixのスライス

Matrix_sliceは、Matrix実装の一部であって、要素の位置を表す添字の集合にマッピングするものだ。一般的なスライシング（§40.5.6）のアイディアを利用している：

```
template<size_t N>
struct Matrix_slice {
   Matrix_slice() = default;                    // 空の行列：要素はない

   Matrix_slice(size_t offset,                  // オフセットとエクステントから開始
                initializer_list<size_t> exts);
   Matrix_slice(size_t offset,                  // オフセットとエクステントとストライドから開始
                initializer_list<size_t> exts, initializer_list<size_t> strs);

   template<typename... Dims>                   // N個のエクステント
      Matrix_slice(Dims... dims);

   template<typename... Dims,
            typename = Enable_if<All(Convertible<Dims,size_t>()...)>>
      size_t operator()(Dims... dims) const;  // 添字の集合からインデックスを計算

   size_t size;              // 全要素数
   size_t start;             // 開始オフセット
   array<size_t,N> extents;  // 各次元の要素数
   array<size_t,N> strides;  // 各次元の要素間のオフセット
};
```

Matrix_sliceは、メモリ領域上に展開された行や列を表現するものといえる。C言語とC++で一般的に使われている行優先方式の行列レイアウトでは、同一行の全要素が連続して配置される。一方、同一列の要素は、一定の要素数の間隔（ストライド）で配置される。Matrix_sliceは、関数オブジェクトであって、そのoperator()()がストライドを計算する（§40.5.6）：

```
template<size_t N>
   template<typename... Dims>
   size_t Matrix_slice<N>::operator()(Dims... dims) const
   {
      static_assert(sizeof...(Dims)==N,
                    "Matrix_slice<N>::operator(): dimension mismatch");

      size_t args[N] { size_t(dims)... };     // 引数を配列にコピー

      return start+inner_product(args,args+N,strides.begin(),size_t{0});
   }
```

添字演算には効率性が求められる。ここに示したものは、最適化が必要な、簡略化したアルゴリズムである。他に方法がなければ、可変個引数テンプレートのパラメータパックから添字の単純コピーを排除するために特殊化を行えばよい。たとえば：

```
template<>
struct Matrix_slice<1> {
   // ...

   size_t operator()(size_t i) const
   {
      return i;
   }
}

template<>
struct Matrix_slice<2> {
   // ...

   size_t operator()(size_t i, size_t j) const
   {
      return start+i*strides[0]+j;
   }
}
```

Matrix_sliceは、Matrixの形状（エクステント）の定義と、N次元の添字演算の実装に欠かせないものだ。さらに、部分行列の定義にも有用である。

29.4.3 Matrix_ref

Matrix_refは、基本的には、部分Matrixの内部表現として利用するためのMatrixクラスのクローンである。しかし、Matrix_refは、自身では要素をもたない。1個のMatrix_sliceと、要素へのポインタとから構築される：

```
template<typename T, size_t N>
class Matrix_ref {
public:
   Matrix_ref(const Matrix_slice<N>& s, T* p) :desc{s}, ptr{p} {}
   // ... ほとんどMatrixと同じ ...
private:
   Matrix_slice<N> desc;  // Matrixの形状
   T* ptr;                // Matrix中の最初の要素
};
```

Matrix_refは、“対応する”Matrixの要素を指すだけのものだ。いうまでもなく、Matrix_refの生存期間はMatrixと一致しなければならない。たとえば：

```
Matrix_ref<double,1> user()
{
   Matrix<double,2> m = {{1,2}, {3,4}, {5,6}};
   return m.row(1);
}

auto mr = user();   // 問題が発生する
```

MatrixとMatrix_refのほとんどが同じという類似性は、コード重複につながってしまう。そのことが気になるのであれば、共通の基底を作成して、それぞれを派生するとよい：

```
template<typename T, size_t N>
class Matrix_base {
   // ... 共通事項 ...
};

template<typename T, size_t N>
class Matrix : public Matrix_base<T,N> {
   // ... Matrix独自の事項 ...
private:
   Matrix_slice<N> desc;   // Matrixの形状
   vector<T> elements;
};

template<typename T, size_t N>
class Matrix_ref : public Matrix_base<T,N> {
   // ... Matrix_ref独自の事項 ...
private:
   Matrix_slice<N> desc;  // Matrixの形状
   T* ptr;
};
```

29.4.4 初期化子並びによるMatrixの初期化

Matrixをinitializer_listから構築するコンストラクタは、Matrix_initializerという別名をもつ型の引数を受け取る：

```
template<typename T, size_t N>
using Matrix_initializer = typename Matrix_impl::Matrix_init<T, N>::type;
```

Matrix_initは、入れ子となったinitializer_listを表現する。

Matrix_init<T,N>は、そのメンバ型としてMatrix_init<T,N-1>をもつだけのものだ：

```
template<typename T, size_t N>
struct Matrix_init {
    using type = initializer_list<typename Matrix_init<T,N-1>::type>;
};
```

N==1の場合は特別だ。（もっとも深い入れ子の）initializer_list<T>に到達したことを意味する：

```
template<typename T>
struct Matrix_init<T,1> {
    using type = initializer_list<T>;
};
```

想定外の事態が発生しないように、N==0はエラーと定義しておく：

```
template<typename T>
struct Matrix_init<T,0>;  // わざと定義しない
```

Matrix_initializerを受け取るMatrixを完成させるには、３個の処理が必要だ。そのうちの２個は、Matrix<T,N>用のinitializer_listを再帰下降していくものだ：

- derive_extents()は、Matrixの形状を決定する。
    - 木の深さが実際にNであることを確認する。
    - 各行（部分initialize_list）の要素数が同一であることを確認する。
    - 各行にエクステントを設定する。
- compute_strides()は、与えられたエクステントから、添字の計算と要素数に必要なストライドを計算する。
- insert_flat()は、個々のinitializer_list<T>の木内の要素を、Matrixのelemsにコピーする。

Matrixのコンストラクタから呼び出されるderive_extents()は、descを以下のように初期化する：

```
template<std::size_t N, typename List>
std::array<std::size_t, N> derive_extents(const List& list)
{
    std::array<std::size_t,N> a;
    auto f = a.begin();
    add_extents<N>(f,list);  // aに対する要素数（エクステント）を追加
    return a;
}
```

この関数に initializer_list を渡すと、エクステントの array が返却される。

再帰呼出しは、N で始まって、initializer_list が initializer_list<T> となる最後の 1 まで実行される：

```
template <std::size_t N, typename I, typename List>
Enable_if<(N>1),void> add_extents(I& first, const List& list)
{
   assert(check_non_jagged<N>(list));
   *first = list.size();                    // この要素数（エクステント）を格納
   add_extents<N-1>(first,*list.begin());
}

template <std::size_t N, typename I, typename List>
Enable_if<(N==1),void> add_extents(I& first, const List& list)
{
   *first++ = list.size();
}
```

check_non_jagged() 関数は、すべての行で要素数が一致することを確認する：

```
template <std::size_t N, typename List>
bool check_non_jagged(const List& list)
{
   auto i = list.begin();
   for (auto j = i+1; j!=list.end(); ++j)
      if (derive_extents<N-1>(*i) != derive_extents<N-1>(*j))
         return false;
   return true;
}
```

derive_extents() の計算によって、エクステントなどが得られたら、Matrix の要素とストライドの個数が計算できるようになる：

```
template<int N>
void compute_strides(Matrix_slice<N>& ms)
{
   size_t st = 1;                     // 末尾のストライドは1
   for (int i=N-1; i>=0; --i) {       // 各次元に対してストライドを計算
      ms.strides[i] = st;
      st *= ms.extents[i];
   }
   ms.size = st;
}
```

入れ子となり得る初期化子並びを受け取れるようにするとともに、その要素を vector<T> として Matrix<T> に渡せるようにするために、insert_flat() が必要となる。それは、引数として受け取った initializer_list を Matrix_initializer として Matrix に渡すとともに、要素を目的先として渡すものだ：

```
template<typename T, typename Vec>
void insert_flat(initializer_list<T> list, Vec& vec)
{
   add_list(list.begin(),list.end(),vec);
}
```

残念ながら、要素がメモリ上で連続配置されることを想定できないため、再帰呼出しによってベクタを作る必要がある。initializer_list の並びがあれば、その個々の要素を再帰的に処理する：

```
template<typename T, typename Vec>    // 入れ子となったinitializer_list
void add_list(const initializer_list<T>* first, const initializer_list<T>* last,
              Vec& vec)
{
    for (;first!=last;++first)
        add_list(first->begin(),first->end(),vec);
}
```

initializer_list ではない要素に到達した時点で、並び中の要素を vector に挿入する：

```
template<typename T, typename Vec>
void add_list(const T* first, const T* last, Vec& vec)
{
    vec.insert(vec.end(),first,last);
}
```

ここで vec.insert(vec.end(),first,last) を利用したのは、引数にシーケンスを受け取る push_back() が存在しないからだ。

29.4.5 Matrix のアクセス

Matrix は、行、列、スライス（§29.4.1）、要素（§29.4.3）へのアクセスを提供する。row() と column() は、Matrix_ref<T,N-1> を返す。整数で指定する添字演算 () は、T& を返す。slice を利用する添字演算 () は、Matrix<T,N> を返す。

Matrix<T,N> の行は、1<N であれば、Matrix_ref<T,N-1> である：

```
template<typename T, size_t N>
Matrix_ref<T,N-1> Matrix<T,N>::row(size_t n)
{
    assert(n<rows());
    Matrix_slice<N-1> row;
    Matrix_impl::slice_dim<0>(n,desc,row);
    return {row,data()};
}
```

N==1 と N==0 の場合に対する特殊化が必要だ：

```
template<typename T>
T& Matrix<T,1>::row(size_t i)
{
    return elems[i];
}

template<typename T>
T& Matrix<T,0>::row(size_t n) = delete;
```

column() の選択は、本質的には row() の選択と同じだ。違うのは、Matrix_slice の構築処理だけである：

```
template<typename T, size_t N>
Matrix_ref<T,N-1> Matrix<T,N>::column(size_t n)
{
    assert(n<cols());
    Matrix_slice<N-1> col;
    Matrix_impl::slice_dim<1>(n,desc,col);
    return {col,data()};
}
```

Requesting_element()とRequesting_slice()は、それぞれ、整数による添字演算と、スライスによる添字演算に対するコンセプト（§29.4.5）だ。いずれもアクセス関数の引数の並びが、添字として利用できる型であることを確認する。

整数による添字演算は、以下のように定義する：

```
template<typename T, size_t N>      // 整数による添字演算
   template<typename... Args>
   Enable_if<Matrix_impl::Requesting_element<Args...>(),T&>
   Matrix<T,N>::operator()(Args... args)
   {
      assert(Matrix_impl::check_bounds(desc, args...));
      return *(data() + desc(args...));
   }
```

述語check_bounds()は、添字の個数が次元数に一致することと、添字が境界を越えないことを確認する：

```
template<size_t N, typename... Dims>
bool check_bounds(const Matrix_slice<N>& slice, Dims... dims)
{
   size_t indexes[N] {size_t(dims)...};
   return equal(indexes, indexes+N, slice.extents.begin(), less<size_t> {});
}
```

Matrix内部の要素の実際の位置は、関数オブジェクトdesc(args...)を実行して計算する。この関数オブジェクトは、Matrixに対応するMatrix_sliceの、一般化したスライシング算出処理を行う。求めた値にデータの開始位置（data()）を加算すると、要素の位置が得られる：

```
return *(data() + desc(args...));
```

最後に残ったのが、宣言中のもっとも謎めいた部分である。operator()()の返却型の仕様は次のようになっている：

```
Enable_if<Matrix_impl::Requesting_element<Args...>(),T&>
```

そのため返却型はT&であり、次のコードがtrueとなる（§28.4）。

```
Matrix_impl::Requesting_element<Args...>()
```

この述語は、標準ライブラリの述語is_convertible（§35.4.1）のコンセプト版を用いて、すべての添字がsize_tに変換可能であることだけを確認する：

```
template<typename... Args>
constexpr bool Requesting_element()
{
   return All(Convertible<Args,size_t>()...);
}
```

All()が行うことは、可変個引数テンプレートの全要素に対して、指定された述語を適用することだけだ：

```
constexpr bool All() { return true; }

template<typename... Args>
constexpr bool All(bool b, Args... args)
```

```
{
   return b && All(args...);
}
```

述語（Requesting_element）と、Enable_if()とを利用する目的は、要素とslice添字演算子のいずれかを選択するためだ。slice添字演算子が利用する述語は、おおむね次のようなものである：

```
template<typename... Args>
constexpr bool Requesting_slice()
{
   return All((Convertible<Args,size_t>() || Same<Args,slice>())...)
            && Some(Same<Args,slice>()...);
}
```

すなわち、少なくとも1個以上のslice引数が存在していて、しかも、すべての引数がsliceとsize_tのいずれかに変換可能であれば、Matrix<T,N>を表現するものが得られる：

```
template<typename T, size_t N>    // スライスによる添字演算
   template<typename... Args>
      Enable_if<Matrix_impl::Requesting_slice<Args...>(), Matrix_ref<T,N>>
   Matrix<T,N>::operator()(const Args&... args)
   {
      Matrix_slice<N> d;
      d.start = Matrix_impl::do_slice(desc,d,args...);
      return {d,data()};
   }
```

sliceは、Matrix_sliceのエクステントとストライドによって表現される。添字演算の計算では、sliceは以下のように利用される：

```
template<size_t N, typename T, typename... Args>
size_t do_slice(const Matrix_slice<N>& os, Matrix_slice<N>& ns, const T& s,
                const Args&... args)
{
   size_t m = do_slice_dim<sizeof...(Args)+1>(os,ns,s);
   size_t n = do_slice(os,ns,args...);
   return m+n;
}
```

例によって、再帰は、次に示す単純な関数で終了する：

```
template<size_t N>
size_t do_slice(const Matrix_slice<N>& os, Matrix_slice<N>& ns)
{
   return 0;
}
```

do_slice_dim()は、この計算において（正しいスライス値を得るための）トリッキーなものだ。とはいえ、新しいプログラミング技法を導入したわけではない。

29.4.6 ゼロ次元のMatrix

Matrixのコードでは、いたるところにN-1が登場する。もちろん、Nは次元数である。そのため、N==0の場合では、当然のごとく特別な対応が（プログラミング的にも数学的にも）必要だ。ここでは、特殊化を一つ定義することで、この問題を解決する：

```
template<typename T>
class Matrix<T,0> {
public:
    static constexpr size_t order = 0;
    using value_type = T;

    Matrix(const T& x) : elem(x) { }
    Matrix& operator=(const T& value) { elem = value; return *this; }

    T& operator()() { return elem; }
    const T& operator()() const { return elem; }

    operator T&() { return elem; }
    operator const T&() { return elem; }
private:
    T elem;
};
```

Matrix<T,0>は、実際には行列ではない。T型の単一要素を保持し、その型の参照への変換だけを行えるものである。

29.5 線形方程式の解

数値演算のコードが真価を発揮できるのは、プログラマが解決すべき問題と、その解を導く式を理解しているときだ。そうでなければ、コードは完全に意味を失ってしまうだろう。本章で示すサンプルは、線形代数の基礎を学習していれば、どちらかといえば簡単なものだ。もし学習していなければ、教科書に掲載されている解法を、コードに変換する例として読んでほしい。

ここに示すサンプルは、Matrixを利用するにあたって、現実的かつ重要なものとして選んだものである。次に示す線形方程式（式はいくつあってもよい）を解くものとする：

$$
\begin{gathered}
a_{1,1}x_1 + \cdots + a_{1,n}x_n = b_1 \\
\cdots \\
a_{n,1}x_1 + \cdots + a_{n,n}x_n = b_n
\end{gathered}
$$

ここで、xはn個の未知数であり、aとbは定数として与えられている。単純化のために、未知数と定数は、浮動小数点数値と仮定する。行うべきことは、n個の方程式を同時に満たす未知数を求めることだ。これらの方程式は、1個の行列と2個のベクタを使うと、コンパクトに表現できる：

```
Ax = b
```

ここで、Aは係数が集まったn行n列の行列である：

$$
\mathbf{A} = \begin{bmatrix} a_{1,1} & \cdots & a_{1,n} \\ \cdots & \cdots & \cdots \\ a_{n,1} & \cdots & a_{n,n} \end{bmatrix}
$$

xとbは、それぞれ未知数と定数のベクタである：

$$\mathbf{x} = \begin{bmatrix} x_1 \\ \cdots \\ x_n \end{bmatrix}, \text{ and } \mathbf{b} = \begin{bmatrix} b_1 \\ \cdots \\ b_n \end{bmatrix}$$

この連立方程式には、ゼロ個、1個、無限の解が存在する可能性があり、それは、行列Aの係数と、ベクタbによって決まる。線形方程式を解く手法は、いろいろなものがある。ここでは古典的なガウスの消去法〔Freeman, 1992〕、〔Stewart,1998〕、〔Wood,1999〕を用いる。まず最初に、Aが上三角行列となるように、Aとbを変形する。"上三角行列"とは、Aの対角線よりも下の係数がすべてゼロとなるものだ。すなわち、方程式系が以下の形になる、ということである：

$$\begin{bmatrix} a_{1,1} & \cdots & a_{1,n} \\ 0 & \cdots & \cdots \\ 0 & 0 & a_{n,n} \end{bmatrix} \begin{bmatrix} x_1 \\ \cdots \\ x_n \end{bmatrix} = \begin{bmatrix} b_1 \\ \cdots \\ b_n \end{bmatrix}$$

この変換は容易だ。a(i,j)の位置にあるゼロは、i行の方程式にj列の他の要素、たとえばa(k,j)と等しくなるような定数a(i,j)を乗じて、それから、二つの方程式を単に減算すればa(i,j)==0となり、i行の他の値も適切に変換できる。

すべての対角成分を非ゼロにできれば、この系の解は"後退代入"によって一意に定まる。最後の方程式は、次のように容易に解ける：

$$a_{n,n}x_n = b_n$$

いうまでもなく、x[n]は、b[n]/a(n,n)である。次に、系からn行を消去し、同じ手順によってx[n-1]の値を求める。これをx[1]に到達するまで繰り返す。すべてのnについて、a(n,n)で割れば、対角成分は必ず非ゼロとなる。仮にこれが成り立たなければ、後退代入は失敗し、その連立方程式には解がない、あるいは解が無限に存在することを意味する。

29.5.1 古典的なガウスの消去法

これまで説明した内容を表現した内容をC++のコードにしていこう。まずは、利用する2個のMatrix型に分かりやすい名前を与えることにしよう：

```
using Mat2d = Matrix<double,2>;
using Vec = Matrix<double,1>;
```

次に、目的の処理を記述する：

```
Vec classical_gaussian_elimination(Mat2d A, Vec b)
{
   classical_elimination(A, b);
   return back_substitution(A, b);
}
```

すなわち、入力のAとbのコピーを（値渡しによって）作成して、連立方程式を解く関数を呼び出して、最後に後退代入により解を求めて返却する。ここで重要なのは、問題の分解と、解の記述とが教科書どおりであることだ。この処理を完成させるには、classical_elimination() と back_substitution() を実装する必要がある。この答えも教科書にある：

```
void classical_elimination(Mat2d& A, Vec& b)
{
   const size_t n = A.dim1();

   // 第1列から最後までを走査して対角より下の全要素にゼロを埋める：
   for (size_t j = 0; j!=n-1; ++j) {
      const double pivot = A(j, j);
      if (pivot==0) throw Elim_failure(j);
      // i行の対角より下のすべての要素にゼロを埋める：
      for (size_t i = j+1; i!=n; ++i) {
         const double mult = A(i,j) / pivot;
         A[i](slice(j)) = scale_and_add(A[j](slice(j)), -mult,A[i](slice(j)));
         b(i) -= mult*b(j);     // 対応するbを変更
      }
   }
}
```

ピボット（*pivot*）は、現在処理中の行における対角要素である。この値は必ず非ゼロでなければならない。というのも、その値での除算を行うからだ。もしゼロであれば、例外を送出して処理をあきらめる：

```
Vec back_substitution(const Mat2d& A, const Vec& b)
{
   const size_t n = A.dim1();
   Vec x(n);

   for (size_t i = n-1; i>=0; --i) {
      double s = b(i)-dot_product(A[i](slice(i+1)),x(slice(i+1)));
      if (double m = A(i,i))
         x(i) = s/m;
      else
         throw Back_subst_failure(i);
   }
   return x;
}
```

29.5.2 ピボット

ゼロによる除算問題は回避可能である。また、行をソートすることで対角成分からゼロや小さな係数を排除すると、より頑健な処理が実現できる。ここで“より頑健”とは、丸め誤差が小さくなりやすいことを意味する。もっとも、対角線より下の要素をゼロにするように値を変更するので、対角成分から小さな係数を排除するために、もう一度ソートを行う必要がある（すなわち、単に行列を並べかえて、古典的アルゴリズムを利用するだけでは不十分である）：

```
void elim_with_partial_pivot(Mat2d& A, Vec& b)
{
   const size_t n = A.dim1();

   for (size_t j = 0; j!=n; ++j) {
      size_t pivot_row = j;

      // 適切なピボットを探す：
      for (size_t k = j+1; k!=n; ++k)
```

```
            if (abs(A(k,j)) > abs(A(pivot_row,j)))
               pivot_row = k;
         // よりよいピボットが見つかったら行を交換する：
         if (pivot_row!=j) {
            A.swap_rows(j,pivot_row);
            std::swap(b(j),b(pivot_row));
         }
         // 消去：
         for (size_t i = j+1; i!=n; ++i) {
            const double pivot = A(j,j);
            if (pivot==0) error("can't solve: pivot==0");
            const double mult = A(i,j)/pivot;
            A[i](slice(j)) = scale_and_add(A[j](slice(j)), -mult, A[i](slice(j)));
            b(i) -= mult*b(j);
         }
      }
   }
```

ここでは、コードをより一般的なものにするとともに、明示的なループを記述しなくてすむように、`swap_rows()` と `scale_and_add()` を利用している。

29.5.3 動作確認

いうまでもなく、開発したコードはテストしなければならない。幸いにも、簡単な確認方法がある：

```
void solve_random_system(size_t n)
{
   Mat2d A = random_matrix(n);     // ランダムなMat2dを生成
   Vec b = random_vector(n);       // ランダムなVecを生成

   cout << "A = " << A << '\n';
   cout << "b = " << b << '\n';

   try {
      Vec x = classical_gaussian_elimination(A, b);
      cout << "classical elim solution is x = " << x << '\n';
      Vec v = A * x;
      cout << " A * x = " << v << '\n';
   }
   catch(const exception& e) {
      cerr << e.what() << '\n';
   }
}
```

ここで `catch` 節に到達する場合には、次の3とおりがある：

- コードのバグ（しかし、楽観的に見ても、この例にあるとは思えない）
- `classical_elimination()` では対応できない入力（`elim_with_partial_pivot()` を用いると、その可能性を最小化できる）
- 丸め誤差

しかし、この確認は、期待するほど現実的ではない。真にランダムな行列では `classical_elimination()` で問題が起こることは、ほとんどないからだ。

ここでの動作確認は、`b`（または丸め誤差を含め、目的を達成する程度の近似値）に等しくなるべき、`A*x` を出力することだ。丸め誤差の可能性があるので、安直に、以下のように行うことはない：

```
if (A*x!=b) error("substitution failed");
```

浮動小数点数は、実際の値を近似したものなので、近似値は許容しなければならない。一般に、浮動小数点数の演算結果に対しては、== や != を適用すべきでない。そもそも、浮動小数点数は近似値である。仮に機械的なチェックが必要ならば、許容範囲の誤差を判定する equal() 関数を定義して、次のように記述すべきだ：

```
if (!equal(A*x,b)) error("substitution failed");
```

random_matrix() と random_vector() は、単純に乱数を利用するだけのものなので、読者のみなさんの簡単な演習として残しておこう。

29.5.4 複合演算

性能意識が高いユーザを満足させるには、汎用行列クラスは、効率的で基礎的な演算を提供するだけではなく、次に示す三つの条件を満たす必要がある：

[1] 一時オブジェクトの数を最小限に抑える。

[2] 行列のコピーを最小限に抑える。

[3] 複合演算における同一データに対する複数のループを最小限に抑える。

U=M*V+W を例に考えてみよう。ここで、U と V と W はベクタ（Matrix<T,1>）であり、M は Matrix<T,2> であるとする。素朴な実装であれば、M*V と M*V+W の計算結果の格納用に一時ベクタを作成して、M*V と M*V+W の結果をコピーするだろう。スマートな実装であれば、mul_add_and_assign(&U,&M,&V,&W) 関数を利用することで、一時オブジェクトを作成しないし、ベクタのコピーも行わないし、行列の全要素へのアクセス回数も最少に抑える。

ムーブコンストラクタが、その手助けとなる。M*V に利用する一時オブジェクトは、(M*V)+W にも流用できる。もし、

```
Matrix<double,1> U=M*V+W;
```

と記述すると、要素のコピーはすべて排除できる。M*V で局所変数に割り当てた要素が、最終的に U になるからだ。

ここで、ループのマージ、すなわち、**ループ融合**（*loop fusion*）の問題が生じることになる。ごく限られた式を除くと、このレベルの最適化が必要になることはほとんどない。そのため、効率問題に対する単純な解は、mul_add_and_assign() のような関数を提供して、必要に応じてユーザに呼び出させることである。しかし、適切な形の式に対して、この最適化が自動的に適用されるように、Matrix を設計することもできる。すなわち、U=M*V+W を、4個のオペランドをもつ単一の演算子として処理できるのだ。基本的な技法は、ostream 処理子を紹介するときに解説する（§38.4.5.2）。n 個の2項演算子を組み合わせると、単一の (n+1) 項演算子のように動作させることが可能だ。U=M*V+W の処理では、2個の補助クラスを導入する必要があるが、他の強力な最適化技法を併用すると、この技法は飛躍的に高速化できる（たとえば 30 倍）。まず、話を簡単にするために、倍精度浮動小数点数の2次元行列に限定して話を進めよう：

```
using Mat2d = Matrix<double,2>;
using Vec = Matrix<double,1>;
```

Mat2d に Vec をかけた結果を定義する：

```
struct MVmul {
   const Mat2d& m;
   const Vec& v;

   MVmul(const Mat2d& mm, const Vec &vv) :m{mm}, v{vv} { }

   operator Vec();  // 評価して結果を返却
};

inline MVmul operator*(const Mat2d& mm, const Vec& vv)
{
   return MVmul(mm,vv);
}
```

ここでの“乗算”は、§29.3 で示した乗算を置きかえるものであって、オペランドへの参照を保持する以上のことは何も行わない。そのため、M*V の評価は遅延される。* によって生成されるオブジェクトは、多くの技術コミュニティが**クロージャ**（*closure*）と呼ぶものと密接な関係がある。なお、Vec の加算にも同様に対処できる：

```
struct MVmulVadd {
   const Mat2d& m;
   const Vec& v;
   const Vec& v2;

   MVmulVadd(const MVmul& mv, const Vec& vv) :m(mv.m), v(mv.v), v2(vv) { }

   operator Vec();  // 評価を行って結果を返却
};

inline MVmulVadd operator+(const MVmul& mv, const Vec& vv)
{
   return MVmulVadd(mv,vv);
}
```

ここでも、M*V+W の評価は遅延される。そのため、良質なアルゴリズムを用いることで、Vec への代入時にすべてが評価されるようにしなければならない：

```
template<>
class Matrix<double,1> {  // 特殊化（この例専用）
   // ...

public:
   Matrix(const MVmulVadd& m)    // mの結果による初期化
   {
      // 要素の確保などを行う：
      mul_add_and_assign(this,&m.m,&m.v,&m.v2);
   }

   Matrix& operator=(const MVmulVadd& m)  // mの結果を*thisに代入
   {
      mul_add_and_assign(this,&m.m,&m.v,&m.v2);
      return *this;
   }
   // ...
};
```

これで、**U=M*V+W** は自動的に以下のように展開されるようになる：

```
U.operator=(MVmulVadd(MVmul(M,V),W))
```

というのも、インライン化によって、目的とする次の単純な呼出しに解決されるからだ：

```
mul_add_and_assign(&U,&M,&V,&W)
```

明らかに、コピーと一時オブジェクトが排除できている。さらに、**mul_add_and_assign()** を最適化した方式でも記述できるだろう。しかし、極めて単純で最適化しない方式で記述したとしても、オプティマイザによって最適化される余地が残されている。

この技法で重要なのは、時間的制約が非常に厳しいベクタと行列の演算が、比較的単純な少数の統語形式で処理されることである。通常は、数個程度の演算子を使って式を最適化しても、実質的な効果は得られないので、何らかの関数を記述することになる。

この技法は、コンパイル時解析とクロージャオブジェクトを用いるという考えに基づいており、クロージャオブジェクトが、複合演算を表現するオブジェクトに部分式の評価を転送する。この技法は、さまざまな問題に適用できる。評価が可能になる前に、情報の断片を複数集めて1個の関数にまとめる必要があるという共通点をもつ問題である。私は、評価を遅延するためのオブジェクトを、**複合クロージャオブジェクト**（*composition closure object*）、あるいは、単に**複合子**（*compositor*）と呼んでいる。

この複合技法を利用して、あらゆる演算子の評価を遅延させる手法は、**式テンプレート**（*expression template*）〔Vandevoorde, 2002〕〔Veldhuizen,1995〕と呼ばれる。式テンプレートは、関数オブジェクトを体系的に利用して、式を抽象構文木（AST = abstract syntax tree）として表現する。

29.6 アドバイス

[1] 基本的な利用局面をリストアップしよう。§29.1.1。

[2] （単体テストなどのような）単純なテストを簡潔にすませるために、入出力演算を必ず実装しよう。§29.1.1。

[3] プログラムとクラスとライブラリの性質は、備えるべき理想的な内容を注意深く考慮してリストアップしよう。§29.1.2。

[4] プロジェクトの範疇を超えると考えられる、プログラムとクラスとライブラリの性質は、別途リストアップしよう。§29.1.2。

[5] コンテナテンプレートを設計する際は、要素の型の要件を注意深く検討しよう。§29.1.2。

[6] 設計を実行時チェック時にも維持する（たとえばデバッグなどの）方式を検討しよう。§29.1.2。

[7] もし可能であれば、既存のプロフェッショナルな記法やセマンティクスを模倣するよう、クラスを設計しよう。§29.1.2。

[8] 資源リークが発生しないことを、設計で保証しよう（たとえば、すべての資源に対して一つのオーナをもたせた上でRAIIを利用する）。§29.2。

[9] クラスをどのように構築するか、あるいはコピーするかを検討しよう。§29.1.1。

[10] 要素のアクセスは、完全性、柔軟性、効率性を備えた上で、セマンティクス的にも有意義になるよう実装しよう。§29.2.2, §29.3。

[11] 実装の詳細は、専用の `_impl` 名前空間に閉じ込めよう。§29.4。

[12] 内部表現に直接アクセスする必要がない一般的な処理は、ヘルパ関数として実装しよう。§29.3.2, §29.3.3。

[13] 高速アクセス実現のためには、データをコンパクトにするとともに、ある程度の規模のアクセス処理に必要となるアクセッサオブジェクトを実装しよう。§29.4.1, §29.4.2, §29.4.3。

[14] データ構造は入れ子になった初期化子並びとして表現可能な場合が多い。§29.4.4。

[15] 数値を処理する場合は、ゼロや“多すぎる”などの“終了条件”を必ず検討しよう。§29.4.6。

[16] 単体テストや、コードが要件を満たしているかのテストに加え、実際に利用し設計自体もテストしよう。§29.5。

[17] 性能要件が極端に厳しい場合にも耐えられる設計であるかどうかを検討しよう。§29.5.4。

第Ⅳ部　標準ライブラリ

第Ⅳ部では、C++ 標準ライブラリを解説する。その使用方法の理解、汎用的かつ有用な設計、プログラミング技法の提示を目的とし、拡張を意図して実装された標準ライブラリを実際に拡張する方法を示す。

「……私はいま、考えを紙のうえに表現することのむずかしさを発見しつつある。ただ単に描写するだけであればとても簡単だ。だが、論理が関わってきて、論点を適切につなげ、明確に、かつ適度に流れるように書くということは、さっき述べたように、いまだ経験したことがないほどにむずかしいものだ。……」

— チャールズ・ダーウィン

第30章 標準ライブラリの概要

芸術と自然の多くの神秘を、
無知蒙昧な者は魔法だと考える。
— ロジャー・ベーコン

・はじめに
　標準ライブラリの機能／設計上の制約／解説方針
・ヘッダ
・言語の支援
　initializer_listの支援／範囲for文の支援
・エラー処理
　例外／アサーション／system_error
・アドバイス

30.1 はじめに

標準ライブラリは、ISO C++標準が定めるコンポーネントの集合であって、どのC++処理系でも動作は同じだ（パフォーマンスは比例する）。可搬性と長期間の保守性のためには、標準ライブラリを使える場合には、積極的に使うべきである。もしかすると、読者のアプリケーション用に、優れた代替ライブラリの設計や実装が行えるかもしれない。しかし：

・将来の保守作業者が、その代替設計を容易に学習できるか?
・その代替ライブラリは、これから10年後の、未知のプラットフォーム上でも利用できるか?
・将来のアプリケーションでも、その代替ライブラリは有用だと考えられるか?
・その代替ライブラリは、標準ライブラリを用いたコードと協調動作できるか?
・その代替ライブラリに対して、標準ライブラリで行われた最適化とテストと同程度の労力を費やせるだろうか?

そして、代替ライブラリを利用する以上、当然、読者（と読者が所属する組織）には、保守と改良の責任が“永遠に”つきまとう。一般的にいっても、車輪の再発明などを試みるべきではない。

確かに、標準ライブラリは、少し大規模だ。その仕様は、ISO C++標準の中で、ぎっしりと785ページもある。ISO標準Cライブラリは、C++標準ライブラリの一部であるものの、そこには含まれていない（ISO標準Cライブラリには139ページが費やされている）。一方、C++の言語の仕様は398ページだ。本章では表を多用して標準ライブラリをまとめるが、提示するサンプルは多くない。詳細については、オンライン上にある標準のコピーや、処理系のドキュメントを参照して、

（もしコードを読みたければ）オープンソースの処理系を参照しよう。完全な詳細については、標準に基づくべきだ。

標準ライブラリを解説する章は、順に読み進めることを意図していない。各章と大半の節は、独立している。何か分からない点があれば、相互参照や索引を参照しよう。

30.1.1 標準ライブラリの機能

C++ 標準ライブラリには何が求められるのだろうか？　一つ理想をあげれば、プログラマにとって興味深くて、重要であって、適切な汎用性のあるクラス、関数、テンプレートなどだ。しかし、ここでの質問は、“あるライブラリに求められるもの”ではなく、“標準ライブラリに求められるもの”である。“すべて！”という答えは、前者では妥当な答えとなるかもしれないが、後者ではそうではない。標準ライブラリは、すべての処理系実装者が提供しなければならない。プログラマが信頼して使えるものとなっている必要がある。

C++ 標準ライブラリは、以下のものを提供する：

- 言語機能を支援するもの。たとえば、メモリ管理（§11.2）、範囲 `for` 文（§9.5.1）、実行時型情報（§22.2）などの支援だ。
- 処理系定義の言語の情報。たとえば、有限な `float` の最大値（§40.2）など。
- 言語だけでは効率よい実装が容易ではない基礎的な処理。たとえば、`is_polymorphic`、`is_scalar`、`is_nothrow_constructible`（§35.4.1）など。
- 低レベルな（“ロックフリーな”）並行プログラミング機能（§41.3）。
- スレッドベースの並行処理のサポート（§5.3，§42.2）。
- タスクベースの並行処理の最小限のサポート。たとえば、`future` や `async()`（§42.4）など。
- 最適化して可搬性を保って実装することが、ほとんどのプログラマにとって容易でない関数。たとえば、`uninitialized_fill()`（§32.5）や `memmove()`（§43.5）など。
- 未使用メモリの再生（ガーベジコレクション）に対する（オプション機能としての）最低限のサポート。たとえば、`declare_reachable()`（§34.5）など。
- プログラマにとって可搬性が保証されている、応用的な基盤を提供する機能。たとえば、`list`（§31.4）、`map`（§31.4.3）、`sort()`（§32.6）、入出力ストリーム（第 38 章）など。
- 組込み型（第 38 章）や、STL（第 31 章）と同じ構文でユーザ定義型の入出力ができるようにするための規約や支援機能などのライブラリ機能を拡張するフレームワーク。

標準ライブラリのごく一部の機能は、よく使われていて便利だから、という理由で提供される。`sqrt()`（§40.3）、乱数発生器（§40.7）、`complex` 算術演算（§40.4）などの標準数学関数や、正規表現（第 37 章）である。

標準ライブラリは、他のライブラリの共通基盤となることも目的としている。特に、機能を組み合わせることで、標準ライブラリは次の三つの役割を果たせるようになる：

- 可搬性を実現する基盤。
- 性能要求が厳しいライブラリやアプリケーションの基盤として利用できる、コンパクトで効率的なコンポーネントの集合。
- ライブラリ間通信を実現するコンポーネントの集合。

基本的に、これら三つの役割が、ライブラリ設計を決定する。いずれの役割にも、密接な関連がある。たとえば、専用ライブラリでは、可搬性が重要な設計基準となるが、リストやマップなどの汎用コンテナ型は、個別に開発されたライブラリ間の簡便な通信手段として不可欠である。

設計の観点からは、3番目の役割が特に重要だ。というのも、この役割によって、標準ライブラリのスコープを制限できるし、過剰な機能の追加が防げる。たとえば、標準ライブラリは、文字列やリストの機能を提供する。もし提供されなければ、ライブラリを新しく開発する際に、組込み型を用いてしか通信できなくなってしまう。その一方で、高度な線型代数やグラフィックスの機能は、提供しない。もちろん、この種の機能は広範囲に必要とされるが、個別に開発されたライブラリ間の通信に直接関係することはほとんどない。

上記の役割を果たすのに必要とみなされない機能は、標準ライブラリには含まれない。ある機能を標準ライブラリに含めないと決定すれば、よくも悪くも、他の複数のライブラリが、その機能の実現を競争することになる。幅広い計算機環境やアプリケーション分野で、極めて有用であることが証明されたライブラリは、標準ライブラリに取り込まれる候補となる。正規表現ライブラリ（第37章）が、そのよい例だ。

自立処理系では、機能が限定された標準ライブラリが利用できる。すなわち、オペレーティングシステムから最低限の支援しか受けられない処理系や、まったく支援が受けられない処理系がある（§6.1.1）。

30.1.2 設計上の制約

上記の標準ライブラリの役割から、設計上の制約がいくつか発生する。C++標準ライブラリが提供する機能は、次のように設計されている：

- 他のライブラリ開発者も含めた、あらゆる学生プログラマとプロフェッショナルプログラマにとって、価値が高くて入手しやすいこと。
- ライブラリのスコープ内の全機能を、すべてのプログラマが直接的にも間接的にも利用できる。
- 他のライブラリが提供する手作業の関数、クラス、テンプレートに取って代わる、効率的な本物の機能を提供する。
- ポリシーをもたない、あるいは、引数としてポリシーを受け取れる。
- 数学的に基礎的であること。すなわち、関連性が希薄な二つの役割をもつ1コンポーネントとしてしまうと、単一の役割を果たす独立した2コンポーネントの場合と比較して、オーバヘッドが、ほぼ確実に頭痛の種となってしまう。
- 一般的な利用において、使いやすくて、効率的で、適切な安全性をもっていること。
- 機能が完結すること。標準ライブラリが、多くの機能を他のライブラリに委ねることもできるが、仮にそうしたとしても、ユーザ、ライブラリ実装者がライブラリを置きかえることなく利用できるよう、標準ライブラリは基本機能を実装しなければならない。
- 組込み型や組込み演算に対しても容易に利用できること。
- デフォルトで型安全であり、そのため原則として実行時チェックが行えること。
- 一般的なプログラミングスタイルをサポートすること。
- 組込み型や標準ライブラリの型を処理するのと同じ方式で、ユーザ定義型を扱えるよう拡張可能であること。

たとえば、ソート関数は、同じデータを、異なる方式でソートすることがあり得るので、比較基準を内部にもつべきではない。これは、標準Cライブラリの`qsort()`が、比較関数を、たとえば`<`演算子などに固定せずに引数として受け取る（§12.5）理由でもある。しかしその一方で、別途開発するライブラリの構築要素として`qsort()`を利用する場合は、比較のたびに関数呼出しが行われるというオーバヘッドが発生する。実際は、ほぼすべてのデータ型において、関数呼出しのオーバヘッドを発生させない比較が容易だ。

このオーバヘッドは致命的だろうか？　ほとんどの場合では、そうではないだろう。とはいえ、一部のアルゴリズムでは、関数呼出しのオーバヘッドが実行時間の大半を占める可能性があるため、ユーザは代替策を模索することになる。§25.2.3で解説した、比較基準をテンプレート引数として与える技法を利用すると、`sort()`や標準ライブラリの多くのアルゴリズムの問題を解決できる。このソートの例が示すのは、効率性と汎用性のバランスである。同時に、このバランスをとる解決策の例でもある。標準ライブラリでは、このバランスをとる策が必要になることはあまりない。必要なのは、ユーザが、標準ライブラリの提供する機能に代わる独自の代替策を実装しようとする気にならないほどの、効率性を実現することだ。そうしないと、高度な機能の開発者は、その機能を優先するために、標準ライブラリを選択肢から外さざるを得なくなる。このことは、ライブラリ開発者にとって重荷となるし、プラットフォームに依存しないように気を配るユーザや、個別に開発された複数のライブラリを利用するようなユーザに対して、苦痛に満ちた日々をもたらす。

“原始性”と“通常の利用における利便性”という要件は、対立することがある。前者を優先すると、標準ライブラリの一般的利用における最適化をもっぱら阻害することになる。しかし、標準ライブラリは原始的な機能以外にも、一般的で非原始的な機能を提供するコンポーネントを、代替機能としてでなく、追加機能として提供しなければならない。この相反する要件が、初心者や趣味のユーザに重荷を背負わせることになってはならないし、また、コンポーネントのデフォルト動作が分かりにくくなったり、危険な動作を生むことになってもいけない。

30.1.3 解説方針

たとえ1個のコンストラクタやアルゴリズムといった単純な標準ライブラリ処理であっても、完全な解説には、相当なページ数が必要だ。そのため、ここでは大幅に簡略化した解説スタイルを用いる。関連性をもつ一連の処理については、以下のように、表でまとめることにする：

処理の例	
p=op(b,e,x)	op は [b:e) の範囲および x を処理対象として、p を返す
foo(x)	foo は x を処理対象として、何も返却しない
bar(b,e,x)	x は [b:e) に対して行うべきものをもっているか?

識別子は覚えやすいものとしている。たとえば、b と e はある範囲を表す反復子、p はポインタあるいは反復子、x は何らかの値を表す。これらは、すべて文脈に依存する。ここでは、返却値がないことと、論理値を返却することだけを区別する解説としているので、深く考えすぎると混乱するだろう。論理値を返す処理の説明文の多くは疑問文として、末尾に疑問符を置くようにしている。アルゴリズムは、処理の“失敗”や“見つからなかった”ことを、入力終端として返すことが多い（§4.5.1, §33.1.1）ので、そのパターンにしたがうアルゴリズムでは、その点は明示していない。

このような省略した解説を行っている場合は、ISO C++ 標準の参照、補足説明、サンプルなども示している。

30.2 ヘッダ

標準ライブラリの機能は、std 名前空間に置かれて、一連のヘッダで提供される。標準ライブラリの大部分はヘッダで確認できるので、ヘッダを眺めるだけで標準ライブラリの概要がつかめる。

本章の以降の節では、機能グループ別にヘッダをまとめて、簡単な説明と、解説する章番号を加える。なお、グループ分けは、C++ 標準の構成にしたがったものだ。

文字 c で始まる標準ヘッダ名は、標準Cライブラリのヘッダと等価であることを表す。広域名前空間と std 名前空間の内容を定義する、すべての <X.h> に対して、同じ名前を定義する <cX> が提供される。ヘッダ内の名前は、広域名前空間を汚染しないことが理想だが（§15.2.4）、残念ながら、（複数の言語と複数のオペレーティングシステム環境への対応が複雑になるため）実現できない場合が多い。

コンテナ		
<vector>	要素数可変の一次元配列	§31.4.2
<deque>	両端キュー	§31.4.2
<forward_list>	単方向結合リスト	§31.4.2
<list>	双方向結合リスト	§31.4.2
<map>	連想配列	§31.4.3
<set>	集合	§31.4.3
<unordered_map>	ハッシュ付き連想配列	§31.4.3.2
<unordered_set>	ハッシュ付き集合	§31.4.3.2
<queue>	キュー	§31.5.2
<stack>	スタック	§31.5.1
<array>	要素数固定の一次元配列	§34.2.1
<bitset>	bool 配列	§34.2.2

連想コンテナ multimap と multiset は、それぞれ <map> と <set> が定義している。priority_queue（§31.5.3）は、<queue> が定義している。

汎用ユーティリティ		
<utility>	演算子とペア	§35.5，§34.2.4.1
<tuple>	タプル	§34.2.4.2
<type_traits>	型特性	§35.4.1
<typeindex>	type_info をキーやハッシュコードとして利用する	§35.5.4
<functional>	関数オブジェクト	§33.4
<memory>	資源管理ポインタ	§34.3
<scoped_allocator>	スコープ付きアロケータ	§34.4.4
<ratio>	コンパイル時有理算術演算	§35.3
<chrono>	時間関連ユーティリティ	§35.2
<ctime>	C言語スタイルの日付と時刻	§43.6
<iterator>	反復子とその支援機能	§33.1

反復子は、標準アルゴリズムを汎用化する機能をもつ（§3.4.2，§33.1.4）。

アルゴリズム		
<algorithm>	汎用アルゴリズム	§32.2
<cstdlib>	bsearch() と qsort()	§43.7

汎用アルゴリズムは、任意の型の要素をもつ、任意のシーケンスに適用可能である（§3.4.2，§32.2）。標準Cライブラリ関数 bsearch() と qsort() は、組込みの配列に利用するものだが、その要素はユーザ定義のコピーコンストラクタとデストラクタをもたない型でなければならない（§12.5）。

診断機能		
<exception>	例外クラス	§30.4.1.1
<stdexcept>	標準の例外	§30.4.1.1
<cassert>	アサートマクロ	§30.4.2
<cerrno>	C言語スタイルのエラー処理	§13.1.2
<system_error>	システムエラーのサポート	§30.4.3

例外を用いたアサーションについては、§13.4 を参照しよう。

文字列と文字		
<string>	T型の文字列	第36章
<cctype>	文字種類判定	§36.2.1
<cwctype>	ワイド文字種類判定	§36.2.1

<cstring>	C言語スタイル文字列関数	§43.4
<cwchar>	C言語スタイルのワイド文字列関数	§36.2.1
<cstdlib>	C言語スタイルのメモリ割当て関数	§43.5
<cuchar>	C言語スタイルのマルチバイト文字	
<regex>	正規表現	第37章

<cstring>ヘッダは、strlen()やstrcpy()などの関数ファミリを宣言している。<cstdlib>は、C言語スタイルの文字列を、数値へと変換するatof()とatoi()を宣言している。

入出力		
<iosfwd>	入出力機能の前方参照	§38.1
<iostream>	標準iostreamオブジェクトと演算	§38.1
<ios>	iostreamの基底	§38.4.4
<streambuf>	ストリームバッファ	§38.6
<istream>	入力ストリームテンプレート	§38.4.1
<ostream>	出力ストリームテンプレート	§38.4.2
<iomanip>	操作子	§38.4.5.2
<sstream>	文字列に対するストリーム入出力	§38.2.2
<fstream>	ファイルに対するストリーム入出力	§38.2.1
<cstdio>	入出力のprintf()ファミリ	§43.3
<cwchar>	printf()スタイルのワイド文字入出力	§43.3

操作子は、ストリームの状態を操作するオブジェクトのことだ（§38.4.5.2）。

ローカライズ		
<locale>	国や地域間の差異を吸収	第39章
<clocale>	国や地域間のC言語スタイルでの差異を吸収	
<codecvt>	コード変換	§39.4.6

localeは、日付、通貨記号、文字列比較基準などのように、国や地域、自然言語によって大きく変化する違いを扱う。

言語の支援		
<limits>	数値の限界値	§40.2
<climits>	C言語スタイルのスカラ数値の限界値	§40.2
<cfloat>	C言語スタイルのスカラ浮動小数点数の限界値	§40.2
<cstdint>	標準整数型名	§43.7
<new>	動的メモリ管理	§11.2.3
<typeinfo>	実行時型識別のサポート	§22.5
<exception>	例外処理のサポート	§30.4.1.1

言語の支援		
<initializer_list>	initializer_list	§30.3.1
<cstddef>	C言語ライブラリに対する言語のサポート	§10.3.1
<cstdarg>	関数の可変個引数	§12.2.4
<csetjmp>	C言語スタイルのスタック巻戻し	
<cstdlib>	プログラムの終了	§15.4.3
<ctime>	システムの時計	§43.6
<csignal>	C言語スタイルのシグナル処理	

<cstddef>ヘッダは、sizeof()の返却値の型であるsize_t、ポインタや配列添字の減算結果の型であるptrdiff_t（§10.3.1）、悪名高いNULLマクロ（§7.2.2）を定義している。

C言語スタイルのスタック巻戻し（<csetjmp>が定義するsetjmpとlongjmpを使う）には、デストラクタや例外処理との互換性がない（第13章，§30.4）ので、利用すべきでない。本書では、C言語スタイルのスタック巻戻しとシグナルについては解説しない。

数値		
<complex>	複素数の数値と処理	§40.4
<valarray>	数値ベクタと処理	§40.5
<numeric>	汎用数値演算	§40.6
<cmath>	標準数学関数	§40.3
<cstdlib>	C言語スタイルの乱数	§40.7
<random>	乱数発生器	§40.7

歴史的経緯により、abs()とdiv()は、その他の数学関数が提供される<cmath>ではなくて、<cstdlib>で定義される（§40.3）。

並行処理		
<atomic>	アトミック型と処理	§41.3
<condition_variable>	処理の待機	§42.3.4
<future>	非同期タスク	§42.4.4
<mutex>	相互排他クラス	§42.3.1
<thread>	スレッド	§42.2

C言語では、C++プログラマにとって、意味合いが異なる標準ライブラリ機能を提供する。C++標準ライブラリでは、そのようなすべての機能が利用できる。

C言語互換性		
<cinttypes>	一般的な整数型の別名	§43.7
<cstdbool>	C言語のbool	
<ccomplex>	complex	
<cfenv>	浮動小数点数環境	
<cstdalign>	C言語のアラインメント	
<ctgmath>	C言語の"型非依存数学"。<complex>と<cmath>	

<cstdbool>ヘッダは、bool、true、falseのマクロを定義しない。<cstdalign>ヘッダは、alignasマクロを定義しない。<cstdbool>、<ccomplex>、<calign>、<ctgmath>に相当する.hは、C++の機能をC言語が模倣したものだ。できるだけ利用すべきでない。

<cfenv>ヘッダは、(fenv_tやfexcept_tなどの)型、浮動小数点の状態フラグ、ライブラリ開発者の浮動小数点環境を表す管理モードを定義している。

標準ヘッダに対して、ユーザやライブラリ実装者が、宣言を追加、削除することは認められていない。また、ヘッダ内の宣言の意味を変えるようにマクロを定義して、ヘッダの内容を変更することも認められていない(§15.2.3)。この種のゲームに興じるプログラムや処理系は、標準に準拠していないので、そのようなトリックを前提とするプログラムは、可搬性を失うことになる。もし仮に現時点では動作したとしても、処理系の次のリリースで一部が変更されるだけで、動作しなくなることもある。そのようなトリッキーな技は、利用しないようにしよう。

標準ライブラリ機能を利用するには、対応するヘッダをインクルードする必要がある。関連する宣言を自分で記述しても、標準に準拠したことにはならない。インクルードした標準ヘッダに基づいてコンパイルを最適化する処理系がある。また、ヘッダの内容を判断して、標準ライブラリ機能の最適化したバージョンを提供する処理系もある。ライブラリ実装者が、プログラマが思い付かないような、しかも、知るべきでない方法で、標準ヘッダを利用することがある。

なお、標準以外のライブラリやユーザ定義型用に、たとえばswap()(§35.5.2)などのユーティリティテンプレートをプログラマが特殊化させることはできる。

30.3 言語の支援

標準ライブラリ内には、規模こそ大きくないが重要な部分として、言語の支援がある。これらは、プログラムを実行するための、言語機能を実現するために必須のものだ。

ライブラリが支援する言語機能		
<new>	newとdelete	§11.2
<typeinfo>	typeid()とtype_info	§22.5
<iterator>	範囲for文	§30.3.2
<initializer_list>	initializer_list	§30.3.1

30.3.1 initializer_listの支援

{}構文の並びは、§11.3で述べた規則にしたがって、std::initializer_list<X>型のオブジェクトに変換される。<initializer_list>では、initializer_listを次のように定義している：

```
template<typename T>
class initializer_list {      // §iso.18.9
public:
   using value_type = T;
   using reference = const T&;         // constに注意：initializer_listの要素は変更不可
   using const_reference = const T&;
   using size_type = size_t;
   using iterator = const T*;
   using const_iterator = const T*;

   initializer_list() noexcept;

   size_t size() const noexcept;       // 要素数
   const T* begin() const noexcept;    // 最初の要素
   const T* end() const noexcept;      // 末尾の次の要素
};

template<typename T>
   const T* begin(initializer_list<T> lst) noexcept { return lst.begin(); }
template<typename T>
   const T* end(initializer_list<T> lst) noexcept { return lst.end(); }
```

残念ながら、initializer_listは添字演算子を実装していない。*ではなく[]を利用する場合は、ポインタに対して添字を適用することになる：

```
void f(initializer_list<int> lst)
{
   for(int i=0; i<lst.size(); ++i)
      cout << lst[i] << '\n';        // エラー

   const int* p = lst.begin();
   for(int i=0; i<lst.size(); ++i)
      cout << p[i] << '\n';          // ＯＫ
}
```

当然だが、initializer_listは、範囲for文にも利用可能だ。たとえば：

```
void f2(initializer_list<int> lst)
{
   for (auto x : lst)
      cout << x << '\n';
}
```

30.3.2 範囲for文の支援

§9.5.1で解説したように、範囲for文は、反復子を用いたfor文にマッピングされる。

標準ライブラリは<iterator>で、std::begin()とstd::end()を定義している。これらは、組込みの配列と、begin()とend()のメンバをもつすべての型とで利用できる。§33.3を参照しよう。

標準ライブラリのすべてのコンテナ（vectorやunordered_mapなど）と文字列は、範囲for文による繰返し処理をサポートしているが、（stackやpriority_queueなどの）コンテナアダプタはサポートしていない。<vector>などのコンテナヘッダは、<initializer_list>をインクルードするので、ユーザが直接インクルードすることはほとんどない。

30.4 エラー処理

標準ライブラリを構成するコンポーネントは、およそ40年以上にわたって開発されてきた。そのため、エラー処理のスタイルや方式が一貫性に欠けている。

- C言語スタイルのライブラリを構成する関数の多くでは、発生したエラー種類を表すerrnoを利用する。§13.1.2と§40.3を参照しよう。
- 要素の並びを処理対象とするアルゴリズムの多くでは、末尾要素の直後を指す反復子を返すことで、"見つからなかった"または"処理の失敗"を表す。§33.1.1を参照しよう。
- 入出力ストリームライブラリでは、各ストリームに状態をもたせてエラーを表す。さらに、(ユーザが要求した場合は) 例外送出によってエラーを表すこともある。§38.3を参照しよう。
- vector、string、bitsetなど、一部の標準ライブラリコンポーネントでは、例外を送出することでエラーを表す。

標準ライブラリでは、すべての機能が"基本保証"(§13.2) をもつように設計されている。そのため、例外が送出された場合でも、(メモリなどの) 資源のリークが発生することはないし、標準ライブラリのクラスの不変条件も維持される。

30.4.1 例外

標準ライブラリには、例外送出によってエラーを通知するものがある:

標準ライブラリの例外	
bitset	invalid_argument、out_of_range、overflow_errorを送出する
iostream	例外が有効な場合、ios_base::failureを送出する
regex	regex_errorを送出する
string	length_error、out_of_rangeを送出する
vector	length_error、out_of_rangeを送出する
at()をもつすべてのコンテナ	out_of_rangeを送出する
new T	T用のメモリを割り当てられなかった場合にbad_allocまたはbad_array_new_lengthを送出する
dynamic_cast<T>(r)	参照のrをTへ変換できなかった場合にbad_castを送出する
typeid()	type_infoが得られなかった場合にbad_typeidを送出する
thread	system_errorを送出する
call_once()	system_errorを送出する
mutex	system_errorを送出する
unique_lock	system_errorを送出する
condition_variable	system_errorを送出する
async()	system_errorを送出する
packaged_task	bad_alloc、system_errorを送出する
futureおよびpromise	future_errorを送出する

これらの機能を直接的あるいは間接的に利用するものであれば、どんなコードでも、ここに示した例外が発生する可能性がある。さらに、例外を送出する可能性があるオブジェクトを操作するコードは、明示的に例外を禁止しない限り、どんな処理でも（その例外が）送出されると想定する必要がある。たとえば`packaged_task`は、明示的に要求された場合に例外を送出する。

すべての機能が例外を送出しないことを確認していなければ、標準ライブラリ例外クラス階層のルートクラス（`exception`など）のいずれか1個と、任意の例外（...）を、必ずどこかで捕捉するとよい（§13.5.2.3）。その一例が、`main()`で捕捉することだ。

30.4.1.1 標準 exception クラス階層

`int`やC言語スタイルの文字列などの、組込み型を送出してはいけない。そうではなく、例外専用に定義した型のオブジェクトを送出するべきだ。

例外は、標準の例外クラス階層に基づいて、以下のように分類される：

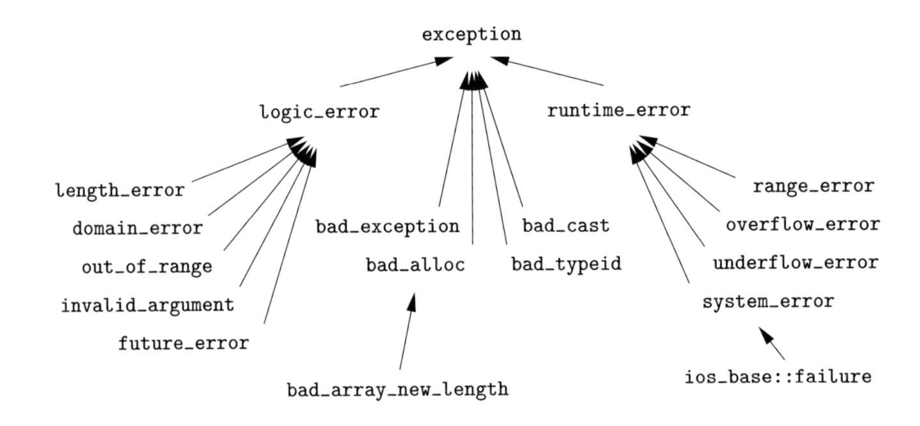

この階層は、標準ライブラリが定義するクラス以外の例外にも対応できるフレームワークである。`logic_error`は、原則として、プログラムの実行開始前や、関数とコンストラクタの引数を検査することで検出する類のエラーであり、`runtime_error`は、それ以外のすべてのエラーだ。`system_error`については§30.4.3.3で解説する。

標準ライブラリの例外クラス階層のルートは、`exception`クラスである：

```
class exception {
public:
    exception();
    exception(const exception&);
    exception& operator=(const exception&);
    virtual ~exception();
    virtual const char* what() const;
};
```

`what()`関数を使うと、例外を発生させたエラーを表している（であろう）文字列が得られる。

標準ライブラリの例外クラスからの派生を行えば、プログラマが独自の例外クラスを定義できる。たとえば：

```
struct My_error : runtime_error {
    My_error(int x) :runtime_error{"My_error"}, interesting_value{x} { }
    int interesting_value;
};
```

標準ライブラリのexception階層がすべての例外を包含しているわけではない。とはいえ、標準ライブラリから送出する例外は、すべてexception階層に含まれる。

すべての機能が例外を送出しないことを確認していなければ、どこかですべての例外を捕捉するのがよい。たとえば：

```
int main()
try {
    // ...が発生
}
catch (My_error& me) {          // My_errorが発生
    // me.interesting_valueとme.what()が利用できる
}
catch (runtime_error& re) {     // runtime_errorが発生
    // re.what()が利用できる
}
catch (exception& e) {          // 何らかの標準ライブラリ例外が発生
    // e.what()が利用できる
}
catch (...) {                   // 上記以外の何らかの例外が発生
    // 局所的な後始末が行える
}
```

参照を用いることで、関数の引数の場合と同様に、スライシングが防げる（§17.5.1.4）。

30.4.1.2 例外の伝播

標準ライブラリは<exception>で、例外の伝播をプログラマがアクセスできるようにする機能を提供する：

例外の伝搬（§iso.18.8.5）	
exception_ptr	任意の例外を指す型
ep=current_exception()	epは現在の例外を指すか、または現在アクティブな例外が存在しなければ例外を指さないexception_ptrである。noexcept
rethrow_exception(ep)	epが指す例外を再送出する。epが保持するポインタがnullptrであってはならない。noreturn（§12.1.7）
ep=make_exception_ptr(e)	epはexception eを指すexception_ptrである。noexcept

exception_ptrは、exceptionクラス階層を含めた、あらゆる例外を指せる。exception_ptrが指す限り、例外の存在を持続させる（shared_ptrのような）スマートポインタとみなせる。この方式のおかげで、例外を捕捉して再送出した関数以外にexception_ptrを渡せることになる。特に、例外を捕捉したスレッドとは異なるスレッドで再送出が行えるようになることは重要だ。まさに、promiseとfuture（§42.4）の動作である。exception_ptrに対して（異なるスレッドから）rethrow_exception()を実行しても、データ競合は発生しない。

make_exception_ptr()は、以下のように実装できる：

```
template<typename E>
exception_ptr make_exception_ptr(E e) noexcept
try {
   throw e;
}
catch(...) {
   return current_exception();
}
```


nested_exception は、current_exception() の呼出しで取得した exception_ptr を保持するクラスである：

nested_exception（§iso.18.8.6）	
nested_exception ne {};	デフォルトコンストラクタ。ne は current_exception() を指す exception_ptr を保持する。noexcept
nested_exception ne {ne2};	コピーコンストラクタ。ne と ne2 の両方が、例外を指す exception_ptr を保持する
ne2=ne	コピー代入演算。ne と ne2 の両方が、例外を指す exception_ptr を保持する
ne.~nested_exception()	デストラクタ。virtual
ne.rethrow_nested()	ne が保持する例外を再送出する。ne が保持していない場合は terminate() する。noreturn
ep=ne.nested_ptr()	ep は ne が保持する例外を指す exception_ptr。noexcept
throw_with_nested(e)	nested_exception から派生した型と、e の型の例外を送出する。e は nested_exception の派生であってはならない。noreturn
rethrow_if_nested(e)	dynamic_cast<const nested_exception&>(e).rethrow_nested()。e は nested_exception から派生した型でなければならない

nested_exception は、例外ハンドラが利用するクラスの基底クラスとなることを意図したものであり、エラーの局所的な文脈に関する何らかの情報を、その契機となった例外を指す exception_ptr とともに伝搬する。たとえば：

```
struct My_error : runtime_error {
   My_error(const string&);
   // ...
};

void my_code()
{
   try {
      // ...
   }
   catch (...) {
      My_error err {"something went wrong in my_code()"};
      // ...
      throw_with_nested(err);
   }
}
```

ここで、My_errorがもつ情報を、捕捉した例外を指すexception_ptrを保持するnested_exceptionとともに伝搬する（再送出する）。

呼出しチェインの先では、入れ子となった例外を確認できる：

```
void user()
{
    try {
        my_code();
    }
    catch(My_error& err) {

    // ... My_errorの問題を対処 ...

        try {
            rethrow_if_nested(err);    // もしあれば、入れ子の例外を再送出
        }
        catch (Some_error& err2) {
            // ... Some_errorの問題を対処 ...
        }
    }
}
```

このコードは、Some_errorがMy_errorと入れ子になることが分かっていると想定したものだ。

例外をnoexcept関数の外に伝搬することはできない（§13.5.1.1）。

30.4.1.3 terminate()

標準ライブラリは<exception>で、想定外の例外を処理する機能を定義している：

terminate（§iso.18.8.3, §iso.18.8.4）	
h=get_terminate()	hは現在の終了ハンドラである。noexcept
h2=set_terminate(h)	hは現在の終了ハンドラ、h2はそれまでの終了ハンドラである。noexcept
terminate()	プログラムを終了させる。noreturn。noexcept
uncaught_exception()	カレントスレッドが例外を送出し、まだ捕捉されていないか？ noexcept

これらの関数は、利用すべきでない。ただし、ごくまれにset_terminate()とterminate()を利用することはある。terminate()は、set_terminate()の呼出しで設定した終了ハンドラを呼び出すことで、プログラムを終了させる。デフォルトの動作では、その場で直ちにプログラムを終了させる。これは、ほぼ間違いなく正しい動作のはずだ。オペレーティングシステムの基礎的な部分に依存するため、terminate()を実行した際に局所オブジェクトのデストラクタが実行されるかどうかは処理系定義とされている。なお、noexceptに違反したことによって、terminate()が実行された場合は、スタックを部分的にでも巻き戻す（重要な）最適化を、システムが行ってもよいことになっている（§iso.15.5.1）。

uncaught_exception()を使うと、関数が正常終了したか、あるいは、例外によって終了したかに応じて動作を切りかえるデストラクタを記述できる、という意見を聞くことがある。しかし、最初

に例外を捕捉した以降のスタック巻戻しの処理中でも、uncaught_exception() は真を返却する（§13.5.1）。私個人としては、実際に利用する現場では、uncaught_exception() は、あまりにも微妙だと考えている。

30.4.2 アサーション

標準では、次のアサーション機能を定義している。

アサーション（§iso.7）	
static_assert(e,s)	コンパイル時に e を評価して、!e の場合はコンパイラのエラーメッセージとして s を出力する
assert(e)	NDEBUG マクロが定義されていなければ、実行時に e を評価して、!e の場合は cerr へメッセージを出力し abort() する。NDEBUG マクロが定義されていれば、何もしない

たとえば：

```
template<typename T>
void draw_all(vector<T*>& v)
{
    static_assert(Is_base_of<Shape,T>(),"non-Shape type for draw_all()");

    for (auto p : v) {
        assert(p!=nullptr);
        // ...
    }
}
```

assert() は、<cassert> が定義するマクロである。assert() が出力するエラーメッセージは、処理系定義だが、assert() を記述したソースファイル名（__FILE__）と、行番号（__LINE__）を含むことになっている。

現実世界では、アサートは、使い方を簡単に紹介する教科書の例よりも、ずっと多く利用されている（し、そうすべきである）。

エラーメッセージに関数名（__func__）が含められることもある。assert() が評価されないときに、評価されると思い込んでしまうと、重大な誤りが発生する可能性がある。たとえば、通常のコンパイラの設定では、デバッグ時では assert(p!=nullptr) でエラーを検出できるが、最終出荷バージョンでは検出できない。

アサーションの管理方法については、§13.4 を参照しよう。

30.4.3 system_error

標準ライブラリは <system_error> で、オペレーティングシステムと低レベルのシステムコンポーネントからのエラーを通知するフレームワークを定義している。たとえば、ファイル名を確認してからファイルをオープンする関数は、次のように記述できる：

```
ostream& open_file(const string& path)
{
```

```
    auto dn = split_into_directory_and_name(path);     // {path,name}に分割

    error_code err {does_directory_exist(dn.first)};  // パスについて"システム"に尋ねる
    if (err) { // err!=0はエラーを意味する
        // ... 何か行えることを探す ...

        if (cannot_handle_err)
            throw system_error(err);
    }

    // ...
    return ofstream{path};
}
```

“システム”がC++の例外などについて何も知らないのであれば、エラーコードを処理するかどうかについての選択肢はない。問題は“どこで？”と“どのように？”だけである。標準ライブラリは`<system_error>`で、エラーコードを分類する機能、システム固有のエラーコードをより可搬性の高いエラーコードへとマッピングする機能、エラーコードを例外へとマッピングする機能を提供する。

システムエラーの型	
error_code	エラー種類を特定する値を保持する。システム固有（§30.4.3.1）
error_category	発生元を特定し、エラーコードの種類（エラーカテゴリ）をエンコードする型の基底クラス（§30.4.3.2）
system_error	error_codeを保持するruntime_error例外（§30.4.3.3）
error_condition	エラーとエラーカテゴリを特定する値を保持する。可搬性をもつ可能性がある（§30.4.3.4）
errc	<cerrno>が定義するエラーコードを列挙子とするenum class（§40.3）。基本的にPOSIXのエラーコードである
future_errc	<future>が定義するエラーコードを列挙子とするenum class（§42.4.4）
io_errc	<ios>が定義するエラーコードを列挙子とするenum class（§38.4.4）

30.4.3.1 エラーコード

エラーが下位層からエラーコードとして“浮上”してきた場合は、そのエラーを処理するか、または例外へと変換する必要がある。まず行うべきことは、エラーの分類だ。同じエラーでも、システムが異なればエラーコードも異なる場合があり、また、エラー種類も異なる場合がある。

error_code（§iso.19.5.2）	
error_code ec {};	デフォルトコンストラクタ。ec={0,generic_category}。noexcept
error_code ec {n,cat};	ec={n,cat}。catはerror_categoryを表し、nはcatのエラーを表すintである。noexcept
error_code ec {n};	ec={n,generic_category}。nはエラーを表し、is_error_code_enum<EE>::value==trueのEE型の値である。noexcept

error_code（§iso.19.5.2）	
ec.assign(n,cat)	ec={n,cat}。cat は error_category を表す。n は cat 内のエラーを表す int である。noexcept
ec=n	ec={n,generic_category}。ec=make_error_code(n)。n はエラーを表し、is_error_code_enum<EE>::value==true の EE 型の値である。noexcept
ec.clear()	ec={0,generic_category}。noexcept
n=ec.value()	n は ec が保持する値である。noexcept
cat=ec.category()	cat は ec が保持するエラーカテゴリの参照である。noexcept
s=ec.message()	s は ec を表すエラーメッセージとして利用可能な string である。ec.category().message(ec.value())
bool b {ec};	ec を bool へ変換する。ec がエラーを表す場合に、b は true である。すなわち、b==false ならば"エラーなし"を意味する。explicit
ec==ec2	ec と ec2 の一方あるいは両方が error_code になれる。等価性を比較するには、ec と ec2 が等価な category()、等価な value() でなければならない。ec と ec2 の型が同じ場合、その等価性を定義するのは == である。異なる型の場合は category().equivalent() が定義する
ec!=ec2	!(ec==ec2)
ec<ec2	ec.category()<ec2.category() || (ec.category()==ec2.category() && ec.value()<ec2.value()) の順序
e=ec.default_error_condition()	e は error_condition の参照である。e=ec.category().default_error_condition(ec.value())
os<<ec	ec.name() ':' ec.value() を ostream os へ出力する
ec=make_error_code(e)	e は errc である。ec=error_code(static_cast<int>(e), generic_category)

エラーコードの単純な概念を表す型 error_code では、数多くのメンバを定義している。基本的には、整数から error_category を指すポインタへのマッピングである：

```
class error_code {
public:
    // 内部表現：型{int,const error_category*}の{value,category}
};
```

error_category は、error_category の派生クラスオブジェクトへのインタフェースである。そのため、渡す場合は参照として、代入する場合はポインタとする。個々の error_category を表現するのは、専用のオブジェクトだ。

先ほどの open_file() の例を見直してみよう：

```
ostream& open_file(const string& path)
{
    auto dn = split_into_directory_and_name(path);      // {path,name}に分割
```

```
    // パスについて“システム”に尋ねる：
    if (error_code err {does_directory_exist(dn.first)}) {
       if (err==errc::permission_denied) {
          // ...
       }
       else if (err==errc::not_a_directory) {
          // ...
       }
       throw system_error(err);    // 局所的には何も行えない
    }

    // ...
    return ofstream{path};
 }
```

errcのエラーコードについては、§30.4.3.6で解説する。さて、この例で、流れをつかみやすいswitch文ではなく、if ～ then ～ elseを連続して使っていることに注目しよう。等価性を定義するのは==であって、エラーの種類category()とエラーの値value()の両方を対象とするからだ。しかも==は、errcとその他の標準ライブラリの列挙体中の列挙子を処理できる。

error_codeの処理はシステム固有である。§30.4.3.5で解説する仕組みを用いて、error_codeをerror_conditionにマッピングできる場合もある（§30.4.3.4）。error_conditionは、default_error_condition()によってerror_codeから得られる。error_conditionがもつ情報量は、一般にerror_codeよりも少ないので、通常はerror_codeを利用可能なままとしておき、必要に応じてerror_conditionだけを取り出すとよい。

error_codeを操作しても、errnoの値は変化しない（§13.1.2, §40.3）。また、他のライブラリのエラー状態を標準ライブラリが変更することもない。

30.4.3.2 エラーカテゴリ

error_categoryは、エラーの種類を表す。ある種のエラーは、error_categoryから派生したクラスで表現される：

```
class error_category {
public:
   // ... error_categoryから派生したカテゴリへのインタフェース ...
};
```

error_category（§iso.19.5.1.1）	
cat.~error_category()	デストラクタ。virtual。noexcept
s=cat.name()	sはcatの名前である。sはC言語スタイルの文字列である。virtual。noexcept
ec=cat.default_error_condition(n)	ecはcatがもつnのerror_conditionである。virtual。noexcept
cat.equivalent(n,ec)	ecをerror_conditionとして、ec.category()==catかつec.value()==nか？ virtual。noexcept

error_category（§iso.19.5.1.1）	
cat.equivalent(ec,n)	ecをerror_codeとして、ec.category()==catかつec.value()==nか? virtual。noexcept
s=cat.message(n)	sはcatがもつnのエラーを表すstringである。virtual
cat==cat2	catはcat2と同じエラーカテゴリか? noexcept
cat!=cat2	!(cat==cat2)。noexcept
cat<cat2	error_categoryに基づいた順序でcat<cat2か? std::less<const error_category*>()(cat, cat2)? noexcept

error_categoryは、基底クラスとして利用されることを想定して設計されているので、コピー演算もムーブ演算も実装されていない。error_categoryはポインタと参照を介して利用する。

標準ライブラリでは、4種類のエラーカテゴリが定義されている：

標準ライブラリのエラーカテゴリ（§iso.19.5.1.1）	
ec=generic_category()	ec.name()=="generic"。ecはerror_categoryの参照である
ec=system_category()	ec.name()=="system"。ecはerror_categoryの参照である。システムエラーを表す。ecがPOSIXエラーに対応する場合は、ec.value()はエラーのerrnoと一致する
ec=future_category()	ec.name()=="future"。ecはerror_categoryの参照である。<future>が定義するエラーを表す
ec=iostream_category()	ec.name()=="iostream"。ecはerror_categoryの参照である。iostreamライブラリのエラーを表す

これらのエラーカテゴリが必要となるのは、単純な整数のエラーコードだと、文脈（category）によって、意味が異なる可能性があるからだ。たとえば、1は、POSIXでは、“許可されていない操作（operation not permitted）”（EPERM）を表し、iostreamでは、すべてのエラーを示す汎用のエラーコード（state）を表す。さらに、（少なくともある処理系では）futureのエラーとして、“broke prome”（broken_promise）を表す。このような列挙の値は、処理系定義である。

30.4.3.3 system_error例外

system_errorは、標準ライブラリのオペレーティングシステムに要求を出す部分に起因するエラーを通知するときに利用するものだ。error_codeを伝搬するが、オプションとしてエラーメッセージ文字列も伝搬することがある：

```
class system_error : public runtime_error {
public:
    // ...
};
```

例外クラス system_error(§iso.19.5.6)	
system_error se {ec,s};	se は {ec,s} を保持する。ec は error_code である。s はエラーメッセージの一部になることを意図した string または C 言語スタイルの文字列である
system_error se {ec};	se は {ec} を保持する。ec は error_code である
system_error se {n,cat,s};	se は {error_code{n,cat},s} を保持する。cat は error_category であり、n は cat 内のエラーを表す int である。s はエラーメッセージの一部になることを意図した string または C 言語スタイルの文字列である
system_error se {n,cat};	se は error_code{n,cat} を保持する。cat は error_category であり、n は cat 内のエラーを表す int である
ec=se.code()	ec は se の error_code の参照である。noexcept
p=se.what()	p は se のエラー文字列を C 言語スタイルの文字列として表現している。noexcept

system_error を捕捉するコードでは、その error_code も利用できる。たとえば：

```
try {
    // 何か
}
catch (system_error& err) {
    cout << "caught system_error " << err.what() <<'\n';    // エラーメッセージ

    auto ec = err.code();
    cout << "category: " << ec.category().what() <<'\n';
    cout << "value: " << ec.value() <<'\n';
    cout << "message: " << ec.message() <<'\n';
}
```

当然ながら、system_error は標準ライブラリでないコードでも利用可能だ。可搬性をもつ可能性がある error_condition（§30.4.3.4）ではなく、システム固有の error_code を伝搬する。error_code から error_condition を取得するには、default_error_condition() を利用する（§30.4.3.1）。

30.4.3.4 可搬性をもつ可能性がある error_condition

error_condition は潜在的に可搬性をもつエラーコードであり、システム固有の error_code とほぼ同一である：

```
class error_condition {    // 可搬性をもつ可能性（§iso.19.5.3）
public:
    // error_codeと似ているものの、
    // 出力演算<<がなく、
    // default_error_condition()もない
};
```

個々のシステムは、固有のエラーコード（“ネイティブ”なエラーコード）をもつが、複数のプラットフォームで動作するプログラム（多くの場合はライブラリ）の開発者の便宜を図るため、可搬性をもつ値へとマッピングする、という考え方に基づいている。

30.4.3.5 エラーコードのマッピング

一連の error_code と、1個以上の error_condition から error_category を作成するには、まず error_code を列挙体として定義する。たとえば：

```
enum class future_errc {
   broken_promise = 1,
   future_already_retrieved,
   promise_already_satisfied,
   no_state
};
```

ここでの値がもつ意味は、完全にエラーカテゴリに依存したものだ。列挙子の整数値も、処理系定義である。

future 系のエラーカテゴリは、標準で定義されるものであって、読者が利用している標準ライブラリでも利用できる。その詳細は、ここで定義した内容とは異なるかもしれない。

次に、エラーコードを適切なエラーカテゴリに分類する必要がある：

```
class future_cat : public error_category {   // future_category()から返却される
public:
   const char* name() const noexcept override { return "future"; }

   string message(int ec) const override;
};

const error_category& future_category() noexcept
{
   static future_cat obj;
   return obj;
}
```

整数値からエラーを表す message() 文字列へのマッピングは、少々退屈なものだ。プログラマにとって意味のある、一連のメッセージを作成しなければならない。ここでは、あまり賢くならないようにしよう：

```
string future_cat::message(int ec) const
{
   switch (static_cast<future_errc>(ec)) {
   default:
        return "bad future_cat code";
   case future_errc::broken_promise:
        return "future_error: broken promise";
   case future_errc::future_already_retrieved:
        return "future_error: future already retrieved";
   case future_errc::promise_already_satisfied:
        return "future_error: promise already satisfied";
   case future_errc::no_state:
        return "future_error: no state";
   }
}
```

これで future_errc から error_code を作成できるようになった：

```
error_code make_error_code(future_errc e) noexcept
{
    return error_code{int(e),future_category()};
}
```

単一のエラー値を受け取るerror_codeのコンストラクタと代入では、適切なerror_category型の引数が必要である。たとえば、future_category()のerror_codeのvalue()の値となる引数は、future_errcでなければならない。単なるintは利用できないことに注意しよう。たとえば:

```
error_code ec1 {7};                          // エラー
error_code ec2 {future_errc::no_state};      // OK

ec1 = 9;                                     // エラー
ec2 = future_errc::promise_already_satisfied; // OK
ec2 = errc::broken_pipe;                     // エラー：エラーカテゴリが誤っている
```

error_codeの実装者を助けるために、ここで定義した列挙体用に、is_error_code_enumという特性を特殊化する：

```
template<>
struct is_error_code_enum<future_errc> : public true_type { };
```

なお、標準では、汎用テンプレートがちゃんと定義されている：

```
template<typename>
struct is_error_code_enum : public false_type { };
```

これで、エラーコードの値を与えないものが存在しなくなる。ここで定義したエラーカテゴリで期待どおりにerror_conditionを動作させるためには、error_codeで行った作業をもう一度繰り返す必要がある。たとえば：

```
error_condition make_error_condition(future_errc e) noexcept;

template<>
struct is_error_condition_enum<future_errc> : public true_type { };
```

もう少し興味深い設計の一つが、error_condition用に複数のenumを用意して、future_errcからその列挙へのマッピングを行うようにmake_error_condition()を実装する方法だ。

30.4.3.6 エラーコード：errc

system_category()用の標準error_codeを定義するのは、enum class errcであり、その値は<cerrno>のPOSIX関連部分と同一である：

enum class errc 列挙子（§iso.19.5）	
address_family_not_supported	EAFNOSUPPORT
address_in_use	EADDRINUSE
address_not_available	EADDRNOTAVAIL
already_connected	EISCONN
argument_list_too_long	E2BIG
argument_out_of_domain	EDOM

enum class errc 列挙子（§iso.19.5）	
bad_address	EFAULT
bad_file_descriptor	EBADF
bad_message	EBADMSG
broken_pipe	EPIPE
connection_aborted	ECONNABORTED
connection_already_in_progress	EALREADY
connection_refused	ECONNREFUSED
connection_reset	ECONNRESET
cross_device_link	EXDEV
destination_address_required	EDESTADDRREQ
device_or_resource_busy	EBUSY
directory_not_empty	ENOTEMPTY
executable_format_error	ENOEXEC
file_exists	EEXIST
file_too_large	EFBIG
filename_too_long	ENAMETOOLONG
function_not_supported	ENOSYS
host_unreachable	EHOSTUNREACH
identifier_removed	EIDRM
illegal_byte_sequence	EILSEQ
inappropriate_io_control_operation	ENOTTY
interrupted	EINTR
invalid_argument	EINVAL
invalid_seek	ESPIPE
io_error	EIO
is_a_directory	EISDIR
message_size	EMSGSIZE
network_down	ENETDOWN
network_reset	ENETRESET
network_unreachable	ENETUNREACH
no_buffer_space	ENOBUFS
no_child_process	ECHILD
no_link	ENOLINK
no_lock_available	ENOLCK
no_message	ENOMSG
no_message_available	ENODATA
no_protocol_option	ENOPROTOOPT
no_space_on_device	ENOSPC
no_stream_resources	ENOSR

enum class errc 列挙子（§iso.19.5）	
no_such_device	ENODEV
no_such_device_or_address	ENXIO
no_such_file_or_directory	ENOENT
no_such_process	ESRCH
not_a_directory	ENOTDIR
not_a_socket	ENOTSOCK
not_a_stream	ENOSTR
not_connected	ENOTCONN
not_enough_memory	ENOMEM
not_supported	ENOTSUP
operation_canceled	ECANCELED
operation_in_progress	EINPROGRESS
operation_not_permitted	EPERM
operation_not_supported	EOPNOTSUPP
operation_would_block	EWOULDBLOCK
owner_dead	EOWNERDEAD
permission_denied	EACCES
protocol_error	EPROTO
protocol_not_supported	EPROTONOSUPPORT
read_only_file_system	EROFS
resource_deadlock_would_occur	EDEADLK
resource_unavailable_try_again	EAGAIN
result_out_of_range	ERANGE
state_not_recoverable	ENOTRECOVERABLE
stream_timeout	ETIME
text_file_busy	ETXTBSY
timed_out	ETIMEDOUT
too_many_files_open	EMFILE
too_many_files_open_in_system	ENFILE
too_many_links	EMLINK
too_many_symbolic_link_levels	ELOOP
value_too_large	EOVERFLOW
wrong_protocol_type	EPROTOTYPE

このエラーコードは、"system" のエラーカテゴリである system_category() で有効である。POSIX ライクな機能をサポートするシステムでは、"generic" のエラーカテゴリである generic_category() も有効だ。

POSIX マクロは整数だが、errc 列挙子の型は errc である。たとえば：

```
void problem(errc e)
{
    if (e==EPIPE) {                 // エラー：errcからintへの変換はない
        // ...
    }
    if (e==broken_pipe) {           // エラー：broken_pipeはスコープにない
        // ...
    }
    if (e==errc::broken_pipe) {     // ＯＫ
        // ...
    }
}
```

30.4.3.7 エラーコード：future_errc

`future_category()` 用の標準 `error_code` を定義するのは、`enum class future_errc` だ。

enum class future_errc 列挙子（§iso.30.6.1）	
`broken_promise`	1
`future_already_retrieved`	2
`promise_already_satisfied`	3
`no_state`	4

このエラーコードは、`"future"` のエラーカテゴリ `future_category()` で有効だ。ただし、ここに示すエラーコードの値は処理系定義なので、列挙子の名前を必ず使うべきである。

30.4.3.8 エラーコード：io_errc

`iostream_category()` 用の標準 `error_code` を定義するのは、`enum class io_errc` だ。

enum class io_errc 列挙子（§iso.27.5.1）	
`stream`	1

このエラーコードは、`"iostream"` のエラーカテゴリ `iostream_category()` で有効である。

30.5 アドバイス

[1] 可搬性を維持するために、標準ライブラリ機能を活用しよう。§30.1，§30.1.1。

[2] 保守コストを最小に抑えるために、標準ライブラリ機能を活用しよう。§30.1。

[3] 機能を拡張して、より専用性の高いライブラリのベースとして、標準ライブラリを採用しよう。§30.1.1。

[4] 高い柔軟性が要求されて、幅広く利用されるソフトウェアでは、標準ライブラリ機能を活用しよう。§30.1.1。

[5] 標準ライブラリ機能は、`std` 名前空間に置かれており、その定義は標準ヘッダで確認できる。§30.2。

[6] 標準Cライブラリヘッダ `X.h` は、C++ 標準ライブラリでは `<cX>` として提供される。§30.2。

[7] ヘッダを #include することなく標準ライブラリ機能を利用してはいけない。§30.2。

[8] 組込み配列に範囲 for 文を利用する場合は、#include<iterator> しよう。§30.3.2。

[9] 返却値に基づくエラー処理よりも、例外に基づくエラー処理を優先しよう。§30.4。

[10] exception&（標準ライブラリ用の例外と言語支援の例外）と、...（想定外の例外）を、必ず捕捉するようにしよう。§30.4.1。

[11] ユーザ独自の例外でも、標準ライブラリの exception 階層が（必須ではないものの）利用できる。§30.4.1.1。

[12] 重大なトラブルに遭遇した場合は、terminate() を呼び出そう。§30.4.1.3。

[13] static_assert() と assert() を積極的に活用しよう。§30.4.2。

[14] assert() が必ず評価されると仮定しないように。§30.4.2。

[15] 例外を利用できない場合は、<system_error> を検討しよう。§30.4.3。

第 31 章　STL コンテナ

それは、新しかった。
それは、非凡だった。
それは、単純だった。
それは、必ず成功するはずだ！
— H・ネルソン提督

31.1 導入

STL は、標準ライブラリの中の反復子、コンテナ、アルゴリズム、関数オブジェクトから構成される。コンテナ以外のものについては、第 32 章と第 33 章とで解説する。

31.2 コンテナの概要

コンテナは、一連のオブジェクトを保持するものである。本節では、コンテナの型をまとめ、その性質を簡単に解説する。コンテナの演算子については、§31.3 でまとめる。

コンテナは、次のように分類できる：

- **シーケンスコンテナ**（*sequence container*）は、（半開区間の）要素のシーケンスのアクセスを提供する。
- **連想コンテナ**（*associative container*）は、キーに基づいた連想探索を提供する。

これらに加えて、標準ライブラリでは、シーケンスコンテナと連想コンテナの全機能はもたないものの、複数の要素を保持するオブジェクト型を提供する：

- **コンテナアダプタ**（*container adaptor*）は、ベースとなるコンテナへの特殊化されたアクセス手段を提供する。
- **コンテナ相当**（*almost container*）は、すべてではないものの、コンテナ機能の多くをもっている、要素のシーケンスである。

すべてのSTLコンテナ（シーケンスコンテナと連想コンテナ）は、コピー演算とムーブ演算（§3.3.1）をもったハンドルである。コンテナに対するあらゆる処理は、例外ベースのエラー処理との正しい協調が確実に行える基本保証（§13.2）を提供する。

シーケンスコンテナ（§iso.23.3）	
vector<T,A>	Tのシーケンス。連続的に確保される。もっとも基本的なコンテナ
list<T,A>	Tの双方向連結リスト。要素を移動することなく、挿入と削除を行う必要がある場合に利用する
forward_list<T,A>	Tの単方向連結リスト。空のシーケンスや極めて短いシーケンスに理想的である
deque<T,A>	Tの両端キュー。ベクタとリストが混ざったものであり、ほとんどの場面でベクタやリストよりも遅い

テンプレート引数Aは、コンテナの内部で、メモリ確保と解放とに利用するアロケータ（§13.6.1, §34.4）を表す。たとえば：

```
template<typename T, typename A = allocator<T>>
class vector {
    // ...
};
```

Aのデフォルトは、std::allocator<T>（§34.4.1）である。このアロケータは、要素のためのメモリをoperator new()によって確保して、operator delete()によって解放するものだ。

表に示したコンテナは、<vector>と<list>と<forward_list>と<deque>で定義されている。シーケンスコンテナは、（表中でTと表記している）value_type型の要素をメモリ上に連続確保するもの（たとえばvectorなど）と、結合リスト（たとえばforward_listなど）のことである。（“デック（deck）”と発音する）dequeは、結合リストと連続確保とが混ざったものである。

特に理由がないのであれば、通常はvectorを使うとよい。vectorでは、要素の挿入と消去（削除）ができるし、必要に応じて拡張と縮小ができる。要素数がそれほど多くなければ、vectorは、リスト処理が必要なデータ構造として優れている。

vectorの要素を挿入、削除する際は、要素が移動する可能性がある。それとは対照的に、リストや連想コンテナでは、新しい要素を追加したり、ある要素を削除したりしても、既存の要素が移動することはない。

forward_list（単方向結合リスト）は、基本的に、空のリストや、極めて短いリストに最適化されたリストである。空のforward_listが消費するのは、わずか1ワードだ。空のリストばかり（あるいは、大部分が短いリスト）を処理する局面は、現実的に驚くほど多い。

順序付き連想コンテナ(§iso.23.4.2) Cは比較型で、Aはアロケータ型	
map<K,V,C,A>	KからVを得る順序付きマップ。(K,V)のペアのシーケンスである
multimap<K,V,C,A>	KからVを得る順序付きマップ。キーの重複を許す
set<K,C,A>	Kの順序付き集合
multiset<K,C,A>	Kの順序付き集合。キーの重複を許す

これらのコンテナは、平衡二分木(通常は赤黒木)として実装されるのが一般的だ。

キーKの順序判定のデフォルトは、`std::less<K>`(§33.4)である。

シーケンスコンテナでもそうだが、テンプレート引数Aは、メモリの確保・解放の際に内部で実行するために利用する**アロケータ**(*allocator*)である(§13.6.1, §34.4)。テンプレート引数Aのデフォルトは、マップでは`std::allocator<std::pair<const K,T>>`(§31.4.3)であり、集合では`std::allocator<K>`である。

非順序連想コンテナ(§iso.23.5.2) Hはハッシュ関数型で、Eは等価性判定で、Aはアロケータ型	
unordered_map<K,V,H,E,A>	KからVを得る非順序マップ
unordered_multimap<K,V,H,E,A>	KからVを得る非順序マップ。キーの重複を許す
unordered_set<K,H,E,A>	Kの非順序集合
unordered_multiset<K,H,E,A>	Kの非順序集合。キーの重複を許す

これらのコンテナは、(表に収まらない要素を結合リストとして管理するチェイン法を利用した)ハッシュ表として実装される。型Kに対するデフォルトのハッシュ関数型Hは、`std::hash<K>`(§31.4.3.2)である。型Kに対するデフォルトの等価性判定関数型Eは、`std::equal_to<K>`(§33.4)である。等価性判定関数は、同じハッシュコードをもつ2個のオブジェクトが等しいかどうかを判定する。

連想コンテナは、その`value_type`(上の表では、マップの場合は`pair<const K,V>`、集合の場合は`K`)をノードにもつ(木構造の)結合構造である。`set`、`map`、`multimap`のシーケンスは、そのキー値(`K`)に基づいた順序をもつ。非順序コンテナでは、要素間の(`<`などによる)順序は考慮されない。その代わり、ハッシュ関数が利用される(§31.2.2.1)。非順序コンテナのシーケンスは、保証された順序をもたない。`multimap`が`map`と異なるのは、同じキー値が複数回使われてもよいことである。

コンテナアダプタは、他のコンテナへの特殊化されたインタフェースを提供するものだ:

コンテナアダプタ(§iso.23.6) Cはコンテナ型	
priority_queue<T,C,Cmp>	Tの優先度付きキュー。Cmpは優先度判定関数型である
queue<T,C>	Tのキュー。push()とpop()をもつ
stack<T,C>	Tのスタック。push()とpop()をもつ

priority_queueの優先度判定関数Cmpのデフォルトは、std::less<T>である。コンテナ型Cのデフォルトは、queueではstd::deque<T>であり、stackとpriority_queueではstd::vector<T>である。§31.5も参照しよう。

標準コンテナに必要な内容の、すべてではないものの、多くを提供するデータ型がある。この種の型は、"コンテナ相当（almost container）"と呼ばれる。特に興味深いものを以下に示す：

"コンテナ相当（almost container）"	
T[N]	要素数固定の組込み配列。型TのN個の要素が連続する。size()などのメンバ関数は存在しない
array<T,N>	型TのN個の要素が連続する。組込み配列と同様だが、ほとんどの問題に対処したものである
basic_string<C,Tr,A>	連続的に確保された型Cの文字の並び。連結（+と+=）などのテキスト操作関数をもつ。通常、短い文字列に対して空き領域を利用しない最適化（§19.3.3）がなされる
string	basic_string<char>
u16string	basic_string<char16_t>
u32string	basic_string<char32_t>
wstring	basic_string<wchar_t>
valarray<T>	数値ベクタ。ベクタ処理をもち、高性能だが機能が制限されている。ベクタ算術演算を大量に実行する場合にのみ利用する
bitset<N>	&や|などの集合演算をもつ、Nビットの集合
vector<bool>	vector<T>の特殊化であり、ビットをコンパクトに保持する

basic_stringでは、Aはアロケータ（§34.4）で、Trは文字特性（traits：§36.2.2）である。

組込み配列よりも、vector、string、arrayなどのコンテナを優先したほうがよい。配列からポインタへの暗黙の変換や、組込み配列の要素数を覚えておかなければならないことなどが、多くのエラーの原因になっているからだ（§27.2.1などを参照しよう）。

C言語スタイルの文字列や、その他の文字列よりも、標準の文字列を優先したほうがよい。C言語スタイルの文字列がもつポインタのセマンティクスには概念上の弱点があるので、プログラマに余計な作業を強いる。（メモリリークなどの）多くのエラーの原因だ（§36.3.1）。

31.2.1 コンテナの内部表現

標準は、標準コンテナの内部表現について特に言及していないが、コンテナインタフェースと、いくつかの複雑な要件とに対しては、指定を行っている。一般的な要件を満たすとともに、通常の利用ができるように、適切で、しかも上手に最適化して実装するのは、実装者である。要素の操作に必要なものに加えて、"ハンドル"がアロケータを保持する（§34.4）。

たとえば、vectorでは、要素のデータ構造は、配列とよく似ている：

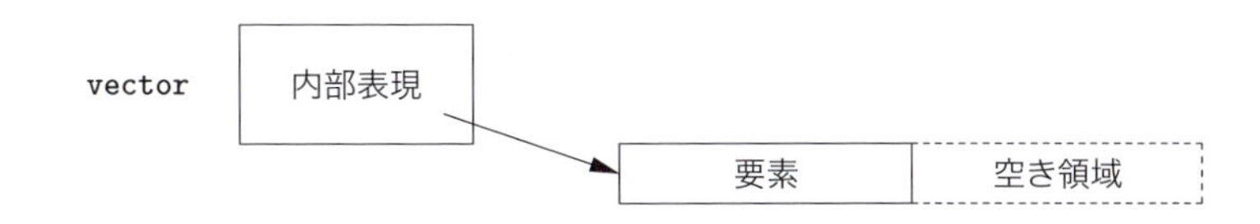

vectorは、要素の配列を指すポインタ、要素数、容量（確保ずみスロット数、現在未使用のスロット数）などの情報、あるいは、それに相当する情報を保持する（§13.6）。

listは、おおむね、要素を指すポインタのシーケンスと要素数で構成される内部表現となる：

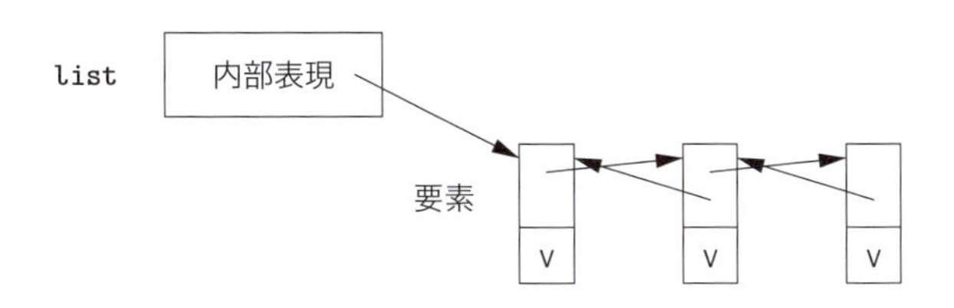

forward_listも、おおむね、要素を指すポインタのシーケンスによる内部表現となる：

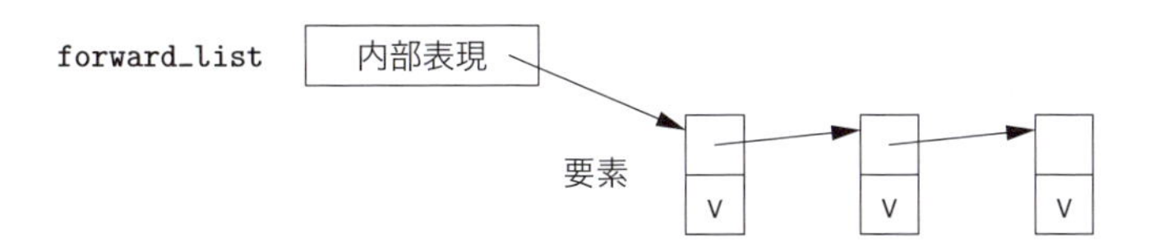

mapは、おおむね、（キー，値）のペアを指すノードをもつ（平衡）木による内部表現となる：

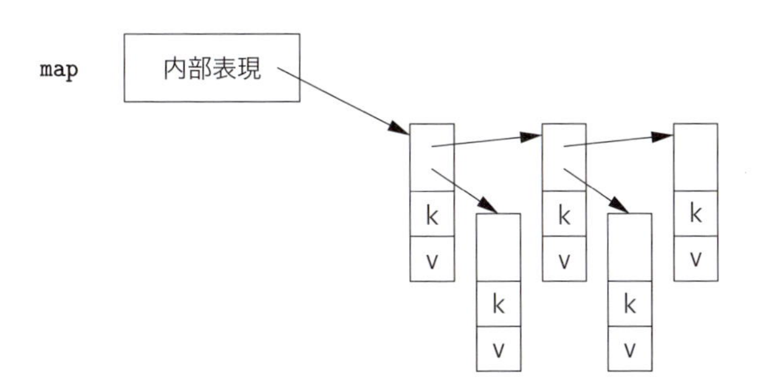

unordered_mapは、おおむね、ハッシュ表による内部表現となる：

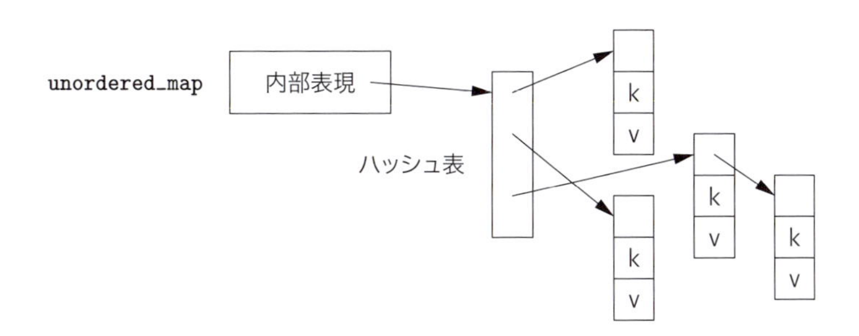

stringは、§19.3と§23.2で解説したように実装されるはずだ。すなわち、短い文字列であれば、stringハンドル自身の内部にその文字列を保持する。また、長い文字列であれば、（vectorの要素と同様に）連続する空き領域に配置する。vectorと同様に、stringも大きさが成長するので、メモリの再確保を何度も行わずにすむように、“予備用の空き領域”を活用する：

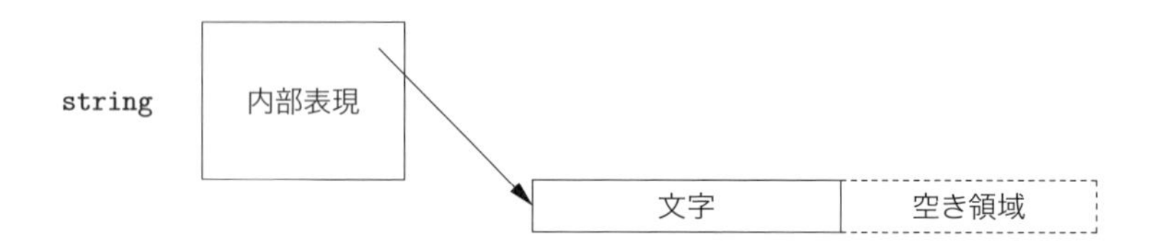

arrayは、組込み配列（§7.3）と同様に、ハンドルをもたない、単なる要素の並びである：

そのため、局所的なarrayの内部では、（自身が空き領域に割り当てられない限りは）空き領域を消費しないし、arrayクラスのメンバも、空き領域に対する処理を一切行わない。

31.2.2 要素の要件

コンテナの要素は、コンテナの操作が行えるように、コピーと、ムーブと、交換処理とが行えるオブジェクトでなければならない。コンテナが、コピーコンストラクタあるいはコピー代入演算を実行して要素をコピーした場合、コピー結果のオブジェクトは、等価なオブジェクトとなる必要がある。大雑把にいうと、コピー元とコピー先の2個のオブジェクトに対して、考えられるあらゆる検査を行っても、等しいと判定されなければならない。換言すると、要素のコピーは、普通のintのコピーと同等でなければならない。同様に、ムーブコンストラクタとムーブ代入演算は、通常どおりに定義されているとともに、ムーブセマンティクス(§17.5.1)をもつ必要がある。さらに、通常のセマンティクスでのswap()が可能でなければならない。型がコピーとムーブを実装していれば、標準ライブラリのswap()が利用できる。

コンテナ要素の要件は、標準では分散して記述されていて、読むのが大変だ（§iso.23.2.3, §iso.23.2.1, §iso.17.6.3.2)。基本的には、通常のコピー演算とムーブ演算をもつ型であれば、コンテナの要素として利用できる。copy()、find()、sort()などの基本アルゴリズムの多くは、それぞれのアルゴリズム独自の要件（たとえば要素が順序をもつことなど：§31.2.2.1）に加えて、コンテナ要素の要件を満たしていれば、期待どおり動作する。

標準コンテナの規則に違反した場合、コンパイラが検出できることもある。しかし、検出できないものもあり、その場合は、想定外の動作につながる可能性がある。たとえば、代入演算が例外を送出した場合、一部分だけがコピーされた要素が残ってしまうかもしれない。これは設計の誤りであり（§13.6.1)、基本保証（§13.2）を実装していないという、標準の規則に対する違反である。無効な状態に置かれた要素は、重大な問題を事後に引き起こす可能性がある。

オブジェクトをコピーすることが妥当でない場合は、コンテナには、オブジェクトそのものではなく、オブジェクトを指すポインタを格納すればよい。もっとも分かりやすい例は、多相型（§3.2.2, §20.3.2）である。たとえば、`vector<Shape>`ではなくて、`vector<unique_ptr<Shape>>`や`vector<Shape*>`を用いれば、多相的な動作が維持される。

31.2.2.1 比較演算

連想コンテナでは、要素を順番に並べる必要がある。コンテナに適用する多くの処理（たとえば、`sort()`や`merge()`など）も同様だ。順序付けの定義として、デフォルトでは`<`演算子が使われる。もし`<`が適切でなければ、プログラマが適切な代替を提供することになる（§31.4.3, §33.4）。順序付けの規準では、**厳密で弱い順序**（*strict weak ordering*）を定義する必要がある。大まかにいうと、“未満”と“等価”（が定義されていれば、それら）の両方が、推移的でなければならないことだ。順序付けの規準`cmp`（“未満”と仮定する）に対する要件は、以下のとおりである：

[1] 非反射性：`cmp(x,x)`は`false`である。

[2] 反対称性：`cmp(x,y)`が`!cmp(y,x)`を意味する。

[3] 推移性：`cmp(x,y)`かつ`cmp(y,z)`であれば、`cmp(x,z)`である。

[4] 等価性の推移性：`equiv(x,y)`を`!(cmp(x,y)||cmp(y,x))`と定義したとき、`equiv(x,y)`かつ`equiv(y,z)`であれば、`equiv(x,z)`である。

最後の規則によって、`==`が必要になる場面では、等価性判定（`x==y`）を、`!(cmp(x,y)||cmp(y,x))`として定義できることになる。

比較が必要になる標準ライブラリの処理には、2個のバージョンがある。たとえば：

```
template<typename Ran>
   void sort(Ran first, Ran last);            // 比較に<を利用する

template<typename Ran, typename Cmp>
   void sort(Ran first, Ran last, Cmp cmp); // cmpを利用する
```

第1のバージョンは比較処理に`<`を利用して、第2のバージョンはユーザによって提供される`cmp`を利用する。たとえば、大文字小文字を区別しない比較基準で、`fruit`をソートしてみよう。私たちが行うのは、2個の`string`を比較する関数オブジェクト（§3.4.3, §19.2.2）を定義することだ：

```
class Nocase {       // 大文字と小文字を区別しない文字列比較
public:
   bool operator()(const string&, const string&) const;
};

bool Nocase::operator()(const string& x, const string& y) const
   // xが辞書順でy未満であればtrueを返却する。その際、大文字と小文字を区別しない
{
   auto p = x.begin();
   auto q = y.begin();

   while (p!=x.end() && q!=y.end() && toupper(*p)==toupper(*q)) {
      ++p;
      ++q;
   }
```

```
    if (p == x.end()) return q != y.end();
    if (q == y.end()) return false;
    return toupper(*p) < toupper(*q);
}
```

この比較基準があると、sort() が呼び出せるようになる。ここでは、以下のデータを考えよう：

```
fruit:
    apple pear Apple Pear lemon
```

sort(fruit.begin(),fruit.end(),Nocase()) を呼び出すと、次の結果が得られる：

```
fruit:
    Apple apple lemon Pear pear
```

大文字が小文字よりも小さくなる文字セットであれば、単なる sort(fruit.begin(),fruit.end()) を呼び出すと、次のような結果となる：

```
fruit:
    Apple Pear apple lemon pear
```

C言語スタイルの文字列（すなわち const char*）に対する < が、ポインタの値を比較することに注意しよう（§7.4）。すなわち、連想コンテナでC言語スタイルの文字列をキーにすると、ほとんどの人が期待していない結果になってしまう。期待どおりの結果を得るには、辞書順で比較を行う“未満”の処理が必要だ。たとえば：

```
struct Cstring_less {
    bool operator()(const char* p, const char* q) const { return strcmp(p,q)<0; }
};

map<char*,int,Cstring_less> m;  // strcmp()によってconst char*のキーを比較するmap
```

31.2.2.2 その他の関係演算子

コンテナとアルゴリズムは、“未満”の判定が必要な際に、デフォルトでは < を利用する。デフォルトが適切でなければ、プログラマが比較処理を与えることができる。なお、等価性の判定を与える仕組みは提供されない。その代わり、プログラマが比較処理 cmp を提供すると、2回の比較によって等価性が判定される：

```
if (x == y)                     // ユーザ提供の比較処理があっても行われない
if (!cmp(x,y) && !cmp(y,x))     // ユーザ提供の比較処理cmpがあれば行われる
```

そのため、要素の等価性の判定を利用する連想コンテナの値型やアルゴリズムで利用されるすべての型に対して、ユーザは、等価性判定処理を実装しなくてすむのだ。2回もの比較は高コストに感じられるかもしれないが、ライブラリが等価性を判定する機会は、それほど多くない。たとえ、その場合も、およそ半分のケースでは、cmp() の呼出しは1回だけですむし、場合によっては、コンパイラの最適化によって二重チェックのコードが除去されることも多い。

等価性（デフォルトでは ==）ではなくて、未満（デフォルトでは <）を使った等価性の判定は、実用的に利用されている。たとえば、連想コンテナでは（§31.4.3）、キーの比較を、式 !(cmp(x,y)||cmp(y,x)) による等価性判定で行っている。つまり、等価なキーは、同じ値でなく

ても構わない、ということだ。たとえば、== では異なるものと判断される Last、last、lAst、laSt、lasT といった文字列は、大文字と小文字を区別しない比較基準を採用した multimap では等価とみなされる（§31.4.3）。そのため、ソート時には無意味となる違いが、無視できるようになる。

等値演算（デフォルトでは ==）が、等価性判定 !(cmp(x,y)||cmp(y,x)) による等価性判定（cmp() のデフォルトは <）と、常に同じ結果となる場合は、**全順序**（*total order*）であるという。

< と == があれば、一般的なすべての比較演算が容易に作成できる。標準ライブラリでは、<utility> が提供する std::rel_ops 名前空間内で定義されている（§35.5.3）。

31.3 処理の概要

標準コンテナが提供する処理と型は、下図のようにまとめられる：

コンテナ

value_type, size_type, differnece_type, pointer, const_pointer, reference, const_reference
iterator, const_iterator, ?reverse_iterator, ?const_reverse_iterator, allocator_type
begin(), end(), cbegin(), cend(), ?rbegin(), ?rend(), ?crbegin(), ?crend(), =, ==, !=
swap(), ?size(), max_size(), empty(), clear(), get_allocator(), コンストラクタ, デストラクタ
?<, ?<=, ?>, ?>=, ?insert(), ?emplace(), ?erase()

シーケンスコンテナ

assign(), front(), resize()
?back(), ?push_back()
?pop_back(), emplace_back()

連想コンテナ

key_type, mapped_type, ?[], ?at()
lower_bound(), upper_bound(), equal_range()
find(), count(), emplace_hint()

push_front(), pop_front()
emplace_front()

[], at()
shrink_to_fit()

順序付きコンテナ

key_compare
key_comp()
value_comp()

ハッシュコンテナ

key_equal(), hasher
hash_function()
key_equal()
バケットインタフェース

リスト

remove()
remove_if(), unique()
merge(), sort()
reverse()

deque

date()
capacity()
reserve()

map

set

unordered_map

multimap

unordered_set

splice()

insert_after(), erase_after()
emplace_after(), splice_after()

vector

multiset

unordered_multimap

list

forward_list

unordered_multiset

矢印は、コンテナが提供する処理一式を表す。継承関係を表しているのでないことに注意しよう。

なお、疑問符（?）は、簡単化したことの表記である。これは、一部のコンテナだけが提供する処理も含めている、という意味だ。たとえば：

- multi* 連想コンテナと集合は、[] と at() を提供しない。
- forward_list は、insert()、erase()、emplace() を提供しない。その代わり、*_after 一式を提供している。
- forward_list は、back()、push_back()、pop_back()、emplace_back() を提供しない。
- forward_list は、reverse_iterator、const_reverse_iterator、rbegin()、rend()、crbegin()，crend()、size() を提供しない。
- unordered_* 連想コンテナは <、<=、>、>= を提供しない。

なお、矢印の数を減らすために、[] と at() を反復表記している。

バケットインタフェースについては、§31.4.3.2 で解説する。

有意義と考えられるアクセス処理は、const オブジェクト用と非 const オブジェクト用の２種類が提供される。

標準ライブラリの処理は、以下に示す計算量を保証している：

標準コンテナ処理の計算量

	[] §31.2.2	リスト §31.3.7	先頭 §31.4.2	末尾 §31.3.6	反復子 §33.1.2
vector	const	O(n)+		const +	Ran
list		const	const	const	Bi
forward_list		const	const		For
deque	const	O(n)	const	const	Ran
stack				const	
queue			const	const	
priority_queue			O(log(n))	O(log(n))	
map	O(log(n))	O(log(n))+			Bi
multimap		O(log(n))+			Bi
set		O(log(n))+			Bi
multiset		O(log(n))+			Bi
unordered_map	const +	const +			For
unordered_multimap		const +			For
unordered_set		const +			For
unordered_multiset		const +			For
string	const	O(n)+	O(n)+	const +	Ran
array	const				Ran
組込み配列	const				Ran
valarray	const				Ran
bitset	const				

“先頭”の列は、先頭要素の直前への挿入・削除の処理のことだ。同様に、“末尾”の列は、末尾要素の直後への追加・削除の処理のことである。また、“リスト”の列は、両端以外の箇所に追加・削除できる処理のことだ。

反復子（*iterator*）の列は、反復子の種類だ。“Ran”は“ランダムアクセス反復子（random-access iterator）”を、“For”は“前進反復子（forward iterator）”を、“Bi”は“双方向反復子（bidirectional iterator）”を意味する（§33.1.4）。

それ以外の欄は、処理の効率性を表す。`const`は、処理時間が、コンテナ内の要素数に依存しないことを表す。この**一定時間**（*constant time*）を表す一般的な表現が、`O(1)`である。`O(n)`の欄は、処理時間が要素数に比例することを意味する。`+`が付いた欄は、余分な時間がかかる可能性があることを意味する。たとえば、`list`への要素挿入のコストは一定である（そのため表では`const`となっている）。一方、`vector`に対する同じ処理では、挿入位置以降の要素を移動する（そのため表では`O(n)`となっている）のだが、全要素を再配置しなければならない場合がある（そのため`+`を付加している）。“ビッグO”記法は、あたり前のように利用される一般的なものである。ここでは、平均的な性能だけではなくて、予測可能性を重視するプログラマの便宜のために、`+`を付加している。一般に、`O(n)`は**償却線形計算量**（*amortized linear time*）と呼ばれる。

当然ながら、定数が大きければ、要素数に比例するコストが小さく感じられるかもしれない。しかし、データ構造が大規模になると、`const`は“低コスト”を、`O(n)`は“高コスト”を、`O(log(n))`は“極めて低コスト”を意味することになる。`n`が多少大きな値であっても、`O(log(n))`は、`O(n)`よりもはるかに一定コストに近い（`log`は2進対数である）。具体的には：

対数の例					
n	16	128	1,024	16,384	1,048,576
log(n)	4	7	10	14	20
n*n	256	802,816	1,048,576	268,435,456	1.1e+12

計算コストを意識するのであれば、この表をよく理解しよう。特に、`n`となる要素が何であるのかを理解しなければならない。もっとも、ここで示そうとしていることは明らかである。`n`が大きい場合は、2次の計算量をもつアルゴリズムは不適切だ。

計算量とコストの値は、上限値を示している。これらの値は、実装に対して期待できる目安をユーザに与える。当然ながら、実装者の側は、より効率的な実装を試みるだろう。

“ビッグO”計算量が漸近的であることに注意しよう。そのため、計算量が有意な差を生むまでには、大量の要素が必要となる。しかも、要素に対する個々の処理コストなどの別の要因のほうが支配的となる可能性もある。たとえば、`vector`と`list`の走査の計算量はいずれも`O(n)`であるが、現代のマシンアーキテクチャでは、`list`のリンクから後続要素をたどる処理は、（要素が連続的に配置されている）`vector`における同様の処理よりも、ずっと高コストとなり得る。同様に、メモリやプロセッサのアーキテクチャなどのかかわりによるが、線形アルゴリズムで要素数が10倍に増えたときに、実行時間は10倍以上にも10倍以下にもなり得る。コストや計算量については、自分の直感に頼るべきでない。実測が必要だ。幸いにも、コンテナのインタフェースは似ているので、比較のためのコードの記述は容易である。

すべての処理に対して、size() の処理時間は一定だ。ただし、forward_list は size() を実装していないので、要素数が必要であれば、自分でカウントしなければならない（そのコストは O(n) である）。というのも、forward_list は、空間に対する最適化が行われていて、要素数や末尾要素を指すポインタなどをもっていないからだ。

string に対しては、長い文字列の場合の推定量を示している。“短い文字列の最適化”（§19.3.3）が行われていれば、（たとえば 14 文字未満などの）短い文字列の処理時間は、おおまかに一定である。

stack と queue の欄は、ベースとなるコンテナとして、deque を用いたデフォルト実装の場合のコストである（§31.5.1，§31.5.2）。

31.3.1 メンバ型

各コンテナは、一連のメンバ型を定義する：

メンバ型（§iso.23.2，§iso.23.3.6.1）	
value_type	要素の型
allocator_type	メモリマネージャの型
size_type	添字や要素数などを表すための符号無し型
difference_type	反復子の差を表す符号付き型
iterator	value_type* と同じように振る舞う
const_iterator	const value_type* と同じように振る舞う
reverse_iterator	value_type* と同じように振る舞う
const_reverse_iterator	const value_type* と同じように振る舞う
reference	value_type&
const_reference	const value_type&
pointer	value_type* と同じように振る舞う
const_pointer	const value_type* と同じように振る舞う
key_type	キーの型。連想コンテナのみ
mapped_type	マッピングされた値の型。連想コンテナのみ
key_compare	比較処理の型。順序付きコンテナのみ
hasher	ハッシュ関数の型。非順序コンテナのみ
key_equal	等価性関数の型。非順序コンテナのみ
local_iterator	バケット反復子の型。非順序コンテナのみ
const_local_iterator	バケット反復子の型。非順序コンテナのみ

すべてのコンテナと“コンテナ相当”が、これらのメンバ型のほとんどを提供する。ただし、意味のない型は提供しない。たとえば、array は allocator_type を提供しないし、vector は key_type を提供しない。

31.3.2 コンストラクタとデストラクタと代入

コンテナは、多様なコンストラクタと代入演算を提供する。（下の表では、vector<double>やmap<string,int>などの）コンテナをCと表して示すと：

コンストラクタとデストラクタと代入 Cはコンテナ。デフォルトで、CはデフォルトアロケータC::allocator_type{}を利用する	
C c {};	デフォルトコンストラクタ。cは空のコンテナとなる
C c {a};	アロケータにaを利用してcをデフォルト構築する
C c(n);	value_type{}の値をもつn個の要素でcを初期化する。連想コンテナでは利用できない
C c(n,x);	xのn個のコピーでcを初期化する。連想コンテナでは利用できない
C c(n,x,a);	xのn個のコピーでcを初期化する。アロケータにaを利用する。連想コンテナでは利用できない
C c {elem};	elemでcを初期化する。Cに初期化子並びを受け取るコンストラクタがあれば利用して、なければ他のコンストラクタを利用する
C c {c2};	コピーコンストラクタ。c2の要素とアロケータをcにコピーする
C c {move(c2)};	ムーブコンストラクタ。c2の要素とアロケータをcにムーブする
C c {{elem},a};	initializer_list{elem}でcを初期化する。アロケータaを利用する
C c {b,e};	[b:e)の要素でcを初期化する
C c {b,e,a};	[b:e)の要素でcを初期化する。アロケータaを利用する
c.~C()	デストラクタ。cの要素を解体し、全資源を解放する
c2=c	コピー代入。cの要素をc2にコピーする
c2=move(c)	ムーブ代入。cの要素をc2にムーブする
c={elem}	initializer_list {elem}をcに代入する
c.assign(n,x)	xのn個のコピーを代入する。連想コンテナでは利用できない
c.assign(b,e)	[b:e)の要素をcへ代入する
c.assign({elem})	initializer_list {elem}をcに代入する

連想コンテナがもっている、その他のコンストラクタについては§31.4.3で解説する。

代入によって、アロケータがコピーされたりムーブされたりすることはない。代入先のコンテナにはすべての要素が代入されるのだが、アロケータは代入前のままである。（もし1個でも）新しい要素の領域確保が行われるのであれば、そのアロケータが利用される。アロケータについては、§34.4で解説する。

コンストラクタや要素のコピーでは、処理を完遂できなかったことを表す例外を送出する可能性があることに注意しよう。

初期化子が曖昧になる可能性がある場合については、§11.3.3および§17.3.4.1で解説した。たとえば：

```
void use()
{
    vector<int> vi {1,3,5,7,9};  // vectorは5個のintで初期化される
```

```
    vector<string> vs(7);          // vectorは7個の空文字列で初期化される

    vector<int> vi2;
    vi2 = {2,4,6,8};               // 4個のintのシーケンスをvi2に代入
    vi2.assign(&vi[1],&vi[4]);     // シーケンス3,5,7をvi2に代入

    vector<string> vs2;
    vs2 = {"The Eagle", "The Bird and Baby"};      // 2個の文字列をvs2に代入
    vs2.assign("The Bear", "The Bull and Vet");    // 実行時エラー
}
```

vs2.assign() のエラーの原因は、(initializer_list ではなくて) 2個のポインタを渡しているにもかかわらず、それらのポインタが同一配列内の要素を指していないことである。要素数を表す初期化子には () を使って、他の種類の反復子には {} を使うべきだ。

コンテナは大規模になることが多いので、ほとんどの受渡しは参照によって行われる。しかし、コンテナは資源ハンドルなので (§31.2.1)、関数からの返却も (暗黙裏にムーブされるため) 効率よく行われる。同様に、コピーの作成を避けたい場合は、引数としてムーブできる。たとえば：

```
void task(vector<int>&& v);

vector<int> user(vector<int>& large)
{
    vector<int> res;
    // ...
    task(move(large));    // データの所有権をtask()に転送
    // ...
    return res;
}
```

31.3.3 要素数と容量

要素数は、コンテナ内の要素の個数である。一方、容量は、メモリを再確保することなくコンテナが格納できる要素の個数である：

要素数と容量	
x=c.size()	x は c の要素数になる
c.empty()	c は空か?
x=c.max_size()	x は c が格納できる最大要素数になる
x=c.capacity()	x は c が確保した容量になる。vector と string でのみ利用可能
c.reserve(n)	n 個の要素用に c の空間を予約する。vector と string でのみ利用可能
c.resize(n)	c の要素数を n に変更する。追加される要素の値は、要素のデフォルト値となる。シーケンスコンテナ (と string) でのみ利用可能
c.resize(n,v)	c の要素数を n に変更する。追加される要素の値は v とする。シーケンスコンテナ (と string) でのみ利用可能
c.shrink_to_fit()	c.capacity() を c.size() に一致させる。vector、deque、string でのみ利用可能
c.clear()	c の全要素を削除する

要素数や容量を変更すると、新しい記憶域に要素が移動することがある。そのため、要素を指す反復子（とポインタと参照）が無効になる（たとえば、移動前の位置を指してしまう）可能性がある。サンプルは、§31.4.1.1で示す。

（mapなどの）連想コンテナの要素を指す反復子が無効になるのは、要素がコンテナから削除された（erase()された：§31.3.7）場合だけだ。それとは対照的に、（vectorなどの）シーケンスコンテナの要素を指す反復子の場合は、（resize()、reserve()、push_back()などによって）要素が再配置された場合や、（インデックス的に前方の要素に対するerase()やinsert()などによって）コンテナ内で移動した場合に無効となる。

reserve()を行うと性能が向上すると思われがちだが、vector標準の成長方式（§31.4.1.1）では、reserve()が性能に貢献することはほとんどない。reserve()は、性能を予測しやすくするとともに、プログラムにとって不便な、反復子が無効になる事態を防ぐためのものだと考えるとよいだろう。

31.3.4 反復子

コンテナは、コンテナ反復子によって定義された順序の、あるいは、その逆順の、シーケンスとみなせる。連想コンテナでは、コンテナの比較基準（デフォルトでは<）によって順序が決定する。

反復子	
p=c.begin()	pはcの先頭要素を指すことになる
p=c.end()	pはcの末尾要素の直後を指すことになる
cp=c.cbegin()	cpはcの先頭要素を読取り専用として指すことになる
cp=c.cend()	cpはcの末尾要素の直後を読取り専用として指すことになる
p=c.rbegin()	pはcの逆順で先頭要素を指すことになる
p=c.rend()	pはcの逆順で末尾要素の直後を指すことになる
cp=c.crbegin()	cpはcの逆順で先頭要素を読取り専用として指すことになる
cp=c.crend()	cpはcの逆順で末尾要素の直後を読取り専用として指すことになる

要素に対してもっともよく使われる反復操作は、コンテナを先頭から末尾まで走査するものだ。それを実現するもっとも単純な方法は、begin()とend()を暗黙裏に利用する範囲for文（§9.5.1）である。たとえば：

```
for (auto& x : v)        // v.begin()とv.end()を暗黙裏に利用
   cout << x << '\n';
```

コンテナ内の要素の位置が必要な際に、複数の要素を同時に利用するのであれば、反復子を直接利用する。そのときは、ソースコードを短くしてタイプミスの機会を減らすためにautoが有用だ。ランダムアクセス反復子の場合を考えてみよう：

```
for (auto p = v.begin(); p!=v.end(); ++p) {
   if (p!=v.begin() && *(p-1)==*p)
      cout << "duplicate " << *p << '\n';
}
```

要素を変更する必要がなければ、cbegin()とcend()のほうがよい。すなわち、以下のように記述すべきだ：

```
for (auto p = v.cbegin(); p!=v.cend(); ++p) {    // const反復子を利用
   if (p!=v.cbegin() && *(p-1)==*p)
      cout << "duplicate " << *p << '\n';
}
```

ほとんどの処理系のほとんどのコンテナでは、begin()とend()の反復利用が性能上の問題につながることはないので、わざわざ次のように記述してコードを複雑にすることはない：

```
auto beg = v.cbegin();
auto end = v.cend();

for (auto p = beg; p!=end; ++p) {
   if (p!=beg && *(p-1)==*p)
      cout << "duplicate " << *p << '\n';
}
```

31.3.5 要素アクセス

一部の要素は、直接アクセスできる：

要素アクセス	
c.front()	cの先頭要素を参照する。連想コンテナでは利用できない
c.back()	cの末尾要素を参照する。forward_listと連想コンテナでは利用できない
c[i]	cのi番目の要素を参照する。チェックはされない。リストと連想コンテナでは利用できない
c.at(i)	cのi番目の要素を参照する。iが範囲外であればout_of_rangeを送出する。リストと連想コンテナでは利用できない
c[k]	c内でキーkをもつ要素を参照する。該当要素がなければ(k,mapped_type)を挿入する。mapとunordered_mapのみで利用できる
c.at(k)	c内でキーkをもつ要素を参照する。該当要素がなければout_of_rangeを送出する。mapとunordered_mapのみで利用できる

特にデバッグバージョンの開発時などに、範囲チェックを常に行うような処理系もある。しかし、その正確性に常に頼れるわけではないし、逆に、性能を優先してチェック無し動作に常に頼れるというわけでもない。もし、これらの点が重要ならば、利用する処理系を確認する必要がある。

連想コンテナのmapとunordered_mapでは、キーではなく、位置を引数に受け取る[]とat()を定義している（§31.4.3）。

31.3.6 スタック処理

標準のvectorとdequeとlistは、要素のシーケンスの終了（末尾）に対する効率的な処理を提供する（forward_listや連想コンテナは該当しない）：

スタック処理	
c.push_back(x)	cの末尾要素の直後にxを（コピーまたはムーブによって）追加する
c.pop_back()	cの末尾要素を削除する
c.emplace_back(args)	cの末尾要素の直後にargsから構築したオブジェクトを追加する

c.push_back(x)は、cに対してxをムーブまたはコピーして、cの要素数を1だけインクリメントする。メモリが不足したときや、xのコンストラクタが例外を送出したときは、c.push_back(x)は処理に失敗する。失敗したpush_back()がコンテナを変更することはない。すなわち、強い保証（§13.2）が提供される。

pop_back()が値を返さないことに注意しよう。もし値を返してしまうと、例外を送出するコピーコンストラクタの実装が極めて複雑になってしまうからだ。なお、listとdequeでは、開始（先頭）に対しても、同様の処理が行える（§31.4.2）。これには、forward_listも含まれる。

事前のメモリ確保やオーバフローを伴わずにコンテナを成長させる手段としてpush_back()が常習的に利用されているが、emplace_back()も同じように利用できる。たとえば：

```
vector<complex<double>> vc;
for (double re,im; cin>>re>>im; )    // ２個のdoubleを読み込む
    vc.emplace_back(re,im);           // 末尾にcomplex<double>{re,im}を追加
```

31.3.7 リスト処理

コンテナは、リスト処理も提供する：

リスト処理 連想コンテナに対するリスト処理については§31.4.3.1を参照	
q=c.insert(p,x)	pの直前にxを挿入する。コピーまたはムーブによって行う
q=c.insert(p,n,x)	pの直前にxをn個挿入する
q=c.insert(p,first,last)	pの直前に[first:last)の要素を挿入する
q=c.insert(p,{elem})	pの直前にinitializer_list {elem}を挿入する
q=c.emplace(p,args)	pの直前にargsから構築した要素を挿入する
q=c.erase(p)	pの位置にある要素をcから削除する
q=c.erase(first,last)	cの[first:last)の範囲の要素を削除する
c.clear()	cの全要素を削除する

insert()関数の返却値qは、最後に挿入した要素へのポインタである。erase()関数の返却値qは、最後に削除した要素の直前要素を指す。

メモリを連続的に確保するvectorやdequeなどのコンテナでは、挿入と削除によって要素の移動が発生することがある。その場合、移動した要素を指す反復子は無効になる。挿入や削除を行うと、処理ポイント以降の要素が移動する。また、容量を超える要素数が必要になった場合は、全要素が移動する。たとえば：

```
vector<int> v {4,3,5,1};
auto p = v.begin()+2;          // v[2]を指す、すなわち5
v.push_back(6);                // pは無効になる；v == {4,3,5,1,6}
p = v.begin()+2;               // v[2]すなわち5を指す
auto p2 = v.begin()+4;         // p2はv[4]すなわち6を指す
v.erase(v.begin()+3);          // v == {4,3,5,6}；pは有効なままでp2は無効
```

ベクタに要素を追加するすべての処理で、全要素の再配置が発生する可能性がある（§13.6.4）。

`emplace()` は、記述が難しい場合や、オブジェクト作成後にコンテナにコピー（あるいはムーブ）すると非効率的になる可能性がある場合に利用する。たとえば：

```
void user(list<pair<string,double>>& lst)
{
    auto p = lst.begin();
    while (p!=lst.end() && p->first!="Denmark")           // 挿入ポイントを探索
        ++p;
    p=lst.emplace(p,"England",7.5);                         // 簡潔で巧妙
    p=lst.insert(p,make_pair("France",9.8));                // ヘルパ関数
    p=lst.insert(p,pair<string,double>>{"Greece",3.14});    // 冗長
}
```

`forward_list` は、反復子が指す要素よりも前方に位置する要素を対象とする `insert()` などの処理を提供しない。というのも、`forward_list` 内で反復子より前方に位置する要素を特定する方法が存在しないため、実装が不可能なのだ。ただし、`foward_iterator` は、反復子が指す要素よりも後方に位置する要素を対象とする `insert_after()` などは提供している。同様に、連想コンテナは、“単なる”`emplace()` ではなく、`emplace_hint()` によってヒントを提供する。

31.3.8 その他の処理

コンテナでは、要素の比較と交換も行える：

比較と交換	
`c1==c2`	c1 と c2 の、対応する全要素が等しいか？
`c1!=c2`	`!(c1==c2)`
`c1<c2`	c1 は辞書順で c2 よりも前か？
`c1<=c2`	`!(c2<c1)`
`c1>c2`	`c2<c1`
`c1>=c2`	`!(c1<c2)`
`c1.swap(c2)`	c1 と c2 の値を交換する。`noexcept`
`swap(c1,c2)`	`c1.swap(c2)`

（たとえば `<=` などの）演算子をもつコンテナを比較する場合、`==` と `<` で生成される要素の等価演算子によって、各要素が比較される（たとえば、`a>b` の場合は、`!(b<a)` が利用される）。

`swap()` は、要素とアロケータの両方を交換する。

31.4 コンテナ

本節では、より詳細に解説していく。

- デフォルトのコンテナともいえる vector（§31.4.1）
- 結合リストである list と forward_list（§31.4.2）
- map や unordered_map などの連想コンテナ（§31.4.3）

31.4.1 vector

STL のベクタ vector は、デフォルトのコンテナである。特に理由がなければ、vector を利用する。もしもリストや組込み配列の利用を考えているのならば、まずは考え直すべきだ。

§31.3 では vector の処理について解説して、他のコンテナとの比較も行った。vector の重要性が分かったところで、本節では、vector の処理が具体的にどのように提供されるかに重点を置いて、もう一度解説していくことにする。

vector のテンプレート引数とメンバ型は、次のように定義される：

```
template<typename T, typename Allocator = allocator<T>>
class vector {
public:
   using reference = value_type&;
   using const_reference = const value_type&;
   using iterator = /* 処理系定義 */;
   using const_iterator = /* 処理系定義 */;
   using size_type = /* 処理系定義 */;
   using difference_type = /* 処理系定義 */;
   using value_type = T;
   using allocator_type = Allocator;
   using pointer = typename allocator_traits<Allocator>::pointer;
   using const_pointer = typename allocator_traits<Allocator>::const_pointer;
   using reverse_iterator = std::reverse_iterator<iterator>;
   using const_reverse_iterator = std::reverse_iterator<const_iterator>;

   // ...
};
```

31.4.1.1 vector の成長

vector オブジェクトのレイアウト（§13.6 でも解説した）を考えていこう：

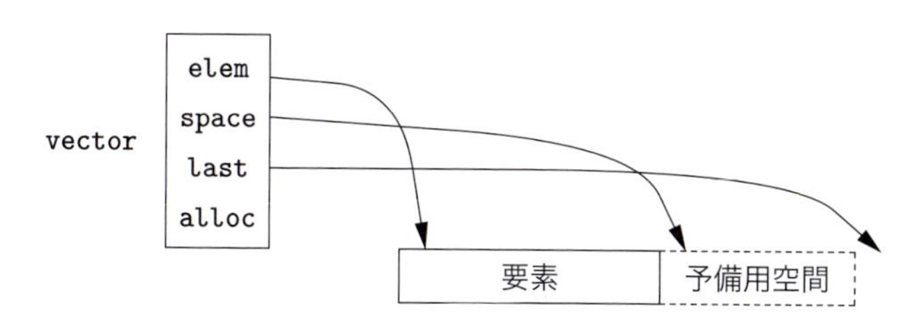

大きさ（要素数）と容量（メモリを再確保せずに保持できる要素数）の両方を用いているので、push_back() 時の成長は、理にかなった効率性をもっている。というのも、メモリ確保処理は、要

素を追加するたびに行われるのではなく、容量が不足するごとに行われるからだ（§13.6）。メモリ再確保時に容量をどのくらい増加させるかについては、標準では明記されていない。しかし、大きさの半分とするのが一般的だ。私は、vector に読込みを行う際は、reserve() の利用に気を使っていた。しかし、驚くべきことに、私のほぼすべての利用例では、reserve() は性能にそれほど影響しないことが分かった。デフォルトの成長方式が期待どおりだったので、性能改善のために reserve() を利用する試みは中止した。その代わり、メモリ再確保による遅延を予測しやすくして、ポインタや反復子が無効になるのを防ぐ目的で reserve() を利用することにした。

容量という考え方を活用することで、メモリ再確保が実際に発生しなくなれば、vector 内を指す反復子が無効になることはない。バッファ内の文字を読み取って、単語の区切りを追跡する処理を考えよう：

```
vector<char> chars;            // 文字の入力“バッファ”
constexpr int max = 20000;
chars.reserve(max);
vector<char*> words;           // 単語の開始文字へのポインタ

bool in_word = false;
for (char c; cin.get(c);) {
   if (isalpha(c)) {
      if (!in_word) {          // 単語の開始を見つけた
         in_word = true;
         chars.push_back(0);   // 前の単語の終了
         chars.push_back(c);
         words.push_back(&chars.back());
      }
      else
         chars.push_back(c);
   }
   else
      in_word = false;
}
if (in_word)
   chars.push_back(0);         // 最後の単語を終わらせる

if (max<chars.size()) {        // おっと：文字が容量を超えてしまった；単語は無効
   // ...
}
```

もし reserve() を利用しなければ、chars.push_back() がメモリ再確保を実行した場合、words 内のポインタが無効になる。ここで“無効になる”とは、そのポインタを利用するあらゆる処理が定義されない動作になる、という意味だ。要素を指すかもしれないし、指さないかもしれない。いずれにせよ、それまで指していた要素ではないことは、ほぼ確実だ。

余分な領域の解放のために、chars.shrink_to_fit() を利用することが考えられる。しかし、shrink_to_fit() は再配置を行った上でポインタを無効化するので、その実行は、最後の words の利用が終わった後でなければならないのだ。

push_back() や関連する処理を使って vector が成長可能になっているので、malloc() と realloc() を利用するという、面倒でエラーにつながりやすい低レベルなC言語スタイル（§43.5）は、不要なものとなっている。

31.4.1.2 vectorと入れ子

vector（とメモリを連続的に割り当てる類似のデータ構造）には、他のデータ構造と比べて、大きく三つの利点がある：

- vectorの要素は、メモリ上にコンパクトに格納される。要素単位でのメモリオーバヘッドは発生しない。vector<X>型のvecが消費するメモリは、大まかにはsizeof(vector<X>)+vec.size()*sizeof(X)である。sizeof(vector<X>)は、12バイト程度であって、大規模ベクタであれば、無視できるくらいだ。
- 走査が極めて高速に行える。次の要素を得るために、ポインタに対する間接参照などを行う必要がない。さらに、現代のマシンは、vectorのような構造の連続アクセスに対する最適化が行われている。そのため、find()やcopy()のような線形な走査も、ほぼ最適化される。
- vectorは、単純で効率的なランダムアクセスをサポートする。そのため、sort()やbinary_search()などの数多くのアルゴリズムが効率よく動作する。

これらの長所は、過小評価されやすい。たとえば、listなどの双方向結合リストであれば、通常、要素ごとに4ワード程度のメモリオーバヘッド（2個のリンクと空き領域の管理ヘッダ）を伴う。同じデータをもつvectorに比べると、走査処理コストは、あっというまに爆発的に増化する。この効果は目を見張るほど絶大なので、読者のみなさんには、実際に試してみることをお勧めしたい〔Stroustrup, 2012a〕。

コンパクトさと、アクセス効率性の二つの長所は、意図しない妥協を生み出すことがある。2次元配列をどのように表現するのかを考えてみよう。二つの分かりやすい方法がある：

- vectorのvector：vector<vector<double>>は、C言語スタイルの2個の添字を使ったm[i][j]によってアクセスできる。
- 特定の行列型Matrix<2,double>（第29章）：要素を連続的に（たとえば、vector<double>の中に）配置して、添字をペアにしたm(i,j)でvector内の位置を計算する。

3行4列のvector<vector<double>>のメモリレイアウトは、以下のようになる：

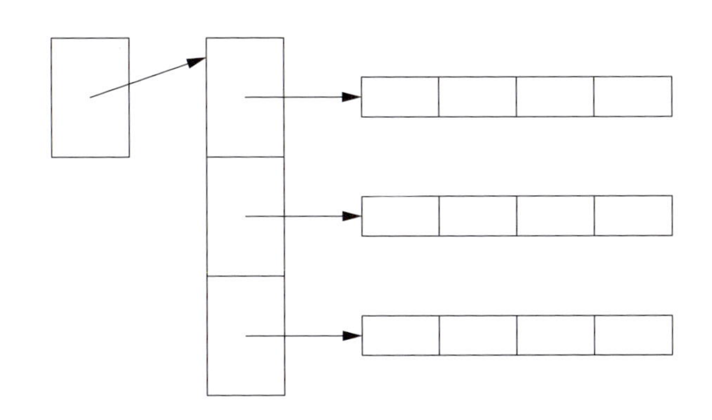

一方、Matrix<2,double>のメモリレイアウトは、以下のようになる：

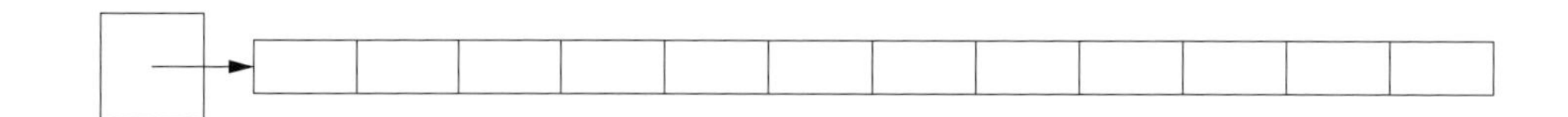

vector<vector<double>>を構築するには、コンストラクタを4回呼び出す必要があるので、その結果、空き領域の確保も4回実行される。また、ある要素へのアクセスには、2段階の間接参照が必要となる。

Matrix<2,double>の構築では、コンストラクタを1回呼び出すだけであって、空き領域の確保が行われるのも1回だけだ。ある要素へのアクセスも、1回の間接参照で行える。

ある行がアクセスできている状態であれば、間接参照せずに後続行をアクセスできるので、vector<vector<double>>へのアクセスコストが、必ずMatrix<2,double>の2倍になるわけではない。しかし、高性能が要求されるアルゴリズムであれば、vector<vector<double>>のリンク構造に起因するメモリ確保と解放と、アクセスのコストが問題となってしまう。

vector<vector<double>>方式は、行によって列数が異なる行列を扱える。それが利点となることもあるが、ほとんどの場合、エラーの機会を増やすとともに、テスト作業を妨げるだけだ。

この問題とオーバヘッドは、次元数の増加とともに悪化する。vector<vector<vector<double>>>とMatrix<3,double>で追加される間接参照とメモリ確保回数を比較すると、すぐに分かるだろう。

まとめると、私は、データ構造がコンパクトであることの重要性が、しばしば過小評価されるとともに譲歩されていると考えている。コンパクトであることの長所は、論理性だけではなく性能にも貢献する。この点と、ポインタやnewが過剰に利用される傾向が組み合わさると、広範囲な問題が発生する。たとえば、各行が空き領域上で独立したオブジェクトとなっている2次元行列vector<vector<double>*>の実装における、開発の複雑さ、実行時のコスト、メモリのコスト、誤りやすさを考えてみれば分かるだろう。

31.4.1.3 vectorと配列

vectorは、資源ハンドルである。そのため、要素数の変更が行えるし、効率的なムーブセマンティクスも実現している。ところが、ハンドルと格納する要素とを分割しないデータ構造（組込み配列やarrayなど）と比較すると、そのことが短所となることがある。要素をスタックや他のオブジェクト内に割り当てる方式が、性能面で有利になったり不利になったりするのと同じことだ。

vectorは、正しく初期化されたオブジェクトを扱う。そのため、vectorは手軽に利用できるし、要素の解体も正しく処理できる。しかし、未初期化の要素も許容するデータ構造（組込み配列やarrayなど）と比較すると、そのことが短所になることがある。

たとえば、arrayの要素は、読み取った値を入れる前に初期化する必要がない：

```
void read()
{
   array<int,MAX> a;
   for (auto& x : a)
      cin.get(x);
}
```

なお、vectorでは、emplace_back()を使うと、同様な効率が得られる（その場合はMAXの指定が不要となる）。

31.4.1.4 vectorとstring

vector<char>は、大きさが変更可能であって、charが連続して配置されるという意味では、一種のstringともいえる。それでは、どのように両者を使い分ければよいだろうか？

vectorは、複数の値を格納するための汎用的なメカニズムだ。格納する値のあいだに何らかの関連性は必要ない。vector<char>にとって、Hello, World!という文字列はchar型の要素が13個並んでいるにすぎない。ソートして !,HWdellloor（先頭は空白文字）とすることも、意味のある作業だ。一方、stringは、文字の並びを格納することを目的としている。文字のあいだの関連性には意味がある。そのため、たとえば、string内の文字のソートを行うようなことはほとんどない。意味を破壊するからだ。stringには、この点を反映した処理がある（たとえば、C言語スタイルの文字列がゼロで終端することを“知っている”c_str()や>>やfind()などだ）。stringの実装は、その利用方法を反映したものになっている。たとえば、短い文字列の最適化（§19.3.3）は、短い文字列をそれほど多く利用しないならば、本当に悲観的なものになってしまう。そのため、空き領域の利用を最小限に抑えることに意味がある。

“短いvectorの最適化”もあるべきだろうか？　私はそう思わないが、本当に行うのであれば、膨大な回数の試行錯誤が必要となるだろう。

31.4.2 リスト

STLは、2種類の結合リストを提供する：

・list：双方向結合リスト

・forward_list：単方向結合リスト

listは、要素の挿入と削除に最適化されたシーケンスである。listに対して要素を挿入あるいは削除する場合、そのlist内の他の要素の位置が影響を受けることはない。特に、他の要素を指す反復子が影響を受けないことは重要だ。

vectorと比較すると、添字演算は苦痛に思えるほど遅くなる可能性があるので、listは添字演算を提供しない。もし必要であれば、advance()と類似処理とを用いれば、リスト内をたどっていける（§33.1.4）。反復子による走査も可能だ。listは双方向反復子を提供する（§33.1.2）し、forward_listは前進反復子を提供する（型名の由来でもある）。

デフォルトでは、listの各要素は、個別にメモリが確保されて、先行要素と後続要素を指すポインタをもつ（§11.2.2）。vectorと比較すると、listのほうが要素当たりの消費メモリが多い（通常は、1要素が最低でも4ワード以上になる)。さらに、走査(反復)は、単純な連続アクセスではなく、ポインタを経由した間接参照が必要なので、明らかに遅い。

forward_list は、単方向結合リストだ。先頭から末尾までを走査することが多い、空の並びや極めて短い並びに最適化されたデータ構造である。コンパクトさを優先しているので、forward_list は size() を提供しない。そのため、空の forward_list は、メモリを1ワードしか消費しない。もし forward_list の要素数が必要であれば、カウントするだけですむ。カウント処理が高コストになるほど要素数が多い場合は、他のコンテナを利用すべきだ。

forward_list の添字演算と容量管理と size() を除くと、STL のリストは、vector と同じメンバ型と処理を提供する(§31.4)。さらに、list と forward_list は、リスト構造固有のメンバ関数を提供する:

list<T> と forward_list<T> の処理(§iso.23.3.4.5, §iso.23.3.5.4)	
lst.push_front(x)	lst の先頭要素の直前に x を(コピーまたはムーブによって)挿入する
lst.pop_front()	lst の先頭要素を削除する
lst.emplace_front(args)	lst の先頭要素の直前に T{args} を挿入する
lst.remove(v)	lst から値 v のすべての要素を削除する
lst.remove_if(f)	lst から f(x)==true であるすべての要素を削除する
lst.unique()	lst から重複する隣接要素を削除する
lst.unique(f)	lst から f によって等価と判定される隣接要素を削除する
lst.merge(lst2)	順序判定に < を用いて、順序付きリスト lst と lst2 をマージする。lst2 が lst へマージされて空になる
lst.merge(lst2,f)	順序判定に f を用いて、順序付きリスト lst と lst2 をマージする。lst2 が lst へマージされて空になる
lst.sort()	順序判定に < を用いて lst をソートする
lst.sort(f)	順序判定に f を用いて lst をソートする
lst.reverse()	lst の要素を逆順にする。noexcept

汎用版の remove() および unique() アルゴリズム(§32.5)とは異なり、リスト用のメンバ版のアルゴリズムは、実際に要素数に影響を与える。たとえば:

```
void use()
{
    list<int> lst {2,3,2,3,5};
    lst.remove(3);                  // lstは{2,2,5}になる
    lst.unique();                   // lstは{2,5}になる
    cout << lst.size() << '\n';     // 2を書き出す
}
```

merge() アルゴリズムは、安定である。すなわち、値が等しい要素の相対的な順序が必ず維持される。

list<T>の処理（§iso.23.3.5.5） pはlstの要素またはlst.end()を指す	
lst.splice(p,lst2)	lst2の全要素をpの直前に挿入する。lst2は空になる
lst.splice(p,lst2,p2)	p2が指すlst2内の要素をpの直前に挿入する。p2が指す要素はlst2から削除される
lst.splice(p,lst2,b,e)	lst2内の[b:e)の要素をpの直前に挿入する。[b:e)の要素はlst2から削除される

splice()処理は、要素の値をコピーしない。また、要素を指す反復子を無効にすることもない。

```
list<int> lst1 {1,2,3};
list<int> lst2 {5,6,7};

auto p = lst1.begin();
++p;                          // pは2を指す

auto q = lst2.begin();
++q;                          // qは6を指す

lst1.splice(p,lst2);          // lst1は{1,5,6,7,2,3}となり、lst2は{}となる
                              // pは2を指したままで、qは6を指したまま
```

forward_listでは、反復子が指す要素よりも前に位置する要素がアクセスできない（先行要素へのポインタをもっていない）ので、emplace()、insert()、erase()、splice()は、反復子が指す要素よりも後方に位置する要素を対象とする：

forward_list<T>の処理（§iso.23.3.4.6）	
p2=lst.emplace_after(p,args)	argsから構築した要素をpの直後に置く。p2は新しい要素を指す
p2=lst.insert_after(p,x)	xをpの直後に挿入する。p2は挿入した要素を指す
p2=lst.insert_after(p,n,x)	xのn個のコピーをpの直後に挿入する。p2は最後に挿入した要素を指す
p2=lst.insert_after(p,b,e)	[b:e)の要素をpの直後に挿入する。p2は最後に挿入した要素を指す
p2=lst.insert_after(p,{elem})	{elem}をpの直後に挿入する。p2は最後に挿入した要素を指す。elemはinitializer_listである
p2=lst.erase_after(p)	pの直後の要素を削除する。p2はpの直後またはlst.end()を指す
p2=lst.erase_after(b,e)	[b:e)の要素を削除する。p2=e
lst.splice_after(p,lst2)	lst2をpの直後に挿入する
lst.splice_after(p,lst2,p2)	p2をpの直後に挿入する。lst2からp2を削除する
lst.splice_after(p,lst2,b,e)	[b:e)の要素をpの直後に挿入する。lst2から[b:e)を削除する

ここに示したlistのすべての処理は、**安定**（*stable*）である。すなわち、値が等しい要素の相対的な順序を維持する。

31.4.3 連想コンテナ

連想コンテナは、キーに基づいた探索機能を提供する。大きく2種類に分類される：

- **順序付き連想コンテナ**（*ordered associative container*）は、一つの特定の基準による順序に基づいた探索を行う。デフォルトの順序は`<`（未満）である。平衡2分木、一般には赤黒木として実装される。
- **非順序連想コンテナ**（*unordered associative container*）は、ハッシュ関数に基づいた探索を行う。収まらない要素を結合リストとして管理するハッシュ表として実装される。

連想コンテナは、別の2種類の分類もある：

- `map`群：`{key,value}`のペアの並び
- `set`群：値をもたない`map`群（キーが値であるともいえる）

つまり、`map`群と`set`群それぞれに、順序付き版と非順序版とがあるということだ：

- "ただの（plain）"`set`と`map`。一つのキーに対して一意のエントリ。
- "マルチ（multi）"`set`と`map`。一つのキーに対して複数のエントリを許す。

連想コンテナの名前は、これらの3次元の関係を表す形式だ。すなわち、`{set | map, plain | unordered, plain | multi}`である。"ただの（plain）"は明示しないので、連想コンテナの種類は、次のようになる：

連想コンテナ（§iso.23.4.1, §iso.23.5.1）			
`set`	`multiset`	`unordered_set`	`unordered_multiset`
`map`	`multimap`	`unordered_map`	`unordered_multimap`

これらのテンプレート引数については、§31.4 で解説した。

`map`と`unordered_map`の内部は、極めて異なる。図で表したものは、§31.2.1 で示した。`map`は、（ほとんどの場合`<`による）比較対象のキーに基づいて平衡木を（`O(log(n))`の処理で）探索する。一方、`unordered_map`は、キーをハッシュ関数で処理して、ハッシュ表内を（質の高いハッシュ関数であれば`O(1)`の処理で）探索する。

31.4.3.1 順序付き連想コンテナ

`map`のテンプレート引数とメンバ型を示そう：

```
template<typename Key,
         typename T,
         typename Compare = less<Key>,
         typename Allocator = allocator<pair<const Key, T>>>
class map {
public:
   using key_type = Key;
   using mapped_type = T;
   using value_type = pair<const Key, T>;
```

```
    using key_compare = Compare;
    using allocator_type = Allocator;
    using reference = value_type&;
    using const_reference = const value_type&;
    using iterator = /* 処理系定義 */ ;
    using const_iterator = /* 処理系定義 */ ;
    using size_type = /* 処理系定義 */ ;
    using difference_type = /* 処理系定義 */ ;
    using pointer = typename allocator_traits<Allocator>::pointer;
    using const_pointer = typename allocator_traits<Allocator>::const_pointer;
    using reverse_iterator = std::reverse_iterator<iterator>;
    using const_reverse_iterator = std::reverse_iterator<const_iterator>;

    class value_compare { /* operator()(k1,k2)はkey_compare()(k1,k2)を実行 */ };
    // ...
};
```

連想コンテナは、§31.3.2 で解説したコンストラクタの他にも、比較子を指定できるコンストラクタをもっている：

map<K,T,C,A> のコンストラクタ（§iso.23.4.4.2）	
map m {cmp,a};	比較子 cmp とアロケータ a を利用して m を構築する。explicit
map m {cmp};	map m {cmp, A{}}。explicit
map m {};	map m {C{}}。explicit
map m {b,e,cmp,a};	比較子 cmp とアロケータ a を利用して m を構築する。[b:e) の要素で初期化する
map m {b,e,cmp};	map m {b,e,cmp,A{}};
map m {b,e};	map m {b,e,C{}};
map m {m2};	コピーコンストラクタとムーブコンストラクタ
map m {a};	デフォルトの map を構築する。アロケータ a を利用する。explicit
map m {m2,a};	コピー構築あるいはムーブ構築によって m2 から m を構築する。アロケータ a を利用する
map m {{elem},cmp,a};	比較子 cmp とアロケータ a を利用して m を構築する。initializer_list {elem} で初期化する
map m {{elem},cmp};	map m {{elem},cmp,A{}};
map m {{elem}};	map m {{elem},C{}};

一例を示そう：

```
map<string,pair<Coordinate,Coordinate>> locations
    {
        {"Copenhagen",{"55:40N","12:34E"}},
        {"Rome",{"41:54N","12:30E"}},
        {"New York",{"40:40N","73:56W"}}
    };
```

連想コンテナは、豊富な挿入処理と削除処理を提供する：

連想コンテナの処理(§iso.23.4.4.1) §31.3.7も参照のこと	
v=c[k]	vはキーをkとする要素を表す参照になる。kが見つからなかった場合は、{k,mapped_type{}}をcに追加する。mapとunordered_mapでのみ利用できる
v=c.at(k)	vはキーをkとする要素を表す参照になる。kが見つからなかった場合は、out_of_rangeを送出する。mapと unordered_mapでのみ利用できる
p=c.find(k)	pはキーkをもつ最初の要素またはc.end()を指すようになる
p=c.lower_bound(k)	pはk以上のキーをもつ最初の要素あるいはc.end()を指すようになる。順序付きコンテナのみ利用できる
p=c.upper_bound(k)	pはkより大きいキーをもつ最初の要素あるいはc.end()を指すようになる。順序付きコンテナのみ利用できる
pair(p1,p2)=c.equal_range(k)	p1=c.lower_bound(k); p2=c.upper_bound(k)
r=c.insert(x)	xはvalue_typeあるいはvalue_typeにコピー可能なもの(たとえば2要素のtupleなど)。rについては後述
c.insert(b,e)	[b:e)のすべての要素pに対するc.insert(*p)
c.insert({args})	initializer_list argsの全要素を挿入する。要素の型はpair<key_type,mapped_type>である
r=c.emplace(args)	pは、argsから構築されてcに挿入されたvalue_type型のオブジェクトcを指すようになる。rについては後述
p=c.emplace_hint(h,args)	pは、argsから構築されてcに挿入されたvalue_type型のオブジェクトcを指すようになる。hはc内を指す反復子であり、新規エントリの探索開始位置のヒントである
n=c.erase(k)	キーがkである全要素を削除。nは削除した要素数となる
r=c.key_comp()	rは、キー比較オブジェクトのコピーとなる。順序付きコンテナのみ利用できる
r=c.value_comp()	rは、値比較オブジェクトのコピーとなる。順序付きコンテナのみ利用できる
n=c.count(k)	nはキーがkである要素数となる

非順序コンテナに専用の処理は、§31.4.3.5で解説する。

r=c.insert(x)とr=c.emplace(x)の返却値型は、以下のようになる:

- cが(setのように)一意のキー値をサポートする場合、rはpair(p,b)である。ここで、pはxのキーをもつ要素を指す反復子であり、もし*pが新しく挿入された要素であればb==trueとなる。
- cが(multisetのように)重複したキー値をサポートする場合は、rは、新しく挿入された要素を指す反復子である。

添字演算m[k]でキーkが見つからない場合は、デフォルト値として挿入される。たとえば:

```
map<string,string> dictionary;
dictionary["sea"]="large body of water";    // 挿入あるいは要素への代入
```

```
cout << dictionary["seal"] << '\n';          // 値を読み取る
```

dictionary 内に seal が存在しなければ、何も出力されない。キー seal に対する値が空文字列となって、それが探索結果として返却されるからだ。

この動作を望まない場合は、直接 find() と insert() を利用すればよい：

```
auto q = dictionary.find("seal");   // 探索：挿入は行わない

if (q==dictionary.end()) {
   cout << "entry not found\n";
   dictionary.insert(make_pair("seal","eats fish"));
}
else
   cout << q->second << '\n';
```

実際のところ、[] は、insert() の記述を少し便利にしただけのものだ。m[k] の結果は、(*(m.insert(make_pair(k,V{})).first)).second の結果と同じである（V はマッピングされた型）。

insert(make_pair()) の記述は、ちょっと冗長だ。emplace() を用いたほうがよいだろう：

```
dictionary.emplace("sea cow","extinct");
```

最適化の性能にもよるが、このほうが効率的になる。

map に値を挿入しようとした際に、同じキーをもつ要素がすでに存在する場合、map は変化しない。同じキーに対して複数の値をもたせたければ、multimap を利用しよう。

さて、equal_range() が返却する pair（§34.2.4.1）は、第1反復子が lower_bound() であり、第2反復子が upper_bound() である。もし multimap<string,int> 内の "apple" というキーをもつ要素をすべて出力するのであれば、次のように行う：

```
multimap<string,int> mm {{"apple",2}, {"pear",2}, {"apple",7},
                         {"orange",2}, {"apple",9}};

const string k {"apple"};
auto pp = mm.equal_range(k);
if (pp.first==pp.second)
   cout << "no element with value '" << k << "'\n";
else {
   cout << "elements with value '" << k << "':\n";
   for (auto p=pp.first; p!=pp.second; ++p)
      cout << p->second << ' ';
}
```

このコードの出力は 2 7 9 となる。

次のように記述しても同じだ：

```
auto pp = make_pair(mm.lower_bound(k),mm.upper_bound(k));
// ...
```

ところが、これだと map に対する無駄な走査が発生する。equal_range()、lower_bound()、upper_bound() は、ソートずみシーケンスに対しても提供されている（§32.6）。

私は、set を、個別の value_type をもたない map とみなすようにしている。set では、value_type は key_type でもある。次の例を考えてみよう：

```
struct Record {
   string label;
   int value;
};
```

set<Record>を利用する際は、比較関数を与える必要がある。たとえば：

```
bool operator<(const Record& a, const Record& b)
{
   return a.label<b.label;
}
```

これを使うと、次のように記述できる：

```
set<Record> mr {{"duck",10}, {"pork",12}};

void read_test()
{
   for (auto& r : mr) {
      cout << '{' << r.label << ':' << r.value << '}';
   }
   cout << '\n';
}
```

連想コンテナ内の要素のキーは変更できない（§iso.23.2.4）。そのため、set内の値は変更できない。さらに、比較とは無関係な要素内のメンバも変更できない。たとえば：

```
void modify_test()
{
   for (auto& r : mr)
      ++r.value;        // エラー：setの要素は変更できない
}
```

要素を変更する必要があれば、mapを利用しよう。とにかくキーを変更しないように。もし変更が行えるのならば、探索によって要素を特定するメカニズムが破壊されることになる。

31.4.3.2 非順序連想コンテナ

非順序連想コンテナ（すなわち、unordered_map、unordered_set、unordered_multimap、unordered_multiset）は、ハッシュ表である。ちょっとした使い方だと、他の（順序付き）コンテナと、ほとんど違いはない。というのも、連想コンテナ群は、ほとんどの処理を共有しているからだ（§31.4.3.1）。たとえば：

```
unordered_map<string,int> score1 {
   {"andy", 7}, {"al",9}, {"bill",-3}, {"barbara",12}
};

map<string,int> score2 {
   {"andy", 7}, {"al",9}, {"bill",-3}, {"barbara",12}
};

template<typename X, typename Y>
ostream& operator<<(ostream& os, const pair<X,Y>& p)
{
   return os << '{' << p.first << ',' << p.second << '}';
}

void user()
```

```
{
   cout <<"unordered: ";
   for (const auto& x : score1)
      cout << x << ", ";
   cout << "\nordered: ";
   for (const auto& x : score2)
      cout << x << ", ";
   cout << '\n';
}
```

目に見える違いは、mapの反復処理には順序があって、unordered_mapには順序がないことだ:

```
unordered: {andy,7}, {al,9}, {bill,-3}, {barbara,12},
ordered: {al,9}, {andy,7}, {barbara,12}, {bill,-3},
```

unordered_mapの反復処理は、挿入処理の順序、ハッシュ関数、ハッシュ表内の占有率に依存する。挿入した順序で要素が出力される保証は、まったくない。

31.4.3.3 unordered_map群の構築

unordered_mapには多くのテンプレート引数があり、それに伴ってメンバ型の別名も増えている:

```
template<typename Key,
         typename T,
         typename Hash = hash<Key>,
         typename Pred = std::equal_to<Key>,
         typename Allocator = std::allocator<std::pair<const Key, T>>>
class unordered_map {
public:
   using key_type = Key;
   using value_type = std::pair<const Key, T>;
   using mapped_type = T;
   using hasher = Hash;
   using key_equal = Pred;
   using allocator_type = Allocator;
   using pointer = typename allocator_traits<Allocator>::pointer;
   using const_pointer= typename allocator_traits<Allocator>::const_pointer;
   using reference = value_type&;
   using const_reference = const value_type&
   using size_type = /* 処理系定義 */;
   using difference_type = /* 処理系定義 */;
   using iterator = /* 処理系定義 */;
   using const_iterator = /* 処理系定義 */;
   using local_iterator = /* 処理系定義 */;
   using const_local_iterator = /* 処理系定義 */;
   // ...
};
```

unordered_map<X>は、デフォルトで、ハッシングにはhash<X>を利用して、キーの比較にはequal_to<X>を利用する。

デフォルトのequal_to<X>（§33.4）は、Xの値を==で比較するだけだ。

汎用の（一次）テンプレートのhashは、定義をもたない。そのため、X型のユーザは、必要に応じてhash<X>を定義する。stringなどの一般的な型に対しては、標準のhashの特殊化が提供されているので、ユーザが提供する必要はない：

hash<T>をもつ型（§iso.20.8.12）：標準ライブラリによって提供される			
string	u16string	u32string	wstring
bool	文字	整数	浮動小数点数
ポインタ	type_index	thread::id	error_code
bitset<N>	unique_ptr<T,D>	shared_ptr<T>	

C言語スタイルの文字列への特殊化が提供されていないことに注意しよう。というのも、（たとえconst char*であっても）ポインタをハッシングすると、アドレスをハッシングしてしまうからだ。

ハッシュ関数（T型用に特殊化したhashや、関数へのポインタなど）は、引数にT型を与えて呼び出せるとともに、size_t型の値を返却するものでなければならない（§iso.17.6.3.4）。同じ値を与えて、ハッシュ関数を何度実行しても、必ず同じ結果にならなければならない。さらに、その結果は、x!=yの場合に、h(x)==h(y)となる機会が最小になるような値、すなわちsize_tの集合に一様に分布することが理想である。

テンプレート引数型と、コンストラクタと、非順序コンテナに対する各種デフォルトの組合せは、当惑するほど大量に存在する。しかし、幸運なことに、ある種のパターンが存在する：

unordered_map<K,T,H,E,A>のコンストラクタ（§iso.23.5.4）	
unordered_map m {n,hf,eql,a};	バケット数がnで、ハッシュ関数がhfで、等価性判定関数がeqlで、アロケータがaのmを構築する。explicit
unordered_map m {n,hf,eql};	unordered_map m{n,hf,eql,allocator_type{}}; explicit
unordered_map m {n,hf};	unordered_map m {n,hf,key_eql{}}; explicit
unordered_map m {n};	unordered_map m {n,hasher{}}; explicit
unordered_map m {};	unordered_map m {N}; バケット数Nは処理系定義。explicit

上の表で、nはunordered_mapの要素数を示す。nの指定がないものは、空になる。

unordered_map<K,T,H,E,A>のコンストラクタ（§iso.23.5.4）	
unordered_map m {b,e,n,hf,eql,a};	[b:e)の要素に基づいて、バケット数がnで、ハッシュ関数がhfで、等価性判定関数がeqlで、アロケータaのmを構築する
unordered_map m {b,e,n,hf,eql};	unordered_map m {b,e,n,hf,eql,allocator_type{}};
unordered_map m {b,e,n,hf};	unordered_map m {b,e,n,hf,key_equal{}};
unordered_map m {b,e,n};	unordered_map m {b,e,n,hasher{}};
unordered_map m {b,e};	unordered_map m {b,e,N}; バケット数Nは処理系定義

これらは、初期要素を[b:e)のシーケンスから取り出す。要素数は、[b:e)内の要素数すなわちdistance(b,e)となる。

unordered_map<K,T,H,E,A> のコンストラクタ(§iso.23.5.4)	
`unordered_map m {{elem},n,hf,eql,a};`	`initializer_list`の`elem`に基づいて、バケット数が`n`で、ハッシュ関数が`hf`で、等価性判定関数が`eql`で、アロケータ`a`の`m`を構築する
`unordered_map m {{elem},n,hf,eql};`	`unordered_map m {{elem},n,hf,eql,allocator_type{}};`
`unordered_map m {{elem},n,hf};`	`unordered_map m {{elem},n,hf,key_equal{}};`
`unordered_map m {{elem},n};`	`unordered_map m {{elem},n,hasher{}};`
`unordered_map m {{elem}};`	`unordered_map m {{elem},N};` バケット数`N`は処理系定義

この形式のコンストラクタでは、{}内の要素の初期化子並び内のシーケンスに基づいて初期要素が取り出される。unordered_mapの要素数は、初期化子並び内の要素数である。

最後に示すのは、unordered_mapのコピーコンストラクタとムーブコンストラクタ、および、それらに対してアロケータを指定できるコンストラクタである：

unordered_map<K,T,H,E,A> のコンストラクタ(§iso.23.5.4)	
`unordered_map m {m2};`	コピーコンストラクタとムーブコンストラクタ。`m2`から`m`を構築する
`unordered_map m {a};`	`m`をデフォルト構築する。アロケータは`a`とする。`explicit`
`unordered_map m {m2,a};`	`m2`から`m`を構築する。アロケータは`a`とする

引数が1個あるいは2個でのunordered_mapの構築には注意が必要だ。型の組合せが多数あるので、エラーがある場合は奇妙なエラーメッセージが出力される。たとえば：

```
map<string,int> m {My_comparator};              // OK
unordered_map<string,int> um {My_hasher};       // エラー
```

コンストラクタの引数が1個であれば、その引数は、(コピーコンストラクタあるいはムーブコンストラクタに与える)他のunordered_mapか、バケット数か、アロケータでなければならない。

```
unordered_map<string,int> um {100,My_hasher};  // OK
```

31.4.3.4 ハッシュ関数と等価性関数

当然ながら、ハッシュ関数は、ユーザが定義することもできる。実際、多くの方法がある。各種のテクニックは、異なる要求に応えるものだ。ここでは、もっとも明示的な方式から、もっとも単純なものまで、複数の方法を示していく。単純なRecord型を例に考えていこう：

```
struct Record {
   string name;
   int val;
};
```

Recordのハッシュ処理と等価性判定処理は、次のように定義できる：

```
struct Nocase_hash {
   int d = 1;    // 繰返しのたびにコードをシフトするビット数
   size_t operator()(const Record& r) const
   {
      size_t h = 0;
      for (auto x : r.name) {
         h <<= d;
         h ^= toupper(x);
      }
      return h;
   }
};

struct Nocase_equal {
   bool operator()(const Record& r,const Record& r2) const
   {
      if (r.name.size()!=r2.name.size()) return false;
      for (int i = 0; i<r.name.size(); ++i)
         if (toupper(r.name[i])!=toupper(r2.name[i]))
            return false;
      return true;
   }
};
```

これを利用すると、Recordのunordered_setを、以下のように定義して利用できる：

```
unordered_set<Record,Nocase_hash,Nocase_equal> m {
   { {"andy",7}, {"al",9}, {"bill",-3}, {"barbara",12} },
   20,              /* バケット数 */
   Nocase_hash{2},
   Nocase_equal{}
};

for (auto r : m)
   cout << "{" << r.name << ',' << r.val << "}\n";
```

もっとも一般的な利用であるが、ハッシュ関数と等価性判定関数をデフォルトのまま利用する場合は、コンストラクタ引数を指定しないだけでよい。デフォルトで、unordered_setはデフォルトバージョンを利用する：

```
unordered_set<Record,Nocase_hash,Nocase_equal> m {
   {"andy",7}, {"al",9}, {"bill",-3}, {"barbara",12}
   // バケット数4とNocase_hash{}とNocase_equal{}を利用
};
```

ハッシュ関数を定義するもっとも簡単な方法は、hashの特殊化として標準ライブラリが提供するハッシュ関数を利用することである（§31.4.3.2）。たとえば：

```
size_t hf(const Record& r) { return hash<string>()(r.name)^hash<int>()(r.val); };

bool eq (const Record& r, const Record& r2) { return r.name==r2.name && r.val==r2.val; };
```

二つのハッシュ値の排他的論理和（^）をとると、size_t型の値に収まるように維持できる（§3.4.5, §10.3.1）。

ここに示したハッシュ関数と等価性判定関数を使って、unordered_setを定義してみよう：

```
unordered_set<Record,decltype(&hf),decltype(&eq)> m {
   { {"andy",7}, {"al",9}, {"bill",-3}, {"barbara",12} },
```

```
        20, /* バケット数 */
        hf,
        eq
    };

    for (auto r : m)
        cout << "{" << r.name << ',' << r.val << "}\n";
```

ここでは、decltypeを利用しているので、hfとeqの型の明示的な繰返しが不要となっている。手軽に書ける初期化子並びがない場合は、初期の要素数を指定することもできる：

```
unordered_set<Record,decltype(&hf),decltype(&eq)> m {10,hf,eq};
```

こうすると、ハッシュ関数と等価性判定関数に対して、ほんの少しだけ集中しやすくなる。

hfとeqの定義と利用を分けたくなければ、ラムダ式も利用できる：

```
unordered_set<
    Record,                                         // 値型
    function<size_t(const Record&)>,                // ハッシュ型
    function<bool(const Record&,const Record&)>     // 等価型
> m {
    10,
    [](const Record& r) { return hash<string>{}(r.name)^hash<int>{}(r.val); },
    [](const Record& r, const Record& r2) { return r.name==r2.name && r.val==r2.val;}
};
```

関数の代わりに（名前付きあるいは名前無しの）ラムダ式を用いる利点は、ラムダ式が、関数内で局所的に定義できる上に、その直後で利用できることである。

ところが、ここに示すfunctionは、unordered_setの多用時には避けたくなるようなオーバヘッドを発生する。さらに、このバージョンは見苦しい。ラムダ式には名前を与えたほうがよさそうだ：

```
auto hf = [](const Record& r)
            { return hash<string>()(r.name)^hash<int>()(r.val); };

auto eq = [](const Record& r, const Record& r2)
            { return r.name==r2.name && r.val==r2.val; };

unordered_set<Record,decltype(hf),decltype(eq)> m {10,hf,eq};
```

最終的に、unordered_mapが利用する標準ライブラリのhashテンプレートとequal_toテンプレートを特殊化することで、Recordの全unorderedコンテナに対して、ハッシュ関数と等価性判定関数を1回だけ定義することにしよう：

```
namespace std {
    template<>
    struct hash<Record>{
        size_t operator()(const Record &r) const
        {
            return hash<string>{}(r.name)^hash<int>{}(r.val);
        }
    };

    template<>
    struct equal_to<Record> {
        bool operator()(const Record& r, const Record& r2) const
        {
            return r.name==r2.name && r.val==r2.val;
```

```
        }
    };
}

unordered_set<Record> m1;
unordered_set<Record> m2;
```


デフォルトのhashと、その排他的論理和で求めるハッシュ値は、通常は、うまくいく。実際に試さずに、あわててハッシュ関数を自作しないようにしよう。

31.4.3.5 バケット占有率

非順序コンテナの実装で重要な部分は、プログラマに見えるようになっている。複数のキーが同じハッシュ値をもつことを、"同じバケットにある"という（§31.2.1 を参照しよう）。プログラマは、ハッシュ表の大きさ（"バケット数"ともいう）を指定できるし、確認もできる：

ハッシュポリシー（§iso.23.2.5）	
h=c.hash_function()	hはcのハッシュ関数となる
eq=c.key_eq()	eqはcの等価性判定となる
d=c.load_factor()	dはバケット数で割った要素数となる。double(c.size())/c.bucket_count()。noexcept
d=c.max_load_factor()	dはcの最大占有率となる。noexcept
c.max_load_factor(d)	cの最大占有率をdにする。cの占有率が最大値に近づくと、cはハッシュ表の大きさを変更する（バケット数を増やす）
c.rehash(n)	cのバケット数をn以上にする
c.reserve(n)	n個の要素分を確保する（占有率を考慮する）。c.rehash(ceil(n/c.max_load_factor()))

非順序連想コンテナの**占有率**（*load factor*）は、容量に対する利用率である。たとえば、bucket_count()が100要素でsize()が30であれば、load_factor()は0.3になる。

max_load_factorを設定した後で、rehash()もしくはreserve()を呼び出すと、極めて高コストになる（最悪の場合O(n*n)になる）可能性があることに注意しよう。というのも、全要素のハッシュ値を計算し直すことがあるからだ。実際、再計算が行われるのが一般的だ。さて、ここに示した関数群は、プログラム実行中の比較的都合のよいときに実行して、ハッシュ値を再計算するとよい。たとえば：

```
unordered_set<Record> people;        // 先ほど定義したequal_to<Record>を利用
// ...
constexpr int expected = 1000000;    // 予想される要素数の最大値
people.max_load_factor(0.7);         // 最大でも70%にする
people.reserve(expected);            // およそ1,430,000バケット
```

与えられた要素に対する適切な占有率とハッシュ関数の決定には、実測が必要だ。しかし、70%（0.7）であれば、通常は問題ない。

バケットインタフェース（§iso.23.2.5）	
n=c.bucket_count()	nはcのバケット数（ハッシュ表の大きさ）となる。noexcept
n=c.max_bucket_count()	nは1個のバケットが保持できる最大要素数となる。noexcept
m=c.bucket_size(n)	mはn番目のバケットの要素数となる
i=c.bucket(k)	キーkをもつ要素はi番目のバケットに存在するはずである
p=c.begin(n)	pはバケットn内の先頭要素を指すことになる
p=c.end(n)	pはバケットn内の末尾要素の直後を指すことになる
p=c.cbegin(n)	pはバケットn内の先頭要素を指すconst反復子となる
p=c.cend(n)	pはバケットn内の末尾要素の直後を指すconst反復子となる

c.max_bucket_count()<=nのnをバケット内のインデックスとして利用した場合の動作は定義されない（おそらくは惨事につながる）。

バケットインタフェースは、ハッシュ関数の実測に応用できる。たとえば、貧弱なハッシュ関数では、一部の特定キー値に対してbucket_size()の値が大きくなるバケットが発生してしまう。すなわち、同一のハッシュ値に多数のキーがマッピングされる。

31.5 コンテナアダプタ

コンテナアダプタ（*container adaptor*）は、コンテナに対する、別の（通常は制限された）インタフェースを提供する。コンテナアダプタは、特殊化されたインタフェースのみを介して利用されることを意図している。特に、STLのコンテナアダプタは、ベースとなっているコンテナに対する直接アクセスを提供しない。たとえば、反復子も添字演算も提供していない。

コンテナからコンテナアダプタを作成するテクニックは、ユーザのニーズに応じて、クラスインタフェースを制限的なものとする際に、一般的に利用できるものだ。

31.5.1 stack

スタックコンテナアダプタstackは、<stack>で定義されている。これからの解説のために、まずは実装の一部を示すことにしよう：

```
template<typename T, typename C = deque<T>>
class stack {                        // §iso.23.6.5.2
public:
   using value_type = typename C::value_type;
   using reference = typename C::reference;
   using const_reference = typename C::const_reference;
   using size_type = typename C::size_type;
   using container_type = C;
public:
   explicit stack(const C&);      // コンテナからコピー
   explicit stack(C&& = C{});     // コンテナからムーブ

   // デフォルトのコピー、ムーブ、代入、デストラクタ

   template<typename A>
      explicit stack(const A& a);       // デフォルトコンテナ、アロケータはa
```

```
    template<typename A>
       stack(const C& c, const A& a);   // cから要素を作る、アロケータはa
    template<typename A>
       stack(C&&, const A&);
    template<typename A>
       stack(const stack&, const A&);
    template<typename A>
       stack(stack&&, const A&);

    bool empty() const { return c.empty(); }
    size_type size() const { return c.size(); }
    reference top() { return c.back(); }
    const_reference top() const { return c.back(); }
    void push(const value_type& x) { c.push_back(x); }
    void push(value_type&& x) { c.push_back(std::move(x)); }
    void pop() { c.pop_back(); }     // 最後の要素をポップ

    template<typename... Args>
    void emplace(Args&&... args)
    {
       c.emplace_back(std::forward<Args>(args)...);
    }

    void swap(stack& s) noexcept(noexcept(swap(c, s.c)))
    {
       using std::swap;   // 標準のswap()を確実に利用する
       swap(c,s.c);
    }
protected:
    C c;
};
```

すなわち、stack は、テンプレート引数に与えられた型のコンテナへのインタフェースである。stack は、そのコンテナのスタック以外の処理を排除したインタフェースであって、一般的な名前である top()、push()、pop() を提供する。

さらに、stack は、通常の（== や < などの）比較演算子と、非メンバの swap() を提供する。

デフォルトでは、stack は内部で deque を作成して要素を保持する。しかし、back() と push_back() と pop_back() を実装しているものであれば、あらゆるシーケンスが利用できる。たとえば：

```
stack<char> s1;               // 要素格納のためにdeque<char>を利用
stack<int,vector<int>> s2;    // 要素格納のためにvector<int>を利用
```

vector のほうが、deque よりも高速で消費メモリが少なくなることが多い。

stack に対して要素を追加するときは、その内部で、ベースとなっているコンテナに対して push_back() を実行する。そのため、コンテナが必要とするメモリがシステム上にある限り、stack は“オーバフロー”しない。ただし、アンダフローすることはある：

```
void f()
{
   stack<int> s;
   s.push(2);
   if (s.empty()) {   // アンダフローは回避できるが
      // popしない
   }
   else {             // 必ずしもそうではない
```

```
        s.pop();   // 正しい：s.size()は0になる
        s.pop();   // 定義されない結果、おそらく悪い結果
    }
}
```

要素を利用するときは、pop()を行わない。top()で要素を取り出してアクセスしてみて、それが、もはや不要であるときにのみpop()する。この2段階の動作は、それほど不便でもないし、pop()が不要な場合は効率が向上するし、例外保証の実装が大幅に簡素化する。たとえば：

```
void f(stack<char>& s)
{
    if (s.top()=='c') s.pop();   // 先頭が'c'であるときにだけ除去する
    // ...
}
```

stackは、デフォルトで、ベースとなるコンテナのアロケータに依存する。ベースとなるコンテナのアロケータでは十分でないときのために、別のアロケータを与えるコンストラクタがいくつか提供されている。

31.5.2 queue

<queue>で定義されているキューqueueもコンテナへのインタフェースであり、back()による要素の追加とfront()による要素の取出しが行える：

```
template<typename T, typename C = deque<T> >
class queue {                                  // §iso.23.6.3.1
    // ... スタックと同様。ただしtop()はない ...
    void pop() { c.pop_front(); }              // 先頭の要素をポップ
};
```

キューは、あらゆるシステムのどこかで利用されるものだ。単純なメッセージベースのシステムのサーバは、以下のように定義できる：

```
void server(queue<Message>& q, mutex& m)
{
    while (!q.empty()) {
        Message mess;
        {   lock_guard<mutex> lck(m);   // メッセージ抽出のあいだロックする
            if (q.empty()) return;      // 誰かがメッセージを取り出した
            mess = q.front();
            q.pop();
        }
        // 要求に対する処理
    }
}
```

31.5.3 priority_queue

優先度付きキューpriority_queueは、どの要素をtop()にするのかという順序を制御するために、各要素に優先度をもたせたキューである。priority_queueの宣言はqueueとよく似ている。しかし、オブジェクトの比較が行えるように拡張されているとともに、シーケンスに基づいた初期化が行えるコンストラクタが追加されている：

```
template<typename T, typename C = vector<T>,
         typename Cmp = less<typename C::value_type>>
class priority_queue {  // §iso.23.6.4
protected:
   C c;
   Cmp comp;
public:
   priority_queue(const Cmp& x, const C&);
   explicit priority_queue(const Cmp& x = Cmp{}, C&& = C{});
   template<typename In>
      priority_queue(In b, In e, const Cmp& x, const C& c);   // cに[b:e)を挿入
   // ...
};
```

priority_queue の宣言は、<queue> で提供される。

デフォルトでは、priority_queue は要素の比較に < 演算子を利用して、top() は最大値をもつ要素を返却する：

```
struct Message {
   int priority;
   bool operator<(const Message& x) const { return priority < x.priority; }
   // ...
};

void server(priority_queue<Message>& q, mutex& m)
{
   while (!q.empty()) {
      Message mess;
      {  lock_guard<mutex> lck(m);   // メッセージ抽出のあいだロックする
         if (q.empty()) return;      // 誰かがメッセージを取り出した
         mess = q.top();
         q.pop();
      }
      // もっとも優先度の高い要求を処理する
   }
}
```

これが、queue を用いたバージョン（§31.5.2）と異なるのは、優先度が高い Message が先に処理されることだ。同じ優先度の要素の処理順序は、定義されない。互いに優先度が相手より高くないとみなされる二つの要素の優先度は同じだ（§31.2.2.1）。

要素の順序を維持するコストはゼロではないが、それほど高くはつかない。priority_queue 実装の有用な方法の一つが、要素の相対的な位置を維持管理する木構造を使うことである。この構造での push() と pop() のコストは、O(log(n)) である。priority_queue は、ほぼ間違いなく heap（§32.6.4）を用いて実装される。

31.6 アドバイス

[1] STL コンテナは、シーケンスを定義する。§31.2。

[2] デフォルトのコンテナとして、vector を利用しよう。§31.2, §31.4。

[3] insert() や push_back() などの挿入演算では、一般に list よりも vector のほうが効率がよい。§31.2, §31.4.1.1。

[4] 通常は空となるようなシーケンスには、`forward_list`を使おう。§31.2，§31.4.2。

[5] 性能を検討するのであれば、自分の直感に頼らずに、実測しよう。§31.3。

[6] 漸近的な計算量を盲目的に信用しないように。シーケンスは短いこともあるので、個々の処理コストは大きな差が出る。§31.3。

[7] STLコンテナは、資源ハンドルである。§31.2.1。

[8] `map`は、一般的に、赤黒木として実装される。§31.2.1，§31.4.3。

[9] `unordered_map`は、ハッシュ表である。§31.2.1，§31.4.3.2。

[10] STLコンテナの要素は、コピー演算あるいはムーブ演算を実装した型でなければならない。§31.2.2。

[11] 多相的な動作の維持が必要であれば、ポインタあるいスマートポインタのコンテナを利用しよう。§31.2.2。

[12] 比較処理は、厳密で弱い順序を実装すべきである。§31.2.2.1。

[13] コンテナは、参照渡しで与えて、値で返却しよう。§31.3.2。

[14] コンテナの要素数指定には`()`構文の初期化子を利用して、要素の並びの指定には`{}`構文を利用しよう。§31.3.2。

[15] コンテナの単純な走査は、範囲`for`ループか、あるいは、反復子の`begin`／`end`のペアを利用しよう。§31.3.4。

[16] コンテナの要素を変更する必要がなければ、`const`反復子を利用しよう。§31.3.4。

[17] 反復子を利用する際は、冗長性を減らしてタイプミスを防止するために、`auto`を利用しよう。§31.3.4。

[18] 要素を指すポインタや反復子が無効になるのを防ぐために、`reserve()`を利用しよう。§31.3.3，§31.4.1。

[19] 測定することなく、`reserve()`によって性能が向上すると思い込まないように。§31.3.3。

[20] 配列を`realloc()`するのではなく、コンテナを`push_back()`または`resize()`しよう。§31.3.3，§31.4.1.1。

[21] 要素数を変更した`vector`や`deque`に対して、反復子を利用しないように。§31.3.3。

[22] 必要ならば、`reserve()`を使って性能を予測可能にしよう。§31.3.3。

[23] `[]`が範囲をチェックすると想定しないように。§31.2.2。

[24] 範囲チェックの保証が必要であれば、`at()`を利用しよう。§31.2.2。

[25] 記述を簡便にするために、`emplace()`を使おう。§31.3.7。

[26] メモリ上で連続するコンパクトなデータ構造を優先しよう。§31.4.1.2。

[27] 事前に要素を初期化しなくてすむように、`emplace()`を使おう。§31.4.1.3。

[28] `list`の走査は、比較的高コストである。§31.4.2。

[29] `list`では、1個の要素ごとに通常4ワードのメモリオーバヘッドが発生する。§31.4.2。

[30] 順序付きコンテナのシーケンスの並びは、比較オブジェクト（デフォルトでは`<`）によって決定される。§31.4.3.1。

[31] 非順序コンテナ（ハッシングするコンテナ）のシーケンスでは、順序は予測できない。§31.4.3.2。

[32] 大量のデータからの高速な探索が必要であれば、非順序コンテナを利用しよう。§31.3。

[33] 要素の型が自然な順序をもたない（たとえば、理にかなった `<` をもたない）場合は、非順序コンテナを利用しよう。§31.4.3。

[34] 順に並んだ要素の走査が必要であれば、（`map` や `set` などの）順序付き連想コンテナを利用しよう。§31.4.3.2。

[35] 適切なハッシュ関数の選択には、実測を行おう。§31.4.3.4。

[36] 要素に対する標準のハッシュ関数の排他的論理和を取り出すハッシュ関数は、一般的によいものになる。§31.4.3.4。

[37] 占有率が `0.7` であれば、一般的には妥当である。§31.4.3.5。

[38] プログラマは、コンテナに対して、別のインタフェースを独自に提供できる。§31.5。

[39] STL のコンテナアダプタは、ベースとなるコンテナへの直接アクセスを提供しない。§31.5。

第32章　STLアルゴリズム

形式によって解放される。

— エンジニアのことわざ

32.1　はじめに

本章では、STLアルゴリズムを解説する。STLは、標準ライブラリの中の反復子、コンテナ、アルゴリズム、関数オブジェクトから構成される。アルゴリズム以外のものについては、第31章と第33章とで解説する。

32.2　アルゴリズム

およそ80もの標準アルゴリズムが`<algorithm>`で定義されている。その処理の対象は、（入力用）の反復子のペアと、（出力用の）単一の反復子とで定義される**シーケンス**（*sequence*）だ。2個のシーケンスをコピーしたり比較したりする際は、第1シーケンスは、反復子ペアによって`[b:e)`の範囲を表す。その一方で、第2シーケンスは、単一の反復子`b2`によって、アルゴリズムの適用に必要なシーケンスの先頭だけを表す。たとえば、もし第1シーケンスと同じ要素数ならば`[b2:b2+(e-b))`ということになる。`sort()`などの一部のアルゴリズムは、ランダムアクセス反復子が必要だ。しかし、`find()`などの大半のアルゴリズムは、要素を順序どおりに利用するだけなので、前進反復子だけで動作する。さて、数多くのアルゴリズムは、“見つからなかった”ことを、通常の規約にしたがって、シーケンスの末尾を返すことで表現する（§4.5）。この点については、個々のアルゴリズムの解説では言及しない。

アルゴリズムは、標準ライブラリのもの、ユーザ独自のものを問わず、重要なものである。

・すべてのアルゴリズムは、特定の処理に名前を与えて、インタフェースを明記し、セマンティクスをはっきりさせる。
・すべてのアルゴリズムは、多くのプログラマによって、広く使われているし、広く知られている。

これらは、その正確性、保守性、性能において、きちんと定義されていない関数や依存関係の低い“書き散らかしたコード”と比べると、はるかに優れている。みなさんが、ループや、他の変数から独立した局所変数や、複雑な制御構造をコーディングするならば、的確に定義された目的、的確に定義されたインタフェース、的確に定義された依存関係などをもった、分かりやすい名前の関数／アルゴリズムの一部となるようにして、コードを簡潔にするよう検討するとよい。

STL アルゴリズム形式の数値アルゴリズムについては、§40.6 で解説する。

32.2.1 シーケンス

標準ライブラリのアルゴリズムの理想は、最適に実装されたものに対して、極めて汎用的で柔軟なインタフェースを提供することである。反復子ベースのインタフェースは優れているが、完全ではないし、理想に近づけたものである（§33.1.1）。たとえば、反復子ベースのインタフェースでは、シーケンスを直接的には表現できないし、範囲に関するエラーの検出が困難になる上に混乱する可能性がある：

```
void user(vector<int>& v1, vector<int>& v2)
{
    copy(v1.begin(),v1.end(),v2.begin());    // v2をオーバフローさせる可能性
    sort(v1.begin(),v2.end());               // おっと！
}
```

このような問題の多くは、標準ライブラリのアルゴリズムのコンテナバージョンを作ることによって軽減される。たとえば：

```
template<typename Cont>
void sort(Cont& c)
{
    static_assert(Range<Cont>(), "sort(): Cont argument not a Range");
    static_assert(Sortable<Iterator<Cont>>(), "sort(): Cont argument not Sortable");

    std::sort(begin(c),end(c));
}

template<typename Cont1, typename Cont2>
void copy(const Cont1& source, Cont2& target)
{
    static_assert(Range<Cont1>(), "copy(): Cont1 argument not a Range");
    static_assert(Range<Cont2>(), "copy(): Cont2 argument not a Range");
    if (target.size()<source.size()) throw out_of_range{"copy target too small"};

    std::copy(source.begin(),source.end(),target.begin());
}
```

これを利用すると、先ほどのuser()が簡略化できる。user()の2行目は、表現が変わるためエラーが発生しなくなり、1行目のエラーは実行時に正しく捕捉される：

```
void user(vector<int>& v1, vector<int>& v2)
{
    copy(v1,v2);    // オーバフローは捕捉される
    sort(v1);
}
```

しかし、反復子を直接利用するバージョンに比べると、コンテナバージョンは汎用性が劣る。たとえば、コンテナの半分だけのsort()は行えないし、コンテナから出力ストリームへのcopy()は不可能だ。

これを補うための方法が、抽象化した“範囲”や“シーケンス”を定義することによって、シーケンスを必要に応じて定義できるようにすることだ。私は、begin()とend()の反復子で表現するものには、Rangeというコンセプトを適用している（§24.4.4）。データを保持するRangeクラスは存在しない。STLにIteratorクラスやContainerクラスが存在しないのと同様だ。“コンテナのsort()”と“コンテナのcopy()”のサンプルでは、テンプレート引数を（“コンテナ（container）”を意味する）Contとした。しかし、アルゴリズムに対する、それ以外の要件を満たす限り、begin()とend()で指定されたあらゆるシーケンスを受け取れる。

標準ライブラリの大半のアルゴリズムは、反復子を返す。注意してほしいのは、（pairなどの一部の例外を除くと）返却するのが、結果のコンテナではないということだ。その理由の一つが、STL設計時に、ムーブセマンティクスを直接サポートする方法がなかったことである。アルゴリズムから大量のデータを分かりやすく効率的に返す方法がなかったのだ。一部のプログラマは、明示的な（ポインタ、参照、反復子などによる）間接参照を使ったり、巧みでトリッキーなことを行ったりしていた。現在では、よりよい表現が可能である：

```
template<typename Cont, typename Pred>
vector<Value_type<Cont>*>
find_all(Cont& c, Pred p)
{
    static_assert(Range<Cont>(), "find_all(): Cont argument not a Range");
    static_assert(Predicate<Pred>(), "find_all(): Pred argument not a Predicate");

    vector<Value_type<Cont>*> res;
    for (auto& x : c)
        if (p(x)) res.push_back(&x);
    return res;
}
```

C++98では、ここに示すfind_all()は、一致する要素数が多くなると性能上の問題を起こすだろう。標準ライブラリのアルゴリズムでは制約がきつかったり不十分であったりする場合は、STLアルゴリズムの新バージョンや、新アルゴリズムによる拡張によって、成功することがある。これは、問題回避のために“書き散らかす”よりもずっとよい。

STLアルゴリズムが返すのが、引数のコンテナではないことに注意しよう。STLアルゴリズムの引数は反復子（第33章）であって、その反復子が指すデータ構造について、アルゴリズムは何も知らない。そもそも反復子は、アルゴリズムと処理対象のデータを分離するためのものだ。

32.3 ポリシー引数

標準ライブラリのほとんどのアルゴリズムは、２種類のバージョンを定義している：

- `<`や`==`などのように通常の処理を実行する“単純な”バージョン。
- 主要な処理を引数に受け取るバージョン。

たとえば：

```
template<typename Iter>
void sort(Iter first, Iter last)
{
   // ... e1<e2を利用してソート ...
}

template<typename Iter, typename Pred>
void sort(Iter first, Iter last, Pred pred)
{
   // ... pred(e1,e2)を利用してソート ...
}
```

その結果、標準ライブラリの柔軟性が向上するとともに、利用の幅が広がる。

多くの場合、アルゴリズムの２種類のバージョンは、２個の（多重定義された）関数テンプレートか、あるいは、デフォルト引数をもつ１個の関数テンプレートとして実装される。たとえば：

```
// デフォルトテンプレート引数を利用
template<typename Ran, typename Pred = less<Value_type<Ran>>>
sort(Ran first, Ran last, Pred pred ={})
{
   // ... pred(x,y)を利用 ...
}
```

２個の関数とするか、あるいは、デフォルト引数をもつ１個の関数とするかの違いは、関数へのポインタを利用したときに表面化する。もっとも、標準アルゴリズムの多くが、“デフォルトの述語をもつバージョン”と大雑把に考えておけば、覚えておくべきテンプレート関数は半分になる。

引数は、述語と解釈されたり、値と解釈されたりする。たとえば：

```
bool pred(int);

auto p = find(b,e,pred);
// 要素predを探すのか、それとも、述語pred()を適用するのか？（答えは後者）
```

一般にコンパイラは、この例のような曖昧さを解決できない。コンパイラが解決できたとして、プログラマが混乱するケースもある。

プログラマが行うことをシンプルにするために、述語を受け取るアルゴリズムの名前の末尾は`_if`とすることが多い。２種類の名前を区別するのは、曖昧さと混乱を最小限に抑えるためだ。次の例を考えよう：

```
using Predicate = bool(*)(int);

void f(vector<Predicate>& v1, vector<int>& v2)
{
   auto p1 = find(v1.begin(),v1.end(),pred);      // 値predをもつ要素を探す
   auto p2 = find_if(v2.begin(),v2.end(),pred);  // pred()が真となる要素をカウント
}
```

アルゴリズムに対する引数として渡される処理の中には、処理対象の要素を変更するもの（たとえば、for_each()に渡される処理の一部など：§32.4.1）がある。しかし、ほとんどは述語だ（たとえば、sort()用の比較オブジェクトなどがそうである）。明記されていない限り、アルゴリズムに渡されたポリシー引数が要素を変更することはない。そのため、述語の中で要素を変更しようとしてはいけない：

```
int n_even(vector<int>& v)          // このようなことを行ってはいけない
   // v中の偶数の個数をカウントする
{
   return count_if(v.begin(),v.end(),[](int& x) { ++x; return x&1; });
}
```

述語で要素を変更すると、何を処理しているのかが不明瞭になる。本当にこっそり行いたいのであれば、シーケンスを変更して（たとえば、反復処理中にコンテナの名前を使って、要素を挿入したり削除したりするなど）、反復処理を（おそらく分かりにくい方法で）失敗させることも可能だ。事故を避けるには、述語に対しては、const参照を渡すとよい。

同様に、述語は、処理の意味を変化させる状態を保持すべきではない。アルゴリズムの実装では、述語をコピーすることもある。同じ値に対して述語を再び実行したときに、違う結果が得られることを期待することなどは、ほとんどない。アルゴリズムに与える関数オブジェクトには、たとえば乱数生成器などのように、変更可能な状態を保持するものもある。アルゴリズムがコピーを行わないことが確実に分かっているのでなければ、関数オブジェクトの引数に含まれる変更可能な状態は、他のオブジェクトに保持させた上で、ポインタや参照を経由して利用するとよい。

STLアルゴリズムでは、ポインタである要素に対して、==と<とが適切となることは、極めてまれである。というのも、比較の対象が、参照先の値ではなくて、マシン内でのアドレスとなるからだ。特に、C言語スタイルの文字列のコンテナを、デフォルトの==や<を使って、ソートしたり探索したりしないようにしよう（§32.6）。

32.3.1 計算量

コンテナ（§31.3）と同様に、アルゴリズムの計算量も標準に明記されている。ほとんどのアルゴリズムの計算量は、線形すなわちO(n)だ。一部のアルゴリズムでは、nが入力シーケンスの長さを意味する。

アルゴリズムの計算量（§iso.25）	
O(1)	swap()、iter_swap()
O(log(n))	lower_bound()、upper_bound()、equal_range()、binary_search()、push_heap()、pop_heap()、partition_point()
O(n*log(n))	inplace_merge()（最悪の場合）、stable_partition()（最悪の場合）、sort()、stable_sort()、partial_sort()、partial_sort_copy()、sort_heap()
O(n*n)	find_end()、find_first_of()、search()、is_permutation()（最悪の場合）
O(n)	その他すべて

例によって、これらは漸近的な計算量であり、nの意味をきちんと理解する必要がある。たとえば、n<3の場合では、2次のアルゴリズムがベストな選択肢となるだろう。1回ごとの反復にかかるコストの違いが、極めて大きくなることもある。たとえば、リストの走査は、ベクタよりもずっと遅くなることもあるが、計算量はどちらも線形である（O(n)）。計算量の値は、常識や実装値に代わるものではない。コードの品質を保証するための多数のツールの一つにすぎない。

32.4 シーケンスを更新しないアルゴリズム

更新を行わないアルゴリズムは、入力シーケンスの要素の値を読み取るだけだ。シーケンスを並べかえることも、要素の値を変更することもない。多くの場合、アルゴリズムに対してユーザが与える処理は、要素の値を更新しない（引数の更新を禁止している）述語だ。

32.4.1 for_each()

もっとも単純なアルゴリズムは、for_each()だ。これは、シーケンスの全要素に、指定された処理を適用する：

for_each（§iso.25.2.4）	
f=for_each(b,e,f)	[b:e)のすべてのxに対してf(x)を実行する。fを返却する

可能な場合は、なるべく具体的なアルゴリズムを指定するとよい。

for_each()に渡した処理が、要素を更新することも可能だ。たとえば：

```
void increment_all(vector<int>& v) // vの全要素をインクリメント
{
    for_each(v.begin(),v.end(), [](int& x) {++x;});
}
```

32.4.2 シーケンス述語

シーケンス述語（§iso.25.2.1）	
all_of(b,e,f)	[b:e)のすべてのxに対してf(x)が真となるか？
any_of(b,e,f)	[b:e)のx中に、f(x)が真となるものがあるか？
none_of(b,e,f)	[b:e)のすべてのxに対してf(x)が偽となるか？

たとえば：

```
vector<double> scale(const vector<double>& val, const vector<double>& div)
{
    assert(val.size()<=div.size());
    assert(all_of(div.begin(),div.end(),[](double x){ return 0<x; }));

    vector<double> res(val.size());
    for (int i = 0; i<val.size(); ++i)
        res[i] = val[i]/div[i];
    return res;
}
```

これらのシーケンス述語が失敗した場合、どの要素が原因なのかは、返却値だけからは判定できない。

32.4.3 count()

count（§iso.25.2.9）	
x=count(b,e,v)	x は、v==*p が成立する [b:e) 内の *p の個数となる
x=count_if(b,e,f)	x は、f(*p) が成立する [b:e) 内の *p の個数となる

たとえば：

```
void f(const string& s)
{
    auto n_space = count(s.begin(),s.end(),' ');
    auto n_whitespace = count_if(s.begin(),s.end(),isspace);
    // ...
}
```

isspace() 述語（§36.2）は、スペースだけではなく、すべての空白類文字を対象とする。

32.4.4 find()

find() アルゴリズムのファミリは、特定の要素、あるいは、述語によって一致を判断できる要素の線形探索を行う：

find ファミリ（§iso.25.2.5）	
p=find(b,e,v)	p は、[b:e) 内で、*p==v が真となる先頭の要素を指すことになる
p=find_if(b,e,f)	p は、[b:e) 内で、f(*p) が真となる先頭の要素を指すことになる
p=find_if_not(b,e,f)	p は、[b:e) 内で、!f(*p) が真となる先頭の要素を指すことになる
p=find_first_of(b,e,b2,e2)	p は、[b:e) 内で、*p==*q が真となる先頭の要素を指すことになる。ここで q は [b2:e2) 内の要素である
p=find_first_of(b,e,b2,e2,f)	p は、[b:e) 内で、f(*p,*q) が真となる先頭の要素を指すことになる。ここで q は [b2:e2) 内の要素である
p=adjacent_find(b,e)	p は、[b:e) 内で、*p==*(p+1) が真となる先頭の要素を指すことになる
p=adjacent_find(b,e,f)	p は、[b:e) 内で、f(*p,*(p+1)) が真となる先頭の要素を指すことになる
p=find_end(b,e,b2,e2)	p は、[b:e) 内で、*p==*q が真となる末尾の要素を指すことになる。ここで q は [b2:e2) 内の要素である
p=find_end(b,e,b2,e2,f)	p は、[b:e) 内で、f(*p,*q) が真となる末尾の要素を指すことになる。ここで q は [b2:e2) 内の要素である

find() アルゴリズムは、値が一致する最初の要素を返却し、find_if() アルゴリズムは、述語が真であると判定される最初の要素を指す反復子を返却する。たとえば：

```
void f(const string& s)
{
    auto p_space = find(s.begin(),s.end(),' ');
    auto p_whitespace = find_if(s.begin(),s.end(), isspace);
    // ...
}
```

find_first_of() アルゴリズムは、他のシーケンス内に出現する最初の位置を探索する：

```
array<int,3> x = {1,3,4};
array<int,5> y = {0,2,3,4,5};

void f()
{
    auto p = find_first_of(x.begin(),x.end(),y.begin(),y.end());   // p = &x[1]
    auto q = find_first_of(p+1,x.end(),y.begin(),y.end());         // q = &x[2]
}
```

y 内の要素と一致する、x 内の最初の要素は 3 なので、反復子 p は x[1] を指すことになる。同様に、q は x[2] を指すことになる。

32.4.5 equal() と mismatch()

equal() アルゴリズムと mismatch() アルゴリズムは、二つのシーケンスを比較する：

equal と mismatch（§iso.25.2.11, §iso.25.2.10）	
equal(b,e,b2)	[b:e) と [b2:b2+(e-b)) の対応する全要素で v==v2 が真となるか？
equal(b,e,b2,f)	[b:e) と [b2:b2+(e-b)) の対応する全要素で f(v,v2) が真となるか？
pair(p1,p2)=mismatch(b,e,b2)	!(*p1==*p2) または p1==e が真である、[b:e) 内の先頭要素を p1 が指すようにするとともに、[b2:b2+(e-b)) 内の先頭要素を p2 が指すようにする
pair(p1,p2)=mismatch(b,e,b2,f)	!f(*p1,*p2) または p1==e が真である、[b:e) 内の先頭要素を p1 が指すようにするとともに、[b2:b2+(e-b)) 内の先頭要素を p2 が指すようにする

mismatch() アルゴリズムは、二つのシーケンス内の一致しない最初の要素を探索して、それらの2要素を指す反復子を返す。第2シーケンスの末尾は与えない。すなわち、last2 は存在しない。その代わり、第2シーケンスの要素数は、第1シーケンスの要素数以上であると仮定した上で、last2 の代わりに first2+(last-first) を使う。標準ライブラリでは、要素のペアの処理のためにシーケンスのペアを使うときに、この技法を広く採用している。mismatch() は、以下のように実装できる：

```
template<typename In, typename In2, typename Pred = equal_to<Value_type<In>>>
pair<In, In2> mismatch(In first, In last, In2 first2, Pred p ={})
{
   while (first != last && p(*first,*first2)) {
      ++first;
      ++first2;
   }
   return {first,first2};
}
```

ここでは、標準関数オブジェクト`equal_to`（§33.4）と、型関数`Value_type`（§28.2.1）を利用している。

32.4.6 search()

`search()`アルゴリズムと`search_n()`アルゴリズムは、シーケンス内から、別のシーケンスを部分シーケンスとして探索する：

シーケンス探索（§iso.25.2.13）	
`p=search(b,e,b2,e2)`	`[p:p+(e2-b2))`が`[b2:e2)`に一致する、`[b:e)`内の先頭の`*p`を、`p`が指すようにする
`p=search(b.e,b2,e2,f)`	`f`による要素の比較で`[p:p+(e2-b2))`が`[b2:e2)`に一致する、`[b:e)`内での先頭の`*p`を、`p`が指すようにする
`p=search_n(b,e,n,v)`	`[b:e)`内で、全要素の値が`v`となる`[p:p+n)`の先頭要素を、`p`が指すようにする
`p=search_n(b,e,n,v,f)`	`[b:e)`内で、全要素に対して`f(*p,v)`が真となる`[p:p+n)`の先頭要素を、`p`が指すようにする

`search()`アルゴリズムは、第1シーケンス内に出現する第2シーケンス、すなわち部分シーケンスを探索する。第2シーケンスが見つかった場合は、第1シーケンス内の一致する先頭要素を指す反復子を返す。例によって、“見つからなかった”ことは、シーケンス末尾を指す反復子で表す。たとえば：

```
string quote {"Why waste time learning, when ignorance is instantaneous?"};

bool in_quote(const string& s)
{
   auto p = search(quote.begin(),quote.end(),s.begin(),s.end());  // quote中のsを探索
   return p!=quote.end();
}

void g()
{
   bool b1 = in_quote("learning");  // b1 = true
   bool b2 = in_quote("lemming");   // b2 = false
}
```

`search()`は、各種シーケンスに一般化されている部分文字列の探索を行うときに便利なアルゴリズムだ。

単一の要素を探索する場合は、`find()`や`binary_search()`（§32.6）を利用する。

32.5 シーケンスを更新するアルゴリズム

更新を行うアルゴリズム（**シーケンスを変化させるアルゴリズム**（*mutating sequence algorithm*）とも呼ばれる）は、引数に与えられたシーケンスの要素の更新を行える（そして多くの場合、実際にそうする）。

transform（§iso.25.3.4）	
p=transform(b,e,out,f)	[b:e) 内のすべての *p1 に対して *q=f(*p1) を適用して [out:out+(e-b)) 内の対応する *q に対して書き込む。p=out+(e-b)
p=transform(b,e,b2,out,f)	[b:e) 内のすべての *p1 と、[b2:b2+(e-b)) 内の対応する *p2 に対して *q=f(*p1,*p2) を適用して、[out:out+(e-b)) 内の対応する *q に対して書き込む。p=out+(e-b)

混乱しやすいことに、transform() は、その入力を必ずしも更新する必要がない。その代わり、ユーザが提供した処理に基づいて入力を変換して、その結果を出力とする。入力シーケンスが1個であるバージョンの transform() は、以下のように定義できる：

```
template<typename In, typename Out, typename Op>
Out transform(In first, In last, Out res, Op op)
{
   while (first!=last)
      *res++ = op(*first++);
   return res;
}
```

入力シーケンス自体を、出力対象シーケンスにすることも可能だ：

```
void toupper(string& s)  // 小文字を大文字に変換
{
   transform(s.begin(),s.end(),s.begin(),toupper);
}
```

このコードは、入力の s そのものを変換する。

32.5.1 copy()

copy() アルゴリズムのファミリは、あるシーケンス内の要素を別のシーケンスにコピーする。以降の節では、replace_copy() など（§32.5.3）の別のアルゴリズムと組み合わせたバージョンの copy() を示していく。

copy ファミリ（§iso.25.3.1）	
p=copy(b,e,out)	[b:e) 内の全要素を [out:p) にコピーする。p=out+(e-b)
p=copy_if(b,e,out,f)	f(x) が真となる [b:e) 内のすべての x を [out:p) にコピーする
p=copy_n(b,n,out)	[b:b+n) 内の先頭 n 個の要素を [out:p) にコピーする。p=out+n
p=copy_backward(b,e,out)	[b:e) 内の全要素を逆順に [p:out) にコピーする。p=out-(e-b)
p=move(b,e,out)	[b:e) 内の全要素を [out:p) にムーブする。p=out+(e-b)
p=move_backward(b,e,out)	[b:e) 内の全要素を逆順に [out:p) にムーブする。p=out+(e-b)

copy アルゴリズムのコピー先はコンテナでなくてもよい。出力反復子が利用できるものであれば（§38.5）、どんなものでも利用できる。たとえば：

```
void f(list<Club>& lc, ostream& os)
{
    copy(lc.begin(),lc.end(),ostream_iterator<Club>(os));
}
```

シーケンスを読み取るには、開始位置と終了位置を表す反復子のペアが必要だ。一方、書き込むときは、書込み開始位置を表す反復子が1個だけあればよい。ただし、コピー先の末尾を越えて書き込まないような注意が必要だ。そのための方法の一つが、インサータ（§33.2.2）を使って、コピー先を必要なだけ拡張することである。たとえば：

```
void f(const vector<char>& vs, vector<char>& v)
{
    copy(vs.begin(),vs.end(),v.begin());          // vの末尾を越えて書き込む可能性
    copy(vs.begin(),vs.end(),back_inserter(v));   // vsの要素をvの末尾に追加
}
```

入力シーケンスと出力シーケンスが重なることもある。シーケンスが重ならない場合、あるいは、出力シーケンスの末尾が入力シーケンスの中に含まれる場合は、copy() を利用する。

何らかの条件を満たす要素のみをコピーする場合は、copy_if() を利用する。たとえば：

```
void f2(list<int>&ld, int n, ostream& os)
{
    copy_if(ld.begin(),ld.end(),
            ostream_iterator<int>(os),
            [n](int x) { return x>n); });
}
```

remove_copy_if() も参照しよう。

32.5.2 unique()

unique() アルゴリズムは、シーケンス内で隣接している重複要素を削除する。

unique ファミリ（§iso.25.3.9）	
p=unique(b,e)	[b:e) を移動して [b:p] 内の隣接する重複要素をなくす
p=unique(b,e,f)	[b:e) を移動して [b:p] 内の隣接する重複要素をなくす。“重複”は f(*p,*(p+1)) で判断する
p=unique_copy(b,e,out)	隣接する重複要素がなくなるよう、[b:e) を [out:p) にコピーする
p=unique_copy(b,e,out,f)	隣接する重複要素がなくなるよう、[b:e) を [out:p) にコピーする。“重複”は f(*p,*(p+1)) で判断する

unique() アルゴリズムと unique_copy() アルゴリズムは、隣接する重複要素を削除する。たとえば：

```
void test(list<string>& ls, vector<string>& vs)
{
    ls.sort();     // listのsort (§31.4.2)
    unique_copy(ls.begin(),ls.end(),back_inserter(vs));
}
```

このコードは、隣接する重複要素を除去しながら、lsをvsにコピーする。事前にsort()しているのは、同じ文字列を隣接させるためだ。

他の標準アルゴリズムと同様に、unique()は反復子に基づいて処理を行う。反復子が指すコンテナの種類については関知しないので、コンテナを更新することはできない。更新できるのは、要素の値のみである。そのため、unique()は、入力シーケンス内の重複の削除を、通常期待するような方法では行わない。すなわち、vector内の重複を削除することはない：

```
void bad(vector<string>& vs)      // 警告：見かけどおりのことを行うのではない
{
   sort(vs.begin(),vs.end());     // vectorをソート
   unique(vs.begin(),vs.end());   // 重複を削除（実際には行わない）
}
```

実際には、unique()は、一意な（重複しない）要素をシーケンスの最前方（先頭）に移動して、一意な要素だけで構成される部分シーケンスの末尾を指す反復子を返す。たとえば：

```
int main()
{
   string s ="abbcccde";

   auto p = unique(s.begin(),s.end());
   cout << s << ' ' << p-s.begin() << '\n';
}
```

このコードを実行すると、次のように表示される。

```
abcdecde 5
```

すなわち、pは2番目のc（すなわち、重複する要素群の先頭）を指す。

要素を削除する可能性があるアルゴリズム（実際には削除は行わない）は、基本的に2種類が提供される。"プレーン"バージョンは、unique()と同様の方式で要素を並べかえる。_copyバージョンは、unique_copy()と同様の方式で新しいシーケンスを生成する。

コンテナ内の重複要素を削除するには、明示的に縮める必要がある：

```
template<typename C>
void eliminate_duplicates(C& c)
{
   sort(c.begin(),c.end());                // ソートする
   auto p = unique(c.begin(),c.end());     // つめる
   c.erase(p,c.end());                     // 縮める
}
```

このコードは、c.erase(unique(c.begin(),c.end()),c.end())と記述しても等価だ。しかし、そのような圧縮記法が、可読性や保守性を向上させるとは、私は考えていない。

32.5.3 remove()とreverse()とreplace()

remove()アルゴリズムは、シーケンスの末尾要素を"削除（remove）"する。

remove（§iso.25.3.8）と reverse（§iso.25.3.10）	
p=remove(b,e,v)	値が v である [b:e) 内の要素を削除して、[b:p) は !(*q==v) が真となる要素のみとなる
p=remove_if(b,e,f)	!f(*q) が真となる *q を [b:e) から削除して、[b:p) は !f(*q) が真となる要素のみとなる
p=remove_copy(b,e,out,v)	!(*q==v) が真となる [b:e) 内の要素を [out:p) にコピーする
p=remove_copy_if(b,e,out,f)	!f(*q) が真となる [b:e) 内の要素を [out:p) にコピーする
reverse(b,e)	[b:e) の要素を逆順に並べかえる
p=reverse_copy(b,e,out)	[b:e) 内の要素を [out:p) に逆順でコピーする

replace() アルゴリズムは、対象となる要素に新しい値を代入する：

replace（§iso.25.3.5）	
replace(b,e,v,v2)	*p==v が真となる [b:e) 内の *p を v2 に置きかえる
replace_if(b,e,f,v2)	f(*p) が真となる [b:e) 内の *p を v2 に置きかえる
p=replace_copy(b,e,out,v,v2)	*q==v が真となる要素 *q を v2 に置きかえながら、[b:e) を [out:p) にコピーする
p=replace_copy_if(b,e,out,f,v2)	f(*q,v) が真となる要素 *q を v2 に置きかえながら、[b:e) を [out:p) にコピーする

ここに示したアルゴリズムは、入力シーケンスの大きさを更新しない。すなわち、remove() によって、入力シーケンスの大きさが変化することはない。unique() と同様に、"削除"は、要素を終端に移動することによって行う。たとえば：

```
string s {"*CamelCase*IsUgly*"};
cout << s << '\n';                          // *CamelCase*IsUgly*
auto p = remove(s.begin(),s.end(),'*');
copy(s.begin(),p,ostream_iterator<char>{cout});   // CamelCaseIsUgly
cout << s << '\n';                          // CamelCaseIsUglyly*
```

32.5.4 rotate() と random_shuffle() と partition()

rotate() と random_shuffle() と partition() のアルゴリズムは、入力シーケンス内で要素を移動する体系的な方法を提供する：

rotate（§iso.25.3.11）	
p=rotate(b,m,e)	要素を左にローテートする。[b:e) を環状、すなわち先頭要素が末尾要素のすぐ右側にあるものとして処理する。*(b+i) を *(b+(i+(e-m))%(e-b)) に移動する。 注意：*b は *m に移動する。p=b+(e-m)
p=rotate_copy(b,m,e,out)	ローテートしたシーケンス [out:p) に [b:e) をコピーする

rotate()（と shuffle と partition アルゴリズム）での要素の移動は、swap() によって実現されている。

random_shuffle（§iso.25.3.12）	
random_shuffle(b,e)	デフォルトの乱数生成器を使って、[b:e) 内の要素をシャッフルする
random_shuffle(b,e,f)	乱数生成器 f を使って、[b:e) 内の要素をシャッフルする
shuffle(b,e,f)	一様乱数生成器 f を使って、[b:e) 内の要素をシャッフルする

シャッフルのアルゴリズムは、トランプのカードをシャッフルするように、シーケンスをシャッフルする。そのため、シャッフル後の要素の順序はランダムになる。ここでの“ランダム”は、乱数生成器が生成する分布にしたがう、という意味だ。

デフォルトでは、random_shuffle() は、一様乱数生成器を使ってシーケンスをシャッフルする。すなわち、シーケンスの要素の順列は、確率的に等しい出現順序で決定される。別の分布や、より優れた乱数生成器を利用したければ、それを与えるだけだ。random_shuffle(b,e,r) の呼出しでは、シーケンス（あるいは部分シーケンス）の要素数を引数として与えて、乱数生成器を呼び出す。たとえば、r(e-b) という呼出しでは、乱数生成器は必ず [0,e-b) の範囲の値を返す。乱数生成器を My_rand とすると、トランプのカードは次のようにシャッフルできる：

```
void f(deque<Card>& dc, My_rand& r)
{
    random_shuffle(dc.begin(),dc.end(),r);
    // ...
}
```

分割（partition）アルゴリズムは、指定された分割基準にしたがって、シーケンスを二つに分割する。

partition（§iso.25.3.13）	
p=partition(b,e,f)	f(*p1) が真となる要素を [b:p) に置いて、真とならない要素を [p:e) に置く
p=stable_partition(b,e,f)	f(*p1) が真となる要素を [b:p) に置いて、真とならない要素を [p:e) に置く。相対的な順序を維持する
pair(p1,p2)=partition_copy(b,e,out1,out2,f)	f(*p) が真となる [b:e) 内の要素を [out1:p1) にコピーして、真とならない要素を [out2:p2) にコピーする
p=partition_point(b,e,f)	all_of(b,p,f) かつ none_of(p,e,f) となる [b:e) 内の位置を p が指すようにする
is_partitioned(b,e,f)	[b:e) 内では、f(*p) が真となるすべての要素が、真とならない要素よりも前に位置するか？

32.5.5 順列

順列（permutation）アルゴリズムは、シーケンスのすべての順列を生成する体系的な方法を提供する。

順列（§iso.25.4.9,§iso.25.2.12） next_* の処理が成功すれば x は true となり、失敗すれば false となる	
x=next_permutation(b,e)	[b:e) を、辞書順での次の順列に変換する
x=next_permutation(b,e,f)	[b:e) を、比較 f による順での次の順列に変換する
x=prev_permutation(b,e)	[b:e) を、辞書順での前の順列に変換する
x=prev_permutation(b,e,f)	[b:e) を、比較 f による順での前の順列に変換する
is_permutation(b,e,b2)	[b:e) に一致する [b2:b2+(e-b)) の順列が存在するか？
is_permutation(b,e,b2,f)	要素を f(*p,*q) で比較して、[b:e) に一致する [b2:b2+(e-b)) の順列が存在するか？

順列アルゴリズムは、シーケンスの要素の組合せを生成する。たとえば、abc の順列は、abc、acb、bac、bca、cab、cba である。

next_permutation() アルゴリズムは、シーケンス [b:e) を引数に受け取って、次の順列となるように変換する。次の順列とは、すべての順列を辞書順で並べたときに、一つ後ろに位置するもののことだ。次の順列が存在すれば、next_permutation() は true を返却する。存在しなければ、シーケンスを最小の順列、すなわち昇順でソートしたもの（先ほどの例であれば abc）に変換して false を返す。そのため、abc の順列の生成は、以下のように行える：

```
vector<char> v {'a','b','c'};
while(next_permutation(v.begin(),v.end()))
   cout << v[0] << v[1] << v[2] << ' ';
cout << '\n';
```

同様に、prev_permutation() の返却値も、[b:e) が順列の先頭（先ほどの例は abc）であれば false である。この場合、シーケンスは最後の順列（先ほどの例では cba）に変換される。

32.5.6 fill()

fill() アルゴリズムのファミリは、シーケンスの要素を代入あるいは初期化する方法を提供する：

fillファミリ（§iso.25.3.6, §iso.25.3.7, §iso.20.6.12）	
fill(b,e,v)	[b:e) の全要素に v を代入する
p=fill_n(b,n,v)	[b:b+n) の全要素に v を代入する。p=b+n
generate(b,e,f)	[b:e) の全要素に f() を代入する
p=generate_n(b,n,f)	[b:b+n) の全要素に f() を代入する。p=b+n
uninitialized_fill(b,e,v)	[b:e) の全要素を v で初期化する
p=uninitialized_fill_n(b,n,v)	[b:b+n) の全要素を v で初期化する。p=b+n
p=uninitialized_copy(b,e,out)	[out:out+(e-b)) の全要素を、対応する [b:e) の要素で初期化する。p=out+n
p=uninitialized_copy_n(b,n,out)	[out:out+n) の全要素を、対応する [b:b+n) の要素で初期化する。p=out+n

fill() アルゴリズムは、指定された値を繰り返し代入する。ただし、generate() アルゴリズムは、

引数として受け取った関数を呼び出すことによって得られる値を代入する。§40.7で解説する乱数生成器Rand_intを使った例を示そう：

```
int v1[900];
array<int,900> v2;
vector<int> v3;

void f()
{
    fill(begin(v1),end(v1),99);                 // v1の全要素を99とする
    // [500:1500]の範囲の整数の乱数を代入：
    generate(begin(v2),end(v2),Rand_int{500,1500});
    // [0:100]の範囲の整数の乱数を書き出す：
    generate_n(ostream_iterator<int>{cout,"\n"},200,Rand_int{0,100});
    fill_n(back_inserter(v3),20,99);          // 値が99である20個の要素をv3に追加
}
```

generate()関数とfill()関数は、初期化ではなく代入を行う。生のメモリを操作したい場合、すなわち、特定のメモリ領域を、的確に定義された型や状態のオブジェクトへと変換したい場合は、（<memory>が定義する）uninitialized_バージョンを利用する。

未初期化シーケンスは、極めて低レベルのプログラミングでのみ利用すべきものだ。通常は、コンテナ内部の実装に限るべきだ。uninitialized_fill()とuninitialized_copy()の処理対象の要素は、組込み型か、あるいは、未初期化のものでなければならない。たとえば：

```
vector<string> vs {"Breugel","El Greco","Delacroix","Constable"};
vector<string> vs2 {"Hals","Goya","Renoir","Turner"};
copy(vs.begin(),vs.end(),vs2.begin());                  // OK
uninitialized_copy(vs.begin(),vs.end(),vs2.begin());    // リーク！
```

これ以外の、未初期化メモリを処理するための、いくつかの機能については§34.6で解説する。

32.5.7 swap()

swap()アルゴリズムは、2個のオブジェクトの値を交換する。

swapファミリ（§iso.25.3.3）	
swap(x,y)	xとyの値を交換する
p=swap_ranges(b,e,b2)	[b:e)と[b2:b2+(e-b))の対応する要素にswap(v,v2)を実行する
iter_swap(p,q)	swap(*p,*q)

たとえば：

```
void use(vector<int>& v, int* p)
{
    swap_ranges(v.begin(),v.end(),p);  // 値を交換
}
```

ここでのポインタpは、少なくともv.size()個の要素をもつ配列を指す必要がある。

swap()アルゴリズムは、標準ライブラリの中で、おそらくもっとも単純で、かつ、ほぼ間違いなく、もっとも重要なアルゴリズムだ。そのため、利用頻度が高い他のアルゴリズムの実装でも利用されている。swap()の実装例は§7.7.2で示したが、標準ライブラリバージョンは§35.5.2で解説する。

32.6 ソートと探索

ソートと、ソートずみシーケンスからの探索は、基礎的な処理であるとともに、それに対するプログラマのニーズは極めて多様だ。デフォルトの比較処理は < 演算子によって行われ、a と b の値の等値性の判定は、== 演算子ではなく、!(a<b)&&!(b<a) で行われる：

sort ファミリ（§iso.25.4.1）	
sort(b,e)	[b:e) をソートする
sort(b,e,f)	f(*p,*q) による比較処理を利用して、[b:e) をソートする

通常の“単なるソート”以外にも、多くの変種が定義されている：

sort ファミリ（§iso.25.4.1）	
stable_sort(b,e)	等価な要素の順序を維持した上で [b:e) をソートする
stable_sort(b,e,f)	f(*p,*q) による比較処理を利用して、等価な要素の順序を維持した上で [b:e) をソートする
partial_sort(b,m,e)	[b:m) が整列されるように [b:e) をソートする。[m:e) はソートされる保証がない
partial_sort(b,m,e,f)	f(*p,*q) による比較処理を利用して、[b:m) が整列されるように [b:e) をソートする。[m:e) はソートされる保証がない
p=partial_sort_copy(b,e,b2,e2)	先頭 e2-b2 個の要素を [b2:e2) にコピーできるように [b:e) をソートする。p は、e2 と b2+(e-b) の小さいほうとなる
p=partial_sort_copy(b,e,b2,e2,f)	f による比較処理を利用して、先頭 e2-b2 個の要素を [b2:e2) にコピーできるように [b:e) をソートする。p は、e2 と b2+(e-b) の小さいほうとなる
is_sorted(b,e)	[b:e) はソートずみか？
is_sorted(b,e,f)	[b:e) は、比較処理に f を用いてソートずみか？
p=is_sorted_until(b,e)	[b:e) 内の未ソート部の先頭要素を p が指すようにする
p=is_sorted_until(b,e,f)	比較処理に f を用いた場合の [b:e) 内の未ソート部の先頭要素を p が指すようにする
nth_element(b,n,e)	[b:e) がソートずみであれば、*n は [b:e) 内の位置である。[b:e) の要素は、[n:e) 内の <=*n かつ *n<= の要素である
nth_element(b,n,e,f)	[b:e) がソートずみであれば、*n は [b:e) 内の位置である。[b:n) の要素は、比較処理に f を用いた場合の、[n:e) 内の <=*n かつ *n<= の要素である

sort() アルゴリズムは、ランダムアクセス反復子を必要とする（§33.1.2）。

その名前とは裏腹に、is_sorted_until() は、bool ではなくて反復子を返す。

標準の list（§31.3）はランダムアクセス反復子を定義していないので、list のソートには専用の処理が必要だ（§31.4.2）。なお、listの要素をvectorにコピーして、そのvectorをソートして、その後で要素をlistへ再度コピーする方法もある：

```
template<typename List>
void sort_list(List& lst)
{
   // lstの要素で初期化。§28.2.4のValue_typeを利用：
   vector<Value_type<lst>> v {lst.begin(),lst.end()};
   sort(v);                             // コンテナのsortを利用（§32.2.1）
   copy(v,lst);                         // コンテナのコピーを利用
}
```

基本的なsort()は、効率がよい（平均してN*log(N)である）。安定なソートが必要であれば、stable_sort()を利用する。これは、システムに十分なメモリがあれば、N*log(N)に近づくN*log(N)*log(N)のアルゴリズムだ。その場合、追加のメモリの獲得は、get_temporary_buffer()関数で行う（§34.6）。等価と判断される複数の要素間の相対的な順序は、stable_sort()では維持されるが、sort()では維持されない。

先頭側の一部の要素のみがソートされたシーケンスが必要になることがある。その場合、シーケンス内の対象部分のみをソートとする部分ソートを行えばよい。単なるpartial_sort(b,m,e)アルゴリズムは、[b:m)の要素をソートする。partial_sort_copy()アルゴリズムは、N個の要素を作る。ここでのNは、出力シーケンスの要素数と入力シーケンスの要素数の小さいほうの値だ。ソート対象の要素数を決めるために、結果のシーケンスの開始と終了を明示する必要がある。たとえば：

```
void f(const vector<Book>& sales)  // トップ10冊の本を探す
{
   vector<Book> bestsellers(10);
   partial_sort_copy(sales.begin(),sales.end(),
      bestsellers.begin(),bestsellers.end(),
      [](const Book& b1, const Book& b2) { return b1.copies_sold()>b2.copies_sold(); });
   copy(bestsellers.begin(),bestsellers.end(),ostream_iterator<Book>{cout,"\n"});
}
```

partial_sort_copy()のコピー先はランダムアクセス反復子でなければならないので、直接coutをソートするようなことは不可能だ。

partial_sort()でソートする要素数が全要素数よりも少ない場合は、全体をソートするsort()に比べると、極めて高速に動作する。当然ながら、計算量も、sort()のO(N*log(N))よりもO(N)に近くなる。

nth_element()アルゴリズムは、ソート後の並びでN番目に位置する要素を得るために必要な分だけのソートを行う。N番目以降に存在する、N番目の要素よりも小さな値とは比較が行われることはない。たとえば：

```
vector<int> v;
Rand_int gen {1,1000};          // §40.7
for (int i=0; i<1000; ++i)
   v.push_back(gen());
constexpr int n = 30;
nth_element(v.begin(), v.begin()+n, v.end());
cout << "nth: " << v[n] << '\n';
```

```
for (int i=0; i<n; ++i)
    cout << v[i] << ' ';
```

実行すると、次のように表示される：

```
nth: 24
10 8 15 19 21 15 8 7 6 17 21 2 18 8 1 9 3 21 20 18 10 7 3 3 8 11 11 22 22 23
```

nth_element() は、partial_sort() と違って、n よりも前にある要素を、n 番目の要素よりも小さな値にはするものの、ソートを行うとは限らない。ここでの nth_element を partial_sort に置きかえると、以下に示す結果が得られる（入力シーケンスを同じものにするため、乱数生成器には同じ種を与えている）：

```
nth: 24
1 2 3 3 3 6 7 7 8 8 8 8 9 10 10 11 11 15 15 17 18 18 19 20 21 21 21 22 22 23
```

nth_element() アルゴリズムは、中央値や百分位数などを利用するユーザである経済学者、社会学者、教師などには、特に有用である。

C 言語スタイルの文字列のソートでは、明示的なソート基準が必要である。というのも、C 言語スタイルの文字列は、通常の利用では、単なるポインタとして扱われるからであり、しかも、ポインタに対する < は、文字のシーケンスを比較するのではなく、マシン上のアドレスを比較するからだ。たとえば：

```
vector<string> vs = {"Helsinki","Copenhagen","Oslo","Stockholm"};
vector<const char*> vcs = {"Helsinki","Copenhagen","Oslo","Stockholm"};

void use()
{
    sort(vs);  // 範囲を与えるバージョンのsort()が定義ずみとする
    sort(vcs);

    for (auto& x : vs)
        cout << x << ' ';
    cout << '\n';
    for (auto& x : vcs)
        cout << x << ' ';
}
```

上の例を実行すると、次の出力が得られる。

```
Copenhagen Helsinki Oslo Stockholm
Helsinki Copenhagen Oslo Stockholm
```

素朴に考えると、両方の vector が同じ出力となりそうだ。しかし、C 言語スタイルの文字列を、アドレスではなく値によってソートしようとすると、適切なソート述語が必要となる。たとえば：

```
sort(vcs, [](const char* p, const char* q){ return strcmp(p,q)<0; });
```

標準ライブラリ関数 strcmp() は、§43.4 で解説する。

ここで、C 言語スタイルの文字列のソートにあたって、== の定義が必要ないことに注意しよう。ユーザインタフェースを簡潔にするために、標準ライブラリの要素の等価性の判定は、x==y ではなくて、!(x<y||y<x) によって行われる（§31.2.2.2）。

32.6.1 2分探索

binary_search() アルゴリズムのファミリは、順序付き（ソートずみ）シーケンスを2分探索する：

2分探索（§iso.25.4.3）	
p=lower_bound(b,e,v)	p は、[b:e) 内で最初に出現する v を指すようになる
p=lower_bound(b,e,v,f)	p は、f による比較で、[b:e) 内で最初に出現する v を指すようになる
p=upper_bound(b,e,v)	p は、[b:e) 内で最初に出現する v より大きな値を指すようになる
p=upper_bound(b,e,v,f)	p は、f による比較で、[b:e) 内で最初に出現する v より大きな値を指すようになる
binary_search(b,e,v)	ソートずみシーケンス [b:e) 内に v が存在するか？
binary_search(b,e,v,f)	f による比較で、ソートずみシーケンス [b:e) 内に v が存在するか？
pair(p1,p2)=equal_range(b,e,v)	[p1:p2) は、[b:e) 内で v という値をもつ部分シーケンスとなる。基本的に v の2分探索である
pair(p1,p2)=equal_range(b,e,v,f)	[p1:p2) は、f による比較で、[b:e) 内で v という値をもつ部分シーケンスである。基本的に v の2分探索である

find() などの逐次探索（§32.4）は、大規模シーケンスに対して著しく効率が悪いが、ソートやハッシュを用いていない場合では、ほぼ最適なものだ（§31.4.3.2）。しかし、いったんシーケンスをソートすると、ある値がシーケンス内に存在するかどうかは、2分探索によって判定できる：

```
void f(vector<int>& c)
{
    if (binary_search(c.begin(),c.end(),7)) {    // c中に7は存在するか？
        // ...
    }
    // ...
}
```

binary_search() は、値が存在すれば bool を返す。find() でもそうだが、ある値をもつ要素が、指定したシーケンス内のどこに存在するのかを知りたいことも多い。さらに、ある値をもつ要素がシーケンス内に複数存在することもあり得るので、その最初の要素、あるいは、すべての要素を知ることが必要になることも多い。そのため、一致する要素の範囲を探索する equal_range() や、その範囲を特定する lower_bound() と upper_bound() も提供されている。これらのアルゴリズムは、multimap に対する処理と対応している（§31.4.3）。lower_bound() は、高速な find() とみなせるし、ソートずみシーケンスに対しては高速な find_if() とみなせる。たとえば：

```
void g(vector<int>& c)
{
    // おそらく遅い。O(N)；cはソートされている必要がない：
    auto p = find(c.begin(),c.end(),7);
    // おそらく速い。O(log(N))；cはソートされていなければならない：
    auto q = lower_bound(c.begin(),c.end(),7);
    // ...
}
```

lower_bound(first,last,k) は、k を探索するのではなく、k より大きなキーをもつ先頭の要素を指す反復子を返す。ただし、k より大きなキーをもつ要素が存在しなければ last を返す。同様のエラー通知方法は、upper_bound() や equal_range() でも行われている。そのため、これらのアルゴリズムを用いると、ソートずみシーケンスに対して新規要素を挿入しても、ソートされた状態を維持できる。そのためには、返却された pair の second の直前に新規要素を挿入する。

不思議議に感じられるかもしれないが、2分探索アルゴリズムでは、ランダムアクセス反復子は不要であり、前進反復子で十分である。

32.6.2 merge()

マージアルゴリズム merge は、2個の順序付き（ソートずみ）シーケンスを、1個のシーケンスにまとめるものだ：

mergeファミリ（§iso.25.4.4）	
p=merge(b,e,b2,e2,out)	ソートずみシーケンス [b2:e2) と [b:e) を、[out:p) にマージする
p=merge(b,e,b2,e2,out,f)	ソートずみシーケンス [b2:e2) と [b:e) を、比較に f を用いて、[out:p) にマージする
inplace_merge(b,m,e)	ソートずみシーケンス [b:m) と [m:e) を、[b:e) にマージする
inplace_merge(b,m,e,f)	ソートずみシーケンス [b:m) と [m:e) を、比較に f を用いて、[b:e) にマージする

merge() アルゴリズムの対象は、種類が異なるシーケンスであってもよいし、要素型が異なっていてもよい。たとえば：

```
vector<int> v {3,1,4,2};
list<double> lst {0.5,1.5,2,2.5};   // lstはソートされている

sort(v.begin(),v.end());            // vをソートする

vector<double> v2;

// vとlstをマージした結果をv2に格納する：
merge(v.begin(),v.end(),lst.begin(),lst.end(),back_inserter(v2));
for (double x : v2)
   cout << x << ", ";
cout << '\n';
```

インサータについては、§33.2.2 を参照しよう。この例の実行結果は、次のようになる：

```
0.5, 1, 1.5, 2, 2, 2.5, 3, 4,
```

32.6.3 集合アルゴリズム

集合アルゴリズムは、シーケンスを要素の集合として扱うものであり、集合に関する基本的な処理群を提供する。入力シーケンスは、ソートされていることが前提であり、出力シーケンスも、ソートされたものとなる。

集合アルゴリズム（§iso.25.4.5）	
includes(b,e,b2,e2)	[b:e) 内の全要素は [b2:e2) に含まれるか？
includes(b,e,b2,e2,f)	f による比較基準で判断して、[b:e) 内の全要素は [b2:e2) に含まれるか？
p=set_union(b,e,b2,e2,out)	[b:e) と [b2:e2) のいずれか一方にでも属する要素から、ソートずみシーケンス [out:p) を構築する
p=set_union(b,e,b2,e2,out,f)	[b:e) と [b2:e2) のいずれか一方にでも属する要素から、比較に f を用いて、ソートずみシーケンス [out:p) を構築する
p=set_intersection(b,e,b2,e2,out)	[b:e) と [b2:e2) の両方に属する要素から、ソートずみシーケンス [out:p) を構築する
p=set_intersection(b,e,b2,e2,out,f)	[b:e) と [b2:e2) の両方に属する要素から、比較に f を用いて、ソートずみシーケンス [out:p) を構築する
p=set_difference(b,e,b2,e2,out)	[b:e) に属して、[b2:e2) には属さない要素から、ソートずみシーケンス [out:p) を構築する
p=set_difference(b,e,b2,e2,out,f)	[b:e) に属して、[b2:e2) には属さない要素から、比較に f を用いて、ソートずみシーケンス [out:p) を構築する
p=set_symmetric_difference(b,e,b2,e2,out)	[b:e) と [b2:e2) のいずれか一方にのみ属する要素から、ソートずみシーケンス [out:p) を構築する
p=set_symmetric_difference(b,e,b2,e2,out,f)	[b:e) と [b2:e2) のいずれか一方にのみ属する要素から、比較に f を用いて、ソートずみシーケンス [out:p) を構築する

たとえば：

```
string s1 = "qwertyasdfgzxcvb";
string s2 = "poiuyasdfg/.,mnb";
sort(s1.begin(),s1.end());    // 集合アルゴリズムはソートずみシーケンスを必要とする
sort(s2.begin(),s2.end());

string s3(s1.size()+s2.size(),'*'); // 結果として考えられる最大のスペースを準備する
cout << s3 << '\n';
auto up = set_union(s1.begin(),s1.end(),s2.begin(),s2.end(),s3.begin());
cout << s3 << '\n';
for (auto p = s3.begin(); p!=up; ++p) cout << *p;
cout << '\n';

s3.assign(s1.size()+s2.size(),'+');
up = set_difference(s1.begin(),s1.end(),s2.begin(),s2.end(),s3.begin());
cout << s3 << '\n';
for (auto p = s3.begin(); p!=up; ++p) cout << *p;
cout << '\n';
```

実行すると、以下のように出力される：

```
******************************
,./abcdefgimnopqrstuvxyz*******
,./abcdefgimnopqrstuvxyz
ceqrtvwxz+++++++++++++++++++++
ceqrtvwxz
```

32.6.4 ヒープ

ヒープは、最大値をもつ要素を先頭に格納する状態を保持し続けるコンパクトなデータ構造である。ヒープは、2分木の内部データ表現と理解するとよい。ヒープアルゴリズムは、ランダムアクセスシーケンスをヒープとして処理できるようにする：

ヒープ処理（§iso.25.4.6）	
make_heap(b,e)	[b:e) をヒープ化する
make_heap(b,e,f)	比較に f を用いて、[b:e) をヒープ化する
push_heap(b,e)	ヒープ [b:e-1) に *(e-1) を追加。結果の [b:e) もヒープである
push_heap(b,e,f)	ヒープ [b:e-1) に、比較に f を用いて、要素を追加する
pop_heap(b,e)	ヒープ [b:e) から *(e-1) を削除。結果の [b:e-1) もヒープである
pop_heap(b,e,f)	ヒープ [b:e) から、比較に f を用いて、要素を削除する
sort_heap(b,e)	ヒープ [b:e) をソートする
sort_heap(b,e,f)	比較に f を用いて、ヒープ [b:e) をソートする
is_heap(b,e)	[b:e) はヒープであるか？
is_heap(b,e,f)	比較に f を用いたときに、[b:e) はヒープであるか？
p=is_heap_until(b,e)	p はヒープ [b:p) 内の最大値を指すようになる
p=is_heap_until(b,e,f)	比較に f を用いて、p はヒープ [b:p) 内の最大値を指すようになる

[b:e) の末尾 e は、pop_heap() によってデクリメントされて、push_heap() によってインクリメントされるポインタとみなせる。最大値の要素は、（たとえば x=*b によって）b から読み取った上で pop_heap() を実行すると得られる。新しい要素は、（たとえば *e=x によって）e に書き込んだ上で push_heap() を実行することで追加できる。たとえば：

```
string s = "herewego";              // herewego
make_heap(s.begin(),s.end());       // worheege
pop_heap(s.begin(),s.end());        // rogheeew
pop_heap(s.begin(),s.end()-1);      // ohgeeerw
pop_heap(s.begin(),s.end()-2);      // hegeeorw

*(s.end()-3)='f';
push_heap(s.begin(),s.end()-2);     // hegeefrw
*(s.end()-2)='x';
push_heap(s.begin(),s.end()-1);     // xeheefgw
*(s.end()-1)='y';
push_heap(s.begin(),s.end());       // yxheefge
sort_heap(s.begin(),s.end());       // eeefghxy
reverse(s.begin(),s.end());         // yxhgfeee
```

sの変化を理解するためには、読取りではs[0]だけを処理することと、(ヒープの末尾インデックスをxとすると)書込みではs[x]だけを処理することに注目すべきである。ヒープは、s[x]と交換することで、要素(必ずs[0])を削除する。

ヒープの特長は、要素の追加が高速なことと、最大値の要素を高速にアクセスできることだ。主な用途は、優先度付きキューの実装である。

32.6.5 lexicographical_compare()

lexicographical_compare()は、辞書の順序で単語を比較するときのルールに基づいた比較を行うものだ。

lexicographical_compare() (§iso.25.4.8)	
lexicographical_compare(b,e,b2,e2)	[b:e)<[b2:e2)か?
lexicographical_compare(b,e,b2,e2,f)	要素の比較にfを用いて、[b:e)<[b2:e2)か?

lexicographical_compare(b,e,b2,e2)は、以下のように実装できる:

```
template<typename In, typename In2>
bool lexicographical_compare(In first, In last, In2 first2, In2 last2)
{
   for (; first!=last && first2!=last2; ++first,++first2) {
      if (*first<*first2)
         return true;         // [first:last)<[first2:last2)
      if (*first2<*first)
         return false;        // [first2:last2)<[first:last)
   }
   // もし[first:last)のほうが短ければ[first:last)<[first2:last2):
   return first==last && first2!=last2;
}
```

すなわち、文字列を、文字シーケンスとして比較する。たとえば:

```
string n1 {"10000"};
string n2 {"999"};

// b1 == true
bool b1 = lexicographical_compare(n1.begin(),n1.end(),n2.begin(),n2.end());

n1 = "Zebra";
n2 = "Aardvark";

// b2 == false
bool b2 = lexicographical_compare(n1.begin(),n1.end(),n2.begin(),n2.end());
```

32.7 最小値と最大値

値の比較は、多くの場面で有用だ:

minファミリとmaxファミリ（§iso.25.4.7）	
x=min(a,b)	xは、aとbの小さいほうの値となる
x=min(a,b,f)	xは、比較にfを用いて、aとbの小さいほうの値となる
x=min({elem})	xは、{elem}内の最小値となる
x=min({elem},f)	xは、比較にfを用いて、{elem}内の最小値となる
x=max(a,b)	xは、aとbの大きいほうの値となる
x=max(a,b,f)	xは、比較にfを用いて、aとbの大きいほうの値となる
x=max({elem})	xは、{elem}内の最大値となる
x=max({elem},f)	xは、比較にfを用いて、{elem}内の最大値となる
pair(x,y)=minmax(a,b)	xはmin(a,b)、yはmax(a,b)となる
pair(x,y)=minmax(a,b,f)	xはmin(a,b,f)、yはmax(a,b,f)となる
pair(x,y)=minmax({elem})	xはmin({elem})、yはmax({elem})となる
pair(x,y)=minmax({elem},f)	xはmin({elem},f)、yはmax({elem},f)となる
p=min_element(b,e)	pは[b:e)内の最小値、もしくはeを指すようになる
p=min_element(b,e,f)	pは、比較にfを用い、[b:e)内の最小値、もしくはeを指すようになる
p=max_element(b,e)	pは[b:e)内の最大値、もしくはeを指すようになる
p=max_element(b,e,f)	pは、比較にfを用い、[b:e)内の最大値、もしくはeを指すようになる
pair(x,y)=minmax_element(b,e)	xはmin_element(b,e)、yはmax_element(b,e)となる
pair(x,y)=minmax_element(b,e,f)	xはmin_element(b,e,f)、yはmax_element(b,e,f)となる

二つの左辺値を比較したときに得られるのは、結果への参照だ。そうでないときは、右辺値が戻される。残念ながら、左辺値を受け取る比較では、constな左辺値を受け取るので、ここに示した関数が返却する結果は更新できない。たとえば：

```
int x = 7;
int y = 9;

++min(x,y);     // エラー：min(x,y)の結果はconst int&
++min({x,y});  // エラー：min({x,y})の結果は右辺値（初期化子並びは更新不可）
```

_element関数群の返却値は反復子であり、minmax関数の返却値はpairである。そのため、以下のような記述ができる：

```
string s = "Large_Hadron_Collider";
auto p = minmax_element(s.begin(),s.end(),
                        [](char c1,char c2) { return toupper(c1)<toupper(c2); });
cout << "min==" << *(p.first) << ' ' << "max==" << *(p.second) << '\n';
```

ASCII文字セット環境である私のマシンでは、以下のように出力される：

```
min==a max==_
```

32.8 アドバイス

[1] STL アルゴリズムは、1 個以上のシーケンスを処理する。§32.2。

[2] 入力シーケンスは半開放区間であり、反復子のペアで定義される。§32.2。

[3] 探索では、“見つからなかった”ことを表す返却値は、通常、入力シーケンスの末尾として表される。§32.2。

[4] “書き散らかしたコード”よりも、慎重に定義されたアルゴリズムを優先しよう。§32.2。

[5] ループを記述する際は、汎用アルゴリズムとして表現できるかどうかを検討しよう。§32.2。

[6] 引数の反復子ペアが、実際にシーケンスを表現しているかどうかを確認しよう。§32.2。

[7] 反復子ペアという形式が冗長になるときは、コンテナと範囲アルゴリズムを導入しよう。§32.2。

[8] 標準アルゴリズムに幅広い意味をもたせるには、述語などの関数オブジェクトを活用しよう。§32.3。

[9] 述語は、引数を更新してはならない。§32.3。

[10] 標準アルゴリズムで、ポインタに対するデフォルトの `==` と `<` が適切な場面はほとんどない。§32.3。

[11] 利用するアルゴリズムの計算量を把握しよう。それと同時に、計算量があくまでも性能の目安にすぎないことにも留意しよう。§32.3.1。

[12] `for_each()` と `transform()` は、他に選択肢がない場合に選ぶ最後の手段である。§32.4.1。

[13] アルゴリズムが、引数のシーケンスに対して、直接的に要素を追加・削除することはない。§32.5.2，§32.5.3。

[14] 未初期化オブジェクトを処理しなければならない場合は、`uninitialized_*` アルゴリズムを検討しよう。§32.5.6。

[15] STL アルゴリズムでは、等価性の判定に、`==` ではなく、自身がもつ順序判断処理から生成した比較演算を利用する。§32.6。

[16] C 言語スタイルの文字列のソートと探索では、ユーザが文字列比較演算を与えなければならない。§32.6。

第 33 章 STL 反復子

STL コンテナとアルゴリズムがうまく共同作業できるのは、
互いに相手のことを知らないからである。
— アレックス・ステファノフ

33.1 はじめに

本章では、STL の反復子とユーティリティ、特に標準ライブラリの関数オブジェクトを解説する。STL は、標準ライブラリの中の反復子、コンテナ、アルゴリズム、関数オブジェクトで構成される。STL の他のものについては、第 31 章と第 32 章とで解説した。

反復子は、標準ライブラリアルゴリズムと対象データを結び付ける接着剤だ。逆にいうと、反復子は、操作対象データのデータ構造に対するアルゴリズムの依存性を最小化する仕組みである：

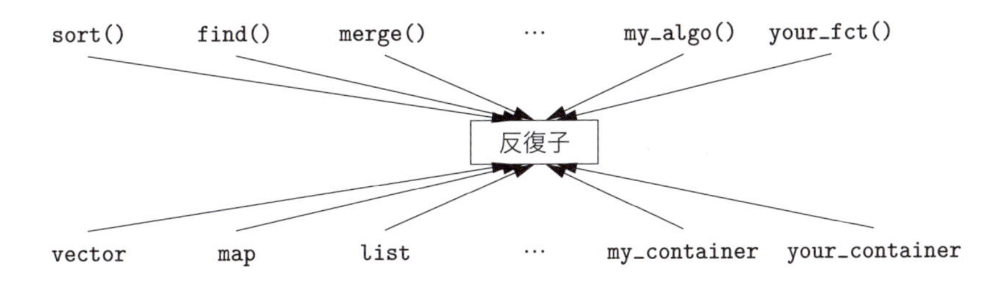

33.1.1 反復子モデル

反復子は、間接参照アクセスの操作（たとえば参照外しのための * など）を提供するとともに、別の要素への移動の操作（たとえば、後続要素に移動するための ++ など）を提供するという意味で、ポインタと似ている。**シーケンス**（*sequence*）は、2個の反復子によって指定される半開放区間[begin:end)として定義される：

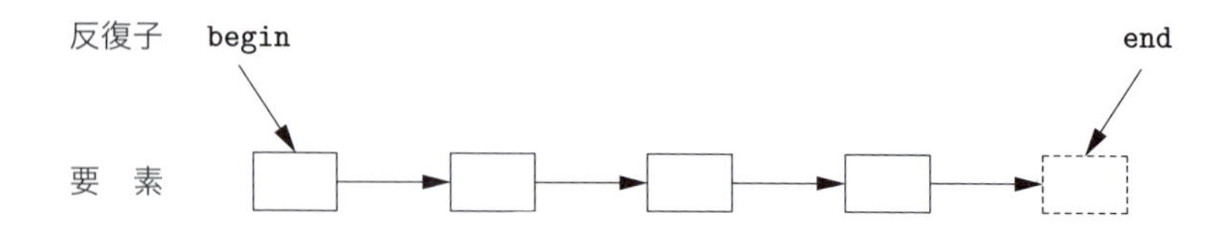

ここで、beginはシーケンスの先頭要素を指して、endは末尾要素の1個後方を指す。*endに対して、読み書きを行ってはいけない。なお、空シーケンスはbegin==endとなることを覚えておこう。そのため、pがいかなる種類の反復子であっても、[p:p)は空シーケンスを表す。

シーケンスを読み取るアルゴリズムは、半開放区間[b:e)を表す反復子のペア(b,e)を受け取って、++の処理を末尾に到達するまで繰り返すのが一般的だ：

```
while (b!=e) {    // <ではなくて!=を利用
    // 何らかの処理
    ++b;    // 次の要素に移動
}
```

末尾に到達したかどうかの判定で、<ではなくて!=を使っているいくつかの理由の一つが、検査内容をより正確に表現することであり、もう一つが、<をサポートしているのがランダムアクセス反復子に限られるからである。

さて、シーケンス内を探索するアルゴリズムでは、“見つからなかった”ことを表すのに、末尾を返すのが普通である：

```
auto p = find(v.begin(),v.end(),x);  // v中のxを探す

if (p!=v.end()) {
    // xはpに見つかった
}
else {
    // xは[v.begin():v.end())内では見つからなかった
}
```

シーケンスに対して書込みを行うアルゴリズムのほとんどは、先頭要素を指す反復子だけを受け取る。そのような場合、シーケンスの末尾を越えた位置への書込みを防ぐのは、プログラマの責任である。たとえば：

```
template<typename Iter>
void forward(Iter p, int n)
{
    while (n>0)
        *p++ = --n;
}
```

```
void user()
{
   vector<int> v(10);
   forward(v.begin(),v.size());  // ＯＫ
   forward(v.begin(),1000);      // 大問題
}
```

標準ライブラリの実装には、範囲をチェックして、この例の最後の`forward()`実行時に例外を送出するものがあるが、それに依存するコードには可搬性がない。多くの処理系は、チェックを行わない。安全で簡潔な代替策は、挿入反復子を利用することである（§33.2.2）。

33.1.2 反復子カテゴリ

標準ライブラリは、5種類の反復子（**反復子カテゴリ**（*iterator category*））を提供する：

- **入力反復子**（*input iterator*）：`++`で前進でき、`*`で要素を読み取れる。`==`と`!=`による比較もできる。`istream`が提供する類の反復子だ。§38.5を参照しよう。
- **出力反復子**（*output iterator*）：`++`で前進でき、`*`で要素に1回だけ書き込める。`ostream`が提供する類の反復子だ。§38.5を参照しよう。
- **前進反復子**（*forward iterator*）：`++`での前進と、`*`による要素の読取りと（要素が`const`でない場合の）書込みとが繰り返し行える。この反復子がクラスオブジェクトを指していれば、`->`によってクラスメンバを参照できる。`==`と`!=`による比較もできる。`forward_list`が提供する類の反復子である（§31.4）。
- **双方向反復子**（*bidirectional iterator*）：`++`による前進と`--`による後退とが行えて、`*`による要素の読取りと（要素が`const`でない場合の）書込みとが繰り返し行える。この反復子がクラスオブジェクトを指していれば、`->`によってクラスメンバを参照できる。`==`と`!=`による比較もできる。`list`、`map`、`set`が提供する類の反復子である（§31.4）。
- **ランダムアクセス反復子**（*random-access iterator*）：`++`と`+=`による前進と、`--`と`-=`による後退とが行えて、`*`と`[]`によって要素の読取りと（要素が`const`でない場合の）書込みとが繰り返し行える。この反復子がクラスオブジェクトを指していれば、`->`によってクラスメンバを参照できる。ランダムアクセスのための添字演算では、`[]`によるものに加えて、`+`による整数の加算と`-`による整数の減算も可能である。同一シーケンス内を指す2個のランダムアクセス反復子を減算すると、その距離が求められる。`==`、`!=`、`<`、`<=`、`>`、`>=`による比較も可能である。`vector`が提供する類の反復子である（§31.4）。

論理的には、これらの反復子は階層構造となっている（§iso.24.2）（次ページの図）。

反復子カテゴリは、クラスというよりもコンセプト（§24.3）である。そのため、この図の階層は、派生によるクラス階層ではない。反復子カテゴリに対する何らかの拡張を行うのであれば、（直接的あるいは間接的に）`iterator_traits`を利用する。

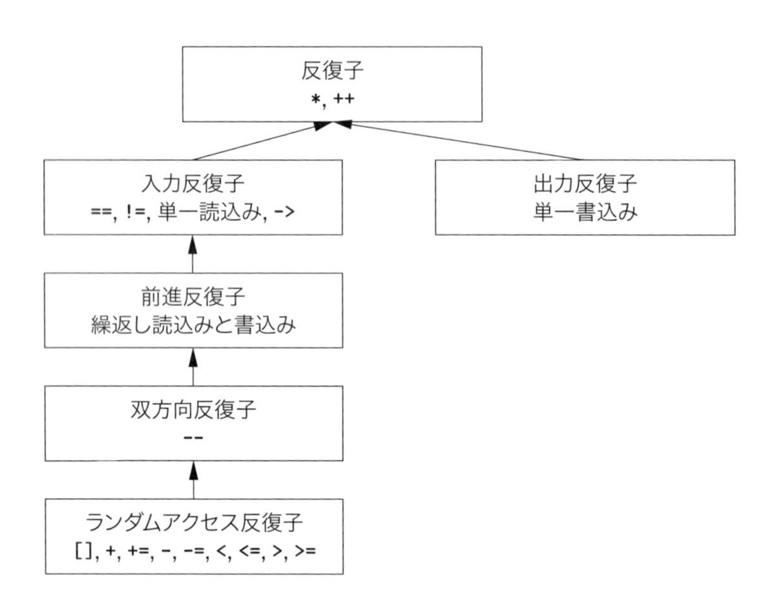

33.1.3 反復子の特性

標準ライブラリは <iterator> で、反復子に特有な性質を操作するための一連の型関数を定義している：

反復子の特性（§iso.24.4.1）	
iterator_traits<Iter>	非ポインタ型 Iter の特性
iterator_traits<T*>	ポインタ型 T* の特性
iterator<Cat,T,Dist,Ptr,Re>	基本的な反復子メンバ型を定義する単純なクラス
input_iterator_tag	入力反復子のカテゴリ
output_iterator_tag	出力反復子のカテゴリ
forward_iterator_tag	前進反復子のカテゴリ。input_iterator_tag からの派生。forward_list、unordered_set、unordered_multiset、unordered_map、unordered_multimap 用である
bidirectional_iterator_tag	双方向反復子のカテゴリ。forward_iterator_tag からの派生。list、set、multiset、map、multimap 用である
random_access_iterator_tag	ランダムアクセス反復子のカテゴリ。bidirectional_iterator_tag からの派生。vector、deque、array、組込みの配列、string 用である

反復子タグは、複数あるアルゴリズムを選択する際に利用する反復子の型を表す。たとえば、ランダムアクセス反復子では要素を直接利用できる：

```
template<typename Iter>
void advance_helper(Iter& p, int n, random_access_iterator_tag)
{
   p+=n;
}
```

その一方で、前進反復子では、n番目の要素にいたるまでに、1要素ずつの移動（リストのリンクをたどっていく処理）が必要だ：

```
template<typename Iter>
void advance_helper(Iter& p, int n, bidirectional_iterator_tag)
{
   if (0<n)
      while (n--) ++p;
   else if (n<0)
      while (n++) --p;
}
```

これら二つのヘルパを使うと、最適なアルゴリズムを選択するadvance()が記述できる：

```
template<typename Iter>
void advance(Iter& p, int n)  // 最適なアルゴリズムを利用
{
   advance_helper(p,n,typename iterator_traits<Iter>::iterator_category{});
}
```

通常、advance()とadvance_helper()はインライン化されるので、上記の**タグ指名**（*tag dispatch*）技法によって、実行時オーバヘッドが発生しないことが保証される。この技法を応用したものは、STL中のいたるところで使われている。

反復子がもつ主要な性質は、iterator_traits内で別名として定義されている：

```
template<typename Iter>
struct iterator_traits {
   using value_type = typename Iter::value_type;
   using difference_type = typename Iter::difference_type;
   using pointer = typename Iter::pointer;                  // ポインタ型
   using reference = typename Iter::reference;              // 参照型
   using iterator_category = typename Iter::iterator_category;  // (タグ)
};
```

メンバ型をもたない（int*などの）反復子のために、iterator_traitsの特殊化が提供されている：

```
template<typename T>
struct iterator_traits<T*> {                        // ポインタ用の特殊化
   using difference_type = ptrdiff_t;
   using value_type = T;
   using pointer = T*;
   using reference = T&;
   using iterator_category = random_access_iterator_tag;
};
```

一般に、次のような記述は行えない：

```
template<typename Iter>
typename Iter::value_type read(Iter p, int n)     // 一般化されていない
{
   // ... 何らかのチェック ...
   return p[n];
}
```

これだと、エラーが待ち構えているだけだ。引数にポインタを与えてread()を呼び出すだけでエラーとなる。コンパイラはこのエラーを検出できるだろうが、エラーメッセージは、大量で分かりにく

いものになる。こうではなく、以下のように記述するのだ：

```
template<typename Iter>
typename iterator_traits<Iter>::value_type read(Iter p, int n)    // より一般的
{
   // ... 何らかのチェック ...
   return p[n];
}
```

これは、反復子自身ではなく、iterator_traits（§28.2.4）の中で定義されている、反復子の性質を利用しようという考えによるものだ。iterator_traits への直接の参照を避けるには、結局は実装の詳細となってしまうが、別名を定義するとよい。たとえば：

```
template<typename Iter>
using Category = typename std::iterator_traits<Iter>::iterator_category;

template<typename Iter>
using Difference_type = typename std::iterator_traits<Iter>::difference_type;
```

（同じシーケンス内を指している）二つの反復子の型の違いを知りたければ、次に示す、いくつかの方法がある：

```
template<typename Iter>
void f(Iter p, Iter q)
{
   Iter::difference_type d1 = distance(p,q);            // 構文エラー："typename"が欠如

   typename Iter::difference_type d2 = distance(p,q);  // ポインタなどに対して動作しない

   typename iterator_traits<Iter>::difference_type d3 = distance(p,q); // OKだが見苦しい

   Difference_type<Iter> d4 = distance(p,q);        // OK、よりよい

   auto d5 = distance(p,q);                         // OK、正確な型について感知しなければ
   // ...
}
```

私のお勧めは、最後の二つだ。

iterator テンプレートは、反復子の主要な性質を struct としてまとめただけのものだ。反復子実装者の便宜が図られており、いくつかのデフォルト値も提供する：

```
template<typename Cat, typename T, typename Dist = ptrdiff_t, typename Ptr = T*,
         typename Ref = T&>
struct iterator {
   using value_type = T;
   using difference_type = Dist;     // distance()で利用される型
   using pointer = Ptr;              // ポインタ型
   using reference = Ref;            // 参照型
   using iterator_category = Cat;    // カテゴリ（タグ）
};
```

33.1.4 反復子の処理

カテゴリ（§33.1.2）にもよるが、反復子は、以下に示す処理の一部あるいはすべてを提供する：

<table>
<tr><th colspan="2">反復子の処理（§iso.24.2.2）</th></tr>
<tr><td>++p</td><td>前置インクリメント（1要素分進める）：pは次の要素、あるいは末尾要素の直後を指すようになる。結果の値はインクリメント後の値である</td></tr>
<tr><td>p++</td><td>後置インクリメント（1要素分進める）：pは次の要素、あるいは末尾要素の直後を指すようになる。結果の値はインクリメント前の値である</td></tr>
<tr><td>*p</td><td>アクセス（参照外し）：*pは、pが指す要素を表す</td></tr>
<tr><td>--p</td><td>前置デクリメント（1要素分戻る）：pは前の要素を指すようになる。結果の値はデクリメント後の値である</td></tr>
<tr><td>p--</td><td>後置デクリメント（1要素分戻る）：pは前の要素を指すようになる。結果の値はデクリメント前の値である</td></tr>
<tr><td>p[n]</td><td>アクセス（添字演算）：p[n]はp+nが指す要素を表す。*(p+n)と等価である</td></tr>
<tr><td>p->m</td><td>アクセス（メンバアクセス）：(*p).mと等価である</td></tr>
<tr><td>p==q</td><td>等価性：pとqは同じ要素を指すか、あるいは、両方とも末尾の直後を指すか？</td></tr>
<tr><td>p!=q</td><td>不等価性：!(p==q)</td></tr>
<tr><td>p<q</td><td>pは、qが指す要素よりも前の要素を指すか？</td></tr>
<tr><td>p<=q</td><td>p<q || p==q</td></tr>
<tr><td>p>q</td><td>pは、qが指す要素よりも後の要素を指すか？</td></tr>
<tr><td>p>=q</td><td>p>q || p==q</td></tr>
<tr><td>p+=n</td><td>n要素分進める：pは、現在指す要素からn個先の要素を指すようになる</td></tr>
<tr><td>p-=n</td><td>-n要素分進める：pは、現在指す要素からn個前の要素を指すようになる</td></tr>
<tr><td>q=p+n</td><td>qは、pが指す要素からn個先の要素を指すようになる</td></tr>
<tr><td>q=p-n</td><td>qは、pが指す要素からn個前の要素を指すようになる</td></tr>
</table>

++pは、pへの参照を返す。一方、p++は、処理前の値を保持しているpのコピーを返さなければならない。そのため、比較的複雑な反復子では、p++よりも++pのほうが、通常は効率的だ。

次に示す処理は、実装可能なすべての反復子で動作する。ランダムアクセス反復子に対しては、効率よく処理できることがある（§33.1.2を参照）：

<table>
<tr><th colspan="2">反復子の処理（§iso.24.4.4）</th></tr>
<tr><td>advance(p,n)</td><td>p+=nと同様。pは少なくとも入力反復子でなければならない</td></tr>
<tr><td>n=distance(p,q)</td><td>n=q-pと同様。pは少なくとも入力反復子でなければならない</td></tr>
<tr><td>q=next(p,n)</td><td>q=p+nと同様。pは少なくとも前進反復子でなければならない</td></tr>
<tr><td>q=next(p)</td><td>q=next(p,1)</td></tr>
<tr><td>q=prev(p,n)</td><td>q=p-nと同様。pは少なくとも双方向反復子でなければならない</td></tr>
<tr><td>q=prev(p)</td><td>q=prev(p,1)</td></tr>
</table>

いずれの場合でも、pがランダムアクセス反復子でなければ、アルゴリズムにはnステップが必要になる。

33.2 反復子アダプタ

標準ライブラリは <iterator> で、指定された反復子型から、関連する有用な反復子型を生成するアダプタを提供する：

反復子アダプタ		
reverse_iterator	逆順に繰り返す	§33.2.1
back_insert_iterator	末尾に追加する	§33.2.2
front_insert_iterator	先頭に挿入する	§33.2.2
insert_iterator	任意の位置に挿入する	§33.2.2
move_iterator	コピーではなくムーブする	§33.2.3
raw_storage_iterator	未初期化のメモリ領域に書き込む	§34.6.2

iostream 用の反復子については、§38.5 で解説する。

33.2.1 逆進反復子

反復子を用いれば、[b:e) のシーケンスを b から e まで走査できる。シーケンスが双方向にアクセス可能であれば、e から b へと逆順にも走査できる。このように動作する反復子が、逆進反復子 reverse_iterator である。reverse_iterator は、そのベースとなっている反復子によって定義されるシーケンスを、末尾から先頭へと走査する。半開放区間のシーケンスでは、b-1 を末尾直後とみなして、e-1 を先頭とみなす必要がある。すなわち、[e-1:b-1) というシーケンスだ。そのため、reverse_iterator と、そのベースとなっている反復子の本質的な関係は、&*(reverse_iterator(p))==&*(p-1) となる。特に、v が vector であるとき、v.rbegin() は末尾要素 v[v.size()-1] を指すことに注意しよう。次の図を考えよう：

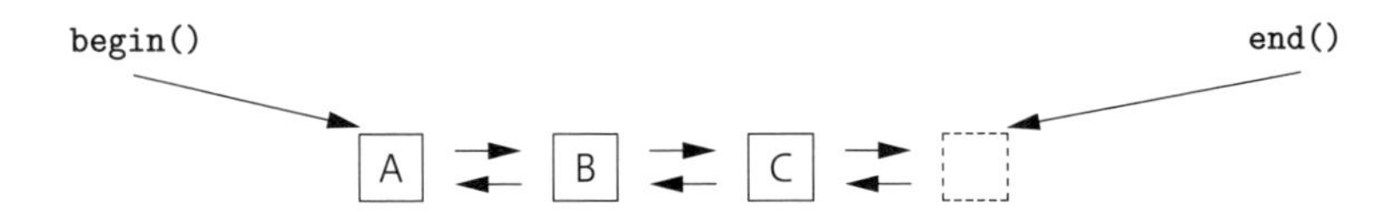

このシーケンスに reverse_iterator を利用すると、次のようになる：

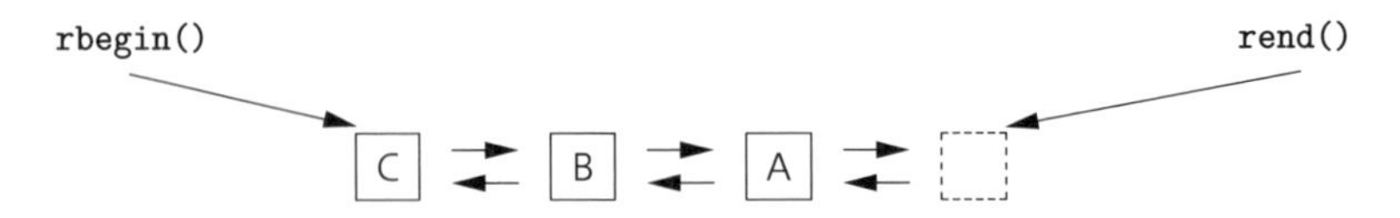

reverse_iterator の定義は、おおむね以下のようなものだ：

```
template<typename Iter>
class reverse_iterator
    : public iterator<Iterator_category<Iter>,
                      Value_type<Iter>,
                      Difference_type<Iter>,
                      Pointer<Iter>,
                      Reference<Iter>> {
```

```
public:
   using iterator_type = Iter;

   reverse_iterator(): current{} { }
   explicit reverse_iterator(Iter p): current{p} { }
   template<typename Iter2>
      reverse_iterator(const reverse_iterator<Iter2>& p) :current(p.base()) { }

   Iter base() const { return current; }  // 現在の反復子の値

   reference operator*() const { tmp = current; return *--tmp; }
   pointer operator->() const;
   reference operator[](difference_type n) const;

   reverse_iterator& operator++() { --current; return *this; }  // 注意：++ではない
   reverse_iterator operator++(int)
      { reverse_iterator t = current; --current; return t; }
   reverse_iterator& operator--() { ++current; return *this; }  // 注意：--ではない
   reverse_iterator operator--(int)
      { reverse_iterator t = current; ++current; return t; }

   reverse_iterator operator+(difference_type n) const;
   reverse_iterator& operator+=(difference_type n);
   reverse_iterator operator-(difference_type n) const;
   reverse_iterator& operator-=(difference_type n);
   // ...
protected:
  Iter current;       // *thisが参照する一つ後ろの要素を指す現在のポイント
private:
  // ...
  Iter tmp;           // 関数スコープの外で通用する必要がある一時変数用
};
```

reverse_iterator<Iter> は、Iter と同じメンバ型と処理をもっている。Iter がランダムアクセス反復子であれば、reverse_iterator<Iter> は、[] と + と < をもつ。たとえば：

```
void f(vector<int>& v, list<char>& lst)
{
   v.rbegin()[3] = 7;               // OK：ランダムアクセス反復子
   lst.rbegin()[3] = '4';           // エラー：[]をサポートしない双方向反復子
   *(next(lst.rbegin(),3)) = '4';  // OK!
}
```

ここでは反復子の移動に next() を使っている。というのも、list<char>::iterator などの双方向反復子では、+ が動作しないからだ（[] も同様である）。

reverse_iterator を使うと、アルゴリズムが、シーケンスを逆順に走査する。たとえば、シーケンスのもっとも末尾に位置する要素の位置を探索するのであれば、find() を逆順シーケンスに適用すればよい：

```
auto ri = find(v.rbegin(),v.rend(),val);     // 最後の位置
```

C::reverse_iterator は、C::iterator とは違う型であることに注意しよう。そのため、逆順シーケンスを使った find_last() アルゴリズムを記述するのであれば、どちらの型の反復子を返すべきかを決めなければならない：

```
template<typename C, typename Val>
auto find_last(C& c, Val v) -> decltype(c.begin())  //インタフェース中のCの反復子を利用
{
    auto ri = find(c.rbegin(),c.rend(),v);
    if (ri == c.rend()) return c.end();     // “見つからなかった”ことをc.end()で表す
    return prev(ri.base());
}
```


reverse_iterator では、ri.base() は、ri が指す位置の直後を指す iterator を返す。そのため、逆進反復子 ri と同じ要素を指す反復子を得るには、ri.base()-1 を返す必要がある。しかし、コンテナは、反復子に対して - を適用できない list であるかもしれないので、prev() を利用しているのだ。

reverse_iterator は、通常の反復子とまったく同じだ。そのため、次のように明示的なループも可能である：

```
template<typename C, typename Val>
auto find_last(C& c, Val v) -> decltype(c.begin())
{
    for (auto p = c.rbegin(); p!=c.rend(); ++p)     // シーケンスを逆順に扱う
        if (*p==v) return --p.base();
    return c.end();                               // “見つからなかった”ことをc.end()で表す
}
```

（双方向）反復子を利用して逆順に探索しても、等価な探索が行える：

```
template<typename C, typename Val>
auto find_last(C& c, Val v) -> decltype(c.begin())
{
    for (auto p = c.end(); p!=c.begin(); )     // 末尾から逆順に探索
        if (*--p==v) return p;
    return c.end();                              // “見つからなかった”ことをc.end()で表す
}
```

最初に示した find_last() の定義と同様に、この例でも、少なくとも双方向反復子が必要だ。

33.2.2 挿入反復子

コンテナ内を指す反復子を通じた出力を行うと、その反復子が指す要素の直後の要素が上書きされる可能性がある。すなわち、オーバフローや、その結果としてメモリ破壊の可能性もあるということだ。たとえば：

```
void f(vector<int>& vi)
{
    fill_n(vi.begin(),200,7);      // vi[0]..[199]に7を代入
}
```

この例で vi の要素数が 200 未満ならば、問題が発生する。

標準ライブラリは <iterator> で、**インサータ**（*inserter*）という形による問題解決を提供する。インサータは、既存の要素への書込みを行うことなく、新しい要素を追加するものだ。たとえば：

```
void g(vector<int>& vi)
{
    fill_n(back_inserter(vi),200,7);   // 200個の7をviの末尾に追加
}
```

挿入反復子を通じて要素に書き込む場合、反復子が指す要素を上書きせずに、新しい要素を挿入する。そのため、挿入反復子を通じて要素に対して値を書き込むたびに、コンテナの要素数は1ずつ増加する。インサータは、有用なだけでなく、簡潔かつ効率的でもある。

挿入反復子には次の3種類がある：

- insert_iterator：insert()によって、反復子が指す要素の前に挿入する。
- front_insert_iterator：push_front()によって、シーケンスの先頭に挿入する。
- back_insert_iterator：push_back()によって、シーケンスの末尾に追加する。

通常、インサータは、以下に示すヘルパ関数の呼出しによって構築する：

インサータ構築関数（§iso.24.5.2）	
ii=inserter(c,p)	iiは、コンテナc内のpを指すinsert_iteratorとなる
ii=back_inserter(c)	iiは、コンテナc内のback()を指すback_insert_iteratorとなる
ii=front_inserter(c)	iiは、コンテナc内のfront()を指すfront_insert_iteratorとなる

inserter()に与える反復子は、コンテナ内を指すものでなければならない。すなわち、シーケンスコンテナでは、双方向反復子でなければならないということだ（そのため、反復子が指す位置よりも前に挿入できるようなる）。たとえば、forward_listに挿入するための反復子として、inserter()を利用することはできない。連想コンテナでは、反復子の指す場所は、挿入すべき位置を表すヒントにすぎないため、前進反復子（たとえばunordered_setによって提供されるものなど）も利用できる。

インサータは、出力反復子の一種である：

insert_iterator<C>の処理（§iso.24.5.2）	
insert_iterator p {c,q};	*qを指すコンテナc用のインサータ。qはc内を指すようになる
insert_iterator p {q};	コピーコンストラクタ。pはqのコピーとなる
p=q	コピー代入演算。pはqのコピーとなる
p=move(q)	ムーブ代入演算。pはqが指していたものを指すようになる
++p	何もしない（他の反復子との互換性のために存在）
p++	何もしない（他の反復子との互換性のために存在）
*p=x	pの直前にxを挿入する

front_insert_iteratorとback_insert_iteratorは、コンストラクタが反復子を必要としない点が異なる。たとえば：

```
vector<string> v;
back_insert_iterator<vector<string>> p {v};
```

インサータを通じた読取りは行えない。

33.2.3 ムーブ反復子

ムーブ反復子は、指している要素の読取り処理を、コピーではなくムーブとして行う反復子だ。通常、ムーブ反復子は、ヘルパ関数を使って別の反復子から作成する：

ムーブ反復子作成関数	
mp=make_move_iterator(p)	mp は、p と同じ要素を指す move_iterator となる。p は入力反復子でなければならない

ムーブ反復子は、作成元の反復子と同じ処理をもっている。たとえば、双方向反復子から作ったムーブ反復子 p では、--p の処理が行える。ムーブ反復子の operator*() が行うことは、指している要素の右辺値参照（§7.7.2）すなわち std::move(q) を返すことだ。たとえば：

```
vector<string> read_strings(istream&);
auto vs = read_strings(cin);                        // 何らかの文字列を取り出す

vector<string> vs2;
copy(vs.begin(),vs.end(),back_inserter(vs2));       // vsからvs2にコピー

vector<string> vs3;
copy(make_move_iterator(vs2.begin()),make_move_iterator(vs2.end()),    // ムーブ
     back_inserter(vs3));
```

基本的に、make_move_iterator() は、move() アルゴリズムが内部で実行する内容そのものである（§32.5.1）。

33.3 範囲アクセス関数

標準ライブラリは <iterator> で、非メンバの begin() と end() とを、コンテナ用に定義している。

begin() と end()（§iso.24.6.5）	
p=begin(c)	p は c の先頭要素を指す反復子となる。c は組込み配列かまたは c.begin() をもつものである
p=end(c)	p は c の末尾の１個後方を指す反復子となる。c は組込み配列かまたは c.end() をもつものである

これらの関数は極めて単純だ：

```
template<typename C>
   auto begin(C& c) -> decltype(c.begin());
template<typename C>
   auto begin(const C& c) -> decltype(c.begin());
template<typename C>
   auto end(C& c) -> decltype(c.end());
template<typename C>
   auto end(const C& c) -> decltype(c.end());

template<typename T, size_t N>              // 組込み配列用
   auto begin(T (&array)[N]) -> T*;
template<typename T, size_t N>
   auto end(T (&array)[N]) -> T*;
```

これらの関数は、範囲 for 文（§9.5.1）で利用するものだが、もちろん、ユーザが直接利用することもできる。たとえば：

```
template<typename Cont>
void print(Cont& c)
{
    for(auto p=begin(c); p!=end(c); ++p)
        cout << *p << '\n';
}

void f()
{
    vector<int> v {1,2,3,4,5};
    print(v);

    int a[] {1,2,3,4,5};
    print(a);
}
```

ここで、仮に c.begin() と c.end() と記述すると、print(a) は処理に失敗する。

<iterator> を #include していると、begin() と end() のメンバをもつユーザ定義のコンテナは、自動的に非メンバ版をもつことになる。非メンバの begin() と end() を実装していないコンテナ My_container に対して、それらの関数を提供するためには、以下のようなコードが必要だ：

```
template<typename T>
Iterator<My_container<T>> begin(My_container<T>& c)
{
    return Iterator<My_container<T>>{&c[0]};            // 先頭要素を指す反復子
}

template<typename T>
Iterator<My_container<T>> end(My_container<T>& c)
{
    return Iterator<My_container<T>>{&c[0]+c.size()};  // 末尾要素の次の要素を指す反復子
}
```

ここでは、先頭要素のアドレスを渡すと、My_container の先頭要素を指す反復子が作成されること、および、My_container が size() をもっていることを前提としている。

33.4 関数オブジェクト

標準アルゴリズムの多くは、いかに動作すべきかを制御する関数オブジェクト（あるいは関数）を引数として受け取る。よく使われるのは、比較基準、述語（bool を返す関数）、算術演算だ。標準ライブラリは <functional> で、一般的な関数オブジェクトをいくつか定義している：

述語（§iso.20.8.5, §iso.20.8.6, §iso.20.8.7）	
p=equal_to<T>{}	x と y の型が T であれば、p(x,y) は x==y を意味する
p=not_equal_to<T>{}	x と y の型が T であれば、p(x,y) は x!=y を意味する
p=greater<T>{}	x と y の型が T であれば、p(x,y) は x>y を意味する
p=less<T>{}	x と y の型が T であれば、p(x,y) は x<y を意味する
p=greater_equal<T>{}	x と y の型が T であれば、p(x,y) は x>=y を意味する
p=less_equal<T>{}	x と y の型が T であれば、p(x,y) は x<=y を意味する

述語（§iso.20.8.5, §iso.20.8.6, §iso.20.8.7）	
p=logical_and<T>{}	x と y の型が T であれば、p(x,y) は x&&y を意味する
p=logical_or<T>{}	x と y の型が T であれば、p(x,y) は x||y を意味する
p=logical_not<T>{}	x の型が T であれば、p(x) は !x を意味する
p=bit_and<T>{}	x と y の型が T であれば、p(x,y) は x&y を意味する
p=bit_or<T>{}	x と y の型が T であれば、p(x,y) は x|y を意味する
p=bit_xor<T>{}	x と y の型が T であれば、p(x,y) は x^y を意味する

たとえば：

```
vector<int> v;
// ...
sort(v.begin(),v.end(),greater<int>{});      // vを降順にソート
```

ここに示した述語は、大雑把にいうと、単純なラムダ式と等価だ。たとえば：

```
vector<int> v;
// ...
sort(v.begin(),v.end(),[](int a, int b) { return a>b; });  // vを降順にソート
```

logical_and と logical_or は、２個の引数を必ず評価することに注意しよう（&& や || とは違う点だ）。

算術演算（§iso.20.8.4）	
f=plus<T>{}	x と y の型が T であれば、f(x,y) は x+y を意味する
f=minus<T>{}	x と y の型が T であれば、f(x,y) は x-y を意味する
f=multiplies<T>{}	x と y の型が T であれば、f(x,y) は x*y を意味する
f=divides<T>{}	x と y の型が T であれば、f(x,y) は x/y を意味する
f=modulus<T>{}	x と y の型が T であれば、f(x,y) は x%y を意味する
f=negate<T>{}	x の型が T であれば、f(x) は -x を意味する

33.5 関数アダプタ

関数アダプタは、関数を引数として受け取って、その関数を実行する関数オブジェクトを返す。

アダプタ（§iso.20.8.9, §iso.20.8.10, §iso.20.8.8）	
g=bind(f,args)	g(args2) は f(args3) と等価となる。ここで args3 は args 内のプレースホルダ _1、_2、_3 などを、args2 の引数で置きかえたものである
g=mem_fn(f)	g(p,args) は、p がポインタであれば p->f(args) を意味し、p がポインタでなければ p.f(args) を意味する。args は引数の並びである（空の場合もある）
g=not1(f)	g(x) は !f(x) を意味する
g=not2(f)	g(x,y) は !f(x,y) を意味する

bind() アダプタと mem_fn() アダプタが行うことは、引数をバインドすることだ。そのため、**カレー**

化（*currying*）や**部分評価**（*partial evaluation*）と呼ばれる。ここに示したバインダと、現在非推奨となっている（bind1st()、mem_fun()、mem_fun_ref() などの）前身は、過去に多用されていたが、それらの大部分の用途では、ラムダ式（§11.4）を用いることで、より容易に記述できると考えられる。

33.5.1 bind()

bind() は、関数と引数一式を受け取って、“残りの”引数（があれば、それ）を与えることで、呼出し可能な関数オブジェクトを生成する。たとえば：

```
double cube(double);

auto cube2 = bind(cube,2);
```

cube2() を呼び出すと、引数に 2 を与えた cube、すなわち cube(2) を実行する。関数の引数すべてをバインドする必要はない。たとえば：

```
using namespace placeholders;

void f(int,const string&);
auto g = bind(f,2,_1);        // f()の先頭引数を2にバインド
f(2,"hello");
g("hello");                   // f(2,"hello")も呼び出す
```

バインダに与えている、奇妙な形の引数 _1 は、生成する関数オブジェクトに与える引数の場所を bind() に通知するためのプレースホルダ（置き場所）だ。この場合、g() の（先頭）引数は、f() の第2引数として利用されることになる。

プレースホルダは、<functional> の一部である（部分）名前空間 std::placeholders 内で定義されている。プレースホルダは、極めて柔軟性が高いものだ。たとえば：

```
f(2,"hello");
bind(f)(2,"hello");          // f(2,"hello")も呼び出す
bind(f,_1,_2)(2,"hello");    // f(2,"hello")も呼び出す
bind(f,_2,_1)("hello",2);    // 逆順の引数：f(2,"hello")も呼び出す

auto g = [](const string& s, int i) { f(i,s); } // 逆順の引数
g("hello",2);                                   // f(2,"hello")も呼び出す
```

多重定義した関数の引数をバインドするには、バインド対象がどの関数であるのかを明示する必要がある：

```
int pow(int,int);
double pow(double,double);    // pow()が多重定義されている

auto pow2 = bind(pow,_1,2);                              // エラー：どっちのpow()？
auto pow2 = bind((double(*)(double,double))pow,_1,2); // ＯＫ（ただし危険）
```

bind() が、通常の式を引数として受け取ることに注意しよう。そのため、bind() に渡される前に、参照に対しては参照外しが適用される。たとえば：

```
void incr(int& i)
{
    ++i;
}

void user()
{
    int i = 1;
    incr(i);                // iは2になる
    auto inc = bind(incr,_1);
    inc(i);                 // iは2のまま；inc(i)はiの局所的なコピーをインクリメント
}
```


このような場合を扱うために、標準ライブラリは、別のアダプタも提供している：

reference_wrapper<T>（§iso.20.8.3）	
`r=ref(t)`	`r` は `T& t` の `reference_wrapper` となる。`noexcept`
`r=cref(t)`	`r` は `const T& t` の `reference_wrapper` となる。`noexcept`

これらは、`bind()` の“参照問題”を解決するものだ：

```
void user2()
{
    int i = 1;
    incr(i);                // iは2になる
    auto inc = bind(incr,_1);
    inc(ref(i));            // iは3になる
}
```

`ref()` は、`thread` に対して参照を渡す場合にも必要となる。というのも、`thread` のコンストラクタが可変個引数テンプレートだからだ（§42.2.2）。

ここまでは、`bind()` の結果を、すぐに利用するか、あるいは、`auto` として宣言した変数に対して代入を行ってきた。そのため、`bind()` の返却型を明示する手間が省かれていた。これは有用な方法だ。というのも、`bind()` の返却型は、呼び出される関数の型や保持する引数の値によって、変化するからだ。結果として戻される関数オブジェクトは、バインドされた引数の値を保持しなければならないため、大きくなることがある。なお、使おうとしている引数型や結果型を指定したい場合もある。その場合は、`function`（§33.5.3）を利用する。

33.5.2 mem_fn()

関数アダプタ `mem_fn(mf)` は、非メンバ関数として呼び出される関数オブジェクトを生成する。たとえば：

```
void user(Shape* p)
{
    p->draw();
    auto draw = mem_fn(&Shape::draw);
    draw(p);
}
```

`mem_fn()` が主に使われるのは、アルゴリズムが、非メンバ関数の呼出しを必要としている場合である。たとえば：

```
void draw_all(vector<Shape*>& v)
{
    for_each(v.begin(),v.end(),mem_fn(&Shape::draw));
}
```

mem_fn() は、オブジェクト指向な呼出し方式を、関数にマッピングする機能とみなせる。

バインダの代わりに、簡潔で汎用的なラムダ式が利用できることも多い。たとえば：

```
void draw_all(vector<Shape*>& v)
{
    for_each(v.begin(),v.end(),[](Shape* p) { p->draw(); });
}
```


33.5.3 function

bind() は、直接利用できるだけでなく、auto の変数を初期化するときにも利用できる。この点では、ラムダ式に似ている。

bind() の結果を、ある特定の型の変数に代入するのであれば、標準ライブラリの型 function を使う。function は、特定の返却型および特定の引数の型によって特徴付けられる。

function<R(Argtypes...)> (§iso.20.8.11.2)	
function<type> f {};	f は空の function となる。noexcept
function<type> f {nullptr};	f は空の function となる。noexcept
function<type> f {g};	f は g を保持する function となる。g は f の引数を与えて呼出し可能なものとなる
function<type> f {allocator_arg_t,a};	f は空の function となる。アロケータに a を利用する。noexcept
function<type> f {allocator_arg_t,a,nullptr_t};	f は空の function となる。アロケータに a を利用する。noexcept
function<type> f {allocator_arg_t,a,g};	f は g を保持する function となる。アロケータに a を利用する。noexcept
f2=f	f2 は f のコピーとなる
f=nullptr	f は空となる
f.swap(f2)	f と f2 の内容を交換する。f と f2 は同じ function でなければならない。noexcept
f.assign(f2,a)	f は f2 とアロケータ a のコピーとなる
bool b {f};	f を bool へ変換する。f が空でなければ b は true となる。explicit。noexcept
r=f(args)	保持している関数に args を与えて実行する。f の引数の型と一致しなければならない
ti=f.target_type()	f が呼出し可能かつ ti==typeid(void) な何かをもっていない場合、ti は f の type_info となる。noexcept
p=f.target<F>()	f.target_type()==typeid(F) の場合、p は保持しているオブジェクトを指す。そうでなければ p==nullptr となる。noexcept

function<R(Argtypes...)> (§iso.20.8.11.2)	
f==nullptr	fは空か? noexcept
nullptr==f	f==nullptr
f!=nullptr	!(f==nullptr)
nullptr!=f	!(f==nullptr)
swap(f,f2)	f.swap(f2)

たとえば：

```
int f1(double);
function<int(double)> fct {f1};  // fctはdoubleを受け取ってintを返す。f1に初期化
int f2(int);
int f3(char*);

void user()
{
   fct = [](double d) { return round(d); };  // ラムダをfctに代入
   fct = f1;                                 // 関数をfctに代入
   fct = f2;                                 // 警告：doubleからintへの変換
   fct = f3;                                 // エラー：引数型が不正
}
```

functionは、自身が保持している関数（あるいは関数オブジェクト）を呼び出す。その際、引数の型変換が行われることがある。たとえば、fctがf2を保持している場合、fct(2.2)はf2(2)の呼出しを行う。

呼び出されることになる各関数は、単純に呼び出すのではなく、functionを検証するという、まれなケースのために用意したものだ。

標準ライブラリのfunctionは、呼出し演算子()（§2.2.1, §3.4.3, §11.4, §19.2.2）によって呼び出せる任意のオブジェクトを保持する型である。すなわち、function型のオブジェクトは、関数オブジェクトである。たとえば：

```
int round(double x) { return static_cast<int>(floor(x+0.5)); }  // 通常の四捨五入

function<int(double)> f;   // fはdoubleを受け取ってintを返すものであれば何でも保持する

enum class Round_style { truncate, round };

struct Round {             // 状態を運ぶ関数オブジェクト
   Round_style s;
   Round(Round_style ss) :s(ss) { }
   int operator()(double x) const
      { return static_cast<int>((s==Round_style::round) ? (x+0.5) : x); };
};

void t1()
{
   f = round;
   cout << f(7.6) << '\n';                    // fを通じて関数roundを呼び出す

   f = Round(Round_style::truncate);
   cout << f(7.6) << '\n';                    // 関数オブジェクトを呼び出す

   Round_style style = Round_style::round;
```

```
    f = [style] (double x)
        { return static_cast<int>((style==Round_style::round) ? x+0.5 : x); };

    cout << f(7.6) << '\n';                           // ラムダを呼び出す

    vector<double> v {7.6};
    f = Round(Round_style::round);
    std::transform(v.begin(),v.end(),v.begin(),f);  // アルゴリズムに与える

    cout << v[0] << '\n';                             // ラムダによる変換
}
```

実行すると、8、7、8、8と表示される。

当然、functionが有用なケースは、コールバックや、処理を引数に渡す場合などだ。

33.6 アドバイス

[1] 入力シーケンスは、反復子ペアとして定義される。§33.1.1。

[2] 出力シーケンスを定義するのは、単一の反復子である。オーバフローは回避しよう。§33.1.1。

[3] 任意の反復子pに対して、[p:p)は空シーケンスである。§33.1.1。

[4] "見つからなかった"は、シーケンス末尾で表そう。§33.1.1。

[5] 反復子は、汎用性が高くて、多くの場面でより上手に動作するポインタとみなそう。§33.1.1。

[6] コンテナ内の要素を指すときは、ポインタではなく、list<char>::iteratorなどの反復子型を利用しよう。§33.1.1。

[7] 反復子に関する情報を得るには、iterator_traitsを利用しよう。§33.1.3。

[8] iterator_traitsを利用すると、コンパイル時ディスパッチが可能である。§33.1.3。

[9] iterator_traitsを使って、反復子カテゴリに基づいた最適なアルゴリズムを選択しよう。§33.1.3。

[10] iterator_traitsは実装の詳細である。暗黙裏に利用しよう。§33.1.3。

[11] reverse_iteratorからのiteratorの取出しには、base()を利用しよう。§33.2.1。

[12] 挿入反復子を使うと、コンテナに要素を追加できる。§33.2.2。

[13] move_iteratorを使うと、コピー演算をムーブ演算に変換できる。§33.2.3。

[14] 自作コンテナでは、範囲for文によって走査できるようにしよう。§33.3。

[15] 関数や関数オブジェクトの変種を作るときは、bind()を利用しよう。§33.5.1。

[16] bind()が参照を早期に解決することに注意しよう。遅延させる場合はref()を利用しよう。§33.5.1。

[17] mem_fn()やラムダ式を用いると、p->f(a)構文をf(p,a)に変換できる。§33.5.2。

[18] 多様な呼出し可能オブジェクトを変数に保持する必要がある場合は、functionを利用しよう。§33.5.3。

第 34 章　メモリと資源

だれしもいいアイディアを持ち得るものだが、
そのアイディアで何をするか、
それこそが重要だ。
— テリー・プラチェット

- はじめに
- “コンテナ相当”
  array ／ bitset ／ vector<bool> ／タプル
- 資源管理ポインタ
  unique_ptr ／ shared_ptr ／ weak_ptr
- アロケータ
  デフォルトアロケータ／アロケータの特性／ポインタの特性／スコープ付きアロケータ
- ガーベジコレクションインタフェース
- 未初期化メモリ
  一時バッファ／ raw_storage_iterator
- アドバイス

34.1 はじめに

STL（第 31 章，第 32 章，第 33 章）は、データを管理して操作する、標準ライブラリのもっとも高度に構造化された汎用機能である。本章では、（型をもつオブジェクトではない）生メモリに特化した機能を取り上げる。

34.2 “コンテナ相当”

標準ライブラリが提供するコンテナには、STL のフレームワークに完全には合致しないものがある（§31.4，§32.2，§33.1）。組込み配列、`array`、`string` などがそうである。私は、これらを“コンテナ相当 (almost container)”と呼ぶこともある (§31.4) が、この呼び名は妥当性に欠ける。それらは、要素を保持するので、コンテナである。とはいえ、制限事項や追加機能があるため、STL に合致しないのだ。それらの点を個別に解説すれば、STL を簡潔に解説することにもなる。

“コンテナ相当”	
`T[N]`	組込み配列。T 型の N 個の要素を、メモリ上で連続的に割り当てた要素数固定のシーケンス。暗黙裏に `T*` へ変換される
`array<T,N>`	T 型の N 個の要素を、メモリ上で連続的に割り当てた要素数固定のシーケンス。組込みの配列に似ているが、ほとんどの問題点に対処したもの

"コンテナ相当"	
bitset<N>	N ビットの要素数固定のシーケンス
vector<bool>	ビットのシーケンスをコンパクトに保持する、vector の特殊化
pair<T,U>	T 型と U 型の要素のペア
tuple<T...>	任意の型で任意の個数の要素をもつシーケンス
basic_string<C>	C 型の文字のシーケンス。文字列演算を提供する
valarray<T>	T 型の数値型の配列。数値演算を提供する

標準ライブラリがこれほど多くのコンテナを提供するのはなぜだろうか？　これらのライブラリは、一般的なものを提供するのだが、ニーズが異なるのだ（重複することも多い）。仮に標準ライブラリがこれらのコンテナを提供しなければ、多くのプログラマが個別に設計、実装しなければならなくなるだろう。たとえば：

- pair と tuple は、要素の型が異なっていても構わない。一方、他のすべてのコンテナでは（すべての要素のすべての型が）同一でなければならない。
- array、vector、tuple の要素は、記憶域上に連続して割り当てられる。forward_list と map は、結合リスト構造である。
- bitset と vector<bool> は、複数のビットを保持するものであり、プロクシオブジェクトを介してアクセスする。その他の標準ライブラリのすべてのコンテナでは、さまざまな型の要素が保持でき、要素を直接アクセスできる。
- basic_string の要素は、何らかの文字でなければならないし、連結やロケールに依存する処理などの、文字列演算も提供しなければならない（第 39 章）。同様に、valarray の要素は数値でなければならず、数値演算を提供しなければならない。

これらすべてのコンテナは、多数のプログラマが必要とする、特化された機能に応えるためのものとみなせる。単一のコンテナですべてに対応するのは不可能である。というのも、一部の要件に矛盾があるからだ。たとえば、"成長可能"と"割り当てるメモリ領域を固定する"は矛盾するし、"要素を追加しても他の要素は移動しない"と"メモリ上で連続して割り当てる"も矛盾する。さらに、過剰に汎用化したコンテナでは、許容しがたいオーバヘッドが発生する可能性がある。

34.2.1 array

<array> が定義する array は、指定された型のシーケンスであって、その要素数はコンパイル時に指定された値に固定される。そのため、array は、その要素とともに、スタック上、オブジェクト内、静的領域内に割当て可能だ。array の要素は、array を定義したスコープ内に割り当てられる。array は、要素数が固定されて、想定外にポインタ型への変換が行われることがなくて、わずかではあるものの有用な関数を提供する、組込み配列とみなすと分かりやすい。組込み配列と比較して（時間的あるいは空間的な）オーバヘッドもない。array は、STL コンテナの"要素のハンドル"モデルにしたがっていない。その代わり、array は要素を直接保持する：

```
template<typename T, size_t N>     // T型のN個の配列（§iso.23.3.2）
struct array {
/*
   型と操作はvectorと同様である（§31.4）
   ただしコンテナサイズを変更する関数、コンストラクタ、assign()関数がない
*/
   void fill(const T& v);  // vのN個の要素をコピー
   void swap(array&) noexcept(noexcept(swap(declval<T&>(), declval<T&>())));

   T __elem[N];  // 実装の詳細
};
```


arrayの内部には、（要素数などの）“管理情報”は保持されない。そのため、arrayのムーブ（§17.5）は、コピーと比べて特に効率的になるわけではない（arrayの要素が効率的なムーブを提供する資源ハンドルでない限り）。arrayには、コンストラクタもアロケータもない（何かを直接的に割り当てることがないからである）。

arrayの要素数と添字の型は、vectorと同様にunsigned型（size_t）であって、組込みの配列のものとは異なる。そのため、配慮に欠けるコンパイラだと、array<int,-1>が利用できるかもしれない。警告が出力されるといいのだが。

さて、arrayは、初期化子並びによる初期化が可能だ：

```
array<int,3> a1 = { 1, 2, 3 };
```

初期化子並びの要素数は、arrayに指定する要素数以下でなければならない。例によって、初期化子並びに一部の要素だけを記述すると、記述されていない要素は適切なデフォルト値で初期化される。たとえば：

```
void f()
{
   array<string, 4> aa = {"Churchill", "Clare"};
   // ...
}
```

この例だと、末尾側の2個の要素は、空文字列となる。

要素数は省略できないことに注意しよう：

```
array<int> ax = { 1, 2, 3 };  // エラー：要素数が指定されていない
```

特殊なケースに対応できるように、要素数はゼロであってもよいことになっている：

```
array<int,0> a0;
```

なお、要素数は必ず定数式でなければならない：

```
void f(int n)
{
   array<string,n> aa = {"John's", "Queens' "};    // エラー：要素数が定数式でない
   // ...
}
```

要素数を変数にしたければ、vectorを利用する。arrayの要素数はコンパイル時に既知なので、arrayのsize()は、constexpr関数である。

arrayには、引数の値をコピーする（vectorのコンストラクタと同様な：§31.3.2）コンストラク

タは存在しない。その代わりに提供されているのが、fill()だ：

```
void f()
{
    array<int,8> aa;  // この時点では初期化されていない
    aa.fill(99);      // 8個の99をコピー
    // ...
}
```

arrayは、"要素のハンドル"モデルではないので、2個のarray<T,N>のswap()では、T型のN個の2要素がswap()され、要素の交換が本当に行われることになる。array<T,N>::swap()の宣言は、基本的に、Tのswap()が例外を送出するならば、array<T,N>のswap()でも例外を送出することを表している。いうまでもなく、swap()での送出は、厄介なので避けるべきだ。

もし必要であれば、arrayは、ポインタを受け取るC言語スタイルの関数にも渡すことができる：

```
void f(int* p, int sz);  // C言語スタイルのインタフェース

void g()
{
   array<int,10> a;

   f(a,a.size());             // エラー：変換は行われない
   f(&a[0],a.size());         // C言語スタイルでの利用
   f(a.data(),a.size());      // C言語スタイルでの利用

   auto p = find(a.begin(),a.end(),777);     // C++のSTLスタイルでの利用
   // ...
}
```

vectorのほうがはるかに柔軟性に優れているのに、arrayを採用する理由は何だろう？　確かにarrayは柔軟性に劣るとはいえ、より単純なのだ。vector（ハンドル）による空き領域での要素確保、間接参照、要素の解放よりも、スタック上に要素を割り当てて直接参照するほうが、性能面で大きく上回ることがある。その一方で、（特に組込みシステムでは）スタックは限られた資源であって、スタックオーバフローなどの不愉快なことが発生し得る。

組込みの配列が利用できるときに、arrayを採用する理由は何だろう？　arrayは自身の要素数を知っているので、標準ライブラリのアルゴリズムでの利用が容易だ。さらに、コピーも行える（=でも行えるし、初期化でも行える）。しかし、私がarrayを採用する主な理由は、想定外にポインタへと変換されて困ってしまう事態を避けることだ。次の例を考えてみよう：

```
void h()
{
    Circle a1[10];
    array<Circle,10> a2;
    // ...
    Shape* p1 = a1;  // OK：災難が起こることになる
    Shape* p2 = a2;  // エラー：array<Circle,10>からShape*への変換はない
    p1[3].draw();    // 災難
}
```

ここでの"災難"のコメントは、sizeof(Shape)<sizeof(Circle)を想定したものだ。そのため、Shape*を介したCircle[]の添字演算では、オフセットを誤ってしまう（§27.2.1，§17.5.1.4）。この点については、すべての標準コンテナは、組込み配列よりも優れている。

arrayは、全要素の型が同一のtuple（§34.2.4）とみなせる。標準ライブラリは、この考え方に基づいている。tupleのヘルパ型関数tuple_sizeとtuple_elementは、arrayに対しても適用できる：

```
tuple_size<array<T,N>>::value        // N
tuple_element<S,array<T,N>>::type    // T
```

当然、get<i>関数を用いたi番目の要素へのアクセスも行える：

```
template<size_t index, typename T, size_t N>
   T& get(array<T,N>& a) noexcept;
template<size_t index, typename T, size_t N>
   T&& get(array<T,N>&& a) noexcept;
template<size_t index, typename T, size_t N>
   const T& get(const array<T,N>& a) noexcept;
```

たとえば：

```
array<int,7> a = {1,2,3,5,8,13,25};
auto x1 = get<5>(a);                                  // 13
auto x2 = a[5];                                       // 13
auto sz = tuple_size<decltype(a)>::value;             // 7
typename tuple_element<5,decltype(a)>::type x3 = 13; // x3は1個のint
```

これらの型関数は、tuple向けのコードを記述するプログラマ用のものだ。

constexpr関数（§28.2.2）と型別名（§28.2.1）を利用すると、読みやすくなる：

```
auto sz = tuple_size<decltype(a)>();    // 7

tuple_element<5,decltype(a)> x3 = 13;  // x3は1個のint
```

tuple構文は、汎用コードでの利用を想定したものである。

34.2.2 bitset

入力ストリームの状態（§38.4.5.1）などの、システムのある部分は、2値の状態を表すフラグの集合として表現されることがよくある。その2値は、good／bad、true／false、on／offなどだ。C++では、整数に対するビット単位の処理（§11.1.1）を使うことによって、フラグの小規模な集合が、効率よく表現できる。bitset<N>クラスは、この考え方を一般化して便利に利用できるように、[0:N)のNビットのシーケンスに対する処理を提供する。なお、Nはコンパイル時に既知の値でなければならない。long long intに収まらないビット集合は、整数を直接利用するよりも、bitsetを利用したほうが、はるかに便利だ。小規模なビット集合の場合でも、通常は、bitsetは最適化される。ビットに対して、番号ではなくて名前を与えたいのであれば、set（§31.4.3）、列挙体（§8.4）、ビットフィールド（§8.2.7）を使ったほうがよい。

bitset<N>は、Nビットの配列であり、<bitset>で定義されている。bitsetは、要素数が固定であるという点で、vector<bool>とは異なる（§34.2.3）。また、値による連想ではなく、整数としてビットの添字をもつという点で、setとは異なる（§31.4.3）。さらに、ビットを操作する処理をもつという点で、vector<bool>とsetの両者と異なる。

組込みのポインタを用いて、単一ビットを直接アドレッシングすることは不可能である（§7.2）。そのため、bitset は、ビットへの参照型（プロクシ型）を提供する。これは、組込みのポインタが何らかの理由で不適切となるオブジェクトをアドレッシングするための、有用なテクニックだ：

```
template<size_t N>
class bitset {
public:
   class reference {           // 単一ビットへの参照
      friend class bitset;
      reference() noexcept;
   public:                     // [0:b.size())に対するゼロベースの添字をサポート
      ~reference() noexcept;
      reference& operator=(bool x) noexcept;                // b[i] = x;
      reference& operator=(const reference&) noexcept;      // b[i] = b[j];
      bool operator~() const noexcept;                      // return ~b[i]
      operator bool() const noexcept;                       // x = b[i];
      reference& flip() noexcept;                           // b[i].flip();
   };
   // ...
};
```

歴史的な理由によって、bitset の形式は、標準ライブラリの他のクラスとは異なる。たとえば、添字（すなわち**ビット位置**（*bit position*））が範囲外であれば、out_of_range 例外が送出される。反復子も提供されない。ビット位置は、ワード内のビットの場合と同様に、右から左へと番号が振られる。すなわち、b[i] の値は、pow(2,i) である。つまり、bitset は、N ビットの２進数ともみなせるということだ：

位置	9	8	7	6	5	4	3	2	1	0
bitset<10>(989)	1	1	1	1	0	1	1	1	0	1

34.2.2.1 コンストラクタ

bitset は、unsigned long long int 内のビット数と string に基づいて、指定された個数だけゼロが集まったものとして構築できる（もちろん、他の構築法も提供される）：

bitset<N> のコンストラクタ（§iso.20.5.1）	
bitset<N> bs {};	値がゼロの N 個のビット
bitset<N> bs {n};	n 内のビット。n は unsigned long long である
bitset<N> bs {s,i,n,z,o};	s 内の [i:i+n) の n ビット。s は basic_string<C,Tr,A> である。z はゼロに利用する型を C とする文字である。o は 1 に利用する型を C とする文字である。explicit
bitset<N> bs {s,i,n,z};	bitset bs {s,i,n,z,C{'1'}};
bitset<N> bs {s,i,n};	bitset bs {s,i,n,C{'0'},C{'1'}};
bitset<N> bs {s,i};	bitset bs {s,i,npos,C{'0'},C{'1'}};
bitset<N> bs {s};	bitset bs {s,0,npos,C{'0'},C{'1'}};

bitset<N> bs {p,n,z,o};	[p:p+n) の n ビット。p は C* 型の C 言語スタイルの文字列である。z はゼロに利用する型を C とする文字である。o は 1 に利用する型を C とする文字である。explicit
bitset<N> bs {p,n,z};	bitset bs {p,n,z,C{'1'}};
bitset<N> bs {p,n};	bitset bs {p,n,C{'0'},C{'1'}};
bitset<N> bs {p};	bitset bs {p,npos,C{'0'},C{'1'}};

npos で示す位置は、string<C> の "末尾を越えた" 位置であり、"末尾までのすべての文字" を意味する（§36.3）。

引数に unsigned long long int の値を与えた場合は、その整数内の個々のビットによって、bitset の対応するビットを（もしあれば）初期化する。basic_string の引数と同様に（§36.3）、文字の '0' はビット値 0 となって、文字の '1' はビット値 1 となり、それ以外の文字の場合は invalid_argument 例外を送出する。たとえば：

```
void f()
{
    bitset<10> b1; // すべて0

    bitset<16> b2 = 0xaaaa;                      // 1010101010101010
    bitset<32> b3 = 0xaaaa;                      // 00000000000000001010101010101010

    bitset<10> b4 {"1010101010"};                // 1010101010
    bitset<10> b5 {"10110111011110",4};          // 0111011110

    bitset<10> b6 {string{"1010101010"}};        // 1010101010
    bitset<10> b7 {string{"10110111011110"},4};  // 0111011110
    bitset<10> b8 {string{"10110111011110"},2,8}; // 11011101

    bitset<10> b9 {string{"n0g00d"}};     // invalid_argumentが送出される
    bitset<10> b10 = string{"101001"};    // エラー：stringからbitsetへの暗黙の変換はない
}
```

bitset の設計の重要な点は、1 ワードに収まる bitset に対して最適化された実装を提供するということだ。インタフェースも、この考えを反映している。

34.2.2.2 bitset の処理

bitset は、個々のビットにアクセスする処理や、すべてのビットを操作する処理を提供する：

bitset<N> の処理（§iso.20.5）	
bs[i]	bs の i 番目のビット
bs.test(i)	bs の i 番目のビット。i が [0:bs.size()) の範囲外であれば out_of_range を送出
bs&=bs2	ビット単位の論理積
bs|=bs2	ビット単位の論理和
bs^=bs2	ビット単位の排他的論理和
bs<<=n	左論理シフト（ゼロを埋める）
bs>>=n	右論理シフト（ゼロを埋める）

bitset<N>の処理（§iso.20.5）	
bs.set()	bsの全ビットに1をセット
bs.set(i,v)	bs[i]=v
bs.reset()	bsの全ビットに0をセット
bs.reset(i)	b[i]=0;
bs.flip()	bsの全ビットに対するbs[i]=~bs[i]
bs.flip(i)	bs[i]=~bs[i]
bs2=~bs	補集合を作る。bs2=bs, bs2.flip()
bs2=bs<<n	左シフトしたビット集合を作る。bs2=bs, bs2<<=n
bs2=bs>>n	右シフトしたビット集合を作る。bs2=bs, bs2>>=n
bs3=bs&bs2	ビット単位の論理積。bsの全ビットに対するbs3[i]=bs[i]&bs2[i]
bs3=bs|bs2	ビット単位の論理和。bsの全ビットに対するbs3[i]=bs[i]|bs2[i]
bs3=bs^bs2	ビット単位の排他的論理和。bsの全ビットに対するbs3[i]=bs[i]^bs2[i]
is>>bs	isをbsへ読み取る。isはistreamである
os<<bs	bsをosへ書き込む。osはostreamである

演算子>>と<<は、先頭オペランドがiostreamであれば、入出力演算子だ。そうでなければ、シフト演算子であり、第2オペランドは整数でなければならない。たとえば：

```
bitset<9> bs {"110001111"};
cout << bs << '\n';       // coutに"110001111"と書き出す
auto bs2 = bs<<3;         // bs2 == "001111000";
cout << bs2 << '\n';      // coutに"001111000"と書き出す
cin >> bs;                // cinから読み取る
bs2 = bs>>3;              // もし入力が"110001111"であればbs2 == "000110001"
cout << bs2 << '\n';      // coutに"000110001"と書き出す
```

ビットのシフトでは、（循環しない）論理シフトが行われる。そのため、一部のビットは“末尾から弾き出される”し、別の一部のビットはデフォルト値0になってしまう。size_tは符号無し型なので、負数によるシフトが行えないことに注意しよう。もし行えてしまうと、b<<-1は、極めて大きな正数によるシフトとみなされて、bitset bの全ビットの値が0になる。これは、利用するコンパイラが警告すべき処理だ。

bitsetは、size()、==、stringへの変換などの一般的な処理も提供する：

bitset<N>のその他処理（§iso.20.5） C、Tr、Aはbasic_string<C,Tr,A>のデフォルト値をもつ	
n=bs.to_ulong()	nは、bsに対応するunsigned longとなる
n=bs.to_ullong()	nは、bsに対応するunsigned long longとなる
s=bs.to_string<C,Tr,A>(c0,c1)	s[i]=(b[i])?c1:c0。sはbasic_string<C,Tr,A>となる
s=bs.to_string<C,Tr,A>(c0)	s=bs.template to_string<C,Tr,A>(c0,C{'1'})
s=bs.to_string<C,Tr,A>()	s=bs.template to_string<C,Tr,A>(C{'0'},C{'1'})
n=bs.count()	nは、bs内の、値を1とするビット数となる

n=bs.size()	n は、bs 内のビット数となる
bs==bs2	bs と bs2 は同じ値か？
bs!=bs2	!(bs==bs2)
bs.all()	bs の全ビットの値が 1 か？
bs.any()	bs 内に値が 1 のビットが 1 個でも存在するか？
bs.none()	bs 内に値が 1 のビットが 1 個も存在しないか？
hash<bitset<N>>	bitset<N> 用の hash の特殊化

to_ullong() と to_string() は、コンストラクタとは逆の処理を提供する。分かりにくい変換を避けるためには、変換演算子よりも名前付きの処理のほうが適切だ。さて、bitset の値が、unsigned long や to_ulong() では表現できないほどの多くのビットをもつ場合は、overflow_error が送出される。to_ullong() でも、引数の bitset のビット数が収まらない場合は、同様だ。

幸いにも、to_string が返却する basic_string のテンプレート引数にはデフォルト値がある。たとえば、int の2進表現は次のように記述できる：

```
void binary(int i)
{
   bitset<8*sizeof(int)> b = i;          // 1バイトが8ビットと仮定（§40.2を参照）

   cout << b.to_string<char,char_traits<char>,allocator<char>>() // 一般的で冗長
        << '\n';
   cout << b.to_string<char>() << '\n'; // デフォルトの特性とアロケータを利用
   cout << b.to_string<>() << '\n';     // すべてのデフォルトを利用
   cout << b.to_string() << '\n';       // すべてのデフォルトを利用
}
```

このコードは、1 と 0 で表現したビットを左から右へと出力する。最上位ビットが左である。引数に 123 を与えると、以下のように表示する：

```
00000000000000000000000001111011
00000000000000000000000001111011
00000000000000000000000001111011
00000000000000000000000001111011
```

この例は、bitset の出力演算子を直接利用すると、より簡潔になる：

```
void binary2(int i)
{
   bitset<8*sizeof(int)> b = i;    // 1バイトが8ビットと仮定（§40.2を参照）
   cout << b << '\n';
}
```

34.2.3 vector<bool>

<vector> が定義する vector<bool> は、vector の特殊化（§31.4）であり、ビット（bool）の領域をコンパクトに提供する：

```
template<typename A>
class vector<bool,A> {  // vector<T,A>（§31.4）の特殊化
public:
```

```
    using const_reference = bool;
    using value_type = bool;
    // vector<T,A>と同様

    class reference {     // [0:v.size())に対するゼロベースの添字をサポート
       friend class vector;
       reference() noexcept;
    public:
       ~reference();
       operator bool() const noexcept;
       reference& operator=(const bool x) noexcept;          // v[i] = x
       reference& operator=(const reference& x) noexcept;   // v[i] = v[j]
       void flip() noexcept;                          // ビットを反転：v[i] = ~v[i]
    };

    void flip() noexcept; // vの全ビットを反転

    // ...
};
```

bitsetとの類似点は明白だ。しかし、bitsetとは違う、vector<T>との共通点がある。それは、vector<bool>がアロケータをもつことと、要素数が変更できることだ。

vector<T>と同様に、vector<bool>の要素は、添字の値が大きいほうがアドレスも高位になる：

位置	0	1	2	3	4	5	6	7	8	9
vector<bool>	1	1	1	1	0	1	1	1	0	1

このレイアウトは、bitsetとは正反対だ。また、整数や文字列への変換や、vector<bool>からの変換が、直接はサポートされない。

vector<bool>は、他のすべてのvector<T>と同じように利用できる。ただし、単一ビットに対する処理は、vector<char>よりも効率性に劣る。また、C++では、プロクシを用いた（組込みの）参照の動作の模倣は、完全ではない。そのためvector<bool>を用いる際は、右辺値と左辺値とを厳密に区別しようとすべきではない。

34.2.4 タプル

標準ライブラリでは、任意の型の複数の値を、単一のオブジェクトにまとめる方法として、2種類のものを提供する：

- pair（§34.2.4.1）：2個の値をもつ
- tuple（§34.2.4.2）：ゼロ個以上の値をもつ

ぴったり2個の値をもつと（静的に）分かることに意味がある場合は、pairを利用する。その一方で、tupleを使うときは、値の個数に関するあらゆる可能性への対処が必要となる。

34.2.4.1 pair

標準ライブラリは<utility>で、値のペアを操作するペアクラスpairを提供する：

```
template<typename T, typename U>
struct pair {
   using first_type = T;  // 第１要素の型
   using second_type = U; // 第２要素の型

   T first;     // 第１要素
   U second;    // 第２要素

   // ...
};
```

pair<T,U> （§iso.20.3.2）	
pair<T,U> p {}	デフォルトコンストラクタ。pair p {T{},U{}};。constexpr
pair<T,U> p {x,y}	p.first を x で初期化して、p.second を y で初期化する
pair<T,U> p {p2}	pair p2 をもとに構築する。pair p {p2.first,p2.second};
pair<T,U> p {piecewise_construct,t,t2}	p.first を tuple t の要素から構築して、p.second を tuple t2 の要素から構築する
p.~pair()	デストラクタ。t.first と t.second を解体する
p2=p	コピー代入演算。p2.first=p.first および p2.second=p.second
p2=move(p)	ムーブ代入演算。 p2.first=move(p.first) および p2.second=move(p.second)
p.swap(p2)	p と p2 の値を交換する

pair では、要素に対する処理が noexcept ならば、pair に対する、その処理も noexcept である。同様に、要素がコピー演算またはムーブ演算をもっていれば、pair ももつ。

二つの要素 first と second は、直接読み書きできるメンバだ。たとえば：

```
void f()
{
   pair<string,int> p {"Cambridge",1209};
   cout << p.first;      // "Cambridge"と表示
   p.second += 800;      // 年を書きかえる
   // ...
}
```

piecewise_construct は、piecewise_construct_t 型のオブジェクト名であり、tuple 型のメンバをもとに pair を構築する場合と、first と second に対する引数に対して tuple を与えて pair を構築する場合を区別するものである。たとえば：

```
struct Univ {
   Univ(const string& n, int r) : name{n}, rank{r} { }
   string name;
   int rank;
   string city = "unknown";
};

using Tup = tuple<string,int>;
Tup t1 {"Columbia",11};            // U.S. News 2012
Tup t2 {"Cambridge",2};

pair<Tup,Tup> p1 {t1,t2};                          // tupleのpair
pair<Univ,Univ> p2 {piecewise_construct,t1,t2};    // Univのpair
```

すなわち、p1.secondは、t2すなわち{"Cambridge",2}である。それとは対照的に、p2.secondは、Univ{t2}すなわち{"Cambridge",2,"unknown"}である。

pair<T,U>ヘルパ（§iso.20.3.3, §iso.20.3.4）	
p==p2	p.first==p2.first && p.second==p2.second
p<p2	p.first<p2.first || (!(p2.first<p.first) && p.second<p2.second)
p!=p2	!(p==p2)
p>p2	p2<p
p<=p2	!(p2<p)
p>=p2	!(p<p2)
swap(p,p2)	p.swap(p2)
p=make_pair(x,y)	pは、値にxとyを保持するpair<decltype(x),decltype(y)>となる。可能であれば、xとyをコピーせずムーブする
tuple_size<T>::value	T型のpairの大きさ
tuple_element<N,T>::type	first（N==0の場合）あるいはsecond（N==1の場合）の型
get<N>(p)	pair pのN番目の要素への参照。Nは0か1でなければならない

make_pair関数を使うと、pairの要素の型を明示しなくてよくなる。たとえば：

```
auto p = make_pair("Harvard",1736);
```

34.2.4.2 tuple

標準ライブラリは<tuple>で、タプルクラスtupleと、さまざまな支援機能を提供する。tupleは、任意の型のN個の要素からなるシーケンスだ：

```
template<typename... Types>
class tuple {
public:
    // ...
};
```

要素数は、ゼロまたは正である。

tupleの設計、実装、利用の詳細については、§28.5と§28.6.4を参照しよう。

tuple<Types...>のメンバ（§iso.20.4.2）	
tuple<types> t {};	デフォルトコンストラクタ。空のtuple。constexpr
tuple<types> t {args};	tは、argsの要素それぞれを要素にもつ。explicit
tuple<types> t {t2};	tuple t2をもとに構築する
tuple<types> t {p};	pair pをもとに構築する
tuple<types> t {allocator_arg,a,args};	アロケータaを用いて、argsをもとに構築する
tuple<types> t {allocator_arg,a,t2};	アロケータaを用いて、tuple t2をもとに構築する
tuple<types> t {allocator_arg,a,p};	アロケータaを用いて、pair pをもとに構築する
t.~tuple()	デストラクタ。要素をすべて解体する

t=t2	tuple のコピー代入演算
t=move(t2)	tuple のムーブ代入演算
t=p	pair p のコピー代入演算
t=move(p)	pair p のムーブ代入演算
t.swap(t2)	tuple である t と t2 の値を交換する。noexcept

tuple の型と、= のオペランドと、swap() の引数などは、一致する必要がない。要素に適用される処理が有効であれば（しかも有効な場合に限って）、その処理は、有効となる。たとえば、ある tuple から別の tuple への代入が行えるのは、代入元 tuple の個々の要素が、代入先 tuple の要素に代入できるときだ。たとえば：

```
tuple<string,vector<double>,int> t2 =
    make_tuple("Hello, tuples!",vector<double>{1,2,3},'x');
```

全要素の処理が noexcept である場合は、その処理は noexcept となる。また、メンバの処理が例外を送出する場合は、その処理は例外を送出する。同様に、要素の処理が constexpr であれば、tuple の処理も constexpr となる。

オペランドの（または引数の）ペアとなっている各 tuple の要素数は一致する必要がある。

汎用の tuple のコンストラクタが explicit であることに注意しよう。そのため、次のような記述では動作しない：

```
tuple<int,int,int> rotate(tuple<int,int,int> t)
{
    return {get<2>(t),get<0>(t),get<1>(t)}; // エラー：tupleのコンストラクタはexplicit
}

auto t2 = rotate({3,7,9});    // エラー：tupleのコンストラクタはexplicit
```

使いたい要素の数が 2 であれば、pair が利用できる：

```
pair<int,int> rotate(pair<int,int> p)
{
    return {p.second,p.first};
}

auto p2 = rotate({3,7});
```

詳細な例題については、§28.6.4 を参照しよう。

tuple<Types...> ヘルパ（§iso.20.4.2.4, §iso.20.4.2.9）	
t=make_tuple(args)	args から tuple を作る
t=forward_as_tuple(args)	t は、args の要素を表す右辺値参照の tuple となり、t を介して args の要素を転送できる
t=tie(args)	t は、args の要素を表す左辺値参照の tuple となり、t を介して args の要素へ代入できる
t=tuple_cat(args)	複数の tuple を連結する。args は一つ以上の tuple である。t は args 内の tuple の要素を順にメンバとしてもつことになる

tuple<Types...> ヘルパ（§iso.20.4.2.4, §iso.20.4.2.9）	
tuple_size<T>::value	tuple Tの要素数
tuple_element<N,T>::type	tuple TのN番目の要素の型
get<N>(t)	tuple TのN番目の参照
t==t2	tとt2の全要素が等しいか？ tとt2の要素数は一致しなければならない
t!=t2	!(t==t2)
t<t2	tは、辞書順でt2よりも前に位置するか？
t>t2	t2<t
t<=t2	!(t>t2)
t>=t2	!(t<t2)
uses_allocator<T,A>::value	tuple<T>は、型Aのアロケータで確保できるか？
swap(t,t2)	t.swap(t2)

たとえば、tie()を用いると、tupleから要素を抽出できる：

```
auto t = make_tuple(2.71828,299792458,"Hannibal");
int c;
string name;
tie(ignore,c,name) = t;        // c=299792458; name="Hannibal"
```

ここでのignoreは、代入を無視する型のオブジェクトを表す名前だ。tie()に指定したignoreは、tupleのその位置への代入を無視させるためのものだ。別の方法もある：

```
int c = get<0>(t);            // c=299792458
string name = get<2>(t);      // name="Hannibal"
```

要素の値を容易には知ることができない“どこか別のところ”からtupleをもってくるときは、上の例は、当然もっと興味深いものとなる。たとえば：

```
tuple<double,int,string> compute();
// ...
int c;
string name;
tie(ignore,c,name) = compute();    // cとnameに結果が入る
```

34.3 資源管理ポインタ

ポインタは、オブジェクトを指す（指さないこともある）。ところが、ポインタは、オブジェクトの所有者が（いるとして、それが）何なのかを示すことはない。すなわち、ポインタだけを見ても、それが指しているオブジェクトの破棄について、誰が行うのか、どのように行うのか、など、まったく分からない。<memory>では、所有権を表現する“スマートポインタ”を提供する：

- unique_ptr：占有する所有権を表す（§34.3.1）。
- shared_ptr：共有する所有権を表す（§34.3.2）。
- weak_ptr：共有データの循環を断つ（§34.3.3）。

これらの資源ハンドルについては、§5.2.1 で解説した。

34.3.1 unique_ptr

`<memory>` で定義されている unique_ptr は、厳密な所有権のセマンティクスを提供する：

- unique_ptr は、それが保持するポインタが指すオブジェクトを所有する。すなわち、ポインタが指すオブジェクト（があれば、それ）を破棄するのは unique_ptr の責任である。
- unique_ptr は、コピーできない（コピーコンストラクタとコピー代入演算をもたない）。ただし、ムーブは可能である。
- unique_ptr は、ポインタを保持して、自身が解体される際に（スレッドの制御が unique_ptr から抜けたときなど：§17.2.2）、そのポインタが指すオブジェクト（があれば、それ）を対応するデリータ（があれば、それ）によって破棄する。

unique_ptr の用途には、次のようなものが含まれる：

- 動的に確保したメモリに対する例外安全性を提供する（§5.2.1，§13.3）。
- 動的に確保したメモリの所有権を関数に渡す。
- 動的に確保したメモリを関数から返す。
- コンテナにポインタを保持させる。

unique_ptr の内部表現は、単純なポインタ（“コンテナに保持されたポインタ”）、あるいは、（デリータをもつ場合は）2個のポインタのペアと考えるとよい：

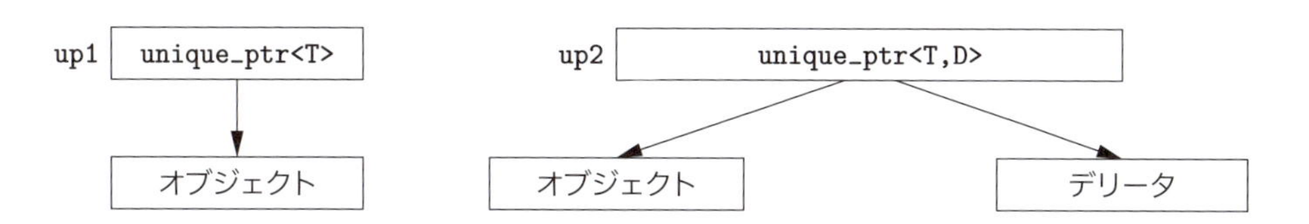

unique_ptr が解体される際には、所有するオブジェクトを解体するために、その**デリータ**（*deleter*）が呼び出される。デリータは、オブジェクトを解体する手段を表現するものである。たとえば：

- 局所変数に対するデリータは、何も行わない。
- メモリプールに対するデリータは、そのメモリプールを指すオブジェクトを返し、メモリプールの解体を行うか、あるいは、解体を行わない。いずれを行うのかは、メモリプールの定義方法に依存する。
- unique_ptr のデフォルト（“デリータをもたない”）バージョンは、delete を利用する。その場合、デフォルトのデリータすら保持しない。特殊化でも構わないし、空の基底の最適化でも構わない（§28.5）。

このようにして、unique_ptr は、汎用的な資源管理を行う（§5.2）。

```
template<typename T, typename D = default_delete<T>>
class unique_ptr {
public:
   using pointer = ptr; // 含まれるポインタの型
                        // 定義されていればptrはD::pointer型、そうでなければT*型
   using element_type = T;
   using deleter_type = D;

   // ...
};
```

ユーザは、保持されたポインタには直接アクセスできない。

unique_ptr<T,D> (§iso.20.7.1.2) cp は保持されたポインタを表す	
unique_ptr<types> up {}	デフォルトコンストラクタ。cp=nullptr。constexpr。noexcept
unique_ptr<types> up {p}	cp=p。デフォルトのデリータを利用する。explicit。noexcept
unique_ptr<types> up {p,del}	cp=p。del はデリータ。noexcept
unique_ptr<types> up {up2}	ムーブコンストラクタ。cp.p=up2.p。up2.p=nullptr。noexcept
up.~unique_ptr()	デストラクタ。cp!=nullptr であれば cp のデリータを実行する
up=up2	ムーブ代入演算。up.reset(up2.cp)。up2.cp=nullptr。up は up2 のデリータとなる。up のそれまでのオブジェクト（があれば、それ）を破棄する。noexcept。
up=nullptr	up.reset(nullptr)。up のそれまでのオブジェクト（があれば、それ）を破棄する
bool b {up}	bool への変換。up.cp!=nullptr。explicit
x=*up	x=*up.cp。保持するものが配列以外の場合のみ
x=up->m	x=up.cp->m。保持するものが配列以外の場合のみ
x=up[n]	x=up.cp[n]。保持するものが配列の場合のみ
p=up.get()	p=up.cp
del=up.get_deleter()	del は up のデリータとなる
p=up.release()	p=up.cp。up.cp=nullptr
up.reset(p)	up.cp!=nullptr の場合、up.cp に対しデリータを呼び出す。up.cp=p
up.reset()	up.cp=pointer{}（nullptr の可能性がある）。それまでの up.cp に対してデリータを呼び出す
up.swap(up2)	up と up2 の値を交換する。noexcept
up==up2	up.cp==up2.cp
up<up2	up.cp<up2.cp
up!=up2	!(up==up2)
up>up2	up2<up
up<=up2	!(up>up2)
up>=up2	!(up<up2)
swap(up,up2)	up.swap(up2)

注意：unique_ptrは、コピーコンストラクタとコピー代入演算をもたない。もし仮に実装すると、"所有権"の意味を定義して行使するのが極めて困難になる。コピーの必要性を感じた場合は、shared_ptrを検討すべきである（§34.3.2）。unique_ptrは、組込み配列に対しても利用可能である。たとえば：

```
unique_ptr<int[]> make_sequence(int n)
{
    unique_ptr<int[]> p {new int[n]};
    for (int i=0; i<n; ++i)
        p[i]=i;
    return p;
}
```

これは、特殊化として提供される：

```
template<typename T, typename D>
class unique_ptr<T[],D> {  // 配列に対する特殊化（§iso.20.7.1.3）
    // デフォルトであるD=default_delete<T>は汎用のunique_ptrに基づく
public:
    // ... 個々のオブジェクトに対するunique_ptrと同様。ただし*と->ではなく[]がある ...
};
```

スライシングを回避する（§17.5.1.4）ために、たとえBaseがDerivedの公開基底であっても、unique_ptr<Base[]>の引数にDerived[]は指定できない。たとえば：

```
class Shape {
    // ...
};

class Circle : public Shape {
public:
    Circle(Point,int);
    // ...
};

unique_ptr<Shape> ps {new Circle{p,20}};                              // OK
unique_ptr<Shape[2]> pa {new Circle[] {Circle{p,20}, Circle{p2,40}}}; // エラー：スライスされる
```

unique_ptrはどう理解するとベストだろう？　unique_ptrのベストな用途は何だろう？　_ptrの部分をポインタと読みかえて、unique_ptrを"ユニークポインタ（unique pointer）"と、私は言葉にしている。とはいえ、通常の単なるポインタではないことは明らかだ（内部で何も指さないこともある）。単純な技術的な例を考えてみよう：

```
unique_ptr<int> f(unique_ptr<int> p)
{
    ++*p;
    return p;
}

void f2(const unique_ptr<int>& p)
{
    ++*p;
}

void use()
{
    unique_ptr<int> p {new int{7}};
    p=f(p);             // エラー：コピーコンストラクタはない
    p=f(move(p));       // 所有権を移して戻す
    f2(p);              // 参照を渡す
}
```

f2() の本体は、f() よりも少しだけ短いし、呼び出すのも f2() のほうが単純である。しかし、理解するのは、f() のほうが容易だ。というのも、f() のスタイルのほうが、所有権が明確だからである（しかも unique_ptr は、所有権に関するものを扱うために利用することが大部分だ）。非 const な参照の利用に関する、§7.7.1 の解説も参照しよう。結局は、x を変更する f(x) という記述は、x を変更しない y=f(x) よりも誤りが発生しやすくなる。

f() の呼出しよりも、f2() の呼出しのほうが、機械語の１〜２命令程度は速いことは十分考えられる（元の unique_ptr 内に nullptr を配置する必要があるため）。しかし、その差が有意になることはまずない。しかしその一方で、保持されたポインタへのアクセスは、f() に比べると、f2() は内部で間接参照が余分に必要となる。この点も、ほとんどのプログラムでは決定的とはならないので、f() と f2() のどちらのスタイルを採用するのかは、コードの品質から判断すべきである。

malloc() を使ってC言語プログラムからメモリを取得して（§43.5）、デリータを使ってデータの解放を保証する簡単な例をあげる：

```
extern "C" char* get_data(const char* data);  // Cプログラムのコードからデータを取得

using PtoCF = void(*)(void*);

void test()
{
    unique_ptr<char,PtoCF> p {get_data("my_data"),free};
    // ... *pを利用 ...
} // 暗黙裏にfree(p)
```

現時点では、make_pair()（§34.2.4.1）や、make_shared()（§34.3.2）に相当する、標準ライブラリの make_unique() は存在しない。しかし、定義するのは容易だ：

```
template<typename T, typename... Args>
unique_ptr<T> make_unique(Args&&... args)     // デフォルトのデリータ版
{
    return unique_ptr<T>{new T{args...}};
}
```

34.3.2 shared_ptr

shared_ptr は、所有権の共有を表現する。コード内の二箇所から同じデータを利用するが、どちらの箇所も独占的な所有権（オブジェクトを破棄する責任を負うことを意味する）をもたない場合に利用する。shared_ptr は、ポインタの一種であって、オブジェクトの参照カウンタがゼロになった時点でそのオブジェクトを破棄する。shared_ptr は、２個のポインタをもつ構造体とみなすとよいだろう。１個がオブジェクトを指し、もう１個が参照カウンタを指す：

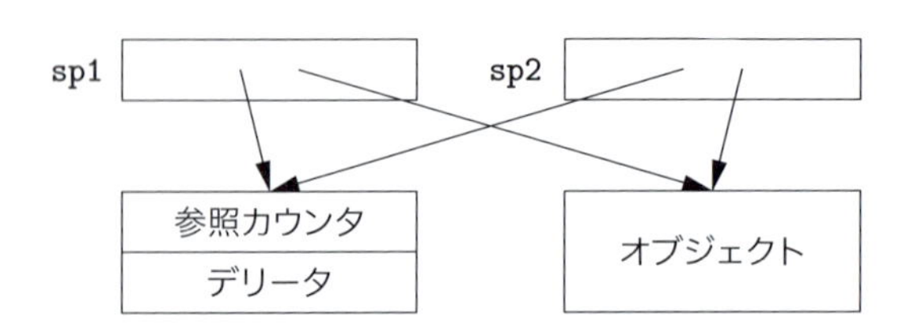

デリータ（*deleter*）は、参照カウンタがゼロになったときの、共有オブジェクトの削除のために利用される。デフォルトのデリータは、通常の delete だ（デストラクタを実行して、空き領域（があれば、それ）を解放する）。

ここで、一般的なグラフ構造の Node の例を考えてみよう。複数のノードを、そのあいだの結合（枝）とともに、追加あるいは削除するアルゴリズムとする。当然、資源リークを回避するために、Node は、どのノードからも参照されなくなったときに（のみ）、破棄する必要がある。まずは、以下のようにしてみよう：

```
struct Node {
    vector<Node*> edges;
    // ...
};
```

これを使っても、“このノードを参照するノードは何個あるか？”といった質問に答えるのは、極めて困難である上に、“ノード管理”コードを大量に追加しなければならない。ガーベジコレクタを追加する方法も考えられる（§34.5）。しかし、アプリケーションデータが大規模であるにもかかわらず、グラフ構造が小規模で一部にすぎない場合には、性能が低下してしまう。さらに悪いことに、スレッドハンドル、ファイルハンドル、ロックなどメモリ以外の資源を、コンテナが保持していれば、たとえガーベジコレクタを使っても資源リークが発生してしまう。

そのために利用するのが、shared_ptr だ：

```
struct Node {
    vector<shared_ptr<Node>> edges;
    thread worker;
    // ...
};
```

Node のデストラクタは（暗黙裏に生成されるデストラクタで十分である）、自身が保有している edges を delete する。すなわち、個々の edges[i] に対してデストラクタが実行されて、それから、参照するノードが（もしあれば）、その Node を参照する最後のポインタが edges[i] である場合に破棄される。

ある所有者から他の所有者へポインタを渡すだけの目的で shared_ptr を利用してはいけない。それは、unique_ptr の用途と目的であり、unique_ptr のほうが、より低コストにうまく処理できる。ファクトリ関数（§21.2.4）やそれに類する関数からの返却値を、カウント用ポインタとして利用してきたのであれば、shared_ptr ではなく unique_ptr に移行することを検討するとよいだろう。

メモリリークを避けようとして、深く検討することなく、ポインタを shared_ptr に置換してはいけない。shared_ptr は、万能薬ではないし、コストがかからないわけでもない：

- shared_ptr がもつ、循環リンク構造が原因で、資源リークが発生する可能性がある。循環を断ち切るには、weak_ptr（§34.3.3）を使うなどして、何らかの論理的に複雑なものが必要だ。
- 所有権を共有するオブジェクトは、スコープをもつオブジェクトよりも長く“生存”する傾向がある（そのため、資源利用率が平均して高くなる）。

・マルチスレッド環境でのポインタ共有は高コストになる場合がある（参照カウンタでのデータ競合を防ぐ必要があるからだ）。
・共有オブジェクトは、予想可能なタイミングでデストラクタが実行されるわけではないので、共有しないオブジェクトに比べると、オブジェクトを更新するアルゴリズム／論理が誤りやすい。たとえば、デストラクタ実行時点でどのロックが獲得されているか？　どのファイルがオープンされているか？　といった問題だ。また、一般的な問題として、（予想不可能な）実行時点で、どのオブジェクトが“生存”するとともに適切な状態に置かれているか？　という問題がある。
・単一の（最後の）ノードが大規模データを保持する場合、ノード破棄によるデストラクタの連鎖によって、著しい“ガーベジコレクションの遅延”が発生する可能性がある。これは、リアルタイム応答にとって不利だ。

shared_ptr は、所有権の共有を表現するものであり、有用性が高い上に不可欠なものだ。しかし、所有権の共有が理想的であるとは、私は考えていない。（共有をどう表現するかにかかわらず）コストが必ずつきまとうからだ。個々のオブジェクトが一意の所有権をもって、生存期間が確定しているほうが、よりよい（より簡潔だ）。選択できる場合は、以下のようにしよう：

・shared_ptr よりも unique_ptr を優先する。
・unique_ptr が所有するヒープ上のオブジェクトよりも、スコープをもつ通常のオブジェクトを優先する。

shared_ptr は、極めて一般的な一連の処理を提供する：

shared_ptr<T> の処理（§iso.20.7.2.2） cp は保持するポインタ、uc は参照カウンタである	
shared_ptr<T> sp {}	デフォルトコンストラクタ。cp=nullptr。uc=0。noexcept
shared_ptr<T> sp {p}	コンストラクタ。cp=p。uc=1
shared_ptr<T> sp {p,del}	コンストラクタ。cp=p。uc=1。デリータに del を用いる
shared_ptr<T> sp {p,del,a}	コンストラクタ。cp=p。uc=1。デリータに del を、アロケータに a を用いる
shared_ptr<T> sp {sp2}	ムーブコンストラクタとコピーコンストラクタ。ムーブコンストラクタはムーブ後に sp2.cp=nullptr とする。コピーコンストラクタはコピー後に、共有状態になった uc を ++uc する
sp.~shared_ptr()	デストラクタ。--uc。uc が 0 になれば、デリータ（デフォルトのデリータは delete）によって cp が指すオブジェクトを破棄する
sp=sp2	コピー代入演算。共有状態になった uc を ++uc する。noexcept
sp=move(sp2)	ムーブ代入演算。共有状態になった uc を sp2.cp=nullptr する。noexcept
bool b {sp};	bool への変換。sp.cp!=nullptr。explicit
sp.reset()	shared_ptr{}.swap(sp)。すなわち、sp は pointer{} を保持し、一時オブジェクトの shared_ptr{} の破棄によって、それまでのオブジェクトの参照カウンタをデクリメントする。noexcept

sp.reset(p)	shared_ptr{p}.swap(sp)。すなわち、sp.cp=p。sp.uc==1。一時オブジェクトのshared_ptrの破棄によって、それまでのオブジェクトの参照カウンタをデクリメントする
sp.reset(p,d)	sp.reset(p)と同様だが、デリータをdとする
sp.reset(p,d,a)	sp.reset(p)と同様だが、デリータをdと、アロケータをaとする
p=sp.get()	p=sp.cp。noexcept
x=*sp	x=*sp.cp。noexcept
x=sp->m	x=sp.cp->m。noexcept
n=sp.use_count()	nは、参照カウンタの値となる（sp.cp==nullptrならば0）
sp.unique()	sp.uc==1か（sp.cp==nullptrならば検査しない）？
x=sp.owner_before(pp)	xは順序判定関数（厳密で弱い順序：§31.2.2.1）となる。ppはshared_ptrまたはweak_ptrである
sp.swap(sp2)	spとsp2の値を交換する。noexcept

これらに加えて、標準ライブラリでは、若干のヘルパ関数も提供する：

shared_ptr<T>のヘルパ関数（§iso.20.7.2.2.6, §iso.20.7.2.2.7）	
sp=make_shared<T>(args)	spは、argsから構築した、T型オブジェクトのshared_ptr<T>となる。newにより割り当てる
sp=allocate_shared<T>(a,args)	spは、argsから構築した、T型オブジェクトのshared_ptr<T>となる。アロケータにaを用いる
sp==sp2	sp.cp==sp2.cp。spやsp2がnullptrになることもある
sp<sp2	less<T*>(sp.cp,sp2.cp)。spやsp2がnullptrになることもある
sp!=sp2	!(sp==sp2)
sp>sp2	sp2<sp
sp<=sp2	!(sp2<sp)
sp>=sp2	!(sp<sp2)
swap(sp,sp2)	sp.swap(sp2)
sp2=static_pointer_cast<T>(sp)	共有ポインタのstatic_cast。sp2=shared_ptr<T>(static_cast<T*>(sp.cp))。noexcept
sp2=dynamic_pointer_cast<T>(sp)	共有ポインタのdynamic_cast。sp2=shared_ptr<T>(dynamic_cast<T*>(sp.cp))。noexcept
sp2=const_pointer_cast<T>(sp)	共有ポインタのconst_cast。sp2=shared_ptr<T>(const_cast<T*>(sp.cp))。noexcept
dp=get_deleter<D>(sp)	spが型をDとするデリータをもつ場合、*dpはspのデリータとなる。もたない場合はdp==nullptrとなる。noexcept
os<<sp	os << sp.get()

以下のコードを考えよう：

```
struct S {
   int i;
   string s;
   double d;
   // ...
};

auto p = make_shared<S>(1,"Ankh Morpork",4.65);
```

ここで、pは、空き領域上に確保されて{1,string{"Ankh Morpork"},4.65}を保持する、S型オブジェクトを指すshared_ptr<S>だ。

unique_ptr::get_deleter()とは異なり、shared_ptrのget_deleter()はメンバ関数ではない。

34.3.3 weak_ptr

weak_ptrは、shared_ptrが管理するオブジェクトを参照するものである。オブジェクトにアクセスする際は、メンバ関数lock()を用いることでshared_ptrへと変換できる。weak_ptrは、以下に示す、他者が所有するオブジェクトへのアクセスを可能にする：

- 存在する場合に（のみ）アクセスする必要があるオブジェクト
- いつでも（他者によって）破棄できるオブジェクト
- 最後の利用の終了後に実行するデストラクタ（通常はメモリ以外の資源を破棄する）をもっているオブジェクト

weak_ptrは、特に、shared_ptrで管理しているデータ構造を走査するループを中断する際に利用する。weak_ptrは、2個のポインタをもつデータ構造とみなすとよいだろう。1個は（共有される可能性がある）オブジェクト、もう1個は、そのオブジェクトのshared_ptrの参照カウントだ：

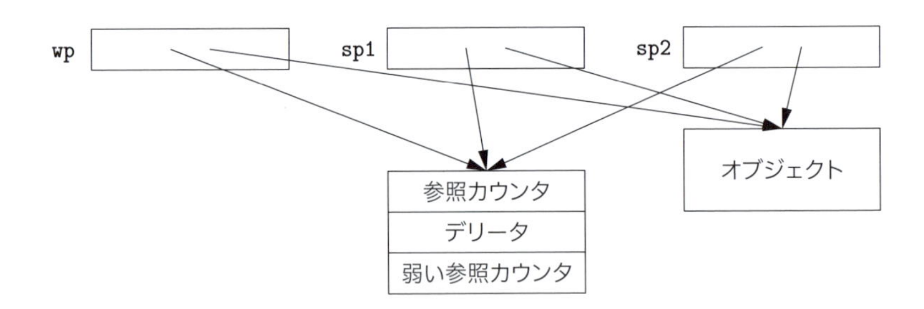

“弱い参照カウンタ”は、参照カウンタ構造体を存在させるために必要なものだ。というのも、オブジェクトを指す最後のshared_ptr（とそのオブジェクト）が解体された後でも、weak_ptrが存在し続ける可能性があるからだ。

```
template<typename T>
class weak_ptr {
public:
   using element_type = T;
   // ...
};
```

"目的の"オブジェクトにアクセスする際、weak_ptr が、shared_ptr に変換されることになるので、比較的少数の処理だけが提供される：

weak_ptr<T> (§iso.20.7.2.3) cp は保持するポインタ、wuc は弱い参照カウンタである	
`weak_ptr<T> wp {}`	デフォルトコンストラクタ。cp=nullptr。constexpr。noexcept
`weak_ptr<T> wp {pp}`	コピーコンストラクタ。cp=pp.cp。++wuc。pp は weak_ptr あるいは shared_ptr である。noexcept
`wp.~weak_ptr()`	デストラクタ。*cp は変化しない。--wuc
`wp=pp`	コピー。wuc をデクリメントし、wp に pp を代入する。weak_ptr(pp).swap(wp)。pp は weak_ptr か shared_ptr である。noexcept
`wp.swap(wp2)`	wp と wp2 の値を交換する。noexcept
`wp.reset()`	wuc をデクリメントして、nullptr を wp に代入する。weak_ptr{}.swap(wp)。noexcept
`n=wp.use_count()`	n は、*cp を指す shared_ptr の個数である。noexcept
`wp.expired()`	*cp を指す shared_ptr が存在するか？ noexcept
`sp=wp.lock()`	*cp を指す shared_ptr を新規に作成する。noexcept
`x=wp.owner_before(pp)`	x は順序判定関数（厳密で弱い順序：§31.2.2.1）となる。pp は weak_ptr か shared_ptr である
`swap(wp,wp2)`	wp.swap(wp2)。noexcept

古典的な"小惑星（asteroid）ゲーム"の実装を考えてみよう。すべての小惑星は、"ゲーム"によって所有される一方で、近傍の小惑星を追跡管理して衝突を回避する必要がある。衝突すると、通常は、1個以上の小惑星が崩壊する。個々の小惑星は、近傍の小惑星のリストの管理を続ける必要がある。リストに含まれるからといって、その小惑星を"存在"させ続けてはならないことに注意しよう（そのため、shared_ptr は不適切となる）。しかしその一方で、他の小惑星が（衝突の影響の計算などのために）探索中であれば、小惑星を解体してはならない。さらに、小惑星のデストラクタでは、当然、（グラフィックスシステムとの接続などの）資源を解放しなければならない。そこで必要になるのが、まだ崩壊していない可能性をもつ小惑星のリストと、当面の間"維持する"方法である。この処理を行うのが、まさに weak_ptr だ：

```
void owner()
{
    // ...
    vector<shared_ptr<Asteroid>> va(100);
    for (int i=0; i<va.size(); ++i) {
        // ... 新しい小惑星のために近傍の小惑星を計算 ...
        va[i].reset(new Asteroid(weak_ptr<Asteroid>(va[neighbor])));
        launch(i);
    }
    // ...
}
```

いうまでもないが、この例では"所有者"を極度に単純化しており、新しい Asteroid に対して、近傍小惑星を1個だけしか与えていない。重要なのは、Asteroid に対して、近傍小惑星を指す

34.6.1 一時バッファ

アルゴリズムは、満足な性能を発揮するために、一時的なメモリ領域を必要とすることが多い。この種の一時バッファは、1回の処理で確保しておき、実際に利用するまでは初期化しないのがベストであることが多い。そのため、ライブラリでは未初期化メモリ領域を確保・解放する関数をペアで定義している。


```
template<typename T>
   pair<T*,ptrdiff_t> get_temporary_buffer(ptrdiff_t); // 確保。初期化しない
template<typename T>
   void return_temporary_buffer(T*);                    // 解放。解体しない
```

get_temporary_buffer<X>(n)は、X型のn個以上のオブジェクト用のメモリの確保を試みる。メモリの確保に成功すれば、未初期化メモリの先頭を指すポインタと、そのメモリ領域が保持可能なX型のオブジェクト数とを返却する。メモリの確保に失敗した場合は、返却値であるペアのsecondの値がゼロとなる。このアイディアは、要素数n個のオブジェクト用にメモリ領域が要求されると、その確保処理の高速化のために、システムがn個以上のメモリ領域を確保する、というものだ。しかし、n個未満のメモリ領域を割り当てることもあるため、get_temporary_buffer()で楽観的に多く要求しておいて、利用可能なものを実際に利用する方式がよい。

get_temporary_buffer()によって得られたバッファは、他の用途で再利用できるようにするために、return_temporary_buffer()で解放しなければならない。get_temporary_buffer()が構築することなくメモリを確保するのと同様に、return_temporary_buffer()は解体することなくメモリを解放する。get_temporary_buffer()は、低レベルであって、一時バッファの管理用に最適化されていることが多いので、newやallocator::allocate()などの、より長期的に利用するメモリ領域の確保法の代わりに利用すべきではない。

34.6.2 raw_storage_iterator

シーケンスに対する書込みを行う標準アルゴリズムは、シーケンスの要素が初期化ずみであることを前提としている。すなわち、そのようなアルゴリズムが行うのは、コピー構築ではなくて、代入だ。そのため、未初期化メモリは、アルゴリズムの直接の処理対象としては利用できない。これは、残念なことだ。というのも、代入は初期化よりも大幅に高コストとなり得るし、上書き直前の初期化は無駄なことだからだ。<memory>で提供されるraw_storage_iteratorが、解決策を提供する。これは、代入ではなく初期化を行うものだ：

```
template<typename Out, typename T>
class raw_storage_iterator :
      public iterator<output_iterator_tag,void,void,void,void> {
   Out p;
public:
   explicit raw_storage_iterator(Out pp) : p{pp} { }
   raw_storage_iterator& operator*() { return *this; }

   raw_storage_iterator& operator=(const T& val)
   {
      new(&*p) T{val};   // *pの中にvalを入れる（§11.2.4）
```

```
        return *this;
    }

    raw_storage_iterator& operator++() { ++p; return *this; }  // 前置インクリメント
    raw_storage_iterator operator++(int)                       // 後置インクリメント
    {
        auto t = *this;
        ++p;
        return t;
    }
};
```

raw_storage_iterator を、初期化ずみデータに対する書込みに利用してはいけない。このことは、コンテナやアルゴリズムの実装に制限を加えることになる。テスト用に、string のすべての順列を生成する例を考えてみよう（§32.5.5）：

```
void test1()
{
    auto pp = get_temporary_buffer<string>(1000);      // 未初期化領域を確保
    if (pp.second<1000) {
        // ... 確保失敗に対する処理 ...
    }
    auto p = raw_storage_iterator<string*,string>(pp.first);   // 反復子
    generate_n(p,pp.second,
               [&]{ next_permutation(seed,seed+sizeof(seed)-1); return seed; });
    // ...
    return_temporary_buffer(pp.first);
}
```

これは、少々作為的な例だ。というのも、文字列用にデフォルトの初期化ずみメモリ領域を割り当てて、テスト文字列を代入しても、問題ないからだ。しかも、RAII（§5.2，§13.3）を正しく利用していない。

raw_storage_iterator は == 演算子と != 演算子をもたないので、[b:e) の範囲に対して書き込んではならないことに注意しよう。たとえば、iota(b,e,0)（§40.6）の呼出しは、b と e が raw_storage_iterator であれば動作しない。どうしても避けられない場合を除くと、未初期化メモリは利用すべきでない。

34.7 アドバイス

[1] constexpr な要素数のシーケンスが必要であれば、array を利用しよう。§34.2.1。

[2] 組込みの配列よりも、array を優先しよう。§34.2.1。

[3] 組込みの整数型のビット数に収まらない N ビットが必要な場合は、bitset を利用しよう。§34.2.2。

[4] vector<bool> の利用は、避けよう。§34.2.3。

[5] pair を利用する場合は、型導出のために make_pair() の利用を検討しよう。§34.2.4.1。

[6] tuple を利用する場合は、型導出のために make_tuple() の利用を検討しよう。§34.2.4.2。

[7] 所有権の独占を表現するには、unique_ptr を利用しよう。§34.3.1。

[8] 所有権の共有を表現するには、shared_ptr を利用しよう。§34.3.2。

[9] weak_ptr の利用は、最小限に抑えよう。§34.3.3。

[10] アロケータは、通常の `new` ／ `delete` のセマンティクスでは論理的に不十分、あるいは、性能上の問題がある場合（のみ）に限定して利用しよう。§34.4。

[11] スマートポインタよりも、特定のセマンティクスをもつ資源ハンドルを優先しよう。§34.5。

[12] `shared_ptr` よりも、`unique_ptr` を優先しよう。§34.5。

[13] ガーベジコレクションよりも、スマートポインタを優先しよう。§34.5。

[14] 汎用資源の管理には、密接かつ完全な方式を確立しよう。§34.5。

[15] ガーベジコレクションは、ポインタが極めて扱いにくいプログラムでのリークの対処として、極めて効果的である。§34.5。

[16] ガーベジコレクションは、自由選択できる機能である。§34.5。

[17] （たとえガーベジコレクションを使っていなくても）偽装ポインタを利用しないように。§34.5。

[18] ガーベジコレクションを使う場合は、ポインタを保持できないデータ領域を `declare_no_pointers()` で指定することで、ガーベジコレクションの対象から外そう。§34.5。

[19] どうしても避けられない場合を除くと、未初期化メモリを利用してはいけない。§34.6。

第35章 ユーティリティ

無為な時を楽しんだなら、その時間は無駄ではない。
— バートランド・ラッセル

35.1 はじめに

標準ライブラリは、数多くの“ユーティリティコンポーネント”を提供する。これらの有用性は極めて幅広いため、他の主要な標準ライブラリコンポーネントの一部には分類しにくいものだ。

35.2 時刻

標準ライブラリは、`<chrono>`で、時間的期間と時点とを処理する機能を提供している。すべてのchrono機能は、std::chronoという（部分）名前空間に定義されているので、明示的にchrono::で修飾するか、もしくはusing指令を追加する必要がある：

```
using namespace std::chrono;
```

処理にふさわしい時を選んだり、タイミングに依存して処理を行ったりするのは、よくあることだ。たとえば、標準ライブラリのミューテックスとロックは、threadが一定時間待機するオプション（duration）や、ある時点まで待機するオプション（time_point）を提供している。

現在のtime_pointが必要であれば、3種類のクロックsystem_clock、steady_clock、high_resolution_clockから1個を選んだ上で、now()を呼び出す。たとえば：

```
steady_clock::time_point t = steady_clock::now();
// ... 何らかの処理 ...
steady_clock::duration d = steady_clock::now()-t;  // d時間単位を要した
```

返却値のクロックはtime_pointであり、また、同じ種類の2個のtime_pointの差は、durationである。例によって、型宣言の詳細に興味がなければ、autoが強い味方となる：

```
auto t = steady_clock::now();
// ... 何らかの処理 ...
auto d = steady_clock::now()-t;    // d時間単位を要した
cout << "something took "
     << duration_cast<milliseconds>(d).count() << "ms"; // ミリ秒として表示
```


ここで解説する時間関連の機能は、システムの奥深くの処理を効率的に支援することを目的としている。決して、日常的なカレンダー処理に対して、便利な機能を提供するわけではない。実際、時間関連機能は、高エネルギー物理学の分野から生まれたものだ。

“時間”は、普段考えるよりも、はるかに複雑な処理である。たとえば、閏(うるう)秒がある。また、不正確なクロックは補正する必要がある（おそらくはクロックから得た時刻を戻すことになる）し、クロック精度が異なることもある。さらに、時間の小さい単位（たとえばナノ秒単位）を処理する言語機能自体が、処理に時間をかけるわけにいかない。そのため、chrono 機能は単純なものではない。ただし、その機能は、極めて簡潔に利用できる。

C言語スタイルの時間関連ユーティリティについては、§43.6 を参照しよう。

35.2.1 duration

標準ライブラリは <chrono> で、時間における二つの時点（time_point：§35.2.2）の差を表現する duration 型を定義している：

```
template<typename Rep, typename Period = ratio<1>>
class duration {
public:
   using rep = Rep;
   using period = Period;
   // ...
};
```

duration<Rep,Period>（§iso.20.11.5）	
duration d {}	デフォルトコンストラクタ。d は {Rep{},Period{}} になる。constexpr
duration d {r}	r から構築する。r は縮小変換を伴わずに Rep に変換可能でなければならない。constexpr。explicit
duration d {d2}	コピーコンストラクタ。d は d2 と同じ値になる。d2 は縮小変換を伴わずに Rep に変換可能でなければならない。constexpr
d=d2	d は d2 と同じ値になる。d2 は Rep として表現可能でなければならない
r=d.count()	r は d のクロックティック数になる。constexpr

特定の period 値をもつ duration は、プログラマが定義できる。たとえば：

```
duration<long long,milli> d1 {7};      // 7ミリ秒
duration<double,pico> d2 {3.33};       // 3.33ピコ秒
duration<int,ratio<1,1>> d3 {};        // 0秒
```

duration の period は、その period の**クロックティック**（*clock tick*）を保持する。

```
cout << d1.count() << '\n';       // 7
cout << d2.count() << '\n';       // 3.33
cout << d3.count() << '\n';       // 0
```

当然ながら、count()の値はperiodに依存する：

```
d2=d1;
cout << d1.count() << '\n';       // 7
cout << d2.count() << '\n';       // 7e+009
if (d1!=d2) cerr<<"insane!";
```

ここで、d1とd2は等しいが、count()の返却値はまったく異なる。

初期化時の切捨てや精度の損失を避けるように注意しなければならない（たとえ{}構文を利用しない場合であっても）。たとえば：

```
duration<int, milli> d {3};       // OK
duration<int, milli> d {3.5};     // エラー：3.5からintへの変換は縮小変換

duration<int, milli> ms {3};
duration<int, micro> us {ms};     // OK
duration<int, milli> ms2 {us};    // エラー：ミリ秒部分を失ってしまう
```

標準ライブラリでは、durationに対する有意義な算術演算を提供している：

duration<Rep,Period>（§iso.20.11.5） rはRepである。算術演算はcommon_typeの単位で行われる	
++d	++d.r
d++	duration {d.r++}
--d	--d.r
d--	duration {d.r--}
+d	d
-d	duration {-d.r}
d+=d2	d.r+=d2.r
d-=d2	d.r-=d2.r
d%=d2	d.r%=d2.r.count()
d%=r	d.r%=r
d*=r	d.r*=r
d/=r	d.r/=r

periodは単位のシステムなので、単なる値を受け取る=や+=は存在しない。それを認めるのは、未知のSI単位系の値5を、メートル単位の距離に加算するようなものだ。次の例を考えてみよう：

```
duration<long long,milli> d1 {7};  // 7ミリ秒
d1 += 5;          // エラー

duration<int,ratio<1,1>> d2 {7};   // 7秒
d2 = 5;           // エラー
d2 += 5;          // エラー
```

ここでの5は何を表しているのだろう？　5秒？　5ミリ秒？　それとも別の単位？　単位が分かっていれば、明示すべきだ。たとえば：

```
d1 += duration<long long,milli>{5};    // ＯＫ：ミリ秒
d2 += decltype(d2){5};                 // ＯＫ：秒
```

異なる単位での duration の算術演算が行えるのは、その組合せに意味がある場合に限られている（§35.2.4）。

duration<Rep,Period>（§iso.20.11.5） 算術演算は common_type の単位で行われる	
d3=d+d2	constexpr
d3=d-d2	constexpr
d2=d*r	r は Rep である。constexpr
d2=r*d	r は Rep である。constexpr
d2=d/x	x は duration もしくは Rep である。constexpr
d2=d%x	x は duration もしくは Rep である。constexpr

互換性がある単位の duration 間の比較や明示的変換が行えるようになっている：

duration<Rep,Period>（§iso.20.11.5）	
d=zero()	Rep の 0。d=duration{duration_values<rep>::zero()}。constexpr
d=min()	Rep の最小値（zero() 以下）。 d=duration{duration_values<rep>::min()}。static。constexpr
d=max()	Rep の最大値（zero() 以上）。 d=duration{duration_values<rep>::max()}。static。constexpr
d==d2	d と d2 を common_type 単位で比較する。constexpr
d!=d2	!(d==d2)
d<d2	d と d2 を common_type 単位で比較する。constexpr
d<=d2	!(d2<d)
d>d2	d と d2 を common_type 単位で比較する。constexpr
d>=d2	!(d<d2)
d2=duration_cast<D>(d)	duration 型の d を duration 型の D に変換する。単位や period では暗黙の変換は存在しない。constexpr

標準ライブラリでは、<ratio> が定義する SI 単位系による便利な別名をいくつか提供している（§35.3）。

```
using nanoseconds = duration<si64,nano>;
using microseconds = duration<si55,micro>;
using milliseconds = duration<si45,milli>;
using seconds = duration<si35>;
using minutes = duration<si29,ratio<60>>;
using hours = duration<si23,ratio<3600>>;
```

ここで siN は“少なくとも N ビット以上である処理系定義の符号付き整数型”という意味だ。

duration_cast は、既知の単位系の duration の取得のために用いる。たとえば：

```
auto t1 = system_clock::now();
f(x);                               // 何らかの処理
auto t2 = system_clock::now();

auto dms = duration_cast<milliseconds>(t2-t1);
cout << "f(x) took " << dms.count() << " milliseconds\n";

auto ds = duration_cast<seconds>(t2-t1);
cout << "f(x) took " << ds.count() << " seconds\n";
```

ここでキャストが必要な理由は、情報が失われないようにするためだ。ちなみに私のシステムでは、system_clock は nanoseconds 単位である。

なお、適切な duration を、ただ構築（しようと）することも可能だ：

```
auto t1 = system_clock::now();
f(x);                               // 何らかの処理
auto t2 = system_clock::now();

// エラー。切捨て：
cout << "f(x) took " << milliseconds(t2-t1).count() << " milliseconds\n";

cout << "f(x) took " << nanoseconds(t2-t1).count() << " nanoseconds\n";
```

クロックの精度は、処理系依存である。

35.2.2 time_point

標準ライブラリは <chrono> で、指定した clock に対応するエポックに基づいた time_point 型を提供している：

```
template<typename Clock, typename Duration = typename Clock::duration>
class time_point {
public:
   using clock = Clock;
   using duration = Duration;
   using rep = typename duration::rep;
   using period = typename duration::period;
   // ...
};
```

エポック（*epoch*）は、clock が決定する時間の範囲である。duration の zero()（たとえば nanoseconds::zero()）から始まって、duration で計測する：

time_point<Clock,Duration>（§iso.20.11.6）	
time_point tp {}	デフォルトコンストラクタ。エポックの開始。duration::zero()
time_point tp {d}	コンストラクタ。エポックの時点である d。time_point{}+d。explicit
time_point tp {tp2}	コンストラクタ。tp は tp2 と同じ時点を表す。tp2 の duration 型は tp の duration 型に暗黙裏に変換可能でなければならない
d=tp.time_since_epoch()	d は tp が保持する duration となる
tp=tp2	tp は tp2 と同じ時点を表す。tp2 の duration 型は tp の duration 型へ暗黙裏に変換可能でなければならない

たとえば：

```
void test()
{
    time_point<steady_clock,milliseconds> tp1(milliseconds(100));
    time_point<steady_clock,microseconds> tp2(microseconds(100*1000));

    tp1=tp2;      // エラー：切捨ての可能性
    tp2=tp1;      // ＯＫ

    if (tp1!=tp2) cerr << "Insane!";
}
```

durationと同様に、time_pointは意味をもつ算術演算と比較処理とをサポートする：

time_point<Clock,Duration> ((§iso.20.11.6)	
tp+=d	tpを進める。tp.d+=d
tp-=d	tpを戻す。tp.d-=d
tp2=tp+d	tp2=time_point<Clock>{tp.time_since_epoch()+d}
tp2=d+tp	tp2=time_point<Clock>{d+tp.time_since_epoch()}
tp2=tp-d	tp2=time_point<Clock>{tp.time_since_epoch()-d}
d=tp-tp2	d=duration {tp.time_since_epoch()-tp2.time_since_epoch()}
tp=min()	tp=time_point(duration::min())。static。constexpr
tp=max()	tp=time_point(duration::max())。static。constexpr
tp==tp2	tp.time_since_epoch()==tp2.time_since_epoch()
tp!=tp2	!(tp==tp2)
tp<tp2	tp.time_since_epoch()<tp2.time_since_epoch()
tp<=tp2	!(tp2<tp)
tp>tp2	tp2<tp
tp>=tp2	!(tp<tp2)
tp2=time_point_cast<D>(tp)	time_point tpをtime_point<C,D>に変換する：具体的には、time_point<C,D>(duration_cast<D>(tp.time_since_epoch()))

たとえば：

```
void test2()
{
    auto tp = steady_clock::now();
    // エポックの開始からの日数：
    auto d1 = time_point_cast<hours>(tp).time_since_epoch().count()/24;

    // １日のduration：
    using days = duration<long,ratio<24*60*60,1>>;

    // エポックの開始からの日数：
    auto d2 = time_point_cast<days>(tp).time_since_epoch().count();

    if (d1!=d2) cout << "Impossible!\n";
}
```

クロックにアクセスしないtime_pointの処理はconstexprにできるのだが、現時点では、その保証はない。

35.2.3 クロック

time_point とdurationの値は、最終的にハードウェアクロックから得られる。標準ライブラリは、<chrono>で、クロックの基本インタフェースを定義している。system_clockクラスは、システムのリアルタイムクロックから得られる“壁時計時間”を表す。

```
class system_clock {
public:
    using rep = /* 処理系定義の符号付き型 */;
    using period = /* 処理系定義のratio<> */;
    using duration = chrono::duration<rep,period>;
    using time_point = chrono::time_point<system_clock>;
    // ...
};
```

すべてのデータメンバとメンバ関数がstaticである。クロックオブジェクトを明示的に扱うことはないが、クロックの型は利用する：

クロックのメンバ（§iso.20.11.7）	
is_steady	このクロック型は安定か？　すなわち、連続する全now()の呼出しに対してc.now()<=c.now()が成立し、かつ、クロックティックの間隔も一定か？ static
tp=now()	tpは、呼出し時点のsystem_clockのtime_pointである。noexcept
t=to_time_t(tp)	tは、time_point型tpのtime_t（§43.6）となる。noexcept
tp=from_time_t(t)	tpは、time_t型tのtime_pointとなる。noexcept

たとえば：

```
void test3()
{
    auto t1 = system_clock::now();
    f(x);                              // 何らかの処理
    auto t2 = system_clock::now();
    cout << "f(x) took " << duration_cast<milliseconds>(t2-t1).count() << " ms\n";
}
```

システムは、名前付きのクロックを3種類提供する：

クロック型（§iso.20.11.7）	
system_clock	システムの実時間クロック。システムのクロックは、外部クロックに合わせようと（強制的に進むか戻るかして）リセットされることがある
steady_clock	安定して時間が進むクロック。すなわち、戻ることはなく、クロックティック間隔は一定である
high_resolution_clock	システムが表現可能な最短の時間をインクリメントするクロック

これら3種類のクロックが、異なるものであるとは限らない。そのため、標準ライブラリは、同一クロックへの別名とすることもある。

クロックの基本的な性質は、以下のようにして得られる：

```
cout << "min " << system_clock::duration::min().count()
     << ", max " << system_clock::duration::max().count()
     << ", " << (treat_as_floating_point<system_clock::duration>::value
                 ? "FP" : "integral") << '\n';

cout << (system_clock::is_steady?"steady\n": "not steady\n");
```


私のシステムで実行すると、次のようになる：

```
min -9223372036854775808, max 9223372036854775807, integral
not steady
```

システムやクロックの種類が異なると、結果も異なる。

35.2.4 時間特性

chrono機能の実装は、標準機能のごく一部に依存しており、その部分は**時間特性**（*time trait*）と呼ばれる。

durationとtime_pointの型変換規則は、その単位が浮動小数点数（その場合は丸めが認められる）なのか、汎整数なのかによって異なる：

```
template<typename Rep>
struct treat_as_floating_point : is_floating_point<Rep> { };
```

標準では、以下の値が提供される：

duration_values<Rep>（§iso.20.11.4.2）	
r=zero()	r=Rep(0)。static。constexpr
r=min()	r=numeric_limits<Rep>::lowest()。static。constexpr
r=max()	r=numeric_limits<Rep>::max()。static。constexpr

二つのdurationの共通する型common_typeは、それらの型の最大公約数（GCD = greatest common denominator）となる：

```
template<typename Rep1, typename P1, typename Rep2, typename P2>
struct common_type<duration<Rep1,P1>, duration<Rep2, P2>> {
   using type = duration<typename common_type<Rep1,Rep2>::type, GCD<P1,P2>> ;
};
```

この宣言によって、common_type<duration<R1,P1>,duration<R2,P2>>::typeは、除算演算子を使うことなく両方のdurationの引数を変換できる、最大のティックをもつdurationの別名となる。そのため、duration<R1,P1>とduration<R2,P2>のあらゆる値が、切捨て誤差が発生することなく保持できる。ただし、浮動小数点数のdurationでは、丸め誤差が発生する可能性がある。

```
template<typename Clock, typename Duration1, typename Duration2>
struct common_type<time_point<Clock, Duration1>, time_point<Clock, Duration2>> {
   using type = time_point<Clock,
                           typename common_type<Duration1,Duration2>::type>;
};
```

換言すると、common_typeをもつためには、2個のtime_pointが同じクロック型でなければならない。その際のcommon_typeは、2個のtime_pointのdurationのcommon_typeをもつtime_pointとなる。

35.3 コンパイル時の有理数演算

<ratio>は、コンパイル時の有理数演算機能を提供するratioクラスを提供する。標準ライブラリでは、ratioを使って、コンパイル時のdurationとtime_pointの単位を定義している(§35.2):

```
template<intmax_t N, intmax_t D = 1>
struct ratio {
   static constexpr intmax_t num;   // (num,den)はもっとも単純に既約された(N,D)
   static constexpr intmax_t den;

   using type = ratio<num,den>;
};
```

基本的な考えは、有理数の分子と分母を、テンプレートの(値)引数とすることだ。分母は非ゼロでなければならない。

ratioの算術演算(§iso.20.10.4)	
z=ratio_add<x,y>	z.num=x::num*y::den+y::num*x::den; z.den=x::den*y::den
z=ratio_subtract<x,y>	z.num=x::num*y::den-y::num*x::den; z.den=x::den*y::den
z=ratio_multiply<x,y>	z.num=x::num*y::num; z.den=x::den*y::den
z=ratio_divide<x,y>	z.num=x::num*y::den; z.den=x::den*y::num
ratio_equal<x,y>	x::num==y::num && x::den==y::den
ratio_not_equal<x,y>	!ratio_equal<x,y>::value
ratio_less<x,y>	x::num*y::den < y::num*x::den
ratio_less_equal<x,y>	!ratio_less<y,x>::value
ratio_greater<x,y>	ratio_less<y,x>::value
ratio_greater_equal<x,y>	!ratio_less<x,y>::value

たとえば:

```
static_assert(ratio_add<ratio<1,3>, ratio<1,6>>::num == 1, "problem: 1/3+1/6 != 1/2");
static_assert(ratio_add<ratio<1,3>, ratio<1,6>>::den == 2, "problem: 1/3+1/6 != 1/2");
static_assert(ratio_multiply<ratio<1,3>, ratio<3,2>>::num == 1, "problem: 1/3*3/2 != 1/2");
static_assert(ratio_multiply<ratio<1,3>, ratio<3,2>>::den == 2, "problem: 1/3*3/2 != 1/2");
```

一目で分かるように、この例は、数値や算術演算を表現する便利な方法とはいえない。<chrono>では、時間を表す有理数算術演算を表現するための、(たとえば+や*などの)一般的な記法を定義している(§35.2)。同様に、標準ライブラリは、単位の表現を支援する一般的なSI単位系名も定義している:

```
using yocto  = ratio<1,1000000000000000000000000>;  // 条件付きでサポートされる
using zepto  = ratio<1,1000000000000000000000>;     // 条件付きでサポートされる
using atto   = ratio<1,1000000000000000000>;
using femto  = ratio<1,1000000000000000>;
using pico   = ratio<1,1000000000000>;
using nano   = ratio<1,1000000000>;
using micro  = ratio<1,1000000>;
using milli  = ratio<1,1000>;
using centi  = ratio<1,100>;
using deci   = ratio<1,10>;
using deca   = ratio<10,1>;
using hecto  = ratio<100,1>;
using kilo   = ratio<1000,1>;
using mega   = ratio<1000000,1>;
using giga   = ratio<1000000000,1>;
using tera   = ratio<1000000000000,1>;
using peta   = ratio<1000000000000000,1>;
using exa    = ratio<1000000000000000000,1>;
using zetta  = ratio<1000000000000000000000,1>;     // 条件付きでサポートされる
using yotta  = ratio<1000000000000000000000000,1>;  // 条件付きでサポートされる
```

利用例については、§35.2.1 を参照しよう。

35.4 型関数

標準ライブラリは `<type_traits>` で、型の性質（型特性：§35.4.1）を判断して、既存の型から新しい型を生成する（型生成器：§35.4.2）ための型関数（§28.2）を定義している。それらの型関数は、単純なものや、それほど単純ではないものを含めて、コンパイル時のメタプログラミングを支援することを意図したものだ。

35.4.1 型特性

標準ライブラリは `<type_traits>` で、型関数を豊富に定義しているので、プログラマは、単一の型やペアの型の性質を判断できるようになる。それらの関数は、名前自体が機能を表している。**一次型述語**（*primary type predicate*）は、型の基本的な性質を調べる：

一次型述語（§iso.20.9.4.1）	
`is_void<X>`	X は void か？
`is_integral<X>`	X は汎整数型か？
`is_floating_point<X>`	X は浮動小数点数型か？
`is_array<X>`	X は組込み配列か？
`is_pointer<X>`	X はポインタか（メンバを指すポインタは含まない）？
`is_lvalue_reference<X>`	X は左辺値参照か？
`is_rvalue_reference<X>`	X は右辺値参照か？
`is_member_object_pointer<X>`	X は非 static なデータメンバを指すポインタか？
`is_member_function_pointer<X>`	X は非 static なメンバ関数を指すポインタか？

is_enum<X>	X は enum（単なる enum または enum class）か？
is_union<X>	X は union か？
is_class<X>	X は class（struct を含むが union は含まない）か？
is_function<X>	X は関数か？

型特性は、論理値として利用できる値を返す。接尾語 ::value を付加すれば、その値にアクセスできる。たとえば：

```
template<typename T>
void f(T& a)
{
   static_assert(std::is_floating_point<T>::value,"FP type expected");
   // ...
}
```

もし ::value を記述するのが面倒ならば、constexpr 関数（§28.2.2）を定義しよう：

```
template<typename T>
constexpr bool Is_floating_point()
{
   return std::is_floating_point<T>::value;
}

template<typename T>
void f(T& a)
{
   static_assert(Is_floating_point<T>(),"FP type expected");
   // ...
}
```

理想をいうと、標準ライブラリのすべての型特性に対して、この例のような関数を提供するライブラリを利用すべきだ。

さて、型関数には、基礎的な性質の組合せを調べるものもある。

複合型述語（§iso.20.9.4.2）	
is_reference<X>	x は参照（左辺値参照か右辺値参照）か？
is_arithmetic<X>	x は算術型（汎整数か浮動小数点型：§6.2.1）か？
is_fundamental<X>	x は基本型（§6.2.1）か？
is_object<X>	x はオブジェクト型（非関数）か？
is_scalar<X>	x はスカラ型（非クラス、非関数）か？
is_compound<X>	x は複合型（!is_fundamental<X>）か？
is_member_pointer<X>	x は非 static なデータメンバあるいはメンバ関数を指すポインタか？

これらの**複合型述語**（*composite type predicate*）は、記述上の利便性を提供するだけのものだ。たとえば、is_reference<X> は、X が左辺値参照もしくは右辺値参照の場合に真となる。

一次型述語と同様に、**型性質述語**（*type property predicate*）は、型の基本的な性質を調べる：

型性質述語（§iso.20.9.4.3）	
`is_const<X>`	`X` は `const` か?
`is_volatile<X>`	`X` は `volatile`（§41.4）か?
`is_trivial<X>`	`X` は `trivial` 型（§8.2.6）か?
`is_trivially_copyable<X>`	`X` は、ビットの単純な集合として、コピー、ムーブ、解体可能（§8.2.6）か?
`is_standard_layout<X>`	`X` は標準レイアウト型（§8.2.6）か?
`is_pod<X>`	`X` は POD（§8.2.6）か?
`is_literal_type<X>`	`X` は `constexpr` なコンストラクタをもつ（§10.4.3）か?
`is_empty<X>`	`X` はメモリ領域が必要なメンバをオブジェクト内にもたないか?
`is_polymorphic<X>`	`X` は仮想関数をもつか?
`is_abstract<X>`	`X` は純粋仮想関数をもつか?
`is_signed<X>`	`X` は符号付き算術型か?
`is_unsigned<X>`	`X` は符号無し算術型か?
`is_constructible<X,args>`	`X` は `args` から構築可能か?
`is_default_constructible<X>`	`X` は `{}` から構築可能か?
`is_copy_constructible<X>`	`X` は `X&` から構築可能か?
`is_move_constructible<X>`	`X` は `X&&` から構築可能か?
`is_assignable<X,Y>`	`Y` は `X` に代入可能か?
`is_copy_assignable<X>`	`X&` は `X` に代入可能か?
`is_move_assignable<X>`	`X&&` は `X` に代入可能か?
`is_destructible<X>`	`X` は解体可能か（すなわち `~X()` が削除されていないか）?

たとえば：

```
template<typename T>
class Cont {
   T* elem;      // elemが指す配列に要素を格納
   size_t sz;    // szは要素数
   // ...
   Cont(const Cont& a)      // コピーコンストラクタ
       :elem{new T[a.sz]}, sz{a.sz}
   {
      static_assert(Is_copy_constructable<T>(),"Cont::Cont(): no copy");
      if (Is_trivially_copyable<T>())
         memcpy(elem,a.elem,sz*sizeof(T));     // memcpyによる最適化
      else
         uninitialized_copy(a.begin(),a.end(),elem); // コピーコンストラクタを利用
   }
   // ...
};
```

ここでの最適化は、不要だろう。というのも、`uninitialized_copy()` が同様のことを実行している場合が多いからだ。

クラスが空 `is_empty` になるのは、非 `static` データメンバと、仮想関数と、仮想基底と、`!is_empty<Base>::value` が成立する基底クラスを一切もたないときである。

型性質述語は、その利用に対してアクセス検査を行うことはない。その代わり、メンバとフレンドの外部で利用しても、期待どおりの一貫性のある結果を生成する：

```
class X {
public:
   static void inside();
private:
   X& operator=(const X&);
   ~X();
};

void X::inside()
{
   cout << "inside =: " << is_copy_assignable<X>::value << '\n';
   cout << "inside ~: " << is_destructible<X>::value << '\n';
}

void outside()
{
   cout << "outside =: " << is_copy_assignable<X>::value << '\n';
   cout << "outside ~: " << is_destructible<X>::value << '\n';
}
```

inside()とoutside()の両方が、Xが、解体可能でなく、かつ、コピー代入可能でもないことを表す00を出力する。この処理を除去したければ、それをprivateにする手法を使うのではなく、=delete（§17.6.4）によって除去すべきだ。

型性質述語（§iso.20.9.4.3）	
is_trivially_constructible<X,args>	Xはargsから、トリビアルな処理のみで構築できるか？
is_trivially_default_constructible<X>	
is_trivially_copy_constructible<X>	§8.2.6
is_trivially_move_constructible<X>	
is_trivially_assignable<X,Y>	
is_trivially_copy_assignable<X>	
is_trivially_move_assignable<X>	
is_trivially_destructible<X>	

コンテナ型のデストラクタをどのように最適化できるかを、例として考えてみよう：

```
template<typename T>
Cont<T>::~Cont()          // コンテナContに対するデストラクタ
{
   if (!Is_trivially_destructible<T>())
      for (T* p = elem; p!=elem+sz; ++p)
         p->~T();
}
```

型性質述語（§iso.20.9.4.3）	
is_nothrow_constructible<X,args>	X は args から noexcept な処理のみで構築できるか？
is_nothrow_default_constructible<X>	
is_nothrow_copy_constructible<X>	
is_nothrow_move_constructible<X>	
is_nothrow_assignable<X,Y>	
is_nothrow_copy_assignable<X>	
is_nothrow_move_assignable<X>	
is_nothrow_destructible<X>	
has_virtual_destructor<X>	X は仮想デストラクタをもっているか？

型性質の確認処理は、sizeof(T) と同様に、型引数に対する結果を数値で返す：

型性質の確認（§iso.20.9.5）	
n=alignment_of<X>	n=alignof(X)
n=rank<X>	X が配列ならば、n はその次元数となる。配列でなければ n==0 である
n=extent<X,N>	X が配列ならば、n は N 番目の次元の要素数となる。配列でなければ n==0 となる
n=extent<X>	n=extent<X,0>

たとえば：

```
template<typename T>
void f(T a)
{
    static_assert(Is_array<T>(), "f(): not an array");
    constexpr int dn {Extent<T,2>()};     // （ゼロベースでの）２番目の次元の要素数
    // ..
}
```

ここでも、数値を返却する constexpr バージョンの型関数を利用した（§28.2.2）。

型関連性（*type relation*）は、２個の型を受け取る述語だ：

型関連性（§iso.20.9.6）	
is_same<X,Y>	X は Y と同じ型か？
is_base_of<X,Y>	X は Y の基底か？
is_convertible<X,Y>	X は Y へと暗黙裏に変換できるか？

たとえば：

```
template<typename T>
void draw(T t)
{
    static_assert(Is_same<Shape*,T>() || Is_base_of<Shape,Remove_pointer<T>>(), "");
    t->draw();
}
```

35.4.2 型生成器

標準ライブラリは<type_traits>で、引数に与えられた型から別の型を生成する型関数を提供している。

constとvolatileの変更（§iso.20.9.7.1）	
remove_const<X>	Xと同じだが、最上位のすべてのconstを除去する
remove_volatile<X>	Xと同じだが、最上位のすべてのvolatileを除去する
remove_cv<X>	Xと同じだが、最上位のすべてのconstとvolatileを除去する
add_const<X>	Xが参照、関数、constのいずれかならばX。そうでなければconst X
add_volatile<X>	Xが参照、関数、volatileのいずれかならばX。そうでなければvolatile X
add_cv<X>	constとvolatileを加える。add_const<typename add_volatile<T>::type>::type

型変換器の返却値は、型である。後ろに::typeを付けると、返された型にアクセスできる。たとえば：

```
template<typename K, typename V>
class My_map {
   pair<typename add_const<K>::type,V> default_node;
   // ...
};
```

もしtypenameと::typeの記述が面倒ならば、型別名（§28.2.1）を定義しよう：

```
template<typename T>
using Add_const = typename add_const<T>::type;

template<typename K, typename V>
class My_map {
{
   pair<Add_const<K>,V> default_node;
   // ...
};
```

このように、標準ライブラリの型変換器に対して体系的に別名を定義するような補助ライブラリを利用するのが理想的だ。

参照の変更（§iso.20.9.7.2, §iso.20.9.7.6）	
remove_reference<X>	Xが参照型ならば、参照先の型。参照型でなければX
add_lvalue_reference<X>	Xが右辺値参照Y&&ならば、Y&。右辺値参照でなければX&
add_rvalue_reference<X>	Xが参照ならばX。参照でなければX&&（§7.7.3）
decay<X>	関数に対するX型の引数を値渡しするときの型

decay関数は、参照に対する参照外しだけではなく、配列に対する処理も行う。

参照を追加・削除する型関数は、参照引数と非参照引数の両方に対して動作しなければならないテンプレートの開発で重要になる。remove_reference修飾子は、基本的に、右辺値参照を引数に受け取る関数用に使われ、参照ではなく、引数型のオブジェクトの処理のために必要となる。たとえば：

```
template<typename T>
void f(T&& v)      // TはT&に導出される（§23.5.2.1）
{
    Remove_reference<T> x = v;      // vのコピー
    T y = v;                        // vのコピーかもしれない。vへの参照かもしれない
    ++y;
    vector<Remove_reference<T>> vec1;   // OK
    vector<T> vec2;                 // Tが参照であればエラー（§7.7.4）
    // ...
}

void user()
{
    int val = 7;
    f(val);     // f<int&>()を呼び出す。f()中の++yはvalをインクリメント
    f(7);       // f<int>()を呼び出す。f()中の++yは局所的なコピーをインクリメント
}
```

f()に引数として与えられる左辺値と右辺値に対する++yの挙動の違いは、不愉快な驚きとなるだろう。幸いにも、vec2の定義が、左辺値引数によるf()の具現化を防止する。

符号の変更（§iso.20.9.7.3）	
make_signed<X>	unsigned修飾子を（明示・暗黙を問わず）すべて削除してsignedにする。Xは（boolと列挙体を除く）汎整数型でなければならない
make_unsigned<X>	signed修飾子を（明示・暗黙を問わず）すべて削除してunsignedにする。Xは（boolと列挙体を除く）汎整数型でなければならない

組込み配列に対しては、要素の型が必要となることや、次元の削除が必要となることがある：

配列の変更（§iso.20.9.7.4）	
remove_extent<X>	Xが配列であれば、その要素の型を返す。そうでなければXを返す
remove_all_extents<X>	Xが配列であれば、（すべての配列修飾子を除去した後の）その基底の型を返す。そうでなければXを返す

たとえば：

```
int a[10][20];
Remove_extent<decltype(a)> a20;          // 1個のarray[20]。[10]は取り除かれる
Remove_all_extents<decltype(a)> i;       // 1個のint。[10][20]は取り除かれる
// 20 0と表示：
cout << Extent<decltype(a20)>() << ' ' << Extent<decltype(i)>() << '\n';
```

ポインタ型は、任意の型へのポインタに変換できる。また、指す先の型も特定も可能だ：

ポインタの変更（§iso.20.9.7.5）	
`remove_pointer<X>`	Xがポインタ型ならば、指す先の型。そうでなければX
`add_pointer<X>`	`remove_reference<X>::type*`

たとえば：

```
template<typename T>
void f(T&& x)
{
    Add_pointer<T> p = new Remove_reference<T>{};
    T* p2 = new T{};    // Tが参照であれば、うまく動作しない
    // ...
}
```

システムの最下層のレベルでメモリを処理する場合、アラインメントに対する考慮が必要なことがある（§6.2.9）：

アラインメント（§iso.20.9.7.6）	
`aligned_storage<n,a>`	少なくともn以上の大きさをもち、アラインメントがaの約数であるPOD型
`aligned_storage<n>`	`sizeof(T)<=n`である任意のオブジェクト型Tのアラインメントの最大値を`def`とする`aligned_storage<n,def>`
`aligned_union<n,X...>`	X型のメンバをもつ`union`を保持できるよう、少なくともn以上の大きさをもつPOD型

標準では、`aligned_storage`の実装例として、以下のものが示されている：

```
template<std::size_t N, std::size_t A>
struct aligned_storage {
    // AにアラインされたN個の文字（§6.2.9）：
    using type = struct { alignas(A) unsigned char data[N]; };
};
```

最後にあげる型関数は、型の選択や、共通型の算出などを行うものだ。明らかに、もっとも有用なものである：

その他の変換器（§iso.20.9.7.6）	
`enable_if<b,X>`	`b==true`ならばX。そうでなければ、`::type`というメンバは存在せず、ほとんどの場合、置換失敗となる（§23.5.3.2）
`enable_if<b>`	`enable_if<b,void>`
`conditional<b,T,F>`	`b==true`ならばT。そうでなければF
`common_type<X>`	パラメータパックXのすべての型に共通する型。`?:`式の真偽値として利用する場合、2個の型は共通型となる
`underlying_type<X>`	Xの根底型（§8.4）。Xは列挙体でなければならない
`result_of<FX>`	`F(X)`の結果の型。FXは、引数の並びをXとして実行したF、すなわち`F(X)`の型でなければならない

eq()による比較は、単なる==ではないことが多い。たとえば、大文字と小文字を区別しないchar_traitsでは、eq('b','B')がtrueを返すようなeq()を定義することになる。

copy()は範囲の重なりを無視して処理するので、move()よりも高速な動作が期待できる。

compare()関数は、文字の比較にlt()とeq()を利用する。返却値はintだ。完全な一致であれば0となり、第1引数が第2引数よりも辞書順で前ならば負数となり、第1引数が辞書順で後ならば正数となる。

入出力関連の関数は、低レベル入出力の実装で利用されている（§38.6）。

36.3 文字列

標準ライブラリは<string>で、汎用文字列テンプレートbasic_stringを提供する：

```
template<typename C,
         typename Tr = char_traits<C>,
         typename A = allocator<C>>
class basic_string {
public:
   using traits_type = Tr;
   using value_type = typename Tr::char_type;
   using allocator_type = A;
   using size_type = typename allocator_traits<A>::size_type;
   using difference_type = typename allocator_traits<A>::difference_type;
   using reference = value_type&;
   using const_reference = const value_type&;
   using pointer = typename allocator_traits<A>::pointer;
   using const_pointer = typename allocator_traits<A>::const_pointer;
   using iterator = /* 処理系定義 */;
   using const_iterator = /* 処理系定義 */;
   using reverse_iterator = std::reverse_iterator<iterator>;
   using const_reverse_iterator = std::reverse_iterator<const_iterator>;

   static const size_type npos = -1;  // 文字列の終端を示す正数

   // ...
};
```

要素（文字）は、記憶域上に連続して配置される。そのため、低レベルな入力処理では、basic_stringの文字シーケンスを、入力元としても入力先としても安全に利用できる。

basic_stringは、強い保証（§13.2）を提供する。そのため、basic_stringが例外を送出した場合でも、文字列の内容は維持される。

極めて厳選された標準文字型に対して、特殊化が提供されている：

```
using string = basic_string<char>;
using u16string = basic_string<char16_t>;
using u32string = basic_string<char32_t>;
using wstring = basic_string<wchar_t>;
```

これらの文字列型は、処理一式を提供する。

コンテナ（第31章）と同様に、basic_stringは基底クラスとして利用されることを意図したものではない。ムーブセマンティクスが実装されているので、値の返却が効率よく行える。

36.3.1 stringとC言語スタイルの文字列

本書では、多くのサンプルで`string`を利用しているため、すでに馴染んでいるとする。そこで、`string`とC言語スタイル（§43.4）の文字列の利用を対比する、いくつかの例を提示しよう。C言語スタイルの文字列は、C言語や、C言語スタイルのC++に慣れ親しんだプログラマが主に利用するものだ。

ユーザIDとドメイン名を連結して、メールアドレスを生成する例を考えよう：

```
string address(const string& identifier, const string& domain)
{
   return identifier + '@' + domain;
}

void test()
{
   string t = address("bs","somewhere");
   cout << t << '\n';
}
```

これは簡単だ。次に、もっともらしく見えるC言語スタイルバージョンを考えてみよう。C言語スタイルの文字列は、ゼロで終端する文字配列を指すポインタである。メモリ割当てを管理し、解放に責任をもつのは、ユーザだ：

```
char* address(const char* identifier, const char* domain)
{
   int iden_len = strlen(identifier);
   int dom_len = strlen(domain);
   char* addr = (char*)malloc(iden_len+dom_len+2);  // 0と'@'用のスペースもきちんと確保
   strcpy(addr,identifier);
   addr[iden_len] = '@';
   strcpy(addr+iden_len+1,domain);
   return addr;
}

void test2()
{
   char* t = address("bs","somewhere");
   printf("%s\n",t);
   free(t);
}
```

これは正しいだろうか？　そうだと、いいのだが。少なくとも、出力は期待どおりである。熟練したほとんどのCプログラマと同様に、正しく動作する（私自身がそう願っている）C言語バージョンを完成させることはできるものの、そのためには数多くの細かい点の解決が必要だ。しかし、経験上（エラーログなど）、必ずしも、そうならないことが分かっている。この例のような簡単なプログラミングは、すべての技法を使いこなせない比較的初級のプログラマに任せられることが多い。C言語スタイルの`address()`の実装では、数多くのトリッキーなポインタ操作を使っている上に、返却されたメモリを呼出し側が解放することを覚えておかなければならない。みなさんは、どちらのコードを保守したいと考えるだろうか？

C言語スタイルの文字列のほうが、`string`よりも効率性が優れているという主張を耳にすることがある。しかし、ほとんどの場合、C言語スタイルの文字列よりも`string`のほうが、メモリ確保と解放の回数が少ない（これは、短い文字列用の最適化とムーブセマンティクスの効果だ：§19.3.3, §19.3.1）。また、strlen() の計算量はO(N) であるのに対し、string::size() は、値を読み取るだけである。この例では、C言語スタイルのコードでは、入力文字列をそれぞれ2回走査しているのに対して、string バージョンでは1回だけだ。このレベルでの効率性を議論すると、道を誤ることになってしまうが、string バージョンは基本的に優れたものである。

C言語スタイルの文字列と string の根本的な違いは、string が一般的なセマンティクスをもつ固有の型であるのに対し、C言語スタイルの文字列は、ごく少数の有用な関数だけによってサポートされている規約にすぎないことである。代入と比較についても考えてみよう：

```
void test3()
{
    string s1 = "Ring";
    if (s1!="Ring") insanity();
    if (s1<"Opera") cout << "check";
    string s2 = address(s1,"Valkyrie");

    char s3[] = "Ring";
    if (strcmp(s3,"Ring")!=0) insanity();
    if (strcmp(s3,"Opera")<0) cout << "check";
    char* s4 = address(s3,"Valkyrie");
    free(s4);
}
```

最後に、ソートを比較してみよう：

```
void test4()
{
    vector<string> vs = { "Grieg", "Williams", "Bach", "Handel" };
    sort(vs.begin(),vs.end());   // sort(vs)を定義していないと仮定

    const char* as[] = { "Grieg", "Williams", "Bach", "Handel" };
    qsort(as,sizeof(*as),sizeof(as)/sizeof(*as),
          (int(*)(const void*,const void*))strcmp);
}
```

C言語スタイルの文字列のソート関数 qsort() については、§43.7 で解説する。繰返しとなるが、sort() の実行速度は、qsort() と遜色はない（ほとんどの場合は、より速い）ので、より低レベルで、より冗長で、保守性が劣るプログラミングスタイルを選択する性能上の理由などは、まったく存在しない。

36.3.2 コンストラクタ

basic_string は、驚くほど多様なコンストラクタを提供する：

basic_string<C,Tr,A> のコンストラクタ（§iso.21.4.2） x は basic_string、C言語スタイルの文字列、initializer_list<char_type> のいずれか	
basic_string s {a};	sはアロケータを a とする、空文字列となる。explicit
basic_string s {};	デフォルトコンストラクタ。basic_string s {A{}};
basic_string s {x,a};	s はその文字を x から得る。アロケータを a とする

basic_string s {x};	ムーブコンストラクタとコピーコンストラクタ。basic_string s {x,A{}};
basic_string s {s2,pos,n,a};	sはその文字をs2[pos:pos+n)から取得する。アロケータをaとする
basic_string s {s2,pos,n};	basic_string s {s2,pos,n,A{}};
basic_string s {s2,pos};	basic_string s {s2,pos,string::npos,A{}};
basic_string s {p,n,a};	sを[p:p+n)で初期化する。pはC言語スタイルの文字列となる。アロケータをaとする
basic_string s {p,n};	basic_string s {p,n,A{}};
basic_string s {n,c,a};	sは文字cのn個のコピーを保持する。アロケータをaとする
basic_string s {n,c};	basic_string s {n,c,A{}};
basic_string s {b,e,a};	sはその文字を[b:e)から得る。アロケータをaとする
basic_string s {b,e};	basic_string s {b,e,A{}};
s.~basic_string()	デストラクタ。すべての資源を解放する
s=x	コピー。sはその文字をxから得る
s2=move(s)	ムーブ。s2はその文字をsから得る。noexcept

もっとも広く利用される構文は、もっとも単純なものだ：

```
string s0;                          // 空の文字列
string s1 {"As simple as that!"};   // C言語スタイルの文字列から構築
string s2 {s1};                     // コピーコンストラクタ
```

ほとんどの場合、デストラクタは、暗黙裏に実行される。

stringのコンストラクタで、要素数だけを受け取るものはない：

```
string s3 {7};         // エラー：string(int)はない
string s4 {'a'};       // エラー：string(char)はない
string s5 {7,'a'};     // OK：7個の'a'
string s6 {0};         // 危険：nullptrを渡す
```

s6の宣言は、C言語スタイルの文字列を利用していたプログラマが、しばしば犯す間違いだ：

```
const char* p = 0;    // pを"文字列なし"とする
```

残念ながら、コンパイラは、s6の定義の誤りを検出できない。なお、もっとひどいnullptrを保持するconst char*も検出できない：

```
string s6 {0};         // 危険：nullptrを渡す
string s7 {p};         // OKかどうかはpの値に依存
string s8 {"OK"};      // OK：C言語スタイルの文字列へのポインタを渡す
```

stringをnullptrで初期化してはならない。うまくいったとしても、見苦しい実行時エラーが起こるだろう。悪い場合は、不可解で定義されない動作となる。

処理系が処理できないほど多数の文字でstringを構築しようとすると、コンストラクタは、std::length_error例外を送出する。たとえば：

```
string s9 {string::npos,'x'};    // length_errorを送出
```

string::nposの値は、stringの長さを超えた位置を表現するものだ。通常は、“stringの終端”を表すために利用する。たとえば：

```
string ss {"Fleetwood Mac"};
string ss2 {ss,0,9};                // "Fleetwood"
string ss3 {ss,10,string::npos};    // "Mac"
```

部分文字列を表す表記が、[始点，終点）ではなくて、（位置，長さ）であることに注意しよう。

なお、string型のリテラルは存在しない。そのため、ユーザ定義リテラル（§19.2.6）を使うことになる。たとえば、"The Beatles"sや"Elgar"sである。ここでのsは、接尾語だ。

36.3.3 基本演算

basic_stringは、比較、要素数と容量の制御、アクセスなどの処理を提供する：

basic_string<C,Tr,A>の比較処理（§iso.21.4.8） sとs2の一方のみがC言語スタイルの文字列であっても構わない	
s==s2	sはs2と等しいか？　traits_typeを使って文字の値を比較する
s!=s2	!(s==s2)
s<s2	sは辞書順でs2よりも前か？
s<=s2	sは辞書順でs2よりも前か、または等しいか？
s>s2	sは辞書順でs2よりも後か？
s>=s2	sは辞書順でs2よりも後か、または等しいか？

その他の比較処理については、§36.3.8を参照しよう。

basic_stringの要素数と容量に関するメカニズムは、vectorのもの（§31.3.3）と同じだ：

basic_string<C,Tr,A>の要素数と容量（§iso.21.4.4）	
n=s.size()	nはs内の文字数となる
n=s.length()	n=s.size()
n=s.max_size()	nはs.size()が取り得る最大値となる
s.resize(n,c)	s.size()==nとする。追加した要素の値はcとなる
s.resize(n)	s.resize(n,C{})
s.reserve(n)	sが、メモリの追加確保なしでn文字を保持できるようにする
s.reserve()	何もしない。s.reserve(0)
n=s.capacity()	sは、メモリの追加確保なしでn文字を保持できる
s.shrink_to_fit()	s.capacity==s.size()とする
s.clear()	sを空にする
s.empty()	sは空か？
a=s.get_allocator()	aはsのアロケータとなる

size()がmax_size()を超えることになる、resize()やreserve()は、std::length_error例外を送出する。

以下の例を考えよう：

```
void fill(istream& in, string& s, int max)
   // sを低レベル入力の入力先として利用（簡略化したもの）
{
   s.reserve(max);              // 十分な領域を確実に確保
   in.read(&s[0],max);
   const int n = in.gcount();   // 読み取る文字数
   s.resize(n);
   s.shrink_to_fit();           // 過剰な容量を切り捨てる
}
```

ここでは、読み取った文字数を利用するのを“忘れている”。いい加減なものだ。

basic_string<C,Tr,A> のアクセス（§iso.21.4.5）	
s[i]	添字演算。s[i] は、s の i 番目の要素を表す参照となる。範囲チェックはない
s.at(i)	添字演算。s.at(i) は、s の i 番目の要素を表す参照となる。s.size()<=i ならば range_error 例外を送出する
s.front()	s[0]
s.back()	s[s.size()-1]
s.push_back(c)	文字 c を追加する
s.pop_back()	s の最後の文字を削除する。s.erase(s.size()-1)
s+=x	s の末尾に x を追加する。x は文字、string、C 言語スタイルの文字列、initializer_list<char_type> のいずれかである
s=s1+s2	連結。s=s1; s+=s2; を最適化したものである
n2=s.copy(p,n,pos)	s[pos:n2) から p[0:n2) へ文字をコピーする。n2 は min(n,s.size()-pos) となる。p は C 言語スタイルの文字列であり、少なくとも n2 個の文字をもつと想定する。s.size()<pos ならば out_of_range 例外が送出される
n2=s.copy(p,n)	n2=s.copy(p,n,0)
p=s.c_str()	p は s が保持する文字の C 言語スタイルの文字列バージョン（ゼロで終端する）となる。const C*
p=s.data()	p=s.c_str()
s.swap(s2)	s と s2 の値を交換する。noexcept
swap(s,s2)	s.swap(s2)

at() を使って範囲外に対してアクセスすると、std::out_of_range 例外が送出される。size() が max_size() を超えることになる、+=() と、push_back() と、+ では、std::length_error 例外が送出される。

string から char* への暗黙の変換は存在しない。数多くの試行が行われたものの、エラーにつながりやすいことが判明したのだ。その代わりに、標準ライブラリでは const char* への明示的な変換関数 c_str() を提供している。

stringは、値がゼロの文字（すなわち'\0'）を保持できる。s.c_str()やs.data()の実行結果がC言語スタイルの文字列の規約にしたがうことを前提として、strcmp()などの関数を実行すると、文字ゼロを保持するstringでは想像しない結果となる。

36.3.4 文字列の入出力

basic_stringは、<<による書出し（§38.4.2）と、>>による読取り（§38.4.1）が行える：

basic_string<C,Tr,A>の入出力処理（§iso.21.4.8.9）	
in>>s	inから、空白文字で区切られた単語をsに読み取る
out<<s	sをoutへ書き出す
getline(in,s,d)	文字dに出会うまで、文字をinからsに読み取る。dはinからは削除されるが、sには含まれない
getline(in,s)	getline(in,s,'\n')。'\n'はstringの文字型に合うように拡張される

size()がmax_size()を超える入力処理では、std::length_error例外が送出される。

getline()は、終端文字（デフォルトでは'\n'）を入力ストリームから取り除くが、読み取った文字列には含めない。そのため、行の処理が簡潔に行えるようになる。たとえば：

```
vector<string> lines;
for (string s; getline(cin,s);)
    lines.push_back(s);
```

すべてのstringの入出力処理が、入力ストリームへの参照を返すので、連続した処理が行える。たとえば：

```
string first_name;
string second_name;
cin >> first_name >> second_name;
```

入力処理の対象であるstringは、読取り前に空にされて、読み取った文字を保持するように拡張される。なお、読取り処理は、ファイル終端に達した場合も終了する（§38.3）。

36.3.5 数値変換

標準ライブラリは<string>で、stringやwstringの文字表現（注意：basic_string<C,Tr,A>ではない）から数値を取り出すための一連の関数を提供している。取り出す数値の型は、関数名の一部となっている：

数値変換（§iso.21.5） sはstringでもwstringでも構わない	
x=stoi(s,p,b)	文字列からintへの変換。xは整数となる。s[0]から読み取って、p!=nullptrならば、*pは読み取った文字数となる。bは数値の基数（2以上36以下）
x=stoi(s,p)	x=stoi(s,p,10)。10進数値
x=stoi(s)	x=stoi(s,nullptr,10)。10進数値。文字数を返さない

x=stol(s,p,b)	文字列からlongへの変換
x=stoul(s,p,b)	文字列からunsigned longへの変換
x=stoll(s,p,b)	文字列からlong longへの変換
x=stoull(s,p,b)	文字列からunsigned long longへの変換
x=stof(s,p)	文字列からfloatへの変換
x=stod(s,p)	文字列からdoubleへの変換
x=stold(s,p)	文字列からlong doubleへの変換
s=to_string(x)	sはxのstring表現となる。xは整数値もしくは浮動小数点数値でなければならない
ws=to_wstring(x)	wsはxのwstring表現となる。xは整数値もしくは浮動小数点数値でなければならない

stoiのような、個々のsto*関数（string to 〜）には、3種類の変種がある。たとえば：

```
string s = "123.45";
auto x1 = stoi(s);        // x1 = 123
auto x2 = stod(s);        // x2 = 123.45
```

sto*関数の第2引数は、数値の取出しのために、文字列内をどこまで読み進めたかを表すポインタだ。たとえば：

```
string ss = "123.4567801234";
size_t dist = 0;              // ここで読み取る文字の個数を設定
auto x = stoi(ss,&dist);      // x = 123 (1個のint)
++dist;                       // 小数点を無視する
auto y = stoll(&ss[dist]);    // x = 4567801234 (1個のlong long)
```

このような、文字列から複数の数値を解析するインタフェースは、私は好きではない。string_stream（§38.2.2）を使うほうが好きだ。

先頭の空白文字は読み飛ばされる。たとえば：

```
string s = "   123.45";
auto x1 = stoi(s);            // x1 = 123
```

基数用の引数には[2:36]の範囲を受け取れる。また、シーケンス0123456789abcdefghijklmnopqrstuvwxyz内の文字が1個の“数字”であり、その位置が値となる。37以上の基数は、何らかの拡張がなければエラーだ。たとえば：

```
string s4 = "149F";
auto x5 = stoi(s4);                 // x5 = 149
auto x6 = stoi(s4,nullptr,10);      // x6 = 149
auto x7 = stoi(s4,nullptr,8);       // x7 = 014
auto x8 = stoi(s4,nullptr,16);      // x8 = 0x149F

string s5 = "1100101010100101";     // 2進数
auto x9 = stoi(s5,nullptr,2);       // x9 = 0xcaa5
```

変換関数が、数値に変換可能な文字を、文字列引数の中に見つけられない場合は、invalid_argument例外を送出する。目的の型で表現できない数値を見つけた場合は、out_of_range例外を送出する。さらに、変換関数は、ERANGEをerrnoに代入する（§40.3）。

```
stoi("Hello, World!");                  // std::invalid_argumentを送出
stoi("12345678901234567890");           // std::out_of_rangeを送出。errno=ERANGE
stof("123456789e1000");                 // std::out_of_rangeを送出。errno=ERANGE
```

sto*関数は名前の一部が、処理対象先の型となっている。この命名規則は、処理対象の型をテンプレート引数とするような汎用コードではふさわしくない。そのような場合は、to<X>を検討するべきだ（§25.2.5.1）。

36.3.6 STLライクな処理

basic_stringは、通常の反復子をひととおり提供する：

basic_string<C,Tr,A>の文字列反復子（§iso.21.4.3） すべての演算がnoexceptである	
p=s.begin()	pは、sの先頭文字を指すiteratorとなる
p=s.end()	pは、sの末尾文字の直後を指すiteratorとなる
p=s.cbegin()	pは、先頭文字を指すconst_iteratorとなる
p=s.cend()	pは、sの末尾文字の直後を指すconst_iteratorとなる
p=s.rbegin()	pは、sの逆順の先頭を表す
p=s.rend()	pは、sの逆順の末尾を表す
p=s.crbegin()	pは、sの逆順の先頭を指すconst_iteratorとなる
p=s.crend()	pは、sの逆順の末尾を指すconst_iteratorとなる

stringは、反復子を取り出すために必要なメンバ型と関数をもっているので、標準アルゴリズム（第32章）が適用できる。たとえば：

```
void f(string& s)
{
   auto p = find_if(s.begin(),s.end(),islower);
   // ...
}
```

stringに対してもっとも利用される処理は、string自身が提供する。将来このバージョンが、汎用アルゴリズムで容易に実現できるレベル以上に、string用に最適化されることを望んでいる。

標準アルゴリズム（第32章）は、文字列に対しては、想像されるほどは有用ではない。そもそも、汎用アルゴリズムは、コンテナ内の個々の要素が、自立的な意味をもっていることを前提としている。しかし、文字列では、ほとんどの場合には当てはまらない。

basic_stringは、複雑なassignment()を提供する：

basic_string<C,Tr,A>の代入処理（§iso.21.4.6.3） すべて処理後の文字列を返す	
s.assign(x)	s=x。xはstring、C言語スタイルの文字列、initializer_list<char_type>のいずれでも構わない
s.assign(move(s2))	ムーブ。s2はstringである。noexcept
s.assign(s2,pos,n)	sはs2[pos:pos+n)の文字となる

s.assign(p,n)	s は [p:p+n) の文字となる。p はC言語スタイルの文字列である
s.assign(n,c)	s は文字 c の n 個のコピーとなる
s.assign(b,e)	s は [b:e) の文字となる

basic_string では、insert()、append()、erase() も利用可能だ：

basic_string<C,Tr,A> の挿入と削除（§iso.21.4.6.2, §iso.21.4.6.4, §iso.21.4.6.5） すべて処理後の文字列を返す	
s.append(x)	s の末尾に x を追加する。x は string、C言語スタイルの文字列、initializer_list<char_type> のいずれでも構わない
s.append(b,e)	s の末尾に [b:e) を追加する
s.append(s2,pos,n)	s の末尾に s2[pos:pos+n) を追加する
s.append(p,n)	s の末尾に [p:p+n) を追加する。p はC言語スタイルの文字列である
s.append(n,c)	s の末尾に文字 c の n 個のコピーを追加する
s.insert(pos,x)	s[pos] の前に x を挿入する。x は文字、string、C言語スタイルの文字列、initializer_list<char_type> のいずれでも構わない
s.insert(p,c)	c を反復子 p の前に挿入する
s.insert(p,n,c)	c の n 個のコピーを反復子 p の前に挿入する
s.insert(p,b,e)	[b:e) を反復子 p の前に挿入する
s.erase(pos)	s 内の s[pos] 以降の文字を削除する。s.size() は pos となる
s.erase(pos,n)	s 内の s[pos] 以降の n 個の文字を削除する。s.size() は max(pos,s.size()-n) となる

たとえば：

```
void add_middle(string& s, const string& middle)      // ミドルネームを追加
{
    auto p = s.find(' ');
    s.insert(p,' '+middle);
}

void test()
{
    string dmr = "Dennis Ritchie";
    add_middle(dmr,"MacAlistair");
    cout << dmr << '\n';
}
```

vector でもそうなのだが、通常は、いろいろな箇所に insert() するよりも、append()（すなわち、末尾への文字の追加）のほうが効率的である。

以降では、s 内の [b:e) の要素シーケンスを、s[b:e) と表記する：

basic_string<C,Tr,A> の置換（§iso.21.4.6.6） すべて処理後の文字列を返す	
s.replace(pos,n,s2,pos2,n2)	s[pos:pos+n) を s2[pos2:pos2+n2) で置換する
s.replace(pos,n,p,n2)	s[pos:pos+n) を [p:p+n2) で置換する。p はC言語スタイルの文字列である

basic_string<C,Tr,A> の置換（§iso.21.4.6.6） すべて処理後の文字列を返す	
s.replace(pos,n,s2)	s[pos:pos+n) を s2 で置換する。s2 は string か、もしくは C 言語スタイルの文字列である
s.replace(pos,n,n2,c)	s[pos:pos+n) を文字 c の n2 個のコピーで置換する
s.replace(b,e,x)	[b:e) を x で置換する。x は string、C 言語スタイルの文字列、initializer_list<char_type> のいずれでも構わない
s.replace(b,e,p,n)	[b:e) を [p:p+n) で置換する
s.replace(b,e,n,c)	[b:e) を文字 c の n 個のコピーで置換する
s.replace(b,e,b2,e2)	[b:e) を [b2:e2) で置換する

replace() 関数は、ある部分文字列を、別の文字列に置換して、string の大きさを調節する。たとえば：

```
void f()
{
    string s = "but I have heard it works even if you don't believe in it";
    s.replace(0,4,"");                          // 先頭の"but "を削除
    s.replace(s.find("even"),4,"only");
    s.replace(s.find(" don't"),6,"");           // ""との置換による削除
    assert(s=="I have heard it works only if you believe in it");
}
```

置換すべき文字数などを“マジック”定数としたコードは、エラーにつながりやすい。

replace() 関数は、処理対象のオブジェクトへの参照を返す。そのため、連続して処理が行えるようになる：

```
void f2()
{
    string s = "but I have heard it works even if you don't believe in it";
    s.replace(0,4,"").replace(s.find("even"),4,"only")
                     .replace(s.find(" don't"),6,"");
    assert(s=="I have heard it works only if you believe in it");
}
```

36.3.7 find ファミリ

部分文字列を探索する関数は、当惑するほど多彩だ。例によって、find() は、s.begin() から始めて後方へと探索する。一方、rfind() は、s.end() から前方へと探索する。find 関数群は、“見つからなかった”ことを string::npos（“not a position”）で表す：

basic_string<C,Tr,A> の要素探索（§iso.21.4.7.2） x は文字、string、C 言語スタイルの文字列のいずれでも構わない。すべて noexcept である	
pos=s.find(x)	s 内の x を探索する。pos は最初に見つかった文字のインデックスか、または string::npos となる
pos=s.find(x,pos2)	pos=s.find(basic_string{x},pos2)

pos=s.find(p,pos2,n)	pos=s.find(basic_string{p,n},pos2)
pos=s.rfind(x,pos2)	s[0:pos2) 内の x を探索する。pos は s の末尾にもっとも近い x の先頭文字の位置か、または string::npos となる
pos=s.rfind(x)	pos=s.rfind(x,string::npos)
pos=s.rfind(p,pos2,n)	pos=s.rfind(basic_string{p,n},pos2)

たとえば：

```
void f()
{
    string s {"accdcde"};

    auto i1 = s.find("cd");       // i1==2 s[2]=='c' && s[3]=='d'
    auto i2 = s.rfind("cd");      // i2==4 s[4]=='c' && s[5]=='d'
}
```

以下に示す find_*_of() 関数は、find() や rfind() とは異なり、複数の文字からなるシーケンスではなくて、単一文字の探索を行う：

basic_string<C,Tr,A> の集合内の要素探索（§iso.21.4.7.4） x は文字、string、C 言語スタイルの文字列のいずれかである。p は C 言語スタイルの文字列である。すべて noexcept である	
pos2=s.find_first_of(x,pos)	s[pos:s.size()) から x 内の文字を探索する。pos2 は、s[pos:s.size()) 内に存在する x の先頭文字の位置か、あるいは string::npos となる
pos=s.find_first_of(x)	pos=s.find_first_of(x,0)
pos2=s.find_first_of(p,pos,n)	pos2=s.find_first_of(basic_string{p,n},pos)
pos2=s.find_last_of(x,pos)	s[0:pos) から x 内の文字を探索する。pos2 は、もっとも s の末尾近くに存在する x の先頭文字の位置か、あるいは string::npos となる
pos=s.find_last_of(x)	pos=s.find_last_of(x,0)
pos2=s.find_last_of(p,pos,n)	pos2=s.find_last_of(basic_string{p,n},pos)
pos2=s.find_first_not_of(x,pos)	s[pos:s.size()) から x 内に存在しない文字を探索する。pos2 は、s[pos:s.size()) 内に存在しない x の先頭文字の位置か、あるいは string::npos となる
pos=s.find_first_not_of(x)	pos=s.find_first_not_of(x,0)
pos2=s.find_first_not_of(p,pos,n)	pos2=s.find_first_not_of(basic_string{p,n}, pos)
pos2=s.find_last_not_of(x,pos)	s[0:pos) から x 内に存在しない文字を探索する。pos2 は、もっとも s の末尾近くに存在する、x に存在しない文字の位置か、あるいは string::npos となる
pos=s.find_last_not_of(x)	pos=s.find_last_not_of(x,0)
pos2=s.find_last_not_of(p,pos,n)	pos2=s.find_last_not_of(basic_string{p,n}, pos)

たとえば：

```
string s {"accdcde"};

auto i3 = s.find_first_of("cd");          // i3==1 s[1]=='c'
auto i4 = s.find_last_of("cd");           // i4==5 s[5]=='d'

auto i5 = s.find_first_not_of("cd");      // i5==0 s[0]!='c' && s[0]!='d'
auto i6 = s.find_last_not_of("cd");       // i6==6 s[6]!='c' && s[6]!='d'
```

36.3.8 部分文字列

basic_string は、部分文字列の低レベルな概念をサポートする：

basic_string<C,Tr,A> の部分文字列処理（§iso.21.4.7.8）	
s2=s.substr(pos,n)	s2=basic_string(&s[pos],m)。ここで m=min(s.size()-pos,n) である
s2=s.substr(pos)	s2=s.substr(pos,string::npos)
s2=s.substr()	s2=s.substr(0,string::npos)

substr() が新しい文字列を作ることに注意しよう：

```
void user()
{
    string s = "Mary had a little lamb";
    string s2 = s.substr(0,4);       // s2 == "Mary"
    s2 = "Rose";                     // sを変更することはない
}
```

部分文字列の比較も可能だ：

basic_string<C,Tr,A> の比較（§iso.21.4.7.9）	
n=s.compare(s2)	s と s2 を辞書順で比較する。比較には char_traits<C>::compare() を用いる。s==s2 ならば n=0 である。s<s2 ならば n<0 である。s>s2 ならば n>0 である。noexcept
n2=s.compare(pos,n,s2)	n2=basic_string{s,pos,n}.compare(s2)
n2=s.compare(pos,n,s2,pos2,n2)	n2=basic_string{s,pos,n}.compare(basic_string{s2,pos2,n2})
n=s.compare(p)	n=s.compare(basic_string{p})。p はC言語スタイルの文字列である
n2=s.compare(pos,n,p)	n2=basic_string{s,pos,n}.compare(basic_string{p})。p はC言語スタイルの文字列である
n2=s.compare(pos,n,p,n2)	n2=basic_string{s,pos,n}.compare(basic_string{p,n2})。p はC言語スタイルの文字列である

たとえば：

```
void f()
{
    string s = "Mary had a little lamb";
    string s2 = s.substr(0,4);      // s2 == "Mary"
    auto i1 = s.compare(s2);        // i1は正の値
    auto i2 = s.compare(0,4,s2);    // i2==0
}
```

このような、位置と長さを表す定数の明示的な利用は、脆弱であってエラーにつながりやすい。

36.4 アドバイス

[1] 手作業で文字の範囲を検査するよりも、文字クラスを活用しよう。§36.2.1。

[2] 文字列のような抽象化を実装する場合は、char_traitsを使って文字処理を実装しよう。§36.2.2。

[3] basic_stringは、任意の型の文字で構成される文字列を作れる。§36.3。

[4] stringは、基底クラスとしてではなく、変数やメンバとして利用しよう。§36.3。

[5] C言語スタイルの文字列関数よりも、string処理を優先しよう。§36.3.1。

[6] stringを返す場合は、（ムーブセマンティクスに基づいて）値で返却しよう。§36.3.2。

[7] "stringの残りすべて"を表現する場合は、string::nposを利用しよう。§36.3.2。

[8] C言語スタイルの文字列を想定したstring関数に対して、nullptrを渡さないようにしよう。§36.3.2。

[9] stringは、必要に応じて、成長して縮小する。§36.3.3。

[10] 範囲チェックをする場合は、反復子や[]ではなくて、at()を利用しよう。§36.3.3, §36.3.6。

[11] 速度性能向上を意図した最適化が必要な場合は、at()ではなく、反復子や[]を利用しよう。§36.3.3, §36.3.6。

[12] stringを利用する場合は、length_errorとout_of_range例外を捕捉しよう。§36.3.3。

[13] どうしても必要ならば（どうしても必要な場合に限り）、stringのC言語スタイル文字列表現の生成には、c_str()を利用しよう。§36.3.3。

[14] stringの入力では、文字の型が区別されるし、オーバフローすることもない。§36.3.4。

[15] 数値変換関数str*を直接利用するよりも、string_streamや、（to<X>などの）汎用の値抽出関数を優先しよう。§36.3.5。

[16] string内の値の位置を特定するには、（明示的なループを自作するのではなく）find()を利用しよう。§36.3.7。

[17] 部分文字列の読取りにはsubstr()を、部分文字列の書込みにはreplace()を、直接的あるいは間接的に利用しよう。§36.3.8。

第 37 章　正規表現

コードとコメントが合わないときは、
両方を疑え。
— ノーム・シュライヤー

37.1　正規表現

標準ライブラリは `<regex>` で、正規表現を支援するライブラリを提供している：

- **regex_match()**：正規表現と（文字数が分かっている）文字列を比較する。
- **regex_search()**：（長さが任意の）データストリーム内で、正規表現に一致する文字列を探索する。
- **regex_replace()**：（長さが任意の）データストリーム内で、正規表現に一致する文字列を探索して、一致したものを置換する。
- **regex_iterator**：一致するものと部分的に一致するものを対象とする反復子。
- **regex_token_iterator**：一致しないものを対象とする反復子。

`regex_search()` の結果は一致するものの集合であり、通常は `smatch` として表現する：

```
void use()
{
    ifstream in("file.txt");      // 入力ファイル
    if (!in) cerr << "no file\n";

    regex pat {R"(\w{2}\s*\d{5}(-\d{4})?)"};  // 合衆国の郵便番号のパターン

    int lineno = 0;
    for (string line; getline(in,line);) {
        ++lineno;
```

```
        smatch matches;    // 一致した文字列の格納先
        if (regex_search(line, matches, pat)) {
            cout << lineno << ": " << matches[0] << '\n';    // 一致した全体
            if (1<matches.size() && matches[1].matched)
                cout << "\t: " << matches[1] << '\n';        // 一致部分
        }
    }
}
```


この関数は、ファイルから読み込んで、`TX77845`や`DC 20500-0001`のような合衆国郵便番号を探索する。`smatch`型は、正規表現の探索結果を格納するコンテナである。ここで、`matches[0]`はパターン全体を表し、`matches[1]`は省略可能な4桁の部分パターンを表す。正規表現は、数多くの逆斜線を含みがちなので、この例では、正規表現に特に適している原文字列（§7.3.2.1）を利用している。仮に、通常の文字列で表現すると、パターン定義は、以下のようになる：

```
regex pat {"\\w{2}\\s*\\d{5}(-\\d{4})?"};  // 合衆国の郵便番号のパターン
```

正規表現の文法とセマンティクスは、効率的な実行を目的として、状態マシンに組み込めるように設計されている〔Cox, 2007〕。`regex`型が、実行時にコンパイルして組み込む。

37.1.1 正規表現の表記

`regex`ライブラリでは、正規表現の表記として、複数の種類が利用できる（§37.2）。ここでは、まず最初に、デフォルトの表記を示す。それは、（一般的にはJavaScriptとして知られている）ECMAScriptで利用されているECMA標準の変種である。

正規表現の構文は、特殊な意味をもつ文字をベースとしている：

正規表現の特殊文字	
.	任意の1文字（“ワイルドカード”）
[	文字クラスの開始
]	文字クラスの終了
{	カウントの開始
}	カウントの終了
(	グループの開始
)	グループの終了
\	直後の文字が特殊な意味をもつ
*	ゼロ回以上の繰返し（後置演算子）
+	1回以上の繰返し（後置演算子）
?	省略可能（ゼロ個もしくは1個）（後置演算子）
|	別候補（または）
^	行の開始。否定
$	行の終了

たとえば、ゼロ個以上の`A`で始まって、1個以上の`B`が続き、さらに省略可能な`C`が続く行は、次のように表現する：

```
^A*B+C?$
```

これは、次の行と一致する：

```
AAAAAAAAAAAABBBBBBBBBC
BC
B
```

なお、次の行には一致しない：

```
AAAAA       // Bがない
  AAAABC    // 先頭にスペースがある
AABBCC      // Cが多すぎる
```


パターンの中の、丸括弧で囲まれた部分は、(smatchによって個別に抽出できる) 部分パターンとみなせる。

接尾語を付加することによって、パターンを、オプションとしたり、繰り返したり（デフォルトでは必ず1回だけ繰り返す）できる：

繰返し	
{ n }	ちょうどn回
{ n, }	n回以上
{n,m}	n回以上m回以下
*	ゼロ回以上、すなわち{0,}
+	1回以上、すなわち{1,}
?	オプション（ゼロ回か1回）、すなわち{0,1}

たとえば：

```
A{3}B{2,4}C*
```

これは、以下のものと一致する：

```
AAABBC
AAABBB
```

なお、以下のものには一致しない：

```
AABBC        // Aが少なすぎる
AAABC        // Bが少なすぎる
AAABBBBBCCC  // Bが多すぎる
```

繰返し表現（すなわち*と+と?と{...}）の直後に記述した接尾語?は、パターン比較処理を“控え目（lazy）”または“非貪欲（non-greedy）”にする。すなわち、最長一致のパターン探索ではなく、最短一致とする。デフォルトでは、パターン比較処理は常に最長一致で探索する（C++のMax Munch規則と同様である：§10.3）。次の例を考えてみよう：

```
ababab
```

パターン(ab)*は、abababのすべてに一致するが、パターン(ab)*?は先頭のabにのみ一致する。

主要な文字クラスには、名前が与えられている：

文字クラス	
alnum	アルファベット文字と数字
alpha	アルファベット文字
blank	行区切り文字以外の空白文字
cntrl	制御文字
d	10 進数字
digit	10 進数字
graph	グラフ文字
lower	小文字のアルファベット
print	印字可能文字
punct	句読文字
s	空白文字
space	空白文字
upper	大文字のアルファベット
w	単語（アルファベット文字と数字と下線）
xdigit	16 進数字

一部の文字クラスは、短縮表記も利用できる：

文字クラスの省略名		
\d	10 進数字	[[:digit:]]
\s	空白類（スペースやタブなど）	[[:space:]]
\w	文字（a-z）または数字（0-9）または下線（_）	[_[:alnum:]]
\D	\d 以外	[^[:digit:]]
\S	\s 以外	[^[:space:]]
\W	\w 以外	[^_[:alnum:]]

さらに、正規表現をサポートする言語では、次のものも提供されることが多い：

文字クラスの非標準の（しかし広く利用されている）省略名		
\l	小文字のアルファベット	[[:lower:]]
\u	大文字のアルファベット	[[:upper:]]
\L	\l 以外	[^[:lower:]]
\U	\u 以外	[^[:upper:]]

完全な可搬性が必要であれば、この表の省略名は避けて、文字クラス名を利用すべきである。

C++ の識別子を表現するパターンの例を考えてみよう。これは、下線か文字で始まって、文字と数字と下線がゼロ個以上続くものである。分かりにくい点を強調するため、いくつかの誤った例も含めている：

```
[:alpha:][:alnum:]*              // 誤り：":alph"の文字で始まって、その後に ...
[[:alpha:]][[:alnum:]]*          // 誤り：下線を受け付けない（'_'は非アルファベット）
([[:alpha:]]|_)[[:alnum:]] *     // 誤り：下線はalnumに含まれない
([[:alpha:]]|_)([[:alnum:]]|_)*     // ＯＫ、ただし不恰好
[[:alpha:]_][[:alnum:]_]*           // ＯＫ：文字クラスに下線が含まれている
[_[:alpha:]][_[:alnum:]]*           // これもＯＫ
[_[:alpha:]]\w*                     // \wは[_[:alnum:]]と等価
```

それでは、もっとも単純なバージョンの**regex_match()**（§37.3.1）の利用例を示すことにしよう。これは、文字列が識別子であるかどうかをテストするものだ：

```
bool is_identifier(const string& s)
{
    regex pat {"[_[:alpha:]]\\w*"};
    return regex_match(s,pat);
}
```

ここで、通常の文字列リテラル内での1個の逆斜線は、2個の連続した逆斜線として表記しなければならないことに注意しよう。例によって、逆斜線は特殊文字を表す：

特殊文字（§iso.2.14.3，§6.2.3.2）	
\n	改行
\t	タブ
\\	1個の逆斜線
\xhh	2桁の16進数で表現したUnicode文字
\uhhhh	4桁の16進数で表現したUnicode文字

混乱してしまいそうだが、逆斜線には論理的に異なる使い方が、さらに二つある：

特殊文字（§iso.28.5.2，§37.2.2）	
\b	単語の先頭文字または末尾の文字（“境界文字（boundary character）”
\B	\b以外
\i	そのパターン内でのi番目のsub_match

原文字列リテラルを用いると、特殊文字が表記しやすくなる。たとえば：

```
bool is_identifier(const string& s)
{
    regex pat {R"([_[:alpha:]]\w*)"};
    return regex_match(s,pat);
}
```

いくつかのパターンの例を示す：

```
Ax*             // A, Ax, Axxxx
Ax+             // Ax, Axxx      Aではない
\d-?\d          // 1-2, 12       1--2ではない
\w{2}-\d{4,5}   // Ab-1234, XX-54321, 22-5432      \w中の数字
(\d*:)?(\d+)    // 12:3, 1:23, 123, :123       123:ではない
```

```
(bs|BS)         // bs, BS          bSではない
[aeiouy]        // a, o, u         英語の母音、xではない
[^aeiouy]       // x, k            英語の母音ではない、eではない
[a^eiouy]       // a, ^, o, u      英語の母音または^
```


sub_match によっても表現できる group（部分パターン）は、丸括弧で囲んだ正規表現だ。部分パターンの定義ではない丸括弧を記述する場合は、単なる (ではなく、(?: と記述する。たとえば：

```
(\s|:|,)*(\d*)      // 空白、コロン、かつ／または コンマ、それに続く数値
```

数値の前に位置する文字が不要であれば（区切り文字だけを期待するような場合）、次のように記述できる：

```
(?:\s|:|,)*(\d*)  // 空白、コロン、かつ／または コンマ、それに続く数値
```

この例では、正規表現エンジンは、先頭の（複数の）文字を保持しなくてよくなる。というのも、(?: の変種は、部分パターンを1個だけ記述できるからだ。

正規表現のグループ化の例	
\d*\s\w+	グループ（部分パターン）なし
(\d*)\s(\w+)	2個のグループ
(\d*)(\s(\w+))+	2個のグループ（グループは入れ子とならない）
(\s*\w*)+	1個のグループで1個以上の部分パターン。sub_match に保存されるのは最後の部分パターンのみである
<(.*?)>(.*?)</\1>	3個のグループ。\1 は“グループ1と同じ”という意味

最後のパターンは、XML の解析で有用なものだ。開始／終了タグのマーカを探索する。ここで、開始タグと終了タグのあいだの部分パターンとして .*? という非貪欲照合（non-greedy match）（**控え目照合**（*lazy match*））を使っていることに注意しよう。仮に、単なる .* にしてしまうと、次のような入力で問題が発生する：

```
Always look on the <b>bright</b> side of <b>life</b>.
```

貪欲照合（*greedy match*）とした場合、最初の部分パターンは、最初の < と最後の > に一致する。2番目の部分パターンは、最初の <b> と最後の </b> に一致する。いずれも正しい動作だが、プログラマの意図とは、異なるものだろう。

オプションを利用した正規表現の表記は、多種多様となり得る（§37.2）。たとえば、regex_constants::grep を使うと、a?x:y は、通常の文字が5個並んでいるだけのものになる。というのも、grep での？は、“省略可能なオプション”を意味しないからだ。

正規表現を徹底的に解説した書籍としては、〔Friedl, 1997〕を参照するとよい。

37.2 regex

正規表現は、string のような文字シーケンスとして構築される**照合エンジン**（*matching engine*）（通常は状態機械）である：

```
template<typename C, typename Tr = regex_traits<C>>
class basic_regex {
public:
   using value_type = C;
   using traits_type = Tr;
   using string_type = typename Tr::string_type;
   using flag_type = regex_constants::syntax_option_type;
   using locale_type = typename Tr::locale_type;
   ~basic_regex();  // virtualではない。
                    // basic_regexは基底クラスとして利用されることを意図しない
   // ...
};
```

regex_traits については、§37.5 で解説する。

string と同様に、regex は、char 用のバージョンに与えられた別名だ：

```
using regex = basic_regex<char>;
```

正規表現パターンの意味は、regex_constants と regex が個別に定義する定数 syntax_option_type によって制御される：

basic_regex<C,Tr> のメンバ定数（syntax_option_type：§iso.28.5.1）	
icase	大文字小文字の違いを無視して照合
nosubs	一致結果に部分表現の比較結果を保持しない
optimize	正規表現オブジェクトの高速構築よりも、高速比較を優先する
collate	文字範囲 [a-b] がロケールに依存する
ECMAScript	正規表現の文法をECMA-262のECMAScriptとする（若干の違いがある：§iso.28.13）
basic	正規表現の文法を POSIX の基本正規表現とする
extended	正規表現の文法を POSIX の拡張正規表現とする
awk	正規表現の文法を POSIX awk のものとする
grep	正規表現の文法を POSIX grep のものとする
egrep	正規表現の文法を POSIX grep -E のものとする

特に理由がない限りは、デフォルトを利用すべきだ。デフォルトを利用しない理由として考えられるものは、既存の正規表現が大規模かつ非デフォルトで表記されている場合である。

regex オブジェクトは、string や、同様の文字シーケンスから構築できる：

basic_regex<C,Tr> のコンストラクタ（§iso.28.8.2）	
basic_regex r {};	デフォルトコンストラクタ。空のパターン。フラグは regex_constants::ECMAScript になる
basic_regex r {x,flags};	x は basic_regex、string、C 言語スタイルの文字列、flags が定義する文法にしたがった initializer_list<value_type> のいずれでも構わない。explicit
basic_regex r {x};	basic_regex{x,regex_constants::ECMAScript}。explicit

basic_regex<C,Tr> のコンストラクタ（§iso.28.8.2）	
`basic_regex r {p,n,flags};`	`flags` が定義する文法にしたがった `[p:p+n)` の文字から `r` を構築する
`basic_regex r {p,n};`	`basic_regex {p,n,regex_constants::ECMAScript}`
`basic_regex r {b,e,flags};`	`flags` が定義する文法にしたがった `[b:e)` の文字から `r` を構築する
`basic_regex r {b,e};`	`basic_regex{b,e,regex_constants::ECMAScript}`

`regex` の主な用途は、探索、比較、置換関数である（§37.3）が、`regex` 自身もいくつかの処理をもっている：

basic_regex<C,Tr> の処理（§iso.28.8） すべての `assign()` は処理実行後の `regex` を表す参照を返す	
`r=x`	コピー代入演算。`x` は `basic_regex`、C言語スタイルの文字列、`basic_string`、`initializer_list<value_type>` のいずれでも構わない
`r=move(r2)`	ムーブ代入演算
`r.assign(r2)`	コピーまたはムーブ
`r.assign(x,flags)`	コピーまたはムーブ。`r` のフラグを `flags` とする。`x` は `basic_string`、C言語スタイルの文字列、`initializer_list<value_type>` のいずれでも構わない
`r.assign(x)`	`r=r.assign(x,regex_constants::ECMAScript)`
`r.assign(p,n,flags)`	`r` のパターンを `[p:p+n)` にして、`r` のフラグを `flags` とする
`r.assign(b,e,flags)`	`r` のパターンを `[b:e)` にして、`r` のフラグを `flags` とする
`r.assign(b,e)`	`r=r.assign(b,e,regex_constants::ECMAScript)`
`n=r.mark_count()`	`n` は、`r` 内でマークされた部分表現の個数となる
`x=r.flags()`	`x` は `r` の `flags` となる
`loc2=r.imbue(loc)`	`r` の `locale` を `loc` とする。`loc2` は `r` のそれまでの `locale` となる
`loc=r.getloc()`	`loc` は `r` の `locale` となる
`r.swap(r2)`	`r` と `r2` の値を交換する

`getloc()` を呼び出すと、`locale` や `regex` が特定できる。また、`flags()` の実行によって、どのフラグが利用されているかが分かるが、残念ながら、パターンを読み出す（標準の）方法は存在しない。パターンを出力する必要がある場合は、初期化時に利用した文字列のコピーを保存しておく。たとえば：

```
regex pat1 {R"(\w+\d*)"};   // pat1中のパターンを出力する方法はない

string s {R"(\w+\d*)"};
regex pat2 {s};
cout << s << '\n';          // pat2中のパターンを出力
```

37.2.1 照合結果

正規表現の照合結果は、match_resultsオブジェクトに集められる。そこには、1個以上のsub_matchオブジェクトが含まれる：

```
template<typename Bi>
class sub_match : public pair<Bi,Bi> {
public:
   using value_type = typename iterator_traits<Bi>::value_type;
   using difference_type = typename iterator_traits<Bi>::difference_type;
   using iterator = Bi;
   using string_type = basic_string<value_type>;

   bool matched;  // *thisが照合結果をもっていればtrue
   // ...
};
```


Biは、双方向反復子（§33.1.2）でなければならない。sub_matchは、一致した文字列を指す反復子ペアとみなせる。

sub_match<Bi>の処理	
sub_match sm {};	デフォルトコンストラクタ。空のシーケンス。constexpr
n=sm.length()	nは一致した文字数となる
s=sm	sub_matchをbasic_stringへと暗黙裏に変換する。sは一致した文字のbasic_stringとなる
s=sm.str()	sは一致した文字のbasic_stringとなる
x=sm.compare(x)	辞書順での比較。sm.str().compare(x)。xは、sub_match、basic_string、C言語スタイルの文字列のいずれでも構わない
x==y	xとyは等しいか？ xとyはいずれもsub_matchかbasic_string
x!=y	!(x==y)
x<y	xは辞書順でyよりも前に位置する
x>y	y<x
x<=y	!(x>y)
x>=y	!(x<y)
sm.matched	smが一致を表す場合はtrue、一致が存在しなければfalse

たとえば：

```
regex pat ("<(.*?)>(.*?)</(.*?)>");

string s = "Always look on the <b> bright </b> side of <b> death </b>";

smatch m;          // 照合結果用。mは文字列に対するmach_resultsを保持
if (regex_search(s,m,pat))
   if (m[1]==m[3]) cout << "match\n";
```

実行すると、matchと出力される。

match_resultsは、sub_matchをもつコンテナだ：

```
template<typename Bi, typename A = allocator<sub_match<Bi>>
class match_results {
public:
   using value_type = sub_match<Bi>;
   using const_reference = const value_type&;
   using reference = const_reference;
   using const_iterator = /* 処理系定義 */;
   using iterator = const_iterator;
   using difference_type = typename iterator_traits<Bi>::difference_type;
   using size_type = typename allocator_traits<A>::size_type;
   using allocator_type = A;
   using char_type = typename iterator_traits<Bi>::value_type;
   using string_type = basic_string<char_type>;

   ~match_results();     // 仮想ではない

   // ...
};
```

Bi は、双方向反復子（§33.1.2）でなければならない。

basic_string や basic_ostream と同様に、標準は、頻繁に利用される match_results の別名をいくつか定義している：

```
using cmatch = match_results<const char*>;                 // C言語スタイルの文字列
using wcmatch = match_results<const wchar_t*>;             // ワイド版のC言語スタイルの文字列
using smatch = match_results<string::const_iterator>;      // string
using wsmatch = match_results<wstring::const_iterator>;    // wstring
```

match_results は、その一致した文字列と、sub_match と、一致箇所の前後に位置する文字へのアクセスを提供する：

	m[0]			
m.prefix()	m[1]	…	m[m.size()]	m.suffix()

match_results は、一連の一般的な処理を提供する：

regex<C,Tr> の一致と部分一致（§iso.28.9, §iso.28.10）	
match_results m {};	デフォルトコンストラクタ。allocator_type{} を利用する
match_results m {a};	アロケータ a を利用する。explicit
match_results m {m2};	コピーコンストラクタとムーブコンストラクタ
m2=m	コピー代入演算
m2=move(m)	ムーブ代入演算
m.~match_results()	デストラクタ。すべての資源を解放する
m.ready()	m は一致した全体をもつか？
n=m.size()	n-1 は m 内の部分式の個数となる。一致するものがなければ n==0 となる
n=m.max_size()	n は、m が取り得る sub_match の最大個数となる

m.empty()	m.size()==0 か?
r=m[i]	r は、m の i 番目の sub_match を表す const 参照となる。m[0] は一致した全体を表す。i>= size() ならば、m[i] は一致しない部分表現を表す sub_match を参照する
n=m.length(i)	n=m[i].length()。m[i] の文字数
n=m.length()	n=m.length(0)
pos=m.position(i)	pos=m[i].first。m[i] の先頭文字
pos=m.position()	pos=m.position(0)
s=m.str(i)	s=m[i].str()。m[i] の文字列表現
s=m.str()	s=m.str(0)
sm=m.prefix()	sm は、m で一致したものよりも前に位置する、一致しない入力文字列の sub_match となる
sm=m.suffix()	sm は、m で一致したものよりも後に位置する、一致しない入力文字列の sub_match となる
p=m.begin()	p は、m の先頭の sub_match を指すことになる
p=m.end()	p は、m の末尾の sub_match 直後を指すことになる
p=m.cbegin()	p は、m の先頭の sub_match を指すことになる（const 反復子）
p=m.cend()	p は、m の末尾の sub_match 直後を指すことになる（const 反復子）
a=m.get_allocator()	a は m のアロケータとなる
m.swap(m2)	m と m2 の状態を交換する
m==m2	m と m2 の sub_match は等しいか?
m!=m2	!(m==m2)

たとえばm[i]のような、regex_matchに対する添字演算によって、sub_matchにアクセスできる。添字iが存在しないsub_matchを参照する場合、その結果は、不一致を表すsub_matchとなる。たとえば：

```
void test()
{
   regex pat ("(AAAA)(BBB)?");
   string s = "AAAA";
   smatch m;
   regex_search(s,m,pat);

   cout << boolalpha;
   cout << m[0].matched << '\n';   // true：一致した
   cout << m[1].matched << '\n';   // true：最初のsub_matchがあった
   cout << m[2].matched << '\n';   // false：２番目のsub_matchはなかった
   cout << m[3].matched << '\n';   // false：patに対する３番目のsub_matchはない
}
```

37.2.2 書式化

regex_replace() の内部では、format() 関数を利用した書式化が行われる：

regex<C,Tr> の書式化（§iso.28.10.5） 書式化は match_flag_type オプションによって制御できる	
out=m.format(out,b,e,flags)	[b:e) を out にコピーする。書式指定子にしたがって m の sub_match を置換する
out=m.format(out,b,e)	out=m.format(out,b,e,regex_constants::format_default)
out=m.format(out,fmt,flags)	out=m.format(out,begin(fmt),end(fmt),flags)。fmt は basic_string でもC言語スタイルの文字列でも構わない
out=m.format(out,fmt)	out=m.format(out,fmt,regex_constants::format_default)
s=m.format(fmt,flags)	fmt のコピーとして s を構築する。書式指定子にしたがって m の sub_match を置換する。fmt は basic_string でもC言語スタイルの文字列でも構わない
s=m.format(fmt)	s=m.format(fmt,regex_constants::format_default)

書式は、書式指定子を含むことができる：

書式指定子による置換	
$&	一致した部分
$`	一致した部分の直前
$'	一致した部分の直後
$i	i 番目の sub_match。たとえば $1
$ii	ii 番目の sub_match。たとえば $12
$$	一致ではない。文字 $

具体例については、§37.3.3 を参照しよう。

実際の書式化は format() によって行われるが、一連のオプション（フラグ）で制御できる：

regex<C,Tr> 書式化オプション（regex_constants::match_flag_type：§iso.28.5.2）	
format_default	ECMAScript（ECMA-262）の文法を利用する（§iso.28.13）
format_sed	POSIX sed の文法を利用する
format_no_copy	一致したものだけをコピーする
format_first_only	最初に現れた正規表現だけを置換する

37.3 正規表現の関数

正規表現パターンをデータに適用する関数としては、文字シーケンスを探索するregex_search()、固定長の文字シーケンスと比較するregex_match()、パターンを置換するregex_replace()がある。

照合の詳細は、オプション（フラグ）によって制御する：

regex<C,Tr>の比較オプション（regex_constants::match_flag_type：§iso.28.5.2）	
match_not_bol	文字^が"行の先頭"を表さない
match_not_eol	文字$が"行の終端"を表さない
match_not_bow	\bが[first:first)の部分シーケンスに一致しない
match_not_eow	\bが[last:last)の部分シーケンスに一致しない
match_any	一致するものが1個以上存在する場合、すべての一致を認める
match_not_null	空シーケンスには一致しない
match_continuous	firstで始まる部分シーケンスにのみ一致する
match_prev_avail	--firstを有効な反復子位置とする

37.3.1 regex_match()

たとえばテキストの一行などのように、長さが既知のシーケンス全体からパターンを探索する場合は、regex_match()を利用する：

正規表現の比較（§iso.28.11.2） 照合はmatch_flag_type（§37.3）のオプションによって制御される	
regex_match(b,e,m,pat,flags)	入力データの[b:e)がregexのパターンpatに一致するか？結果をmatch_results mに返す。オプションflagsを利用する
regex_match(b,e,m,pat)	regex_match(b,e,m,pat,regex_constants::match_default)
regex_match(b,e,pat,flags)	入力データの[b:e)がregexのパターンpatに一致するか？オプションflagsを利用する
regex_match(b,e,pat)	regex_match(b,e,pat,regex_constants::match_default)
regex_match(x,m,pat,flags)	入力データのxがregexのパターンpatに一致するか？ xはbasic_stringかC言語スタイルの文字列である。結果をmatch_results mに返す。オプションflagsを利用する
regex_match(x,m,pat)	regex_match(x,m,pat,regex_constants::match_default)
regex_match(x,pat,flags)	入力データのxがregexのパターンpatに一致するか？ xはbasic_stringかC言語スタイルの文字列である。オプションflagsを利用する
regex_match(x,pat)	regex_match(x,pat,regex_constants::match_default)

表の形式を検証する、ちょっとしたプログラム例を考えてみよう。表の形式が期待どおりならば、“**all is well**”と**cout**に出力して、期待どおりでなければ、エラーメッセージを**cerr**に出力する。表は行が連続したものであり、1行はタブで区切られた4個の列をもつものとする。ただし、行の先頭がタイトル列となっている場合は、その後ろに3個の列が続くものとする。たとえば：

```
Class   Boys    Girls   Total
1a      12      15      27
1b      16      14      30
Total   28      29      57
```

数値は、行方向と列方向の両方で集計する。

プログラムは、タイトル行を読み取って、“**Total**”のラベルをもつ最終行に到達するまで、各行を集計する：

```
int main()
{
   ifstream in("table.txt");     // 入力ファイル
   if (!in) cerr << "no file\n";

   string line;    // 入力バッファ
   int lineno = 0;

   regex header {R"(^[\w ]+(\t[\w ]+)*$)"};             // タブ区切りの単語
   regex row {R"(^([\w ]+)(\t\d+)(\t\d+)(\t\d+)$)"};  // 3個のタブ区切り数値が続くラベル

   if (getline(in,line)) {  // ヘッダ行をチェックして破棄
      smatch matches;
      if (!regex_match(line,matches,header))
         cerr << "no header\n";
   }

   int boys = 0;                // 累計数
   int girls = 0;

   while (getline(in,line)) {
      ++lineno;
      smatch matches;                                    // 部分一致はここに入る

      if (!regex_match(line,matches,row))
         cerr << "bad line: " << lineno << '\n';

      int curr_boy = stoi(matches[2]);                   // stoi()は§36.3.5を参照
      int curr_girl = stoi(matches[3]);
      int curr_total = stoi(matches[4]);
      if (curr_boy+curr_girl != curr_total) cerr << "bad row sum \n";

      if (matches[1]=="Total") {                         // 最終行
         if (curr_boy != boys) cerr << "boys do not add up\n";
         else if (curr_girl != girls) cerr << "girls do not add up\n";
         else cout << "all is well\n";
         return 0;
      }
      boys += curr_boy;
      girls += curr_girl;
   }

   cerr << "didn't find total line\n";
   return 1;
}
```

37.3.2 regex_search()

ファイルのようなシーケンスの一部からのパターン探索には、regex_search() を利用する：

正規表現の探索（§iso.28.11.3） 照合は match_flag_type（§37.3）のオプションによって制御される	
regex_search(b,e,m,pat,flags)	入力データ [b:e) は regex のパターン pat に一致する文字列を含むか？　結果を match_results m に返す。オプション flags を利用する
regex_search(b,e,m,pat)	regex_search(b,e,m,pat,regex_constants::match_default)
regex_search(b,e,pat,flags)	入力データ [b:e) は regex のパターン pat に一致する文字列を含むか？　オプション flags を利用する
regex_search(b,e,pat)	regex_search(b,e,pat,regex_constants::match_default)
regex_search(x,m,pat,flags)	入力データ x は regex のパターン pat に一致する文字列を含むか？　x は basic_string か C 言語スタイルの文字列。結果を match_results m に返す。オプション flags を利用する
regex_search(x,m,pat)	regex_search(x,m,pat,regex_constants::match_default)
regex_search(x,pat,flags)	入力データ x は regex のパターン pat に一致する文字列を含むか？　x は basic_string か C 言語スタイルの文字列。オプション flags を利用する
regex_search(x,pat)	regex_search(x,pat,regex_constants::match_default)

たとえば、私の名前は、よく綴りを間違えられるのだが、それを検出するコードは次のようになる：

```
regex pat {"[Ss]tro?u?v?p?stra?o?u?p?b?"};

smatch m;
for (string s; cin>>s; )
   if (regex_search(s,m,pat))
      if (m[0]!="stroustrup" && m[0]!="Stroustrup")
         cout << "Found: " << m[0] << '\n';
```

適当な入力を与えると、以下のような Stroustrup の綴り間違いが出力される：

```
Found: strupstrup
Found: Strovstrup
Found: stroustrub
Found: Stroustrop
```

regex_search() は、パターンが他の文字に"隠れて"いても検出することに注意しよう。たとえば、abstrustrubal 内の strustrub も検出する。入力文字列のすべての文字に対してパターンを比較する場合は、regex_match を利用する（§37.3.1）。

37.3.3 regex_replace()

ファイルなどのシーケンスの一部にあるパターンを単純に置換するには、regex_replace() を利用する：

正規表現の置換（§iso.28.11.4） 照合はmatch_flag_type（§37.3）のオプションによって制御される	
out=regex_replace(out,b,e,pat,fmt,flags)	[b:e) を out にコピーして、regex のパターン pat を探索する。pat に一致するものが見つかった場合は、flags が制御するフォーマット fmt を用いて out にコピーする。fmt は basic_string かC言語スタイルの文字列である
out=regex_replace(out,b,e,pat,fmt)	out=regex_replace(out,b,e,pat,fmt,regex_constants::match_default)
s=regex_replace(x,pat,fmt,flags)	x を s にコピーし、regex のパターン pat を探索する。pat に一致するものが見つかった場合は flags が制御するフォーマット fmt を用い、s にコピーする。x は basic_string かC言語スタイルの文字列である。fmt は basic_string かC言語スタイルの文字列である
s=regex_replace(x,pat,fmt)	s=regex_replace(x,pat,fmt, regex_constants::match_default)

フォーマットのコピーは、前置の $ を伴った regex の format()（§37.2.2）によって行われる。たとえば、一致したものを表す $&、2番目の部分一致を表す $2 だ。単語と数字のペアを受け取って、1行ずつ {word,number} の形式で出力する簡単なテストプログラムを示そう：

```
void test1()
{
    string input {"x 1 y2 22 zaq 34567"};
    regex pat {R"(\w+)\s(\d+)"};            // 単語 空白 数値
    string format {"{$1,$2}\n"};

    cout << regex_replace(input,pat,format);
}
```

以下のように出力される：

```
{x,1}
 {y2,22}
 {zaq,34567}
```

出力行の先頭にある、目障りな“偽者”の空白文字に注意しよう。regex_match() は、デフォルトでは一致しなかった文字もコピーするので、pat に一致しなかった2個の空白文字も出力されるのだ。

これらの空白文字を除去するには、format_no_copy オプションを利用する（§37.2.2）：

```
cout << regex_replace(input,pat,format,regex_constants::format_no_copy);
```

これで次の出力が得られる：

```
{x,1}
{y2,22}
{zaq,34567}
```

一致部分の順序を変えて出力することもできる：

```
void test2()
{
    string input {"x 1 y2 22 zaq 34567"};
    regex pat {R"(\w+)\s(\d+)"};          // 単語 空白 数値
    string format {"$2: $1\n"};

    cout << regex_replace(input,pat,format,regex_constants::format_no_copy);
}
```

実行すると、以下のように表示される：

```
1: x
22: y2
34567: zaq
```


37.4 正規表現の反復子

regex_search() を使うと、データストリーム内に1回出現するパターンの探索が行える。それでは、複数回出現するパターンを探索して、そのすべてに対して何らかの処理を実行するにはどうすればよいだろう？ 行やレコードの連続などのように、データ構造が容易に認識できる場合ならば、各々に対して regex_match() の適用を繰り返すとよい。行う処理が単純置換であれば、regex_replace() を繰り返せばよい。出現パターンのすべてに対して、何らかの処理を繰り返し実行する場合は、regex_iterator を利用する。

37.4.1 regex_iterator

regex_iterator は、双方向反復子のアダプタである。インクリメントすると、パターンと一致する次のシーケンスを探索する：

```
template<typename Bi,
         typename C = typename iterator_traits<Bi>::value_type,
         typename Tr = typename regex_traits<C>::type>
class regex_iterator {
public:
    using regex_type = basic_regex<C,Tr>;
    using value_type = match_results<Bi>;
    using difference_type = ptrdiff_t;
    using pointer = const value_type*;
    using reference = const value_type&;
    using iterator_category = forward_iterator_tag;
    // ...
};
```

regex_traits については、§37.5 で解説する。

一般的な一連の別名も提供される：

```
using cregex_iterator = regex_iterator<const char*>;
using wcregex_iterator = regex_iterator<const wchar_t*>;
using sregex_iterator = regex_iterator<string::const_iterator>;
using wsregex_iterator = regex_iterator<wstring::const_iterator>;
```

regex_iteratorは、反復子の最小限の処理を提供する：

regex_iterator<Bi,C,Tr> (§iso.28.12.1)	
regex_iterator p {};	pはシーケンス末尾となる
regex_iterator p {b,e,pat,flags);	[b:e)を走査して、flagsオプションを用いてpatに一致するものを探索する
regex_iterator p {b,e,pat);	pは{b,e,pat,regex_constants::match_default}で初期化される
regex_iterator p {q};	コピーコンストラクタ（ムーブコンストラクタは存在しない）
p=q	コピー代入演算（ムーブ代入演算は存在しない）
p==q	pは、qと同じsub_matchを指しているか？
p!=q	!(p==q)
c=*p	cは現在のsub_matchとなる
x=p->m	x=(*p).m
++p	pは、次に現れるpのパターンを指す
q=p++	q=pして、その後に++pする

regex_iteratorアダプタは双方向反復子用なので、直接istreamを処理することはできない。

string内の空白文字で区切られたすべての単語を出力する例を示そう：

```
void test()
{
   string input = "aa as; asd ++e^asdf asdfg";
   regex pat {R"(\s+(\w+))"};
   for (sregex_iterator p(input.begin(),input.end(),pat); p!=sregex_iterator{}; ++p)
      cout << (*p)[1] << '\n';
}
```

実行すると、以下のように出力される：

```
as
asd
asdfg
```

ここで、先頭の単語aaが出力されないことに注目しよう。というのも、先行する空白文字がないからだ。なお、パターンをR"((\w+))"に単純化すると、以下のように出力される：

```
aa
as
asd
e
asdf
asdfg
```

regex_iteratorを通じた書込みはできない。また、regex_iterator{}はシーケンス末尾のみを表す。

37.4.2 regex_token_iterator

regex_token_iteratorは、regex_iteratorのアダプタであり、見つかったmatch_resultsのsub_matchを走査するものだ：

```
template<typename Bi,
         typename C = typename iterator_traits<Bi>::value_type,
         typename Tr = typename regex_traits<C>::type>
class regex_token_iterator {
public:
   using regex_type = basic_regex<C,Tr>;
   using value_type = sub_match<Bi>;
   using difference_type = ptrdiff_t;
   using pointer = const value_type*;
   using reference = const value_type&;
   using iterator_category = forward_iterator_tag;
   // ...
```

regex_traitsについては、§37.5で解説する。

一般的な一連の別名も提供される：

```
using cregex_token_iterator = regex_token_iterator<const char*>;
using wcregex_token_iterator = regex_token_iterator<const wchar_t*>;
using sregex_token_iterator = regex_token_iterator<string::const_iterator>;
using wsregex_token_iterator = regex_token_iterator<wstring::const_iterator>;
```

regex_token_iteratorは、最小限の反復子処理を提供する：

regex_token_iterator（§iso.28.12.2）	
regex_token_iterator p {};	pはシーケンス末尾となる
regex_token_iterator p {b,e,pat,x,flags};	xは、反復子処理対象とするsub_matchのインデックスの並び、“全体一致”を意味する0、sub_matchに一致しない“文字シーケンスすべて”を意味する-1のいずれかである。xはint、initializer_list<int>、const vector<int>&、const int (&sub_match)[N]のいずれでも構わない
regex_token_iterator p {b,e,pat,x};	pを{b,e,pat,x,regex_constants::match_default}で初期化する
regex_token_iterator p {b,e,pat};	pを{b,e,pat,0,regex_constants::match_default}で初期化する
regex_token_iterator p {q};	コピーコンストラクタ（ムーブコンストラクタは存在しない）
p.~regex_token_iterator()	デストラクタ。すべての資源を解放する
p=q	コピー代入演算（ムーブ代入演算は存在しない）
p==q	pは、qと同じsub_matchを指しているか？
p!=q	!(p==q)
c=*p	cは現在のsub_matchとなる
x=p->m	x=(*p).m
++p	pは、次に現れるpのパターンを指す
q=p++	q=pして、その後に++pする

引数xは、繰返しの対象に含まれることになるsub_matchの並びである。たとえば（1と3に一致するものを反復処理するのであれば）：

```
void test1()
{
   string input {"aa::bb cc::dd ee::ff"};
   regex pat {R"((\w+)([[:punct:]]+)(\w+)\s*)"};
   sregex_token_iterator end {};
   for (sregex_token_iterator p{input.begin(),input.end(),pat,{1,3}}; p!=end; ++p)
      cout << *p << '\n';
}
```

上の例の実行結果を示す。

```
aa
bb
cc
dd
ee
ff
```

オプションの-1は、sub_matchに一致しないすべての文字シーケンスによる照合を反転させることを意味する。この方法は、一般に**トークン分割**（*token splitting*）と呼ばれる（すなわち、文字ストリームをトークンへと分割する）。というのも、パターンがトークン区切りに一致した場合、-1オプションの指定によって、そのトークンを取り出せるからである。たとえば：

```
void test2()
{
   string s {"1,2 , 3 ,4,5, 6 7"};   // 入力
   regex pat {R"(\s*,\s*)"};          // コンマをトークン区切りとして利用
   copy(sregex_token_iterator{s.begin(),s.end(),pat,-1},
        sregex_token_iterator{},
        ostream_iterator<string>{cout,"\n"}
   );
}
```

実行すると、以下のように出力される：

```
1
2
3
4
5
6 7
```

なお、同じものは、明示的なループでも記述できる：

```
void test3()
{
   string s {"1,2 , 3 ,4,5, 6 7"};   // 入力
   regex pat {R"(\s*,\s*)"};          // コンマをトークン区切りとして利用

   sregex_token_iterator end{};
   for (sregex_token_iterator p {s.begin(),s.end(),pat,-1}; p!=end; ++p)
      cout << *p << '\n';
}
```

37.5 regex_traits

regex_traits<T>は、regexの実装者にとって必要となる、文字型、文字列型、ロケールとの対応を表現する：

```
template<typename C>
struct regex_traits {
public:
   using char_type = C;
   using string_type = basic_string<char_type>;
   using locale_type = locale;
   using char_class_type = /* 処理系定義のビットマスク型 */;
   // ...
};
```


標準ライブラリでは、regex_traits<char>の特殊化とregex_traits<wchar_t>の特殊化とを提供している。

regex_traits<C>の処理（§iso.28.7）	
regex_traits tr {};	デフォルトのregex_trait<C>を作る
n=length(p)	nはC言語スタイルの文字列pの文字数となる。n=char_traits<C>::length()。static
c2=tr.translate(c)	c2=c。すなわち処理を適用しない
c2=tr.translate_nocase(c)	use_facet<ctype<C>>(getloc()).tolower(c)。§39.4.5
s=tr.transform(b,e)	sは、他の文字列と比較可能な[b:e)となる。§39.4.1
s=tr.transform_primary(b,e)	sは、他の文字列と比較可能な[b:e)となる。§39.4.1
s=tr.lookup_collatename(b,e)	sは、[b:e)にある照合要素名のstringか、または空文字列となる
m=tr.lookup_classname(b,e,ign)	mは、[b:e)にある文字クラスのマスク名のstringとなる。ign==trueの場合は、大文字小文字の違いを無視する
m=tr.lookup_classname(b,e)	m=tr.lookup_classname(b,e,false)
tr.isctype(c,m)	cは文字クラスmか？　mはclass_typeである
i=tr.value(c,b)	iは、基数をbとしたcの整数値表現となる。bは8、10、16のいずれかである
loc2=tr.imbue(loc)	trのロケールをlocとする。loc2はtrのそれまでのロケールとなる
loc=tr.getloc()	locはtrのロケールとなる

transformは、パターン照合の実装における、高速な比較用の文字列を生成する。

文字クラス名は、§37.1.1に示した、alpha、s、xdigitなどの文字クラスである。

37.6 アドバイス

[1] ほとんどの通常の利用では、正規表現に `regex` を利用しよう。§37.1。

[2] 正規表現の文法は、さまざまな標準に準拠するように細かく制御できる。§37.1.1, §37.2。

[3] 正規表現のデフォルトの文法は、ECMAScript のものである。§37.1.1。

[4] 可搬性を確保するために、文字クラスを利用して、非標準の短縮名を利用しないようにしよう。§37.1.1。

[5] 過剰な正規表現は避けよう。正規表現はすぐに書き散らかしただけの言語になってしまう可能性がある。§37.1.1。

[6] 極めて単純なパターンでなければ、正規表現の記述には原文字列を優先しよう。§37.1.1。

[7] `\i` を用いると、前に位置する部分パターンを表現できることに留意しよう。§37.1.1。

[8] パターンを“控え目”にするには、`?` を利用しよう。§37.1.11, §37.2.1。

[9] `regex` の文法には、ECMAScript、POSIX、awk、grep、egrep を指定できる。§37.2。

[10] 出力するときのために、パターン文字列のコピーを用意しておこう。§37.2。

[11] 文字ストリームを探索する場合は `regex_search()` を利用して、レイアウトが固定されているものを探索する場合は `regex_match()` を利用しよう。§37.3.21, §37.3.1。

第 38 章　入出力ストリーム

見たとおりのものがそのまま得られる。
— ブライアン・カーニハン

38.1 はじめに

入出力ストリームライブラリは、テキストや数値の書式付き／書式無しのバッファリング入出力機能を提供する。それらは、`<istream>` や `<ostream>` などで定義されている。§30.2 も参照しよう。

`ostream` は、型をもつオブジェクトを、文字（バイト）のストリームに変換する：

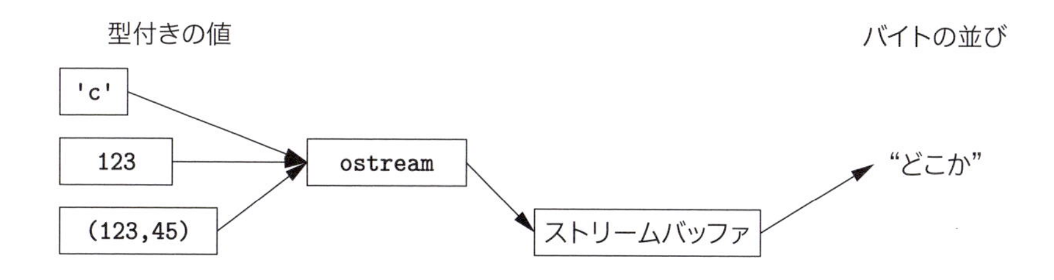

`istream` は、文字（バイト）のストリームを、型をもつオブジェクトへと変換する：

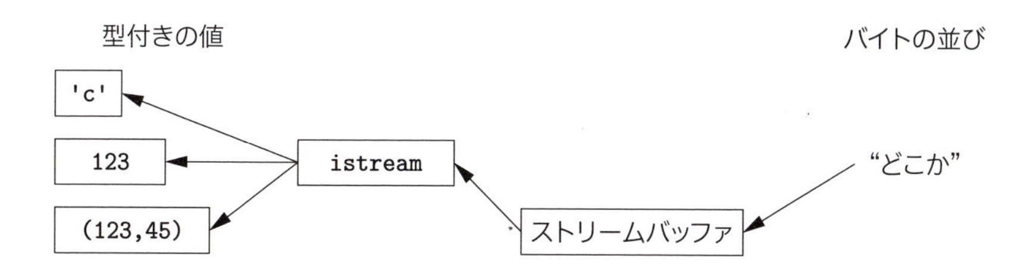

iostreamは、istreamとostreamの両方であるかのように動作するストリームだ。図中のバッファは、ストリームバッファ（streambuf：§38.6）である。これは、iostreamと、新規デバイス、ファイル、メモリのマッピングを定義する際に必要なものだ。istreamとostreamで行える処理は、§38.4.1と§38.4.2で解説する。

ストリームライブラリのユーザは、ストリームライブラリの実装で使われている技法を知る必要はない。そのため、ここでは、iostreamの理解と利用に必要な一般的な概念だけを解説する。もし、標準ストリームを実装する、新しいストリームを提供する、新しいロケールを提供する、などの必要があれば、ここで解説することだけではなくて、標準規定書や、利用するシステムの良質なマニュアルや、実際に動作するサンプルコードなどが必要だ。

ストリーム入出力システムで重要なコンポーネントは、以下の図のようになっている：

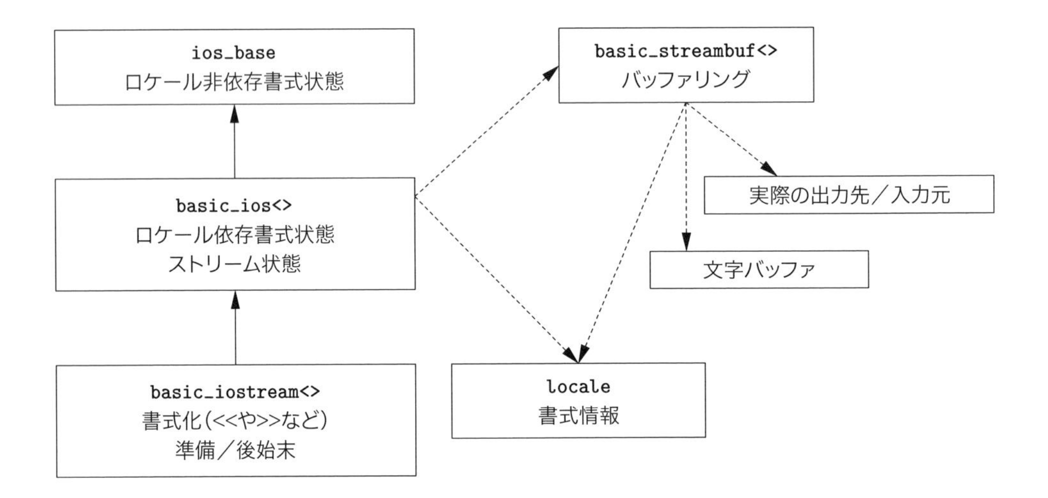

実線の矢印は“～からの派生”を表して、破線の矢印は“～を指す”を表している。<>が付いたクラスは、文字型をパラメータ化したテンプレートであり、localeを含んでいる。

入出力ストリーム処理には、以下のような性質がある：

- 型安全である上に、各型に対して適切な処理を行う。
- 拡張可能である（誰かが新しい型を設計すれば、既存コードを変更することなく、その型に対して適切な入出力ストリーム演算子を追加できる）。
- ロケールに依存した処理を行える（第39章）。
- 効率的である（その能力が必ず発揮できるとは限らないが）。
- C言語スタイルのstdioと協調する（§43.3）。
- 書式付き、書式無し、文字単位の処理ができる。

basic_iostreamは、basic_istream（§38.6.2）とbasic_ostream（§38.6.1）に基づいて定義される：

```
template<typename C, typename Tr = char_traits<C>>
class basic_iostream :
      public basic_istream<C,Tr>, public basic_ostream<C,Tr> {
public:
   using char_type = C;
   using int_type = typename Tr::int_type;
   using pos_type = typename Tr::pos_type;
   using off_type = typename Tr::off_type;
   using traits_type = Tr;

   explicit basic_iostream(basic_streambuf<C,Tr>* sb);
   virtual ~basic_iostream();
protected:
   basic_iostream(const basic_iostream& rhs) = delete;
   basic_iostream(basic_iostream&& rhs);

   basic_iostream& operator=(const basic_iostream& rhs) = delete;
   basic_iostream& operator=(basic_iostream&& rhs);
   void swap(basic_iostream& rhs);
};
```

テンプレート引数は、文字型と、文字操作に利用する特性（§36.2.2）とを指定する。

コピー演算が定義されていないことに注意しよう。ストリームの極めて複雑な状態の共有やコピーは、実装が困難であるし、たとえ実行しても高コストになるからだ。ムーブ演算は、派生クラスでの利用が想定されたものであるため、`protected`である。派生クラス（`fstream`など）の状態をムーブすることなく`iostream`をムーブしても、エラーにつながることになる。

標準ストリームには、以下の８種類がある：

標準入出力ストリーム	
`cout`	標準出力（一般には、デフォルトでは画面である）
`cin`	標準入力（一般には、デフォルトではキーボードである）
`cerr`	標準エラー出力（バッファリングされない）
`clog`	標準エラー出力（バッファリングされる）
`wcin`	`cin`の`wistream`バージョン
`wcout`	`cout`の`wostream`バージョン
`wcerr`	`cerr`の`wostream`バージョン
`wclog`	`clog`の`wostream`バージョン

ストリーム型とストリームオブジェクトの前方参照は、`<iosfwd>`で宣言されている。

38.2 入出力ストリームの階層

`istream`は、入力デバイス（キーボードなど）、ファイル、`string`に接続できる。同様に`ostream`は、出力デバイス（テキストウィンドウやHTMLエンジンなど）、ファイル、`string`に接続できる。入出力ストリーム機能は、次のようなクラス階層となっている：

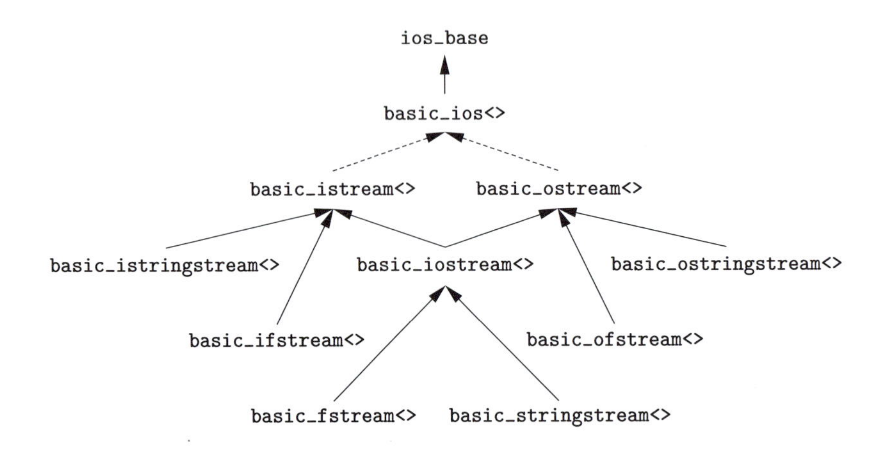

後ろに `<>` が付いたクラスは、文字型をパラメータ化したテンプレートである。また、点線は、仮想基底クラス（§21.3.5）を表す。

重要なクラスは `basic_ios` であり、実装の大半が集中して、多くの処理が定義されている。とはいえ、一般的なユーザ（それほど一般的ではないユーザも）が目にすることは、ほとんどない。というのも、`basic_ios` の大部分が、ストリームの実装の詳細だからだ。詳しくは、§38.4.4 で解説する。その機能については、そこに含まれる関数（書式化など：§38.4.5）を解説する箇所で、大部分を網羅する。

38.2.1 ファイルストリーム

標準ライブラリは `<fstream>` で、ファイルに対する入出力を行うストリームを提供する：

- ファイルから読み取る `ifstream`
- ファイルへ書き込む `ofstream`
- ファイルを読み書きする `fstream`

ファイルストリームは共通部分が多いため、ここでは `fstream` のみを解説する：

```
template<typename C, typename Tr=char_traits<C>>
class basic_fstream
    : public basic_iostream<C,Tr> {
public:
   using char_type = C;
   using int_type = typename Tr::int_type;
   using pos_type = typename Tr::pos_type;  // ファイル中の位置
   using off_type = typename Tr::off_type;  // ファイル中のオフセット
   using traits_type = Tr;
   // ...
};
```

`fstream` の一連の処理は、簡潔なものである：

basic_fstream<C,Tr> (§iso.27.9)	
`fstream fs {};`	fs は、対応するファイルをもたないファイルストリームとなる
`fstream fs {s,m};`	fs は、モード m でオープンしたファイル s に対応するファイルストリームとなる。s は string か C 言語スタイルの文字列である
`fstream fs {fs2};`	ムーブコンストラクタ。fs2 を fs にムーブする。fs2 は対応するファイルをもたない状態に遷移する
`fs=move(fs2)`	ムーブ代入演算。fs2 を fs にムーブする。fs2 は対応するファイルをもたない状態に遷移する
`fs.swap(fs2)`	fs と fs2 の状態を交換する
`p=fs.rdbuf()`	p は、fs のファイルストリームバッファを指すポインタとなる(basic_filebuf<C,Tr>)
`fs.is_open()`	fs はオープンされているか?
`fs.open(s,m)`	モード m でファイル s をオープンして、それを fs が参照するようにする。オープンできなかった場合は、fs の failbit をセットする。s は string か C 言語スタイルの文字列である
`fs.close()`	fs に結び付けられたファイルを(もしあれば)クローズする

これらの処理に加えて、文字列ストリームでは、basic_ios の protected 仮想関数である underflow()、pbackfail()、overflow()、setbuf()、seekoff()、seekpos() をオーバライドしている(§38.6)。

ファイルストリームは、コピー演算をもたない。同じファイルストリームを表すために二つの名前が必要であれば、参照かポインタを利用するか、あるいは、十分に注意を払いながらファイルの streambuf(§38.6)を操作するとよい。

fstream がオープンに失敗した場合、ストリームは bad() 状態(§38.3)に遷移する。

<fstream> では、以下に示す6個のファイルストリームの別名が定義されている:

```
using ifstream = basic_ifstream<char>;
using wifstream = basic_ifstream<wchar_t>;
using ofstream = basic_ofstream<char>;
using wofstream = basic_ofstream<wchar_t>;
using fstream = basic_fstream<char>;
using wfstream = basic_fstream<wchar_t>;
```

ファイルをオープンする際は、ios_base(§38.4.4)で定義されているモードから、どれか一つを指定できる:

ストリームのモード(§iso.27.5.3.1.4)	
`ios_base::app`	追加(ファイル終端に追加する)
`ios_base::ate`	“終端”(オープン後にファイル終端へシークする)
`ios_base::binary`	バイナリモード。処理系固有な動作であることに注意
`ios_base::in`	読取り用
`ios_base::out`	書込み用
`ios_base::trunc`	ファイルをゼロに切り詰める

いずれの場合でも、実際の効果は、オペレーティングシステムに依存する。また、仮にオペレーティングシステムが何らかの理由によって要求どおりにファイルをオープンできなければ、ストリームは bad() 状態（§38.3）に遷移する。たとえば：

```
ofstream ofs("target");  // "o"は"output"でありios::outを意味する
if (!ofs)
    error("couldn't open 'target' for writing");

fstream ifs;             // "i"は"input"でありios::inを意味する
ifs.open("source",ios_base::in);
if (!ifs)
    error("couldn't open 'source' for reading");
```

ファイル内の位置移動については、§38.6.1 を参照しよう。

38.2.2 文字列ストリーム

標準ライブラリは <sstream> で、string への入出力を行うストリームを提供している：

- string から読み取る istringstream
- string へ書き込む ostringstream
- string へ読み書きする stringstream

文字列ストリームは共通部分が多いため、ここでは stringstream についてのみ解説する：

```
template<typename C, typename Tr = char_traits<C>, typename A = allocator<C>>
class basic_stringstream
    : public basic_iostream<C,Tr> {
public:
    using char_type = C;
    using int_type = typename Tr::int_type;
    using pos_type = typename Tr::pos_type;    // 文字列中の位置
    using off_type = typename Tr::off_type;    // 文字列内のオフセット
    using traits_type = Tr;
    using allocator_type = A;

    // ...
```

stringstream の処理を以下に示す：

basic_stringstream<C,Tr,A>（§iso.27.8）	
stringstream ss {m};	ss はモード m の空文字列ストリームとなる
stringstream ss {};	デフォルトコンストラクタ。stringstream ss {ios_base::out|ios_base::in};
stringstream ss {s,m};	ss は、モード m と string s で初期化した、文字列ストリームとなる
stringstream ss {s};	stringstream ss {s,ios_base::out|ios_base::in};
stringstream ss {ss2};	ムーブコンストラクタ。ss2 を ss にムーブする。ss2 は空になる
ss=move(ss2)	ムーブ代入演算。ss2 を ss にムーブする。ss2 は空になる
p=ss.rdbuf()	p は、ss の文字列ストリームバッファを指すことになる（basic_stringbuf<C,Tr,A>）
s=ss.str()	sはssの文字列のコピーを保持するstringとなる。s=ss.rdbuf()->str()

ss.str(s)	ssのバッファをstring sで初期化する。ss.rdbuf()->str(s)。ssのモードがios::ate"末尾（at end）"ならば、ssに書き込んだものはsの文字列の後ろに追加される。そうでなければ、sの文字列を上書きする
ss.swap(ss2)	ssとss2の状態を交換する

オープンモードについては、§38.4.4で解説する。istringstreamのデフォルトモードはios_base::inである。また、ostringstreamのデフォルトモードはios_base::outである。

上記の他にも、文字列ストリームは、basic_iosのprotected仮想関数であるunderflow()、pbackfail()、overflow()、setbuf()、seekoff()、seekpos()をオーバライドしている（§38.6）。

文字列ストリームには、コピー演算は存在しない。同じ文字列ストリームを表すための名前が二つ必要であれば、参照かポインタを利用する。

<sstream>では、以下に示す6個の文字列ストリームの別名が定義されている：

```
using istringstream = basic_istringstream<char>;
using wistringstream = basic_istringstream<wchar_t>;
using ostringstream = basic_ostringstream<char>;
using wostringstream = basic_ostringstream<wchar_t>;
using stringstream = basic_stringstream<char>;
using wstringstream = basic_stringstream<wchar_t>;
```

たとえば：

```
void test()
{
    ostringstream oss {"Label: ",ios::ate};              // 末尾に書き込む
    cout << oss.str() << '\n';   // "Label: "と書き込む
    oss<<"val";
    cout << oss.str() << '\n';   // "Label: val"と書き込む
                                 // （"val"は"Label: "の後ろに追加される）
    ostringstream oss2 {"Label: "};                      // 先頭に書き込む
    cout << oss2.str() << '\n';  // "Label: "と書き込む
    oss2<<"val";
    cout << oss2.str() << '\n';  // "valel: "と書き込む（valは"Label: "を上書きする）
}
```

私は、istringstreamから結果を読み取るときにのみ、str()を利用する。

文字列ストリームに対して直接出力を行うことはできない。str()の利用が必要だ：

```
void test2()
{
    istringstream iss;
    iss.str("Foobar");           // issを埋める
    cout << iss << '\n';         // 1と表示
    cout << iss.str() << '\n';   // ＯＫ："Foobar"と表示
}
```

ここで、1が表示されることに驚いたかもしれない。そうなるのは、iostreamが、評価結果として、ストリームの状態を返却するからだ。

```
if (iss) { // issに対する最後の操作が成功：issの状態はgood()あるいはeof()
    // ...
}
```

```
else {
    // 問題に対する処理
}
```


38.3 エラー処理

iostream のストリームの状態は、<ios> の basic_ios で定義されている4個の状態の中のどれか一つとなる（§38.4.4）：

ストリーム状態の読取り（§iso.27.5.5.4）	
good()	iostream に対する事前の処理が成功した
eof()	入力終端に到達した（“ファイル終端（end-of-file）”）
fail()	予期しない事態が発生した（たとえば、数字を探索したが 'x' を見つけた）
bad()	予期しない深刻な事態が発生した（たとえば、ディスク読取りエラー）

good() 状態ではないストリームに対する、あらゆる処理は、何の効果ももたない。すなわち、何も行われない。iostream は、条件としても利用できる。その場合、iostream が good()（成功）であれば真となる。これは、ストリームの値を読み取る基本イディオムだ：

```
for (X x; cin>>x;) {  // 型Xの入力バッファへと読み込む
    // ... xに対する何らかの処理 ...
}
// ここに到達するのは、cinから>>でXを読み込めなかったとき
```

読取りエラー後に、ストリームをクリアして、処理を進めることができる：

```
int i;
if (cin>>i) {
    // ... iを利用 ...
} else if (cin.fail()) {   // おそらく書式エラー
    cin.clear();
    string s;
    if (cin>>s) {          // 回復のために文字列を読み込む
        // ... sを利用 ...
    }
}
```

エラー処理には、例外も利用できる：

例外制御：basic_ios<C,Tr>（§38.4.4, §iso.27.5.5）	
st=ios.exceptions()	st は ios の iostate となる
ios.exceptions(st)	ios の iostate を st に設定する

たとえば、cin の状態が bad() になった時点で（たとえば cin.setstate(ios_base::badbit) などの原因によって）、cin に basic_ios::failure 例外を送出させることができる：

```
cin.exceptions(cin.exceptions()|ios_base::badbit);
```

具体例を示そう：

```
struct Io_guard {   // iostream例外に対するRAIIクラス
    iostream& s;
    auto old_e = s.exceptions();
    Io_guard(iostream& ss, ios_base::iostate e) :s{ss}
        { s.exceptions(s.exceptions()|e); }
    ~Io_guard() { s.exceptions(old_e); }
};

void use(istream& is)
{
    Io_guard guard(is.ios_base::badbit);
    // ... isを利用 ...
}
catch (ios_base::badbit) {
    // ... 脱出！ ...
}
```

私は、回復が期待できない`iostream`のエラーを処理する場合に例外を利用することが多い。その際、すべての`bad()`を例外とする。

38.4 入出力処理

入出力処理は、複雑である。というのも、これまでの経緯、入出力性能の確保、人々が期待するさまざまな内容を反映しているからだ。ここで述べる内容は、通常の英語用の小規模文字セット（ASCII）に基づく。異なる文字セットや異なる言語の取扱いについては、第39章で解説する。

38.4.1 入力処理

入力処理は、`<istream>`の`istream`（§38.6.2）で提供される。ただし、`string`への読取りを行う入力処理だけは、`<string>`で提供される。`basic_istream`は、本質的に、`istream`や`istringstream`などの入力処理の詳細を定義するクラスの基底クラスとなることを意図したものだ：

```
template<typename C, typename Tr = char_traits<C>>
class basic_istream : virtual public basic_ios<C,Tr> {
public:
    using char_type = C;
    using int_type = typename Tr::int_type;
    using pos_type = typename Tr::pos_type;
    using off_type = typename Tr::off_type;
    using traits_type = Tr;

    explicit basic_istream(basic_streambuf<C,Tr>* sb);
    virtual ~basic_istream(); // すべての資源を解放

    class sentry;
    // ...
protected:
    // ムーブするがコピーしない：
    basic_istream(const basic_istream& rhs) = delete;
    basic_istream(basic_istream&& rhs);
    basic_istream& operator=(const basic_istream& rhs) = delete;
    basic_istream& operator=(basic_istream&& rhs);
    // ...
};
```

istreamのユーザにとっては、sentryクラスが、istreamの実装の詳細である。このクラスは、標準ライブラリやユーザ定義の入力処理に共通するコードを提供する。sentryのコンストラクタでは、結び付けられたストリームのフラッシュなどのような、最初に実行する必要があるコード（“前置コード”）を定義している。たとえば：

```
template<typename C, typename Tr = char_traits<C>>
basic_ostream<C,Tr>& basic_ostream<C,Tr>::operator<<(int i)
{
   sentry s {*this};
   if (!s) {             // 出力開始の準備が完全に整っているかどうかをチェック
      setstate(failbit);
      return *this;
   }

   // ... intを出力 ...
   return *this;
}
```

sentryを利用するのは、入力処理のユーザではなく、入力処理の実装者である。

38.4.1.1 書式付き入力

書式付き入力は、基本的に、>>（“入力（input）”、“読取り（get）”、“抽出（extraction）”）演算子によって提供される：

書式付き入力（§iso.27.7.2.2, §iso.21.4.8.9）	
in>>x	xの型にしたがってinからxに読み取る。xは算術型、ポインタ、basic_string、valarray、basic_streambufのいずれでも構わない。また、ユーザが適切なoperator>>()を定義した任意の型も利用できる
getline(in,s)	inからstring sに読み取る

istream（とostream）は、組込み型を“知っている”。そのため、xが組込み型であれば、cin>>xは、cin.operator>>(x)を意味する。xがユーザ定義型であれば、cin>>xは、operator>>(cin,x)を意味する（§18.2.5）。すなわち、iostreamの入力は、型を区別するものであって、もともと型安全であるとともに、拡張可能だ。新しい型の設計者は、iostreamの実装を直接アクセスせずに入出力処理の実装が行える。

>>は、対象が関数へのポインタとなっている場合、その関数がistreamを引数として呼び出される。たとえば、cin>>pfは、pf(cin)となる。これは、skipwsのような入力操作子（§38.4.5.2）の基本動作である。入力ストリーム操作子よりも出力ストリーム操作子のほうが一般的なので、この技法の詳細については§38.4.3で解説する。

特に明記しない限り、istream処理は、そのistreamへの参照を返却する。そのため、処理の“連結”が可能だ。たとえば：

```
template<typename T1, typename T2>
void read_pair(T1& x, T2& y)
{
   char c1, c2, c3;
```

```
    cin >> c1 >> x >> c2 >> y >> c3;
    if (c1!='{' || c2!=',' || c3!='}') {       // 回復不能な入力書式エラー
        cin.setstate(ios_base::badbit);        // badbitをセット
        throw runtime_error("bad read of pair");
    }
}
```

デフォルトでは、>> は空白文字を読み飛ばす。たとえば：

```
for (int i; cin>>i && 0<i;)
    cout << i << '\n';
```

このコードは、空白文字で区切られた正の整数を読み取って、1行に1個ずつ出力する。

noskipws を指定すると、空白文字を読み飛ばす動作を抑制できる（§38.4.5.2）。

入力演算子は virtual ではない。すなわち、base が、in>>base をもつからといって、base から派生したクラスに対して >> が自動的に解決されることはない。しかし、単純なテクニックを利用すると、そのような動作も可能だ。§38.4.2.1 を参照しよう。また、この方式を拡張すると、入力ストリームから、基本的にあらゆる型のオブジェクトを読み取るようにすることもできる。§22.2.4 を参照しよう。

38.4.1.2 書式無し入力

書式無し入力を使うと、読取り処理をきめ細かく制御できる上に、性能が向上する可能性もある。書式無し入力は、書式付き入力の内部でも利用されている：

書式無し入力（§iso.27.7.2.3）	
x=in.get()	in から1文字を読み取って、その整数値を返す。ファイル終端に到達した場合は EOF を返す
in.get(c)	in から c に1文字を読み取る
in.get(p,n,t)	in から [p:...) に最大 n 文字を読み取る。t を終端文字とする
in.get(p,n)	in.get(p,n,'\n')
in.getline(p,n,t)	in から [p:...) に最大 n 文字を読み取る。t を終端文字とする。in から終端文字を取り除く
in.getline(p,n)	in.getline(p,n,'\n')
in.read(p,n)	in から [p:...) に最大 n 文字を読み取る
x=in.gcount()	x は、直近の in に対する書式無し入力で読み取った文字数となる
in.putback(c)	c を in のストリームバッファに戻す
in.unget()	in のストリームバッファを1文字分後ろへ進める。次に読み取る文字は、直近に読み取った文字である
in.ignore(n,d)	d に出会うか文字数が n に達するまで、in からの文字を読み捨てる
in.ignore(n)	in.ignore(n,traits::eof())
in.ignore()	in.ignore(1,traits::eof())
in.swap(in2)	in と in2 の値を交換する

可能な場合は、ここに示す低レベルな入力関数ではなく、書式付き入力（§38.4.1.1）を用い

るべきだ。

文字から値を生成する必要がある場合は、単純な get(c) が便利だ。なお、get() と getline() は、文字シーケンスを固定長の [p:...) に読み取る。いずれも指定された最大文字数に達するか、あるいは、終端文字（デフォルトでは '\n'）に到達するまで、文字を読み取って、終端に 0 を置く。getline() は終端文字を（見つけた場合は）削除するが、get() は削除しない。たとえば：

```
void f()  // 低レベルで古いスタイルの行読取り
{
   char word[MAX_WORD][MAX_LINE];     // MAX_LINE個の文字をMAX_WORD個集めた配列
   int i = 0;
   while(cin.getline(word[i++],MAX_LINE,'\n') && i<MAX_WORD)
      /* 何もしない */ ;
   // ...
}
```

書式無し入力関数は、何が読取りを終了させるのかが分かりにくい：

- 終端文字に出会った。
- 最大文字数まで読み取った。
- ファイル終端に到達した。
- 非書式入力エラーが発生した。

この中で、最後の二つの場合は、ファイルの状態を調べて処理する（§38.3）。一般に、適切な対処は、ケースによって大きく異なる。

read(p,n) は、文字の読取り後に 0 を書き込まない。当然、書式無し入力よりも、書式付き入力のほうが利用しやすくて、エラーにつながりにくい。

次に示す関数は、ストリームバッファ（§38.6）と実データソース間の実際のやりとりに依存しており、必要な場合に限って、極めて注意深く利用するべきものだ：

書式無し入力（§iso.27.7.2.3）	
x=in.peek()	x は現在の入力文字となる。x は、in のストリームバッファから削除されないので、次の読取り処理でも読み取られることになる
n=in.readsome(p,n)	rdbuf()->in_avail()==-1 ならば setstate(eofbit) を呼び出す。そうでなければ最大で min(n,rdbuf()->in_avail()) 文字を [p:...) に読み取る。n は読み取った文字数となる
x=in.sync()	バッファを同期する。in.rdbuf()->pubsync()
pos=in.tellg()	pos は in の読取りポインタの位置となる
in.seekg(pos)	in の読取りポインタを pos に移動する
in.seekg(off,dir)	in の読取りポインタを dir の方向にオフセット off 分移動する

38.4.2 出力処理

出力処理は、<ostream>のostream（§38.6.1）で提供される。ただし、stringを書き出す処理は例外であって、<string>で定義される：

```
template<typename C, typename Tr = char_traits<C>>
class basic_ostream : virtual public basic_ios<C,Tr> {
public:
    using char_type = C;
    using int_type = typename Tr::int_type;
    using pos_type = typename Tr::pos_type;
    using off_type = typename Tr::off_type;
    using traits_type = Tr;

    explicit basic_ostream(basic_streambuf<char_type, Tr>* sb);
    virtual ~basic_ostream(); // すべての資源を解放

    class sentry; // §38.4.1を参照
    // ...
protected:
    // ムーブするがコピーしない：
    basic_ostream(const basic_ostream& rhs) = delete;
    basic_ostream(basic_ostream&& rhs);
    basic_ostream& operator=(const basic_ostream& rhs) = delete;
    basic_ostream& operator=(basic_ostream&& rhs);
    // ...
};
```

ostreamでは、書式付き出力、（文字を出力する）書式無し出力、streambuf（§38.6）に対する単純な処理が提供される。

出力処理（§iso.27.7.3.6，§iso.27.7.3.7，§iso.21.4.8.9）	
out<<x	xの型にしたがって、xをoutに書き込む。xは算術型、ポインタ、basic_string、bitset、complex、valarray、のいずれでも構わない。また、ユーザが適切なoperator<<()を定義した任意の型も利用可能である
out.put(c)	文字cをoutに書き込む
out.write(p,n)	[p:p+n)の範囲の文字をoutに書き込む
out.flush()	文字バッファをフラッシュして空にする
pos=out.tellp()	posはoutの書込みポインタの位置となる
out.seekp(pos)	outの書込みポインタをposに移動する
out.seekp(off,dir)	outの書込みポインタをdirの方向にオフセットoff分移動する

特に明記しない限り、ostreamの処理は、そのostreamへの参照を返却する。そのため、処理の“連結”が可能だ：

```
cout << "The value of x is " << x << '\n';
```

charの値が、小さな値の整数としてではなく、文字として出力されることに注意しよう。たとえば：

```
void print_val(char ch)
{
    cout << "the value of '" << ch << "' is " << int{ch} << '\n';
}

void test()
{
    print_val('a');
    print_val('A');
}
```

実行すると、以下のように出力される：

```
the value of 'a' is 97
the value of 'A' is 65
```

ユーザ定義型用の << 演算子を定義するのは、割と簡単だ：

```
template<typename T>
struct Named_val {
    string name;
    T value;
};

ostream& operator<<(ostream& os, const Named_val& nv)
{
    return os << '{' << nv.name << ':' << nv.value << '}';
}
```

このコードは、X が << をもっていれば、すべての Named_val<X> に対して動作する。完全な汎用性を実現するには、basic_string<C,Tr> を使って << を定義する必要がある。

38.4.2.1 仮想出力関数

ostream のメンバは、virtual ではない。プログラマが追加できる出力処理もメンバではないので、やはり virtual にはなれない。そのようになっている理由の一つが、1 文字をバッファ内に置くような単純な処理が、最適に近い性能を実現できるようにすることである。この演算は、実行時効率が極めて重要であって、インライン化が必須である。仮想関数は、柔軟性が必要となる、バッファオーバフローやアンダフローを処理する場面でのみ使われている（§38.6）。

ところが、プログラマは、基底クラスだけが分かっているオブジェクトを出力しなければならないことがある。正確な型が不明なので、すべての新しい型に対して << を定義するだけでは、正しい出力は得られない。その代わりに、抽象基底クラスで、出力仮想関数を提供すればよいのだ：

```
class My_base {
public:
    // ...
    virtual ostream& put(ostream& s) const = 0; // *thisをsに書き込む
};

ostream& operator<<(ostream& s, const My_base& r)
{
    return r.put(s);  // 正しいput()を利用
}
```

すなわち、ここでの put() は、正しい << が利用されるようにするための仮想関数である。

これで、次のように記述できる：

```
class Sometype : public My_base {
public:
    // ...
    ostream& put(ostream& s) const override;    // 本当の出力関数
};

void f(const My_base& r, Sometype& s)  // 正しいput()を呼び出す<<を利用
{
    cout << r << s;
}
```

これは、仮想関数 put() を、ostream と << が提供するフレームワークに統合するものだ。このテクニックは、あたかも仮想関数のように動作するものの、実行時の選択が第2引数に基づいて行われるような処理を提供する際に、一般的に有用である。二つの動的な型に基づいて処理を選択する際によく利用される、**ダブルディスパッチ**（*double dispatch*）の技法と似たものだ（§22.3.1）。同様の技法は、入力処理を virtual 化する場合にも利用できる（§22.2.4）。

38.4.3 操作子

関数へのポインタを << の第2引数に与えると、その関数が実行される。たとえば、cout<<pf は pf(cout) を意味する。この種の関数は、**操作子**（*manipulator*）と呼ばれる。引数を受け取る操作子は、有用なものだ。たとえば：

```
cout << setprecision(4) << angle;
```

これは、浮動小数点数の変数 angle の値を 4 桁で出力する。

これを実現するために、setprecision は 4 で初期化されたオブジェクトを返却して、cout.precision(4) を呼び出す。この種の操作子は、() ではなくて << によって呼び出される関数オブジェクトである。その関数オブジェクトの正確な型は処理系定義だが、おおむね以下のように定義されることになる：

```
struct smanip {
    ios_base& (*f)(ios_base&,int);    // 呼び出すべき関数
    int i;                            // 利用すべき値
    smanip(ios_base&(*ff)(ios_base&,int), int ii) :f{ff}, i{ii} { }
};

template<typename C, typename Tr>
basic_ostream<C,Tr>& operator<<(basic_ostream<C,Tr>& os, const smanip& m)
{
    m.f(os,m.i); // mが保持する値を伴ってmのfを呼び出す
    return os;
}
```

これで、setprecision() が次のように定義できることになる：

```
inline smanip setprecision(int n)
{
    auto h = [](ios_base& s, int x) -> ios_base& { s.precision(x); return s; };
    return smanip(h,n);        // 関数オブジェクトを作る
}
```

ラムダ式に対する返却型の明示的な指定が必要となっているのは、参照を返却するためだ。ios_base のコピーをユーザが行うことはできない。

これで、以下のように記述できる：

```
cout << setprecision(4) << angle;
```

プログラマは必要に応じて smanip 形式の操作子を新しく定義できる。その際、標準ライブラリのテンプレートやクラスの定義を変更する必要はない。

標準ライブラリの操作子については、§38.4.5.2 で解説する。

38.4.4 ストリームの状態

標準ライブラリは <ios> で、ストリームクラスのほとんどのインタフェースをもつ基底クラス ios_base を定義している：

```
template<typename C, typename Tr = char_traits<C>>
class basic_ios : public ios_base {
public:
   using char_type = C;
   using int_type = typename Tr::int_type;
   using pos_type = typename Tr::pos_type;
   using off_type = typename Tr::off_type;
   using traits_type = Tr;
   // ...
};
```

basic_ios クラスは、ストリームの状態を管理する：

- ストリームとそのバッファのマッピング（§38.6）
- 書式化のオプション（§38.4.5.1）
- locale の利用（第 39 章）
- エラー処理（§38.3）
- 他のストリームや stdio との接続（§38.4.4）

標準ライブラリの中でもっとも複雑なクラスといえるかもしれない。

ios_base は、テンプレート引数に従属しない情報を保持する：

```
class ios_base {
public:
   using fmtflags = /* 処理系定義の型 */;
   using iostate  = /* 処理系定義の型 */;
   using openmode = /* 処理系定義の型 */;
   using seekdir  = /* 処理系定義の型 */;

   class failure;   // 例外クラス
   class Init;      // 標準入出力ストリームを初期化
};
```

処理系定義となっている型は、すべて、**ビットマスク型**（*bitmask type*）である。そのため、& や | などのビット単位の論理演算が適用できる。演算の具体例は、int（§11.1.2）や、bitset（§34.2.2）にある。

ios_baseは、iostreamのstdioへの結び付き（結び付かない場合もある）を制御する（§43.3）。

基本的なios_baseの処理（§iso.27.5.3.4）	
ios_base b {};	デフォルトコンストラクタ。protected
ios.~ios_base()	デストラクタ。virtual
b2=sync_with_stdio(b)	b==trueならばiosをstdioと同期させる。そうでない場合は共有バッファが破壊されている可能性がある。b2はそれまでの同期状態となる。static
b=sync_with_stdio()	b=sync_with_stdio(true)

プログラムを実行して最初のiostream処理を行うよりも前に、sync_with_stdio(true)を呼び出すと、iostreamとstdio入出力処理がバッファを共有することが保証される（§43.3）。最初のiostream処理を行うよりも前にsync_with_stdio(false)を呼び出すと、バッファの共有を禁止して、一部の処理系では入出力性能が飛躍的に向上する。

ios_baseが、コピー演算とムーブ演算を提供しないことに注意しよう。

ios_baseのストリームの状態を表すメンバiostateの定数値（§iso.27.5.3.1.3）	
badbit	予期しない深刻な事態が発生した（たとえばディスク読取りエラー）
failbit	予期しない事態が発生した（たとえば数字を期待したが'x'だった）
eofbit	入力終端に到達した（たとえばファイル終端）
goodbit	まったく問題ない

ストリームのこれらのビットを読み取る関数（good()、fail()など）は、basic_iosで提供されている。

ios_baseのモードを表すopenmodeメンバの定数値（§iso.27.5.3.1.4）	
app	追加（出力をストリーム末尾に追加する）
ate	末尾（ストリーム末尾に移動する）
binary	文字に対して書式化を適用しない
in	入力ストリーム
out	出力ストリーム
trunc	利用前にストリームを切り捨てる（ストリームの大きさをゼロにする）

ios_base::binaryの正確な意味は処理系依存だ。ただし、普通は、1文字を1バイトにマッピングすることになる。たとえば：

```
template<typename T>
char* as_bytes(T& i)
{
   return static_cast<char*>(&i);  // メモリをバイトの集まりとして扱う
}
```

```
void test()
{
   ifstream ifs("source",ios_base::binary);     // ストリームのモードはbinary
   ofstream ofs("target",ios_base::binary);     // ストリームのモードはbinary

   vector<int> v;

   // binaryファイルから複数バイトを読み取る：
   for (int i; ifs.read(as_bytes(i),sizeof(i));)
      v.push_back(i);

   // ... vに対して何らかの処理を行う ...

   // binaryファイルに複数バイトを書き込む：
   for (auto i : v)
      ofs.write(as_bytes(i),sizeof(i));
}
```

バイナリ入出力を利用するのは、"ビットを詰め込んだだけ"の、分かりやすくて妥当な文字列としての表現をもたないオブジェクトを処理するときだ。画像や、音声／映像ストリームなどがその例だ。

`seekg()`（§38.6.2）と`seekp()`（§38.6.2）の処理では、シークの方向が必要である：

ios_baseの方向を表すseekdirメンバの定数値（§iso.27.5.3.1.5）	
`beg`	現在のファイルの先頭からシークする
`cur`	現在の位置からシークする
`end`	現在のファイルの終端から前方へシークする

`basic_ios`の派生クラスでは、出力を書式化するとともに、`basic_ios`が保持する情報に基づいてオブジェクトを抽出する。

`basic_ios`の処理は、次のようになっている：

basic_ios<C,Tr>（§iso.27.5.5）	
`basic_ios ios {p};`	`p`が指すストリームバッファを使って`ios`を構築する
`ios.~basic_ios()`	`ios`を破棄する。`ios`の資源をすべて解体する
`bool b {ios};`	`bool`に変換する。`b`は`!ios.fail()`に初期化される。`explicit`
`b=!ios`	`b=ios.fail()`
`st=ios.rdstate()`	`st`は`ios`の`iostate`となる
`ios.clear(st)`	`ios`の`iostate`を`st`にする
`ios.clear()`	`ios`の`iostate`を正常にする
`ios.setstate(st)`	`ios`の`iostate`に`st`を追加する
`ios.good()`	`ios`の状態は正常か（`goodbit`がセットされているか）？
`ios.eof()`	`ios`の状態はファイル終端か？
`ios.fail()`	`ios`の状態は失敗もしくは異常か（`failbit|badbit`）？
`ios.bad()`	`ios`の状態は異常か？
`st=ios.exceptions()`	`st`は、`ios`の`iostate`の例外ビットとなる
`ios.exceptions(st)`	`ios`の`iostate`の例外ビットを`st`にする
`p=ios.tie()`	`p`は結び付けられたストリームを指すポインタか、`nullptr`となる

p=ios.tie(os)	出力ストリーム os を ios に結び付ける。p はそれまで結び付いていたストリームを指すポインタか、nullptr となる
p=ios.rdbuf()	p は ios のストリームバッファを指すポインタとなる
p=ios.rdbuf(p2)	ios のストリームバッファを p2 が指すバッファとする。p はそれまでのストリームバッファを指すポインタとなる
ios3=ios.copyfmt(ios2)	ios2 の状態のうち書式化に関係する部分を ios にコピーする。ios2 の copyfmt_event 型のコールバックをすべて呼び出す。ios2.pword と ios2.iword が指す値をコピーする。ios3 はそれまでの書式化の状態となる
c=ios.fill()	c は ios の詰め物文字となる
c2=ios.fill(c)	ios の詰め物文字を c とする。c2 はそれまでの詰め物文字となる
loc2=ios.imbue(loc)	ios のロケールを loc とする。loc2 はそれまでのロケールとなる
c2=narrow(c,d)	c2 は、char_type の c を変換した char 型の値となり、デフォルト値は d である。use_facet<ctype<char_type>>(getloc()).narrow(c,d)
c2=widen(c)	c2 は、char_type の c を変換した char 型の値となる。use_facet<ctype<char_type>>(getloc()).widen(c)
ios.init(p)	ios をデフォルトの状態とし、p が指すストリームバッファを利用する。protected
ios.set_rdbuf(p)	ios に、p が指すストリームバッファを利用させる。protected
ios.move(ios2)	コピー演算とムーブ演算。protected
ios.swap(ios2)	ios と ios2 の状態を交換する。protected。noexcept

（istream と ostream も含めた）ios から bool への変換は、複数の値を読み取る際に不可欠の基本イディオムである：

```
for (X x; cin>>x;) {
    // ...
}
```

ここで、cin>>x の返却値は、cin 内部の ios への参照である。その ios は、cin の状態を表す bool へと暗黙裏に変換される。そのため、次のように記述しても同じだ：

```
for (X x; !(cin>>x).fail();) {
    // ...
}
```

tie() は、あるストリームからの入力を行う前に、それに結び付いたストリームからの出力を先に行うことを保証するものだ。たとえば、cout には cin が結び付けられている：

```
cout << "Please enter a number: ";
int num;
cin >> num;
```

ここでは、cout.flush() を明示的に呼び出していないので、もし仮に cout が cin に結び付けられていなければ、入力を促すメッセージをユーザは見られなくなってしまう。

ios_base の処理（§iso.27.5.3.5, §iso.27.5.3.6）	
i=xalloc()	i は、新しい (iword,pword) のペアのインデックスとなる。static
r=iob.iword(i)	r は i 番目の long を表す参照となる
r=iob.pword(i)	r は i 番目の void* を表す参照となる
iob.register_callback(fn,i)	iword(i) にコールバック fn を登録する

プログラム上で、ストリームに状態を追加する必要が生じることがある。たとえば、complex を、極座標とデカルト座標のどちらで出力すべきかをストリームに"知っていて"ほしい、というようなときだ。そのような状態を表す単純な情報を保持するためのメモリ領域を確保するのが、ios_base クラスの xalloc() 関数である。xalloc() の返却値は、二つの位置を表すペアであり、それらの位置は、それぞれ iword() と pword() とでアクセスできる。

ストリームの状態の変化を、実装者やユーザに通知する必要が生じることもある。そのような"イベント"が発生したときに実行する関数を"登録"するのが、register_callback() 関数だ。そのため、imbue()、copyfmt()、~ios_base() を呼び出すと、それぞれ、imbue_event、copyfmt_event、erase_event に"登録"された関数が実行される。状態が変化すると、register_callback() で指定した引数 i が渡されて、登録された関数が呼び出される。

event と event_callback の型は、ios_base 内で定義されている：

```
enum event {
   erase_event,
   imbue_event,
   copyfmt_event
};
using event_callback = void (*)(event, ios_base&, int index);
```

38.4.5 書式化

ストリーム入出力の書式は、オブジェクトの型、ストリームの状態（§38.4.4)、書式の状態（§38.4.5.1)、ロケール情報（第 39 章)、明示的な操作（操作子など：§38.4.5.2）の組合せによって制御する。

38.4.5.1 書式の状態

標準ライブラリは <ios> で、ios_base クラスのメンバとして、処理系定義のビットマスク型 fmtflags の一連の定数を定義している：

ios_base の書式化用 fmtflags 定数（§iso.27.5.3.1.2）	
boolalpha	true と false にシンボル表現を用いる
dec	整数の基数は 10
hex	整数の基数は 16
oct	整数の基数は 8
fixed	浮動小数点数の書式を dddd.dd とする

scientific	科学技術書式 d.ddddEdd を利用
internal	接頭語（たとえば + など）と数値とのあいだに空白を置く
left	値の後に空白を置く
right	値の前に空白を置く
showbase	出力時に、8 進数字には 0 を、16 進数字には 0x の接頭語を付加する
showpoint	小数点を必ず付加する（たとえば 123.）
showpos	正数に + を付加する（たとえば +123）
skipws	入力時に空白文字を読み飛ばす
unitbuf	出力処理のたびにフラッシュする
uppercase	数値の出力時に大文字を用いる。たとえば 1.2E10 や 0X1A2 など
adjustfield	フィールド内での値の位置を指定する。left、right、internal のいずれか
basefield	整数の基数を指定する。dec、oct、hex のいずれか
floatfield	浮動小数点数の書式を指定する。scientific、fixed のいずれか

面白いことに、defaultfloat や hexfloat といったフラグは存在しない。それを実現するには、defaultfloat 操作子と hexfloat 操作子（§38.4.5.2）を利用するか、もしくは、ios_base を直接操作する：

```
// デフォルトの浮動小数点形式を利用：
ios.unsetf(ios_base::floatfield);

// 16進の浮動小数点を利用：
ios.setf(ios_base::fixed | ios_base::scientific, ios_base::floatfield);
```

iostream の書式化状態は、ios_base で提供されている処理によって、読み書きできる：

ios_base の書式化 fmtflags の処理（§iso.27.5.3.2）	
f=ios.flags()	f は ios の書式化フラグとなる
f2=ios.flags(f)	ios の書式化フラグを f とする。f2 はそれまでのフラグの値となる
f2=ios.setf(f)	ios の書式化フラグを f とする。f2 はそれまでのフラグの値となる
f2=ios.setf(f,m)	f2=ios.setf(f&m)
ios.unsetf(f)	ios のフラグ f をクリアする
n=ios.precision()	n は ios の精度となる
n2=ios.precision(n)	ios の精度を n とする。n2 はそれまでの精度となる
n=ios.width()	n は ios のフィールド幅となる
n2=ios.width(n)	ios のフィールド幅を n とする。n2 はそれまでのフィールド幅となる

精度は、浮動小数点数値を出力する際の桁数を決定する整数値だ：

- **一般**（*general*）書式（defaultfloat）：出力フィールド内でもっとも正確に値を表現できる書式を処理系に選択させる。精度は、最大の桁数を表す。
- **科学技術**（*scientific*）書式（scientific）：小数点の前に1桁を設けるとともに、指数を記述する書式で数値を出力する。精度は、小数点以降の最大桁数を表す。

・**固定**（*fixed*）書式（**fixed**）：整数部、小数点、小数部の書式で数値を出力する。精度は、小数点以降の最大桁数を表す。具体例は、§38.4.5.2 を参照しよう。

浮動小数点数値は、単に切り捨てられるのではなく、丸められる。なお、**precision()** が整数に影響を与えることはない。たとえば：

```
cout.precision(8);
cout << 1234.56789 << ' ' << 1234.56789 << ' ' << 123456 << '\n';

cout.precision(4);
cout << 1234.56789 << ' ' << 1234.56789 << ' ' << 123456 << '\n';
```

実行すると、以下のように出力される：

```
1234.5679 1234.5679 123456
1235 1235 123456
```

width() 関数は、標準ライブラリの **<<** を次に実行したときの、数値、**bool**、C 言語スタイルの文字列、文字、ポインタ、**string**、**bitset** の出力における最小文字数を指定する（§34.2.2）。たとえば：

```
cout.width(4);
cout << 12;          // ２個のスペースと12を表示
```

“パディング”あるいは“詰め物”のための文字は、**fill()** 関数で指定する。たとえば：

```
cout.width(4);
cout.fill('#');
cout << "ab";        // ##abと表示
```

デフォルトの詰め物文字は空白文字であり、デフォルトのフィールド幅は **0** である。ここでの **0** は、“必要な分だけの文字数”の文字を出力することを意味する。次のようにすると、フィールド幅をデフォルト値へリセットできる：

```
cout.width(0);       // “必要な分だけの文字数”
```

width(n) の呼出しは、文字数を最小でも **n** とする。それより大きな文字数となる場合は、すべての文字が出力される。たとえば：

```
cout.width(4);
cout << "abcdef";  // abcdefと表示
```

ここで、出力を **abcd** に切り捨てることはない。一般的にいっても、見た目がよくて内容が誤っている出力よりも、見た目が悪くても正しい内容の出力のほうがよい。

width(n) の呼出しは、その直後に行われる **<<** による出力だけに影響を与える。たとえば：

```
cout.width(4);
cout.fill('#');
cout << 12 << ':' << 13;    // ##12:13と表示
```

ここでの出力は **##12:13** であって、**##12###:##13** ではない。

複数の書式化オプションを別々に制御するのが面倒であれば、ユーザ定義の操作子を使って統合することができる（§38.4.5.3）。

ios_base は、プログラマが iostream の locale（第 39 章）を指定する仕組みを提供する：

ios_base の locale 処理（§iso.27.5.3.3）	
loc2=ios.imbue(loc)	ios のロケールを loc とする。loc2 はそれまでのロケールの値となる
loc=ios.getloc()	loc は ios のロケールとなる

38.4.5.2 標準操作子

標準ライブラリは、さまざまな書式状態に対応する操作子と、状態変更のための操作子とを提供する。標準操作子は、<ios> と、<istream> と、<ostream> と、（引数を受け取る操作子は）<iomanip> とで定義されている。

<ios> で定義される入出力操作子（§iso.27.5.6，§iso.27.7.4）	
s<<boolalpha	true と false のシンボル表現を用いる（入力と出力）
s<<noboolalpha	s.unsetf(ios_base::boolalpha)
s<<showbase	出力時に、8 進数には接頭語 0 を、16 進数には 0x を付加する
s<<noshowbase	s.unsetf(ios_base::showbase)
s<<showpoint	小数点を必ず出力する
s<<noshowpoint	s.unsetf(ios_base::showpoint)
s<<showpos	正数に + を付加する
s<<noshowpos	s.unsetf(ios_base::showpos)
s<<uppercase	数値の出力に大文字を使う。たとえば、1.2E10 や 0X1A2 など
s<<nouppercase	数値の出力に小文字を使う。たとえば、1.2e10 や 0x1a2 など
s<<unitbuf	出力するたびにフラッシュする
s<<nounitbuf	出力するたびにフラッシュしない
s<<internal	書式化パターンで指定された位置に詰め物
s<<left	値の後に詰め物
s<<right	値の前に詰め物
s<<dec	整数の基数を 10 にする
s<<hex	整数の基数を 16 にする
s<<oct	整数の基数を 8 にする
s<<fixed	浮動小数点数の書式を dddd.dd とする
s<<scientific	科学技術書式 d.ddddEdd を用いる
s<<hexfloat	仮数部と指数部の基数を 16 とする。p が指数部の先頭を表す。たとえば、A.1BEp-C や a.bcdef など
s<<defaultfloat	デフォルトの浮動小数点数の書式を用いる
s>>skipws	空白文字を読み飛ばす
s>>noskipws	s.unsetf(ios_base::skipws)

これらのすべての処理が、先頭引数s（ストリーム）への参照を返却する：

```
// 1234,4d2,2322と表示：
cout << 1234 << ',' << hex << 1234 << ',' << oct << 1234 << '\n';
```

浮動小数点数値の出力書式を明示的に設定する例を示そう：

```
constexpr double d = 123.456;

cout << d << "; "
     << scientific << d << "; "
     << hexfloat << d << "; "
     << fixed << d << "; "
     << defaultfloat << d << '\n';
```

実行すると、以下のように表示される：

```
123.456; 1.234560e+002; 0x1.edd2f2p+6; 123.456000; 123.456
```

浮動小数点数の書式は"1回限り有効"ではない。すなわち、浮動小数点数の処理では有効性が持続する。

<ostream>で定義される入出力操作子（§iso.27.5.6, §iso.27.7.4）	
os<<endl	'\n'を出力してフラッシュする
os<<ends	'\0'を出力する
os<<flush	ストリームをフラッシュする

ostreamがフラッシュされるのは、解体されたときと、tie()によって結び付けられたistreamが入力待ちになったとき（§38.4.4）と、処理系が必要性を判断したときである。ストリームの明示的なフラッシュが必要になることは、極めてまれである。同様に、<<endlは<<'\n'と等価と感じられるかもしれないが、後者のほうが少しだけ高速になる可能性がある。私は、

```
cout << "Hello, World!\n";
```

は、以下のコードよりも、読みやすくて記述しやすいと考えている。

```
cout << "Hello, World!" << endl;
```

頻繁なフラッシュが本当に必要な場合は、cerrとunitbufを検討しよう。

<iomanip>で定義される入出力操作子（§iso.27.5.6, §iso.27.7.4）	
s<<resetiosflags(f)	フラグfをクリアする
s<<setiosflags(f)	フラグfをセットする
s<<setbase(b)	整数出力時の基数をbにする
s<<setfill(int c)	詰め物文字をcにする
s<<setprecision(n)	精度をn桁とする
s<<setw(n)	次の出力のフィールド幅をn文字とする
is>>get_money(m,intl)	isのmoney_get特性を使ってisから読み取る。mはlong doubleかbasic_stringである。intl==trueならば、標準の3文字通貨名を利用

is>>get_money(m)	s>>get_money(m,false)
os<<put_money(m,intl)	os の money_put 特性を使って、os に m を書き込む。m に利用できる型を判断するのは money_put である。intl==true ならば、標準の 3 文字通貨名を利用する
os<<put_money(m)	s<<put_money(m,false)
is>>get_time(tmp,fmt)	isのtime_get特性を使って書式fmtにしたがって*tmpへ読み取る
os<<put_time(tmp,fmt)	osのtime_put特性を使って書式fmtにしたがって*tmpをosに書き込む

時間の特性については §39.4.4 で解説し、時間の書式については §43.6 で解説する。

```
// (##12) (12)と表示：
cout << '(' << setw(4) << setfill('#') << 12 << ") (" << 12 << ")\n";
```

istream の操作子（§iso.27.5.6, §iso.27.7.4）	
s>>skipws	空白文字を読み飛ばす（定義は <ios>）
s>>noskipws	s.unsetf(ios_base::skipws)（定義は <ios>）
is>>ws	空白文字を読み飛ばす（定義は <istream>）

デフォルトでは、>> は空白文字を読み飛ばす（§38.4.1）。このデフォルトの動作は、>>skipws と >>noskipws によって変更できる。たとえば：

```
string input {"0 1 2 3 4"};
istringstream iss {input};
string s;
for (char ch; iss>>ch;)
   s += ch;
cout << s;                  // "01234"と表示

istringstream iss2 {input};
iss2>>noskipws;
for (char ch; iss2>>ch;)
   s += ch;
cout << s;                  // "0 1 2 3 4"と表示
```

明示的に空白文字を処理する必要があって（たとえば、改行文字に意味をもたせるなど）、しかも >> を利用する場合は、noskipws や >>ws が有用になる。

38.4.5.3 ユーザ定義の操作子

プログラマは、標準操作子のスタイルに準じた操作子を追加できる。ここでは、浮動小数点数の書式化で、私が有用と考える追加スタイルを考えていくことにする。

書式化を制御する関数は、混乱するほど大量に、ばらばらに存在している（§38.4.5.1）。たとえば、precision() は、すべての出力処理で有効である一方で、width() は、直後の数値出力処理だけに有効だ。私がほしいのは、同じストリームに対して、将来的な出力処理に影響を与えることなく、浮動小数点数値を定義ずみ書式で簡単に出力できるようにするものだ。基本的な考え方は、書式を表現するクラスと、書式に加えて書式化する値を表現するクラスとを定義した上で、書式にしたがって ostream に値を出力する << 演算子を実装することだ。たとえば：

```
Form gen4 {4};       // 一般書式で精度は4

void f(double d)
{
   Form sci8;
   sci8.scientific().precision(8);       // 科学技術書式で精度は8
   cout << d << ' ' << gen4(d) << ' ' << sci8(d) << ' ' << d << '\n';

   Form sci {10,ios_base::scientific};   // 科学技術書式で精度は10
   cout << d << ' ' << gen4(d) << ' ' << sci(d) << ' ' << d << '\n';
}
```

f(1234.56789)と呼び出すと、以下のように表示される：

```
1234.57 1235 1.23456789e+003 1234.57
1234.57 1235 1.2345678900e+003 1234.57
```

Formの利用によって、ストリームの状態が影響されないことに注意しよう。そのため、最後のdの出力では、先頭と同じようにデフォルトの書式で出力される。

実装を単純化すると、以下のようになる：

```
class Form;              // 書式型

struct Bound_form {      // 書式と値
   const Form& f;
   double val;
};

class Form {
   friend ostream& operator<<(ostream&, const Bound_form&);

   int prc;  // 精度
   int wdt;  // 幅。0は"必要な分だけの幅"を表す
   int fmt;  // 一般、科学技術、固定（§38.4.5.1）
   // ...
public:
   explicit Form(int p =6, ios_base::fmtflags f =0, int w =0) :
               prc{p}, fmt{f}, wdt{w} {}

   Bound_form Form::operator()(double d) const // *thisとdのためにBound_formを作る
   {
      return Bound_form{*this,d};
   }

   Form& scientific() { fmt = ios_base::scientific; return *this; }
   Form& fixed() { fmt = ios_base::fixed; return *this; }
   Form& general() { fmt = 0; return *this; }

   Form& uppercase();
   Form& lowercase();
   Form& precision(int p) { prc = p; return *this; }

   Form& width(int w) { wdt = w; return *this; }  // すべての型に適用
   Form& fill(char);

   Form& plus(bool b = true);                     // 明示的な正符号
   Form& trailing_zeros(bool b = true);           // 末尾のゼロを出力
   // ...
};
```

1個のデータの書式化に必要な情報をFormにもたせる、というアイディアである。デフォルトを、

さまざまな利用場面を想定した設定としている。また、個々のメンバ関数を実行することでリセットできるようにしている。() 演算子は、値とその出力に利用する書式をバインドするために利用している。Bound_form（すなわち Form と値）は、適切な << 関数を実行すると、与えられたストリームに出力されることになる：

```
ostream& operator<<(ostream& os, const Bound_form& bf)
{
    ostringstream s;            // §38.2.2
    s.precision(bf.f.prc);
    s.setf(bf.f.fmt,ios_base::floatfield);
    s << bf.val;                // sに文字列を作る
    return os << s.str();       // osに対してsを出力する
}
```

これよりも複雑な << の実装は、みなさん自身の演習として残しておく。

さて、この宣言によって、<< と () の組合せが、単一の3項演算子に統合されることに注意しよう。cout<<sci4{d} は、実際の処理を実行する前に、ostream と書式と値を、単一の関数に集約する。

38.5 ストリーム反復子

標準ライブラリは <iterator> で、入力ストリームを [入力開始 : 入力終了) のシーケンスとして扱って、出力ストリームを [出力開始 : 出力終了) のシーケンスとして扱うための反復子を提供する：

```
template<typename T,
         typename C = char,
         typename Tr = char_traits<C>,
         typename Distance = ptrdiff_t>
class istream_iterator
      :public iterator<input_iterator_tag, T, Distance, const T*, const T&> {
    using char_type = C;
    using traits_type = Tr;
    using istream_type = basic_istream<C,Tr>;
    // ...
};

template<typename T, typename C = char, typename Tr = char_traits<C>>
class ostream_iterator
      :public iterator<output_iterator_tag, void, void, void, void> {
    using char_type = C;
    using traits_type = Tr;
    using ostream_type = basic_ostream<C,Tr>;
    // ...
};
```

たとえば：

```
copy(istream_iterator<double>{cin}, istream_iterator<double,char>{},
     ostream_iterator<double>{cout,";\n"});
```

第2引数 (string) を与えて ostream_iterator を構築すると、その文字列が終端文字として、すべての値の後に出力される。そのため、copy() を実行して、1 2 3 と入力すると、次のように出力される：

```
1;
2;
3;
```

stream_iterator 用の演算子は、それ以外の反復子アダプタ用の演算子（§33.2.2）と同じだ：

ストリーム反復子の処理（§iso.24.6）	
istream_iterator p {st};	入力ストリーム st 用の反復子
istream_iterator p {p2};	コピーコンストラクタ。p は istream_iterator p2 のコピーとなる
ostream_iterator p {st};	出力ストリーム st 用の反復子
ostream_iterator p {p2};	コピーコンストラクタ。p は ostream_iterator p2 のコピーとなる
ostream_iterator p {st,s};	出力ストリーム st 用の反復子。C 言語スタイルの文字列 s を出力値の区切りとする
p=p2	p は p2 のコピーとなる
p2=++p	p と p2 は次の要素を指すことになる
p2=p++	p2=p,++p
*p=x	x を p の前に挿入する
*p++=x	x を p の前に挿入して p をインクリメントする

コンストラクタを除くと、これらのすべての処理は、一般的に、直接利用するものではない。copy() などの汎用アルゴリズムが利用するものだ。

38.6 バッファリング

概念的には、出力ストリームは、文字をバッファに置く。しばらくしてから、文字は、本来の出力先へと書き込まれる（“フラッシュされる”）。このようなバッファは streambuf と呼ばれ、<streambuf> で定義されている。バッファリング方式ごとに、異なる型の streambuf が存在する。通常の方式は、バッファが一杯になって本来の出力先にフラッシュせざるを得なくなるまで、文字を配列内に保持するものだ。そのため、ostream を図で表すと、次のようになる：

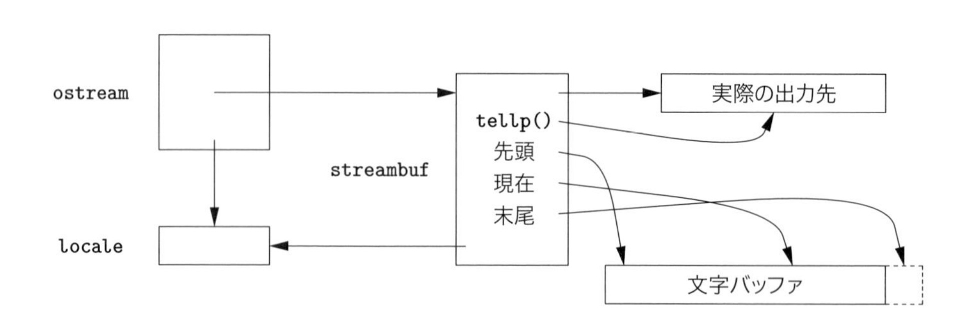

ostream用のテンプレート引数一式と、そのstreambufは同じでなければならず、それが文字バッファ内の文字型を決定する。

文字の流れが逆向きであることを除くと、istreamも同様だ。

非バッファリング入出力は、効率的に転送できるように、streambuf内に文字を保持することなく、即座に文字を転送する入出力だ。

バッファリングで主要な役割を果たすクラスは、basic_streambufである：

```
template<typename C, typename Tr = char_traits<C>>
class basic_streambuf {
public:
    using char_type = C;                        // 文字の型
    using int_type = typename Tr::int_type;     // 文字が変換され得る整数型
    using pos_type = typename Tr::pos_type;     // バッファ中の位置を表す型
    using off_type = typename Tr::off_type;     // バッファ中の位置からのオフセットを表す型
    using traits_type = Tr;
    // ...
    virtual ~basic_streambuf();
};
```

例によって、一般的な場合のために、（想像どおりの）別名が定義されている：

```
using streambuf = basic_streambuf<char>;
using wstreambuf = basic_streambuf<wchar_t>;
```

basic_streambufは、処理を提供する。publicな処理の多くは、protectedな仮想関数を呼び出すだけのものである。そのため、派生クラスの関数は、バッファの種類に応じた処理を適切に実装できる：

basic_streambuf<C,Tr>のpublicな処理（§iso.27.6.3）	
sb.~basic_streambuf()	デストラクタ。すべての資源を解放する。virtual
loc=sb.getloc()	locはsbのロケールとなる
loc2=sb.pubimbue(loc)	sb.imbue(loc)。loc2はそれまでのロケールを指すポインタとなる
psb=sb.pubsetbuf(s,n)	psb=sb.setbuf(s,n)
pos=sb.pubseekoff(n,w,m)	pos=sb.seekoff(n,w,m)
pos=sb.pubseekoff(n,w)	pos=sb.seekoff(n,w)
pos=sb.pubseekpos(n,m)	pos=sb.seekpos(n,m)
pos=sb.pubseekpos(n)	pos=sb.seekpos(n,ios_base::in|ios_base::out)
sb.pubsync()	sb.sync()

basic_streambufは、基底クラスとして利用されるように設計されているので、すべてのコンストラクタはprotectedである。

basic_streambuf<C,Tr>のprotectedな処理（§iso.27.6.3）	
basic_streambuf sb {};	文字バッファと広域ロケールをもたないsbを構築する
basic_streambuf sb {sb2};	sbはsb2のコピーとなる（文字バッファを共有する）

basic_streambuf<C,Tr> の protected な処理（§iso.27.6.3）	
sb=sb2	sb は sb2 のコピーとなる（文字バッファを共有する）。sb がそれまで利用していた資源は解放される
sb.swap(sb2)	sb と sb2 の状態を交換する
sb.imbue(loc)	loc が sb のロケールとなる。virtual
psb=sb.setbuf(s,n)	sb のバッファを設定する。psb=&sb。s は const char* であり、n は streamsize である。virtual
pos=sb.seekoff(n,w,m)	モード m、方向 w にオフセット n だけシークする。pos はシーク後の位置か、またはエラーを表す pos_type(off_type(-1)) となる。virtual
pos=sb.seekoff(n,w)	pos=sb.seekoff(n,w,ios_base::in|ios_base::out)
pos=sb.seekpos(n,m)	モード m で位置 n へとシークする。pos はシーク後の位置か、またはエラーを表す pos_type(off_type(-1)) となる。virtual
n=sb.sync()	文字バッファを実際の出力先／入力元に同期させる。virtual

仮想関数の正確な意味は、派生クラスで定義される。

streambuf は、<< などの出力処理の書込み先である**出力エリア**（*put area*）（§38.4.2）と、>> などの入力処理の読取り元である**入力エリア**（*get area*）（§38.4.1）をもっている。それらの各エリアは、先頭へのポインタと、現在位置へのポインタと、末尾の直後へのポインタとで記述される：

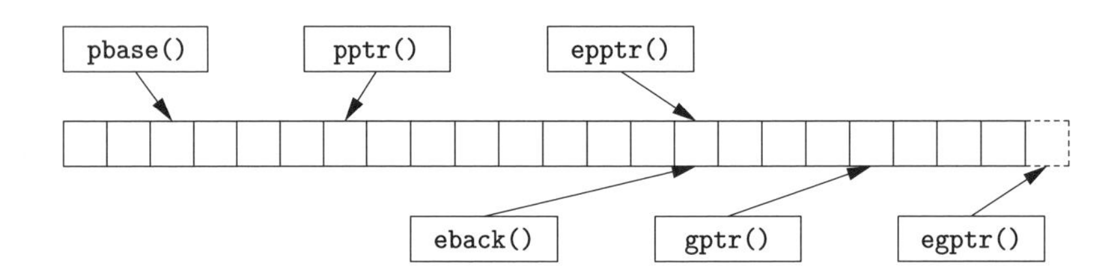

オーバフローは、仮想関数 overflow()、underflow()、uflow() が処理する。

読み書き位置の移動については、§38.6.1 を参照しよう。

put ／ get 系のインタフェースは、public なものと protected なものとに分かれている：

basic_streambuf<C,Tr> の public な put ／ get 処理（§iso.27.6.3）	
n=sb.in_avail()	読取り位置が有効ならば n=sb.egptr()-sb.gptr() となる。無効ならば sb.showmanyc() を返す
c=sb.snextc()	sb の get ポインタをインクリメントし、c=*sb.gptr() とする
n=sb.sbumpc()	sb の get ポインタをインクリメントする
c=sb.sgetc()	get できる文字が存在しない場合、c=sb.underflow() とする。存在する場合は c=*sb.gptr() とする
n2=sb.sgetn(p,n)	n2=sb.xsgetn(p,n) とする。p は char* である

n=sb.sputbackc(c)	cを入力エリアへと戻し、gptrをデクリメントする。処理に成功した場合はn=Tr::to_int_type(*sb.gptr())とする。失敗した場合はn=sb.pbackfail(Tr::to_int_type(c))とする
n=sb.sungetc()	getポインタをデクリメントする。処理に成功した場合はn=Tr::to_int_type(*sb.gptr())とする。失敗した場合はn=sb.pbackfail(Tr::to_int_type())とする
n=sb.sputc(c)	バッファが満杯で文字を戻せない場合はn=sb.overflow(Tr::to_int_type(c))とし、戻せる場合は*sb.sptr()=c; n=Tr::to_int_type(c)とする
n2=sb.sputn(s,n)	n2=sb.xsputn(s,n)。sはconst char*である

protectedインタフェースは、put／getポインタを操作するための、単純で、効率的で、通常はインライン化される関数を提供する。それに加えて、派生クラスがオーバライドすべき仮想関数も提供する：

basic_streambuf<C,Tr>のprotectedなput／get処理（§iso.27.6.3）	
sb.setg(b,n,end)	入力エリアを[b:e)とする。現在のgetポインタはnである
pc=sb.eback()	[pc:sb.egptr())が入力エリアである
pc=sb.gptr()	pcはgetポインタである
pc=sb.egptr()	[sb.eback():pc)は入力エリアである
sb.gbump(n)	sbのgetポインタを加算する
n=sb.showmanyc()	"文字数を返す"。nは、sb.underflow()を呼び出すことなく読み取れる文字数の予測値か、あるいは、読み取れる文字が存在しないことを意味するn=-1となる。virtual
n=sb.underflow()	読み取れる文字が入力エリアにもう存在しない。入力エリアを補充する。getする現在の文字を新しくcとし、n=Tr::to_int_type(c)とする。virtual
n=sb.uflow()	sb.underflow()と同様だが、更新された現在の文字を読み取った後にgetポインタを進める。virtual
n=sb.pbackfail(c)	文字を戻す処理が失敗した。オーバライドするpbackfail()が文字を戻せなければ、n=Tr::eof()とする。virtual
n=sb.pbackfail()	n=sb.pbackfail(Tr::eof())
sb.setp(b,e)	出力エリアは[b:e)である。現在のputポインタはbである
pc=sb.pbase()	[pc:sb.epptr())は出力エリアとなる
pc=sb.pptr()	pcはputポインタとなる
pc=sb.epptr()	[sb.pbase():pc)は出力エリアとなる
sb.pbump(n)	putポインタを加算する
n2=sb.xsgetn(s,n)	sはconst char*である。[s:s+n)内のすべてのpに対して、sb.sgetc(*p)を実行する。n2は読み取った文字数となる。virtual
n2=sb.xsputn(s,n)	sはconst char*である。[s:s+n)内のすべてのpに対して、sb.sputc(*p)を実行する。n2は書き込んだ文字数となる。virtual
n=sb.overflow(c)	出力エリアを補充し、n=sb.sputc(c)とする。virtual
n=sb.overflow()	n=sb.overflow(Tr::eof())

showmanyc()（“文字数を返す（show how many characters）”）は、奇妙な関数だ。この関数を使うと、マシンの入力システムの状態に関する情報が得られる。たとえば、ディスクからの読取りを待たずに、オペレーティングシステムのバッファを空にすることで、“すぐに”読み取れる文字数の予測値を返却する。ファイル終端に到達することなく文字を読み取れる保証がない場合、showmanyc()は-1を返却する。この動作は（必然的に）かなり低レベルなものであって、著しく処理系依存である。システムのドキュメントの熟読と多少の実験を踏まえることなく、showmanyc()を利用すべきでない。

38.6.1 出力ストリームとバッファ

ostreamは、規約（§38.4.2）と明示された書式化指定（§38.4.5）とにしたがって、さまざまな型の値を文字シーケンスへと変換する。さらに、ostreamは、streambufを直接扱う処理も提供する：

```
template<typename C, typename Tr = char_traits<C>>
class basic_ostream : virtual public basic_ios<C,Tr> {
public:
   // ...
   explicit basic_ostream(basic_streambuf<C,Tr>* b);

   pos_type tellp();                                   // 現在の位置を取得
   basic_ostream& seekp(pos_type);                     // 現在の位置を設定
   basic_ostream& seekp(off_type, ios_base::seekdir);  // 現在の位置を設定

   basic_ostream& flush();      // バッファを空にする（実際の出力先に出力）

   basic_ostream& operator<<(basic_streambuf<C,Tr>* b);  // bからの書込み
};
```

basic_ostreamは、basic_ostreamの基底であるbasic_iosが定義する関数をオーバライドする。

ostreamの構築は、与えられたstreambuf引数に基づいて行われる。そのstreambufによって、文字の出力方法や出力先が決定するのだ。たとえば、ostringstream（§38.2.2）やofstream（§38.2.1）は、適切なstreambuf（§38.6）でostreamを初期化することで作られる。

seekp()関数は、ostreamの書込み位置を決めるためのものだ。末尾のpは、ストリームに**出力する**（*putting*）位置の指定であることを意味する。この関数は、その対象が、位置付けが意味をもつファイルなどのストリームでなければ、意味をなさない。pos_typeは、ファイル内での文字位置を表し、off_typeはios_base::seekdirが指す位置からのオフセットを表す。

ストリームの位置の先頭は0なので、ファイルはn文字の配列として扱える。たとえば：

```
int f(ofstream& fout)  // foutは何らかのファイルを参照
{
   fout << "0123456789";
   fout.seekp(8);                     // 先頭から8
   fout << '#';                       // '#'を出力して位置を移動(+1)
   fout.seekp(-4,ios_base::cur);      // 4戻る
   fout << '*';                       // '*'を出力して位置を移動(+1)
}
```

もしファイルの初期状態が空であれば、以下のように出力される：

```
01234*67#9
```

単なるistreamとostreamの要素をランダムにアクセスする方法はない。なお、ファイルの先頭や末尾を越えた位置にシークしようとすると、通常は、そのストリームをbad()状態に遷移させることになる（§38.4.4）。しかし、動作が違うモードをもつオペレーティングシステムもある（たとえば、そのような場合に、シークによってファイルの大きさを変化させるなど）。

flush()を使うと、オーバフローする前に、ユーザがバッファを空にできる。

<<を使って、streambufを直接ostreamに書き込むこともできる。基本的には、入出力機構の実装者向けのものだ。

38.6.2 入力ストリームとバッファ

istreamは、文字を読み取り、それをさまざまな型の値へと変換する処理を提供する（§38.4.1）。さらに、streambufを直接扱う処理も提供する：

```
template<typename C, typename Tr = char_traits<C>>
class basic_istream : virtual public basic_ios<C,Tr> {
public:
   // ...
   explicit basic_istream(basic_streambuf<C,Tr>* b);
   pos_type tellg();                                      // 現在の位置を取得
   basic_istream& seekg(pos_type);                        // 現在の位置を設定
   basic_istream& seekg(off_type, ios_base::seekdir);     // 現在の位置を設定

   basic_istream& putback(C c);       // バッファにcを戻す
   basic_istream& unget();            // 最後に読んだ文字を戻す
   int_type peek();                   // 次に読まれることになる文字を覗く

   int sync();                        // バッファをクリア（フラッシュ）

   basic_istream& operator>>(basic_streambuf<C,Tr>* b);      // bに読み込む
   basic_istream& get(basic_streambuf<C,Tr>& b, C t = Tr::newline());
   streamsize readsome(C* p, streamsize n);    // 最大n文字を読み込む
};
```

basic_istreamは、basic_istreamの基底であるbasic_iosが定義する関数をオーバライドする。

位置付け関数は、ostreamのもの（§38.6.1）と同様に動作する。関数の末尾のgは、ストリームのその位置から文字を**取得する**（*getting*）ことを意味する。末尾のpとgが必要となるのは、istreamとostreamの両方から派生したiostreamが作成できるので、getする読取り位置とputする書込み位置の両方の追跡管理が必要だからだ。

putback()を用いると、文字をistreamに“戻す”ことができるので、その戻した文字が、次に読み取られることになる。unget()は、最後に読み取った文字を戻す。残念ながら、入力ストリームに対して、必ず文字を戻せるとは限らない。たとえば、読み取った先頭の文字を越えて戻そうとすると、ios_base::failbitがセットされる。保証されているのは、成功した読取りの後に、1文字を戻すことだけである。peek()関数は、次の文字を読み取るが、streambufに残したままとする。そのため、同じ文字が、もう一度読み取られることになる。すなわち、c=peek()は、

(c=get(),unget(),c)と論理的に等価である。failbitをセットすると、例外が発生することがある（§38.3）。

istreamのフラッシュは、sync()で行える。ただし、必ず正しく処理できるとは限らない。ある種のストリームでは、実際の入力元から文字を再び読み取らなければならないことがある。しかも、その動作も必ず可能であるとは限らないし、望ましいものになるとは限らない（たとえば、ネットワークに対応付けられたストリームなどに対して）。そのため、sync()は、処理に成功したときに0を返却する。失敗したときは、ios_base::badbit（§38.4.4）をセットした上で、-1を返す。badbitのセットによって、例外処理に進むことも可能だ（§38.3）。ostream用のバッファに対するsync()は、バッファを出力先にフラッシュする。

streambufからの読取りを直接行うための>>とget()が有用なのは、基本的に、入出力機構の実装者だ。

readsome()関数は、ユーザが読取り可能な文字が、ストリームに存在するかどうかを覗き見するための低レベルな処理だ。たとえば、キーボードなどから入力を待つことが望ましくない場合に、威力を発揮する。in_avail()も参照しよう（§38.6）。

38.6.3 バッファ反復子

標準ライブラリは<iterator>で、istreambuf_iteratorとostreambuf_iteratorを提供する。これは、ストリームバッファの内容を、ユーザ（主として新しい種類のiostreamの実装者）が走査できるようにするものであり、特にlocale facet（第39章）で多用されている反復子である：

38.6.3.1 istreambuf_iterator

istreambuf_iteratorはistream_bufferから一連の文字を読み取る。

```
template<typename C, typename Tr = char_traits<C>>    // §iso.24.6.3
class istreambuf_iterator :public
    iterator<input_iterator_tag, C, typename Tr::off_type, /* 指定されない */, C> {
public:
    using char_type = C;
    using traits_type = Tr;
    using int_type = typename Tr::int_type;
    using streambuf_type = basic_streambuf<C,Tr>;
    using istream_type = basic_istream<C,Tr>;
    // ...
};
```

基底のiteratorのメンバreferenceは利用しない。そのため、指定されていないままとなっている。

入力反復子としてistreambuf_iteratorを利用する場合でも、その効果は他の入力反復子と同様だ。たとえば、c=*p++によって、入力から一連の文字を読み取れる。

istreambuf_iterator<C,Tr>（§iso.24.6.3）	
istreambuf_iterator p {};	pはストリーム末尾を指す反復子となる。noexcept。constexpr

istreambuf_iterator p {p2};	コピーコンストラクタ。noexcept
istreambuf_iterator p {is};	p は is.rdbuf() 用の反復子となる。noexcept
istreambuf_iterator p {psb};	p は istreambuf *psb 用の反復子となる。noexcept
istreambuf_iterator p {nullptr};	p はストリーム末尾を指す反復子となる
istreambuf_iterator p {prox};	p は prox が指定する istreambuf を指すようになる。noexcept
p.~istreambuf_iterator()	デストラクタ
c=*p	c は streambuf の sgetc() が返した文字となる
p->m	p がクラスオブジェクトならば、*p のメンバ m
p=++p	streambuf の sbumpc()
prox=p++	prox が p と同じ位置を指すようにして ++p する
p.equal(p2)	p と p2 の両方がストリーム末尾を指すか、またはどちらも指さないか?
p==p2	p.equal(p2)
p!=p2	!p.equal(p2)

知恵を絞って istreambuf_iterator を比較しようとしても、失敗するだけだ。入力の最中に同じ文字を指す二つの反復子を利用することなどできないからだ。

38.6.3.2 ostreambuf_iterator

ostreambuf_iterator は、一連の文字を ostream_buffer に出力する：

```
template<typename C, typename Tr = char_traits<C>>  // §iso.24.6.4
class ostreambuf_iterator
     :public iterator<output_iterator_tag, void, void, void, void> {
public:
   using char_type = C;
   using traits_type = Tr;
   using streambuf_type = basic_streambuf<C,Tr>;
   using ostream_type = basic_ostream<C,Tr>;
   // ...
};
```

どう見ても、ostreambuf_iterator の処理は、奇妙なものだ。しかし、本当に効果を発揮するのは、出力反復子として利用するときであり、他の出力反復子とほとんど同じように利用できる。そのため、*p++=c によって、一連の文字が出力できる：

ostreambuf_iterator<C,Tr>（§iso.24.6.4）	
ostreambuf_iterator p {os};	p は os.rdbuf() 用の反復子となる。noexcept
ostreambuf_iterator p {psb};	p は istreambuf *psb 用の反復子となる。noexcept
p=c	!p.failed() ならば、streambuf の sputc(c) を呼び出す
*p	何も行わない
++p	何も行わない
p++	何も行わない
p.failed()	p の streambuf での sputc() が eof に到達したか? noexcept

38.7 アドバイス

[1] テキストとして表現できて、かつ、意味のある値をもつユーザ定義型には、`<<`と`>>`を定義しよう。§38.1，§38.4.1，§38.4.2。

[2] 通常の出力には`cout`を、エラーの出力には`cerr`を利用しよう。§38.1。

[3] `iostream`には、通常の文字用のものと、ワイド文字用のものがある。さらに、あらゆる種類の文字用の`iostream`をユーザが定義できる。§38.1。

[4] 標準の入出力ストリームと、ファイルと、`string`に対して、標準の`iostream`が存在する。§38.2。

[5] ファイルストリームのコピーを試みないようにしよう。§38.2.1。

[6] バイナリ入出力は、システム依存である。§38.2.1。

[7] ファイルに結び付けられたファイルストリームは、利用する前に必ずチェックしよう。§38.2.1。

[8] 汎用の`fstream`よりも、`ifstream`と`ofstream`を優先しよう。§38.2.1。

[9] メモリ上で書式化するのであれば、`stringstream`を利用しよう。§38.2.2。

[10] まれにしか発生しない`bad()`入出力エラーの検出には、例外を利用しよう。§38.3。

[11] 回復できる可能性がある入出力エラーを処理するには、ストリーム状態`fail`を調べよう。§38.3。

[12] 演算子`<<`と`>>`を追加するために、`istream`や`ostream`を修正する必要はない。§38.4.1。

[13] `iostream`の基本的な演算子を実装する場合は、`sentry`を利用しよう。§38.4.1。

[14] 書式化されない低レベルな入力よりも、書式化される入力を優先しよう。§38.4.1。

[15] `string`への入力では、オーバフローは発生しない。§38.4.1。

[16] `get()`と`getline()`と`read()`を利用する際は、その終了条件に注意しよう。§38.4.1。

[17] `>>`は、デフォルトで空白文字を読み飛ばす。§38.4.1。

[18] 第2引数に基づいて仮想関数として動作するような、演算子`<<`（または`>>`）が定義できる。§38.4.2.1。

[19] 入出力を制御するフラグよりも、操作子を優先しよう。§38.4.3。

[20] C言語スタイルの入出力と`iostream`の入出力とを混用する場合は、`sync_with_stdio(true)`を実行しよう。§38.4.4。

[21] `iostream`の性能を最適化するには、`sync_with_stdio(false)`を実行しよう。§38.4.4。

[22] 対話的な入出力を行う場合は、入力ストリームと出力ストリームを結び付けよう。§38.4.4。

[23] `locale`の“重要な差異”を`iostream`に反映させるには、`imbue()`を利用しよう。§38.4.4。

[24] `width()`の指定は、直後の入出力処理にのみ効果がある。§38.4.5.1。

[25] `precision()`の指定は、以降のすべての浮動小数点数の出力処理に効果がある。§38.4.5.1。

[26] 浮動小数点数の書式指定（たとえば`scientific`）は、以降のすべての浮動小数点数の出力処理に効果がある。§38.4.5.2。

[27] 引数を受け取る標準操作子を利用する場合は、`#include <iomanip>`しよう。§38.4.5.2。

[28] `flush()`を利用することは、ほとんどない。§38.4.5.2。

[29] 美的な理由でもない限り、`endl`を利用しないように。§38.4.5.2。

[30] `iostream`の書式化が耐えられないほど退屈であれば、独自の操作子を定義しよう。§38.4.5.3。

[31] 単純な関数オブジェクトを定義すれば、3項演算子の（高性能な）効果が得られる。§38.4.5.3。

第 39 章　ロケール

郷に入っては郷にしたがえ
— ことわざ

・文化的な違いの取扱い
・locale クラス
　名前付き locale ／ string の比較
・facet クラス
　locale 内 facet へのアクセス／単純なユーザ定義 facet ／ locale と facet の利用
・標準 facet
　string の比較／数値の書式化／金額の書式化／日付と時刻の書式化／文字クラス／文字コードの変換／メッセージ
・便利なインタフェース
　文字クラス／文字の変換／文字列の変換／バッファの変換
・アドバイス

39.1　文化的な違いの取扱い

`locale` は、文字列の比較方法、人にとって読みやすい数値の表記方法、文字の表現など、それぞれの国や地域にふさわしい表現方法を実現するオブジェクトである。**ロケール**（*locale*）の概念は、拡張可能である。そのため、郵便番号や電話番号など、標準ライブラリが直接はサポートしないロケール固有の実体を表現するための新しい `facet`（特性項目）を `locale` に追加できるのだ。標準ライブラリでの `locale` の基本的な用途は、`ostream` に書き込む情報の表現と、`istream` から読み取るデータの書式の制御である。

本章では、`locale` の利用法や、`facet` から `locale` を構築する方法を示すとともに、`locale` が入出力ストリームにどのように影響するのかを解説する。

ロケールの概念は、C++ の基本概念ではない。一方、ほとんどのオペレーティングシステムやアプリケーション環境には、ロケールの概念がある。ロケールは、原則的には、システム上の全プログラムが共有するものであって、記述するプログラミング言語には依存しない。そのため、C++ 標準ライブラリのロケール機能は、異なるシステム上の、極めて異なる表現による情報を、C++ プログラムからアクセスするための、可搬性のある標準的な手段とみなせる。そのため、C++ の `locale` は、システム間で互換性がない表現方式へのインタフェースとなる。

複数の国や地域で利用するプログラムの開発を考えてみよう。このようなスタイルのプログラム開発は、**国際化**（*internationalization*）（プログラムを多数の国や地域で利用することを強調した表現である）や、**ローカライズ**（*localization*）（国や地域の慣習に対応することを強調した表現である）と一般に呼ばれる。プログラムが操作する実体の多くは、国によって表現が異なるのが普通だ。そのため、入出力処理では、そのことを考慮した処理が必要となる。たとえば：

```
void print_date(const Date& d)   // 適切な書式で表示
{
    switch(where_am_I) {           // ユーザ定義スタイルの指示
    case DK:                       // たとえば 7. marts 1999
        cout << d.day() << ". " << dk_month[d.month()] << " " << d.year();
        break;
    case ISO:                      // たとえば 1999-3-7
        cout << d.year() << " - " << d.month() << " - " << d.day();
        break;
    case US:                       // たとえば 3/7/1999
        cout << d.month() << "/" << d.day() << "/" << d.year();
        break;
    // ...
    }
}
```

このスタイルのコードは、正しく動作する。しかし、見苦しい上に、保守にも手間がかかる。特に問題なのは、地域の事情に合わせるために、あらゆる出力に対して、この方式を適用しなければならないことだ。出力するデータに新しい形式を追加する際には、アプリケーションコードを修正する必要がある。さらに悪いことは、ここでの日付の出力例が、文化的多様性のほんの一例にすぎない、ということだ。

そのため、標準ライブラリは、文化的な慣習に対応するための拡張可能な手段を提供している。iostream ライブラリでは、組込み型とユーザ定義型のいずれを処理する場合も、このフレームワークを前提としている（§38.1）。ここで、(Date,double) のペアをコピーする単純なループの例を考えてみよう。なお、値のペアは、測定値のペアを意味するものかもしれないし、ある種のトランザクションを表すものかもしれない：

```
void cpy(istream& is, ostream& os)  // ストリーム間で(Date,double)をコピー
{
    Date d;
    double volume;

    while (is >> d >> volume)
        os << d << ' '<< volume << '\n';
}
```

当然ながら、現実のプログラムであれば、レコードに対する処理もあるだろうし、理想的にはエラー処理への配慮が必要だ。

さて、このプログラムに、フランス式に記述された（浮動小数点数の小数点にコンマを用いて、たとえば 12.5 を 12,5 と表す）入力ファイルを与えて、アメリカ式で出力させるにはどうすればよいだろう？　ここで、locale と入出力処理を定義することによって、先ほどの cpy() で変換を行えるようにしよう：

```
void f(istream& fin, ostream& fout, istream& fin2, ostream& fout2)
{
    fin.imbue(locale{"en_US.UTF-8"});     // 米国式の英語
    fout.imbue(locale{"fr_FR.UTF-8"});    // フランス式
    cpy(fin,fout);                     // 米国式の英語を読み込んでフランス式で書き出す
```

```
    // ...

    fin2.imbue(locale{"fr_FR.UTF-8"});    // フランス式
    fout2.imbue(locale{"en_US.UTF-8"});   // 米国式の英語
    cpy(fin2,fout2);                      // フランス式を読み込んで米国式の英語で書き出す
    // ...
}
```

以下の入力データを与えてみよう：

```
Apr 12, 1999    1000.3
Apr 13, 1999    345.45
Apr 14, 1999    9688.321
...
3 juillet 1950  10,3
3 juillet 1951  134,45
3 juillet 1952  67,9
...
```


プログラムの出力は、次のようになる。

```
12 avril 1999 1000,3
13 avril 1999 345,45
14 avril 1999 9688,321
...
July 3, 1950 10.3
July 3, 1951 134.45
July 3, 1952 67.9
...
```

本章の以降の部分では、この例の実現方法とメカニズムを解説するとともに、どのように利用するのかを示す。もっとも、ほとんどのプログラマにとっては、`locale`の詳細を処理する必要はほとんどないし、`locale`を明示的に操作することも、あまりないだろう。ほとんどの場合は、標準ロケールをストリームに適用するだけですむからだ（§38.4.5.1）。

ローカライズ（国際化）の概念そのものは単純だ。しかし、現実の制約によって、`locale`の設計と実装は、複雑で難解である：

[1] `locale`は、日付の形式などの文化的な慣習をカプセル化している。文化的な慣習は、体系的ではないし微妙な違いが多い。プログラミング言語で対応することは何もないし、標準化もできない。

[2] `locale`の概念を拡張可能なものとしなければならない。すべてのC++ユーザにとって有用なすべての文化的な違いをあらかじめ列挙するのが不可能だからだ。

[3] `locale`は、（入出力やソートなどの）実行時効率を要求される場面で利用される。

[4] `locale`は、“正しいこと”を正確には知らないままで、しかも、どのように実現されるかも知らずに、“正しいことを行う”機能の恩恵を受けようとする大多数のプログラマにとって、透過的でなければならない。

[5] `locale`は、標準の枠を超えて、国や地域の違いに依存する機能の設計者からも利用できなければならない。

これらの条件を満たした上で利用しやすいものとするには、ちょっとした専用のプログラミング言語が必要である。

localeは、浮動小数点数値の出力に利用する小数点の文字（decimal_point()：§39.4.2）や、通貨を読み取る際に利用する書式（moneypunct：§39.4.3）など、各種の形式を制御するための複数のfacetで構成される。facetは、locale::facetクラスの派生クラスのオブジェクトだ（§39.3）。localeは、複数のfacetを保持するコンテナとみなせる（§39.2，§39.3.1）。

39.2 localeクラス

localeクラスとその関連機能は、<locale>で提供される：

localeのメンバ（§iso.22.3.1）	
locale loc {};	locは現在の広域ロケールのコピーとなる。noexcept
locale loc {loc2};	コピーコンストラクタ。locはloc2のコピーとなる。loc.name()==loc2.name()。noexcept
locale loc {s};	名前をsとするlocaleとしてlocを初期化する。sはstringかC言語スタイルの文字列である。loc.name()==s。explicit
locale loc {loc2,s,cat};	locは、カテゴリがcatであるfacetを除いたloc2のコピーとなる。catはlocale{s}のコピーである。sはstringかC言語スタイルの文字列である。loc2が名前をもつ場合はlocも名前をもつ
locale loc {loc2,pf};	locは、pf!=nullptrを満たす*pfのfacetを除いたloc2のコピーとなる。locは名前をもたない
locale loc {loc2,loc3,cat};	locは、カテゴリがcatであるfacetを除いたloc2のコピーとなる。catはloc3のコピーである。loc2とloc3がいずれも名前をもつ場合はlocも名前をもつ
loc.~locale()	デストラクタ。非virtual。noexcept
loc2=loc	代入。loc2はlocのコピーとなる。noexcept
loc3=loc.combine<F>(loc2)	loc3は、Fのfacetを除いたlocのコピーとなる。ここでFはloc2のコピーである。loc3は名前をもたない
s=loc.name()	sは、locのlocaleの名前または"*"となる
loc==loc2	locはloc2と同じlocaleか？
loc!=loc2	!(loc==loc2)
loc()(s,s2)	facetにlocのcollate<C>を用いて、basic_string<C>のsとs2を比較する
loc2=global(loc)	広域localeをlocとする。loc2はそれまでの広域localeとなる
loc=classic()	locは、伝統的な“C”ロケールである

指定された名前のlocaleや、参照するfacetが存在しない場合は、その名前を与えるlocale処理はruntime_error例外を送出する。

localeの命名規則は、少し奇妙なものだ。他のlocaleにfacetを加えて、新しいlocaleを作成して、その結果のlocaleが名前をもつ場合、名前は処理系定義である。処理系定義のその名前は、大半のfacetを提供するlocaleの名前を含むものとなることが多い。名前をもたないlocaleでは、name()は"*"を返す。

localeはmap<id,facet*>へのインタフェースともみなせる。すなわち、locale::idを使うと、それと対応するlocale::facetから派生したクラスのオブジェクトが探索できる。localeの実際の実装は、この考えの効率的な変種である。そのレイアウトは、以下のようになる：

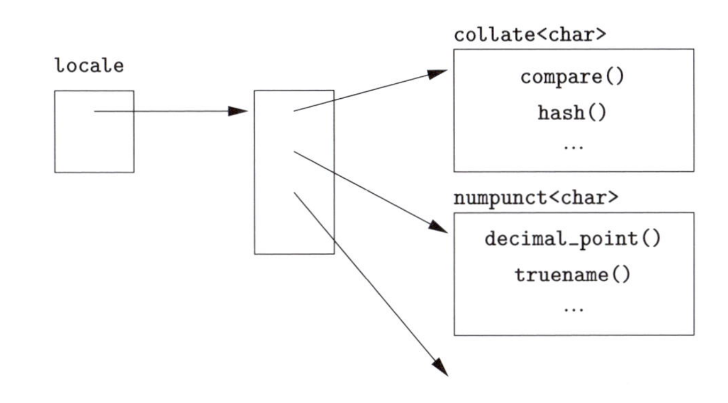

ここで、collate<char>とnumpunct<char>は、標準ライブラリのfacetである（§39.4）。すべてのfacetは、locale::facetから派生している。

localeは、低コストで自由にコピーできるようになっている。そのため、ほぼ例外なく、実装の主要部となる、特殊化されたmap<id,facet*>のハンドルとして実装される。facetは、locale内で高速にアクセスできなければならない。そのため、配列のように高速にアクセスできるよう特殊化されたmap<id,facet*>を使うのだ。なお、localeのfacetは、use_facet<Facet>(loc)によってアクセスできる。§39.3.1を参照しよう。

標準ライブラリはfacetを豊富に定義している。プログラマが論理的にまとまった単位でfacetを操作しやすくなるように、標準のfacetは、numericやcollateなどのカテゴリ別にグループ化されている（§39.4）：

facetのカテゴリ（§iso.22.3.1）	
collate	たとえばcollate。§39.4.1
ctype	たとえばctype。§39.4.5
numeric	たとえばnum_put、num_get、numpunct。§39.4.2
monetary	money_put、money_get、moneypunct。§39.4.3
time	たとえばtime_put、time_get。§39.4.4
messages	messages。§39.4.7
all	collate | ctype | monetary | numeric | time | messages
none	

プログラマが新しく作ったlocaleに対して、名前文字列を指定する機能は存在しない。名前文字列は、プログラムの実行環境で定義するか、あるいは、localeのコンストラクタによる名前の組合せによって定義する。

プログラマは、既存カテゴリのfacet（§39.4，§39.4.2.1）を置換できる。ところが、新しいカテゴリを作成することはできない。“カテゴリ”の概念は、標準ライブラリのfacetだけに適用されるものであり、拡張できないのだ。そのため、facetは、どのカテゴリにも属す必要はないし、ユーザ定義のfacetの多くはカテゴリに属さない。

locale xが名前文字列をもたない場合、locale::global(x)が、C広域ロケールに影響を与えるかどうかは、定義されない。このことは、実行環境から得たものではないlocaleを、C++プログラムからCロケールに設定するための、可搬性のある確実な方法が存在しないことを意味する。C言語プログラムからC++広域ロケールを設定する方法も存在しない（C++広域ロケールを設定するC++関数を呼び出さない限り）。C言語とC++が混在するプログラムが、global()とは異なるものをC広域ロケールとしてもつことは、エラーにつながりやすい。

localeは、ストリーム入出力の際に、暗黙裏に利用されることが圧倒的に多い。istreamとostreamは、それぞれ独自のlocaleをもっている。ストリームのデフォルトのlocaleは、ストリーム作成時における広域locale（§39.2.1）だ。ストリームのlocaleは、imbue()によって変更できるし、getloc()（§38.4.5.1）を使うと、そのコピーが取り出せる。

広域localeの変更が、既存の入出力ストリームに影響をおよぼすことはない。すなわち、広域locale変更前に設定されたlocaleが利用され続ける。

39.2.1 名前付きlocale

localeは、他のlocaleとfacetとから構築される。もっとも単純な作り方は、既存のlocaleをコピーすることだ。たとえば：

```
locale loc1;                          // 現在の広域localeのコピー
locale loc2 {""};                     // “ユーザが優先するlocale”のコピー

locale loc3 {"C"};                    // "C"localeのコピー
locale loc4 {locale::classic()};      // "C"localeのコピー

locale loc5 {"POSIX"};                // "POSIX"という名前のlocaleのコピー
locale loc6 {"Danish_Denmark.1252"};  // "Danish_Denmark.1252"のlocaleのコピー
locale loc7 {"en_US.UTF-8"};          // "en_US.UTF-8"という名前のlocaleのコピー
```

locale{"C"}の意味が、“伝統的な（classic）”Cロケールであることが、標準によって定義されている。本書のここまで使ってきたのは、このロケールだ。これ以外のlocaleの名前は、処理系定義である。

locale{""}は、“ユーザが優先するロケール”とみなされる。このときのロケールは、言語の範囲を越えたプログラムの実行環境によって設定される。なお、現在の“優先ロケール”は、以下のコードで確認できる：

```
locale loc("");
cout << loc.name() << '\n';
```

私の Windows ラップトップでは、次のように表示される：

```
English_United States.1252
```

また、私の Linux ボックスでは、次のように表示される：

```
en_US.UTF-8
```

ロケールの名前は、C++ 用には標準化されていない。POSIX や Microsoft などのさまざまな組織が、多くのプログラミング言語用に独自の（異なる）標準を管理している。たとえば：

GNU ロケール名の例（POSIX ベース）	
ja_JP	日本の日本語
da_DK	デンマークのデンマーク語
en_DK	デンマークの英語
de_CH	スイスのドイツ語
de_DE	ドイツのドイツ語
en_GB	イギリスの英語
en_US	アメリカの英語
fr_CA	カナダのフランス語
de_DE	ドイツのドイツ語
de_DE@euro	ドイツのドイツ語。ユーロ記号 € を含む
de_DE.utf8	ドイツのドイツ語。UTF-8
de_DE.utf8@euro	ドイツのドイツ語。UTF-8。ユーロ記号 € を含む

POSIX で推奨している名前は、小文字の言語名、それに続いて省略可能な大文字の国名、それに続いてエンコーディングとなる。その一例が、sv_FI@euro（ユーロ記号を含めたフィンランドのスウェーデン語）である。

Microsoft 社のロケール名の例
Arabic_Qatar.1256
Basque_Spain.1252
Chinese_Singapore.936
English_United Kingdom.1252
English_United States.1252
French_Canada.1252
Greek_Greece.1253
Hebrew_Israel.1255
Hindi_India.1252
Russian_Russia.1251

Microsoft 社は、言語名、国名、省略可能なコードページ番号という形式を使っている。**コードページ**（*code page*）は、名前付きの（あるいは番号が振られた）文字エンコーディングである。

大半のオペレーティングシステムは、プログラムに対して、デフォルトロケールを設定するための複数の方法を提供する。LC_ALL、LC_COLLATE、LANGなどの環境変数を使うのが、典型的な一例だ。システムを利用する人に最適なロケールは、その人がシステムを最初に利用する際に選択することが多い。たとえば、デフォルトでアルゼンチンのスペイン語を利用するようにLinuxシステムを設定すると、locale{""}が、locale{"es_AR"}を意味するようになる。ところが、このロケール名はプラットフォームを越えて標準化されているわけではない。システムで名前付きlocaleを利用する場合は、プログラマがシステムのドキュメントを参照して確認しなければならない。

localeの名前文字列は、プログラムテキストに埋め込まないようにするのが、よいアイディアだ。ファイル名やシステム定数をプログラムテキストに記述すると、プログラムの可搬性を制限する上に、プログラムを新しい環境に移植するプログラマに、値の探索や変更を強いることになる。localeの名前文字列を記述することも、これと同じであり、好ましくない結果となる。localeは、プログラムテキストに記述するのではなく、プログラムの実行環境から取り出すようにする（たとえば、locale("")を利用したり、ファイルを読み取ったりする）。さらに、ユーザに文字列の入力を要求して、別のロケールを設定する方法もある。たとえば：

```
void user_set_locale(const string& question)
{
   cout << question;  // 例：“もし別のロケールを利用したければ、その名前を入力してください”
   string s;
   cin >> s;
   locale::global(locale{s}); // ユーザが指定したものを広域ロケールとする
}
```

専門家でないユーザに対しては、一覧から選択させるとよいだろう。これを実現する関数では、システムがlocaleを管理する方法や把握する必要がある。たとえば、Linuxシステムでは、/usr/share/localeディレクトリでlocaleを管理することが多い。

コンストラクタは、受け取った引数の文字列が定義ずみlocaleではない場合に、runtime_error例外を送出する（§30.4.1.1）。たとえば：

```
void set_loc(locale& loc, const char* name)
try
{
   loc = locale{name};
}
catch (runtime_error&) {
   cerr << "locale \"" << name << "\" isn't defined\n";
   // ...
}
```

localeが名前文字列をもっていれば、その文字列はname()で取得できる。名前文字列をもっていなければ、name()はstring("*")を返す。名前文字列は、実行環境がもっているlocaleを参照するための基本的な手段だ。なお、名前文字列の別の利用例が、デバッグ用途で使うことである。たとえば：

```
void print_locale_names(const locale& my_loc)
{
   cout << "name of current global locale: " << locale().name() << "\n";
   cout << "name of classic C locale: " << locale::classic().name() << "\n";
```

```
    cout << "name of "user's preferred locale": " << locale("").name() << "\n";
    cout << "name of my locale: " << my_loc.name() << "\n";
}
```

39.2.1.1 新しいlocaleの構築

新しいlocaleは、既存のlocaleをもとにして、facetを追加あるいは変更することによって作られる。通常、新規localeは、既存のlocaleを少しだけ変更したものにすぎない。たとえば：

```
void f(const locale& loc, const My_money_io* mio)
    // My_money_ioは§39.4.3.1で定義されている
{
    locale loc1(locale{"POSIX"},loc,locale::monetary); // locのmonetaryのfacetを利用
    locale loc2 = locale(locale::classic(), mio);      // classicにmioを加える
    // ...
}
```

ここで、loc1は、基本的にはPOSIX localeのコピーだが、monetaryのfacet（§39.4.3）だけはlocのものに変更している。同様に、loc2は、C localeだが、My_money_io（§39.4.3.1）を利用する。生成されるlocaleを図で表すと、次のようになる：

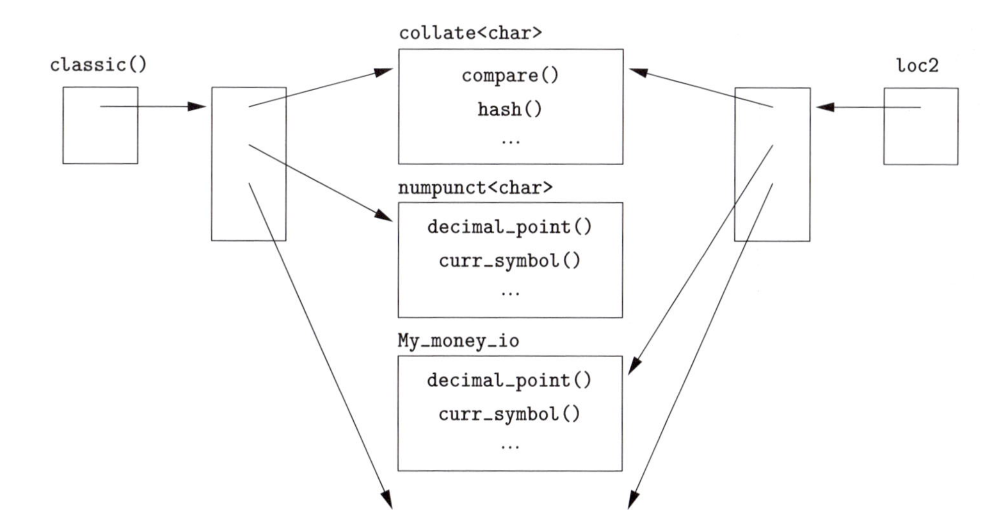

引数のFacet*（この例ではMy_money_io）が、nullptrであれば、生成されるlocaleは、locale引数の単なるコピーとなる。

locale{loc,f}の構築では、引数のfに特定のfacet型を指定する必要がある。単なるfacet*では不十分なのだ。たとえば：

```
void g(const locale::facet* mio1, const money_put<char>* mio2)
{
    locale loc3 = locale(locale::classic(), mio1);    // エラー：facetの型が不明
    locale loc4 = locale(locale::classic(), mio2);    // ＯＫ：facetの型は既知
                                                      //       (moneyput<char>)
    // ...
}
```

localeは、Facet*型の引数を利用して、コンパイル時のfacet型を決定する。具体的には、localeの実装が、facetの識別型であるfacet::id（§39.3）を利用して、locale内のfacetを特定する（§39.3.1）。コンストラクタである

```
template<typename Facet> locale(const locale& x, Facet* f);
```

が、プログラマがlocaleを介して利用するfacetを指定するための、言語としての唯一の方法だ。それ以外のlocaleは、名前付きロケール（§39.2.1）として実装者が提供したものである。名前付きロケールは、プログラムの実行環境から取得する。処理系固有のメカニズムを把握しているプログラマであれば、新しいlocaleの追加も行えるだろう。

localeのコンストラクタは、すべてのfacetの型が、(Facetテンプレート引数から）導出によって判明するか、あるいは、他の（その型を知っている）localeから得られるように設計されている。引数categoryを指定することは、facetの型を間接的に指定することになる。というのも、そのカテゴリにおけるfacetの型はlocaleが知っているからだ。すなわち、localeクラスは、最小限のオーバヘッドでfacetを操作できるように、facetの型を追跡管理できる（さらに実際に行っている)、ということだ。

localeはメンバ型locale::idにより、facetの型を特定する（§39.3）。

localeを変更する方法は存在しない。その一方で、localeは、既存のものに基づいて新規のlocaleを作る方法を提供する。いったんlocaleを作った後に変更できない点は、実行時効率にとっては重要な意味をもつ。localeのユーザは、facetの仮想関数を呼び出せるし、その返却値をキャッシュすることもできる。たとえば、istreamでは、数値を読み取るたびにdecimal_point()を呼び出すことなく小数点の書式を把握できるし、boolを読み取るたびにtruename()を呼び出すことなくtrueの出力形式を把握できる（§39.4.2）。このような呼出しが返却値を変更する方法は、ストリームに対するimbue()の呼出し（§38.4.5.1）のみである。

39.2.2 stringの比較

localeがもっとも多く利用されるのは、入出力を除くと、二つのstringの比較だろう。localeはstringの比較処理を直接提供しているので、ユーザがcollate facetを利用して独自の比較関数を作る必要はない（§39.4.1）。そのstring比較関数は、localeのoperator()()として定義されている。たとえば：

```
void user(const string s1, const string s2, const locale& my_locale)
{
   if (my_locale(s,s2)) {  // my_localeにしたがってs<s2であるか？
      // ...
   }
}
```

比較関数を()演算子で実現すると、述語（§4.5.4）としても有用になる。たとえば：

```
void f(vector<string>& v, const locale& my_locale)
{
   sort(v.begin(),v.end());             // 要素の比較に<を利用してソート
   // ...
```

```
    sort(v.begin(),v.end(),my_locale); // my_localeの規則にしたがってソート
    // ...
}
```

デフォルトでは、標準ライブラリのsort()は、照合順序を決定する際に、処理系の文字セットでの数値に対して<を適用する（§32.6, §31.2.2.1）。

39.3 facet クラス

localeは、特性項目（facet）の集合である。facetは、数値の出力形式（num_put）、日付の入力形式（time_get）、ファイルへの文字出力のエンコーディング（codecvt）などに関する、ある特定の文化的側面を表現する。標準ライブラリのfacetの一覧は、§39.4で示す。

ユーザは、季節名の出力書式を決定するような、新しいfacetの定義が可能だ（§39.3.2）。

プログラム上、facetは、std::locale::facetから派生したクラスのオブジェクトとして表現される。他のすべてのlocale機能と同様に、facetは<locale>で定義されている：

```
class locale::facet {
protected:
    explicit facet(size_t refs = 0);
    virtual ~facet();
    facet(const facet&) = delete;
    void operator=(const facet&) = delete;
};
```

facetクラスは基底クラスとして利用されることを想定しており、publicな関数をもたない。コンストラクタはprotectedなので、“単なるfacet”オブジェクトは作成できない。また、デストラクタがvirtualなので、派生クラスオブジェクトが正しく解体できるようになる。

facetは、locale内部に保持されているポインタを介して管理することを想定している。facetのコンストラクタの引数に0を与えることは、facetがどこからも利用されなくなった時点で、localeがfacetを破棄すべきことを意味する。逆に、非ゼロを指定すれば、localeがfacetを破棄しないことが保証される。非ゼロの引数は、facetの生存期間をlocaleが間接的に管理するのではなく、プログラマが直接管理するという、まれなケースのためのものだ。

各facetインタフェースは、個別のidをもつ必要がある：

```
class locale::id {
public:
    id();
    void operator=(const id&) = delete;
    id(const id&) = delete;
};
```

idの利用は、新しいfacetインタフェースを提供する各クラスのid型のstaticメンバをユーザに定義させることを意図する（§39.4.1に例題を示している）。localeメカニズムは、facetを特定する際にidを利用する（§39.2, §39.3.1）。localeの明示的な実装の中では、効率的なmap<id,facet*>を利用して、facetを指すポインタのベクタのインデックスとしてidを利用している。

（派生された）facetを定義するのに必要なデータは、その派生クラスの中で定義する。このこ

とは、facetを定義するプログラマが、データを完全に管理できるとともに、facetが表現する概念を実装するために、任意の量のデータが利用できることを意味する。

facetは変更不可能であることを想定しているので、ユーザ定義のfacetのすべてのメンバ関数はconstと宣言すべきだ。

39.3.1 locale内facetへのアクセス

localeのfacetは、2個のテンプレート関数によってアクセスできる：

localeの非メンバ関数（§iso.22.3.2）	
f=use_facet<F>(loc)	fは、loc内のfacet Fを表す参照となる。locにFが存在しない場合はbad_cast例外を送出する
has_facet<F>(loc)	locはfacet Fをもつか？ noexcept

これらの関数は、localeの引数からテンプレート引数Fを探索するものと考えるとよい。なお、use_facetは、localeを特定のfacetに変換する、一種の明示的型変換関数（キャスト）と考えてもよいだろう。localeは、一つの型に対しては1個のfacetだけをもつからだ。たとえば：

```
void f(const locale& my_locale)
{
   char c = use_facet<numpunct<char>>(my_locale).decimal_point(); // 標準facetを利用
   // ...

   if (has_facet<Encrypt>(my_locale)) {    // my_localeはEncrypt facetを含むか？
      const Encrypt& f = use_facet<Encrypt>(my_locale);  // Encrypt facetを探索
      const Crypto c = f.get_crypto();                   // Encrypt facetを利用
      // ...
   }
   // ...
}
```

標準のfacetは、すべてのlocaleで有効であることが保証されている（§39.4）ので、標準facetに対してhas_facetを使う必要はない。

facet::idのメカニズムは、コンパイル時多相性の形態を最適化した実装とも見なせる。use_facetの結果と極めてよく似たものは、dynamic_castによっても得られる。しかし、特殊化したuse_facetのほうが、汎用のdynamic_castよりも効率的に実装できる。

idは、クラスではなく、インタフェースや動作を識別する。すなわち、異なるfacetクラスが、まったく同じインタフェースと（localeに関する）セマンティクスをもつのであれば、同じidをもつべきである。たとえば、collate<char>とcollate_byname<char>は、localeにおいては交換可能なため、これらのcollate<char>::idは同じ値だ（§39.4.1）。

ここでのf()の中のEncryptのような新しいfacetインタフェースを定義する際は、識別できるようにするために、対応するidの定義が必要である（§39.3.2と§39.4.1を参照しよう）。

39.3.2 単純なユーザ定義facet

標準ライブラリでは、文字セットや数値の入出力などのように、文化的な違いが極めて重要となる局面に対する標準の facet を提供する。広く利用される型がもつ複雑さや、それに伴う効率性から切り離して facet のメカニズムを検討していこう。まずは、単純なユーザ定義型の facet を示す：

```
enum Season { spring, summer, fall, winter };  // 極めて単純なユーザ定義型
```

ここに示す入出力方式は、ちょっとした変更を加えるだけで、大部分の単純なユーザ定義型で利用できるものだ：

```
class Season_io : public locale::facet {
public:
   Season_io(int i = 0) : locale::facet{i} { }
   ~Season_io() { }        // Season_ioオブジェクト（§39.3）を解体可能にする

   virtual const string& to_str(Season x) const = 0;    // xの文字列表現

   // s用のSeasonをx中に置く：
   virtual bool from_str(const string& s, Season& x) const = 0;

   static locale::id id;    // 特性項目識別子オブジェクト（§39.2, §39.3, §39.3.1）
};

locale::id Season_io::id;   // 識別子オブジェクトを定義
```

ここでは、簡略化のために、facet を char 型の string に限定している。

Season_io クラスは、すべての Season_io 特性項目に対して、汎用の抽象インタフェースを提供する。特定の locale に対する Season の入出力表現を定義するためには、Season_io の派生クラスを作成して、適切な to_str() と from_str() を定義する。

Season の出力は容易だ。ストリームが Season_io 特性項目をもっていれば、Season の値を文字列に変換して利用すればよい。もっていなければ、Season の値は int として出力できる：

```
ostream& operator<<(ostream& os, Season x)
{
   locale loc {os.getloc()};  // ストリームのlocaleを抽出（§38.4.4）

   if (has_facet<Season_io>(loc))
      return os << use_facet<Season_io>(loc).to_str(x);  // 文字列表現
   return os << static_cast<int>(x);                      // 整数表現
}
```

標準 facet は、効率性と柔軟性を最大限確保するために、ストリームバッファを直接操作することが多い（§39.4.2.2, §39.4.2.3）。しかし、Season のような単純なユーザ定義型に対して、抽象化を streambuf レベルにまで落とす必要はない。

例によって、出力処理よりも入力処理のほうが、少し複雑だ：

```
istream& operator>>(istream& is, Season& x)
{
   const locale& loc {is.getloc()};  // ストリームのlocaleを抽出（§38.4.4）

   if (has_facet<Season_io>(loc)) {
      // そのlocaleのSeason_io特性項目を手に入れる：
      const Season_io& f {use_facet<Season_io>(loc)};

      string buf;
      if (!(is>>buf && f.from_str(buf,x)))     // 文字表現を読み取る
         is.setstate(ios_base::failbit);
```

```
        return is;
    }

    int i;
    is >> i;                                    // 数値表現を読み取る
    x = static_cast<Season>(i);
    return is;
}
```

エラー処理は単純であり、組込み型のエラー処理のスタイルに準じている。すなわち、入力文字列が、選択されている `locale` での `Season` を正しく表現していなければ、ストリームは、`fail` 状態に遷移する。例外が有効になっていれば、`ios_base::failure` 例外が送出される（§38.3）。

ちょっとしたテストプログラムを示そう：

```
int main()
    // ちょっとしたテスト
{
    Season x;
    // 整数の入出力のためにデフォルトのlocaleを利用（Season_io特性項目ではない）：
    cin >> x;
    cout << x << endl;

    locale loc(locale(),new US_season_io{});
    cout.imbue(loc);        // Season_io特性項目をもつlocaleを利用
    cin.imbue(loc);         // Season_io特性項目をもつlocaleを利用

    cin >> x;
    cout << x << endl;
}
```

次の入力を与えると、

```
2
summer
```

以下のように出力される：

```
2
summer
```

この動作の実現のためには、`Season_io` から `US_season_io` クラスを派生して、各季節の適切な文字列表現を定義する必要がある：

```
class US_season_io : public Season_io {
    static const string seasons[];
public:
    const string& to_str(Season) const;
    bool from_str(const string&, Season&) const;

    // 注意：US_season_io::idは定義しない
};

const string US_season_io::seasons[] = {
    "spring",
    "summer",
    "fall",
    "winter"
};
```

次に、文字列表現と列挙子とのあいだの相互変換を行うために、Season_ioの関数をオーバライドする：

```
const string& US_season_io::to_str(Season x) const
{
   if (x<spring || winter<x) {
      static const string ss = "no-such-season";
      return ss;
   }
   return seasons[x];
}

bool US_season_io::from_str(const string& s, Season& x) const
{
   const string* p = find(begin(seasons),end(seasons),s);
   if (p==end)
      return false;

   x = Season(p-begin(seasons));
   return true;
}
```

US_season_ioは、Season_ioインタフェースの実装にすぎないので、US_season_ioに対してidを定義していないことに注意しよう。実際、US_season_ioをSeason_ioとして利用する際に、US_season_ioに対して専用のidを与える必要はない。というのも、has_facet（§39.3.1）などのような、localeに対する処理は、同じ概念を実装するfacetが同じidで識別されることを想定しているからだ（§39.3）。

この実装で特に注意すべき唯一の点は、無効なSeasonを出力する際に、どうすべきであるかということだ。当然、そのようなことは発生しない。とはいえ、単純なユーザ定義型が無効な値となることは珍しくないので、その可能性を考慮しておくほうが現実的である。例外を送出することも可能だが、人が目にする単純な出力では、通常、値が無効なことを意味する“範囲外”の旨を出力したほうが有用だ。入力でのエラー対処のポリシーを>>演算子に一任するのとは異なり、出力ではfacetのto_str()関数がエラー対処のポリシーを実装することに注意しよう。ここに示した実装は、別の設計と比較するためのものである。“出荷製品用の設計”では、facetの関数は、入力と出力の両方のエラー処理を実装するか、あるいは、>>と<<が処理できるようにエラーの通知だけを行うかのいずれかとすべきだ。

このSeason_ioの設計では、派生クラスが、localeを表す文字列を提供することを想定している。もう一つ別の設計として考えられるのは、Season_io自身が、localeを表すリポジトリから文字列を得るというものだ（§39.4.7を参照しよう）。季節を表す文字列をコンストラクタの引数に渡して、単一のSeason_ioとするのは、その可否も含めて、読者の演習とする。

39.3.3 localeとfacetの利用

標準ライブラリ内でのlocaleの主な用途は、入出力ストリームの中にある。その一方で、localeのメカニズムは汎用的だし、文化に依存する情報を表現するための拡張可能なメカニズムともなっている。messages特性項目（§39.4.7）は、入出力ストリームとは無関係な例である。

iostreamライブラリの拡張だけでなく、ストリームベースでない入出力機能ですら、localeの活用が可能だ。さらに、ユーザも、文化に依存する任意の情報を作成する簡便な方法としてlocaleを利用できる。

locale／facetは汎用的なので、ユーザ定義facetにも無限の可能性がある。facetで表現するものとしては、日付、タイムゾーン、電話番号、社会保障番号（個人識別番号）、製品コード、気温、一般的な（単位，値）の組合せ、郵便番号、服のサイズ、ISBN番号などが考えられる。

強力な機能は一般にそうだが、facetも十分に注意して利用しなければならない。facetで表現可能だからといって、それがベストな表現とは限らないからだ。文化的な違いを表現する際に検討すべき主要な点は、これまでと同様に、さまざなま決定が、コード記述の難易度、記述されたコードの読みやすさ、プログラムの保守性、入出力処理の時間効率と空間的効率にどう影響するか、といったことだ。

39.4 標準facet

標準ライブラリは<locale>で、以下の特性項目facetを提供する：

標準facet（§iso.22.3.1.1.1）			
collate	文字列の比較	collate<C>	§39.4.1
numeric	数値の書式	numpunct<C>	§39.4.2
		num_get<C,In>	
		num_put<C,Out>	
monetary	通貨の書式	moneypunct<C>	§39.4.3
		moneypunct<C,International>	
		money_get<C,In>	
		money_put<C,Out>	
time	日付と時刻の書式	time_put<C,Out>	§39.4.4
		time_put_byname<C,Out>	
		time_get<C,In>	
ctype	文字クラス	ctype<C>	§39.4.5
		codecvt<In,Ex,SS>	
		codecvt_byname<In,Ex,SS>	
messages	メッセージの取得	messages<C>	§39.4.7

それぞれの詳細は、関連する節で解説する。

これらのfacetをインスタンス化する際のCは文字型でなければならない（§36.1）。これらのfacetは、charとwchar_tに対して定義できることが保証される。また、ctype<C>は、char16_tとchar32_tのサポートが保証される。他の文字型Xを標準入出力で使う必要があるユーザは、処理系固有のfacet用の特殊化に頼るか、Xに対する適切なバージョンのfacetの自作が必要だ。たとえば、Xとchar間の変換の制御には、codecvt<X,char,mbstate_t>が必要となる（§39.4.6）。

Internationalには、trueとfalseのいずれかを指定する。trueは、たとえば通貨記号のUSDやBRLなどのような、3文字（と終端のゼロ）の“国際”表現を使うことを表す（§39.4.3.1）。

シフト状態SSは、マルチバイト文字表現のシフト状態を表す（§39.4.6）。<cwchar>はmbstate_tを定義している。これは、サポートするマルチバイト文字に対する処理系定義のエンコーディング規則で起こり得る変換状態のすべてを表現する。任意の文字型Xに対するmbstate_tと等価なのが、char_traits<X>::state_type（§36.2.2）だ。

InとOutは、それぞれ入力反復子と出力反復子である（§33.1.2，§33.1.4）。このテンプレート引数に_putと_getのfacetを実装すれば、非標準のバッファにアクセスするfacetも実現可能だ（§39.4.2.2）。iostreamに結び付けられたバッファは、ストリームバッファである。そのため、それらに対する反復子はostreambuf_iteratorということになる（§38.6.3，§39.4.2.2）。その結果、エラー処理には、failed()関数が利用できる（§38.6.3）。

すべての標準facetには、_bynameバージョンがある。特性項目F_bynameは、特性項目Fからの派生である。F_bynameは、Fと同じインタフェースを提供するが、localeに名前を与える文字列引数を受け取るコンストラクタが追加されている（§39.4.1などを参照しよう）。F_byname(name)は、locale(name)中で定義されたFに対する適切なセマンティクスを提供する。

これは、プログラムの実行環境に存在する名前付きlocaleから、標準facetのバージョンを選択するというアイディアだ（§39.2.1）。このことは、環境を考慮しないコンストラクタと比較すると、_bynameコンストラクタの実行速度が極めて遅くなる可能性があることを意味する。localeを構築して、そのfacetへアクセスする処理は、プログラム内のあちこちで_byname版のfacetを使うよりも、ほぼ間違いなく高速である。そのため、通常は環境からfacetを1回だけ読み取って、メインメモリ内にコピーを作成しておいて、そのコピーを繰り返し利用するとよい。たとえば：

```
locale dk {"da_DK"};  // デンマークlocale（すべてのfacetを含む）を１回だけ読み取る
                      // それからdkのlocaleと必要なfacetを利用する

void f(vector<string>& v, const locale& loc)
{
    const collate<char>& col {use_facet<collate<char>>(dk)};
    const ctype<char>& ctyp {use_facet<ctype<char>>(dk)};

    locale dk1 {loc,&col};    // デンマーク用文字列比較を利用
    locale dk2 {dk1,&ctyp};   // デンマーク用文字分類と文字列比較を利用

    sort(v.begin(),v.end(),dk2);
    // ...
}
```

dk2ロケールは、文字列についてはデンマーク式だが、数値についてはデフォルトの書式のままである。

カテゴリに分類することで、localeの標準facetの操作が簡潔になる。たとえば、dkロケールが与えられたときに、（英語よりも母音が三つ多い）デンマーク式で文字列を読み取って比較するlocaleを構築できるが、数値の書式については、C++のものをそのまま利用するのであれば：

```
locale dk_us(locale::classic(),dk,collate|ctype);  // デンマーク文字と米国式数値
```

個々の標準facetを解説する際には、facetを利用するサンプルを数多く示していく。特に、collateの解説では（§39.4.1）、facetに共通する数多くの構造を示す。

標準facetは互いに依存することが多い。たとえば、num_putはnumpunctに依存している。facetの混用や標準facetへの新バージョンの追加が可能となるのは、個々のfacetの詳細を把握している場合に限られる。換言すると、（iostreamに対するimbue()や、sort()でのcollateの利用のような）単純な処理以上のことを行おうとしても、localeの構造は、初心者が直接利用できるようなものではないのだ。ロケールの詳細については〔Langer, 2000〕を参照しよう。

個々のfacetの設計は、面倒なものとなりがちだ。ライブラリ開発者の手の届かないところで、規則性が乏しい文化的な違いに対応しなければならないからであり、C++標準ライブラリの機能として標準Cライブラリやさまざまなプラットフォーム依存の標準の大部分との互換性を維持しなければならないからでもある。

しかし、その一方で、localeとfacetとによって実現されるフレームワークは、汎用的で柔軟性に優れている。facet処理は、あらゆるデータを保持できるように設計できる上に、そのデータに基づいて、あるゆる処理が行えるように設計できる。新しいfacetの動作が、一般的なものから大幅に逸脱しない限り、facetは単純明快に設計できる（§39.3.2）。

39.4.1 stringの比較

標準のcollate特性は、文字の配列の比較方法を提供する：

```
template<typename C>
class collate : public locale::facet {
public:
   using char_type = C;
   using string_type = basic_string<C>;

   explicit collate(size_t = 0);

   int compare(const C* b, const C* e, const C* b2, const C* e2) const
      { return do_compare(b,e,b2,e2); }

   long hash(const C* b, const C* e) const
      { return do_hash(b,e); }
   string_type transform(const C* b, const C* e) const
      { return do_transform(b,e); }

   static locale::id id; // 特性項目識別子オブジェクト（§39.2, §39.3, §39.3.1）

protected:
   ~collate(); // 注意：限定公開デストラクタ

   virtual int do_compare(const C* b, const C* e, const C* b2, const C* e2) const;
   virtual string_type do_transform(const C* b, const C* e) const;
   virtual long do_hash(const C* b, const C* e) const;
};
```

ここでは、2種類のインタフェースを定義している：

- facetのユーザに対するpublicなインタフェース
- facetの派生クラスの実装者に対するprotectedなインタフェース

コンストラクタの引数は、facetを破棄する責任がlocaleにあるのか、それともユーザにあるのかを表す。デフォルト（0）は、“localeに管理させる”ことを意味する（§39.3）。

標準ライブラリのすべてのfacetの構造は共通なので、facetの重要な事項は、主要な関数でまとめられる：

collate<C> facet（§iso.22.4.4.1）
`int compare(const C* b, const C* e, const C* b2, const C* e2) const;`
`long hash(const C* b, const C* e) const;`
`string_type transform(const C* b, const C* e) const;`

facetの定義にあたっては、パターンとしてcollateを用いる。標準パターンから派生する場合は、facetの機能を提供する主要な関数のdo_*バージョンを定義するだけでよい。（利用パターンではなくて）関数宣言の全体を示したのは、do_*関数をオーバライドするのに必要な情報を示すためだ。具体例は、§39.4.1.1を参照しよう。

hash()関数は、入力文字列のハッシュ値を計算する。当然、ハッシュ表の作成に有用な関数だ。

transform()関数は、他のtransform()が返却した結果との比較を、通常の文字列の比較として行えるような文字列を生成する。すなわち、

```
cf.compare(cf.transform(s),cf.transform(s2)) == cf.compare(s,s2)
```

transform()の目的は、ある文字列を、数多くの別の文字列と比較するコードを最適化できるようにすることだ。これは、文字列の集合からの探索を行うコードで有用である。

compare()関数は、特定のcollate用に定義された規則にしたがって、文字列の基本的な比較を行う。その返却値は、以下のとおりだ：

1　第1引数の文字列のほうが第2引数の文字列よりも辞書順で後である。

0　二つの文字列は同じものである。

-1　第2引数の文字列のほうが辞書順で後である。

たとえば：

```
void f(const string& s1, const string& s2, const collate<char>& cmp)
{
    const char* cs1 {s1.data()};    // compare()処理がchar[]に対して行われるため
    const char* cs2 {s2.data()};

    switch (cmp.compare(cs1,cs1+s1.size(),cs2,cs2+s2.size()) {
    case 0:         // cmpにしたがって等しい文字列
        // ...
        break;
    case -1:        // s1 < s2
        // ...
        break;
    case 1:         // s1 > s2
        // ...
        break;
    }
}
```

collateのメンバ関数は、basic_stringやゼロで終端するC言語スタイルの文字列ではなく、C中の[b:e)の範囲を比較する。特に、0の数値をもつCは、終端文字ではなくて、通常の文字として扱われることが重要だ。

標準ライブラリのstringは、localeに依存しない。すなわち、比較は、処理系の文字セットの規則に依存する（§6.2.3）。また、標準のstringは、比較基準を指定するための直接的な方法を提供していない（第36章）。localeに依存した比較を実現するためには、collateのcompare()を使う。たとえば：

```
void f(const string& s1, const string& s2, const string& name)
{
    bool b {s1==s2};       // 処理系の文字セット値を使って比較

    const char* s1b {s1.data()};              // データの開始を取得
    const char* s1e {s1.data()+s1.size()};    // データの終了を取得
    const char* s2b {s2.data()};
    const char* s2e {s2.data()+s2.size()};

    using Col = collate<char>;

    const Col& global {use_facet<Col>(locale{})};      // 現在の広域ロケールより
    int i0 {global.compare(s1b,s1e,s2b,s2e)};

    const Col& my_coll {use_facet<Col>(locale{""})};  // お気に入りのロケールより
    int i1 {my_coll.compare(s1b,s1e,s2b,s2e)};

    const Col& n_coll {use_facet<Col>(locale{name})}; // 名前付きロケールより
    int i2 {n_coll.compare(s1b,s1e,s2b,s2e)};
}
```

localeのoperator()（§39.2.2）を通じて間接的にcollateのcompare()を実行すると、記述が行いやすくなる。たとえば：

```
void f(const string& s1, const string& s2, const string& name)
{
    int i0 = locale{}(s1,s2);        // 現在の広域ロケールを使った比較
    int i1 = locale{""}(s1,s2);      // お気に入りのロケールを使った比較
    int i2 = locale{name}(s1,s2);    // 名前付きロケールを使った比較
    // ...
}
```

ここで、i0とi1とi2のすべてが異なる場合も、当然あるだろう。ドイツ語の辞書にある単語の並びを考えてみよう：

```
Dialekt, Diät, dich, dichten, Dichtung
```

ドイツ語では、名詞（だけは）頭文字が大文字だが、順序では大文字と小文字は区別されない。

大文字と小文字を区別するドイツ語のソートでは、Dで始まるすべての単語が、dで始まる単語よりも前にくる：

```
Dialekt, Diät, Dichtung, dich, dichten
```

ä（ウムラウト付きのa）は、“aの一種”として扱われるので、cよりも前にくる。しかし、一般的な文字セットの大半は、äの値はcの値よりも大きい。そのため、int('c')<int('ä')であって、その値をもとにしたデフォルトの単純ソートだと、次のような結果になる：

```
Dialekt, Dichtung, Diät, dich, dichten
```

辞書順にしたがった比較関数の開発は、興味深い演習としておこう。

39.4.1.1 名前付きcollate

`collate_byname`は、コンストラクタに対する文字列引数によって名前が与えられた`locale`用の`collate`である：

```
template<typename C>
class collate_byname : public collate<C> {    // 注意：idも新しい関数もない
public:
   typedef basic_string<C> string_type;

   explicit collate_byname(const char*, size_t r = 0); // 名前付きロケールから構築
   explicit collate_byname(const string&, size_t r = 0);
protected:
   ~collate_byname();     //  注意：限定公開デストラクタ

   int do_compare(const C* b, const C* e, const C* b2, const C* e2) const override;
   string_type do_transform(const C* b, const C* e) const override;
   long do_hash(const C* b, const C* e) const override;
};
```

`collate_byname`は、プログラムの実行環境で名前が与えられた`locale`から、`collate`を抽出できる（§39.4）。実行環境に`facet`を保持させる分かりやすい方法の一つが、ファイルに保存するというものだ。また、柔軟性が劣るものの、`facet`をプログラムテキストとしておいた上で、データを`_bynamefacet`特性に入れるという方法もある。

39.4.2 数値の書式化

数値の出力は、ストリームバッファに書き込む`num_put`特性項目によって行われる（§38.6）。逆に、数値の入力は、ストリームバッファから読み取る`num_get`特性項目の仕事である。`num_put`と`num_get`が利用する書式は、“数値の区切り文字（numerical punctuation）”を表現する`numpunct`という`facet`によって定義される。

39.4.2.1 数値の区切り文字

`numpunct`特性項目は、たとえば`bool`や`int`や`double`などのような、組込み型の入出力書式を定義する：

numpunct<C> facet（§iso.22.4.6.3.1）	
`C decimal_point() const;`	たとえば`'.'`
`C thousands_sep() const;`	たとえば`','`
`string grouping() const;`	たとえば“グループなし”を意味する`""`
`string_type truename() const;`	たとえば`"true"`
`string_type falsename() const;`	たとえば`"false"`

grouping() が返す文字列の文字は、値の小さな整数値の並びとして読み取られる。各整数は、グループ化する桁数を表す。文字 0 は、もっとも右に位置するグループ（最下位の桁）を表して、文字 1 は、その左隣のグループを表す。たとえば、"\004\002\003" は、（区切り文字に '-' が指定されていれば）123-45-6789 といった数字に利用する。必要に応じて、グループパターンの最後に指定した数字が反復利用されるので、"\003" は、"\003\003\003" と等価である。グループ化のもっとも一般的な用途は、値の大きな数値を読みやすくすることだ。grouping() 関数と thousands_sep() 関数は、入力と出力における、整数と、浮動小数点数の整数部とに利用する書式を定義する。

numpunct を派生すると、区切り文字を新しく定義できる。たとえば、整数部と小数部の 3 桁ごとのグループ区切りには空白文字を、“小数点”にはヨーロッパ式のコンマを用いる My_punct 特性を定義してみよう：

```
class My_punct : public numpunct<char> {
public:
   explicit My_punct(size_t r = 0) :numpunct<char>(r) { }
protected:
   char do_decimal_point() const override { return ','; }    // コンマ
   char do_thousands_sep() const override { return '_'; }    // 下線
   string do_grouping() const override { return "\003"; }    // 3桁のグループ
};

void f()
{
   cout << "style A: " << 12345678
        << " *** " << 1234567.8
        << " *** " << fixed << 1234567.8 << '\n';
   cout << defaultfloat;              // 小数点の書式をリセット
   locale loc(locale(),new My_punct);
   cout.imbue(loc);
   cout << "style B: " << 12345678
        << " *** " << 1234567.8
        << " *** " << fixed << 1234567.8 << '\n';
}
```

実行すると、以下のように出力される：

```
style A: 12345678 *** 1.23457e+06 *** 1234567.800000
style B: 12_345_678 *** 1_234_567,800000 *** 1_234_567,800000
```

imbue() は、引数のコピーを、そのストリーム内に保持することに注意しよう。そのため、元の locale が解体された後も、ストリームは locale に正しく対応できるのだ。iostream の boolalpha フラグ（§38.4.5.1）がセットされている場合は、true と false の出力に、それぞれ truename() の返却文字列と falsename() の返却文字列を利用する。boolalpha フラグがセットされていなければ、1 と 0 を利用する。

_byname バージョン（§39.4, §39.4.1）は、numpunct にも定義されている：

```
template<typename C>
class numpunct_byname : public numpunct<C> {
   // ...
};
```

39.4.2.2 数値の出力

ostreamは、ストリームバッファへの出力時（§38.6）にnum_put特性を利用する：

num_put<C,Out=ostreambuf_iterator<C>> facet（§iso.22.4.2.2） ストリームsのバッファ位置bに値vを出力する
`Out put(Out b, ios_base& s, C fill, bool v) const;`
`Out put(Out b, ios_base& s, C fill, long v) const;`
`Out put(Out b, ios_base& s, C fill, long long v) const;`
`Out put(Out b, ios_base& s, C fill, unsigned long v) const;`
`Out put(Out b, ios_base& s, C fill, unsigned long long v) const;`
`Out put(Out b, ios_base& s, C fill, double v) const;`
`Out put(Out b, ios_base& s, C fill, long double v) const;`
`Out put(Out b, ios_base& s, C fill, const void* v) const;`

put()の返却値は、最後に出力した位置の直後を指す反復子である。

num_putのデフォルトの特殊化（文字にアクセスする反復子がostreambuf_iterator<C>型である特殊化）は、標準locale（§39.4）の一部である。num_putを使って別の位置に出力するためには、適切な特殊化の定義が必要だ。一例として、stringへの出力を行う、極めて単純なnum_putを作ってみよう：

```
template<typename C>
class String_numput : public num_put<C,typename basic_string<C>::iterator> {
public:
   String_numput() :num_put<C,typename basic_string<C>::iterator>{1} { }
};
```

私は、String_numputをlocaleに含める意図はないので、ここでは通常の生存期間規則にしたがうコンストラクタ引数を利用している。想定している用途は、以下のようなものだ：

```
void f(int i, string& s, int pos)  // posの位置を先頭とするsの中にiを書式化
{
   String_numput<char> f;
   f.put(s.begin()+pos,cout,' ',i);    // sの中にiを書式化。coutの書式化規則にしたがう
}
```

ios_base型の引数（ここでのcout）は、書式化状態とlocaleに関する情報を与える。たとえば：

```
void test(iostream& io, cahr ch)
{
   locale loc = io.getloc();

   wchar_t wc = use_facet<ctype<wchar_t>>(loc).widen(ch);     // charからwchar_tへの変換
   string s = use_facet<numpunct<char>>(loc).decimal_point();        // デフォルト：'.'
   string false_name = use_facet<numpunct<char>>(loc).falsename();  // デフォルト："false"
   // ...
}
```

num_put<char>などの標準facetは、通常は、標準入出力ストリーム関数内で暗黙裏に利用される。そのため、大半のプログラマは、知る必要がない。ところが、標準ライブラリ関数内での

facetの利用は興味深いものである。というのも、入出力ストリームの動作や、facetの利用方法が分かるからだ。いつものことだが、標準ライブラリは、興味深いプログラミング技法を提供してくれる。

ostreamの実装者は、その記述の際に、num_putを以下のように利用することになる：

```
template<typename C, typename Tr>
basic_ostream<C,Tr>& basic_ostream<C,Tr>::operator<<(double d)
{
   sentry guard(*this);  // §38.4.1を参照
   if (!guard) return *this;

   try {    // ストリームのストリームバッファに出力
      if (use_facet<num_put<C,ostreambuf_iterator<C,Tr>>>
                        (getloc()).put(*this,*this,this->fill(),d).failed())
         setstate(badbit);
   }
   catch (...) {
      handle_ioexception(*this);
   }
   return *this;
}
```

数多くのことが行われている。まず、sentryによって、すべての前置処理と後置処理の実行ができるようになっている（§38.4.1）。ostreamのlocaleは、そのメンバ関数getloc()を呼び出すことで（§38.4.5.1）取得している。それから、use_facet（§39.3.1）を利用して、localeからnum_putを抽出している。それが完了すると、適切なput()を実行して、本来の処理を実行する。ostreambuf_iteratorがostreamから構築できる（§38.6.3）こと、さらに、ostreamがその基底クラスios_baseに暗黙裏に変換できる（§38.4.4）ことから、put()の先頭の2個の引数が容易に得られる。

put()は、出力反復子の引数を返却する。その出力反復子は、basic_ostreamから得られるものだ。すなわち、ostreambuf_iteratorである。そのため、failed()（§38.6.3）を利用すると、処理失敗の確認と、適切なストリーム状態のセットとが行える。

ここでは、has_facetを利用していない。標準facet（§39.4）は、すべてのlocale中に存在することが保証されているからだ。もし仮に保証されていなければ、bad_cast例外が送出される（§39.3.1）。

put()関数は、仮想関数do_put()を呼び出す。そのため、ユーザ定義コードが実行可能となるし、do_put()のオーバライドによって送出される例外に対処するために、operator<<()を実装する必要が生まれる。なお、文字型によってはnum_putがない可能性があるので、use_facet()がbad_cast例外を送出することが考えられる（§39.3.1）。doubleなどの組込み型に対する<<の動作は、C++標準によって定義されている。そのため、問題となるのは、handle_ioexception()が行うべきことではなく、標準で規定されていることをいかに実行すべきか、ということだ。このostreamの例外状態にbadbitがセットされている場合（§38.3）、その例外は、単純に再送出する。badbitがセットされていない場合の例外の対処は、ストリーム状態をセットして処理を継続することだ。いずれの場合も、ストリームの状態に、必ずbadbitをセットする（§38.4.5.1）。

```
template<typename C, typename Tr>
void handle_ioexception(basic_ostream<C,Tr>& s)  // catch節から呼び出される
{
   if (s.exceptions()&ios_base::badbit) {
      try {
         s.setstate(ios_base::badbit); // basic_ios::failureを送出する可能性
      }
      catch(...) {
         // ... 何も行わない ...
      }
      throw;     // 再送出
   }
   s.setstate(ios_base::badbit);
}
```

try ブロックが必要となるのは、setstate() が basic_ios::failure 例外を送出するかもしれない（§38.3, §38.4.5.1）からだ。しかし、例外状態に badbit がセットされている場合、operator<<() は、（単に basic_ios::failure を送出するのではなく）handle_ioexception() を呼び出す契機となった例外を再送出しなければならない。

double などの組込み型に対する << は、ストリームバッファに直接書き込むように実装する必要がある。ユーザ定義型に対する << の実装では、既存の型の出力として実装することで、複雑になるのを回避することが多い（§39.3.2）。

39.4.2.3 数値の入力

istream は、ストリームバッファから読み取る際に（§38.6）、num_get 特性を利用する：

num_get<In = istreambuf_iterator<C>> facet（§iso.22.4.2.1） sの書式化規則にしたがって [b:e)内のデータを vに読み取る。エラーは rへのセットによって通知
In get(In b, In e, ios_base& s, ios_base::iostate& r, bool& v) const;
In get(In b, In e, ios_base& s, ios_base::iostate& r, long& v) const;
In get(In b, In e, ios_base& s, ios_base::iostate& r, long long& v) const;
In get(In b, In e, ios_base& s, ios_base::iostate& r, unsigned short& v) const;
In get(In b, In e, ios_base& s, ios_base::iostate& r, unsigned int& v) const;
In get(In b, In e, ios_base& s, ios_base::iostate& r, unsigned long& v) const;
In get(In b, In e, ios_base& s, ios_base::iostate& r, unsigned long long& v) const;
In get(In b, In e, ios_base& s, ios_base::iostate& r, float& v) const;
In get(In b, In e, ios_base& s, ios_base::iostate& r, double& v) const;
In get(In b, In e, ios_base& s, ios_base::iostate& r, long double& v) const;
In get(In b, In e, ios_base& s, ios_base::iostate& r, void*& v) const;

基本的に num_get の構造は、num_put（§39.4.2.2）と似ている。ただし、書込みではなく読取りを行うので、get() には入力反復子のペアが必要であるし、読取り先を表す引数は参照となる。

iostate の変数 r は、ストリームの状態に応じてセットされる。目的の型を読み取れなかった場合は failbit が、また、入力の終端に到達した場合は eofbit が、それぞれ r にセットされる。入力演算子は、ストリームの状態をどうセットするのかを、r から判断する。何もエラーが発生しな

ければ、読み取った値はvに代入されるが、エラーが発生した場合はvは変化しない。

sentryは、ストリームの前置処理と後置処理が実行されることを保証するためのものだ（§38.4.1）。特に、処理開始時点でストリームが正常な状態である場合に限って、読取りが実行されることを保証する。たとえば、istreamの実装者は、以下のように記述することになる：

```
template<typename C, typename Tr>
basic_istream<C,Tr>& basic_istream<C,Tr>::operator>>(double& d)
{
   sentry guard(*this);     // §38.4.1を参照
   if (!guard) return *this;

   iostate state = 0;       // good状態
   istreambuf_iterator<C,Tr> eos;
   try {
      double dd;
      use_facet<num_get<C,Tr>>(getloc()).get(*this,eos,*this,state,dd);
      if (state==0 || state==eofbit) d = dd;  // get()が成功したときのみ値をセット
      setstate(state);
   }
   catch (...) {
      handle_ioexception(*this);     // §39.4.2.2を参照
   }
   return *this;
}
```

ここでは、読取り処理が成功しない限り、>>の処理対象を変更しないように注意が払われている。残念ながら、この動作が、すべての入力処理で保証されるわけではない。

例外が有効にされたistreamでは、エラーが発生すると、setstate()によって例外が送出される（§38.3）。

§39.4.2.1で示したMy_punctなどのようなnumpunctを定義すれば、非標準の区切り文字を読み取れるようになる。たとえば：

```
void f()
{
   cout << "style A: "
   int i1;
   double d1;
   cin >> i1 >> d1;          // 標準の"12345678"形式で読み取る

   locale loc(locale::classic(),new My_punct);
   cin.imbue(loc);
   cout << "style B: "
   int i2;
   double d2;
   cin >> i1 >> d2;          // "12_345_678"形式で読み取る
}
```

ほとんど使われないような書式の数値を読み取る場合は、do_get()をオーバライドする必要がある。たとえば、XXIやMMのようなローマ数字を読み取るためのnum_getを定義することになる。

39.4.3 金額の書式化

通貨の金額の書式化は、“単なる”数字の書式化（§39.4.2）と、技術的には同様である。とはいえ、文化的な差異に依存しやすい部分だ。たとえば、-1.25 のような負数（損失や借方）は、(1.25) のように、丸括弧内の正数として表現することがある。同様に、負数を分かりやすくするために、色を変えることもある。

標準の“金額型”は存在しない。その代わり、プログラマが金額を表すことを把握している数値に対して、金額の facet を明示的に利用する：

```
struct Money {                  // 金額を保持する単純な型
    using Value = long long;    // インフレの可能性がある通貨のために大き目とする
    Value amount;
};

// ...

void f(long int i)
{
    cout << "value= " << i << " amount= " << Money{i} << '\n';
}
```

金額の facet は、Money の出力演算子の定義を読みやすくするので、その結果、出力される金額の書式も locale にしたがったものとなる（§39.4.3.2 も参照しよう）。出力は cout の locale に応じて変化することになる。たとえば、以下のように出力される：

```
value= 1234567 amount= $12345.67
value= 1234567 amount= 12345,67 DKK
value= 1234567 amount= CAD 12345,67
value= -1234567 amount= $-12345.67
value= -1234567 amount= -€12345.67
value= -1234567 amount= (CHF12345,67)
```

通貨を考慮する上では、最小単位の精度がもっとも重要だ。そのため、私は一般的な慣習にしたがって、1 の単位ではなく（ポンド、デンマーク／北欧のクローネ、アラブ諸国のディナール、ユーロなど）、1/100 単位を表す整数（ペニー、デンマーク／北欧のエーレ、アラブ諸国のフィルス、セントなど）を採用した。moneypunct の frac_digits() 関数も、この方式を採用している（§39.4.3.1）。同様に、“小数点”の書式も、decimal_point() で定義されている。

money_get 特性と money_put 特性は、money_base 特性が定義する書式にしたがって入出力を実行する関数を提供する。

先ほどの単純な Money 型を使うと、入出力書式の制御や金額の保持が行える。後者の場合では、書込み前に、（Money でない他の）型が保持する値をキャストして Money に保持させる。また、読取り時は、他の型への変換を行う前に Money の変数に読み取る。金額を必ず Money 型に保持させておけば、エラーが起こりにくくなる。ただし、その場合、書込み前に値を Money にキャストすることを忘れてはならないし、locale に依存しない方法で金額を読み取ろうとした際に発生した入力エラーの検出も行えない。しかし、そのようには設計されていない Money 型をシステムに導入するのは、現実的でないかもしれない。そのような場合は、入出力処理で、Money の変換（キャスト）が必要になる。

39.4.3.1 金額の区切り文字

通貨と金額の書式を制御するfacetであるmoneypunctは、当然ながら、通常の数値の書式を制御するfacetであるnumpunct（§39.4.2.1）と似たものになる：

```
class money_base {
public:
    enum part {                    // 値のレイアウト部分
        none, space, symbol, sign, value
    };

    struct pattern {               // レイアウトの指示
        char field[4];
    };
};

template<typename C, bool International = false>
class moneypunct : public locale::facet, public money_base {
public:
    using char_type = C;
    using string_type = basic_string<C>;
    // ...
};
```

moneypunctのメンバ関数は、金額の入出力の書式を定義する：

moneypunct<C,International> facet（§iso.22.4.6.3）	
`C decimal_point() const;`	たとえば'.'
`C thousands_sep() const;`	たとえば','
`string grouping() const;`	たとえば"グループなし"を意味する""
`string_type curr_symbol() const;`	たとえば"$"
`string_type positive_sign() const;`	たとえば""
`string_type negative_sign() const;`	たとえば"-"
`int frac_digits() const;`	"."以降の桁数、たとえば2
`pattern pos_format() const;`	symbol、space、sign、none、value
`pattern neg_format() const;`	symbol、space、sign、none、value
`static const bool intl = International;`	3文字の国際省略表記を用いる

moneypunctの機能は、主としてmoney_put特性項目とmoney_get特性項目の実装者が利用することを想定している（§39.4.3.2, §39.4.3.3）。

moneypunctの_bynameバージョン（§39.4, §39.4.1）も提供される：

```
template<typename C, bool Intl = false>
class moneypunct_byname : public moneypunct<C, Intl> {
    // ...
};
```

メンバdecimal_point()、thousands_sep()、grouping()の動作は、numpunctのものと同様だ。

メンバcurr_symbol()、positive_sign()、negative_sign()は、それぞれ通貨記号（たとえば$、¥、INR、DKK）、プラス記号、マイナス記号として利用する文字列を返す。テンプレート引数 International が true であれば、intl メンバも true となって、“国際”表記の通貨記号を利用する。この“国際”表記は、4 文字のC言語スタイルの文字列である。たとえば：

```
"USD"
"DKK"
"EUR"
```

末尾の（見えない）文字は、終端のゼロだ。3文字の通貨表記は、ISO-4217 標準で定義されている。International が false であれば、$、£、￥などの“ローカルな”通貨記号を出力する。

pos_format() や neg_format() が返却する pattern は、数値、通貨記号、正負の符号、空白文字の並びを定義する4個の part で構成される。一般に広く利用される書式も、この形式で容易に表現できる。たとえば：

```
+$ 123.45     // { sign, symbol, space, value } positive_sign()が"+"を返却した場合
$+123.45      // { symbol, sign, value, none }  positive_sign()が"+"を返却した場合
$123.45       // { symbol, sign, value, none }  positive_sign()が"" を返却した場合
$123.45-      // { symbol, value, sign, none }  negative_sign()が"-"を返却した場合
-123.45 DKK   // { sign, value, space, symbol } negative_sign()が"-"を返却した場合
($123.45)     // { sign, symbol, value, none }  negative_sign()が"()"を返却した場合
(123.45DKK)   // { sign, value, symbol, none }  negative_sign()が"()"を返却した場合
```

負数を丸括弧で表現する場合は、negative_sign() は、2個の文字 () を返却する。パターン中に sign がある場合は、先頭文字が置換され、以降の文字はパターン全体の後に出力される。この機能は、もっぱら財務業界の負数が丸括弧で囲まれる慣習を実現するために利用される。もちろん、別の用途でも利用可能だ。たとえば：

```
-$123.45        // { sign, symbol, value, none } negative_sign()が"-"を返却した場合
*$123.45 silly  // { sign, symbol, value, none } negative_sign()が"* silly"を返却した場合
```

パターン内の sign、value、symbol は、正確に1回だけ出現しなければならない。残るものは、space か none である。space は、1個以上の空白文字があることを表す。none は、パターンの末尾である場合を除くと、ゼロ個以上の空白文字があることを表す。

次のように妥当に見えるパターンも、上記の規則には違反していることに注意しよう：

```
pattern pat = { sign, value, none, none };    // エラー：symbolがない
```

frac_digits() 関数は、decimal_point() の位置を表す。金額は最小単位の通貨で表現するのが一般的である（§39.4.3）。この単位は、主要単位の 100 分の 1 であることが多いので（たとえば、¢は＄の 100 分の 1 である）、frac_digits() は、通常は 2 である：

facet として定義した単純な書式の例を示そう：

```
class My_money_io : public moneypunct<char,true> {
public:
   explicit My_money_io(size_t r=0): moneypunct<char,true>(r) { }

   char_type do_decimal_point() const { return '.'; }
   char_type do_thousands_sep() const { return ','; }
   string do_grouping() const { return "\003\003\003"; }

   string_type do_curr_symbol() const { return "USD "; }
```

```
    string_type do_positive_sign() const { return ""; }
    string_type do_negative_sign() const { return "()"; }

    int do_frac_digits() const { return 2; } // 小数点以降に２個の数字

    pattern do_pos_format() const { return pat; }
    pattern do_neg_format() const { return pat; }
private:
    static const pattern pat;
};

const pattern My_money_io::pat { sign, symbol, value, none };
```

39.4.3.2 金額の出力

money_put 特性項目は、moneypunct に指定された書式にしたがって、金額を出力する。より具体的には、money_put の機能は、適切に書式化した文字表現をストリームバッファへと出力する put() 関数である：

money_put<C,Out = ostreambuf_iterator<C>> facet（§iso.22.4.6.2） バッファ内の位置 b に値 v を出力する
Out put(Out b, bool intl, ios_base& s, C fill, long double v) const;
Out put(Out b, bool intl, ios_base& s, C fill, const string_type& v) const;

引数の intl は、標準の4文字の“国際”通貨表記と、“ローカルな”通貨記号のいずれを利用するのかを表す（§39.4.3.1）。

money_put を使うと、Money（§39.4.3）を出力する演算子が定義できる：

```
ostream& operator<<(ostream& s, Money m)
{
    ostream::sentry guard(s);     // §38.4.1を参照
    if (!guard) return s;

    try {
        const auto& f = use_facet<money_put<char>>(s.getloc());

        auto d = static_cast<long double>(m.amount);
        auto m2 = static_cast<long long>(d);
        if (m2 == m.amount) {       // mはlong longとして表現可能
            if (f.put(s, true, s, s.fill(), d).failed())
                s.setstate(ios_base::badbit);
        }
        else
            s.setstate(ios_base::badbit);
    }
    catch (...) {
        handle_ioexception(s);    // §39.4.2.2を参照
    }
    return s;
}
```

金額を正確に表現できる精度が long long で不足であれば、ストリームの状態を badbit とした上で、後の処理を guard に任せている。

39.4.3.3 金額の入力

money_get 特性項目は、moneypunct に指定された書式にしたがって、金額を読み取る。より具体的には、money_get の機能は、適切に書式化した文字表現をストリームバッファから抽出する get() 関数である：

money_get<C,In = istreambuf_iterator<C>> facet (§iso.22.4.6.1) s の書式化規則にしたがって [b:e) を v に読み取る。r へのセットによってエラーを報告
`In get(In b, In e, bool intl, ios_base& s, ios_base::iostate& r, long double& v) const;`
`In get(In b, In e, bool intl, ios_base& s, ios_base::iostate& r, string_type& v) const;`

的確に定義された money_get 特性項目と money_put 特性項目のペアであれば、エラーや情報が欠損することなく、出力した書式のまま再び読み取れる。たとえば：

```
int main()
{
   Money m;
   while (cin>>m)
      cout << m << "\n";
}
```

この単純なプログラムの出力は、そのまま読み取れるものとなる。また、1回実行したときの出力を、2回目の実行の入力とした場合、その2回目の出力は、1回目の実行と同じものとなる。

Money の入力演算子は、次のように実現すればよさそうだ：

```
istream& operator>>(istream& s, Money& m)
{
   istream::sentry guard(s);      // §38.4.1を参照
   if (guard) try {
      ios_base::iostate state = 0;       // good状態
      string str;
      long double ld;

      const auto& f = use_facet<money_get<char>>(s.getloc());

      f.get(s, istreambuf_iterator<char>{}, true, s, state, str);

      if (state==0 || state==ios_base::eofbit) { // get()が成功したときのみ値を設定
         long long i = stoll(str);      // §36.3.5
         if (errno==ERANGE) {
            state |= ios_base::failbit;
         }
         else {
            m.amount = i;         // long longへの変換が成功したときのみ値を設定
         }
         s.setstate(state);
      }
   }
   catch (...) {
      handle_ioexception(s);      // §39.4.2.2を参照
   }
   return s;
}
```

ここでは、string への読取りに get() を利用している。というのも、double を読み取って、それを long long へと変換すると、精度が落ちる可能性があるからだ。

long doubleで正確に表現できる最大値は、long longで表現できる最大値よりも小さくなる可能性がある。

39.4.4 日付と時刻の書式化

日付と時刻の書式を制御するのは、time_get<C,In>とtime_put<C,Out>である。日付と時刻の表現には、tm（§43.6）を利用する。

39.4.4.1 time_put

time_put特性項目は、tmとして表現されている時刻を引数に受け取って、strftime()（§43.6）による文字シーケンス表現、あるいは、それと等価な文字列を出力する。

time_put<C,Out = ostreambuf_iterator<C>> facet（§iso.22.4.5.1）
`Out put(Out s, ios_base& f, C fill, const tm* pt, const C* b, const C* e) const;`
`Out put(Out s, ios_base& f, C fill, const tm* pt, char format, char mod = 0) const;`
`Out do_put(Out s, ios_base& ib, const tm* pt, char format, char mod) const;`

s=put(s,f,fill,pt,b,e)を呼び出すと、[b:e)を出力ストリームsにコピーする。その際、*ptに保持されている日付と時刻を書式化する。put()は、[b:e)内の書式文字xに対するstrftime()の呼出しのたびに、オプション修飾子modを伴って、p=do_put(s,ib,pt,x,mod)を呼び出す。指定可能な修飾子は、0（デフォルトの意味は“何もない”ことを表す）と、Eと、Oである。p=do_put(s,ib,pt,x,mod)のオーバライドは、*ptの適切な部分をsの中へと書式化し、すべてを書き込んだ後にs内での位置を返すようにするためのものだ。

いうまでもなく、日付と時刻のfacetは、localeに依存したDateクラスの入出力に利用する。§16.3で提示したDateの変種を考えてみよう：

```
class Date {
public:
   explicit Date(int d = {}, Month m = {}, int year = {});
   // ...
};
```

time_put特性項目を用いると、ストリームへのDateの出力を、指定した書式で行える：

```
ostream& operator<<(ostream& os, Date d)
{
   ostringstream ss;
   tm t;
   t.tm_mday = d.day;
   t.tm_mon = static_cast<int>(d.month-1);
   t.tm_year= d.year-1900;
   char fmt[] = "{%Y-%m-%d}";     // §43.6
   // tからosにputする：
   use_facet<time_put<char>>(os.getloc()).put(os,os,' ',&t,begin(fmt),end(fmt));
   return os;
}
```

より完全に設計するのであれば、私は、書式文字列をDateオブジェクト内にもたせるだろう。

time_putでは、_bynameバージョン（§39.4, §39.4.1）も提供される。

39.4.4.2 time_get

time_get特性項目の基本的な考え方は、strftime()（§43.6）と同じ書式を用いてput_time()が出力するものを、get_time()が読み取れるようにすることである。

年月日の順序を調べるには、date_order()を呼び出す。返却される値は、dateorder型だ：

```
class time_base {
public:
    enum dateorder {
        no_order,   // 年月日の順序
        dmy,        // "%d%m%y"のこと
        mdy,        // "%m%d%y"のこと
        ymd,        // "%y%m%d"のこと
        ydm         // "%y%d%m"のこと
    };
};
```

日付の実際の書式は、ロケールによって異なる。classic()のlocale（§39.2）では、10/3/1980のように、順序はmdyで、区切り文字は/である。

書式にしたがった読取り以外にも、日付と時刻の特定部分を読み取る処理も提供される：

time_get<C,In> facet（§iso.22.4.5.1） [b:e)から*ptへ読み取る
dateorder date_order() const;
In get_time(In b, In e, ios_base& ib, ios_base::iostate& err, tm* pt) const;
In get_date(In b, In e, ios_base& ib, ios_base::iostate& err, tm* pt) const;
In get_weekday(In b, In e, ios_base& ib, ios_base::iostate& err, tm* pt) const;
In get_monthname(In b, In e, ios_base& ib, ios_base::iostate& err, tm* pt) const;
In get_year(In b, In e, ios_base& ib, ios_base::iostate& err, tm* pt) const;
In get(In b, In e, ios_base& ib, ios_base::iostate& err, tm* pt, char format, char mod) const;
In get(In b, In e, ios_base& ib, ios_base::iostate& err, tm* pt, char format) const;
In get(In b, In e, ios_base& ib, ios_base::iostate& err, tm* pt, C* fmtb, C* fmte) const;

get_*()関数は、bからlocaleを取得して、[b:e)から*ptへと読み取って、エラーが発生した場合にerrをセットする。返却値は、[b:e)で読み取っていない文字の先頭を指す反復子である。

p=get(b,e,ib,err,pt,format,mod)の呼出しでは、strftime()と同等の書式文字formatと修飾子modにしたがって値を読み取る。modが指定されていなければ、mod==0とする。

get(b,e,ib,err,pt,fmtb,fmte)の呼出しでは、[fmtb:fmte)の文字列で指定されたstrftime()の書式を利用する。この多重定義では、デフォルトの修飾子を受け取る関数と同様に、do_get()インタフェースをもっていない。その代わりに、最初のget()呼出しに対してdo_get()を呼び出すように実装されている。

time_get特性項目を用いると、Dateの読取りができるようになる：

```
istream& operator>>(istream& is, Date& d)
{
   if (istream::sentry guard{is}) {
      ios_base::iostate err = ios_base::goodbit;
      struct tm t;
      use_facet<time_get<char>>(is.getloc()).get_date(is,0,is,err,&t);  // tに読み取る
      if (!err) {
         Month m = static_cast<Month>(t.tm_mon+1);
         d = Date(t.tm_mday,m,t.tm_year+1900);
      }
      is.setstate(err);
   }
   return is;
}
```

ここで`+1900`を行っているのは、`tm`では、西暦1900年を0で表すことによる（§43.6）。

以下に示すのが、簡単なテストプログラムだ：

```
void test()
{
   Date d1(3,10,1980);
   cout << d1 << '\n';     // Dateを出力
   // 日付の順序を読み取る：
   auto order = use_facet<time_get<char>>(cin.getloc()).date_order();
   if (order == time_base::mdy)
      cout << "month day year\n";
   else
      cout << "poor guess\n";
   stringstream ss ("10/3/1980");
   ss>>d1;                 // Dateを入力
   cout << d1 << '\n';     // Dateを出力
}
```

`time_get`は、`_byname`バージョン（§39.4, §39.4.1）も提供される。

39.4.5 文字クラス

入力から文字を読み取る際は、その意味を把握するために、文字の分類が必要となることが多い。たとえば、数値の読取りルーチンでは、読み取った文字が数字であるかどうかの判断が必要だ。その一例として、§10.2.2では、入力を解析する標準文字クラス判定関数を解説した。

当然ながら、文字クラスは、利用する文字に依存する。そのため、`locale`の文字クラスを表現する`ctype`特性項目が提供される。

文字クラスは、列挙体`mask`として定義される：

```
class ctype_base {
public:
   enum mask {         // 実際の値は、処理系定義
      space = 1,          // 空白類（"C" localeでは：' ', '\n', '\t'など）
      print = 1<<1,       // 印刷可能文字
      cntrl = 1<<2,       // 制御文字
      upper = 1<<3,       // 大文字
      lower = 1<<4,       // 小文字
      alpha = 1<<5,       // アルファベット
      digit = 1<<6,       // 10進数字
```

```
        punct = 1<<7,        // 小数点文字
        xdigit = 1<<8,       // 16進数字
        blank = 1<<9;        // 空白と水平タブ
        alnum=alpha|digit,   // アルファベットと数字
        graph=alnum|punct
    };
};

template<typename C>
class ctype : public locale::facet, public ctype_base {
public:
    using char_type = C;
    // ...
};
```

maskは、文字型には依存しない。そのため、この列挙体は、（非テンプレートの）基底クラスとして定義される。

maskが、従来のC言語とC++での文字クラス（§36.2.1）を反映したものであることは明らかだ。しかし、文字セットが異なれば、ある文字の値が、異なる文字クラスに分類される。たとえば、ASCII文字セットの整数値125は、区切り文字（punct）である}を表す。ところが、デンマーク語の文字セットでは、125は母音のåを表す。すなわち、デンマーク語のlocaleでの文字クラスは、alphaとなる。

文字クラスが"マスク"と呼ばれるのは、小規模文字セットでの文字分類の効率的な実装として、文字クラスを表すビットを格納した表を、従来から利用してきたからだ。たとえば：

```
table['P'] == upper|alpha
table['a'] == lower|alpha|xdigit
table['1'] == digit|xdigit
table[' '] == space|blank
```

このように実装されていると、table[c]&mは、文字cがmであれば非ゼロとなり、そうでなければ0となる。

ctype特性項目は、以下のように定義されている：

ctype<C> facet（§iso.22.4.1.1）
bool is(mask m, C c) const;
const C* is(const C* b, const C* e, mask* v) const;
const C* scan_is(mask m, const C* b, const C* e) const;
const C* scan_not(mask m, const C* b, const C* e) const;
C toupper(C c) const;
const C* toupper(C* b, const C* e) const;
C tolower(C c) const;
const C* tolower(C* b, const C* e) const;
C widen(char c) const;
const char* widen(const char* b, const char* e, C* b2) const;
char narrow(C c, char def) const;
const C* narrow(const C* b, const C* e, char def, char* b2) const;

is(m,c) の呼出しは、文字 c が文字クラス m に所属するかどうかをテストする。たとえば：

```
int count_spaces(const string& s, const locale& loc)
{
   const ctype<char>& ct = use_facet<ctype<char>>(loc);
   int i = 0;

   for(auto p = s.begin(); p!=s.end(); ++p)
      if (ct.is(ctype_base::space,*p))    // ctによって空白類と定義されている
         ++i;
   return i;
}
```

複数の文字クラスのいずれかに所属するかどうかの判定には、is() も利用できる。たとえば：

```
ct.is(ctype_base::space|ctype_base::punct,c);    // ctではcは空白類あるいは区切り文字か
```

is(b,e,v) は、[b:e) 内のすべての文字クラスを判定して、その結果を順番どおりに配列 v に書き込む。

scan_is(m,b,e) は、[b:e) 内で文字クラスが m である最初の文字を指すポインタを返す。文字クラスが m である文字が見つからなければ、返却値は e となる。これまでの標準 facet と同様に、public メンバ関数は、その内部で do_ 仮想関数を呼び出す。実装は、次のように単純だ：

```
template<typename C>
const C* ctype<C>::do_scan_is(mask m, const C* b, const C* e) const
{
   while (b!=e && !is(m,*b))
      ++b;
   return b;
}
```

scan_not(m,b,e) は、[b:e) 内で文字クラスが m でない最初の文字を指すポインタを返す。すべての文字が m の場合は、e を返す。

toupper(c) は、c を大文字に変換して返却する。利用中の文字セットに大文字が存在しなければ c 自身を返す。

toupper(b,e) は、[b:e) 内の文字すべてを大文字に変換して e を返却する。実装は、次のように単純だ：

```
template<typename C>
const C* ctype<C>::to_upper(C* b, const C* e)
{
   for (; b!=e; ++b)
      *b = toupper(*b);
   return e;
}
```

tolower() 関数は、小文字へ変換する点を除くと、toupper() と同じだ。

widen(c) は、文字 c を、対応する文字 C へと変換する。c に対応する文字が、C の文字セット内に複数存在する場合は、標準では“もっとも単純で理にかなった変換”を使うように規定されている。たとえば：

```
wcout << use_facet<ctype<wchar_t>>(wcout.getloc()).widen('e');
```

ここで、wcout の locale において、文字 e に対して理にかなった等価な文字を出力する。

widen() は、ASCII と EBCDIC のように、関連性がない文字表現間の変換にも利用できる。たとえば、ebcdic ロケールが存在するのであれば、以下のようなことが行える：

```
char EBCDIC_e = use_facet<ctype<char>>(ebcdic).widen('e');
```

widen(b,e,v) は、[b:e) 内のすべての文字に対する widen() の結果を、順番どおりに配列 v に書き込む。

narrow(ch,def) は、C 型の文字 ch に対応する char の値を返す。ここでも、“もっとも単純で理にかなった変換”が行われる。そのような char が存在しない場合は、def を返す。

narrow(b,e,def,v) は、[b:e) 内のすべての文字に対する narrow() の結果を、順番どおりに配列 v に書き込む。

一般的には、narrow() は大規模な文字セットから小規模な文字セットへの変換を行うものであって、widen() はその逆の変換を行うものだ。小規模な文字セットでの文字 c に対しては、次の動作を期待するかもしれない：

```
c == narrow(widen(c),0)  // 保証されない
```

これは、c が“小規模文字セット”内で一意に表現される文字であれば、成立する。ただし、その保証はない。char で表現した値が、大規模文字セット（C）に含まれない場合は、汎用的な文字処理を行うコードでは、異常やエラーが発生する可能性を考慮しなければならない。

同様に、大規模文字セット内の文字 ch では、次の動作を期待するだろう：

```
widen(narrow(ch,def)) == ch || widen(narrow(ch,def)) == widen(def) // 保証されない
```

多くの場合は成立するだろう。しかし、大規模文字セットでは複数の値となる一方で、小規模文字セットでの値が一意に定まるような文字では、これは保証されない。たとえば、7 のような数字は、大規模文字セットでは複数の異なる表現となることが多い。というのも、一般に大規模文字セットは、変換を容易にするために、複数の変換された表記用の複数のサブセットをもっているし、小規模文字セット内の文字は、変換表記を簡単にするために、複製されることがあるからだ。

基本ソース文字セット（§6.1.2）のすべての文字については、以下のことが保証されている：

```
widen(narrow(ch_lit,0)) == ch_lit
```

一例を示そう：

```
widen(narrow('x',0)) == 'x'
```

narrow() 関数と widen() 関数は、可能な限り文字クラスを維持する。たとえば、is(alpha,c) であれば、is(alpha,narrow(c,'a')) である。また、locale で、alpha が有効なマスクであれば、is(alpha,widen(c)) である。

通常は ctype 特性項目を利用して、特殊な場合に narrow() と widen() を利用する大きな理由は、入出力と文字列操作を実行するコードを、任意の文字セットに対応させることだ。すなわち、文字セットを維持する汎用性の高いコードを作るためである。このことから、iostream の実装が上

記の機能に大きく依存していることが分かる。<iostream>と<string>に基づいていれば、ユーザはctype特性項目を直接利用することはほとんどなくなる。

ctypeは、_bynameバージョン（§39.4, §39.4.1）も提供される：

```
template<typename C>
class ctype_byname : public ctype<C> {
    // ...
};
```


39.4.6 文字コードの変換

ファイルに保存されている文字の内部表現が、主記憶上で必要とされている内部表現とは異なることがある。たとえば、日本語文字は、その文字シーケンスが4種類の主要な文字セット（漢字、カタカナ、ひらがな、ローマ字）のどれに所属するのかを示すシフト指示子付きでファイル内に保存されることがある。"シフト状態"によってバイトの意味が変化するため、扱いやすくはない。しかし、内部表現として複数バイトを必要とするのが漢字だけなので、メモリの節約が行える。主記憶上の文字の内部表現は、すべての文字の大きさが同一であるマルチバイト文字セットが扱いやすい。そのような（たとえばUnicode文字のような）文字は、通常は、ワイド文字（wchar_t：§6.2.3）として格納する。そのため、codecvt特性項目が、入出力時に文字の内部表現を変換する機能を提供する。たとえば：

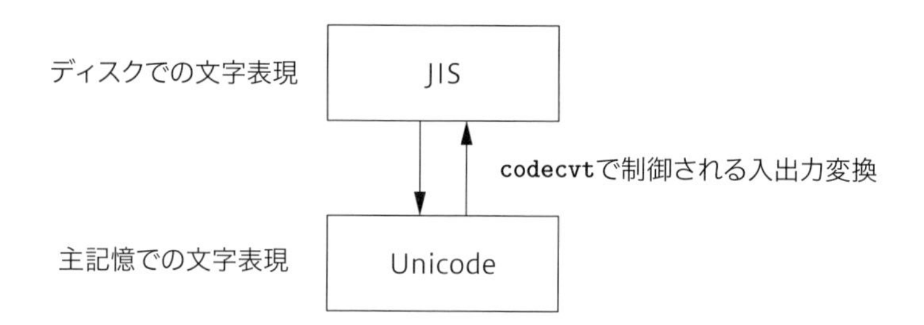

その文字コード変換の機構は、あらゆる文字表現を変換できる汎用性を提供する。（charやwchar_t型などによる）適切な内部表現を利用した上で、iostreamで利用するlocaleを変更することによって、さまざまな種類の入力文字表現に対応するプログラムが記述できるのだ。これ以外の方法を採用するのであれば、プログラム自体を変更するか、あるいは、入力ファイルや出力ファイルを変換することになってしまう。

codecvt特性項目は、ストリームバッファと外部記憶とのあいだで、文字を移動する際の、文字セット変換機能も提供する：

```
class codecvt_base {
public:
    enum result {          // 結果の指示子
        ok, partial, error, noconv
    };
};
```

```
template<typename In, typename Ex, typename SS>
class codecvt : public locale::facet, public codecvt_base {
public:
    using intern_type = In;
    using extern_type = Ex;
    using state_type = SS;
    // ...
};
```

codecvt<In,Ex,SS> facet（§iso.22.5） using CI = const In; using CE = const Ex;
result in(SS& st, CE* b, CE* e, CE*& next, In* b2, In* e2, In*& next2) const;
result out(SS& st, CI* b, CI* e, CI*& next, Ex* b2, Ex* e2, Ex*& next2) const;
result unshift(SS& st, Ex* b, Ex* e, Ex*& next) const;
int encoding() const noexcept;
bool always_noconv() const noexcept;
int length(SS& st, CE* b, CE* e, size_t max) const;
int max_length() const noexcept;

codecvt特性項目は、basic_filebuf（§38.2.1）で文字を読み書きするために利用されている。basic_filebufは、ストリームのlocaleから、そのfacetを取得する（§38.1）。

テンプレート引数State型は、変換しているストリームのシフト状態を保持するために利用する。また、Stateは特殊化による変換を区別するために利用することもできる。後者は有用である。というのも、さまざまな文字エンコーディング（文字セット）の文字が、同じ型のオブジェクトに保持されることがあるからだ。たとえば：

```
class JISstate { /* .. */ };

p = new codecvt<wchar_t,char,mbstate_t>;  // 通常の文字をワイド文字に変換
q = new codecvt<wchar_t,char,JISstate>;   // JISをワイド文字に変換
```

もし引数Stateの指定がなければ、charのストリームに対して、どのエンコーディングを前提とすればよいのかがfacetに分からない。<cwchar>と<wchar.h>が定義するmbstate_t型は、そのシステムで標準となるcharとwchar_tの変換方法を表す。

新しいcodecvtは、識別できる名前をもった派生クラスとして作ることになる。たとえば：

```
class JIScvt : public codecvt<wchar_t,char,mbstate_t> {
    // ...
};
```

in(st,b,e,next,b2,e2,next2)は、[b:e)内のすべての文字を読み取った上で、変換を試みる。変換に成功した場合は、その結果を[b2:e2)に順番どおりに書き込む。失敗した場合は、その時点で処理を中止する。リターン時には、最後に読み取った文字の直後の位置をnext（次に読み取るべき文字）に代入するとともに、最後に書き込んだ文字の直後の位置をnext2（次に書き込むべき文字）に代入する。in()が返却するresultの値は、どれだけ変換に成功したかを表す：

codecvt_base result（§iso.22.4.1.4）	
ok	[b:e) 内のすべての文字を変換した
partial	[b:e) 内のすべての文字が変換できたわけではない
error	変換できない文字があった
noconv	変換は不要である

partial が、必ずしもエラーを意味しないことに注意しよう。マルチバイト文字の途中までを読み取った際は変換できないし、出力バッファが不足すると書き込めないからだ。

state_type 型引数 st は、in() の呼出し時点での入力文字シーケンスの状態の指示である。外部の文字表現がシフト状態をもつ場合に、この引数が重要となる。この st が、（非 const の）参照引数であることに注意しよう。in() の実行終了時に、st は、その時点での入力シーケンスのシフト状態を保持している。そのため、partial の変換も行えるようになっているし、長いシーケンスに対して in() を複数回呼び出すこともできるようになっているのだ。

out(st,b,e,next,b2,e2,next2) は、in() が外部の表現から内部の表現へと変換するのと同じ方法で、[b:e) の文字を内部の表現から外部の表現へと変換する。

文字ストリームの開始と終了は、"ニュートラル"な（シフトされていない）状態となっていなければならない。通常、この状態は state_type{} である。

unshift(st,b,e,next) は、st を調べて、文字シーケンスが未シフト状態に戻るまで [b:e) 内の文字を格納する。unshift() の返却値と next の使い方は、out() と同じだ。

length(st,b,e,max) は、in() が変換できる [b:e) 内の文字数を返す。

encoding() の返却値は、以下の意味をもっている：

- **-1** 外部の文字セットのエンコーディングは、シフト状態を利用する（たとえば、shift と unshift に文字シーケンスを利用する）。
- **0** このエンコーディングでは、文字を表現するためのバイト数が変化する（たとえば、文字表現中のあるビットを使って、その文字の表現が1バイトなのか2バイトなのかを表す）。
- **n** 外部の文字表現でのすべての文字は、n バイトで表現される。

always_noconv() は、内部の文字表現と外部の文字表現のあいだで変換が不要であれば true を返却し、そうでない場合は false を返却する。当然、always_noconv()==true の場合は、変換関数を呼び出さないようなコードを生成することによって、処理系が最高の効率を実現できる可能性がある。

cvt.max_length() は、引数一式が有効な場合に cvt.length(ss,p,q,n) が返却する最大値を返す。

私が考えつく限りのもっとも単純な文字コード変換処理は、入力を大文字に変換するものである。codecvt が意味をもって、しかも動作する例としては、もっとも単純だ：

```
class Cvt_to_upper : public codecvt<char,char,mbstate_t> {   // 大文字への変換
public:
   explicit Cvt_to_upper(size_t r = 0) : codecvt(r) { }
```

```
protected:
   // 外部の文字表現を読み取って、内部の文字表現を書き出す：
   result do_in(State& s,
                const char* from, const char* from_end, const char*& from_next,
                char* to, char* to_end, char*& to_next
               ) const override;

   // 内部の文字表現を読み取って、外部の文字表現を書き出す：
   result do_out(State& s,
                 const char* from, const char* from_end, const char*& from_next,
                 char* to, char* to_end, char*& to_next
                ) const override;
   result do_unshift(State&, E* to, E* to_end, E*& to_next) const override
      { return ok; }

   int do_encoding() const noexcept override { return 1; }
   bool do_always_noconv() const noexcept override { return false; }

   int do_length(const State&, const E* from, const E* from_end, size_t max)
                 const override;
   int do_max_length() const noexcept override;    // length()が返却し得る最大長
};

codecvt<char,char,mbstate_t>::result
Cvt_to_upper::do_out(
   State& s,
   const char* from, const char* from_end, const char*& from_next,
   char* to, char* to_end, char*& to_next) const
{
   return codecvt<char,char,mbstate_t>::
                  do_out(s,from,from_end,from_next,to,to_end,to_next);
}

codecvt<char,char,mbstate_t>::result
Cvt_to_upper::do_in(
   State& s,
   const char* from, const char* from_end, const char*& from_next,
   char* to, char* to_end, char*& to_next) const
{
   // ...
}

int main()  // 簡単なテスト
{
   locale ulocale(locale(), new Cvt_to_upper);

   cin.imbue(ulocale);

   for (char ch; cin>>ch;)
      cout << ch;
}
```

codecvt は、**_byname** バージョン（§39.4, §39.4.1）も提供される：

```
template<typename I, typename E, typename State>
class codecvt_byname : public codecvt<I,E,State> {
   // ...
};
```

39.4.7 メッセージ

大半のエンドユーザは、プログラムとのやりとりを母国語で行いたいものである。しかし、ユーザとのやりとりをlocale依存にする標準的な仕組みは提供できない。その代わりに、プログラムが単純なメッセージを作成できるように、locale依存の一連の文字列を保持する単純な仕組みを、ライブラリが提供する。基本的には、messagesは、読取り専用の小規模なデータベースの実装だ：

```
class messages_base {
public:
   using catalog = /* 処理系定義の整数型 */;  // catalogは識別型
};

template<typename C>
class messages : public locale::facet, public messages_base {
public:
   using char_type = C;
   using string_type = basic_string<C>;
   // ...
};
```

messagesのインタフェースは、比較的単純だ：

messages<C> facet（§iso.22.4.7.1）
`catalog open(const string& s, const locale& loc) const;`
`string_type get(catalog cat, int set, int id, const basic_string<C>& def) const;`
`void close(catalog cat) const;`

open(s,loc)は、ロケールloc用の、メッセージの“カタログ”であるsをオープンする。カタログは、処理系固有の方法で作られた一連の文字列であり、messages::get()関数によってアクセスできるものだ。オープン可能なカタログsが存在しない場合は、負数を返す。カタログは、初めてget()を呼び出すよりも前にオープンしておく必要がある。

close(cat)は、catによって識別されるカタログをクローズして、関連するすべての資源を解放する。

get(cat,set,id,"foo")は、(set,id)で識別されるメッセージをカタログcatから探索する。見つかった場合は、その文字列を返却し、見つからなかった場合は、デフォルト文字列（ここではstring("foo")）を返す。

メッセージカタログを“メッセージ”のベクタとし、また“メッセージ”を文字列とする処理系での、messages特性項目の利用例を示そう：

```
struct Set {
   vector<string> msgs;
};

struct Cat {
   vector<Set> sets;
};

class My_messages : public messages<char> {
   vector<Cat>& catalogs;
```

```
public:
   explicit My_messages(size_t = 0) :catalogs{*new vector<Cat>} { }

   // カタログsをオープン：
   catalog do_open(const string& s, const locale& loc) const;
   // cat中のメッセージ(s,m)を取り出す：
   string do_get(catalog cat, int s, int m, const string&) const;

   void do_close(catalog cat) const
   {
      if (cat<catalogs.size())
         catalogs.erase(catalogs.begin()+cat);
   }

   ~My_messages() { delete &catalogs; }
};
```

messagesのすべてのメンバ関数はconstなので、カタログのデータ構造（vector<Set>）はfacetの外部に保持する。

メッセージの特定は、カタログ、カタログ内のメッセージセット、メッセージセット内のメッセージ文字列を指定することで行う。引数に与えた文字列は、カタログ内にメッセージを見つけられなかった場合に返すデフォルト値としても利用される：

```
string My_messages::do_get(catalog cat, int set, int id, const string& def) const
{
   if (catalogs.size()<=cat)
      return def;
   Cat& c = catalogs[cat];
   if (c.sets.size()<=set)
      return def;
   Set& s = c.sets[set];
   if (s.msgs.size()<=id)
      return def;
   return s.msgs[id];
}
```

カタログをオープンすると、テキスト表現をディスクからCat構造体へと読み取る。ここでは、簡単に読み取れるテキスト表現を使うことにしよう。メッセージは1行であり、メッセージセットは<<<と>>>で囲むものとする：

```
messages<char>::catalog My_messages::do_open(const string& n, const locale& loc) const
{
   string nn = n + locale().name();
   ifstream f(nn.c_str());
   if (!f) return -1;

   catalogs.push_back(Cat{});              // メモリ上にカタログを作成
   Cat& c = catalogs.back();

   for(string s; f>>s && s=="<<<"; ) {     // Setを読み取る
      c.sets.push_back(Set{});
      Set& ss = c.sets.back();
      while (getline(f,s) && s != ">>>")  // messageを読み取る
         ss.msgs.push_back(s);
   }
   return catalogs.size()-1;
}
```

以下に示すのが、ちょっとした利用例だ：

```
int main()
   // ちょっとしたテスト
{
   if (!has_facet<My_messages>(locale())) {
      cerr << "no messages facet found in" << locale().name() << '\n';
      exit(1);
   }

   const messages<char>& m = use_facet<My_messages>(locale());
   extern string message_directory;  // メッセージの格納場所

   auto cat = m.open(message_directory,locale());
   if (cat<0) {
      cerr << "no catalog found\n";
      exit(1);
   }

   cout << m.get(cat,0,0,"Missed again!") << endl;
   cout << m.get(cat,1,2,"Missed again!") << endl;
   cout << m.get(cat,1,3,"Missed again!") << endl;
   cout << m.get(cat,3,0,"Missed again!") << endl;
}
```

以下のカタログを与えることにしよう：

```
<<<
hello
goodbye
>>>
<<<
yes
no
maybe
>>>
```

プログラムを実行すると、次のように表示される：

```
hello
maybe
Missed again!
Missed again!
```

39.4.7.1 他の特性項目のメッセージの利用

messagesは、ユーザとのやりとりで利用するlocale依存の文字列のリポジトリとなるだけでなく、他のfacet用の文字列の保持のために利用できる。たとえば、Season_io特性項目（§39.3.2）は、以下のように記述できる：

```
class Season_io : public locale::facet {
   const messages<char>& m;        // メッセージのディレクトリ
   messages_base::catalog cat;     // メッセージのカタログ
public:
   class Missing_messages { };

   Season_io(size_t i = 0)
         : locale::facet(i),
           m(use_facet<Season_messages>(locale())),
           cat(m.open(message_directory,locale()))
```

```
    {
       if (cat<0)
          throw Missing_messages();
    }

    ~Season_io() { }         // Season_io（§39.3）オブジェクトを解体できるようにする

    const string& to_str(Season x) const;              // xの文字列表現

    bool from_str(const string& s, Season& x) const;  // sに対応するSeasonをxに入れる

    static locale::id id;    // 特性項目識別オブジェクト（§39.2, §39.3, §39.3.1）
};

locale::id Season_io::id;   // 識別オブジェクトを定義

string Season_io::to_str(Season x) const
{
    return m->get(cat,0,x,"no-such-season");
}

bool Season_io::from_str(const string& s, Season& x) const
{
    for (int i = Season::spring; i<=Season::winter; i++)
       if (m->get(cat,0,i,"no-such-season") == s) {
          x = Season(i);
          return true;
       }
    return false;
}
```

ここに示す、messagesを活用する手法は、新しいlocaleに対するSeason文字列一式の実装者が、それらをmessagesディレクトリに追加できるようにする必要があるという点で、最初の手法（§39.3.2）と異なっている。新しいlocaleを実行環境に追加するほうが容易だ。しかし、messagesは読取り専用のインタフェースしか定義しないので、新しいSeason文字列一式の追加は、アプリケーションプログラマの範疇を越えている。

messagesは、_bynameバージョン（§39.4, §39.4.1）も提供される：

```
template<typename C>
class messages_byname : public messages<C> {
   // ...
};
```

39.5 便利なインタフェース

iostreamへのロケール設定以上のことを行おうとすると、locale機能は、利用が複雑になってしまう。そのため、記述を単純化して、誤りを防ぐための**便利なインタフェース**（*convenience interface*）が提供される。

39.5.1 文字クラス

ctype特性項目の主な用途は、ある文字が指定した文字クラスに所属するかどうかの判定だ。そのため、以下の関数が提供される：

locale 依存の文字クラス（§iso.22.3.3.1）	
	注意：いずれも loc ロケールに依存する判定を行う
`isspace(c,loc)`	c は空白類か？
`isblank(c,loc)`	c は空白文字あるいは水平タブ文字か？
`isprint(c,loc)`	c は表示可能文字か？
`iscntrl(c,loc)`	c は制御文字か？
`isupper(c,loc)`	c は大文字のアルファベットか？
`islower(c,loc)`	c は小文字のアルファベットか？
`isalpha(c,loc)`	c はアルファベット文字か？
`isdigit(c,loc)`	c は 10 進数字か？
`ispunct(c,loc)`	c はアルファベット文字、数字、空白類、不可視な制御文字のいずれでもないか？
`isxdigit(c,loc)`	c は 16 進数字か？
`isalnum(c,loc)`	`isalpha(c,loc)` かまたは `isdigit(c,loc)` か？
`isgraph(c,loc)`	`isalpha(c,loc)`、`isdigit(c,loc)`、`ispunct(c,loc)` のいずれかであるか（注意：空白類は含まない）？

これらの関数は、`use_facet` を利用して簡単に実装されている。たとえば：

```
template<typename C>
inline bool isspace(C c, const locale& loc)
{
    return use_facet<ctype<C>>(loc).is(space,c);
}
```

ここに示した関数に対応して、1 個の引数を受け取るバージョンがある（§36.2.1）。それらは、現在のC広域ロケールを利用するものだ。C広域ロケールと、C++ 広域ロケールが異なるというごくまれな場合（§39.2.1）を除くと、1 個の引数を受け取るバージョンは、2 個の引数を受け取るバージョンに対して `locale()` を適用したものとみなせる。たとえば：

```
inline int isspace(int i)
{
    return isspace(i,locale());    // ほぼこのような感じ
}
```

39.5.2 文字の変換

大文字と小文字の変換も、`locale` 依存のものが提供される：

大文字と小文字の変換（§iso.22.3.3.2.1）	
`c2=toupper(c,loc)`	`use_facet<ctype<C>>(loc).toupper(c)`
`c2=tolower(c,loc)`	`use_facet<ctype<C>>(loc).tolower(c)`

39.5.3 文字列の変換

文字コードの変換も、`locale` 依存として行える。クラステンプレート `wstring_convert` は、ワ

イド文字列とバイト文字列との相互変換を行う。その際、ストリームやlocaleに影響を与えることなく、(codecvtなどの) コード変換facetを指定して変換を行える。たとえば、codecvt_utf8というコード変換facetを使うと、coutのlocaleを変更することなく、coutに対してUTF-8のマルチバイト文字列を直接出力できるようになる：

```
wstring_convert<codecvt_utf8<wchar_t>> myconv;
string s = myconv.to_bytes(L"Hello\n");
cout << s;
```

wstring_convertの定義は、ありきたりのものだ：

```
template<typename Codecvt,
         typename Wc = wchar_t,
         typename Wa = std::allocator<Wc>,     // ワイド文字のアロケータ
         typename Ba = std::allocator<char>    // バイトのアロケータ
        >
class wstring_convert {
public:
   using byte_string = basic_string<char, char_traits<char>, Ba>;
   using wide_string = basic_string<Wc, char_traits<Wc>, Wa>;
   using state_type = typename Codecvt::state_type;
   using int_type = typename wide_string::traits_type::int_type;
   // ...
};
```

wstring_convertのコンストラクタには、文字変換facetと、変換の初期状態と、エラー発生時に利用する値を指定できる：

wstring_convert<Codecvt,Wc,Wa,Ba> (§iso.22.3.3.2.2)	
wstring_convert cvt {};	wstring_convert cvt {new Codecvt};
wstring_convert cvt {pcvt,state}	cvtは変換facetに*pcvtを、変換状態にstateを利用する
wstring_convert cvt {pcvt};	wstring_convert cvt {pcvt,state_type{}};
wstring_convert cvt {b_err,w_err};	b_errとw_errを用いるwstring_convert cvt{};となる
wstring_convert cvt {b_err};	b_errを用いるwstring_convert cvt{};となる
cvt.~wstring_convert();	デストラクタ
ws=cvt.from_bytes(c)	wsはWcへ変換したchar cとなる
ws=cvt.from_bytes(s)	wsはWcへ変換したsのcharの並びとなる。sはC言語スタイルの文字列かstringである
ws=cvt.from_bytes(b,e)	wsはWcへ変換した[b:e)の範囲のcharの並びとなる
s=cvt.to_bytes(wc)	sはcharの並びに変換したwcである
s=cvt.to_bytes(ws)	sはcharの並びに変換したwsのWcの並びとなる。wsはC言語スタイルの文字列かbasic_string<Wc>である
s=cvt.to_bytes(b,e)	sはcharの並びに変換した[b:e)の範囲のWcの並びとなる
n=cvt.converted()	nは、cvtが変換した入力要素数となる
st=cvt.state()	stはcvtの状態となる

デフォルトでないw_err文字列を指定して構築されたcvtに対して呼び出された関数は、wide_

string への変換に失敗した場合、その w_err 文字列を（エラーメッセージとして）返す。そうでなければ、range_error 例外を送出する。

デフォルトでない b_err 文字列を指定して構築された cvt に対して呼び出された関数は、byte_string への変換に失敗した場合、その b_err 文字列を（エラーメッセージとして）返す。そうでなければ、range_error 例外を送出する。

たとえば：

```
void test()
{
    wstring_convert<codecvt_utf8_utf16<wchar_t>> converter;

    string s8 = u8"This is a UTF-8 string";
    wstring s16 = converter.from_bytes(s8);
    string s88 = converter.to_bytes(s16);

    if (s8!=s88)
        cerr << "Insane!\n";
}
```

39.5.4 バッファの変換

コード変換 facet（§39.4.6）は、ストリームバッファ（§38.6）への書込みや直接の読取りでも利用できる：

```
template<typename Codecvt,
         typename C = wchar_t,
         typename Tr = std::char_traits<C>
        >
class wbuffer_convert : public std::basic_streambuf<C,Tr> {
public:
    using state_type = typename Codecvt::state_type;
    // ...
};
```

wbuffer_convert<Codecvt,C,Tr>（§iso.22.3.3.2.3）	
wbuffer_convert wb {psb,pcvt,state};	wb は、*pcvt と変換の初期状態 state とを使って streambuf *psb から変換する
wbuffer_convert wb {psb,pcvt};	wbuffer_convert wb {psb,pcvt,state_type{}};
wbuffer_convert wb {psb};	wbuffer_convert wb {psb,new Codecvt{}};
wbuffer_convert wb {};	wbuffer_convert wb {nullptr};
psb=wb.rdbuf()	psb は wb のストリームバッファとなる
psb2=wb.rdbuf(psb)	wb のストリームバッファを *psb とする。*psb2 はそれまでの wb のストリームバッファとなる
t=wb.state()	t は wb の変換状態となる

39.6 アドバイス

[1] ある程度の規模のプログラムやユーザと直接やりとりするシステムは、異なる文化圏内で利用されることを想定しよう。§39.1。

[2] すべての人が自分と同じ文字セットを利用すると想定しないように。§39.1, §39.4.1。

[3] 入出力では、国や地域の違いを考慮して、その場しのぎのコードを記述するよりもlocaleの利用を優先しよう。§39.1。

[4] （C++ 標準ではない）外部の標準に準拠させる場合は、localeを活用しよう。§39.1。

[5] localeは、facetのコンテナとみなそう。§39.2。

[6] プログラムテキストに、locale名前文字列を直接記述しないように。§39.2.1。

[7] プログラム内でlocaleを変更する箇所は、ごく少数にとどめよう。§39.2.1。

[8] 広域な書式情報の利用は、最小限に抑えよう。§39.2.1。

[9] locale依存の文字列比較とソートを優先しよう。§39.2.2, §39.4.1。

[10] facetは、変更不可能にしよう。§39.3。

[11] facetの生存期間は、localeに管理させよう。§39.3。

[12] facetは自作できる。§39.3.2。

[13] locale依存の入出力関数を開発する場合は、（オーバライドする）ユーザ定義関数内で発生する例外への対処を忘れないように。§39.4.2.2。

[14] 金額に区切り文字が必要な場合は、numputを利用しよう。§39.4.2.1。

[15] 金額を保持する場合は、簡潔なMoney型を利用しよう。§39.4.3。

[16] locale依存の入出力が必要となる値を保持する場合は（組込み型の値との相互キャストを行わずに）、簡潔なユーザ定義型を利用しよう。§39.4.3。

[17] time_put特性項目は、<chrono>スタイルの時刻、<ctime>スタイルの時刻の両方に利用できる。§39.4.4。

[18] localeを明示できる文字クラス判定関数を利用しよう。§39.4.5, §39.5。

第 40 章　数値演算

計算の目的は数値ではなく、洞察である。
— リチャード・W・ハミング

… しかし学生にとっては、
数値は洞察に至る最良の道であることが多い。
— A・ラルストン

40.1　はじめに

C++ は、もともと数値演算を念頭に設計されたものではない。ところが、数値演算は、データベースアクセス、ネットワーク処理、機器の制御、グラフィックス、シミュレーション、財務分析など、他の分野の文脈で発生する。そのため、大規模システムの一部としての数値演算において、C++ は魅力的な道具となった。しかも、数値演算自体も、浮動小数点数値のベクタの単純なループ処理から大きく進化をとげている。より複雑なデータ処理では、C++ の強力な機能が真価を発揮する。本当の効果は、C++ が科学技術、工学、財務など高度な数値データを処理する分野で広く利用されていることだ。そのため、数値演算を支援する機能や技法も進化した。本章では、数値を処理する標準ライブラリ機能を解説する。数値演算のアルゴリズムなどは解説しない。数値演算は、それだけでも魅力的なテーマだ。理解するには、言語のマニュアルと入門書だけではなく、良質な数値演算の講座か、少なくとも良質な教科書が必要である。

本章で解説する標準ライブラリ機能の他にも、第 29 章の N 次元行列は、数値演算のよい具体例である。

40.2 数値の限界値

数値に対して、何らかの興味深い処理を実行するには、組込みの数値型の一般的性質を把握する必要がある。プログラマがハードウェアの能力を最大限引き出せるようにするために、数値型の性質は、言語による厳格な仕様として固定されず、処理系定義となっている（§6.2.8）。たとえば、intの最大値はいくつだろう？　floatの正の最小値は？　doubleをfloatに代入すると丸められるのだろうか、それとも切り捨てられるのだろうか？　charは何ビットなのだろうか？

これらの質問に対する回答は、<limits>が定義するnumeric_limitsテンプレートの特殊化が提供する。たとえば：

```
void f(double d, int i)
{
    char classification[numeric_limits<unsigned char>::max()];

    if (numeric_limits<unsigned char>::digits==numeric_limits<char>::digits) {
        // charは符号無し
    }

    if (i<numeric_limits<short>::min() || numeric_limits<short>::max()<i) {
        // iは桁落ちせずにshortに格納することはできない
    }

    if (0<d && d<numeric_limits<double>::epsilon()) d = 0;

    if (numeric_limits<Quad>::is_specialized) {
        // Quad型には限界値に関する情報が有効である
    }
}
```

個々の特殊化が、引数型に関する情報を提供する。そのため、汎用のnumeric_limitsテンプレートは、一連の定数とconstexpr関数の記述上のハンドルにすぎない：

```
template<typename T>
class numeric_limits {
public:
    // numeric_limits<T>に対して情報は有効か？
    static const bool is_specialized = false;

    // ... 単なるデフォルトの宣言群 ...

};
```

実際の情報は、各特殊化の内部にある。標準ライブラリの実装は、基本数値型（文字型、整数型、浮動小数点数型、bool型）のnumeric_limitsの特殊化を提供している。しかし、それ以外のvoid、列挙体、ライブラリ型（complex<double>など）に対する特殊化は提供しない。

charを始めとする汎整数型では、必要とされる情報は、わずかだ。charが8ビットの符号付き処理系でのnumeric_limits<char>は、次のようになっている：

```
template<>
class numeric_limits<char> {
public:
    static const bool is_specialized = true;    // この型の情報は有効である

    static const int digits = 7;          // 符号ビット以外の（"2進数"）のビット数

    static const bool is_signed = true;         // この処理系のcharは符号付き
    static const bool is_integer = true;        // charは汎整数型
```

```
    static constexpr char min() noexcept { return -128; }   // 最小値
    static constexpr char max() noexcept { return 127; }    // 最大値

    // charとは無関係な数多くの宣言
};
```

一連の関数群はconstexprなので、実行時オーバヘッドを伴わない定数式として利用できる。

numeric_limitsのほとんどのメンバは、浮動小数点数の性質を表すことを想定したものだ。以下に示すのは、floatの実装の一例である：

```
template<>
class numeric_limits<float> {
public:
    static const bool is_specialized = true;

    static const int radix = 2;        // 指数の底（この場合は2）
    static const int digits = 24;      // 仮数中の基数の桁数
    static const int digits10 = 9;     // 仮数中の10進での桁数

    static const bool is_signed = true;
    static const bool is_integer = false;
    static const bool is_exact = false;

    static constexpr float min() noexcept { return 1.17549435E-38F; } // 正の最小値
    static constexpr float max() noexcept { return 3.40282347E+38F; } // 正の最大値
    static constexpr float lowest() noexcept { return -3.40282347E+38F; } // 最小値

    static constexpr float epsilon() noexcept { return 1.19209290E-07F; }
    static constexpr float round_error() noexcept { return 0.5F; }  // 最大の丸め誤差

    static constexpr float infinity() noexcept { return /* 何らかの値 */; }
    static constexpr float quiet_NaN() noexcept { return /* 何らかの値 */; }
    static constexpr float signaling_NaN() noexcept { return /* 何らかの値 */; }
    static constexpr float denorm_min() noexcept { return min(); }

    static const int min_exponent = -125;
    static const int min_exponent10 = -37;
    static const int max_exponent = +128;
    static const int max_exponent10 = +38;

    static const bool has_infinity = true;
    static const bool has_quiet_NaN = true;
    static const bool has_signaling_NaN = true;
    static const float_denorm_style has_denorm = denorm_absent;
    static const bool has_denorm_loss = false;

    static const bool is_iec559 = true; // IEC-559への準拠
    static const bool is_bounded = true;
    static const bool is_modulo = false;
    static const bool traps = true;
    static const bool tinyness_before = true;

    static const float_round_style round_style = round_to_nearest;
};
```

min()は**正**の正規化数の最小値を表し、epsilonは浮動小数点数で1+epsilon-1が0よりも大きくなる正の最小値を表すことに注意しよう。

組込み型の延長としてスカラ型を定義する場合は、numeric_limitsの特殊化も定義するとよい。たとえば、私が4倍精度浮動小数点数型Quadを定義するとしたら、ユーザはnumeric_limits<Quad>も提供されることを当然期待するだろう。なお、非数値型であるDumb_ptrを定義する場合は、数値情報が有効でないことを表すように、is_specializedをfalseと定義した一次テンプレートのnumeric_limits<Dumb_ptr<X>>を期待するだろう。

浮動小数点数値とはほとんど関係のないユーザ定義型の性質を記述したnumeric_limitsの特殊化もあり得る。その場合は、標準ではない性質を勝手に定義したnumeric_limitsを特殊化するのではなく、その型の性質を記述する汎用的な技法を用いるのが一般によい。

40.2.1 限界値マクロ

C++は、整数の性質を表現するマクロをC言語から継承している。それらは<climits>で定義されている：

整数の限界を表すマクロ（§18.3.3：抜粋）	
CHAR_BIT	charのビット数（通常は8）
CHAR_MIN	charの最小値（負数の場合がある）
CHAR_MAX	charの最大値（通常は、符号付きならば127で符号無しならば255）
INT_MIN	intの最小値
LONG_MAX	longの最大値

signed charやlong longなどに対しても、同様の名前のマクロが定義されている。

なお、<cfloat>と<float.h>では、浮動小数点数の性質を表現するマクロが同様に定義されている。

浮動小数点数の限界を表すマクロ（§18.3.3：抜粋）	
FLT_MIN	floatの正の最小値（たとえば1.175494351e-38F）
FLT_MAX	floatの最大値（たとえば3.402823466e+38F）
FLT_DIG	floatの10進での精度の桁数（たとえば6）
FLT_MAX_10_EXP	floatの10進指数の最大値（たとえば38）
DBL_MIN	doubleの最小値
DBL_MAX	doubleの最大値（たとえば1.7976931348623158e+308）
DBL_EPSILON	1.0+DBL_EPSILON!=1.0となるdoubleの最小値

long doubleについても同様の名前のマクロが定義されている。

40.3 標準数学関数

<cmath>では、一般に**標準数学関数**（*standard mathematical function*）と呼ばれる関数が提供されている：

標準数学関数（§26.8：抜粋）	
abs(x)	絶対値
ceil(x)	x以上となる最小の整数値

`floor(x)`	x 以下となる最大の整数値		
`sqrt(x)`	平方根。x は非負でなければならない		
`cos(x)`	余弦	`cosh(x)`	双曲線
`sin(x)`	正弦	`sinh(x)`	双曲線
`tan(x)`	正接	`tanh(x)`	双曲線
`acos(x)`	逆余弦。結果は非負である	`acosh(x)`	双曲線
`asin(x)`	逆正弦。結果はもっともゼロに近い値である	`asinh(x)`	双曲線
`atan(x)`	逆正接	`atanh(x)`	双曲線
`atan2(x,y)`	`atanh(x/y)`		
`exp(x)`	底を e とする指数	`exp2(x)`	底は 2
`log(x)`	底を e とする自然対数。x は正でなければならない	`log2(x)`	底は 2
`log10(x)`	底を 10 とする常用対数		
`pow(x,y)`	指数：x の y 乗		
`round(x)`	四捨五入：.5 と -.5 のあいだを取り除く		
`modf(x,p)`	`( p=round(x),x-round(x) )`		
`fmod(x,y)`	浮動小数点の剰余：符号は x と同じ		

引数に `float`、`double`、`long double`、`complex` を受け取るバージョンも存在する（§40.4）。各関数の返却型は、引数型と同じだ。

エラーは、`<cerrno>` が定義する `errno` への代入によって通知される。定義域エラーならば `EDOM` であり、値域エラーならば `ERANGE` である。たとえば：

```
void f()
{
    errno = 0;  // 古いエラー状態をクリア
    sqrt(-1);
    if (errno==EDOM) cerr << "sqrt() not defined for negative argument";
    pow(numeric_limits<double>::max(),2);
    if (errno == ERANGE) cerr << "result of pow() too large to represent as a double";
}
```

歴史的経緯により、一部の数学関数は `<cmath>` ではなくて `<cstdlib>` で提供される：

残りの数学関数（§iso.26.8）	
`n2=abs(n)`	絶対値。n は `int`、`long`、`long long` のいずれか。n2 の型は n に一致する
`n2=labs(n)`	“`long` の絶対値”。n と n2 は `long` である
`n2=llabs(n)`	“`long long` の絶対値”。n と n2 は `long long` である
`p=div(n,d)`	nをdで割る。pは{商,剰余}となる。nとdは、`int`、`long`、`long long`のいずれか
`p=ldiv(n,d)`	nをdで割る。pは{商,剰余}となる。nとdは、`long`である
`p=lldiv(n,d)`	nをdで割る。pは{商,剰余}となる。nとdは、`long long`である

ここで `l*()` 版があるのは、C 言語が多重定義機能をサポートしないからだ。`div()` 系関数の返却値は、`div_t`、`ldiv_t`、`lldiv_t` のいずれかである。これらの `struct` は、それぞれ `int`、`long`、`long long` 型の、商を表すメンバ `quot` と、剰余を表すメンバ `rem` をもつ。単なる `div()` は、

引数と一致するのに十分な精度の struct を返却する。

特殊数学関数（*special mathematical function*）という、別のISO標準も存在する〔C++Math, 2010〕。処理系は、それらの関数を <cmath> に追加してもよいことになっている：

特殊数学関数（オプション）			
assoc_laguerre()	assoc_legendre()	beta()	comp_ellint_1()
comp_ellint_2()	comp_ellint_3()	cyl_bessel_i()	cyl_bessel_j()
cyl_bessel_k()	cyl_neumann()	ellint_1()	ellint_2()
ellint_3()	expint()	hermite()	laguerre()
legendre()	riemann_zeta()	sph_bessel()	sph_legendre()
sph_neumann()			

読者のみなさんが、これらの関数を知らないのであれば、不要ということだ。

40.4 複素数

標準ライブラリは、complex<float>、complex<double>、complex<long double> の複素数型を提供する。これら以外の、通常の算術演算が可能な Scalar 型に対する complex<Scalar> は、動作はするだろうが、その可搬性は保証されない。

```
template<typename Scalar>      // §iso.26.4.2
class complex {
   // complexは２個のスカラ型が集まったもの。基本的には２個の座標
   Scalar re, im;
public:
   complex(const Scalar & r = Scalar{}, const Scalar & i = Scalar{})
         :re(r), im(i) { }

   Scalar real() const { return re; }      // 実部
   void real(Scalar r) { re=r; }

   Scalar imag() const { return im; }      // 虚部
   void imag(Scalar i) { im = i; }

   template<typename X>
      complex(const complex<X>&);

   complex<T>& operator=(const T&);
   complex& operator=(const complex&);
   template<typename X>
      complex<T>& operator=(const complex<X>&);

   complex<T>& operator+=(const T&);
   template<typename X>
      complex<T>& operator+=(const complex<X>&);

   // -=, *=, /=の各演算子も同様に定義される
};
```

標準ライブラリの complex は、縮小変換に対する保護を行わない：

```
complex<float> z1 = 1.33333333333333333;      // 縮小
complex<double> z2 = 1.33333333333333333;     // 縮小
z1=z2;                                         // 縮小
```

意図しない縮小変換を防ぐには、{} 構文の初期化を使う：

```
complex<float> z3 {1.33333333333333333};      // エラー：縮小変換
```

<complex> では、complex のメンバ以外にも有用な演算子を提供している：

complex の演算子（§26.4）	
z1+z2	加算
z1-z2	減算
z1*z2	乗算
z1/z2	除算
z1==z2	等価性
z1!=z2	非等価性
norm(z)	abs(z) の2乗
conj(z)	共役。{z.re,-z.im}
polar(x,y)	極形式（絶対値，偏角）での複素数
real(z)	実部
imag(z)	虚部
abs(z)	(0,0) からの距離。sqrt(z.re*z.re+z.im*z.im)。いわゆる絶対値
arg(z)	正の実軸の角。atan2(z.im/z.re)。いわゆる偏角
out<<z	複素数の出力
in>>z	複素数の入力

標準数学関数は、複素数用のものも提供されている（§40.3）。complex が、< や % などを提供しないことに注意しよう。詳細については、§18.3 を参照しよう。

40.5 数値配列：valarray

数値演算の多くは、比較的単純な、浮動小数点数値の1次元ベクタを想定している。特に、高性能なマシンアーキテクチャは、ベクタを的確にサポートしている。また、ベクタを想定したライブラリは、広く利用されている。この種のベクタを利用するコードの極めて高度な最適化は、多くの分野で必要不可欠とみなされている。<valarray> が定義する valarray は、数値の1次元配列だ。配列型に対する一般的な数値ベクトル算術演算に加えて、スライスやストライドもサポートする：

数値配列クラス（§iso.26.6.1）	
valarray<T>	T 型の数値配列
slice	BLAS（Basic Linear Algebra Subprograms）ライクなスライス（開始インデックス、長さ、ストライド）。§40.5.4
slice_array<T>	スライスによって表す部分配列。§40.5.5

数値配列クラス（§iso.26.6.1）	
gslice	行列を表現する一般化されたスライス
gslice_array<T>	一般化されたスライスによって表現した部分行列。§40.5.6
mask_array<T>	マスクにより表現した、配列の一部。§40.5.2
indirect_array<T>	インデックスの並びにより表現した、配列の一部。§40.5.2

valarrayの基本的な考えは、最適化の可能性がある、Fortranのような高密度な多次元配列機能を提供することだ。そのためには、コンパイラとオプティマイザ提供者の積極的な支援と、valarrayの極めて基本的な機能に基づいたライブラリの支援が不可欠である。現時点では、どの処理系でもそこまでは実現できていない。

40.5.1 コンストラクタと代入

valarrayのコンストラクタは、別の数値配列からの初期化も行えるし、単一の値からの初期化も行えるようになっている：

valarray<T>のコンストラクタ（§iso.26.6.2.2）	
valarray va {};	要素をもたないvalarray
valarray va {n};	値がT{}であるn個の要素をもつvalarray。explicit
valarray va {t,n};	値がtであるn個の要素をもつvalarray
valarray va {p,n};	[p:p+n)の範囲の値をコピーした、n個の要素をもつvalarray
valarray va {v2};	ムーブコンストラクタとコピーコンストラクタ
valarray va {a};	aの要素をもとにvaを構築する。aはslice_array、gslice_array、mask_array、indirect_arrayのいずれかである。vaの要素数はaの要素数となる
valarray va {args};	initializer_list {args}から構築する。vaの要素数は{args}の要素数となる
va.~valarray()	デストラクタ

たとえば：

```
valarray<double> v0;                // 置き場として。v0には後で代入
valarray<float> v1(1000);           // 1000個の要素で値はfloat()==0.0F
valarray<int> v2(-1,2000);          // 2000個の要素で値は-1
valarray<double> v3(100,9.8064);    // ひどいミス：valarrayの要素数が浮動小数点数

valarray<double> v4 = v3;           // v4の要素数はv3.size()となる

valarray<int> v5 {-1,2000};         // 2個の要素
```

2個の引数を受け取るコンストラクタでは、最初の引数が値で、2番目の引数が要素数である。この順序は、標準のコンテナ一般とは異なっている（§31.3.2）。

コピーコンストラクタにvalarray引数を与えると、その要素数と同じ要素数のものが作られる。

大半のプログラムでは、表や入力からデータを取得する。これは、初期化子並びや組込みの配

列から要素をコピーするコンストラクタによってサポートされている。たとえば：

```
void f(const int* p, int n)
{
    const double vd[] = {0,1,2,3,4};
    const int vi[] = {0,1,2,3,4};

    valarray<double> v1{vd,4};    // 4個の要素：0,1,2,3
    valarray<double> v2{vi,4};    // 型エラー：viはdoubleへのポインタではない
    valarray<double> v3{vd,8};    // 定義されない：初期化子並びの要素が少なすぎる
    valarray<int> v4{p,n};        // pは少なくともn個のintへのポインタであるべき
}
```

valarrayとその補助機能は、高速な演算を目的として設計されている。そのため、ユーザに対しては若干の制約が生まれるとともに、実装者に対しては、少しだけ自由が与えられている。基本的に、valarrayの実装者は、考えられる限りの最適化技法はすべて適用してもよいことになっている。valarrayの処理では副作用がないこと（もちろん明示的な引数に対するものを除く）と、valarrayが別名をもたないことを前提としてよいのだ。基本的なセマンティクスが損なわれない限り、補助的な型や一時オブジェクトの除去などが認められる。範囲チェックは行われない。valarrayの要素は、デフォルトのコピーセマンティクス（§8.2.6）をもたなければならない。

valarrayに対しては、他のvalarray、スカラ、valarrayの一部が代入できる：

valarray<T>の代入（§iso.26.6.2.3）	
va2=va	コピー代入演算。va2.size()はva.size()になる
va2=move(va)	ムーブ代入演算。vaは空になる
va=t	スカラの代入。vaの全要素がtのコピーである
va={args}	initializer_list {args}から代入する。vaの要素数は{args}.size()になる
va=a	aから代入する。a.size()はva.size()と一致しなければならない。aにはslice_array、gslice_array、mask_array、indirect_arrayのいずれかを指定できる
va@=va2	vaの全要素に対してva[i]@=va2[i]を実行する。@は、*、/、%、+、-、^、&、|、<<、>>のいずれか
va@=t	vaの全要素に対してva[i]@=tを実行する。@は、*、/、%、+、-、^、&、|、<<、>>のいずれか

valarrayは、同じ要素数の他のvalarrayに対して代入できる。みなさんが期待するとおり、v1=v2は、v2の全要素を、v1内の同じ位置にコピーする。代入元と代入先のvalarrayの要素数が異なる場合の結果は定義されない。

この通常の代入の他にも、valarrayに対しては、スカラも代入できる。たとえばv=7は、valarray vの全要素に7を代入する。一部のプログラマにとっては、意外な動作かもしれない。代入演算子が縮退したものと理解するとよいだろう。たとえば：

```
valarray<int> v {1,2,3,4,5,6,7,8};
v *= 2;       // v=={2,4,6,10,12,14,16}
v = 7;        // v=={7,7,7,7,7,7,7,7}
```

40.5.2 添字演算

添字演算を使うと、valarray の 1 要素の選択と、部分配列の選択が行える：

valarray<T> の添字演算（§iso.26.6.2.4, §iso.26.6.2.5）	
t=va[i]	添字演算。t は va の i 番目の要素を表す参照となる。範囲チェックは行わない
a2=va[x]	部分配列。x は、slice、gslice、valarray<bool>、valarray<size_t> のいずれかである

これらの operator[] は、valarray 内の部分配列を返す。返却型（部分集合を表現するオブジェクトの型）は、引数の型から決定される。

引数が const であれば、要素のコピーが演算結果となる。非 const 引数であれば、要素への参照が演算結果だ。C++ は参照の配列を直接サポートしていない（たとえば、valarray<int&> の記述は行えない）ので、疑似的な実装が行われている。その実装は効率的に行えるものだ。すべてを網羅した一覧を、サンプルとともに（§iso.26.6.2.5 に基づいた順序で）示すことにしよう。いずれの場合も、添字演算は対象の要素を返し、v1 は、要素の型と要素数が適切な valarray でなければならない：

- const な valarray の slice

```
valarray<T> operator[](slice) const;                // 要素のコピー
// ...
const valarray<char> v0 {"abcdefghijklmnop",16};
valarray<char> v1 {v0[slice(2,5,3)]};               // {"cfilo",5}
```

- 非 const な valarray の slice

```
slice_array<T> operator[](slice);                   // 要素群への参照群
// ...
valarray<char> v0 {"abcdefghijklmnop",16};
valarray<char> v1 {"ABCDE",5};
v0[slice(2,5,3)] = v1;                              // v0=={"abAdeBghCjkDmnEp",16}
```

- const な valarray の gslice

```
valarray<T> operator[](const gslice&) const;        // 要素群のコピー群
// ...
const valarray<char> v0 {"abcdefghijklmnop",16};
const valarray<size_t> len {2,3};
const valarray<size_t> str {7,2};
valarray<char> v1 {v0[gslice(3,len,str)]};          // v1=={"dfhkmo",6}
```

- 非 const な valarray の gslice

```
gslice_array<T> operator[](const gslice&);          // 要素群へ参照群
// ...
valarray<char> v0 {"abcdefghijklmnop",16};
valarray<char> v1 {"ABCDE",5};
const valarray<size_t> len {2,3};
const valarray<size_t> str {7,2};
v0[gslice(3,len,str)] = v1;                         // v0=={"abcAeBgCijDlEnFp",16}
```

・const な valarray の valarray<bool>（マスク）

```
valarray<T> operator[](const valarray<bool>&) const;    // 要素群のコピー群
// ...
const valarray<char> v0 {"abcdefghijklmnop",16};
const bool vb[] {false, false, true, true, false, true};
valarray<char> v1 {v0[valarray<bool>(vb, 6)]};          // v1=={"cdf",3}
```

・非 const な valarray の valarray<bool>（マスク）

```
mask_array<T> operator[](const valarray<bool>&);        // 要素群へ参照群
// ...
valarray<char> v0 {"abcdefghijklmnop", 16};
valarray<char> v1 {"ABC",3};
const bool vb[] {false, false, true, true, false, true};
v0[valarray<bool>(vb,6)] = v1;                        // v0=={"abABeCghijklmnop",16}
```

・const な valarray の valarray<size_t>（インデックスの集合）

```
valarray<T> operator[](const valarray<size_t>&) const; // 要素群へ参照群
// ...
const valarray<char> v0 {"abcdefghijklmnop",16};
const size_t vi[] {7, 5, 2, 3, 8};
valarray<char> v1 {v0[valarray<size_t>(vi,5)]};         // v1=={"hfcdi",5}
```

・非 const な valarray の valarray<size_t>（インデックスの集合）

```
indirect_array<T> operator[](const valarray<size_t>&); // 要素群へ参照群
// ...
valarray<char> v0 {"abcdefghijklmnop",16};
valarray<char> v1 {"ABCDE",5};
const size_t vi[] {7, 5, 2, 3, 8};
v0[valarray<size_t>(vi,5)] {v1};                      // v0=={"abCDeBgAEjklmnop",16}
```

マスクによる添字演算（valarray<bool>）の結果が mask_array であって、インデックスの集合による添字演算（valarray<size_t>）の結果が indirect_array であることに注意しよう。

40.5.3 演算

valarray は計算の支援を目的としているので、数多くの基本的な数値演算を直接支援する：

valarray<T> のメンバ関数（§iso.26.6.2.8）	
va.swap(va2)	va と va2 の要素を交換する。noexcept
n=va.size()	n は va の要素数となる
t=va.sum()	t は、+= による、va の要素の合計となる
t=va.min()	t は、< によって判断した、va の要素の最小値となる
t=va.max()	t は、< によって判断した、va の要素の最大値となる
va2=va.shift(n)	要素を線形に左シフトする
va2=va.cshift(n)	要素を左循環シフトする
va2=va.apply(f)	f を適用する。f(va[i]) の結果が va2[i] の値となる
va.resize(n,t)	va を、値を t とし n 個の要素をもつ valarray とする
va.resize(n)	va.resize(n,T{})

範囲チェックは行われない。要素をもたない空のvalarray内の要素にアクセスしようとした場合の結果は、定義されない。

resize()が、それまでの値を維持しないことに注意しよう。

valarray<T>の処理（§iso.26.6.2.6, §iso.26.6.2.7） vとv2のいずれか一方だけがスカラであってもよい。算術演算の結果はvalarray<T>である	
swap(va,va2)	va.swap(va2)
va3=va@va2	vaとva2の要素に@演算を実行して、結果をva3に代入する。@は、+、-、*、/、%、&、|、^、<<、>>、&&、||のいずれか
vb=v@v2	vとv2の要素に@演算を実行して、valarray<bool>の結果を生成して代入する。@は、==、!=、<、<=、>、>=のいずれか
v2=@(v)	vの要素に@()を実行して、結果をv2に代入する。@は、abs、acos、asin、atan、cos、cosh、exp、log、log10のいずれか
v3=atan2(v,v2)	vとv2の各要素にatan2()を実行する
v3=pow(v,v2)	vとv2にpow()を実行する
p=begin(v)	pはvの先頭要素を指すランダムアクセス反復子となる
p=end(v)	pはvの末尾要素直後を指すランダムアクセス反復子となる

2項演算子は、オペランドが両方ともvalarrayである場合のものと、一方がスカラ型である場合のものとが定義されている。スカラ型は、全要素がそのスカラ型の値となっている、適切な要素数のvalarrayとして扱われる。たとえば：

```
void f(valarray<double>& v, valarray<double>& v2, double d)
{
    valarray<double> v3 = v*v2;     // すべてのiに対してv3[i] = v[i]*v2[i]
    valarray<double> v4 = v*d;      // すべてのiに対してv4[i] = v[i]*d
    valarray<double> v5 = d*v2;     // すべてのiに対してv5[i] = d*v2[i]
    valarray<double> v6 = cos(v);   // すべてのiに対してv6[i] = cos(v[i])
}
```

これらのベクタ演算では、オペランドの全要素に対して、指定された処理（この例では*とcos()）を適用する。当然ながら、演算できるのは、要素のスカラ型が対応する処理を定義している場合に限られる。そうでなければ、その演算子や関数を特殊化しようとした時点でコンパイルエラーとなる。

演算結果がvalarrayの場合、その要素数は、引数のvalarrayと一致する。2項演算子に対して要素数が異なるvalarrayを与えた場合の結果は、定義されない。

上の表に示したvalarrayの処理は、オペランドを変更するのではなくて、新しいvalarrayを返却する。この動作は高コストになる可能性があるが、高度な最適化技法を適用すれば、必ずしもそうはならない。

vがvalarrayであるとき、v*=0.2、v/=1.3といった乗除算が行える。すなわち、ベクタに対してスカラを適用すると、ベクタの全要素に、そのスカラが適用される。例によって、*と=を組み合わせるよりも、*=のほうが簡潔である（§18.3.1）上に、最適化も行いやすい。

代入以外の処理でも、新しくvalarrayが作られることに注意しよう。たとえば：

```
double incr(double d) { return d+1; }

void f(valarray<double>& v)
{
    valarray<double> v2 = v.apply(incr);    // インクリメントされたvalarrayを生成
    // ...
}
```

ここで、vの値が変化することはない。残念ながら、apply()は、関数オブジェクト（§3.4.3, §11.4）を引数として受け取ることはできない。

論理シフト関数shift()と循環シフト関数cshift()は、引数のvalarrayを変更せずに、新しいvalarrayを返却する。たとえば、循環シフトv2=v.cshift(n)は、v2[i]==v[(i+n)%v.size()]となるvalarrayを生成する。また、論理シフトv3=v.shift(n)は、i+nがvのインデックスとして有効である場合に限り、v3[i]をv[i+n]とする。そうでない場合は、要素のデフォルト値となる。これらの例からも分かるように、shift()とcshift()は、引数が正であれば左シフトを行い、負ならば右シフトを行う。たとえば：

```
void f()
{
    int alpha[] = { 1, 2, 3, 4, 5 ,6, 7, 8 };
    valarray<int> v(alpha,8);               // 1, 2, 3, 4, 5, 6, 7, 8
    valarray<int> v2 = v.shift(2);          // 3, 4, 5, 6, 7, 8, 0, 0
    valarray<int> v3 = v<<2;                // 4, 8, 12, 16, 20, 24, 28, 32
    valarray<int> v4 = v.shift(-2);         // 0, 0, 1, 2, 3, 4, 5, 6
    valarray<int> v5 = v>>2;                // 0, 0, 0, 1, 1, 1, 1, 2
    valarray<int> v6 = v.cshift(2);         // 3, 4, 5, 6, 7, 8, 1, 2
    valarray<int> v7 = v.cshift(-2);        // 7, 8, 1, 2, 3, 4, 5, 6
}
```

valarrayに対する>>と<<は、ビットシフト演算子である。要素の並びをシフトするわけではないし、入出力演算を行うわけでもない。そのため、<<=と>>=を使うと、汎整数型要素内のビットシフトが行える。たとえば：

```
void f(valarray<int> vi, valarray<double> vd)
{
    vi <<= 2;        // vi[i]<<=2をviの全要素に適用
    vd <<= 2;        // エラー：浮動小数点数値はシフトできない
}
```

valarrayに行える演算子と数学関数のすべてが、slice_array（§40.5.5）、gslice_array（§40.5.6）、mask_array（§40.5.2）、indirect_array（§40.5.2）と、その組合せに対しても適用できる。ただし、演算の実行前に、処理系が非valarrayの引数をvalarrayへと変換することが認められている。

40.5.4 slice

スライスsliceは、（組込み配列、vector、valarrayなどの）1次元配列を、任意の次元の行列として効率的に操作できるようにするための抽象クラスである。これは、Fortranでのベクタや、多くの数値演算の基礎となっているBLAS（Basic Linear Algebra Subprograms）における重要な概念だ。基本的には、配列の要素をn個ごとに取り出した、配列の部分である：

```
class std::slice {
   // 開始添字、要素数、ストライド
public:
   slice();                      // slice{0,0,0}
   slice(size_t start, size_t size, size_t stride);

   size_t start() const;         // 先頭要素の添字
   size_t size() const;          // 要素数
   size_t stride() const;        // 要素nはstart()+n*stride()に位置する
};
```

ストライド（*stride*）は、slice内の２要素間の距離（単位は要素数）を表す。すなわち、sliceは、ある非負の整数を、添字へとマッピングするためのものだ。要素数（size()）は、マッピング（アドレッシング）とは無関係だが、シーケンス末尾の判断には利用できる。このマッピングによって、（valarrayなどの）１次元配列内で、効率性、汎用性、利便性をもった手法で、２次元配列をシミュレートできるようになる。ここで、3×4行列（すなわち、3行の各行に4列がある）を例に考えてみよう：

```
valarray<int> v {
   {00,01,02,03},     // 行0
   {10,11,12,13},     // 行1
   {20,21,22,23}      // 行2
};
```

図にすると、以下のようになる：

00	01	02	03
10	11	12	13
20	21	22	23

通常のC／C++の規約にしたがうと、valarrayは、メモリ上で、連続して、行要素を先に配置する（すなわち**行優先**（*row-major*）順序である）：

```
for (int x : v) cout << x << ' ' ;
```

実行すると、以下のように表示される：

```
0 1 2 3 10 11 12 13 20 21 22 23
```

図にすると、以下のようになる：

Column 0	0				4				8			
	00	01	02	03	10	11	12	13	20	21	22	23
row 0	0	1	2	3								

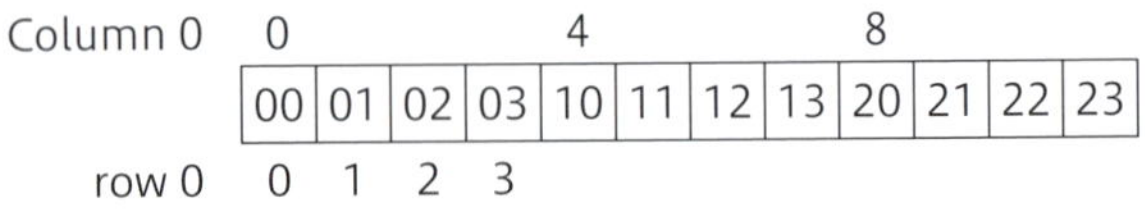

行xは、slice(x*4,4,1)と表現できる。すなわち、行xの先頭要素は、ベクタ内のx*4番目の要素であって、行xの次の要素は、ベクタ内の(x*4+1)番目の要素であり、それ以降も同様に

続く。また、各行内の要素数は、4である。たとえば、slice{0,4,1}は、vの先頭行（行0）の00、01、02、03を表し、slice{1,4,1}は、vの2番目の行（行1）を表す。

列yはslice(y,3,4)として表現される。すなわち、列yの先頭要素はベクタ内のy番目の要素であって、列yの次の要素は、(y+4)番目の要素であり、それ以降同様に続く。また、各列内の要素数は3である。たとえば、slice{0,3,4}は、vの先頭列（列0）の00、10、20を表し、slice{1,3,4}は、vの2番目の列（列1）を表す。

sliceは、2次元配列をシミュレートするだけでなく、他のさまざまなシーケンスを表現できる。すなわち、極めて単純なシーケンスを表現するための、極めて汎用的な手法である。その考え方については、§40.5.6で詳細に解説する。

sliceは、奇妙な反復子ともみなせる。sliceを使うと、valarrayのインデックスのシーケンスが表現できるのだ。それに基づいて、STLスタイルの反復子を定義することもできる：

```
template<typename T>
class Slice_iter {
   valarray<T>*v;
   slice s;
   size_t curr;    // 現在の要素のインデックス

   T& ref(size_t i) const { return (*v)[s.start()+i*s.stride()]; }
public:
   Slice_iter(valarray<T>*vv, slice ss, size_t pos =0)
            :v{vv}, s{ss}, curr{pos} { }

   Slice_iter end() const { return {v,s,s.size()}; }

   Slice_iter& operator++() { ++curr; return *this; }
   Slice_iter operator++(int) { Slice_iter t = *this; ++curr; return t; }

   T& operator[](size_t i) { return ref(i); }    // C言語スタイルの添字
   T& operator()(size_t i) { return ref(i); }    // Fortranスタイルの添字
   T& operator*() { return ref(curr); }          // 現在の要素

   bool operator==(const Slice_iter& q) const
   {
      return curr==q.curr && s.stride()==q.s.stride() && s.start()==q.s.start();
   }

   bool operator!=(const Slice_iter& q) const
   {
      return !(*this==q);
   }

   bool operator<(const Slice_iter& q) const
   {
      return curr<q.curr && s.stride()==q.s.stride() && s.start()==q.s.start();
   }
};
```

sliceは大きさをもっているので、範囲チェックの実装も行える。この例では、slice::size()をうまく利用して、sliceの末尾要素の直後を指す反復子を提供するend()を実装している。

sliceは行と列を表現できるので、Slice_iterを使うと、valarrayを行単位あるいは列単位に走査できるようになる。

40.5.5 slice_array

valarrayとsliceの両方を使うと、valarrayと同じ感覚で利用できるものを作ることができる。しかし、実際には、sliceによって表現した部分配列に単純にアクセスする手段となるだけだ。

slice_array<T> （§iso.26.6.5）	
slice_array sa {sa2};	コピーコンストラクタ。saはsa2と同じ方式で要素を参照する
sa2=sa	sa[i]が表す要素を、sa2[i]が表す要素に代入する
sa=va	va[i]をsa[i]に代入する
sa=v	vをsaが表す各要素に代入する
sa@=va	saの各要素にsa[i]@=va[i]を実行する。@は、*、/、%、+、-、^、&、|、<<、>>のいずれか

ユーザが直接slice_arrayを作ることはできないが、valarrayに添字を適用することで、あるスライスに対するslice_arrayが作れるようになる。slice_arrayの初期化が終了した後でslice_arrayを利用すると、そのアクセスは、間接的に元のvalarrayに対するものとなる。たとえば、配列内の要素を2個おきに表現する処理は、以下のようになる：

```
void f(valarray<double>& d)
{
    slice_array<double>& v_even = d[slice(0,d.size()/2+d.size()%2,2)];
    slice_array<double>& v_odd = d[slice(1,d.size()/2,2)];

    v_even *= v_odd;  // 添字が奇数である全要素を２倍にする
    v_odd = 0;        // 添字が偶数である全要素に0を代入する
}
```

slice_arrayは、コピー可能である。たとえば：

```
slice_array<double> row(valarray<double>& d, int i)
{
    slice_array<double> v = d[slice(0,2,d.size()/2)];
    // ...
    return d[slice(i%2,i,d.size()/2)];
}
```

40.5.6 汎用のスライス

slice（§29.2.2, §40.5.4）は、n次元配列中の、特定の1行や、特定の1列を表現できる。しかし、1行でも1列でもない、部分配列を抽出する必要が生じることもある。一例として、4行3列の行列から、左上側の3行2列の行列を抽出することを考えよう：

00	01	02
10	11	12
20	21	22
30	31	32

残念ながら、抽出すべき要素は、単一のsliceで表現できるような形では割り当てられていない：

部分配列　0　1　　2　3　　4　5

00	01	02	10	11	12	20	21	22	30	31	32

そこで、n個のsliceが表現する情報（の大部分）を網羅した“汎用スライス（generalized slice）”であるgsliceを利用する：

```
class std::gslice {
   // 1ストライド、1サイズを保持するstrideとは異なって、
   // gsliceは、nストライド、nサイズを保持する
public:
   gslice();
   gslice(size_t sz, const valarray<size_t>& lengths,
                     const valarray<size_t>& strides);

   size_t start() const;             // 先頭要素のインデックス
   valarray<size_t> size() const;    // 次元中の要素数
   valarray<size_t> stride() const;  // index[0], index[1], ...に対するストライド
};
```

値が増えているので、gsliceは、n個の整数と、配列要素のアドレッシングに利用する1個のインデックスのマッピングが行えるようになる。たとえば、3行2列の行列のレイアウトは、（長さ，ストライド）のペアとして表現できる：

```
size_t gslice_index(const gslice& s, size_t i, size_t j)
   // (i,j)から対応する添字へのマッピング
{
   return s.start()+i*s.stride()[0]+j*s.stride()[1];
}

valarray<size_t> lengths {2,3};   // 第1次元内の2要素
                                  // 第2次元内の3要素
valarray<size_t> strides {3,1};   // 3は第1添字に対するストライド
                                  // 1は第2添字に対するストライド

void f()
{
   gslice s(0,lengths,strides);

   for (int i=0; i<3; ++i)                    // 行の繰返し
      for (int j=0; j<2; ++j)                 // 行内の各列に対する繰返し
         cout << "(" << i << "," << j << ")->"   // マッピングを表示
              << gslice_index(s,i,j) << "; ";
}
```

実行すると、以下のように表示される：

```
(0,0)->0; (0,1)->1; (1,0)->3; (1,1)->4; (2,0)->6; (2,1)->7
```

この方式では、2個の（長さ，ストライド）のペアをもつgsliceが、2次元配列の部分配列を表現する。また、3個の（長さ，ストライド）のペアをもつgsliceが、3次元配列の部分配列を表現する。以降、同様だ。valarrayのインデックスとしてgsliceを利用すると、そのgsliceが表現する要素で構成されるgslice_arrayが得られる。たとえば：

```
void f(valarray<float>& v)
{
   gslice m(0,lengths,strides);
   v[m] = 0;                    // v[0],v[1],v[3],v[4],v[6],v[7]に0を代入
}
```


gslice_array は、slice_array（§40.5.5）と同じメンバを提供する。gslice を valarray（§40.5.2）の添字として利用した結果として、gslice_array が作られる。

40.6 汎用数値アルゴリズム

標準ライブラリは <numeric> で、<algorithm> が提供している非数値アルゴリズム（第 32 章）と同じスタイルの数値アルゴリズムを提供する。これらのアルゴリズムは、数値のシーケンスに対する一般的な処理の汎用化バージョンを提供する：

数値アルゴリズム（§iso.26.7） 引数に入力反復子を受け取る	
x=accumulate(b,e,i)	x は、i と [b:e) の要素の合計となる
x=accumulate(b,e,i,f)	+ の代わりに f を用いた accumulate である
x=inner_product(b,e,b2,i)	x は [b:e) と [b2:b2+(e-b)) の内積となる。すなわち、i と [b:e) 内の p1 の (*p1)*(*p2)、[b2:b2+(e-b)) 内の対応する p2 の合計
x=inner_product(b,e,b2,i,f,f2)	+ と * の代わりに f と f2 を用いた inner_product となる
p=partial_sum(b,e,out)	[out:p) 内の要素 i は、[b:b+i] の合計となる
p=partial_sum(b,e,out,f)	+ の代わりに f を用いた partial_sum となる
p=adjacent_difference(b,e,out)	[out:p) 内の要素 i は、i>0 の (*b+i)-*(b+i-1) となる。e-b>0 ならば *out は *b となる
p=adjacent_difference(b,e,out,f)	- の代わりに f を用いた adjacent_difference である
iota(b,e,v)	[b:e) 内の各要素に ++v を代入する。シーケンスは v+1, v+2, ... となる

これらのアルゴリズムの対象は、あらゆるシーケンスである。それらのシーケンスの要素に適用する演算をパラメータ化した上で、たとえば合計を行うような一般的なアルゴリズムが、汎化されている。いずれのアルゴリズムに対しても、そのアルゴリズムでもっとも多く利用される演算子を適用した汎用バージョンが提供される。

40.6.1 accumulate()

accumulate() の単純版では、シーケンス中の要素を、要素型用の + 演算子によって累計する：

```
template<typename In, typename T>
T accumulate(In first, In last, T init)
{
   for (; first!=last; ++first)  // [first:last)中の全要素を対象として
      init = init + *first;      // 加算を行う
   return init;
}
```

このコードは、以下のように利用できる：

```
void f(vector<int>& price, list<float>& incr)
{
    int i = accumulate(price.begin(),price.end(),0);    // 合計をintに格納
    double d = 0;
    d = accumulate(incr.begin(),incr.end(),d);          // 合計をdoubleに格納

    int prod = accumulate(price.begin,price.end(),1,
                          [](int a, int b){ return a*b; });
    // ...
}
```

呼出し時に引数に与えられた値の型が、返却型となる。

accumulate() の引数としては、初期値に加えて、“要素どうしを組み合わせる”演算を指定できるので、accumulate() では加算以外の処理も行える。

データ構造からある値を抽出するようなことも、accumulate() での一般的な処理だ。たとえば：

```
struct Record {
    // ...
    int unit_price;
    int number_of_units;
};

long price(long val, const Record& r)
{
    return val + r.unit_price * r.number_of_units;
}

void f(const vector<Record>& v)
{
    cout << "Total value: " << accumulate(v.begin(),v.end(),0,price) << '\n';
}
```

コミュニティによっては、accumulate に相当する処理を、reduce や reduction や fold などと呼ぶ。

40.6.2 inner_product()

単一シーケンスの加算処理は極めてよく行われるが、2個のシーケンスの加算処理も珍しくない：

```
template<typename In, typename In2, typename T>
T inner_product(In first, In last, In2 first2, T init)
{
    while (first != last)
        init = init + *first++ * *first2++;
    return init;
}

template<typename In, typename In2, typename T, typename BinOp, typename BinOp2>
T inner_product(In first, In last, In2 first2, T init, BinOp op, BinOp2 op2)
{
    while (first != last)
        init = op(init,op2(*first++,*first2++));
    return init;
}
```

例によって、第2入力シーケンス用の引数としては、先頭への反復子だけが渡される。その入力シーケンスの要素数は、第1入力シーケンス以上でなければならない。

Matrix と valarray の乗算で重要となるのが、inner_product である：

```
valarray<double> operator*(const Matrix& m, valarray<double>& v)
{
   valarray<double> res(m.dim2());

   for (size_t i=0; i<m.dim2(); i++) {
      auto& ri = m.row(i);
      res[i] = inner_product(ri,ri.end(),&v[0],double(0));
   }
   return res;
}

valarray<double> operator*(valarray<double>& v, const Matrix& m)
{
   valarray<double> res(m.dim1());

   for (size_t i=0; i<m.dim1(); i++) {
      auto& ci = m.column(i);
      res[i] = inner_product(ci,ci.end(),&v[0],double(0));
   }
   return res;
}
```

inner_product の一部の形態は、“点乗積（dot product）”と呼ばれる。

40.6.3 partial_sum() と adjacent_difference()

partial_sum() アルゴリズムと adjacent_difference() アルゴリズムは、相互に逆演算であり、漸進的変化を処理する。

adjacent_difference() は、a, b, c, d, ... が与えられると、a, b-a, c-b, d-c, ... を計算する。

気温を表す数値のベクタを例に考えてみよう。次のようにすると、気温の変化のベクタへの変換が行える：

```
vector<double> temps;

void f()
{
   adjacent_difference(temps.begin(),temps.end(),temps.begin());
}
```

たとえば、17, 19, 20, 20, 17 を、17, 2, 1, 0, -3 へと変換する。

これとは逆に、partial_sum() は、一連の漸進的変化の最終結果を計算する：

```
template<typename In, typename Out, typename BinOp>
Out partial_sum(In first, In last, Out res, BinOp op)
{
   if (first==last) return res;
   *res = *first;
   T val = *first;
   while (++first != last) {
      val = op(val,*first);
      *++res = val;
   }
   return ++res;
}
```

```
template<typename In, typename Out>
Out partial_sum(In first, In last, Out res)
{
    return partial_sum(first,last,res,plus);    // std::plus (§33.4) を利用
}
```

partial_sum() は、a, b, c, d, ... が与えられると、a, a+b, a+b+c, a+b+c+d, ... を計算する。たとえば：

```
void f()
{
    partial_sum(temps.begin(),temps.end(),temps.begin());
}
```

partial_sum() が、新しい値を代入する前に res をインクリメントしていることに注意しよう。この動作のおかげで、res が入力と同じシーケンスになることが保証される。adjacent_difference() の動作も同様だ。すなわち、

```
partial_sum(v.begin(),v.end(),v.begin());
```

は、a, b, c, d のシーケンスを、a, a+b, a+b+c, a+b+c+d へと変換する。また、

```
adjacent_difference(v.begin(),v.end(),v.begin());
```

は、再変換して、オリジナルの値に戻す。partial_sum() は、17, 2, 1, 0, -3 を、17, 19, 20, 20, 17 へと戻すのだ。

気温の変化が、気象学や科学実験室の退屈な数値だと考える読者のために、株価の変化や海面上昇の変化を解析する場合でも、まったく同じ処理になることを指摘しておく。一連の変化を解析する際に、有用な処理である。

40.6.4 iota()

iota(b,e,n) は、[b:e) 内の i 番目の要素に n+i を代入する。たとえば：

```
vector<int> v(5);
iota(v.begin(),v.end(),50);
vector<int> v2 {50,51,52,53,54};

if (v!=v2)
    error("complain to your library vendor");
```

iota という名前は、ギリシア文字 ι のラテン語読みであり、APL 言語で関数として利用されている。この iota() を、非標準でありながら広く利用されている itoa()（int-to-alpha：§12.2.4）と混同しないように。

40.7 乱数

乱数は、シミュレーション、ゲーム、サンプリング、暗号、テストなど、多くのアプリケーションで重要なものだ。たとえば、ルータのシミュレーションで TCP/IP アドレスを選択する、登場させたモンスターが攻撃するのか頭を掻くのかを決定する、平方根を求める関数のテスト用に複数の値を生成するなど、数多くのものが考えられる。標準ライブラリは <random> で、（疑似）乱数生成機能を

定義している。その乱数は、放射性崩壊や太陽放射などの物理現象から得られる予測不能値（“真にランダムな乱数”）ではなく、数式で生成した値である。処理系が真にランダムな生成器をもっていれば、`random_device`として利用できることになる（§40.7.1）。

提供されるのは、以下に示す4種類の実体だ：

- **一様乱数生成器**（*uniform random number generator*）：範囲内で出現確率が（理論上は）均等である符号無し整数を返す関数オブジェクト。
- **乱数エンジン**（*random number engine*）（単にエンジンとも呼ばれる）：`E{}`によってデフォルトの状態で作れて、`seed E{s}`によって指定した状態で作れる一様乱数生成器。
- **乱数エンジンアダプタ**（*random number engine adaptor*）（単にアダプタとも呼ばれる）：他の乱数生成エンジンから得た値を引数に受け取って、異なる性質を付加するアルゴリズムを適用する乱数生成エンジン。
- **乱数分布**（*random number distribution*）（単に分布とも呼ばれる）：指定した数学的確率密度関数`p(z)`や、離散確率関数`P(zi)`にしたがって分布する値を返す関数オブジェクト。

詳細については、§iso.26.5.1を参照しよう。

ユーザの観点から簡単に説明すると、乱数生成器は、エンジン＋分布である。エンジンで一様分布の乱数を生成して、分布が目的の形（分布）へと変化させる。そのため、乱数生成器から数多くの乱数を取り出してグラフにすると、その分布がきれいに描ける。たとえば、`default_random_engine`に対して`normal_distribution`をバインドすると、正規分布を生成する乱数生成器が得られる：

```
auto gen = bind(normal_distribution<double>{15,4.0},default_random_engine{});
for (int i=0; i<500; ++i) cout << gen();
```

標準ライブラリ関数`bind()`は、第1引数に対して第2引数を与えて実行する関数オブジェクトを作成する（§33.5.1）。

ASCIIの記号文字（§5.6.3）で表現すると、以下のように表示される：

```
3   **
4   *
5   *****
6   ****
7   ****
8   ******
9   ************
10  ***************************
11  ***************************
12  **************************************
13  **********************************************************
14  ***************************************************
15  *******************************************************
16  ********************************
17  **************************************************
```

```
18 ************************************
19 *********************************
20 ***************
21 ************
22 ************
23 *******
24 *****
25 ****
26 *
27 *
```

大半のプログラマが、ほとんどの場合に必要とするのは、ある特定範囲の整数あるいは浮動小数点数の単純な一様分布である。たとえば：

```
void test()
{
   Rand_int ri {10,20};          // [10:20]中のintの一様乱数
   Rand_double rd {0,0.5};       // [0:0.5)中のdoubleの一様乱数

   for (int i=0; i<100; ++i)
      cout << ri() << ' ';
   for (int i=0; i<100; ++i)
      cout << rd() << ' ';
}
```

残念ながら、ここで使っている`Rand_int`と`Rand_double`は、標準クラスではない。しかし、作るのは簡単だ：

```
class Rand_int {
public:
   Rand_int(int lo, int hi) : p{lo,hi} { }   // 引数を保持
   int operator()() const { return r(); }
private:
   uniform_int_distribution<>::param_type p;
   auto r = bind(uniform_int_distribution<>{p},default_random_engine{});
};
```

ここでは、引数の保持の際に、分布の標準`param_type`に別名（§40.7.3）を与えているので、名前を与える必要から解放してくれる`auto`を`bind()`の結果に利用している。

`Rand_double`では、ちょっと別の技法も使ってみることにする：

```
class Rand_double {
public:
   Rand_double(double low, double high)
      :r(bind(uniform_real_distribution<>(low,high),default_random_engine())) { }
   double operator()() { return r(); }
private:
   function<double()> r;
};
```

乱数の重要な用途の一つが、サンプリングアルゴリズムである。この種のアルゴリズムでは、大規模な**母集団**（*population*）から**サンプル**（*sample*）を抽出する必要がある。古典的で有名な論文〔Vitter, 1985〕から、Rというアルゴリズム（もっとも単純なアルゴリズム）を考えよう：

40 数値演算

```
template<typename Iter, typename Size, typename Out, typename Gen>
Out random_sample(Iter first, Iter last, Out result, Size n, Gen&& gen)
{
   using Dist = uniform_int_distribution<Size>;
   using Param = typename Dist::param_type;

   // 貯蔵場所とadvanceを最初に埋めつくす：
   copy(first,n,result);
   advance(first,n);

   // [0:k]範囲の中の乱数rを選択することによって、
   // [first+n:last)中の残った要素を取り出す。もしr<nならば置きかえる
   // kは繰り返しのたびにインクリメントして確率を下げる
   // ランダムアクセス反復子に対してk = i-first
   // (先頭ではなくiをインクリメントすると仮定)

   Dist dist;
   for (Size k = n; first!=last; ++first,++k) {
      Size r = dist(gen,Param{0,k});
      if(r < n)
         *(result + r) = *first;
   }
   return result;
}
```

40.7.1 乱数エンジン

一様乱数生成器は、ほぼ一様分布な、`result_type`型の値のシーケンスを生成する関数オブジェクトである：

一様乱数生成器：G<T>（§iso.26.5.1.3）	
`G::result_type`	シーケンスの要素の型
`x=g()`	アプリケーション演算子。`x`はシーケンス内の次の要素となる
`x=G::min()`	`x`は、`g()`が返却できる要素の最小値となる
`x=G::max()`	`x`は、`g()`が返却できる要素の最大値となる

乱数エンジンは、乱数を使いやすくするような性質を付加した一様乱数生成器だ：

乱数エンジン：E<T>（§iso.26.5.1.4）	
`E e {};`	デフォルトコンストラクタ
`E e {e2};`	コピーコンストラクタ
`E e {s};`	`e`は、種`s`に基づいた状態となる
`E e {g};`	`e`は、種のシーケンス`g`を与えた`generate()`呼出しに基づいた状態となる
`e.seed()`	`e`はデフォルトの状態となる
`e.seed(s)`	`e`は、種`s`に基づいた状態となる
`e.seed(g)`	`e`は、種のシーケンス`g`を与えた`generate()`呼出しに基づいた状態となる
`e.discard(n)`	シーケンスの次の`n`個の要素を破棄する
`e==e2`	`e`と`e2`は同じ乱数シーケンスを生成するか？
`e!=e2`	`!(e==e2)`

os<<e	e の表現を os に書き込む
is>>e	事前に << によって書き込んだエンジンの表現を、is から e に読み取る

乱数の種は、指定したエンジンの初期化に利用する [0:2³²) の範囲の値である。種のシーケンス g は、[b:e) の範囲の種を新規生成する g.generate(b,e) が定義するオブジェクトである（§iso.26.5.1.2）。

標準の乱数エンジン（§iso.26.5.3）	
default_random_engine	広範囲かつ低コストに適用できるエンジンの別名
linear_congruential_engine<UI,a,c,m>	$x_{i+1} = (ax_i + c)\ mod\ m$
mersenne_twister_engine<UI,w,n,m,r,a,u,d,s,t,c,l,f>	§iso.26.5.3.2
subtract_with_carry_engine<UI,w,s,r>	$x_{i+1} = (ax_i)\ mod\ b$。ここで、$b = m^r - m^s + 1$ かつ $a = b - (b-1)/m$

標準の乱数エンジンの引数 UI は符号無し整数型でなければならない。linear_congruential_engine<UI,a,c,m> は、法 m が 0 の場合に numeric_limits<result_type>::max()+1 の値を利用する。たとえば、次の例では反復の先頭インデックスを出力する：

```
map<int,int> m;
linear_congruential_engine<unsigned int,17,5,0> linc_eng;
for (int i=0; i<1000000; ++i)
    if (1<++m[linc_eng()]) cout << i << '\n';
```

これは、うまくいった。引数が悪くないので、同じ値が反復して生成されることはなかった。<unsigned int,16,5,0> も試してみて、違いを確認してみよう。本当に必要があって、内容を十分に把握していない限りは、default_random_engine を使うべきだ。

乱数エンジンアダプタ（*random number engine adaptor*）は、乱数エンジンを引数に受け取って、異なる性質をもった新しい乱数エンジンを作り出す。

標準の乱数エンジンアダプタ（§iso.26.5.4）	
discard_block_engine<E,p,r>	E がエンジンである。§iso.26.5.4.2
independent_bits_engine<E,w,UI>	ビット数 w の型 UI を生成する。§iso.26.5.4.3
shuffle_order_engine<E,k>	§iso.26.5.4.4

たとえば：

```
independent_bits_engine<default_random_engine,4,unsigned int> ibe;
for (int i=0; i<100; ++i)
    cout << '0'+ibe() << ' ';
```

このコードは、[48:63]（すなわち ['0':'0'+2⁴-1)）の範囲の乱数を 100 個生成する。

厳選された有用なエンジンに対しては、以下のように別名が定義されている：

```
using minstd_rand0 = linear_congruential_engine<uint_fast32_t, 16807, 0, 2147483647>;
using minstd_rand = linear_congruential_engine<uint_fast32_t, 48271, 0, 2147483647>;
using mt19937 = mersenne_twister_engine<uint_fast32_t, 32,624,397,
                                        31, 0x9908b0df,
                                        11, 0xffffffff,
                                         7, 0x9d2c5680,
                                        15, 0xefc60000,
                                        18, 1812433253>
using mt19937_64 = mersenne_twister_engine<uint_fast64_t, 64,312,156,
                                           31, 0xb5026f5aa96619e9,
                                           29, 0x5555555555555555,
                                           17, 0x71d67fffeda60000,
                                           37, 0xfff7eee000000000,
                                           43, 6364136223846793005>;
using ranlux24_base = subtract_with_carry_engine<uint_fast32_t, 24, 10, 24>;
using ranlux48_base = subtract_with_carry_engine<uint_fast64_t, 48, 5, 12>;
using ranlux24 = discard_block_engine<ranlux24_base, 223, 23>;
using ranlux48 = discard_block_engine<ranlux48_base, 389, 11>;
using knuth_b = shuffle_order_engine<minstd_rand0,256>;
```

40.7.2 乱数デバイス

処理系が真にランダムな乱数生成器をもっている場合は、その乱数生成器が、random_device と呼ばれる一様乱数生成器として提供される：

random_device（§iso.26.5.6）	
random_device rd {s};	string s は乱数のソースを表す。処理系定義。explicit
d=rd.entropy()	d は double。疑似乱数生成器の場合は d==0.0 である

ここでの s は、たとえば、ガイガーカウンタ、ウェブサービス、真にランダムなソースをもつファイル／デバイスなど、乱数のソースの名前と考えるとよいだろう。出現確率が $P_0, \ldots, P_{n-1}$ である n 個の状態をもつデバイスでは、entropy() は、以下のように定義される。

$$S(P_0, \ldots, P_{n\text{-}1}) = -\sum_{i=0}^{i=n-1} P_i \log P_i$$

エントロピーは、ランダム性の予測値であり、生成した乱数の予測困難性の程度を表す。次に出現する乱数を予測しにくくするためには、熱力学とは対照的に、乱数では高エントロピーのほうが望ましい。上の式は、完全な n 面のサイコロを繰り返し振った結果を表現する。

random_device は、暗号アプリケーションでの利用を想定しているが、あらかじめ random_device の実装を緻密に調査しておかなければ、アプリケーションの期待を裏切る可能性がある。

40.7.3 分布

乱数分布は、乱数生成器を引数に受け取って、その result_type の値のシーケンスを生成する関数オブジェクトである：

乱数分布 D（§iso.26.5.1.6）	
`D::result_type`	D の要素の型
`D::param_type`	D を構成するのに必要な引数一式の型
`D d {};`	デフォルトコンストラクタ
`D d {p};`	`param_type p` に基づいて構築する
`d.reset()`	デフォルト状態にリセットする
`p=d.param()`	p は d の `param_type` の引数となる
`d.param(p)`	`param_type p` に基づいた状態にリセットする
`x=d(g)`	x は、乱数生成器 g を用いた d が生成した値となる
`x=d(g,p)`	x は、乱数生成器 g と引数 p を用いた d が生成した値となる
`x=d.min()`	x は、d が生成可能な値の最小値となる
`x=d.max()`	x は、d が生成可能な値の最大値となる
`d==d2`	d と d2 が生成するシーケンスの要素は同一か？
`d!=d2`	`!(d==d2)`
`os<<d`	>> で読取り可能なように、d の状態を os に書き込む
`is>>d`	事前に << によって書き込まれた状態を is から d に読み取る

これ以降の表で、テンプレート引数 R は、数式に実数が必要なことを表し、そのデフォルトでは double となる。また、テンプレート引数 I は、整数が必要なことを表し、そのデフォルトでは int である。

一様乱数分布（§iso.26.5.8.2）			
分布	事前条件	デフォルト	結果
`uniform_int_distribution<I>(a,b)`	$a \le b$ $P(i\|a,b) = 1/(b-a+1)$	(0,max)	[a:b]
`uniform_real_distribution<R>(a,b)`	$a \le b$ $p(x\|a,b) = 1/(b-a)$	(0.0,1.0)	[a:b)

事前条件（*precondition*）は、分布の引数の要件を表す。たとえば：

```
uniform_int_distribution<int> uid1 {1,100};  // OK
uniform_int_distribution<int> uid2 {100,1};  // エラー：a>b
```

デフォルト（*default*）は、デフォルト引数を表す。

```
uniform_real_distribution<double> urd1 {};       // a==0.0とb==1.0を利用
uniform_real_distribution<double> urd2 {10,20};  // a==10.0とb==20.0を利用
uniform_real_distribution<> urd3 {};             // doubleとa==0.0とb==1.0を利用
```

結果（*result*）は、値の範囲を表す。

```
uniform_int_distribution<> uid3 {0,5};
default_random_engine e;
for (int i=0; i<20; ++i)
   cout << uid3(e) << ' ';
```

uniform_int_distributionの範囲は閉区間であり、この例では、以下の6種類の値となる：

2 0 2 5 4 1 5 5 0 1 1 5 0 0 5 0 3 4 1 4

uniform_real_distributionの範囲は、浮動小数点数を生成する他のすべての分布と同様に、半開区間である。

ベルヌーイ分布は、完全には公平でないコイントスを考慮したものである。

ベルヌーイ分布（§iso.26.5.8.3）

分布	事前条件	デフォルト	結果
bernoulli_distribution(p)	0<=p<1 $P(b\|p) = \begin{cases} p & \text{if } b = true \\ 1-p & \text{if } b = false \end{cases}$	(0.5)	{true,false}
binomial_distribution<I>(t,p)	$0 \le p \le 1$ and $0 \le t$ $P(i\|t,p) = \binom{t}{i} p^i (1-p)^{t-i}$	(1,0.5)	[0:∞)
geometric_distribution<I>(p)	$0 < p < 1$ $P(i\|p) = p(1-p)^i$	(0.5)	[0:∞)
negative_binomial_distribution<I>(k,p)	$0 < p < 1$ and $0 < k$ $P(i\|k,p) = \binom{k+i-1}{i} p^k (1-p)^i$	(1,0.5)	[0:∞)

ポアソン分布は、一定間隔の時間や空間内で生成する事象が、指定した回数になる確率を表す：

ポアソン分布（§iso.26.5.8.4）

分布	事前条件	デフォルト	結果
poisson_distribution<I>(m)	$0 < m$ $P(i\|\mu) = \frac{e^{-\mu}\mu^i}{i!}$	(1.0)	[0:∞)
exponential_distribution<R>(lambda)	$1 < lambda$ $p(x\|\lambda) = \lambda e^{-\lambda x}$	(1.0)	(0:∞)
gamma_distribution<R,R>(alpha,beta)	$0 < \alpha$ and $0 < \beta$ $p(x\|\alpha,\beta) = \frac{e^{-x/\beta}}{\beta^\alpha \Gamma(\alpha)} x^{\alpha-1}$	(1.0,1.0)	(0:∞)
weibull_distribution<R>(a,b)	$0 < a$ and $0 < b$ $p(x\|a,b) = \frac{a}{b}\left(\frac{x}{b}\right)^{a-1} \exp\left(-\left(\frac{x}{b}\right)^a\right)$	(1.0,1.0)	[0:∞)
extreme_value_distribution<R>(a,b)	$0 < b$ $p(x\|a,b) = \frac{1}{b}\exp\left(\frac{a-x}{b} - \exp\left(\frac{a-x}{b}\right)\right)$	(0.0,1.0)	R

正規分布は、実数値を実数値にマップする。もっとも分かりやすい例は、有名な“正規分布曲線”である。頂点（平均）を中心に、標準偏差に基づいた対称の距離の範囲内に分布する：

正規分布（§iso.26.5.8.5）

分布	事前条件	デフォルト	結果
normal_ distribution<R>(m,s)	$0 < s$ $p(x\|\mu,\sigma) = \frac{1}{\sigma\sqrt{2\pi}} \exp\left(-\frac{(x-\mu)^2}{2\sigma^2}\right)$	(0.0,1.0)	R
lognormal_ distribution<R>(m,s)	$0 < s$ $p(x\|m,s) = \frac{1}{sx\sqrt{2\pi}} \exp\left(-\frac{(\ln x - m)^2}{2s^2}\right)$	(0.0,1.0)	>0
chi_squared_ distribution<R>(n)	$0 < n$ $p(x\|n) = \frac{x^{(n/2)-1} e^{-x/2}}{\Gamma(n/2)2^{n/2}}$	(1)	>0
cauchy_ distribution<R>(a,b)	$0 < b$ $p(x\|a,b) = \left(\pi b \left(1 + \left(\frac{x-a}{b}\right)^2\right)\right)^{-1}$	(0.0,1.0)	R
fisher_f_ distribution<R>(m,n)	$0 < m$ and $0 < n$ $p(x\|m,n) = \frac{\Gamma((m+n)/2)}{\Gamma(m/2)\Gamma(n/2)} \left(\frac{m}{n}\right)^{m/2} x^{(m/2)-1} \left(1 + m\frac{x}{n}\right)^{-(m+n)/2}$	(1,1)	>=0
student_t_ distribution<R>(n)	$0 < n$ $p(x\|n) = \frac{1}{\sqrt{n\pi}} \frac{\Gamma((n+1)/2}{\Gamma} (n/2) \left(1 + \frac{x^2}{n}\right)^{(n+1)/2}$	(1)	R

これらの分布の感じをつかむには、引数を変化させながらグラフにするとよい。視覚化は容易だし、ウェブ上でもすぐに発見できるだろう。

標本分布は、確率密度関数 P にしたがって、指定された範囲に値をマッピングする：

標本分布（§iso.26.5.8.6）

分布	事前条件	デフォルト	結果
discrete_distribution<I>{b,e}	0<=b[i] $P(i\|p_0, \cdots p_{n-1}) = p_i$ シーケンス [b:e) は重み w_i を与えるので、n=e-b として $p_i = w_i/S$ かつ $0 < S = w_0 + \cdots + w_{n-1}$	無し	[0:e-b)
discrete_distribution(lst)	discrete_distribution<I>(lst.begin(),lst.end())		
discrete_distribution<I> (n,min,max,f)	discrete_distribution<I>(b,e) ここで [b:e) の i 番目の要素は式 f(min+i*(max-min)/n +(max-min)/(2*n)) で得られる		
piecewise_constant_ distribution<R>{b,e,b2,e2}	b[i]<b[i+1] $P(x\|x_0, \cdots x_n, \rho_0 \cdots \rho_n) = p_k \frac{w_k}{S(b_{K+1} - b_k)}$ [b:e] は区間境界 [b2:e2] は重み	無し	[*b:*(e-1))

標本分布（§iso.26.5.8.6）			
`piecewise_linear_distribution<R>{b,e,b2,e2}`	`b[i]<b[i+1]` $P(x\|x_0,\cdots x_n,\rho_0\cdots\rho_n) = p_i\frac{b_{i+1}-x}{b_{i+1}-b_i}+\rho_i\frac{x-b_i}{b_{i+1}-b_i}$ `[b:e)` 中のすべてのb_iに対して$b_i < b_{i+1}$ $\rho_i = w_i/S$　ここで　$S=\frac{1}{2}\sum_{i=0}^{n-1}(w_i+w_{i+1})(b_{i+i}-b_i)$ `[b:e]` は区間境界 `[b2:e2]` は重み	無し	`[*b:*(e-1))`

40.7.4 C言語スタイルの乱数

標準ライブラリは `<cstdlib>` と `<stdlib.h>` で、乱数生成のための単純な機能を提供する：

```
#define RAND_MAX implementation_defined  /* 大きな正の整数 */

int rand();                      // 0からRAND_MAXまでの疑似乱数
void srand(unsigned int i);     // 乱数生成器の種をiにする
```

良質の乱数生成器の開発は容易ではない。残念ながら、すべてのシステムが良質の `rand()` を提供するわけではない。特に、乱数の下位ビットの質が低下する傾向があるので、`rand()%n` は、0 から `n-1` までの範囲の乱数を得るための可搬性のある方法として、よいものではない。`int((double(rand())/RAND_MAX)*n)` とすれば、許容できる結果が得られることが多い。しかし、厳密なアプリケーションでは、`uniform_int_distribution` に基づく乱数生成器（§40.7.3）を使ったほうが、より信頼できる結果が得られる。

`srand(s)` は、引数の**種**（*seed*）を `s` に設定して、新しい乱数のシーケンスを生成する。デバッグ時は、ある特定の種から生成した乱数シーケンスの再現性が重要になることが多い。しかし、現実の利用場面では、新しい種から生成した乱数シーケンスが必要なことも多い。実際、ゲームの展開を予測させないためには、プログラムの実行環境から種を得たほうが有用なことが多い。この種のプログラムでは、リアルタイムクロックのビットの一部を種に用いると、よい結果が得られることが多い。

40.8 アドバイス

[1] 数値演算は技巧的なものとなりがちだ。プログラムの数学的部分に 100% の確信をもてなければ、専門家にアドバイスを求めるか、実験を重ねるかの、いずれか、あるいは両方が必要だ。§29.1。

[2] 用途に適した数値型を利用しよう。§40.2。

[3] `numeric_limits` を使って、数値型が用途に適しているかどうかを確認しよう。§40.2。

[4] ユーザ定義の数値型には、`numeric_limits` を特殊化せよ。§40.2。

[5] 限界値のマクロよりも、numeric_limitsを優先しよう。§40.2.1。

[6] 複素数演算には、std::complexを利用しよう。§40.4。

[7] 縮小変換を防ぐために、初期化には{}構文を利用しよう。§40.4。

[8] 処理や要素の型を意識した柔軟性よりも実行時効率を優先する場合は、数値演算にvalarrayを利用しよう。§40.5。

[9] 部分配列の処理には、ループを用いるよりも、sliceを使って定義しよう。§40.5.5。

[10] sliceは、一般に、コンパクトなデータアクセスに有用な抽象概念である。§40.5.4, §40.5.6。

[11] シーケンスから値を計算する場合、ループを記述する前に、accumulate()、inner_product()、partial_sum()、adjacent_difference()を検討しよう。§40.6。

[12] 乱数生成器を得るには、乱数エンジンに分布をバインドしよう。§40.7。

[13] 生成させた乱数が十分なランダム性をもっているかどうか注意しよう。§40.7.1。

[14] （単なる疑似乱数シーケンスではなく）真の乱数が必要であれば、random_deviceを利用しよう。§40.7.2。

[15] rand()を直接利用するよりも、分布を指定した乱数クラスを優先しよう。§40.7.4。

第 41 章　並行処理

シンプルにせよ、
可能な限りシンプルに。
ただし、シンプルすぎてはいけない。
— A・アインシュタイン

41.1 導入

並行処理、すなわち複数タスクの同時実行は、（一つの処理を複数プロセッサで分散実行することによる）スループットの向上と、（プログラムが応答を待っているあいだに別の処理を実行することによる）応答性の向上のために、広く利用されている。

C++ 標準の並行処理の支援については、チュートリアルとして §5.3 で解説した。本章と次章とでは、より詳細かつ体系的に解説していく。

他の処理と並行に実行可能な処理を**タスク**（*task*）という。**スレッド**（*thread*）とは、タスクを実行するコンピュータの機能をシステムレベルで表現したものである。標準ライブラリの `thread`（§42.2）は、1 個のタスクの実行が可能だ。スレッドは、他のスレッドとアドレス空間を共有する。すなわち、単一アドレス空間内のすべてのスレッドが、同じメモリをアクセスする。並行システムのプログラマにとっての大きな課題の一つが、スレッドがメモリへのアクセスを適切な形で行うようにすることである。

標準ライブラリの並行処理の支援としては、以下のものがある：

- **メモリモデル**（*memory model*）：メモリへの並行的なアクセス（§41.2）を、通常期待されるような単純で平凡なアクセスと同じように行えること。
- **ロック不要プログラミング**（*programming without lock*）のサポート：データ競合を回避するための、きめ細かな低レベルの仕組み（§41.3）。
- **スレッド**（*thread*）関連ライブラリ：`thread`、`condition_variable`、`mutex` など、“スレッ

ドとロック”という従来スタイルの、システムレベルでの並行プログラミングをサポートするコンポーネント（§42.2）。

- **タスク**（*task*）支援ライブラリ：`future`、`promise`、`packaged_task`、`async()` などの、タスクレベルでの並行プログラミングを支援する機能（§42.4）。

以上、もっとも基礎的で低レベルなものを先頭にして、高レベルなものへと順に並べて示した。メモリモデルは、すべてのプログラミングに共通する概念である。プログラマの生産性を向上させて、誤りを最小限に抑えるには、可能な限り高次元で作業を進めたほうがよい。たとえば、情報を交換する場合は `mutex` よりも `future` を優先するとよいし、単純なカウンタなどを除けば、`atomic` よりも `mutex` を優先するとよい。可能であれば、複雑な部分は、標準ライブラリの実装者に任せるべきだ。

C++ 標準ライブラリ内では、**ロック**（*lock*）は、`mutex`（相互排他変数：mutual exclusion variable）のことである。資源アクセスの排他制御や並行タスクの同期をとるなど、すべての抽象化は `mutex` をもとに構築される。

プロセス（*process*）、すなわち、それぞれが個別のアドレス空間内で動作して、プロセス間通信〔Tanenbaum, 2007〕のメカニズムで通信する概念については、本書では取り上げない。共有データを管理する技法や、それに関連する問題点を読めば、明示的な共有データなどは避けるのがベストであるという私の考えに同意してもらえるだろう。当然ながら、通信は何らかの共有を伴うが、アプリケーションプログラマが共有を直接管理する必要などない場合がほとんどである。

また、局所データを指すポインタを他のスレッドに対して渡したりしない限り、局所データは、ここで述べる問題とは無縁であることにも注意しよう。このことは、広域データを避ける理由の一つでもある。

本章は、並行プログラミングの総合的なガイドではない。ましてや、C++ 標準ライブラリの並行プログラミング機能のすべてを網羅した解説でもない。本章で解説するのは、以下のことだ：

- システムレベルでの並行処理を扱うプログラマが直面する基本的事項
- 標準が提供する並行処理機能の概説
- “スレッドとロック”のレベルと、その上位レベルでの、標準ライブラリが提供する並行処理機能の基本的利用法

なお、以下の内容は含まない：

- 緩和メモリモデルやロック不要プログラミングの詳細
- 高度な並行プログラミングや設計技法の解説

並行処理と並列プログラミングは、研究テーマとして人気が高く、40 年以上にわたって広く利用されているので、すでに詳細な専門書が発行されている（たとえば、C++ ベースの並行処理については〔Wilson, 1996〕を参照するとよい）。特に、POSIX スレッドの解説は、本書で解説する標準ライブラリ機能を用いて改良が行える例題として適している。

C 言語スタイルの POSIX 機能や、古い C++ スレッドライブラリの多くとは異なり、標準ライブラリのスレッドのサポートは、型安全である。もはや、スレッド間で情報をやりとりするために、マクロ

やvoid**を使ってコードを見苦しくする必要などはないのだ。また、タスクを関数オブジェクトとして（ラムダ式などによって）定義できる。それをスレッドに渡すのに、キャストや型の違いに気を使う必要もない。さらに、あるスレッドから別のスレッドにエラー通知を行う処理を自分で作る必要もない。というのも、future（§5.3.5.1, §42.4.4）が例外を送信するからだ。並行ソフトウェアは複雑になりがちなことと、異なるスレッドで実行するコードは個別に開発することが多いことを踏まえると、私は、型安全と標準のエラー処理の取扱い（例外ベースの方式が望ましい）は、シングルスレッドソフトウェアの場合よりも重要になると考えている。標準ライブラリのスレッドのサポートによって、この点も大きく簡略化できる。

41.2 メモリモデル

C++の並行処理の仕組みの大部分は、標準ライブラリのコンポーネントによって実現されている。そのコンポーネントは、**メモリモデル**（*memory model*）と呼ばれる、種々の言語の保証を前提としている。メモリモデルは、マシンアーキテクチャ設計者とコンパイラ開発者が、コンピュータハードウェアを表現する最適な方法を議論した結果生まれた。ISO C++標準では、メモリモデルを、大半のプログラマが現代のコンピュータハードウェアの詳細を意識しないですむことを保証するための、システム実装者とプログラマとの契約であると定義している。

関連する問題点を理解するために、まずは単純な事実を心に留めておこう：メモリ上のオブジェクトに対する処理は、メモリ上のそのオブジェクトを直接操作しているわけではない、ということである。オブジェクトは、処理装置のレジスタにロードされ、そこで変更され、その後でメモリに書き戻される。さらにいうと、オブジェクトは、まずメインメモリからキャッシュメモリへとロードされて、キャッシュメモリからレジスタへとロードされるのが一般的である。たとえば、単純な整数xをインクリメントする例を考えてみよう：

```
// xに1を加える
   load x into cache element Cx
   load Cx into register Rx
   Rx=Rx+1;
   store Rx back into Cx
   store Cx back into x
```

メモリは複数のスレッド間で共有される可能性があるし、キャッシュメモリも、（マシンアーキテクチャに依存するが）同一あるいは異なる“プロセッシングユニット”（**プロセッサ**（*processor*）、**コア**（*core*）、**ハイパースレッド**（*hyper-thread*）などと呼ばれることが多い：システムの機能と用語がめざましく進化する分野だ）上で実行される複数スレッド間で共有される可能性がある。そのため、（“xに1を加える”ような）単純な処理でも、破滅的となる可能性が生じるのだ。私がここで簡単に述べている内容は、マシンアーキテクチャの専門家にとっては、あたり前のことだ。バッファに蓄える動作について、私が言及しなかったことに気付いた優秀な読者には、〔McKenney, 2012〕の付録Cを推薦しよう。

41.2.1 メモリロケーション

2個の広域変数bとcを考えてみよう：

```
// スレッド1
char c = 0;
void f()
{
   c = 1;
   int x = c;
}
```

```
// スレッド2
char b = 0;
void g()
{
   b = 1;
   int y = b;
}
```

誰もが期待するとおり、x==1となるし、y==1となる。わざわざ解説するのはどうしてだろうか？ ここで、リンカがcとbをメモリ上の同じワード内に割り当てて、しかも、マシンが1ワードよりも小さな単位ではロードもストアもできない（現代のハードウェアのほとんどがそうである）場合に、どうなるかを考えてみよう：

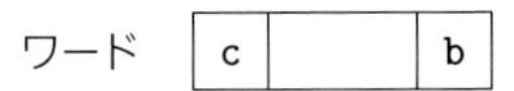

的確に定義されている理にかなったメモリモデルを用いていないとしよう。その場合、スレッド1がbとcを含むワードを読み取って、cを変更して、ワードをメモリへ書き戻すことが考えられる。同時に、スレッド2が同じことをbに対して実行するかもしれない。そうすると、どちらのスレッドが先にワードを読み取るか、あるいは、どちらのスレッドがメモリへの結果の書戻しを後で行うのかによって、結果が変わってしまう。結果は、10、01、11のいずれかになる（00にはならない）。メモリモデルを導入すると、このような混沌から救われて、常に11が得られる。ちなみに、00とならないのは、（コンパイラあるいはリンカによる）bとcの初期化が、両スレッドの実行前に確実に完了しているからだ。

C++のメモリモデルは、この2スレッドの実行が、相手スレッドに互いに影響することなく、個別のメモリロケーションを読み書きできることを保証する。この動作こそが、本来期待されるものである。現代のハードウェアでたまに遭遇する、奇妙で不可解な動作からの保護は、コンパイラの責任である。コンパイラとハードウェアの組合せが、これをどのように実現するのかは、コンパイラにかかっている。私たちがプログラムの対象とする“マシン”は、ハードウェアと、非常に低レベルな（コンパイラによって生成される）ソフトウェアとの組合せのことである。

ビットフィールド（§8.2.7）を用いれば、ワード内の一部にアクセスできる。2スレッドが同一ワード内の二つのフィールドを同時にアクセスすると、どうなるかまったく分からない。もしbとcが同一ワード内の二つのフィールドであれば、何らかの（おそらく高コストな）ロックがなければ、大半のハードウェアには、この問題（競合状態）を避ける手段がない。ロックとアンロックは、暗黙裏にビットフィールドに押し付けられるので、大したコストではないし、クリティカルなデバイスドライバでは広く用いられている。そのため、言語では、個々のビットフィールド以外のものに対する適切な動作の保証のために、メモリの単位として**メモリロケーション**（*memory location*）を定義している。

メモリロケーションは、算術型のオブジェクト（§6.2.1）、ポインタ、直後のフィールドが非ゼロの幅をもつビットフィールドの最大シーケンスのいずれかである。たとえば：

```
struct S {
   char a;                    // ロケーション#1
   int b:5;                   // ロケーション#2
   unsigned c:11;
   unsigned :0;               // 注意：:0は“特別”（§8.2.7）
   unsigned d:8;              // ロケーション#3
   struct { int ee:8; } e;    // ロケーション#4
};
```

ここで、Sは、メモリロケーションをぴったり4個だけもつ。明示的な同期を利用することなく、複数スレッドからbとcのビットフィールドを更新しようとしてはいけない。

これまでの説明から、xとyの型が同じであれば、xをyのコピーにするx=yの結果は保証されると考えるかもしれない。それが成立するのは、データ競合（§41.2.4）が発生せず、xとyそれぞれがメモリロケーションである場合に限られる。しかし、xとyが単一ワードではないstructであれば、同じメモリロケーションにはならないし、またデータ競合が発生すれば、すべての動作は定義されない。そのため、データを共有する場合は適切な同期が必要である（§41.3, §42.3.1）。

41.2.2 命令の順序の変更

性能確保のために、コンパイラやオプティマイザやハードウェアは、命令の順序を並べかえることがある。次の例を考えてみよう：

```
// スレッド1
   int x;
   bool x_init;

   void init()
   {
      x = initialize();  // initialize()の中ではx_initは使われていない
      x_init = true;
      // ...
   }
```

ここでは、x_initへの代入の前に、xへの代入を行う理由は表明されていない。そのため、オプティマイザ（もしくはハードウェアの命令スケジューラ）は、プログラムの実行速度向上を目的に、x_init=trueのほうを先に実行する可能性がある。

xがinitialize()によって初期化されたかどうかを表すためにx_initが導入されているのかもしれない。しかし、そのことは明示されていないし、ハードウェア、コンパイラ、オプティマイザにも分からない。

プログラムに別のスレッドを追加してみよう：

```
// スレッド2
   extern int x;
   extern bool x_init;

   void f2()
   {
      int y;
      while (!x_init)    // 必要であれば、初期化が完了するまで待つ
         this_thread::sleep_for(milliseconds{10});
      y = x;
      // ...
   }
```

こうなると、問題が発生する。スレッド2がまったく待たなくなり、その結果、未初期化の`x`が`y`に代入されてしまう。

もし仮にスレッド1が“誤った順序”で`x_init`と`x`への代入を行わなかったとしても、別の問題の可能性が残る。スレッド2では`x_init`への代入を行っていないので、オプティマイザが`!x_init`の評価をループ外に移動する可能性がある。そうすると、スレッド2は、まったく待たないか、逆に永遠に待つことになってしまう。

41.2.3 メモリオーダ

1ワードをメモリからキャッシュに取り出して、それをキャッシュからレジスタに入れるのにかかる時間は、(プロセッサの時間軸で) 極めて長くなることがある。最高速度で動作したとしても、メモリ上のワードがレジスタに到達するまでには500命令くらいは実行できるだろう。また、変更した値をメモリ上の目的の位置へ書き戻す際にも500命令くらい実行できる程度の時間がかかるだろう。この500という数字はマシンアーキテクチャからはじき出した単なる予想であって、実際には変化するものだ。しかし、この数十年で着実に増加している。処理内容がスループットを向上させるように最適化されており、ある特定の値を頻繁にロード、ストアすることがない場合では、この時間がさらに長くなる可能性がある。ある値を“そのロケーションから読み取る”には、数万もの命令サイクルがかかることがあり得る。これは、現代のハードウェアの驚異的な性能向上を示しているともいえる。しかし、異なるスレッドが、異なるメモリ階層から異なるタイミングで値を読み取ると、混乱の機会が劇的に増加してしまう。たとえば、先ほどの簡単な説明では、1段階のキャッシュにのみ触れたが、一般的アーキテクチャの多くは、3段階のキャッシュをもっている。参考のため、すべてのコアがメモリを共有して、コアはペアごとに1次キャッシュを共有して、さらに、それぞれのコアが専用の2次キャッシュをもつ2段階キャッシュアーキテクチャを図にしてみよう：

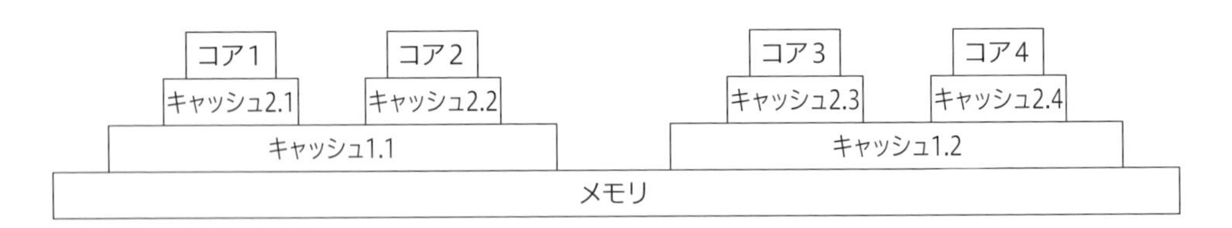

メモリオーダリング (*memory ordering*) は、スレッドがメモリ上の値を参照する際に見えるものに対してプログラマが想定できることを表す用語である。もっとも単純なメモリオーダは、**逐次一貫** (*sequentially consistent*) と呼ばれるものだ。逐次一貫メモリモデルでは、すべてのスレッドは、実行されたすべての処理の結果が、同じ順序として見える。その順序は、単一スレッドで命令を逐次実行した場合の順序である。スレッドが命令の実行順序を変更することはあり得るが、他のスレッドが変数を参照する時点では、それまで実行された処理、および (その結果である) メモリロケーションの値が的確に定義された状態であることが保証されて、全スレッドから同じものが見える。メモリロケーションに一貫した観点を強制した上で値を“見る”ことを、**アトミック処理** (*atomic operation*) と呼ぶ (§41.3を参照しよう)。単純な読取りや書込みでは、順序は問題にならない。

複数のスレッドが逐次一貫な順序を必要とすることは多い。次の例を考えてみよう：

```
// スレッド1                // スレッド2
   char c = 0;                 char b = 0;
   extern char b;              extern char c;
   void f1()                   void f2()
   {                           {
      c = 1;                      b = 1;
      int x = b;                  int y = c;
   }                           }
```

ここで、cとbの初期化が、静的に（全スレッドの実行開始前に）行われると仮定すると、考えられる実行順序は、次の3種類だ：

```
c = 1;    b = 1;    c = 1;
x = b;    y = c;    b = 1;
b = 1;    c = 1;    x = b;
y = c;    x = b;    y = c;
```

その結果は、それぞれ01と10と11である。00という結果になることはない。いうまでもなく、予測可能な結果を得るには、共有変数へのアクセスに何らかの同期が必要である。

逐次一貫の順序は、すべてのプログラマが期待する動作だが、一部のマシンアーキテクチャでは、規則を緩和すれば排除できるような同期コストを膨れ上がらせる。たとえば、異なるコア上で動作する2個のスレッドが、cとbに対する書込みが完全に完了する前に、xとyを読み取るとしよう。そうすると、非逐次一貫な00という結果があり得る。さらに緩和したメモリモデルでは、このような動作が許されてしまう。

41.2.4 データ競合

ここまでのサンプルコードから、賢明な読者は、スレッドのプログラミングを、極めて注意深く行うべきであることが分かったはずだ。さて、具体的にはどうすればよいのだろうか？　最初に行うべきは、**データ競合**（*data race*）を避けることだ。2個のスレッドが、同時に同じメモリロケーションにアクセスできて（§41.2.1で述べたように）、どちらか一方のアクセスが書込みであれば、データ競合が発生する。"同時に"を厳密に定義するのは、容易ではない。もし2個のスレッドにデータ競合が発生すると、言語による保証が失われ、その動作は定義されない。このことは、劇的と感じられるかもしれない。しかし、データ競合の影響は、（§41.2.2で述べたように）劇的なものとなり得るのだ。オプティマイザ（もしくはハードウェア命令スケジューラ）は、値に対する何らかの仮定に基づいて命令の順序を変更するかもしれないし、さらに、その仮定に基づかない順序でコードセクション（無関係に見えるデータの処理）を実行するかもしれない。

データ競合を避けるには、数多くの手段がある：

- 単一のスレッドだけを利用する。並行処理の恩恵が受けられない（マルチプロセスやコルーチンを利用しない限り）。
- データ競合の可能性が考えられるすべてのデータにロックを設ける。1個のスレッド以外の全スレッドが待ち状態になる状況が容易に発生するので、単一スレッドの場合に匹敵するほどの並行処理の恩恵は受けられない。さらに悪いことには、ロックの多用によって、他スレッドのアンロックを永久に待ち続けるデッドロックなど、ロックに関連した問題発生の機会が増加する。

・注意深くコーディングするとともに、ロックを厳選することによって、データ競合を回避する。現在、この方法がもっとも広く採用されているようだ。しかし、エラーにつながりやすい。

・すべてのデータ競合を検出するプログラムを導入して、プログラマに通知させて、手作業で修正するか、自動的にロックを挿入する。商用レベルの規模と複雑さのあるプログラムにも対応できるプログラムは、あまりない。このようなことが行えて、しかも、デッドロック発生を確実に回避できるプログラムは、いまだ研究段階である。

・2個のスレッドが同じメモリロケーションを直接処理しないようにするための、単純な `put`・`get` スタイルのインタフェースを介してのみ、スレッドが通信するようにコードを設計する（§5.3.5.1，§42.4）。

・データ共有や並行処理を暗黙裏に実現する、あるいは、共有を管理可能な範囲の形態に変化させる高レベルなライブラリやツールを活用する。それらの中には、ライブラリ中のアルゴリズムや、指令ベースのツール（OpenMP など）や、トランザクショナルメモリ（transactional memory：**TM** と略されるのが普通だ）などによる並列実装が含まれる。

本章の以降の部分は、上記の最後にあげたスタイルのプログラミングの亜種の一つにたどり着くためのボトムアップアプローチと考えればよいだろう。その過程で、データ競合を回避する各種の手法で必要なツールに出会うことになる。

どうして、プログラマは、この種の複雑さのすべてを克服しなければならないのだろうか？　データ競合の可能性が最小（もしくはまったくゼロ）となる単純な逐次一貫モデルだけを使ってもよさそうだ。しかし、克服しなければならない理由が、二つあげられる：

[1] 世界はそのようにできていない。マシンアーキテクチャがもつ複雑さは現実のものであり、C++ のようなシステムプログラミング言語は、その複雑さとともに歩むプログラマにとってのよい道具を提供しなければならない。将来的には、マシンアーキテクチャがより簡潔な解決法をもたらすだろう。しかし、今のところ、顧客が要求する性能を実現するには、マシン設計者がもたらす驚くほど多岐にわたる低レベルな機能に、誰かが対応しなければならない。

[2] 私たち（C++ 標準化委員会）は、このことを熟慮した。Java や C# 言語が提供するメモリモデルを改良したものを提供することも考えた。それは、委員会や一部のプログラマの労力を大幅に節約できると考えられるものであった。しかし、そのアイディアは、オペレーティングシステムや仮想マシンのプロバイダから強く反対された。さまざまな C++ 処理系が、その当時提供していたメモリモデルとほとんど変わらないものが必要だと主張したのだ。そして、それが現在の C++ 標準が定義するメモリモデルとなっている。新しく考えられたメモリモデルは、オペレーティングシステムや仮想マシンの実行速度を“2倍以上も”低下させる可能性があった。プログラミング言語の狂信者であれば、他の言語でかかっているコストを受け入れてでも、C++ が簡潔になる機会を歓迎したかもしれない。しかし、そのようなことは、現実的でもプロフェッショナルでもないと考える。

幸いにも、大半のプログラマは、ハードウェアの極めて低レベルな分野で直接作業することがまったくない。ほとんどのプログラマには、メモリモデルを理解する必要性はまったくないし、命令が並べかえられる問題は、好奇心で楽しめばよいのである。

データ競合が発生しないコードを記述しよう。そして、メモリオーダをいじくらないようにしよう（§41.3）。そうすれば、本来期待するとおりの実行が、メモリモデルによって保証される。それは、逐次一貫性よりもずっとよいものだ。

マシンアーキテクチャは、魅力的なテーマだと考えている（〔Hennessy, 2011〕や〔McKenney, 2012〕などを参照しよう）が、実践的で生産的なプログラマとしては、できれば、ソフトウェアの低レベルな部分からは距離を置きたいものだ。これらのテーマは専門家に任せて、彼らが提供する高レベルな部分での開発を楽しんでいこう。

41.3 アトミック性

ロックフリープログラミングは、明示的なロックを使わずに並行プログラムを開発するための一連の技法だ。明示的なロックの代わりに使うのが、（ほとんどの場合は1ワードか2ワードの）小規模オブジェクトに対するデータ競合（§41.2.4）を防ぐための、（ハードウェアが直接サポートする）基礎的な演算である。データ競合が発生しない基礎的な演算は、一般に**アトミック処理**（*atomic operation*）と呼ばれ、ロック、スレッド、ロックフリーなデータ構造など、高レベルな並行処理の実装で利用される。

単純なアトミックカウンタは例外だが、ロックフリープログラミングは、専門家のためのものだ。言語の仕組みを理解するだけではなく、特定のマシンアーキテクチャの詳細な把握と、専門の実装技法の知識が欠かせない。本書で提示する内容だけに基づいて、ロックフリープログラミングを試みてはいけない。ロック技法を把握した上で論理的に高度なロックフリー技法を活用すれば、デッドロックやスタベイションなどの古典的なロック問題は発生しない。すべてのアトミック処理では、アトミックオブジェクトのアクセスで他スレッドと競合した場合でも、すべてのスレッドは、必ず、最終的には（ほとんどの場合はすぐに）処理を進められる。また、ロックフリー技法を用いると、ロック技法を用いた場合よりも大幅に速度が向上することもある。

標準のアトミック型と処理は、従来方式のロックフリーなコードに代わる、可搬性をもった代替手法を提供する。それらの多くは、アセンブリコードやシステム固有機能に基づくものだ。その意味では、標準のアトミックのサポートは、システムプログラムに対する可搬性と比較的分かりやすいサポートを向上させてきたC言語とC++の長い歴史の新しい一歩といえる。

同期処理は、あるスレッドが他スレッドの処理結果をいつ参照するかを判断する機能だ。すなわち、ある処理の前に、完了しておくべき処理を決定する。同期処理のあいだでは、言語が要求するセマンティクス規則に違反しない限り、コンパイラやプロセッサは命令を自由に並べかえる。基本的に、誰も見ないところで、性能に影響を与える。1個以上のメモリロケーションに対する同期処理は、消費処理、獲得処理、解放処理、獲得／解放処理である（§iso.1.10）。

- **獲得処理**（*acquire operation*）：他のプロセッサは、以降に実行する処理結果が見える前に、獲得処理の結果が見える。
- **解放処理**（*release operation*）：他のプロセッサは、解放処理の結果が見える前に、先行する全処理の結果が見える。
- **消費処理**（*consume operation*）：獲得処理の弱い形式。他のプロセッサは、以降に実行する処理結果が見える前に消費処理の結果が見える。ただし、消費処理前に実行した（しない場合もある）消費処理の結果に依存する処理結果を除く。

アトミック処理は、メモリ状態が、指定したメモリオーダ（§41.2.2）の要求どおりとなることを保証する。デフォルトのメモリオーダは、memory_order_seq_cst である（逐次一貫：§41.2.2）。標準のメモリオーダは、以下のとおりだ（§iso.29.3）：

```
enum memory_order {
   memory_order_relaxed,
   memory_order_consume,
   memory_order_acquire,
   memory_order_release,
   memory_order_acq_rel,
   memory_order_seq_cst
};
```

これらの列挙子の意味は、次のとおりである：

- memory_order_relaxed：メモリオーダーはない。
- memory_order_release、memory_order_acq_rel、memory_order_seq_cst：ストア処理が、そのメモリロケーションに対する解放処理も実行。
- memory_order_consume：ロード処理が、そのメモリロケーションに対する消費処理も実行。
- memory_order_acquire、memory_order_acq_rel、memory_order_seq_cst：ロード処理が、そのメモリロケーションに対する獲得処理も実行。

ここで、atomic なロードとストア（§41.3.1）を用いた、緩和メモリモデル（memory_order_relaxed）の例を考えてみよう（§iso.29.3）。

```
// スレッド1
   r1 = y.load(memory_order_relaxed);
   x.store(r1,memory_order_relaxed);

// スレッド2
   r2 = x.load(memory_order_relaxed);
   y.store(42,memory_order_relaxed);
```

この場合、スレッド2の実行順序が入れかわって、r2==42 となる可能性がある。すなわち、memory_order_relaxed では、以下に示す実行順序も許容される：

```
y.store(42,memory_order_relaxed);
r1 = y.load(memory_order_relaxed);
x.store(r1,memory_order_relaxed);
r2 = x.load(memory_order_relaxed);
```

詳細については、〔Boehm, 2008〕や〔Williams, 2012〕などの専門家の書籍を参照しよう。

指定されたメモリオーダが理にかなっているかどうかは、完全にアーキテクチャ依存である。当然、緩和メモリモデルは、アプリケーションプログラミングで直接利用するものでない。緩和メモリモデルの利用は、一般的なロックフリープログラミングよりも専門的なものだ。私は、オペレーティングシステムカーネルの一部、デバイスドライバ、仮想マシンの実装で目にしたことがある。自動生成コードでも、(gotoと同様に) 有用な場面がある。2スレッドがデータを本当に直接共有する必要がなければ、(futureやpromiseなどの：§42.4.4) メッセージパッシングのために原始的な関数が複雑な実装になるという犠牲はあるものの、緩和メモリモデルを使うことで性能が大きく向上するマシンアーキテクチャも存在する。

緩和メモリモデルでのアーキテクチャの大幅な最適化ができるようにするために、標準では、関数呼出しにまたがってメモリオーダ依存性を伝搬させるための属性[[carries_dependency]]を提供している（§iso.7.6.4)。たとえば：

```
[[carries_dependency]] struct foo* f(int i)
{
    // 呼出し側が結果を得るためにmemory_order_consumeを利用できるようにする：
    return foo_head[i].load(memory_order_consume);
}
```

[[carries_dependency]]は、関数の引数に対しても指定できる。また、メモリオーダ依存性の伝搬を停止するための関数kill_dependency()も提供されている。

C++メモリモデル設計者の一人であるLawrence Crowlは、次のように概説している：

> “メモリオーダ依存性は、たぶん、もっとも複雑な並行処理の機能だ。これが本当に役立つのは、
>
> ・それが意味をもつマシンを利用している。
>
> ・大半が読取りであるアトミックデータを非常に頻繁にアクセスする。
>
> ・テストや外部レビューに、数週間かかっても構わない。
>
> のすべてが成立する場合だ。これは真の専門家の領域だ。”

これは、読者に対する警告でもある。

41.3.1 atomic型

アトミック型（*atomic type*）は、atomicテンプレートの特殊化である。アトミック型のオブジェクトに対する処理は、**アトミック**（*atomic*）である。そのため、他スレッドの影響を受けることなく1個のスレッドで実行される。

アトミック型のオブジェクトに対する処理は、極めて単純だ。たとえば、ロードとストア、交換、インクリメントなどを、1個の単純なオブジェクト（通常は単一のメモリロケーション：§41.2.1）に対して行うものである。それらは、ハードウェアが直接処理できるレベルの単純な処理でなければならない。

以降にあげる表は、第一印象を与える程度の概要にすぎない。特に明記しない場合のメモリオーダは、memory_order_seq_cst（逐次一貫）である。

atomic<T>（§iso.29.5） x.val はアトミック型 x の値を表す。すべて noexcept である	
atomic x;	x は初期化されない
atomic x {};	デフォルトコンストラクタ。x.val=T{}。constexpr
atomic x {t};	コンストラクタ。x.val=t。constexpr
x=t	T の代入。x.val=t
t=x	T への暗黙の変換。t=x.val
x.is_lock_free()	x に対する処理はロックフリーか？
x.store(t)	x.val=t
x.store(t,order)	x.val=t。メモリオーダを order にする
t=x.load()	t=x.val
t=x.load(order)	t=x.val。メモリオーダを order にする
t2=x.exchange(t)	x と t の値を交換する。t2 は x のそれまでの値となる
t2=x.exchange(t,order)	x と t の値を交換する。メモリオーダを order にする。t2 は x のそれまでの値となる
b=x.compare_exchange_weak(rt,t)	b=(x.val==rt) ならば x.val=t とし、そうでなければ rt=x.val とする。rt は T& である
b=x.compare_exchange_weak(rt,t,o1,o2)	b=x.compare_exchange_weak(rt,t)。b==true ならばメモリオーダを o1 とし、b==false ならば o2 とする
b=x.compare_exchange_weak(rt,t,order)	b=x.compare_exchange_weak(rt,t)。メモリオーダを order とする（§iso.29.6.1[21] も参照）
b=x.compare_exchange_strong(rt,t,o1,o2)	b=x.compare_exchange_weak(rt,t,o1,o2) と同様
b=x.compare_exchange_strong(rt,t,order)	b=x.compare_exchange_weak(rt,t,order) と同様
b=x.compare_exchange_strong(rt,t)	b=x.compare_exchange_weak(rt,t) と同様

atomic では、コピー演算とムーブ演算は提供されない。代入演算子とコンストラクタは、保持している T 型の値を引数に受け取って、その値にアクセスする。

デフォルトの（明示的な {} を記述しない）atomic は、標準Cライブラリとの互換性を維持するために、初期化されない。

is_lock_free() があるので、この表に示した処理が、ロックフリーか、あるいはロックを用いて実装されているかを確認できる。すべての主要な処理系では、汎整数型とポインタ型に対する is_lock_free() は、true を返す。

atomic 機能は、単純な組込み型にマッピングされることを想定して設計されている。ただし atomic<T> は、T 型オブジェクトが大規模であれば、ロックを用いて実装される。テンプレート引数型 T は、トリビアルにコピー可能な型でなければならない（ユーザ定義のコピー演算をもっていてはいけない)。

atomic 型変数の初期化は、アトミックな処理ではない。そのため、初期化の際に、他スレッドからのアクセスとのデータ競合が発生する可能性がある (§iso.29.6.5)。とはいえ、初期化中のデータ競合発生の可能性は著しく低い。通常どおり、非局所的なオブジェクトの初期化は、単純なものでよいし、できれば定数式で初期化するとよい(プログラム実行の開始前にはデータ競合は発生し得ない)。

単純な atomic 変数は、共有データの参照カウンタのような単純カウンタには、ほぼ理想的なものだ。たとえば:

```
template<typename T>
class shared_ptr {
public:
   // ...
   ~shared_ptr()
   {
      if (--*puc) delete p;
   }
private:
   T* p;                 // 共有オブジェクトへのポインタ
   atomic<int>* puc;     // 参照カウンタへのポインタ
};
```

ここで、*puc は atomic なので (shared_ptr コンストラクタによって、適当な場所に割り当てられる)、デクリメント演算 (--) はアトミックとなり、shared_ptr を解体する thread からはデクリメント後の正しい値が見えるようになる。

さて、比較と交換を行う関数の第1引数(表では rt と表記)は参照なので、ターゲット(表では x と表記)の更新に失敗した場合は、参照先オブジェクトを更新できる。

compare_exchange_strong() と compare_exchange_weak() の違いは、後者が"もっともらしい原因"によって処理に失敗する可能性があることだ。すなわち、ハードウェアの性格や、x.compare_exchange_weak(rt,t) の実装によっては、たとえ x.val==rt であっても失敗する可能性がある。この種の処理失敗を許容することによって、compare_exchange_strong() が実装困難あるいは比較的高コストとなるアーキテクチャ上で、compare_exchange_weak() が実装できるようになっているのだ。

従来型の比較と交換を行うループは、次のように記述できる:

```
atomic<int> val = 0;
// ...
int expected = val.load();          // 現在の値を読み取る
do {
   int next = fct(expected);        // 新しい値を計算
   // valとexpectedのいずれかにnextを書き込む:
} while (!val.compare_exchange_weak(expected,next));
```

アトミックな val.compare_exchange_weak(expected,next) は、val の現在の値を読み取って、expected と比較する。もし値が等しければ、next を val に書き込む。仮に、読取りから更新の準備までのあいだに、他のスレッドがvalへ書き込むのであれば、再試行が必要となる。再試行する場合は、compare_exchange_weak()から得た、新しいexpectedの値を利用する。最終的に、期待する値expectedが書き込まれる。その値は、“現在のスレッドから見えるvalの現在の値”である。compare_exchange_weak()の実行のたびにexpectedが現在の値に更新されるので、無限ループになることはない。

compare_exchange_strong()のような処理は、一般に**比較と交換**（*compare-and-swap*）処理（CAS処理）と呼ばれる。すべてのCAS処理には（言語やマシンの種類を問わず）、**ABA問題**（*the ABA problem*）という重大な問題が潜んでいる。極めて単純なロックフリーの単方向結合リストを考えてみよう。dataの値がリスト先頭のdataの値よりも小さければ、リストの先頭にノードを挿入する：

```
extern atomic<Link*> head;                  // 線形リストの共有されたhead

Link* nh = new Link(data,nullptr);          // 挿入のためのリンクの準備を行う
Link* h = head.load();                      // 線形リストの共有されたheadを読み取る
do {
   if (h->data<=data) break;                // 成立すれば、別の場所に挿入
   nh->next = h;                            // 後続要素は、以前の先頭
} while (!head.compare_exchange_weak(h,nh));   // nhを先頭あるいはhに書き込む
```

これは、順序付き結合リストに対して正しい位置にdataを挿入するコードを簡略化したものだ。まずheadを読み取って、それを新しいLinkのnextとする。それから、新しいLinkを指すポインタをheadに書き込む。nhがレディであるあいだ、あらゆる他スレッドがheadを変更しようとしなくなるまで繰り返す。

それでは、このコードの詳細を検証していこう。ここで、読み取ったheadの値をAとする。現在のスレッドがcompare_exchange_weak()を実行する前に、他スレッドがheadの値を変更しなければ、headの値はAのままと見えて、現在のスレッドによるnhへの置換は成功する。現在のスレッドがAを読み取った後に、他スレッドがheadの値をBへと変更した場合、compare_exchange_weak()は処理に失敗するので、ループを繰り返して、再びheadを読み取る。

この動作は正しく見える。問題が起こるのは、どういう場合だろう？　現在のスレッドがAを読み取った後で、他スレッドがheadの値をBへ変更してLinkを更新した場合を考えてみよう。その場合、他スレッドはノードAを再利用して、それをリストのheadへと再挿入する。そして現在のスレッドのcompare_exchange_weak()にはAが見えるので、それを更新する。しかし、リストはすでに変更されているのだ。headの値がAからBへ変更されて、その後Aに戻されている。このような動作は、さまざまな場面で大きな意味をもつが、ここでの簡略化したコードでは、A->dataがクリティカルなdataの比較を誤る可能性がある。ABA問題は、極めて微妙であって発見しにくい。ABA問題の対処法は、豊富に存在する〔Dechev, 2010〕。ここでは、ロックフリープログラミングは容易ではないことだけを警告しておこう。

汎整数のatomic型は、アトミックな算術演算とビット演算を提供する：

汎整数型 T の atomic<T>（§iso.29.6.3） x.val はアトミック型 x の値を表す。すべて noexcept である	
z=x.fetch_add(y)	x.val+=y。z はそれまでの x.val となる
z=x.fetch_add(y,order)	z=x.fetch_add(y)。order を用いる
z=x.fetch_sub(y)	x.val-=y。z はそれまでの x.val となる
z=x.fetch_sub(y,order)	z=x.fetch_sub(y)。order を用いる
z=x.fetch_and(y)	x.val&=y。z はそれまでの x.val となる
z=x.fetch_and(y,order)	z=x.fetch_and(y)。order を用いる
z=x.fetch_or(y)	x.val|=y。z はそれまでの x.val となる
z=x.fetch_or(y,order)	z=x.fetch_or(y)。order を用いる
z=x.fetch_xor(y)	x.val^=y。z はそれまでの x.val となる
z=x.fetch_xor(y,order)	z=x.fetch_xor(y)。order を用いる
++x	++x.val。x.val を返す
x++	x.val++。それまでの x.val を返す
--x	--x.val。x.val を返す
x--	x.val--。それまでの x.val を返す
x+=y	x.val+=y。x.val を返す
x-=y	x.val-=y。x.val を返す
x&=y	x.val&=y。x.val を返す
x|=y	x.val|=y。x.val を返す
x^=y	x.val^=y。x.val を返す

広く使われる手法である**二重チェックロック**（*double-checked locking*）を考えてみよう。基本的な考え方は、x の初期化をロック下で行っておけば、x の初期化が完了した後は、x にアクセスするたびにロックを獲得するコストが節約できる、というものだ。変数 x_init が false の場合にのみ、ロックして初期化する：

```
X x;                          // Xの初期化のためにロックが必要
mutex lx;                     // mutexは初期化中のxをロックするために使う
atomic<bool> x_init {false};  // ロックを最小化するためにatomicを使う

void some_code()
{
    if (!x_init) {            // xが未初期化であれば続ける
        lx.lock();
        if (!x_init) {        // それでもxが未初期化であれば続ける
            // ... xを初期化 ...
            x_init = true;
        }
        lx.unlock();
    }
    // ... xを使う ...
}
```

もし仮に x_init が atomic でなければ、命令の並べかえによって、x の初期化が、明らかに無関係である x_init の判定の前へと移動される可能性がある（§41.2.2 を参照）。x_init をアトミックとすることで、それを防いでいるのだ。

条件の!x_initは、atomic<T>からTへの暗黙の変換を想定している。

このコードは、RAIIを用いると簡略化できる（§42.3.1.4）。

標準ライブラリでは、二重チェックロックのイディオムを、once_flagとcall_once()とで実装している（§42.3.3）ので、この例のようなコードを直接記述する必要はない。

標準ライブラリは、atomicなポインタもサポートする：

ポインタのatomic<T*>（§iso.29.6.4） x.valはアトミック型xの値を表す。すべてnoexceptである	
z=x.fetch_add(y)	x.val+=y。zはそれまでのx.valとなる
z=x.fetch_add(y,order)	z=x.fetch_add(y)。orderを用いる
z=x.fetch_sub(y)	x.val-=y。zはそれまでのx.valとなる
z=x.fetch_sub(y,order)	z=x.fetch_sub(y)。orderを用いる
++x	++x.val。x.valを返す
x++	x.val++。それまでのx.valを返す
--x	--x.val。x.valを返す
x--	x.val--。それまでのx.valを返す
x+=y	x.val+=y。x.valを返す
x-=y	x.val-=y。x.valを返す

標準Cライブラリとの互換性を維持するために、atomicのメンバ関数と等価な、通常版（非メンバ版）の関数も提供される：

atomic_*の処理（§iso.29.6.5） すべてnoexceptである	
atomic_is_lock_free(p)	*p型のオブジェクトはアトミックか？
atomic_init(p,v)	*pをvで初期化する
atomic_store(p,v)	vを*pへストアする
x=atomic_load(p)	*pをxへ代入する
x=atomic_load(p)	*pをxへロードする
b=atomic_compare_exchange_weak(p,q,v)	*pと*qを比較交換する。b=(*q==v)
... この他にも約70個の関数がある ...	

41.3.2 フラグとフェンス

標準ライブラリは、アトミック型の他に、2種類の低レベルな同期機能を提供する。アトミックフラグとフェンスである。それらの主な用途は、スピンロックやアトミック型などの、もっとも低レベルなアトミック機能の実装である。すべての処理系でロックフリーな機能が保証されるのは、この二つだけである（主要なプラットフォームではアトミック型も保証しているが）。

アトミックフラグとフェンスを使う必要のあるプログラマは、ほとんどいないだろう。というのも、マシンアーキテクトに近い部分で作業する人が利用するものだからだ。

41.3.2.1 atomic_flag

atomic_flagは、もっとも単純なアトミック型であり、すべての処理系でアトミックであることが保証されている処理をもつ唯一の型である。atomic_flagは、1ビットの情報を表現する。もし必要であれば、atomic_flagを使うと、いろいろなアトミック型が実装できる。

atomic_flagが取り得る2種類の状態の名称は、セット＝setとクリア＝clearだ。

atomic_flag（§iso.29.7） すべてnoexceptである	
atomic_flag fl;	flの値は定義されない
atomic_flag fl {};	デフォルトコンストラクタ。flの値は0となる
atomic_flag fl {ATOMIC_FLAG_INIT};	flをclearの状態に初期化する
b=fl.test_and_set()	flをセットする。bはflのそれまでの値となる
b=fl.test_and_set(order)	flをセットする。bはflのそれまでの値となる。メモリオーダにorderを用いる
fl.clear()	flをクリアする
fl.clear(order)	flをクリアする。メモリオーダにorderを用いる
b=atomic_flag_test_and_set(flp)	*flpをセットする。bは*flpのそれまでの値となる
b=atomic_flag_test_and_set_explicit(flp,order)	*flpをセットする。bは*flpのそれまでの値となる。メモリオーダにorderを用いる
atomic_flag_clear(flp)	*flpをクリアする
atomic_flag_clear_explicit(flp,order)	*flpをクリアする。メモリオーダにorderを用いる

返却値のboolは、状態がセットならばtrueとなり、クリアならばfalseとなる。

atomic_flagの初期化を行うときに{}構文を用いることは、理にかなっているように感じられる。ところが、0がクリアを意味するという保証はない。クリアを1とするマシンも存在すると聞いたことがある。可搬性と信頼性が保証されているatomic_flagの初期化方法は、ATOMIC_FLAG_INITだけだ。そのATOMIC_FLAG_INITは、処理系定義のマクロである。

atomic_flagは、極めて単純なスピンロックともみなせる：

```
class spin_mutex {
   atomic_flag flag = ATOMIC_FLAG_INIT;
public:
   void lock() { while(flag.test_and_set()); }
   void unlock() { flag.clear(); }
};
```

スピンロックは、簡単に高コストになってしまうことに注意しよう。

例によって、メモリオーダとその適切な利用については、専門家の書籍を参照しよう。

41.3.2.2 フェンス

フェンス（*fence*）は、**メモリバリア**（*memory barrier*）として知られている。これは、ある種のメモリオーダによる命令の並べかえ（§41.2.3）を制限するための機能だ。フェンスが行うのは、その機能だけである。プログラムの実行速度を安全な速度にまで落として、メモリ階層を妥当な状態に維持するものと考えればよい。

フェンス（§iso.29.8） すべて noexcept である	
`atomic_thread_fence(order)`	メモリオーダ order を強制する
`atomic_signal_fence(order)`	スレッドとそのスレッドが実行するシグナルハンドラに対して、メモリオーダ order を強制する

フェンスは atomic と組み合わせて利用する（フェンスの効果を得るために必要である）。

41.4 volatile

volatile 指定子は、スレッドの制御外でオブジェクトが変更され得ることを表す。

```
volatile const long clock_register;  // ハードウェアのクロックによって変更される
```

基本的に、volatile 指定子は、冗長に見える読取りや書込みを、最適化によって除去してはならないことをコンパイラに通知する。たとえば：

```
auto t1 {clock_register};
// ... ここではclock_registerを一切利用しない ...
auto t2 {clock_register};
```

ここでの clock_register が、もし仮に volatile でなければ、コンパイラはどちらかの読取りを完全に除去できると考えて、t1==t2 が想定できると判断する可能性がある。

ハードウェアを直接処理する低レベルなコード以外では、volatile を利用しないように。

volatile がメモリモデルで特別な意味をもつと考えてはいけない。特別な意味はもっていないし、後発の言語にあるような同期のメカニズムでもない。同期が必要な場合は、atomic（§41.3）、mutex（§42.3.1）、condition_variable（§42.3.4）のいずれかを利用する。

41.5 アドバイス

[1] 並行処理を活用して、応答性やスループットを向上させよう。§41.1。

[2] 可能な限り、高い抽象化レベルで作業しよう。§41.1。

[3] thread と mutex を直接利用するのではなく、packaged_task と future を優先しよう。§41.1。

[4] 単純なカウンタでなければ、直接 atomic を利用するのではなく、mutex と condition_variable を優先しよう。§41.1。

[5] 可能であれば、明示的なデータ共有は避けよう。§41.1。

[6] プロセスは、スレッドの一種と考えよう。§41.1。

[7] 標準ライブラリの並行機能は、型安全である。§41.1。

[8] メモリモデルのおかげで、大半のプログラマは、コンピュータのマシンアーキテクチャレベルで考えなくてすんでいる。§41.2。

[9] メモリモデルは、大まかに、メモリを本来期待されるどおりに見せるものである。§41.2。

[10] 個々のスレッドによる `struct` 内の個々のビットフィールドへのアクセスは、互いに影響する可能性がある。§41.2。

[11] データ競合を避けよう。§41.2.4。

[12] アトミックを使うと、ロックフリープログラミングが可能になる。§41.3。

[13] デッドロックを回避して、すべてのスレッドの実行を進めるには、ロックフリープログラミングが不可欠となることがある。§41.3。

[14] ロックフリープログラミングは、専門家に任せよう。§41.3。

[15] 緩和メモリモデルは、専門家に任せよう。§41.3。

[16] `volatile` は、プログラム以外の何かによって、オブジェクトの値が変更される可能性があることをコンパイラに通知する。§41.4。

[17] C++ の `volatile` は、同期機構**ではない**。§41.4。

第 42 章　スレッドとタスク

冷静に、やるべきことを続けよう。
— 第二次大戦時英国のスローガン

42.1　はじめに

並行処理、すなわち複数タスクの同時実行は、（一つの処理を複数プロセッサで分散実行することによる）スループットの向上と、（プログラムが応答を待っているあいだに別の処理を実行することによる）応答性の向上のために、広く利用されている。

C++ 標準の並行処理の支援については、チュートリアルとして §5.3 で解説した。本章と前章では、より詳細かつ体系的に解説する。

他の処理と並行に実行可能な処理を**タスク**（*task*）という。**スレッド**（*thread*）とは、タスクを実行するコンピュータの機能をシステムレベルで表現したものである。標準ライブラリの `thread` は、1 個のタスクを実行する。各スレッドは、他のスレッドとアドレス空間を共有する。すなわち、単一アドレス空間内のすべてのスレッドが、同じメモリをアクセスする。並行システムのプログラマにとっての大きな課題の一つが、スレッドのメモリへのアクセスを適切な形で行うようにすることである。

42.2　スレッド

`thread` は、コンピュータハードウェア上の計算を抽象化したものである。C++ 標準ライブラリの `thread` は、オペレーティングシステムのスレッドと 1 対 1 に対応することを想定している。`thread` を利用するのは、一つのプログラム内の複数のタスクが、並行に処理を進めていく必要がある場合だ。

複数のプロセッシングユニット（“コア”）をもつシステムでは、threadを使うことで、それらのユニットを活用できる。すべてのthreadは同一アドレス空間内で動作する。もしデータ競合回避のためにハードウェアの保護が必要であれば、プロセスを利用すべきだ。スタックはthread間で共有されない。そのため、不注意などによって、局所変数を指すポインタを他のthreadに対して渡さない限り、局所変数でのデータ競合は発生しない。特に、ラムダ式における参照による文脈バインディング（§11.4.3）には、注意が必要である。慎重で用心深いスタックメモリの共有は、有用であって一般的でもある。たとえば、並列ソートを行うために、局所的な配列の一部の受渡しを行うというような例だ。

threadが（別のthreadが獲得ずみのmutexに出会ったなどの理由で）処理を進められないことを、**ブロックされた**（*blocked*）、あるいは、**スリープしている**（*asleep*）という。

thread（§iso.30.3.1）	
id	thread識別子の型
native_handle_type	システムのスレッドハンドルの型。処理系定義（§iso.30.2.3）
thread t {};	デフォルトコンストラクタ。タスクを（まだ）もっていないthreadを作る。noexcept
thread t {t2};	ムーブコンストラクタ。noexcept
thread t {f,args};	コンストラクタ。新しいthread上でf(args)を実行する。explicit
t.~thread();	デストラクタ。t.joinable()ならばterminate()する。そうでなければ効果はない
t=move(t2)	ムーブ代入演算。t.joinable()ならばterminate()する。noexcept
t.swap(t2)	tとt2の値を交換する。noexcept
t.joinable()	tに対応する実行スレッドは存在するか？ t.get_id()!=id{}か？ noexcept
t.join()	現在のthreadがtと同期する。すなわち、tが完了するまで現在のthreadをブロックする。（たとえばt.get_id()==this_thread::get_id()などによって）デッドロックを検出するとsystem_errorを送出する。t.id==id{}であればsystem_error例外を送出する
t.detach()	tが表現するシステムスレッドが存在しないことを保証する。t.id!=id{}であればsystem_errorを送出する
x=t.get_id()	xはtのidである。noexcept
x=t.native_handle()	xは（native_handle_type型の）tのネイティブなハンドルである
n=hardware_concurrency()	nはハードウェアプロセッシングユニット数となる（“不明”は0で表す）。noexcept
swap(t,t2)	t.swap(t2)。noexcept

threadは、システム資源である**システムスレッド**（*system thread*）を表現する。専用に割り当てられたハードウェアを伴う場合もある。

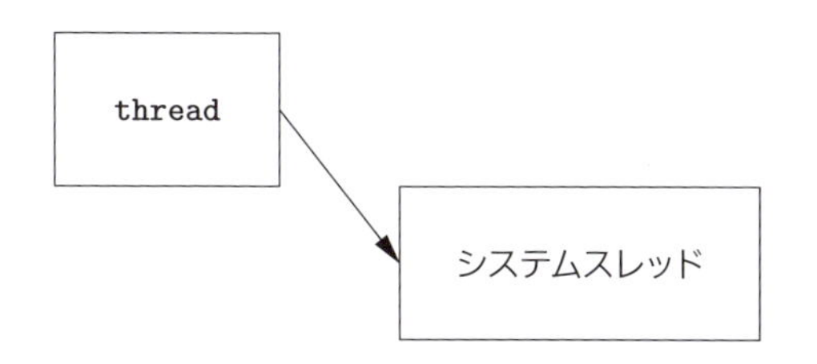

そのため、threadは、ムーブは可能だが、コピーはできない。

ムーブ後は、元のthreadは、実行スレッドを表現するものではなくなる。特に、join()の対象にはなり得ない。

thread::hardware_concurrency()は、ハードウェアの支援によって同時に実行可能なタスク数を返す。その厳密な意味は、アーキテクチャ依存だが、通常は、オペレーティングシステムが実行可能なスレッド数よりも少ない（時分割多重化やタイムスライスの効果による）。なお、プロセッサや“コア”の数よりも多いこともある。たとえば、私が使っている2コアの小型なラップトップでは、ハードウェアスレッド数が4と返される（**ハイパースレッディング**（*hyper-threading*）とも呼ばれる機能が利用されているのだ）。

42.2.1 識別

すべての実行スレッドは、thread::id型の値として表現される、一意な識別子をもつ。実行スレッドを表現しないthreadのidは、デフォルトのid{}である。thread型のtのidは、t.get_id()の実行によって得られる。

現在のthreadのidは、this_thread::get_id()（§42.2.6）によって得られる。

次のいずれかが成立すれば、threadのidは、id{}となる。

・タスクが割り当てられていない。

・実行が終了している。

・ムーブされた。

・detach()された。

すべてのthreadがidをもつが、システムスレッドはidをもたなくても（すなわち、detach()後でも）実行が継続できる。

thread::idはコピー可能である。さらに、idは、通常の比較演算子（==、<など）による比較や、<<による出力、特殊化されたhash<thread::id>によるハッシング（§31.4.3.4）が行える。たとえば：

```
void print_id(thread& t)
{
   if (t.get_id()==id{})
      cout << "t not joinable\n";
   else
      cout << "t's id is " << t.get_id() << '\n';
}
```

coutは広域的な共有オブジェクトなので、2個のthreadが同時にcoutへの出力を行わないようにしない限り（§iso.27.4.1）、識別可能な状態で文字が出力される保証はない。

42.2.2 構築

threadのコンストラクタが引数として受け取るのは、実行するタスクと、そのタスクに与えるべき引数である。引数の個数と型は、そのタスクに与えるものと一致しなければならない。たとえば：

```
void f0();       // 引数なし
void f1(int);    // 1個のint引数

thread t1 {f0};
thread t2 {f0,1};                    // エラー：引数が多すぎる
thread t3 {f1};                      // エラー：引数が少なすぎる
thread t4 {f1,1};
thread t5 {f1,1,2};                  // エラー：引数が多すぎる
thread t3 {f1,"I'm being silly"};    // エラー：引数の型が合わない
```

threadオブジェクトが構築されると、その実行のために必要な資源をランタイムシステムが獲得したら、すぐにタスクの実行が開始される。その開始は、"直ちに"と考えてよい。独立した"thread開始"のような処理は存在しないからだ。

一連のタスクを作成して協調動作させたければ（たとえば、メッセージキューを通じて通信するなど）、まず関数オブジェクトとしてタスクを作成して、その後、実行準備をすべて終えた時点で、threadを開始する。たとえば：

```
template<typename T>
class Sync_queue<T> {   // データ競合なしにput()とget()を提供するキュー（§42.3.4）
   // ...
};

struct Consumer {
   Sync_queue<Message>& head;
   Consumer(Sync_queue<Message>& q) :head(q) {}
   void operator()();       // headからメッセージを取り出す
};

struct Producer {
   Sync_queue<Message>& tail;
   Consumer(Sync_queue<Message>& q) :tail(q) {}
   void operator()();       // tailにメッセージを追加
};

Sync_queue<Message> mq;
Consumer c {mq};            // タスクを作成して"それらを結び付ける"
Producer p {mq};

thread pro {p};             // 最終的に：各threadを開始
thread con {c};

// ...
```

threadが実行するタスク間通信の準備処理にthread作成処理を埋め込もうとすると、複雑になりやすいし、エラーにつながりやすくなる。

threadのコンストラクタは、可変個引数テンプレート（§28.6）である。そのため、threadコ

ンストラクタに参照を渡す際は、参照ラッパ（§33.5.1）を用いる必要がある。たとえば：

```
void my_task(vector<double>& arg);

void test(vector<double>& v)
{
   thread my_thread1 {my_task,v};              // おっと：vのコピーを与えた
   thread my_thread2 {my_task,ref(v)};         // ＯＫ：vを参照渡しで与える
   thread my_thread3 {[&v]{ my_task(v); }};    // ＯＫ：ref()の問題を回避
   // ...
}
```

問題は、可変個引数テンプレートが、bind() やそれに相当するメカニズムを使うので、参照がデフォルトで参照外しされて、その結果がコピーされることだ。仮に、v を {1,2,3} にして、my_task が要素をインクリメントしていれば、my_thread1 では v がまったく変化しない。ここでの3個すべての thread で、v でのデータ競合が発生することに注意しよう。このサンプルは、呼出し規約の解説用のものであって、並行プログラミングスタイルとしては、よいものではない。

デフォルト構築された thread は、基本的に、ムーブ先として都合よいものだ。たとえば：

```
vector<thread> worker(1000);   // 1000個のデフォルトthread

for (int i=0; i!=worker.size(); ++i) {
   // ... worker[i]のための引数を計算してworker用のthreadであるtmpを作る ...
   worker[i] = move(tmp);
}
```

thread 間でタスクをムーブしても、実行には影響しない。thread のムーブは、thread の参照先を変更するだけだ。

42.2.3 解体

いうまでもなく、thread のデストラクタは、thread オブジェクトを解体する。システムスレッドに対応する thread を誤って消さないようにするために、thread が joinable()（すなわち get_id()!=id{}）であれば、thread デストラクタは、プログラムを終了させるために terminate() を呼び出す。たとえば：

```
void heartbeat()
{
   while(true){
      output(steady_clock::now());
      this_thread::sleep_for(second{1});    // §42.2.6
   }
}

void run()
{
   thread t {heartbeat};
}  // heartbeat()がtのスコープの終端でも動作しているので、停止させる
```

thread の生存期間とは関係なくシステムスレッドの処理を継続させる場合については、§42.2.5 を参照しよう。

42.2.4 join()

t.join()は、現在のthreadに対して、tの実行が完了するまで処理を進めないことを通知する。たとえば：

```
void tick(int n)
{
   for (int i=0; i!=n; ++i) {
      this_thread::sleep_for(second{1});    // §42.2.6
      output("Alive!");
   }
}

int main()
{
   thread timer {tick,10};
   timer.join();
}
```

実行すると、約1秒間隔でAlive!を10回出力する。もしtimer.join()を実行しなければ、tick()が何も出力しないうちにプログラムは終了してしまうだろう。join()は、timerの実行終了まで、メインプログラムを待たせるのだ。

§42.2.3でも解説したように、detach()を呼び出さずに、threadに対して、そのスコープを越えて（より一般的には、デストラクタ実行後まで）実行させようとするのは、（プログラムにとって）致命的なエラーと考えられる。しかし、threadをjoin()するのを忘れてしまうこともある。threadを資源とみなすという観点に立つと、RAII（§5.2，§13.3）を検討すべきである。簡単なテストの例を考えてみよう：

```
void run(int i, int n)    // 警告：本当に貧弱なコード
{
   thread t1 {f};
   thread t2;
   vector<Foo> v;
   // ...
   if (i<n) {
      thread t3 {g};
      // ...
      t2 = move(t3);      // t3を外側のスコープに移動
   }
   v[i] = Foo{};          // 例外が送出される可能性
   // ...
   t1.join();
   t2.join();
}
```

ここには、いくつかの困った誤りがある。特に：

- 末尾にある2個のjoin()に到達しない場合がある。その場合、t1のデストラクタがプログラムを終了させることになる。
- 移動を行うt2=move(t3)を実行しないまま、末尾にある2個のjoin()に到達する場合がある。その場合、t2.join()がプログラムを終了させることになる。

この種のthreadには、暗黙裏にjoin()するデストラクタが必要だ。たとえば：

```
struct guarded_thread : thread {
   using thread::thread;                              // §20.3.5.1
   ~guarded_thread() { if (joinable()) join(); }
};
```

残念なことに、この guarded_thread は、標準ライブラリのクラスではない。しかし、ベストなRAIIの手法である guarded_thread を用いると、コードを簡潔にできるし、エラーにつながりにくくなる。たとえば：

```
void run2(int i, int n)       // ガードの単純な利用例
{
   guarded_thread t1 {f};
   guarded_thread t2;
   vector<Foo> v;
   // ...
   if (i<n) {
      thread t3 {g};
      // ...
      t2 = move(t3);          // t3を外側のスコープに移動
   }
   v[i] = Foo{};              // 例外が送出される可能性
   // ...
}
```

さて、thread のデストラクタは、どうして join() を実行しないのだろう？　システムスレッドは、“永遠に存在し続ける”、あるいは、いつ終了するかを自身で判断するものとして長く利用されてきた。tick()（§42.2.2）を実行する timer も、この種のスレッドの一例である。データ構造を監視するスレッドは、数多くの例題を提供してくれる。この種のスレッド（プロセス）は、一般に**デーモン**（*daemon*）と呼ばれる。デタッチしたスレッドのもう一つの利用法は、あるタスクを完了して、その後でタスクに関知しないようにするために、スレッドを開始することである。こうすることで、“管理と後始末”を、ランタイムシステムに任せられるようになる。

42.2.5 detach()

thread を、デストラクタ実行後に実行しようとするのは、完全な誤りだ。もし、システムスレッドを、その thread（ハンドル）とは無関係に継続させたければ、detach() を呼び出す。たとえば：

```
void run2()
{
   thread t {heartbeat};
   t.detach();             // heartbeatを独立に実行する
}
```

スレッドのデタッチに関しては、私は、哲学的な問題を抱えている。もし仮に可能であれば、次のようにしたいのだ：

- どのスレッドが実行中であるのか正確に把握する。
- スレッドが期待どおりに進んでいるのかを判断できるようにする。
- 自身を解体することになっているスレッドが実際に解体されたかどうかを判断できるようにする。
- スレッドの実行結果を利用しても安全かどうかを判断できるようにする。
- スレッドに結び付けられたすべての資源が適切に解放されたことを保証する。

・スレッドは、その中で作成したスコープ中のオブジェクトに対して、スコープから抜け出た後で、アクセスを試みないことを保証する。

（たとえばnative_handle()や“ネイティブ”システム機能を利用するなどによって）標準ライブラリの枠を超えなければ、デタッチしたスレッドについて、上記のことは行えない。さらに、デタッチしたスレッドの動作を直接観測できないシステムでは、どうデバッグすればよいだろう？　デタッチしたスレッドが、スレッドを作成したスコープ内にある何かを指すポインタをもっていたらどうなるだろう？　これは、データの破壊、システムクラッシュ、セキュリティ上の侵害につながるだろう。実際には、明示的にデタッチしたスレッドは、有用でもあるしデバッグも可能である。実際に、数十年にわたって利用されている。しかし、人間は、数世紀も失敗を繰り返した上で、その有用性が分かるものだ。選択肢があるならば、スレッドをdetach()しないほうを、私は選ぶ。

threadが、ムーブ代入演算とムーブコンストラクタを提供することに注意しよう。そのため、threadを構築したスコープの外に移行させることができるし、detach()の代替を提供することも多い。threadをプログラムの“メインモジュール”へ移行するとか、unique_ptrやshared_ptrを介してそれらをアクセスするとか、コンテナ（たとえばvector<thread>など）にもたせる、といったことが可能である。たとえば：

```
vector<thread> my_threads;  // キープできなければここでスレッドをデタッチ

void run()
{
   thread t {heartbeat};
   my_threads.push_back(move(t));
   // ...
   my_threads.emplace_back(tick,1000);
}

void monitor()
{
   for (thread& t : my_threads)
      cout << "thread " << t.get_id() << '\n';
}
```

より現実的なサンプルにするならば、my_threads内の各threadに対して何らかの情報を対応付けることが考えられる。たとえば、monitorをタスクとして実行することも考えられる。

どうしてもthreadをdetach()**しなければならない場合**は、スコープ内の変数を参照していないことを必ず確認しよう。たとえば：

```
void home()     // 真似してはならない
{
   int var;
   thread disaster{[&]{ this_thread::sleep_for(second{7.3});++var; }}
   disaster.detach();
}
```

警告コメントと刺激的な変数名はさておき、このコードは、極めて無害に見える。しかし、実際は違う。disaster()が起動したシステムスレッドは、home()のvar用に確保されたアドレスに対して“永遠に”書き込み続ける。そのアドレスは、再利用によって別のデータに割り当てられるので、別のデータが破壊されるのだ。この種の誤りは、発見が極めて困難である。というのも、コード上での関連性が希薄であるし、プログラムを実行するたびに結果が異なることがあり、しかも問題が発症しない場合も多いからだ。この種のバグは、不確定性原理の発見者にちなんで、**ハイゼンバグ**（*Heisenbug*）と呼ばれる。

ここでの根本的な問題は、"局所オブジェクトへのポインタを、そのスコープ外に渡してはならない"（§12.1.4）という、単純で広く知られた規則に違反していることだ。ところが、ラムダ式の場合は、`[&]` によって、局所変数を指すポインタを簡単に（しかも気付かないうちに）作れる。幸いにも、`detach()` しなければ、`thread` をスコープ外に追いやることはできない。十分な理由がなくて、しかも、タスクの処理内容を十分に検討していないのであれば、このようなことを行ってはならない。

42.2.6 this_thread 名前空間

現在の `thread` に対する処理は、`this_thread` 名前空間内で定義されている：

this_thread 名前空間（§iso.30.3.1）	
`x=get_id()`	`x` は現在の `thread` の `id` となる。`noexcept`
`yield()`	別の `thread` を実行する機会をスケジューラに与える。`noexcept`
`sleep_until(tp)`	`time_point tp` まで、現在の `thread` をスリープする
`sleep_for(d)`	`duration d` のあいだ、現在の `thread` をスリープする

現在のスレッドの識別子を得るには、`this_thread::get_id()` を呼び出す。たとえば：

```
void helper(thread& t)
{
   thread::id me {this_thread::get_id()};
   // ...
   if (t.get_id()!=me) t.join();
   // ...
}
```

同様に、`this_thread::sleep_until(tp)` と `this_thread::sleep_for(d)` を呼び出すと、現在のスレッドをスリープさせられる。

`this_thread::yield()` は、別の `thread` の処理を進める機会を与えるものだ。現在のスレッドはブロックされないので、別の `thread` が現在のスレッドを明示的にウェイクアップさせなくとも、いつかは処理を進められる。そのため、`atomic` な状態が変化するのを待つ場合や、協調動作するマルチスレッドを待つ場合は、`yield()` が基本的な機能として欠かせなくなる。通常は、単なる `yield()` よりも、`sleep_for(n)` を用いたほうがよい。`sleep_for()` に与えた引数によって、どの `thread` を実行するかを合理的に選択する機会がスケジューラに生まれる。`yield()` は、極めてまれで特殊な場合に利用する最適化のための機能と考えとおくとよい。

主要なすべての処理系では、`thread` はプリエンプティブである。すなわち、すべての `thread` が、理にかなった割合で実行されるように、処理系がタスクを切りかえる。しかし、歴史的および言語の技術的な理由によって、標準では、プリエンプションを推奨しているものの、必須とはしていない（§iso.1.10）。

通常は、プログラマは、システムクロックを操作すべきではない。しかし、（たとえば、正しい時刻からずれていたときなどに）いったんクロックがリセットされると、`wait_until()`は影響を受けるかもしれないが、`wait_for()`は影響を受けない。`timed_mutex`に対する`wait_until()`と`wait_for()`でも同じ関係である（§42.3.1.3）。

42.2.7 threadの強制終了

私は、ある重要な機能が`thread`に欠けていることに気付いた。実行中の`thread`に対して、『必要性がなくなったので、実行をストップしてすべての資源を解放せよ。』と通知する単純な方法が標準には存在しないのだ。たとえば、並列的に`find()`を開始して（§42.4.7）、目的のものが一つ見つかれば、残っているタスクをストップするように通知したい、ということはよくある。その操作（言語やシステムによって、*kill*、*cancel*、*interrupt*などと呼ばれる）の欠落には、さまざまな歴史的、技術的な理由がある。

必要であれば、アプリケーションプログラマは、このアイディアを独自に実装できる。たとえば、タスクの多くは、何らかのリクエストを処理するループをもつ。その場合、“自ら穏やかに終了”というメッセージを送信すれば、受信した`thread`はすべての資源を解放して、終了できる。リクエストを処理するループをもたないタスクは、“まだ必要とされている”ことを表す変数を定期的に調べればよいことになる。

汎用的なキャンセル処理は、設計は難しいし、あらゆるシステム上で実装が困難である。実装がそれほど容易ではない種類のキャンセル処理をもつアプリケーションを、これまで見たことはない。

42.2.8 thread_localデータ

その名が表すように、`thread_local`な変数は、ある`thread`が所有するオブジェクトであって、所有者が（不注意にも）そのポインタを渡さない限りは、他の`thread`からはアクセスできないものだ。その意味では、`thread_local`は局所変数に似ている。しかし、局所変数の生存期間とアクセス制限が関数スコープと一致するのとは異なり、`thread_local`は、ある`thread`内の全関数で共有されて、その`thread`が“生きて”いる限り、`thread_local`も生き続ける。なお、`thread_local`なオブジェクトは、`extern`宣言できる。

ほとんどの場合、オブジェクトは、共有するのではなく、（スタック上に）局所的に保持したほうがよい。`thread_local`な記憶域は、広域変数と同じ問題を抱えているからだ。例によって、名前空間を用いると、非局所データに関する問題は少なくなる。しかし、多くのシステムでは、`thread`のスタックサイズには制限があるので、共有しないデータを大量に必要とするタスクにとって、`thread_local`な記憶域が重要なものとなる。

`thread_local`は、**スレッド記憶域期間**（*thread storage duration*）をもつ、と表現できる（§iso.3.7.2）。個々の`thread`は、`thread_local`変数の独自のコピーをもつ。`thread_local`は、初めて利用される直前に初期化される（§iso.3.2）。`thread_local`が構築されたら、それは`thread`終了時に解体される。

thread_local 記憶域の重要な用途の一つが、排他的にアクセスするデータ用のキャッシュを明示的に保持する thread での利用だ。その動作のために、プログラムロジックが複雑化する可能性があるものの、キャッシュを共有するマシンでは、飛躍的に性能が向上することがある。さらに、データ転送を大きな単位でバッチ処理すれば、単純化やロックコストの低下につながる。

一般に、非局所メモリは、並行プログラミングで問題になる。共有されているかどうかが容易には判断できないことが多く、それがデータ競合の原因となるからだ。特に、static クラスメンバは、大きな問題となり得る。クラスユーザからは見えないことが多いので、データ競合の可能性が見過ごされてしまうからだ。型ごとにデフォルト値をもつ Map の設計を考えてみよう：

```
template<typename K, typename V>
class Map {
public:
   Map();
   // ...
   static void set_default(const K&,V&);  // すべてのMap<K,V>型のMapにデフォルトを設定
private:
   static pair<const K,V> default_value;
};
```

種類の異なる Map のオブジェクトが２個あるとして、ユーザがデータ競合を疑うだろうか？　メンバ中の set_default() に注目しているユーザは、明らかに疑ってかかるだろう。しかし、set_default() は、見過ごしやすいマイナーな機能だ（§16.2.12）。

過去に、１個のクラスごとに１個の（static な）値、という手法が広く利用されたことがある。その中には、デフォルト値、カウンタ、キャッシュ、フリーリスト、頻繁に投げかけられる質問に対する回答、さらには、用途不明なものまであった。これを並行システムで利用すると、古典的な問題に出会うことになる：

```
// スレッド１のどこか：
   Map<string,int>::set_default("Heraclides",1);

// スレッド２のどこか：
   Map<string,int>::set_default("Zeno",1);
```

ここには、データ競合の可能性がある。どちらの thread が、set_default() を先に実行するのだろうか？

thread_local を追加するとよさそうだ：

```
template<typename K, typename V>
class Map {
   // ...
private:
   static thread_local pair<const K,V> default_value;
};
```

これで、データ競合の可能性がなくなってしまう。ところが、全ユーザが共有する単一の default_value が失われることになる。この例では、スレッド１からは、スレッド２の set_default() の結果が見えない。それは、本来の意図どおりかもしれないし、そうでないかもしれない。thread_local を追加したといっても、単にエラーの種類を変えたにすぎないのだ。static な

データメンバは、疑うべきである（常にそうすべきだ。というのも、書いたコードが並行システムの一部として将来実行されるかもしれないのだから）し、thread_local を万能薬と考えてはいけない。

名前空間の変数、局所 static、クラス static メンバは、thread_local と宣言できる。局所的な static 変数では、thread_local な局所変数の構築は、初回スイッチによって保護される（§42.3.3）。thread_local の構築順序は定義されないので、異なる thread_local が構築順序に依存しないようにして、さらに、可能であれば、コンパイル時あるいはリンク時の初期化を利用するとよい。static 変数と同様に、thread_local もデフォルトでゼロに初期化される（§6.3.5.1）。

42.3 データ競合の回避

データ競合を回避する最善策は、データを共有しないことである。重要なデータは、局所変数、他のスレッドと共有しない空き領域、thread_local メモリ（§42.2.8）のいずれかに保持する。それらのデータを指すポインタを、他の thread へと渡してはいけない。（たとえば並列ソートなどのように）それらのデータを他の thread が必要とする場合は、特定の範囲のデータを指すポインタを渡して、そのタスクが終了するまでは、その範囲のデータを扱わないことを確実にする。

これらの単純な規則は、データに対して同時にアクセスしないようにする、という考えに基づく。その結果、ロックが不要となって、プログラムの効率が最大限に向上する。数多くのデータの共有が避けられないなど、これらの規則を適用できない場合は、何らかのロックが必要となる：

- **ミューテックス**（*mutex*）：ミューテックス（相互排他変数＝ mutual exclusion variable）は、何らかの資源にアクセスする排他的な権利を表すオブジェクトである。資源にアクセスする際は、mutex を獲得して、アクセス後に解放する（§5.3.4, §42.3.1）。
- **条件変数**（*condition variable*）：条件変数は、他の thread が生成したイベントやタイマイベントを待つために利用する変数である（§5.3.4.1, §42.3.4）。

厳密にいうと、条件変数では、データ競合は防げない。むしろ、データ競合の原因となり得るデータ共有をしないですませるためのものだ。

42.3.1 mutex

mutex は、何らかの資源に対する排他的なアクセスを表現するオブジェクトだ。そのため、データ競合からの保護と、複数 thread 間での共有データアクセスの同期に利用できる：

mutex クラス（§iso.30.4）	
mutex	非再帰 mutex。獲得ずみ mutex を獲得しようとする thread をブロック
recursive_mutex	同一 thread から繰り返し獲得できる再帰 mutex
timed_mutex	指定した時間（だけ）mutex を獲得しようとする処理をもつ非再帰 mutex
recursive_timed_mutex	期限付き再帰 mutex
lock_guard<M>	mutex M に対するガード
unique_lock<M>	mutex M に対するロック

“単なる”mutexが、もっとも単純で小規模で高速である。再帰mutexと期限付きmutexは、その機能性と引きかえに、若干のコストがかかる。なお、そのコストは、マシンやアプリケーションによって高くも低くもなる。

同時に1個のmutexを所有できるのは、単一のthreadのみである：

- ミューテックスを**獲得する**（*acquire*）ことは、その所有権を独占することを意味する。獲得処理ではthreadの実行をブロックすることがある。
- ミューテックスを**解放する**（*release*）ことは、独占した所有権を放棄することを意味する。解放処理によって、別のthreadがそのmutexを獲得できる状態になる。すなわち、解放処理によって、待機状態にあったthreadのブロックが解除される。

あるmutexで、複数のthreadがブロックしている場合、ブロック解除すべきthreadを選択するのは、原則としてシステムスケジューラだ。その場合、いつまでも選択されない不運なthreadが発生してしまう。この状態は、**スタベイション**（*starvation*）と呼ばれる。スタベイションを回避して、すべてのthreadに実行する機会を均等に与えるスケジューリングアルゴリズムは、**公平**（*fair*）である、と表現する。たとえば、スケジューラが、次に実行するthreadとして、thread::idの値がもっとも大きいものを必ず選択していては、idの値が小さいthreadが待ちぼうけをくらってましう。標準では、公平性を保証してはいないが、現実のスケジューラは、“妥当な公平性”をもっている。すなわち、threadのスタベイションが永遠に発生し続けることは、極めて起こりにくい。たとえば、スケジューラが、ブロックされているthreadからランダムに選択することも可能だからだ。

mutexは、それ自身では何も行わない。mutexが表現するのは別のことである。mutexの所有権を使うのは、オブジェクトや、何らかのデータや、デバイスの入出力などの資源を操作する権利を表すためだ。たとえば、threadからcoutを利用する権利を表すために、cout_mutexを定義してみよう：

```
mutex cout_mutex;    // coutを利用する権利を表す

template<typename Arg1, typename Arg2, typename Arg3>
void write(Arg1 a1, Arg2 a2 = {}, Arg3 a3 = {})
{
   thread::id name = this_thread::get_id();
   cout_mutex.lock();
   cout << "From thread " << name << " : " << a1 << a2 << a3;
   cout_mutex.unlock();
}
```

もし、すべてのthreadがwrite()を利用するのであれば、別のthreadからの出力が混ざらないように、適切に分離する必要がある。すべてのthreadがmutexを利用しなければならないとしたら、大きな障害となる。mutexと資源の対応は、明示的ではない。cout_mutexの例では、直接coutを利用する（cout_mutexを迂回する）threadは、出力をおかしなものにする。標準では、cout変数が、データ破壊から保護されることは保証されているが、異なるスレッドからの出力が混ざってしまうことに対する保護はない。

この例では、ロックを必要とする1行のためだけに、mutexをロックしていることに注意しよう。

競合と、threadがブロックする機会を最小限に抑えるためには、本当に必要な箇所でのみロックして、ロック期間を最短にするように試みるべきだ。ロックによって保護された部分のコードは、**クリティカルセクション**（*critical section*）と呼ばれる。コードの実行速度を維持して、ロックにまつわる問題を回避するには、クリティカルセクションの範囲を最小限に抑えるべきだ。

標準ライブラリのmutexは、**排他的所有権セマンティクス**（*exclusive ownership semantics*）を提供する。すなわち、ある単一のthreadが、（同時には）その資源へのアクセスを独占する。ミューテックスには、別の種類のものもある。たとえば、多重読取り単一書込みのミューテックスは、広く利用されている。しかし標準ライブラリでは、（まだ）提供されていない。標準ライブラリのmutex以外の種類のミューテックスが必要ならば、そのシステム専用に提供されているものか、あるいは、自作のものを利用しよう。

42.3.1.1 mutexとrecursive_mutex

ミューテックスクラスmutexは、一連の単純な処理を提供する：

mutex（§iso.30.4.1.2.1）	
mutex m {};	デフォルトコンストラクタ。mはどのthreadにも所有されていない。constexpr。noexcept
m.~mutex()	デストラクタ。所有されていた場合の動作は定義されない
m.lock()	mを獲得する。所有権を得られるまでブロックする
m.try_lock()	mの獲得を試みる。成功したか？
m.unlock()	mを解放する
native_handle_type	処理系定義のシステムミューテックスの型
nh=m.native_handle()	nhはミューテックスmのシステムハンドルとなる

mutexは、コピーもムーブもできない。mutexは、資源ハンドルというよりも、資源とみなしたほうがよい。実際には、通常、mutexはシステム資源のハンドルとして実装される。しかし、システム資源は、共有、リーク、コピー、ムーブができないので、疑似的に別個のものとして見るのがよい。

mutexの基本的な利用は、極めて単純だ。たとえば：

```
mutex cout_mutex;  // “どのスレッドにも所有されていない”ものとして初期化する

void hello()
{
   cout_mutex.lock();
   cout << "Hello, ";
   cout_mutex.unlock();
}

void world()
{
   cout_mutex.lock();
   cout << "World!";
   cout_mutex.unlock();
}

int main()
```

```
{
   thread t1 {hello};
   thread t2 {world};

   t1.join();
   t2.join();
}
```

実行すると、以下のように表示されるかもしれないし、

```
Hello, World!
```

あるいは、以下のように表示されるかもしれない。

```
World! Hello,
```

coutが破壊されたり、出力が混ざってしまうことはない。

try_lock()を利用するのは、別のthreadがある資源を利用しているときに有用に行えるような、別の処理があるときだ。ここでは、仕事（Work）のジェネレータを考えてみよう。他のタスクにWorkを処理するように要求を作成して、要求をWorkキューに置く例を考えよう：

```
extern mutex wqm;
extern list<Work> wq;

void composer()
{
   list<Work> requests;

   while (true) {
      for (int i=0; i!=10; ++i) {
         Work w;
         // ... 仕事のリクエストを作る ...
         requests.push_back(w);
      }
      if (wqm.try_lock()) {
         wq.splice(requests);  // listに対するsplice()の要求（§31.4.2）
         wqm.unlock();
      }
   }
}
```

ここで、サーバthreadがwqを調べているときでも、composer()は待たずにWorkを生成する。

ロックを使うときは、デッドロックへの注意が必要だ。すなわち、解放されることがないロックを待ち続けてはいけない。デッドロックが発生するもっとも単純な場合は、たった1個のthreadと1個のロックである。スレッド安全な出力処理を変形した例を考えてみよう：

```
template<typename Arg, typename... Args>
void write(Arg a, Args tail...)
{
   cout_mutex.lock();
   cout << a;
   write(tail...);
   cout_mutex.unlock();
}
```

ここで、threadがwrite("Hello,","World!")を呼び出すと、tailの処理のために再帰呼出しを行おうとして、自分自身でデッドロックしてしまう。

再帰呼出しや相互再帰呼出しはよく行われるものであって、標準内でも広く利用されている。再帰ミューテックス**recursive_mutex**は、1個の**thread**が何度も獲得できる点が、単なる**mutex**とは異なる。たとえば：

```
recursive_mutex cout_mutex;  // デッドロック回避のためにrecursive_mutexに変更

template<typename Arg, typename... Args>
void write(Arg a, Args tail...)
{
   cout_mutex.lock();
   cout << a;
   write(tail...);
   cout_mutex.unlock();
}
```

これで、**write()**の再帰呼出しを行っても、**cout_mutex**が正しく処理するようになっている。

42.3.1.2 mutexのエラー

mutexの処理が失敗することもある。その場合は、**system_error**例外が送出される。システムの状態を反映した種類のエラーもある：

mutexのエラー（§iso.30.4.1.2）	
resource_deadlock_would_occur	デッドロックを検出した
resource_unavailable_try_again	ネイティブハンドルが利用できない
operation_not_permitted	この**thread**は指定された処理を許可されていない
device_or_resource_busy	ネイティブハンドルがロックずみである
invalid_argument	コンストラクタのネイティブハンドル引数が不正である

たとえば：

```
mutex mtx;
try {
   mtx.lock();
   mtx.lock();     // 2回目のロックを試みる
}
catch (system_error& e) {
   mtx.unlock();
   cout << e.what() << '\n';
   cout << e.code() << '\n';
}
```

実行すると、以下のように出力される：

```
device or resource busy
generic: 16
```

この例をよく見ると、**lock_guard**や**unique_lock**を利用する（§42.3.1.4）理由が理解できるだろう。

42.3.1.3 timed_mutexとrecursive_timed_mutex

単純なmtx.lock()は、無条件に処理を実行する。ブロックしたくなければ、mtx.try_lock()を使えばよい。しかし、mtxの獲得に失敗した場合は、獲得を再度試みる前に、少し時間を置きたいことがある。この動作は、期限付きミューテックスtimed_mutexと、期限付き再帰ミューテックスrecursive_timed_mutexによって実現できる：

timed_mutex（§iso.30.4.1.3.1）	
timed_mutex m {};	デフォルトコンストラクタ。mは所有されていない。constexpr。noexcept
m.~timed_mutex()	デストラクタ。所有されていた場合の動作は定義されない
m.lock()	mを獲得する。所有権が得られるまでブロックする
m.try_lock()	mを獲得しようとする。成功したか？
m.try_lock_for(d)	最長でdのdurationのあいだmを獲得しようとする。成功したか？
m.try_lock_until(tp)	最長でdのtime_point tpに達するまでのあいだmを獲得しようとする。成功したか？
m.unlock()	mを解放する
native_handle_type	処理系定義のシステムミューテックスの型
nh=m.native_handle()	nhはミューテックスmのシステムハンドルとなる

recursive_timed_mutexのインタフェースは、timed_mutexと同じだ（ちょうど、recursive_mutexのインタフェースがmutexと同じであるのと同様だ）。

this_threadでは、あるtime_pointまでsleep_until(tp)できるし、あるdurationのあいだsleep_for(d)できる（§42.2.6）。さらに一般的に、あるtimed_mutex mのために、m.try_lock_until(tp)やm.try_lock_for(d)を利用できる。tpが現時点よりも前である場合や、dがゼロ以下の場合は、その処理は“単なる”try_lock()と等価である。

ここで、（ビデオゲームや視覚化処理などの）新しい画像イメージで出力バッファを更新する処理を例にとって考えてみよう：

```
extern timed_mutex imtx;
extern Image buf;

void next()
{
   while (true) {
      Image next_image;
      // ... 計算 ...

      if (imtx.try_lock_for(milliseconds{100})) {
         buf = next_image;
         imtx.unlock();
      }
   }
}
```

ここでは、画像イメージを適切な速度（この場合100ミリ秒）で更新できない場合は、新しい画像イメージをユーザに見せたほうが好ましいと仮定している。さらに、一連の画像イメージの中から1枚分の画像イメージが欠けていても、まず気付かれないだろうとも仮定している。すなわち、実際には、もっと複雑な処理が必要だ。

42.3.1.4 lock_guardとunique_lock

ロックは、一種の資源であるので、必ず解放しなければならない。すなわち、すべての`m.lock()`には、対応する`m.unlock()`が必要だ。しかし、その対応を誤ることもある。たとえば：

```
void use(mutex& mtx, Vector<string>& vs, int i)
{
   mtx.lock();
   if (i<0) return;
   string s = vs[i];
   // ...
   mtx.unlock();
}
```

このコードには`mtx.unlock()`がある。しかし、`i<0`の場合や、`i`が`vs`の範囲内に存在していなくて、しかも`vs`を範囲チェックする場合は、スレッドは`mtx.unlock()`を実行しない。そのため、`mtx`は永遠にロックされてしまう。

標準ライブラリでは、この種の問題に対処するための2個のRAIIクラス`lock_guard`と`unique_lock`を提供する。

“単なる”`lock_guard`は、もっとも単純で、小規模で、高速なガードである。`unique_lock`は、追加機能と引きかえに若干のコストが発生する。そのコストは、マシンやアプリケーションによって大きくなったり小さくなったりする。

lock_guard<M> (§iso.30.4.2) mはロック可能オブジェクトである	
`lock_guard lck {m};`	`lck`は`m`を獲得する。`explicit`
`lock_guard lck {m,adopt_lock_t};`	`lck`は`m`を保持する。現在のスレッドがすでに`m`を獲得ずみと想定する。`noexcept`
`lck.~lock_guard()`	デストラクタ。保持している `mutex` に対して`unlock()`を呼び出す

たとえば：

```
void use(mutex& mtx, vector<string>& vs, int i)
{
   lock_guard<mutex> g {mtx};
   if (i<0) return;
   string s = vs[i];
   // ...
}
```

`lock_guard`のデストラクタが、引数に対する`unlock()`を確実に実行する。

例によって、ロックを保持する時間は最短にすべきであり、スコープ内のごく短いセクションにのみロックが必要な場合は、lock_guard がスコープ末尾までロックを保持してはいけない。当然、i の確認にロックは不要である。そのため、i の確認はロック獲得前に行えるはずだ：

```
void use(mutex& mtx, vector<string>& vs, int i)
{
    if (i<0) return;
    lock_guard<mutex> g {mtx};
    string s = vs[i];
    // ...
}
```

さらに、v[i] の読取りだけにロックが必要であるとしよう。その場合、lock_guard は、もっと狭いスコープに置けるようになる：

```
void use(mutex& mtx, vector<string>& vs, int i)
{
    if (i<0) return;
    string s;
    {
        lock_guard<mutex> g {mtx};
        s = vs[i];
    }
    // ...
}
```

このコードのような複雑さは、十分な価値があるだろうか？　コード中の“... の箇所に隠されたもの”を読まない限りは、答えようがない。しかし、どこにロックが必要なのかを探すのが嫌だから、という理由で lock_guard を利用することは、決して行ってはいけない。クリティカルセクションの範囲を最小限に抑えることは、一般的に十分に価値あることだ。他の手段がなければ、その際には、ロックの必要箇所と、その理由とを再考する必要がある。

さて、lock_guard（と unique_lock）は、ロックによって所有権を獲得して、アンロックによって解放するオブジェクト用の資源ハンドル（“ガード”）である。

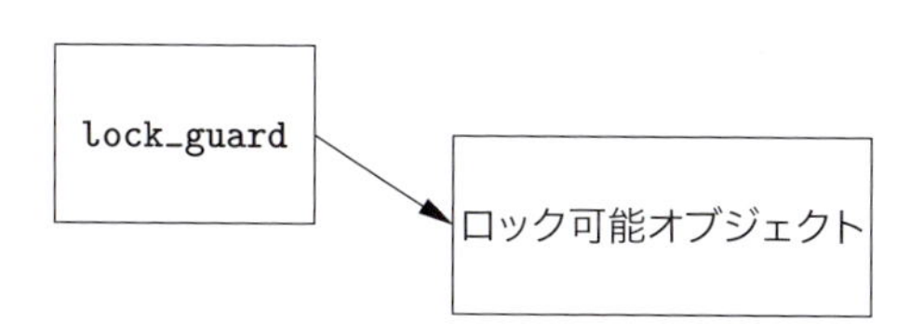

このようなオブジェクトは、**ロック可能オブジェクト**（*lockable object*）と呼ばれる。ロック可能オブジェクトの分かりやすい例は、標準ライブラリの mutex 型だが、ユーザが独自に定義することもできる。

lock_guard は、興味深い処理をもたない、極めて単純なクラスであり、mutex に対する RAII だけを行う。RAII と、保持している mutex に対する処理を提供するオブジェクトを取得するために利用するのが、unique_lock だ：

unique_lock<M> (§iso.30.4.2) m はロック可能オブジェクトである	
unique_lock lck {};	デフォルトコンストラクタ。lck は mutex を保持していない。noexcept
unique_lock lck {m};	lck は m を獲得する。explicit
unique_lock lck {m,defer_lock};	lck は m を保持するが、獲得はしない
unique_lock lck {m,try_to_lock};	lck は m を保持し、m.try_lock() を実行する。獲得できれば lck が m を所有する。獲得できなければ所有しない
unique_lock lck {m,adopt_lock};	lck は m を保持する。現在のスレッドがすでに m を獲得ずみと想定する
unique_lock lck {m,tp};	lck は m を保持し、m.try_lock_until(tp) を実行する。獲得できれば lck が m を所有する。獲得できなければ所有しない
unique_lock lck {m,d};	lck は m を保持し、m.try_lock_for(d) を実行する。獲得できれば lck が m を所有する。獲得できなければ所有しない
unique_lock lck {lck2};	ムーブコンストラクタ。lck は、lck2 が保持する mutex（があれば、それ）を保持する。lck2 は mutex を保持しなくなる
lck.~unique_lock()	デストラクタ。保持している mutex（があれば、それ）に対して unlock() を実行する
lck2=move(lck)	ムーブ代入演算。lck は、lck2 が保持する mutex（があれば、それ）を保持する。lck2 は mutex を保持しなくなる
lck.lock()	m.lock()
lck.try_lock()	m.try_lock()。獲得できたか？
lck.try_lock_for(d)	m.try_lock_for(d)。獲得できたか？
lck.try_lock_until(tp)	m.try_lock_until(tp)。獲得できたか？
lck.unlock()	m.unlock()
lck.swap(lck2)	lck と lck2 のロック可能オブジェクトを交換する。noexcept
pm=lck.release()	lck は *pm を所有しなくなる。noexcept
lck.owns_lock()	lck はロック可能オブジェクトを所有しているか？ noexcept
bool b {lck};	bool 型への変換。b==lck.owns_lock()。explicit。noexcept
pm=lck.mutex()	*pm は、もしあれば、所有しているロック可能オブジェクトとなる。所有していなければ pm=nullptr である。noexcept
swap(lck,lck2)	lck.swap(lck2)。noexcept

いうまでもなく、期限付き処理が可能なのは、保持している mutex が、timed_mutex または recursive_timed_mutex の場合だけだ。

たとえば：

```
mutex mtx;
timed_mutex mtx2;

void use()
{
    unique_lock<mutex> lck {mtx,defer_lock};    // defer_lockは
                                                // defer_lock_t型のオブジェクト
    unique_lock<timed_mutex> lck2 {mtx2,defer_lock};

    lck.try_lock_for(milliseconds{2});      // エラー：mutexはメンバ
                                            //         try_lock_for()をもたない

    lck2.try_lock_for(milliseconds{2});     // OK
    lck2.try_lock_until(steady_clock::now()+milliseconds{2});
    // ...
}
```

unique_lock の第2引数に対して、duration あるいは time_point を与えると、コンストラクタは適切な try 処理を実行する。獲得に成功したかどうかは、owns_lock() によってチェックできる。たとえば：

```
timed_mutex mtx2;

void use2()
{
    unique_lock<timed_mutex> lck2 {mtx2,milliseconds{2}};
    if (lck2.owns_lock()) {
        // 獲得成功
        // ... 処理を行う ...
    }
    else {
        // 時間切れ
        // ... 別の処理を行う ...
    }
}
```


42.3.2 複数のロック

ある処理を実行するのに、複数の資源の獲得が必要となるのは、よくあることだ。残念ながら、2個のロックを獲得すると、デッドロックの可能性が発生する。たとえば：

```
mutex mtx1;    // ある資源を保護
mutex mtx2;    // 別の資源を保護

void task(mutex& m1, mutex& m2)
{
    unique_lock<mutex> lck1 {m1};
    unique_lock<mutex> lck2 {m2};
    // ... 資源を利用 ...
}

thread t1 {task,ref(mtx1),ref(mtx2)};
thread t2 {task,ref(mtx2),ref(mtx1)};
```

ここでの ref() は、<functional> で提供される参照ラッパ std::ref()（§33.5）である。これが必要となるのは、可変個引数テンプレート（thread のコンストラクタ：§42.2.2）を介して参照を渡すからだ。mutex はコピーもムーブもできないので、参照渡し（あるいはポインタ渡し）としなければならない。

ここでのmtx1とmtx2の名前を、その順序を表さない名前に変更して、さらにソーステキスト上でもt1とt2の定義を離して記述したらどうなるだろう。意図が分かりにくくなって、最終的には、mtx1を所有するt1と、mtx2を所有するt2とがデッドロックを起こしやすくなって、それぞれが永遠に次のmutexを獲得しようとすることになってしまう。

ロック（§iso.30.4.2） locksは、1個以上のロック可能オブジェクトからなるシーケンスlck1, lck2, lck3, ...	
x=try_lock(locks)	locksの全要素をシーケンス内の順序で獲得しようとする。すべてのロックを獲得できた場合はx=-1となる。それ以外の場合はx=nであり、nが獲得できなかったロック数を表し、獲得したロックはすべて解放される
lock(locks)	locksの全要素を獲得する。デッドロックしない

標準ではtry_lock()の実際のアルゴリズムを指定していないので、実装の一例を示す：

```
template <typename M1, typename... Mx>
int try_lock(M1& mtx, Mx& tail...)
{
   if (mtx.try_lock()) {
      int n = try_lock(tail...);
      if (n == -1) return -1;    // すべてのロックが獲得された
      mtx.unlock();              // 取り消す
      return n+1;
   }
   return 1;                     // mtxを獲得できなかった
}

template <typename M1>
int try_lock(M1& mtx)
{
   return (mtx.try_lock()) ? -1 : 0;
}
```

lock()を使うと、先ほどの、バグのあったtask()が単純化される上に正しくなる：

```
void task(mutex& m1, mutex& m2)
{
    unique_lock<mutex> lck1 {m1,defer_lock};
    unique_lock<mutex> lck2 {m2,defer_lock};
    lock(lck1,lck2);
    // ... 資源を利用 ...
}
```

unique_lockを用いずに、複数のミューテックスを直接lock()して、lock(m1,m2)のようなことを行うと、明示的にm1とm2を解放しなければならない責任をプログラマが負うことになる。

42.3.3 call_once()

競合状態を発生させずにオブジェクトを初期化する必要があることが多い。once_flag型とcall_once()関数は、それを実現する低レベルかつ効率的な機能である。

call_once (§iso.30.4.2)	
once_flag fl {};	デフォルトコンストラクタ。fl は利用されていない
call_once(fl,f,args)	fl がまだ利用されていなければ、f(args) を呼び出す

たとえば：

```
class X {
public:
   X();
   // ...
private:
   // ...
   static once_flag static_flag;
   static Y static_data_for_class_X;
   static void init();
};

X::X()
{
   call_once(static_flag,init());
}
```

call_once() は、static データが初期化ずみであることを前提とする並行処理の準備コードを、単純に修正する方法ともみなせる。

局所 static 変数の実行時初期化は、call_once() や、それとよく似た仕組みによって実装されている。次の例を考えてみよう：

```
Color& default_color()     // ユーザのコード
{
   static Color def { read_from_environment("background color") };
   return def;
}
```

これは、以下のようにも実装できる：

```
Color& default_color()     // 生成されたコード
{
   static Color def;
   static_flag __def;
   call_once(__def,read_from_environment,"background color");
   return def;
}
```

ここでは、変数名の先頭を2個の下線としている（§6.3.3）が、これはコンパイラが生成したコードであることを強調するためである。

42.3.4 条件変数

条件変数は、複数thread間での通信の管理のために利用する。threadは、指定した時間になった、あるいは、他の thread の処理が完了した、などの何らかのイベントが発生するまで、condition_variable に基づいて待機（ブロック）することができる。

condition_variable (§iso.30.5) lck は unique_lock<mutex> でなければならない	
condition_variable cv {};	デフォルトコンストラクタ。システム資源を獲得できなければ system_error 例外を送出する
cv.~condition_variable()	デストラクタ。待機している thread が存在していてはいけない。また、解体の通知もない
cv.notify_one()	待機している thread の一つを(もしあれば)ブロック解除する。noexcept
cv.notify_all()	待機している thread をすべてブロック解除する。noexcept
cv.wait(lck)	現在のスレッドが lck を所有していなければならない。自動的に lck.unlock() を呼び出してブロックする。イベント通知を受けるか、または"疑似的に通知を受ける"とブロック解除する。ブロック解除時に lck.lock() を呼び出す
cv.wait(lck,pred)	現在のスレッドが lck を所有していなければならない。while (!pred()) wait(lock);
x=cv.wait_until(lck,tp)	現在のスレッドが lck を所有していなければならない。自動的に lck.unlock() を呼び出してブロックする。イベント通知を受けるか、または tp に達するとブロック解除する。ブロック解除時に lck.lock() を呼び出す。タイムアウト時の x は timeout であり、それ以外の場合は x=no_timeout である
b=cv.wait_until(lck,tp,pred)	while (!pred()) if (wait_until(lck,tp)==cv_status::timeout); b=pred()
x=cv.wait_for(lck,d)	x=cv.wait_until(lck,steady_clock::now()+d)
b=cv.wait_for(lck,d,pred)	b=cv.wait_until(lck,steady_clock::now()+d,move(pred))
native_handle_type	§iso.30.2.3 を参照
nh=cv.native_handle()	nh は cv のシステムハンドルとなる

condition_variable は、システム資源に依存する可能性がある(依存しないこともある)ので、その資源が不足すると、コンストラクタが失敗する場合がある。mutex もそうだが、condition_variable はコピーもムーブもできない。そのため、condition_variable は、ハンドルではなく、それ自身が資源を保持するものとみなすのがベストだ。

condition_variable を解体する際には、待機している全 thread (があれば、それら) に通知する (すなわち、ウェイクアップするように通知する) 必要がある。そうしないと、永遠に待機してしまう。

wait_until() と wait_for() が返す状態は、以下のように定義されている:

```
enum class cv_status { no_timeout, timeout };
```

condition_variable の unique_lock は、unique_lock で待機している thread の衝突が原因で、thread がウェイクアップする機会をのがさないようにするために、wait 関数によって利用される。

“単なる”wait（lck）は、特に注意すべき低レベルな処理であり、通常は高度な抽象化を実現する実装の中で利用するものだ。これは、“疑似的に”ウェイクアップさせることもある。すなわち、他のthreadが通知していないにもかかわらず、システムがwait()のthreadの実行を再開すると判断することがあるのだ！　システムによっては、疑似的なウェイクアップを許容することでcondition_variableの実装が簡潔になることは明白である。ループでは、“単なる”wait()を必ず利用しておくとよい。たとえば：

```
while (queue.empty()) wait(queue_lck);
```

このループにwait()を利用するのには、もう一つ理由がある。無条件にwait()を実行するthreadがスケジューリングされる前に、一部のthreadが“こっそりと”ウェイクアップして、条件（ここではqueue.empty()）を無効にしてしまう可能性があるからだ。この種のループは、基本的に、条件付き待機を実装するものであり、無条件なwait()よりも優先すべきだ。

threadの待機には時間の指定が行える：

```
void simple_timer(int delay)
{
    condition_variable timer;
    mutex mtx;                                  // mutexがtimerを保護
    auto t0 = steady_clock::now();
    unique_lock<mutex> lck(mtx);                // mtxを獲得
    timer.wait_for(lck,milliseconds{delay});    // mtxを解放して再獲得
    auto t1 = steady_clock::now();
    cout << duration_cast<milliseconds>(t1-t0).count() << "milliseconds passed\n";
} // 暗黙裏にmtxを解放
```

このコードは、基本的に、this_thread::wait_for()の実装を示すものだ。mutexは、データ競合からwait_for()を保護する。wait_for()は、スリープする際にmutexを解放して、threadがブロック解除する際に再獲得する。最後に、スコープを脱ける際に、lckがmutexを（暗黙裏に）解放する。

condition_variableのもう一つの簡単な例は、生産者から消費者へのメッセージ伝達の制御だ：

```
template<typename T>
class Sync_queue {
public:
    void put(const T& val);
    void put(T&& val);
    void get(T& val);
private:
    mutex mtx;
    condition_variable cond;
    list<T> q;
};
```

基本的な考え方は、put()とget()がそれぞれの方向性を維持することだ。get()を実行するthreadは、対象のキュー内に値が存在しない限りスリープする。

```
template<typename T>
void Sync_queue::put(const T& val)
{
   lock_guard<mutex> lck(mtx);
   q.push_back(val);
   cond.notify_one();
}
```

すなわち、生産者の put() はキューの mutex を獲得し、キュー末尾に値を追加する。その後で notify_one() によって、おそらくブロックされている consumer をウェイクアップして、mutex を暗黙裏に解放する。ここでは、右辺値版の put() を使っているので、unique_ptr（§5.2.1, §34.3.1）や packaged_task（§42.4.3）のように、コピーではなくムーブした型のオブジェクトを送信する。

notify_all() ではなくて notify_one() を使っているのは、追加した要素が1個だけであって、しかも、put() の単純さを維持したいからだ。消費者が複数存在して、生産者に遅れる消費者が失敗する可能性については再検討する必要があるだろう。

get() はもう少し複雑である。というのも、thread のブロックを、mutex によってアクセスが妨げられた場合と、キューが空の場合とに限る必要があるからだ：

```
template<typename T>
void Sync_queue::get(T& val)
{
   unique_lock<mutex> lck(mtx);
   cond.wait(lck,[this]{ return !q.empty(); });
   val=q.front();
   q.pop_front();
}
```

get() の呼出し側は、Sync_queue が空でなくなるまでブロックされ続ける。

ここでは、単なる lock_guard ではなく unique_lock を使っている。lock_guard は単純さを優先して最適化されているし、mutex のアンロック、再ロックに必要な処理をもっていないからだ。

なお、[this] を使っているのは、ラムダ式が Sync_queue オブジェクトにアクセスできるようにするためだ（§11.4.3.3）。

get() で得た値は、返却値としてではなく、参照として戻している。例外送出の可能性があるコピーコンストラクタをもつ要素型で問題が発生しないようにするためだ。これは、よく使われる技法である（たとえば、STL の stack アダプタの pop() や、コンテナの front() などで使われている）。値を直接返す汎用的な get() も記述できるが、驚くほどトリッキーになってしまう。たとえば、future<T>::get() を参照しよう（§42.4.4）。

単純な生産者－消費者のペアは、極めて簡潔に実現できる：

```
Sync_queue<Message> mq;

void producer()
{
   while (true) {
      Message m;
      // ... mを埋める ...
      mq.put(m);
   }
}
```

```
void consumer()
{
    while (true) {
        Message m;
        mq.get(m);
        // ... mを利用 ...
    }
}

thread t1 {producer};
thread t2 {consumer};
```

condition_variableを使っているので、consumerは仕事がなくなった場合の明示的な処理が不要になっている。仮に、Sync_queueへのアクセスを制御するmutexを利用すると、消費者は何度もウェイクアップして、キューに仕事があるかを調べ、空の際にどうするかの判断が必要だ。

ここでは、値のコピーの出し入れを、キュー要素を保持するlistに対して行っている。要素型のコピーによって、例外が送出されることが考えられる。しかし、仮に送出されても、Sync_queueが変化することはないし、put()やget()が処理に失敗するだけである。

Sync_queue自身は、共有データの構造ではないので、個別のmutexを使うこともない。データ競合から、put()とget()を（同じ要素を処理している可能性がある、キューの先頭や末尾を更新する際に）保護すればよいだけだ。

アプリケーションによっては、単純なSync_queueでは、大きな問題が発生する。生産者が値を追加しないことによって、消費者が永遠に待機してしまうかもしれない。また、消費者には他に処理すべき内容があるため、長い時間は待機できないかもしれない。これらに対する数多くの解の中で一般的なものが、get()に対してタイムアウトを設けるテクニックだ。すなわち、待機する時間に上限を設けるのである：

```
void consumer()
{
    while (true) {
        Message m;
        mq.get(m,milliseconds{200});
        // ... mを利用 ...
    }
}
```

これが動作するようにするためには、Sync_queueに対して、第2のget()の追加が必要だ：

```
template<typename T>
void Sync_queue::get(T& val, steady_clock::duration d)
{
    unique_lock<mutex> lck(mtx);
    bool not_empty = cond.wait_for(lck,d,[this]{ return !q.empty(); });
    if (not_empty) {
        val=q.front();
        q.pop_front();
    }
    else
        throw system_error{"Sync_queue: get() timeout"};
}
```

タイムアウトを指定する場合は、待機終了後に何を実行するかを検討する必要がある。データを得られたのだろうか、それともタイムアウトしたのだろうか？　実際には、タイムアウトについては、それほど気にかける必要はない。しかし、(ラムダ式で表現されている) 述語の結果が真となったかどうか、すなわち、`wait_for()` が返す内容については、検討の必要がある。ここでは、タイムアウトによる `get()` の失敗を、例外の送出という形で通知している。もしタイムアウトが定常的に発生する"例外的ではない"イベントと考えられるならば、`bool` を返却する方法をとったはずだ。

`put()` に対するほぼ等価な修正は、消費者が長いキューに追加するのを待機するものとなる。しかし、その時間が長すぎてはいけない：

```
template<typename T>
void Sync_queue::put(T val, steady_clock::duration d, int n)
{
    unique_lock<mutex> lck(mtx);
    bool not_full = cond.wait_for(lck,d,[this]{ return q.size()<n; });
    if (not_full) {
        q.push_back(val);
        cond.notify_one();
    }
    else {
        cond.notify_all();
        throw system_error{"Sync_queue: put() timeout"};
    }
}
```

`put()` では、先ほど解説した、両方のケースに対して明示的な対処を行う `bool` を返却する方式が、`get()` の場合よりも魅力的に感じられる。しかし、オーバフローへの対処の最善策の議論に踏み込むのを避けるために、今回も、失敗の通知を例外の送出によって行う方法を採用している。

ここでは、キューが満杯の場合は、`notify_all()` している。たぶん、処理の継続に、軽い一押しを必要とする消費者もいるはずだ。`notify_all()` と `notify_one()` のいずれを選ぶかは、アプリケーションの動作に依存しており、必ずしも決まっているわけではない。1個の `thread` だけに通知すると、キューへのアクセスをシリアライズするので、複数の消費者が存在する場合は、スループットが最低にまで落ちてしまう可能性がある。ところがその一方で、待機しているすべての `thread` への通知を行うと、複数の `thread` がウェイクアップして、`mutex` での衝突が発生することになりかねないし、(他の `thread` によって空になってしまっている) キューが空であることの確認だけのためにウェイクアップさせられることになる。私は、古くからの原則に落ち着いた。自身の想定を信用しないように。実測が必要だ。

42.3.4.1 condition_variable_any

`condition_variable` は `unique_lock<mutex>` 用に最適化されている。`condition_variable` と機能的には等価だが、あらゆるロック可能オブジェクトが利用できるのが、`condition_variable_any` だ：

condition_variable_any (§iso.30.5.2) `lck` は必要な処理をもつ任意のロック可能オブジェクト
... `condition_variable` と同様 ...

42.4 タスクベースの並行処理

本章のここまでは、並行タスクを実行するためのメカニズムを中心に解説してきた。すなわち、thread、競合条件の回避、threadの同期である。この点に集中すると、並行タスクを実行する実際のタスクへの注意が散漫になってしまうのが多いことが分かっている。本節では、単純な部類のタスクに焦点を当てる。具体的には、1個の引数を受け取って、1個の結果を返すタスクである。

タスクベースの並行モデルを支援するために、標準ライブラリでは以下の機能を提供する：

タスク支援（§iso.30.6.1）	
packaged_task<F>	F型の呼出し可能オブジェクトを、タスクとして実行できるようパッケージする
promise<T>	T型の結果を1個置けるオブジェクトの型
future<T>	T型の結果を1個取り出せるオブジェクトの型
shared_future<T>	T型の結果を何度も取り出せるfuture
x=async(policy,f,args)	policyにしたがってf(args)を起動する
x=async(f,args)	デフォルトのpolicyにしたがって起動する： x=async(launch::async|launch::deferred,f,args)

これらの機能をあげると、アプリケーション開発者をほとんど妨げない数多くの詳細を示すことになる。タスクモデルの基本的な簡潔性を心に刻んでほしい。たとえば、見苦しいスレッドとロックレベルの利用の隠蔽などのような、より複雑な詳細の大部分は、ごくまれな用途をサポートするものだ。

標準ライブラリのタスクのサポートは、タスクベースの並行処理のサポートとして何ができるかを示す一例にすぎない。よくあることだが、小さなタスクを数多く実装した上で、その実行とハードウェア資源のマッピングや、データ競合、疑似的なウェイクアップ、過度の待機などの問題の回避といったことは、"システム"に任せたいものだ。

ここに示した機能の重要な点は、プログラマにとって単純なことだ。逐次プログラムでは、よく以下のような記述を行う：

```
res = task(args);                   // 引数を与えてタスクを実行して結果を受け取る
```

この処理の並行化バージョンは、次のようになる：

```
auto handle = async(task,args);     // 引数を与えてタスクを実行する
// ... 何か他のことを行う ...
res = handle.get();                 // 結果を受け取る
```

代替策、詳細、性能、トレードオフを考えるあまりに、単純であることの価値を見失ってしまうことがある。基本的には、もっとも単純な技法を使うべきだ。複雑な解は、それが真価を発揮することが分かっているときにのみ使うべきである。

42.4.1 futureとpromise

§5.3.5で解説したように、タスク間通信はfutureとpromiseの組合せで行える。あるタスクが処理の結果をpromiseに置き、その結果を必要とするタスクが、対応するfutureから取り出す：

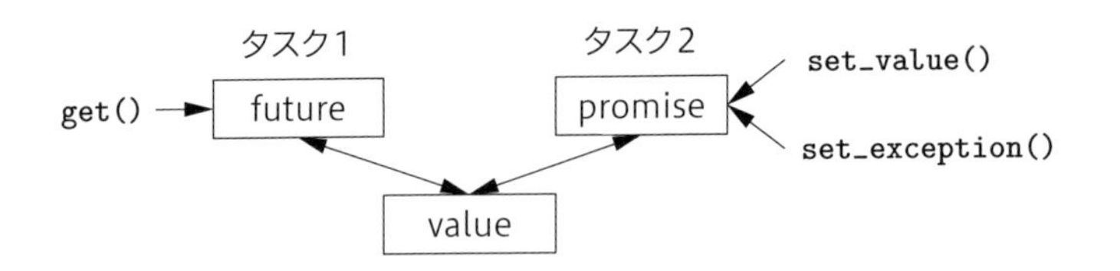

図中の“value”は、技術的には**共有状態**（*shared state*）と呼ばれる（§iso.30.6.4）。そこには、返却値や例外に加えて、2個の`thread`が安全に情報を交換するために必要な情報が含まれている。少なくとも、以下の情報が含まれる：

- 適切な型の**値**（*value*）あるいは例外："`void`を返す"`future`の場合は、値はない。
- **レディビット**（*ready bit*）：値または例外を`future`から取り出せるかどうかを示す。
- **タスク**（*task*）：`deferred`起動ポリシーを伴って`async()`によって起動されたタスク用の`futuer`に対して`get()`が呼び出されたときに実行すべきタスク（§42.4.6）。
- **参照カウンタ**（*use count*）：最後のユーザがアクセスを手離したときにのみ、共有状態を解体できるようにする。内部に保持されている値の型がデストラクタをもつクラスであれば、参照カウンタがゼロになったときに、デストラクタが実行される。
- 何らかの**相互排他データ**（*mutual exclusion data*）：待機しているどの`thread`でもブロック解除できるようにする（たとえば、`condition_variable`など）。

共有状態では、処理系は、以下の処理を実行できる：

- **構築**（*construct*）：ユーザ指定のアロケータが利用される可能性がある。
- **レディ化**（*make ready*）："レディビット"をセットし、待機しているすべての`thread`をブロック解除する。
- **解放**（*release*）：参照カウンタをデクリメントする。ゼロになった場合は共有状態を解体する。
- **中断**（*abandon*）：`promise`が値や例外を共有状態に置けなくなった場合（たとえば、`promise`が解体されたなどの理由による）に、エラー状態`broken_promise`の`future_error`例外を共有状態に置いて、レディ化する。

42.4.2 promise

`promise`は、共有状態（§42.4.1）のハンドルである。`future`が取り出せるように、タスクが結果を預ける場所である（§42.4.4）。

promise<T>（§iso.30.6.5）	
`promise pr {};`	デフォルトコンストラクタ。`pr`はレディ化されていない共有状態をもつ
`promise {allocator_arg_t,a};`	`pr`を構築する。アロケータ`a`を利用して、まだレディ化されていない共有状態を構築する
`promise pr {pr2};`	ムーブコンストラクタ。`pr`は`pr2`の状態を得る。`pr2`は共有状態をもたなくなる。`noexcept`

pr.~promise()	デストラクタ。共有状態を中断する。broken_promise 例外を結果とする
pr2=move(pr)	ムーブ代入演算。pr2 は pr の状態を得る。pr は共有状態をもたなくなる。noexcept
pr.swap(pr2)	pr と pr2 の値を交換する。noexcept
fu=pr.get_future()	fu は pr に対応する future となる
pr.set_value(x)	タスクの結果を値 x とする
pr.set_value()	タスクの結果を void future とする
pr.set_exception(p)	タスクの結果を p が指す例外とする。p は exception_ptr である
pr.set_value_at_thread_exit(x)	タスクの結果を値 x とする。thread が終了するまで結果を取り出せない
pr.set_exception_at_thread_exit(p)	タスクの結果を p が指す例外とする。p は exception_ptr である。thread が終了するまで結果を取り出せない
swap(pr,pr2)	pr.swap(pr2)。noexcept

promise には、コピー演算はない。

set 関数は、値あるいは例外がすでにセットされていれば、future_error 例外を送出する。

promise を介して転送される処理結果は、単一の値だけである。この点は制約が大きいように感じられるかもしれない。しかし、その値は、共有状態に対して、コピーではなくムーブされる。そのため、オブジェクトの集合は、低コストに渡せるのだ。たとえば：

```
promise<map<string,int>> pr;
map<string,int>> m;
// ... 100万個の<string,int>のペアでmを埋めつくす ...
pr.set_value(m);
```

この場合、タスクが対応する future から map を取り出すためのコストは、実質的にゼロだ。

42.4.3 packaged_task

packaged_task は、タスクと、future ／ promise のペアとを保持するものだ：

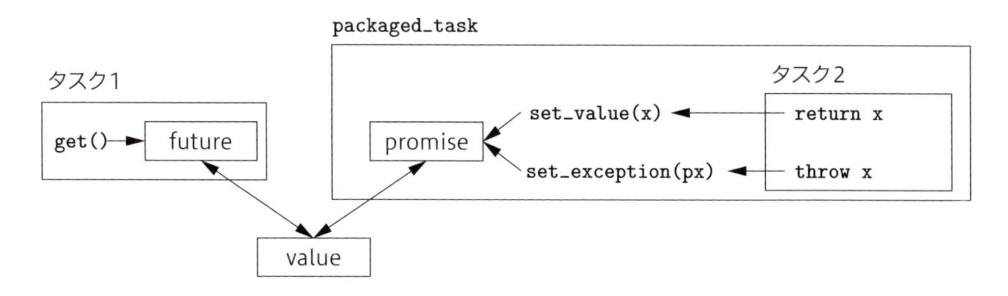

実行したいタスク（関数か関数オブジェクト）を、packaged_task に対して渡す。タスクが return x を実行すると、packaged_task 中の promise に対して set_value(x) が実行される。同様に、throw x を実行すると、set_exception(px) が実行される（x を指す exception_ptr を px とする）。基本的に、packaged_task は、そのタスクである f(args) を、以下のように実行する：

```
try {
    pr.set_value(f(args));    // promiseがprであるとする
}
catch(...) {
    pr.set_exception(current_exception());
}
```


packaged_taskは、まったく一般的な一連の処理を提供する：

packaged_task<R(ArgTypes...)> (§iso.30.6.9)	
packaged_task pt {};	デフォルトコンストラクタ。ptはタスクをもっていない。noexcept
packaged_task pt {f};	fをもつptを構築する。fはpt内にムーブされる。デフォルトアロケータを利用する。explicit
packaged_task pt {allocator_arg_t,a,f};	fをもつptを構築する。fはpt内にムーブされる。アロケータにaを用いる。explicit
packaged_task pt {pt2};	ムーブコンストラクタ。ptはpt2の状態をもつ。ムーブ後のpt2はタスクをもたない。noexcept
pt=move(pt2)	ムーブ代入演算。ptはpt2の状態をもつ。ptのそれまでの共有状態の参照カウンタをデクリメントする。ムーブ後のpt2はタスクをもたない。noexcept
pt.~packaged_task();	デストラクタ。共有状態を中断する。
pt.swap(pt2)	ptとpt2の値を交換する。noexcept
pt.valid()	ptは共有状態をもつか？　タスクが与えられており、ムーブしていなければ、真となる。noexcept
fu=pt.get_future()	fuは、ptのpromiseに対応するfutureとなる。2回呼び出されるとfuture_error例外を送出する
pt()(args)	f(args)を実行する。f()が実行するreturn xは、ptのpromiseに対するset_value(x)となり、f()が実行するthrow xは、ptのpromiseに対するset_exception(px)となる。pxはxを指すexception_ptrである
pt.make_ready_at_exit(args)	f(args)を呼び出す。実行結果はthreadが終了するまで取り出せない
pt.reset()	初期状態にリセットする。それまでの状態を中断する
swap(pt,pt2)	pt.swap(pt2)
uses_allocator<PT,A>	PTがアロケータにAを用いる場合にtrue_typeとなる

packaged_taskは、ムーブはできるがコピーはできない。packaged_taskは、そのタスクをコピーできる。また、タスクのコピーは、オリジナルのタスクと同じ実行結果を生成すると想定される。この点は重要だ。というのも、タスクは、そのpackaged_taskとともに、新しいthreadのスタック上にムーブされるかもしれないからだ。

（デストラクタやムーブによって中断する場合と同様に）共有状態を中断することは、それをレディ化することを意味する。もし値も例外も保持していなければ、future_errorを指すポインタが格納される（§42.4.1）。

make_ready_at_exit() を使う利点は、thread_local 変数のデストラクタが実行されるまで、結果が利用できないことである。

get_future() と対になるような get_promise() は存在しない。promise に対するあらゆる処理を、packaged_task が行うからだ。

本当に単純なサンプルであれば、thread すら使う必要がない。まずは、単純なタスクを定義する:

```
int ff(int i)
{
   if (i) return i;
   throw runtime_error("ff(0)");
}
```

次に、この関数を packaged_task にパッケージした上で、呼び出す：

```
packaged_task<int(int)> pt1 {ff};     // pt1の中にffを格納
packaged_task<int(int)> pt2 {ff};     // pt2の中にffを格納

pt1(1);          // pt1にff(1)を呼び出してもらう
pt2(0);          // pt2にff(0)を呼び出してもらう
```

ここまでは何も起こっていないように見える。特に、ff(0) による例外が発生していない点は重要だ。実際には、pt1(1) は、pt1 の中に入っている promise に対して set_value(1) を実行しているし、pt2(0) は、pt2 の中に入っている promise に対して set_exception(px) を実行している。なお、ここでの px とは、runtime_error("ff(0)") を指す exception_ptr だ。

その後、結果の取出しが行えるようになる。get_future() は、パッケージされたスレッドがその実行結果を預け入れる future を返す。

```
auto v1 = pt1.get_future();
auto v2 = pt2.get_future();

try {
   cout << v1.get() << '\n';     // 表示が行われる
   cout << v2.get() << '\n';     // 例外が送出される
}
catch (exception& e) {
   cout << "exception: " << e.what() << '\n';
}
```

実行すると、以下のように出力される：

```
1
exception: ff(0)
```

以下のように単純に記述しても、まったく同じ結果が得られる：

```
try {
   cout << ff(1) << '\n';        // 表示が行われる
   cout << ff(0) << '\n';        // 例外が送出される
}
catch (exception& e) {
   cout << "exception: " << e.what() << '\n';
}
```

ここで重要なのは、タスクの呼出し（ここではff）とget()の呼出しが、たとえ異なるthreadであっても、packaged_task版が、通常の関数呼出しを用いるものとまったく同じように動作することだ。そのため、threadやロックのことを考えずに、タスクに集中できるようになる。

futureやpackaged_task、あるいはその両方は、ムーブすることもできる。最終的には、packaged_taskが起動されて、そのタスクは結果をfutureに置く。その際、どのthreadが実行したのか、あるいは、どのthreadが受け取るのかは考慮されない。この動作は、単純であるし、一般的でもある。

threadを、一連の要求を処理するものと考えるとよいだろう。GUIのthread、特殊なハードウェアへのアクセス権を所有するthread、キューを介して資源に逐次アクセスする任意のサーバなどがある。この種のサービスは、メッセージキューとして実装できるし（§42.3.4）、実行すべきタスクを渡すことも可能だ：

```
using Res = /* サーバ用の結果型 */;
using Args = /* サーバ用の引数型 */;
using PTT = Res(Args);

Sync_queue<packaged_task<PTT>> server;

Res f(Args);                        // 関数：何らかの処理を行う
struct G {
   Res operator()(Args);            // 関数オブジェクト：何らかの処理を行う
   // ...
};
auto h = [=](Args a) { /* 何らかの処理を行う */ };  // ラムダ

packaged_task<PTT> job1(f);
packaged_task<PTT> job2(G{});
packaged_task<PTT> job3(h);

auto f1 = job1.get_future();
auto f2 = job2.get_future();
auto f3 = job3.get_future();

server.put(move(job1));
server.put(move(job2));
server.put(move(job3));

auto r1 = f1.get();
auto r2 = f2.get();
auto r3 = f3.get();
```

ここで、サーバthreadは、serverキューからpackaged_taskを取り出して、適切な順序で実行する。通常は、それぞれのタスクが、呼出し側からデータを運んでいくことになる。

タスクは、基本的に、通常の関数、関数オブジェクト、ラムダ式として記述される。サーバは、通常の（コールバック）関数であるかのように、タスクを呼び出す。サーバにとっては、通常の関数よりも、packaged_taskのほうが実際に容易である。というのも、例外の処理の面倒を見てもらえるからだ。

42.4.4 future

futureは、共有状態のハンドルである（§42.4.1）。promise（§42.4.2）が置いた実行結果をタスクが取り出す場所である。

future<T>（§iso.30.6.6）	
`future fu {};`	デフォルトコンストラクタ。共有状態ではない。noexcept
`future fu {fu2};`	ムーブコンストラクタ。fuは、もしあれば、fu2の共有状態を得る。fu2は共有状態をもたなくなる。noexcept
`fu.~future()`	デストラクタ。もしあれば、共有状態を解放する
`fu=move(fu2)`	ムーブ代入演算。fuは、もしあれば、fu2の共有状態を得る。fu2は共有状態をもたなくなる。もしあれば、fuのそれまでの共有状態を解放する
`sf=fu.share()`	fuの値をshared_future sfにムーブする。fuは共有状態をもたなくなる
`x=fu.get()`	fuの値をxにムーブする。fuが例外を保持している場合はそれを送出する。fuは共有状態をもたなくなる。get()を2回実行しようとしてはいけない
`fu.get()`	future<void>用。x=fu.get()と同様だが、何も値をムーブしない
`fu.valid()`	fuは有効か？　すなわち、fuは共有状態をもっているか？ noexcept
`fu.wait()`	値が到着するまでブロックする
`fs=fu.wait_for(d)`	値が到着するまで、または duration dのあいだブロックする。値がreadyになった、timeoutが発生した、実行が deferredされた、などはfsから判断できる
`fs=fu.wait_until(tp)`	値が到着するまで、またはtime_point tpまでブロックする。値がreadyになった、timeoutが発生した、実行がdeferredされた、などはfsから判断できる

futureは一意な値を保持するものであって、コピー演算をもたない。

その値（があれば、それ）はfutureからムーブされる。そのため、get()は1回しか呼び出せない。値を（たとえば異なるタスクなどから）複数回取り出す必要がある場合は、shared_futureを利用する（§42.4.5）。

get()を2回実行しようとした場合の動作は、定義されない。実際、最初のget()と、valid()と、valid()でないfutureのデストラクタ以外の処理の結果は、定義されない。標準では、そのようなときに、エラー状態future_errc::no_stateをもつfuture_error例外を送出することを、処理系に“推奨”している。

future<T>の値型Tが、voidか参照であれば、get()に対して特別な規則が適用される：

- future<void>::get()は値を返さない。単に戻るか、例外を送出する。
- future<T&>::get()はT&を返す。参照はオブジェクトではないので、ライブラリはT*などの、何か別のものを転送しなければならない。さらに、それをget()がT&へと（再）変換する。

futureの状態は、wait_for()やwait_until()を呼び出すことで確認できる：

enum class future_status	
ready	future は値をもっている
timeout	処理がタイムアウトした
deferred	future のタスクの実行は get() まで遅延させられている

future の処理で発生する可能性があるエラーは、以下のとおりだ：

future のエラー：future_errc	
broken_promise	値を取り出す前に promise が状態を中断した
future_already_retrieved	同じ future に対する2回目の get() である
promise_already_satisfied	同じ promise() に対する2回目の set_value() あるいは set_exception() である
no_state	状態が作られる前に promise の共有状態にアクセスしようとした（たとえば、get_future() や set_value() など）

さらに、shared_future<T>::get() の T の値に対する処理（たとえば、異常なムーブ演算など）が、例外を送出することもある。

future<T> の表をよく見ると、有用な関数が2個欠けていることに気付くだろう：

- wait_for_all(args)：args 内のすべての future が値をもつまで待機する。
- wait_for_any(args)：args 内の future が一つでも値をもつまで待機する。

wait_for_all() の一つのバージョンの実装は、容易である：

```
template<typename T>
vector<T> wait_for_all(vector<future<T>>& vf)
{
   vector<T> res;
   for (auto& fu : vf)
      res.push_back(fu.get());
   return res;
}
```

これを使うのは簡単だが、問題がある。もし仮に10個の future を待機すると、自身の thread が10回もブロックされる可能性がある。理想的には、自身の thread のブロックとブロック解除は、高々1回に抑えたいものだ。とはいえ、多くの場合は、ここに示した wait_for_all() の実装で十分である。というのも、一部のタスクの実行時間が長ければ、余計に待機する時間は、それほど問題にはならないからだ。逆に、すべてのタスクの実行時間が短ければ、最初の待機が終わった時点で、ほとんどのタスクが処理を終えることになる。

wait_for_any() の実装は、もっとトリッキーになる。まず最初に、future がレディになったかどうかを確認する方法が必要である。意外かもしれないが、その確認は wait_for() で行える。たとえば：

```
future_status s = fu.wait_for(seconds{0});
```

futureの状態を得るためにwait_for(seconds{0})を使うのは、分かりやすいものではない。しかし、再開した原因が得られるし、レディになっているかどうかのテストが、サスペンドする前に行える。この手法は、よく使われているのだが、残念ながら、保証がない。というのも、wait_for(seconds{0})は、ゼロ秒のサスペンドを行うことなく即座に戻ることがあるからだ。

wait_for()を使うと、以下のように記述できる：

```
template<typename T>
int wait_for_any(vector<future<T>>& vf, steady_clock::duration d)
   // レディ状態のfutureのインデックスを返却
   // レディ状態のfutureがなければ、再試行する前にdを待機
{
   while(true) {
      for (int i=0; i!=vf.size(); ++i) {
         if (!vf[i].valid()) continue;
         switch (vf[i].wait_for(seconds{0})) {
         case future_status::ready:
              return i;
         case future_status::timeout:
              break;
         case future_status::deferred:
              throw runtime_error("wait_for_all(): deferred future");
         }
      }
      this_thread::sleep_for(d);
   }
}
```

ここでは、私は、deferredタスク（§42.4.6）をエラーとみなしている。

valid()の確認に注意しよう。（たとえば、get()ずみのfutureなどの）無効なfutureに対してwait_for()しようとすると、発見困難なエラーが発生してしまう。（驚くかもしれないが）例外が送出されることを願うのが、関の山だ。

wait_for_all()の実装と同様に、この実装にも問題がある。理想的には、どのタスクも処理が完了していないことの確認だけのためにwait_for_any()の呼出し側がウェイクアップするべきではないし、いずれかのタスクが処理を完了したら即座にブロック解除を行うべきだ。ここに示した単純な実装は、近似解にすぎない。dの値が大きければ、不要なウェイクアップは起こりにくくなるものの、必要以上に長く待機する可能性がある。

wait_for_all()とwait_for_any()は、並行アルゴリズムの有用な構成要素である。これらは、§42.4.7で利用する。

42.4.5 shared_future

futureがもっている結果の値を読み取れるのは1回限りである。読取りの際にムーブされてしまうからだ。そのため、値を繰り返し読み取る場合や、複数箇所から値が読み取られる可能性がある場合は、値をコピーした上で、コピーを読み取る必要がある。まさにこの動作を実現するのが、shared_futureである。すべてのshared_futureは、結果の型が同じfutureから値をムーブすることで、直接的あるいは間接的に初期化して利用する。

shared_future<T> (§iso.30.6.7)	
`shared_future sf {};`	デフォルトコンストラクタ。共有状態をもたない。noexcept
`shared_future sf {fu};`	コンストラクタ。future fuから値をムーブする。fuは状態をもたなくなる。noexcept
`shared_future sf {sf2};`	コピーコンストラクタとムーブコンストラクタ。ムーブコンストラクタはnoexceptである
`sf.~future()`	デストラクタ。もしあれば、共有状態を解放する
`sf=sf2`	コピー代入演算
`sf=move(sf2)`	ムーブ代入演算。noexcept
`x=sf.get()`	sfの値をxにコピーする。fuが例外をもっている場合は、それを送出する
`sf.get()`	shared_future<void>用。x=sf.get()と同様だが、何も値をコピーしない
`sf.valid()`	sfは共有状態をもっているか？ noexcept
`sf.wait()`	値が到着するまでブロックする
`fs=sf.wait_for(d)`	値が到着するまで、またはduration dのあいだブロックする。値がreadyになった、timeoutが発生した、実行がdeferredされた、などはfsから判断できる
`fs=sf.wait_until(tp)`	値が到着するまで、またはtime_point tpまでブロックする。値がreadyになった、timeoutが発生した、実行がdeferredされた、などはfsから判断できる

いうまでもなく、shared_futureは、futureと極めてよく似ている。重要な違いは、shared_futureが、その内部にもつ値を、繰り返し読み取れて共有できる場所へとムーブすることである。future<T>と同様に、shared_future<T>の値型Tがvoidあるいは参照であれば、get()に特別な規則が適用される：

- shared_future<void>::get()は値を返さない。単に戻るか、例外を送出する。
- shared_future<T&>::get()はT&を返す。参照はオブジェクトではないので、ライブラリはT*などの、何か別のものを転送しなければならない。さらに、それをget()がT&へと（再）変換する。
- shared_future<T>::get()は、Tが参照でなければ、const T&を返す。

返されたオブジェクトが参照でなければ、constである。そのため、同期を使わなくても複数threadから安全にアクセスできる。返されたオブジェクトが非const参照であれば、参照が表すオブジェクトでのデータ競合を防ぐために、何らかの相互排他が必要である。

42.4.6 async()

futureとpromise（§42.4.1）と、packaged_task（§42.4.3）とを用いれば、threadをあまり気にすることなく、単純タスクが記述できる。その場合のthreadは、まさに実行したいタスクそのものである。しかし、利用するthread数や、タスクを現在のthreadと別のthreadのどちらで実行するのがベストであるかの検討は、やはり必要である。この種の判断は、**スレッドローンチャ**（*thread launcher*）に委ねることが可能だ。これは、新しい`thread`を作成すべきか、それとも、既存の`thread`を再利用するか、それとも、単に現在のスレッドで実行するのかを判断する関数である。

非同期タスクローンチャ：async<F, Args>()（§iso.30.6.8）	
`fu=async(policy,f,args)`	ローンチポリシー`policy`にしたがって`f(args)`を実行する
`fu=async(f,args)`	`fu=async(launch::async|launch::deferred,f,args)`

基本的に、`async()`は、未知ではあるものの高度なローンチャに対する、単純なインタフェースである。タスクの返却値の型が`R`であるとき、`acync()`を呼び出すと、`future<R>`が返却される。たとえば：

```
double square(int i) { return i*i; }

future<double> fd = async(square,2);
double d = fd.get();
```

ここで`square(2)`を実行するために`thread`が起動されると、`2*2`を実行するための、記録的に遅い方法が得られることになる。なお、`auto`を用いると記述は簡潔になる：

```
double square(int i) { return i*i; }

auto fd = async(square,2);
auto d = fd.get();
```

原則として、`async()`を呼び出す側は、たくさんの情報を与えるべきである。その情報は、単純に現在のスレッドでタスクを実行するのではなくて、新しい`thread`を起動するかどうかを判断するための材料を与えることになる。たとえば、どのくらいの実行時間がタスクに必要であるかのヒントを、プログラマがローンチャに与えたい、というような場面は容易に想像できるだろう。ところが、標準としては、現時点では2種類のポリシーだけを提供している：

ローンチポリシー：launch	
`async`	あたかも新しい`thread`が作られたかのようにタスクを実行する
`deferred`	タスクの`future`に対する`get()`時点でタスクを実行する

ここで、あたかもという表現に注意しよう。ローンチャには、新しい`thread`を起動するかどうかかについて、幅広い裁量権が与えられている。たとえば、デフォルトポリシーは`async|deferred`（`async`あるいは`deferred`）なので、`async()`が、`async(square,2)`に対して`deferred`を適用することが十分考えられる。その場合、`square(2)`の呼出しは、`fd.get()`時点で実行されるという制約が課せられる。また、オプティマイザが、コード全体を次のように最適化することも考えられる：

```
double d = 4;
```

とはいえ、async()の実装が、ここに示した例のような、ちょっとしたサンプルに対して最適化されていることなどを、期待してはいけない。実装者は、大量の算出演算を実行するタスクのような現実的な例にこそ労力を費やすべきであり、新しいthreadを起動するのか、それとも"再利用"するのか、といった判断処理は、道理にかなっていればよいのだ。

ここで"threadの再利用"とは、複数のthread（スレッドプール）から、1個のthreadを選択する、という意味だ。スレッドプールは、async()が1回だけ作成して、さまざまなタスクを実行するたびに繰り返し利用するものである。システムスレッドの実装にもよるが、この構造のおかげで、thread上でタスクを実行するコストを劇的に低下させられる。threadを再利用する場合、ローンチャは、threadが実行した以前のタスクの状態をひきずらないように注意する必要がある。また、タスクは、スタック上や、非局所なthread_localデータ（§42.2.8）に、ポインタを保持してはならない。この種のデータが、セキュリティ上の侵害に利用されてしまうからだ。

単純かつ現実的なasync()の用途として、ユーザからの入力を集めるタスクの起動が考えられる：

```
void user()
{
    auto handle = async([](){ return input_interaction_manager(); });
    // ...
    auto input = handle.get();
    // ...
}
```

この種のタスクは、呼出し側に対して、何らかのデータを要求することが多い。ここで、ラムダ式を用いているのは、引数を渡せることと、局所変数へのアクセスを許可することを明示するためだ。タスクの指定にラムダ式を用いる場合は、参照による局所変数のキャプチャへの注意が必要である。というのも、データ競合や、2個のthreadが同じスタックフレームにアクセスすることによる不運なキャッシュアクセスパターンが発生する可能性があるからだ。さらに、[this]によるオブジェクトメンバのキャプチャ（§11.4.3.3）が、そのオブジェクトのメンバをコピーするのではなく、（thisを介して）間接的にアクセスすることに注意する必要がある。注意深くコーディングしない限り、そのオブジェクトでデータ競合が発生しかねない。確信がもてなければ、（値渡し、あるいは、値によるキャプチャ[=]によって）コピーすべきだ。

スケジューリングポリシーを"後回し"にしておいて、必要に応じて変更できると、有用な場合も多い。たとえば、初期のデバッグ時は、launch::deferredとしておく。そうすることで、並行性に関するエラーは、逐次実行時のエラーを除去するまで回避できる。また、エラーが本当に並行性に関するものかどうかを判断するために、launch::deferredに戻すこともできるようになる。

将来的には、利用可能なローンチポリシーは増えるだろうし、優れたローンチポリシーを提供するシステムも現れるだろう。そのような場合は、プログラムのロジックの詳細を見直すのではなく、ローンチポリシーだけを変更することによって性能が向上するはずだ。この点も、タスクベースの並行モデルがもつ基本的な単純さのおかげである（§42.4）。

launch::async|launch::deferredがデフォルトのローンチポリシーであることは、実用上の問題となり得る。このことは、基本的には、設計上の判断の欠如によるものではない。というのも、たとえば処理系が、"並行性なし"がよいと判断すれば、常にlaunch::deferredを選択できるよ

うになるからだ。実際に並行実行を試してみて、シングルスレッドによる実行と驚くほどよく似た結果となれば、明示的にローンチポリシーを指定するとよいだろう。

42.4.7 並列 find() の具体例

find() は、シーケンスの線形探索を行う。ここで考えていく例題は、容易にはソートできない数百万個の要素があって、探索には find() アルゴリズムが妥当であるというものだ。線形探索は遅いので、先頭から末尾まで一度に探索するのではなく、数百件のデータを探索する find() を、100 件おきのデータに対して複数回実行するものとする。

まず最初に、データを Record の vector として表す：

```
extern vector<Record> goods;    // 探索対象のデータ
```

個々の（逐次実行する）タスクでは、標準ライブラリの find_if() を利用するだけだ：

```
template<typename Pred>
Record* find_rec(vector<Record>& vr, int first, int last, Pred pr)
{
   vector<Record>::iterator p = std::find_if(vr.begin()+first,vr.begin()+last,pr);
   if (p == vr.begin()+last)
      return nullptr;            // 終端に到達：該当レコードは見つからなかった
   return &*p;                   // 見つけた：その要素へのポインタを返却
}
```

残念なことに、並列の“細粒度”の決定が必要だ。すなわち、シーケンシャルに探索する Record 数の明示的な指定が必要である。

```
const int grain = 50000;         // 線形探索するレコード数
```

このような数値の選択は、細粒度を決定するための極めて原始的な方法である。ハードウェア、ライブラリの実装、データ、アルゴリズムを詳細に把握していなければ、的確な選択は困難である。実験が欠かせない。細粒度の決定あるいは支援を行うツールやフレームワークを使うと、作業が楽になる。とはいえ、ここでは、標準ライブラリの基本機能と、もっとも基本的な利用法を示すだけなので、そのまま grain を使っても大丈夫だ。

pfind() 関数（“parallel find”）は、grain と Record 数から得られる回数だけ async() を呼び出すだけのものだ。そうすると、結果を get() できる：

```
template<typename Pred>
Record* pfind(vector<Record>& vr, Pred pr)
{
   assert(vr.size()%grain==0);

   vector<future<Record*>> res;

   for (int i = 0; i!=vr.size(); i+=grain)
      res.push_back(async(find_rec<Pred>,ref(vr),i,i+grain,pr));

   for (int i = 0; i!=res.size(); ++i)    // future中の結果を探す
      if (auto p = res[i].get())          // そのタスクは、探索に成功していたか？
         return p;

   return nullptr;                        // 一致する要素は見つからなかった
}
```

これで、探索が行えるようになる：

```
void find_cheap_red()
{
    assert(goods.size()%grain==0);

    Record* p = pfind(goods,
                      [](Record& r) { return r.price<200 && r.color==Color::red; });
    cout << "record "<< *p << '\n';
}
```

並列 find() の最初のバージョンでは、まず多数のタスクを起動して、それから、それぞれを順に待機する。std::find_if() と同様に、述語と一致する先頭要素、すなわち一致した要素中の最小のインデックスが、通知されることになる。これはよいのだが、以下の問題がある：

- 何も見つけないタスクを大量に待機する結果に終わる可能性がある（見つけるのが最後のタスクのみかもしれない）。
- 有用な情報を大量に捨ててしまう可能性がある（一致する要素が 1,000 個あるかもしれない）。

最初の問題点は、いうほどは悪くはないかもしれない。thread の起動にコストが一切かからず、（少々無謀ではあるものの）タスクの数だけプロセッサがあると仮定してみよう。その場合、大まかには、1 個のタスクを実行するのと同じ時間で結果が得られることになる。すなわち、数百万ではなく、50,000 件を調べる時間で結果が得られる可能性が生まれる。プロセッサ数を N とすると、N*50000 件ごとに結果が得られる。vector の最後の部分まで何も見つからない場合の所要時間は、おおむね vr.size()/(N*grain) 単位となる。

各タスクを順に待機する代わりに、タスクが終了した順に結果を調べることもできる。すなわち、wait_for_any() を利用するのだ（§42.4.4）。たとえば：

```
template<typename Pred>
Record* pfind_any(vector<Record>& vr, Pred pr)
{
    vector<future<Record*>> res;

    for (int i = 0; i!=vr.size(); i+=grain)
        res.push_back(async(find_rec<Pred>,ref(vr),i,i+grain,pr));

    for (int count = res.size(); count; --count) {
        int i = wait_for_any(res,microseconds{10});  // 完了したタスクを見つける
        if (auto p = res[i].get())           // そのタスクは、探索に成功していたか？
            return p;
    }

    return nullptr;                          // 一致する要素は見つからなかった
}
```

get() は future を無効にするので、同一の部分探索結果を 2 回見つけることはない。

ここでは count を使うことで、全タスクが結果を返した後に結果を待たないようにしている。この点を除くと、pfind_any() は、pfind() と同じくらい単純だ。pfind_any() が、pfind() よりも性能的に有利かどうかは、いろいろなことに左右される。しかし、重要なことは、並行実行の恩恵を（潜在的に）受けるためには、アルゴリズムに若干の変更が必要であるという点である。pfind() は、

find_if() と同様に、一致したもののうちの先頭要素を返す。その一方で、pfind_any() は、最初に見つけた要素を返す。ある問題に対する最適な並列アルゴリズムが、逐次アルゴリズムの単なる繰返しではなくて、逐次アルゴリズムの考え方を変形したものとなることはよくある。

この場合、"しかし、一致するものを単に1個見つけるだけで本当によいのか？" ということが、明らかな疑問として残る。せっかく並行化するのであれば、一致するものすべてを探索するのが重要になってくる。実は、その実現は容易だ。各タスクが、一致するものを1個だけ返すのではなく、vector を返すようにするだけだ：

```
template<typename Pred>
vector<Record*> find_all_rec(vector<Record>& vr, int first, int last, Pred pr)
{
   vector<Record*> res;
   for (int i=first; i!=last; ++i)
      if (pr(vr[i]))
         res.push_back(&vr[i]);
   return res;
}
```

この find_all_rec() が、最初の find_rec() よりも単純であることは間違いない。

これで、必要な作業は、適切な回数だけ find_all_rec() を起動して、その結果を待機するだけとなった：

```
template<typename Pred>
vector<Record*> pfind_all(vector<Record>& vr, Pred pr)
{
   vector<future<vector<Record*>>> res;

   for (int i = 0; i!=vr.size(); i+=grain)
      res.push_back(async(find_all_rec<Pred>,ref(vr),i,i+grain,pr));

   vector<vector<Record*>> r2 = wait_for_all(res);

   vector<Record*> r;
   for (auto& x : r2)              // 結果をマージ
      for (auto p : x)
         r.push_back(p);
   return r;
}
```

もし仮に、ここで vector<vector<Record*>> を単純に戻せば、この pfind_all() は、これまででもっとも簡潔な並列関数となっただろう。しかし、戻された複数の vector を1個にマージすることによって、pfind_all() は、並列アルゴリズムとして、一般的でポピュラーな、一つの具体例となっているのだ：

[1] 実行すべき複数のタスクを作る。

[2] それらのタスクを並列に実行する。

[3] 結果をマージする。

これは、並行実行の詳細を完全に隠蔽してフレームワーク化する基本的な考え方であり、**マップリデュース**（*map-reduce*）と呼ばれている〔Dean, 2004〕。

このサンプルは、以下のように実行できる：

```
void find_all_cheap_red()
{
   assert(goods.size()%grain==0);

   auto vp = pfind_all(goods,
                    [](Record& r) { return r.price<200 && r.color==Color::red; });
   for (auto p : vp)
      cout << "record "<< *p << '\n';
}
```


最後に、並列化の労力がそれに見合う効果があるかどうかの検証が必要だ。そのために、テスト用に単純な逐次バージョンも示すことにしよう：

```
void just_find_cheap_red()
{
   auto p = find_if(goods.begin(),goods.end(),
                 [](Record& r) { return r.price<200 && r.color==Color::red; });
   if (p!=goods.end())
      cout << "record "<< *p << '\n';
   else
      cout << "not found\n";
}

void just_find_all_cheap_red()
{
   auto vp = find_all_rec(goods,0,goods.size(),
                       [](Record& r) { return r.price<200 && r.color==Color::red; });
   for (auto p : vp)
      cout << "record "<< *p << '\n';
}
```

私が、ハードウェアスレッドが4個だけの（比較的）質素なラップトップで、単純なテストデータをテストしたところ、一貫した顕著な性能差は得られなかった。この場合、async() の実装が未熟なので、thread 作成コストが、並行性の効果を上回ってしまったのだ。もしも、並列実行による飛躍的な速度性能向上が今すぐに必要ならば、私は、packaged_task（§42.4.3）の Sync_queue（§42.3.4）にしたがって、事前に作成した thread セットとワークキューに基づいた async() を自作するだろう。タスクベースの並列 find() プログラムを変更しなくても、飛躍的な最適化が可能であることに注意しよう。アプリケーション側の立場で見ると、標準ライブラリの async() を最適化したバージョンに置換することは、実装上の詳細にすぎないのだ。

42.5 アドバイス

[1] thread は、システムスレッドに対する型安全なインタフェースである。§42.2。

[2] 実行中の thread を解体してはいけない。§42.2.2。

[3] thread の実行完了を待つには、join() しよう。§42.2.4。

[4] thread に RAII をもたせるには、guarded_thread を検討しよう。§42.2.4。

[5] 必要不可欠な場合でなければ、thread を detach() してはいけない。§42.2.4。

[6] mutex の管理には、lock_guard と unique_lock を使おう。§42.3.1.4。

[7] 複数のロックを獲得する場合は、lock() を使おう。§42.3.2。

[8] 複数`thread`間の通信には、`condition_variable`を使おう。§42.3.4。

[9] `thread`を直接的に検討するのではなく、並行実行可能なタスクというレベルで検討しよう。§42.4。

[10] 簡潔性を重視しよう。§42.4。

[11] 実行結果を返すときは`promise`を使い、それを取り出すときは`future`を使おう。§42.4.1。

[12] `promise`に対して、`set_value()`や`set_exception()`を2回実行してはいけない。§42.4.2。

[13] 複数のタスクが送出した例外に対処した上で返却値を処理するには、`packaged_task`を使おう。§42.4.3。

[14] 外部サービスにリクエストを送信して、その応答を待つには、`packaged_task`と`future`を使おう。§42.4.3。

[15] `future`から2回`get()`してはいけない。§42.4.4。

[16] 単純なタスクの起動には、`async()`を利用しよう。§42.4.6。

[17] 並行性の細粒度の選択は容易ではない。実験と測定が不可欠だ。§42.4.7。

[18] 可能であれば、並行性は並列アルゴリズムのインタフェースによって隠蔽しよう。§42.4.7。

[19] 同じ問題に対する解でも、並列アルゴリズムはセマンティクス的に逐次アルゴリズムとは異なる場合がある（たとえば、`pfind_all()`と`find()`のように）。§42.4.7。

[20] 逐次実行のほうが、並行実行よりも簡潔かつ高速な場合もある。§42.4.7。

第 43 章　標準Cライブラリ

C言語は、強い型付けと、弱い型チェックを行う。
— デニス・M・リッチー

・はじめに
・ファイル
・printf() ファミリ
・C言語スタイルの文字列
・メモリ
・日付と時刻
・その他
・アドバイス

43.1　はじめに

C言語の標準ライブラリは、若干の変更を加えた上でC++標準ライブラリに取り込まれている。標準Cライブラリは、数多くの関数を提供しており、長年にわたってさまざまな場面、特に比較的低レベルなプログラミングで利用されてきた実績をもつ。

ここで取り上げるもの以外にも、標準Cライブラリは、数多くの関数を提供する。必要に応じて、“Kernighan and Ritchie”〔Kernighan, 1988〕やISO C標準〔C, 2011〕などの良質なテキストを参照しよう。

43.2　ファイル

`<cstdio>`の入出力システムは、**ファイル**（*file*）ベースのものだ。`FILE*`で表されるファイルは、いわゆるファイルも表現できるし、標準入出力ストリーム`stdin`、`stdout`、`stderr`も表現できる。標準ストリームはデフォルトで利用可能だが、それ以外のファイルはオープンする必要がある：

ファイルのオープンとクローズ	
`f=fopen(s,m)`	名前が`s`のファイルに対するファイルストリームを、モード`m`でオープンする。成功すれば`f`はオープンしたファイルを表す`FILE*`となり、そうでなければ`nullptr`となる
`x=fclose(f)`	ファイルストリーム`f`をクローズする。成功すれば`0`を返す

`fopen()`でオープンしたファイルは、`fclose()`でクローズしなければならない。そうしないと、オープンした状態が、オペレーティングシステムがクローズするまで継続する。この動作が問題になる（リークと考えられる）のであれば、`fstream`を利用すべきだ（§38.2.1）。

モード（*mode*）は、ファイルをどのようにオープンするか（またはオープン後にどのように利用するか）を指定するための、1個以上の文字を含むC言語スタイルの文字列である：

ファイルモード	
"r"	読取り
"w"	書込み（既存の内容を破棄する）
"a"	追加書込み（ファイル末尾へ書き込む）
"r+"	読取りと書込み
"w+"	読取りと書込み（それまでの内容を破棄する）
"b"	バイナリ。他のモードと組み合わせて利用する

システムによっては、オプションが追加実装されている（それが普通だ）。たとえば、“オープン時にファイルが存在していてはならない”を表す`x`がある。いくつかの指定は組合せ可能だ。たとえば、`fopen("foo","rb")`はファイル`foo`をバイナリの読取り用にオープンしようとする。入出力モードは、`stdio`と`iostream`で一致していなければならない（§38.2.1）。

43.3 printf()ファミリ

標準Cライブラリ関数でもっとも多く利用されるのは、出力関数だ。もっとも、私は、型安全で拡張性のある`iostream`を好んで利用する。とはいえ、書式付き出力関数`printf()`は（C++プログラムでも）広く利用されているし、他のプログラミング言語でも模倣されている：

printf()	
n=printf(fmt,args)	args以降の引数を適切に変換した上で、書式文字列fmtをstdoutに出力する
n=fprintf(f,fmt,args)	args以降の引数を適切に変換した上で、書式文字列fmtをファイルfに出力する
n=sprintf(s,fmt,args)	args以降の引数を適切に変換した上で、書式文字列fmtをC言語スタイル文字列sに出力する

すべてのバージョンで、`n`は出力した文字数となり、出力に失敗した場合は負数となる。ただし、`printf()`の返却値は、ほとんどの場合無視される。

`printf()`の宣言は、以下のとおりだ：

```
int printf(const char* format ...);
```

すなわち、最初の引数にC言語スタイルの文字列（通常は文字列リテラル）を受け取って、その後ろに、任意の型と任意の個数の引数が続く。この“追加引数”の意味を決定するのが、書式文字列内の`%c`（文字として出力）や`%d`（10進整数として出力）などの書式指定子だ。たとえば：

```
int x = 5;
const char* s = "Pedersen";
printf("the value of x is '%d' and the value of s is '%s'\n",x,s);
```

%に続く文字が、引数の処理を決定する。最初の%が、最初の“追加引数”に適用（この例ではxに%dが適用）される。そして、2番目の%が、2番目の“追加引数”に適用（この例ではsに%sが適用）されるといった具合だ。このprintf()の出力は、次のようになる：

```
the value of x is '5' and the value of s is 'Pedersen'
```

最後に改行文字が出力される。

通常、書式指定子%と、その適用対象である型との関係はチェックできない。たとえチェックできたとしても、通常はチェックしない。たとえば：

```
printf("the value of x is '%s' and the value of s is '%x'\n",x,s);  // おっと！
```

書式指定子は極めて多く（しかも長年増加し続けている)、高い柔軟性を提供する。多くのシステムが、C言語標準が定義するもの以上のオプションをサポートしている。strftime()の書式についても参照しよう（§43.6)。%の後ろには、以下のものが続く：

- `-` 変換した値をフィールド内で左詰めする。省略可能。
- `+` 符号付き型の値の先頭に、+または-符号を必ず付加する。省略可能。
- `0` フィールド内で、数値の前にゼロを埋めつくす。-または精度を指定した場合は無視される。省略可能。
- `#` 浮動小数点数値を出力する際に必ず小数点を付加し、小数点以下のゼロを出力する。また、8進数値の先頭には0を、16進数の先頭には0xまたは0Xを加える。省略可能。
- *d* フィールドの幅を表す数字文字列。出力する数値の桁数がフィールド幅よりも小さければ、出力がフィールド幅となるように、左側を空白文字で埋めつくす（左詰めが指定されている場合は右側)。フィールドの幅指定の先頭がゼロであれば、空白文字ではなくゼロで埋めつくす。省略可能。
- `.` この後に続く、数字文字列との区切りを表す。省略可能。
- *d* 精度を表す数字文字列。書式指定子eとfの場合は、小数点以下の桁数を指定する。文字列出力の場合は、最長の文字数を表す。省略可能。
- `*` フィールド幅と精度の指定には、数字文字列ではなく*が指定できる。指定した場合、引数の整数が、フィールド幅もしくは精度となる。
- `h` 後続のd、i、o、u、x、Xが、（符号付き、あるいは、符号無しの）short整数の引数に対応することを指定する。省略可能。
- `hh` 後続のd、i、o、u、x、Xが、（符号付き、あるいは、符号無しの）char整数の引数に対応することを指定する。省略可能。
- `l` 後続のd、i、o、u、x、Xが、（符号付き、あるいは、符号無しの）long整数の引数に対応することを指定する。省略可能。
- `ll` 後続のd、i、o、u、x、Xが、（符号付き、あるいは、符号無しの）long long整数（符号付き、符号無しとは無関係）の引数に対応することを指定する。省略可能。
- `L` 後続のa、A、e、E、f、F、g、Gが、long doubleの引数に対応することを指定する。省略可能。

j　後続の d、i、o、u、x、X が、intmax_t もしくは uintmax_t の引数に対応することを指定する。

z　後続の d、i、o、u、x、X が、size_t の引数に対応することを指定する。

t　後続の d、i、o、u、x、X が、ptrdiff_t の引数に対応することを指定する。

%　文字 % を出力する。引数は利用しない。

c　適用する変換の型を指定する文字である。変換文字とその意味は次のとおりである：

d　引数の整数を、10 進数表記に変換する。

i　引数の整数を、10 進数表記に変換する。

o　引数の整数を、8 進数表記に変換する。

x　引数の整数を、16 進数表記に変換する。

X　引数の整数を、16 進数表記に変換する。

f　引数の float もしくは double を、*[-]ddd*.*ddd* 形式の 10 進数表記に変換する。小数点以下の *d* の数は、引数に対する精度と一致する。必要に応じて値を丸める。精度を指定しない場合は 6 桁とみなす。精度を明示的に 0 とした上で # を指定しない場合は、小数点を出力しない。

F　%f と同様。ただし、INF と INFINITY と NAN に大文字を利用する。

e　引数の float もしくは double を、科学技術分野で利用する *[-]d*.*ddd*e+*dd* 形式、あるいは、*[-]d*.*ddd*e-*dd* 形式の 10 進数表記に変換する。すなわち、1 桁の数字に小数点が続き、小数点以下の桁数は精度と一致する。必要に応じて値を丸める。精度を指定しない場合は 6 桁とみなす。精度を明示的に 0 とした上で # を指定しない場合は、小数点を出力しない。

E　e と同様だが、指数を表す E に大文字を利用する。

g　引数の float もしくは double を、d、f、e のいずれかの書式で変換する。最短の幅で最高の精度を表現する書式を選択する。

G　g と同様だが、指数を表す E に大文字を利用する。

a　引数の double を、*[-]*0x*h*.*hhhh*p+*d* 形式あるいは *[-]*0x*h*.*hhhh*p+*d* 形式の 16 進数表記に変換する。

A　%a と同様だが、x と p ではなく、X と P を利用する。

c　引数の文字を出力する。ナル文字は無視する。

s　引数を文字列（文字ポインタ）と解釈し、文字列内の文字を、ナル文字に到達するまで、あるいは、精度に指定された文字数に到達するまで出力する。精度が、ゼロであるか未指定である場合は、ナル文字までをすべて出力する。

p　引数をポインタと解釈する。実際の書式は処理系依存である。

u　引数の符号無し整数を 10 進数表記に変換する。

n　ここまで printf()、fprintf()、sprintf() で出力した文字数を、引数のポインタが指す int 先へと**書き込む**。

いずれの場合も、フィールド幅が未指定あるいは短いからといって、出力が切り詰められることはない。詰め物は、指定したフィールド幅が、実際の値の桁数よりも大きいときにのみ実行される。

応用例を示そう：

```
char* line_format = "#line %d \"%s\"\n";
int line = 13;
char* file_name = "C++/main.c";

printf("int a;\n");
printf(line_format,line,file_name);
```

実行すると、以下のように出力される：

```
int a;
#line 13 "C++/main.c"
```

型チェックが実行されないので、printf() の利用は安全ではない。予想外の出力や、セグメンテーションフォールト発生、あるいは、さらに悪い結果になることもある、よく知られた例を示す：

```
char x = 'q';
printf("bad input char: %s",x);    // %sは%cでなければならない
```

とはいえ、printf() は極めて柔軟性が高く、Cプログラマに馴染み深いものである。C言語は、C++ のようなユーザ定義型をサポートしないので、complex、vector、string のようなユーザ定義型の出力書式を定義する方法はない。strftime() の書式（§43.6）は、書式指定子を新しく設計しようとしたことによる歪みの一例だ。

C言語の標準出力 stdout は cout に対応し、標準入力 stdin は cin に対応し、標準エラー出力 stderr は cerr に対応する。C言語の標準と、C++ の入出力ストリームとの関係は極めて密接であり、C言語スタイルの入出力と C++ の入出力ストリームがバッファを共有できるほどだ。たとえば、cout と stdout が混在した処理の対象は、同じ出力ストリームとなる（C言語と C++ のコードの混在は珍しいことではない）。この柔軟性には、コストがかかる。よりよい性能を得るためには、同じストリームに対し、stdio と iostream を混用すべきではない。それを確実なものとするには、初めて入出力を行うよりも前に、ios_base::sync_with_stdio(false) を呼び出す（§38.4.4）。

標準Cライブラリは、printf() を模倣した入力関数 scanf() を提供する。たとえば：

```
int x;
char s[buf_size];
int i = scanf("the value of x is '%d' and the value of s is '%s'\n",&x,s);
```

ここで、scanf() は、1個の整数を x に、非空白文字の並びを s に読み取ろうとする。書式以外の文字は、それらが入力に含まれるべきであることの指定だ。たとえば：

```
the value of x is '123' and the value of s is 'string '\n''
```

ここでは、123 を x に読み取り、0 で終端する string を s に読み取る。処理に成功した場合の scanf() の返却値（ここでの i）は、値が代入された引数の個数である（この例が成功すると 2 となる）。処理に失敗した場合は、EOF を返す。scanf() による入力処理は、エラーにつながりやすい（たとえば、入力行の文字列の後に空白文字を忘れてしまうとどうなるだろう？）。scanf() のすべ

ての引数は、ポインタでなければならない。私は、scanf()を利用しないことを強く推奨する。

それでは、stdioを利用しなければならない場合は、どのように入力処理を行えばよいだろう? この問いに対するよくある答えの一つが、“標準Cライブラリ関数gets()を利用する”ことだ:

```
// 極めて危険なコード：
char s[buf_size];
char* p = gets(s);    // １行をsに読み込む
```

p=gets(s)は、改行文字あるいはファイル終端に到達するまで、文字をsに読み取って、その末尾に'\0'を付加する。1文字も与えられることなくファイル終端に達した場合、あるいは、エラーが発生した場合は、pはnullptrとなる。そうでない場合は、sとなる。gets(s)と、それとほぼ同等のscanf("%s",s)は、絶対に利用すべきでない! 長年にわたって、ウイルス開発者の恰好の餌食になっているからだ。入力バッファをオーバフローさせる入力（この例ではs）を与えると、プログラムが破壊されて、コンピュータが攻撃者に乗っ取られる可能性がある。sprintf()にも、同種のバッファオーバフロー問題がある。C11仕様の標準Cライブラリでは、gets_s(p,n)などの、引数を追加してオーバフロー対策を施した、stdio入力関数群を追加している。iostreamの書式無し入力と同様に、どの入力終了条件に一致したかの判断（§38.4.1.2：文字数が多すぎる、終端文字を見つけた、ファイル終端に達したなど）をユーザに委ねるものだ。

stdioライブラリでは、単純で有用な、文字の読取りおよび書込み関数を提供する:

stdio文字処理関数	
x=getc(st)	入力ストリームstから１文字を読み取る。xは文字の整数値となる。ファイル終端に達した場合とエラーが発生した場合はEOFとなる
x=putc(c,st)	文字cを出力ストリームstに出力する。xは文字の整数値となる。エラーが発生した場合はEOFとなる
x=getchar()	x=getc(stdin)
x=putchar(c)	x=putc(c,stdout)
x=ungetc(c,st)	入力ストリームstにcを戻す。xはcの整数値となる。エラーが発生した場合はEOFとなる

ここに示す関数の返却値型は、intである（EOFを返せなくなってしまうため、charではない）。たとえば、C言語スタイルの典型的な入力ループは、以下のようなものだ:

```
int ch;    // 注意："char ch;"ではない
while ((ch=getchar())!=EOF) { /* 何らかの処理 */ }
```

同じストリームに対してungetc()を2回連続して実行してはならない。その結果は定義されないし、可搬性もない。

他にも数多くのstdio関数がある。もっと知りたければ、C言語の良質の書籍（“K&R”など）を参照しよう。

43.4 C言語スタイルの文字列

C言語スタイルの文字列は、ゼロで終端するcharの配列である。<cstring>（あるいは<string.h>。注：<string>ではない）と<cstdlib>では、この形態の文字列処理のための関数を提供する。それらの関数は、char*ポインタ（読み取るだけのメモリの場合はconst char*ポインタ。unsigned char*ポインタではない）を介してC言語スタイルの文字列を処理する：

C言語スタイルの文字列処理	
x=strlen(s)	文字数をカウントする（終端の0は含まない）
p=strcpy(s,s2)	s2をsにコピーする。[s:s+n)と[s2:s2+n)が重なってはいけない。p=s。終端の0もコピーする
p=strcat(s,s2)	s2をsの末尾にコピーする。p=s。終端の0もコピーする
x=strcmp(s, s2)	辞書順で比較する。s<s2ならばxは負数、s==s2ならばx==0、s>s2ならばxは正数
p=strncpy(s,s2,n)	文字数を最長でnに制限したstrcpy。終端0のコピー不能な場合あり
p=strncat(s,s2,n)	文字数を最長でnに制限したstrcat。終端0のコピー不能な場合あり
x=strncmp(s,s2,n)	文字数を最長でnに制限したstrcmpである
p=strchr(s,c)	pは、s内で最初に出現するcを指す
p=strrchr(s,c)	pは、s内で最後に出現するcを指す
p=strstr(s,s2)	pは、s内でs2に一致する部分文字列の先頭を指す
p=strpbrk(s,s2)	pは、s2内に存在し、s内で最初に出現する文字を指す

C++では、型安全を実現するために、strchr()とstrstr()とが多重定義されていることを知っておこう（const char*からchar*への変換はC言語では可能だが、C++では不可能だからだ）。§36.3.2と§36.3.3と§36.3.7を参照しよう。

C言語スタイルの文字列と数値の変換 pは、変換しなかったsの先頭文字を指す。bは、[2:36]の範囲の基数、あるいはC言語スタイルの数値を表す0である	
x=atof(s)	xは、sが表現する数値doubleとなる
x=atoi(s)	xは、sが表現する数値intとなる
x=atol(s)	xは、sが表現する数値longとなる
x=atoll(s)	xは、sが表現する数値long longとなる
x=strtod(s,p)	xは、sが表現する数値doubleとなる
x=strtof(s,p)	xは、sが表現する数値floatとなる
x=strtold(s,p)	xは、sが表現する数値long doubleとなる
x=strtol(s,p,b)	xは、sが表現する数値longとなる
x=strtoll(s,p,b)	xは、sが表現する数値long longとなる
x=strtoul(s,p,b)	xは、sが表現する数値unsigned longとなる
x=strtoull(s,p,b)	xは、sが表現する数値unsigned long longとなる

浮動小数点数への変換の際に、目的の型に収まらない場合は、errnoにERANGEを代入する(§40.3)。§36.3.5も参照しよう。

43.5 メモリ

メモリ操作関数は、void*ポインタ（メモリを読み取るだけの場合はconst void*ポインタ）を介して、(型が不明な)“生メモリ”を対象とする。

C言語スタイルのメモリ操作	
q=memcpy(p,p2,n)	p2からnバイトをpにコピーする(strcpyと同様)。[p:p+n)と[p2:p2+n)が重なってはいけない。q=p
q=memmove(p,p2,n)	p2からnバイトをpにコピーする。q=p
x=memcmp(p,p2,n)	p2から始まるnバイトとpから始まるnバイトを比較する。x<0は<を、x==0は==を、x>0は>を意味する
q=memchr(p,c,n)	[p:p+n)の範囲内でcを探索する(cはunsigned charへと変換される)。qは見つかった要素を指す。見つからなければq=0となる
q=memset(p,c,n)	[p:p+n)の範囲全体にcをコピーする（cはunsigned charへと変換される)。q=p
p=calloc(n,s)	pは、0に初期化された空き領域上のn*sバイトを指す。確保できなかった場合はp=nullptrとなる
p=malloc(n)	pは、空き領域上の未初期化のnバイトを指す。確保できなかった場合はp=nullptrとなる
q=realloc(p,n)	qは空き領域上のnバイトを指す。pはmalloc()かcalloc()により得たポインタ、またはnullptrでなければならない。可能であればpが指すメモリ領域を再利用する。再利用できない場合は、新しく確保したメモリ領域へ、pが指すメモリ領域をすべてコピーする。確保できなかった場合はq=nullptrとなる
free(p)	pが指すメモリ領域を解放する。pはnullptrか、あるいは、malloc()、calloc()、realloc()によって得たポインタでなければならない

malloc()などの関数がコンストラクタを実行せず、free()がデストラクタを実行しないことに注意しよう。コンストラクタやデストラクタをもつ型に対して、これらの関数を利用すべきではない。また、コンストラクタをもつ型に対しては、memset()を絶対に利用すべきではない。

realloc(p,n)は、pのアドレスで利用可能な分よりも多くのメモリが必要になった場合、メモリ上に置かれているデータを再確保（すなわちpからコピー）することに注意しよう。たとえば：

```
int max = 1024;
char* p = static_cast<char*>(malloc(max));
char* current_word = nullptr;
bool in_word = false;
int i=0;
while (cin.get(&p[i])) {
   if (isletter(p[i])) {
      if (!in_word)
         current_word = p;
```

```
            in_word = true;
        }
        else
            in_word = false;
        if (++i==max)
            p = static_cast<char*>(realloc(p,max*=2));    // 重複した確保
        // ...
    }
```

ここに入っているひどいバグに、みなさんは気付いただろうか。realloc() を実行すると、current_word が、p が指すメモリ領域の範囲外を指す可能性があるのだ（範囲内を指す可能性もある）。

大半の realloc() の呼出しは、vector を用いると、より的確に処理できる（§31.4.1）。

mem* 関数を定義しているのは <cstring> であり、割当て関数を定義しているのは <cstdlib> である。

43.6 日付と時刻

<ctime> は、日付と時刻に関する型と関数を提供する：

日付と時刻の型	
clock_t	短い時間（おおむね数分程度）を保持する算術型
time_t	長い時間（おおむね数世紀程度）を保持する算術型
tm	1日における時刻を保持する struct（起点は 1900 年）

以下に示すのが、struct tm の定義の例だ：

```
struct tm {
    int tm_sec;     // 秒[0:61]：60と61は閏秒
    int tm_min;     // 分[0:59]
    int tm_hour;    // 時[0:23]
    int tm_mday;    // 日[1:31]
    int tm_mon;     // 月[0:11]：0は１月（[1:12]でないことに注意）
    int tm_year;    // 1900年からの年：0は1900年で115は2015年
    int tm_wday;    // 曜日[0:6]：0が日曜日
    int tm_yday;    // 元日から何日後か[0:365]：0は元日
    int tm_isdst;   // 夏時間
};
```

システムクロックは、clock() と、それを支援するための、返却型が clock_t であるいくつかの関数によってサポートされている：

日付／時刻関数	
t=clock()	t はプログラム開始時点からのクロックティック数となる。t は clock_t 型
t=time(pt)	t は現在時刻となる（カレンダ時間）。pt は、time_t* または nullptr となる。t は clock_t 型。pt!=nullptr ならば、*pt=t となる

日付／時刻関数	
d=difftime(t2,t1)	dは、t2-t1を秒で表現したdoubleとなる
ptm=localtime(pt)	pt==nullptrならばptm=nullptrとなる。それ以外ではptmはtime_tの*ptに対応する地方時のtmを指す
ptm=gmtime(pt)	pt==nullptrならばptm=nullptrとなる。それ以外ではptmはtime_tの*ptに対応するグリニッジ標準時（GMT）のtmを指す
t=mktime(ptm)	*ptmに対応するtime_t、あるいはtime_t(-1)を返す
p=asctime(ptm)	pは、*ptmを表現するC言語スタイルの文字列となる
p=ctime(t)	p=asctime(localtime(t))
n=strftime(p,max,fmt,ptm)	書式文字列fmtにしたがって*ptmを変換して[p:p+n+1)にコピーする。[p:p+max)を超える部分は破棄される。エラーが発生した場合はn==0となる。p[n]=0

asctime()は、次のような文字列を生成する。

```
"Sun Sep 16 01:03:52 1973\n"
```

関数実行の所要時間を、clock()で計測する例を示す：

```
int main(int argc, char* argv[])
{
    int n = atoi(argv[1]);

    clock_t t1 = clock();
    if (t1 == clock_t(-1)) {        // clock_t(-1)は"clock()が失敗した"ことを表す
        cerr << "sorry, no clock\n";
        exit(1);
    }

    for (int i = 0; i<n; i++)
        do_something();             // 時間かせぎのループ
    clock_t t2 = clock();
    if (t2 == clock_t(-1)) {
        cerr << "sorry, clock overflow\n";
        exit(2);
    }
    cout << "do_something() " << n << " times took "
         << double(t2-t1)/CLOCKS_PER_SEC " seconds"
         << " (measurement granularity: " CLOCKS_PER_SEC
         << " of a second)\n";
}
```

除算する前に明示的変換double(t2-t1)が必要であることに注意しよう。clock_tが整数である可能性があるからだ。clock()の返却値であるt1とt2を使う場合、それら二つの時刻の差を秒で表現するための、システムの最良近似値は、double(t2-t1)/CLOCKS_PER_SECである。

<ctime>と、§35.2の<chrono>が定義する機能とを比較してみよう。

プロセッサ時間を得るclock()が定義されていない場合、あるいは、時刻の差が表現できないほど大きい場合は、clock()はclock_t(-1)を返す。

strftime() は、**printf()** 形式の書式文字列にしたがって **tm** を出力する。たとえば：

```
void almost_C()
{
    const int max = 80;
    char str[max];
    time_t t = time(nullptr);
    tm* pt = localtime(&t);
    strftime(str,max,"%D, %H:%M (%I:%M%p)\n",pt);
    printf(str);
}
```

実行したとき出力は、次のようなものである：

```
06/28/12, 15:38 (03:38PM)
```

strftime() の書式指定子は、ほとんど小規模なプログラミング言語と呼べるほど豊富だ：

日付／時刻の書式	
%a	曜日（省略形）
%A	曜日（完全形）
%b	月（省略形）
%B	月（完全形）
%c	日付と時刻
%C	年を 100 で除算して切り捨てた値。[00:99]
%d	月における日。10 進数。[01:31]
%D	%m/%d/%y と等価
%e	月における日。10 進数。[1:31]。1 桁の場合は前に空白文字を詰める
%F	%Y-%m-%d と等価。ISO 8601 形式の日付
%g	暦週での年の下 2 桁。10 進数。[00:99]
%G	暦週での年。10 進数（たとえば 2012）
%h	%b と等価
%H	24 時間単位の時間。10 進数。[00:23]
%I	12 時間単位の時間。10 進数。[01:12]
%j	年における日。10 進数。[001:366]
%m	月。10 進数。[01:12]
%M	分。10 進数。[00:59]
%n	改行文字
%p	ロケールに依存した 12 時間単位表記用の午前／午後
%r	12 時間単位の時刻
%R	%H:%M と等価
%S	秒。10 進数。[00:60]
%t	水平タブ文字
%T	%H:%M:%S と等価。ISO 8601 形式の時刻
%u	ISO 8601 形式の曜日。10 進数。[1:7]。月曜日が 1 である

日付／時刻の書式	
%U	年での週番号（週番号1の最初の日が最初の日曜日）。10進数。[00:53]
%V	ISO 8601形式の週番号。10進数。[01:53]
%w	曜日。10進数。[0:6]。日曜日が0である
%W	年での週番号（週番号1の最初の日が最初の月曜日）。10進数。[00:53]
%x	ロケールで適切な日付の表現
%X	ロケールで適切な時刻の表現
%y	年の下2桁。10進数。[00:99]
%Y	年。10進数（2012など）
%z	ISO 8601形式のUTCからの差。-0430はUTC、グリニッジ標準時から4時間半遅れを表す。タイムゾーンを判断できないときは空となる
%Z	ロケールでのタイムゾーン名、またはその省略形。タイムゾーンが不明の場合は空となる
%%	%文字

ここで利用されるロケールは、プログラムの広域ロケールである。

上の表の一部の書式指定子は、修飾子EとOで修飾できる。それぞれ、処理系固有の書式と、ロケール固有の書式を表す。たとえば：

日付／時刻の書式修飾子の例	
%Ec	ロケール依存の日付と時刻
%EC	ロケール依存の基準年（期間）の名前
%OH	ロケール依存の時間（24時間形式）
%Oy	ロケール依存の年の下2桁

strftime()は、put_time特性項目（§39.4.4.1）で利用される。

C++スタイルの時間関係の機能については、§35.2を参照しよう。

43.7 その他

<cstdlib>では、次のものを提供する：

その他の<stdlib.h>関数	
abort()	プログラムを“異常”終了させる
exit(n)	終了ステータスをnとしてプログラムを終了させる。n==0は処理の成功を表す
system(s)	文字列をコマンドとして実行する（システム依存）
qsort(b,n,s,cmp)	比較関数cmpを使って、bが指す大きさsのn個の配列要素をソートする
bsearch(k,b,n,s,cmp)	比較関数cmpを使って、bが指す大きさsのn個の配列要素からkを探索する
d=rand()	dは[0:RAND_MAX]の範囲の疑似乱数となる
srand(d)	dを種とする疑似乱数シーケンスを生成する

qsort()とbsearch()が利用する比較関数cmpの型は、以下のとおりだ：

```
int (*cmp)(const void* p, const void* q);
```

すなわち、型情報は利用できないものであって、配列要素がバイト列として“見える”だけのものだ。返却値は整数であり、以下の意味をもつ：

・負数：*pが*qよりも小さい
・ゼロ：*pが*qと等価である
・正数：*pが*qよりも大きい

これは、sort()と異なる点だ。sort()では、通常の<演算子を利用する。

exit()とabort()が、デストラクタを実行しないことに注意しよう。構築ずみのオブジェクトに対するデストラクタの実行が必要な場合は、例外を送出すべきだ（§13.5.1）。

<csetjmp>が定義するlongjmp()は、対応するsetjmp()が見つかるまでスタックを巻き戻すが、やはり、デストラクタを実行しない。プログラムの同じ位置のthrowによってデストラクタが実行された場合の動作は、定義されない。C++プログラムでは、setjmp()は利用すべきでない。

ここで示さなかった標準Cライブラリ関数については、〔Kernighan, 1988〕や、その他の定評のあるC言語リファレンスを参照しよう。

<cstdint>は、int_fast16_tなど標準の整数型の別名を提供する：

整数型の別名 Nは8、16、32、64のいずれか	
intN_t	ちょうどNビットの整数型。たとえばint8_t
uintN_t	ちょうどNビットの符号無し整数型。たとえばuint16_t
int_leastN_t	少なくともNビットをもつ最小の整数型。たとえばint_least16_t
uint_leastN_t	少なくともNビットをもつ最小の符号無し整数型。たとえばuint_least32_t
int_fastN_t	少なくともNビットをもち、もっとも高速な演算が行える整数型。 たとえばint_fast32_t
uint_fastN_t	少なくともNビットをもち、もっとも高速な演算が行える符号無し整数型。 たとえばuint_fast64_t

<cstdint>は、処理系における符号付き整数の最大値と、符号無し整数の最大値を表現する型別名も提供する。たとえば：

```
typedef long long intmax_t;              // 符号付き整数型の最大値
typedef unsigned long long uintmax_t;    // 符号無し整数型の最大値
```

43.8 アドバイス

[1] 資源リークが気になる場合は、fopen()／fclose()よりもfstreamを利用しよう。§43.2。
[2] <stdlib>よりも<iostream>を優先しよう。型安全と拡張性がその理由である。§43.3。
[3] gets()やscanf("%s",s)は絶対に利用してはいけない。§43.3。

[4] `<cstring>` よりも `<string>` を優先しよう。使いやすいし、資源管理も簡潔だ。§43.4。

[5] `memcpy()` などのC言語のメモリ管理は、生メモリだけに限定しよう。§43.5。

[6] `malloc()` と `realloc()` よりも `vector` を優先しよう。§43.5。

[7] 標準Cライブラリは、コンストラクタおよびデストラクタと無関係であることに注意しよう。§43.5。

[8] 時間の処理では、`<ctime>` よりも `<chrono>` を優先しよう。§43.6。

[9] `qsort()` よりも `sort()` を優先しよう。柔軟であって使いやすいし、高性能だ。§43.7。

[10] `exit()` を利用してはならない。その代わりに例外を送出しよう。§43.7。

[11] `longjmp()` を利用してはならない。その代わりに例外を送出しよう。§43.7。

第 44 章　互換性

きみは自分の道を行き、きみの習慣にしたがうがいい。
私は、私の習慣にしたがう。
― C・J・ネイピア司令官

44.1 はじめに

本章では、標準 C++（ISO/IEC 14882-2011）と、以前のバージョン（ISO/IEC 14882-1998 など）との違い、標準C言語（ISO/IEC 9899-2011）や初期バージョンのC言語（たとえば、古いC言語など）との違いを解説する。その目的は、次のとおりだ：

- C++11 の新機能を簡潔にまとめる。
- プログラマが問題を起こしやすい点の違いを明文化する。
- 問題への対処法を示す。

互換性に関する問題点の多くは、C プログラムから C++ プログラムへの移行や、以前のバージョンの C++ プログラムから新しい C++ 標準への移行（たとえば C++98 から C++11）や、新機能を利用している C++ プログラムを古いコンパイラでコンパイルする場合に浮かび上がってくる。ここでの目的は、互換性に関して問題となり得る点をすべて列挙することではなく、頻繁に発生する問題点をあげて、その汎用的な対策を提示することだ。

互換性の問題の重要な点は、そのプログラムを動作させる処理系の種類に依存する。C++ の学習では、可能な限り完全で、機能豊富な処理系を利用すればよい。しかし、製品を提供するにあたっては、動作可能システムができるだけ多くなるように、保守的な方針をとることが要求される。このような理由から（その多くは単なる言い訳にすぎないのだが）、おとぎ話のように感じられた C++ の機能が避けられた時期があった。しかし、現在の処理系は、以前のようなプラットフォーム間の移植に対する注意は、不要になっており、収束してきている。

44.2 C++11の新機能

まず、C++11で追加された言語機能と標準ライブラリコンポーネントをまとめる。次に、古いバージョン（特にC++98）と協調動作させる方法を解説する。

44.2.1 言語機能

言語機能の一覧は、驚くほど大量だ。そもそも言語機能は、単独で利用することを意図したものではないことを覚えておいてほしい。特に、C++11新機能のほとんどは、古くからの機能が提供するフレームワークなしには意味をもたない。おおむね本書で解説した順序にそって並べてみよう：

[1] {}による並びを用いた、統一的かつ汎用的な初期化（§2.2.2, §6.3.5）
[2] 初期化子からの型の導出：auto（§2.2.2, §6.3.6.1）
[3] 縮小変換の防止（§2.2.2, §6.3.5）
[4] 定数式の一般化とその保証：constexpr（§2.2.3, §10.4, §12.1.6）
[5] 範囲for文（§2.2.5, §9.5.1）
[6] 予約語のnullポインタ：nullptr（§2.2.5, §7.2.2）
[7] スコープをもつ、強く型付けされた列挙体：enum class（§2.3.3, §8.4.1）
[8] コンパイル時アサーション：static_assert（§2.4.3.3, §24.4）
[9] {}による並びのstd::initializer_listへのマッピング（§3.2.1.3, §17.3.4）
[10] 右辺値参照（ムーブセマンティクスの実現：§3.3.2, §7.7.2）
[11] >>で終了する、入れ子となったテンプレート引数（>のあいだに空白文字が不要：§3.4.1）
[12] ラムダ式（§3.4.3, §11.4）
[13] 可変個引数テンプレート（§3.4.4, §28.6）
[14] 型とテンプレートの別名（§3.4.5, §6.5, §23.6）
[15] Unicode文字（§6.2.3.2, §7.3.2.2）
[16] long long整数型（§6.2.4）
[17] アラインメント制御：alignasおよびalignof（§6.2.9）
[18] 式の型を、宣言時に型として利用が可能なこと：decltype（§6.3.6.1）
[19] 原文字列リテラル（§7.3.2.1）
[20] PODの汎用化（§8.2.6）
[21] unionの汎用化（§8.3.1）
[22] テンプレート引数としての局所クラス（§11.4.2, §25.2.1）
[23] 返却値型の後置構文（§12.1.4）
[24] 属性構文と二つの標準属性：[[carries_dependency]]（§41.3）および[[noreturn]]（§12.1.7）
[25] 例外伝搬の禁止：noexcept指定子（§13.5.1.1）
[26] 式内でのthrowの可能性検査：noexcept演算子（§13.5.1.1）

[27] C99 機能：

・汎整数型の拡張（すなわち、オプションであるさらに長い整数型に関する規則：§6.2.4）

・ナロー文字列／ワイド文字列の連結

・`__STDC_HOSTED__`（§12.6.2）

・`_Pragma(X)`（§12.6.3）

・可変個マクロ引数と空のマクロ引数（§12.6）

[28] `__func__`（§12.6.2）

[29] `inline` 名前空間（§14.4.6）

[30] 委譲コンストラクタ（§17.4.3）

[31] クラス内メンバ初期化子（§17.4.4）

[32] デフォルトの制御：`default`（§17.6）および `delete`（§17.6.4）

[33] 明示的変換演算子（§18.4.2）

[34] ユーザ定義リテラル（§19.2.6）

[35] `template` 具現化の明示的かつ詳細な制御：`extern template`（§26.2.2）

[36] 関数テンプレートのデフォルト引数（§25.2.5.1）

[37] コンストラクタの継承（§20.3.5.1）

[38] オーバライドの制御：`override` および `final`（§20.3.4）

[39] より簡潔で汎用的な SFINAE 規則（§23.5.3.2）

[40] メモリモデル（§41.2）

[41] スレッド局所のメモリ領域：`thread_local`（§42.2.8）

C++98 から C++11 へのすべての変更を事細かにあげるつもりはない。上記機能に関する経緯については、§1.4 で解説している。

44.2.2 標準ライブラリコンポーネント

C++11 での標準ライブラリに対する追加内容は、二つに分類できる。新規コンポーネント（正規表現ライブラリなど）と、C++98 コンポーネントの改善（コンテナのムーブコンストラクタなど）である。

[1] コンテナ用の `initializer_list` を用いたコンストラクタ（§3.2.1.3, §17.3.4, §31.3.2）

[2] コンテナのムーブセマンティクス（§3.3.1, §17.5.2, §31.3.2）

[3] 単方向結合リスト：`forward_list`（§4.4.5, §31.4.2）

[4] ハッシュコンテナ：`unordered_map`、`unordered_multimap`、`unordered_set`、`unordered_multiset`（§4.4.5, §31.4.3）

[5] 資源管理ポインタ：`unique_ptr`、`shared_ptr`、`weak_ptr`（§5.2.1, §34.3）

[6] 並行処理のサポート：`thread`（§5.3.1, §42.2）、`mutex`（§5.3.4, §42.3.1）、ロック（§5.3.4, §42.3.2）、条件変数（§5.3.4.1, §42.3.4）

[7] 高レベルでの並行処理のサポート：packaged_thread、future、promise、async()（§5.3.5, §42.4）

[8] タプル tuple（§5.4.3, §28.5, §34.2.4.2）

[9] 正規表現：regex（§5.5, 第37章）

[10] 乱数：uniform_int_distribution、normal_distribution、random_engine など（§5.6.3, §40.7）

[11] int16_t、uint32_t、int_fast64_t など、整数型の名前（§6.2.8, §43.7）

[12] メモリ上で連続する固定要素数のコンテナ：array（§8.2.4, §34.2.1）

[13] 例外のコピーと再送出（§30.4.1.2）

[14] エラーコードを用いたエラー通知：system_error（§30.4.3）

[15] コンテナの emplace()（§31.3.6）

[16] constexpr 関数の利用範囲拡張

[17] noexcept 関数の体系的な利用

[18] 関数アダプタの改善：function および bind()（§33.5）

[19] string 表現された数値の変換（§36.3.5）

[20] スコープをもつアロケータ（§34.4.4）

[21] is_integral や is_base_of などの型特性（§35.4）

[22] 時間関連ユーティリティ：duration および time_point（§35.2）

[23] コンパイル時数値演算：ratio（§35.3）

[24] プロセスの中断：quick_exit（§15.4.3）

[25] move()、copy_if()、is_sorted() など、アルゴリズムの追加（第32章）

[26] ガーベジコレクション ABI（§34.5）

[27] 低レベルでの並行処理のサポート：atomic（§41.3）

標準ライブラリの詳細については、下記の箇所も参照しよう。

・第4章と、第5章と、第IV部
・実装技法の例：vector（§13.6）、string（§19.3）、tuple（§28.5）
・C++11 標準ライブラリに特化した書籍。たとえば〔Williams, 2012〕など。
・§1.4。標準ライブラリの歴史について解説している。

44.2.3 非推奨とされた機能

標準策定委員会は、一部の機能を非推奨として、利用すべきでないとしている（§iso.D）。しかし、冗長性や危険性があるとはいえ、多用されている機能を即座に削除する強制権は、標準策定委員会にはない。そのため、機能を避けるべきかどうかは、非推奨が重要なヒントとなる。非推奨機能は、将来的には削除されることになるはずだ。それらの機能を利用すると、コンパイラが警告することもある。

・デストラクタをもつクラスに対するコピーコンストラクタとコピー代入演算の生成は非推奨とされた。
・文字列リテラルの char* への代入は禁止された（§7.3.2）。
・C++98 の例外指定は非推奨とされた：

```
void f() throw(X,Y);  // C++98。現在は非推奨
```

例外指定の支援機能 unexcepted_handler、set_unexpected()、get_unexpected()、unexpected() も同様に非推奨とされた。その代わりに、noexcept を利用する（§13.5.1.1）。
・C++ 標準ライブラリの関数オブジェクトと、関連関数の一部が非推奨とされた。unary_function、binary_function、pointer_to_unary_function、pointer_to_binary_function、ptr_fun()、mem_fun_t、mem_fun1_t、mem_fun_ref_t、mem_fun_ref1_t、mem_fun()、const_mem_fun_t、const_mem_fun1_t、const_mem_fun_ref_t、const_mem_fun_ref1_t、binder1st、bind1st()、binder2nd、bind2nd()。その代わりに、function と bind() を利用する（§33.5）。
・auto_ptr は非推奨とされた。その代わりに、unique_ptr を利用する（§5.2.1，§34.3.1）。

この他にも、委員会は、ほとんど利用されていない export 機能を削除した。複雑な上に、主要なベンダがサポートしていないからだ。

C 言語形式キャストは、名前付きキャスト（§11.5.2）の導入時に非推奨とすべきだった。プログラマは、C 言語形式キャストを自作プログラムから全廃することを真剣に検討すべきだ。明示的型変換が必要な場面では static_cast、reinterpret_cast、const_cast と、その組合せを使おう。C 言語形式キャストで可能なことは実現できる。名前付きキャストを優先すると、明示的になる上に、可視性も向上する。

44.2.4 以前の C++ 処理系の利用

C++ は 1983 年から利用され続けている（§1.4）。その間、改訂を重ねるとともに、個別に開発された機能が数多く登場した。標準化の大きな目的は、処理系の提供者とユーザが、同じ C++ 仕様で作業することを保証することだ。1998 年からは ISO C++98 が標準だったし、現在は ISO C++11 が標準だ。

残念ながら、C++ を初体験するのが 5 年も前の処理系だという人が少なくない。その処理系が、フリーで広く利用されているからだ。本当のプロフェッショナルは、そんな骨董品は選ばない。新しい品質をもつ多くの処理系がフリーで利用可能だ。気付かないかもしれないが、古い処理系は大きなコストを生み出すことを、初心者は知っておくべきだ。言語機能やライブラリのサポートが不足している環境では、新バージョンならば出会わないですむような問題と格闘しなければならなくなる。機能不足の古い環境を用いたり、特に骨董品のような入門書を利用したりすることは、初心者に対して、プログラミングスタイルに悪影響を与え、そもそも C++ がどのようなものであるかについての偏見をもたせてしまう。最初に学ぶのに最適な C++ の部分は、低レベル機能の部分ではない（さらに、C と C++ の共通部分でもない：§1.3）。特に、学習に入りやすくするとともに、C++ プログ

ラミングで可能な機能に対する好印象をもたせるためには、標準ライブラリに加えて、クラス、テンプレート、例外をちゃんと使うことからスタートするのがよい、と私は考えている。

政治的な理由や、適当なツール不足などの理由で、いまだにC++ではなくC言語が使われることがある。どうしてもC言語で記述しなければならないならば、C言語とC++の共通部分で記述するとよい。この方針を採用すれば、それなりに型安全が得られるし、可搬性も向上する。さらに、将来C++が利用可能になるときの準備ができる。§1.3.3も参照しよう。

可能であれば、標準に準拠した処理系を利用して、処理系定義な部分や言語として定義されない部分への依存を最小限に抑えるべきだ。言語仕様のすべてが利用できるという前提で設計して、必要な場面でのみ回避策をとるとよいだろう。この方針をとれば、C++の最小公倍数的なサブセット用に設計するよりも、よりよいプログラム構造となる上に、保守性も向上する。なお、処理系固有な拡張機能を用いるのは、どうしても必要な場面に限定しよう。§1.3.2も参照しよう。

44.3 CとC++の互換性

一部の例外を除くと、C++はC言語(ISO/IEC 9899:2011(E)が定義するC11)を含んでいる。

C++が大幅に強化したもののうち、最大の変化は、型チェックだ。うまく記述されたCプログラムは、そのままC++プログラムとなる傾向がある。コンパイラは、C++とC言語のすべての違いを診断できる。C99とC++11の非互換部分は、§iso.Cにまとめられている。本書執筆時点では、C11はまだ日が浅く、ほとんどのC言語コードは、古いCかC99である。

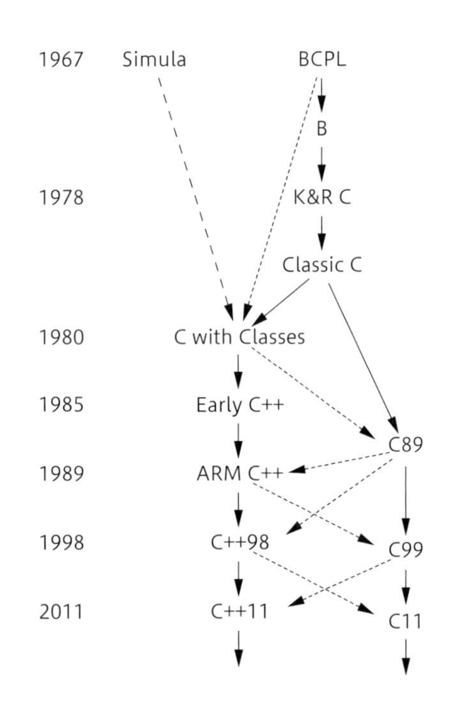

44.3.1 C言語とC++は兄弟

ISO CとISO C++は、古いCから生まれた。これらの言語は、時代の流れとともに、別々のペースで異なる方向に進化した。その結果、古典的なC言語スタイルのプログラミングのサポートに関して、それぞれが提供するものは多少異なる方式となった。この非互換部分は、C言語とC++の両方のユーザや、一方から他方のライブラリを利用するユーザや、ライブラリやツールを実装するプログラマを困らせることがある。

C言語とC++は兄弟関係と呼べるだろうか? C++はC言語の子孫であることは明らかだ。単純化した系統図を見てみよう。

機能の大部分を継承したことを実線で表し、重要機能を拝借したことを破線で表し、一部のみ拝借したことを点線で表している。この図は、ISO CとISO C++が、K&R Cの二大子孫、すなわち兄弟であることを示している。いずれも古いC言語の重要な部分を受け継いでいるものの、古いC言語との完全な互換性はもっていない。"古いC言語（Classic C）"という用語は、著者がDennis Ritchieの端末に貼り付けられたメモから見つけ出したものだ。これは、K&R Cに対して、列挙体と`struct`の代入とを加えたものだ。

プログラマにとって、非互換は面倒なことにつながる。選択肢の組合せが無数にあるからだ。単純なベン図で考えてみよう：

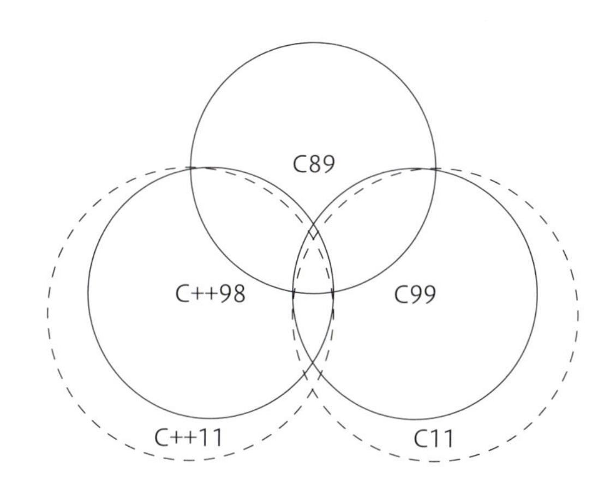

本図の面積は、実際の機能と比例しているわけではない。さて、C++11とC11は、その一部としてK&R Cの大部分を包含している。また、C++11はC11の大部分を包含している。ほとんどの領域に属する機能もある。以下に示すのが、一例だ：

C89のみ	宣言されていない関数の呼出し
C99のみ	可変長配列（VLA）
C++のみ	テンプレート
C89とC99	Algolスタイルの関数宣言
C89とC++	C99のキーワード`restrict`を識別子として利用できる
C++とC99	`//`形式コメント
C89とC++とC99	`struct`
C++11のみ	ムーブセマンティクス（右辺値参照&&の利用による）
C11のみ	キーワード`_Generic`による型汎用式
C++11とC11	アトミック

C言語とC++の違いが、C++でのC言語に対する変更と必ずしも一致していないことに注意しよう。C++で広く利用されるようになって時間が経過した後に、C言語に導入された機能によって、非互換が発生しているものもある。たとえば、`T*`が`void*`に代入可能であることや、広域的な`const`の結合規約〔Stroustrup, 2002〕などがそうだ。また、たとえば`inline`の詳細のように、ISO C++標準に取り込まれた後にC言語に導入された機能の一部にも、非互換のものがある。

44.3.2 "無言の"違い

C++であってC言語でもあるプログラムは、両方の言語にとって同じ意味となるが、ごく一部の例外がある。幸いなことに、その例外（よく**無言の違い**と呼ばれる）は、あまり使われていない：

- C言語では文字定数と列挙体の大きさは`sizeof(int)`と一致するが、C++の`sizeof('a')`は`sizeof(char)`と一致する。
- C言語の列挙子は`int`であるが、C++では処理系が最適な大きさを選択できるようになっている（§8.4.2）。
- C++では`struct`の名前は、その宣言を含むスコープに入るが、C言語ではそうではない。その結果、C++で`struct`を内側のスコープで宣言すると、外側のスコープ中の名前を隠せる。

```
int x[99];
void f()
{
   struct x { int a; };
   sizeof(x);            /* Cでは配列の大きさでC++では構造体の大きさ */
   sizeof(struct x);     /* 構造体の大きさ */
}
```

44.3.3 C++ではないC言語コード

実際に問題を引き起こすC言語とC++の非互換は、分かりやすい。大半はコンパイラが容易に検出する。本項では、C++ではないC言語コードの例をあげる。ほとんどは、貧弱なスタイルであるし、現代のC言語では時代遅れだ。非互換部分の全一覧については、§iso.Cを参照しよう。

- C言語では、事前に宣言されていない関数を呼び出せる。

```
int main()      // C++ではない。C言語でも貧弱なスタイル
{
   double sq2 = sqrt(2);                          /* 宣言されていない関数を呼び出す */
   printf("the square root of 2 is %g\n",sq2);    /* 宣言されていない関数を呼び出す */
}
```

- C言語では、一般的には、関数宣言（関数プロトタイプ宣言）をきちんと利用することが推奨されている。そのアドバイスにしたがい、さらに関数宣言がない場合をエラーとするコンパイラオプションを指定しておきさえすれば、C言語のコードは、C++の規則にしたがうものとなる。宣言していない関数を呼び出す際は、関数やC言語の規則をきちんと把握しておく必要がある。そうしなければ、ミスしたり、可搬性の問題を持ち込んだりする。たとえば、ここに示した`main()`には、C言語プログラムとして見ても少なくとも2個のエラーがある。

- C言語で引数の型がまったく指定されていない関数宣言は、任意の型の、任意の個数の引数を受け取れる。

```
void f();    /* 引数の型が指定されていない */

void g()
{
   f(2);     /* Cでは貧弱なスタイル、C++では不可 */
}
```

このようなコードはISO Cでは時代遅れとされている。

・C言語では、引数の並びの後ろに、引数の型を指定する構文の関数宣言を置けるようになっている：

```
void f(a,p,c) char *p; char c; { /* ... */ }     /* CであってC++では不可 */
```

この定義は、次のように書きかえる必要がある。

```
void f(int a, char* p, char c) { /* ... */ }
```

・C言語では、返却型や引数の型宣言に struct を利用できる。

```
struct S { int x,y; } f();          /* CであってC++では不可 */
void g(struct S { int x,y; } y);    /* CであってC++では不可 */
```

C++の型の規則では、このような宣言は無用であり、認められていない。

・C言語では、列挙体型の変数に対して整数を代入できる。

```
enum Direction { up, down };
enum Direction d = 1;  /* エラー：Directionにintが代入されている。C言語ではOK */
```

・C++のキーワードは、C言語よりも多い。C++のキーワードを識別子として使っているC言語プログラムを、C++として利用できるようにするには、修正が必要となる。

C言語ではキーワードではないC++のキーワード					
alignas	alignof	and	and_eq	asm	bitand
bitor	bool	catch	char16_t	char32_t	class
compl	const_cast	constexpr	decltype	delete	dynamic_cast
explicit	false	friend	inline	mutable	namespace
new	noexcept	not	not_eq	nullptr	operator
or_eq	private	protected	public	reinterpret_cast	static_assert
static_cast	template	this	thread_local	throw	true
try	typeid	typename	using	virtual	wchar_t
xor	xor_eq				

これに加えて、将来のために export が予約されている。また、C99 は inline を含んでいる。

・C言語では、C++の一部のキーワードを標準ヘッダでマクロ定義している。

C言語でマクロ定義されているC++のキーワード								
and	and_eq	bitand	bitor	bool	compl	false	not	not_eq
or	or_eq	true	wchar_t	xor	xor_eq			

このことは、C言語では、#ifdef による判定や、再定義などが可能であることを意味する。

・C言語では、extern指定子を使うことなく、広域データオブジェクトを同じ翻訳単位内で複数回宣言できる。初期化子が与えられている宣言が最大1個である限りは、そのオブジェクトは1回のみ定義されたものとみなされる：

```
int i;
int i;    /* 単一の整数"i"に対する２回目の宣言。C++では不可 */
```

C++では、実体は一度しか定義できない。§15.2.3。

・C言語では、代入式の右辺や、任意のポインタ型の変数の初期化にvoid*を利用できるが、C++では認められていない（§7.2.1）。

```
void f(int n)
{
   int* p = malloc(n*sizeof(int));    /* C++では不可。"new"を使って確保すべき */
}
```

これは、もっとも対処が難しいと考えられる非互換性だ。void*を暗黙裏に別のポインタ型に変換しても、通常は無害であることに留意しよう。

```
char ch;
void* pv = &ch;
int* pi = pv;      // C++では不可
*pi = 666;         // chを含む数バイトの値を上書き
```

両方の言語を利用する場合は、malloc()の返却値を適切な型にキャストすべきだ。なお、C++だけを使う場合は、そもそもmalloc()を使うべきではない。

・C言語で文字列リテラルの型は"charの配列"だが、C++では"const charの配列"である。

```
char* p = "a string literal is not mutable";    // C++ではエラー。C言語ではOK
p[7] = 'd';
```

・C言語では、ラベル付き文の分岐（switchやgoto：§9.6）によって初期化を迂回できるが、C++ではできない。

```
goto foo;              // C言語ではOK。C++では不可
// ...
{
   int x = 1;
foo:
   if (x!=1) abort();
   /* ... */
}
```

・C言語で広域のconstはデフォルトで外部結合をもつが、C++ではもたない。また明示的にexternと宣言しない場合は、初期化が必須だ（§7.5）。

```
const int ci;     // C言語ではOK。C++では初期化されていないconstはエラー
```

・C言語では、入れ子となった構造体の名前は、入れ子となった構造体と同じスコープとなる。

```
struct S {
   struct T { /* ... */ } t;
   // ...
};

struct T x;       // C言語ではOKで"S::T x;"を意味する。C++は違う
```

・C++ では、クラス名は宣言した箇所のスコープをもつ。そのため、同一スコープ内では同じ名前を別の型で宣言できない。

```
struct X { /* ... */ };
typedef int X;             // C言語ではOK。C++では不可
```

・C言語では、要素数を超える数の要素を記述した初期化子でも配列を初期化できる。

```
char v[5] = "Oscar";       // C言語ではOKで終端の0は使われない。C++は違う
printf("%s",v);            // 大変なことになる
```

44.3.3.1 "古いC言語"の問題点

古いC言語プログラム（"K&R C"）やC89プログラムを移行する際には、若干ながら別の問題点が浮かび上がってくる。

・C89 は、// 形式のコメントをサポートしていない（ただし、実際には、大半のC89 コンパイラはサポートしている）。

```
int x;   // C89では不可
```

・C89 では、型指定子のデフォルトが int とされている（"暗黙の int" として知られている）。

```
const a = 7;   /* C89ではintと仮定される。C++とC99は違う */

f() /* f()の返却型はデフォルトでint。C++とC99は違う */
{
   /* ... */
}
```

44.3.3.2 C++に採用されなかったC言語の機能

C89 から C99 に追加された機能のごく一部は、意図的に C++ で採用されていない：

[1] 可変長配列（variable-length array：VLA）。vector や、動的な配列を利用すればよい。

[2] 指示付き初期化子（designated initializer）。コンストラクタを利用すればよい。

C11 の機能は、メモリモデルやアトミックなどの C++ に由来する機能を除くと、C++ として検討するには新しすぎる（§41.3）。

44.3.4 C言語ではない C++コード

本項では、C++ では提供されているが、C言語では提供されていない機能をまとめる（C++ が導入してから数年後にC言語に採用されたため、古いCコンパイラでは利用できない可能性がある機能も含めている）。ここでは目的ごとに並べるが、いろいろな分類ができるし、ほとんどの機能に

はさまざまな用途があるため、ここでの分類にはこだわらないように。

- 本質的に記述上の便宜を図る機能
  - [1] `//`形式のコメント（§2.2.1，§9.7）。C99 で追加された。
  - [2] 制限のある文字セットのサポート（§iso.2.4）。部分的に C99 で追加された。
  - [3] 拡張文字セットのサポート（§6.2.3）。C99 で追加された。
  - [4] `static` メモリ領域のオブジェクトに対する非定数の初期化子（§15.4.1）。
  - [5] 定数式での `const`（§2.2.3，§10.4.2）。
  - [6] 文としての宣言（§9.3）。C99 で追加された。
  - [7] `for` 文の初期化子での宣言（§9.5）。C99 で追加された。
  - [8] 条件式での宣言（§9.4.3）。
  - [9] 構造体の名前を利用する場合に `struct` を省略できる（§8.2.2）。
  - [10] 無名 `union`（§8.3.2）。C11 で追加された。
- 本質的に型システムを強化するもの
  - [1] 関数引数の型チェック（§12.1）。部分的にC言語に追加された（§44.3.3）。
  - [2] 型安全な結合（§15.2，§15.2.3）。
  - [3] `new` と `delete` による空き領域の確保と解放（§11.2）。
  - [4] `const`（§7.5，§7.5）。部分的にC言語に追加された。
  - [5] 論理値型 `bool`（§6.2.2）。部分的に C99 に追加された。
  - [6] 名前によるキャスト（§11.5.2）。
- ユーザ定義型に関する機能
  - [1] クラス（第 16 章）。
  - [2] メンバ関数（§16.2.1）とメンバクラス（§16.2.13）。
  - [3] コンストラクタおよびデストラクタ（§16.2.5，第 17 章）。
  - [4] 派生クラス（第 20 章，第 21 章）。
  - [5] `virtual` 関数と抽象クラス（§20.3.2，§20.4）。
  - [6] `public`／`protected`／`private` によるアクセス制御（§16.2.3，§20.5）。
  - [7] `friend`（§19.4）。
  - [8] メンバを指すポインタ（§20.6）。
  - [9] `static` メンバ（§16.2.12）。
  - [10] `mutable` メンバ（§16.2.9.3）。
  - [11] 演算子の多重定義（第 18 章）。
  - [12] 参照（§7.7）。
- 本質的にプログラム構造に関する機能（クラス以外）
  - [1] テンプレート（第 23 章）。
  - [2] インライン関数（§12.1.3）。C99 で追加された。

[3] デフォルト引数（§12.2.5）。

[4] 関数多重定義（§12.3）。

[5] 名前空間（§14.3.1）。

[6] 明示的スコープ修飾子（:: 演算子：§6.3.4）。

[7] 例外（§2.4.3.1，第 13 章）。

[8] 実行時の型の識別（第 22 章）。

[9] 一般化された定数式（constexpr：§2.2.3，§10.4，§12.1.6）。

C 言語は、§44.2 で示した C++11 機能をサポートしない。

C++ に追加されたキーワード（§44.3.3）は、C++ 固有の機能の大部分を検出する目的としても利用できる。しかし、関数多重定義や、定数式内の const など、一部の機能はキーワードからでは判断できない。

C++ での関数結合は型安全だが、C 言語の仕様では、関数リンク時の型安全は必須ではない。そのため、一部の（もしかすると大部分の？）処理系では、C++ 関数を extern "C" と宣言しなければ、C 言語の呼出し規約（§15.2.5）に準拠させた上で C++ としてコンパイルできるようにするのは不可能だ。例をあげよう：

```
double sin(double);               // Cのコードにリンクできない
extern "C" double cos(double);    // Cのコードにリンクできる
```

__cplusplus マクロを使うと、C コンパイラでコンパイルされているのか、それとも C++ コンパイラでコンパイルされているのかを、プログラム上で調べられる（§15.2.5）。

先ほど列挙した機能に加え、C++ ライブラリのほとんどが、C++ 専用だ（§30.1.1，§30.2）。標準 C ライブラリでは、<tgmath.h> が定義する型汎用マクロと、<complex.h> が定義する _Complex 値とで、<complex> を模倣している。

さらに、C 言語では、C++ の bool を模倣した _Bool と、その別名である bool を <stdbool.h> で定義している。

44.4 アドバイス

[1] 言語の新機能を製品で利用する場合は、事前に小規模プログラムを用いて、標準への準拠や、予定する実装での性能を確認しよう。§44.1。

[2] C++ を学習する際には、入手可能な範囲で、標準 C++ を完全にサポートする最新の処理系を利用しよう。§44.2.4。

[3] C 言語と C++ の共通部分は、C++ の学習を始めるのに最適ではない。§1.2.3，§44.2.4。

[4] 非標準な機能よりも、標準機能を優先しよう。§36.1，§44.2.4。

[5] 例外指定などの、非推奨とされた機能の利用は避けよう。§44.2.3，§13.5.1.3。

[6] C 言語形式キャストは避けよう。§44.2.3，§11.5。

[7] “暗黙の int” は禁止されている。すべての関数、変数、const などの型は明示的に指定しよう。§44.3.3。

[8] C言語プログラムをC++プログラムに変換する場合は、関数宣言（プロトタイプ）と標準ヘッダの一貫した利用の確認から始めよう。§44.3.3。

[9] C言語プログラムをC++プログラムに変換する場合は、C++のキーワードを利用している変数名を変更しよう。§44.3.3。

[10] C言語を利用しなければならない場合は、可搬性と型安全を確保するために、C言語とC++の共通サブセットでコーディングしよう。§44.2.4。

[11] C言語プログラムをC++プログラムに変換する場合は、malloc()の返却値を適切な型へとキャストするか、あるいは、すべてのmalloc()をnewに置きかえよう。§44.3.3。

[12] malloc()とfree()をnewとdeleteに変更する場合は、realloc()の代わりに、vectorと、push_back()とreserve()を検討しよう。§3.4.2, §43.5。

[13] C言語プログラムをC++プログラムに変換する場合は、intから列挙体への暗黙の変換が存在しないことに留意しよう。必要に応じて、明示的な型変換を行おう。§44.3.3, §8.4。

[14] std名前空間に定義されている機能は、ファイル名に拡張子をもたないヘッダが定義している（たとえばstd::coutは<iostream>が定義している）。§30.2。

[15] std::stringを利用する場合は、<string>をインクルードしよう（<string.h>が定義するのは、C言語スタイルの文字列関数である）。§15.2.4。

[16] 何らかの名前を広域名前空間に置くすべての標準Cヘッダ<X.h>には、対応する<cX>が存在している。これは、名前をstd名前空間に置くものだ。§15.2.2。

[17] C言語関数を宣言する際は、extern "C"を利用しよう。§15.2.5。

索引

知識には二種類ある。
一つは物事を知っていること。
もう一つは、それをどこで見つけるかを知っていることだ。
— サミュエル・ジョンソン

記号

数字

A

B

C

D

E

F

G

H

I

J

K

L

M

N

O

P

Q

R

S

T

U

V

W

あ

い

か

く

け

さ

し

そ

た

ち

つ

て

と

ひ

ふ

へ

ほ

ま

み

む

め

も

ゆ

よ

ら

り

る

れ

ろ